HÜTTE

DES INGENIEURS TASCHENBUCH

HERAUSGEBER:

HÜTTE Gesellschaft für Technische Informationen mbH, Berlin

29., neubearbeitete Auflage

PHYSIKHÜTTE

BAND II

ATOMPHYSIK
ELEKTRODYNAMIK
OPTIK
AKUSTIK
THERMODYNAMIK

1971

SPRINGER-VERLAG BERLIN
HEIDELBERG GMBH

*Alle Rechte und besonders
das Recht der Übersetzung vorbehalten.
Nachdruck und fotomechanische Wiedergabe – auch auszugs-
weise – nicht gestattet.*
© 1971 by Springer-Verlag Berlin Heidelberg 1971
Ursprünglich erschienen bei HÜTTE Gesellschaft für 1971

*Technische Informationen mbH, Berlin
Gesamtherstellung: Passavia AG Passau*

ISBN 978-3-433-00562-0   ISBN 978-3-662-25185-0 (eBook)
DOI 10.1007/978-3-662-25185-0

Mitarbeiter

Prof. Dr. rer. nat. H. **Beneking**, Aachen

Prof. Dr.-Ing. J. **Fischer**, Karlsruhe

Dipl.-Phys. L. F. **Franzen**, Bensberg

Prof. Dr.-Ing. U. **Grigull**, München

Dr.-Ing. H. **Koschel**, München

Dr.-Ing. W. **Langsdorff**, München

Dipl.-Ing. E. **Martin**, München

Oberregierungsrat Dr. rer. nat. R. **Nink**, Berlin

Prof. Dr.-Ing. E. **Schmidt**, München

Dr. G. **Schmidt**, Berlin

Dr.-Ing. habil. H. **Schnitger**, Darmstadt

Vorwort

Die HÜTTE Des Ingenieurs Taschenbuch, repräsentiert durch den Band HÜTTE I Theoretische Grundlagen, hat in vielen Auflagen in Ingenieurkreisen weite Verbreitung gefunden. 1955 erschien von diesem Band die 28. Auflage. Auf über 1600 Seiten enthielt er die mathematischen, physikalischen, meßtechnischen und stoffkundlichen Grundlagen, die zum unentbehrlichen Rüstzeug bei jeder Ingenieurtätigkeit gehören.

In den 15 Jahren seit Erscheinen dieses Bandes hat sich eine Entwicklung vollzogen, die es unmöglich macht, eine verbesserte Auflage in unveränderter Form herauszubringen. Die zunehmende Fülle von Informationen auf jedem Teilgebiet zwingt dazu, das Wissen auf mehrere Bände zu verteilen.

Für die neue Auflage des physikalischen Teils der HÜTTE I haben wir uns daher zu folgender Gliederung entschlossen:

PHYSIKHÜTTE I
Größen und Einheiten
Normung
Ähnlichkeitstheorie und Modelltechnik
Mechanik starrer Körper und Systeme
Mechanik deformierbarer Festkörper
Mechanische Schwingungen
Mechanik der Fluide
Mechanik der plastischen Formgebung

PHYSIKHÜTTE II
Atomphysik
Elektrodynamik
Optik
Akustik
Thermodynamik

Die mathematischen Grundlagen werden in dem 1959 erschienenen Band HÜTTE Mathematische Formeln und Tafeln behandelt. Eine neue Auflage ist in Vorbereitung. Die Stoffkunde wird in dem 1967 herausgegebenen Band HÜTTE Taschenbuch der Werkstoffkunde (Stoffhütte) dargestellt.

Die Kapitel in dem Band Physikhütte II wurden zum überwiegenden Teil neu verfaßt, die anderen wurden grundlegend überarbeitet, und sie entsprechen alle der neuesten technisch-wissenschaftlichen Erkenntnis.

Die Verwendung der Einheiten entspricht den Empfehlungen des AEF und den gesetzlichen Vorschriften. Das „Gesetz über Einheiten im Meßwesen" der Bundesrepublik Deutschland ist am 2. Juli 1970 in Kraft getreten. Es legt die Einheiten fest, die im geschäftlichen Verkehr zu verwenden sind. Zu diesen gehören u. a. die sechs Basiseinheiten des Internationalen Einheitensystems (SI) und die aus ihnen kohärent abgeleiteten Einheiten. Für Einzelheiten sei auf den Wortlaut des Gesetzes, auf die Ausführungsverordnung zum Gesetz und auf DIN 1301, Einheiten, Ausgabe 1971, verwiesen.

Die Formelzeichen wurden konsequent vereinheitlicht und dem internationalen Standard angepaßt. Diese Arbeiten erforderten einen erheblichen redaktionellen Aufwand, und wir glauben, hiermit einen wesentlichen Beitrag für eine allgemein verbindliche Nomenklatur geleistet zu haben.

Der vorliegende Band umfaßt 407 Textseiten mit zahlreichen Bildern und Tabellen. Im Vorsatz befindet sich auf S. XI ein ausführliches Inhaltsverzeichnis, ein Stichwortverzeichnis auf S. 408. Alle Texte, Formeln, Bilder und Tabellen sind sorgfältig bearbeitet und durchgesehen worden; jedoch kann eine Gewähr für Einzelheiten nicht übernommen werden.

Die Autoren bürgen für die Güte des Inhalts und die Zuverlässigkeit der Angaben; sie haben trotz beruflicher Belastung ihr Wissen und ihre Erfahrung zur Verfügung gestellt und viele Wünsche der Schriftleitung verständnisvoll erfüllt. Ihnen gilt der besondere Dank des Herausgebers.

Der Herausgeber dankt Herrn Dr.-Ing. G. Hübner für seine wertvolle Mitarbeit. Er dankt außerdem allen Herren, die uneigennützig mit ihrem Rat und durch Überlassung wichtiger Unterlagen der Schriftleitung behilflich waren, sowie den Damen und Herren, die das Werk redaktionell gestaltet haben.

Der Herausgeber dankt dem Verlag Wilhelm Ernst & Sohn für die in gewohnter Sorgfalt ausgeführten druck- und verlagstechnischen Arbeiten.

Berlin, im März 1971

HÜTTE
Gesellschaft für Technische Informationen
mbH

Wichtige Hinweise

Die HÜTTE als Nachschlagewerk bringt den Stoff in gedrängter Form. Einer schnellen Unterrichtung dienen folgende Übersichten:

1. Verzeichnis der Hauptkapitel im Einband.
2. Ausführliches Inhaltsverzeichnis im Titelbogen.
3. Stichwortverzeichnis am Schluß des Bandes.

Im Kolumnentitel aller linken Seiten wird der Titel des Bandes und das jeweils behandelte Kapitel genannt. Die Unterkapitel werden durch große Buchstaben gekennzeichnet. Die weitere Unterteilung erfolgt nach der Dezimalklassifikation. Bei Hinweisen im Text ist dadurch eine eindeutige Kennzeichnung des betreffenden Unterkapitels gegeben.

Die in diesem Band vorkommenden Einheiten, Formelgrößen, Formelzeichen und mathematischen Zeichen sind in folgenden Normen festgelegt:

DIN 1301 Einheiten, Kurzzeichen,
DIN 1302 Mathematische Zeichen (ISO-Empfehlung R 31, Teil XI),
DIN 1303 Schreibweise von Tensoren (Vektoren),
DIN 1304 Allgemeine Formelzeichen,
DIN 1313 Schreibweise physikalischer Gleichungen in Naturwissenschaft und Technik,
DIN 1315 Winkeleinheiten, Winkelteilungen,
DIN 5483 Formelzeichen für zeitabhängige Größen,
DIN 5486 Schreibweise von Matrizen.

Im übrigen sind die Formelzeichen der Gleichungen nebst den üblichen Einheiten im allgemeinen zu Beginn eines jeden Kapitels, sonst bei der in Betracht kommenden Gleichung erklärt.

Das Schrifttum erscheint jeweils am Schluß des Kapitels und ist aufgeteilt nach Normen, Vorschriften, Büchern, Zeitschriften und Aufsätzen, versehen mit Schrifttumsnummern, z.B. [15]. Bei einem Schrifttumshinweis im Text wird nur die Schrifttumsnummer angegeben, unter der die Veröffentlichung am Kapitelschluß verzeichnet ist. Schrifttumsnummern hinter Überschriften verweisen auf Quellen, deren Inhalt sich auf das ganze folgende Kapitel bezieht.

Andere Bände der HÜTTE werden wie das übrige Schrifttum jeweils durch eine Nummer in eckigen Klammern zitiert, jedoch mit dem vorangestellten Buchstaben H = HÜTTE: z.B. bedeutet [H 03] die STOFFHÜTTE, die im Schrifttumsverzeichnis unter „Bücher" aufgeführt ist mit Auflage und Erscheinungsjahr.

Bei den in diesem Band zitierten DIN-Normen ist der jeweils neueste Stand maßgebend. Es sei auf das jährlich erscheinende Normblatt-Verzeichnis, herausgegeben vom Deutschen Normenausschuß (DNA), 1 Berlin 30, Burggrafenstraße 4–7, hingewiesen.

Anregungen zur Verbesserung dieses Bandes bitten wir an die HÜTTE Gesellschaft für Technische Informationen mbH, 1 Berlin 12, Carmerstraße 12, zu richten.

Abkürzungen

Vgl. auch Stichwortverzeichnis S. 408ff.

AEF	Ausschuß für Einheiten und Formelgrößen im Deutschen Normenausschuß, s. DNA
ASA	American Standards Association, New York
ASTM	American Society for Testing Materials, Philadelphia/Pa.
AWF	Ausschuß für wirtschaftliche Fertigung, 6 Frankfurt/M. AWF-Blätter des Ausschusses für wirtschaftliche Fertigung sind beim Beuth-Vertrieb GmbH., 1 Berlin 30, Burggrafenstraße 4–7, und 5 Köln/Rh., Friesenplatz 16, erhältlich. Verbindlich ist jeweils nur die neueste Ausgabe eines Blattes
BAM	Bundesanstalt für Materialprüfung, Berlin
BS	British Standards
BSI	British Standard Institution, London
BSS	British Standards Specification
CLA	Centre Line Average
DIN, RAL	Normblätter und Vorschriften des Deutschen Normenausschusses und des Ausschusses für Lieferbedingungen und Gütesicherung beim DNA (RAL). Erhältlich durch Beuth-Vertrieb GmbH., 1 Berlin 30, Burggrafenstraße 4–7, und 5 Köln/Rh., Friesenstraße 16. Verbindlich ist nur die neueste Ausgabe dieses Blattes
DNA	Deutscher Normenausschuß, 1 Berlin 30, Burggrafenstraße 4–7
DPG	Deutsche Physikalische Gesellschaft e.V., Braunschweig
FNA	Fachnormenausschüsse
IEC	International Electrical Commission
ISA	International Federation of National Standardizing Associations
ISO	International Organization for Standardization
IUPAC	International Union of Pure and Applied Chemistry
IUPAP	International Union of Pure and Applied Physics, London
IUTAM	International Union of Theoretical and Applied Mechanics, Paris
MPG	Max-Planck-Gesellschaft zur Förderung der Wissenschaften, Göttingen
NBS	National Bureau of Standards, Washington D.C.
NP	Normenprüfstelle
NTG	Nachrichtentechnische Gesellschaft
PTB	Physikalisch-Technische Bundesanstalt, Braunschweig
RAL	Ausschuß für Lieferbedingungen und Gütesicherung beim DNA
SI	Système International d'Unités
TÜV	Technischer Überwachungsverein (Bundesgebiet und West-Berlin)
VDE	Verband Deutscher Elektrotechniker, 6 Frankfurt/M. und 1 Berlin 12
VDI	Verein Deutscher Ingenieure, 4 Düsseldorf
VdTÜV	Vereinigung der Technischen Überwachungsvereine e.V., Essen

betr.	betreffs, betreffend	Mio.	Million
bzw.	beziehungsweise	Mrd.	Milliarde
d.h.	das heißt	s.	siehe
Dmr.	Durchmesser	sog.	sogenannt
einschl.	einschließlich	u.a.	unter anderem
E.-Modul	Elastizitätsmodul	usw.	und so weiter
i.allg.	im allgemeinen	vgl.	vergleiche
l.W.	lichte Weite	zul.	zulässig
max.	maximal	z.B.	zum Beispiel
mind.	mindestens	z.Z.	zur Zeit

Sonstige Abkürzungen und Schreibweisen nach Duden. Erklärung weiterer Abkürzungen im Text.

Mathematische Zeichen

$+$ plus, mehr, und

$-$ minus, weniger

$\times$ mal, multipliziert mit

$/ \ -$ durch, geteilt durch, zu

$^0/_0$ Prozent, vom Hundert

$^0/_{00}$ Promille, vom Tausend

... und so weiter bis

$=$ gleich

$\triangleq$ entspricht

$\neq$ nicht gleich, ungleich

$\equiv$ identisch gleich

$<$ kleiner als

$>$ größer als

$\leqq$ kleiner oder gleich, höchstens gleich

$\geqq$ größer oder gleich, mindestens gleich

$\gg$ groß gegen

$\ll$ klein gegen

∞ unendlich

$\parallel$ parallel

$\uparrow\uparrow$ gleichsinnig parallel

$\uparrow\downarrow$ gegensinnig parallel

$\perp$ rechtwinklig zu, senkrecht auf

$\rightarrow$ nähert sich

$\sim$ proportional, ähnlich

$\approx$ angenähert, nahezu gleich (rund, etwa)

$\simeq$ asymptotisch gleich

$\lim$ Limes (Grenzwert)

$\cong$ kongruent

sgn signum (Vorzeichen)

$|a|$ Betrag von a

$\bar{a}$ Mittelwert von a

$\hat{a}$ Größtwert von a

$\check{a}$ Kleinstwert von a

$\sphericalangle$ Winkel

$\overline{AB}$ Strecke AB

$\overset{\frown}{AB}$ Bogen AB

$\triangle$ Dreieck

$n!$ Fakultät

$\binom{n}{p}$ n über p

Σ Summe

Π Produkt

$i, j = \sqrt{-1}$

$\operatorname{Re} z$ Realteil von z

$\operatorname{Im} z$ Imaginärteil von z

z^* Konjugierte von z

$(\ )$ Matrix

$|\ |$ Determinante oder det

Δf Differenz zweier Funktionswerte

d gewöhnliches Differential

∂ partielles Differential

$\int$ Integral

$\oint$ Randintegral, Hülleninintegral

$\log_a x$ Logarithmus zur Basis a von x

$\ln x$ natürlicher Logarithmus von x

$\lg x$ Zehnerlogarithmus von x

$\operatorname{lb} x$ Zweierlogarithmus von x

$\exp x = e^x$ (Exponentialfunktion von x)

Alphabete

Antiqua		Fraktur		Griechisch		
A	a	𝔄	a	Alpha	A	α
B	b	𝔅	b	Beta	B	β
C	c	ℭ	c	Gamma	Γ	γ
D	d	𝔇	d	Delta	Δ	δ
E	e	𝔈	e	Epsilon	E	ε
F	f	𝔉	f	Zeta	Z	ζ
G	g	𝔊	g	Eta	H	η
H	h	ℌ	h	Theta	Θ	ϑ
I	i	ℑ	i	Jota	I	ι
J	j	𝔍	j	Kappa	K	$\varkappa$
K	k	𝔎	k	Lambda	Λ	λ
L	l	𝔏	l	My	M	μ
M	m	𝔐	m	Ny	N	ν
N	n	𝔑	n	Xi	Ξ	ξ
O	o	𝔒	o	Omikron	O	o
P	p	𝔓	p	Pi	Π	π
Q	q	𝔔	q	Rho	P	ϱ
R	r	𝔑	r	Sigma	Σ	σ
S	s	𝔖	ſ, s	Tau	T	τ
T	t	𝔗	t	Ypsilon	Y	υ
U	u	𝔘	u	Phi	Φ	φ
V	v	𝔙	v	Chi	X	χ
W	w	𝔚	w	Psi	Ψ	ψ
X	x	𝔛	x	Omega	Ω	ω
Y	y	𝔜	y			
Z	z	ℨ	z			

Inhaltsverzeichnis

PHYSIKHÜTTE II

(Ausführliches Stichwortverzeichnis S. 408)

1. Atomphysik

1.1 Physik der Atomhülle[1])

bearbeitet von Dipl.-Phys. L. F. Franzen, Bensberg

A. Formelzeichen, Größen und Einheiten

Zeichen	Größe	SI-Einheit	weitere Einheiten
A_r	relative Atommasse (Atomgewicht)	1	
E	Energie		
E_0	Ausgangsenergie	$\rbrace$ J	erg, eV, keV
E_n	Energieniveau, Energiezustand		
E_{pot}	potentielle Energie		
$\mathfrak{F},\ F$	elektrische Feldstärke	V/m	V/cm
F	Faraday-Konstante		C/mol
$\mathfrak{H},\ H$	magnetische Feldstärke	A/m	A/cm
$\mathfrak{J}$	atomarer Gesamtdrehimpuls	J s	erg s
J	atomare Gesamtdrehimpuls-Quantenzahl	1	
$\mathfrak{L}$	atomarer Bahndrehimpuls	J s	erg s
L	atomare Bahndrehimpuls-Quantenzahl	1	
$\mathfrak{M}$	Komponente von $\mathfrak{J}$ in Feldrichtung	J s	erg s
M	atomare Orientierungsquantenzahl	1	
M_L	Magnetquantenzahl des Bahndrehimpulses	1	
M_s	Magnetquantenzahl des Spins	1	
M_r	relative Molekülmasse (Molekulargewicht)	1	
N_A	Avogadro-Konstante		1/mol
R	Rydberg-Konstante		
R_H	Rydberg-Konstante für Wasserstoff	$\rbrace$ 1/m	1/cm
R_{He}	Rydberg-Konstante für Helium		
R_∞	Rydberg-Konstante für ∞ schweren Atomkern		
R_m	molare Gaskonstante		J/K mol
$\mathfrak{S}$	atomarer Spin	J s	erg s, eVs
S	atomare Spinquantenzahl	1	
T	absolute Temperatur, Kelvin-Temperatur	K	
U	elektrische Spannung	V	kV
V	Volumen	m³	cm³
V_{mn}	molares Normvolumen		m³/mol
W	Ablösearbeit, Austrittsarbeit	Nm	erg, eV
Z	Kernladungszahl	1	
c	Lichtgeschwindigkeit		
c_0	Vakuumlichtgeschwindigkeit	$\rbrace$ m/s	
e	Elementarladung	C	
g	Landé-Faktor	1	
h	Planck-Konstante (Wirkungsquantum)		
$\hbar$	Drehimpulsquant	$\rbrace$ J s	erg s, eVs
i	Gesamtdrehimpuls eines Elektrons		

1) Schrifttum S. 27.

Zeichen	Größe	SI-Einheit	weitere Einheiten
j	Gesamtdrehimpuls-Quantenzahl eines Elektrons	1	
k	Boltzmann-Konstante	J/K	
l	Bahndrehimpuls eines Elektrons	J s	erg s, eVs
l	Bahndrehimpuls-Quantenzahl eines Elektrons	1	
m	Masse		
m_0	Ruhemasse		
m_d	Masse des Deuterons		
m_e	Masse des Elektrons		
m_e'	reduzierte Masse des Elektrons		
m_H	Masse des Wasserstoffatoms	kg	g
m_N	Masse des Atomkerns		
m_n	Masse des Neutrons		
m_p	Masse des Protons		
m_α	Masse des α-Teilchens		
m	Komponente von j in Feldrichtung	J s	erg s
m	Orientierungsquantenzahl des Elektrons	1	
n	Teilchendichte	$1/m^3$	$1/cm^3$
n	Hauptquantenzahl	1	
p	Impuls	N s	dyn s
r	Radius	m	cm
r_0	Bohrscher Wasserstoffatom-Radius		
s	Spin des Elektrons	J s	erg s
s	Spinquantenzahl des Elektrons	1	
t	Zeitkoordinate	s	
u	Phasengeschwindigkeit	m/s	cm/s
v	Geschwindigkeit, Gruppengeschwindigkeit	m/s	cm/s
x	Ortskoordinate	m	cm
α	Sommerfeld-Konstante, Feinstrukturkonstante	1	
α_0	Energieverhältnis	1	
ε	Nullpunkts-Energieverhältnis	1	
ε_0	elektrische Feldkonstante	C/Vm	
ϑ	Streuwinkel	rad	°
λ	Wellenlänge	m	cm
μ_B	Bohrsches Magneton	Vs m	
μ_N	Kernmagneton		
μ_0	magnetische Feldkonstante	Vs/Am	
ν	Frequenz	Hz	
ν_g	Grenzfrequenz		
$\bar\nu$	Wellenzahl	$1/m$	$1/cm$
ϱ	Dichte	kg/m^3	g/cm^3
σ	Stefan-Boltzmann-Konstante	$W/m^2\,K^4$	
ψ	zeitunabhängige Schrödinger-Funktion	$m^{-3/2}$	

Fußzeiger

A	Avogadro	a	anomal	n	für Hauptquantenzahl n
B	Bohr	d	Deuteron	p	Proton
C	Compton	e	Elektron	pot	potentiell
H	Wasserstoff	g	Grenze	r	relativ
He	Helium	m	molar	α	α-Teilchen
N	Atomkern	max	maximal	0	Ruhezustand, Vakuum, Grundzustand
U	Uran	n	Normwert, normal, Neutron	∞	für unendliche Atomkernmasse

B. Atome

B1 Geschichtliches

Von Leukipp und Demokrit (etwa 460 v. Chr.) wurden die Begriffe Element und Atom im Gegensatz zur Anschauung beliebig unterteilbarer Materie in die Naturphilosophie eingeführt. Die Wiederaufnahme dieses Gedankenguts erfolgte im Mittelalter durch Gassendi, Jungius. Experimentelle Begründung der Atomistik durch die Arbeiten von Lavoisier, Dalton (1808), Avogadro (1811):

Gesetz von der Erhaltung der Masse bei chemischen Umsetzungen,

Gesetz der konstanten Proportionen,

Gesetz der multiplen Proportionen,

Gesetz der reziproken Proportionen.

Regel: Gleiche Gasvolumina unter gleichen Bedingungen enthalten die gleiche Anzahl Atome oder Moleküle.

Weitere Hinweise auf die atomistische Struktur der Materie ergab die kinetische Gastheorie (2. Hälfte 19. Jhdt.). Arbeiten von Krönig, Clausius, Maxwell und Boltzmann zur Erklärung von Gasdruck, Wärmeleitung, innerer Reibung. Endgültiger Beweis der atomistischen Struktur durch Versuche von Wien mit Kanalstrahlen; Sichtbarmachen von Bahnspuren einzelner Atome bzw. Ionen in der Wilson-Nebelkammer.

Danach sind die Atome die kleinsten, mit chemischen Mitteln unteilbaren Bausteine der Materie. Werden sie mit physikalischen Mitteln zerlegt, haben die Bruchstücke andere Eigenschaften als die Atome selbst.

B2 Atomaufbau

Mit Versuchen über den Durchgang von Kathodenstrahlen (Elektronen) durch dünne Metallfolien begann Lenard (1903), die innere Struktur der Atome zu erforschen. Ähnliche Arbeiten von Rutherford, Geiger und Marsden (1906/13) mit Alphateilchen schlossen sich an. Dabei erwies sich unabhängig vom Material der Streuquerschnitt für Alphateilchen proportional $1/v^4$ und $1/\sin^4(\vartheta/2)$. Theoretische Deutung durch Atommodell mit kleinem, positiv geladenen Kern (Halbmesser etwa 10^{-15} m), der praktisch die gesamte Masse vereinigt, und einer Hülle aus fast masselosen, mit hoher Geschwindigkeit umlaufenden Elektronen. Ihre Zentrifugalkraft hält der Anziehung durch den Atomkern entsprechend dem Coulomb-Gesetz das Gleichgewicht.

Der absolute Wert der Kernladung der streuenden Atomkerne wurde von Chadwick (1920) bestimmt. Danach ist die Kernladungszahl gleich der Ordnungszahl im Periodensystem der Elemente.

B3 Atomgewicht [H03]

Für praktische Bedürfnisse in der Chemie und Physik genügt vielfach die Kenntnis relativer Atommassen, als Vergleichselement nach Dalton (1808) ursprünglich Wasserstoff $= 1$, durch internationales Übereinkommen (1906) Sauerstoff $= 16$. In der chemischen Atomgewichtsskala (relative Atommassenskala) werden die Werte auf das Element Sauerstoff $\bar{O} = 16$ als mittlere Masse der Sauerstoffisotope ^{16}O, ^{18}O, ^{17}O bezogen, bei der physikalischen Atomgewichtsskala auf das häufigste Sauerstoffisotop $^{16}O = 16$. Da das Verhältnis der Sauerstoffisotope je nach der Herkunft des Sauerstoffs unterschiedlich ist, wurde 1962 das Kohlenstoffisotop $^{12}C = 12$ als neue Bezugsbasis international eingeführt. Darauf bezogene Atomgewichte in Tabelle 1.1-1. Bei Atomgewichten aus der chemischen Skala erfolgt die Umrechnung auf $^{12}C = 12$ mittels Division durch 1,000043, bei Atomgewichten aus der physikalischen Skala mittels Division durch

Tabelle 1.1-1   Atomgewichte (1962)
(relative Atommassen, bezogen auf $^{12}C = 12$)

Name	Symbol	Ordnungs-zahl	Atom-gewicht	Name	Symbol	Ordnungs-zahl	Atom-gewicht
Aluminium	Al	13	26,9815	Neodym	Nd	60	144,24
Antimon	Sb	51	121,75	Neon	Ne	10	20,183
Argon	Ar	18	39,948	Nickel	Ni	28	58,71
Arsen	As	33	74,9216	Niob	Nb	41	92,906
Barium	Ba	56	137,34	Osmium	Os	76	190,2
Beryllium	Be	4	9,0122	Palladium	Pd	46	106,4
Blei	Pb	82	207,19	Phosphor	P	15	30,9738
Bor	B	5	10,811	Platin	Pt	78	195,09
Brom	Br	35	79,909	Praseodym	Pr	59	140,907
Cadmium	Cd	48	112,40	Quecksilber	Hg	80	200,59
Calcium	Ca	20	40,08	Rhenium	Re	75	186,2
Cäsium	Cs	55	132,905	Rhodium	Rh	45	102,905
Cer	Ce	58	140,12	Rubidium	Rb	37	85,47
Chlor	Cl	17	35,453	Ruthenium	Ru	44	101,07
Chrom	Cr	24	51,996	Samarium	Sm	62	150,35
Dysprosium	Dy	66	162,50	Sauerstoff	O	8	15,9994
Eisen	Fe	26	55,847	Scandium	Sc	21	44,956
Erbium	Er	68	167,26	Schwefel	S	16	32,064
Europium	Eu	63	151,96	Selen	Se	34	78,96
Fluor	F	9	18,9984	Silber	Ag	47	107,870
Gadolinium	Gd	64	157,25	Silicium	Si	14	28,086
Gallium	Ga	31	69,72	Stickstoff	N	7	14,0067
Germanium	Ge	32	72,59	Strontium	Sr	38	87,62
Gold	Au	79	196,967	Tantal	Ta	73	180,948
Hafnium	Hf	72	178,49	Tellur	Te	52	127,60
Helium	He	2	4,0026	Terbium	Tb	65	158,924
Holmium	Ho	67	164,930	Thallium	Tl	81	204,37
Indium	In	49	114,82	Thorium	Th	90	232,038
Iridium	Ir	77	192,2	Thulium	Tm	69	168,934
Jod	J	53	126,9044	Titan	Ti	22	47,90
Kalium	K	19	39,102	Uran	U	92	238,03
Kobalt	Co	27	58,9332	Vanadin	V	23	50,942
Kohlenstoff	C	6	12,01115	Wasserstoff	H	1	1,00797
Krypton	Kr	36	83,80	Wismut	Bi	83	208,980
Kupfer	Cu	29	63,54	Wolfram	W	74	183,85
Lanthan	La	57	138,91	Xenon	Xe	54	131,30
Lithium	Li	3	6,939	Ytterbium	Yb	70	173,04
Lutetium	Lu	71	174,97	Yttrium	Y	39	88,905
Magnesium	Mg	12	24,312	Zink	Zn	30	65,37
Mangan	Mn	25	54,9381	Zinn	Sn	50	118,69
Molybdän	Mo	42	95,94	Zirkonium	Zr	40	91,22
Natrium	Na	11	22,9898				

Die Atomgewichte sind mit so vielen Dezimalstellen angegeben, daß die letzte Ziffer auf $\pm$ 0,5 gesichert erscheint. Ausnahmen hiervon wegen natürlicher Schwankungen der Isotopenzusammensetzung oder experimenteller Unsicherheiten: Bor $\pm$ 0,003, Brom $\pm$ 0,002, Chlor $\pm$ 0,001, Chrom $\pm$ 0,001, Eisen $\pm$ 0,003, Kohlenstoff $\pm$ 0,00005, Sauerstoff $\pm$ 0,0001, Silber $\pm$ 0,003, Silicium $\pm$ 0,001, Schwefel $\pm$ 0,003, Wasserstoff $\pm$ 0,00001.

Radioaktive Elemente, deren Atomgewichte erheblich von der Herkunft oder Art der künstlichen Darstellung abhängen, wurden nicht berücksichtigt: ^{43}Tc Technetium; ^{61}Pm Promethium; ^{64}Po Polonium; ^{85}At Astatin; ^{86}Rn Radon; ^{87}Fr Francium; ^{88}Ra Radium; ^{89}Ac Actinium; ^{91}Pa Protactinium; ^{93}Np Neptunium; ^{94}Pu Plutonium; ^{95}Am Americium; ^{96}Cm Curium; ^{97}Bk Berkelium; ^{98}Cf Californium; ^{99}Es Einsteinium; ^{100}Fm Fermium; ^{101}Md Mendelevium; ^{102}No Nobelium; ^{103}Lw Lawrencium.

1,000318. Der Nachteil dieser Korrekturen der bisherigen Zahlenwerte wird aufgewogen durch den Vorteil wesentlicher Steigerung der Genauigkeit, da ^{12}C für die **Massenspektroskopie** besonders geeignet ist.

Die Bestimmung relativer Atommassen mit chemischen Verfahren erfolgt bei Gasen aufgrund der **Avogadro-Regel**, daß gleiche Volumina unter gleichen Bedingungen die gleiche Anzahl Atome oder Moleküle enthalten. Das Atomgewicht folgt aus Wägung und Vergleich. Bei nichtgasförmigen Elementen sind aus der Kenntnis über Verbindungen mit einem Gas und dessen Freisetzung gleiche Schlüsse möglich. Physikalische Verfahren zur Ermittlung von Atommassen gehen von der optischen Spektroskopie (**Hyperfeinstruktur** der Spektrallinien usw.), hauptsächlich von der **Massenspektroskopie** aus. Dabei wird die Massenabhängigkeit der Ablenkung von Ionen in elektrischen und magnetischen Feldern ausgenutzt.

B 4 Periodensystem [H 03]

Die Kenntnis der Atomgewichte veranlaßte **Mendelejew** und **Meyer** (1866/69), das **Periodensystem der Elemente** aufzustellen. Bei der Anordnung der Elemente nach steigendem Atomgewicht wiederholen sich analoge Eigenschaften in bestimmten Abständen. Bei der Wahl von Perioden zu 2, 8, 8, 18, 18, 32 Elementen stehen chemisch sich ähnlich verhaltende Elemente untereinander und bilden Gruppen. Wegen der chemischen Eigenschaften mußten entgegen ihren Atomgewichten Kalium hinter Argon, Nickel hinter Kobalt, Jod hinter Tellur, Palladium hinter Thallium eingeordnet werden. Mehrere zunächst unbesetzte Plätze konnten mit neu entdeckten Elementen ausgefüllt werden. Die **Kernladungszahl** (Ordnungszahl) ist heute als Ordnungsprinzip des Periodensystems unbestritten. Mit Ausnahme der vertauschten Elementpaare, die so eine Erklärung finden, ist das Atomgewicht eine monotone Funktion der Ordnungszahl.

Zu den **periodischen Eigenschaften** der Elemente gehören Atomvolumen (Bild 1.1-1), Wärmeausdehnung, Leitfähigkeit, Schmelztemperatur, Siedetemperatur, Kristallform, Kompressibilität, Härte, Flüchtigkeit, Ionenbeweglichkeit, Wertigkeit usw. Ihre größten und kleinsten Werte zeigen stets die gleiche Periodizität. Die Ursache davon ist mit chemischen Mitteln nicht klärbar und nur aus der Struktur der Atome selbst verständlich.

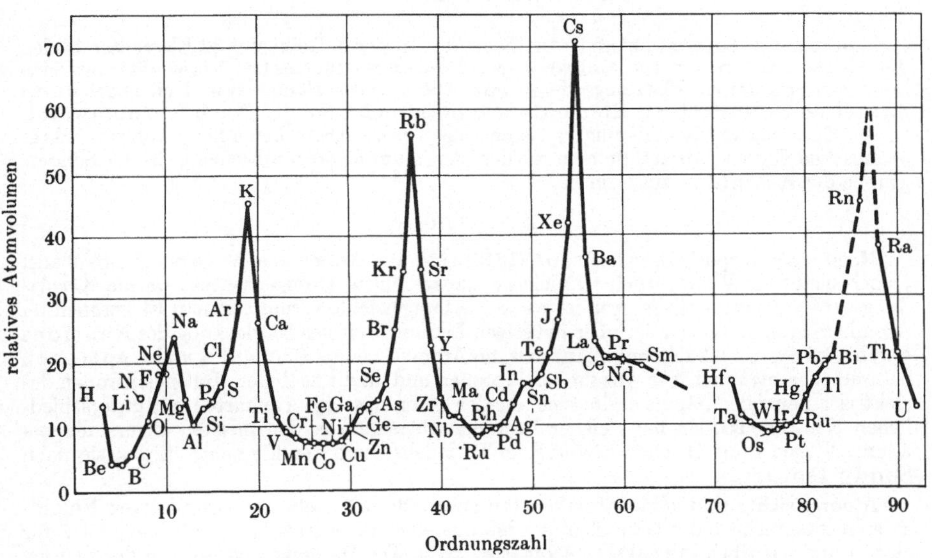

Bild 1.1-1 Periodizität physikalischer Eigenschaften der chemischen Elemente

Unter den verschiedenen Darstellungen des Periodensystems ist die in Bild 1.1-2 besonders übersichtlich. Die 1. Reihe besteht nur aus Wasserstoff und Helium, die 2. Reihe beginnt mit Lithium, einem typischen **Metall** mit ausgeprägten alkalischen Eigenschaften. Beim Fortschreiten zum Fluor, einem typischen **Metalloid** mit ausgeprägten Säureeigenschaften, wechseln die Eigenschaften allmählich. Nach Neon erfolgt Wiederholung dieses Verlaufs in der 3. Reihe mit Natrium als Metall über amphoteres Silicium zum Chlor als Metalloid. Die 4. Reihe beginnt mit Kalium und enthält 18 Elemente. Die 5. Reihe mit

IA	IIA		IIIA	IVA	VA	VIA	VIIA		VIII			IB	IIB		IIIB	IVB	VB	VIB	VIIB	0
1 H																				2 He
3 Li	4 Be														5 B	6 C	7 N	8 O	9 F	10 Ne
11 Na	12 Mg														13 Al	14 Si	15 P	16 S	17 Cl	18 Ar
19 K	20 Ca		21 Sc	22 Ti	23 V	24 Cr	25 Mn	26 Fe	27 Co	28 Ni	29 Cu	30 Zn			31 Ga	32 Ge	33 As	34 Se	35 Br	36 Kr
37 Rb	38 Sr		39 Y	40 Zr	41 Nb	42 Mo	43 Tc	44 Ru	45 Rh	46 Pd	47 Ag	48 Cd			49 In	50 Sn	51 Sb	52 Te	53 I	54 Xe
55 Cs	56 Ba		57 La	72 Hf	73 Ta	74 W	75 Re	76 Os	77 Ir	78 Pt	79 Au	80 Hg			81 Tl	82 Pb	83 Bi	84 Po	85 At	86 Rn
87 Fr	88 Ra		89 Ac																	

58 Ce	59 Pr	60 Nd	61 Pm	62 Sm	63 Eu	64 Gd	65 Tb	66 Dy	67 Ho	68 Er	69 Tm	70 Yb	71 Lu
90 Th	91 Pa	92 U	93 Np	94 Pu	95 Am	96 Cm	97 Bk	98 Cf	99 Es	100 Fm	101 Md	102 No	103 Lr

Bild 1.1-2   Periodensystem der Elemente

Rubidium am Anfang hat ebenfalls 18 Elemente. In der 6. Reihe mit 32 Elementen bilden die Lanthaniden (Seltene Erden) wegen ihrer engen chemischen Verwandtschaft eine Sondergruppe, der ein Platz zugewiesen wird. Die 7. und vorläufig letzte Reihe enthält die natürlich radioaktiven Elemente und bricht mit Uran ab. Durch Kernumwandlung (Kernreaktor, Beschleuniger) lassen sich Transurane herstellen. Aufgrund ihrer chemischen Eigenschaften faßt man die dem Actinium folgenden Elemente in der Sondergruppe der Actiniden zusammen.

B5   Isotopie

Nach einer Hypothese von Prout (1815) sind alle Atome aus Wasserstoff aufgebaut, jedoch bleibt ein Widerspruch zu vielen unganzzahligen Atomgewichten. Da die Kernladungszahl nur etwa halb so groß ist wie das Atomgewicht, vermutete man Elektronen im Atomkern zum Ausgleich der überschüssigen Ladung. Seit der Entdeckung des Neutrons durch Chadwick (1932) weiß man, daß die Atomkerne aus Protonen und Neutronen zusammengesetzt sind. Die Anzahl der Protonen und damit auch der Hüllenelektronen des elektrisch neutralen Atoms ergibt sich aus der Ordnungszahl. Atomarten mit unterschiedlichen Neutronenzahlen bei gleicher Protonenzahl sind von den meisten Elementen bekannt. Wegen ihrer gleichen Stellung im Periodensystem der Elemente heißen sie nach Soddy Isotope.

Atomgewichte sind keine Atomkonstanten, sondern Mittelwerte aus relativen Nuklidmassen entsprechend der Häufigkeit der Isotope eines Elementes, wie die Tabelle 1.1-2 für stabile und natürlich radioaktive Atomarten zeigt. Die Häufigkeitsverteilung der Isotope eines Elementes ist im wesentlichen konstant; daher ist das mittlere Atomgewicht des Isotopengemisches eine charakteristische Größe des betreffenden Elements. Ausnahmen davon bilden die radioaktiven Elemente, deren Atomgewichte von der Herkunft oder Art der künstlichen Darstellung abhängen. Die Isotope eines Elements unterscheiden sich nicht in denjenigen physikalischen und chemischen Eigenschaften, die von der Elektronenhülle allein abhängen. Unterschiede bestehen nur in den Eigenschaften, auf die die Atommasse Einfluß hat. Je größer die relative Massendifferenz ist, wie etwa zwischen leichtem (^{1}H) und schwerem (^{2}H = D) Wasserstoff, desto mehr weichen Verdampfungs-, Diffusionsgeschwindigkeit usw. voneinander ab.

Tabelle 1.1-2 Stabile und natürlich radioaktive Nuklide

Z	Element	Massenzahl	Häufigkeit %	relative Nuklidmasse	relative Atommasse (Atomgewicht)
0	n	1	−	1,008666	
1	H	1	99,985	1,007825	1,00797
	D	2	0,015	2,014102	
2	He	3	$1,4\cdot10^{-4}$	3,016030	4,0026
		4	≈ 100	4,002604	
3	Li	6	7,42	6,015126	6,939
		7	92,58	7,016005	
4	Be	9	100	9,012186	9,0122
5	B	10	19,6	10,012939	10,811
		11	80,4	11,009305	
6	C	12	98,89	12,000000	12,01115
		13	1,11	13,003354	
7	N	14	99,634	14,003074	14,0067
		15	0,366	15,000108	
8	O	16	99,76	15,994915	15,9994
		17	0,0374	16,999134	
		18	0,204	17,999260	
9	F	19	100	18,994805	18,9984
10	Ne	20	90,92	19,992440	20,183
		21	0,257	20,993949	
		22	8,82	21,991384	
11	Na	23	100	22,989783	22,9898
12	Mg	24	78,7	23,985045	24,312
		25	10,1	24,985840	
		26	11,2	25,982591	
13	Al	27	100	26,981535	26,9815
14	Si	28	92,21	27,976927	28,086
		29	4,70	28,976491	
		30	3,09	29,973761	
15	P	31	100	30,973763	30,9738
16	S	32	95,0	31,972074	32,064
		33	0,76	32,971460	
		34	4,22	33,967864	
		36	0,014	35,967091	
17	Cl	35	75,53	34,968854	35,453
		37	24,47	36,968896	
18	Ar	36	0,337	35,967548	39,948
		38	0,063	37,962724	
		40	99,60	39,962384	
19	K	39	93,10	38,963714	39,102
		40	0,0118	39,964008	
		41	6,88	40,961835	
20	Ca	40	96,97	39,962589	40,08
		42	0,64	41,958628	
		43	0,14	42,958780	
		44	2,1	43,955490	
		46	0,003	45,953689	
		48	0,18	47,952363	
21	Sc	45	100	44,955919	44,956
22	Ti	46	7,93	45,952633	47,90
		47	7,28	46,951758	
		48	73,94	47,947948	
		49	5,51	48,947867	
		50	5,34	49,944789	

Z	Element	Massenzahl	Häufigkeit %	relative Nuklidmasse	relative Atommasse (Atomgewicht)
23	V	50	0,24	49,947165	50,942
		51	99,76	50,943978	
24	Cr	50	4,31	49,946051	51,996
		52	83,76	51,940514	
		53	9,55	52,940651	
		54	2,38	53,938879	
25	Mn	55	100	54,938054	54,9381
26	Fe	54	5,82	53,939621	55,847
		56	91,66	55,934932	
		57	2,19	56,935394	
		58	0,33	57,933272	
27	Co	59	100	58,933189	58,9332
28	Ni	58	67,9	57,935342	58,71
		60	26,2	59,930783	
		61	1,2	60,931049	
		62	3,7	61,928345	
		64	1,1	63,927959	
29	Cu	63	69,1	62,929594	63,54
		65	30,9	64,927786	
30	Zn	64	48,89	63,929145	65,37
		66	27,81	65,926048	
		67	4,11	66,927149	
		68	18,57	67,924865	
		70	0,62	69,925348	
31	Ga	69	60,4	68,92568	69,72
		71	39,6	70,92484	
32	Ge	70	20,5	69,92428	72,59
		72	27,4	71,92174	
		73	7,8	72,92336	
		74	36,5	73,92115	
		76	7,8	75,92136	
33	As	75	100	74,92158	74,9216
34	Se	74	0,9	73,92245	78,96
		76	9,0	75,91923	
		77	7,6	76,91993	
		78	23,5	77,91735	
		80	49,8	79,91651	
		82	9,2	81,91666	
35	Br	79	50,54	78,91835	79,909
		81	40,46	80,91634	
36	Kr	78	0,35	77,920368	83,80
		80	2,27	79,916388	
		82	11,56	81,913483	
		83	11,55	82,914131	
		84	56,9	83,911504	
		86	17,37	85,910617	
37	Rb	85	72,15	84,91171	85,47
		87	27,85	86,90918	
38	Sr	84	0,56	83,913376	87,62
		86	9,9	85,90926	
		87	7,0	86,90889	
		88	82,6	87,90561	
39	Y	89	100	88,90543	88,905
40	Zr	90	51,5	89,90432	91,22
		91	11,2	90,90525	
		92	17,1	91,90459	
		94	17,4	93,9061	
		96	2,8	95,9082	

Fortsetzung

Z	Element	Massenzahl	Häufigkeit %	relative Nuklidmasse	relative Atommasse (Atomgewicht)
41	Nb	93	100	92,90602	92,906
42	Mo	92	15,8	91,90629	
		94	9,0	93,90474	
		95	15,7	94,9057	
		96	16,5	95,9046	95,94
		97	9,5	96,9058	
		98	23,5	97,9055	
		100	9,6	99,9076	
44	Ru	96	5,51	95,9076	
		98	1,87	97,9055	
		99	12,72	98,9061	
		100	12,62	99,903	101,07
		101	17,07	100,9041	
		102	31,61	101,9037	
		103		102,9056	
		104	18,58	103,9055	
45	Rh	103	100	102,9048	102,905
46	Pd	102	1,0	101,9049	
		104	11,0	103,9036	
		105	22,2	104,9046	
		106	27,3	105,9032	106,4
		108	26,7	107,90392	
		110	11,8	109,9045	
47	Ag	107	51,4	106,90497	107,870
		109	48,6	108,90470	
48	Cd	106	1,22	105,906	
		108	0,88	107,904	
		110	12,39	109,90297	
		111	12,75	110,9042	
		112	24,07	111,90284	112,40
		113	12,26	112,90461	
		114	28,9	113,90357	
		116	7,58	115,9050	
49	In	113	4,3	112,90428	114,82
		115	95,7	114,90407	
50	Sn	112	0,96	111,90494	
		114	0,66	113,90296	
		115	0,35	114,90353	
		116	14,30	115,9021	
		117	7,61	116,9031	
		118	24,03	117,9018	118,69
		119	8,58	118,9034	
		120	32,85	119,90213	
		122	4,72	121,90341	
		124	5,94	123,90524	
51	Sb	121	57,25	120,90375	121,75
		123	42,75	122,90415	
52	Te	120	0,09	119,9045	
		122	2,46	121,9030	
		123	0,87	122,90418	
		124	4,61	123,90276	
		125	6,99	124,90442	127,60
		126	18,71	125,90324	
		128	31,79	127,90571	
		130	34,48	129,90670	
53	J	127	100	126,90435	126,9044

Z	Element	Massenzahl	Häufigkeit %	relative Nuklidmasse	relative Atommasse (Atomgewicht)
54	Xe	124	0,096	123,90612	
		126	0,090	125,90417	
		128	1,919	127,903538	
		129	26,44	128,904784	
		130	4,08	129,903510	131,30
		131	21,18	130,905087	
		132	26,89	131,904162	
		134	10,44	133,905398	
		136	8,87	135,907221	
55	Cs	133	100	132,90509	132,905
56	Ba	130	0,101	129,90625	
		132	0,097	131,9051	
		134	2,42	133,90431	
		135	6,59	134,9056	137,34
		136	7,81	135,90436	
		137	11,32	136,90556	
		138	71,66	137,90501	
57	La	138	0,089	137,90681	138,91
		139	99,91	138,90606	
58	Ce	136	0,19	135,9071	
		138	0,25	137,90562	
		140	88,5	139,90528	140,12
		142	11,1	141,90904	
59	Pr	141	100	140,90739	140,907
60	Nd	142	27,1	141,90748	
		143	12,2	142,90962	
		144	23,8	143,90990	
		145	8,30	144,91216	144,24
		146	17,2	145,91269	
		148	5,73	147,91648	
		150	5,62	149,92071	
62	Sm	144	3,1	143,9116	
		147	15,0	146,91462	
		148	11,2	147,91456	
		149	13,8	148,91693	150,35
		150	7,4	149,91701	
		152	26,7	151,91949	
		154	22,7	153,9220	
63	Eu	151	47,82	150,9196	151,96
		153	52,18	152,9209	
64	Gd	152	0,20	151,91953	
		154	2,15	153,9207	
		155	14,7	154,9226	
		156	20,5	155,9221	157,25
		157	15,7	156,9239	
		158	24,9	157,9241	
		160	21,9	159,9271	
65	Tb	159	100	158,9240	158,924
66	Dy	156	0,05	155,9238	
		158	0,09	157,9240	
		160	2,29	159,9248	
		161	18,9	160,9266	162,50
		162	25,5	161,9265	
		163	25,0	162,9284	
		164	28,2	163,9288	
67	Ho	165	100	164,9303	164,930

Fortsetzung

Z	Element	Massenzahl	Häufigkeit %	relative Nuklidmasse	relative Atommasse (Atomgewicht)
68	Er	162	0,14	161,9288	
		164	1,56	163,9293	
		166	33,4	165,9304	
		167	22,9	166,93205	167,26
		168	27,1	167,93238	
		170	14,9	169,9355	
69	Tm	169	100	168,9344	168,934
70	Yb	168	0,14	167,9339	
		170	3,03	169,93488	
		171	14,3	170,9365	
		172	21,8	171,93656	173,04
		173	16,1	172,93830	
		174	31,8	173,93902	
		176	12,7	175,94274	
71	Lu	175	97,4	174,94089	174,97
		176	2,6	175,94274	
72	Hf	174	0,18	173,94026	
		176	5,20	175,94165	
		177	18,5	176,94348	178,49
		178	27,1	177,94387	
		179	13,8	178,94602	
		180	35,2	179,94681	
73	Ta	180	0,012	179,94752	180,948
		181	99,99	180,94798	
74	W	180	0,14	179,94698	
		182	26,4	181,94827	
		183	14,4	182,95029	183,85
		184	30,6	183,95099	
		186	28,4	185,95434	
75	Re	185	37,1	184,95302	186,2
		187	62,9	186,95596	
76	Os	184	0,02	183,9526	
		186	1,6	185,95394	
		187	1,6	186,95596	
		188	13,3	187,95597	190,2
		189	16,1	188,95825	
		190	26,4	189,95860	
		192	41,0	191,96141	

Z	Element	Massenzahl	Häufigkeit %	relative Nuklidmasse	relative Atommasse (Atomgewicht)
77	Ir	191	37,3	190,96085	192,2
		193	62,7	192,96328	
78	Pt	190	0,013	189,95995	
		192	0,78	191,96143	
		194	32,9	193,96281	195,09
		195	33,8	194,96482	
		196	25,3	195,96498	
		198	7,21	197,9675	
79	Au	197	100	196,966552	196,967
80	Hg	196	0,15	195,96582	
		198	10,02	197,966769	
		199	16,84	198,96826	
		200	23,13	199,968344	200,59
		201	13,22	200,97032	
		202	29,80	201,97063	
		204	6,85	203,97348	
81	Tl	203	29,3	202,97233	204,37
		205	70,5	204,97446	
82	Pb	204	1,5	203,97307	
		206	23,6	205,974459	207,19
		207	22,6	206,975898	
		208	52,3	207,976644	
83	Bi	209	100	208,98042	208,98
90	Th	232	100	232,03821	232,038
92	U	234	0,0056	234,04090	
		235	0,720	235,04393	238,03
		238	99,27	238,05076	

Masse und Häufigkeit von Nukliden werden am genauesten durch die Massenspektroskopie ermittelt. Das von Thomson (1913) entwickelte Verfahren, die von der Ladung und Masse abhängige Ablenkung von Ionen in elektrischen und magnetischen Feldern zur Trennung auszunutzen, wurde von Aston, Dempster, Mattauch geändert und verbessert. Derzeitige Massenspektrographen mit Geschwindigkeits- und Richtungsfokussierung erreichen ein Auflösungsvermögen von 10^{-4} Masseneinheiten. Sonderformen: Flugzeit-Massenspektrograph nach Goudsmit, Hochfrequenz-Massenspektrograph nach Bennett, Massenfilter nach Paul. Für wissenschaftliche, technische und militärische Zwecke erfolgt die Reinherstellung bestimmter Nuklide. Die Verfahren richten sich nach den Massen der zu trennenden Isotope. Bedeutung haben als großtechnische Verfahren für die Trennung schwerer Atomarten (Uran) die Gasdiffusion, für die Trennung leichter Atomarten (Wasserstoff bzw. Wasser) Destillation, chemische Austauschreaktion und Elektrolyse. Die Entwicklung von Ultrazentrifugen und Trenndüsen ist noch nicht abgeschlossen; der wirtschaftliche Anreiz für großtechnische Anlagen ist gegenwärtig gering. Massenspektrometrie und Thermodiffusion sind geeignet für die Isotopentrennung im Labor.

B6   Avogadro-Konstante

Das Molekulargewicht eines Stoffes ergibt sich aus der Anzahl und relativen Masse der die Verbindung bildenden Atome. Molekulargewicht in g bezeichnet man als Mol. Das molare Normvolumen eines gasförmigen Stoffes ist

$$V_{mn} = 2{,}24136 \cdot 10^{-2}\,\text{m}^3/\text{mol}$$

mit ^{12}C $= 12$ als Bezugsbasis der Atomgewichtsskala. Nach der Avogadro-Regel ist im Molvolumen stets die gleiche Anzahl Atome bzw. Moleküle enthalten, angegeben durch die Avogadro-Konstante N_A, die früher im deutschen Sprachraum Loschmidt-Konstante genannt wurde. N_A läßt sich als Quotient aus molarer Gaskonstante und Boltzmann-Konstante bestimmen. Eine optische Methode geht von der Rayleigh-Streuung des Lichts aus. Die beiden gegenwärtig exaktesten Verfahren sind:

1. Präzisionsmessung der Atomabstände eines Kristallgitters ($CaCO_3$) mit Röntgenbeugung; Berechnung des einem einzelnen Molekül zugehörigen Volumens V, aus dem sich bei Kenntnis von Molekulargewicht M_r und Dichte ϱ

$$N_A = M_r/\varrho V$$

ergibt.

2. Bestimmung der Faraday-Konstante F auf elektrochemischem oder elektrodynamischem Wege, aus der nach Division durch die elektrische Elementarladung e

$$N_A = F/e$$

folgt.

Für ^{12}C $= 12$ als Bezugsbasis der Atomgewichtsskala gilt

$$N_A = 6{,}02309 \cdot 10^{23}/\text{mol}\,.$$

B7   Atommasse

Die absolute Masse von Atomen und Molekülen läßt sich mittels Division von Atom- bzw. Molekulargewicht (Mol) in g durch die Avogadro-Konstante bestimmen. Für das Wasserstoffatom folgt

$$m_H = 1{,}6732 \cdot 10^{-27}\,\text{kg},$$

für das schwerste, natürlich vorkommende Element, Uran,

$$m_U = 3{,}9521 \cdot 10^{-25}\,\text{kg}\,.$$

Nahezu die gesamte Masse eines Atoms ist im Kern vereinigt; daher ist aus der Kenntnis des Halbmessers des Atomkerns von etwa 10^{-15} m seine Dichte zu $10^{14}\,\text{kg/m}^3$ abschätzbar.

B8   Atomvolumen

Es besteht eine grundsätzliche Schwierigkeit der Definition von Atomvolumina, da die Atome keine raumausfüllenden Körper sind. Die Auffassung der Atome als Kugeln mit festem Halbmesser ist nicht exakt; infolgedessen sind die Meßergebnisse vom Untersuchungsverfahren abhängig. Die beste Methode benutzt die leicht meßbare Dichte von Flüssigkeiten, aus der bei bekannten Atommassen die zugehörigen Volumina und Halbmesser r ermittelt werden. Bei festen Stoffen sind ähnliche Abschätzungen bei Schmelztemperatur möglich. Die räumliche Anordnung bzw. prozentuale Raumerfüllung mit Atomen muß jeweils bekannt sein. Weitere Möglichkeiten zur Bestimmung von Atomvolumina bestehen mit Hilfe der kinetischen Gastheorie aus Messungen der Viskosität, Diffusionskonstante, Wärmeleitfähigkeit usw. Die Atomradien liegen in der Größenordnung 10^{-10} m, beispielsweise für

Kohlenstoff	$0{,}77 \cdot 10^{-10}$ m
Zinn	$1{,}4 \ \cdot 10^{-10}$ m
Aluminium	$1{,}45 \cdot 10^{-10}$ m
Wismut	$1{,}5 \ \cdot 10^{-10}$ m
Natrium	$1{,}9 \ \cdot 10^{-10}$ m
Cäsium	$2{,}6 \ \cdot 10^{-10}$ m

Cäsium ist das Element mit dem größten Halbmesser. Die Periodenabhängigkeit des Atomvolumens von der Ordnungszahl veranschaulicht Bild 1.1-1.

C. Elektronen

C1 Elektronenfreisetzung

Freie Elektronen sind gewinnbar durch Ionisation neutraler Atome oder Moleküle. Bei Stoßionisation werden sie durch Stoß schneller Partikel von zurückbleibenden Ionen, bei thermischer Ionisation als Folge hoher Temperaturen abgetrennt. Zur Ablösung von Elektronen aus dem Verband des neutralen Atoms ist die Ionisierungsarbeit erforderlich. Diese ist abhängig von der Bindungsenergie des äußersten Elektrons, gewöhnlich angegeben in Elektronenvolt (eV).

Praktische Verfahren zur Erzeugung freier Elektronen:

1. Betrieb einer elektrischen Entladung mit hoher Spannung im Vakuum. Aus der Kathode austretende schnelle Elektronen (Kathodenstrahlen) können aus dem Entladungsrohr durch ein Lenard-Fenster ins Freie gelangen und dort untersucht werden.

2. Ablösen von Elektronen durch energiereiche Strahlen von Atomen, Molekülen, Metalloberflächen. Absaugen durch Anlegen einer elektrischen Spannung, Messung des entstehenden Stromes. Technische Anwendung in Photozellen usw.

3. Verdampfen von Elektronen aus glühendem Metall oder Metalloxid. Absaugen durch Anlegen einer elektrischen Spannung; die Sättigungsstromdichte ist exponentiell abhängig von der absoluten Temperatur und der Austrittsarbeit. Die technische Anwendung erfolgt in Elektronenröhren.

C2 Elektronenladung

Aus den Gesetzen der Elektrolyse wäßriger Lösungen läßt sich ableiten, daß das Abscheiden des Äquivalentgewichtes einer chemischen Substanz die durch die Faraday-Konstante

$$F = 9{,}64916 \cdot 10^4 \ \text{C/mol}$$

angegebene Ladung erfordert. Da bei einwertigen Ionen die Anzahl der Ladungsträger durch N_A bestimmt ist, folgt für die Ladung des Elektrons

$$F/N_A = e = 1{,}60203 \cdot 10^{-19} \ \text{C}.$$

Klassisches Verfahren zur Bestimmung der Elektronenladung nach Millikan (1911): Öltröpfchen befinden sich zwischen parallelen Platten eines Kondensators, unter dem Einfluß der Schwerkraft bewegen sie sich nach unten. Durch Bestrahlen mit ultraviolettem Licht erfolgt Aufladung, so daß ein entgegengerichtetes elektrisches Feld Bewegungen der Öltröpfchen nach oben bewirkt. Aus Geschwindigkeit, elektrischen und mechanischen Größen ist die Aufladung berechenbar. Die kleinste Ladungsdifferenz der unterschiedlichen Aufladungen entspricht der Ladung des Elektrons (elektrische Elementarladung).

C3 Elektronenmasse

Nach dem gleichen Prinzip wie bei den Atommassen läßt sich die Masse des Elektrons aus seinen Bewegungen unter dem Einfluß eines magnetischen bzw. elektrischen Feldes bestimmen. Gemessen wird allgemein die spezifische Ladung e/m_e, aus der wegen der Kenntnis der Elementarladung e die Elektronenmasse m_e berechenbar ist. Bekannte Verfahren zur e/m_e-Bestimmung:

1. Ablenkung im magnetischen Feld unter Wirkung der Lorentz-Kraft. Geschwindigkeit, Magnetfeldstärke und Ablenkung stehen dabei aufeinander senkrecht. Bei hinreichend starkem Magnetfeld durchläuft das Elektron eine Kreisbahn.

2. Ablenkung im elektrischen Querfeld. Die Kraft ist dabei proportional der elektrischen Ladung und Feldstärke; das Elektron durchläuft eine Parabelbahn.

3. Durchlaufen zweier hintereinander liegender Kondensatoren, die an der Wechselspannung eines Hochfrequenzgenerators liegen. Bei geeigneter Wahl von Abständen und Generatorfrequenz ist die spezifische Ladung aus der Flugzeit und Beschleunigungsspannung berechenbar.

Als gegenwärtig bester Wert für die spezifische Ladung gilt

$$e/m_e = 1,75890 \cdot 10^{11}\ \text{C/kg},$$

woraus sich die Ruhemasse des Elektrons

$$m_e = 9,10810 \cdot 10^{-31}\ \text{kg}$$

berechnen läßt. Die Massenzunahme von Elektronen bei Geschwindigkeiten v nahe der Lichtgeschwindigkeit c_0 (Beschleuniger) folgt der Einstein-Gleichung

$$m = m_0 / \sqrt{1 - (v/c_0)^2}.$$

C4　Elektronenoptik

Aus der Kenntnis der Ablenkung in elektrischen und magnetischen Feldern wurden elektrostatische und magnetische Linsen für Elektronen entwickelt. Mit ihnen gelingt in Analogie zur Lichtoptik der Aufbau elektronenoptischer Geräte. Die volle Ausnutzung aller Möglichkeiten der Elektronenoptik wird durch Schwierigkeiten in der Herstellung fehlerfreier Linsensysteme behindert. Es besteht der Vorteil kontinuierlich veränderlicher Brennweiten. Die elektronenoptisch abgebildeten Objekte werden auf einem Leuchtschirm bzw. einer photographischen Platte sichtbar gemacht. Bekannte technische Anwendungen sind elektrostatisches Elektronenmikroskop nach Brüche und Mahl, magnetisches Elektronenmikroskop nach Knoll und Ruska.

Erreichbare Vergrößerungen in Verbindung mit optischer Nachvergrößerung 500 000 : 1. Das Feldelektronenmikroskop nach Müller mit Feldemission von Elektronen aus negativ geladener Metallspitze ist besonders geeignet zum Studium der atomaren Struktur der Kathodenoberfläche und von aufgedampften Molekülschichten.

Im Bildwandler löst eine vom Objekt ausgehende unsichtbare Strahlung aus der Photokathode Elektronen aus, die auf einem Leuchtschirm ein sichtbares Bild des Objekts entwerfen. Sekundärelektronenvervielfacher (Multiplier) enthalten Photokathode, Dynoden und Anode. Aus der Photokathode durch einfallende Strahlung ausgelöste Elektronen durchlaufen ein Dynodensystem, wobei in jeder Stufe weitere Sekundärelektronen ausgelöst werden; ihre erreichbare Verstärkung liegt bei 10^{10}.

D.　Photonen

D1　Wirkungsquantum

Die klassische Beschreibung der spektralen Verteilung der Strahlungsenergie schwarzer Körper führte zu einem scheinbaren Widerspruch. Das Gesetz von Rayleigh und Jeans ist nur brauchbar für kleine Wellenlängen λ und Temperaturen T, das Gesetz von Wien nur für große λT-Werte. Beide Beziehungen sind Sonderfälle des Strahlungsgesetzes von Planck (1901), hergeleitet unter der Annahme diskreter Energiezustände der für die Strahlung verantwortlich gedachten Oszillatoren. Die Schwingungsenergie dieser Oszillatoren

$$E = h\nu$$

ist proportional der Frequenz ν. Die universelle Naturkonstante h hat die Dimension Energie × Zeit = Wirkung. Der gegenwärtig beste Zahlenwert des Planckschen Wirkungsquantums (Planck-Konstante) ist

$$h = 6,6252 \cdot 10^{-34}\ \text{Js}.$$

Durch die Übertragung des Quantenbegriffs auf die emittierte Strahlung werden die korpuskularen Eigenschaften des Lichts erklärt. Lichtquanten = Photonen sind ohne Ruhemasse, jedoch kommt ihnen nach Einsteins Äquivalenzprinzip die Masse

$$m = h\nu/c_0^2 \qquad \text{und der Impuls} \qquad p = h\nu/c_0 = h/\lambda$$

zu. Damit werden Wechselwirkungen von Photonen mit Materie wie Emission, Absorption, Stoßvorgänge usw. verständlich.

D 2 Photoeffekt

Die Bestrahlung einer Metalloberfläche mit kurzwelligem Licht führt nach Hertz und Thomson zur Ablösung von Elektronen.

1. Die Zahl der freigesetzten Elektronen ist proportional der Lichtintensität.
2. Es gibt eine materialabhängige Grenzfrequenz. Licht geringerer Frequenz löst keine Elektronen ab, nur Licht größerer Frequenz. Die Freisetzung erfolgt praktisch ohne Verzug.
3. Die maximale kinetische Energie der Elektronen ist eine lineare Funktion der Lichtfrequenz.

Die Erklärung dieser Ergebnisse aus der Wellentheorie des Lichts ist unmöglich. Aus den korpuskularen Eigenschaften des Lichts (Photonen) ergibt sich nach Einstein (1905)

$$h\nu = W + mv^2/2 \,.$$

Die Energie der eingestrahlten Photonen tritt, vermindert um die Ablösearbeit W, als kinetische Energie der Elektronen in Erscheinung.

D 3 Compton-Effekt

Bei der Streuung energiereicher Photonen (Röntgen- und Gammastrahlung) in Materie ändert sich die Energie. Die Untersuchung durch Compton (1922) führte zu folgenden Ergebnissen:

1. Die Strahlung verliert durch Streuung Energie.
2. Der Energieverlust ist abhängig vom Streuwinkel.
3. Mit zunehmendem Streuwinkel verringert sich die Intensität der Streustrahlung.

Diese Vorgänge sind nur aus der quantenhaften Struktur der Strahlung verständlich. Die Streuung wird wie ein elastischer Stoß von Photonen mit Elektronen behandelt. Aus den Erhaltungssätzen für Energie und Impuls folgt für den relativen Energieverlust

$$\Delta E/E_0 = 1/[1 + \alpha_0 (1 - \cos\vartheta)]$$

mit dem Quotienten α_0 aus der Energie der ungestreuten Strahlung und dem Energieäquivalent des Elektrons. Bild 1.1-3 zeigt den relativen Energiever-

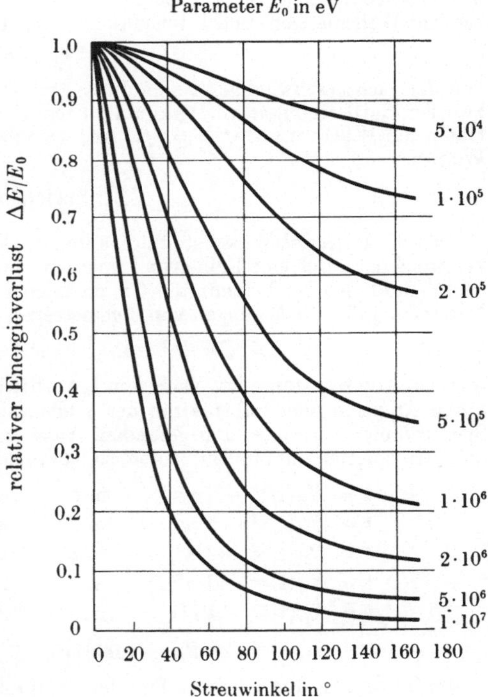

Bild 1.1-3 Compton-Streuung

lust als Funktion des Streuwinkels. Die Abhängigkeit der Intensität vom Streuwinkel wurde von Klein und Nishina angegeben.

Diese Behandlung der Compton-Streuung ist nur richtig, wenn die Bindungsenergie der Elektronen klein ist gegen die Energie der eingestrahlten Photonen. Bei inneren Elektronen schwerer Atome erfolgt der Austausch von Energie und Impuls mit dem ganzen Atom, so daß ein Teil der Streuung ohne merklichen Energieverlust stattfindet.

E. Optische Spektren

E1　Spektralanalyse

Spektren von Atomen und Molekülen sind im gesamten Wellenlängenbereich, von den Röntgenstrahlen bis zu den Rundfunkwellen, zu finden. Emissionsspektren entstehen über die Anregung der zu untersuchenden Substanzen durch Stöße schneller Elektronen, durch Flammen, Hochfrequenz-, Bogen- und Funkenentladungen; sie erscheinen bei direkter Beobachtung hell auf dunklem Grund. Zur Aufnahme von Absorptionsspektren ist ein kontinuierliches Emissionsspektrum erforderlich, aus dem die zu untersuchenden Substanzen eigene Linien absorbieren, die dunkel auf hellem Grund gesehen werden. Beobachtet werden Linienspektren, bei denen zwischen Bogenspektren neutraler Atome und ersten, zweiten, ... Funkenspektren ein-, zwei-, ...fach ionisierter Atome unterschieden wird. Träger von Bandenspektren sind stets Moleküle. Kontinuierliche Spektren gehen auf glühende feste Körper, bestimmte Entladungen usw. zurück.

Die Abhängigkeit der für die Spektralanalyse erforderlichen Geräte vom interessierenden Wellenlängenbereich zeigt Tabelle 1.1-3. Die Untersuchung aufgenommener Spektren schließt Wellenlängen- und Intensitätsmessungen ein. Da die Wellenlängen λ nach

$$\lambda v = c$$

von der Lichtgeschwindigkeit c im durchstrahlten Medium abhängen, sind zu Vergleichszwecken die Ergebnisse auf Vakuum zu reduzieren. In den Gesetzen der Linienspektren treten die Wellenzahlen $\bar{v} = 1/\lambda$ auf; sie geben die Anzahl der Wellenlängen auf 1 m Weg an.

E2　Serienformeln

Die Spektren des Wasserstoffatoms im sichtbaren und ultravioletten Bereich sind gekennzeichnet durch eine Reihe von Linien, die mit abnehmenden Wellenlängen zusammenrücken und sich bei bestimmten Grenzwerten häufen. Nach Balmer (1885) erfolgt die Darstellung der Wellenlängen von 9 gemessenen Linien durch

$$\lambda = Bn^2/(n^2 - 4) \qquad \text{mit} \qquad n = 3, 4, 5, \ldots$$

wobei B eine Konstante ist. Nach dem Kombinationsprinzip von Ritz (1908) wurden durch Addition oder Subtraktion der Wellenzahlen beobachteter Spektrallinien weitere Spektrallinien berechnet und gefunden. Wasserstoff enthält noch weitere vier Serien, eine im Ultravioletten, drei im Infraroten, so daß in der Schreibweise mit Wellenzahlen gilt:

$$\bar{v} = R_\text{H}(1/1^2 - 1/n^2) \qquad \text{mit} \qquad n = 2, 3, 4, \ldots \text{ (Lyman-Serie)}$$
$$\bar{v} = R_\text{H}(1/2^2 - 1/n^2) \qquad \text{mit} \qquad n = 3, 4, 5, \ldots \text{ (Balmer-Serie)}$$
$$\bar{v} = R_\text{H}(1/3^2 - 1/n^2) \qquad \text{mit} \qquad n = 4, 5, 6, \ldots \text{ (Paschen-Serie)}$$
$$\bar{v} = R_\text{H}(1/4^2 - 1/n^2) \qquad \text{mit} \qquad n = 5, 6, 7, \ldots \text{ (Brackett-Serie)}$$
$$\bar{v} = R_\text{H}(1/5^2 - 1/n^2) \qquad \text{mit} \qquad n = 6, 7, 8, \ldots \text{ (Pfund-Serie)}$$

$$R_\text{H} = 1{,}096776 \cdot 10^7/\text{m}$$

ist die Rydberg-Konstante für leichten Wasserstoff.

Die Spektren schwererer Atome sind komplizierter, lassen sich aber in ihren Grundzügen auf ähnliche Formeln zurückführen.

Tabelle 1.1-3   Spektralgeräte und Strahlungsempfänger

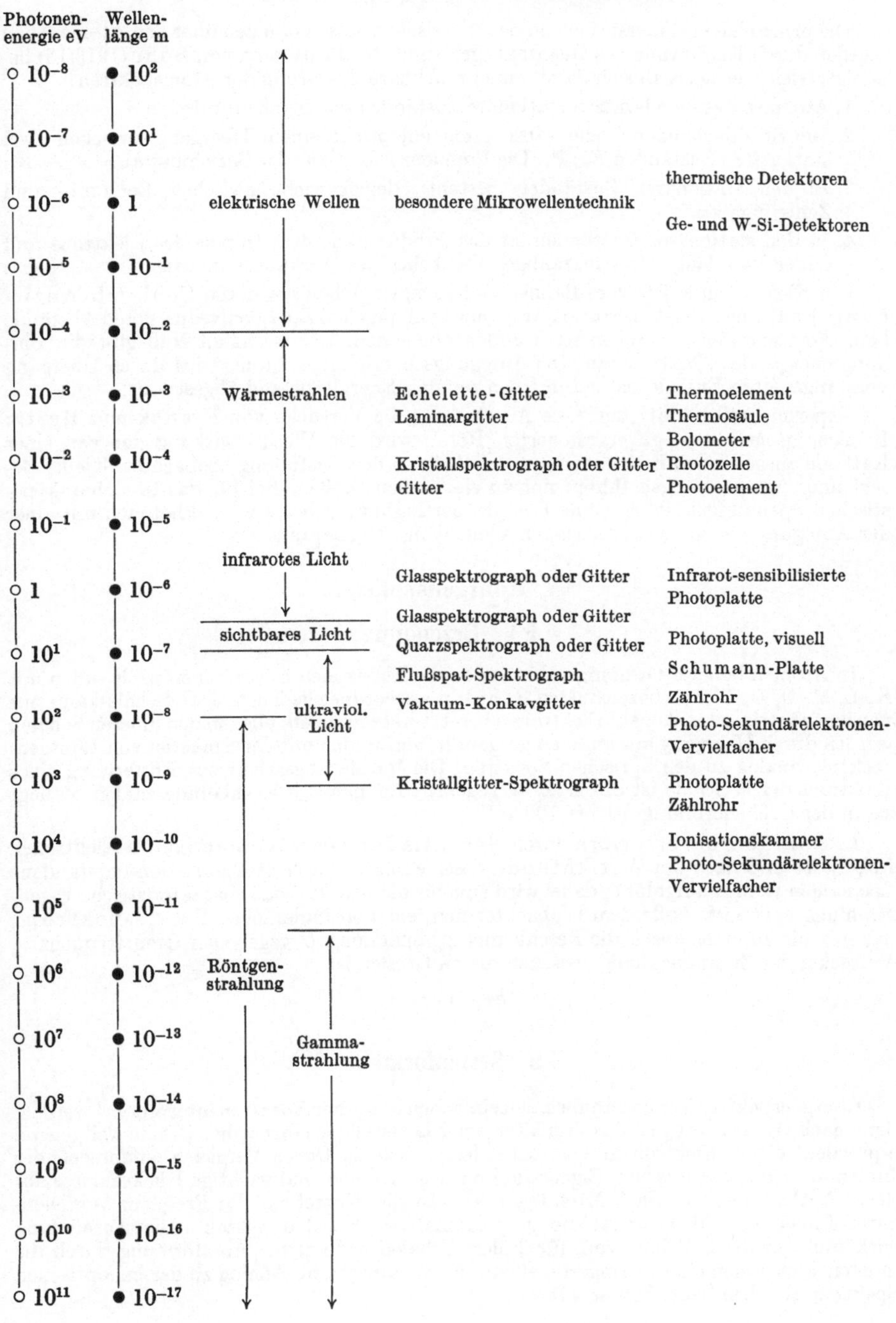

2*

E 3 Bohrsches Atommodell

Die prinzipiellen Widersprüche in den klassischen Anschauungen über den Atomaufbau wurden durch Einführung des Quantenbegriffs mit den Postulaten von Bohr (1913/15) beseitigt. Gleichzeitig ergab sich damit eine brauchbare Erklärung der Atomspektren:

1. Atomare Systeme besitzen stationäre Zustände ohne Strahlenemission.

2. Die Strahlenemission oder -absorption entspricht einem Übergang zwischen zwei stationären Zuständen E_2, E_1. Die Frequenz v folgt aus der Beziehung $hv = E_2 - E_1$.

3. In den stationären Zuständen besteht Gleichgewicht zwischen Coulomb- und Zentrifugalkraft.

4. In den stationären Zuständen ist das Produkt aus dem Impuls des Elektrons und seiner Bahnlänge ein ganzzahliges Vielfaches des Wirkungsquantums.

Um Elektronen auf äußere Bahnen zu heben, ist Arbeit gegen die Coulomb-Anziehung des Kerns zu leisten. Stationäre Bahnen entsprechen Energieniveaus, deren Abstände beim Fortschreiten von innen nach außen abnehmen. Der Grenzfall Null gibt die Bindungsenergie des Elektrons an. Die Anregungsenergie eines Atoms wird durch Übergang vom angeregten Energiezustand in einen tieferen Energiezustand abgestrahlt.

Experimentell bestätigten diese Anschauung die Versuche von Franck und Hertz: In einer gasgefüllten, gittergesteuerten Röhre wird die Wechselwirkung der von einer Kathode ausgehenden Elektronen mit den Atomen der Gasfüllung beobachtet. Kleine Beschleunigungsspannungen führen nur zu elastischen Stößen. Bei für das Gas charakteristischen Spannungen erfolgt eine Energieübertragung; dabei werden Photonen mit einer der Anregungsenergie entsprechenden Wellenlänge abgestrahlt.

F. Röntgenspektren

F1 Erzeugung

In Atomen höherer Ordnungszahl werden die Elektronen in von innen nach außen mit K, L, M, N, O, P usw. bezeichneten Schalen angeordnet gedacht. Jede Schale kann nur von einer bestimmten Anzahl Elektronen besetzt werden. Leerstellen in den inneren Schalen werden durch Übergang aus äußeren aufgefüllt, verbunden mit der Emission von Röntgenspektren analog zu den optischen Spektren. Die Ionisierungsarbeit zur Entfernung eines Elektrons der K-Schale ist durch $Z^2 R$ gegeben; für mittlere Kernladungszahlen Z liegt sie in der Größenordnung 10 bis 100 keV.

In Röntgenröhren werden durch Gasentladung oder Glühemission Elektronen freigesetzt und nach der Antikathode beschleunigt. Durch Stoßionisation entstandene Leerstellen werden aufgefüllt; dabei wird eine für die Antikathode charakteristische Eigenstrahlung emittiert. Außerdem beobachtet man ein kontinuierliches Bremsspektrum, das sich bis zu einer durch die Beschleunigungsspannung U gegebenen Grenzfrequenz v_g erstreckt; der Zusammenhang zwischen diesen Größen ist

$$hv_g = eU.$$

F2 Serienformeln

Röntgenspektren können ähnlich den einfachen optischen Spektren interpretiert werden, denn nach Heisenberg ist das Verhalten einer Leerstelle in einer vollen Schale weitgehend äquivalent einem Elektron in einer sonst leeren Schale. Durch Vergleich entsprechender Linien der charakteristischen Eigenstrahlung von Atomen sind wichtige Rückschlüsse auf deren Aufbau möglich. Nach Moseley (1913) ist die Wurzel aus der Frequenz vergleichbarer Linien verschiedener Atome proportional der Kernladungszahl. Die Kernladung wirkt nur auf die K-Schale voll, für äußere Schalen bedingt die Abschirmung durch die inneren Elektronen eine verringerte, effekte Kernladungszahl. Analog zu der bei optischen Spektren üblichen Schreibweise gilt für die K_α-Linie $\qquad\qquad \bar{\nu} = R\,(Z-1)^2\,(1/1^2 - 1/2^2),$

für die L_α-Linie $\qquad\qquad \bar{\nu} = R\,(Z-7{,}4)^2\,(1/2^2 - 1/3^2),$

wobei R die Rydberg-Konstante ist.

F3 Absorptionskanten

Röntgenübergänge mit diskreten Linien treten nur in Emission auf, während die Absorption wegen der Besetzung nächsthöherer Schalen mit Elektronen in den Bereich optischer Energieniveaus oder ins Kontinuum oberhalb der Ionisierungsarbeit führt. Die Darstellung des Absorptionskoeffizienten eines Stoffes in Abhängigkeit von der eingestrahlten Wellenlänge zeigt steile Kanten, die nach kürzeren Wellenlängen langsam abnehmen. Die beobachtete Feinstruktur der Absorptionskanten geht auf eine Aufspaltung der Energieniveaus zurück. Die Anregung von Elektronen im optischen Bereich führt zu diskreten Linien mit einer schwer auflösbaren Struktur der langwelligen Absorptionskante.

G. Quantentheorie

G1 Wasserstoffatom

Als erstes Element im Periodensystem hat Wasserstoff die Kernladungszahl. 1. Das H-Atom besteht aus einem Proton als Kern und einem Elektron, das nach der Modellvorstellung den Kern umläuft. Aus dem Gleichgewicht von Coulomb-Anziehung und Zentrifugalkraft sowie der Quantelung des über den Umlauf genommenen Wirkungsintegrals folgt der Halbmesser der Elektronenbahnen

$$r = \varepsilon_0\, n^2\, h^2/\pi\, e^2\, m_e$$

und die Umlaufgeschwindigkeit des Elektrons

$$v = e^2/2\,\varepsilon_0\, n\,h\,.$$

Die kleine, ganze Zahl n heißt Hauptquantenzahl. Die Radien der Elektronenbahnen wachsen im Verhältnis $1:4:9:16$ usw.; für die innerste Elektronenbahn beträgt in Übereinstimmung mit den bisherigen Kenntnissen über den Atomaufbau der Halbmesser

$$r_0 = 5{,}2917 \cdot 10^{-11}\ \text{m}\,.$$

Die Energie der stationären Zustände des Elektrons setzt sich aus kinetischer und potentieller Energie zu

$$E_n = -\,e^4\, m_e/8\,\varepsilon_0^2\, n^2\, h^2$$

zusammen. Für den Übergang des Elektrons aus einem stationären Zustand in einen an-

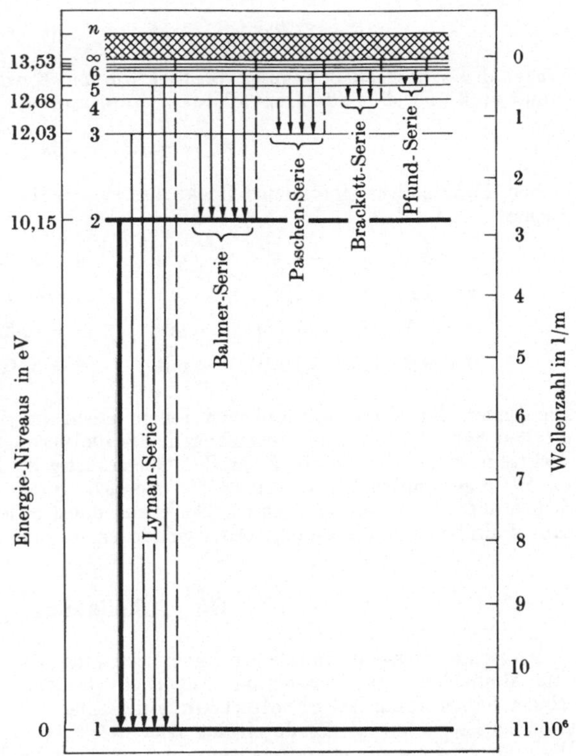

Bild 1.1-4 Wasserstoff-Energieniveaus

deren wird die Wellenzahl des abgestrahlten Lichts nach dem Termschema von Bild 1.1-4

$$\bar{\nu} = R\,(1/n_1^2 - 1/n_2^2) \qquad \text{mit} \qquad n_2 > n_1.$$

Die **Rydberg-Konstante** $R_\infty = e^4\,m_e/8\,\varepsilon_0^2\,c_0\,h^3$ ist damit auf die Naturkonstanten c_0, e, h, ε_0, m_e zurückgeführt; sie entspricht der Bindungsenergie des Elektrons im Grundzustand oder der Ionisierungsarbeit, die erforderlich ist zur Ablösung eines Elektrons aus dem Grundzustand. R_∞ bezieht sich zunächst auf einen unendlich schweren Atomkern. Da aber der Kern des Wasserstoffatoms ebenfalls eine Drehbewegung um den gemeinsamen Schwerpunkt des Systems ausführt, ist $R_H = R_\infty/(1 + m_e/m_p)$.

G2   Wasserstoffähnliche Ionen

Bei der Spektralanalyse des von einfach ionisiertem Helium emittierten Lichts werden Serien beobachtet, bei denen jede zweite Linie nahe einer Linie des Wasserstoffspektrums liegt. Analoge Überlegungen wie beim Wasserstoffatom führen für Ionen mit nur einem Elektron (z. B. He⁺, Li⁺⁺, Be⁺⁺⁺ usw.) wegen unterschiedlicher Kernladungszahlen Z zu Energieniveaus

$$E_n = m_e'\,e^4\,Z^2/8\,\varepsilon_0^2\,n^2\,h^2$$

für stationäre Elektronenbahnen. Entsprechend folgt für die Wellenzahlen des bei einem Elektronenübergang abgestrahlten Lichts

$$\bar{\nu} = Z^2\,R\,(1/n_1^2 - 1/n_2^2) \qquad \text{mit} \qquad n_2 > n_1.$$

Wegen der wirklichen Bewegung von Elektron und Kern um ihren gemeinsamen Schwerpunkt muß in R die **reduzierte Elektronenmasse**

$$m_e' = m_e/(1 + m_e/m_N)$$

stehen. Für die bisher gefundenen Spektralserien des He⁺ lassen sich folgende Formeln aufstellen:

$$\bar{\nu} = 4\,R_{He}\,(1/1^2 - 1/n^2) \qquad \text{mit} \qquad n = 2, 3, 4, \dots \text{ (1. Lyman-Serie)}$$

$$\bar{\nu} = 4\,R_{He}\,(1/2^2 - 1/n^2) \qquad \text{mit} \qquad n = 3, 4, 5, \dots \text{ (2. Lyman-Serie)}$$

$$\bar{\nu} = 4\,R_{He}\,(1/3^2 - 1/n^2) \qquad \text{mit} \qquad n = 4, 5, 6, \dots \text{ (Fowler-Serie)}$$

$$\bar{\nu} = 4\,R_{He}\,(1/4^2 - 1/n^2) \qquad \text{mit} \qquad n = 5, 6, 7, \dots \text{ (Pickering-Serie)}.$$

Die Linien der wasserstoffähnlichen Ionen haben im Vergleich zum Wasserstoffatom um den Faktor Z^2 kürzere Wellenlängen; die Ionisierungsarbeit zur Ablösung des letzten Elektrons ist um den Faktor Z^2 größer. Gegenwärtig ist die Untersuchung von Ionen mit bis 23 abgetrennten Elektronen (Sn²³⁺) möglich. Nach dem **Verschiebungssatz** von **Sommerfeld** und **Kossel** ist das Spektrum eines beliebigen Atoms der Kernladungszahl Z ähnlich dem des n-fach positiv geladenen Ions der Kernladungszahl $Z + n$.

G3   Alkaliatome

Außer den wasserstoffähnlichen Ionen zeigen die Alkaliatome im Aufbau der Spektren eine Ähnlichkeit zum Wasserstoff. Außerhalb der abgeschlossenen inneren Elektronenschalen haben sie ein **Leuchtelektron**, auf das die verringerte, effektive Kernladungszahl und das Störpotential des durch das Leuchtelektron polarisierten Atomrumpfes wirkt. Dadurch wird ein zur Hauptquantenzahl n gehörender Energiezustand in mehrere, mit S, P, D, F bezeichnete Zustände aufgespalten. Nach der schematischen Darstellung in

Bild 1.1-5 entstehen bei S- und tiefstem P-Term die größten Abweichungen; bei den höheren P-, D-, F-Termen ist die Ähnlichkeit zum Wasserstoff unverkennbar. Die Darstellung der beobachteten Spektralserien erfolgt durch

$$\bar{\nu} = R\,[1/(1+s)^2 - 1/(n+p)^2] \qquad \text{mit} \qquad n = 2, 3, 4, \ldots \text{ (Hauptserie)}$$

$$\bar{\nu} = R\,[1/(2+p)^2 - 1/(n+s)^2] \qquad \text{mit} \qquad n = 2, 3, 4, \ldots \text{ (II. Nebenserie)}$$

$$\bar{\nu} = R\,[1/(2+p)^2 - 1/(n+d)^2] \qquad \text{mit} \qquad n = 3, 4, 5, \ldots \text{ (I. Nebenserie)}$$

$$\bar{\nu} = R\,[1/(3+d)^2 - 1/(n+f)^2] \qquad \text{mit} \qquad n = 4, 5, 6, \ldots \text{ (Bergmann-Serie)},$$

wobei R Rydberg-Konstante und s, p, d, f für jedes Alkaliatom charakteristische Konstanten zwischen 0 und 1 sind.

Zur Kennzeichnung dieser Spektren hat Sommerfeld neben der Hauptquantenzahl n die Bahnimpulsquantenzahl $l \leq n-1$ eingeführt. Zum S-Term gehört $l = 0$, zum P-Term $l = 1$, zum D-Term $l = 2$ usw., man spricht von 1 s-, 2 p-, 3 d-Elektronen. Das Ritzsche Kombinationsprinzip mit Übergängen zwischen allen Energieniveaus wird eingeschränkt durch eine Auswahlregel, die Übergänge nur zwischen benachbarten Termfolgen erlaubt, d. h. $\Delta l = \pm 1$. Durch die Hauptquantenzahl wird die Gesamtenergie einer Elektronenbahn, durch $l+1$ ihre Exzentrizität angegeben. Es gehören zu $n = 1$ eine Kreisbahn (1 S), zu $n = 2$ eine Kreisbahn (2 S) und eine Ellipsenbahn (2 P), zu $n = 3$ eine Kreisbahn (3 S) und zwei Ellipsenbahnen (3 P, 3 D) usw.

Bei Wasserstoff ist das Termschema wegen des rein Coulombschen Zentralfeldes entartet, so daß die zu unterschiedlichen Bahnimpulsquantenzahlen gehörenden Energieniveaus fast zusammenfallen. Die verbleibende Aufspaltung geht zurück auf relativistische Effekte, die eine geringe Änderung der Bahnenergie bewirken. Die quantitative Erfassung liefert für wasserstoffähnliche Atome

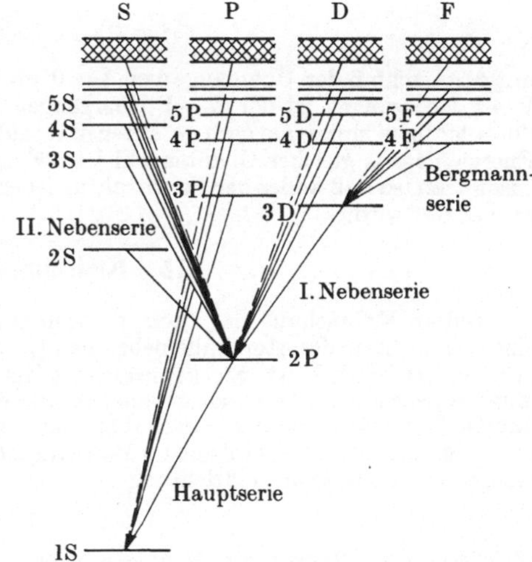

Bild 1.1-5   Alkali-Termschema

$$E_{n,l} = -\frac{m_e'\,e^4}{8\,\varepsilon_0^2\,n^2\,h^2}\,Z^2\left[1 + \frac{\alpha^2 Z^2}{n}\left(\frac{1}{l+1} - \frac{3}{4\,n}\right)\right],$$

wobei die Sommerfeldsche Feinstrukturkonstante $\alpha = 1/137$ ist. Für $\alpha = 0$ geht diese Beziehung in den bekannten Ausdruck für die Energieniveaus des Wasserstoffatoms über.

Den gleichen Charakter wie die Alkalispektren zeigen die übrigen Atome mit einem Leuchtelektron sowie nach dem spektroskopischen Verschiebungssatz die einfach positiven Ionen der nächst höheren Gruppe der Erdalkalien usw. Zweielektronenspektren haben noch einige Ähnlichkeiten, da ein Elektron als Leuchtelektron wirkt, während das zweite dem Atomrumpf zugerechnet werden kann.

G 4   Elektronenspin

Genaue spektroskopische Untersuchungen wiesen Energiezustände der Alkaliatome mit Ausnahme der S-Terme als doppelt aus. Die Größe dieser Dublettaufspaltung wächst mit der Kernladungszahl Z stark an, nimmt mit zunehmender Haupt- und Bahnimpulsquantenzahl rasch ab. Daraus resultiert die Notwendigkeit, zur vollkommenen Beschreibung atomarer Zustände eine weitere Quantenzahl s mit Werten $+1/2$ oder $-1/2$ einzuführen. Diese Erscheinung wird durch den von Goudsmit und Uhlenbeck (1925) nachgewiesenen Eigendrehimpuls (Spin) des Elektrons physikalisch verständlich. Bahndrehimpuls $\mathfrak{l}$ und Eigendrehimpuls $\mathfrak{s}$ des Leuchtelektrons setzen sich über ihre magnetischen Felder zum Gesamtdrehimpuls $\mathfrak{j}$ zusammen. Die Drehimpulsbeträge und die zugehörigen Quantenzahlen sind durch die Beziehungen

$$|\mathfrak{l}| = \sqrt{l(l+1)}\;\hbar; \qquad |\mathfrak{s}| = \hbar/2\,; \qquad |\mathfrak{j}| = \sqrt{j(j+1)}\;\hbar$$

miteinander verbunden, wobei das Drehimpulsquant $\hbar = h/2\pi$ ist. Für die Quantenzahl j folgt aus den beobachteten Spektren die Auswahlregel der erlaubten Übergänge

$$\Delta j = 0 \qquad \text{oder} \qquad \pm 1$$

unter Ausschluß der Übergänge von $j = 0$ nach $j = 0$. Neben dem Dublettcharakter von P → S-Übergängen ist bei D → P-Übergängen das Auftreten weiterer Linien zu erwarten, die allerdings nur eine geringe Intensität aufweisen. Beim Wasserstoffatom fallen die Energieniveaus gleicher Quantenzahl j trotz unterschiedlicher Bahnimpulsquantenzahlen zusammen, so daß außer der Feinstruktur jedes Energieniveaus keine weitere Aufspaltung beobachtet wird.

G5 Richtungsquantelung

Weitere Erforschung der Atomspektren zeigte, daß zur vollkommenen Beschreibung eines Elektrons in der Atomhülle neben den Quantenzahlen n, l, s eine Magnetquantenzahl m erforderlich ist. Sie kennzeichnet die möglichen Einstellungen eines der Drehimpulse gegenüber wirksamen magnetischen oder elektrischen Feldern. Der Gesamtdrehimpuls $\mathfrak{J}$ eines atomaren Systems führt dann eine Präzessionsbewegung um die Feldrichtung aus. Die Richtungsquantelung läßt nur solche Einstellungen zu, bei der die Komponente von $\mathfrak{J}$ in Feldrichtung

$$|\mathfrak{M}| = M\hbar$$

ist. Die $(2J+1)$-Werte von M unterscheiden sich jeweils um ganze Vielfache von $\hbar$ und sind mit J ganz- oder halbzahlig.

Den experimentellen Nachweis führten Stern und Gerlach (1921) mit einem Strahl aus Silberatomen, den sie durch ein extrem inhomogenes, zwischen schneiden- und sattelförmigem Polschuh ausgebildetes Magnetfeld schickten. Dadurch wurden die atomaren Dipole aus ihrer ursprünglichen Richtung abgelenkt. Auf einer Photoplatte konnten zwei den beiden unterschiedlichen Einstellungen entsprechende Auftreffstellen beobachtet werden.

G6 Zeeman-Effekt

Den Einstellmöglichkeiten von Atomen zur Richtung eines wirksamen magnetischen Feldes entsprechen unterschiedliche Energiewerte. Die Energieniveaus spalten daher in $2J + 1$ Komponenten; benachbarte Einstellungen unterscheiden sich um eine Einheit der Magnetquantenzahl M. Im einfachsten Fall der Singulettatome tritt wegen fehlenden Eigendrehmoments ein normaler Zeeman-Effekt auf.

Die Energiedifferenz benachbarter Komponenten beträgt aufgrund der magnetischen Bahnmomente

$$\Delta E_n = \mu_\mathrm{B} H,$$

wobei H die magnetische Feldstärke und $\mu_\mathrm{B} = \mu_0 eh/4\pi m_\mathrm{e}$ das Bohrsche Magneton ist. Wegen der Auswahlregel $\Delta M = 0,\;\pm 1$ beobachtet man unabhängig von der Zahl der Aufspaltungen jeweils 3 Linien (Triplett), da wegen gleicher Abstände der Komponenten in den kombinierenden Energieniveaus die Übergänge mit gleichem ΔM zusammenfallen.

Bei den übrigen, Nicht-Singulettatomen wird der anomale Zeeman-Effekt beobachtet. Bei nicht zu starken Magnetfeldern setzen sich durch Russell-Saunders-Kopplung Bahndrehimpuls $\mathfrak{L}$ und Eigendrehimpuls $\mathfrak{S}$ zum Gesamtdrehimpuls $\mathfrak{J}$ zusammen, der um die Feldrichtung präzessiert. Eine Aufspaltung der Energieniveaus führt wieder zu jeweils $2J+1$ Komponenten; nur ist unter diesen Bedingungen die Energiedifferenz

$$\Delta E_a = \mu_B\, g\,(L, S, J)\,H$$

von den Quantenzahlen abhängig und für kombinierende Energieniveaus nicht gleich. Über den **Landé-Faktor**

$$g\,(L, S, J) = \frac{3\,J\,(J+1) + S\,(S+1) - L\,(L+1)}{2\,J\,(J+1)}$$

eröffnet der anomale Zeeman-Effekt die Möglichkeit, die Quantenzahlen L, S, J empirisch zu bestimmen. Starke Magnetfelder heben die Kopplung von Bahn- und Eigendrehimpuls auf, so daß nach Paschen und Back $\mathfrak{L}$ und $\mathfrak{S}$ getrennt für sich um die Feldrichtung präzessieren. Die Aufspaltung der Energieniveaus in Komponenten führt zu den Energiedifferenzen

$$\Delta E = \mu_B\,(M_L + 2\,M_S)\,H\,.$$

Da $(M_L + 2\,M_S)$ stets ganzzahlig ist und die Auswahlregel $\Delta M = 0$, ± 1 gilt, wird das Triplett des normalen Zeeman-Effektes beobachtet, mit einer Feinstruktur wegen der nicht restlos aufgehobenen Russel-Saunders-Wechselwirkung.

G7 Stark-Effekt

Elektronenbahnen unterschiedlicher Exzentrizität beim Wasserstoffatom und bei wasserstoffähnlichen Ionen werden durch angelegte elektrische Felder unterschiedlich gestört. Damit verschwindet die Entartung ähnlich wie bei Alkaliatomen unter der Wirkung des Atomrumpfes. Durch die gequantelte Einstellung der einzelnen Bahndrehimpulse im elektrischen Feld tritt eine symmetrische Aufspaltung der einzelnen Energieniveaus in $2n-1$ Komponenten ein, deren Abstände

$$\Delta E = \frac{3\,h^2\,n\,\varepsilon_0\,F}{2\,\pi\,m_e\,e}$$

sind.

Sie wachsen entsprechend den Beobachtungen von Stark (1913) linear mit der elektrischen Feldstärke F und der Hauptquantenzahl n.

Nicht-wasserstoffähnliche Atome werden im elektrischen Feld polarisiert. Wie beim Zeeman-Effekt tritt Richtungsquantelung und Präzession um die Feldrichtung ein, allerdings ist die Verschiebung und Aufspaltung der Energieniveaus vom Quadrat der Feldstärke abhängig. Bei starken elektrischen Feldern wird eine Entkopplung von Bahn- und Eigendrehimpuls analog zum Paschen-Back-Effekt beobachtet.

G8 Pauli-Prinzip

Aus dem Erfahrungsmaterial der Spektroskopie schloß Pauli (1925), daß in atomaren Systemen keine Elektronen vorkommen, die in allen vier Quantenzahlen n, l, s und m übereinstimmen. Dementsprechend müssen sich bei den Alkaliatomen die Einzeldrehimpulse in den tiefer liegenden Schalen gegenseitig kompensieren, so daß der Gesamtdrehimpuls allein vom Leuchtelektron herrührt. Die Hauptquantenzahl n ermöglicht $l = n-1$ verschiedene Bahnimpulsquantenzahlen, zu denen $2\,l+1$ m-Werte gehören. Jedes der so gekennzeichneten Elektronen kann zwei verschiedene Eigendrehimpulse annehmen, so daß in der K-Schale ($n = 1$) 2 Elektronen, in der L-Schale ($n = 2$) 8 Elektronen, in der M-Schale ($n = 3$) 18 Elektronen usw. Platz finden. Da im Periodensystem Reihen von 2, 8, 8, 18, 18,

32 Elementen auftreten, können die einzelnen Schalen nicht einfach nacheinander aufgefüllt werden, wie der spektroskopische Verschiebungssatz von Kossel und Sommerfeld nahelegt. Die Reihenfolge ergibt sich vielmehr aus den Energiewerten der atomaren Zustände, auf die man aus Ionisierungsarbeit, Spektralanalyse usw. rückschließt. Der Einbau der Elektronen in die Unterschalen nach Bild 1.1-6 erklärt gleichzeitig viele chemische Erfahrungen wie die Reaktionsträgheit der Edelgase, die wechselnde Wertigkeit des Kupfers, die Sonderstellung der Edelmetalle, Lanthaniden und Actiniden. Der Abbruch des Periodensystems natürlich vorkommender Elemente beim Uran wird durch die Instabilität der schwersten Atomkerne verursacht.

H. Quantenmechanik

H1 Welle-Teilchen-Dualismus

Die aus den Interferenz- und Beugungserscheinungen abgeleitete Wellennatur des Lichts schloß seit Fresnel (1815) Teilcheneigenschaften aus. Umgekehrt schien die Auffassung von Molekülen, Atomen und Elektronen als materielle Teilchen gesichert. Beide Bilder galten als unvereinbar, so daß ein beobachteter Übergang zwischen ihnen eine Krise in der Physik hervorrief. Die wichtigsten experimentellen Belege für die Korpuskularnatur des Lichts sind Photo- und Compton-Effekt, für die Welleneigenschaften der Materie Beugung von Elektronen, Neutronen usw. beim Durchgang durch Kristalle. Wie bei Röntgenstrahlen können bei bekannten Gitterkonstanten Wellenlängen gemessen werden. Entsprechend den theoretischen Überlegungen De Broglies (1924) ist allgemein die Wellenlänge

$$\lambda = h/p.$$

Praktische Bedeutung haben hierbei neben den Elektronen die Neutronen, besonders zur Strukturuntersuchung wasserstoffhaltiger Substanzen.

Wellen- und Teilchenvorstellung stellen zwei von der Art der Experimente abhängige Bilder der gleichen physikalischen Realität dar. Die prinzipiell unanschaulichen Vorgänge im atomaren Bereich bedingen allgemeinere Gesetze, in denen die Erfahrungen der klassischen Physik als Grenzfälle enthalten sind.

H2 Unbestimmtheitsrelation

Bei der Beschreibung eines physikalischen Systems mit Wellen- und Teilcheneigenschaften tritt eine prinzipielle Unbestimmtheit der gleichzeitigen Aussagen über Impuls und Ort, Energiezustand und Lebensdauer auf, d. h. allgemein zweier Größen, deren Produkt die Dimension einer Wirkung hat. Die Wellenlänge eines unendlich langen, monochromatischen Wellenzuges ist beliebig genau bestimmbar, die gleichzeitige Festlegung im Raum unmöglich. Umgekehrt setzt die genaue Bestimmung des Ortes immer einen kurzen Wellenzug voraus, während die Spektralanalyse ein kontinuierliches Spektrum liefert. Das Produkt der prinzipiellen Unbestimmtheit derartiger, kanonisch konjugierter Variabler ist nach Heisenberg von der Größenordnung des Wirkungsquantums,

$$\Delta x \, \Delta p \approx h, \qquad \Delta E \, \Delta t \approx h \quad \text{usw.}$$

Diese grundlegende Beziehung ist eine Folge des Dualismus von Welle und Teilchen. Sie steht nicht im Zusammenhang mit der Unvollkommenheit der Meßverfahren und -geräte und wird nicht durch die Störung einer Größe durch ihre kanonisch konjugierte verursacht. Die experimentelle Bestätigung der Unbestimmtheitsrelation ergibt sich durch die Lebensdauer angeregter atomarer Zustände und die Breite der zugehörigen Spektrallinien, die Nullpunktsenergie von Molekülen, Kristallen usw.

H3 Materiewellen

Der Welle-Teilchen-Dualismus des Lichts verbindet Energie und Impuls der Photonen mit der Frequenz und Wellenlänge des Lichts. Die von De Broglie abgeleitete Beziehung

$$\lambda = h/mv$$

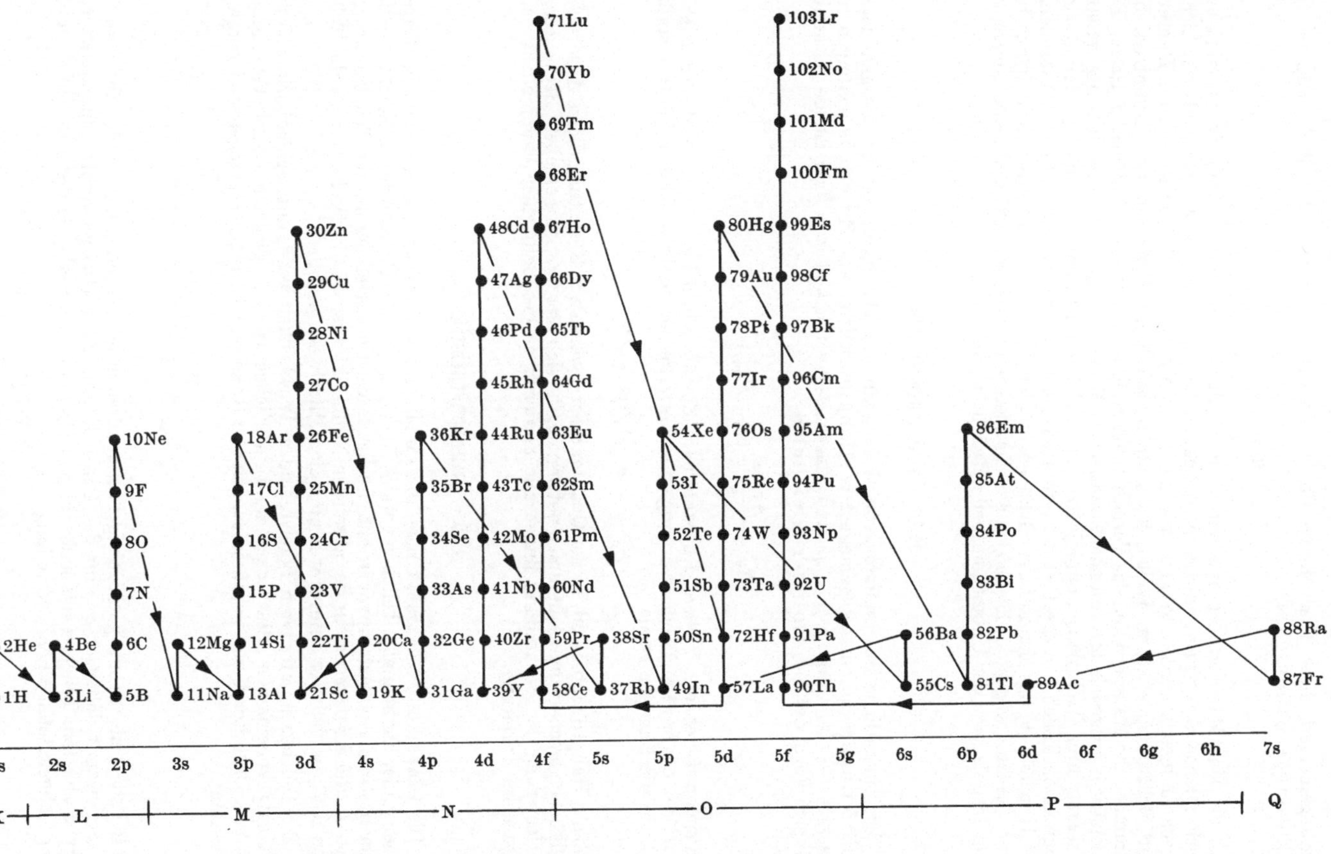

Bild 1.1-6 Periodensystem der Elemente, Aufbau der Elektronenschalen

verallgemeinert diese Erscheinung für materielle Teilchen. Im Wellenbild ist die Phasengeschwindigkeit

$$u = c_0^2/v,$$

mit der sich Materiewellen ausbreiten, umgekehrt proportional der mit Energietransport verbundenen Gruppengeschwindigkeit v. Sie kann bei $v < c$ größer als die Lichtgeschwindigkeit werden. Wegen $u = \lambda v$ zeigen Materiewellen Dispersion. Während den elektromagnetischen Wellen konkrete physikalische Eigenschaften zukommen, beschreiben die Materiewellen das Verhalten der zu ihnen gehörenden Teilchen im Raum. Ein unendlich ausgedehnter, monochromatischer Wellenzug gestattet die beliebig genaue Messung ihrer Wellenlänge, ohne jedoch das Teilchen im Raum zu definieren. Dem örtlich begrenzten Teilchen entspricht ein durch Überlagerung vieler Wellenlängen entstandenes Wellenpaket, das sich mit der Gruppengeschwindigkeit = Teilchengeschwindigkeit bewegt. Es läuft wegen der Dispersion auseinander, je genauer sein Ort und desto ungenauer sein Impuls nach der Unbestimmtheitsrelation bekannt sind.

H4 Wellenmechanik

Die einheitliche Beschreibung von Wellen- und Teilchennatur der Materie geht nach Schrödinger von einer allgemeinen Wellengleichung aus. Mit den Beziehungen für Energie $E = h\nu$, Impuls $p = h/\lambda$ und Phasengeschwindigkeit $u = h\nu/p$ ist die zeitunabhängige Form der Schrödinger-Gleichung

$$\Delta\psi + \frac{8\,\pi^2 m}{h^2}\,(E - E_{\text{pot}})\,\psi = 0,$$

die sich auf stehende Wellen, d. h. stationäre Zustände bezieht. Für den einfachsten Fall rein Coulombscher Wechselwirkung eines Kerns mit einem umlaufenden Elektron ergibt sich für die Energieniveaus

$$E_n = -\,m_e\,e^4\,Z^2/8\,\varepsilon_0^2\,n^2\,h^2,$$

wobei n Hauptquantenzahl. In der Quantentheorie waren zur Herleitung dieses Ausdrucks willkürlich erscheinende Annahmen notwendig, die sich hier zwanglos ergeben. Bei weiterer Verfeinerung der Behandlung finden alle Forderungen des Bohrschen Atommodells eine natürliche Erklärung.

H5 Quantenstatistik

Die klassische Statistik nach Maxwell und Boltzmann setzt unterscheidbare, voneinander unabhängige Teilchen voraus. In der kinetischen Gastheorie ermöglicht sie, die einer bestimmten Gastemperatur entsprechende Energieverteilung auf die Teilchen zu ermitteln. Bei der Temperatur des absoluten Nullpunktes ist die kinetische Energie der Teilchen Null, bei höherer Temperatur um einen Mittelwert verteilt.

Die Teilchen im atomaren Bereich sind in Wirklichkeit weder unterscheidbar noch unabhängig voneinander. Statt einer kontinuierlichen ist eine diskrete Energieverteilung gegeben. Die unter diesen Voraussetzungen von Bose und Einstein angegebene Energieverteilung

$$\mathrm{d}n = \frac{\varrho(E)\,\mathrm{d}E}{\mathrm{e}^{-\varepsilon}\,\mathrm{e}^{E/kT} - 1}$$

gilt für alle Teilchen mit geradzahligem Eigendrehimpuls, Bosonen genannt. Auf Photonen angewandt, läßt sich aus ihr die Plancksche Strahlungsformel für schwarze Körper ableiten. Teilchen mit halbzahligem Drehimpuls unterliegen der von Fermi und Dirac abgeleiteten Energieverteilung

$$\mathrm{d}n = \frac{\varrho(E)\,\mathrm{d}E}{\mathrm{e}^{-\varepsilon}\,\mathrm{e}^{E/kT} + 1}$$

für Fermionen. Da Elektronen jeden möglichen Energiezustand nach dem **Pauli-Prinzip** doppelt besetzen können, ist für sie der Faktor 2 hinzuzufügen. Bei der Abkühlung eines Metalls auf die Temperatur des absoluten Nullpunkts haben die Elektronen in den höchsten Energiezuständen die in kT gemessene **Nullpunktsenergie** ε. Bei großer Teilchenenergie gehen beide Energieverteilungen durch Vernachlässigen der 1 im Nenner in die Beziehung von **Maxwell** und **Boltzmann**

$$\mathrm{d}n = \frac{\varrho\,(E)\,\mathrm{d}E}{\mathrm{e}^{-\varepsilon}\,\mathrm{e}^{E/kT}}$$

über. Mit $\varrho\,(E)\,\mathrm{d}E = 8\,\pi\,m^{3/2}\,E^{1/2}\,\mathrm{d}E/\sqrt{2}\,h^3$ ist die Zahl der Energiezustände im Phasenraum jeweils auf die Volumeneinheit bezogen, weiter gilt $\mathrm{e}^{-\varepsilon} = (2\,\pi\,m\,k\,T)^{3/2}/n\,h^3$.

Tabelle 1.1-4   Atomphysikalische Konstanten

Gruppe	Konstante	Formelzeichen oder Definitionsgleichung		Zahlenwert	Einheit
Elektron	Ladung des Elektrons (elektrische Elementarladung)		e	$1{,}60203 \cdot 10^{-19}$	C
	relative Masse des Elektrons	$[^{12}\mathrm{C} = 12]$	$m_\mathrm{e}\,N_0$	$5{,}4859_9 \cdot 10^{-4}$	1
		$[^{16}\mathrm{O} = 16]$	$m_\mathrm{e}\,N_0$	$5{,}48763 \cdot 10^{-4}$	1
		$[\overline{\mathrm{O}} = 16]$	$m_\mathrm{e}\,N_0$	$5{,}48614 \cdot 10^{-4}$	1
	Ruhemasse des Elektrons		m_e	$9{,}1081_0 \cdot 10^{-31}$	kg
	Ruheenergie des Elektrons		$m_\mathrm{e}\,c_0^2$	$5{,}1096_6 \cdot 10^{5}$	eV
	spezifische Elektronenladung		e/m_e	$1{,}75890 \cdot 10^{11}$	C/kg
	klassischer Elektronenradius		$e^2/4\,\pi\,\varepsilon_0\,m_\mathrm{e}\,c_0^2$	$2{,}8178_5 \cdot 10^{-15}$	m
Proton	Protonen-/Elektronenmasse		$m_\mathrm{p}/m_\mathrm{e}$	$1{,}83612 \cdot 10^{3}$	1
	relative Masse des Protons	$[^{12}\mathrm{C} = 12]$	$m_\mathrm{p}\,N_0$	$1{,}00727$	1
		$[^{16}\mathrm{O} = 16]$	$m_\mathrm{p}\,N_0$	$1{,}00814$	1
		$[\overline{\mathrm{O}} = 16]$	$m_\mathrm{p}\,N_0$	$1{,}00740$	1
	Ruhemasse des Protons		m_p	$1{,}67236 \cdot 10^{-27}$	kg
	Ruheenergie des Protons		$m_\mathrm{p}\,c_0^2$	$9{,}3819_7 \cdot 10^{8}$	eV
	spezifische Protonenladung		e/m_p	$9{,}5794_2 \cdot 10^{7}$	C/kg
Neutron	relative Masse des Neutrons	$[^{12}\mathrm{C} = 12]$	$m_\mathrm{n}\,N_0$	$1{,}00866$	1
		$[^{16}\mathrm{O} = 16]$	$m_\mathrm{n}\,N_0$	$1{,}00898$	1
		$[\overline{\mathrm{O}} = 16]$	$m_\mathrm{n}\,N_0$	$1{,}00871$	1
	Ruhemasse des Neutrons		m_n	$1{,}67467 \cdot 10^{-27}$	kg
	Ruheenergie des Neutrons		$m_\mathrm{n}\,c_0^2$	$9{,}3949_0 \cdot 10^{8}$	eV
Deuteron	relative Masse des Deuterons	$[^{12}\mathrm{C} = 12]$	$m_\mathrm{d}\,N_0$	$2{,}01355$	1
		$[^{16}\mathrm{O} = 16]$	$m_\mathrm{d}\,N_0$	$2{,}01419$	1
		$[\overline{\mathrm{O}} = 16]$	$m_\mathrm{d}\,N_0$	$2{,}01399$	1
	Ruhemasse des Deuterons		m_d	$3{,}3430_6 \cdot 10^{-27}$	kg
	Ruheenergie des Deuterons		$m_\mathrm{d}\,c_0^2$	$1{,}87546 \cdot 10^{9}$	eV
	spezifische Deuteronenladung		e/m_d	$4{,}7920_9 \cdot 10^{7}$	C/kg
Alphateilchen	relative Masse des Alphateilchens	$[^{12}\mathrm{C} = 12]$	$m_\alpha\,N_0$	$4{,}00151$	1
		$[^{16}\mathrm{O} = 16]$	$m_\alpha\,N_0$	$4{,}00278$	1
		$[\overline{\mathrm{O}} = 16]$	$m_\alpha\,N_0$	$4{,}00237$	1
	Ruhemasse des Alphateilchens		m_α	$6{,}6436_2 \cdot 10^{-27}$	kg
	Ruheenergie des Alphateilchens		$m_\alpha\,c_0^2$	$3{,}7270_8 \cdot 10^{9}$	eV
	spezifische Alphateilchen-Ladung		e/m	$4{,}8227_5 \cdot 10^{7}$	C/kg
Wasserstoff-atom	relative Masse des Wasserstoffatoms	$[^{12}\mathrm{C} = 12]$	$m_\mathrm{H}\,N_0$	$1{,}00783$	1
		$[^{16}\mathrm{O} = 16]$	$m_\mathrm{H}\,N_0$	$1{,}00814$	1
		$[\overline{\mathrm{O}} = 16]$	$m_\mathrm{H}\,N_0$	$1{,}00785$	1
	Ruhemasse des Wasserstoffatoms		m_H	$1{,}67306 \cdot 10^{-27}$	kg
	Bohrscher Wasserstoffatomradius		r_0	$5{,}2917_2 \cdot 10^{-11}$	m
	Rydberg-Konstante für Wasserstoffatom		R_H	$1{,}096776 \cdot 10^{7}$	1/m

Tabelle 1.1-4   Atomphysikalische Konstanten (Fortsetzung)

Gruppe	Konstante	Formelzeichen oder Definitionsgleichung		Zahlenwert	Einheit
Strahlung	Vakuumlichtgeschwindigkeit	c_0		$2{,}99793 \cdot 10^8$	m/s
	Plancksches Wirkungsquantum	h		$6{,}6252 \cdot 10^{-34}$	Js
		h		$4{,}1354_8 \cdot 10^{-15}$	eV s
	erste Konstante des Planckschen Strahlungsgesetzes	c_1	$= c_0^2 h$	$5{,}9544 \cdot 10^{-17}$	W m^2
	zweite Konstante des Planckschen Strahlungsgesetzes	c_2	$= h c_0/k$	$1{,}4388_3$	cm K
	Stefan-Boltzmann-Konstante	σ	$= 2\pi^5 k^4/15 c_0^2 h^3$	$5{,}668_8 \cdot 10^{-8}$	W/m^{2}K^4
	Konstante des Wienschen Verschiebungsgesetzes	A	$= \lambda_{max} T$	$2{,}8978_2 \cdot 10^{-3}$	K m
	Rydberg-Konstante für unendlich schweren Kern	R_∞	$= e^4 m_e/8\,\varepsilon_0^2\, c_0 h^3$	$1{,}097373 \cdot 10^7$	1/m
	Sommerfeldsche Feinstrukturkonstante	α	$= e^2/2\,\varepsilon_0 h c_0$	$7{,}29729_9 \cdot 10^{-3}$	1
	Compton-Wellenlänge des Elektrons	$\lambda_{C,e}$	$= h/m_e c_0$	$2{,}4262_6 \cdot 10^{-12}$	m
Magnetismus	Bohrsches Magneton	μ_B	$= \mu_0 e\, h/4\pi m_e$	$1{,}165 \cdot 10^{-29}$	Vs m
	Kernmagneton	μ_N	$= \mu_B m_e/m_p$	$6{,}346 \cdot 10^{-33}$	Vs m
Gastheorie	molare Gaskonstante	$[^{12}\mathrm{C} = 12]$	R_m	$8{,}3143_4$	J/K mol
		$[^{16}\mathrm{O} = 16]$	R_m	$8{,}3169_8$	J/K mol
		$[\overline{\mathrm{O}} = 16]$	R_m	$8{,}3146_6$	J/K mol
	Avogadro-Konstante	$[^{12}\mathrm{C} = 12]$	N_A	$6{,}0230_9 \cdot 10^{23}$	1/mol
		$[^{16}\mathrm{O} = 16]$	N_A	$6{,}0250 \cdot 10^{23}$	1/mol
		$[\overline{\mathrm{O}} = 16]$	N_A	$6{,}0237 \cdot 10^{23}$	1/mol
	Boltzmann-Konstante		$k = R_m/N_A$	$1{,}38041 \cdot 10^{-23}$	J/K
			$k = R_m/N_A$	$8{,}6166_4 \cdot 10^{-5}$	eV/K
	molares Normvolumen idealer Gase	$[^{12}\mathrm{C} = 12]$	V_{mn}	$2{,}24136 \cdot 10^{-2}$	m^3/mol
		$[^{16}\mathrm{O} = 16]$	V_{mn}	$2{,}24208 \cdot 10^{-2}$	m^3/mol
		$[\overline{\mathrm{O}} = 16]$	V_{mn}	$2{,}24145 \cdot 10^{-2}$	m^3/mol
Elektrolyse	Faraday-Konstante	$[^{12}\mathrm{C} = 12]$	F	$9{,}6491_6 \cdot 10^4$	C/mol
		$[^{16}\mathrm{O} = 16]$	F	$9{,}6522_3 \cdot 10^4$	C/mol
		$[\overline{\mathrm{O}} = 16]$	F	$9{,}6497 \cdot 10^4$	C/mol

Tabelle 1.1-5   Umrechnung verschiedener Energieeinheiten

	eV	cal	u [1]	g [2]	erg
1 eV	1	$3{,}8264 \cdot 10^{-20}$	$1{,}07361 \cdot 10^{-9}$	$1{,}7825 \cdot 10^{-33}$	$1{,}60203 \cdot 10^{-12}$
1 cal	$2{,}61343 \cdot 10^{19}$	1	$2{,}80583 \cdot 10^{10}$	$4{,}65845 \cdot 10^{-14}$	$4{,}18680 \cdot 10^7$
1 u [1]	$9{,}31441 \cdot 10^8$	$3{,}56441 \cdot 10^{-16}$	1	$1{,}66028 \cdot 10^{-24}$	$1{,}49220 \cdot 10^{-3}$
1 g [2]	$5{,}61014 \cdot 10^{32}$	$2{,}14665 \cdot 10^{13}$	$6{,}02310 \cdot 10^{23}$	1	$8{,}98758 \cdot 10^{20}$
1 erg	$6{,}24208 \cdot 10^{11}$	$2{,}38846 \cdot 10^{-8}$	$6{,}70158 \cdot 10^2$	$1{,}11265 \cdot 10^{-21}$	1
1 J	$6{,}24208 \cdot 10^{18}$	$2{,}38846 \cdot 10^{-1}$	$6{,}70158 \cdot 10^9$	$1{,}11265 \cdot 10^{-14}$	10^7
1 kWh	$2{,}24715 \cdot 10^{25}$	$8{,}59845 \cdot 10^5$	$2{,}41257 \cdot 10^{16}$	$4{,}00552 \cdot 10^{-8}$	$3{,}60000 \cdot 10^{13}$
1 kpm	$6{,}12139 \cdot 10^{19}$	$2{,}34228$	$6{,}57120 \cdot 10^9$	$1{,}09113 \cdot 10^{-13}$	$9{,}80665 \cdot 10^7$
1 PSh	$1{,}65278 \cdot 10^{25}$	$6{,}32418 \cdot 10^5$	$1{,}77441 \cdot 10^{16}$	$2{,}94606 \cdot 10^{-8}$	$2{,}64781 \cdot 10^{13}$

	J	kWh	kpm	PSh	
1 eV	$1{,}60203 \cdot 10^{-19}$	$4{,}4501 \cdot 10^{-26}$	$1{,}63362 \cdot 10^{-20}$	$6{,}05041 \cdot 10^{-26}$	
1 cal	$4{,}18680$	$1{,}16300 \cdot 10^{-6}$	$4{,}26935 \cdot 10^{-1}$	$1{,}58124 \cdot 10^{-6}$	
1 u [1]	$1{,}49220 \cdot 10^{-10}$	$4{,}14501 \cdot 10^{-22}$	$1{,}52162 \cdot 10^{-10}$	$5{,}63560 \cdot 10^{-27}$	
1 g [2]	$8{,}98758 \cdot 10^{13}$	$2{,}49655 \cdot 10^7$	$9{,}16482 \cdot 10^{12}$	$3{,}39436 \cdot 10^7$	
1 erg	10^{-7}	$2{,}77778 \cdot 10^{-14}$	$1{,}01972 \cdot 10^{-8}$	$3{,}77673 \cdot 10^{-14}$	
1 J	1	$2{,}77778 \cdot 10^{-7}$	$1{,}01972 \cdot 10^{-1}$	$3{,}77673 \cdot 10^{-7}$	
1 kWh	$3{,}60000 \cdot 10^6$	1	$3{,}67098 \cdot 10^5$	$1{,}35962$	
1 kpm	$9{,}80665$	$2{,}72407 \cdot 10^{-6}$	1	$3{,}70370 \cdot 10^{-6}$	
1 PSh	$2{,}64781 \cdot 10^6$	$7{,}35499 \cdot 10^{-1}$	$2{,}70000 \cdot 10^5$	1	

[1]) u = Energieäquivalent der atomaren Masseneinheit $^{12}\mathrm{C} = 12$
[2]) g = Energieäquivalent von 1 g Masse

Schrifttum zu 1.1 Physik der Atomhülle

Bücher

[H 03] STOFFHÜTTE, 4. Aufl. Berlin, München 1967, Ernst & Sohn.

[1] Kohlrausch, Praktische Physik. 22. Aufl. 1968. Stuttgart, Teubner.

[2] Handbuch der Physik. Hrsg. S. Flügge. Bd. 5: 1. Teil: Prinzipien der Quantentheorie I, 1958. – 2. Teil: in Vorbereitung. – Bd. 25: 2. Teil: Licht und Materie I, 1967. – Bd. 26: Licht und Materie II, 1958. – Bd. 27: Spektroskopie I, 1964. – Bd. 28: Spektroskopie II, 1957. – Bd. 30: Röntgenstrahlen, 1957. – Bd. 31: Korpuskeln und Strahlung in Materie I, in Vorbereitung. – Bd. 33, Korpuskularoptik, 1956. – Bd. 34: Korpuskeln und Strahlung in Materie II, 1958. – Bd. 35: Atome I, 1957. – Bd. 36: Atome II, 1956. – Bd. 37: 1. Teil: Atome III – Moleküle I, 1959. – 2. Teil: Moleküle II, 1961. Berlin, Göttingen, Heidelberg, Springer.

[3] v. Ardenne, Tabellen zur angewandten Physik. Bd. 1: Elektronenphysik, Übermikroskopie, Ionenphysik, 2. Aufl. 1962. Bd. 2: Physik und Technik des Vakuums, Plasmaphysik, 2. Aufl. 1964. VEB Deutscher Verlag der Wissenschaften.

[4] Finkelnburg, Einführung in die Atomphysik. 11./12. Aufl. Berlin, Göttingen, Heidelberg 1967, Springer.

[5] Bechert und Gerthsen, Atomphysik. Berlin, de Gruyter. Bd. 1: Allgemeine Grundlagen I (A. Flammersfeld), 1959. – Bd. 2: Allgemeine Grundlagen II, 1962. – Bd. 3: Theorie des Atombaues I, 1962. – Bd. 4: Theorie des Atombaues II, 1954.

[6] Hund, Theorie des Aufbaues der Materie. Stuttgart 1961, Teubner.

[7] Sommerfeld, Atombau und Spektrallinien, Bd. 1, 8. Aufl. Bd. 2, 3./4. Aufl. Braunschweig 1960, Vieweg.

[8] Teichmann, Einführung in die Atomphysik. Mannheim 1959, Bibliographisches Institut.

[9] Bauer, Elektronenbeugung. München 1958, Moderne Industrie.

[10] Blochin, Physik der Röntgenstrahlen. Berlin 1966, VEB Verlag Technik.

[11] Schpolski, Atomphysik. Bd. 1: 1967, Bd. 2: 1962. Berlin, VEB Deutscher Verlag der Wissenschaften.

[12] Harnwell und Stephens, Atomic physics; an atomic description of physical phenomena. New York 1955, McGraw-Hill.

[13] Blochinzew, Grundlagen der Quantenmechanik. Berlin 1966, VEB Deutscher Verlag der Wissenschaften.

1.2 Physik des Atomkerns[1])

bearbeitet von Dr. Gerhard Schmidt, Berlin

A. Formelzeichen, Größen und Einheiten

Zeichen	Größe	SI-Einheit	weitere Einheiten
A	Massenzahl, Nukleonenzahl	1	
A	Flächeninhalt	m²	cm²
A	Aktivität		Ci, mCi
D	Dosis		R, rd, rem
E	Energie		
E_B	Bindungsenergie	} J	erg, MeV
E_n	Neutronenenergie		
N	Neutronenzahl im Atomkern	1	
N	Anzahl der Atomkerne	1	
N^*	Atomkerne je Volumeneinheit	1/m³	1/cm³
P	Dosisleistung		R/h, rd/h
Q	elektrische Ladung	C	
Z	Ordnungszahl, Kernladungszahl, Protonenzahl	1	
c_0	Vakuumlichtgeschwindigkeit	m/s	
d	Halbwertsdicke		mg/cm²
e	Ladung des Elektrons	C	
f	thermischer Ausnutzungsfaktor	1	
k	Multiplikationsfaktor, Vermehrungsfaktor	1	
k_{eff}	effektiver Vermehrungsfaktor	1	
k_∞	Vermehrungsfaktor bei unendlich ausgedehntem Reaktor	1	
m	Masse		
m_N	Masse des Atomkerns		
m_n	Masse des Neutrons	} kg	
m_p	Masse des Protons		
m_0	Ruhemasse		
n	Anzahl der Neutronen		n
$\dot{n}$	Neutronenfluß		n/s
p	Resonanzdurchlaßwahrscheinlichkeit	1	
r	Radius, Abstand	m	cm
t	Zeit		
$t_{1/2}$	Halbwertszeit	} s	
Σ	makroskopischer Wirkungsquerschnitt	m²	cm²
Φ	Neutronenflußdichte		n/cm² s
ε	Schnellspaltfaktor	1	
η	thermische Spaltneutronenausbeute	1	
λ	Zerfallskonstante	1/s	
ϱ	Reaktivität	1	

[1]) Schrifttum S. 58.

Zeichen	Größe	SI-Einheit	weitere Einheiten
ϱ	Dichte	kg/m^3	g/cm^3
σ	Wirkungsquerschnitt		
σ_a	Absorptionsquerschnitt	m^2	cm^2
σ_f	Spaltquerschnitt		
σ_s	Streuquerschnitt		
τ	Halbwertszeit	s	min, h, d, a

Fußzeiger

B	Bindung	n	Neutron
N	Atomkern	p	Proton
a	absorbieren	s	streuen, schnell
e	Elektron	th	thermisch
eff	effektiv	0	Vakuum, Anfangswert, Ruhezustand
f	fission (Spaltung)	∞	unendlich ausgedehnter Reaktor
kr	kritisch		

B. Der Atomkern

B1 Geschichtliches

Streuversuche mit Elektronen verschiedener Geschwindigkeit führten Lenard (1903) zu dem Schluß, daß das Atom nur einen äußerst kleinen massiven Kern (Radius $\approx 10^{-15}$ m) besitzt, der übrige Raum von $\approx 10^{-10}$ m Radius sollte im wesentlichen von aus positiven und negativen Ladungen herrührenden Kraftfeldern ausgefüllt sein. Rutherford erweiterte durch Streuversuche mit α-Strahlen die Lenardsche Vorstellung vom Atom durch die Feststellung, daß praktisch die gesamte Masse des Atoms im Kern vereinigt ist und durch die Annahme, daß die auf die umlaufenden Elektronen wirkenden Zentrifugalkräfte den Coulombschen Anziehungskräften das Gleichgewicht halten. Die Physiker Bohr, Sommerfeld, Heisenberg und Schrödinger haben an der Weiterentwicklung des Atommodells maßgebenden Anteil.

1896 fand Becquerel in der natürlichen Radioaktivität die erste physikalische Erscheinung, die auf Prozesse innerhalb der Atomkerne zurückzuführen ist. 1919 gelang Rutherford der Nachweis der ersten künstlichen Kernreaktion durch Beschuß von Stickstoffkernen mit α-Strahlen. Irène Curie und Frédéric Joliot stellten 1934 künstlich radioaktive Substanzen her. Zwei Jahre zuvor hatte Chadwick das Neutron entdeckt.

1938 gelang O. Hahn und F. Strassmann die Spaltung schwerer Atomkerne durch Neutronen. Unmittelbar danach wurde auf die Möglichkeit einer nuklearen Kettenreaktion hingewiesen. Ende 1942 setzte Fermi den ersten Kernreaktor in Betrieb. Einige Typen von Kernreaktoren haben, z.B. in Kraftwerken, industrielle Reife erlangt.

B2 Kernaufbau (Nukleonen)

Der Atomkern setzt sich aus zwei Arten von Kernteilchen (Nukleonen) fast gleicher Masse, den Protonen und den Neutronen, zusammen. Protonen besitzen eine positive Elementarladung, die Neutronen sind ungeladen. Zwischen Neutronen und Protonen herrschen starke Kernbindungskräfte. Nach dem Bohrschen Atommodell bewegen sich um den positiv geladenen Kern auf bestimmten Bahnen in der Atomhülle die negativ geladenen Hüllelektronen. Im Normalzustand ist die Zahl der Hüllelektronen gleich der Zahl der Protonen im Atomkern (elektrisch neutrales Atom). Die Masse eines Elektrons beträgt etwa 1/1840 der Masse eines Protons bzw. Neutrons.

Tabelle 1.2-1   Bestandteile des Atomkerns

Teilchen	Symbol	elektr. Ladung	Masse in ME*
Proton	p	einfach +	1,0072766
Neutron	n	keine	1,0086654

*ME = Masseneinheit (^{12}C = 12)

Ein chemisches Element ist durch die Anzahl der Protonen im Atomkern definiert. Diese Zahl wird als **Kernladungszahl** oder **Ordnungszahl** Z bezeichnet (**1.1 B**). Die Gesamtzahl der Protonen und Neutronen im Kern ist gleich der **Massenzahl** A.

Demnach gilt:

A = Massenzahl = Zahl der Nukleonen (Protonen und Neutronen)

Z = Kernladungszahl = Zahl der Protonen

$A - Z$ = Zahl der Neutronen im Kern.

Bezeichnung der Atomkerne: ^A_ZX,   X = chemisches Symbol des Elements.

Beispiel: Kern des Heliumatoms, $Z = 2$, $A = 4$, demnach

$$^4_2\text{He} \qquad \text{oder kürzer} \qquad {}^4\text{He}$$

Bild 1.2-1 zeigt den Kernaufbau einiger leichter Elemente.

Die meisten in der Natur vorkommenden Elemente existieren in mehreren Arten, die sich voneinander nur durch die Anzahl der Neutronen im Kern unterscheiden. Diese Arten eines Elementes werden **Isotope** genannt. Der allgemeine Ausdruck für eine Atomkernart ist **Nuklid**. Nuklide mit gleichem Z aber verschiedener Neutronenzahl sind demnach Isotope (**1.1 B**). Isotope eines Elementes sind chemisch identisch, sie können jedoch bestimmte Unterschiede in den Kerneigenschaften zeigen.

Beispiele für die Kennzeichnung von Isotopen: Die in der Natur vorkommenden Isotope des Urans mit den Massenzahlen 234, 235, 238 werden

$$^{234}_{92}\text{U}, \quad ^{235}_{92}\text{U}, \quad ^{238}_{92}\text{U} \qquad \text{oder} \qquad ^{234}\text{U}, \quad ^{235}\text{U}, \quad ^{238}\text{U}$$

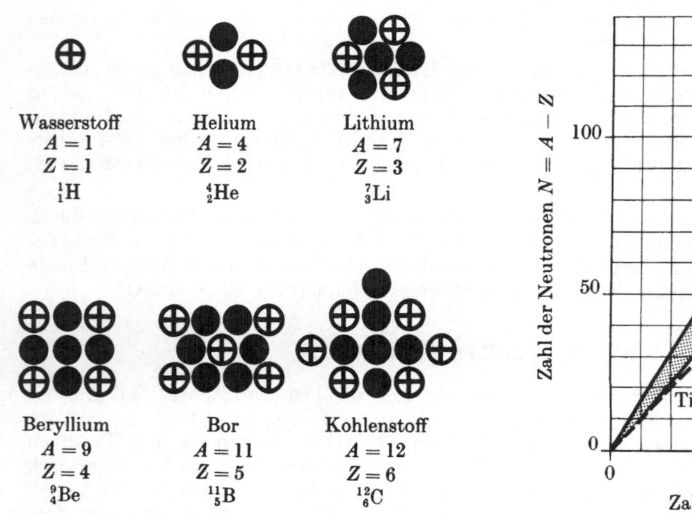

Bild 1.2-1   Kernaufbau einiger leichter Elemente

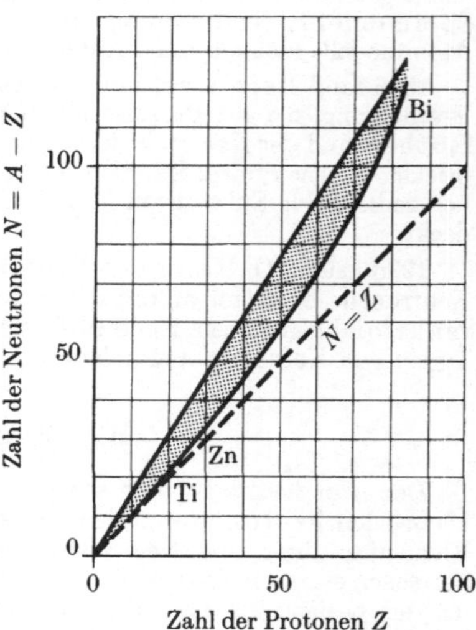

Bild 1.2-2   Stabilität bzw. Instabilität der Atomkerne

geschrieben. Im laufenden Text ist auch die Schreibweise U 234, U 235 und U 238 zulässig.

Mehr als 300 Nuklide kommen in der Natur vor. Durch Kernreaktionen sind außerdem über 700 künstliche Nuklide erzeugt worden.

Zur Erklärung des Zusammenhalts des Kerns wird angenommen, daß in den Kernen auf sehr kurze Entfernungen (in der Größenordnung von 10^{-13} cm) starke **Bindungskräfte** (**Austauschkräfte**) wirken. Offenbar wird die Wechselwirkung zwischen den Nukleonen im Kern durch ein Kräftefeld hervorgerufen, dem als Energiequant das aus seinen Wechselwirkungen mit anderen Elementarteilchen bekannte **Meson** entspricht (**B 4**).

Über die Stabilität bzw. Instabilität der Atomkerne liefert das Zahlenverhältnis der Neutronen zu den Protonen nur orientierende Angaben. Nach Bild 1.2-2 liegen stabile Kerne innerhalb der schraffierten Fläche, instabile Kerne dagegen außerhalb. Letzte wandeln sich radioaktiv um, bis sie stabil werden.

B3 Masse-Energie-Äquivalenz

Nach der Relativitätstheorie (**Einstein** 1905) können Masse und Energie ineinander übergeführt werden. Gestützt wurde die Theorie auf Ergebnisse von Berechnungen, wonach die Masse eines bewegten Körpers bei erhöhter Geschwindigkeit größer ist als die Masse des ruhenden Körpers. Masse stellt demnach ein Maß für den Energieinhalt eines Körpers dar. Nach **Einstein** ist

$$E = mc_0^2 \quad \text{(Äquivalenzgleichung)}$$

E Energie, m Masse, c_0 Vakuumlichtgeschwindigkeit.

Bei der üblichen Verbrennung wird auch Masse in Energie übergeführt. Der Betrag der umgewandelten Masse ist aber so gering, daß das Energieäquivalent bei chemischen Reaktionen niemals nachgewiesen werden konnte. Als Beispiel für den Massenverlust bei Kernreaktionen soll das Energieäquivalent für 1 ME (Masseneinheit) berechnet werden. 1 ME entspricht ungefähr der Masse eines Neutrons oder Protons und beträgt $1,66 \cdot 10^{-24}$ g (Tabelle 1.1-5). Nach der Einstein-Gleichung ergibt sich als Energieäquivalent von 1 ME

$$E = 1,66 \cdot 10^{-24} \text{ g} \cdot (3 \cdot 10^8 \text{ m/s})^2 = 0,00149 \text{ erg} = 931 \text{ MeV}.$$

Die Masse eines Atomkerns ist geringer als die Summe der Einzelmassen der ihn aufbauenden Nukleonen. Die Differenz zwischen der Summe der Massen der einzelnen Nukleonen und der Masse des Kerns wird mit **Massendefekt** (Δm) bezeichnet. Der Massendefekt ist nach der Masse-Energie-Äquivalenz mit der **Bindungsenergie** E_B des Kerns identisch. Zur Zerlegung eines Kerns in seine einzelnen Nukleonen müßte ein dem Massendefekt entsprechender Energiebetrag von außen zugeführt werden. Der Massendefekt des Heliumkerns ^{4}He beträgt $\approx 0,030$ ME, das sind 0,75 % seiner Masse. Für die Bindungsenergie von ^{4}He ergibt sich

$$E_B = 931 \cdot 0,030 \approx 28 \text{ MeV},$$
$$\text{pro Nukleon} \approx 7 \text{ MeV}.$$

Die Bindungsenergie E_B ist ein direktes Maß für die Stabilität des Atomkerns und bestimmt die Menge der bei Kernumwandlungen freiwerdenden Energie.

$$E_B = 931 \left[Z m_p + (A - Z) m_n - m_N \right]$$
$$\text{in MeV}.$$

Die mittlere Bindungsenergie pro Nukleon ist gleich der Gesamtbindungsenergie, dividiert durch die Massenzahl. In Bild 1.2-3 sind die mittlere Bindungsener-

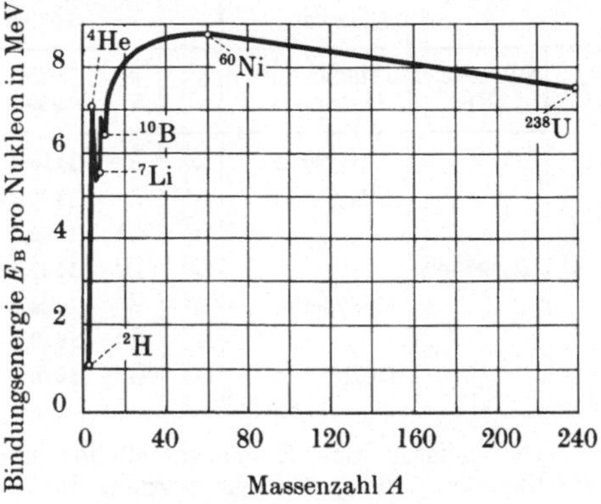

Bild 1.2-3 Bindungsenergie pro Nukleon als Funktion der Massenzahl

gie als Ordinate und die Massenzahl als Abszisse aufgetragen. Aus der Kurve geht hervor, daß die Bindungsenergie pro Nukleon schnell auf ein Maximum von 8,7 MeV bei $A = 60$ (Nickel) ansteigt und dann stetig auf ungefähr 7,4 MeV (Uran) abfällt.

B4   Elementarteilchen (Leptonen — Mesonen — Baryonen)

Der Atomkern ist nicht nur aus Nukleonen aufgebaut, er besitzt vielmehr eine Feinstruktur, die sich aus einer Reihe von Elementarteilchen (Tabelle 1.2-2) zusammensetzt. Die Elementarteilchen können unter Wahrung der Erhaltungssätze von Energie, Impuls und Ladung erzeugt und vernichtet werden oder sich ineinander umwandeln. Sie bilden ein kompliziertes System von Teilchen, die durch ihre verschiedenen Wechselwirkungen miteinander verknüpft sind.

Elementarteilchen treten u.a. bei den radioaktiven Elementen (C) auf, die außer α-Strahlen (Heliumkerne) β-Strahlen (Elektronen oder Positronen) sowie γ-Strahlen (Photonen) aussenden. Beim Zerfall radioaktiver Elemente entstehen außerdem Neutrinos, die wie die Photonen Teilchen ohne Ruhemasse und Ladung sind; der Nachweis von Neutrinos bereitet große Schwierigkeiten.

Tabelle 1.2-2   Eigenschaften der Elementarteilchen

Sammelname		Name	Symbol	Antiteilchen	Ruheenergie MeV	Spin J $\hbar$	Ladung Q e	mittlere Lebensdauer s	typische Zerfallsweise
Photon		Photon	γ	γ	0	1	0	stabil	—
Leptonen		e-Neutrino	ν_e	$\bar{\nu}_e$	0	$1/2$	0		—
		μ-Neutrino	ν_μ	$\bar{\nu}_\mu$	0	$1/2$	0		—
		Elektron	e^-	e^+	0,511	$1/2$	-1	stabil	—
		Myon (μ-Meson)	μ^-	μ^+	105,7	$1/2$	-1	$2,2\cdot10^{-6}$	$\mu^- \to e^- + \bar{\nu}_e + \nu_\mu$
Mesonen		Pion (π-Meson)	π^+	π^-		0	$+1$		$\pi^+ \to \mu^+ + \nu_\mu$
			π^-	π^+	139,6	0	-1	$2,55\cdot10^{-8}$	$\pi^- \to \mu^- + \bar{\nu}_\mu$
			π^0	π^0	135,0	0	0	$1,8\cdot10^{-16}$	$\pi^0 \to \gamma + \gamma$
		Kaon	K^+	K^-	493,8	0	$+1$	$1,2\cdot10^{-8}$	$K^+ \to \pi^+ + \pi^0$
						0	0	$K_1 : 0,92\cdot10^{-10}$	$K^0 \to \pi^+ + \pi^- \,(K_1)$
		(K-Meson)	K^0	$\bar{K}^0$	498,0	0	0	$K_2 : 5,6\cdot10^{-8}$	$K^0 \to \pi^+ + \pi^- + \pi^0 \,(K_2)$
		η-Meson	η	η	548,6	0	0		$\eta \to \gamma + \gamma$
Baryonen	Nukleonen (N)	Proton	p	$\bar{p}$	938,2	$1/2$	$+1$	stabil	—
		Neutron	n	$\bar{n}$	939,5	$1/2$	0	$1,01\cdot10^{-3}$	$n \to p + e^- + \bar{\nu}_e$
	Hyperonen	Λ-Hyperon	Λ	$\bar{\Lambda}$	1115,4	$1/2$	0	$2,6\cdot10^{-10}$	$\Lambda^0 \to p + \pi^-$
		Σ-Hyperon	Σ^+	$\bar{\Sigma}^+$	1189,4	$1/2$	$+1$	$0,79\cdot10^{-10}$	$\Sigma^+ \to n + \pi^+$
			Σ^0	$\bar{\Sigma}^0$	1192,3	$1/2$	0	$< 10^{-14}$	$\Sigma^0 \to \Lambda^0 + \gamma$
			Σ^-	$\bar{\Sigma}^-$	1197,1	$1/2$	-1	$1,58\cdot10^{-10}$	$\Sigma^- \to n + \pi^-$
		Ξ-Hyperon	Ξ^0	$\bar{\Xi}^0$	1314,3	$1/2$	0	$3,1\cdot10^{-10}$	$\Xi^0 \to \Lambda + \pi^0$
			Ξ^-	$\bar{\Xi}^-$	1320,8	$1/2$	-1	$1,7\cdot10^{-10}$	$\Xi^- \to \Lambda + \pi^-$
		Ω-Hyperon	Ω^-	$\bar{\Omega}^-$	1675	$3/2\,?$	-1	$1,5\cdot10^{-10}$	$\Omega^- \to \Xi^0 + \pi^-$

Die meisten der Elementarteilchen sind in der kosmischen Strahlung oder Höhenstrahlung entdeckt worden. Der überwiegende Teil der primären Höhenstrahlen besteht aus sehr energiereichen Protonen (10^9 bis 10^{12} eV). Gegenwärtig werden große Beschleunigermaschinen (Linearbeschleuniger, Zyklotron, Synchrotron, Bevatron usw.) zur Erforschung der Elementarteilchen bevorzugt. Bei diesen Geräten treffen hochbeschleunigte Teilchen auf ein Target aus einem vorgegebenen Material, um die Wechselwirkung der Teilchen mit den Atomkernen des Targetmaterials zu untersuchen. Mit diesen Geräten gelang u. a. der Nachweis von Antiteilchen, z. B. des Antiprotons $\bar{p}$ und des Antineutrons $\bar{n}$. Die Existenz von Antiteilchen war bereits durch die relativistische Quantentheorie (Dirac) gefordert worden. Im Jahre 1934 wurde erstmalig in der Nebelkammer die Erzeugung eines Elektronenpaares beobachtet. Ein energiereiches Photon verwandelt sich im elektrischen Feld eines Atomkerns oder eines Elektrons in ein Elektronenpaar, ein negatives und ein positives Elektron, wobei der Energieüberschuß nach der Einsteinschen Äquivalenzgleichung als kinetische Energie der beiden Elektronen erscheint (Paarerzeugung).

Zum Nachweis der Teilchen werden entweder Zählgeräte, welche die Teilchenanzahl registrieren, oder Geräte, welche die Spur der Teilchen festhalten, benutzt. Zur ersten Gruppe gehören Ionisationskammer, Geiger-Müller-Zählrohr und Szintillationszähler, zur zweiten Gruppe Kernspurplatten (Emulsionstechnik), Nebelkammer (Wilson) und Blasenkammer (I).

In Tabelle 1.2-2 sind die Elementarteilchen nach steigenden Werten ihrer Ruhemasse angeordnet. Die Teilchengruppen sind nicht nur durch ihre verschiedenen Ladungen, sondern auch durch ihren Spin charakterisiert. Unter Spin wird der Eigendrehimpuls der Teilchen (Rotation um ihre Drehachse) bezeichnet.

Die μ-Mesonen (Myonen) verhalten sich weitgehend wie Elektronen. Die Analogie zwischen μ-Mesonen und Elektronen bzw. Positronen zeigt sich z. B. darin, daß es möglich ist, statt eines Elektrons ein μ^--Meson auf eine Bahn um einen Atomkern zu bringen und damit ein mesonisches Atom (Meso-Atom) zu erzeugen. Dieser Zustand dauert nur kurze Zeit, denn die μ-Mesonen sind nicht stabil und zerfallen nach 10^{-6} s in Elektronen oder Positronen und Neutrinos.

Die π-Mesonen (Pionen) und K-Mesonen (Kaonen) stellen die Energiequanten des Kernfeldes dar, die der sehr starken kurzreichweitigen Wechselwirkung zwischen den Baryonen entsprechen.

Das Neutron ist das langlebigste unter den instabilen Teilchen. Im freien Zustand zerfällt es erst nach $\approx$ 1000 s in ein Proton, ein Elektron und ein Antineutrino. Die Hyperonen lassen sich durch energiereiche Stöße von π-Mesonen, Photonen und Nukleonen mit Nukleonen erzeugen. Sie besitzen eine ziemlich einheitliche Lebensdauer ($\approx 10^{-10}$ s) und zerfallen in Nukleonen bzw. $\Lambda°$-Hyperonen sowie π-Mesonen bzw. Photonen.

Die Elementarteilchenphysik strebt an, die Frage nach der Vielheit und Verschiedenartigkeit der Elementarteilchen aus einem einheitlichen Prinzip zu beantworten. Einen Versuch in dieser Richtung stellt die Heisenberg-Formel dar, nach der sich die verschiedenen Teilchen einschließlich ihrer Massen als Zustände eines einheitlichen materiellen Grundfeldes, einer Urmaterie, ergeben.

C. Natürliche Radioaktivität

Von den 300 in der Natur vorkommenden Nukliden sind etwa 50 instabil, sie zerfallen von selbst und wandeln sich dadurch in andere Nuklide um. Die instabilen Nuklide werden Radionuklide genannt, die Erscheinung selbst wird als radioaktiver Zerfall bezeichnet.

Diese Instabilität tritt hauptsächlich bei den natürlichen Isotopen der Elemente mit Kernladungszahlen oberhalb 84 auf (Tabelle 1.1-2, Bild 1.2-2). Bei den Elementen Thallium ($Z = 81$), Blei ($Z = 82$) und Wismut ($Z = 83$) tritt bereits eine geringe Anzahl radioaktiver Isotope (Radioisotope) auf. Die Elemente unterhalb Thallium kommen in der Natur bis auf wenige Ausnahmen (^{40}K, ^{87}Rb) in stabilen Formen vor. Von sämtlichen Elementen jedoch können radioaktive Isotope durch Kernreaktionen künstlich erzeugt werden (D).

C1 Alpha-, Beta-, Gamma-Strahlen

Die natürlichen sowie künstlich erzeugten Radionuklide senden α-Strahlen, β-Strahlen und γ-Strahlen aus.

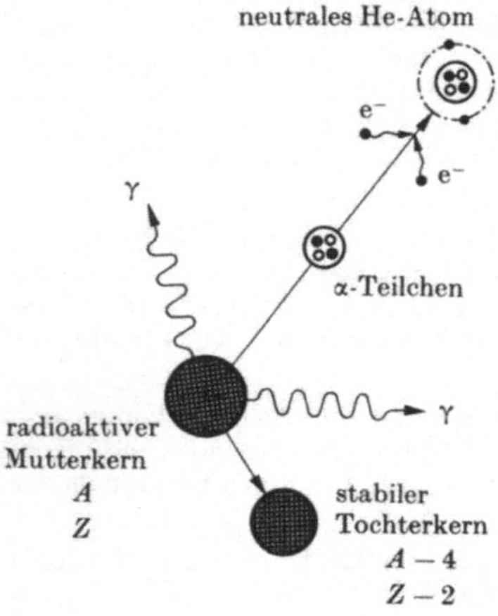

C11 α-Strahlen verlassen mit $\approx \frac{1}{10}$ Lichtgeschwindigkeit (c) den Atomkern. α-Strahlen sind Heliumkerne mit der Massenzahl 4, sie haben eine stark ionisierende Wirkung. Am Ende seiner Reichweite fängt jedes α-Teilchen 2 Elektronen ein und wandelt sich so in ein neutrales Heliumatom um (Bild 1.2-4). α-Strahlen haben ein geringes Durchdringungsvermögen, sie können durch einige Blätter Papier oder die menschliche Haut absorbiert werden.

C12 β-Strahlen werden aus dem Kern mit $\approx c$ ausgesandt. Die Masse eines β-Teilchens ist gleich der eines Elektrons. Das Ionisierungsvermögen der β-Strahlen ist gering. Bei der β-Emission tritt ein zweites Teilchen, das Neutrino, auf (Bild 1.2-5). β-Strahlen sind viel durchdringender als α-Strahlen und erfordern eine beträchtlich stärkere Abschirmung.

C13 γ-Strahlen: Wird ein α- oder β-Teilchen von einem Kern ausgesandt, so verbleibt der Kern in einem angeregten Zustand und sendet die überschüssige Energie in Form von elektromagnetischen Schwingungen (γ-Quanten) aus. Durch die γ-Emission geht der Kern wieder in seinen energetischen Grundzustand über. In einigen Fällen erfolgt der Übergang in den Grundzustand nicht direkt, sondern über einen energetischen Zwischenzustand. Es sind **isomere Kerne** gleicher Masse und Ladung, aber verschiedener Energie und Stabilität (Halbwertszeit) entstanden (**Kernisomerie**). Die Lebensdauer angeregter Kerne liegt im allgemeinen unter 10^{-13} s. In Sonderfällen kommen auch Lebensdauern von 10^{-7} s vor, was für die Anwendung des 1957 von Mössbauer beobachteten Effektes von großer Bedeutung ist. (Nachweis einer sehr scharfen und rückstoßfreien Linie, z. B. bei ^{191}Ir und ^{57}Fe, neben der rückstoßbehafteten und dopplerverbreiterten Linie; Theorie der Emission und Absorption von γ-Strahlen unter Berücksichtigung der Bindungskräfte der Kristalle.) γ-Strahlen haben eine große Durchdringungsfähigkeit. Zur Abschirmung sind dicke Schutzschichten aus Blei oder anderen Substanzen hoher Dichte erforderlich.

Die physikalische Natur der radioaktiven Strahlung läßt sich mit der in Bild 1.2-6 wiedergegebenen Ablenkvorrichtung bestimmen. Als Strahlen-

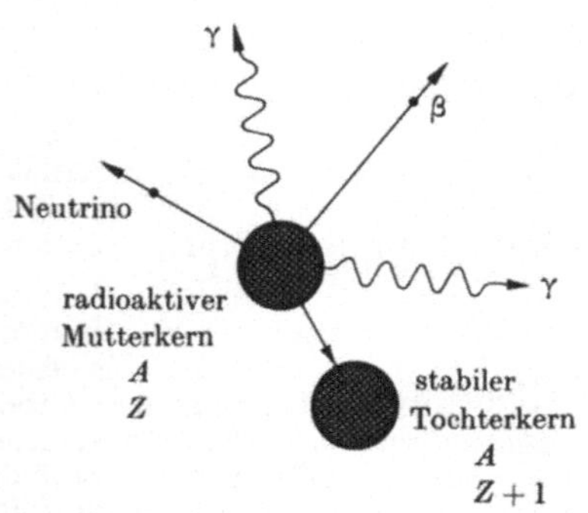

Bild 1.2-4   Emission eines α-Strahls

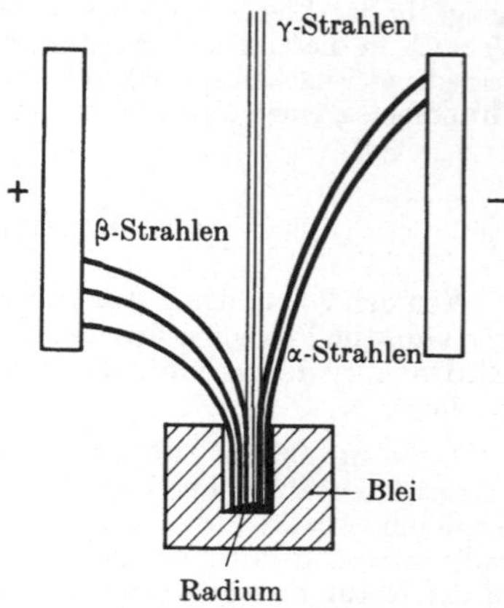

Bild 1.2-6   Ablenkung radioaktiver Strahlung im elektrischen Feld

Bild 1.2-5   Emission eines β-Strahls

quelle dient ein Ra-Präparat. Bei der α-Emission (α-Zerfall) verringert sich die Kernladungszahl des instabilen Kerns um 2 und die Massenzahl um 4 Einheiten, z. B.

$$^{238}U \rightarrow {}^{4}He + {}^{234}Th.$$

β-Strahlen entstehen unmittelbar vor der Emission bei Umwandlung eines Neutrons in ein Proton. Das so gebildete Proton verbleibt im Kern. Durch β-Emission verliert der Kern ein Neutron und gewinnt ein Proton.

Beispiel: $^{234}_{90}Th \rightarrow \beta^- + {}^{234}_{91}Pa.$

Beide Radionuklide haben die gleiche Massenzahl, die Kernladungszahl von Pa 234 hat sich jedoch um 1 gegenüber der von Th 234 erhöht.

C2   Zerfallskonstante und Halbwertszeit

Der natürliche radioaktive Zerfall kann von außen her nicht beschleunigt oder verzögert werden, er erfolgt spontan und rein statistisch. Die Zahl der je Sekunde zerfallenden Kerne einer bestimmten radioaktiven Substanz (dN/dt) hängt von der Zahl N der noch nicht zerfallenen Kerne ab:

$$dN/dt = -\lambda N,$$

woraus sich als Zerfallsgesetz durch Integration

$$N_t = N_0\, e^{-\lambda t}$$

ergibt. Die Zerfallskonstante λ hat für jede radioaktive Substanz einen charakteristischen Wert. Statt der Zerfallskonstante λ benutzt man auch die **Halbwertszeit** τ oder $t_{1/2}$, worunter die Zeit verstanden wird, in der die Hälfte der anfänglich vorhandenen Kerne einer bestimmten radioaktiven Substanz zerfallen ist. Der Zusammenhang zwischen λ und τ ergibt sich, wenn man in der letzten Gleichung t durch τ und N_t durch $N_0/2$ ersetzt:

$$e^{\lambda \tau} = 2, \qquad \tau = \frac{\ln 2}{\lambda} = \frac{0,693}{\lambda}.$$

Die Halbwertszeiten der natürlichen radioaktiven Substanzen liegen zwischen 10^{-7} Sekunden und 10^{11} Jahren. Nach einer Zeitspanne, die etwa der zehnfachen Halbwertszeit entspricht, ist die Zahl der radioaktiven Kerne in der Substanz auf $\approx 0,1\%$ der ursprünglichen Anzahl von radioaktiven Kernen gesunken.

C3   Radioaktive Zerfallsreihen

Die Kerne der natürlichen radioaktiven Isotope der schweren Elemente zerfallen nach drei voneinander verschiedenen Reihen, der **Thoriumreihe**, der **Uranreihe** und der **Actiniumreihe**. Die Thoriumreihe beginnt mit Thorium, die Uranreihe mit U 238 und die Actiniumreihe mit U 235. Die Endprodukte jeder Reihe sind nach einer Serie von α- und β-Zerfällen stabile Bleiisotope (Bild 1.2-7 bis 9).

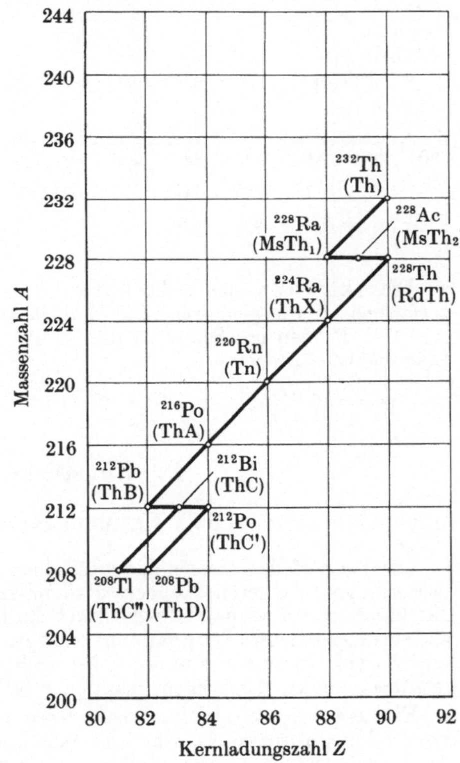

Bild 1.2-7   Thoriumreihe

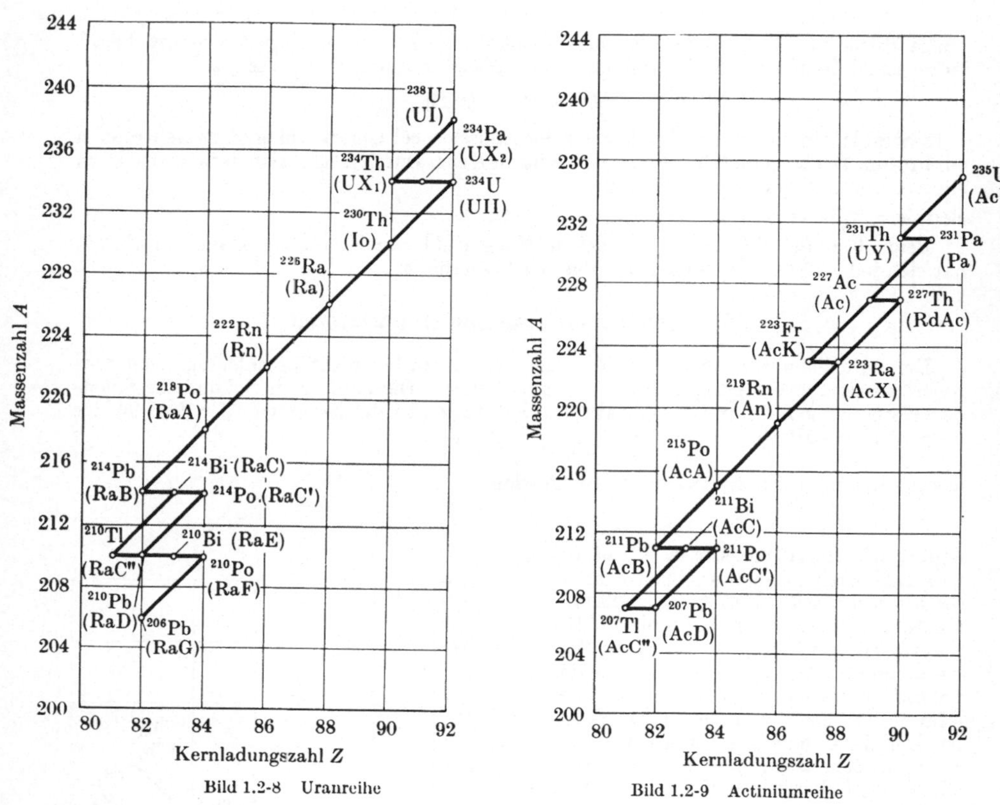

Bild 1.2-8   Uranreihe

Bild 1.2-9   Actiniumreihe

Die Aktivität einer radioaktiven Substanz wird durch die Anzahl der pro Sekunde zerfallenen Kerne gemessen. Die Einheit 1 Curie (1 Ci) entspricht einem Zerfall von $3{,}7 \cdot 10^{10}$ Kernen pro Sekunde; dies ist die Aktivität von 1 g Ra ohne Folgeprodukte. Gebräuchliche Einheiten:

$$pCi = 10^{-12}\,Ci, \qquad \mu Ci = 10^{-6}\,Ci, \qquad mCi = 10^{-3}\,Ci, \qquad kCi = 10^{3}\,Ci.$$

D. Künstliche Radioaktivität

D 1   Erzeugungs- und Zerfallsprozesse

Mit den Zerfallsprozessen der natürlichen Radionuklide eng verwandt sind die Zerfallsprozesse von mehreren Hundert Radionukliden, die in der Natur nicht vorkommen. Ein künstliches Radionuklid wird durch Auftreffen eines Teilchens (Geschoßteilchens) auf einen Atomkern (Targetkern) erzeugt. Die Voraussetzungen, unter denen Geschoßteilchen und Targetkerne miteinander reagieren, sind viel seltener erfüllt als die Voraussetzungen, die zu chemischen Reaktionen führen.

Eine erzwungene oder künstliche Kernreaktion führt zunächst zu einem Zwischenkern (Compoundkern), d. h. das Geschoßteilchen tritt in den Kern ein und wird ein Teil des Targetkerns. Der Compoundkern erhält sowohl die kinetische als auch die Bindungsenergie des Geschoßteilchens. Die Überschußenergie macht den Compoundkern instabil.

Durch radioaktiven Zerfall entsteht aus dem Compoundkern der Endkern, der ebenfalls radioaktiv sein kann. Die Lebensdauer eines Compoundkerns liegt bei 10^{-14} Sekunden.

Die Kerne der künstlich erzeugten radioaktiven Substanzen zerfallen in den meisten Fällen unter Aussendung negativer oder positiver β-Strahlen (Elektronen oder Positronen), die von einer γ-Strahlung begleitet sind (Bild 1.2-10). Beide Arten der β-Strahlung unterscheiden sich nur durch das Vorzeichen ihrer Ladung. Die β^+-Strahlung wird als das Ergebnis der Umwandlung eines Protons in ein Neutron gedeutet. Durch β^+-Emission wird die Kernladungszahl um 1 herabgesetzt.

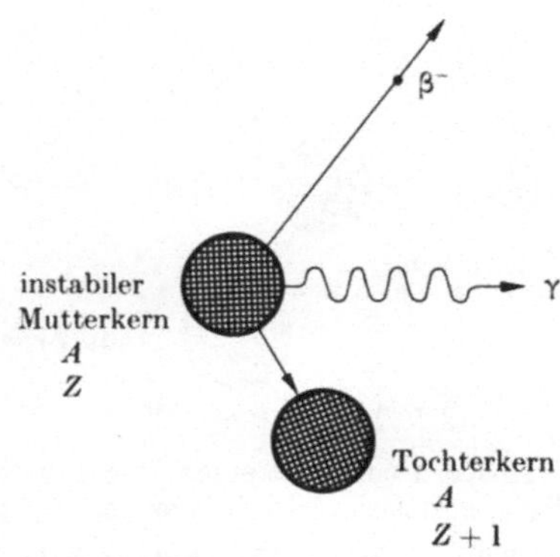

Bild 1.2-10 β- und γ-Strahlung künstlich erzeugter Radionuklide

D 2   Geschoßteilchen

Zur Einleitung einer Kernreaktion werden häufig benutzt:

Protonen	p oder ^{1}H	α-Strahlen	α oder ^{4}He
Deuteronen	d oder ^{2}H	Neutronen	n oder ^{1}n.

Deuteronen enthalten als Kerne des schweren Wasserstoffs (Deuterium) ein Proton und ein Neutron. Bei Annäherung des Deuterons an einen Targetkern kann das Proton abgestreift werden (Stripping). Das Neutron wird dabei nicht beeinflußt und kann in den Kern eintreten.

Neutronen haben im Targetkern keine elektrostatischen Abstoßungskräfte zu überwinden. Sie können selbst mit sehr geringer Energie in Targetkerne eindringen.

Weitere Geschoßteilchen sind u.a. Elektronen, Mesonen, ^{3}He-Kerne oder schwerere Teilchen, wie ^{12}C-, ^{14}N- und ^{16}O-Kerne. Kernreaktionen können auch durch Bestrahlung mit energiereichen γ-Strahlen hervorgerufen werden (Kernphotoreaktionen).

D 3   Reaktionstypen

Jede Kernreaktion kann durch eine Gleichung dargestellt werden. Die Gleichung

$$^7_3\text{Li} + ^1_1\text{H} \rightarrow ^8_4\text{Be} + \gamma$$

besagt, daß der Li-Kern mit der Massenzahl 7 mit einem Proton (p oder $^1_1$H) beschossen wird. Dadurch entsteht der Be-Kern ^{8}Be. Diese Kernumwandlung wird von γ-Strahlung begleitet. Die Summe der Kernladungszahlen und der Massenzahlen auf beiden Seiten der Reaktionsgleichung muß stets gleich sein. Häufig wird der Verlauf der Reaktion durch eine kürzere Schreibweise wiedergegeben, im vorstehenden Fall

$$^7\text{Li} (p, \gamma)\ ^8\text{Be}.$$

D 31   Protonenbeschuß. Wird ein Proton auf einen ^{12}C-Kern geschossen, so entsteht neben γ-Strahlung der ^{13}N*-Kern, der nur für kurze Zeit stabil (metastabil) ist und von selbst unter

Bild 1.2-11   Protonenbeschuß

Emission eines β^+-Strahls in den stabilen ^{13}C-Kern zerfällt (Bild 1.2-11). Die Reaktion lautet:

$$^{12}\text{C} (p, \gamma)\ ^{13}\text{N*} (\beta^+)\ ^{13}\text{C}.$$

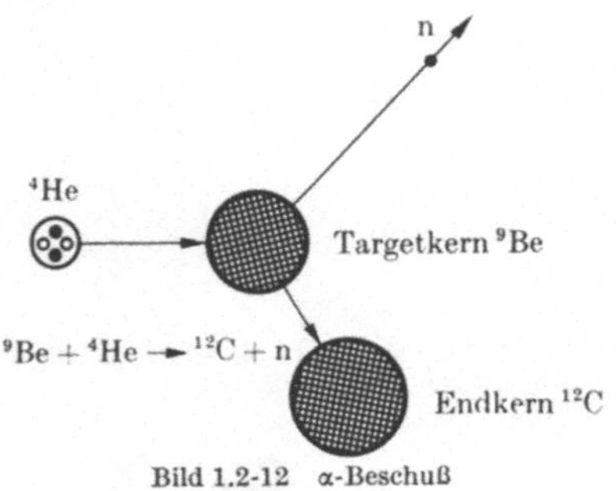

Bild 1.2-12   α-Beschuß

D 32   α-Beschuß. Die Reaktion ^{9}Be (α, n) ^{12}C führte zur Entdeckung des Neutrons (Bild 1.2-12). Sie wird häufig zur Erzeugung von Neutronen benutzt, wobei als α-Quelle ein Radiumpräparat dient.

D 33   Deuteronenbeschuß. Bei der Reaktion ^{6}Li (d, n) ^{7}Be trifft ein Deuteron auf den ^{6}Li-Kern. Der Endkern ist ^{7}Be (Bild 1.2-13).

D 34   Neutronenbeschuß. Nach Bild 1.2-14 wird die Umwandlung von ^{232}Th in ^{233}U durch die Reaktion ^{232}Th (n, γ) ^{233}Th mit langsamen Neutronen (**E 1**) eingeleitet. Der instabile ^{233}Th-Kern emittiert einen β$^-$-Strahl und geht in den ebenfalls instabilen ^{233}Pa-Kern über. ^{233}Pa emittiert gleichfalls einen β$^-$-Strahl, wodurch der ^{233}U-Kern entsteht.

D 35   γ-Beschuß (Photoreaktion). Bei der Reaktion ^{9}Be (γ, n) ^{8}Be trifft ein hochenergetischer γ-Strahl auf einen Targetkern. Ausgelöst wird ein Neutron, der Endkern ist ^{8}Be (Bild 1.2-15).

Änderungen von Massenzahl A und Kernladungszahl Z bei Kernreaktionen gehen aus Bild 1.2-16 hervor.

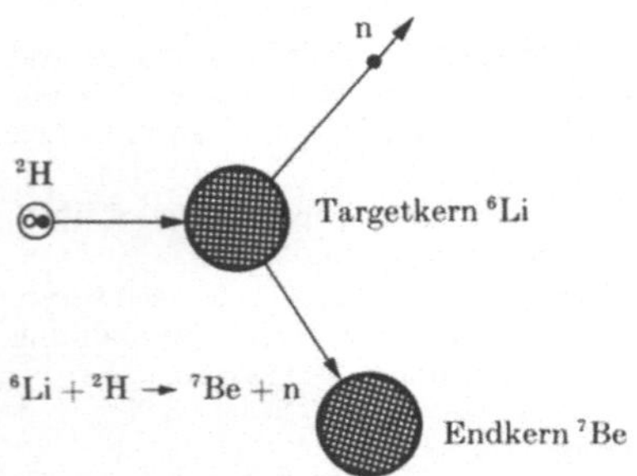

Bild 1.2-13   Deuteronenbeschuß

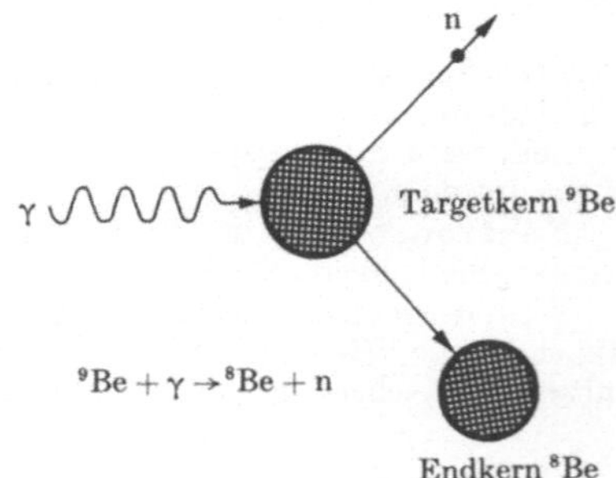

Bild 1.2-15   γ-Beschuß (Photoreaktion)

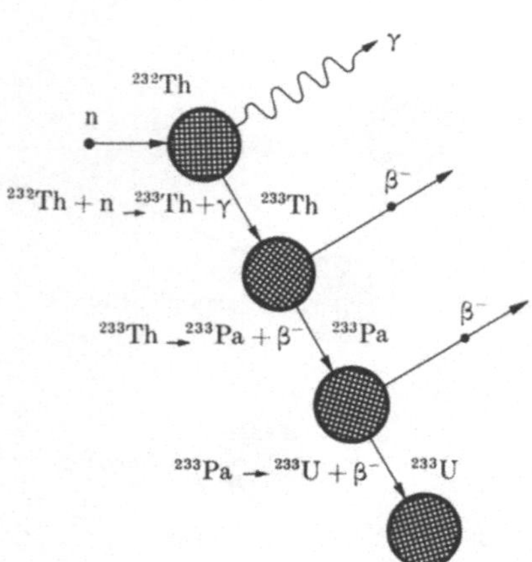

Bild 1.2-14   Umwandlung von ^{232}Th und ^{233}U

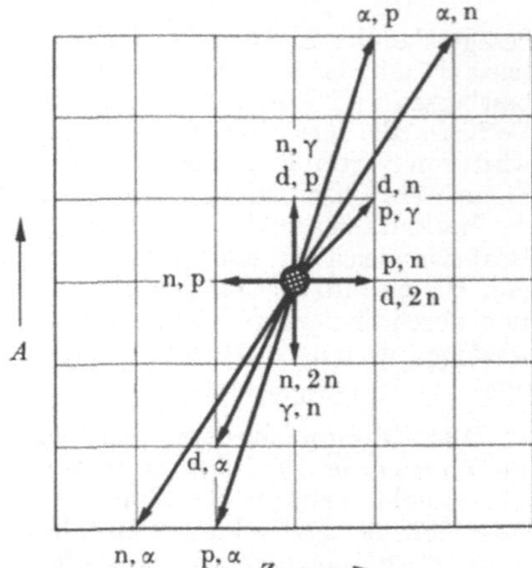

Bild 1.2-16   Änderungen von Massenzahl A und Kernladungszahl Z bei Kernreaktionen

Tabelle 1.2-3   Weitere Beispiele von erzwungenen Kernreaktionen

Art der Reaktion	Geschoßteilchen	emittiertes Teilchen	Änderung von Z	A	Reaktionsgleichung	Radioaktivität des Endkerns
	Proton					
p, γ	^{1}H	γ	$+1$	$+1$	^{12}C $+ ^1$H $\rightarrow$ ^{13}N $+$ γ	β^+
p, n	^{1}H	^{1}n	$+1$	0	^{23}Na $+ ^1$H $\rightarrow$ ^{23}Mg $+ ^1$n	β^+
p, α	^{1}H	^{4}He	-1	-3	^{19}F $+ ^1$H $\rightarrow$ ^{16}O $+ ^4$He	keine
p, d	^{1}H	^{2}H	0	-1	^{9}Be $+ ^1$H $\rightarrow$ ^{8}Be $+ ^2$H	α
	Neutron					
n, γ	^{1}n	γ	0	$+1$	^{113}Cd $+ ^1$n $\rightarrow ^{114}$Cd $+$ γ	keine
n, p	^{1}n	^{1}H	-1	0	^{14}N $+ ^1$n $\rightarrow$ ^{14}C $+ ^1$H	β^-
n, α	^{1}n	^{4}He	-2	-3	^{16}O $+ ^1$n $\rightarrow$ ^{13}C $+ ^4$He	keine
n, 2n	^{1}n	$2 ^1$n	0	-1	^{12}C $+ ^1$n $\rightarrow$ ^{11}C $+ 2 ^1$n	β^+
	α-Strahlen					
α, p	^{4}He	^{1}H	$+1$	$+3$	^{14}N $+ ^4$He $\rightarrow$ ^{17}O $+ ^1$H	keine
α, n	^{4}He	^{1}n	$+2$	$+3$	^{10}B $+ ^4$He $\rightarrow$ ^{13}N $+ ^1$n	β^+
	Deuteron					
d, p	^{2}H	^{1}H	0	$+1$	^{23}Na $+ ^2$H $\rightarrow$ ^{24}Na $+ ^1$H	β^-
d, n	^{2}H	^{1}n	$+1$	$+1$	^{12}C $+ ^2$H $\rightarrow$ ^{13}N $+ ^1$n	β^+
d, α	^{2}H	^{4}He	-1	-2	^{16}O $+ ^2$H $\rightarrow$ ^{14}N $+ ^4$He	keine
	γ-Strahlen					
γ, p	γ	^{1}H	-1	-1	^{25}Mg $+$ γ $\rightarrow$ ^{24}Na $+ ^1$H	β^-
γ, n	γ	^{1}n	0	-1	^{9}Be $+$ γ $\rightarrow$ ^{8}Be $+ ^1$n	α

D4   Transurane

Durch künstliche Kernreaktionen wurde das Periodensystem um mehrere Elemente erweitert. Diese Elemente mit höheren Ordnungszahlen als Uran heißen Transurane.

Tabelle 1.2-4   Transurane

Kernladungszahl	Element	Symbol	Entdeckungsjahr
93	Neptunium	Np	1940
94	Plutonium	Pu	1941
95	Americium	Am	1946
96	Curium	Cm	1946
97	Berkelium	Bk	1950
98	Californium	Cf	1950
99	Einsteinium	Es	1952
100	Fermium	Fm	1952
101	Mendelevium	Mv	1955
102	Nobelium	No	1957
103	Lawrencium	Lw	1961
104			1965

Von den Elementen Neptunium und Plutonium sind nachträglich winzige Spuren auch in der Natur entdeckt worden. Plutonium läßt sich in größeren Mengen bei der Wiederaufbereitung von verbrauchtem Kernbrennstoff gewinnen.

E. Kernspaltung

E1   Schnelle und langsame Neutronen

Eine wichtige Art der künstlichen Kernumwandlung ist die Spaltung von Atomkernen (engl. fission). Hierbei spaltet sich der Targetkern in zwei Teile vergleichbarer Masse, wobei noch weitere leichte Teilchen ausgesandt werden können. Unter den durch Geschoßteilchen hervorgerufenen Spaltungen spielt die Spaltung durch Neutronen eine besondere Rolle, weil bei der Eingliederung des auftreffenden Neutrons in den Targetkern Energie frei wird ($\approx 4 \cdots 8$ MeV), diese Energie reicht in manchen Fällen schon zur Spaltung des Kerns aus (Bild 1.2-17).

Die bei der Spaltung von schweren Atomkernen, z.B. U, entstehenden Neutronen (Spaltneutronen) sind schnelle Neutronen mit $E_n > 0{,}1$ MeV. Langsame Neutronen

$$(E_n < 1 \text{ eV})$$

haben eine größere Spaltausbeute als schnelle Neutronen. Die Umwandlung schneller Neutronen in langsame Neutronen erfolgt durch eine Reihe elastischer Stöße mit leichten Kernen in Moderatoren (Bremssubstanzen). Die mittlere Energie der langsamen Neutronen ist 0,025 eV, ihre mittlere Geschwindigkeit $2{,}2 \cdot 10^5$ cm/s. Da die Gasmoleküle bei erhöhter Temperatur ähnliche Geschwindigkeiten aufweisen, werden die langsamen Neutronen auch thermische Neutronen genannt. Gute Moderatoren sind Wasserstoff, Beryllium, Kohlenstoff, sie reduzieren die Geschwindigkeit schneller Neutronen durch eine geringe Zahl elastischer Stöße und absorbieren dabei nur wenig Neutronen.

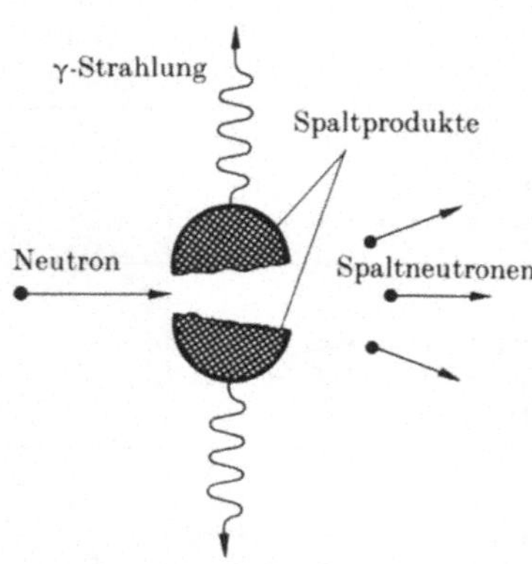

Bild 1.2-17   Spaltung des ^{235}U-Kerns
durch thermische Neutronen

E 2   Wirkungsquerschnitte

Die quantitative Ausbeute einer Kernreaktion wird durch den Wirkungsquerschnitt σ wiedergegeben. Die für Ausbeuteberechnungen praktische Hilfsgröße σ bezieht sich auf den Einzelkern und kann als die effektive Fläche angesehen werden, die der Atomkern der betreffenden Kernreaktion darbietet. Der Wirkungsquerschnitt hat zum geometrischen Querschnitt des Targetkerns keine direkte Beziehung. Für viele Kernreaktionen liegt σ jedoch in der Größenordnung der effektiven Kernquerschnitte (10^{-24} cm^2), obwohl auch Wirkungsquerschnitte bis herauf zu 10^{-20} und herab zu 10^{-44} cm^2 vorkommen. Die Einheit für σ ist 10^{-24} cm$^2 = 1$ barn. Der Gesamtwirkungsquerschnitt σ einer Kernreaktion setzt sich aus dem Absorptionsquerschnitt σ_a und dem Streuquerschnitt σ_s zusammen:

$$\sigma = \sigma_s + \sigma_a.$$

In Tabelle 1.2-5 sind außerdem für einige spaltbare Kerne die Spaltquerschnitte σ_f angeführt.

Bild 1.2-18 zeigt den Verlauf des Spaltquerschnitts von U 235 als Funktion der Neutronenenergie. Ein anderes Maß für die Ausbeute einer Kernreaktion ist der makroskopische Wirkungsquerschnitt. $\Sigma = N^* \sigma$, wobei N^* die Anzahl der Kerne pro cm^3 des Stoffes ist.

Tabelle 1.2-5   Wirkungsquerschnitte einiger Elemente für thermische Neutronen

Element oder Isotop	Wirkungsquerschnitte in barn (10^{-24} cm²) für			Verwendungszweck in der Kerntechnik
	Streuung σ_s	Absorption σ_a	Spaltung σ_f	
H	38	0,33	–	
D (^{2}H)	5,4	0,00046	–	
He	0,8	0,007	–	
Be	7	0,009	–	Moderatorstoffe
C	4,8	0,0045	–	
O	4,2	<0,0002	–	
B	4	750	–	
Cd	7	2400	–	Sicherheitsstäbe
^{135}Xe	4,3	$3,5 \cdot 10^6$	–	Reaktorgift!
Ni	17,5	4,5	–	
Fe	11	2,4	–	
Zr	8	0,2	–	Baustoffe
Bi	9	0,032	–	
Natururan	8,2	7,42	3,92	
^{235}U	8,2	650	549	
^{238}U	8,2	2,8	–	Spaltstoffe
^{239}Pu	–	1025	664	

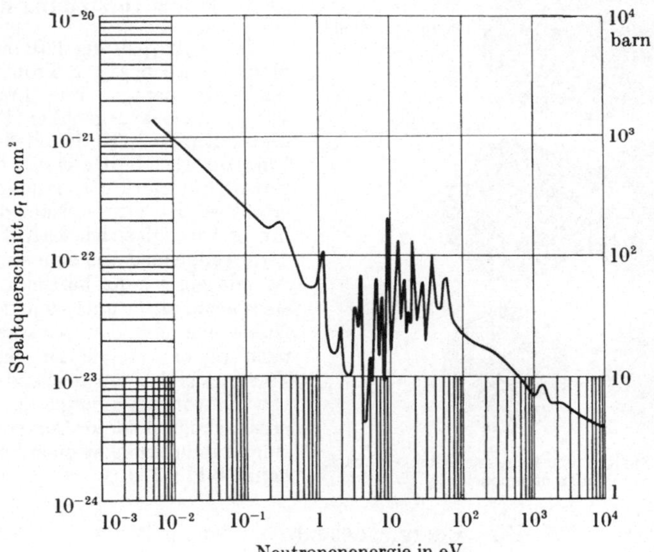

Bild 1.2-18   Abhängigkeit des Spaltquerschnittes von der Neutronenenergie für ^{235}U

E3   Brutprozesse

Die (n, γ)-Reaktionen an ^{238}U und ^{232}Th leiten die Gewinnung von wertvollem Spaltstoff (fuel) aus fruchtbaren Stoffen (fertile materials) ein. Die Umwandlungen von ^{238}U in

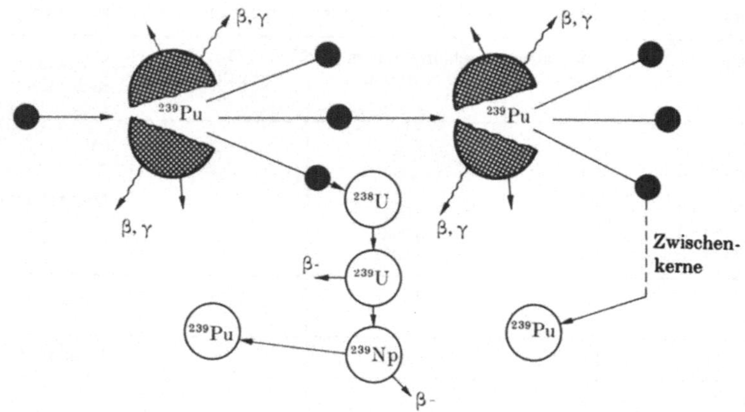

Bild 1.2-19   Brutprozeß

^{239}Pu bzw. von ^{232}Th in ^{233}U (Bild 1.2-14) werden Brutprozesse genannt (Bild 1.2-19). Günstige Brutausbeuten werden in Brutreaktoren oder Brütern (breeder) erzielt. In Bild 1.2-19 wird der Brutprozeß durch ein schnelles Neutron aus dem Spaltstoff ^{239}Pu eingeleitet. ^{238}U wird hierbei durch schnelle Neutronen in ^{239}Pu umgewandelt.

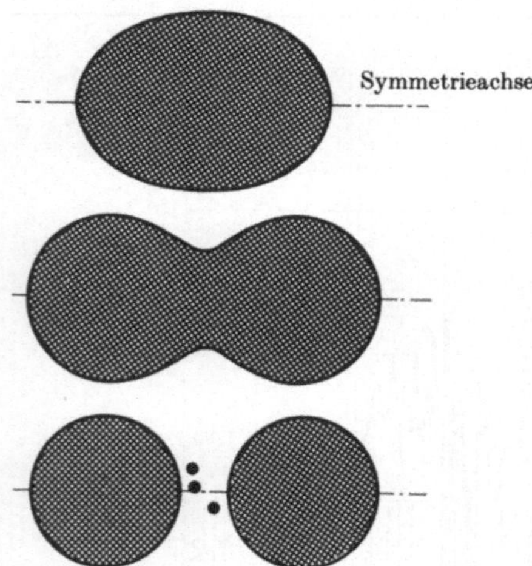

Bild 1.2-20   Spaltung eines schweren Atomkerns nach dem Tropfenmodell

E4   Modellvorstellung der Spaltung

Die Kernspaltung läßt sich durch das Modell eines flüssigen Tropfens zumindest qualitativ deuten. Das Tropfenmodell versagt jedoch gegenüber Feinheiten, die z. T. von anderen Kernmodellen (z. B. Schalenmodell, Kollektivmodell, Compoundkernmodell, optisches Modell) erfaßt werden können. Nach dem Tropfenmodell verhält sich jedes Nukleon im Atomkern weitgehend wie eine starre Kugel und ist mit einer ganz bestimmten Bindungsenergie nur an die unmittelbar benachbarten Nukleonen gebunden. Schwere Kerne neigen nach diesem Modell zu einer länglichen Form, was bei ausreichender Anregungsbzw. Schwingungsenergie des beim Neutronenbeschuß gebildeten Compoundkerns über eine Einschnürung zu einer Spaltung führen kann (Bild 1.2-20).

E5   Energieausbeute bei der Spaltung

Die bei der Kernspaltung freiwerdende Energie berechnet sich aus dem Massendefekt (B3). Beispiel für die Spaltung des ^{235}U-Kerns durch Neutronen:

	Relative Nuklidmasse
^{235}U-Kern	235,044
Neutron	1,009
Gesamtmasse der Ausgangskerne	236,053

Die Kerne der Spaltprodukte haben häufig Massenzahlen um 95 (z.B. ^{95}Mo) und 139 (z.B. ^{139}La). Außerdem werden 2 bis 3 Neutronen freigesetzt.

Relative Nuklidmasse

^{95}Mo-Kern	94,906
^{139}La-Kern	138,906
2 Neutronen	2,018
Gesamtmasse der Endkerne	235,830
Massendefekt Δm	0,223 ME

Nach Tabelle 1.1-5 entspricht diesem Massendefekt eine Energie von ≈ 200 MeV pro ^{235}U-Kern.

Tabelle 1.2-6   Energiebilanz der Spaltung des ^{235}U-Kerns

Energieanteile	Energie in MeV
Kinetische Energie der Spaltprodukte	167
Kinetische Energie der Spaltneutronen	6
Energie prompter γ-Strahlung	6
Strahlungsenergie der Spaltproduktkerne	
α-Strahlung	5 ⎫
β-Strahlung	5 ⎬ 21
Neutrino	11 ⎭
	200

In **Kernreaktoren** wird die kinetische Energie der Spaltprodukte (Spaltfragmente) in thermische Energie umgewandelt. Die Spaltproduktkerne gleichen den größten Teil ihres bei der Spaltung des schweren Kerns erhaltenen Neutronenüberschusses durch mehrfache β^--Emission aus, außerdem werden bei der Spaltung 2 bis 3 Neutronen (Spaltneutronen) frei. So werden z.B. bei der ^{235}U-Spaltung ca. 0,75% der Neutronen nicht sofort bei der Spaltung, sondern mit einer mittleren Verzögerung von ca. 10 Sekunden von den Kernen der Spaltprodukte ausgesendet. Diese Neutronen heißen im Gegensatz zu den sofort ausgesandten (**prompten**) Neutronen **verzögerte Neutronen**. Die verzögerten Neutronen ermöglichen erst die Steuerung eines Kernreaktors.

Bild 1.2-21 zeigt die Energieverteilung der Neutronen, das Spaltungsspektrum. Die häufigste Energie der Spaltneutronen liegt etwas unterhalb 1 MeV.

E6   Spaltprodukte

Für die Spaltung des ^{235}U-Kerns sind mehr als 30 verschiedene Kernreaktionen bekannt, deren Spaltprodukte Massenzahlen zwischen 72 und 158 haben. Die Spaltprodukte lassen sich in zwei Gruppen einteilen; eine leichte Gruppe (Massenzahlen von ca. 80 bis 110) und

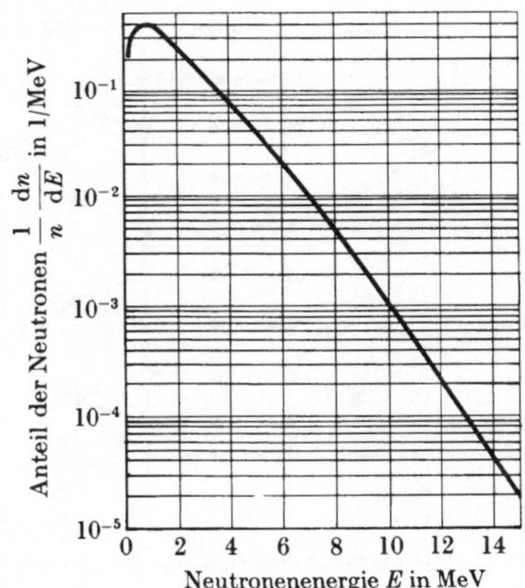

Bild 1.2-21   Energieverteilung der bei der Spaltung freiwerdenden Neutronen

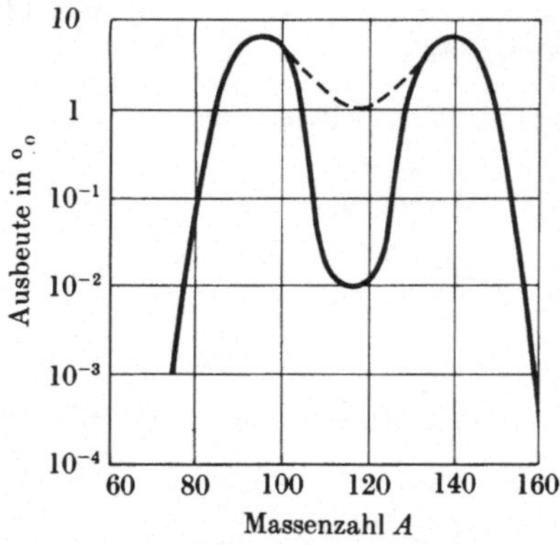

Bild 1.2-22   Ausbeutekurve der Spaltprodukte
der ^{235}U-Spaltung

eine schwere Gruppe (Massenzahlen von ca. 125 bis 155). In Bild 1.2-22 ist die Ausbeutekurve der Spaltprodukte für Spaltung durch thermische und (gestrichelt) durch 14-MeV-Neutronen wiedergegeben. Aufgetragen ist die prozentuale Verteilung der Spaltprodukte über deren Massenzahlen.

Die β^--Emission aus den Spaltproduktkernen wird häufig von γ-Strahlung begleitet, wodurch die Handhabung der Spaltprodukte gefährlich wird (wichtig für die Abschirmung von Kernreaktoren).

F. Reaktorphysik

F1 Kettenreaktion

Bei der Spaltung eines Atomkerns werden mehrere Neutronen (prompte und verzögerte) frei (Neutronenvermehrung). Löst im statistischen Durchschnitt mindestens eins dieser Neutronen eine neue Spaltreaktion aus, so läuft der Prozeß als Kettenreaktion von selbst weiter.

F2 Neutronenvermehrung

Die Neutronenvermehrung hängt von den Bedingungen ab, denen die Neutronen in der Spaltzone eines Reaktors (Core) unterworfen sind. Sie wird durch den Multiplikations- oder Vermehrungsfaktor k wiedergegeben; k stellt das Verhältnis der Neutronenzahl in einer Neutronengeneration (n_2) zur Neutronenzahl der vorangegangenen Neutronengeneration (n_1) dar ($k = n_2/n_1$). Für den Betrieb eines Kernreaktors ist

$k > 1$ beim Anfahren,

$k = 1$ bei konstanter Leistung (stationärer Betrieb) und

$k < 1$ beim Abstellen des Reaktors (Bild 1.2-23).

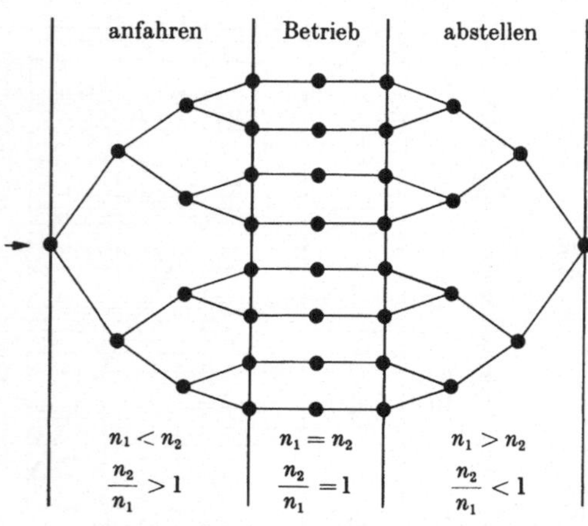

Bild 1.2-23   Verlauf des Multiplikationsfaktors k

F3 Reaktivität

Anstelle des Multiplikationsfaktors k wird oft die Reaktivität

$$\varrho = (k - 1)/k$$

gebraucht.

Da in der Praxis k nahe 1 ist, kann $\varrho \approx k - 1$ gesetzt werden. Die thermische Leistung eines Reaktors ist der Neutronenflußdichte $\Phi = \dot{n}/A$ proportional. Bild 1.2-24 zeigt die Abhängigkeit der Neutronenflußdichte von der Reaktivität. Der für den stationären Betrieb eines Reaktors erforderliche Wert $k = 1$ wird durch Ein- und Ausfahren von neutronenabsorbierendem Material (Regelstäben) in die Spaltzone des Reaktors eingestellt. Für jede gewünschte Leistung ist die Regelstabstellung gleich, nämlich $\varrho = 0$ (kritische Stellung).

Bezeichnet Δt die Zeit zwischen zwei aufeinanderfolgenden Neutronengenerationen (Generationsdauer), so ist die **Reaktorperiode** $\Delta t/\varrho$ die Zeit, in der der Neutronenfluß auf das e-fache (2,718fache) ansteigt.

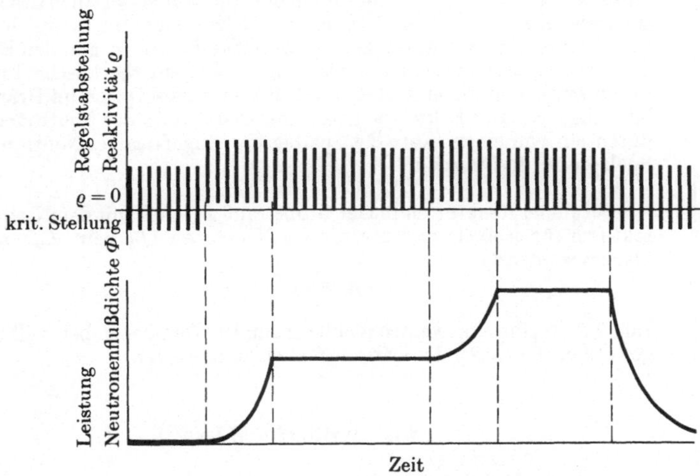

Bild 1.2-24   Reaktivität und Neutronenfluß

F4   Kritische Gleichung

Bei einem unendlich ausgedehnten Reaktor ist der mit k_∞ bezeichnete Multiplikationsfaktor

$k_\infty = \varepsilon\, p\, f\, \eta$ (Vierfaktorenformel oder kritische Gleichung)

ε Schnellspaltfaktor (fast fission factor)

p Resonanzdurchlaßwahrscheinlichkeit oder Resonanzfluchtfaktor
(resonance escape probability)

f thermische Nutzung (thermal utilization)

η thermische Spaltneutronenausbeute (thermal fission yield).

Tabelle 1.2-7   Beispiele für die Vierfaktorenformel an einigen Reaktortypen

Spaltstoff	Natururan	Natururan	mit ^{235}U schwach angereichertes Uran
Moderator	Graphit	D_2O	H_2O
Kühlmittel	CO_2	D_2O	H_2O
ε	1,030	1,029	1,027
p	0,88	0,836	0,884
f	0,93	0,932	0,736
η	1,266	1,336	1,78
k_∞	1,065	1,072	1,20

In einem thermischen Reaktor, bei dem die Spaltung durch thermische Neutronen erfolgt, werden durch schnelle Neutronen auch einige ^{238}U-Kerne und ^{235}U-Kerne gespalten. Der Faktor ε gibt an, um wieviel sich ein Spaltneutron durch Spaltung von ^{238}U-Kernen ver-

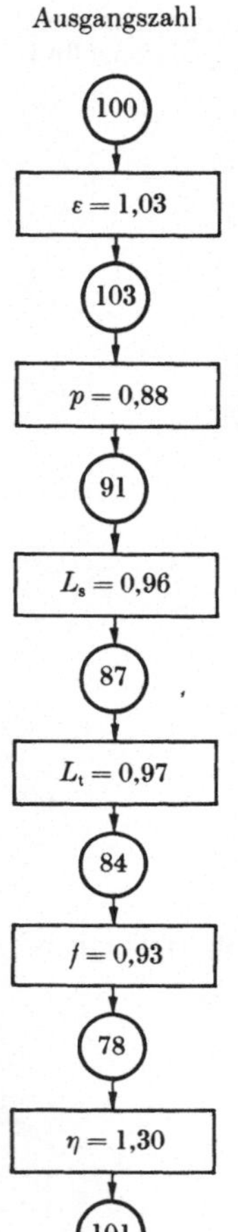

Bild 1.2-25
Neutronenbilanz
im Reaktor

vielfacht hat, bis seine Energie unter dem für die Spaltung von ^{238}U-Kernen erforderlichen Schwellenwert liegt. Der Faktor f gibt an, welcher Prozentsatz der auf thermische Energie abgebremsten Neutronen im Uran, d. h. nicht im Moderator und in den anderen Materialien des Reaktors, absorbiert wird. Der ^{238}U-Kern hat besonders im Energiebereich von 6 bis 8 eV starke Einfangresonanzen. Der Faktor p gibt den Bruchteil der primären schnellen Neutronen an, der auf thermische Energie abgebremst wird, ohne vorher durch Resonanzabsorption im Uran verlorenzugehen. Der Faktor η bezeichnet die Anzahl der Neutronen, die durch ein von einem Kern des Spaltstoffes eingefangenes Neutron beim Spaltprozeß frei werden.

Bei einem Reaktor endlicher Größe muß k_∞ noch mit den Nichtleckfaktoren für schnelle und thermische Neutronen (L_{s} bzw. L_{th}) multipliziert werden:

$$k_{\mathrm{eff}} = k_\infty L_{\mathrm{s}} L_{\mathrm{th}}.$$

Bild 1.2-25 gibt eine Neutronenbilanz für 100 Neutronen bei willkürlich gewählten Faktoren der kritischen Gleichung wieder.

F5   Kritische Masse

Unter der **kritischen Masse** m_{kr} eines Reaktors wird diejenige Masse an spaltbarem Material verstanden, bei der in der gewählten Reaktorstruktur der Multiplikationsfaktor $k_{\mathrm{eff}} = 1$ wird. Den wesentlichsten Einfluß auf m_{kr} hat der Anreicherungsgrad des verwendeten Spaltstoffes. m_{kr} ändert sich bei jedem Reaktor im Verlauf des Betriebes, z. B. infolge Vergiftung durch Spaltprodukte. Für jeden neuen Reaktor muß m_{kr} durch das kritische Experiment bestimmt werden. Der Spaltstoff in einem Reaktor kann nicht restlos für die Energiegewinnung umgesetzt werden. Die obere Grenze der Energiegewinnung in einem Reaktor wird mit **Abbrand (burnup)** bezeichnet.

G.   Strahlenquellen

G1   Beschleuniger

Zur Herstellung intensiver Strahlenquellen durch erzwungene Kernreaktionen benötigt man Geschoßteilchen (Protonen, Deuteronen, α-Strahlen, Ionenstrahlen, wie z. B. C-Ionen und N-Ionen), die auf sehr hohe Geschwindigkeiten beschleunigt werden müssen. Zur Erzeugung der Beschleunigungsspannung von mehreren MV dient der elektrostatische **Bandgenerator** (van de Graaff, Bild 1.2-26) oder der von einem Transformator gespeiste **Kaskadengenerator.** Vielfachbeschleunigung geladener Teilchen erfolgt mit **linearen** und **zirkularen** Beschleunigern. Der älteste der zirkularen Vielfachbeschleuniger ist das **Zyklotron** (Lawrence). Eine flache in der Mitte unterbrochene Metalldose befindet sich in einer auf Hochvakuum ausgepumpten Kammer. Die in Bild 1.2-27 wiedergegebenen D's (dees), genannt nach ihrer Form, sind mit den Polen eines leistungsstarken Hochfrequenzsenders verbunden, so daß das elektrische Feld im Spalt zwischen den beiden D's sehr schnell wechselt. Zwischen den D's befindet sich die Ionenquelle. Zur Beschleunigung von Elektronen als Geschoßteilchen für Kernreaktionen dienen das **Betatron,** das **Elektronen-Synchrotron** und das **Elektronen-Zyklotron.**

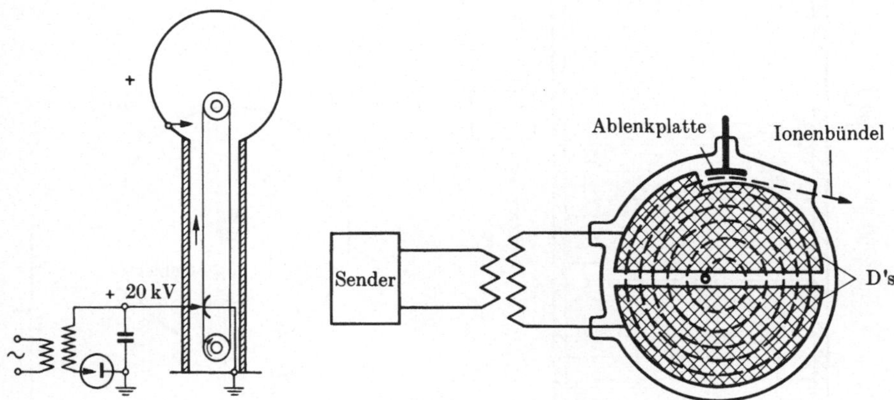

Bild 1.2-26 Van-de-Graaff-Hochspannungsgenerator

Bild 1.2-27 Zyklotron (schematische Darstellung)

G2 Radionuklide

Verwendung von Radionukliden als Strahlenquellen für

Untersuchung der Absorptions- und Streueigenschaften von Materie bei Bestrahlung,

Beeinflussung von Materie durch Strahlung (Erzeugung physikalischer, chemischer und biologischer Veränderungen),

Energieumwandlungen (D).

Gegenüber anderen Strahlenquellen (Röntgenröhre, Beschleuniger) haben die radioaktiven Strahlenquellen (z.B. ^{60}Co, ^{137}Ce, ^{170}Tm, ^{192}Ir, ^{90}Sr und ^{90}Y) den Vorteil sehr konstanter Strahlungsleistung.

Zur ersten Gruppe gehören die zerstörungsfreie Werkstoffprüfung (Radiographie), die Dicken- und Dichtemessungen sowie die Füllstandsmessungen, zur zweiten Gruppe die Ionisierung von Gasen, die z.B. zur Abführung von elektrostatischen Aufladungen oder zu Druckmessungen verwendet wird.

Für die Dickenbestimmung dünner Oberflächenschichten eignet sich z.B. das in Bild 1.2-28 wiedergegebene Rückstreuverfahren. Haben Oberflächenschicht und Unterlage verschiedene Kernladungszahlen, so ergibt sich ein Rückstreuwert, der zwischen denen dieser beiden Materialien liegt und von der Dicke der Oberflächenschicht abhängt.

Bei der Füllstandsmessung (Bild 1.2-29) bewirken Änderungen des Flüssigkeitspegels eine Änderung der vom Präparat ausgehenden γ-Strahlung, die im Detektor registriert wird.

Bei der direkten Umwandlung von Strahlungsenergie in elektrische Energie wird ein Kollektor durch die Strahlen eines radioaktiven Präparates aufgeladen (Bild 1.2-30).

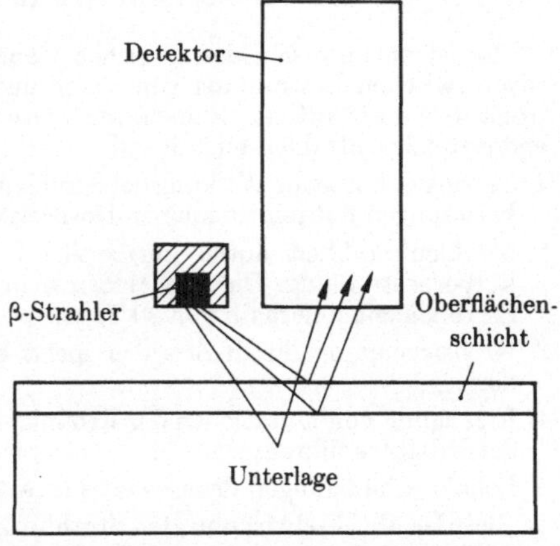

Bild 1.2-28 Schichtdickenmessung (Rückstreuverfahren)

3*

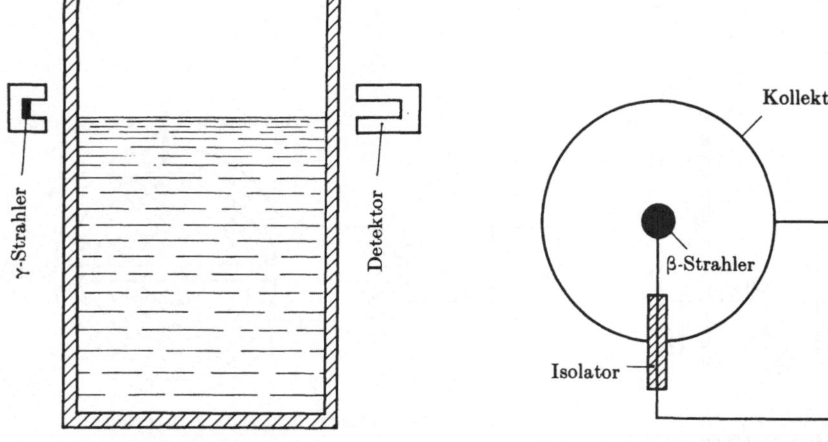

Bild 1.2-29   Füllstandsmessung

Bild 1.2-30   Direkte Aufladung durch β-Strahlen

G3   Indikatormethoden

Radionuklide können zur Markierung einer Substanz verwendet werden. Da sich ein radioaktives Isotop eines Elements chemisch genauso verhält wie seine stabilen Isotope, kann die radioaktiv markierte Substanz auf ihrem Weg durch ein System, z.B. eine chemische Reaktionskette, mit empfindlichen kernphysikalischen Nachweismethoden verfolgt werden. So erfolgt die Bestimmung der Löslichkeit, des Dampfdruckes, der Oberflächenaktivität, der Selbstdiffusion usw. mit Hilfe radioaktiver Indikatoren bereits routinemäßig. Mit der Emaniermethode kann die Struktur von Festkörpern untersucht werden. Zur Reinheitsbestimmung von Halbleitern und Phosphoren bedient man sich der Indikator- oder der Aktivierungsanalyse.

H.   Strahlenschäden und Strahlenschutz

H1   Biologische Wirkungen energiereicher Strahlen

Es ist zu unterscheiden zwischen Ganzkörperbestrahlung und Teilkörperbestrahlung sowie zwischen Bestrahlung von außen und Bestrahlung von innen, letzte durch Inkorporation radioaktiver Substanzen. Grundsätzlich sind die biologischen Wirkungen energiereicher Strahlen schädigend:

1. Lebensverkürzende Wirkung der Strahlen hauptsächlich durch langandauernde Strahlenbelastungen mit relativ kleinen Dosisleistungen;

2. Strahlenkrankheit durch kurzzeitige Ganzkörperbestrahlung oder ausgedehnte Teilkörperbestrahlung. Die Lethaldosis beim Menschen liegt um 400 R (50% Mortalität = Sterblichkeit innerhalb von 30 Tagen);

3. Krebserzeugung durch Strahlen meist bei langandauernder Einwirkung kleiner Teildosen;

4. Erzeugung von Mutationen der Erbanlagen, die fast ausschließlich zur Verschlechterung des Erbgutes führen;

5. Lokale Schädigungen des Gewebes (u.a. Strahlenverbrennungen).

Bei der Wechselwirkung der Strahlung mit Materie erfolgen Ionisierungen und Anregungen der Atome mit anschließender Dissoziation der Moleküle. Strahlenschäden durch Bestrahlung von außen werden hauptsächlich durch die γ- und Neutronenstrahlung hervorgerufen. Schnelle Neutronen (Eindringtiefe in den menschlichen Körper mehrere cm) übertragen ihre Energie in elastischen Stößen vor allem an Wasserstoffkerne (Rückstoßprotonen). Größte Gefahr ist bei Inkorporation gegeben (Inhalation radioaktiver Gase und Stäube, Aufnahme radioaktiv verseuchter Nahrungsmittel usw.).

H2 Abschirmung

Ein vollkommener Strahlenschutz kann nur dadurch erreicht werden, daß man die Strahlenquelle mit hinreichend strahlensicheren Schutzwänden von allen Seiten vollständig umgibt (Streustrahlung vermeiden).

Strahlenschutzmaßnahmen müssen strikt befolgt werden, denn bereits eingetretene Strahlenschäden konnten bisher nicht beseitigt werden. Entfernung radioaktiver Substanzen aus dem Körper durch Verhinderung der Resorption sowie Beschleunigung und Vermehrung der Ausscheidung.

Schutzvorschriften für den Umgang mit ionisierender Strahlung sind in Strahlenschutzverordnungen niedergelegt. Diese Verordnungen werden jeweils nach dem neuesten Stand wissenschaftlicher und technischer Erkenntnisse ergänzt und geändert. In der Bundesrepublik Deutschland wurde die Erste Strahlenschutzverordnung am 24.6.1960 (Bundesgesetzblatt Teil I, Nr. 31, Seite 433ff.) erlassen.

H3 Dosiseinheiten

H31 Die Röntgen-Einheit. Die Dosiseinheit für Röntgen- und γ-Strahlen ist das Röntgen (R). Nach Definition entspricht 1 R der Bildung von einer elektrostatischen Ladungseinheit in 1 cm³ trockener atmosphärischer Luft (= 1,293 mg). Das Röntgen ist demnach eine Maßeinheit für die Ionisierung der Luft. Ein Elektron oder einfach positiv geladenes Ion trägt $4,8 \cdot 10^{-10}$ elektrostatische Ladungseinheiten. Für 1 elektrostatische Ladungseinheit benötigt man $1/4,8 \cdot 10^{-10} = 2,08 \cdot 10^{9}$ Elektronen (oder einfach positiv geladene Ionen). 1 R erzeugt demnach $2,08 \cdot 10^{9}$ Ionenpaare in 1,293 mg Luft.

$$1\,\text{R} \triangleq 7,07 \cdot 10^{4}\,\text{MeV je 1,293 mg Luft} \qquad 1\,\text{R} \triangleq 5,5 \cdot 10^{7}\,\text{MeV je 1,000 g Luft}$$

$$1\,\text{R} \triangleq 0,113\,\text{erg je 1,293 mg Luft} \qquad 1\,\text{R} \triangleq 87,6\,\text{erg je 1,000 g Luft}$$

$$1\,\text{R} \triangleq 0,27 \cdot 10^{-8}\,\text{cal je 1,293 mg Luft} \qquad 1\,\text{R} \triangleq 2,1 \cdot 10^{-6}\,\text{cal je 1,000 g Luft}$$

Wird nicht Luft, sondern ein beliebiges anderes Absorbermaterial (z.B. Knochen, Muskel, Fett) gewählt, so zeigt sich bei gleichem Strahlungsfeld, daß pro Gramm Materie in der gleichen Zeit andere Energiemengen absorbiert werden. Maßgebend ist der Massenabsorptionskoeffizient μ/ϱ. Zum Beispiel ist für 200 keV

$$\text{bei Wasser} \qquad \mu/\varrho = 3,05 \cdot 10^{-2}\,\text{cm}^2/\text{g},$$
$$\text{bei Luft} \qquad \mu/\varrho = 2,7 \cdot 10^{-2}\,\text{cm}^2/\text{g}.$$

Die Energieabgabe wird also unter sonst gleichen Bedingungen und in der gleichen Zeit bei Wasser (oder Muskelgewebe) um den Faktor 1,12 größer sein als in Luft. Das bedeutet, daß 1 R einem Betrag von $87,6 \cdot 1,12 = 98,0$ erg je Gramm Muskelgewebe entspricht. Die genannten Werte gelten angenähert nur für γ-Strahlung von 0,2 bis 3,0 MeV. Bei kleineren oder größeren γ-Energien treten erhebliche Abweichungen auf.

H32 Die Rad-Einheit. Als eine für sämtliche direkt und indirekt ionisierenden Strahlen geltende Dosiseinheit wurde das Rad (rd) (radiation **a**bsorbed **d**ose) definiert. Die Dosis 1 rd liegt vor, wenn in einem Gramm eines beliebigen Stoffes 100 erg absorbiert werden. Bei Bestrahlung von Muskelgewebe ist $1\,\text{rd} \approx 1\,\text{R}$.

Die in den Körperzellen durch die Strahlung hervorgerufenen biologischen Veränderungen hängen nicht nur von der Menge der absorbierten Strahlungsenergie, sondern auch von der spezifischen Ionisation (pro Weglängeneinheit erzeugte Zahl der Ionenpaare) ab. Je größer die spezifische Ionisation, desto größer ist die biologische Wirksamkeit. Definition für die „relative biologische Wirksamkeit" (RBW-Faktor):

$$RBW = \frac{\text{Dosis in rd harter Röntgen-Strahlung (200 keV) zur Erzielung einer bestimmten biologischen Wirkung}}{\text{Dosis in rd der betreffenden Strahlenart zur Erzielung des gleichen Effektes}}$$

Tabelle 1.2-8   Strahlenart und RBW-Faktor

Strahlenart	RBW
Röntgen-, γ- und β-Strahlung	1
schnelle Neutronen, Protonen	10
thermische Neutronen	3–4
α-Strahlen	10
Rückstoßkerne	20

Außer von der spezifischen Ionisation hängen die RBW-Faktoren noch von der Zeit ab, in der die Dosis verabfolgt wird.

H 34 Die Rem-Einheit. Die Rem-Einheit (rad equivalent man) berücksichtigt die biologische Wirkung.

Definition: Dosis in rem = Dosis in rd × RBW

Beispiele: 1 rd Röntgen-, γ- oder β-Strahlung = 1 rem

1 rd schnelle Neutronen- oder α-Strahlung = 10 rem.

Die Dosisleistung errechnet sich nach $P = D/t$.

Gebräuchlich sind die Einheiten R/h, mR/h, μR/h, R/Woche, R/Jahr bzw. die analogen Einheiten mit rd und rem. Regel für die Dosisleistung bei γ-Strahlung:

In 1 m Abstand vom Mittelpunkt der Quelle ist die Dosisleistung in R/h (bzw. rem/h) in grober Näherung zahlenmäßig gleich der Aktivität in Ci.

Abstandsformel für die Dosisleistung einer punktförmigen β-Strahlenquelle (mit einer β-Energie in der Größenordnung 0,1 bis 1 MeV) in einem Gas:

$$P = \frac{300000}{r^2}\, A\, e^{-693\, \varrho\, r/d}\ (\text{mrem/h})$$

A Aktivität in mCi ϱ Dichte des Gases in g/cm³

r Abstand in cm d Halbwertsdicke in mg/cm²

Tabelle 1.2-9   Halbwertszeit und -dicke sowie Dosisleistung von β-Strahlern

Nuklid	Halbwertszeit	Halbwertsdicke d mg/cm²	Dosisleistung von 1 mCi, im Abstand von 10 cm rem/h
^{14}C	5568 a	2,6	0,1
^{32}P	14,3 d	115	2,7
^{35}S	87,1 d	3,0	0,15
^{45}Ca	152 d	5,5	0,6
^{90}Sr	19,9 a	24,4	2,1
^{90}Y	61 h	150	2,8

Unter Halbwertsdicke wird die Dicke einer absorbierenden Substanz verstanden, bei welcher die Intensität einer Strahlung auf die Hälfte geschwächt wird. Formel zur Berechnung der Neutronendosisleistung aus der Neutronenflußdichte:

$P = k\,\Phi$ (mrem/h)

Φ Neutronenflußdichte in $n/cm^2 s$,

k Umrechnungsfaktor in $\dfrac{mrem/h}{n/cm^2 s}$

Tabelle 1.2-10   Faktoren zur Umrechnung von Neutronenflußdichte in Dosisleistung

Energie MeV	$3\cdots10$	2	1	0,5	0,1	$10\cdot10^{-3}$	$10\cdot10^{-6}$	$0,025\cdot10^{-6}$
k	0,250	0,208	0,125	0,0835	0,036	0,00715	0,0036	0,0036

H4   Dosismessung[1]

Bei den Geräten zur Dosis- oder Dosisleistungsmessung handelt es sich nicht um Geräte zum Nachweis einzelner Strahlen oder Teilchen, sondern um Geräte zur Messung der von der Strahlung an die Umgebung abgegebenen Energie. Zur Personenüberwachung eignen sich

Ionisationskammer-Dosisleistungsmeßgeräte

Zählrohr-Dosisleistungsmeßgeräte

Fluoreszenzdosimeter (Kombination eines unter Strahleneinwirkung fluoreszierenden Kristalls mit einem Lichtleiter und Photomultiplier)

Kristalldosimeter (Leitfähigkeitsänderung von Kristallen unter Strahleneinwirkung)

Filmdosimeter (Filmschwärzung durch ionisierende Strahlung)

Stabdosimeter (Ionisationskammern in Kleinformat)

Automatische Warngeräte (Monitoren).

I.   Nachweismethoden für Strahlung

Der Zerfall eines Atomkerns erfolgt nach den Gesetzen der Statistik. Physikalisch läßt sich nur die Wahrscheinlichkeit bestimmen, mit der das Zerfallsereignis innerhalb eines gewissen Zeitintervalls stattfindet. Eine Aktivitätsmessung ist daher stets mit einem statistischen Fehler behaftet, der nichts mit dem experimentellen Meßfehler der verwendeten Zählanordnung zu tun hat. Den Gesamtfehler der Aktivitätsmessung erhält man aus dem statistischen Fehler sowie aus dem experimentell bedingten Meßfehler nach dem Gaußschen Fehlerfortpflanzungsgesetz der Meßfehlertheorie.

I1   Zählgeräte

Eine vollständige Zählausrüstung besteht aus Detektor (z. B. Zählrohr), Hochspannungsquelle, Verstärker, Registriervorrichtung (Zählwerk) und etwaigen Zusatzgeräten, sowie

a) Untersetzerstufen,

b) automatischer Impulsvorwahl, wodurch die Zählung automatisch gestoppt wird, wenn eine bestimmte Impulszahl registriert ist,

c) eingebautem Zeitmesser (mechanisches Uhrwerk oder elektronische Anzeige) zur Synchronisierung der Zeitmessung,

d) automatischer Zeitvorwahl,

---

[1] vgl **1.2 I**

e) Impulsratemeter, einem Ampère-Meter, das über die einzelnen, vom Detektor ausgelösten Stromstöße mittelt,

f) Impulshöhenanalysator zur Messung der Energie der Strahlen oder Teilchen,

g) Vorverstärker zur Verstärkung der im Detektor erzeugten Impulse.

12 Nebelkammer und Blasenkammer

Zur Sichtbarmachung von Teilchenspuren dient in erster Linie die Nebelkammer (C.T.R. Wilson). Durch plötzliche Expansion einer wasserdampfgesättigten, durch Entstaubung kondensationskeimfrei gemachten Atmosphäre entsteht ein mit übersättigtem Wasserdampf gefüllter Raum (Bild 1.2-31). Ein diesen Raum durchfliegendes geladenes Teilchen erzeugt auf seiner Bahn Ionen, die als Kondensationskeime für Wassertröpfchen dienen, so daß die Bahn des Teilchens als Nebelspur sichtbar und bei intensiver Beleuchtung auch photographierbar wird. Aus der Tröpfchendichte wird auf die spezifische Ionisierung geschlossen. Zur Energiemessung der ionisierenden Teilchen bringt man die gesamte Nebelkammer in ein Magnetfeld und photographiert die gekrümmte Bahn stereoskopisch. Während die normale Nebelkammer jeweils nur für eine kurze Zeit nach der Expansion (bis zu einer halben Sekunde) aufnahmebereit ist, verwendet man zur Registrierung von Kernreaktionen

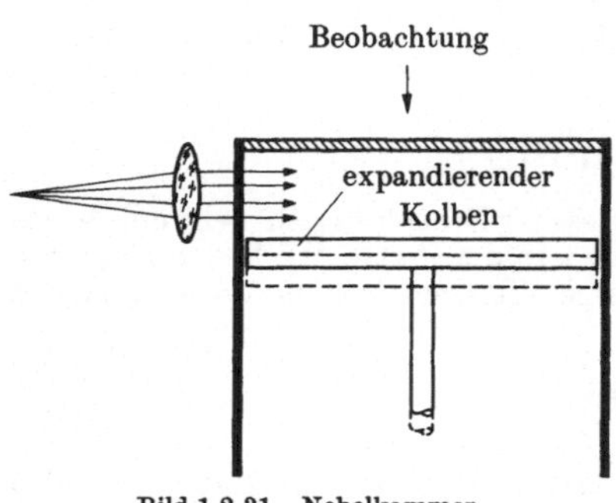

Bild 1.2-31   Nebelkammer

kontinuierlich arbeitende Nebelkammern, bei denen auf chemischem oder thermodynamischem Wege dauernd ein Gebiet übersättigten Dampfes erzeugt wird (Bild 1.2-32).

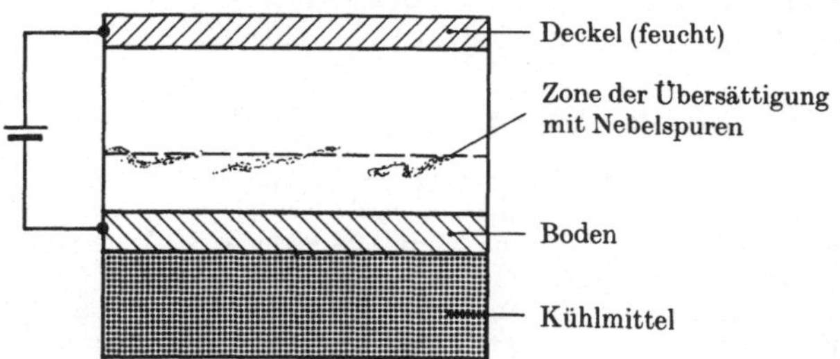

Bild 1.2-32   Kontinuierliche Nebelkammer (schematisch)

In der kontinuierlichen Nebelkammer herrscht im Gasraum ein Temperaturgefälle. Der Dampf wird oben bei höherer Temperatur (gewöhnlich Zimmertemperatur) erzeugt, diffundiert von hier aus in den Gasraum und kondensiert in einer kalten Zone am Boden, die mit einem Kühlmittel (meistens Trockeneis; $T = -80\,°C$) erzeugt wird. In einem bestimmten Gebiet zwischen Deckel und Boden ist der Gasraum übersättigt. Die erzeugten Tröpfchen sinken diffus nach unten, so daß das Blickfeld laufend wieder frei wird.

Für die Aufnahme der Bahnen energiereicher Teilchen großer Reichweite benötigt man eine wesentlich höhere Massendichte, als sie in der Nebelkammer möglich ist. Für diesen Zweck benutzt man die Blasenkammer (Bild 1.2-33). Sie besteht aus einem mit flüssigem Wasserstoff oder einer anderen leicht siedenden Flüssigkeit gefüllten Volumen, in dem die Flüssigkeit bis nahe an den kritischen Punkt erhitzt unter so hohem Druck gehalten wird, daß sie nicht siedet. Durch plötzliche Druckerniedrigung entsteht dann eine überhitzte Flüssigkeit, in der ionisierende Teilchen längs ihrer Bahn Dampfbläschen erzeugen, die photographiert werden können.

I3　Ionisationskammer und Proportionalzähler

I31　Aufbau und Wirkungsweise. In Ionisationskammern und Proportionalzählern wird die ionisierende Wirkung der Strahlung zur Auslösung eines Strom- und Spannungsstoßes genutzt (Bild 1.2-34). Das Potential der Sammelelektrode ist etwa gleich dem Erdpotential. Um Kriechströme über die Isolierung zu vermeiden, wird der Isolator vollständig in zwei durch einen geerdeten Schutzring getrennte Teile zerlegt. Die Teilchen treten durch das Fenster in die Kammer ein. Für die Messung von γ-Intensitäten ist kein Fenster erforderlich.

Die Höhe des Spannungsimpulses hängt von der Anzahl der primär erzeugten Ionen und von der an die Elektroden (Sammelelektrode und Gehäuse) gelegten Spannung ab. Trägt man die Impulshöhe in Abhängigkeit von der Spannung auf, so erhält man den in Bild 1.2-35 skizzierten Verlauf.

Zur Erfassung eines Strahlenfeldes aus vielen Strahlen oder Teilchen wird der mittlere Strom, den die Strahlung im Detektor erzeugt, gemessen. Die Höhe des mittleren Stromes hängt hierbei nicht nur von der Höhe der einzelnen Impulse, sondern auch von der Impulsfolge ab. Daher können mit dieser Methode auch β-Strahlen gemessen werden, sofern diese intensiv genug sind, um einen Strom zu verursachen, der höher als die Nachweisschwelle ist.

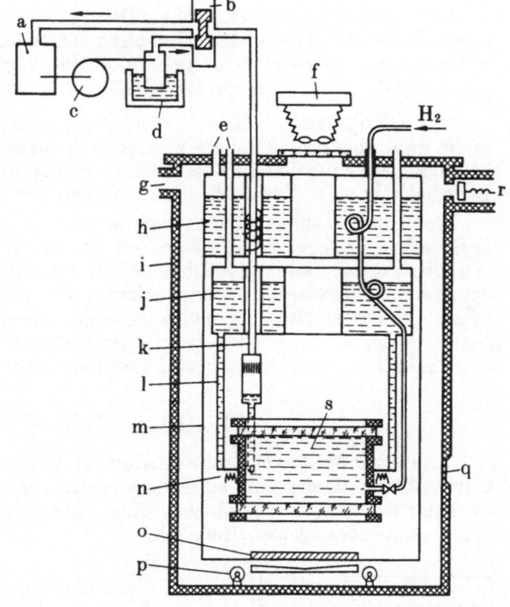

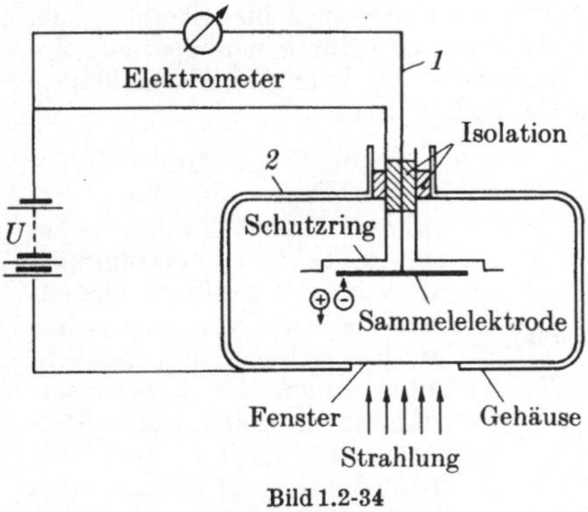

Bild 1.2-33　Wasserstoff-Blasenkammer; a Expansionstank, b Expansionsventil, c Kompressor, d Rekompressionstank in flüssigem N₂, e Abzug, f Kamera, g zur Vakuumpumpe, h flüssiges N₂, i Vakuumtank, j flüssiger Wasserstoff, k Expansionsleitung, l wärmeleitende Verbindung, m Strahlungsschirm auf Temperatur des flüssigen Stickstoffs, n Heizung, o Blende, p Beleuchtung, q Teilchenfenster, r Abzug, s flüssiger Wasserstoff

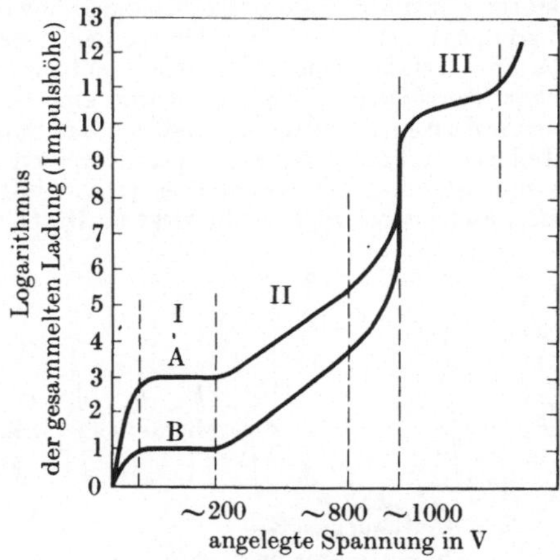

Bild 1.2-34
Ionisationskammer

Bild 1.2-35
Abhängigkeit der Impulshöhe von der Spannung

132 Die Ionisationskammer. Diese im Ionisationskammerbereich oder Sättigungsbereich arbeitenden Kammern messen die gesamte, von der Strahlung erzeugte Ionenmenge. Mit einer modernen Ionisationskammer können mehrere Hundert Teilchen pro Sekunde sicher registriert werden.

133 Proportionalzähler arbeiten im Proportionalbereich. In diesem Bereich findet zwar eine proportionale Verstärkung der einzelnen Impulse statt, diese Verstärkung ist jedoch in den meisten Fällen noch zu gering, um ein Zählgerät zu betreiben. Hier ist die Einschaltung eines Vorverstärkers zwischen Detektor und Zählgerät erforderlich.

Proportionalzähler werden vorwiegend zur Zählung stark ionisierender Strahlung (α-Strahlen, Protonen u. a.) verwendet. Sie haben gegenüber den Geiger-Müller-Zählrohren (I 4) den Vorteil, daß man bei ihnen die zu messende stark ionisierende Strahlung leicht von der Umgebungsstrahlung trennen kann. Bei geeigneter Betriebsspannung ist der Nulleffekt praktisch Null. Proportionalzähler werden u. a. als Neutronendetektoren (Zählung der von den Neutronen ausgelösten Protonen oder α-Strahlen) und Methandurchflußzähler (Messung von α-Strahlen) verwendet.

I 4   Geiger-Müller-Zählrohr (1928)

Das Geiger-Müller-Zählrohr arbeitet im Auslösebereich. Die im Zählrohr ausgelösten Durchschläge werden mit einfachen Verstärkeranlagen registriert. Es dient zum Zählen einzelner Strahlen oder Teilchen. Eine Unterscheidung der Teilchen durch die Höhe des Spannungsstoßes ist nicht möglich.

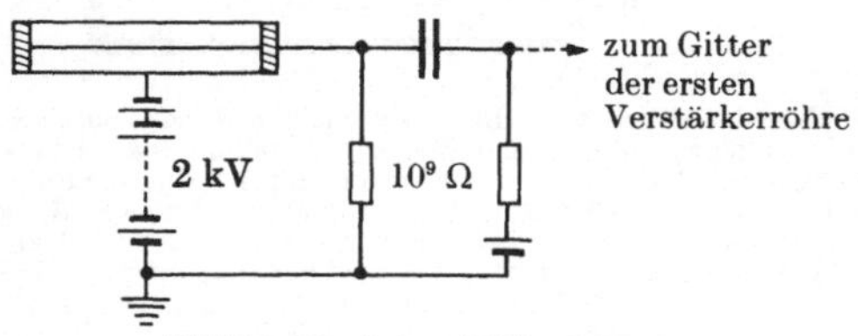

Bild 1.2-36   Geiger-Müller-Zählrohr

Das Zählrohr (Bild 1.2-36) besteht meist aus einem dünnen Metalldraht, der in der Achse eines Metallzylinders gespannt ist und gegen diesen eine positive Spannung besitzt. Das Zählrohr ist mit einem leicht ionisierbaren Gas (Zählgas) unter vermindertem Druck gefüllt. Die Art des Gases richtet sich nach dem Verwendungszweck. Häufig nimmt man Edelgase oder Edelgasbeimischungen.

Die von einem Strahl oder Teilchen beim Durchgang durch das Zählrohr erzeugten freien Elektronen werden vom Zähldraht angezogen. Diese Elektronen werden durch das starke elektrische Feld in Drahtnähe so hoch beschleunigt, daß sich schnell eine Lawine von Ladungsträgern ausbildet. Die in der Nähe des Drahtes erzeugte Ionenlawine (Raumladung) wandert zum Zählrohrmantel bzw. zur Kathode. Durch die für den Auslösebereich charakteristischen Vorgänge würde eine dauernde Folge von Entladungen (Mehrfachentladungen) entstehen, wodurch das Zählrohr für die Zählung einzelner Strahlen oder Teilchen unbrauchbar wäre. Das Abreißen der Entladung wird durch eine spezielle Zusammensetzung des Gasinhaltes (z. B. Argon als Zählgas bei 90 Torr und Alkoholdampf als Löschgas bei 10 Torr) bewirkt (selbstlöschende Zählrohre).

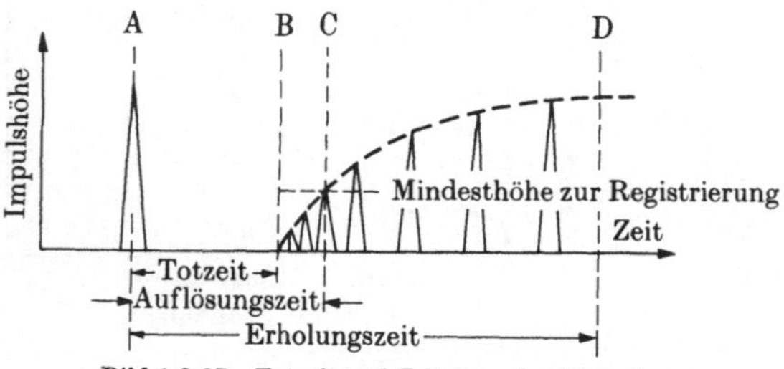

Bild 1.2-37   Totzeit und Erholung des Zählrohres

Beim Geiger-Müller-Zähler ist die Frage der Totzeit, während der der Zähler für ein weiteres Teilchen unempfindlich ist, von viel größerer Bedeutung als beim Proportionalzähler. Es ist hier kaum möglich, unter einige 10^{-4}s herunterzukommen, während beim Proportionalzähler noch zwei Teilchen, die in 1 µs Abstand den Zähler passieren, registriert werden können. Dafür ist der Geiger-Müller-Zähler wegen seines hohen Vermehrungsfaktors empfindlicher als der Proportionalzähler und erfordert nur geringe Nachverstärkung (Bild 1.2-37). Nach dem Auftreten des Impulses A ist das Rohr bis zum Zeitpunkt B völlig unempfindlich (Totzeit). Von da ab wächst die Empfindlichkeit langsam wieder an, so daß stärker auftretende Impulse die jeweils angegebene Höhe erreichen. Da für die Registrierung eine Mindesthöhe erforderlich ist, die z.B. in C erreicht ist, ist die für die zeitliche Auflösung maßgebende Zeit (Auflösungszeit) etwas größer als die Totzeit. Erst in D, am Ende der Erholungszeit, hat das Zählrohr seine volle Empfindlichkeit wiedererlangt.

15 Koinzidenzmessung

Zur Feststellung, ob zwei nukleare Ereignisse gleichzeitig auftreten oder nicht, läßt man die Strahlung auf zwei nebeneinander angeordnete Zähler wirken. Bei echten Koinzidenzen von zwei Ereignissen (z.B. primäre β-Strahlung und durch γ-Strahlung des gleichen Kerns hervorgerufene sekundäre β-Strahlung) sprechen beide Zähler gleichzeitig an. Durch eine besondere Schaltung ist es möglich, nur die Zahl der Koinzidenzen zu registrieren.

16 Neutronendetektoren

Neutronen können nur über Sekundärreaktionen nachgewiesen werden, da sie selbst nicht ionisieren.

161 Nachweis von schnellen Neutronen. Schnelle Neutronen erzeugen beim Stoß mit Atomkernen Rückstoßkerne. Die energiereichsten Rückstoßkerne entstehen, wenn Neutronen gegen Wasserstoffkerne (Rückstoßprotonen) stoßen. Rückstoßprotonen können wegen ihrer Ionisierungsfähigkeit in der gleichen Weise wie α-Strahlen nachgewiesen werden. Aus diesem Grunde werden Neutronendetektoren mit Wasserstoff, Methan, Paraffin, Polyäthylen u.a. gefüllt bzw. ausgekleidet (Bild 1.2-38).

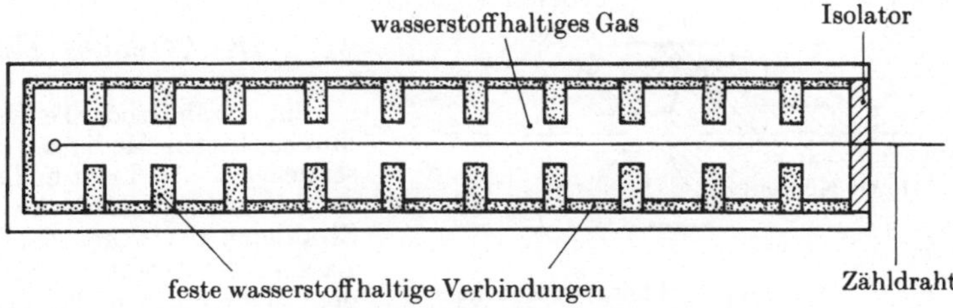

Bild 1.2-38   Schematische Darstellung eines Neutronenzählrohres

162 Nachweis von langsamen (thermischen) Neutronen. Langsame Neutronen werden durch Kernreaktionen nachgewiesen, bei denen ionisierende Strahlung entsteht. Als Neutronenfänger wird das Nuklid ^{10}B verwendet, das bei Neutronenbeschuß α-Strahlen emittiert. Gute Neutronendetektoren sind mit festen Borverbindungen ausgekleidet, als Füllgas dient gasförmiges BF_3 (Bortrifluorid) unter hohem Druck. Die Nachweisempfindlichkeit wird durch Anreicherung des Bors mit ^{10}B erhöht.

17 Szintillationszähler und Kristallzähler

171 Szintillationszähler. Radioaktive Strahlen rufen beim Auftreffen auf fluoreszierende Stoffe (Leuchtstoffe) Lichtblitze (Szintillationen) hervor. Diese werden in elektrische Impulse umgewandelt und nach Verstärkung durch einen Sekundärelektronenvervielfacher (Multiplier) registriert.

Mit dem Szintillationszähler können alle Arten energiereicher geladener Strahlen und Teilchen, aber auch γ-Strahlen über ihre Sekundärelektronen und sogar Neutronen über von ihnen ausgelöste Kernreaktionen gezählt werden. Als Leuchtstoffe dienen anorganische Substanzen wie ZnS, CdS, KBr, KJ jeweils mit geringen charakteristischen Beimengen (Aktivatoren), die diese Stoffe erst zu Leuchtstoffen machen, sowie organische Substanzen wie Anthrazen, Phenantren, Stilben, Terphenyl oder Lösungen dieser Substanzen in Benzol, Xylol und anderen organischen Lösungsmitteln. Das Auflösungsvermögen guter Szintillationszähler liegt bei 10^{-10} s (Bild 1.2-39).

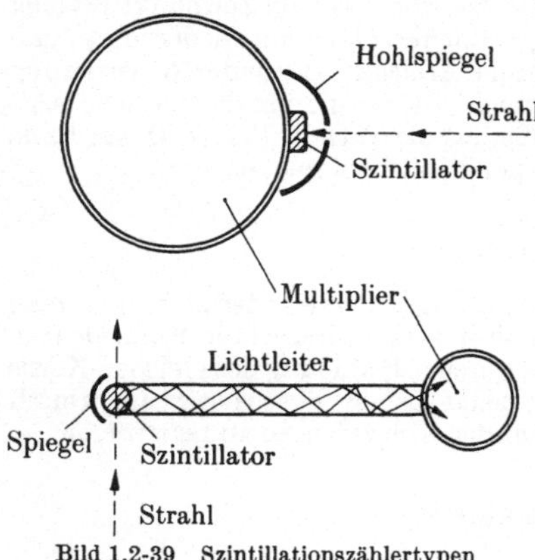

Bild 1.2-39   Szintillationszählertypen

172 Kristallzähler sind kleine, von der zu messenden Strahlung durchsetzte Kristalle, die sich durch robuste Bauart und geringe Größe auszeichnen, und die auf zwei ihrer Begrenzungsflächen aufgedampfte Metallelektroden besitzen. Die durch Ionisation im Kristall ausgelösten Elektronen wandern in einem angelegten elektrischen Feld zur Anode und werden registriert. Entscheidend sind Reinheit und geringe Abmessungen der Kristalle, da es darauf ankommt, daß die in einem einzelnen Ionisationsprozeß befreiten Elektronen eine zur Messung ausreichende Strecke wandern, bevor sie in Gitterfehlstellen eingefangen werden. Andererseits muß die Wanderung so schnell abgeschlossen sein, daß der Zähler nach der kürzest möglichen Zeit für einen neuen Ionisationsprozeß aufnahmebereit ist. Besonders haben sich bewährt Kristallzähler aus Reinstsilicium, in denen durch entsprechende Behandlung pn-Grenzflächen erzeugt werden. Gute Kristallzähler haben ein Auflösungsvermögen von besser als 10^{-8} s und können als Proportionalzähler auch zur Energiemessung verwendet werden.

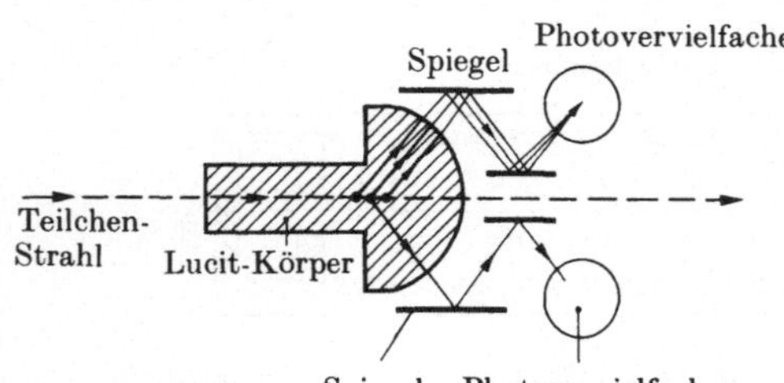

Bild 1.2-40   Schema eines Čerenkov-Zählers

18 Čerenkov-Zähler

Sind Strahlen oder Teilchen in einem durchsichtigen Medium (z. B. Lucit) schneller als das Licht in diesem Medium, so erzeugen sie eine Čerenkov-Strahlung, die wegen der begrenzten Laufzeit der Strahlen oder Teilchen in dem Medium ebenfalls aus einzelnen Lichtblitzen jedes einzelnen Strahls oder Teilchens besteht (Čerenkov-Zähler, 1951). Dieser Zähler hat eine noch bessere zeitliche Auflösung als der beste Szintillationszähler (Bild 1.2-40).

19 Photographische Nachweismethoden

Stark ionisierende Teilchen wie α-Strahlen, Rückstoßprotonen usw. ergeben nach der Entwicklung in der photographischen Schicht mikroskopisch kleine Schwärzungsspuren (Teilchen- oder Kernspuren). Diese Spuren können gezählt und zur Bestimmung der Strahlenmenge ausgewertet werden. Bei γ-, Röntgen- oder β-Strahlung ist die Schwärzung, die durch kurzzeitige Bestrahlung entsteht, so gering, daß keine deutliche Spur hinterlassen wird. Bei größeren Strahlenmengen addiert sich die geringe, von den einzelnen Teilchen erzeugte Schwärzung zu einem diffusen Schwärzungsschleier (wichtig für die Dosimetrie).

Kernspuremulsionen sind sehr feinkörnig (Größe der Silberbromidkörner um 0,1 μm), sie werden in sehr dicken Schichten, 0,5 bis 1 mm und mehr, verwendet. Zum Nachweis längerer Kernspuren werden viele Kernspurplatten zu einem Stapel geschichtet (Stapeltechnik). Aus der Reichweite der Teilchen in der Kernspuremulsion kann die Energie der Teilchen bestimmt werden (Bild 1.2-41). Zum Nachweis von Neutronen werden den Kernspuremulsionen noch Fremdstoffe, z.B. Bor- oder Lithiumverbindungen, zugesetzt.

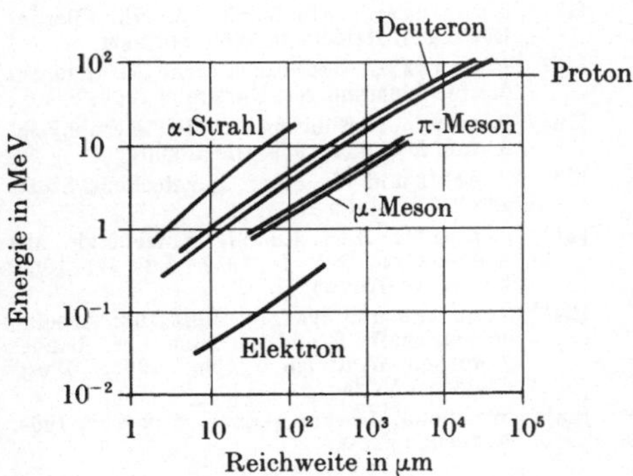

Bild 1.2-41
Reichweiten von Teilchen verschiedener Energien in der Emulsion

Bei der Autoradiographie werden sehr schwache Strahlenquellen unmittelbar auf die Kernspuremulsion gelegt. Auf diese Weise können u. a. „heiße Teilchen" (winzige Staubteilchen von sehr hoher spezifischer Aktivität) nachgewiesen werden. In Stoffen, die mit schwach aktiven Indikatoren injiziert wurden (z.B. bei biologischen Untersuchungen), zeichnet sich die Verteilung der radioaktiven Substanz im Objekt auf der Emulsionsschicht ab.

Weitere Nachweismethoden radioaktiver Strahlung beruhen auf Farbänderungen von Gläsern und plastischen Stoffen, Thermo-Lumineszenz, Strukturänderungen (z. B. Zähigkeitsänderungen) von plastischen Stoffen und auf kalorimetrischen Methoden.

Schrifttum zu 1.2 Physik des Atomkerns

(vgl. Schrifttum zu 1.1 Physik der Atomhülle)

Bücher

[1]   Beck, Dresel und Melching, Leitfaden des Strahlenschutzes. Stuttgart 1959, Thieme.

[2]   Beck, Die Strahlenschutzverordnungen. Bd. 1. Berlin, Frankfurt (Main) 1961, Vahlen.

[3]   Braunbek, Kernphysikalische Meßmethoden. München 1960, Thiemig.

[4]   Cap, Physik und Technik der Atomreaktoren. Wien 1957, Springer.

[5]   Engel und Thielheim, Kernenergie-Technik. München 1960, Verlag Moderne Industrie.

[6]   Finkelnburg, Einführung in die Atomphysik. 11./12. Aufl. Berlin, Heidelberg, New York, 1967, Springer.

[7]   Handbuch der Physik. Hrsg. S. Flügge, Bd. 38: 1. Teil: Äußere Eigenschaften der Atomkerne. 1958. – 2. Teil: Neutronen und verwandte Gammastrahlprobleme. 1959. – Bd. 39: Bau der Atomkerne. 1957. – Bd. 40: Kernreaktionen I. 1957. – Bd. 41: 1. Teil: Kernreaktionen II. 1959. – 2. Teil: Betazerfall. 1962. – Bd. 42: Kernreaktionen III. 1957. – Bd. 43: Mesonen. (in Vorb.) – Bd. 44: Instrumentelle Hilfsmittel der Kernphysik I. 1959. – Bd. 45: Instrumentelle Hilfsmittel der Kernphysik II. 1958. Berlin, Göttingen, Heidelberg, Springer.

[8]   Hahn, Otto, Vom Radiothor zur Uranspaltung. Braunschweig 1962, Vieweg.

[9]   Höfling, Strahlengefahr und Strahlenschutz. Bd. 1 u. 2. Bonn 1961, Dümmler.

[10] International Atomic Energy Agency (IAEA): Directory of Nuclear Reactors. Vol. I – Power Reactors, 1959, Vol. IV – Power Reactors, 1962. Wien, IAEA.

[11] International Atomic Energy Agency (IAEA): Reactor Safety and Hazards Evaluation Techniques. Vol. I, II. Wien 1962, IEAA.

[12] International Atomic Energy Agency (IAEA): Basic Safety Standards for Radioation Protecion. Wien 1962, IAEA.

[13] Jaeger, Thomas, Dosimetrie und Strahlenschutz. Stuttgart 1959, Thieme.

[14] Jaeger, Thomas, Grundzüge der Strahlenschutztechnik. Berlin, Göttingen, Heidelberg 1960, Springer.

[15] Kiefer und Maushart, Überwachung der Radioaktivität in Abwasser und Abluft. 2. Aufl. Stuttgart 1967, Teubner.

[16] Mialki, Kernverfahrenstechnik. Berlin, Göttingen, Heidelberg 1958, Springer.

[17] Münzinger, Atomkraft. 3. Aufl. Berlin, Göttingen, Heidelberg 1960, Springer.

[18] Rajewsky, Wissenschaftliche Grundlagen des Strahlenschutzes. Karlsruhe 1963, Braun.

[19] Riezler, Einführung in die Kernphysik. 6. Aufl. München 1959, Oldenbourg.

[20] Riezler und Walcher, Kerntechnik. Stuttgart 1958, Teubner.

[21] Schmidt, Karl Rudolf, Nutzenergie aus Atomkernen. Bd. I: 1959, Bd. II: 1960. Berlin, de Gruyter.

[22] Schulten und Häfele, Heft 163: Arbeitsgemeinschaft für Forschung des Landes Nordrhein-Westfalen. Köln 1966, Westdeutscher Verlag.

[23] Wertheim, Mössbauer-Effect. New York 1964, Academic Press.

Zeitschriften

[30] Atomkernenergie. München, Thiemig.

[31] Atompraxis. Karlsruhe, Braun.

[32] Chemisches Zentralblatt. Weinheim, Verlag Chemie (nur bis 1968).

[33] Die Atomwirtschaft. Düsseldorf, Handelsblatt.

[34] Euratom-Bulletin. Brüssel, Europäische Atomgemeinschaft.

[35] Kernenergie. Berlin, VEB Deutscher Verlag der Wissenschaften.

[36] Kerntechnik. München, Thiemig.

[37] Nukleonik. Berlin, Heidelberg, New York, Springer.

[38] Journal of Nuclear Materials. Amsterdam, North-Holland Publ.

[39] Nuclear Engineering. London, Temple Press.

[40] Nuclear Physics. Amsterdam.

[41] Nuclear Science Abstracts. Washington, D.C., United States Atomic Energy Commission (USAEC).

[42] Nuclear Science and Engineering. New York, London, Academic Press.

[43] Physikalische Berichte, Braunschweig, Vieweg.

2. Elektrodynamik

2.1 Formelzeichen, Größen und Einheiten

Die hier aufgeführten Formelzeichen gelten für den gesamten Abschnitt 2. Elektrodynamik

Zeichen	Größe	SI-Einheit	weitere Einheiten
$\mathfrak{B}$, B	magnetische Induktion (Flußdichte)	$T = Vs/m^2$	G, kG
C	elektrische Kapazität	$F = C/V$	μF, nF, pF
$\mathfrak{D}$, D	elektrische Verschiebung	C/m^2	C/cm^2
$\mathfrak{E}$, E	elektrische Feldstärke	V/m	V/cm
$\mathfrak{F}$, F	Kraft	$N = kg\,m/s^2$	dyn
G	elektrischer Leitwert	$S = A/V$	
$\mathfrak{H}$, H	magnetische Feldstärke, Magnetfeldstärke	A/m	A/cm
I	elektrische Stromstärke, elektrischer Strom	A	mA, μA
L	Induktivität	$H = Vs/A$	mH
P	Leistung	W	GW, MW, kW, mW
Q	elektrische Ladung	$C = As$	
R	elektrischer Wirkwiderstand	Ω	$M\Omega$, $k\Omega$, $m\Omega$
$\mathfrak{S}$, S	Poynting-Vektor, flächenbezogene Leistung	W/m^2	W/cm^2
T	Kelvin-Temperatur	K	
T	Periodendauer	s	ms, μs, ns
U	elektrische Spannung	V	kV, mV
V	Volumen	m^3	cm^3
V	magnetische Spannung	A	
W	Energie, Arbeit	J	kJ
c	Wellengeschwindigkeit	m/s	km/s
e	Elementarladung	C	
f	Frequenz	Hz	kHz, MHz, GHz
h	Planck-Konstante	J s	erg s
k	Boltzmann-Konstante	J/K	
l	Länge	m	cm
m	Masse	kg	g
r	Radius, Aufpunkt-Abstand	$\left.\vphantom{\begin{matrix}a\\b\end{matrix}}\right\} m$	cm
$\mathfrak{s}$, s	Weglänge, Kurvenlänge		
t	Zeit	s	ms, μs, ns
$\mathfrak{u}$, u	Gruppengeschwindigkeit	$\left.\vphantom{\begin{matrix}a\\b\end{matrix}}\right\} m/s$	
$\mathfrak{v}$, v	Geschwindigkeit		
w	Windungszahl	1	
w	räumliche Energiedichte	J/m^3	J/cm^3
x, y, z	Ortskoordinaten	m	cm
Φ	magnetischer Fluß	Vs	M, kM, MM
Ψ	elektrischer Fluß	C	

Zeichen	Größe	SI-Einheit	weitere Einheiten
ε	Dielektrizitäts-Konstante	} F/m	
ε_0	elektrische Feldkonstante		
ε_r	Dielektrizitätszahl	1	
η	Wirkungsgrad	1	
ϑ	Celsius-Temperatur		°C
λ	Wellenlänge	m	dm, cm
μ	Permeabilität	} H/m	
μ_0	magnetische Feldkonstante		
μ_r	Permeabilitätszahl	1	
ϱ	spezifischer elektrischer Widerstand	Ω m	Ωmm^2/m
σ	Flächenladungsdichte	C/m^2	C/cm^2
τ	Zeitkonstante	s	ms, μs, ns
φ	elektrisches Potential	V	
χ	elektrische Suszeptibilität	1	
ω	Kreisfrequenz	1/s	

2.2 Der elektrische Strom in Festkörpern[1])

bearbeitet von Prof. Dr. rer. nat. H. Beneking, Aachen

A. Formelzeichen, Größen und Einheiten[2])

Zeichen	Größe	SI-Einheit	übliche Einheit
D	Diffusionskoeffizient	m^2/s	cm^2/s
$\mathfrak{D}_e, D_e$	elektrische Verschiebung	C/m^2	C/cm^2
G	Generationsrate	1/m^3 s	1/cm^3 s
L	Diffusionslänge	m	cm
N	Donatordichte	} m^{-3}	cm^{-3}
P	Akzeptordichte		
R	Rekombinationsrate	1/m^3 s	1/cm^3 s
R_H	Hall-Konstante	m^3/C	cm^3/C
$\mathfrak{S}, S$	Teilchenstromdichte	1/m^2 s	1/cm^2 s
T_s	Sprungtemperatur	K	K
U_D	Diffusionsspannung		
U_H	Hall-Leerlaufspannung		
U_T	Temperaturspannung	} V	V
U_{th}	Thermospannung		
U_{12}	Peltier-Spannung		
W_A	Akzeptorenergie		
W_D	Donatorenergie		
W_F	Fermi-Energie		
W_L	Energie der Unterkante des Leitungsbandes	} J	eV
W_T	Fangstellen-Energie		
W_V	Energie der Oberkante des Valenzbandes		
W_Z	Leuchtzentren-Energie		
Z	Zahl	1	1

[1]) Schrifttum S. 76.   [2]) Weitere Formelzeichen vgl. 2.1.

Zeichen	Größe	SI-Einheit	übliche Einheit
a	Atomdichte	m^{-3}	cm^{-3}
d	Dicke	m	cm
f	Fermi-Verteilungsfunktion	1	1
f_L	Larmor-Frequenz	Hz	Hz
$i,\ j$	elektrische Stromdichte	A/m^2	A/cm^2
$\mathfrak{k},\ k$	Wellenvektor	1/m	1/cm
m	Elektronenmasse	kg	g
n	Elektronendichte	m^{-3}	cm^{-3}
p	Defektelektronendichte, Löcherdichte		
$\mathfrak{p},\ p$	Impuls	$Ns = kg\,m/s$	$g\,cm/s$
r	Rekombinations-Koeffizient	m^3/s	cm^3/s
u_{12}	differentielle Thermospannung	V/K	V/K
v_0	Oberflächen-Rekombinationsgeschwindigkeit	m/s	cm/s
z	Besetzungsdichte	$1/J\,m^3$	$1/eV\,cm^3$
$\varkappa$	elektrische Leitfähigkeit	S/m	S/cm
μ	Beweglichkeit	m^2/Vs	cm^2/Vs
τ	Träger-Lebensdauer	s	s

Fußzeiger

A	Akzeptor	L	Leitungsband, Larmor
a	ambipolar	n	Elektron
B	Brillouin	o	Oberfläche
D	Donator, Diffusion	p	Defektelektron, Loch
Dr	Drift	S	Sprung
E	Exciton	T	Temperatur
E	für Feldstärke E	T	Fangstelle (trap)
eff	effektiv	th	thermisch
F	Fermi, Feld	V	Valenzband
H	Hall	Z	Leuchtzentrum
kin	kinetisch		

B. Grundlagen

Im Festkörper ist der elektrische Strom mit Stofftransport verbunden (Leitung durch bewegte Ionen) oder durch Elektronen bedingt (Elektronenleitung) [1] bis [7].

B1 Freies Elektronengas

Die Elektronen der im Festkörper in Wechselwirkung stehenden Atome gehorchen der **Fermi-Statistik**. Nach **Sommerfeld** werden die Elektronen der **äußeren** Schale (**Valenzelektronen, 1.1**) als ein das Volumen des Festkörpers ausfüllendes **Elektronengas** aufgefaßt. Die inneren Elektronen bleiben wegen ihrer engen Bindung an den Atomkern dabei außer Betracht. Die **Heisenbergsche Unschärfebeziehung** und das **Pauli-Verbot** bedingen, daß maximal zwei dieser quasifreien Elektronen im Intervall

$$\Delta W = \frac{h^3}{4\pi \sqrt{2}\, V m^{3/2}\, W^{1/2}} \tag{1}$$

der Translationsenergie $W = p^2/2m = mv^2/2$ liegen können. Damit besitzen die Elektronen in ihrer Gesamtheit bereits bei $T = 0\,K$ eine endliche Gesamtenergie

$$W_F = \frac{h^2}{2m}\left(\frac{3}{8\pi}\right)^{2/3} n^{2/3}, \tag{2}$$

abhängig von ihrer Dichte n. Die Besetzung erfolgt gemäß der **Fermiverteilung** mit

$$z = \frac{dn}{dW} \cdot \frac{1}{1 + e^{(W-W_F)/kT}}. \tag{3}$$

Für das freie Elektronengas gilt hierin mit (1) für die **Zustandsdichte**

$$\frac{\mathrm{d}n}{\mathrm{d}W} = \frac{4\pi}{h^3}\,(2\,m)^{3/2}\,W^{1/2}. \tag{4}$$

Mit (3) bestimmt das Normierungsintegral

$$\int_0^\infty z\,\mathrm{d}W = n \tag{5}$$

den Wert von W_F (Fermi-Kante, Fermi-Grenzenergie, Fermi-Niveau). Die **Fermi-Verteilungsfunktion**

$$f = \frac{1}{1 + e^{(W-W_\mathrm{F})/kT}} \tag{6}$$

ist zu W_F symmetrisch, d.h. $f(W-W_\mathrm{F}) = 1-f(W_\mathrm{F}-W)$. Damit ist W_F das **elektroche-mische Potential** der Elektronen, welches für miteinander im Austausch stehende Körper im Gleichgewicht den gleichen Wert besitzt.

B2   Elektronen im Kristall

Die Wechselwirkung der Kristallelektronen mit den Rumpfatomen des Gitters wird durch eine Wellenvorstellung erfaßt. Den bewegten Elektronen zugehörige De-Broglie-sche Materiewellen werden gestreut (Bragg-Reflexion). Die Ermittlung der kritischen Impulse $\mathfrak{p}_\mathrm{B} = \mathfrak{k}_\mathrm{B}h = \mathfrak{k}_0 h/\lambda$ geschieht durch Brillouin-Zonenkonstruktion im inversen Gitter. Elektronen mit der Translationsenergie $W \approx p_\mathrm{B}^2/2m$ können sich in der betreffenden Richtung $\mathfrak{k}_0$ nicht bewegen; statt der kontinuierlichen Energieverteilung freier Elektronen wechseln infolge der Wechselwirkung im Festkörper **Energiebänder** (erlaubte Energiebereiche) und **verbotene Zonen** miteinander ab.

Fallen Maximum des Valenzbandes und tiefstes Minimum des Leitungsbandes bei $k = 0$ (oder demselben $\mathfrak{k}$-Wert) zusammen, liegt ein **direkter** Halbleiter vor; andernfalls spricht man von einem **indirekten** Halbleiter (Bild 2.2-1).

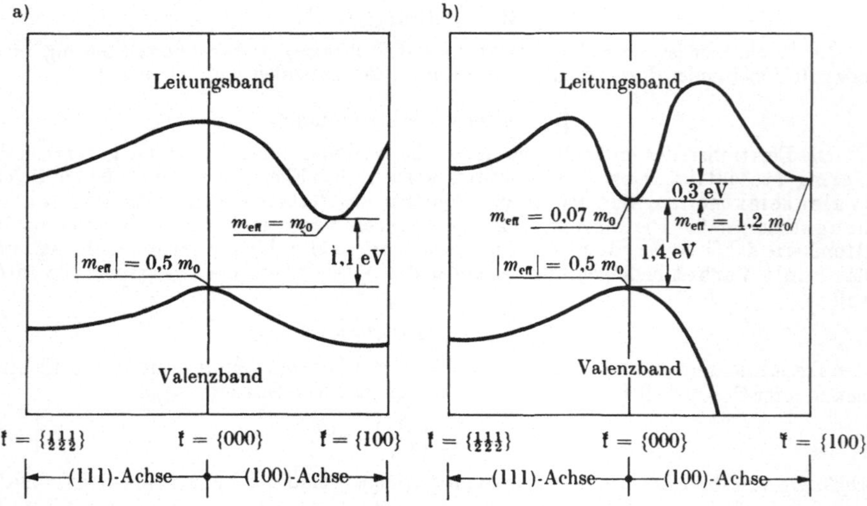

Bild 2.2-1   Bandstruktur von Halbleitern. a) Indirekte Halbleiter, Beispiel Silicium (4 K); b) Direkte Halb-leiter, Beispiel Galliumarsenid (300 K)

B 3 Effektive Masse der Kristallelektronen

Wegen der Wechselwirkung mit dem Gitter reagieren Kristallelektronen auf äußere Kräfte anders als freie Elektronen. Diese Effekte werden durch eine richtungs- und energieabhängige Masse m_{eff} (tensorielle Masse) erfaßt, womit man Newtons Gesetz für die Wirkung einer äußeren Kraft $\mathfrak{F} = \mathrm{d}(m\mathfrak{v})/\mathrm{d}t$ in der modifizierten Form $\mathfrak{F} = \mathrm{d}(m_{eff}\mathfrak{v})/\mathrm{d}t$ beibehalten kann. Kristallelektronen mit Energie einer unteren Energiebandhälfte werden ähnlich freien Elektronen beeinflußt $(m_{eff} = m_n)$, solche einer oberen Bandhälfte im entgegengesetzten Sinn $(m_{eff} = -|m_{eff}| = -m_p)$.

Mögliche Fälle:

B 31 Der gegensätzliche Einfluß einer äußeren Kraft auf beide Elektronengruppen eines Bandes hebt sich auf. Bei Anlegen eines elektrischen Feldes tritt keine Vorzugsbewegung auf, der Beitrag zur elektrischen Leitfähigkeit ist Null.

B 32 Einige Energieplätze am oberen Rand des bei $T = 0\,\mathrm{K}$ vollbesetzten Bandes (Valenzband) sind frei; einige Energieplätze am unteren Rand des nächsthöheren Bandes (Leitungsband) sind besetzt. Das elektrische Feld wirkt auf die Leitungsband-Elektronen wie auf freie Elektronen; Valenz-Elektronen dagegen werden am oberen Bandrand verzögert statt beschleunigt. Dort ist die Wirkung wie bei positiven Ladungsträgern mit positiver Masse m_p vom Betrag der entsprechenden negativen effektiven Masse. Damit können die Freiplätze im Valenzband als Defektelektronen (Löcher) aufgefaßt werden, welche zur Leitfähigkeit beitragen.

B 33 Bereits bei $T = 0\,\mathrm{K}$ ist das Leitungsband erheblich (maximal halb) gefüllt. Entsprechend verhalten sich diese Elektronen ähnlich freien Elektronen, es handelt sich um einen Leiter.

B 4 Energiebänderstruktur und elektrische Leitfähigkeit

Für die Leitfähigkeit ist die Struktur der Energiebänder und deren Besetzung mit Elektronen wesentlich. Die energetische Lage der Bänder hängt von der Kristallrichtung ab. Damit können sich die Energiebänder überlappen. Das Pauli-Prinzip bedingt, daß je Band $2\,Z$ Energieplätze durch Elektronen besetzbar sind (Z Zahl der Atome des Körpers). Hierdurch sind verschiedene energetische Stufungen möglich, so daß die elektrische Leitfähigkeit von der Wertigkeit des Stoffes abhängt.

Stoffe mit ungeradzahliger Wertigkeit sind Leiter, wenn das oberste Band halb gefüllt ist. Dann ist energetisch Platz vorhanden für einen Zuwachs an Bewegungsenergie, der aus dem angelegten elektrischen Feld entnommen werden kann.

Stoffe mit geradzahliger Wertigkeit sind phänomenologisch dreifach unterschieden.

B 41 Isolator. Das oberste Band ist voll gefüllt, darauf folgt die verbotene Zone mit der Breite $\Delta W \gg kT$. Eine zusätzliche Energieaufnahme und durch das Feld hervorgerufene Bewegung der Elektronen ist unmöglich; Isolator.

B 42 Halbleiter. Das oberste Band (Valenzband) ist bei $T = 0\,\mathrm{K}$ vollgefüllt, jedoch ist der energetische Abstand ΔW zum nächst höheren, leeren Band (Leitungsband) so gering, daß thermisch für $T > 0$ einige Elektronen Energiewerte des Leitungsbandes besitzen. Diese Elektronen und jene des nicht mehr vollen, darunterliegenden Bandes können Energie aufnehmen. Es handelt sich um einen Eigenhalbleiter mit starker, exponentieller Zunahme der Dichte beweglicher Träger mit der Temperatur (**D 1**).

B 421 Durch passende, geringe Fremdstoff-Zusätze (Dotierung mit Donatoren der Dichte N) entstehen Energieterme (Donatorniveau W_D) in der verbotenen Zone ΔW dicht unter dem Leitungsband mit $\Delta W_n = W_L - W_D \lesssim kT$[1]). Den Störtermen eigene Elektronen

---

[1]) Das Zeichen $\lesssim$ bedeutet „ungefähr, kleiner als".

können thermisch ins Leitungsband gelangen, so daß ein **Störhalbleiter** mit Bewegungsmöglichkeit dieser Elektronen im Leitungsband vorliegt (n-Halbleiter; **D 2**).

B 422 Durch passende, geringe Fremdstoff-Zusätze (Dotierung mit **Akzeptoren** der Dichte P) entstehen Energieterme (Akzeptorniveau W_A) dicht über dem Valenzband mit $\Delta W_P = W_A - W_V \lesssim kT$. Den Störtermen bindungsmäßig fehlende Elektronen können thermisch aus dem Valenzband aufgenommen werden, womit die im Valenzband verbleibenden Elektronen Energie aufnehmen können; Störhalbleitung vom p-Typ (**D 2**).

B 423 Durch starke Verunreinigung sind bereits bei $T = 0\,\mathrm{K}$ Träger im Leitungsband (bei $N \gtrsim 10^{19}\,\mathrm{cm^{-3}}$) bzw. im Valenzband (bei $P \gtrsim 10^{19}\,\mathrm{cm^{-3}}$). Das elektrische Verhalten ist einem Metall ähnlich; **entarteter Halbleiter** mit hoher Leitfähigkeit (**D 4**). Bei Halbleitern mit wesentlich kleinerer effektiver Masse als Germanium oder Silicium ist die Entartungskonzentration geringer.

B 43 Leiter. Das oberste, an sich vollbesetzte Band ist mit dem nächst höheren Band überlappt. Damit ist ein Übergang zwischen diesen Bändern möglich. Es sind infolgedessen Energieplätze frei, die eine Aufnahme von Bewegungsenergie aus dem elektrischen Feld ermöglichen; Leiter.

B 44 Störbandleitung. Durch Überlappung der den Störtermen zugeordneten Elektronenwolken (hohe Dotierung) ist Leitung über Störstellen möglich; bei kleinen effektiven Beweglichkeiten erfolgt **Hopping-Prozeß** (Schmalband- Halbleiter; Springen der Elektronen von Atom zu Atom, Versagen der m_{eff}-Näherung).

B 5   Beweglichkeit der Ladungsträger

Die **mittlere Driftgeschwindigkeit**

$$v = \mu E \tag{7}$$

der Elektronen bzw. Löcher wird durch Streuung und zeitweiliges Einfangen durch Störstellen (Haftstelle, trap) beeinflußt. Damit ist die Beweglichkeit vom Kristallbau der Grundsubstanz und von der Art und Dichte der Verunreinigung bzw. Gitterstörungen abhängig. Der Temperatureinfluß ist jeweils unterschiedlich. Bei Ionenstreuung gilt $\mu \sim T^{3/2}$ bei niedrigen Temperaturen. Bei thermischer Streuung gilt $\mu \sim T^{-1/2}$ (z.B. nach Störstellen-Erschöpfung vor Einsetzen der Eigenleitung in Halbleitern ($\Delta W/2\,k > T \gg \Delta W_n/k$, $\Delta W_p/k$), während bei Entartung die Beweglichkeit noch stärker abfällt, z.B. gemäß $\mu \sim T^{-3/2}$. Bei Zimmertemperatur gruppieren sich die Werte üblicherweise um $\mu \sim 1/T$. Solange die vom Feld aufgenommene Bewegungsenergie W_{kin} der freien Träger klein bleibt ($W_{\mathrm{kin}} < kT$), gilt $\mu = \mathrm{const}$; das **Ohmsche Gesetz** gilt in der Form

$$j = \varkappa E, \qquad (8) \qquad\qquad \varkappa = e\left[\mu_n n + \mu_p p\right]. \qquad (9)$$

Nehmen die Träger aus dem elektrischen Feld Energiebeträge $W \gg kT$ auf, reicht der Stoßausgleich mit dem Gitter nicht zur Einstellung thermischen Gleichgewichts aus (**heiße Elektronen**, $E \gtrsim 1\mathrm{kV/cm}$). Da hierbei $v \sim E^{1/2}$ ansteigt, fällt gemäß (7) $\mu \sim E^{-1/2}$ ab. Bei höchstens Feldstärken $E \gtrsim 10^5\,\mathrm{V/cm}$ ist die Abgabe der vollen Energiebeträge möglich (Erzeugung **optischer Phononen** (Schallquanten) bei möglicherweise kohärenter Ausstrahlung); es gilt $v = \mathrm{const}$ bzw. $I = \mathrm{const}$ bei $\mu \sim 1/E$.

Den Zusammenhang von μ mit dem Diffusionskoeffizienten D stellt die **Einstein-Beziehung**

$$D = \mu U_T, \qquad (10) \qquad\qquad U_T = kT/e \qquad (11)$$

her. U_T heißt **Temperaturspannung** ($U_T \approx 26\,\mathrm{mV}$ bei Zimmertemperatur).

B 6   Kontinuitätsgleichung

Zur Berechnung des makroskopischen räumlichen und zeitlichen Verhaltens der Trägerdichten dient die **Kontinuitätsgleichung**

$$\dot n = G_\mathrm{n} - R_\mathrm{n} - \operatorname{div} \mathfrak{S}_\mathrm{n}, \tag{12}$$

welche an einem bestimmten Ort die zeitliche Änderung der Dichte auf Neuerzeugung G_n, Rekombination R_n und Zuströmen weiterer Teilchen zurückführt. Für die Teilchenstromdichte $\mathfrak{S}$ gilt

$$\mathfrak{S} = \mathfrak{S}_\mathrm{D} + \mathfrak{S}_\mathrm{F}, \tag{13}$$

wo

$$\mathfrak{S}_\mathrm{D} = - D_\mathrm{n} \operatorname{grad} n \tag{14}$$

die **Diffusionsstromdichte für Elektronen** ist und

$$\mathfrak{S}_\mathrm{F} = - n\,\mu_\mathrm{n}\,\mathfrak{E} \tag{15}$$

die Dichte des Stromes bedeutet, der infolge eines elektrischen Feldes $\mathfrak{E}$ auftritt.

Für positive Träger gilt entsprechend

$$\dot p = G_\mathrm{p} - R_\mathrm{p} - \operatorname{div} \mathfrak{S}_\mathrm{p}, \tag{16}$$

wo $\mathfrak{S}_\mathrm{p}$ aus den beiden Anteilen

$$\mathfrak{S}_\mathrm{D} = - D_\mathrm{p} \operatorname{grad} p, \qquad \mathfrak{S}_\mathrm{F} = p\,\mu_\mathrm{p}\,\mathfrak{E} \tag{17) (18}$$

besteht.

Im Gleichgewicht

$$G = R \tag{19}$$

halten sich Erzeugung und Rekombination die Waage, da $\dot n = 0$ bzw. $\dot p = 0$ und $\mathfrak{S} = 0$ gelten.

Für Elektronen gilt $\mathfrak{j}_\mathrm{F} = - e\,\mathfrak{S}_\mathrm{F}, \qquad \mathfrak{j}_\mathrm{D} = - e\,\mathfrak{S}_\mathrm{D},$

für positive Träger ist $\mathfrak{j}_\mathrm{F} = e\,\mathfrak{S}_\mathrm{F}, \qquad \mathfrak{j}_\mathrm{D} = e\,\mathfrak{S}_\mathrm{D}.$

B 7   Äußere Einflüsse

B 71 Mechanische Beeinflussung und Strahlungseffekte. Die Bandstruktur hängt vom Kristallbau ab. Damit beeinflussen mechanische Spannungen bzw. Verformungen u. a. auch die Leitfähigkeit $\varkappa$ und die Träger-Lebensdauer τ (reversibel und irreversibel). Durch Absorption energiereicher Strahlung können bleibende oder ausheilende Gitterstörungen auftreten. Eine **Absorption von Quanten** mit

$$hf > \Delta W \tag{20}$$

($hf = \Delta W$ entspricht der Absorptionskante) führt zur Bildung von Elektron-Loch-Paaren (Bild 2.2-5a). Bei endlicher Lebensdauer der Träger wird die Leitfähigkeit verändert, u. U. tritt auch eine optische Wirkung auf. Ein quantenmäßig gekoppeltes Paar Elektron-Loch (**Exciton**) kann im Kristall diffundieren und die gespeicherte Energie $W_\mathrm{E} \lesssim \Delta W$ wieder abgeben (**D 52**).

B 72 Elektrische Beeinflussung. Durch hohe elektrische Feldstärke E tritt bei entsprechender Trägergeschwindigkeit v eine Trägervervielfachung auf (**Stoßionisation**); bei $E \gtrsim 10^5\,\mathrm{V\,cm^{-1}}$ ist überdies durch **innere Feldemission** ein direkter Übergang von Elektronen aus dem Valenzband in das Leitungsband möglich (**Zenereffekt**). Gleichzeitig steigt der Strom stark nichtlinear an (Durchbrucheffekt bei Halbleiter-Gleichrichtern).

Im Falle bestimmter direkter Halbleiter wie Galliumarsenid kann für höherenergetische Elektronen infolge einer 2. Energiemulde geringerer Beweglichkeit ein differentiell negativer Leitwert auftreten (**Gunneffekt**, siehe auch Bild 2.2-1b).

Resonanzabsorption. In einem statischen Magnetfeld $\mathfrak{B}$ sind die Elektronenbahnen gekrümmt. Bei Einwirken eines senkrecht zu $\mathfrak{B}$ liegenden elektrischen Wechselfeldes tritt bei der **Larmorfrequenz**

$$f_\mathrm{L} = e\,B/2\,\pi\,|m_\mathrm{eff}| \tag{21}$$

eine Aufschaukelung der Kreisbewegung ein, welche sich in erhöhter Energieabsorption aus dem Wechselfeld äußert (**Zyklotron-Resonanz**).

B8   Galvanomagnetische und thermische Effekte [H 03]

Eine thermische Beeinflussung der Fermi-Energie führt zu elektrischen Effekten. Elektrisch erzwungene Änderungen der Elektronenenergie führen umgekehrt im Kristall zu thermischen Wirkungen. Der Magnetfeld-Einfluß auf bewegte Ladungsträger (**Lorentz-Kraft** $\mathfrak{F} = Q\,[v\,\mathfrak{B}]$) ergibt eine elektrische Wirkung usw. Viele, auch gekoppelte Effekte sind möglich [2], [4].

B 81   Hall-Effekt. Es gilt für die Leerlaufspannung senkrecht zu Strom und Magnetfeldvektor

$$U_\mathrm{H} = R_\mathrm{H}\,I\,B/d\;; \tag{22}$$

R_H gibt im Idealfall (fehlender Geometrie-Einfluß, nur eine Trägersorte vorhanden) mit

$$R_\mathrm{H} = 1/n\,Q \qquad \text{und} \qquad \mu = \varkappa\,|R_\mathrm{H}| \tag{23}\,(24)$$

die Trägerdichte n, das Vorzeichen der bewegten Ladungen $Q = \pm\,e$ und deren Beweglichkeit μ an.

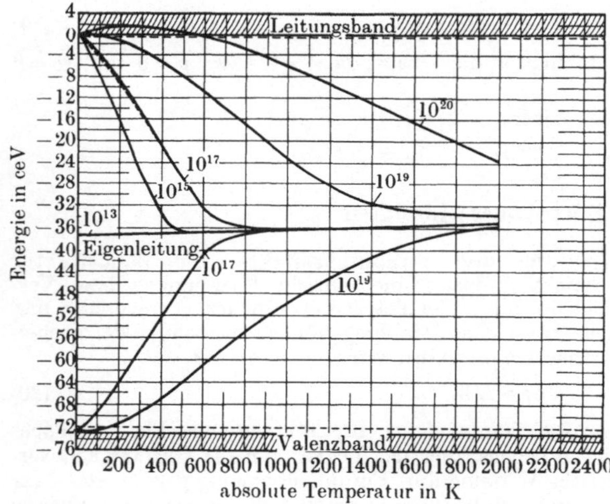

Bild 2.2-2   Lage des Fermi-Niveaus bei Germanium in Abhängigkeit von der Dotierung (cm^{-3}) und der Temperatur [30]

Es ist meist $\mu_\mathrm{H} \gtrsim \mu_\mathrm{Dr}$, da sich bei der Driftbeweglichkeit im elektrischen Feld die Verweilzeit von an sich beweglichen Trägern an Haftstellen bemerkbar macht. In (23) ist bei genauer Rechnung ein Korrekturfaktor $k \approx 1$ anzubringen, der vom inneren Streumechanismus und der Geometrie der Anordnung abhängt.

Die Leerlaufspannung U_H ist durch die Ablenkung der bewegten Träger im Magnetfeld bedingt, wodurch im Gleichgewichtsfall ein elektrisches Feld aufgebaut wird (senkrecht zum Magnetfeld und zur Stromrichtung; Wirkung der **Lorentz-Kraft**).

Bei Vorhandensein bewegter Träger verschiedenen Ladungsvorzeichens werden **ambipolare Größen** gemessen. Statt $|n|$ gilt dann

$$|n_\mathrm{a}| = (\mu_\mathrm{p}p + \mu_\mathrm{n}n)^2/|\mu_\mathrm{p}^2 p - \mu_\mathrm{n}^2 n| \tag{25}$$

und statt μ

$$\mu_\mathrm{a} = |\mu_\mathrm{p}^2 p - \mu_\mathrm{n}^2 n|/(\mu_\mathrm{p}p + \mu_\mathrm{n}n)\,. \tag{26}$$

B 82   Seebeck-Effekt. Das **Fermi-Niveau** W_F stellt sich im Gleichgewicht konstant und in gleicher Höhe ein. Nach Bild 2.2-2 ist die Lage der Bandkanten W_L und W_V in einem Halbleiter relativ zu W_F temperaturabhängig. Bei unterschiedlicher Temperatur verschiedener Stellen tritt ein elektrischer Strom auf, welcher das vorherige Gleichgewicht wieder herzustellen sucht. Bei verschieden temperierten Verbindungsstellen unterschiedlicher Stoffe (Metalle verschiedener Austrittsarbeit W_1, W_2 bzw. Halbleiter unterschiedlicher Dotierung) tritt, falls der Stromkreis geschlossen ist, ein einseitig gerichteter Thermostrom auf. Bei Leerlauf baut sich entsprechend die Leerlauf-Thermospannung U_{th} auf; sie kann über die Differenz der (absoluten) differentiellen Thermospannung beider Materialien (Seebeck-Koeffizient α)

$$\alpha_{1,2} = \frac{dU_{th\,1,2}}{dT} = \frac{\Pi_{1,2}}{T} \tag{27}$$

berechnet werden (2. Thomsonsche Gleichung; zu Π siehe **B 83**). Weiter ist

$$\frac{\partial \alpha}{\partial T} = -\frac{\sigma}{T} \tag{28}$$

(1. Thomsonsche Gleichung), wo der Thomson-Koeffizient σ die bei Vorliegen eines Temperaturgefälles im Leiter bei Stromdurchgang I zusätzlich zur Jouleschen Wärme erzeugte Wärmeleistung

$$dP_T = \sigma I\, dT \tag{29}$$

bestimmt.

B 83 Peltier-Effekt. Wird die Verbindungsstelle zweier Materialien mit $\alpha_1 \neq \alpha_2$ von Strom I durchflossen, tritt auch im isothermen Fall eine Wärmetönung auf. Die Kontaktstelle entzieht der Umgebung eine Wärmeleistung

$$\Delta P_{1,2} = (\Pi_1 - \Pi_2)\, I\,, \tag{30}$$

wo der Peltier-Koeffizient Π die im isothermen Fall vom Strom mitgeführte Wärmeleistung angibt. Zur Charakterisierung der thermoelektrischen Effekte genügt nach (27) bis (30) eine der Größen α, σ, Π [2].

C. Metalle [H 03], [5]

Gemäß **B 4** ist das Verhalten von ungeradzahlig-wertigen Metallen mit vollbesetzten Unterschalen (Elektronenhüllen der Atome) einfach, bei Metallen nach **B 43** teils anomal. In guten Leitern ist die Dichte n beweglicher Elektronen etwa gleich der Atomdichte $a \approx 10^{22}$ cm^{-3}; ihre Beweglichkeit $\mu \approx 10$ cm^2/Vs ist gering.

Die Beweglichkeit und damit die elektrische Leitfähigkeit $\varkappa = e\mu n$ werden von Kristallstörungen stark beeinflußt, speziell bei Legierungen; ferner sinkt $\varkappa$ mit steigender Temperatur [H 60]. Abgesehen vom Skineffekt (Stromverdrängung bei hohen Frequenzen) ist die Leitfähigkeit bis zu Lichtfrequenzen frequenzunabhängig.

C 1 Supraleitung. Unter einer vom Stoff abhängigen Sprungtemperatur $T_S < 20$ K wird bei manchen Metallen bzw. Legierungen die Leitfähigkeit unendlich groß. Die physikalische Erklärung ist noch unvollständig [10], [11]. Der Effekt führt zu magnetisch induzierten Dauerströmen in Supraleiter-Kreisen für $T < T_S$. Bei Abkühlung in statischem Magnetfeld von $T > T_S$ auf $T < T_S$ tritt direkt Supraleitung auf. Das Magnetfeld wird aus der Probe bzw. dem Inneren eines leitenden Ringes verdrängt (Meissner-Ochsenfeld-Effekt). Durch ein äußeres Magnetfeld oder einen äquivalenten Strom im Supraleiter wird der supraleitende Zustand auch unterhalb T_S wieder aufgehoben; die kritische Magnetfeldstärke hängt von T ab. Man unterscheidet hier **harte** und **weiche** Werkstoffe.

D. Halbleiter [H 03]

Die begriffliche Abgrenzung der Halbleiter gegen die Metalle ist eindeutig, gegen Isolatoren und Ionenleiter schwierig. Nach Madelung [4] lautet die Definition: „Halbleiter sind kristalline Festkörper, die in reinem Zustand in der Nähe des absoluten Nullpunktes der Temperatur isolieren, bei höheren Temperaturen jedoch entweder eine eindeutig nachweisbare elektronische Leitfähigkeit besitzen, durch Störung des idealen Gitteraufbaues eine Leitfähigkeit erhalten oder bei welchen zumindest durch äußere Einwirkung eine Leitfähigkeit erzwungen werden kann". Die Bestimmung zugehöriger Begriffe ist in DIN 41852 „Begriffe der Halbleitertechnik" niedergelegt.

Als Halbleiter wirken die Konfigurationen nach **B 42**. Zur Kennzeichnung sind W_F, W_L, W_V bzw. (bei vorhandenen Störstellen) W_D, W_A mit den jeweiligen Dotierungsdichten N, P erforderlich. Die vorhandenen Träger im Valenzband (Löcher am oberen Bandrand) sowie im Leitungsband (Elektronen am unteren Bandrand) werden jeweils als freies Gas mit modifizierter Masse nach **B 1** aufgefaßt. Mit (4) folgt im Leitungsband

$$\frac{\mathrm{d}n}{\mathrm{d}W} = \frac{4\pi}{h^3}\,(2\,m_n)^{3/2}\,\sqrt{W-W_L} \tag{31}$$

und im Valenzband

$$\frac{\mathrm{d}p}{\mathrm{d}W} = \frac{4\pi}{h^3}\,(2\,m_p)^{3/2}\,\sqrt{W_V-W}, \tag{32}$$

da die interessierende Verteilung bei $W=W_L$ erst beginnt bzw. bei $W=W_V$ endet.

Mit (3) und (5) folgt für die **Trägerdichte**

$$n = \int\limits_{W_L}^{(\infty)} \frac{4\pi}{h^3}\,(2\,m_n)^{3/2}\,\frac{\sqrt{W-W_L}}{1+e^{(W-W_F)/kT}}\,\mathrm{d}W \tag{33}$$

bzw.

$$p = \int\limits_{(-\infty)}^{W_V} \frac{4\pi}{h^3}\,(2\,m_p)^{3/2}\,\frac{\sqrt{W_V-W}}{1+e^{(W_F-W)/kT}}\,\mathrm{d}W. \tag{34}$$

Das Integral

$$X = \int\limits_{0}^{\infty} \frac{\sqrt{x}}{1+e^{x-a}}\,\mathrm{d}x \tag{35}$$

muß durch Reihen angenähert werden, läßt sich für Sonderfälle aber vereinfachen [1]. Es gilt

$$X \approx \frac{2}{3}\,a^{3/2} \quad\text{für}\quad a \ll 0, \qquad X \approx \frac{\sqrt{\pi}}{2}\,e^a \quad\text{für}\quad a \gg 0. \tag{36) (37}$$

Das letzte entspricht einer **Boltzmann-Verteilung** (**nichtentarteter Halbleiter**) an Stelle der **Fermi**-Verteilung und ist bei Eigenhalbleitern und schwach dotierten Stoffen mit $N, P \lesssim 10^{18}\ \mathrm{cm^{-3}}$ verwendbar.

Die Dichte p_A bzw. n_D der in den Störstellenniveaus W_A (Akzeptoren der Dichte P) bzw. W_D (Donatoren der Dichte N) gebundenen Träger ist mit

$$n_D = N\,\frac{1}{1+e^{(W_D-W_F)/kT}}, \qquad p_A = P\,\frac{1}{1+e^{(W_F-W_A)/kT}} \tag{38) (39}$$

gegeben. Für genaue Rechnungen ist eine modifizierte Besetzungsdichte zu verwenden [4].

Die verbleibenden **Rumpfladungen** der nicht abgesättigten Störstellen sind

$$P_D = N - n_D = N\,\frac{1}{1+e^{(W_F-W_D)/kT}} \tag{40}$$

bzw.

$$N_A = P - p_A = P\,\frac{1}{1+e^{(W_A-W_F)/kT}}. \tag{41}$$

Bei Nichtentartung kann gesetzt werden

$$P_D \approx N\,e^{-(W_F-W_D)/kT}, \qquad N_A \approx P\,e^{-(W_A-W_F)/kT}. \tag{42) (43}$$

Wegen der überall vorhandenen elektrischen Neutralität muß

$$n + N_\mathrm{A} = p + P_\mathrm{D} \tag{44}$$

gelten. Diese Neutralitätsbedingung ermöglicht die Bestimmung von W_F und damit der sich einstellenden Trägerdichten; als Quasineutralität ist sie auch bei Stromfluß anzunehmen.

D 1 Eigenhalbleiter (Bild 2.2-3 a)

Mit (33), (34), (37) folgt

$$n_\mathrm{i} = n_0\,\mathrm{e}^{-(W_\mathrm{L}-W_\mathrm{F})/kT}\,, \qquad p_\mathrm{i} = p_0\,\mathrm{e}^{-(W_\mathrm{F}-W_\mathrm{V})/kT}\,, \tag{45}\,(46)$$

wenn mit

$$n_0 = 2\,(2\,\pi\,m_\mathrm{n}\,kT)^{3/2}/h^3 \tag{47}$$

und

$$p_0 = 2\,(2\,\pi\,m_\mathrm{p}\,kT)^{3/2}/h^3 \tag{48}$$

die jeweilige Entartungskonzentration bezeichnet wird; für $n = n_0$ bzw. $p = p_0$ wäre gerade W_F mit den Bandkanten identisch und die Grenze zwischen Entartung ($W_\mathrm{F} > W_\mathrm{L}$ bzw. $W_\mathrm{F} < W_\mathrm{V}$) und Nichtentartung ($W_\mathrm{V} < W_\mathrm{F} < W_\mathrm{L}$) erreicht.

Die Lage des Fermi-Niveaus folgt mit (44) wegen

$$N = P = 0 \tag{49}$$

zu

$$W_\mathrm{F} = \frac{W_\mathrm{L} + W_\mathrm{V}}{2} + \frac{1}{2}\,kT\ln\left(\frac{p_0}{n_0}\right). \tag{50}$$

Mit (45), (46) gilt

$$n_\mathrm{i}\,p_\mathrm{i} = n_\mathrm{i}^2 = n_0 p_0\,\mathrm{e}^{-\Delta W/kT} \tag{51}$$

bzw. für die Eigenleitungsdichte

$$n_\mathrm{i} = p_\mathrm{i} = \sqrt{n_0\,p_0}\;\mathrm{e}^{-\Delta W/2kT}\,. \tag{52}$$

Der Ausdruck (51) wird ohne Beschränkung auf Eigenleitung aus (33), (34) bei Benutzung von (37) erhalten, so daß bei nichtentarteten Halbleitern das Massenwirkungsgesetz

$$n\,p = n_\mathrm{i}^2 = n_0 p_0\,\mathrm{e}^{-\Delta W/kT} \tag{53}$$

gilt. Dieser Zusammenhang erlaubt z. B. bei Störstellenhalbleitern eine einfache Ermittlung der nicht durch die Dotierung bevorzugten Trägersorte (D 2).

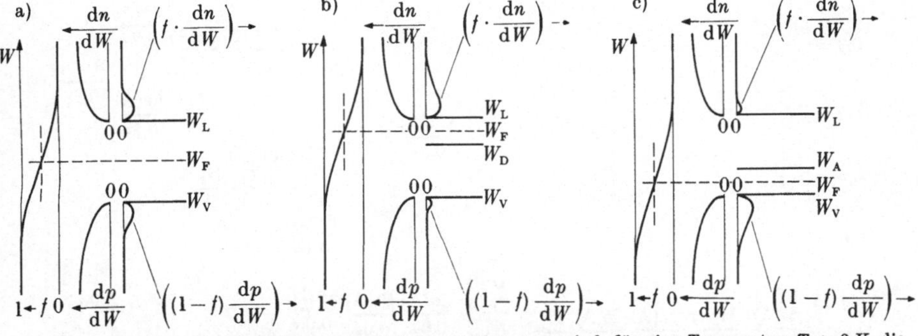

Bild 2.2-3 Halbleiter in Energieband-Darstellung. Aufgetragen sind für eine Temperatur $T_0 > 0$ K die Fermi-Verteilungsfunktion f, die jeweilige Zustandsdichte $\mathrm{d}n/\mathrm{d}W$ bzw. $\mathrm{d}p/\mathrm{d}W$ sowie die daraus resultierende Besetzungsdichte für Elektronen im Leitungsband $f\,\mathrm{d}n/\mathrm{d}W$ bzw. $(1-f)\,\mathrm{d}p/\mathrm{d}W$ für Löcher im Valenzband. a) Eigenhalbleiter; b) n-Leiter; c) p-Leiter

D 2   Störstellenhalbleiter (Bild 2.2-3 b, c)

Der einfachste Fall liegt bei reiner n- oder p-Leitung vor, also für

$$n = P_\mathrm{D} \qquad \text{bzw.} \qquad p = N_\mathrm{A}. \qquad\qquad (54)\ (55)$$

Für n-Dotierung gilt mit (42)

$$2 W_\mathrm{F} = W_\mathrm{L} + W_\mathrm{D} + k T \ln(N/n_0), \qquad\qquad (56)$$

und es wird die Majoritätsträgerdichte

$$n_\mathrm{n} = \sqrt{N n_0}\, e^{-(W_\mathrm{L} - W_\mathrm{D})/2 k T}, \qquad\qquad (57)$$

die Minoritätsträgerdichte

$$p_\mathrm{n} = 0 \qquad\qquad (58)$$

bzw. mit (53)

$$p_\mathrm{n} = \frac{n_\mathrm{i}^2}{n_\mathrm{n}} \ll n_\mathrm{n}. \qquad\qquad (59)$$

Analog ist bei p-Dotierung

$$2 W_\mathrm{F} = W_\mathrm{A} + W_\mathrm{V} - k T \ln(P/p_0) \qquad\qquad (60)$$

und die Minoritätendichte

$$0 \approx n_\mathrm{p} = \frac{n_\mathrm{i}^2}{p_\mathrm{p}} \ll p_\mathrm{p} \qquad\qquad (61)$$

bei der Majoritätsdichte

$$p_\mathrm{p} = \sqrt{p p_0}\, e^{-(W_\mathrm{A} - W_\mathrm{V})/2 k T}. \qquad\qquad (62)$$

Liegt sowohl p- als auch n-Dotierung vor, verbleibt der Überschuß $N' = N - P$ bei $N > P$ als n-Dotierung bzw. $P' = P - N$ bei $P > N$ als p-Dotierung.

Sind Eigenleitung und Störstellenleitung gemeinsam zu berücksichtigen, werden die Trägerdichten und das Fermi-Niveau graphisch ermittelt ([1], Abschnitt VII, § 5 c); Bild 2.2-2 stellt Ergebnisse dar. Spezielle Störstellen-Niveaus bei Germanium zeigt Bild 2.2-4, wonach die Annahme ΔW_n, $\Delta W_\mathrm{p} \lesssim k T$ für die technisch wichtigen flachen Störstellen berechtigt ist; es kommt allerdings auch ΔW_n, $\Delta W_\mathrm{p} > k T$ vor (Silicium).

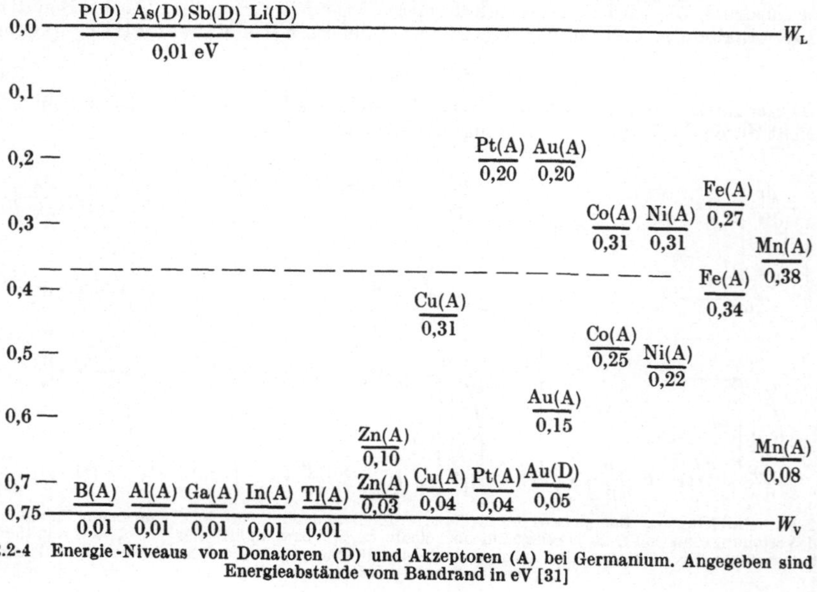

Bild 2.2-4   Energie-Niveaus von Donatoren (D) und Akzeptoren (A) bei Germanium. Angegeben sind die Energieabstände vom Bandrand in eV [31]

D 3   Kontinuitätsgleichung

Für Halbleiter nach **D 1** und **D 2** wird (12) zu

$$\dot{n} = - \Delta n/\tau_\mathrm{n} - \operatorname{div} \mathfrak{S}_\mathrm{n}, \qquad \dot{p} = - \Delta p/\tau_\mathrm{p} - \operatorname{div} \mathfrak{S}_\mathrm{p}, \qquad \text{(63) (64)}$$

wenn Δn bzw. Δp die Abweichung der Dichten n, p vom jeweiligen Gleichgewichtswert bedeuten und τ_n bzw. τ_p die Lebensdauern der Träger sind. In n-Material gilt z. B.

$$R = r n p = r n_\mathrm{n} p,$$

da dort $n \approx n_\mathrm{n}$ vorgegeben ist. Im Gleichgewicht muß wegen $p = p_\mathrm{n}$ für (19) gelten

$$G = R = r n_\mathrm{n} p_\mathrm{n}.$$

Damit wird dort

$$G - R = r n_\mathrm{n}(p_\mathrm{n} - p) = - r n_\mathrm{n} \Delta p,$$

so daß aus (12) mit

$$\tau_\mathrm{p} = 1/r n_\mathrm{n} \tag{65}$$

die Beziehung (63) folgt. τ_p ist gemäß (63) die **Zeitkonstante**, mit der eine Dichte $p \neq p_\mathrm{n}$ auf den Gleichgewichtswert p_n exponentiell sinkt.

Die **Diffusionslänge** L hat räumlich eine entsprechende Bedeutung. Eine dem Gleichgewichtswert nicht entsprechende Trägerdichte fällt gemäß $e^{-x/L}$ auf den Normalwert. τ und L sind Gütemaße für das Material, da beide Werte um so größer sind, je gleichmäßiger der Kristall gebaut ist (**Einkristall** mit wenig Versetzungen); bei direkten Halbleitern kann τ von vornherein sehr klein sein, $\tau \approx 10^{-8}$ s. Für beide Größen gilt der Zusammenhang

$$L = \sqrt{D\tau}. \tag{66}$$

D 31   Oberflächenrekombination. (65) berücksichtigt die Volumenrekombination. Daneben ist die – oft dagegen größere – Rekombination an der Oberfläche des Stoffes wichtig. Sie erfolgt durch einen zur Oberfläche fließenden Trägerstrom. Für die in (64) statt τ_p einzusetzende effektive Lebensdauer τ_eff gilt

$$1/\tau_\mathrm{eff} = 1/\tau_\mathrm{p} + 1/\tau_0, \tag{67}$$

wo τ_0 über die Geometrie des Körpers mit der **Oberflächen-Rekombinationsgeschwindigkeit** v_0 zusammenhängt.

D 4   Entartung

Gemäß Bild 2.2-2 liegt für Dotierungsdichten $N, P \gtrsim 10^{19}$ cm^{-3} das Fermi-Niveau W_F im Leitungsband bzw. Valenzband. Zur Aufstellung der Trägerbilanz (44) für die Ermittlung von W_F können hier u. U. die Näherungen (42), (43) benutzt werden, nicht jedoch die entsprechend (37) vereinfachten Beziehungen für die Dichten der beweglichen Träger. Hierfür muß auf (33) und (34) zurückgegriffen werden. Da das Fermi-Integral (35) nicht geschlossen lösbar ist, müssen in diesem Fall Näherungen bzw. Reihenentwicklungen verwendet werden. Bilden die Störstellen Störbänder, kann die Entartung schon bei wesentlich geringeren Dotierungen beginnen, z. B. bei GaAs für $N, P \approx 10^{16}$ cm^{-3} (**B 44**).

D 5   Lumineszenz [3], [8]

Die Lumineszenz umfaßt die Gesamtheit der durch Energiezufuhr quantenmäßig erklärbaren Emission von sichtbarem oder unsichtbarem Licht mit Ausnahme der Temperaturstrahlung. Die auf die Zahl der absorbierten Quanten bezogene Zahl der emittierten Quanten (**Quantenausbeute**) kann 1 betragen; das Energieverhältnis ist meist geringer (**Stokes-Regel**). Von der **Art der Anregung** her werden unterschieden

Chemolumineszenz (hervorgerufen durch chemische Reaktion),

Photolumineszenz (D 51, D 52),

Kathodolumineszenz (durch Elektronenstoß ausgelöst) und

Elektrolumineszenz (D 53).

Die Absorption erfolgt im Grundgitter oder an Störstellen, die Emission ist an spezielle Zentren gebunden. Eine Modellvorstellung vermittelt die **Energiebänder-Darstellung** (Bild 2.2-5). Für genauere Betrachtungen ist die **Struktur der Energiebänder** $W(\mathfrak{k})$ wesentlich [7], [10]. Man unterscheidet **direkte Halbleiter** und **indirekte Halbleiter**, je nachdem, ob ein Elektronenübergang vom oberen Band zum unteren Band direkt oder nur indirekt, z.B. unter Mitwirkung von Phononen (Energieabgabe an das Gitter), möglich ist. Die erste Voraussetzung ist für stimulierte Emission von Bedeutung (**Laser-Effekt**).

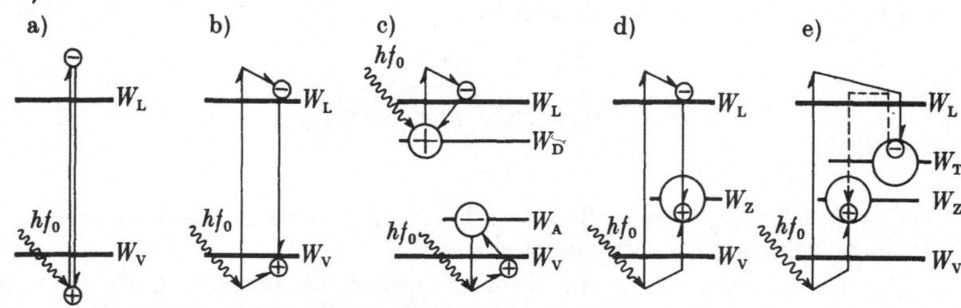

Bild 2.2-5   Halbleiter, Energiebänder-Darstellung. a) Absorption eines Lichtquants führt zur Paarbildung (quasifreies Loch und quasifreies Elektron). Strahlende, direkte Rekombination (Emission eines Photons); b) Infolge Energieverlustes (**Bewegung** zum Bandrand) bei indirekten Halbleitern nur strahlungslose Rekombination möglich; Energieabgabe in Form von **Schallquanten (Phononen)**. Bei direkten Halbleitern dagegen Lichtemission vorhanden; c) Mechanismus ähnlich b), jedoch an Störstellen (Donatoren bzw. Akzeptoren); d) Einfangen des erzeugten Loches durch Störstelle (Leuchtzentrum). Dort Rekombination mit zugehörigem Elektron unter Emission eines Lichtquants mit $hf = W_L - W_Z$; e) Das befreite Elektron wird in Fangstelle (**trap**) gespeichert. Neuerliche Energiezufuhr $W > W_L - W_T$ (**Ausleuchten**) durch **Wärme** bzw. Strahlung) ermöglicht Vorgang gemäß d); Abkühlung führt zu **Einfrieren der Elektronen** in den Fangstellen-Niveaus W_T mit Unterbrechung der Ausstrahlung

D 51   Fluoreszenz. Meist kurze Abklingdauer $\tau < 10^{-5}$ s. Im Grundgitter eingebettetes Störatom (**Leuchtzentrum**) absorbiert das bei Einstrahlung erzeugte Loch. Emission von Strahlung bei Absorption des zugehörenden Elektrons aus dem Leitungsband (Bild 2.2-5d).

D 52   Phosphoreszenz. Zeitweiliges Einfangen des im Leitungsband zunächst beweglichen Elektrons durch eine **Haftstelle** (**trap**). Befreiung durch Absorption von (langwelligerer) Strahlung oder thermisch. Anschließend Vorgang wie **D 51**. Führt zu Nachleuchten und – bei Wärmezufuhr – zum **Ausleuchten** mit kurzzeitig erhöhter Intensität. Das Elektron-Loch-Paar kann gekoppelt im Gitter diffundieren (**Exciton**); dadurch ist eine Energieabgabe bzw. -emission vom Einstrahlungsort entfernt möglich.

D 53   Elektrolumineszenz. Das Anlegen eines elektrischen Feldes (besonders wirksam ist ein Wechselfeld) führt bei Leuchtstoffen mit hoher Aktivatordichte zu Lumineszenz (**Destriau-Effekt**). Die Anregung der Elektrolumineszenz wird damit erklärt, daß durch **Feldionisation** Elektronen ins Leitungsband gebracht werden, dann vom Feld beschleunigt werden und durch **Stoßionisation** weitere Elektronen ins Leitungsband transportieren. Die Ionisation der Aktivatoren erfolgt durch Stoß oder durch Rekombination von Aktivatorelektronen mit Löchern im Valenzband. Die Lichtemission entsteht wie bei der Photolumineszenz durch strahlende Übergänge der Leitungselektronen auf Aktivatorterme. Die elektrische bzw. optische Kopplung von Photoleitern und Elektrolumineszenzzellen führt zu **Lichtverstärkern** oder **Speicherzellen** [H 60]. Bei direkten Halbleitern führen Rekombinationen Elektron-Loch (z.B. bei p,n-Übergängen bei Injektion) zu direkter Lichtaussendung.

E. Kontakte [1], [9]

Das Verhalten von **freien Oberflächen** ist kompliziert; Adsorptionsschichten ändern die stoffeigene Austrittsarbeit. Theoretisch werden diese Effekte durch spezielle Oberflächenzustände und Energieterme berücksichtigt. Die Begrenzung des Kristalls führt zur Änderung der Energiebänder-Lage bezüglich der Fermi-Kante[1]).

An inneren Kontakten finden Übergänge von beweglichen Trägern zwischen verschieden leitenden Bereichen im gleichen oder ungleichen Grundmaterial statt. Dieser Fall ist theoretisch gut beschreibbar, da ein Übergang ohne undefinierte Störung der Term-Schemata zwischen den beidseitigen Kontakt-Flächen vorliegt.

Allgemein stellt sich das Fermi-Niveau W_F überall konstant ein. Daher springt bei unterschiedlichen Kontaktstoffen im allgemeinen das elektrostatische Potential an der Stoffgrenze in einer Grenzschicht. Dieser Potentialsprung gleicht den Unterschied der Austrittsarbeiten W_1, W_2 aus und erzwingt damit Stromlosigkeit durch Übertritt beweglicher Ladungen.

Die sich einstellende Kontaktspannung ist (ohne Oberflächenzustände) mit

$$U_D = (W_2 - W_1)/e \tag{68}$$

gegeben. Der Stoff mit kleinerer Austrittsarbeit lädt sich positiv gegenüber dem anderen auf, da Elektronen aus ihm in den zweiten diffundieren, bis die sich in der Grenzzone ausbildende Feldstärke einen weiteren Übertritt verhindert. Die Ausdehnung der Übergangszone hängt von der Dichte vorhandener Ionenrümpfe ab und ist um so größer, je geringer die Trägerdichte ist.

E1 Metallische Kontakte

In Metallen läßt sich keine elektrische Feldstärke aufrechterhalten, so daß sich der Ausgleich auf die Berührungsfläche beider Stoffe beschränkt; dort bildet sich eine Dipolschicht, an der das Potential springt. Bild 2.2-6 zeigt die Verhältnisse beim Kontaktieren schematisch. Der erste Ladungsaustausch geschieht durch die noch vorhandene Trennschicht infolge Tunneleffekt (2.3). Dabei sind zunächst die Energiewerte $W_{F1} + W_1$ und $W_{F2} + W_2$ gleich anzusetzen, weil sie dem jeweiligen Potential direkt vor der Oberfläche entsprechen (Bild 2.2-6a). Nach Wegfall des Zwischenraumes kann der in Bild 2.2-6b schraffiert gezeichnete Anteil beweglicher Träger (Elektronen) von 1 nach 2 diffundieren, da in diesem Bereich Energieplätze frei sind. Die Folge ist ein Überschuß negativer Ladung in 2 und eine gleichgroße positive Ladung in 1, die durch die verbliebenen Ionenrümpfe der zugehörigen Mutter-Atome gebildet wird (Bild 2.2-6c).

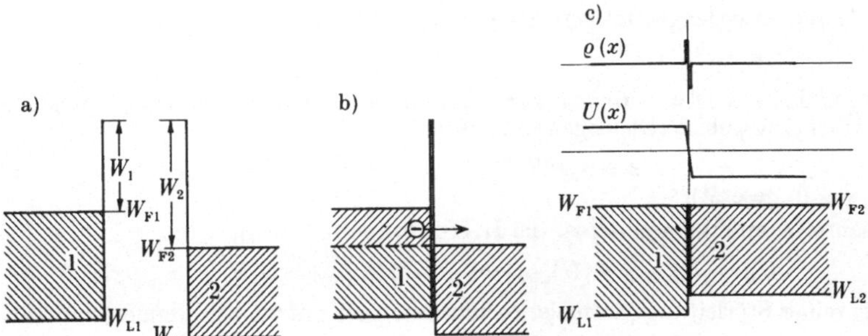

Bild 2.2-6   Metall-Metall-Kontakt. a) Angenommene Konfiguration vor dem Kontaktieren $(kT \ll W_F - W_L)$; b) Augenblick des Kontaktierens. In Teil 1 existieren energetisch höherwertige Elektronen, welche in Teil 2 freie Energieplätze besetzen können; c) Nach dem Kontaktieren. Das Fermi-Niveau W_F liegt überall in gleicher Höhe, jedoch existiert an der Grenze beider Teile eine Flächenladungsschicht. Dies führt zu einem Sprung im elektrostatischen Potential (Kontaktspannung)

---

[1]) Eine äußere, elektrostatische Beeinflussung der Lage der Bandkanten relativ zum Fermi-Niveau ist möglich (Feldeffekt), wobei ein u. U. bereits vorhandener Leitungskanal (channel) anderen Leitungstyps als der des Grundmaterials beeinflußt werden kann.

E 2   Halbleiter-Kontakte

Hier spielt sich prinzipiell der gleiche Vorgang wie bei E 1 ab, jedoch kann durch n-bzw. p-Dotierung im gleichen Grundmaterial das Kontaktverhalten hervorgerufen werden (Bild 2.2-7). Technisch wichtig ist dabei, daß in der Grenzschicht die Rekombination von beweglichen Trägern sehr klein gehalten werden kann, so daß eine äußere elektrische Spannung die Trägerdichten an den Grenzen des Überganges verändern kann; eine für das nichtlineare Verhalten eines Halbleiter-Gleichrichters und für den Transistor-Effekt wesentliche Eigenschaft.

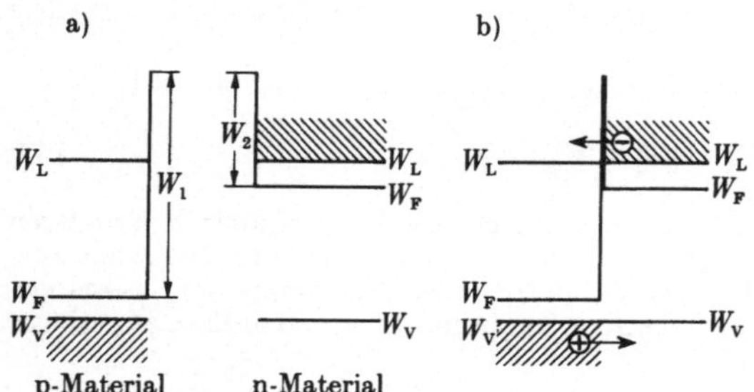

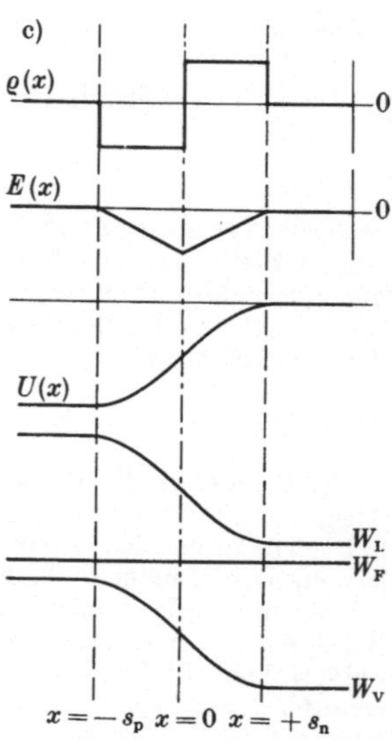

Bild 2.2-7   Halbleiter-pn-Kontakt. a) Angenommene Konfiguration vor dem Kontaktieren ($kT \ll W_L - W_V$); gleicher Halbleiter, p- bzw. n-dotiert; b) Augenblick des Kontaktierens. Von Elektronen des n-Teils werden im Leitungsband freie Plätze im p-Teil besetzt; gleichzeitig tritt ein entsprechender Übergang im Valenzband ein. Letztes entspricht der Wanderung von „Löchern" vom p-Teil zum n-Teil; c) Nach dem Kontaktieren. Es ergibt sich eine räumlich ausgedehnte Grenzzone, längs derer sich im Gleichgewicht die Kontaktspannung ausbildet (Diffusionsspannung). Für den einfachsten Fall sind näherungsweise der Verlauf der Raumladung $\varrho(x)$, der elektrischen Feldstärke $E(x)$ und des elektrischen Potentials $U(x)$ angegeben (Schottky-Sperrschicht)

Gleichsetzen von Diffusionsstrom

$$I_D = A e D_n \frac{dn}{dx}$$
(69)

nach (14) und entgegengesetzt gerichtetem Feldstrom

$$I_E = A e n \mu_n E$$
(70)

nach (15) führt mit $E = -dU/dx$ zur spannungsabhängigen Dichte der beweglichen Träger im Übergangsgebiet (Gleichgewichtslösung)

$$n = n_n e^{U(x)/U_T}, \qquad p = p_n e^{-U(x)/U_T}$$
(71) (72)

($\{U\}_{\text{n-Teil}} = 0$ gesetzt).

Die gesamte Kontaktspannung ist die Diffusionsspannung

$$U_D = \{U\}_{\text{p-Teil}} - \{U\}_{\text{n-Teil}} = -U_T \ln(n_n/n_p) = -U_T \ln(n_n p_p/n_i^2)$$
(73)

bzw. bei reiner Störleitung (normaler technischer pn-Kontakt bei Zimmertemperatur)

$$U_D = -U_T \ln(N P/n_i^2),$$
(74)

wenn N bzw. P die als konstant angenommenen Dotierungsdichten des n- bzw. p-Teils sind.

Die Ausdehnung des Übergangsgebietes ist vom Dotierungsverlauf abhängig und über die Potentialgleichung $\operatorname{div} \mathfrak{D}_e = \varrho$ zu ermitteln. Hier gilt im eindimensionalen Fall

$$\operatorname{div} \mathfrak{D}_e = \frac{dD_e}{dx} = -\varepsilon \frac{dU}{dx} = e\left[N(x) - P(x) + p_n e^{-U(x)/U_T} - n_n e^{U(x)/U_T}\right].$$
(75)

Die Vereinfachung

$$\varrho = \begin{cases} 0 & \text{für} & x < -s_{\mathrm{p}} \\ \varrho_{\mathrm{p}} = -eP & \text{für} & -s_{\mathrm{p}} \leqslant x < 0 \\ \varrho_{\mathrm{n}} = eN & \text{für} & 0 < x \leqslant s_{\mathrm{n}} \\ 0 & \text{für} & s_{\mathrm{n}} < x \end{cases} \tag{76}$$

führt mit der Annahme kastenförmiger Raumladung (Schottky-Sperrschicht) bei konstanten Dotierungsdichten N, P zu

$$s_{\mathrm{p}} = \sqrt{\frac{-2\varepsilon U_0}{eP(1+P/N)}}, \qquad s_{\mathrm{n}} = \sqrt{\frac{-2\varepsilon U_0}{eN(1+N/P)}} \tag{77)(78}$$

bzw.

$$s_{\mathrm{p}} + s_{\mathrm{n}} = \sqrt{-2\varepsilon U_0(N+P)/eNP}, \tag{79}$$

wenn $U_0 = U_{\mathrm{a}} + U_{\mathrm{D}} < 0$ die insgesamt am Übergang liegende Spannung ist (U_{a} von außen angelegte, an der Grenzschicht abfallende Spannung). Die Gesamtspannung U_0 verteilt sich auf beide Halbleiterteile mit

$$(\Delta U_0)_{\text{n-Teil}} = \frac{U_0}{1+N/P}, \qquad (\Delta U_0)_{\text{p-Teil}} = \frac{U_0}{1+P/N}, \tag{80)(81}$$

womit sich die Spannungsabfälle in beiden Teilen umgekehrt proportional zur Dotierung einstellen. Die maximale Feldstärke

$$\hat{E} = -\sqrt{-2eU_0NP/\varepsilon(N+P)} \tag{82}$$

liegt bei $x = 0$. Wegen der Entblößung von beweglichen Trägern wird die Übergangszone **Sperrschicht** genannt; sie wirkt elektrisch wie eine spannungsabhängige Kapazität

$$C(U_{\mathrm{a}}) = \varepsilon A/(s_{\mathrm{p}} + s_{\mathrm{n}}), \tag{83}$$

da die Ausdehnung $s_{\mathrm{p}} + s_{\mathrm{n}}$ der Sperrschicht von der angelegten Spannung abhängt.

Für gewisse Spannungsbereiche U_{a} läßt sich die Gleichgewichtslösung (71), (72) übernehmen, die als Grenzbedingung für die Minoritätsdichten in den beidseitigen Halbleiterteilen dient, z.B. für die Herleitung der Diodengleichung [H 60]. Wenn die Ströme in die Größenordnung von (69) bzw. (70) kommen, ist diese Vereinfachung unzulässig. Die Behandlung geht von den **Quasi-Ferminiveaus** W_{Fn}, W_{Fp} der Elektronen bzw. Löcher aus [12], welche, der jeweiligen Dichte n, p zugeordnet, dann vom Gleichgewichtswert W_{F} abweichen.

Eine (73) entsprechende Beziehung gilt nicht nur für den gesamten Übergang von p- zu n-Teil. Zunächst kann entsprechend (80), (81)

$$U_{\mathrm{D}} = (U_{\mathrm{D}})_{\text{p-Teil}} + (U_{\mathrm{D}})_{\text{n-Teil}} \tag{84}$$

gesetzt werden, wo

$$(U_{\mathrm{D}})_{\text{p-Teil}} = \frac{1}{1+p_{\mathrm{p}}/n_{\mathrm{n}}} \left\{ -U_T \ln\left(\frac{p_{\mathrm{p}} n_{\mathrm{n}}}{n_{\mathrm{i}}^2}\right) \right\} \tag{85}$$

der zugehörige Spannungsabfall im p-Teil und

$$(U_{\mathrm{D}})_{\text{n-Teil}} = \frac{1}{1+n_{\mathrm{n}}/p_{\mathrm{p}}} \left\{ -U_T \ln\left(\frac{p_{\mathrm{p}} n_{\mathrm{n}}}{n_{\mathrm{i}}^2}\right) \right\} \tag{86}$$

der Spannungsabfall im n-Teil ist.

Allgemein ist mit (73) für z.B. nicht konstante Dotierung $N = N(x)$ im n-Teil wegen $n_{\mathrm{n}}(x) \neq \text{const}$ auch $U_{\mathrm{D}}(x) \neq \text{const}$. Eine ortsabhängige Dichte $N(x)$ führt damit zu einem elektrostatischen Potential $U(x)$, welches eine elektrische Feldstärke

$$-\frac{dU_{\mathrm{D}}(x)}{dx} = E = -\frac{U_T}{n_{\mathrm{n}}(x)} \frac{dn_{\mathrm{n}}(x)}{dx} \tag{87}$$

bedingt. Entsprechende Verhältnisse können damit nicht nur in der Grenzschicht vorliegen, sondern auch im eigentlichen Halbleitermaterial. Bei exponentiell verlaufender Trägerdichte

$$n_\mathrm{n}(x) = n_1 e^{(x_1-x)/x_0} \tag{88}$$

folgt mit (87)

$$E = U_T/x_0 = \mathrm{const}. \tag{89}$$

Dieser Fall ist technisch wichtig, da man eine entsprechend (88) verlaufende Dotierung erreichen kann; das damit hervorgerufene Driftfeld E erhöht die mittlere Geschwindigkeit für Minoritätsträger, welche sich bei $E = 0$ nur durch Diffusion bewegen können, und bewirkt bei speziellen Halbleiterelementen ein besseres Hochfrequenzverhalten. Entsprechend starke Felder sind von außen nicht zusätzlich anlegbar und würden auch zu einem Dauerstrom führen; hier sind örtlich jeweils I_D und I_E im Gleichgewicht, so daß sich die Wirkung nur bezüglich vom Gleichgewicht abweichender Trägerdichten bemerkbar macht.

E3 Metall-Halbleiter-Kontakte

Der Idealfall nach **E 2** ist wegen des Aneinanderstoßens unterschiedlicher Gitterstrukturen kaum erreichbar. Im Halbleiter wird eine Raumladungsschicht ähnlich **E 2** aufgebaut, im Metall tritt eine äquivalente Flächenladung der Berührungsfläche auf.

E 31 Rekombinationskontakt. Durch starke Störung des Gitters im Kontaktbereich erhält man äußerst geringe τ- bzw. L-Werte. Damit fällt zwar die Kontaktspannung ab, aber von außen läßt sich keine davon abweichende Spannung der Verbindungsstelle aufprägen; die Trägerdichten bleiben gemäß dem Gleichgewichtsfall verteilt.

E 32 Verarmungsrandschicht. Das Metall bedingt im Halbleiter eine Absenkung der Dichte beweglicher Träger nach **E 2**. Das elektrische Verhalten der Anordnung ähnelt **E 2**, sofern im Gegensatz zu **E 31** eine äußere Spannung die Dichte beeinflussen kann; besitzt als Schottky-Kontakt Diodenverhalten bei fehlender Minoritäten-Mitwirkung.

E 33 Anreicherungsrandschicht. Das Metall bedingt im Halbleiter zur Grenze hin eine Anhebung der Dichte beweglicher Träger. Am Kontakt tritt Widerstandserniedrigung auf, die jedoch praktisch nicht in Erscheinung tritt.

Schrifttum zu 2.2 Der elektrische Strom in Festkörpern

Bücher

[H 03] Stoffhütte. 4. Aufl. Berlin, München 1967, Ernst & Sohn.

[H 60] HÜTTE IV B, Fernmeldetechnik. 28. Aufl. Berlin, München 1962, Ernst & Sohn.

[1] Spenke, Elektronische Halbleiter. 2. Aufl. Berlin 1965, Springer.

[2] Justi, Leitungsmechanismus und Energieumwandlung in Festkörpern. 2. Aufl. Göttingen 1965, Vandenhoek u. Ruprecht.

[3] Handbuch der Physik, Bd. XIX, Elektrische Leitungsphänomene I. Berlin 1956, Springer.

[4] Handbuch der Physik, Bd. XX, Elektrische Leitungsphänomene II. Berlin 1957, Springer.

[5] Koch u. Reinbach, Einführung in die Physik der Leiterwerkstoffe. Wien 1960, Deuticke.

[6] Ehrenberg, Electric Conduction in Semiconductors and Metals. Oxford 1958, Clarendon Press.

[7] Schottky u. Sauter, Halbleiter-Probleme. Bd. I ff. Bd. VII Festkörper-Probleme. Braunschweig 1954 ff., Vieweg.

[8] Matossi, Elektrolumineszenz und Elektrophotolumineszenz. Braunschweig 1957, Vieweg.

[9] Salow u. a., Der Transistor. Berlin 1963, Springer.

[10] Dekker, Solid State Physics. Englewood Cliffs, NJ. 1960, Prentice Hall.

[11] Kittel, Introduction to Solid State Physics. New York 1967, Wiley & Sons.

[12] Shockley, Electrons and Holes in Semiconductors. New York 1951, Van Nostrand.

[13] Agrain, Balkanski, Constantes Sélectionées relatives aux Semi-Conducteurs. London, Oxford 1961, Pergamon Press.

[14] Madelung, Grundlagen der Halbleiterphysik. Berlin 1970, Springer.

Zeitschriften

[20] Solid State Electronics, Pergamon Press.

[21] Proceedings of the Institution of Radio Engineers. New York, Institution of Radio Engineers.

[22] Physical Review. Lancaster, Pa. USA., American Institute of Physics.

Aufsätze

[30] Hutner, Rittner, Dupre, Philips Research Reports, 5, 1950, S. 188.

[31] Conwell, [21] 46, 1958, S. 1281.

2.3 Der elektrische Strom im Vakuum und in Gasen[1]

bearbeitet von Dr.-Ing. habil. H. Schnitger, Darmstadt

A. Formelzeichen, Größen und Einheiten[2]

Zeichen	Größe	SI-Einheit	weitere Einheiten
A	theoretische Mengenkonstante	$\left.\rule{0pt}{2.4ex}\right\}$ $A/m^2\,K^2$	$A/cm^2\,K^2$
A'	empirische Mengenkonstante		
B	Stoßverlustzahl	1	
B_{kr}	kritische Induktion	T	G, kG
C	Verzögerungskonstante	$V^{1/2}$	
D	Diffusionskoeffizient		
D_a	neutraler Diffusionskoeffizient	$\left.\rule{0pt}{4ex}\right\}$ m^2/s	cm^2/s
D_+	Diffusionskoeffizient positiver Ladungsträger		
D_-	Diffusionskoeffizient negativer Ladungsträger		
E_B	Bildfeldstärke	V/m	V/cm
F	absolute Luftfeuchtigkeit	kg/m^3	g/m^8
I_a	Anodenstrom, Diodenstrom		
I_p	photoelektrischer Strom (Photostrom)	$\left.\rule{0pt}{3ex}\right\}$ A	mA
I_s	Sättigungsstrom		
K	Diodenperveanz	$\left.\rule{0pt}{2.4ex}\right\}$ $A/V^{3/2}$	
K_B	Raumladungskonstante		
L	Länge	m	cm
M	Verstärkungszahl	1	
N	Quantenausbeute, relativer Laufwinkel	1	
R	Radius	m	cm
S	Flächeninhalt, Querschnitt	m^2	cm^2
S	Zerstäubungsausbeute	kg/As	$mg/\mu Ah$
T_e	Elektronentemperatur		
T_G	Gastemperatur	$\left.\rule{0pt}{3ex}\right\}$ K	
T_0	Normtemperatur		
U_A	Austrittsspannung		
$U_A^{\,\prime}, U_A^{\,\prime\prime}$	empirische Austrittsspannungen		
U_a	Absaugspannung, Anodenspannung		
U_B	Bildspannung		
U_c	Zyklotron-Strahlspannung		
U_F	Fermispannung		
U_i	Ionisierungsspannung	$\left.\rule{0pt}{10ex}\right\}$ V	kV
U_L	Strahlspannung, die v_L entspricht		
U_m	Austrittsspannungserniedrigung, Strahlspannung für v_m, Strahlspannung bei $m_r = 2\,m$		
U_S	Strahlspannung		
U_T	Temperaturspannung		
U_z	Zündspannung		
Z	Zerstäubungsrate	kg/As	g/Ah
a	Emissionskonstante	A/m^2	A/cm^2
a	Gegenstandsweite	$\left.\rule{0pt}{2.4ex}\right\}$ m	cm
b	Bildweite		

---

[1] Schrifttum S. 121.   [2] Weitere Formelzeichen vgl. **2.1**.

Zeichen	Größe	SI-Einheit	weitere Einheiten
b	Trägerbeweglichkeit		
b_e	Elektronenbeweglichkeit		
b_0	Beweglichkeit beim Normzustand		
b_+	Beweglichkeit positiver Ionen	m^2/Vs	cm^2/Vs
b_-	Beweglichkeit negativer Ionen		
b_{0+}	Beweglichkeit positiver Ionen im Normzustand		
b_{0-}	Beweglichkeit negativer Ionen im Normzustand		
d	Länge, Dicke, Abstand		
d_+	Schichtdicke der positiven Raumladung		
d_-	Schichtdicke der negativen Raumladung	m	cm
f	Brennweite der Elektronenlinse		
g_t	relative Luftdichte	1	
h	Höhe	m	cm
i, j	elektrische Stromdichte		
j_{gr}	Grenzstromdichte		
j_s	Sättigungsstromdichte		
j_{ss}	Sättigungsstromdichte mit Schottky-Effekt	A/m^2	mA/cm^2
j_+	Ionenstromdichte		
j_-	Elektronenstromdichte		
j_{s-}	Elektronen-Sättigungsstromdichte		
m	Oberflächenfaktor	1	
m	Ruhemasse des Elektrons		
m_G	Masse eines Gasmoleküls		
m_P	Masse des Partners		
m_r	relativistische Elektronenmasse	kg	g
m_s	Masse des stoßenden Teilchens		
m_+	Masse eines positiv geladenen Ions		
n	Teilchendichte	$1/m^3$	$1/cm^3$
p	Gasdruck		
p_0	Normdruck	N/m^2	Torr
p	Verzögerungsmaß	1	
q	Wirkungsquerschnitt	$1/m$	$1/cm$
r_a	Anodenradius		
r_c	Elektronenbahnradius im Zyklotron	m	cm
r_k	Kathodenradius		
s	Empfindlichkeit der Photokathode	A/W	
t_e	Elektronenlaufzeit		
t_i	Ionenlaufzeit	s	
u	Driftgeschwindigkeit		
v_c	Elektronengeschwindigkeit $\perp \mathfrak{B}$		
v_e	Elektronengeschwindigkeit		
v_i	Ionengeschwindigkeit		
v_L	Leitbahngeschwindigkeit	m/s	cm/s
v_m	Elektronengeschwindigkeit $\parallel \mathfrak{B}$		
v_T	Temperaturgeschwindigkeit		
v_w	wahrscheinlichste Geschwindigkeit		
Θ	Laufwinkel	rad	°
Φ_e	Strahlungsfluß	W	
α	ebener Winkel	rad	°
α	Elektronen-Ionisierungskoeffizient		
β	Ionen-Ionisierungskoeffizient	$1/m$	$1/cm$
β	ebener Winkel	rad	°

Zeichen	Größe	SI-Einheit	weitere Einheiten
γ	Nachlieferungsausbeute	1	
γ_1	Ionenstoß-Emissionsausbeute	1	
δ	Sekundäremissionsausbeute	1	
δ_s	Stufenvervielfachung	1	
λ	mittlere freie Weglänge		
λ_e	mittlere freie Weglänge der Elektronen	m	cm
λ_p	Grenzwellenlänge der photoelektrischen Elektronenemission		
ξ	Hilfsfunktion	1	
ϱ	Raumladungsdichte	C/m^3	C/cm^3
φ	ebener Winkel	rad	°
ω_c	Zyklotron-Kreisfrequenz	rad/s	

Fußzeiger

A	Austritt	met	metastabil
B	Bild	n	normal
F	Fermi	o	oben
G	Gas	p	photoelektrisch
L	Leitbahn	r	relativistisch
P	Partner	r	für die Richtung r
S	Schottky, Strahl, Stufe	s	Sättigung, stoßend
T	für die Temperatur T	t	technisch
a	absaugen, Anode, außen	u	unten
c	Zyklotron	w	wahrscheinlichster Wert
d	auf die Strecke d bezogen	x	für die Richtung x
e	energetisch, Elektron	y	für die Richtung y
gr	Grenze	z	zünden
i	ionisieren, innen	α	für die Richtung α
k	Kathode	o	bei 0 K, Normzustand
kr	kritisch	+	positive Ladung
m	maximal, magnetisch	−	negative Ladung
max	maximal		

Kopfzeiger

.	erste Ableitung nach der Zeit	"	zweite Ableitung nach x
..	zweite Ableitung nach der Zeit	−	Mittelwert
'	erste Ableitung nach x		

B. Allgemeines über Entladungen

Die Strömung von Ladungsträgern in Gasen heißt Gasentladung. Ist das Gas so verdünnt, daß es die Entladung praktisch nicht beeinflußt, so spricht man von einer Vakuumentladung. Der Druck, bei dem die Gasentladung aufhört und die Vakuumentladung beginnt, ist nicht genau definiert. Im besten zur Zeit herstellbaren Vakuum von 10^{-12} Torr befinden sich in einem Kubikzentimeter noch etwa 40000 Gasmoleküle, mit denen die Elektronen einer Entladung zusammenstoßen. Hierdurch werden Vorgänge ausgelöst, die für Gasentladungen kennzeichnend sind.

Für Elektronenröhren gilt: Eine Vakuumröhre muß so weit entgast sein, daß ihre elektrischen Eigenschaften von den Restgasen praktisch unabhängig sind. Dagegen hängt die Arbeitsweise einer Gasentladungsröhre von der Gasfüllung ab.

Die Elektronen einer Vakuumentladung stammen aus den Elektroden. Eine Kathode emittiert Elektronen als primäre Ladungsträger. Die Elektrode, die Elektronen auffängt, heißt Kollektor oder, falls der Strom in einem äußeren elektrischen Kreis genutzt wird, **Anode**. Ohne nähere Angaben ist ein Entladungsstrom ein Elektrodenstrom. Bei einer nicht emittierenden Elektrode, z. B. der Anode, ist dies der durch die Oberfläche der Elektrode fließende Influenzstrom, der nur durch den Ladungstransport in der Entladungsstrecke hervorgerufen wird.

Zwischen einer Elektrode und der Kathode liegt die **Elektrodenspannung**. Sie ist von der **Klemmenspannung** zu unterscheiden, wenn zwischen der Elektrode und ihrer Klemme ein Spannungsunterschied besteht. Von der für technische Zwecke definierten Elektrodenspannung ist die hier benutzte wirksame Elektrodenspannung, die die Potentialverteilung in einer Röhre bestimmt, zu unterscheiden. Sie ist um die **Kontaktspannung** der Elektrode größer als die technische Elektrodenspannung. Die Kontaktspannung einer Elektrode ist die Differenz der Austrittsspannungen der Kathode und der Elektrode.

C. Vakuumentladungen

C1   Elektronenemission

Für die Elektronenemission wird Energie benötigt. Den verschiedenen Energiearten entsprechen verschiedene **Emissionsarten**. Elektronenemission unter der Wirkung thermischer Energie heißt **thermische Elektronenemission**. Elektronenemission unter der alleinigen Wirkung eines elektrischen Feldes heißt **Feld-Elektronenemission**. Elektronenemission unter der Wirkung der Energie von absorbierten Lichtquanten (Photonen) heißt **photoelektrische oder lichtelektrische Emission**. Schnelle Primärelektronen verursachen beim Aufprall auf eine Elektrode **Sekundär-Elektronenemission**.

C11   Thermische Elektronenemission. Sie ist durch die Temperatur T der Kathode und die **Austrittsarbeit** $e\,U_\mathrm{A}$ des Stoffes bestimmt. Bei reinen Metallen gilt für die **Sättigungsstromdichte** j_s ohne Berücksichtigung der Reflexion energiereicher Elektronen an der Grenze Metall/Vakuum

$$j_\mathrm{s} = A\,T^2\mathrm{e}^{-e U_\mathrm{A}/kT},$$

Mengenkonstante $A = 4\,e m k^2/h^3 = 120{,}4\,\mathrm{A/cm^2\,K^2}$.

$U_T = k T/e$ wird als **Temperaturspannung** der Elektronen bezeichnet, U_A als **Austrittsspannung** (**C12** und **C13**). Es gilt die Zahlenwertgleichung

$$U_T = T/11600.$$

Zur Herleitung der Emissionsgleichung wird für die Leitungselektronen eine **Fermi-Energieverteilung** angenommen (Bild 2.3-1). Bei 0 K existieren keine Elektronen, die eine größere Energie als die **Fermi-Energie** $e\,U_\mathrm{F}$ besitzen. Für $T > 0\,\mathrm{K}$ sind auch Elektronen mit einer Energie $e\,U > e\,U_\mathrm{F}$ vorhanden. Ihr Anteil wächst stark mit der Temperatur. Nur diejenigen Elektronen können den Leiter verlassen, deren Energie größer ist als die Summe aus der Fermi-Energie und der Austrittsarbeit, denn sie müssen ihre Potentialmulde verlassen und die von der Elektrode ausgeübte **Bildkraft** überwinden. Ein emittiertes Elektron besitzt die kinetische Energie

$$m v^2/2 = e(U - U_\mathrm{F} - U_\mathrm{A}).$$

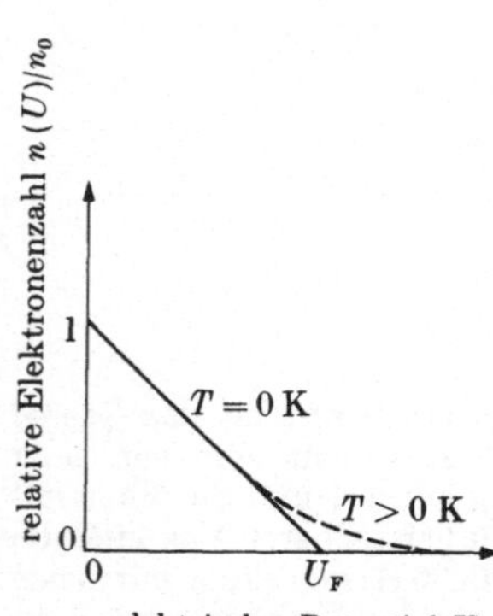

Bild 2.3-1
Relative Anzahl $n(U)/n_0$ der Elektronen, deren kinetische Energie ausreicht, das Potentialniveau U zu überschreiten. U_F Fermi-Spannung

Genaue Rechnungen berücksichtigen die Temperaturabhängigkeit der Austrittsspannung und die Reflexion der Elektronen an der Oberfläche. Die Elektronenreflexion hat eine kleinere Mengenkonstante $A' < A$ zur Folge; für reine Metalle gilt $A' \approx 0,5\,A$. Man verwendet daher die empirische Emissionsgleichung nach Richardson

$$j_s = A' T^2 \mathrm{e}^{-U_\mathrm{A}'/U_T}.$$

Korrekturformel für eine Austrittsspannung U_A, die U_A' entspricht:

$$U_\mathrm{A} \approx U_\mathrm{A}' + T\,\frac{\mathrm{d}U_\mathrm{A}}{\mathrm{d}T}.$$

Die Zahlenwerte für $\mathrm{d}U_\mathrm{A}/\mathrm{d}T$ liegen im Bereich $\pm\,10^{-4}\,\mathrm{V/K}$. In Tab. 2.3-1 sind die Größen A' und U_A' für wichtige Metalle aufgeführt. T_1 und T_2 geben den Temperaturbereich an, für den sie ermittelt wurden. Für eine bestimmte Emissionsstromdichte ist die erforderliche Temperatur leichter mit der empirischen Funktion

$$j_s = a\,\mathrm{e}^{-U_\mathrm{A}''/U_T}$$

zu übersehen. Die Größen a und U_A'', die im Temperaturbereich von T_1 bis T_2 die Meßergebnisse befriedigen, sind in den Spalten 7 und 8 angegeben. Umrechnung auf T und Potenzen von 10 mit der Zahlenwertgleichung

$$\mathrm{e}^{U/U_T} = 10^{5040\,U/T}.$$

Sind U_{T1} und U_{T2} die Temperaturspannungen für die Grenzen des Temperaturbereiches, so gilt

$$U_\mathrm{A}'' = U_\mathrm{A}' + U_{T1} + U_{T2}.$$

Tabelle 2.3-1 Empirische Konstanten der thermischen Emission ([1] 1956, S. 175)

Kathoden-Material	T_1	T_2	T_0	A'	U_A'	a	U_A''
	K	K	K	$\dfrac{\mathrm{A}}{\mathrm{cm}^2\,\mathrm{K}^2}$	V	$\dfrac{10^7\,\mathrm{A}}{\mathrm{cm}^2}$	V
C	1300	2200	1520	15	4,38	35	4,68
βFe	1040	1180	1010	26	4,48	27	4,68
γFe	1180	1680	1240	1,5	4,21	2,3	4,46
Mo	1300	2100	1480	115	4,37	250	4,69
	1150	1700	1240	50	5,24	80	5,49
Pt	1700	2100	1650	32	5,32	90	5,65
Ta	1200	2000	1390	52	4,19	100	4,47
W	1400	2400	1650	72	4,52	200	4,85
W + Th	1200	2000	1390	3	2,63	6	2,91
„L" (W + Ba)	1300	1700	1300	1	1,8	2	2,06
	1300	1700	1300	15	2,0	20	2,26
La + La B$_6$	1100	1900	1300	29	2,66	50	2,92
BaSrO	600	1200	780	0,5	1,0	0,3	1,16

Die Konstante a berechnet man aus der Gleichsetzung mit der Sättigungsemission gemäß der empirischen Gleichung bei der Temperatur

$$T_0 = (T_1 + T_2)/2,3\,; \qquad a = 10\,A'\,T_0^2.$$

Der Sättigungsstrom einer Kathode hängt stark von der Metallstruktur und dem Oberflächenzustand ab. Eindeutige Emissionsangaben sind nur für Einkristalle möglich. Kristalline Stoffe erfordern viele Angaben, damit ihr Zustand definiert ist.

Metallfilmkathoden sind mit einer Fremdstoffschicht bis zur Dicke einer Atomlage bedeckt. Die dadurch entstehende Dipolschicht verändert die Austrittsarbeit in vorausberechenbarer Weise. Dies ermöglicht in Wolfram-Thorium-Kathoden und in Barium-Vorratskathoden hohe Emissionsstromdichten. Am unübersichtlichsten ist der Emissionsvorgang bei den Schichtkathoden. Am bekanntesten ist die Barium-Strontium-Oxidkathode. Die für diese Kathode in Tab. 2.3-1 angegebenen Werte sind nicht allgemein gültig. Die zahlreichen Einflußgrößen der thermischen Elektronenemission der Oxidkathoden sind nicht sämtlich bekannt.

C 12 Schottky-Effekt und Feld-Elektronenemission. Ohne Raumladung und äußeres elektrisches Feld entsteht ein feldfreier Emissionsstrom. Eine Absaugfeldstärke vor der Kathode erhöht den thermischen oder photoelektrischen Emissionsstrom (Schottky-Effekt) und kann zusätzlich Feld-Elektronenemission auslösen. Der Schottky-Effekt beruht darauf, daß die Austrittsspannung der Elektronen durch das äußere elektrische Feld scheinbar erniedrigt wird. Die Feld-Elektronenemission entsteht durch den **Tunnel-Effekt**, womit der Durchtritt von Ladungsträgern durch einen Potentialwall bezeichnet wird.

C121 Berechnung des Schottky-Effektes. Ohne äußeres elektrisches Feld und bei Vernachlässigung der Raumladung muß ein Elektron in der Entfernung $-x$ von der Kathodenoberfläche das innere Potential und das Potential der Bildfeldstärke E_B überwunden haben (Kurve U_B in Bild 2.3-2). Der negative Grenzwert für $-x \to \infty$, bezogen auf das Potential des Fermi-Niveaus, ist die Austrittsspannung U_A. Ein homogenes äußeres Absaugfeld der Feldstärke E senkrecht zur Oberfläche hat den Potentialverlauf U_a. Das aus beiden Potentialen resultierende Potential U hat ein Minimum U_m in der Entfernung $-x_m$ von der Kathodenoberfläche, das als Austrittspotentialminimum bezeichnet wird. Das Austrittspotentialminimum ist das niedrigste Potential einer Entladungsstrecke vor der Kathode, das ein Elektron bei Berücksichtigung des Bildpotentials für den Austritt überwinden muß, bezogen auf das Potential der Kathode. Das Elektron benötigt daher für den Austritt vom Fermi-Niveau aus eine um $e\,U_m$ kleinere Energie als die Austrittsarbeit $e\,U_A$ (scheinbare Austrittsspannungserniedrigung U_m).

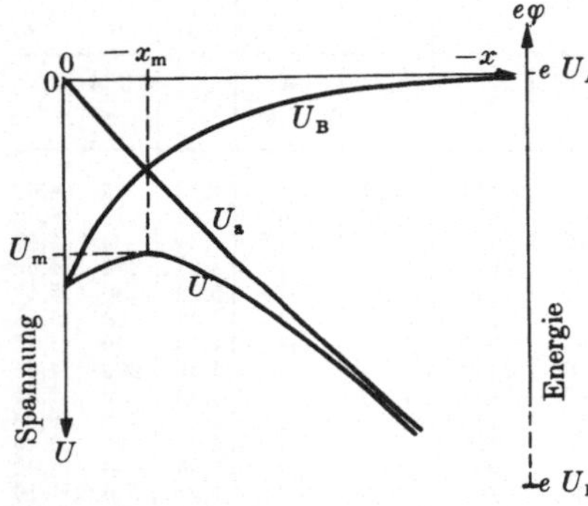

Bild 2.3-2 Zu überwindendes Potential U im Abstand $-x$ von der Kathodenoberfläche als Summe des aufgeprägten Potentials U_a und des Austrittspotentials U_B; ΔU scheinbare Erniedrigung der Austrittsspannung U_A

Für die Bildfeldstärke gilt

$$E_B = -\,\frac{e}{16\,\pi\varepsilon_0 x^2}\,.$$

Aus $E_B = -E$ an der Stelle x_m folgt

$$-x_m = \frac{1}{2}\sqrt{\frac{e}{4\,\pi\varepsilon_0 E}}$$

und aus $U_m = -x_m\,(E - E_B) = -2x_m E$

$$U_m = \sqrt{\frac{eE}{4\,\pi\varepsilon_0}}$$

bzw. die Zahlenwertgleichung

$$U_m = 3{,}79 \cdot 10^{-5}\,\sqrt{E}.$$

C122 Feld-Elektronenemission. Bei Annahme einer Fermiverteilung für die Leitungselektronen des Metalls beträgt die Stromdichte j_0 für die Kathodentemperatur $0\,\mathrm{K}$ (eigentliche Feld-Elektronenemission)

$$j_0 = \frac{e^2 E^2}{8\,\pi h\,U_A\,t^2(y)}\,\exp\!\left[\frac{8\,\pi\sqrt{2\,me}}{3\,hE}\cdot U_A^{3/2}\,v(y)\right], \qquad y = \frac{1}{U_A}\sqrt{\frac{eE}{4\,\pi\varepsilon_0}},$$

wenn für t und v die dimensionslosen Funktionen nach Tab. 2.3-2 eingesetzt werden. Aus dieser Gleichung folgt als einfachste Näherung die Zahlenwertgleichung

$$j_0 = 6{,}2 \cdot 10^{-3}\,\frac{E^2}{U_A}\,\exp\left(-6{,}8 \cdot 10^9\,U_A^{3/2}/E\right).$$

Durch $t \approx 1$ ergibt sich die etwas genauere Näherung

$$j_0 = 1{,}54 \cdot 10^{-3}\,\frac{E^2}{U_A}\,\exp\left[-6{,}83 \cdot 10^9\,\frac{U_A^{3/2}}{E}\,v(3{,}79 \cdot 10^{-5}\,\sqrt{E}/U_A)\right].$$

Für den Strom durch Feld-Elektronenemission und thermische Emission bei der Temperatur T der Kathode gilt

$$I(T,E) = I_0 \frac{\pi k T}{d} \Big/ \sin \frac{\pi k T}{d}\,.$$

I_0 ist hierbei die Stromstärke der eigentlichen Feld-Elektronenemission, und d folgt aus der dimensionslosen numerischen Funktion t der Tabelle 2.3-2 mit Hilfe von

$$d = \frac{h e E}{4\pi \sqrt{2\,m e\,U_A}\,t(v)}\,.$$

Die dimensionslose Größe $\pi k T/d$ wird mit U_m anstelle von E durch die Zahlenwertgleichung

$$\frac{\pi k T}{d} = 3{,}98 \cdot 10^{-3}\, T\, \frac{U_A^{1/2}}{U_\mathrm{m}^2}\, t\,(U_\mathrm{m}/U_A)$$

ermittelt.

Wenn die thermische Emission nicht zu sehr überwiegt, sind die ersten beiden Glieder

$$I(T, E) = I_0 \left[1 + \frac{1}{6}\left(\frac{\pi k T}{d}\right)^2\right]$$

der Reihe eine gute Näherung.

Tabelle 2.3-2
Werte der dimensionslosen
Funktionen $v\,(y)$ **und** $t\,(y)$
([1] 1956, S. 187)

y	$v\,(y)$	$t\,(y)$
0	1,0000	1,0000
0,05	0,9948	1,0011
0,1	0,9817	1,0036
0,15	0,9622	1,0070
0,2	0,9370	1,0111
0,25	0,9068	1,0157
0,3	0,8718	1,0207
0,35	0,8323	1,0262
0,4	0,7888	1.0319
0,45	0,7413	1,0378
0,5	0,6900	1,0439
0,55	0,6351	1,0502
0,6	0,5768	1,0565
0,65	0,5152	1,0631
0,7	0,4504	1,0697
0,75	0,3825	1,0765
0,8	0,3117	1,0832
0,85	0,2379	1,0900
0,9	0,1613	1,0969
0,95	0,0820	1,1037
1	0	1,1107

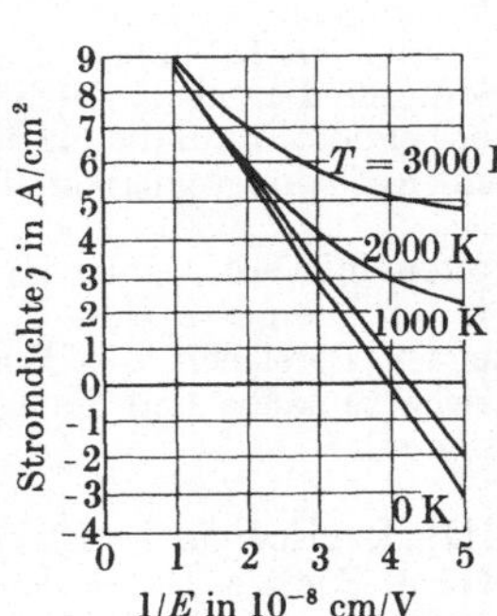

Bild 2.3-3
Stromdichte j als Funktion der Temperatur und der aufgeprägten Feldstärke E für Wolfram ($U_A = 4{,}5$ V)

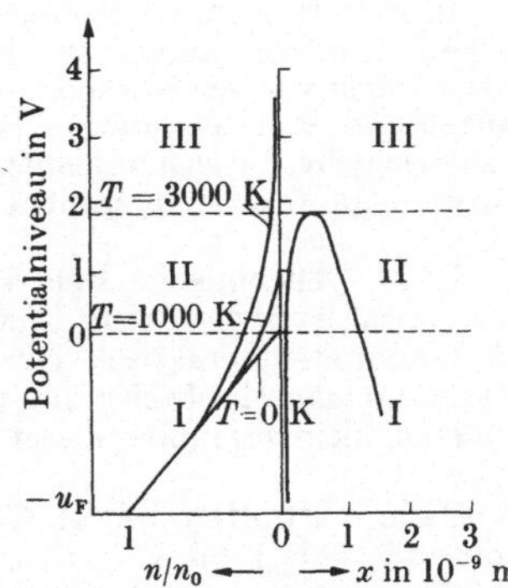

Bild 2.3-4 Unterscheidung der Gebiete eigentlicher Feldemission (I), thermischer Feldemission (II) und thermischer Emission (III) mit Hilfe der Energieverteilung bei verschiedenen Temperaturen (links) und des Potentialwalls (rechts). Potentiale sind auf das Ferminiveau bezogen

In Bild 2.3-3 ist die Temperaturabhängigkeit der Feldemission für Wolfram, d.h. für $U_A = 4{,}5$ V, mit der Kathodentemperatur T als Parameter dargestellt.

Bild 2.3-4 zeigt links die Fermiverteilung der Elektronen für 3 verschiedene Temperaturen und rechts den zu überwindenden Potentialwall bei hoher Absaugfeldstärke. Die waagerechte Linie beim Austrittspotentialminimum entspricht der Energie $e\,(U_A - U_\mathrm{m})$ über der Fermienergie $e\,U_F$. Elektronen, die maximal diese Energie besitzen, werden durch den Tunneleffekt emittiert (Feld-Elektronenemission); Elektronen, deren Energie $> e\,(U_F + U_A - U_\mathrm{m})$ ist, werden thermisch emittiert. Jede dieser beiden Emissionsarten wird nochmals unterteilt, so daß folgende Elektronenemissionen zu unterscheiden sind:·

C 123   Eigentliche Feld-Elektronenemission (Gebiet I). Die Energie der Elektronen erreicht maximal die Fermienergie. Diese Emission ist bei reinen Metallen unterhalb etwa 1000 K bei genügend hoher Absaugfeldstärke vorherrschend. Theoretisch könnte sie bei 0 K rein erzeugt werden.

Die für die eigentliche Feld-Elektronenemission notwendigen Feldstärken von 10^9 bis 10^{10} V/m werden beim Strom im Vakuum und in Gasen vornehmlich an Spitzen mit Krümmungsradien in der Größenordnung µm erreicht. Im kugelsymmetrischen Feld hat die Feldstärke vor einer Spitze mit dem Krümmungsradius r bei der Elektrodenspannung U die Größe U/r. 10 kV ergeben dann bei $r = 10$ µm bereits die Feldstärke 10^9 V/m.

Bei **Impuls-Spannungen** beträgt die Feldemissionsstromdichte bis zu $2 \cdot 10^8$ A/cm², wodurch die Erwärmung durch die Verluste bei der Tunnelströmung zu einer Veränderung der Spitze und damit zu einer geringen Lebensdauer führt. Neben dieser Erwärmung findet eine Veränderung der Spitzen durch **Kathodenzerstäubung** statt. Für die Zeit t_L, in der die Veränderung durch Kathodenzerstäubung Werte erreicht, die nicht mehr zulässig sind, gilt bei Vielspitzen-Kathoden angenähert die Beziehung

$$t_\mathrm{L} \gtrless 10^{-6}/jp$$

für t_L in h, j in mA/cm² und p in Torr. Auch noch bei 10^{-8} Torr ist also bereits nach 100 Stunden die Veränderung der Spitzen unzulässig, wenn die Stromdichte 1 mA/cm² beträgt. Technische Vielspitzen-Feldemissionskathoden erfordern daher Ultrahochvakuum mit $p < 10^{-10}$ Torr.

In elektrischen Entladungen entsteht die zur Feld-Elektronenemission notwendige hohe Feldstärke häufig nicht durch das aufgeprägte äußere Feld, sondern durch die positiven Ionen vor der Kathode, die sich besonders bei hohen Drücken nur sehr langsam bewegen und daher ein starkes Raumladungsfeld ergeben. Auch durch die Aufladung einer Isolierschicht, die sich auf einem Leiter befindet, kann die für die Feld-Elektronenemission notwendige Feldstärke erreicht werden (Aufladungsemission, Tunnelkathode).

C 124   Thermische Feld-Elektronenemission (Gebiet II). Die Energie der Elektronen reicht von der Fermi-Energie bis zur Energie $e(U_\mathrm{A} - U_\mathrm{m})$ über der Fermi-Energie. In bestimmten, praktisch vorkommenden Bereichen von Temperatur und Absaugfeldstärke können gleichzeitig die thermische Emission und die eigentliche Feld-Elektronenemission klein gegenüber dieser Emission sein.

C 125   Schottky-Effekt (Gebiet III). Die Energie der Elektronen liegt in dem Bereich von $e(U_\mathrm{A} - U_\mathrm{m})$ bis eU_A über der Fermi-Energie. Durch den Schottky-Effekt emittiert eine Kathode statt mit der Sättigungsstromdichte j_s der feldfreien thermischen Elektronenemission mit der Stromdichte j_ss. Aus der scheinbaren Erniedrigung U_m der Austrittsspannung folgt für die Vergrößerung von j_ss gegenüber j_s die Zahlenwertgleichung

$$j_\mathrm{ss} = j_\mathrm{s}\, e^{0,44\, \sqrt{E/T}}.$$

Die durch den Schottky-Effekt hervorgerufene Emission ist daher praktisch nie vorherrschend. In extremen Fällen erreicht die Absaugfeldstärke vor Wolframkathoden 10^7 V/m; der Emissionsstrom durch den Schottky-Effekt erreicht dann 75 % des Stromes der feldfreien thermischen Emission.

C 126   Feldfreie thermische Elektronenemission. Die Energie der Elektronen beträgt mindestens $e(U_\mathrm{F} + U_\mathrm{A})$. Diese Emission kann wie die eigentliche Feld-Elektronenemission leicht als nahezu reine Emission auftreten, da die Wahrscheinlichkeit für die Durchtunnelung des Potentialwalles mit wachsender Dicke stark abnimmt.

C 13   Photoelektrische Emission. Sie wird auch äußerer Photoeffekt oder lichtelektrischer Effekt genannt, wird direkt durch elektromagnetische Strahlung ausgelöst und ist zu unterscheiden von der thermischen Elektronenemission, die als Folge einer starken Erwärmung der Kathode bei der Absorption der Strahlung auftreten kann. Die Leitungselektronen stoßen mit den Photonen zusammen und nehmen hierbei die zum Verlassen der Kathode nötige Energie auf. Ein Photon mit der Frequenz f und der Wellenlänge λ hat die Energie

$$h f = h c / \lambda = e\, U_\mathrm{S} = e\, U_\mathrm{A} + m v_\mathrm{m}^2 / 2\,.$$

Für die äquivalente Strahlspannung gilt die Zahlenwertgleichung

$$U_\mathrm{S} = 1239{,}5 / \lambda$$

für λ in nm. Die Differenz zwischen der Photonenenergie und der Austrittsarbeit des Elektrons gelangt als kinetische Energie des Elektrons in den Entladungsraum. v_m ist die maximale Anfangsgeschwindigkeit des Elektrons im Entladungsraum bei 0 K. Als langwellige Grenze

$$\lambda_\mathrm{p} = h c / e\, U_\mathrm{A}$$

wird die Wellenlänge bezeichnet, für die bei 0 K die kinetische Anfangsenergie verschwindet ($v_\mathrm{m} = 0$). Entsprechende Zahlenwertgleichung:

$$\lambda_\mathrm{p} = 1239{,}5 / U_\mathrm{A}\,,$$

für λ_p in nm.

Die photoelektrisch gemessenen Werte von U_A und λ_p stehen in der Tabelle 2.3-3. Die U_A-Werte unterscheiden sich von denen der Thermoemission wegen des anderen Kathodenzustandes und weil der einfache Zusammenhang mit λ_p eine exakte Auswertung zuläßt, was bei der Thermoemission unmöglich ist. Die Empfindlichkeit einer Photokathode ist der Quotient aus Photostrom I_p und Strahlungsfluß Φ_e (DIN 5031):

$$s = I_\mathrm{p} / \Phi_\mathrm{e}\,.$$

s ist in A/W anzugeben. Umrechnung auf die ältere Einheit:

$$\mathrm{A/W} = 4{,}185\ \mathrm{C/cal}\,.$$

Die Energiebilanz der Photoemission wird durch die Quantenausbeute

$$N = s\, U_\mathrm{S} = s\, h c / e \lambda$$

beschrieben. Sie stellt das Verhältnis der emittierten Elektronenzahl zur einfallenden oder absorbierten Photonenzahl dar. Es gilt die Zahlenwertgleichung

$$N = 1239{,}5\ s / \lambda$$

für λ in nm, s in A/W.

Sichtbares Licht dringt etwa 1 µm tief in ein Metall ein. Die Photoelektronen stammen aus einer maximalen Tiefe von etwa 10^{-7} cm. Für reine Metalle erreicht die entsprechende Quantenausbeute somit Werte von $1^0/_{00}$. Bei durchscheinenden Antimon-Cäsium-Schichten beträgt sie in bezug auf die einfallende Strahlung einige Prozent und in bezug auf die absorbierte Strahlung bis $100^0/_0$.

Mit abnehmender Wellenlänge steigt die Empfindlichkeit von der Grenzwellenlänge an für reine Metalle von genügender Schichtdicke monoton an (normaler Photoeffekt). Für nicht monochromatische Strahlung eines schwarzen Körpers der Temperatur T wird bei reinen Metallkathoden die lichtelektrische Gesamtemission angegeben. Befindet sich das bestrahlte Metall auf dem absoluten Nullpunkt der Temperatur, so gilt für den Photostrom, wenn die gesamte von 1 cm² Oberfläche ausgehende Strahlung auftrifft,

$$I_\mathrm{p} = A_\mathrm{p} T^2 \exp(-e\, U_\mathrm{A}/k T)\,, \qquad \text{wobei} \qquad A_\mathrm{p} = 10^{-8} \cdots 10^{-9}\,\mathrm{A/K^2}\,.$$

Tabelle 2.3-3   Austrittsspannung und langwellige Grenze reiner Metalle und Metalloide [5]

Element	U_A in V	λ_p in nm	Element	U_A in V	λ_p in nm
Li	2,46	504	C	4,36	284
Na	2,28	543	Si	3,59	345
K	2,25	551	Ge	4,62	268
Rb	2,13	582	Sn	4,39	282
Cs	1,94	639	Pb	4,04	307
Cu	4,48	277	V	4,11	301
Ag	4,70	264	Nb	3,99	311
Au	4,71	263	Ta	4,13	300
Be	3,92	316	As	4,79	259
Mg	3,70	335	Sb	4,56	272
Ca	3,20	387	Bi	4,32	287
Sr	2,74	452			
Ba	2,52	492	Cr	4,45	278
			Mo	4,24	292
Zn	4,27	290	W	4,53	273
Cd	4,04	307	U	3,45	359
Hg	4,53	273			
			Se	4,87	254
B	4,6	269	Te	4,73	262
Al	4,20	295			
La	3,3	375	Mn	3,95	314
			Re	4,97	249
Ce	2,88	430			
Pr	2,7	460	Fe	4,63	268
Nd	3,3	375	Co	4,25	292
Sm	3,2	390	Ni	4,91	252
Ga	4,16	298	Ru	4,52	274
Tl	4,05	306	Rh	4,65	266
			Pd	4,98	249
Ti	4,16	298			
Zr	3,93	315	Os	4,55	272
Hf	3,53	351	Jr	4,57	271
Th	3,47	357	Pt	5,36	231

Fremde Atome auf einer reinen Metalloberfläche verändern bei Bedeckung bis zu einer Atomlage die Austrittsarbeit und damit die langwellige Grenze und Empfindlichkeit. Die Photoemission wird in Photokathoden technisch ausgenutzt, die im sichtbaren Spektralbereich größere Empfindlichkeiten als reine Metalle erzielen (selektiver Photoeffekt). Die Austrittsarbeit wird meist erniedrigt durch Alkali-Metall in unsichtbarer Schicht von wenigen Atomlagen auf einem Trägermetall (Metallfilmkathoden) oder in unsichtbarer Schicht auf einer dünnen Halbleiterschicht, die aus einer Isolierschicht durch Einbau von Alkali-Atomen entsteht, auf einem Trägermetall (zusammengesetzte Photokathoden) oder in dünnen Legierungsschichten mit Metallen der Antimon-Wismut-Gruppe auf einem Trägermetall (Legierungskathoden).

Bei Metallfilmkathoden wird die hohe Empfindlichkeit hauptsächlich durch Schrägeinfall von Licht, dessen Polarisationsebene in der Einfallsebene liegt, erreicht. Hierdurch bilden sich zwischen dem als Spiegel wirkenden Träger und der Oberfläche stehende Wellen, die zu starker Lichtabsorption führen.

Bild 2.3-5 zeigt normale lichtelektrische Empfindlichkeitskurven. Bild 2.3-6 zeigt die Erhöhung der Empfindlichkeit technischer Schichten durch größere Lichtabsorption, die zu einem selektiven Maximum führt. Für technische Schichten wird neben der spektralen Verteilungskurve die Empfindlichkeit meist auf den Lichtstrom bezogen und die Bezugstemperatur angegeben. Kaliumschichtkathoden erreichen Empfindlichkeiten bis 50 µA/Lumen bei 2700 K.

Die Photoemission ist dem Strahlungsfluß streng proportional und für Lichtimpulse bis 3 ns Dauer praktisch trägheitslos; wegen der geringen Quantenausbeute wird der größte Anteil der in die Kathode eintretenden Strahlungsenergie in innere Energie verwandelt.

C14 Sekundärelektronenemission.

Durch einen auf eine Elektrode gerichteten Elektronenstrahl (Primärelektronen) werden durch den Aufprall Sekundärelektronen freigesetzt, die von der Elektrode

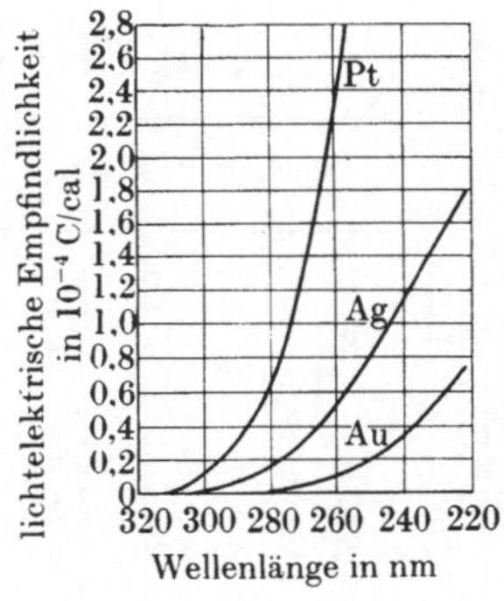

Bild 2.3-5
Normale lichtelektrische Empfindlichkeit [5]

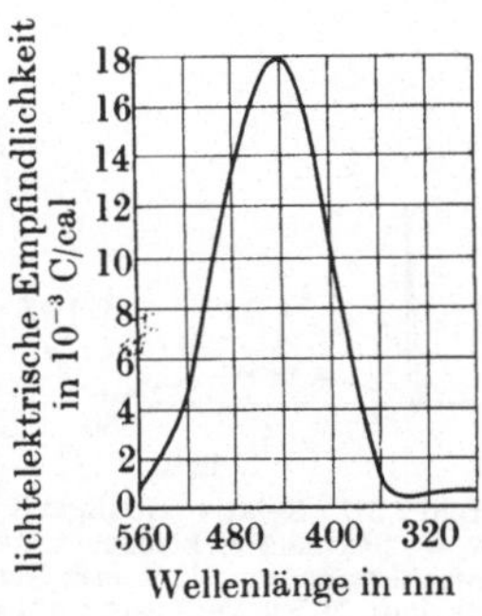

Bild 2.3-6 Selektive lichtelektrische Empfindlichkeit (hydriertes Kalium) nach Simon und Suhrmann [5]

fortfliegen und bei geeignetem elektrischen Feld alle von einem Kollektor abgesaugt werden. Bild 2.3-7 zeigt die typische Energieverteilung der Sekundärelektronen beim Austritt. Hiernach unterscheidet man

eigentliche Sekundärelektronen mit geringer Austrittsenergie;

aus der Elektrode rückdiffundierte Primärelektronen, die statistisch stark schwankende Stoßverluste erlitten haben;

reflektierte Primärelektronen, die praktisch keine Energie verloren haben.

Es ist schwierig, den eigentlichen Sekundärelektronenstrom zu messen. Daher definiert man als Sekundäremissionsausbeute δ einer Elektrode (Dynode) das mittlere Verhältnis der gesamten Sekundärelektronenzahl zur Primärelektronenzahl (DIN 44020, Bl. 2). Die Sekundäremissionsausbeute ist ein Mittelwert, der von der Energie und dem Auftreffwinkel der Primärelektronen abhängt. Ein einzelnes Primärelektron kann nur eine ganze, statistisch schwankende Anzahl von Sekundärelektronen auslösen. Jedes eindringende Primärelektron überträgt durch Stoß Energie und Impuls auf Elektronen in der Nähe der Oberfläche. Die Stoßverluste an den Atomen des Kristallgitters sind nur gering. Die rückdiffundierten Primärelektronen sind Primärelektronen, die nach solchen Energieübertragungsstößen wieder austreten. Um für eine Elektrode δ messen zu können, müssen Strahlspannung und Auftreffwinkel sämtlicher Primärelektronen einheitlich sein. Die Sekundärausbeute wird meist für den senkrechten Aufprall angegeben. Am Auftreffpunkt muß ein Absaugfeld vorhanden sein.

Für eine Dynode in einer Röhre mißt man die Stufenvervielfachung δ_s. Sie ist das Verhältnis des Stromes, der zu den zum Kollektor zusammengefaßt gedachten Elektroden mit höherem Potential fließt, zu dem Strom, der die zur Kathode zusammengefaßt gedachten Elektroden auf niedrigerem Potential verläßt. Wenn die Elektronenbahnen, die an der Dynode vorbei direkt zum Kollektor führen, zu vernachlässigen sind und ebenso die Bahnen, die dort auf der Dynode enden, wo kein Absaugfeld vorhanden ist, gilt $\delta_s = \delta$.

Bild 2.3-8 zeigt die Funktion $\delta(U)$. Bei einigen 100 V liegt das Maximum $\delta_m = \delta(U_m)$. Es gilt meistens $\delta_m > 1$. Zur weiteren Kennzeichnung der Sekundäremissionskurve werden die Einspunkte angegeben, das sind die Strahlspannungen, bei denen $\delta = 1$ ist. Auf dem steigenden Ast der Sekundäremissionskurve liegt der untere Einspunkt U_u und auf dem fallenden Ast der obere Einspunkt U_o (DIN 44400, Bl. 4). In der Tabelle 2.3-4 sind für reine Metalle die Kennwerte δ_m, U_m, U_u, U_o zusammengestellt.

δ hängt stark vom Oberflächenzustand ab, besonders von Verunreinigungen (dünne Oxidschichten). Die Sekundärelektronen stammen aus einer mittleren Tiefe von etwa 100 Atomlagen.

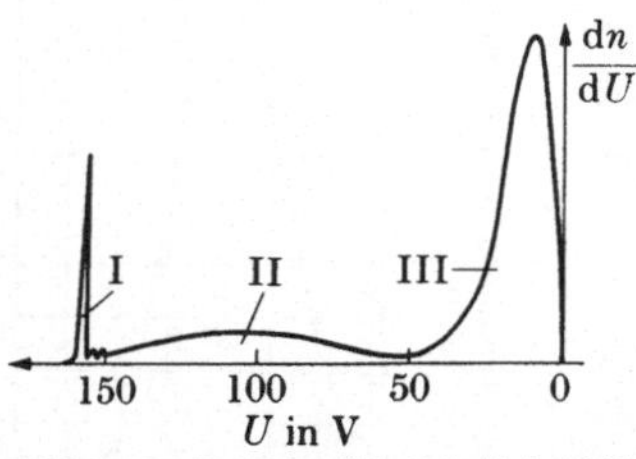

Bild 2.3-7 Relative Häufigkeit dn/dU von Sekundärelektronen mit der Strahlspannung U. I elastische Reflexion; II Rückdiffusion; III eigentliche Sekundärelektronen

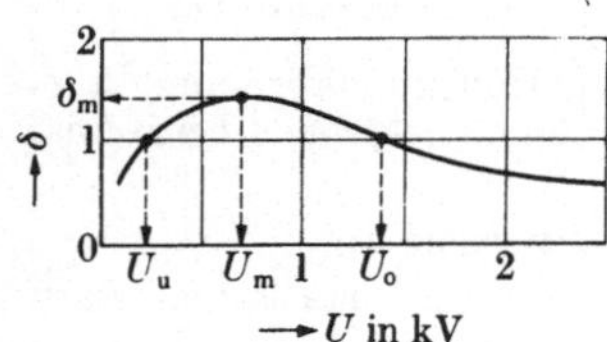

Bild 2.3-8
Ausbeute-Maximum δ_m und Einspunkte U_u und U_o der Primärstrahlspannung U bei der Sekundäremission

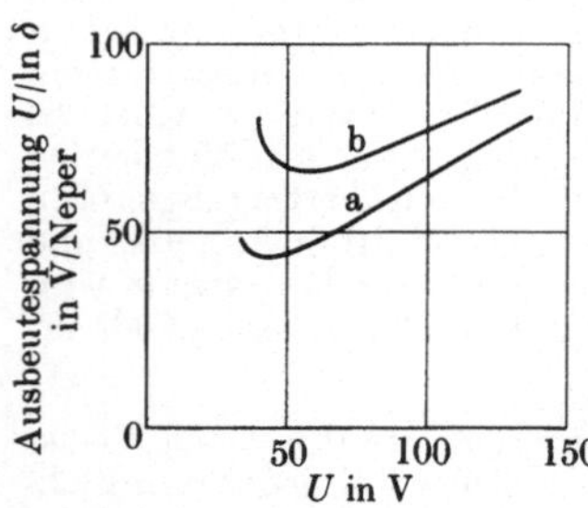

Bild 2.3-9
Ausbeutespannung $U/\ln\delta$ der Sekundäremission technischer Schichten als Funktion der Primärstrahlspannung U. a) Silberoxid-Caesium-Typ; b) Magnesiumoxid-Magnesium-Typ

Tabelle 2.3-4   Maximale Ausbeute δ_m bei U_m und Einspunkte U_u und U_o der Sekundäremission ([1] S. 267)

Element	δ_m	$\dfrac{U_\mathrm{m}}{\mathrm{V}}$	$\dfrac{U_\mathrm{u}}{\mathrm{V}}$	$\dfrac{U_\mathrm{o}}{\mathrm{V}}$
Li	0,5	85	–	–
Be	0,5	200	–	–
B	1,2	150	100	450
C } Graphit	1,0	300	–	–
C } Ruß	0,45	500	–	–
Mg	0,95	300	–	–
Al	0,95	300	–	–
Si	1,1	250	90	650
K	0,7	200	–	–
Ti	0,9	280	–	–
Fe	1,3	(400)	120	1400
Co	1,2	(500)	(200)	
Ni(blank)	1,35	550	150	1750
Ni(schwarz)	(0,5)	>600	–	–
Cu	1,3	600	200	1500
Ga	1,55	500	100	>1500
Ge	1,2	400	200	900
Se	1,35	400	110	>1200
Rb	0,9	350	–	–
Zr	1,1	350	175	(600)
Nb(Cb)	1,2	375	175	1100
Mo	1,25	375	150	1300
Pd	>1,3	>250	120	
Ag	1,47	800	150	>2000
Cd	1,14	450	300	700
Sn	1,35	500	150	>1500
Sb	1,3	500	200	>1200
Cs	0,72	400	–	–
Ba	0,83	400	–	–
Ta	1,3	600	250	>2000
W	1,35	650	250	>1500
Pt	1,8	700	150	>2000
Au	1,45	800	150	>2000
Hg	1,3	600	350	>1200
Tl	1,7	650	70	>1500
Pb	1,1	500	250	1000
Bi	1,15	550	200	1600
Th	1,1	800		

Die Einspunkte sind besonders bei einem Isolator wichtig, da sich dieser im Gleichgewicht so auflädt, daß er als Elektrode stromlos ist. Die Tabelle 2.3-5 enthält die Kennwerte der Sekundäremissionskurve für Isolatoren in Elektronenröhren.

Technisch wird die Sekundäremission in Vervielfachern (DIN 44020, Bl. 2) ausgenutzt. Zwecks hoher Sekundäremissionsausbeute bestehen die Dynoden aus Metallträgern, die mit einer komplexen Schicht von etwa 100 Atomlagen Dicke bedeckt sind. Hierfür sind temperaturbeständige MgO-Mg-Schichten geeignet. Sie werden meist aus Legierungen hergestellt, die im Vakuum thermisch behandelt werden. Die maximale Ausbeute beträgt etwa 10 bei etwa 400 V Strahlspannung.

In mehrstufigen Photovervielfachern ist die Stufenspannung U meist wesentlich kleiner als U_m, damit die Gesamtvervielfachung mit geringer Gesamtspannung erreicht wird. Außer der Stufenvervielfachung δ_s interessiert daher die Ausbeutespannung der Stufe $U/\ln\delta_\mathrm{s}$ oder allgemeiner, die Ausbeutespannung der Sekundäremission $U/\ln\delta$. Sie ist in Abhängigkeit von der Strahlspannung für die wichtigsten beiden Schichttypen in Bild 2.3-9 dargestellt und hat im allgemeinen in der Nähe von $\ln \delta = 1$ ein Minimum. Für Silberoxid-Caesium-Schichten beträgt die minimale Ausbeutespannung etwa 40 V, für Schichten des Magnesiumtyps etwa 60 V.

Bei dicken komplexen Schichten wird die Sekundäremission träge und durch eine Absaugfeldstärke vor der Dynode vergrößert. Die Schicht lädt sich positiv auf, wodurch die Sekundärelektronen leichter austreten. Bei genügend starker Aufladung setzt Feldemission ein, die nach Aufhören des Elektronenbeschusses unter günstigen Bedingungen nur sehr langsam abklingt (Malter-Effekt). Die durch Aufladung einer Isolierschicht, die sich auf einem Leiter befindet, verursachte Feld-Elektronenemission heißt Aufladungsemission. Sie hat bisher kaum technische Bedeutung als Kaltkathode in Vakuumröhren, weil sich die Struktur der Schichten relativ schnell verändert, bis die Bedingung für die Selbsterhaltung der positiven Aufladung nicht mehr erfüllt werden kann.

C2 Laufzeit eines Elektrons

Ein Elektron fliegt im feldfreien Raum mit konstanter Bahngeschwindigkeit v. Die Gleichspannung

$$U = m_r v^2/2e,$$

Tabelle 2.3-5   **Maximale Ausbeute** σ_m **bei** U_m **und Einspunkte** U_u **und** U_o **der Sekundäremission** ([1] 1956, S. 274)

Material	δ_m	$\dfrac{U_m}{V}$	$\dfrac{U_u}{V}$	$\dfrac{U_o}{kV}$
LiF	5,6		21	
NaF	5,7		20	
NaCl	6 bis 6,8	600	20	1,4
NaBr	5,5 bis 6,2			
NaJ	5,5			
KCl	7,5		15	
KJ	5,5		12	
RbCl	5,8			
CsCl	6,5			
CaF$_2$	3,2			
BaF$_2$	4,5			
BeO	3,4	2000		
MgO	{ 2,4	1500		
	{ 4,0	400		
CaO	2,2	500		
SrO	2,6	500		
BaO	{ 2,3	1600		
	{ 4,8	400		
BaO-SrO	{ 8	1500	60	3,5
(Oxidkathode)	{ 5 bis 12	1400	40	
Al$_2$O$_3$	1,5 bis 4,8	350 bis 1300	20	1,2
Ag$_2$O	1 bis 1,2			
Cu$_2$O	1,2			
MoO$_2$	1,1 bis 1,3			
SiO$_2$	2,1 bis 2,9	400 bis 440	30 (< 50)	2,3
SnO$_2$	1,1	600		
MoS$_2$	1,1			
WS$_2$	1,0			
Div. Gläser	2 bis 3	300 bis 420	< 60	0,9 bis 3,8
Pyrexglas	2,3	340 bis 400	< 40	2,3
Quarz	2,1 bis 2,9	400 bis 440	< 50	2,3
Glimmer	2,4	300 bis 380	20 bis 30	1 bis 3,5
Zinksulfid				6 bis 9
Ca-Wolframat				3 bis 5
Willemit				3 bis 20

die es vor dem Eintritt in den feldfreien Raum durchlaufen hat, heißt **Strahlspannung**. Bei hohen Bahngeschwindigkeiten $(c/v < 10)$ ist die Masse m_r des Elektrons merklich größer als die Ruhemasse m.

$$p = c/v$$

heißt **Verzögerungsmaß**.

Die Größe $\qquad p = C/\sqrt{U} \qquad$ für $\qquad m_r = m$

$$C = c\sqrt{m/2e} = 505\,\mathrm{V}^{1/2}$$

heißt **Verzögerungskonstante**. Ein Elektron mit der Strahlspannung 1 V erreicht die Bahngeschwindigkeit $v = c/505 = 595$ km/s. Die Laufzeit eines Elektrons zwischen zwei Punkten s_1 und s_2 der Bahn s ist

$$t = \int_{s_1}^{s_2} \frac{\mathrm{d}s}{v(s)}\,.$$

Ferner definiert man den **Laufwinkel** $\Theta = \omega t$ und den **relativen Laufwinkel** $N = ft$. Im feldfreien Raum gilt bei der Vakuumwellenlänge λ und der zurückgelegten Strecke d für den relativen Laufwinkel

$$N = C d / \lambda \sqrt{U}.$$

Für ein Elektron, das senkrecht zu einer Äquipotentialfläche eines homogenen elektrostatischen Feldes mit der Strahlspannung U eintritt und längs der Strecke d die Gleichspannung U_d durchläuft, gilt

$$N = \frac{2\,C}{\sqrt{U} + \sqrt{U + U_d}} \frac{d}{\lambda}.$$

Für die durch Raumladungen begrenzte Strömung zwischen ebenen, parallelen Elektroden mit dem Abstand d gilt, wenn die Elektronen aus der einen Elektrode praktisch ruhend austreten und an der anderen Elektrode die Strahlspannung U_a erreichen,

$$N = 3\,C d / \lambda \sqrt{U_a}.$$

Für $c/v < 10$ ist statt der Ruhemasse m des Elektrons die **relativistische Masse**

$$m_r = \frac{m}{\sqrt{1 - (v/c)^2}}$$

zu benutzen. Die kinetische Energie des Elektrons ist $(m_r - m)c^2$, so daß die Strahlspannung allgemeiner durch

$$eU = mc^2 \left[\frac{1}{\sqrt{1 - (v/c)^2}} - 1 \right]$$

definiert ist. Für die Strahlspannung U_m, bei der die kinetische Energie $e\,U_m$ des Elektrons gerade die Ruheenergie mc^2 erreicht, folgt

$$U_m = mc^2/e = 2\,C^2 = 511 \text{ kV}.$$

Mit U_m und U gilt für die Verzögerung bei Einbeziehung großer Elektronengeschwindigkeiten

$$p_r = \frac{C}{\sqrt{U}} \frac{1 + U/U_m}{\sqrt{1 + U/2\,U_m}}$$

und für die ersten beiden Glieder der Reihe für die relativistische Masse des Elektrons

$$m_r \approx m\,(1 + U/U_m).$$

C3 Strom-Spannungskennlinie der Diode

Die Diode enthält nur Kathode und Anode. Diodenspannung U_a ist die Potentialdifferenz zwischen Kathode und Anode. Die Strom-Spannungskennlinie einer Diode hat meist die in Bild 2.3-10, Kurve *1*, gezeigte Form; für kleine Abstände geht sie in die Kurve *2* über, die bei der Anodenspannung Null einen Knick aufweist. Die allgemeinere Kurve *1* weist drei Gebiete auf, für die sich die Entladung in folgenden Zuständen befindet (DIN 44400, Blatt 2):

C31 Anlaufstromzustand. Die zur Anode gelangenden Elektronen laufen längs des ganzen Weges gegen ein verzögerndes Feld an. Nach **C11** besitzen die die Kathode verlassenden Elektronen eine Geschwindigkeit v senkrecht zur Kathodenoberfläche. v schwankt statistisch zwischen Null und Werten $< c$ und genügt der Maxwellverteilung

$$\mathrm{d}N = N_0 \frac{2v}{\overline{v^2}} \exp\left(- v^2/\overline{v^2}\right) \mathrm{d}v,$$

N_0 Gesamtheit der betrachteten Elektronen, $\overline{v^2}$ quadratischer Mittelwert der Geschwindigkeit, der ein Maß für die mittlere kinetische Energie der Elektronen in Richtung senkrecht zur Oberfläche ist. Durch diese mittlere Energie ist die Temperaturspannung U_T der Elektronen gemäß

$$e\,U_T = m\,\overline{v^2}/2 = m\,v_T^2/2$$

festgelegt. Die in Bild 2.3-12 normiert dargestellte Maxwellverteilung hat bei der wahrscheinlichsten Geschwindigkeit

$$v_w = \sqrt{\overline{v^2}/2}$$

ein Maximum. Bei Einführung von U und U_T anstelle von v und v_T fällt sowohl die Gesamtheit N aller Elektronen mit Strahlspannungen größer als U als auch die normierte Wahrscheinlichkeit für das Antreffen von Elektronen im Spannungsbereich ΔU exponentiell gemäß

$$\frac{N}{N_0} = \frac{U_T}{N_0}\,\frac{dN}{dU} = e^{-U/U_T}$$

mit der Strahlspannung U ab. Für $U_a < 0$ kann daher nur der Anlaufstrom

$$I_a = I_s e^{U_a/U_T}$$

gegen die Anodenspannung anlaufen; I_s Sättigungsstrom.

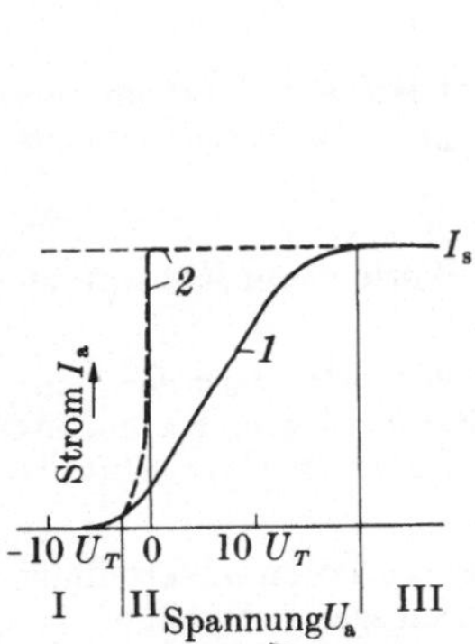

Bild 2.3-10 Stromspannungskennlinie der Vakuum-Diode. 1 mit Raumladungsgebiet (II) zwischen Anlaufgebiet (I) und Sättigungsgebiet (III); 2 ohne Raumladungsgebiet. U_T Temperaturspannung

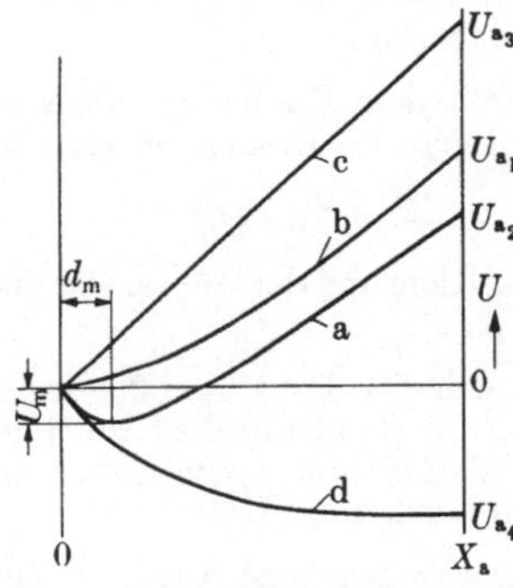

Bild 2.3-11 Potentialverteilung U in einer Diode für verschiedene Diodenspannungen U_a und Kathodentemperaturen. U Maßstab bei Kurve d stark vergrößert. a Raumladung; b und c Sättigung; d Anlauf. X_a Ort der Anode

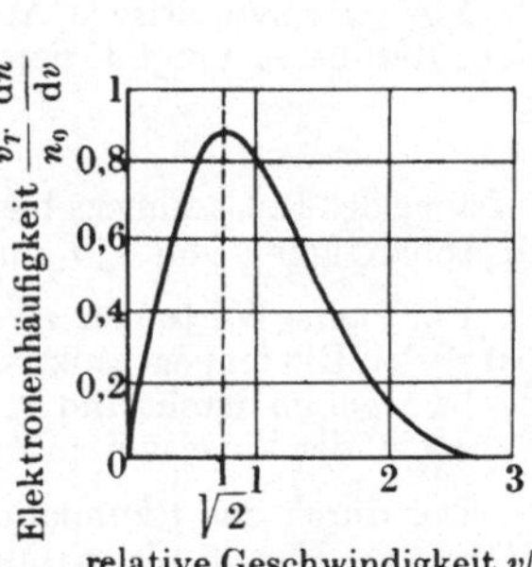

Bild 2.3-12 Relative Häufigkeit $(dn/dv) \cdot (v_T/n_0)$ der Elektronen mit der relativen Geschwindigkeit v/v_T

Aus der Auftragung von $\lg I_a$ als Funktion von U_a ergibt sich die Temperaturspannung U_T gemäß der Gleichung

$$\frac{d\,(\lg I_a)}{d\,U_a} = \frac{\lg e}{U_T}\,.$$

C 32 Der Strom im Raumladungszustand. Durch die Raumladung entsteht zwischen den Elektroden ein negatives Austrittspotentialminimum, das alle nicht vor dem Minimum umkehrenden Elektronen durchlaufen. Bei Berücksichtigung der Raumladung muß die Feldstärke $\mathfrak{E}$ der Poisson-Gleichung

$$\varepsilon_0\,\mathrm{div}\,\mathfrak{E} = \varrho$$

genügen; ϱ Raumladungsdichte. Für die Potentialverteilung U bei vorgegebener Stromdichte j und Elektronengeschwindigkeit v lautet die Poisson-Gleichung

$$\operatorname{div} \operatorname{grad} U = j/\varepsilon_0 v .$$

v ist nicht nur durch das Ortspotential U bestimmt, sondern auch durch die Austrittsgeschwindigkeit der Elektronen. Die Poisson-Gleichung ist nur bei vernachlässigbarer Anfangsgeschwindigkeit der Elektronen an der Kathode geschlossen integrierbar und ergibt dann das Raumladungsgesetz

$$I_\mathrm{a} = K U_\mathrm{a}^{3/2} .$$

Die von den Abmessungen der Elektrodenanordnung abhängige Größe K heißt Diodenperveanz. Allgemeiner wird das Verhältnis des mittleren Konvektionsstromes zur Quadratwurzel aus der dritten Potenz derjenigen Spannung, die der mittleren kinetischen Energie der Ladungsträger in einem vorgegebenen Querschnitt entspricht, als Perveanz bezeichnet. Die Diodenperveanz ist das Produkt aus der Raumladungskonstante

$$K_\mathrm{B} = \varepsilon_0 \sqrt{2e/m} = 2{,}33 \cdot 10^{-6}\,\mathrm{A}/\mathrm{V}^{3/2}$$

und einem von der Elektrodenanordnung abhängigen Zahlenfaktor. Diodenperveanz einer planparallelen Diode:

$$K = K_\mathrm{B} S/d^2$$

S Kathodenfläche, d Elektrodenabstand.

Für eine zylindrische Anode mit dem Radius r_a, die konzentrisch eine Kathode mit dem Radius r_k umgibt, berechnet man die Diodenperveanz für $r_\mathrm{a}/r_\mathrm{k} > 10$ angenähert aus

$$K \approx K_\mathrm{B} 2\pi l/r_\mathrm{a} ,$$

l Länge des Entladungsgebietes in Richtung der Achse. Genauere Werte dieser Konstanten in Abhängigkeit von $r_\mathrm{a}/r_\mathrm{k}$ in [H 60].

Für kleine Werte von $r_\mathrm{a} - r_\mathrm{k}$, d.h. für $1 < r_\mathrm{a}/r_\mathrm{k} < 2$ gilt angenähert der Wert der planparallelen Diodenperveanz, wenn S die Anodenfläche bezeichnet, die der aktiven Kathodenfläche gegenübersteht und $r_\mathrm{a} - r_\mathrm{k}$ als Abstand d eingesetzt wird. Numerische Werte für die Perveanz der kugelsymmetrischen Dioden in [H 60].

Der durch das Raumladungsgesetz gegebene Strom bestimmt die Potentialverteilung $U(x, y, z)$. Für die planparallele Diode mit vernachlässigbarer Anfangsgeschwindigkeit der Elektronen, dem Plattenabstand d und der Diodenspannung U_a gilt

$$U(x) = U_\mathrm{a}(x/d)^{4/3} .$$

x Abstand von der Kathode. Die Feldstärkeverteilung bzw. die Raumladungsdichteverteilung ergeben sich durch einmalige, bzw. zweimalige Differentiation nach x.

C 321   Der Strom im Raumladungszustand bei Berücksichtigung der Austrittsgeschwindigkeit. Die Größe U_m und der Abstand von der Kathode d_m des negativen Potentialminimums sind durch den Diodenstrom I_a, den feldfreien Emissionsstrom (Sättigungsstrom) I_s und die Temperaturspannung U_T bestimmt. U_m folgt aus

$$U_\mathrm{m}/U_T = -\ln(I_\mathrm{s}/I_\mathrm{a}) .$$

d_m ist numerisch zu ermitteln; für $I_\mathrm{s}/I_\mathrm{a} \geqq 32$ gibt die Näherung

$$d_\mathrm{m} = 0{,}015\, T^{3/4} j_\mathrm{a}^{-1/2}$$

den Abstand des Potentialminimums in einem planparallelen Elektrodensystem innerhalb von $\pm\,5\%$ richtig wieder; T in 1000 K.

Die der Stromdichte j_a im Raumladungszustand zugeordnete Anodenspannung U beim Plattenabstand d folgt meist ausreichend genau aus

$$j_\mathrm{a} = K\,\frac{(U - U_\mathrm{m})^{3/2}}{(d - d_\mathrm{m})^2}\left[1 + 2{,}66\left(\frac{U_T}{U - U_\mathrm{m}}\right)^{1/2}\right].$$

Numerisch wird der Strom im Raumladungszustand bei Maxwellscher Verteilung der Geschwindigkeit der an der Kathode austretenden Elektronen mit dem Zahlenfaktor ξ_m^- als Funktion von $I_\mathrm{s}/I_\mathrm{a}$ und dem Zahlenfaktor ξ^+ als Funktion der Hilfsgröße a nach Bild 2.3-13 oder Tabelle in [4], S. 34 bestimmt. Hierzu wird zunächst d_m aus der Zahlenwertgleichung

$$d_\mathrm{m} = 6{,}14 \cdot 10^{-3}\; T^{3/4} j_\mathrm{a}^{-1/2}\xi_\mathrm{m}^-$$

ermittelt, für T in 1000 K. Der Zusammenhang zwischen der Spannung U, die auch Anodenspannung sein kann und dem Abstand d von der Kathode folgt aus der Parameterdarstellung

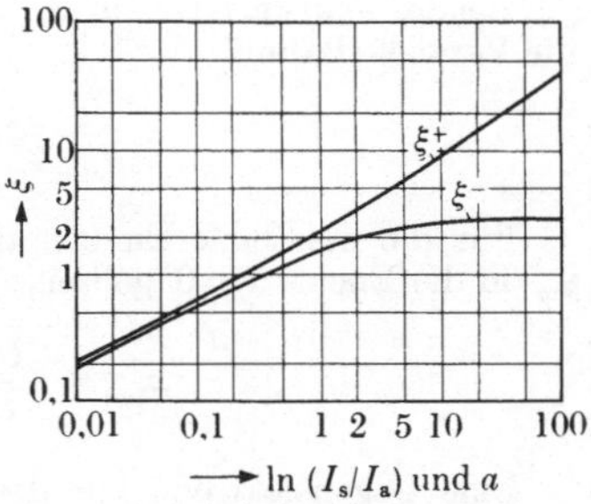

$$\xi^+(a) = \xi_\mathrm{m}^-(d - d_\mathrm{m})/d_\mathrm{m} \qquad \text{für} \qquad d \geqq d_\mathrm{m}$$

$$U = a\,U_T + U_\mathrm{m}.$$

Bild 2.3-13
Hilfsfunktionen zur Ermittlung der Raumladungsverteilung bei endlicher Austrittsgeschwindigkeit der Elektronen

Für die Potentialverteilung für $d < d_\mathrm{m}$, d.h. für den Anlaufstromzustand, ist a durch

$$\xi^-(a) = \xi_\mathrm{m}^-(d_\mathrm{m} - d)/d_\mathrm{m}$$

gegeben; d_m und U_m sind dann virtuell.

Die Grenze zwischen Anlaufstromzustand und Raumladungszustand folgt aus der Bedingung $d = d_\mathrm{m}$. Die für d_m als Näherung bei $I_\mathrm{s}/I_\mathrm{a} \geqq 32$ angegebene Zahlenwertgleichung ergibt die **Grenzstromdichte** j_gr durch die Näherung

$$j_\mathrm{gr} = 2{,}25 \cdot 10^{-4}\; T^{3/2}/d^2,$$

für T in 1000 K.

C33 Sättigungszustand. Sämtliche thermisch emittierten Elektronen erreichen die Anode. Dieser Strom ist im Idealfall von der Spannung unabhängig (Bild 2.3-10) und nach **C11** berechenbar. In Wirklichkeit steigt er infolge der Absaugfeldstärke an der Kathodenoberfläche mit der Spannung (Schottky-Effekt, **C12**). Die Entstehung des Raumladungszustandes zeigen in Bild 2.3-11 die Potentialverteilungen zwischen Kathode und Anode für verschiedene Elektrodenspannungen.

Die Extrapolation der Exponentialkurve, die den Anlaufzustand beschreibt, schneidet sich mit der Verlängerung der Sättigungsgeraden bei der Spannung Null zwischen den Elektroden (Kurve 2 in Bild 2.3-10). Die Elektrodenspannung unterscheidet sich von der Klemmenspannung um die Kontaktpotentialdifferenz zwischen den beiden Elektrodenstoffen.

C4 Elektronenbahnen

Das Verständnis der Entladungsvorgänge im Vakuum erfordert die Ermittlung der Elektronenbahnen, die nur im homogenen elektrischen Feld Geraden sind. Die Berechnung gekrümmter Elektronenbahnen ist in Sonderfällen möglich, die qualitative Aussagen über kompliziertere Anordnungen ermöglichen. Ein weiteres Hilfsmittel liefert die Elektronenoptik.

C41 Elektronenbahnen in homogenen elektrostatischen Feldern. Randbedingung sei der Eintrittswinkel α eines Elektrons, das mit der äquivalenten Strahlspannung U_1 in ein homogenes elektrostatisches Feld an der Stelle $x_1 = y_1 = 0$ eintritt (Bild 2.3-14).

Die Kraft in Richtung s der elektrischen Feldstärke E beträgt

$$m\ddot{s} = -eE.$$

Bei der Feldstärke E in x-Richtung und Null in y-Richtung beschreibt das Elektron die Parabel (Bahn 1)

$$x = \frac{-E}{4\,U_1 \sin^2\alpha}\,y^2 + y\cot\alpha\,.$$

Für die maximale Eindringtiefe x_{max} in das Gegenfeld und für den Rückkehrpunkt y_m in die Ebene $x = 0$ gelten

$$x_{max} = \frac{U_1}{E}\cos^2\alpha\,; \qquad y_m = \frac{2\,U_1\sin^2\alpha}{E}\,.$$

Eine Gegenelektrode mit der Spannung U_2 gegenüber der Kathode, d.h. $U_2 - U_1$ gegenüber dem Potential in der Ebene $x = 0$, wird nicht erreicht, wenn die Ungleichung

$$U_1\sin^2\alpha < U_2$$

erfüllt ist (Gesetz der totalen Reflexion oder Spiegelung der Elektronenoptik).

$\alpha = 90°$ ergibt die Bahn eines Elektrons in einem Ablenkkondensator (Bahn 2 in Bild 2.3-14). Das homogene elektrische Feld ist auf den Raum zwischen den beiden Ablenkplatten der Länge L_1 und der Entfernung $\pm\,d/2$ von der Ebene $x = 0$ beschränkt zu denken und wird von der Spannung ΔU zwischen den Ablenkplatten hervorgerufen. Bahn im Kondensator:

$$x = \frac{\Delta U}{4\,U_1}\,\frac{y^2}{d}$$

mit dem Austrittswinkel β gegen die y-Achse an der Stelle $y = L_1$:

$$\tan\beta = \frac{\Delta U}{2\,U_1}\,\frac{L_1}{d}\,.$$

Gesamte Ablenkung Δx, wenn das Elektron nach dem Austritt noch die Entfernung L_2 in y-Richtung in dem feldfrei zu denkenden Raum außerhalb des Ablenkkondensators zurücklegt:

$$\Delta x = \frac{\Delta U}{2\,U_1}\,\frac{L_1}{d}\left(\frac{L_1}{2} + L_2\right).$$

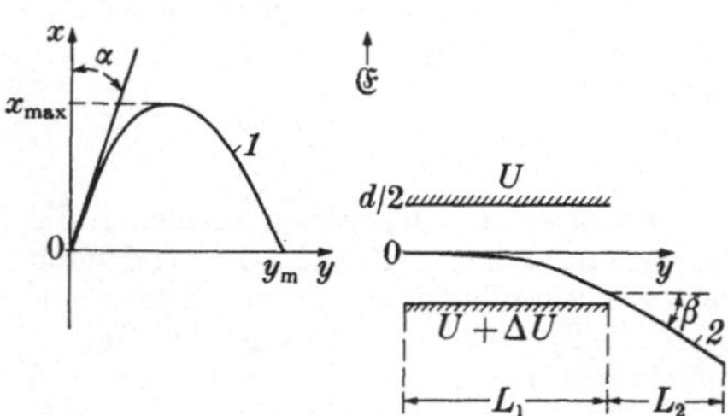

Bild 2.3-14   Elektronenbahnen im homogenen elektrischen Feld E. Links: Einschuß in ein Gegenfeld unter dem Winkel α, rechts: Einschuß in einen Ablenkkondensator ($\alpha = 0°$)

C 42   Elektronenbahnen im Magnetfeld. Im Magnetfeld wirkt auf das Elektron zusätzlich die Lorentz-Kraft. Allgemein gilt für die Kraft auf der Bahn s:

$$m\ddot{\mathfrak{s}} = -e\mathfrak{E} - e\,[\mathfrak{v}\,\mathfrak{B}].$$

Die Geschwindigkeitskomponente in Richtung $\mathfrak{B}$ bewirkt keine Kraft, während die Komponente der Geschwindigkeit senkrecht zu $\mathfrak{B}$ eine Kraft senkrecht zu $\mathfrak{v}$ und zu $\mathfrak{B}$ bewirkt. Richtung der Lorentz-Kraft gemäß Bild 2.3-15.

Da die allgemeine Integration der Kraftgleichung unmöglich ist, werden nur Sonderlösungen für einfache Fälle angegeben.

C 421   Homogenes Magnetfeld, $E = 0$. Die Eintrittsgeschwindigkeit der Elektronen in das homogene Magnetfeld hat die Komponente $\mathfrak{v}_m$ in Richtung des Magnetfeldes und die Komponente $\mathfrak{v}_c$ senkrecht dazu (Bild 2.3-16). Die Lorentz-Kraft ist gleich der aus der Krümmung der Elektronenbahn in der Ebene senkrecht zu $\mathfrak{B}$ folgenden Zentrifugalkraft:

$$ev_c B = m\,\omega_c^2\,r_c\,.$$

Die Winkelgeschwindigkeit $\omega_c = eB/m$ ist konstant; ω_c ist die **Elektronen-Zyklotron-Kreisfrequenz** oder **Zyklotronfrequenz**.

$$e/m = 1{,}76 \cdot 10^7/\mathrm{Gs}$$

Der Krümmungsradius r_c hängt auch von der durch die Strahlspannung U_c ausgedrückten Geschwindigkeit v_c ab:

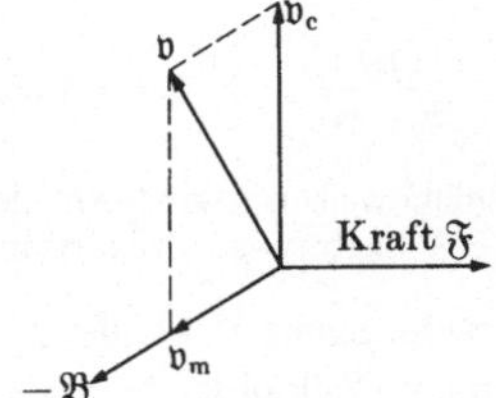

Bild 2.3-15
Richtung der Kraft auf ein Elektron mit der Geschwindigkeit v bei der Induktion B

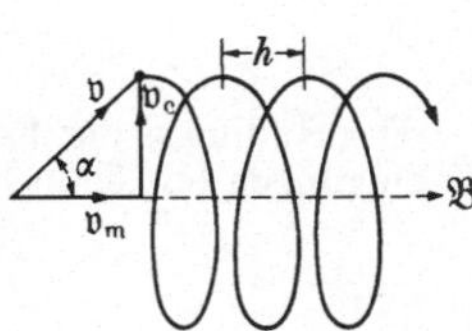

Bild 2.3-16
Wendelförmige Bahn eines Elektrons der Geschwindigkeit v bei der homogenen magnetischen Induktion B

$$r_c = \frac{2C}{c}\,\frac{U_c^{1/2}}{B}$$

mit der Zahlenwertgleichung

$$r_c = 3{,}37\,U_c^{1/2}/B$$

mit r_c in cm, U_c in V und B in G. C Verzögerungskonstante nach C 2.

Die Überlagerung der Bewegung des Elektrons in Richtung B mit der Rotation in der Ebene senkrecht dazu ergibt die in Bild 2.3-16 dargestellte Wendellinie mit der Steigung

$$h = 2\,\pi\,\frac{2C}{c}\,\frac{U_m^{1/2}}{B}\,\cos\alpha\,.$$

Sind die äquivalente Strahlspannung U der gesamten Geschwindigkeit und der Eintrittswinkel α gegeben, dann gilt für die äquivalenten Strahlspannungen U_c und U_m der Geschwindigkeitskomponenten

$$U_c = U\sin^2\alpha\,; \qquad U_m = U\cos^2\alpha\,.$$

C 43 Gekreuztes homogenes, elektrisches und homogenes, magnetisches Feld. Homogenes elektrisches Feld in Richtung y und homogenes magnetisches Feld in Richtung z (Bild 2.3-17 d). Bewegungsgleichungen in kartesischen Koordinaten:

$$\ddot{x} = \omega_c\dot{y}\,, \qquad \ddot{y} = eE/m - \omega_c\dot{x}\,.$$

Mit der Zeit t als Parameter gelten für die Koordinaten der Elektronenbahnen in der xy-Ebene die Gleichungen einer Zykloide:

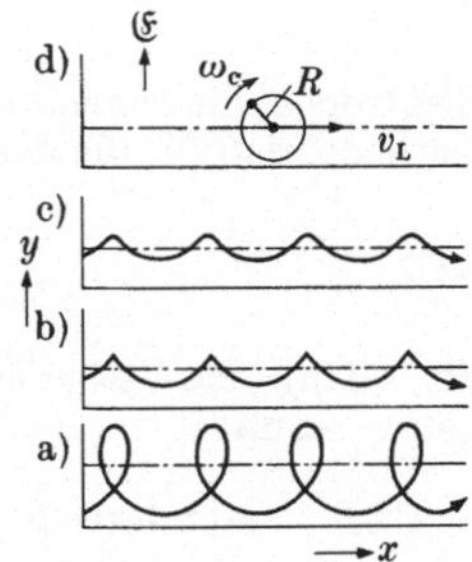

Bild 2.3-17
Bahntypen eines Elektrons in den homogenen gekreuzten Feldern E und B. B senkrecht zur Tafelebene, a) bis c) verschiedene Anfangsgeschwindigkeiten, d) Leitbahngeschwindigkeit v_L und Rollkreisgeschwindigkeit $\omega_c R$

$$x = \frac{E}{B}\,t + R\sin(\omega_c t - \varphi_0) + C_1\,, \qquad y = R\cos(\omega_c t - \varphi_0) + C_2\,.$$

C_1, C_2 sind Integrationskonstanten.

Die von der Zeit unabhängige Geschwindigkeit E/B des Rollkreismittelpunktes in x-Richtung ist die **Leitbahngeschwindigkeit**

$$v_\mathrm{L} = E/B\,.$$

Für die Anfangsbedingungen $t_0 = x_0 = y_0 = 0$, $\dot{x}_0$ und $\dot{y}_0$ lauten die Integrationskonstanten

$$C_1 = R \sin \varphi_0, \qquad C_2 = -R \cos \varphi_0,$$

mit

$$\tan \varphi_0 = \frac{\dot{y}_0}{\dot{x}_0 - v_\mathrm{L}}, \qquad R = \sqrt{(\dot{x}_0 - v_\mathrm{L})^2 + \dot{y}_0^2} \,/\, \omega_\mathrm{c}.$$

Der Radius R der Rollkreisbewegung wird von der Anfangsgeschwindigkeit bestimmt. Bedingungen für die in Bild 2.3-17 dargestellten Bahnen und die gerade Bahn:

a) verschlungene Zykloide, $\quad R > v_\mathrm{L}/\omega_\mathrm{c}$,

b) gemeine Zykloide, $\quad R = v_\mathrm{L}/\omega_\mathrm{c}$,

c) verkürzte Zykloide, $\quad R < v_\mathrm{L}/\omega_\mathrm{c}$,

d) gerade Bahn, $\quad R = 0$.

Die gemeine Zykloide erfordert $\dot{x}_0 = \dot{y}_0 = 0$. Dies kommt bei Entladungen häufig vor. Die Kathode muß hierzu in der x, z-Ebene liegen und die Austrittsgeschwindigkeit der Elektronen vernachlässigbar klein sein. Der Radius der Rollkreisbewegung ist dann

$$R = m E/e B^2.$$

Die Elektronen erreichen maximal die Entfernung

$$y_\mathrm{max} = 2 R$$

von der Kathode.

Für den Abstand d der Anode von der Kathode und die Anodenspannung U_a tangiert die Elektronenbahn bei der Induktion

$$B_\mathrm{kr} = \frac{2 C}{c} \, \frac{U_\mathrm{a}^{1/2}}{d}$$

die Anode ($C = $ Verzögerungskonstante).

Die durch Raumladungen bewirkte Veränderung der Potentialverteilung beeinflußt den Verlauf der Zykloide, jedoch nicht die maximale Entfernung des Elektrons von der Kathode. Bei der kritischen Induktion springt der Entladungsstrom auf Null.

Die Bedingung d) für die gerade Bahn lautet

$$\dot{y}_0 = 0, \qquad \dot{x}_0 = v_\mathrm{L}.$$

Elektronen, die ruhend aus der Kathode treten, fliegen in einem solchen Abstand von der Kathode, daß für die der Leitbahngeschwindigkeit entsprechende Strahlspannung

$$U_\mathrm{L} = \frac{m}{2 e} \left(\frac{U_\mathrm{a}}{d B} \right)^2$$

gilt, solange die Veränderung der Potentialverteilung durch Raumladungen vernachlässigt werden kann.

C44   Zeichnerische Ermittlung von Elektronenbahnen. Das Doppelschichtverfahren für ein vorgegebenes elektrisches Potentialfeld beruht auf dem elektronenoptischen Brechungsgesetz, das dem Brechungsgesetz der Lichtoptik entspricht:

$$\sin \alpha_1 / \sin \alpha_2 = p_1/p_2 = \sqrt{U_2/U_1}.$$

Hierin ist α_1 der Winkel der an der Ersatzdoppelschicht (U_1, U_2) eintreffenden Bahn und α_2 der Winkel der austretenden Bahn (Bild 2.3-18). Die Doppelschicht liegt in der Mitte zwischen den tatsächlichen Äquipotentiallinien U_1 und U_2 und bewirkt den Potentialsprung von U_1 auf U_2, so daß die Feldstärke außerhalb der Doppelschicht Null wird. p_1, p_2 sind die Verzögerungsmaße des Elektrons vor und hinter der Doppelschicht, U_1, U_2 sind die Strahlspannungen des Elektrons. Das Brechungsgesetz folgt aus der Konstanz der Geschwindigkeitskomponente des Elektrons senkrecht zur Normalen der Doppelschicht. Das reziproke Verzögerungsmaß entspricht der Brechzahl der Lichtoptik.

Die Genauigkeit des Doppelschichtverfahrens läßt sich erhöhen, wenn die Abstände zwischen den Äquipotentiallinien extrem verkleinert werden, wobei die Summe der Zeichenfehler gleichzeitig größer wird.

Genauer ist das Parabelverfahren. Bei diesem wird für die Richtungsänderung von v_2 gegenüber v_1 ein Spannungssprung $U_2 - U_1$ am Auftreffpunkt A auf die Äquipotentiallinie U_1 angenommen und für die Elektronenbahn zwischen den Äquipotentiallinien U_1 und U_2 eine Parabel, die durch die Sehne $\overline{AC}$ ersetzt wird (Bild 2.3-19). Die Richtung der Sehne ist gleich der Richtung von $\overline{OM}$ in der Hilfskonstruktion, in der $\overline{OA}$ die Richtung von v_1 hat und $\overline{OD}$ die Richtung von v_2. M ist die Mitte der Strecke $\overline{AD}$ auf der Richtung der Normale. Je inhomogener das Potentialfeld zwischen U_1 und U_2 ist, desto stärker weicht die tatsächliche Bahn zwischen U_1 und U_2 von der Parabel ab.

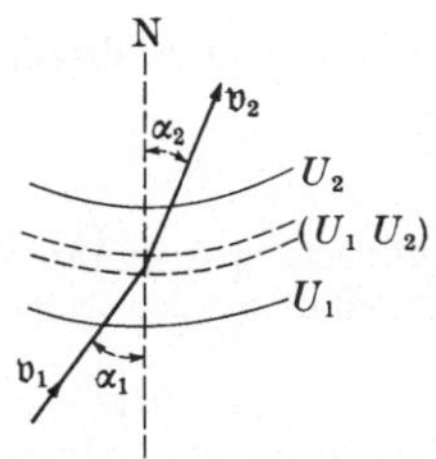

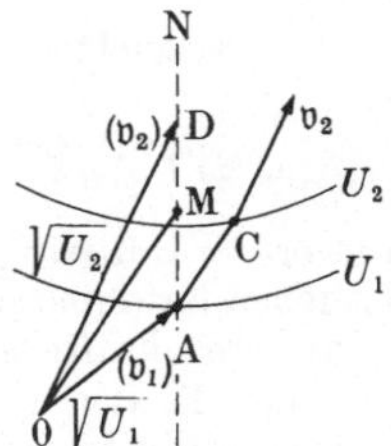

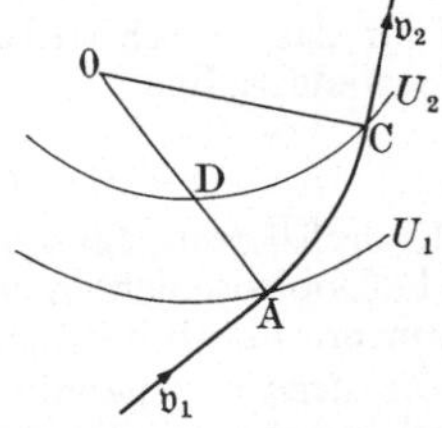

Bild 2.3-18 Elektronenoptisches Brechungsgesetz. $(U_1 U_2)$ Ersatzdoppelschicht in der Mitte zwischen den Äquipotentiallinien U_1 und U_2. α_1, α_2 Ein- und Austrittswinkel gegen die Normale N von $(U_1 U_2)$

Bild 2.3-19 Parabelmethode zur Konstruktion des Austrittspunktes C des gebrochenen Elektronenstrahles. M Mitte von $\overline{AD}$, $\overline{AC} \| \overline{OM}$

Bild 2.3-20 Kreisbogen $\overset{\frown}{AC}$ als Ersatz für die Elektronenbahn zwischen den Äquipotentiallinien U_1 und U_2. $\overline{OA}$ Radius r, berechnet aus $\overline{AD}$ (d), U_1, U_2 und Induktion B

Bei Anwesenheit eines Magnetfeldes mit der Induktion senkrecht zur Bahnebene des Elektrons ist die Elektronenbahn mit der Kreisbogenmethode zu bestimmen. Hierzu wird der Radius r (Bild 2.3-20) aus der Gleichgewichtsbedingung für die Zentrifugalkraft, der Kraftwirkung der Normalkomponente $(U_2 - U_1)/d$ der elektrischen Feldstärke auf das Elektron und der Lorentz-Kraft ermittelt:

$$\frac{m v^2}{r} = \frac{e\,(U_2 - U_1)}{d} + e v B.$$

d ist der Abstand der Äquipotentiallinien U_1 und U_2 auf der Senkrechten zu v am Auftreffpunkt. Nach Ersatz von v durch die mittlere äquivalente Strahlspannung $(U_2 + U_1)/2$ des Elektrons folgt

$$r = \frac{U_1 + U_2}{\dfrac{(U_2 - U_1)}{d} + \sqrt{e/m}\,\sqrt{U_1 + U_2}\,B},$$

auch für $B = 0$.

C 45 Elektronenlinsen. Wegen des elektronenoptischen Brechungsgesetzes heißen rotationssymmetrische elektrostatische und magnetische Felder oder Felder, die zu einer Ebene symmetrisch sind, Elektronenlinsen. Eine Elektronenlinse ist eine Anordnung elektrischer und/oder magnetischer Felder, die auf durchtretende Elektronenstrahlen eine sammelnde oder zerstreuende Wirkung ausübt. Die Berechnung der Elektronenbahnen mit den Methoden der Lichtoptik ist einfacher und anschaulicher als ihre zeichnerische Konstruktion.

Sphärisch gekrümmte elektrische Doppelschicht: Krümmungsradius R. Gegenstandsraum Index 1, Bildraum Index 2, Krümmungsmittelpunkt im Bildraum. Für die Brennweiten f_n gilt dann mit den Potentialen U_n der Doppelschicht

$$f_1 = \frac{\sqrt{U_1}}{\sqrt{U_2}-\sqrt{U_1}}\, R \qquad \text{und} \qquad f_2 = \frac{\sqrt{U_2}}{\sqrt{U_2}-\sqrt{U_1}}\, R$$

und damit für alle Elektronenlinsen

$$f_2/f_1 = \sqrt{U_2/U_1}\,.$$

Ebenso mit a Gegenstandsweite und b Bildweite

$$\frac{f_1}{a} + \frac{f_2}{b} = 1 \qquad \text{oder} \qquad \frac{\sqrt{U_1}}{a} + \frac{\sqrt{U_2}}{b} = \frac{\sqrt{U_1}}{f_1} = \frac{\sqrt{U_2}}{f_2}$$

und für das als **Abbildungsmaßstab** bezeichnete Verhältnis r_2/r_1 von Bildradius zu Gegenstandsradius

$$r_2/r_1 = b\sqrt{U_1}\big/a\sqrt{U_2}\,.$$

Kompliziertere Linsen können in erster Näherung durch sphärische gekrümmte elektrische Doppelschichten mit verschiedenen Krümmungsradien aufgefaßt werden, wobei die Gesamtbrechkraft die Summe der Einzelbrechkräfte ist.

Die strenge Behandlung geht von den Bewegungsgleichungen für das Elektron aus. Das elektronenoptische Brechungsgesetz ergibt für Linsen bei Einführung der Zylinderkoordinaten r, α, x wegen $E_\alpha = B_\alpha = 0$

$$m(\ddot{r}-r\dot\alpha^2) = eE_r + eB_x r\dot\alpha\,, \qquad m\frac{\mathrm{d}}{\mathrm{d}t}(r^2\dot\alpha) = -r\dot r B_x + r\dot x B_r$$

und für Zylinderlinsen wegen $E_z = B_y = B_z = 0$ und $B_x = -B$ bei Einführung der kartesischen Koordinaten x, y, z

$$m\ddot y = eE_y - e\dot z B\,, \qquad m\ddot z = e\dot y B\,.$$

Wie in der Optik werden nur achsennahe Strahlen betrachtet:

$$B_r \approx -\frac{r}{2}\frac{\partial B_x}{\partial x}\,.$$

Für $B_1 = 0$ (Kathode außerhalb des Magnetfeldes) folgt für radialsymmetrische Linsen

$$\ddot r - \frac{e}{m}E_r + \left(\frac{e}{2m}B\right)^2 r = 0\,.$$

Ebenso gilt für den Potentialverlauf angenähert

$$U(x,r) = U(x)_{r=0} - U'' r^2/4\,,$$

so daß für die Differentialgleichung der Bahn achsennaher Strahlen in axialsymmetrischen Linsen mit der Kathode außerhalb des Magnetfeldes

$$r'' + \frac{U'}{2U}r' + \left(\frac{U''}{4U} + \frac{e}{8m}\frac{B^2}{U}\right)r = 0$$

folgt, wenn Differentiationen nach x durch Striche bezeichnet werden.

Bei Zylinderlinsen führt die Einführung der Näherung für das Magnetfeld bei außerhalb des Magnetfeldes liegender Kathode zu

$$\ddot{y} = \frac{e}{m}\, E_y - \left(\frac{e}{m}\, B\right)^2 y\,.$$

Mit der Näherung

$$E_y \approx - \left(\frac{\partial^2 U}{\partial x^2}\right)_{y=0} y$$

für das elektrostatische Feld ergibt sich die Differentialgleichung

$$y'' + \frac{U'}{2U}\, y' + \left(\frac{U''}{2U} + \frac{e\,B^2}{2\,m\,U}\right) y = 0$$

für die Bahnen in Zylinderlinsen. Die Ableitungen der Spannung nach x sind in der Achse bzw. in der Symmetrieebene zu messen. Die Differentialgleichungen der Bahnen zeigen, daß in elektrostatischen Linsen ($B = 0$) die Bahnen unabhängig von der Ladung und der Masse der Ladungsträger sind. Die Differentialgleichungen der Bahnen lassen sich auch in der Form

$$m\,\ddot{r} = -\frac{e}{2}\left(U'' + \frac{e}{2\,m}\, B^2\right) r \qquad \text{und} \qquad m\,\ddot{y} = -e(U'' + B^2\, e/m)\, y$$

schreiben, die zeigt, daß bei Beschränkung auf achsennahe Bahnen die auf die Ladungsträger wirkenden Kräfte proportional zum Abstand von der Achse bzw. von der Symmetrieebene sind.

Das Feld einer kurzen Linse legt eine Linsenmittelebene fest, an der die Bahnen scheinbar gebrochen werden. Eine im Abstand $\bar{r}$ parallel zur Achse eintretende Bahn hat beim Austritt in das homogene Feld des Bildraumes die Neigung $(dr/dx)_2$ (Bild 2.3-21). Die Brennweite f_2 im Bildraum, d. h. der Abstand des Brennpunktes von der Linsenmittelebene, beträgt

$$f_2 = \frac{\bar{r}}{(dr/dx)_2}\,,$$

und die gegenstandseitige Brennweite ist

$$f_1 = \frac{\bar{r}}{(dr/dx)_1}\,.$$

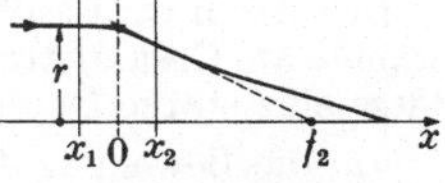

Bild 2.3-21
Brennweite f_2 einer Linse der Dicke $x_2 - x_1$ und Elektronenbahn bei einem Beschleunigungsfeld im Bildraum

C 451 Näherungen für kurze axialsymmetrische Linsen. Bei der elektrostatischen Linse folgt wegen $B = 0$

$$\sqrt{U}\, \frac{d}{dx}\left(\sqrt{U}\, \frac{dr}{dx}\right) = -\frac{U''}{4}\, r\,.$$

Diese Gleichung wird numerisch integriert. Als erste Näherung liefert diese Integration bei Annahme eines konstanten Mittelwertes für den Achsenabstand

$$\frac{\sqrt{U_1}}{a}\, \frac{\sqrt{U_2}}{b} = \frac{\sqrt{U_2}}{f_2} \qquad \text{mit} \qquad \frac{1}{f_2} = \frac{1}{4\sqrt{U_2}} \int\limits_{x_1}^{x_1+d} \frac{U''}{\sqrt{U}}\, dx\,,$$

a Gegenstandsweite, b Bildweite, d Länge des Linsenfeldes, U_1 und U_2 Strahlspannungen beim Ein- bzw. beim Austritt.

Für die magnetische Linse ist wegen $U' = U'' = 0$

$$r'' + \frac{e}{8\,m}\,\frac{B^2}{U}\,r = 0\,.$$

Die erste Näherung durch Integration für $r = \bar{r}$ lautet

$$r' = -r\,\frac{e}{8\,m\,U}\int_0^d B^2\,\mathrm{d}x + \bar{y}\,\alpha \qquad \text{mit} \qquad \frac{1}{f} = \frac{r'}{r} = \frac{e}{8\,m\,U}\int_0^d B^2\,\mathrm{d}x\,;$$

α Neigung der Bahn gegen die Achse in der Gegenstandsebene.

Nach dem Ein- und Austrittspotential werden unterschieden:

Die **Einzellinse**, eine magnetische oder elektrostatische Elektronenlinse, bei der elektrisches Ein- und Austrittspotential gleich sind.

Die **Beschleunigungslinse**, eine elektrostatische Elektronenlinse, bei der Ein- und Austrittspotential verschieden sind.

Die **Immersionslinse**, eine Beschleunigungslinse, deren Eintrittspotential gleich dem Kathodenpotential ist.

Ein **Elektronenspiegel** ist eine Anordnung inhomogener elektrischer und/oder magnetischer Felder, die Elektronenstrahlen reflektieren, wobei sie gesammelt oder zerstreut werden.

D. Der elektrische Strom in Gasen

Gase allein sind elektrisch nicht leitend. Die Ladungsträger werden entweder aus einer Kathode oder durch die Ionisierung des Gases freigesetzt. Die Strömung baut eine bestimmte stationäre Ladungsträgerverteilung auf. In erster Näherung kann der Strom bei vorgegebener Spannung beliebige Werte annehmen und muß daher meist durch einen äußeren Widerstand eingestellt werden.

Der Strom wird außer durch Elektronen durch **Ionen** getragen. Der Anteil des Ionenstromes am Gesamtstrom ist meist gering, dagegen haben die Ionen wegen ihrer größeren Masse eine starke Raumladungswirkung.

Auf die Bewegung der Ladungsträger haben die **Stoßgesetze** großen Einfluß; wie in der kinetischen Gastheorie führen die Zusammenstöße vielfach zu einer **Maxwellschen Verteilung der kinetischen Energie** der Ladungsträger. Bei diesen Zusammenstößen entstehen außerdem meist neue Träger (Ionisierung). Der Gesamtentladungsmechanismus läßt sich auf viele **Elementarprozesse** zurückführen. Diese sind im einzelnen gut theoretisch und experimentell erfaßt. Es ist schwer, den Einfluß jedes Elementarprozesses auf die Entladung quantitativ zu erfassen. Die Beschreibung der Entladungen umfaßt somit die **quantitative Erfassung und das Zusammenspiel der Elementarprozesse.**

D1   Stoßgesetze

D11   Die Stoßzahl. Die Strecke l, die Ladungsträger oder neutrale Atome und Moleküle zwischen zwei Zusammenstößen zurücklegen, schwankt statistisch. Der Mittelwert, die mittlere freie Weglänge λ, ist in bezug auf Zusammenstöße mit neutralen Gasmolekülen umgekehrt proportional zur Dichte und damit bei konstanter Temperatur umgekehrt proportional zum Druck. λ_0 bezeichnet λ-Werte für $p = 1$ Torr bei $T = T_0$. $T_0 = 0\,°\text{C}$, $p_0 = 1$ atm. T_0, $p_0 =$ Normzustand. p ist damit ein exaktes Maß für die Dichte. Aus p_T bei der Temperatur T folgt für den äquivalenten Druck p bei T_0

$$p = p_T\,T_0/T\,;$$

für λ gilt die Zahlenwertgleichung

$$\lambda = \lambda_0/p$$

für p in Torr.

Für Zusammenstöße der Gasmoleküle untereinander gelten die freien Weglängen λ_G der kinetischen Gastheorie. Da geladene Teilchen im allgemeinen wesentlich höhere Geschwindigkeiten in der Entladung besitzen als die neutralen Teilchen, beträgt die freie Weglänge $\lambda_\pm$ der Ladungsträger in bezug auf das neutrale Gas in erster Näherung das $\sqrt{2}$-fache der gaskinetischen mittleren freien Weglänge. Für die freie Weglänge λ_e der Elektronen ist außerdem der Durchmesser der stoßenden Teilchen gegenüber dem der neutralen Teilchen zu vernachlässigen:

$\lambda_e = 4\sqrt{2}\,\lambda_G$. λ_{e0} ($p = 1$ Torr bei $T = T_0$) ist für einige Gase in Tabelle 2.3-6 angegeben.

Der Wirkungsquerschnitt ist

$$q = 1/\lambda = S/V\,;$$

S ist die Fläche, die sämtliche Teilchen im Volumen V einem punktförmigen Teilchen im Verhältnis zu V scheinbar entgegenstellen. q bzw. λ ist bei kleinen Strahlspannungen für Elektronen in verschiedenen Gasen bekannt. Im Bereich von 1 bis 10 V treten Abnormitäten auf, insbesondere Maxima und Minima.

D12 Stoßverluste. Wegen des kleinen Verhältnisses der Elektronenmasse m zur Masse m_G der gestoßenen neutralen Moleküle wird beim elastischen zentralen Stoß eines Elektrons mit der kinetischen Energie W_0 nur der geringe Bruchteil

$$W/W_0 = 4\,m/m_G$$

auf das Molekül übertragen.

Tabelle 2.3-6
Gaskinetische mittlere freie Weglänge λ_{e0} bei 0 °C und 1 Torr und relativer mittlerer elastischer Stoßverlust B von Elektronen

Gas	λ_{e0} in 10^{-4} m	$10^5\,B$
He	7,75	27,2
Ne	5,42	5,4
Ar	2,73	2,7
Kr	2,10	1,3
Xe	1,51	0,8
H_2	4,83	54
N_2	2,58	
O_2	2,79	
Hg	9,34	0,5

Tabelle 2.3-7 Mindestanregungs- und Ionisierungs-spannungen [8]

Molekül	U_m in V		U_1 in V	Molekül	U_m in V	U_1 in V
H	10,16	–	13,60	C	1,26	11,26
	$3s_1$	$3p_1$		F	12,71	17,42
He^4	19,81	20,96	24,58	Cl	0,11	13,01
Ne	–	16,53	21,56	J	8,82	
Ar	–	11,62	15,76	Br	–	11,84
Kr	–	9,98	14,00		2,34	10,44
Xe	–	8,39	12,23			
Mg	–	2,71	7,64	H_2	11,47	15,42
Cu	–	1,88	6,11	O_2	1,64	12,2
Ba	–	1,12	5,21	N_2	5,23	15,58
Hg	–	4,89	10,43	NO	5,38	9,25
				CO	6,04	14,00
Li	1,84		5,39	CO_2	10,0	13,7
Na	2,11		5,14	H_2O	7,6	12,6
K	1,61		4,34	Cl_2	2,27	13,2
Rb	1,56		4,18	Br_2	1,71	13,3
Cs	1,38		3,89	J_2	1,47	9,0
O	1,97		13,61	N_2O	–	11,0
	9,15			OH	4,06	12,9
N	2,38		14,54	HCl	9,62	–
	3,58					
	10,33					

Der mittlere Stoßverlust $\overline{W}$ hat den halben Wert des Verlustes beim zentralen Stoß. Das Stoßverhältnis $\overline{W}/W_0 = B$ für die elastischen Stöße von Elektronen in Tabelle 2.3-6. Damit ein Elektron längs seines Weges seine Energie beibehält, genügt es, ihm zwischen 2 Stößen im Mittel 1/20000 seiner Energie durch ein äußeres Feld wieder zuzuführen.

Für unelastische Stöße gilt dagegen

$$W/W_0 = m_G/(m_s + m_G)\,;$$

m_s Masse der stoßenden Teilchen. Meist ist $m_s = m_G$ oder $m_s = m$. Bei gleichartigen Teilchen kann maximal die Hälfte der kinetischen Energie in innere Energie umgewandelt werden, während ein Elektron fast seine gesamte kinetische Energie beim Stoß übertragen kann.

D 2 Ionisierung

Die unelastischen Zusammenstöße bewirken Dissoziation, Anregung oder Ionisierung. Jeder Spektrallinie entspricht eine Anregungsspannung. Von dieser Spannung an steigt die Anregungswahrscheinlichkeit mit wachsender Spannung von Null auf ein Maximum und nimmt dann wieder ab. Im Maximum liegt die Anregungswahrscheinlichkeit gewöhnlich unter 1%. Bei der Mindestanregungsspannung wird die niedrigste Anregungs-Energie erreicht (Tabelle 2.3-7). Die bei der Anregung aufgenommene innere Energie wird im allgemeinen nach etwa 10^{-8} s (Spektrallinien) wieder ausgestrahlt.

In Molekülgasen bewirken bereits Strahlspannungen unter 0,1 V diskrete innere Energiezunahmen, womit die Verluste durch unelastische Stöße einsetzen.

Schnelle Elektronen können durch Stoß neutrale Teilchen ionisieren. Aus der äußeren Schale des getroffenen Teilchens wird ein Elektron entfernt, so daß ein positives Ion zurückbleibt. Die hierfür notwendige Mindeststrahlspannung heißt Ionisierungsspannung. Die Wahrscheinlichkeit für das Eintreten der Ionisierung bei einem Zusammenstoß in Abhängigkeit von der Strahlspannung des Elektrons heißt Ionisierungsfunktion. Diese wird angenähert festgelegt durch die in Tabelle 2.3-7 angegebenen Werte der Ionisierungsspannung U_1, durch das Maximum der Ionisierungswahrscheinlichkeit, das 0,1 bis 0,3 beträgt und durch die Strahlspannung U_{max}, bei der das Maximum erreicht wird.

Bei vorgegebener Strahlspannung wird die Ionisierung quantitativ durch die differentielle Ionisierung beschrieben, die der Mittelwert des folgenden Quotienten ist: Anzahl der von einem Ladungsträger im Mittel durch Stoß hervorgerufenen Ladungsträgerpaare und Weglänge im Grenzfall verschwindend kleiner Weglängen. Die differentielle Ionisierung enthält damit als Veränderliche die Ionisierungswahrscheinlichkeit (Ionisierungsfunktion) und mittlere freie Weglänge.

Die Ionisierung durch Elektronen wird außerdem über den Elektronen-Ionisierungskoeffizient α berechnet. α ist das Verhältnis der Ionenpaare, die von einem Elektron erzeugt werden, zu der Strecke, die das Elektron in Richtung der elektrischen Feldstärke $\mathfrak{E}$ zurücklegt. Der wahre Zickzackweg des Elektrons bleibt dabei unbeachtet. Die Zahl der erzeugten Ionenpaare ist proportional zur Gasdichte, wenn die Feldstärke proportional zur Gasdichte erhöht wird, da dann die zwischen zwei Zusammenstößen aus dem Feld wieder aufgenommene Energie des Elektrons unverändert bleibt. Daher gilt unabhängig vom Druck

$$\alpha/E = \text{const}$$

für $E/p = \text{const}.$

Näherungsweise Berechnung von α mit der Townsend-Ionisierungsformel. Für diese wird vorausgesetzt, daß ein Elektron stets ionisiert, wenn es zwischen zwei Zusammenstößen aus dem Feld die Energie $e\,U_1$ aufgenommen hat und daß es nach der Ionisierung die Geschwindigkeit Null besitzt:

$$\alpha\,\lambda_{e0}/p = \mathrm{e}^{-\lambda_{e0}U_1/pE}$$

(λ_{e0} siehe **D 11**).

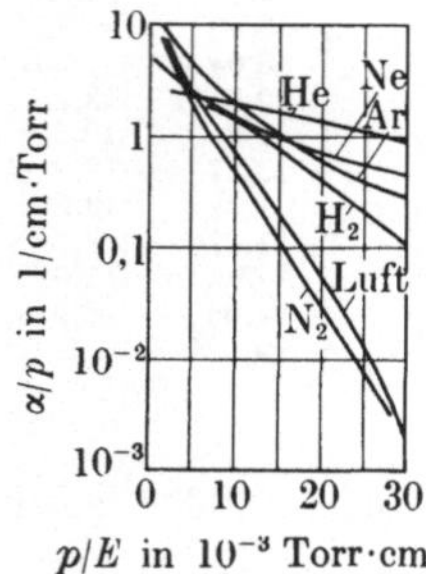

Bild 2.3-22 Zusammenhang zwischen Elektronen-Ionisierungskoeffizient α, Feldstärke E und Druck p

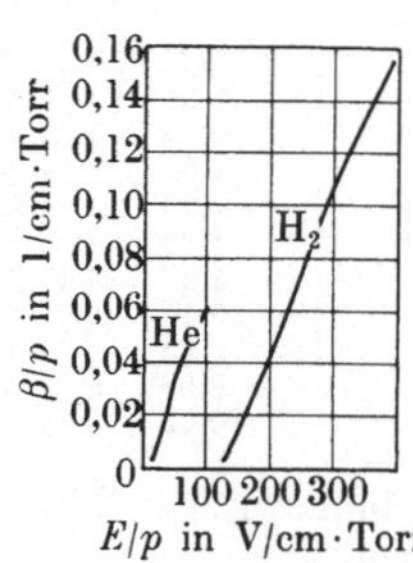

Bild 2.3-23 Zusammenhang zwischen Ionenionisierungskoeffizient β, Feldstärke E und Druck p

Der Ionisierungskoeffizient für ein stoßendes positives Ion wird mit β bezeichnet (Ionen-Ionisierungskoeffizient). α/p und β/p sind in Bild 2.3-22 und 2.3-23 in Abhängigkeit von E/p für verschiedene Gase dargestellt. β ist sehr viel kleiner als α. Mit den Ionisierungskoeffizienten kann nur gerechnet werden, wenn der Elektrodenabstand groß gegen $\lambda_\pm$ ist, damit das statistische Gleichgewicht erreicht ist, und das im Gleichgewicht erreichte Verhältnis von Ionen zu neutralen Teilchen klein gegen 1 bleibt (**D 5**).

D 3   Elektronenemission durch Stoß positiver Ionen

Elektronen können durch Stoß positiver Ionen ausgelöst werden. Diese Elektronenemission wird durch die Ausbeute γ angegeben, die die Größenordnung 10 erreichen kann. Das stoßende Ion muß ein Elektron neutralisieren (maximal benötigte Energie $e\,U_\mathrm{A}$), für mindestens ein Elektron die Austrittsarbeit leisten ($e\,U_\mathrm{A}$) und kann hierfür neben der Ionisierungsarbeit $e\,U_\mathrm{i}$ maximal auf das ausgelöste Elektron die Stoßenergie $4\,e\,U\,m/m_+$ übertragen, so daß die Bedingung

$$4\,U\,m/m_+ + U_\mathrm{i} \geqq 2\,U_\mathrm{A}$$

gilt; U Strahlspannung des Ions.

Für Alkali-Metalle und Erdalkali-Metalle ist γ größer als für andere Metalle. Wenn die Ionisierungsspannung des stoßenden Ions kleiner als die doppelte Austrittsspannung ist, wächst γ mit steigender kinetischer Energie der Ionen und fällt nach Erreichen eines Höchstwertes bei etwa 10^4 V Strahlspannung. Ist die Ionisierungsspannung größer als die doppelte Austrittsspannung, dann ist die Ionenbefreiung bereits bei sehr kleinen kinetischen Energien möglich und praktisch unabhängig von $e\,U$.

Die scheinbare Erhöhung von γ infolge der Elektronenbefreiung durch den Stoß neutraler Teilchen beginnt im allgemeinen für

$$4\,U\,m/m_+ \geqq U_\mathrm{A},$$

wenn die schnellen neutralen Teilchen durch Umladung eines Elektrons auf ein Ion ohne Verlust von kinetischer Energie entstanden sind. Für langsame metastabile Teilchen, deren Anregungsenergie der Strahlspannung U_met entspricht, gilt annähernd

$$U_\mathrm{met} \geqq U_\mathrm{A}.$$

D 4   Plasma

Plasma bezeichnet die Gesamtheit der Teilchen eines Volumenelementes einer Gasentladung. Die **Partner** in einem Plasma werden nach ihrer Art (z. B. Atome und Elektronen) und ihrem Energiezustand (Anregungszustand) unterschieden. Außer den neutralen Gasteilchen im Grundzustand heißen Partner die Ionen, Elektronen, angeregte Zustände und Photonen. Das Plasma wird durch seine Zustandsgrößen beschrieben, wenn die Zahl der Ladungsträger groß ist und für alle wesentlichen Partner die ungeordnete thermische Bewegung überwiegt. Die Geschwindigkeiten der ungeordneten Bewegungen besitzen meist angenähert die Maxwellverteilung. Der Mittelwert der kinetischen Energie legt für jeden Partner eine Temperatur fest. Haben alle Partner gleiche Temperatur, so ist das Plasma **isotherm**, z. B. in der **Hochdrucksäule**. Bei niedrigem Druck ist die Elektronentemperatur wesentlich höher als die Temperatur der neutralen Gasteilchen im Grundzustand. Ein solches **nichtisothermes** Plasma liegt z. B. bei der **Niederdrucksäule** vor.

Bei Gleichheit der positiven und negativen Raumladung in einem größeren Volumenelement heißt das Plasma **quasineutral**, da in sehr kleinen Volumenelementen wegen des statistischen Gleichgewichts der Teilchen die Mikrofeldstärke örtlich und zeitlich schwankt. Für die Maxwellverteilung gelten

$$m_\mathrm{P}\,v_T^2/2 = 3\,k\,T/2;$$

$m_\mathrm{P}\,v_T^2/2$ mittlere kinetische Energie, m_P Masse und T Temperatur des Partners.

$$m_\mathrm{P}\,\bar{v}^2/2 = 4\,k\,T/\pi$$

$\bar{v}$ mittlere Geschwindigkeit des Partners.

$$m_\mathrm{P}\,v_\mathrm{w}^2/2 = k\,T$$

v_w wahrscheinlichste Geschwindigkeit des Partners.

Die mittlere Geschwindigkeit der statistischen Teilchenbewegung in einer Richtung beträgt $^1/_4$ der mittleren Geschwindigkeit $\bar{v}$. Für die mittleren Stromdichten der Ionen j_+ bzw. der Elektronen j_- in einer vorgegebenen Richtung gilt daher

$$j_\pm = n_\pm\,e\,\bar{v}_\pm/4\ ;$$

$n_\pm$ mittlere Trägerkonzentration.

Im isothermen Plasma ist die relative Ionisierung x, die das Verhältnis der Konzentration der Ladungsträgerart eines Vorzeichens zur Teilchendichte n angibt, für ein vorgegebenes Gas beim vorgegebenen Druck p nur von der Temperatur abhängig. Für einatomige Gase gilt die Eggert-Saha-Gleichung

$$\frac{x^2}{1-x^2}\,p = \frac{(2\,\pi m)^{3/2}\,(k\,T)^{5/2}}{h^3}\,\mathrm{e}^{-e\,U_1/k\,T}\ ;$$

h Planck-Konstante. Zahlenwertgleichung:

$$\frac{x^2}{1-x^2}\,p = 2{,}3\cdot 10^{-4}\,T^{5/2}\,\mathrm{e}^{-11600\,U_1/T}$$

p in Torr, T in K und U_1 in V. Die Ionisierungsspannung U_1 einiger einatomiger Gase und Dämpfe findet man in Tabelle 2.3-7.

Voraussetzung der Eggert-Saha-Gleichung ist u.a. die Äquivalenz der Prozesse mit Energiezunahme und Energieabnahme. Sie ist oft nicht erfüllt, z.B. sind die Anregungsvorgänge nicht im Gleichgewicht mit einer Hohlraumstrahlung. Praktischer ist die Ionisierungstemperatur, die bei einem idealen Gleichgewicht vorhanden sein muß, damit die bei der tatsächlichen Temperatur vorhandene Ionisierung erreicht wird.

D 41 Sondenströme. Eine in ein Plasma hineinragende Elektrode, die sich nahezu auf dem Ortspotential des Plasmas befindet, heißt Sonde. Für den Strom zu einer ebenen Sonde werden folgende Gebiete unterschieden:

a) Bei Elektrodenpotentialen etwas oberhalb des Ortspotentials fließt der Elektronensättigungsstrom mit der Dichte $j_{\mathrm{s}-}$.

b) Bei etwas stärker negativen Potentialen gegenüber dem Ortspotential fließt der Ionensättigungsstrom mit der Dichte $j_{\mathrm{s}+}$. Für j_s gilt

$$j_{\mathrm{s}\pm} = j_\pm,$$

$j_\pm$ gemäß **D 4**. Bei bekannter Temperatur T_e der Elektronen ergibt sich aus $\bar{v}$ und $j_\pm$ die Trägerkonzentration n_-, die gleichzeitig genügend genau gleich n_+ für ein Plasma im engeren Sinne ist.

c) Bei kleiner negativer Spannung der Sonde relativ zum Ortspotential werden mit wachsendem negativem Potential immer mehr Elektronen durch Abbremsen zur Umkehr gezwungen. Der Elektronenstrom I in diesem Anlaufstrombereich ist der Sondenstrom abzüglich des Ionensättigungsstromes:

$$I = I_\mathrm{s}\,\mathrm{e}^{-e\,U/k\,T_\mathrm{e}}.$$

Diese Gleichung dient zur Ermittlung der Elektronentemperatur aus der Steigung $s = \mathrm{d}\,(\log I)/\mathrm{d}U$ der Stromspannungskennlinie im Anlaufstromgebiet. Für s in V^{-1} und T_e in K gilt die Zahlenwertgleichung $T_\mathrm{e} = 5060/s$.

Das Ortspotential liegt am Knickpunkt zwischen der Sättigungsgeraden des Elektronenstromes und der Stromspannungskennlinie der Elektronen im Anlaufgebiet. Von dem Ortspotential unterscheidet sich das Potential einer stromlosen Sonde um das meist negative Nullpotential

$$U_{\mathrm{k}} = \frac{kT_{\mathrm{e}}}{2e} \ln \frac{T_{\mathrm{e}} m_+}{T_+ m_-}.$$

Im Bereich des Ionensättigungsstromes besteht vor der Sonde eine positive Raumladung der Schichtdicke d_+, die als Dunkelraum zu beobachten ist. Ebenso liegt im Bereich des Elektronensättigungsstromes vor der Sonde eine Schicht negativer Raumladung der Dicke d_-, die jedoch wegen Lichtanregung durch Elektronen hell ist. Für die Stromdichten gilt

$$j_\pm = \frac{4\varepsilon_0 \lambda e\, U^{3/2}}{9 m_\pm d_\pm^2};$$

$m_\pm$ Masse einfach geladener positiver Ionen oder Elektronen.

Bei drahtförmigen oder kugelförmigen Sonden bewirkt das Anwachsen der Schichtdicke mit der Sondenspannung gegenüber dem Ortspotential bei vorgegebener Elektronenkonzentration eine Vergrößerung des einströmenden Elektronenstroms I. Für eine Zylindersonde mit dem Radius r und der Länge l gilt

$$I = r\pi n l \bar{v} e (1 + eU/kT_-)$$

und für eine Kugelsonde mit dem Radius r

$$I = r^2 \pi n \bar{v} e (1 + eU/kT_-).$$

D 42   Trägerbeweglichkeit. Die Driftgeschwindigkeit u und die Feldstärke E in der entgegengesetzten Richtung, die diese Driftgeschwindigkeit im Gleichgewicht hervorruft, ergeben die **Trägerbeweglichkeit** $b = u/E$. Diese Festlegung ist zweckmäßig, wenn b sich nicht mit der Feldstärke ändert. Für die Berechnung dient das Gesetz

$$b = \frac{A e\lambda}{m_{\mathrm{G}} v_T} \sqrt{\frac{m_\pm + m_{\mathrm{G}}}{m_\pm}};$$

λ mittlere freie Weglänge der Träger mit der Masse $m_\pm$, $m v_T^2/2$ mittlere kinetische Energie der Moleküle mit der Masse m_{G}, $A = \sqrt{8/3\pi}$. Bei Vernachlässigung von v_T ist $A = 0{,}815$.

Die Beweglichkeit der Ionen des Grundgases ist

$$b_+ = A \sqrt{2}\, e\lambda/m_{\mathrm{G}} v_T.$$

Die **Elektronenbeweglichkeit** für $T_{\mathrm{e}} = T_{\mathrm{G}}$ ist

$$b_{\mathrm{e}} = A \sqrt{8/3\pi}\, e\lambda/m\, \bar{v}_{\mathrm{e}};$$

$\bar{v}_{\mathrm{e}}$ mittlere Geschwindigkeit der Elektronen.

Wegen $\lambda p = \lambda_0 p_0$ wird meist von der Beweglichkeit b_0 beim Normzustand ausgegangen: $b = b_0 p_0/p$ oder als Zahlenwertgleichung $b = 760 b_0/p$ für p in Torr. Dann gilt $u = b_0 p_0 E/p$, d.h. die Driftgeschwindigkeit hängt unter sonst gleichen Bedingungen nur von E/p ab. $b_0 = $ const für $T_\pm = T_{\mathrm{G}} = $ const.

Das ist vornehmlich bei kleinen Werten von E/p der Fall, E/p ist hierzu so klein, daß die Träger die vom Feld aufgenommene Energie an die neutralen Gasteilchen abgeben. Beweglichkeiten b_{0+} und b_{0-} von positiven und negativen Ionen beim Normzustand in Tabelle 2.3-8 für $T_\pm \approx T_{\mathrm{G}}$.

Ist $\bar{v}_\pm$ abhängig von E/p, werden Driftgeschwindigkeit und mittlere Geschwindigkeit für vorgegebene Werte des relativen Energieverlustes B je Stoß berechnet. Aus der Gleichheit der vom Feld aufgenommenen Energie und der im Gleichgewicht bei den Stößen abgegebenen Energie folgt

$$u = \sqrt[4]{B/2}\ \sqrt{e\lambda_0 E/m_\pm p}\ ; \qquad \bar{v}_\pm = \sqrt[4]{2/B}\ \sqrt{e\lambda_0 E/m_\pm p}$$

$u/\bar{v}_\pm = \sqrt{B/2}$ Umwegfaktor, B relativer mittlerer Stoßverlust (Stoßverlustzahl).

Tabelle 2.3-8 Beweglichkeit positiver und negativer Ionen beim Normzustand [6]

Gas	b_{0+} cm²/Vs	b_{0-} cm²/Vs
He	5,1	6,2
He, sehr rein	20	–
Ar	1,3	1,7
Luft, sehr rein	1,85	2,5
O_2	1,3	1,85
N_2	1,3	1,85
H_2	6	8
C_2H_5OH	0,35	0,37

Die unvollständige Abgabe der aus dem Feld gewonnenen Energie an die neutralen Teilchen führt zu einer Erhöhung der Trägertemperatur mit wachsendem E/p:

$$T_\pm = \frac{\pi \lambda_0 e}{8k}\ \sqrt{2/B}\ \frac{E}{p}\ .$$

In diesem Bereich nimmt die Beweglichkeit beim Normzustand mit $(E/p)^{1/2}$ ab.

Der Bereich konstanter Beweglichkeit endet dort, wo die Trägertemperatur beginnt, größer als die Gastemperatur T_G zu werden. Die Beweglichkeit ist daher bei um so größeren Feldstärken noch konstant, je größer die Stoßverluste sind, weshalb mit einer konstanten Beweglichkeit nur bei Ionen gerechnet werden kann. Für den Grenzwert bei Gleichheit von Ionenmasse und Masse der neutralen Gasteilchen folgt für den höchstzulässigen Wert von E/p:

$$E/p = 4\,k\,T_G/\pi\,\lambda_0 e\ .$$

Hieraus ergibt sich für das Plasma von Niederdrucksäulen eine konstante Ionenbeweglichkeit, während in Hochdrucksäulen die Beweglichkeit beim Normzustand meist proportional $(E/p)^{-1/2}$ ist.

Für Elektronen sind die Trägerverluste durch unelastische Stöße in fast allen Entladungszonen meist so gering, daß die Elektronentemperatur so viel höher als die Gastemperatur wird, daß auch die unelastischen Stoßverluste zu berücksichtigen sind. Bei Überwiegen der unelastischen Trägerverluste steigt die Elektronentemperatur nicht proportional E/p, und die Driftgeschwindigkeit steigt schneller an als proportional $(E/p)^{1/2}$. Elektronenbeweglichkeit $b_0 \approx 400$ bis $600\ \text{cm}^2/\text{V s}$ für $E/p \approx 12$ bis $40\ \text{V/cm}$ in zahlreichen Gasen.

D 43 Trägerdiffusion. Durch Diffusion ergeben Träger eine Stromdichte $\mathfrak{j}$ in Richtung des Diffusionsgefälles gemäß

$$\mathfrak{j} = -eD\ \mathrm{grad}\ n,$$

ohne daß hierzu eine elektrische Feldstärke notwendig ist. Hierbei ist

$$D = \bar{v}\lambda/3$$

der Diffusionskoeffizient. Unter Benutzung der Gleichung für die Beweglichkeit mit $A = 1$ und bei Ersatz der mittleren Geschwindigkeit durch die Trägertemperatur gilt

$$D = k b\,T/e\ .$$

D 44 Ambipolare Diffusion. Ist für die positiven und negativen Ladungsträger ein Diffusionsgefälle in derselben Richtung vorhanden, dann heißt die Diffusion ambipolar. Wichtig ist der Fall, daß die Differenz der Trägerkonzentrationen mit verschiedenen Vorzeichen eine Feldstärke ergibt, die die Diffusion so beeinflußt, daß die Ströme beider Vorzeichen gleich sind: $I_- = I_+$. Trotzdem muß die Voraussetzung $n_+ \approx n_- \approx n$ gültig bleiben und damit ein einheitlicher Gradient $\partial n/\partial x$ in Richtung x beim ebenen Problem. Für die beiden Diffusionsströme gilt

$$j_\pm = e\,\frac{D_- b_+ + D_+ b_-}{b_+ + b_-}\,\frac{\partial n}{\partial x}\,.$$

Die Diffusion beider Trägerarten erfolgt demnach wie die Diffusion nur einer Trägerart ohne Feldeinfluß mit dem neuen Diffusionskoeffizient

$$D_\mathrm{a} = \frac{D_- b_+ + D_+ b_-}{b_+ + b_-}\,.$$

In der Niederdrucksäule gilt $b_+ \approx b_-$. Hieraus folgt für den äquivalenten Diffusionskoeffizient D_a, wenn mit $D = kbT/E$ die Trägertemperatur eingeführt und $T_+ \ll T_\mathrm{e}$ berücksichtigt wird,

$$D_\mathrm{a} = kb_+ T_\mathrm{e}/e\,.$$

Die ambipolare Diffusion ist demnach abhängig von der Ionenbeweglichkeit (Tabelle 2.3-8) und der Elektronentemperatur T_e.

D 5   Ähnlichkeitsgesetze

Bedingungen für ähnliche Entladungen (a konstanter Faktor) sind

$s_n \sim a$ für alle Elektroden- und Gefäßabmessungen s_n,

$\lambda E =$ const für alle ähnlich gelegenen Punkte der Entladung (λE Weglängenspannung),

$U_n =$ const für alle Elektrodenspannungen U_n.

Aus diesen Bedingungen ergeben sich folgende Proportionalitäten und Invarianten:

Druck für $T =$ const	$p \sim 1/a$	gesamte Gasmenge	$\sim a^2$
elektrische Feldstärke	$E \sim 1/a$; $E/p =$ const	Trägergeschwindigkeit	$v =$ const
elektrischer Strom	$I =$ const	Trägertemperatur	$T =$ const
elektrische Stromdichte	$j \sim 1/a^2$	Laufzeit zwischen ähnlich	
Flächenladungsdichte	$\sigma \sim 1/a$	gelegenen Punkten	$t \sim a$
Raumladungsdichte	$\varrho \sim 1/a^2$	Ionisierungsgrad	$\sim 1/a$
gesamte Raumladung	$Q \sim a$	zeitliche Stromänderung	$\sim 1/a$

Elementarprozesse, die die Ähnlichkeit beeinträchtigen: Stufenweise Ionisierung, wirksame Photonen aus stufenweisen Anregungen und Volumen-Wiedervereinigung bei niedrigem Druck.

D 6   Entladungsformen

D 61   Einteilung der Gasentladungen. Über Benennungen, Einteilung und Erscheinungsformen bei Gasentladungen s. DIN 1326. Die Entladungen können charakteristische Zonen besitzen oder zonenfrei sein. In einer Zone ist meist die Potentialverteilung durch Raumladungen in einer für den Entladungsmechanismus wesentlichen Weise anders variiert als in den benachbarten Zonen.

Nach dem Entladungsmechanismus werden vier Grundformen der elektrischen Entladungen in Gasen unterschieden. In günstigen Fällen sind diese bereits als Bereiche der Strom-Spannungskennlinie nachweisbar (Bild 2.3-24):

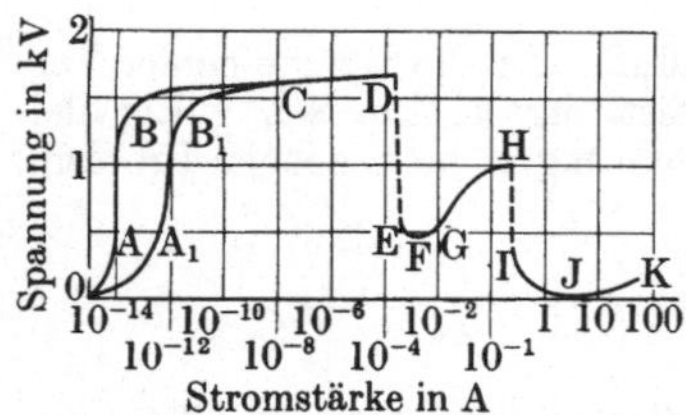

Bild 2.3-24   Kennlinie einer Gasentladungsdiode. A Dunkelentladung; B–D Townsend-Entladung; E–H Glimmentladung; I–K Bogenentladung

Dunkelentladung: Zonenfreie Entladung, deren Strom praktisch nur durch Ladungsträger erfolgt, die durch Fremdeinwirkung entstehen; Bereich A, A_1.

Townsend-Entladung: Zonenfreie Entladung, für die die Erzeugung von Ladungsträgern durch die Entladung wesentlich ist; Bereich B, B_1 und von C bis D.

Glimmentladung: Die Raumladung erzeugt im Kathodengebiet einen für die Trägerbildung günstigen Feldverlauf, der die Zone des negativen Glimmlichts und eine für die Entladung wesentliche Elektronenemission aus der Kathode durch Photonen und Ionen bewirkt; Bereich E F G H.

Bogenentladung: Durch Raumladungen entsteht ein Feldverlauf vor der Kathode, der bei einem Kathodenfall, der wesentlich kleiner als der der Glimmentladung ist, zu thermischer Emission, thermischer Feldemission oder Feldemission führt; Bereich I J K.

Mit Hilfe der Grundformen lassen sich Zwischen- und Mischformen beschreiben. Die Grundformen bezeichnen Entladungen im stationären oder quasistationären Zustand. Andere Entladungen sind instationär (periodisch oder aperiodisch) wie die Funkenentladung.

D 62   Dunkelentladung. In der Dunkelentladung ist E/p so klein, daß Träger im Entladungsraum weder anregen noch ionisieren. Es fließt der unverstärkte Vorstrom (Gebiete A und A_1 in Bild 2.3-24) beim Anlauf-, Raumladungs- oder Sättigungszustand; der kleinste unverstärkte Sättigungsvorstrom (Gebiet A) hängt von der Geometrie der Entladungsstrecke und der Gasfüllung ab. Seine Ursache ist hauptsächlich die Ionisierung durch die Weltraumstrahlung und die Radioaktivität der Erde. Je cm³ Luft beim Normzustand werden etwa 20 Ladungsträgerpaare in 1 s erzeugt. Unverstärkter Sättigungsvorstrom in 100 cm³ etwa 10^{-15} A.

Unverstärkte Sättigungsvorströme durch die abschaltbare Photoemission der Kathode oder durch die Ionisierung des Gases durch energiereiche Quanten, wie z. B. durch Gammastrahlen (Gebiet A_1), bis zu etwa 10^{-10} A.

D 63   Townsend-Entladung. Durch Ionisierungsverstärkung wächst der Strom im Bereich der unselbständigen Townsend-Entladung (Abschnitte B und B_1 in Bild 2.3-24) mit wachsendem E/p bis auf etwa den tausendfachen Wert des ursprünglichen Sättigungsvorstromes und ist diesem proportional. Bei geringer Ionisierungsverstärkung (E/p klein) herrscht die primäre Neubildung von Entladungsträgern vor:

Aus einem am Ort x erzeugt gedachten Vorstrom I_0 entsteht der Entladungsstrom

$$I = I_0 \exp \int_x^d \alpha \, dx.$$

α = Elektronenionisierungskoeffizient nach **D 2**, Kathode bei $x = 0$, Anode bei $x = d$.

Verstärkungswirkung M, die im interessierenden Bereich meist groß gegen 1 ist, gemäß

$$M = \exp \int_x^d \alpha \, dx - 1,$$

I/I_0 Stromverstärkungsfaktor.

Sekundäre Prozesse erzeugen proportional zu $M I_0$ weitere Träger. Sie vergrößern den Vorstrom zusammengefaßt scheinbar um $\gamma M I_0$ und ergeben den Anteil $\gamma M (M - 1) I_0$ am Entladungsstrom. γ ist die **Nachlieferungsausbeute**. Wegen $\gamma \ll 1$ ist meist

$M \gg 1$, da γM häufig ungefähr 1 ist. Bei weiterem Anwachsen von E/p daher schneller zunehmende Ionisierungsverstärkung, für die bei Einschluß der tertiären und noch höheren Prozesse

$$I = \frac{I_0 \exp \int\limits_{x}^{d} \alpha\, dx}{1 - \gamma M}$$

gilt.

Wichtigste Anteile an γ: Ionisierung des Gases gemäß Photoionisation des Gases, Photoemission der Kathode und Emission der Kathode durch Ionenstoß gemäß γ_1. Für $\gamma M = 1$ würde I unendlich werden (Zündbedingung): M-Wert bzw. E/p-Wert für eine selbständige Entladung. Ein einmal vorhanden gewesenes Elektron wird durch die Rückwirkung über γ fortlaufend durch neue Elektronen aus der Entladung ersetzt, die, von statistischen Vorgängen abgesehen, jedes für sich dem ursprünglichen Elektron in der Wirkung quantitativ gleichwertig sind. Die Erzeugung von Ladungsträgern durch äußere Einwirkung ist nicht notwendig. Ohne Begünstigung durch Raumladungs-Feldverzerrung: Selbständige Townsend-Entladung (Gebiet CD in Bild 2.3-24, nur mit speziellen Elektrodenanordnungen darstellbar). Mit Begünstigung durch Raumladung-Feldverzerrung: Zündung einer neuen Entladungsform (instabiles Gebiet DE).

Tabelle 2.3-9   Hauptfarbeindrücke bei einer Glimmentladung mit Säule [2]

Gas	1. Kathodenschicht	Neg. Glimmlicht	Säule
Luft	rosa	blau	rötlich
Wasserstoff	rotbraun	blaßblau	rosa
Stickstoff	rosa	blau	rot
Sauerstoff	rot	gelblich/weiß	blaßgelb mit rosa Kern
Helium	rot	grün	rot/violett
Argon	rosa	dunkelblau	dunkelrot
Neon	gelb	orange	ziegelrot
Krypton	–	grün	–
Xenon	–	olivgrün	–
Brom	–	gelblich/grün	rötlich
Chlor	–	gelblich/grün	weißgrün
Jod	–	ledergelb	rötlich/blau
Lithium	rot	hellrot	–
Natrium	rosa/orange	weißlich	gelb
Kalium	grün	blaßblau	grün
Rubidium	rosa	blau	rosarot
Cäsium	rosa	milchgrün	gelblich/braun
Quecksilber	grün	grün	grünlich
Kalzium	blauviolett	rotviolett	–
Magnesium	–	grün	grün
Aluminium	blauviolett	blauviolett	–
Thallium	–	grün	weißblau
Cadmium	–	rot	bläulichgrün
Arsen	–	bläulich	grünlich
Silber	–	rosa	bläulich/grün
Blei	–	gelblich/rot	violett
Zink	rötlich/violett	blau/violett	rot
SnCl$_4$	–	grün	himmelblau
CCl$_4$	–	blaugrün	weißlich/grün
HCl	–	grün	rosa
NO	–	bläulich/weiß	–
NO$_2$	–	bläulich/weiß	–
NH$_3$	–	gelblich/grün	–

Der Strom bleibt bei der selbständigen Townsendentladung durch Effekte höherer Ordnung begrenzt, wenn ohne diese Effekte bei weiterer Vergrößerung von E/p das Produkt $\gamma M > 1$ würde.

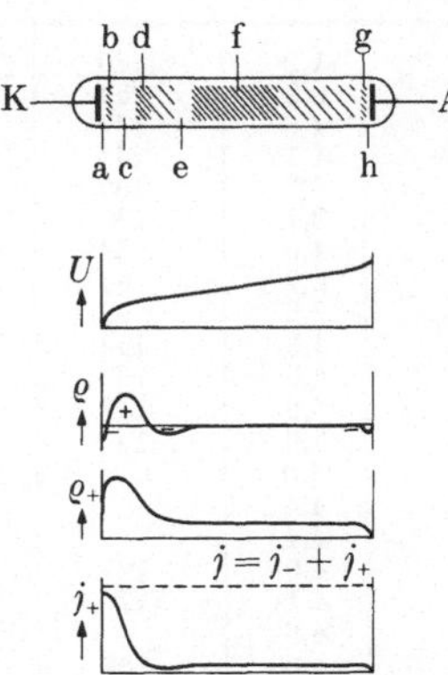

Bild 2.3-25   Schema einer Glimmentladung und Verlauf des Potentials U, der Raumladungsdichte ϱ, der Ionen-Raumladungsdichte ϱ_+ und der Ionenstromdichte j_+. a, c, e, h dunklere Zonen; b, d, f, g hellere Zonen

D 64   Glimmentladung. In Gasentladungen wird zwischen **Kathodengebiet**, **Anodengebiet** und **Entladungsrumpf** unterschieden. Einteilung der in Bild 2.3-25 schematisch dargestellten Glimmentladung:

110 Physikhütte II. 2.3 Der elektrische Strom im Vakuum und in Gasen

1. Kathodengebiet. Zonen von der Kathode an: a Aston-Dunkelraum, b erste Kathodenschicht, c Kathodendunkelraum, d negatives Glimmlicht und e Faraday-Dunkelraum.

2. Anodengebiet: Anodisches Glimmlicht g, durch den Anodendunkelraum h von der Anode getrennt. Verschwindet bei kleinem Elektrodenabstand.

3. Entladungsrumpf: Säule (positive Säule) f, wenn stark ausgeprägt und leuchtend. Der Entladungsrumpf ist bei großem Abstand zwischen Entladung und Wand unauffällig. Er verschwindet bei kleinem Elektrodenabstand. Die Säule kann auch bei einer unselbständigen Glühkathoden-Bogenentladung vorhanden sein.

Die Zonen einer Glimmentladung unterscheiden sich in Helligkeit und Farbe. Die Farben sind von der Gasart abhängig. Farben der ersten Kathodenschicht, des negativen Glimmlichts und der Säule in Tabelle 2.3-9.

D 641 Kathodengebiet. Im Kathodengebiet vollzieht sich der Entladungsmechanismus einer Glimmentladung, der noch nicht vorausberechnet werden kann. Ein an der Kathode ausgelöstes Elektron muß durch Ionisierung auf seinem Wege bis zum Ende des negativen Glimmlichts so viele neue Trägerpaare bilden, daß diese über die Sekundärprozesse gerade wieder ein Elektron an der Kathode befreien. Bei der selbständigen Townsend-entladung ist hierfür der gesamte Entladungsraum wirksam, während bei der Glimmentladung praktisch nur die Raumladungen vor der Kathode mit Einschluß des negativen Glimmlichts beteiligt sind. Die nachgelieferten Elektronen werden etwa zu gleichen Teilen durch Ionen aus dem Kathodendunkelraum und durch Photonen aus dem negativen Glimmlicht freigesetzt. Die übrigen Emissionen sind vernachlässigbar. Bei 10 V mittlerer Strahlspannung der Ionen beim Auftreffen auf die Kathode beträgt nach **D 3** ihre Elektronenausbeute $\approx 1\%$. Der Strom vor der Kathode besteht daher zu etwa 98% aus Ionen.

Tabelle 2.3-10   Normaler Kathodenfall U_n in V [2]

Kathode	U_A in V	He	Ne	Ar	Luft	H_2	N_2	O_2	Hg
Na	1,2	80	75		200	185	178		
K	0,8	59	68	64	180	94	170		
Cu	4,0	177	220	130	370	214	208		447
Ag	4,1	162	150	130	280	216	233		318
Au	4,7	165	158	130	285	247	233		
Mg	2,7	125	94	119	224	153	188	310	
Ca	4,0	86	86	93			157		
Sr	2,7	86		93			157		
Ba	2,5	86		93			157		
Zn	4,3	143		119	277	184	216	354	
Cd	4,0	167	160	119	266	200	213		
Hg	4,5	143				337	226		340
Al	3,0	140	120	100	229	170	180	311	245
Th	4,0		125						
C	4,4					280			475
Sn	4,4			124	266	226	216		
Pb	4,0	177	172	124	207	223	210		
Ta	4,1	(171)	(158)	(156)					
Sb	4,6			136	269	252	225		
Bi	4,3	137		136	272	250	210		
Mo	4,2	(171)	115	(145)					353
W	4,5	(155)	125	($\approx$140)					305
Co	4,3				380				
Ni	4,9	158	140	131	226	211	197		275
Pd	5,0				421				
Ir	4,6				380				
Pt	5,4	165	152	131	277	276	216	364	340
Fe		215	306	115	80	395	340		
		Kr	Xe	Na	K	Rb	Cs		
Fe	4,6	150	150	165	269	250	215	290	298

Die Spannung zwischen der Kathode und dem Punkt kleinster Feldstärke im negativen Glimmlicht ist der **Kathodenfall** U_k. Er ist nahezu gleich der kleinsten Brennspannung bei verringertem Elektrodenabstand unter sonst gleichen Bedingungen, ohne hierbei den Entladungsmechanismus zu behindern (Bild 2.3-24, Gebiet E bis H).

Der Kathodenfall heißt **anomal**, wenn er mit der Stromstärke steil ansteigt (Bereich G bis H). Für einen Teil des Anstiegs gilt das Gesetz

$$I = C\,U_k^{3/2}/d^2\,.$$

d Dicke des Kathodendunkelraumes, C Konstante.

Im Bereich nahezu konstanter Brennspannung, in dem die Dicke des Dunkelraumes und die Stromdichte unverändert bleiben, heißt der Kathodenfall **normal**. Die von der Entladung bedeckte Kathodenfläche wächst proportional der Stromstärke. Der normale Kathodenfall ist unabhängig vom Gasdruck und hängt vom Elektrodenmaterial und von der Gasart ab (Tabelle 2.3-10). Im Mittel scheint er mit der Austrittsarbeit zu wachsen. Die Werte stammen aus Untersuchungen mit unterschiedlichen Reinheitsbedingungen.

Beim normalen Kathodenfall stellt sich die normale Stromdichte j_n und die normale Dunkelraumdicke d_n ein. Wegen der Ähnlichkeitsgesetze sind j_n/p^2 und $d_n p$ konstant. Die Werte für $p = 1$ Torr werden mit j_{n0} und d_{n0} bezeichnet; sie sind für die wichtigsten Gase und Kathodenstoffe in Tabelle 2.3-11 zusammengestellt. Mit ihnen gelten für p in Torr die Zahlenwertgleichungen

$$j_n = j_{n0}\,p^2\,; \qquad d_n = d_{n0}/p\,.$$

Tabelle 2.3-11   Normale Stromdichte (oberer Wert, $\mu A/cm^2$) und normale Dunkelraumdicke (unterer Wert, cm) bei 1 Torr und 0 °C

Kathode	He	Ne	Ar	Kr	Xe	H₂	N₂	Luft	Hg
Cu						64 0,8		240 0,23	15 0,6
Au						100		570	
Mg	3 1,45	5	20			0,61	0,35		
Zn						80 0,8			
Al	1,32	1,64	0,29			90 0,72	0,31	0,25	0,33
Fe	2 1,3	6 0,72	160 0,33	43 0,26	16 0,23	72 0,9	400 0,42	0,52	8
Ni	2	6	160	43	16	72 0,9	400 0,5		8
Pt	5	18	150		90	380 1,0	550		
Hg						0,9			
C						0,9			0,69

5*

D 642   Anodengebiet. Durch den in Achsenrichtung meist homogenen Entladungsrumpf strömen Elektronen zur Anode und positive Ionen zur Kathode. Die Ionen müssen daher in die Grenze zwischen dem Entladungsrumpf und dem Anodengebiet einströmen. Hierzu diffundieren Elektronen aus dem Entladungsrumpf in dem Maße in das Anodengebiet ein und aus, daß in der durch sie gebildeten Zone negativer Raumladung die Elektronen kurz vor der Anode nochmals so beschleunigt werden, daß sie im Mittel den benötigten Ionenstrom liefern. Bevor sie die hierfür notwendige Energie erreichen, durchlaufen sie die für die Lichtanregung notwendige Strahlspannung und erzeugen dann das anodische Glimmlicht. Die folgende dunkle Beschleunigungszone bis zur Anode, der Anoden-Dunkelraum, ist viel dünner als der Kathodendunkelraum und das Anodengebiet.

Die Spannung am Anodengebiet ist der **Anodenfall**. Sie hat etwa den Wert der Ionisierungsspannung des Gases.

D 643   Niederdrucksäule. Der Entladungsrumpf der Glimmentladung oder des Niederdruckbogens ist meist die **Niederdrucksäule (Säule)**. Die Säule bildet allein keine Entladung. Sie ist von der Entladungsart unabhängig. Die von den übrigen Zonen einer Glimmentladung abweichenden Farben in Tabelle 2.3-9. Darüber hinaus sind in ihr ruhende oder wandernde Schichten bei bestimmten Gasarten und unter bestimmten Bedingungen vorhanden. Sie machen die Parameter der Säule periodisch vom Ort abhängig. Die Mittelwerte stimmen jedoch für geschichtete Säulen mit denen für ungeschichtete Säulen überein. Die Schichten verursachen **Störschwingungen** in Gasentladungen.

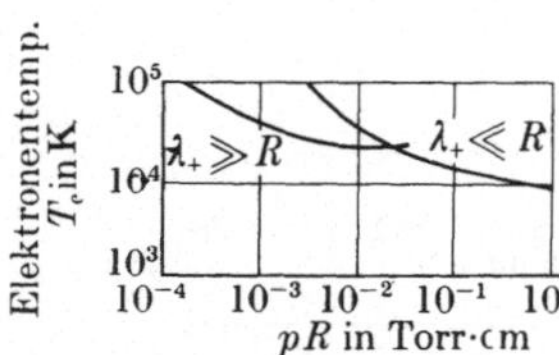

Bild 2.3-26   Elektronentemperatur T_e der Säule in Hg-Dampf in Abhängigkeit von pR; R Radius; λ_+ Ionenweglänge

Am leichtesten ist die Feldstärke $E = -\,\mathrm{d}U/\mathrm{d}x$ der positiven Säule meßbar. $E I$ ist die pro Zentimeter Säulenlänge verbrauchte Leistung. Sie wird als Strahlung und durch Wärmeleitung in der Wand abgegeben. Die Säule ist quasineutral und in Achsenrichtung homogen (Plasma). E ist dadurch bestimmt, daß im Gleichgewicht in der Säule so viele Ladungsträger erzeugt werden, wie durch **Rekombination** verlorengehen. Die Rekombination an der Wand ist vorherrschend. Träger diffundieren ambipolar zur Wand. Die Ionisierung für den Ersatz der Rekombinationsverluste steigt rasch mit der Elektronentemperatur T_e, die mit E wächst. Für $\lambda_+ \ll R$ und $\lambda_e \ll R$ ergibt die ambipolare Diffusion

$$\left(\frac{e\,U_i}{k\,T_e}\right)^{-1/2} \exp\left(\frac{e\,U_i}{k\,T_e}\right) = 1{,}16 \cdot 10^7\, C^2 p^2 R^2,$$

R Radius der zylindrischen Wand des Entladungsgefäßes, C eine von der Gasart abhängige Konstante gemäß Tabelle 2.3-12.

Für $\lambda_+ \gg R$ sind die Voraussetzungen der ambipolaren Diffusion nicht erfüllt. $\lambda_+ \gg R$ bewirkt niedrigere Elektronentemperatur als bei ambipolarer Diffusion. Für Quecksilberdampf sind in Bild 2.3-26 die beiden Bereiche veranschaulicht. Bei $\lambda_+ \ll R$ und $\lambda_e \ll R$ gilt für E in V/cm die Zahlenwertgleichung

$$E = 1{,}83 \cdot 10^{-4}\, B\, T_e / \lambda_e\,;$$

B mittlerer relativer Energieverlust eines Elektrons bei einem elastischen Stoß. Wegen des Ähnlichkeitsgesetzes für λ_e folgt mit der Gleichung für T_e bei ambipolarer Diffusion

$$E/p = F(pR)\,.$$

Dieser Zusammenhang wird oberhalb von 1 Torr in bestimmten Bereichen angenähert erfüllt. Bei Edelgasen ist dagegen zwischen $5 \cdot 10^{-2}$ und 0,2 Torr die empirische Zahlenwertbeziehung

$$E = \frac{C}{R + A\,I}$$

genauer, die die Abhängigkeit $E(I)$ berücksichtigt für E in V/cm, R in cm und I in A. Die Gleichung ist auf Ströme zwischen etwa 10 bis 100 mA und Rohrradien zwischen etwa 0,4 und 1,8 cm beschränkt. Konstanten A und C sind in Tabelle 2.3-13.

In Molekülgasen gilt in einem kleinen Druckbereich um 0,1 Torr die empirische Zahlenwertgleichung

$$E = E_0 \frac{p^m}{R^{m-1}}$$

für p in Torr und R in mm. Bereich: $R = 0{,}4$ bis 3 cm und $I = 10 \cdots 100$ mA. Die von der Gasart abhängigen Konstanten E_0 und m stehen in Tabelle 2.3-14.

In weiten Entladungsgefäßen herrschen im Entladungsrumpf die Rekombinationsverluste an der Wand nicht vor. Dann gilt im Grenzfall bei einer festgelegten Gasdichte die Normalfeldstärke E_0, die in Edelgasen mehrere Größenordnungen kleiner ist als die Feldstärke bei ausgeprägter Säule in Rohren üblicher Durchmesser bei gleicher Gasart und gleicher Gasdichte ϱ (Tabelle 2.3-15). Die Gasdichte ist durch

$$p_T = 1 \text{ Torr} \qquad \text{bei} \qquad T = 300 \text{ K}$$

gegeben.

Tabelle 2.3-12
Konstante C der Niederdrucksäule

Gas	C in $1/\text{Torr}^2 \, \text{cm}^2$
He	$3{,}9 \cdot 10^{-3}$
Ne	$5{,}9 \cdot 10^{-3}$
Ar	$5{,}3 \cdot 10^{-2}$
Hg	$1{,}1 \cdot 10^{-1}$
N$_2$	$3{,}5 \cdot 10^{-2}$
H$_2$	$1{,}05 \cdot 10^{-2}$
O$_2$	$2{,}9 \cdot 10^{-2}$

Tabelle 2.3-13   Konstanten für die Feldstärke der Säule in einatomigen Gasen

	C	A
He	45,4	≈ 0
Ne	27,3	0,01
Ar	39,1	0,134
Kr	17,3	0,038
Xe	13,5	0,063
Hg	6,3	≈ 0

Tabelle 2.3-14   Konstanten für die Feldstärke der Säule in Molekülgasen

Gas	E_0 V/cm	m
H$_2$	18,3	0,56
N$_2$	32	0,65
Luft	30	0,67

Tabelle 2.3-15
Normalfeldstärke der Säule bei $p_T = 1$ Torr, $T = 300$ K

Gas	He	Ne	Ar	O$_2$	N$_2$	H$_2$	H$_2$O
E_0 in V/cm	$< 0{,}12$	$< 2 \cdot 10^{-3}$	$2 \cdot 10^{-3}$	13,1	3,25	2,23	50

D 644   Kathodenzerstäubung ist die Ablösung von Metallatomen von einer Elektrode durch den Aufprall positiver Ionen, bevor die Ionen-Energie in thermische Energie umgewandelt worden ist. Eine derartige Ablösung kann auch durch aufprallende Atome, Moleküle und negative Ionen hervorgerufen werden und heißt Stoßverdampfung.

Die Kathodenzerstäubung ist bisher nicht genau vorausberechenbar. Ihre Anwendung stützt sich daher auf Meßergebnisse. Es ist zwischen den Vakuumwerten, die für einen definierten Ionenstrahl bei einem kaum störenden Gasdruck gelten, und den Glimmentladungswerten für Gasentladungen bei niedrigem Druck zu unterscheiden (10^{-1} Torr bis 10 Torr).

D 6441 Vakuumwerte. Die Bedingungen für die Vakuum- und die Glimmentladungswerte unterscheiden sich in folgenden Punkten:

Der Ionenstrahl im Vakuum kann eine einheitliche Energie haben, während die in der Glimmentladung auf die Kathode aufprallenden Ionen meist sehr unterschiedlich schnell sind.

Die Behinderung der abgelösten Atome durch Zusammenstöße im Entladungsraum kann bei den Vakuumwerten vernachlässigt werden, während sie auf die Glimmentladungswerte wesentlichen Einfluß hat.

Der Kontakt mit dem Gas der Glimmentladung verändert die Oberflächeneigenschaften für die Kathodenzerstäubung.

Die Untersuchungen mit Ionenstrahlen lassen sich auf Ionenenergien bis einige 100 keV ausdehnen, während die Kenntnisse bei den Glimmentladungswerten auf Energien bis einige keV beschränkt bleiben müssen.

Als Maß für die Kathodenzerstäubung wird die Zerstäubungsausbeute S der von einem Ion im Mittel abgelösten Atome angegeben. Aus der in der Zeit t in Stunden von einem Ionenstrom I in µA abgelösten Masse Δm in mg ergibt sich

$$S = 26{,}6\, \Delta m / A\, I\, t\,;$$

A = Massenzahl des stoßenden Ions. Die Ausbeute zeigt in Abhängigkeit von der Energie eU für Stickstoff den in Bild 2.3-27 dargestellten Verlauf, der für die gebräuchlichen Metalle charakteristisch ist. Bei höheren Energien kann S ein Maximum haben. Das in Bild 2.3-27 dargestellte Ergebnis wird nur wenig geändert, wenn N^+-Ionen statt N_2^+-Ionen verwendet werden. Die Näherung

$$S = C\,(U - U_0)$$

definiert einen Schwellwert U_0 der Strahlspannung für die Kathodenzerstäubung bei niedriger Ionenenergie. $U_0 \approx 10$ V, C = empirische Konstante. Für mittlere Auftreffenergien liefert die Näherung $S = C_0 U$ allgemeinere Erkenntnisse für bestimmte Bereiche der Ausbeutecharakteristik. Diese Gleichung führt zu einem von der Auftreffenergie unabhängigen Wirkungsgrad η der Kathodenzerstäubung gemäß

$$\eta = C_0\, W / e,$$

wenn η das Verhältnis der Verdampfungswärme W des Elektrodenmaterials zur kinetischen Energie des Ions bezeichnet; C_0 empirische Konstante. Für die in Glimmentladungen gebräuchlichen Gase, Kathodenstoffe und Energien ist $\eta \approx 1\%$.

Weitere Anhaltspunkte liefert die Abhängigkeit der Ausbeute von dem Kathodenmaterial und von der Gasart. Bild 2.3-28 zeigt die Ausbeute bei verschiedenen Metallen für 400 V-Hg-Ionen. Der Anstieg der Ausbeute mit wachsendem Atomgewicht innerhalb einzelner Kolonnen des periodischen Systems der Elemente gilt ähnlich auch für andere stoßende Ionen.

Theoretisch ist die Zunahme der Ausbeute mit dem Atomgewicht der stoßenden Ionen zu erwarten. Ausgeprägt ist dieser Zusammenhang bei der Abhängigkeit der Ausbeute für die Kathodenzerstäubung von Silber mit 5 kV-Ionen in Bild 2.3-29.

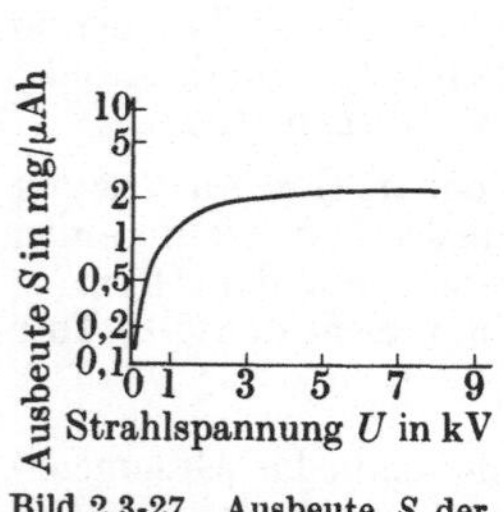

Bild 2.3-27 Ausbeute S der Kathodenzerstäubung bei Nickel in Abhängigkeit von der Strahlspannung U der Stickstoffionen

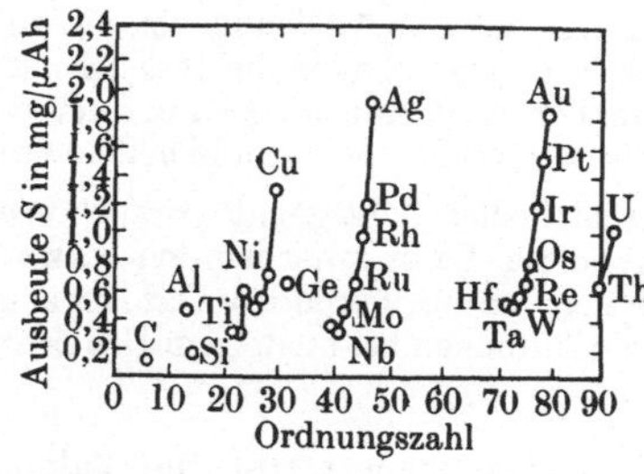

Bild 2.3-28 Ausbeute S der Kathodenzerstäubung durch Hg-Ionen mit 400 V Strahlspannung bei verschiedenen Materialien. [7], S. 278

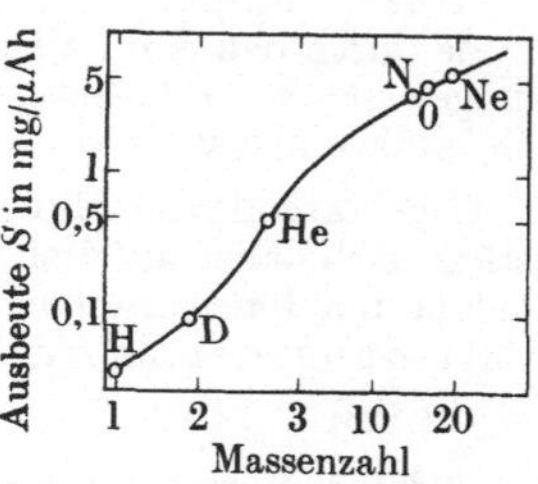

Bild 2.3-29 Ausbeute S der Kathodenzerstäubung bei Ag durch unterschiedliche Ionen mit 5 kV Strahlspannung. [7], S. 258

Die Ausbeute S verdoppelt sich etwa, wenn der Ionenstrahl nicht senkrecht, sondern unter etwa 45° auf die Kathode trifft. Die kinetische Energie der abgelösten Atome entspricht etwa der Energie der verdampften Atome bei der Schmelztemperatur des Kathodenmaterials.

D 6442 Glimmentladungswerte. Für die Glimmentladung wird bei der Angabe der Ausbeute S im allgemeinen nicht zwischen positiven Ladungsträgern, die auf die Kathode auftreffen, und negativen Ladungsträgern, die die Kathode verlassen, unterschieden. Statt der Ausbeute S wird die Ausbeute $S/(1+\gamma)$ angegeben, wenn γ nach **D 641** das Verhältnis des Elektronenstromes zum Ionenstrom an der Kathode bezeichnet. $\gamma \approx 0{,}2$ ergibt angenähert die Ausbeute, die den Vakuumwerten entspricht. Praktisch interessiert die Kathodenzerstäubung bei der Glimmentladung meist im Bereich des anomalen Kathodenfalls, da nur dann die Ausbeute im allgemeinen genügend groß ist. In Tabelle 2.3-16 sind die Ausbeuten für verschiedene Metalle und Gase für 500 V-Ionen zusammengestellt. Die Angabe der Ionenenergie ist bei der Glimmentladung nur sinnvoll, wenn die Meßwerte bei so niedrigem Druck gewonnen wurden, daß $pd \ll (0{,}01$ bis $0{,}1)$ Torr cm ist. Der Elektrodenabstand d ist so einzustellen, daß die Brennspannung gleich dem anomalen Kathodenfall ist. Dann stammt der größere Teil der Ionen, die die Kathode erreichen, aus dem negativen Glimmlicht, so daß die Energieverteilungskurve der Ionen schmal ist. Die Elektroden sind planparallel mit ausreichender seitlicher Ausdehnung vorausgesetzt.

Oberhalb von $pd = 0{,}01$ Torr cm bis $0{,}1$ Torr cm fällt die scheinbare Ausbeute schnell mit wachsendem pd-Wert. Die Hauptursache hierfür ist die Rückdiffusion der abgelösten Atome zur Kathode; nach Zurücklegen der Strecke λ_G ist im Mittel jedes abgelöste Atom mit einem Gasatom zusammengestoßen und hat seine Richtung geändert. Außerdem wird mit wachsenden Werten von pd die Energieverteilungskurve der Ionen wegen der größeren Stoßwahrscheinlichkeit für Zusammenstöße breiter. Die Ionen haben bei genügend großen pd-Werten eine mittlere Energie, die proportional zu E/p ist und nicht proportional zu U_c. Abschätzung ergibt für die Proportionalität

$$S/(1+\gamma) \approx U_\mathrm{c}/pd .$$

Tabelle 2.3-16   Kathodenzerstäubungsausbeuten für 500 V-Ionen

Ion	Kathode	$S/(1 + \gamma)$ mg/µAh	Z g/Ah
He$^+$	Cu	0,97	0,40
Ne$^+$	Cu	4,06	1,67
Ne$^+$	Ag	5,5	1,34
Ar$^+$	Al	0,78	0,75
Ar$^+$	Cu	4,13	1,7
Ar$^+$	Cu	4,08	1,67
Ar$^+$	Ag	5,7	1,4
Ar$^+$	Ag	9,5	2,32
H$_2{}^+$	Cu	0,97	0,40
H$_2{}^+$	Ni	0,31	0,14
H$_2{}^+$	Ag	2,7	0,67
H$_2{}^+$	Ag	1,92	0,47
H$_2{}^+$	Ag	7,0	1,71
Hg$^+$	Be	0,24	0,62
Hg$^+$	Al	0,55	0,53
Hg$^+$	Si	0,56	0,52
Hg$^+$	Cr	1,75	0,89
Hg$^+$	Mn	1,13	0,54
Hg$^+$	Co	1,72	0,77
Hg$^+$	Cu	3,45	1,42
Hg$^+$	Zr	1,70	0,49
Hg$^+$	Mo	1,96	0,54
Hg$^+$	Pd	5,21	1,28
Hg$^+$	Ag	10,23	2,50
Hg$^+$	Ta	3,70	0,54
Hg$^+$	W	3,83	0,55
Hg$^+$	Pt	7,88	1,07

Nicht alle Meßwerte in Tabelle 2.3-16, die von verschiedenen Autoren stammen, wurden bei 500 V Brennspannung durchgeführt. Mit den Gesetzen für den Kathodenfall und die Rückdiffusion ist die Umrechnung auf 500 V-Werte möglich. Wegen der angegebenen Einschränkungen sind die Ausbeutewerte für die Glimmentladung von weiteren noch unbekannten Parametern abhängig. In Tabelle 2.3-16 ist auch die Zerstäubungsrate Z in g/Ah angegeben.

Die Lebensdauer einer Gasentladungsröhre ist wegen der Zerstäubung der Kathode und der Aufzehrung des Gases annähernd umgekehrt proportional der Ausbeute. Die Ausbeute dient dazu, die Korrosion bei Strahlantrieben und in energiereichen Plasmen zu erfassen und die Herstellung dünner Schichten mittels Kathodenzerstäubung zu normieren.

D 65 Bogenentladung. Bild 2.3-30 zeigt die Potentialverteilung zwischen den Elektroden einer Bogenentladung. Am Entladungsrumpf (Bogensäule) und am Anodenfall-

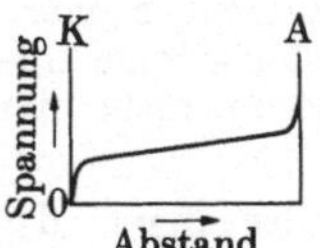

Bild 2.3-30
Schema des Potenti-
alverlaufs in einer Bo-
genentladung. K Ka-
thode, A Anode

gebiet braucht nur wenig Spannung zu liegen. Der Hauptteil der Spannung kann aus dem Kathodenfall bestehen, der bei der Bogenentladung klein gegenüber dem Kathodenfall der Glimmentladung ist.

In Sonderfällen ist auch der Spannungsabfall in der Säule groß. Das Kathodengebiet ist dann im allgemeinen von sekundärer Bedeutung. Diese Mischentladungen sind nicht charakteristisch für Bogenentladungen. Sie sind hauptsächlich in Leuchtstoffröhren und Gasentladungsrauschröhren, d. h. in Niederdruckbögen und bei Glimmentladungen, vorhanden.

Der niedrige Kathodenfall folgt aus einem besonders wirksamen Mechanismus an der Kathode zur Erzielung der großen Entladungsstromdichte. Dieser Mechanismus ist unterschiedlich bei den einzelnen Bogenentladungsformen. Elektronenemission durch Stoß und Photoemission an der Kathode spielen keine Rolle. Die hohe Elektronenstromdichte entsteht durch thermische Feldemission, thermische Emission oder Feldemission. Die Emissionsarten dienen zur Unterscheidung von drei selbständigen Bogenentladungen:

Brennflecklose Bogenentladung,

Bogenentladung mit einem stationären Brennfleck an der Kathode,

Bogenentladung mit einem oder vielen instationären Brennflecken an der Kathode.

Die beiden ersten Entladungsformen sind Hochdruck-Bogenentladungen, während die dritte Form ein Niederdruckbogen ist, der bei $p < 1$ Torr brennt. Hochdruckbögen entstehen im Druckbereich $0,5 < p < 35$ atm. Der unterschiedliche Druck führt zu einem grundlegenden Unterschied in der Bogensäule: in der Hochdruckentladung herrscht isothermes Plasma – bei der Niederdruckentladung ist die Elektronentemperatur dagegen wesentlich höher als die Gastemperatur (nichtisothermes Plasma).

D 651   Brennflecklose Bogenentladung. Vor der Kathode liegt ein Dunkelraum von etwa 0,1 mm Dicke. Das isotherme Plasma reicht daher nicht bis zur Kathode, denn durch die Beschleunigungszone in dem Kathodenfallgebiet überwiegt die mittlere Energie der beschleunigten Ladungsträger. Die Stromdichte beträgt etwa 10^3 A/cm², und der Ionenstromanteil vor der Kathode beträgt nur einige Prozent. Hierdurch wird die für die thermische Emission notwendige Kathodentemperatur nicht erreicht. Die hohe Feldstärke infolge der Raumladungsschicht vor der Kathode bewirkt thermische Feldemission (C12).

D 652   Stationärer Brennfleckbogen. Er entsteht durch Verringerung der Bogenverluste im Kathodengebiet bei der Zusammenziehung des Bogens. Hierdurch steigt die Temperatur des Plasmas vor der Kathode so lange, bis ein größerer Ionenstromanteil zur Kathode gelangt ($\approx 10\%$). Das isotherme Plasma reicht dann bis an die Kathode. Ein Dunkelraum wurde bisher nicht beobachtet. Der Wärmestrom aus dem Plasma durch die Kathode ist klein, weil die geringe Ausdehnung des Kathodenflecks einem großen Wärmewiderstand entspricht.

D 653   Bogenentladung mit instationärem Brennfleck. Der Brennfleck wandert im allgemeinen unregelmäßig mit Geschwindigkeiten bis 10^4 cm/s auf der Kathode. Diese hohe Geschwindigkeit wird durch die Feldemission ermöglicht. Zur Aufrechterhaltung der Feldemission ist eine Konzentration des Ansatzpunktes der Entladung notwendig; durch diese werden Stromdichten bis 10^6 A/cm² erreicht. Die Temperatur im Brennfleck liegt bei 2100 K und reicht nicht zur thermischen Emission aus. Quantitativ ist ungeklärt, wie die Raumladungsschicht zustande kommt, die die für die Feldemission notwendige Feldstärke von etwa 10^7 V/cm erzeugt. Von großem Einfluß ist die schnelle Verdampfung des Kathodenmaterials im Brennfleck. Wahrscheinlich entsteht hierdurch vor der Kathode eine Gasschicht, deren Dichte einem Dampfdruck von etwa 1000 atm entspricht. Die vor der Kathode gebildeten Ionen bilden einen Strom, der etwa den Elektronenstromanteil erreicht. Der Ionisierungsgrad dürfte unmittelbar vor der Kathode 100% betragen, so daß praktisch alle verdampften Atome als Ionen zur Kathode zurückwandern.

Das Wandern des Brennflecks hat in dem aus dem Brennfleck austretenden Dampfstrahl eine Ursache. Warum sich im raschen, schwer erkennbaren Wechsel neue Brennflecke unter Auflösung in Teilbrennflecke bilden, ist ungeklärt.

Ein Niederdruckbogen mit Aufladungsemission heißt **Aufladungsbogen** (DIN 44400, Bl. 1). Zwischen Isolierschicht und Leiter liegt eine dünne Halbleiterschicht. Der Kathodenfall besteht hauptsächlich aus dem Spannungsabfall an der Isolierschicht und beträgt mindestens 30 V. Im Druckbereich von 10^{-2} bis 1 Torr ist er nahezu druckunabhängig bei $j \approx 10$ mA/cm² (**Spritzentladung**). Die technische Anwendung wurde bisher durch die geringe Lebensdauer des Schichtsystems (≈ 100 Brennstunden) beeinträchtigt.

D 66   Koronaentladung. Sie ist eine Mischform zwischen einer Dunkelentladung und einer Glimmentladung. Die Raumladungsverzerrung der Potentialverteilung ist nur für ein begrenztes Gebiet mit großer aufgeprägter Feldstärke wesentlich zur Erhöhung der Feldstärke. Außerhalb dieses Gebietes sind die Neubildung von Ladungsträgern, die Anregung und die Raumladung praktisch vernachlässigbar. Die Elektrode des Gebietes hoher Feldstärke ist z. B. bei Hochspannungsleitern zur Erde oder untereinander ein dünner Draht. Im starken Feld in der Umgebung des dünnen Drahtes setzt die Ionisierung ein und ist an der Koronahaut auf dem Draht zu erkennen. Die Ladungsträger, die sich vom Draht fortbewegen, gelangen in Gebiete, in denen E/p nicht zur Ionisierung ausreicht. Sie wandern dann auf Grund ihrer Beweglichkeit in einem schwachen Feld weiter. Für die Koronazündspannung eines zylindrischen Kondensators gilt

$$U_0^- = U_0^+ = 3{,}68 \cdot 10^6 g_t \ln (r_\mathrm{a}/r_\mathrm{i})(1 + 0{,}023/\sqrt{g_t}).$$

r_i Radius des inneren, r_a Radius des äußeren Leiters und g_t Luftdichte, bezogen auf die Luftdichte beim Normzustand. U_0^+ ist die Zündspannung für den positiven und U_0^- für den negativen inneren Draht. Bei einem Draht mit dem Radius r_i im Abstand b von einer metallischen Ebene kann diese durch einen äußeren Zylinder mit dem Radius $r_\mathrm{a} = 2b$ ersetzt werden.

Der Strom I der Koronaentladung folgt in Abhängigkeit von der Brennspannung U dem Gesetz $I = AU(U - U_0)$, in dem A für eine gegebene Anordnung konstant ist.

Für Drehstromleitungen der Länge l berechnet man die Koronaverlustleistung aus $P/l = k(U - U_0)^2$.

Wenn der Leiter vom Radius r im Eckpunkt eines gleichseitigen Dreiecks mit der Seite s hängt, gilt für die Anfangsspannung der Koronaentladung U_0 in Luft

$$U_0 = m g_t E_0 r \ln (s/r)$$

mit der effektiven Anfangsfeldstärke $E_0 = 21{,}8$ kV/cm beim technischen Normzustand und dem **Oberflächenfaktor** $m \approx 1$ bis 0,6. Für die Konstante k in kW/(kV)²km gilt

$$k = \frac{237}{g_t} (f + 25) \sqrt{\frac{r}{s}} \cdot 10^{-5}.$$

g_t Luftdichte, bezogen auf die Luftdichte beim technischen Normzustand (1 at, 20 °C), f Frequenz in Hz.

Statt mit den Zündspannungen U_0^+ und U_0^- der Koronaentladung in konzentrischen Zylindern in Luft wird auch mit den Anfangsfeldstärken E_i^+ und E_i^- in kV/cm mit den Zahlenwertgleichungen

$$E_\mathrm{i}^+ = 34{,}3 b_+ + 8{,}2 \sqrt{g_t/r_\mathrm{i}}, \qquad E_\mathrm{i}^- = 31{,}6 b_- + 9{,}7 \sqrt{g_t/r_\mathrm{i}}$$

für r_i in cm gerechnet.

D 67   Gleitentladung. Sie liegt vor, wenn längs der gesamten Entladungsstrecke die Aufladung einer Isolierschicht wesentlich ist. Die Gleitentladung bleibt im wesentlichen auf die mit der Isolierschicht gebildete Grenzschicht beschränkt. Sie setzt an einer Elektrode an der Grenzschicht, dem Gleitpunkt, ein, wenn dort die Feldstärke groß ist. Für das Wachsen der Gleitentladung längs der Grenzschicht ist die Fähigkeit der Isolierstoffoberfläche, Ladungen festzuhalten, wesentlich. Diese Fähigkeit hängt außer von den Abmessungen und der Leitfähigkeit der Isolierschicht von deren Dielektrizitätskonstante ab.

Aufladungen verursachen ähnliche Feldverzerrungen wie Raumladungen. Nach dem Aussehen unterscheidet man Gleitkorona, Gleitbüschel (Streifenentladung), Gleitstielbüschel, Gleitfunken. Jeder dieser Entladungserscheinungen kann eine **Einsatz**- und eine **Aussetzspannung** zugeordnet werden.

D 7   Zündung von Entladungen

Über die Zündung von Entladungen in Gasentladungsröhren s. DIN 44400, Blatt 4 und DIN 1326, Blatt 2. Über die Mindestabstände (Schlagweiten in Luft) VDE 0670/XII 40, § 23 und VDE 0430: „Regeln für Spannungsmessungen mit der Kugelfunkenstrecke", ferner VDE 0431 für Röntgenanlagen.

D 71   Zündspannung. In Gasentladungsröhren ist die Zündspannung die Spannung an einer Entladungsstrecke, die zum Entladungsaufbau führt durch Übergang vom praktisch stromlosen Zustand in den stromführenden Betriebszustand. Diese Festlegung gilt gewöhnlich für beliebig langsamen Spannungsanstieg. Man spricht daher von der **statischen Zündspannung**.

Gemäß Bild 2.3-24 treten an einer Entladungsstrecke noch mehrere Zündspannungen auf, z. B. an den Punkten D und H. Allgemein versteht man daher unter der Einsetzspannung die Spannung, die an den Elektroden einer Entladungsstrecke liegen muß, damit sich diese neue Entladungsform entwickeln kann. Der Punkt D legt demnach die **Glimmeinsatzspannung** fest und der Punkt H die **Funkeneinsatzspannung**. Die Zündspannung bei C ist wegen des stetigen Übergangs der Ionisierungsverstärkung in die selbständige **Townsend-Entladung** schwer zu messen, weil die Restträgerbildung nicht abschaltbar ist. Vom Punkt C an erzeugt ein Elektron ohne Begünstigung durch Raumladungsverzerrung eine Elektronenlawine, die durch sekundäre Prozesse im Mittel ein gleichwirksames Elektron (**Folgeelektron**) bildet. Die Spannung im Punkt C ist also durch

$$\gamma M = 1$$

mit $M = e^{ad} - 1$ für den Fall planparalleler Elektroden im Abstand d festgelegt (**D 63**).

Das gleichwertige Ersatzelektron wird zu einem späteren Zeitpunkt frei. Ist z. B. für die sekundären Prozesse die Auslösung eines Elektrons an der Kathode durch auftreffende Ionen vorherrschend, dann gilt für den Zeitunterschied t_i in erster Näherung

$$t_i = \int\limits_a^k \frac{dx}{v_i(x)}.$$

t_i ist die Laufzeit eines Ions von der Anode bei a bis zur Kathode bei k von dem Augenblick an, in dem die Lawine die Anode erreicht. v_i ist die vom Ort abhängige Drift-Geschwindigkeit des Ions. Für Luft bei 1 cm Elektrodenabstand gilt $t_i \approx 10^{-5}$ s.

Bei Überwiegen der Photoemission an der Kathode für die sekundären Prozesse entsteht das Ersatzelektron im Mittel bereits nach der Laufzeit t_e des Elektrons von der Kathode zur Anode. t_e beträgt nur etwa $t_i/100$ und konnte daher für das Ionisierungsspiel mit Elektronennachlieferung an der Kathode (**Folgelawine**) durch Ionenstoß vernachlässigt werden.

D 72   Entladungsaufbau durch Ionisierungsspiele. Die selbständige Dunkelentladung von Punkt C an in Bild 2.3-24 ist meist nur Zwischenstufe für die Zündung einer Glimmentladung. Nach jedem Ionisierungsspiel bleiben Ionen im Entladungsraum zurück.

Durch ihre Raumladung wird die Feldstärkeverteilung für die Ionisierungsverstärkung günstiger, so daß $\gamma M > 1$ würde. Die Ionisierungsspiele folgen immer rascher aufeinander, bis eine Raumladungsverteilung entsteht, die bei wesentlich geringerer Elektrodenspannung, z. B. die der Glimmentladung, die Bedingung $\gamma M = 1$ erfüllt. Die selbständige Townsend-Entladung erfordert daher im allgemeinen einen Vorwiderstand zur Stabilisierung.

D 73   Entladungsaufbau durch Kanalaufbau. Bei sehr großen Elektrodenabständen, z. B. in Luft für $pd > 1500$ Torr cm, oder bei Unterdrückung der sekundären Prozesse durch den Zusatz von Dämpfen, die für die Ionenumladung geeignet sind, oder durch Anlegen einer Zündüberspannung an die Elektroden, kann durch eine Lawine die Verstärkung etwa 10^8 gemacht werden (kritische Verstärkung). Die Zündüberspannung ist der über die statische Zündspannung hinausgehende Anteil einer an einer Entladungsstrecke gelegten Spannung, die zur Zündung führt. Für Verstärkungen von etwa 10^8 erreicht die Feldstärke am Kopf der Lawine bei photoelektrisch emittierten Folgeelektronen die Größenordnung der ohne Raumladung vorhandenen Feldstärke. Die somit wesentlich geänderte Feldstärke führt zu Prozessen, durch die die Ionisierung schnell wächst, worauf sich ein Kanal in Richtung zur Anode ausbildet, der seinerseits einen Kanal von der Anode zur Kathode auslöst.

Durch die Raumladung entsteht ein Plasmaschlauch, der zum Durchschlag führt. Ein solcher Entladungsaufbau erfolgt schneller als über Ionisierungsspiele, da diese erst durch häufige Wiederholung über die Verzerrung der Potentialverteilung zur Zündung führen. Mit Zündüberspannungen von nur wenigen Prozenten können Aufbauzeiten unter 10^{-7} s auftreten.

Wenn nur wenige ursprüngliche Träger (Anfangselektronen) vorhanden sind, kann es lange dauern, bis alle Bedingungen für die Ausbildung einer Lawine zusammentreffen. Die Zündzeit (Entladeverzug) einer Entladungsstrecke setzt sich daher aus der Zündstreuzeit und der Aufbauzeit zusammen. Die Zündstreuzeit verstreicht vom Erreichen der Zündspannung bis zum Einsatz des Entladungsaufbaues. Die Aufbauzeit wird für den Entladungsaufbau benötigt.

Die Zündstreuzeit läßt sich durch Vorionisatoren, mit deren Hilfe Ladungsträger vor und während des Entladungsaufbaues durch eine äußere Quelle erzeugt werden, verringern. Hierzu dienen radioaktive Präparate oder Hilfsentladungen.

Das Zünden einer Hauptentladungsstrecke mit einer Hilfselektrode (Zündelektrode) beruht auf der Steuerung der für den Aufbau der Entladung vorhandenen Ladungsträger. Bei Entladungen mit Glühkathoden verwendet man ein Gitter, das durch Verändern der Potentialverteilung den Emissionsstrom der Glühkathode steuert, bis der in die Hauptentladungsstrecke eintretende Trägerstrom zur Zündung ausreicht. Die Gitterspannung, die zum Entladungsaufbau der Hauptentladungsstrecke führt, heißt kritische Gitterspannung eines Thyratrons. Der Gitterstrom bei der Annäherung an die kritische Gitterspannung ist dann der kritische Gitterstrom. Diese Werte gelten gewöhnlich für ein beliebig langsames Zunehmen der Gitterspannung.

Bei der Zündung durch ein Gitter erfolgt die Zufuhr von Ladungsträgern aus einer Vakuumentladungsstrecke. Bei Zufuhr von Ladungsträgern aus einer anderen Gasentladungsstrecke liegt eine Übernahme vor. Durch Ändern einer elektrischen Größe der anderen Gasentladungsstrecke bei festgelegter Spannung an der Anode der Hauptentladungsstrecke, die dann als Zündspannung der Anode aufzufassen ist, wird die Übernahme ausgelöst. Als Übernahmestrom wird der Strom einer Entladung zwischen zwei Elektroden bezeichnet, der bei vorgegebenen Spannungen und Strömungen aller übrigen Elektroden zur Zündung einer anderen Entladung durch Übernahme führt. Eine Zündelektrode, die zum Zünden durch Übernahme dient, ist ein Starter.

D 74   Funkenentladung. Die Übergänge zur Glimmentladung und zur Bogenentladung in Bild 2.3-24 sind instabil, d. h. diese Gebiete werden beim Entladungsaufbau nur in Richtung auf eine kleinere Brennspannung hin durchlaufen. Wenn die Stromstärke der Speisespannungsquelle nicht für die stationäre Glimmentladung oder Bogenentladung ausreicht, erlischt die Entladung bereits während des Aufbaues. Derartige vorübergehende

Entladungen heißen **Funkenentladungen**. Dabei ist zwischen dem Glimmfunken und dem Bogenfunken zu unterscheiden (Bild 2.3-24).

Der Funke im homogenen Feld bei Atmosphärendruck wird zur Messung hoher Spannungen mit der Funkenstrecke benutzt. Die Zündspannung kann reproduzierbar gemacht werden. Der sichtbare Funke zeigt die Zündung an. Definierte Verhältnisse liegen bei Anordnungen zwischen ebenen Elektroden vor; um die Wirkung der Randfelder zu verringern, ersetzt man die ebenen Elektroden durch Kugeln mit einem Durchmesser D, der groß gegen den Abstand ist (VDE 0430 und 0431).

Der Funke zwischen Spitzen wird ebenfalls als Spannungsmeßstrecke benutzt (**Nadelfunkenstrecke**). Bei einer spitzen Elektrode gegenüber einer ausgedehnten zweiten Elektrode liegen zunächst Verhältnisse wie bei der Koronaentladung vor. Das erste Zünden erfolgt bei der Korona-Anfangsspannung, wobei sich die Spitze mit einer leuchtenden Haut überzieht. Bei einer zweiten Zündspannung (**Büschelgrenzspannung**) beginnen Leuchtbüschel aus der Koronahaut in den Raum vorzuwachsen. Bei noch höherer Spannung schlägt der Funke über. Um dies besser zu beobachten, ist der Abstand zu verkleinern, weil dadurch die Büschelentladung vermieden wird.

Trotz der geringeren Genauigkeit wird die Nadelfunkenstrecke, z. B. in den USA, zur Spannungsmessung verwendet. Für den Zusammenhang zwischen Schlagweite d und Zündspannung U gilt die Zahlenwertgleichung

$$U = 30 + (d - 6)\,(2{,}8 + 0{,}064\,F)$$

für U in kV, d in cm und F absolute Feuchtigkeit der Luft in g/m^3.

Wegen der Funken zwischen Spitzen sind für spannungsführende Teile **Mindestabstände** festzulegen. Für sie geht man von der Korona-Anfangsspannung aus. Mit einem Sicherheitszuschlag ergeben sich die Mindestabstände in Tabelle 2.3-17.

Tabelle 2.3-17   Erforderliche Mindestabstände in Luft nach VDE 0670

Reihen-spannung	Mindestabstand	
	Innenraum-geräte	Freiluft-geräte
kV	mm	mm
1	40	–
3	75	–
10	125	180
20	180	260
30	260	360
45	360	470
60	470	580
110	800	1000
150	–	1450
220	–	2200

D 75 Paschenkurve. Die Zündspannung für das erste Einsetzen einer Entladung (selbständige Townsendentladung) in Abhängigkeit vom Elektrodenabstand d und vom Druck p heißt **Paschenkurve**. Zündbedingung für planparallele Elektroden nach **D 63**:

$$e^{\alpha d} = 1 + 1/\gamma.$$

Daraus die Zündspannung U_Z durch zweimaliges Logarithmieren und Einsetzen der Townsend-Ionisierungsformel als Näherung für α nach **D 2**

$$\frac{U_Z}{U_i} = \frac{pd}{\lambda_{e0}}\,\frac{1}{\ln(pd) - \ln[\lambda_{e0}\ln(1 + 1/\gamma)]}.$$

Die Abhängigkeit von pd folgt aus den Ähnlichkeitsgesetzen. Gasart und Elektrodenmaterial werden durch U_i, λ_{e0} und γ berücksichtigt. Im Bereich von 1 cm Torr für pd hat die Zündspannung ein Minimum, das bei einigen hundert Volt liegt (Bild 2.3-31).

Der nahezu pd-proportionale Teil der Paschenkurve rechts vom Minimum wird zur Korrektur der Überschlagspannung bei Messungen mit Funkenstrecken benutzt, wenn die Luftdichte vom Normalwert abweicht.

Es gilt

$$U = g_t U_n \qquad \text{mit} \qquad g_t = \frac{p}{p_0}\,\frac{T_0}{T};$$

$p_0 = 1$ at, $T_0 = 293$ K, U_n aus dem Elektrodenabstand ermittelte Zündspannung beim technischen Normalzustand. Diese Korrektur ist zulässig für $0{,}95 \geq g_t \geq 1{,}05$.

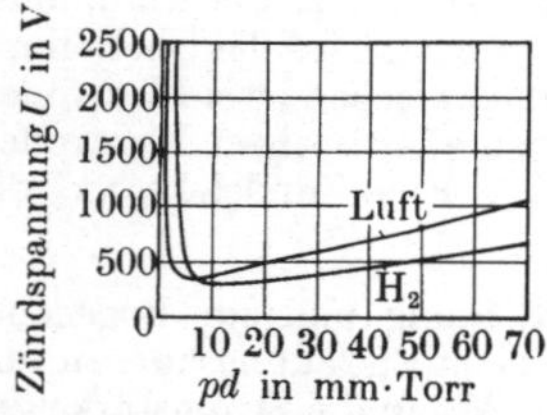

Bild 2.3-31   Zündspannung U zwischen ebenen, planparallelen Elektroden. p Druck, d Elektrodenabstand

D8 Systematik der Gasentladungsgeräte

Gasentladungen werden vornehmlich in geschlossenen Räumen betrieben, damit die Entladungsbedingungen konstant sind. Es gibt

Gasentladungslampen für die Leuchttechnik,

Gasentladungsventile für die Stromrichtertechnik,

Gasentladungsröhren für die Nachrichtentechnik.

Systematik der Gasentladungslampen und Gasentladungsventile in [H 50]. Die Systematik der Gasentladungsröhren ist Teil von DIN 44400, Blatt 4 („Gasentladungsröhren in der Nachrichtentechnik, Begriffe"). Einige Gasentladungsröhren der Nachrichtentechnik sind gleichzeitig Gasentladungsventile.

Nach den Entladungsformen werden bei den Gasentladungsröhren der Nachrichtentechnik unterschieden: Bogenentladungsröhren, Glimmentladungsröhren und Koronaentladungsröhren. Zur Erzeugung von Rauschleistung dienen gasgefüllte Rauschröhren. Als Energiequelle für Hochfrequenzentladungen dienen Hochfrequenz-Gasentladungsröhren.

Die Bogenentladungsröhren umfassen auch die Überspannungsleiter [H 50]. Sie sind als Bogenentladungsröhren aufzufassen, obwohl sie meist so eingerichtet sind, daß die Beanspruchung eines Überspannungsableiters bereits beim Verlöschen einer Glimmentladung wieder aufhört.

Die Konstanz des Kathodenfalls einer Glimmentladung dient zum Herstellen einer konstanten Spannung (Spannungsgeberröhre). Bei konstantem Strom kann eine besonders hohe Spannungskonstanz erzielt werden (Vergleichsspannungsröhren). In Stabilisatorröhren wird eine ausreichende Konstanz der Brennspannung in einem größeren Strombereich erzielt.

Für die Herstellung hoher konstanter Spannungen wird die Konstanz der Brennspannung einer Koronaentladung ausgenutzt. Hochfrequenz-Gasentladungsröhren sind die Sperröhren in Hochfrequenzleitungen, die bei hoher Hochfrequenzspannung zünden, so daß an dieser Stelle der Leitung nahezu vollständige Reflexion eintritt.

Schrifttum zu 2.3 Der elektrische Strom im Vakuum und in Gasen

Normen

DIN 1326   Gasentladungen.
     Bl. 1 Stationäre Entladungen.
     Bl. 2 Übergangsentladungen.

DIN 1343   Normzustand, Normvolumen.

DIN 44020   Bl. 1 Photoelektronische Bauelemente. Allgemeine Begriffe.
     Bl. 2 –; Begriffe für Photovervielfacher.

DIN 44400   Bl. 1 Elektronenröhren; Grundbegriffe.
     Bl. 2 Vakuum-Dioden und gittergesteuerte Vakuum-Röhren, Begriffe.
     Bl. 3 Laufzeitröhren, Begriffe.
     Bl. 4 Gasentladungsröhren in der Nachrichtentechnik, Begriffe.
     Bl. 5 Elektronenstrahl-Wandlerröhren, Begriffe.
     Bl. 6 Rauschen, Begriffe.
     Bl. 7 Gittergesteuerte Vakuum-Röhren in Schaltungen, Begriffe.
     Bl. 8 Begriffe in Datenblättern für Elektronenröhren.

Bücher

[H 50] HÜTTE IV A, Starkstromtechnik und Lichttechnik. 28. Aufl. Berlin 1957, Ernst & Sohn.

[H 60] HÜTTE IV B, Fernmeldetechnik. 28. Aufl. Berlin, München 1962, Ernst & Sohn.

[1] Handbuch der Physik. Hrsg. S. Flügge. Bd. XXI, Elektronenemission und Gasentladungen I. Berlin 1956, Springer.

[2] Handbuch der Physik. Hrsg. S. Flügge. Bd. XXII, Gasentladungen II. Berlin 1956, Springer.

[3] Meinke u. Gundlach, Taschenbuch der Hochfrequenztechnik. 3. Aufl. Berlin 1968, Springer.

[4] Rothe u. Kleen, Hochvakuum-Elektronenröhren, Bd. 1, Physikalische Grundlagen. Frankfurt 1955, Akademische Verlagsgesellschaft.

[5] Simon u. Suhrmann, Der lichtelektrische Effekt. 2. Aufl. Berlin 1958, Springer.

[6] Gänger, Der elektrische Durchschlag von Gasen. Berlin 1953, Springer.

[7] Morton, Advances in Electronics and Electron Physics. Bd. 17. New York 1962, Academic Press.

[8] Loeb, Basic Processes of Gaseous Electronics. Los Angeles 1961, University of California Press.

[9] Dosse u. Mierdel, Der elektrische Strom im Hochvakuum und in Gasen. Leipzig 1943, Hirzel.

[10] v. Engel u. Steenbeck, Elektrische Gasentladungen. Bd. 1, 1932; Bd. 2, 1934. Berlin, Springer.

[11] Knoll, Ollendorf u. Rompe, Gasentladungstabellen. Berlin 1935, Springer.

2.4 Grundlagen der Elektrotechnik[1])

von Prof. Dr.-Ing. J. Fischer, Karlsruhe

A. Formelzeichen, Größen und Einheiten[2])

Zeichen	Größe	SI-Einheit	weitere Einheiten
$\hat{\underline{A}}$, $\hat{A}$	komplexe bzw. reelle Amplitude		
B	Blindleitwert, Suszeptanz	S	
$\mathfrak{B}_p$, B_p	Permanenz		
$\mathfrak{B}_r$, B_r	Remanenz	T	G, kG
$\mathfrak{B}_s$, B_s	Sättigungsinduktion		
C_{ik}	Teilkapazitäten	F	μF, nF, pF
C_{res}	resultierende Kapazität		
C'	Kapazitätsbelag	F/m	
D_n	Normalkomponente der elektrischen Verschiebung	C/m²	
$\mathfrak{E}_e$, E_e	eingeprägte elektrische Feldstärke		
$\mathfrak{E}_i$, E_i	innere elektrische Feldstärke		
E_r	Radialkomponente von $\mathfrak{E}$	V/m	V/cm
E_s	Komponente von $\mathfrak{E}$ in Kurvenrichtung		
E_t	Tangentialkomponente von $\mathfrak{E}$		
F	Faraday-Konstante, Äquivalentladung		C/mol
G	elektrische Stromdichte	A/m²	A/mm²
G_i	innerer Leitwert	S	
G'	Ableitungsbelag	S/m	
$\mathfrak{H}_c$, H_c	Koerzitivfeldstärke	A/m	A/cm
$\mathfrak{H}_e$, H_e	eingeprägte magnetische Feldstärke		
$\underline{I}$, I	komplexe bzw. reelle elektr. Stromstärke		
I_{eff}	Effektivwert des Stromes		
I_i	Strom im i-ten Kreis	A	mA
I_k	Kurzschlußstrom		
$\hat{I}$	Amplitude eines Sinusstromes		
$\mathfrak{J}$, J	magnetische Polarisation	T	G, kG
J_s	Sättigungspolarisation		
J_0	Besselfunktion nullter Ordnung		
J_1	Besselfunktion erster Ordnung		
K	Koordinate von $\mathfrak{E}$ oder $\mathfrak{H}$		
L_a	äußere Selbstinduktivität		
L_d	differentielle Selbstinduktivität		
L_h	Hauptinduktivität, Nutzinduktivität		
L_i	innere Selbstinduktivität		
L_{ii}	Selbstinduktivitäten	H	mH
L_{ik}	Gegeninduktivitäten		
L_s	Streuinduktivität		
L_0	Selbstinduktivität bei Gleichstrom		

[1]) Schrifttum S. 189. [2]) Weitere Formelzeichen vgl. 2.1.

Zeichen	Größe	SI-Einheit	weitere Einheiten
L'	Selbstinduktivitätsbelag	H/m	mH/m
M	Gegeninduktivität	H	mH
$\mathfrak{M}$, M	Magnetisierungsstärke, Magnetisierung	A/m	A/cm
$\underline{M}$	komplexer Vierpol-Kernwiderstand	Ω	
N	Entmagnetisierungsfaktor		
$\mathfrak{P}$, P	elektrische Polarisation	C/m²	
P_a	Verbraucherleistung		
P_b	Blindleistung		
P_i	Quellenleistung		
P_s	Scheinleistung	W	mW, kW, MW, GW
P_v	Verzerrungsblindleistung		
P_w	Wirkleistung		
$\underline{P}$	Wirkleistung		
R_a	äußerer Widerstand		
R_C	Widerstand des Kondensators		
R_i	innerer Widerstand		mΩ, kΩ, MΩ, GΩ, TΩ
R_p	Parallelwiderstand	Ω	
R_S	Strahlungswiderstand		
$\overset{\circ}{R}$	Widerstand einer Leiterschleife		
R'	Widerstandsbelag	Ω/m	
R_m	magnetischer Widerstand	1/H	
$\underline{U}$, U	komplexe bzw. reelle elektrische Spannung		
$\underline{U}_C$, U_C	Spannung an der Kapazität C		
U_eff	Effektivwert der Spannung		
U_l	Leerlaufspannung	V	mV, kV
U_q	Quellenspannung		
$\overset{\circ}{U}$	Umlaufspannung, Randspannung		
$\hat{U}$	Amplitude einer Sinusspannung		
$\overset{\circ}{V}$	magnetische Umlaufspannung	A	
W_e	elektrische Feldenergie	J	erg
W_m	magnetische Feldenergie		
$\underline{W}$	Wellenwiderstand	Ω	
X	Blindwiderstand, Reaktanz		
Y	Scheinleitwert, Admittanz	S	
Z	Scheinwiderstand, Impedanz	Ω	
Z_v	Verbraucher-Scheinwiderstand		
Z_0	Kennwiderstand		
Z	Ordnungszahl, Kernladungszahl		
a	Abstand	m	cm, mm
a	Vierpol-Dämpfungsmaß		
a_B	Betriebsdämpfungsmaß		
b	Vierpol-Phasenmaß		
b	Beweglichkeit	m²/Vs	
b	zeitabhängige magnetische Induktion	T	G, kG
c_0	Lichtgeschwindigkeit im Vakuum	m/s	km/s
d_0	Dämpfungskennzahl		
g	Güte, Resonanzschärfe, Grundschwingungsgehalt		
$\underline{g}$	Vierpol-Übertragungsmaß		

Zeichen	Größe	SI-Einheit	weitere Einheiten
i	zeitabhängiger elektrischer Strom	A	mA
j	Einheit der imaginären Zahlen		
k	elektrochemisches Äquivalent	kg/C	
k	Klirrfaktor, Kopplungsfaktor		
m	Anzahl, Modulationsgrad		
m_0	Ruhemasse des Elektrons	kg	g
n	Elektronendichte	m^{-3}	cm^{-3}
n	chemische Wertigkeit, Anzahl der Feldröhren		
p	mechanische Spannung, Druck	$\mathrm{N/m}^2$	
q	Querschnitt	m^2	cm^2, mm^2
q	zeitabhängige Ladung	C	
t_R	Regelzeit	s	
u	zeitabhängige elektrische Spannung	V	
v	Verstimmung		
v	Phasengeschwindigkeit	m/s	
w_e	elektrische Feldenergiedichte		
w_H	Hysterese-Energiedichte	} $\mathrm{J/m}^3$	$\mathrm{J/cm}^3$
w_m	magnetische Feldenergiedichte		
x	Kennzahl der Stromverdrängung		
Γ	Wellenwiderstand		
Γ_0	Wellenwiderstand des Vakuums	} Ω	
Θ	Durchflutung	A	kA
Λ	magnetischer Leitwert	H	mH
Λ	logarithmisches Dekrement		
Φ_i	magnetischer Fluß des i-ten Kreises		
Φ_h	magnetischer Hauptfluß	} Vs	kM, MM
Ω	Kreisfrequenz	1/s	
α	Temperaturkoeffizient	1/K	
α	ebener Winkel	rad	°
α	Dämpfungskonstante		
β	Phasenkonstante	} 1/m	
γ	Übertragungskonstante		
γ	elektrische Leitfähigkeit	S/m	
δ	Verlustwinkel	rad	°
δ	Abklingkonstante	1/s	
δ	Schichtdicke	m	cm, mm
(ε_{ik})	Dielektrizitätstensor	F/m	
ζ	ebener Winkel	rad	°
η	räumliche Ladungsdichte	$\mathrm{C/m}^3$	
η	Frequenzverhältnis		
ϑ	Dämpfungswinkel	rad	°
$\varkappa$	Dämpfungszahl, magnetische Suszeptibilität		
λ	Leistungsfaktor		
μ	totale Permeabilität		
μ_d	differentielle Permeabilität		
(μ_{ik})	Permeabilitätstensor	} H/m	
μ_p	permanente Permeabilität		
μ_rev	reversible Permeabilität		
ν	Anzahl		
ϱ	Radius	m	cm, mm
σ	Streuziffer		

Zeichen	Größe	SI-Einheit	weitere Einheiten
τ	bezogene Regelzeit		
φ	Nullphasenwinkel	rad	°
φ	rechnerischer magnetischer Fluß		
φ_h	rechnerischer Hauptfluß	Vs = Wb	kM, MM
φ_s	rechnerischer Streufluß		
χ	ebener Winkel		
ψ	ebener Winkel	rad	°
ω_g	Grenzkreisfrequenz		
ω_0	Kennkreisfrequenz	1/s	

Kopfzeiger

h	Haupt-	o	Umlauf
n	Neben-	'	längenbezogen
—	Mittelwert	→	Vektor
^	Amplitude		

Fußzeiger

A	Anfang	min	minimal
B	Betrieb	n	in Normalenrichtung, n-ter Wert einer Wertemenge
C	für Kapazität C		
H	Hysterese	p	permanent, parallel
R	Regel-	q	Quelle
S	Strahlung, Schleife	r	in radialer Richtung
a	außen	r	relativ, remanent
b	blind	res	resultierend
c	Koerzitiv-	rev	reversibel
d	differentiell	s	in Richtung der Kurventangente
e	eingeprägt, elektrisch	s	Sättigung, Schein-, Streu-
eff	effektiv	t	in tangentialer Richtung
g	Grenze	t	total
h	Haupt-	v	Verbraucher, verzerren
i	innen, Impuls	w	Wirk-, Wirbelstrom
i	i-ter Wert einer Wertemenge	x	in x-Richtung
ii	Element in der i-ten Zeile und i-ten Spalte einer Matrix	y	in y-Richtung
		z	in z-Richtung
ik	Element in der i-ten Zeile und k-ten Spalte einer Matrix	ν	ν-ter Wert einer Wertemenge
		ϑ	in ϑ-Richtung
k	Kurzschluß	0	Vakuum, Bezugspunkt, zur Zeit $t=0$,
k	k-ter Wert einer Wertemenge		für Frequenz $f=0$, Ruhe, Resonanz,
l	Leerlauf		nullter Ordnung
m	magnetisch	1	Eingangsgröße, erster Ordnung
max	maximal	2	Ausgangsgröße

B. Atomphysikalische Zusammenhänge

B1 Elektronen und Atome

Die kleinste, nicht weiter teilbare elektrische Ladung ist die Elementarladung $e = 1{,}602 \cdot 10^{-19}$ Coulomb. Das Elektron hat die negative Elementarladung und die Ruhemasse $m_0 = 9{,}11 \cdot 10^{-28}$ g. Nach der Relativitätstheorie wächst die Masse des Elektrons mit der Geschwindigkeit v seiner Bewegung gemäß $m = m_0 / \sqrt{1 - (v/c_0)^2}$, wenn c_0 die Vakuumlichtgeschwindigkeit ist. Für Zwecke der Elektrotechnik darf man sich das freie Elektron ganz roh als negativ geladene Kugel vom Durchmesser $3 \cdot 10^{-15}$ m vorstellen. Ein Atom eines Elementes der Ordnungszahl Z besteht aus einem Atomkern mit der positiven Ladung eZ und einer Hülle aus Z Elektronen.

B2 Leiter, Halbleiter, Nichtleiter

In metallischen Leitern sind die Elektronen der äußeren Hülle nur locker an das Atom gebunden. Diese „Leitungselektronen" können unter dem Einfluß einer elektrischen Feldstärke das Atom verlassen und sich im Leiter bewegen; bei Verschwinden der elektrischen Feldstärke kehren die Leitungselektronen nicht an ihre ursprünglichen Plätze zurück. Der ungeordneten Bewegung überlagert sich eine Bewegung in einer Vorzugsrichtung mit einer Geschwindigkeit $\bar{v}$. Unter gewissen Voraussetzungen ist diese proportional zur elektrischen Feldstärke: $\bar{v} = b\,\mathfrak{E}$; der Faktor b heißt Beweglichkeit (hier der Elektronen) und ist eine Stoffkonstante. Die Dichte $\mathfrak{G}$ der Strömung ist $\mathfrak{G} = n e \bar{v} = n e b\,\mathfrak{E}$, wenn e die Elementarladung, n die räumliche Dichte der Elektronen ist. Daher ist die elektrische Leitfähigkeit der Substanz in dieser summarischen Betrachtung

$$\gamma = \frac{G}{E} = b\,n\,e.$$

Für reines Kupfer ist $b \approx 42\ \mathrm{cm^2/Vs}$ und $n \approx 8,5 \cdot 10^{22}\ \mathrm{cm^{-3}}$, daher $\gamma \approx 5,7 \cdot 10^{5}\ \mathrm{A/V\ cm}$; ähnlich liegen die Werte vieler reiner Metalle. Für reines Germanium ist $b \approx 4 \cdot 10^{3}\ \mathrm{cm^2/Vs}$ und $n \approx 1,6 \cdot 10^{13}\ \mathrm{cm^{-3}}$; die Leitfähigkeit $\gamma \approx 10^{-2}\ \mathrm{A/V\,cm}$ dieses Halbleiters ist trotz größerer Trägerbeweglichkeit kleiner, als die der metallischen Leiter, weil die Trägerdichte erheblich geringer ist.

Mit dem technisch nicht geringen Wert $G = 1\ \mathrm{A/mm^2}$ wird in Kupfer

$$\bar{v} = G/ne \approx 7,3 \cdot 10^{-3}\ \mathrm{cm/s} \quad \text{und} \quad E = \bar{v}/b \approx 0,176\ \mathrm{mV/cm},$$

schließlich die auf das Elektron ausgeübte Feldkraft

$$F = eE = 2,8 \cdot 10^{-21}\ \mathrm{N} = 2,8 \cdot 10^{-16}\ \mathrm{dyn};$$

die Beschleunigung $a = F/m_0$ wird ungefähr das 10^8fache der Fallbeschleunigung an der Erdoberfläche.

Da die Elektronen Träger negativer Ladungen sind, sind die Vektoren $\bar{v}$ und $\mathfrak{G} = \gamma\,\mathfrak{E}$ einander entgegengerichtet: der Elektronenstrom ist zur konventionellen Stromrichtung entgegengesetzt.

In Nichtleitern (Dielektriken, Isolatoren) sind die Elektronen an die Atome elastisch gebunden. Unter dem Einfluß einer elektrischen Feldstärke verschieben sich Atomkern und Elektronenhülle gegeneinander; verschwindet die Feldstärke, so wird die ursprüngliche gegenseitige Lage wieder eingenommen (elektrische Polarisation).

C. Stationäre Leitungsströmung

C1 Lineare Netze

Für die Berechnung von zeitlich konstanten und langsam veränderlichen Stromstärken und Spannungen in linearen Netzen ist grundlegendes Element der geometrisch lineare Leiter, dessen Länge viel größer ist als seine Querabmessungen. Die Stromstärke I ist in jedem Querschnitt dieselbe. Ist l_{12} die Länge eines homogenen Leiters zwischen Anfangsquerschnitt 1 und Endquerschnitt 2 mit dem konstanten Querschnitt q (Draht, Stab, Band), so ist der elektrische Widerstand des Leitungsstücks

$$R_{12} = \frac{l_{12}}{\gamma q} = \frac{\varrho\, l_{12}}{q}\ ;$$

$1/R_{12} = G_{12}$ heißt elektrischer Leitwert. Einheiten:

$$[1/R] = 1/\Omega = \mathrm{Siemens} = \mathrm{S}, \qquad [R] = \mathrm{Ohm} = \Omega$$

Die Stoffgröße γ heißt elektrische Leitfähigkeit, $\varrho = 1/\gamma$ spezifischer elektrischer Widerstand.

$$[\varrho] = \Omega\,\text{m} = 10^2\,\Omega\,\text{cm} = 10^6\,\frac{\Omega\,\text{mm}^2}{\text{m}}\,, \qquad [\gamma] = \frac{\text{S}}{\text{m}} = 10^{-2}\,\frac{\text{S}}{\text{cm}} = 10^{-6}\,\frac{\text{S}\,\text{m}}{\text{mm}^2}\,.$$

Beispiele: $\varrho = 1{,}7\ \mu\Omega$ cm für Cu, $2{,}8\ \mu\Omega$ cm für Al, $40\ \mu\Omega$ cm für die Widerstandslegierung Manganin.

ϱ wächst mit der Temperatur bei reinen Metallen annähernd linear:

$$\varrho(\vartheta_2) = \varrho(\vartheta_1)\,[1 + \alpha_1(\vartheta_2 - \vartheta_1)],$$

wobei α_1 der Temperaturkoeffizient bei ϑ_1 genannt wird. α_1 ist um so kleiner, je größer ϑ_1 ist. Bei reinen Metallen ist $\alpha_1 \approx 4\cdot 10^{-3}/\text{K}$ bei 20 °C, bei Widerstandslegierungen (Manganin) kann α_1 sehr klein sein.

Anwendung: Elektrische Temperaturmessung mit Widerstandsthermometer.

Mit abnehmender Temperatur sinkt nahe 0 K der Widerstand einiger Metalle bei einer bestimmten Sprungtemperatur (7,26 K bei Pb, 4,17 K bei Hg) auf extrem kleine Werte (Supraleitung).

C11 Gesetze von Ohm und von Joule. Wird R_{12} von *1* nach *2* vom Strom I_{12} durchflossen, so ist die elektrische Spannung U_{12} von *1* nach *2* nach dem Gesetz von Ohm

$$U_{12} = I_{12}\,R_{12}.$$

Sie wird Widerstandsspannung genannt. Da definitionsweise $R_{12} = R_{21} > 0$ ist, haben I_{12} und U_{12} denselben Richtungssinn (dasselbe Vorzeichen): $U_{21} = -U_{12}$, $I_{21} = -I_{12}$. Die Doppelindizes sind unnötig, wenn man in das Schaltbild Pfeile einträgt (Bild 2.4-1). Fehlende Bepfeilung bedeutet unvollständige Darstellung und führt zu Fehlern. Doppelpfeile (Koten, Maßpfeile) können nur die Existenz, nicht aber die Richtung einer Spannung darstellen. Der geometrisch lineare Widerstand R wirkt linear, wenn Stromstärke und Widerstandsspannung zueinander proportional sind (Gegenbeispiel: Raumladungsgesetz vgl. **2.3**).

Im Widerstand R wird durch den Strom Wärme hervorgebracht (Stromwärme, Joulesche Wärme). Die Wärmeleistung ist

$$P = I^2 R = U^2/R = I\,U.$$

Die Wärmemenge ist $P\,t$, wenn I und U während der Zeitspanne t konstant sind.

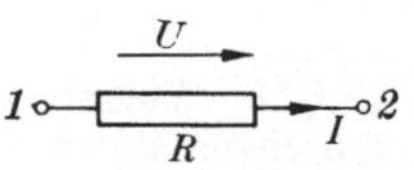

Bild 2.4-1
Zum Ohmschen Gesetz

C12 Zweipolquellen und Verbraucher. Zwischen den Klemmen eines Zweipols liegt die Leerlaufspannung U_l, wenn durch die Klemmen kein Strom fließt. Der Kurzschlußstrom I_k fließt in einem die Klemmen verbindenden Stromleiter, wenn zwischen den Klemmen keine Spannung besteht. Ein Zweipol wird Zweipolquelle oder aktiver Zweipol genannt, wenn er Leerlaufspannung und Kurzschlußstrom aufweist. Er heißt passiv oder quellenlos, wenn er weder Leerlaufspannung noch Kurzschlußstrom besitzt. Verbraucher (Empfänger) ist ein Zweipol, der Wirkleistung aufnimmt. Erzeuger (Generator, Sender) ist ein Zweipol, der Wirkleistung abgibt. Belastet heißt ein Zweipol, durch dessen Klemmen ein Strom fließt. Linear wirkend oder linear ist ein Zweipol, wenn der Strom eine lineare Funktion der Spannung ist. Ein konstanter Widerstand ist ein linearer passiver Zweipol.

Bei der linearen Zweipolquelle sind U_l, I_k und der innere Widerstand $R_\text{i} = U_\text{l}/I_\text{k}$ konstant (Bild 2.4-2). Beim Zusammenschalten einer linearen Zweipolquelle mit einem linearen Verbraucher (Widerstand R_a) fließt im Kreis der Strom $I = U_\text{l}/(R_\text{i} + R_\text{a})$. Zur Kennzeichnung der Zweipolquelle kann man auch die elektromotorische Kraft

$E = -U_1$ benutzen. Sie hat dasselbe Vorzeichen wie die Stromstärke im Innern der aktiv wirkenden Zweipolquelle. Wirkt die Zweipolquelle aktiv, so ist die Klemmenspannung

$$U = I R_a = U_1 R_a/(R_i + R_a) < U_1.$$

Im Grenzfall $R_a = \infty$ ist $I = 0$ und $U = U_1$, für $R_a = 0$ ist $U = 0$ und $I = U_1/R_i = I_k$.

Hinsichtlich ihres Zusammenwirkens mit einem Verbraucher kann eine gegebene lineare Zweipolquelle auf zwei gleichwertige Weisen dargestellt werden. Sie wird im Spannungsquellen-Ersatzbild dargestellt durch die Serienschaltung einer linearen Zweipolquelle, die den Innenwiderstand Null und die Leerlaufspannung der gegebenen Zweipolquelle hat, mit dem Innenwiderstand der gegebenen Zweipolquelle. Im Stromquellen-Ersatzbild wird sie dargestellt durch die Parallelschaltung einer linearen Zweipolquelle, die den inneren Leitwert Null und den Kurzschlußstrom der gegebenen Zweipolquelle hat, mit dem inneren Leitwert der gegebenen Zweipolquelle (Bild 2.4-3).

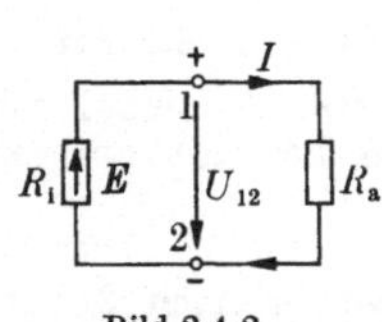

Bild 2.4-2
Quelle und Verbraucher

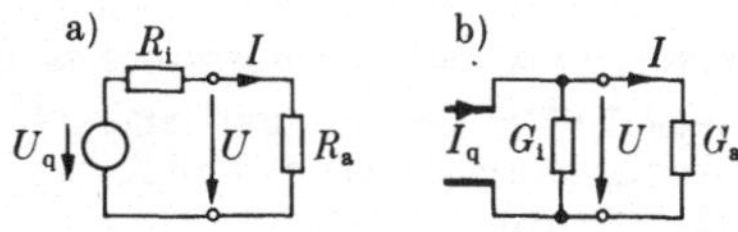

Bild 2.4-3   Ersatzbilder der Zweipolquellen.
a) Spannungsquellen-Ersatzbild. R_a Verbraucherwiderstand, b) Stromquellen-Ersatzbild. G_a Verbraucherleitwert

Bei den meisten technischen Zweipolquellen ist der Zusammenhang zwischen Strom und Klemmenspannung nichtlinear, jedoch ist oft der innere Widerstand annähernd konstant. Man kann die Ersatzbilder der linearen Zweipolquelle beibehalten, wenn man die konstante Leerlaufspannung U_1 durch die belastungsabhängige Quellenspannung U_q und den konstanten Kurzschlußstrom I_k durch den belastungsabhängigen Quellenstrom I_q ersetzt. Daher gilt für das Spannungsquellen-Ersatzbild

$$U = U_q - I R_i, \qquad I = U_q/(R_i + R_a)$$

und für das Stromquellen-Ersatzbild

$$I = I_q - U G_i, \qquad U = I_q/(G_i + G_a).$$

C13 Vorzeichen und Bezugssinn (Bezugsrichtung). Der Strom in einem Leiter von einem Querschnitt *1* zu einem Querschnitt *2* wird positiv gerechnet, wenn positive Ladungsträger sich von *2* nach *1* bewegen. Die Spannung entlang einem Wege von einem Punkt *1* nach einem Punkt *2* wird positiv gerechnet, wenn das elektrische Potential in *1* größer ist als das Potential in *2*. Für jedes Element (Zweipol) eines vermaschten elektrischen Netzes müssen Bezugssinne für Strom und Spannung festgelegt werden, damit den Größen in der Rechnung eindeutig Vorzeichen gegeben werden können. Bezugssinne stellt man im Schaltbild durch Bezugspfeile dar.

C14 Leistungsübertragung, Leistungsanpassung, Wirkungsgrad. Beim Zusammenschalten von Quelle und Verbraucher nach Bild 2.4-3 ist, wenn man das Spannungsquellen-Ersatzbild benutzt, die elektrische Leistung

im Verbraucher $\qquad P_a = \dfrac{U_1^2 R_a}{(R_a + R_i)^2} = U I,$

in der Quelle $\qquad P_i = \dfrac{U_1^2 R_i}{(R_a + R_i)^2},$

insgesamt $\qquad P_a + P_i = \dfrac{U_1^2}{R_a + R_i} = U_1 I.$

Bei gegebener Quelle (U_1, R_1) wird P_a am größten, wenn man dem Verbraucher den Widerstand $R_a = R_1$ gibt; sie hat die Größe $P_{a,\,max} = U_1^2/4\,R_1$: Anpassung eines Verbrauchers an eine Quelle zur Übertragung größter Leistung. Das Maximum ist flach, z. B. ist $P_a/P_{a,\,max} = 0{,}89\cdots0{,}56\cdots0{,}33$ für R_a/R_1 und für $R_1/R_a = 2\cdots5\cdots10$.

In der Energieübertragungstechnik soll dagegen die Verbraucherleistung mit möglichst geringem Verlust in Generator und Leitung zur Verfügung stehen, also mit möglichst großem Wirkungsgrad:

$$\eta = \frac{P_a}{P_a + P_i} = \frac{U\,I}{U_1\,I} = \frac{R_a}{R_a + R_1}\;;$$

bei gegebenem Verbraucherwiderstand R_a ist R_1 möglichst klein zu machen.

C15 Sätze von Kirchhoff und von Helmholtz, Netzberechnung. Die linearen elektrischen Netze bestehen aus Z w e i g e n, die in K n o t e n zusammenlaufen und miteinander in sich geschlossene M a s c h e n bilden; in den Zweigen können Quellen vorhanden sein. Grundlegend für die Berechnung der Ströme und Spannungen sind die beiden Regeln von K i r c h h o f f:

K n o t e n p u n k t r e g e l: In jedem Knotenpunkt ist die Summe aller Ströme Null:

$$\sum_{\nu=1}^{n} I_\nu = 0\,.$$

Ströme, deren Bezugspfeile zum Knoten hin gerichtet sind, erhalten dabei das eine Vorzeichen; Ströme, deren Bezugspfeile vom Knotenpunkt weg gerichtet sind, erhalten das andere.

M a s c h e n r e g e l: Die Summe aller Teilspannungen (einschließlich der Quellenspannungen der Zweipolquellen) entlang einem geschlossenen Weg, dessen Durchlaufsinn gewählt werden muß, ist Null:

$$\overset{\circ}{\sum} U_\nu = 0\,.$$

Alle Spannungen, deren Bezugssinn mit dem gewählten Umlaufsinn übereinstimmt, erhalten das eine Vorzeichen, alle anderen das andere.

Ergibt sich aus der Rechnung eine Netzgröße positiv, so stimmt der gewählte Bezugssinn mit dem physikalischen Richtungssinn überein.

Oft wirken sämtliche Elemente eines Netzes linear. Zur Berechnung solcher l i n e a r e n N e t z e dienen folgende Sätze:

Ü b e r l a g e r u n g s s a t z v o n H e l m h o l t z: Die Stromstärke in einem Zweig eines linearen Netzes, das beliebig viele Quellen enthält, ist die Summe der Teilstromstärken, die durch die einzelnen Quellen in dem Zweig erzeugt werden.

Man hat z. B. sämtliche Leerlaufspannungen im Netz bis auf eine Null zu setzen (ohne dabei die inneren Widerstände der Quellen zu verändern), den Teilstrom im betrachteten Zweig zu berechnen, dieses Verfahren fortzusetzen, bis alle Leerlaufspannungen des Netzes berücksichtigt sind, schließlich die Teilströme zu summieren.

S a t z v o n d e r E r s a t z q u e l l e (H e l m h o l t z): Schließt man an zwei Punkten a und b eines linearen Netzes, das beliebig viele Quellen enthält, einen Widerstand R_n an, so läßt sich für die Berechnung der Stromstärke I_n in ihm und der Widerstandsspannung $I_n R_n$ das Netz ersetzen durch eine Quelle mit einer Leerlaufspannung U_1, einem inneren Widerstand R_1 und einem Kurzschlußstrom I_k. Dabei ist U_1 die Spannung, die zwischen a und b für $R_n = \infty$ berechnet wird, I_k die Stromstärke, die zwischen a und b für $R_n = 0$ berechnet wird, daher $R_1 = U_1/I_k$. Demnach ist $I_n = U_1/(R_n + R_1)$. Man kann R_1 auch dadurch gewinnen, daß man im Netz sämtliche Leerlaufspannungen Null setzt und den Widerstand des Netzes zwischen a und b für $R_n = \infty$ berechnet.

Mit diesem Satz lassen sich Strom und Spannung für jeden Widerstandszweig eines gegebenen Netzes berechnen, indem man den betrachteten Widerstand R_n herausgeschnitten denkt $(R_n = \infty;\ U_1)$, darauf durch einen Kurzschluß ersetzt annimmt $(R_n = 0;\ I_k)$, schließlich seinen wahren Wert R_n einsetzt. Muß man nur eine Stromstärke oder Spannung in einem Netz berechnen oder einige, so spart man auf diese Weise erheblich an Rechenarbeit.

Beispiele. Umwandlung einer Dreieckschaltung in eine Sternschaltung. Die Stromstärken I_x, I_y, I_z einerseits und die Spannungen U_{AB}, U_{BC} und U_{CA} andererseits in den beiden Schaltungen von Bild 2.4-4 sind dieselben, wenn gilt

$$x = \frac{bc}{a+b+c}, \qquad y = \frac{ca}{a+b+c}, \qquad z = \frac{ab}{a+b+c}.$$

Brückenschaltung. In der Schaltung Bild 2.4-5 (nach **Wheatstone** benannt) läßt sich eine Beziehung zwischen den Zweigwiderständen x, r, a, b finden, bei der $U_{12} = 0$ ist. In diesem Fall ist $I_r = I_x$ und $I_b = I_a$ nach der Knotenpunktregel; nach der Maschenregel gilt $I_x x - I_a a = 0$ und $I_x r - I_a b = 0$, daher $U_{12} = 0$ für $xb - ra = 0$ oder $x/a = r/b$ oder $x/r = a/b$.

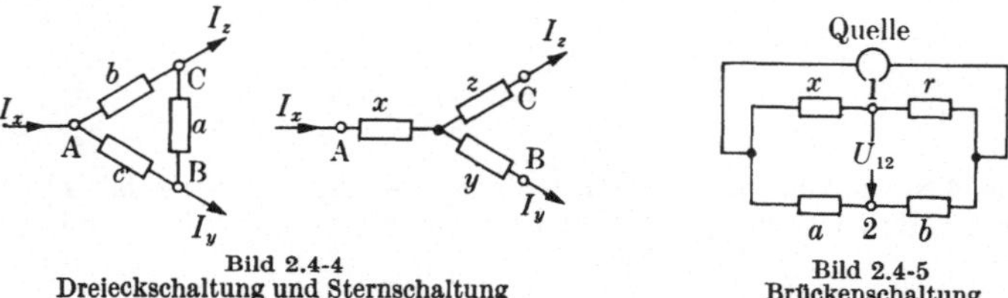

Bild 2.4-4
Dreieckschaltung und Sternschaltung

Bild 2.4-5
Brückenschaltung

C2   Strömungsfeld in leitenden Körpern

C21   Grundbegriffe. In einem räumlich ausgedehnten Leiter ist die elektrische Strömung im allgemeinen nach Größe und Richtung von Ort zu Ort verschieden. Sie ist zu beschreiben durch den Vektor der **Stromdichte** $\mathfrak{G}$. Ihm gleichgerichtet und proportional ist im isotropen Körper die **elektrische Feldstärke**:

$$\mathfrak{G} = \gamma\,\mathfrak{E} \qquad \text{oder} \qquad \mathfrak{E} = \varrho\,\mathfrak{G} \qquad \text{(Gesetz von Ohm)}.$$

An der Grenzfläche eines durchströmten Leiters gegen einen Nichtleiter hat daher das elektrische Feld eine beobachtbare Tangentialkomponente $E_t = \varrho\,G_t$ (z. B. an der Oberfläche eines Drahtes).

Die Wärmeleistung in einem Volumenelement dV ist

$$dP = E\,G\,dV = \varrho\,G^2\,dV = \gamma\,\mathfrak{E}^2\,dV \qquad \text{(Gesetz von Joule in Differentialform)}.$$

Wird in ein Strömungsfeld $\mathfrak{G}$ eine Fläche $\mathfrak{A}$ gelegt, so umfaßt deren Rand die Stromstärke

$$I = \int_A \mathfrak{G}\,d\mathfrak{A} = \int_A G_n\,dA.$$

(Beispiel: Querschnitt eines Drahtes). Ist A die geschlossene Hülle eines Volumens, so ist $\oint \mathfrak{G}\,d\mathfrak{A} = 0$ überall, denn in dem Volumen entsteht oder verschwindet keine elektrische Strömung. Wird entlang einer starren, geschlossenen, beliebig im Strömungsfeld gelegenen Kurve s das geschlossene Linienintegral der elektrischen Feldstärke gebildet, so ist $\oint \mathfrak{E}\,ds = \oint E_s\,ds = 0$, denn das stationäre Feld ist wirbelfrei (vgl. **D1**). Daher kann $\mathfrak{E}$ aus einer skalaren Ortsfunktion φ, dem (skalaren elektrischen) **Potential** berechnet werden nach $\mathfrak{E} = -\,\mathrm{grad}\ \varphi$ (Potentialtheorie, vgl. **D1**). An der Grenzfläche zweier homogener, isotroper Leiter *1* und *2* mit den elektrischen Leitfähigkeiten γ_1 und γ_2 gilt daher

$$G_{t1}/G_{t2} = \gamma_1/\gamma_2\,;$$

die Tangentialkomponenten der Stromdichten verhalten sich zueinander wie die Leitfähigkeiten. Aus einem sehr gut leitenden Stoff tritt die Strömung fast senkrecht in einen viel weniger gut leitenden ein.

C22 Eingeprägte elektrische Feldstärke. Bei leitenden Körpern, die chemisch oder thermisch inhomogen sind (Berührung verschiedener Metalle, galvanische Elemente, Thermoelemente, Konzentrationsgefälle), wird ein elektrisches Feld festgestellt, auch wenn kein Strom fließt („Leerlauf"), und eine elektrische Strömung, auch wenn kein elektrisches Feld vorhanden ist („Kurzschluß"). Dieser Zustand wird beschrieben, wenn man den Ort der Inhomogenität als den Sitz einer eingeprägten elektrischen Feldstärke $\mathfrak{E}_e$ betrachtet und für das Innere des inhomogenen Körpers $\mathfrak{E} = \varrho\,\mathfrak{G} - \mathfrak{E}_e$ setzt; für die Leistung gilt $dP = (\varrho\,\mathfrak{G}^2 - \mathfrak{E}_e\,\mathfrak{G})\,dV$; das zweite Glied kann positiv oder negativ sein je nach dem Winkel zwischen $\mathfrak{E}_e$ und $\mathfrak{G}$ (Ladung und Entladung eines Sammlers).

C23 Ähnliche elektrische Felder. Der elektrische Widerstand eines leitenden Körpers ist nur dann eindeutig, wenn man weiß, durch welche Oberflächenteile der Strom ein- und durch welche er austritt. Bei entsprechenden Randbedingungen kann ein stationäres elektrisches Strömungsfeld in einem homogenen, isotropen, leitenden Körper geometrisch ähnlich sein einem elektrostatischen Feld in einem homogenen, isotropen, nicht leitenden Körper. Dann entsprechen einander formal die untereinandergeschriebenen Größen:

$$\begin{array}{cccc} \mathfrak{G} & I & 1/\varrho & 1/R \qquad\quad \text{Stromeintrittsflächen} \\ \mathfrak{D} & Q & \varepsilon & C \qquad\quad \text{Leiteroberflächen} \end{array}$$

Hierin sind $\mathfrak{D}$ die Verschiebung, Q die Ladung, ε die (absolute) Dielektrizitätskonstante, C die Kapazität. Ist die Feldverteilung im einen Fall gefunden, so ist die Lösung auf den anderen Fall übertragbar; z.B. ist $CR = \varepsilon\varrho$. Man kann hiernach aus den Formeln für die Kapazität von Kondensatoren verschiedener Gestalten die Widerstandswerte für gleichgeformte Leiteranordnungen erhalten und umgekehrt.

Für C vgl. Tabelle 2.4-1. Ebenso kann man verwickelt gestaltete (begrenzte) elektrostatische Felder in einem Elektrolyten als Strömungsfelder mit entsprechend gestalteten Stromeintrittsflächen nachbilden und die hier mit der Sonde gefundenen Feldwerte auf das elektrostatische Feld zurückübertragen.

C24 Widerstände von Erdern. Eine Kugel vom Radius a sei konzentrisch von einer anderen mit dem Radius b umgeben, der Zwischenraum sei erfüllt von einer homogenen leitenden Substanz mit dem spezifischen elektrischen Widerstand ϱ. Aus der Formel für die Kapazität des Kugelkondensators (vgl. Tabelle 2.4-1) folgt

$$R = \frac{\varepsilon\varrho}{C} = \frac{\varrho}{4\pi}\left(\frac{1}{a} - \frac{1}{b}\right).$$

Je größer b gegenüber a wird, um so genauer gilt

$$R = \varrho/4\pi a\,,$$

und um so weniger wird in der Umgebung dieser Kugel das Strömungsfeld davon beeinflußt, ob die entfernte Gegenelektrode eine konzentrische Kugel ist oder nicht. Daher ist der Widerstand zwischen zwei tief in die Erde versenkten Kugeln mit den Radien a und b, die voneinander weit entfernt sind,

$$R = \frac{\varrho}{4\pi}\left(\frac{1}{a} + \frac{1}{b}\right),$$

unabhängig von der Entfernung der Elektroden voneinander und zu den Radien proportional, nicht zu den Oberflächen; der Widerstand ist nur abhängig von der Leitfähigkeit $1/\varrho$ des Erdreiches, nicht von den Leitfähigkeiten der Kugeln: **kugelförmige Tiefenerder**. Der einen Kugel ist der Anteil $R_a = \varrho/4\pi a$ zuzuschreiben. Für einen halbkugelförmigen **Oberflächenerder** ist daher der Anteil $R_a = \varrho/2\pi a$.

Ist I die dem kugelförmigen Tiefenerder zugeführte Stromstärke, so ist die Spannung zwischen der Kugeloberfläche vom Radius a und einem beliebigen Punkt des Raumes, der den Abstand $r > a$ vom Kugelmittelpunkt hat,

$$U(r) = I R_a \left(1 - \frac{a}{r}\right),$$

die man als **Spannungstrichter** bezeichnet. Größe und Form des Spannungstrichters bestimmen die Gefährdung von Lebewesen in der Umgebung des Erders.

D. Elektrisches Feld in Nichtleitern

D1 Feldgrößen; grundlegende Beziehungen

Elektrostatische Felder sind zeitlich konstant. In ihnen wird keine Energie umgewandelt. In zeitlich konstanten elektrischen Strömungsfeldern wird nach **C2** fortwährend Wärme entwickelt; elektrostatische Felder bestehen daher nur in Nichtleitern. In einem Nichtleiter wird auf einen die Ladung Q tragenden Körper eine Kraft $\mathfrak{F}$ ausgeübt, die im allgemeinen örtlich nach Größe und Richtung verschieden und stets proportional zu Q ist. In

$$\mathfrak{F} = Q\mathfrak{E}$$

heißt $\mathfrak{E}$ **Stärke des elektrischen Kraftfeldes** oder **elektrische Feldstärke**.

$$\text{SI-Einheit} \quad [E] = \frac{\text{N}}{\text{C}} = \frac{\text{J}}{\text{As}\,\text{m}} = \frac{\text{V}}{\text{m}}.$$

Legt ein Ladungsträger zwischen den Punkten *1* und *2* einen Weg s zurück, so leisten die Feldkräfte die Arbeit

$$W_{12} = \int_1^2 \mathfrak{F}\,d\mathfrak{s} = Q \int_1^2 \mathfrak{E}\,d\mathfrak{s} = Q \int_1^2 E_s\,ds.$$

Die von Q unabhängige Größe

$$\frac{W_{12}}{Q} = \int_1^2 E_s\,ds = U_{12}$$

heißt **elektrische Spannung**. Ist s eine beliebige geschlossene Kurve, so ist im elektrostatischen Feld, weil Energieumsetzungen ausgeschlossen sind,

$$\oint \mathfrak{E}\,d\mathfrak{s} \equiv \mathring{U} = 0.$$

Das elektrostatische Feld ist wirbelfrei. $\mathring{U}$ heißt **Umlauf-** oder **Randspannung**. Daher kann die Spannung U_{12} zwischen *1* und *2* nur vom Anfangs- und Endpunkt des Weges bestimmt sein, nicht von der Wegkurve s; diese ist beliebig. U_{12} kann dargestellt werden durch die Differenz zweier Werte einer Funktion $\varphi(x, y, z)$ des Ortes im Feld, die **Potential** heißt:

$$U_{12} = \varphi_1 - \varphi_2.$$

Der Feldvektor wird aus φ durch $\mathfrak{E} = -\,\mathrm{grad}\,\varphi$ berechnet, eine r-Koordinate $E_r = \partial\varphi/\partial r$. Aus dem Feld $\mathfrak{E}$ läßt sich der Wert φ jedes Feldpunktes P berechnen bis auf eine Integrationskonstante φ_0, die man als Potential eines Bezugspunktes auslegen kann:

$$\varphi_P = \varphi_0 - \int\limits_0^P \mathfrak{E}\,\mathrm{d}\mathfrak{s}\,.$$

Elektrische Feldlinien (Feldkurven) folgen der Richtung des Feldes $\mathfrak{E}$. Man kann das Feld in Röhren eingeteilt denken, deren Wandung überall mit der Richtung des Feldes übereinstimmt. Wo das Feld keine Quellen hat, ist $\mathfrak{E}\,\mathrm{d}\mathfrak{A} = \mathrm{const}$ für jede Feldröhre und darum der Querschnitt A jeder Röhre zu der dort bestehenden Feldstärke umgekehrt proportional: Großer Querschnitt zeigt kleine Feldstärke an und umgekehrt.

Meist teilt man so ein, daß alle Feldröhren den gleichen Vektorfluß führen. Ersetzt man jede Röhre durch eine mittlere Feldlinie, so ist die Dichte dieser Linien ein Maß für die Feldstärke. Eine **Äquipotentialfläche (Niveaufläche)** ist der geometrische Ort aller Feldpunkte desselben Potentials. Die Feldlinien stehen auf den Niveauflächen senkrecht. In jedem Feldpunkt hat $\mathfrak{E}$ die Richtung des stärksten Potentialabfalls.

Leitende Körper im elektrostatischen Feld sind innen feldfrei: $\mathfrak{E}_i = 0$, und auf jedem Oberflächenelement steht das elektrische Feld senkrecht: $\mathfrak{E}_t = 0$. Die Ladungen liegen unbeweglich nur auf den Oberflächen.

Man nennt den durch eine Oberfläche A tretenden Fluß der elektrischen Verschiebung (Flußdichte) $\mathfrak{D}$ den **elektrischen Fluß**

$$\Psi = \int\limits_A \mathfrak{D}\,\mathrm{d}\mathfrak{A} = \int\limits_A D_n\,\mathrm{d}A\,.$$

Die Ladungen sind die Quellen des elektrischen Feldes. Ein Raumteil eines homogenen, isotropen Nichtleiters mit der Oberfläche (Hüllfläche) enthalte leitende Körper, die verschiedene Ladungen tragen; $\overset{\circ}{\Sigma}\,Q$ sei deren algebraische Summe. Dann gilt für den Hüllenfluß von $\mathfrak{D}$

$$\oint \mathfrak{D}\,\mathrm{d}\mathfrak{A} = \overset{\circ}{\sum}\,Q\,.$$

Der elektrische Hüllenfluß ist gleich der eingeschlossenen Ladung. Dies gilt für alle elektrischen Felder. An der Oberfläche eines geladenen Leiters ist die flächenhafte Ladungsdichte $\sigma = D_n$ im allgemeinen eine Ortsfunktion. Zusammenhang zwischen den elektrischen Feldvektoren im homogenen, isotropen Nichtleiter:

$$\mathfrak{D} = \varepsilon\,\mathfrak{E} = \varepsilon_r \varepsilon_0\,\mathfrak{E} = \varepsilon_r\,\mathfrak{D}_0 = \mathfrak{D}_0 + \mathfrak{P}\,.$$

Hierin ist $\varepsilon_0 = 8{,}855 \cdot 10^{-12}$ F/m eine universelle Konstante, die **elektrische Feldkonstante**. Die **Dielektrizitätszahl** ε_r hängt vom Stoff ab und beschreibt seinen Einfluß auf das elektrische Feld. $\varepsilon = \varepsilon_r \varepsilon_0$ heißt **Permittivität (Dielektrizitätskonstante)**. In nicht isotropen Stoffen wirkt ein Tensor (ε_{ik}). In Tabellen findet man ε_r. Für das Vakuum gilt definitionsgemäß $\varepsilon_r = 1$.

Stoff	ε_r
Luft (760 Torr, 0 °C)	1,0006
Transformatorenöl	2,3
Hartpapier	5
H$_2$O	81

Die elektrische Polarisation

$$\mathfrak{P} = (\varepsilon_r - 1)\,\mathfrak{D}_0 = \chi\,\mathfrak{D}_0$$

ist der durch die nichtleitende Materie verursachte Zuwachs der elektrischen Verschiebung. Die Zahl $\chi = \varepsilon_r - 1$ heißt **elektrische Suszeptibilität**. Durch die Polarisation der Materie wird jedes Volumenelement zu einem elektrischen Dipol aufgrund folgender Vorgänge:

Im Atom verschiebt das elektrische Feld die Elektronenhülle gegenüber dem Kern (**Elektronenpolarisation**). Moleküle, in denen die elektrischen Schwerpunkte von vornherein nicht zusammenfallen, sind dadurch kleine elektrische Dipole. Im elektrischen Feld wird der Abstand der beiden Pole vergrößert (**Atompolarisation**). Auf regellos gelagerte Dipolmoleküle übt das elektrische Feld ein richtendes Drehmoment aus (**Orientierungspolarisation**).

Ein elektrostatisches Feld bestehe infolge Anwesenheit geladener leitender Körper im Feldraum, der außerhalb der Ladungsträger von einem homogenen, isotropen Nichtleiter mit der Dielektrizitätskonstanten ε_1 ausgefüllt sei. Darauf werde diese Substanz durch eine andere mit der Dielektrizitätskonstanten ε_2 ersetzt. Bleiben dabei alle Ladungen unverändert, so bleibt $\mathfrak{D}$ konstant, $\mathfrak{E}$ und die Spannungen zwischen den Ladungsträgern werden im Verhältnis $\varepsilon_1/\varepsilon_2$ verändert. Bleiben die Spannungen der Ladungsträger gegeneinander unverändert, so bleibt $\mathfrak{E}$ konstant, $\mathfrak{D}$ und die Ladungen werden im Verhältnis $\varepsilon_2/\varepsilon_1$ verändert.

Die Linien der elektrischen Feldstärke und der Verschiebung gehen im elektrostatischen Feld von einem homogenen isotropen Nichtleiter (ε_1) in einen anstoßenden anderen (ε_2) über nach

$$\tan\alpha_1/\tan\alpha_2 = \varepsilon_1/\varepsilon_2,$$

denn es ist $D_{n1} = D_{n2}$, $E_{t1} = E_{t2}$, $D = \varepsilon E$. α_1 und α_2 sind die Winkel, die die Tangenten an die Feldlinien in den beiden Nichtleitern an der Trennfläche mit dem Lot bilden. Die Feldlinien liegen beiderseits der Trennfläche in der Ebene der Flächennormalen. Sie werden beim Eintritt in den Nichtleiter mit der kleineren Dielektrizitätskonstanten zum Lot hin gebrochen. Die aus einem Nichtleiter in den leeren Raum (in Luft) austretenden Feldlinien schließen mit dem Lot einen um so spitzeren Winkel ein, je größer die Dielektrizitätskonstante des Nichtleiters ist. Da die Feldlinien auf Leitern senkrecht stehen und deren Inneres feldfrei ist, rechnet man rein formal durch den Kunstgriff richtig, wenn man die Leiter zunächst als Nichtleiter ansieht und darauf ihr ε gegen unendlich wachsen läßt. In Wirklichkeit ist die Dielektrizitätskonstante von Leitern endlich.

Im elektrischen Feld ist **Energie gespeichert**, im Volumenelement dV der Beitrag $dW_e = dV \cdot \mathfrak{E}\mathfrak{D}/2$, so daß die gesamte elektrische Energie das Integral über den felderfüllten Raum

$$W_e = \int w_e\,dV$$

ist, und die räumliche Energiedichte

$$w_e = \mathfrak{E}\mathfrak{D}/2 = \varepsilon\,\mathfrak{E}^2/2 = \mathfrak{D}^2/2\varepsilon.$$

Für w_e besteht ein weniger einfacher Ausdruck, wenn $\mathfrak{D}$ und $\mathfrak{E}$ nicht zueinander proportional sind. Für das elektrostatische Feld mit ν Ladungsträgern erhält man

$$W_e = \frac{1}{2}\sum_{i=1}^{\nu} \varphi_i Q_i\,;$$

dabei sind φ_i die Potentiale der Ladungsträger, Q_i ihre Ladungen.

D 2　Ermittlung elektrischer Felder

D 21　Potentialgleichung. Im elektrostatischen Feld im ladungsfreien, homogenen isotropen Nichtleiter gilt die partielle Differentialgleichung von Laplace $\Delta\varphi = 0$, in kartesischen Koordinaten

$$\frac{\partial^2\varphi}{\partial x^2} + \frac{\partial^2\varphi}{\partial y^2} + \frac{\partial^2\varphi}{\partial z^2} = 0\,.$$

Die zur speziellen Lösung erforderlichen Randwerte können sich auf Potentiale und Ladungen beziehen. Ist im Feld Ladung mit einer räumlichen Dichte $\eta(x, y, z)$ verteilt, so ist die Differentialgleichung von Poisson $\Delta\varphi = -\eta/\varepsilon$ zu lösen.

Beispiele:

1. Einzelne Punktladung Q. Im Abstand r des Aufpunktes von ihr ist das Potential $\varphi(r) = \dfrac{Q}{4\pi\varepsilon}\dfrac{1}{r}$, weil $\Delta\left(\dfrac{1}{r}\right) = 0$. Bei ν punktförmigen Ladungsträgern überlagern sich die Potentiale linear zum Gesamtpotential

$$\varphi(r) = \frac{1}{4\pi\varepsilon}\sum_{i=1}^{\nu}\frac{Q_i}{r_i}\,;$$

hierin sind r_i die Abstände der Ladungsträger vom Aufpunkt, Q_i ihre Ladungen.

2. Im eindimensionalen Fall ist

$$\frac{\mathrm{d}^2\varphi}{\mathrm{d}x^2} = 0\,,$$

daher $\varphi(x) = c_1 + c_2 x$ mit zwei aus den Randwerten der Aufgabe zu ermittelnden Integrationskonstanten c_1, c_2. Die elektrische Feldstärke liegt in x-Richtung und ist konstant:

$$E_x = -\frac{\mathrm{d}\varphi}{\mathrm{d}x} = -c_2\,,$$

die Niveauflächen $x = \mathrm{const}$ sind die Ebenen senkrecht zur x-Richtung: ebenes homogenes Feld.

3. Zweidimensionale ebene Felder. Die Differentialgleichung

$$\frac{\partial^2\varphi}{\partial x^2} + \frac{\partial^2\varphi}{\partial y^2} = 0$$

wird durch jede beliebige analytische Funktion $\varphi(z)$ der komplexen Veränderlichen $z = x + \mathrm{j}y$ gelöst $(\mathrm{j} = \sqrt{-1})$, und dieselbe Differentialgleichung besteht für den reellen und den imaginären Teil dieser Funktion. Die Lösung einer ebenen Potentialaufgabe besteht darin, eine analytische Funktion zu finden, deren reeller oder imaginärer Teil die Randbedingungen erfüllt (Differentialgleichung von Cauchy und Riemann [H 01]).

D 22　Spiegelungsverfahren. Auf Äquipotentialflächen und daher auf Leiteroberflächen steht das elektrostatische Feld senkrecht. Es wird nicht geändert, wenn man eine Äquipotentialfläche ersetzt durch eine leitende Fläche. Es bleibt gleichfalls vor einer Äquipotentialfläche unverändert, wenn man den Raum hinter ihr leitend ausfüllt. Mit Hilfe dieser Tatsache werden elektrostatische Felder bestimmt, wenn die Äquipotentialflächen gewünschte Formen haben.

Beispiel: Punktladung Q im Abstand a vor einer leitenden Ebene. Das Feld im nichtleitenden Halbraum ist dasselbe, wie wenn auf der abgewandten Seite der Grenzebene derselbe Nichtleiter und in demselben Abstand a eine Ladung $-Q$ vorhanden wäre, denn für diese Anordnung ist die Mittelebene eine Äquipotentialfläche. Also ist

$$\varphi = \frac{Q}{4\pi\varepsilon}\left(\frac{1}{r} - \frac{1}{r'}\right),$$

wenn r Abstand der Ladung Q und r' Abstand der Spiegelladung $-Q$ vom Aufpunkt ist. Auf den Träger der Ladung Q wirkt daher eine „Bildkraft" in Richtung zur Spiegelladung. Das Spiegelungsverfahren wird auch auf zahlreiche weniger einfache Anordnungen angewendet.

D 23 Experimentelle Näherungsverfahren. Elektrolytischer Trog, Gummimembran. Wird eine waagerecht gleichmäßig gespannte Gummimembran deformiert, so gilt für die Auslenkung z näherungsweise

$$\frac{\partial^2 z}{\partial x^2} + \frac{\partial^2 z}{\partial y^2} = 0,$$

wenn die Neigungen

$$\left|\frac{\partial z}{\partial x}\right| \quad \text{und} \quad \left|\frac{\partial z}{\partial y}\right|$$

klein gegenüber 1 bleiben. Die Membranfläche ergibt ein Reliefbild des ebenen Potentialfeldes, nachdem durch Unterstützen oder Eindrücken der Membran die Randbedingungen der Potentialaufgabe nachgebildet worden sind.

D 24 Zeichnerische Näherungsverfahren. Für eine Querschnittsebene eines ebenen Feldes mit gegebenen Rändern und einheitlichem ε zeichnet man das Feldbild, indem man ein Netz von Feldkurven und Niveaukurven so entwirft, daß für jedes so erhaltene rechtwinklige Kurvenvierseit die mittlere Breite mit der mittleren Länge a übereinstimmt; die Kurvenvierseite werden Quadraten um so ähnlicher, je feiner man die Zeichnung unterteilt. Jedes Kurvenvierseit stellt den Querschnitt eines Feldröhrenabschnitts dar, der die Höhe h senkrecht zur Zeichenebene hat; allen Feldröhren ist dieselbe Höhe h gemeinsam. Ist zwischen zwei aufeinander folgenden Niveaulinien das gesamte Feld in m Kurvenvierseite unterteilt, so ist der gesamte elektrische Fluß zwischen den beiden Niveauflächen $\Psi_1 = U_1 m \varepsilon h$; sind die beiden Niveauflächen Leiteroberflächen, so ist $\Psi_1 = Q$ der Betrag der Ladung auf jeder der beiden Leiteroberflächen. U_1 ist die gewählte Potentialdifferenz zwischen zwei benachbarten Niveauflächen (Niveaulinien der Zeichnung).

Die elektrische Feldstärke hat überall den Betrag $E = U_1/a$ und die Richtung der Feldkurven. Die Spannung zwischen zwei das Feld berandenden Leiteroberflächen, zwischen denen n Äquipotentiallinien der Potentialdifferenz U_1 gezeichnet sind, ist $U_1(n+1) = U$. Daher ist

$$\frac{Q}{U} = \frac{m\varepsilon h}{n+1} = C$$

die Kapazität des Feldraumes zwischen beiden Leiteroberflächen. Das Verfahren läßt sich auf alle flächennormalen Felder, insbesondere auch auf Felder mit axialer Symmetrie, übertragen. Außerdem: numerische Näherungsverfahren zur Ermittlung des Potentialfeldes.

D 3 Kapazität, Kondensator

D 31 Definitionen. Im nichtleitenden Raum zwischen zwei Leiteroberflächen bestehe ein elektrisches Feld derart, daß der gesamte elektrische Fluß, der auf der einen Leiteroberfläche entspringt, in die andere mündet; die Flächen tragen entgegengesetzt gleichgroße Ladungen Q. Das Verhältnis zur Spannung U zwischen den Platten

$$Q/U = C$$

ist gegeben durch die Dielektrizitätszahl des Nichtleiters im Zwischenraum und durch die Geometrie des Feldes. C wird **Kapazität**, die beschriebene körperliche Anordnung wird **Kondensator** genannt.

SI-Einheit $[C] = [Q]/[U] = \text{As/V} = \text{Farad} = \text{F}$.

Der **Plattenkondensator** besteht aus zwei ebenen parallelen Metallplatten, die eine nichtleitende Scheibe mit der Dielektrizitätskonstanten ε, der Dicke d und dem Querschnitt A einschließen; seine Kapazität ist $C = \varepsilon A/d$.

Werden ν Kondensatoren in Serie geschaltet, so ist die resultierende Kapazität

$$C_{\text{res}} = \frac{1}{\displaystyle\sum_{i=1}^{\nu} 1/C_i} \; ;$$

werden ν Kondensatoren parallel geschaltet, so ist die resultierende Kapazität

$$C_{\text{res}} = \sum_{i=1}^{\nu} C_i .$$

Die im Kondensator gespeicherte **elektrische Energie** ist

$$W_e = QU/2 = CU^2/2 = Q^2/2C .$$

Werte der Kapazität C und der größten Feldstärke $E_{\max}$ wichtiger Leiteranordnungen in Tabelle 2.4-1; $E_{\max}$ ist für die elektrische Beanspruchung des Nichtleiters wichtig, der bei einer bestimmten Feldstärke zerstört wird. Die Durchbruchfeldstärke trockener Luft vom Normzustand (760 Torr, 20 °C) liegt etwa bei 21 kV/cm.

Tabelle 2.4-1   Kapazitäten einiger Leiteranordnungen

Anordnung	Schema	Kapazität C	Größte Feldstärke $E_{\max}$
ebene Platten		$\dfrac{\varepsilon A}{d}$	$\dfrac{U}{d}$
konzentrische Kugeln		$\dfrac{4\pi\varepsilon}{\dfrac{1}{a}-\dfrac{1}{b}}$	$\dfrac{U\,b/a}{b-a}$
Kugel		$4\pi\varepsilon a$	
koaxiale Zylinder, Länge l (Einleiterkabel)		$\dfrac{2\pi\varepsilon l}{\ln(b/a)}$	$\dfrac{U}{a\ln(b/a)}$
parallele Zylinder, Länge l, $a \gg \varrho$		$\dfrac{\pi\varepsilon l}{\ln(a/\varrho)}$	$\dfrac{U}{2\varrho\ln(a/\varrho)}$
Zylinder, Länge l, gegenüber Ebene, $h \gg \varrho$		$\dfrac{2\pi\varepsilon l}{\ln\left(\dfrac{2h}{\varrho}\right)}$	$\dfrac{U}{\varrho\ln\left(\dfrac{2h}{\varrho}\right)}$

D 32   Zeitlich veränderliche Vorgänge.

D 321   Lade- und Entladevorgang. Ein spannungs- und daher ladungsloser Kondensator der Kapazität C werde zur Zeit $t = 0$ an eine Quelle geschlossen, die die konstante Leerlaufspannung U_1 hat; der Gesamtwiderstand des geschlossenen Stromkreises sei R (Bild 2.4-6). Der zeitliche Verlauf der Spannung ist

$$U(t) = U_1(1 - e^{-t/\tau}),$$

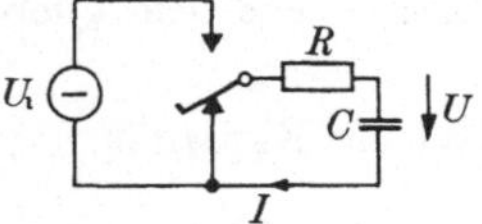

der der Ladung ist $Q(t) = C\,U(t)$, der des Stromes

$$I(t) = \frac{U_1}{R}\,e^{-t/\tau}.$$

Bild 2.4-6   Ladung und Entladung eines Kondensators

Ein zur Spannung U_0 aufgeladener Kondensator der Kapazität C werde zur Zeit $t = 0$ über einen Widerstand R geschlossen (Bild 2.4-6). Der zeitliche Verlauf der Spannung ist

$$U(t) = U_0\,e^{-t/\tau},$$

der der Ladung ist $Q(t) = CU(t)$, der des Stromes

$$I(t) = -\,\frac{U_0}{R}\,e^{-t/\tau}.$$

$\tau = RC$ ist die elektrische **Zeitkonstante** des Stromkreises. Die Vorgänge verlaufen um so langsamer, je größer τ ist. Für die Funktionen $e^{-t/\tau}$ und $1 - e^{-t/\tau}$ s. Bild 2.4-7 und Tabelle 2.4-2; ausführliche Tabelle für e^{-x} in [H01].

Tab. 2.4-2 Zahlenwerte für Funktionen $e^{-t/\tau}$ **und** $1 - e^{-t/\tau}$

t/τ	$e^{-t/\tau}$	$1 - e^{-t/\tau}$
0	1	0
1	0,3679	0,6321
2	0,1353	0,8647
3	0,0498	0,9502
4	0,0183	0,9817
5	0,0067	0,9933
6	0,0025	0,9975
7	0,00091	0,9991
8	0,00033	0,9997

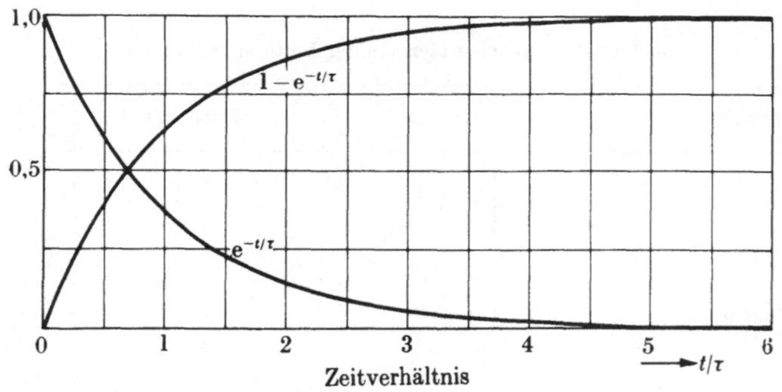

Bild 2.4-7   Verlauf der Funktionen $e^{-t/\tau}$ und $1 - e^{-t/\tau}$

Die Zeitspanne t, an deren Ende der Ladestrom oder der Entladestrom vom Anfangswert I_0 auf den Wert pI_0 gesunken ist, ist demnach $t = \tau \ln(1/p)$, z. B. $t = 6{,}91\,\tau$ für $p = 1/1000$. Bei der Entladung nimmt die elektrische Feldenergie vom Anfangswert $W_0 = U_0^2 C/2$ ab nach $W(t) = W_0 e^{-2\,t/\tau}$, und es entsteht Stromwärme. Nach dem Energieerhaltungssatz ist W_0 die Stromwärme nach Ablauf des Vorgangs.

Hat die Substanz im Feldraum des Kondensators elektrische Leitfähigkeit, so hat der Kondensator einen Widerstand R_C, und es gilt nach **C 2**

$$R_C C = \varepsilon\varrho = \tau.$$

Die Zeitkonstante der Selbstentladung ist unabhängig von der Geometrie und Kapazität des Kondensators.

D 322 Nachwirkung. Man beobachtet an Kondensatoren mit nichtidealen Isolierstoffen, daß beim Laden und Entladen Spannung und Stromstärke sich langsamer ändern, als das nach der Berechnung der Fall sein müßte (**Nachladung** beim Ladevorgang, **Rückstandsbildung** beim Entladevorgang). Man führt diese Erscheinung auf Ungleichförmigkeiten im Isolierstoff zurück, insbesondere auf örtliche Unterschiede der Leitfähigkeit. Modelle für eine Schichtung nach Art des Ersatzbildes Bild 2.4-8 geben die Vorgänge dem Sinn nach zutreffend wieder.

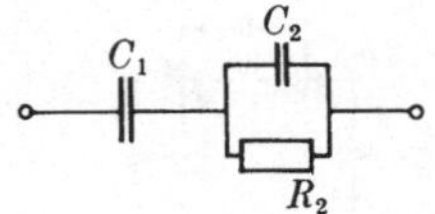

Bild 2.4-8   Ersatzbild eines Zweischichtenkondensators

D 323 Verhalten bei Sinusspannung; Verlustfaktor, Verlustwinkel. Die sinusförmige Schwingung der Spannung

$$u = \hat{U}\cos(\omega t + \varphi)$$

ist in **F1** durch Amplitude $\hat{U}$, Frequenz f, Kreisfrequenz $\omega = 2\pi f$, Periodendauer $T = 1/f$ und Nullphasenwinkel φ erklärt. Liegt sie an den Klemmen des Kondensators, so fließt ein Wechselstrom der Stärke

$$i = \frac{dq}{dt} = C\,\frac{du}{dt} = \omega C\hat{U}\cos(\omega t + \varphi + \pi/2).$$

Nullphasenwinkel des Stromes ist $\varphi + \pi/2$; die Stromschwingung ist der Spannungsschwingung um die Dauer $T/4$ voraus. Die Stromamplitude $\hat{I} = \omega C\hat{U}$ wird aus der Spannungsamplitude $\hat{U}$ so berechnet, als habe der Kondensator den Leitwert ωC und den Widerstand $1/\omega C$. Dieser Leitwert steigt mit wachsender Frequenz. Bei höchsten Frequenzen fallen schon kleinste Kapazitäten ins Gewicht.

Bei Wechselstrombetrieb eines Kondensators mit dem Widerstand R seines Dielektrikums ist

$$G/\omega C = \gamma/\omega\varepsilon = \tan\delta$$

bei vielen homogenen Dielektrika eine annähernd frequenzunabhängige Stoffgröße. Die Umelektrisierungsverluste sind proportional der Frequenz der Umelektrisierung; setzt man sie proportional zu $G\overline{U^2}$, so muß G mit der Frequenz zunehmen. G hat hier eine andere physikalische Bedeutung als bei Gleichstrom, wo G den Isolationswert darstellt, und wird (**Wirk-**) **Ableitung** genannt. $\tan\delta$ wird **Verlustfaktor** und δ **Verlustwinkel** genannt. Hochwertige Dielektrika haben kleine Verlustfaktoren $\delta \approx 10^{-4}$.

D 33 Mehrleiteranordnungen, Teilkapazitäten, Betriebskapazitäten. Im allgemeinen sind an der Ausbildung des elektrischen Feldes mehr als zwei geladene leitende Körper beteiligt (Mehrphasenleitung der Energieübertragung, Zweidrahtfreileitung der Nachrichtentechnik über dem Erdboden, Kabel). Wegen des linearen Zusammenhangs zwischen Ladung und Potential kann man die Ladungen der Körper durch die Potentialdifferenzen gegen die anderen Körper ausdrücken:

$$\begin{aligned}
Q_1 &= C_{11}\varphi_1 & C_{12}(\varphi_1 - \varphi_2) &+ \cdots + C_{1n}(\varphi_1 - \varphi_n),\\
Q_2 &= C_{21}(\varphi_2 - \varphi_1) + C_{22}\varphi_2 & &+ \cdots + C_{2n}(\varphi_2 - \varphi_n),\\
&\;\;\vdots \\
Q_n &= C_{n1}(\varphi_n - \varphi_1) + C_{n2}(\varphi_n - \varphi_2) & &+ \cdots + C_{nn}\varphi_n.
\end{aligned}$$

Die positiven Koeffizienten $C_{ik} = C_{ki}$, die angeben, wie die Ladungen durch die Spannungen bestimmt werden, heißen **Teilkapazitäten**. Sie hängen nur von der Geometrie der Anordnung ab.

D 331 Doppeldrahtfreileitung waagerecht über ebenem Erdboden. Durchmesser beider Drähte 2ϱ, Höhe beider Drahtachsen über Erde h, Abstand der Drahtachsen a, Leitungslänge l (Bild 2.4-9). Teilkapazität der Drähte gegeneinander C_{12}, Teilkapazitäten jedes einzelnen Drahtes gegen Erde C_{13} und C_{23}. Wegen der symmetrischen Anordnung ist hier $C_{23} = C_{13}$. Unter der praktisch stets zutreffenden Voraussetzung $4h^2 \gg a^2$ findet man

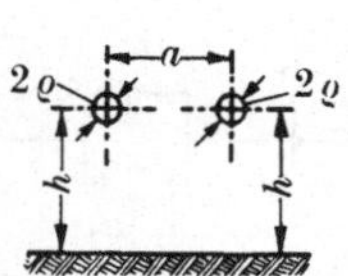

$$\frac{C_{12}}{l} = \frac{\pi\,\varepsilon \ln(2\,h/a)}{\ln(2\,h/\sqrt{a\varrho})\ln(a/\varrho)} = \frac{12{,}09\,\varepsilon_r \log(2\,h/a)}{\log(2\,h/\sqrt{a\varrho})\log(a/\varrho)}\;\frac{\mathrm{nF}}{\mathrm{km}}$$

$$\frac{C_{13}}{l} = \frac{C_{23}}{l} = \frac{\pi\varepsilon}{\ln(2\,h/\sqrt{a\varrho})} = \frac{12{,}09\,\varepsilon_r}{\log(2\,h/\sqrt{a\varrho})}\;\frac{\mathrm{nF}}{\mathrm{km}}.$$

Bild 2.4-9 Zweidraht-Freileitung über Erde

Hieraus ergeben sich folgende Betriebskapazitäten: Ist ein Draht Hinleitung, der andere Rückleitung, so wirkt die Leitung wie die Kapazität

$$C_s = C_{12} + \frac{1}{1/C_{13} + 1/C_{23}} = C_{12} + \frac{C_{13}}{2} = \frac{\pi\varepsilon}{\ln(a/\varrho)}$$

im elektrisch symmetrischen Betrieb; C_s wird Schleifenkapazität genannt und ist unter den gemachten Voraussetzungen unabhängig von h. Wird ein Draht als Hinleitung, die Erde und der mit ihr verbundene andere Draht als Rückleitung benutzt, so ist die Betriebskapazität $C_e = C_{12} + C_{13}$; werden die beiden parallel geschalteten Drähte als Hinleitung, die Erde als Rückleitung benutzt, so ist die Betriebskapazität $C_p = 2C_{13}$; Vergleich mit der Kapazität C_0 eines einzelnen Drahtes über der Erde (Tabelle 2.4-1, letzte Zeile):

$$C_0 < C_p < 2\,C_0.$$

D 332 Drehstromleitung aus drei parallelen Leitern. Bei symmetrischem Bau hat jeder Leiter gegen jeden anderen dieselbe Teilkapazität C_1 und gegen den Nullpunkt die Teilkapazität C_0 (Bild 2.4-10). Bei elektrisch symmetrischem Betrieb ist, bezogen auf die Ladung eines Leiters und seine Spannung gegen den Nullpunkt, die Betriebskapazität $C = 3\,C_1 + C_0$.

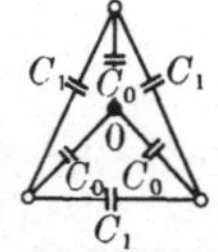

Bild 2.4-10 Ersatzbild der Teilkapazitäten für symmetrisch gebaute Drehstromleitung

D 4 Elektrische Feldkräfte

Zwei Träger mit den Ladungen Q_1, Q_2 in so großem Abstand r voneinander, daß ihre linearen Abmessungen gegenüber r sehr klein sind, üben in Richtung der Verbindungsgeraden aufeinander die Kraft

$$F = \frac{Q_1 Q_2}{4\,\pi\varepsilon r^2}$$

aus; sie ist Anziehung bei Ladungen ungleichen, Abstoßung bei Ladungen gleichen Vorzeichens: Gesetz von Coulomb.

Beim geladenen Kondensator wird durch Verkleinern des Elektrodenabstandes die Kapazität vergrößert und Arbeit gewonnen. Ist der Kondensator isoliert ($Q = \text{const}$), so geschieht dies auf Kosten der elektrischen Feldenergie W_e. Die Kraft in Richtung der Bewegung ist

$$F_x = -\frac{\partial W_e}{\partial x} = -\frac{Q^2}{2}\frac{\partial}{\partial x}\left(\frac{1}{C}\right),$$

beim ebenen Plattenkondensator nach Tabelle 2.4-1

$$F_x = -\frac{Q^2}{2\,\varepsilon A}.$$

Wird die Spannung durch eine angeschlossene Quelle aufrechterhalten ($U = $ const), so liefert die Quelle Energie, die zu gleichen Teilen in Arbeit umgesetzt und im elektrischen Feld gespeichert wird. Daher ist hier

$$F_x = + \frac{\partial W_e}{\partial x} = \frac{U^2}{2} \frac{\partial C}{\partial x},$$

beim Plattenkondensator

$$F_x = - \frac{U^2 \varepsilon A}{2 d^2}.$$

Nach **Faraday** und **Maxwell** kann man sich im elektrischen Feld **Zugkräfte** in Richtung der Feldkurven vorstellen, **Druckkräfte** quer zu diesen.

An der Trennfläche zweier homogener isotroper Dielektrika *1* und *2* mit den Dielektrizitätskonstanten ε_1 und ε_2 und den Feldstärken $\mathfrak{E}_1$ und $\mathfrak{E}_2$ wirkt die Kraft in Richtung der Flächennormalen, unabhängig von den Richtungen der Feldstärken $\mathfrak{E}_1$ und $\mathfrak{E}_2$ an der Trennfläche. Die mechanische Spannung ist

$$p_n = \frac{1}{2} \left(\varepsilon_2 - \varepsilon_1\right) \mathfrak{E}_1 \mathfrak{E}_2 = \frac{1}{2} \left(\varepsilon_2 - \varepsilon_1\right) \left[E_{t1}^2 + \frac{\varepsilon_1}{\varepsilon_2} E_{n1}^2 \right].$$

Verlaufen die Feldlinien senkrecht zur Trennfläche $(E_{t1} = 0, \ E_{n1} = E_1)$, so ist

$$p_n = \frac{1}{2} \left(\varepsilon_2 - \varepsilon_1\right) \frac{\varepsilon_1}{\varepsilon_2} E_1^2,$$

verlaufen sie parallel zu ihr $(E_{n1} = 0, \ E_{t1} = E_1)$, so ist

$$p_n = \frac{1}{2} \left(\varepsilon_2 - \varepsilon_1\right) E_1^2.$$

Die Kraft wirkt hiernach auf den Körper mit der größeren Dielektrizitätskonstanten als Zug, treibt also jedes Stoffteilchen in Richtung abnehmender Werte der Dielektrizitätskonstanten. Bei flüssigen Isolatoren wirken die Feldkräfte wie eine hydrostatische Druckkraft, indem sie das Volumen des Isolierstoffes zu vergrößern suchen. Ändert sich die Dielektrizitätskonstante stetig, so ist die Kraft auf das Volumenelement $\mathrm{d}V$ gegeben durch

$$\mathrm{d}\mathfrak{F} = \mathfrak{F}^* \mathrm{d}V = \frac{1}{2} \mathfrak{E}^2 \mathrm{grad}\, \varepsilon \cdot \mathrm{d}V.$$

E. Magnetisches Feld und Induktionsvorgänge

E1 Feldgrößen; grundlegende Beziehungen

Ein gerader stabförmiger Leiter von der Länge l führe den elektrischen Strom I und befinde sich in einem magnetischen Feld. Man beobachtet eine Kraft, deren Richtung senkrecht zu $I\vec{l}$ ist und findet ihren Betrag zu

$$F = I l B \sin \alpha.$$

Der Winkel α wird gegen eine ausgezeichnete Lage von l, die Nullinie, gerechnet, in der $F = 0$ ist; $F_{max} = I l B$ für $\alpha = \pi/2$. B ist ein Maß für die durch das magnetische Feld vermittelte Kraft und wird **magnetische Flußdichte (Induktion)** genannt.

Faßt man diese Feldgröße als Vektor auf, so gilt

$$\mathfrak{F} = I[\vec{l}\,\mathfrak{B}];$$

$I\vec{l}$, $\mathfrak{B}$, $\mathfrak{F}$ bilden ein Rechtssystem. Durch diese Beziehung ist $\mathfrak{F}$ aus gegebenem $I\vec{l}$ und $\mathfrak{B}$ bestimmt. Soll sie umgekehrt zur Ermittlung des Ortswertes $\mathfrak{B}$ dienen, so braucht man im allgemeinen drei ebenenfremde Vektoren $I\vec{l}_i$, $i = 1, 2, 3$, mit denen $\mathfrak{F}_i = I[\vec{l}_i\mathfrak{B}_i]$ gemessen werden; $\mathfrak{B} = \mathfrak{B}_1 + \mathfrak{B}_2 + \mathfrak{B}_3$. Eine magnetische Feldlinie ist hiernach eine Linie, der entlang der stromführende Leiter $I\vec{l}$ bewegt werden kann, ohne daß Arbeit verrichtet wird $[\vec{l}\,\mathfrak{B}] = 0$.

SI-Einheit: $[B] = 1$ Tesla (T) $= 1\,\mathrm{N/Am} = 1\,\mathrm{Vs/m^2} = 1\,\mathrm{Wb/m^2}$,

weitere Einheit: 1 Gauß (G) $= 10^{-8}\,\mathrm{Vs/cm} = 10^{-4}\,\mathrm{T}$, $1\,\mathrm{kG} = 0{,}1\,\mathrm{T}$.

Bewegt sich ein Träger positiver Ladung Q mit der Geschwindigkeit $\mathfrak{v}$ relativ zum körperlichen Erreger des magnetischen Feldes, so gilt entsprechend

$$\mathfrak{F} = Q\,[\mathfrak{v}\,\mathfrak{B}].$$

Nur an bewegten Ladungsträgern ($I \neq 0$, $\mathfrak{v} \neq 0$) greifen magnetische Feldkräfte an.

Der Fluß von $\mathfrak{B}$ durch eine Fläche mit dem Inhalt A

$$\Phi = \int\limits_A \mathfrak{B}\,\mathrm{d}\mathfrak{A} = \int\limits_A B_n\,\mathrm{d}A$$

wird **magnetischer Fluß** genannt;

SI-Einheit: $[\Phi] = 1$ Weber (Wb) $= 1\,\mathrm{Vs}$,

weitere Einheit: 1 Maxwell (M) $= 1\,\mathrm{G\,cm^2} = 10^{-8}\,\mathrm{Vs} = 10^{-8}\,\mathrm{Wb}$.

Ist die Fläche die geschlossene Hülle eines Raumteiles, so gilt

$$\oint \mathfrak{B}\,\mathrm{d}\mathfrak{A} = \oint B_n\,\mathrm{d}A = 0,$$

das magnetische Induktionsfeld ist ein quellenloses Feld.

Die **magnetische Feldstärke** $\mathfrak{H}$ steht im Zusammenhang mit dem elektrischen Strom, der das magnetische Feld erregt: Eine dünne Kreiszylinderspule, deren Länge l groß ist gegenüber dem Durchmesser des Spulenquerschnitts, sei aus w nahezu kreisförmigen Drahtwindungen dicht und gleichmäßig gewickelt. Ist I die Stromstärke in den Drahtwindungen, so umkreist der Strom das Zylindervolumen mit der gleichmäßigen Flächendichte Iw/l. Das magnetische Feld innerhalb der Spule ist im wesentlichen homogen und parallel zur Zylinderachse gerichtet, außerhalb ist es vernachlässigbar klein. Dann ist definitionsweise die magnetische Feldstärke

$$H = Iw/l\,.$$

Die vektorielle Richtung von $\mathfrak{H}$ parallel zur Zylinderachse ist durch die Vereinbarung festgelegt, daß der Stromdichtevektor $\mathfrak{G}$ und $\mathfrak{H}$ einander rechtswendig zugeordnet sein sollen.

Man nennt **magnetische Spannung** vom Punkt *1* zum Punkt *2* das Linienintegral

$$\int\limits_1^2 \mathfrak{H}\,\mathrm{d}\mathfrak{s} = V_{12}\,, \qquad \text{und für eine geschlossene Kurve} \qquad \oint \mathfrak{H}\,\mathrm{d}\mathfrak{s} = \mathring{V}$$

die **magnetische Umlaufspannung** oder **Randspannung**. Man bezeichnet als **Durchflutung** einer Fläche mit dem Inhalt A den durch A fließenden elektrischen Strom

$$\Theta = \int\limits_A \mathfrak{G}\,\mathrm{d}\mathfrak{A} = \int\limits_A G_n\,\mathrm{d}A\,.$$

Θ ist eindeutig definiert, wenn $\mathfrak{G}$ quellenlos ist; das ist bei stationären und quasistationären Vorgängen der Fall. Für w einzelne stromführende Leiter ist

$$\Theta = \sum_{k=1}^{w} I_k\,;$$

bei einer Spule aus w den Strom I führenden Windungen ist $\Theta = wI$.

Das Durchflutungsgesetz

$$\oint \mathfrak{H}\,\mathrm{d}\mathfrak{s} = \int_A \mathfrak{G}\,\mathrm{d}\mathfrak{A}, \qquad \dot V = \Theta$$

sagt aus, daß die magnetische Umlaufspannung entlang dem Rand s einer beliebigen Fläche A gleich der Durchflutung dieser Fläche ist (falls $\mathfrak{G}$ quellenfrei ist). Hiernach ist $\mathfrak{H}$ unabhängig von Eigenschaften der Substanz im Feldraum, und bei veränderlichen Vorgängen sind $\mathfrak{H}$ und I gleichzeitig.

Hieraus folgt das Feld eines **langen, kreiszylindrischen Drahtes**, Stromstärke I, Radius a, Entfernung des Aufpunktes von der Drahtachse r. Die Feldröhren sind konzentrische Ringkörper (Toroide), die Feldkurven konzentrische Kreise sowohl außerhalb als auch innerhalb des Drahtes. Der Betrag der Feldstärke ist

$$H(r) = \frac{I}{2\pi r} \quad \text{für} \quad r \geqq a, \qquad H(r) = \frac{Ir}{2\pi a^2} \quad \text{für} \quad 0 \leqq r \leqq a,$$

also proportional zu $1/r$ außerhalb, zu r innerhalb.

Das Feld im Mittelpunkt eines linearen, zum Kreisring gebogenen Leiters vom Ringradius a und der Stromstärke I ist $H = I/2a$.

SI-Einheit von H: 1 A/m;

weitere Einheiten: 1 A/cm $= 100$ A/m,

$$1 \text{ Oersted} = \frac{10}{4\pi}\,\frac{\text{A}}{\text{cm}} = \frac{1000}{4\pi}\,\frac{\text{A}}{\text{m}}, \qquad 10/4\pi \approx 0{,}7958\,.$$

Zusammenhang zwischen $\mathfrak{B}$ und $\mathfrak{H}$ in einer homogenen isotropen Substanz ist

$$\mathfrak{B} = \mu\,\mathfrak{H} = \mu_\mathrm{r}\mu_0\,\mathfrak{H} = \mu_0\,\mathfrak{H} + \mathfrak{J}\,.$$

Hierin ist

$$\mu_0 = 4\pi \cdot 10^{-7} \text{ Vs/Am} = 1{,}256637 \ldots \mu\text{H/m}$$

eine universelle Konstante, die **magnetische Feldkonstante**. (H ist die SI-Einheit der Induktivität). μ heißt **Permeabilität** der Substanz, $\mu_\mathrm{r} = \mu/\mu_0$ ihre **Permeabilitätszahl**; sie ist, abgesehen von den ferromagnetischen Stoffen, eine Konstante. Für nichtisotrope Stoffe ist sie ein Tensor. In Tabellen findet man μ_r. Für das Vakuum ist $\mu_\mathrm{r} = 1$ definitionsgemäß. Die Größe

$$\mathfrak{J} = \mathfrak{B} - \mu_0\mathfrak{H} = (\mu_\mathrm{r} - 1)\mu_0\mathfrak{H} = \varkappa\mu_0\mathfrak{H}$$

heißt **magnetische Polarisation**, die Größe

$$\mathfrak{M} = \mathfrak{J}/\mu_0 = (\mu_\mathrm{r} - 1)\mathfrak{H} = \varkappa\mathfrak{H}$$

heißt **Magnetisierung**, die Zahl $\mu_\mathrm{r} - 1 = \varkappa$ heißt **magnetische Suszeptibilität**. In Tabellen, vor allem in älteren, werden oft die Werte $\varkappa' = \varkappa/4\pi$ angegeben. Bei den meisten Stoffen ist $|\varkappa| \ll 1$. Stoffe mit positivem $\varkappa$ nennt man **paramagnetisch**, mit negativem $\varkappa$ **diamagnetisch**.

Stoff	$10^6\,\varkappa$
Quecksilber	$-\ 30$
Stickstoff	$-\ 0{,}0073$
Luft (Normzustand)	$+\ 0{,}36$
Platin	$+270$

Ganz abseits stehen die **ferromagnetischen Stoffe**, bei denen Werte der Größenordnung 10^3 bis 10^6 vorkommen; zugleich ist die Suszeptibilität (die Permeabilität) nicht eine Konstante, sondern abhängig von H (oder B). Nur in diesen Stoffen ist die magnetische Polarisation erheblich.

Die Linien der magnetischen Induktion und der magnetischen Feldstärke gehen von einem homogenen isotropen Stoff (μ_1) in einen anstoßenden anderen (μ_2) über nach

$$\tan\alpha_1/\tan\alpha_2 = \mu_1/\mu_2,$$

denn es ist $B_{n1} = B_{n2}$, $H_{t1} = H_{t2}$, $B = \mu H$; α_1 und α_2 sind die Winkel, die die Tangenten an die Feldkurven in den beiden Stoffen an der Trennfläche mit dem Lot bilden. Die Feldlinien liegen beiderseits der Trennfläche in der Ebene der Flächennormalen. Im Stoff mit der größeren Permeabilität werden sie vom Lot weggebrochen. Ist einer der Stoffe ferromagnetisch und hat er eine sehr große Permeabilitätszahl $\mu_r \gg 1$, so ergibt das **Brechungsgesetz**: Auch wenn die Feldlinien im Eisen einen beträchtlichen Winkel gegen das Lot bilden, treten sie in die Luft nahezu normal zur Oberfläche aus, und der Winkel zum Lot in der Luft ist um so spitzer, je größer die Eisenpermeabilität ist. Verlaufen die Feldlinien im Eisen nahezu parallel mit der Oberfläche, so treten sie aus der Oberfläche nur schleifend aus. Mit geeignet geformten Eisenkörpern kann man daher, solange die Permeabilität beträchtlich ist, den Verlauf des magnetischen Flusses vorschreiben.

Liegt auf der Trennfläche ein Strombelag, so ist die Differenz der Tangentialkomponente der magnetischen Feldstärke gleich diesem, wodurch der Verlauf der Feldlinien stark beeinflußt werden kann.

Bisweilen ist die Vorstellung fruchtbar, daß bei Einbringen eines magnetisierbaren Körpers in ein Feld H_0 das Feld im Körperinneren H_i sich ergibt aus H_0 und einem Bruchteil N der Magnetisierungsstärke M als

$$H_i = H_0 - MN.$$

Es ist also $H_i < H_0$ für $\varkappa > 0$. Diese Vorstellung läßt sich aber nur unter bestimmten Voraussetzungen zahlenmäßig auswerten, wenn nämlich der magnetisierbare Körper ein Rotationsellipsoid aus einer homogenen isotropen Substanz ist, das durch ein homogenes Feld parallel zu einer seiner Hauptachsen magnetisiert wird. Dann ist der **Entmagnetisierungsfaktor** N und damit das Zusatzfeld $-MN$ errechenbar.

Im magnetischen Feld ist **Energie** gespeichert:

$$W_m = \int w_m\,dV,$$

wobei über den gesamten felderfüllten Raum zu integrieren ist; die räumliche Energiedichte ist

$$w_m = \int_0^B H\,dB.$$

Für $H = B/\mu$; $\mu = \mathrm{const}$ ist

$$w_m = B^2/2\mu = BH/2 = \mu H^2/2.$$

E2 Magnetische Feldkräfte

Auch im magnetischen Feld kann man sich in Richtung der Feldkurven Zugkräfte, quer dazu Druckkräfte vorstellen. Die Kraft auf ein lineares Leiterelement $\mathrm{d}\vec{l}$ der Stromstärke I im magnetischen Feld $\mathfrak{B}$ ist nach **E1**

$$\mathrm{d}\mathfrak{F} = I\,[\mathrm{d}\vec{l}\,\mathfrak{B}]\,.$$

Hieraus folgt für die Kraft, die zwei parallele lineare Leiter der Stromstärken I_1 und I_2 im Achsenabstand s in Luft aufeinander ausüben:

$$F = \frac{\mu_0 l}{2\,\pi s}\,I_1 I_2;$$

Anziehungskraft herrscht, wenn I_1 und I_2 parallel, **Abstoßung**, wenn I_1 und I_2 antiparallel fließen. l Länge des betrachteten Abschnitts. Ferner folgt $\mathrm{d}W = I\,\mathrm{d}\Phi$, d.h. die Arbeit, die die magnetischen Feldkräfte bei Bewegung eines geschlossenen linearen Leiters leisten, ist gleich dem Produkt aus der Stromstärke und dem Zuwachs des umrandeten magnetischen Flusses. Ein frei beweglicher, stromführender, geschlossener Leiter ändert solange seine Lage (und gegebenenfalls seine Gestalt), als mit der Bewegung eine Flußänderung verbunden ist. Dieser Satz ermöglicht häufig, Bewegungstendenzen zu erkennen.

An der Trennfläche zweier homogener isotroper Substanzen *1* und *2* mit den Permeabilitäten μ_1 und μ_2 und den Feldstärken $\mathfrak{H}_1$ und $\mathfrak{H}_2$ wirkt die Kraft in Richtung der Flächennormalen, unabhängig von den Richtungen der Feldstärken $\mathfrak{H}_1$ und $\mathfrak{H}_2$ an der Trennfläche. Die mechanische Spannung ist

$$p_n = \frac{1}{2}\,(\mu_2 - \mu_1)\,\mathfrak{H}_1\mathfrak{H}_2 = \frac{1}{2}\,(\mu_2 - \mu_1)\left[H_{t1}^2 + \frac{\mu_1}{\mu_2}\,H_{n1}^2\right].$$

Die Kraft wirkt auf den Körper mit der größeren Permeabilität als Zug. Verlaufen die Feldlinien parallel zur Trennfläche ($H_{n1} = 0$, $H_{t1} = H_1$), so ist

$$p_n = \frac{1}{2}\,(\mu_2 - \mu_1)\,H_1^2;$$

verlaufen sie senkrecht zur Trennfläche ($H_{t1} = 0$, $H_{n1} = H_1$), so ist

$$p_n = \frac{1}{2}\,(\mu_2 - \mu_1)\,\frac{\mu_1}{\mu_2}\,H_1^2,$$

also für $\mu_2 \gg \mu_1 = \mu_0$ (Eisen und Luft)

$$p_n \approx B_n^2/2\,\mu_0.$$

Diese Beziehung wird für die Abschätzung der Tragkraft von Magneten benutzt. Sie setzt voraus, daß das magnetische Feld senkrecht aus dem Eisen austritt; werden die Feldkurven gebrochen, so kann nach Ausweis der Ausgangsgleichung die Zugspannung beträchtlich größer sein; ferner wird praktisch B_n durch die Bewegung des Magnetankers beeinflußt.

E3 Ferromagnetische Stoffe

Ihr Verhalten wird dargestellt durch den experimentell zu ermittelnden Zusammenhang zwischen Induktion B oder Polarisation J und Feldstärke H (Bild 2.4-11). Steigert man, vom unmagnetischen Zustand ausgehend, die Feldstärke H, so nimmt B zunächst beschleunigt, dann verzögert, zu (Neukurve), bis schließlich B nur noch wenig, und zwar praktisch linear mit H weiterwächst; dann ist die Sättigung erreicht, $J = J_\mathrm{s} \approx$ const, Sättigungspolarisation. Läßt man H wieder abnehmen, so nimmt B größere Werte an als auf der Neukurve, so daß für $H = 0$ der Wert $B = B_\mathrm{r}$ vorhanden bleibt: Remanenz. Um sie auszulöschen, muß man eine Feldstärke $H = H_\mathrm{c}$ in entgegengesetzter Richtung aufwenden: Koerzitiv-Feldstärke. Durchläuft H eine Folge von Werten zwischen entgegengesetzt gleich großen Endwerten, so stellt sich auch für B eine zyklische Wertefolge ein. Die graphische Darstellung heißt Hystereseschleife, und zwar äußerste Hystereseschleife oder Grenzschleife, wenn Sättigung erreicht wird. $B/\mu_0 H = \mu\mu_\mathrm{r}$ ist eine Funktion von B (oder von H), die große Werte $\mu\mu_\mathrm{r} \gg 1$ aufweisen kann, aber sie ist nicht eindeutig. Zu jedem H-Wert gehören zwei B-Werte und umgekehrt, der magnetische Zustand wird durch das vorherige Geschehen mitbestimmt.

Ist V das magnetisierte Volumen (nicht Gewicht), so wird bei einmaligem Durchlaufen der Hystereseschleife die Energie $V w_\mathrm{H}$ irreversibel in thermische Energie verwandelt; dabei ist

$$w_\mathrm{H} = \oint H \, \mathrm{d}B$$

der Flächeninhalt der Hystereseschleife. Ist f die Frequenz der Ummagnetisierung, so ist $P = f V w_\mathrm{H}$ die Hystereseverlustleistung.

Die Form der Hystereseschleife hängt ab von den äußersten erreichten magnetischen Werten. Bleibt man weit entfernt von der Sättigung, erregt man nur kleine Feldstärkewerte, so hat die Schleife die Form einer schmalen, schräg liegenden Lanzette (Bild 2.4-12), Rayleigh-Schleife genannt. Sehr kleine magnetische Aussteuerungen kommen in Geräten der elektrischen Nachrichtentechnik vor.

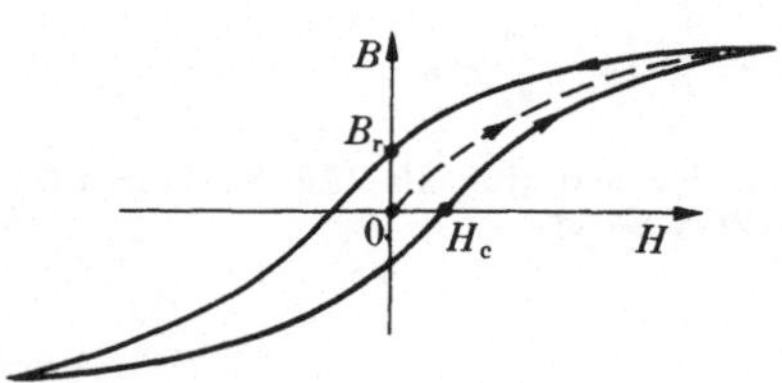

Bild 2.4-11
Äußerste Hystereseschleife $B = B(H)$

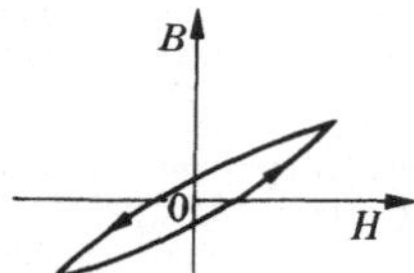

Bild 2.4-12
Hystereseschleife bei sehr kleiner magnetischer Aussteuerung

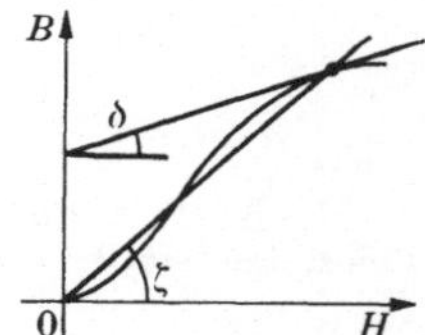

Bild 2.4-13　Totale Permeabilität $\mu \triangleq \tan\zeta$, differentielle Permeabilität $\mu_\mathrm{d} \triangleq \tan\delta$

Für einen gegebenen Kurvenast kann definiert werden (Bild 2.4-13): die gewöhnliche oder totale Permeabilität

$$\mu = \frac{B}{H},$$

die differentielle Permeabilität

$$\mu_\mathrm{d} = \frac{\mathrm{d}B}{\mathrm{d}H}.$$

Wird an einem magnetischen Zustand (B, H) eine genügend kleine Änderung vorgenommen und wieder rückgängig gemacht, so werden kleine reversible Zusatzkurven von Lanzettform durchlaufen (Bild 2.4-14). Die Neigung der Verbindungsgeraden der Endpunkte wird reversible Permeabilität, auch Überlagerungspermeabilität, genannt:

$$\mu_\mathrm{rev} = \left(\frac{\Delta B}{\Delta H}\right)_\mathrm{rev},$$

sie ist im gegebenen Zustandspunkt kleiner als μ und verschieden von μ_d; μ_rev hängt vom Ausgangswert von B, aber kaum vom Ausgangswert von H ab. Die reversible Permeabilität im Anfangspunkt der Neukurve wird Anfangspermeabilität genannt:

$$\mu_\mathrm{A} = \left(\frac{\mathrm{d}B}{\mathrm{d}H}\right)_{B=0,\ H=0}.$$

Die totale Permeabilität ist für zeitlich unveränderliche Felder wichtig, die differentielle für Wechselvorgänge, die reversible bei Überlagerung von Gleich- und Wechselfeld, die Anfangspermeabilität bei geringster magnetischer Beanspruchung, die technisch vorkommt. In Tabellen findet man gewöhnlich die Permeabilitätszahlen μ/μ_0, μ_d/μ_0, μ_rev/μ_0, μ_A/μ_0.

Man nennt einen ferromagnetischen Stoff magnetisch weich, wenn innerhalb der zulässigen Fehlergrenzen die Fläche der Hystereseschleife vernachlässigt und durch eine eindeutige (mittlere) Magnetisierungskurve ersetzt werden kann:

$$\begin{cases} B = \mu_\mathrm{r}\mu_0 H\,; & B = B(\mu_0 H) \quad\text{Magnetisierungskurve eindeutig,} \\ \mu_\mathrm{r} = \mu_\mathrm{r}(H) & \text{eindeutig, positiv.} \end{cases}$$

Ein permanenter Magnet ist ein Dauermagnet, bei dem Änderungen des magnetischen Zustandes in einem „Stabilisierungsbereich" umkehrbar verlaufen. Die Zustandskurve, die nach Bild 2.4-15 verläuft, kann idealisiert werden zu einem Geradenstück. Der Abschnitt J_p auf der B-Achse wird als permanente Polarisation bezeichnet, der Neigung des Geradenstücks entspricht die permanente Permeabilität μ_p. Sie ist eine Konstante der Substanz, J_p eine Konstante des permanenten Magneten. Die Zustandsgleichung des magnetisch harten ferromagnetischen Stoffes ist somit

$$B = J_\mathrm{p} - \mu_\mathrm{p}\mu_0 H\,.$$

Der extrapolierte Abschnitt auf der H-Achse $J_\mathrm{p}/\mu_\mathrm{p} = H_\mathrm{e}$ wird als eingeprägte magnetische Feldstärke bezeichnet, nur bei permanenten Magneten ist H_e konstant.

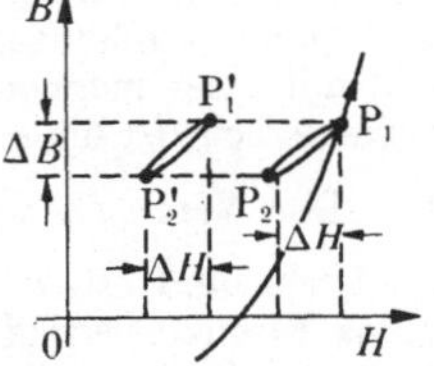

Bild 2.4-14　Reversible Zustandskurven und reversible Permeabilität

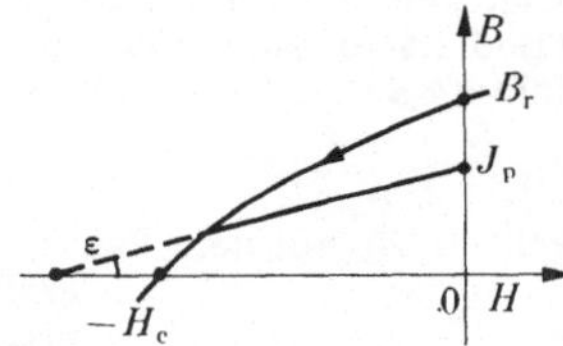

Bild 2.4-15 Zustandskurve des Dauermagneten $\mu_\mathrm{p} \triangleq \tan\varepsilon$

Ein remanenter Magnet ist ein Dauermagnet, bei dem merkliche magnetische Zustandsänderungen nicht vorkommen. Sein Zustandspunkt liegt daher auf der äußersten Hysteresekurve und hat die Koordinaten H und B, bei denen BH entlang der äußersten Hysteresekurve im II. Quadranten seinen größten Wert hat. Bei vielen Dauermagnetbaustoffen, deren äußerste Hysteresekurven im II. Quadranten monoton, ohne Krümmungswechsel, verlaufen, ist dieser Punkt in guter Näherung der Schnittpunkt der äußersten Hysteresekurve mit der Diagonalen des Rechtecks mit den Seiten Remanenz B_r und Koerzitivfeldstärke H_c. Für den günstigsten Zustandspunkt permanenter Magnete gelten weniger einfache Beziehungen.

Sind permanente Magnete zu berücksichtigen, so gilt für die magnetische Induktion $\mathfrak{B}' = \mu\mathfrak{H} + \mathfrak{J}_\mathrm{p}$, und es ist nicht, wie unter E1 angegeben, $\mathfrak{B} = \mu\mathfrak{H}$, sondern $\mathfrak{B}'$ quellenfrei: $\oint \mathfrak{B}'\mathrm{d}\mathfrak{A} = 0$, während $\mathfrak{B}$ an der Oberfläche von permanenten Magneten Quellen hat. Für die Kraftwirkungen auf elektrisch durchströmte Leiter ist nicht $\mathfrak{B}'$ bestimmend, sondern $\mathfrak{B}' - \mathfrak{J}_\mathrm{p} = \mu\mathfrak{H}$.

Tabelle 2.4-3 zeigt, daß die Eigenschaften von Eisenlegierungen in weiten Grenzen liegen (Richtwerte). Ausführliche Angaben über Eigenschaften magnetischer Werkstoffe in [H 03].

Tabelle 2.4-3   Magnetische Eigenschaften einiger ferromagnetischer Stoffe

Werkstoff	Anfangs-Permeabilität $\dfrac{\mu_A}{\mu_0}$	höchste totale Permeabilität $\dfrac{\mu}{\mu_0}$	Koerzitiv-Feldstärke $\dfrac{H_c}{A/cm}$	Rema-nenz $\dfrac{B_r}{kG}$	Sättigungs-polari-sation $\dfrac{J_s}{kG}$
Dynamoblech (4% Si)	500	$7 \cdot 10^3$	0,4	8	21
Gußeisen	70	$0,6 \cdot 10^3$	$4 \cdots 8$	5	18
Permalloy (78,5% Ni, 21,5% Fe)	$(10 \cdots 30) \cdot 10^3$	$(50 \cdots 100) \cdot 10^3$	0,04	6	8
Wolframstahl (5 bis 7% W, 1% C)	30		50	11	
Alnico (12% Al, 20% Ni, 63% Fe)	4		340	7,3	

E4   Magnetischer Kreis

E 41   Grundlagen. Der magnetische Kreis besteht bei vielen Geräten und Maschinen der Elektrotechnik aus einer geschlossenen Folge von Eisenkörpern (auch Dauermagnete sind hierbei möglich) und Lufträumen, wobei die Querschnitte der einzelnen Teile einander vergleichbar und die Luftlängen oft wesentlich kleiner sind als die Eisenlängen. In vielen Fällen ist nach dem Zusammenhang zwischen dem magnetischen Fluß im Luftspalt und der elektrischen Durchflutung gefragt.

Beim Ringkörper mit dem Ringquerschnitt A und Länge der Leitlinie l, der w den Strom I führende Drahtwindungen trägt, ist die Feldstärke im Ringraum, falls dieser mit einer homogenen Substanz ausgefüllt ist, $H_0 = wI/l$ unabhängig von den magnetischen Eigenschaften der Substanz nach dem Durchflutungsgesetz. Der Ringkörper sei nun (Bild 2.4-16) zum größeren Teil (l_i) mit einer magnetisierbaren Substanz von der Permeabilitätszahl μ_{ri} ausgefüllt, der kleinere Teil (l_a) bilde den Luftspalt $(\mu_{ra} = 1)$. Dann wird

$$H_i = \frac{wI}{l_i + \mu_{ri} l_a} \quad \text{und} \quad H_a = \mu_{ri} H_i.$$ Der Vergleich mit H_0 zeigt: Die Luftspaltlänge l_a geht in H_i mit dem Faktor $\mu_{ri} > 1$ ein, und es ist $H_a > H_0 > H_i$, das Luftspaltfeld ist größer, das Eisenkörperfeld ist kleiner geworden als H_0. Der magnetische Fluß $\Phi = BA$ wird

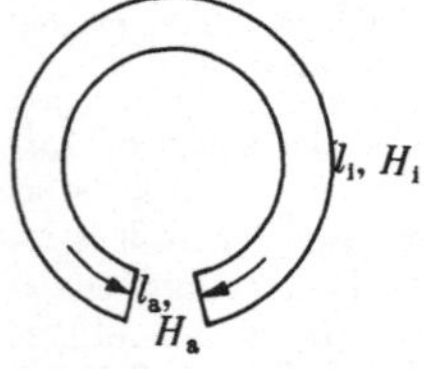

Bild 2.4-16   Einfacher magnetischer Kreis

$$\Phi = \frac{wI}{\dfrac{l_i}{A\mu_0\mu_{ri}} + \dfrac{l_a}{A\mu_0}} = \frac{wI}{R_{mi} + R_{ma}} = \frac{\Theta}{\overset{\circ}{\sum} R_m} \, ;$$

Die R_m heißen **magnetische Widerstände**. Diese Berechnung des Flusses aus der Durchflutung wäre möglich, wenn μ_{ri} konstant wäre, was nicht zutrifft. Für die praktische Berechnung muß man daher umgekehrt die Durchflutung aus dem Fluß bestimmen.

E 42   Angenäherte Berechnung eines magnetischen Kreises. Man teilt die Leitlinie des magnetischen Kreises in Strecken $l_1, l_2, \ldots l_\nu$ ein, entlang deren jeder die Feldstärke im Mittel als konstant angesehen werden kann: $\bar{H}_1, \bar{H}_2, \ldots \bar{H}_\nu$. Man ersetzt das Umlaufintegral durch die Summe über den ganzen Kreis:

$$wI = \oint \mathfrak{H} \, d\mathfrak{s} = \bar{H}_1 l_1 + \bar{H}_2 l_2 + \cdots + \bar{H}_\nu l_\nu = \overset{\circ}{\sum} \bar{H}_i l_i.$$

In erster Annäherung sind unter den gegebenen Voraussetzungen die Flüsse Φ_i für alle Querschnitte untereinander gleich. Daher ist für jede Strecke l_i vom Querschnitt A_i die Induktion im Mittel örtlich konstant: $\bar{B}_i = \Phi_i/A_i$. Die zu jedem $\bar{B}_i$ gehörende Feldstärke

$\bar{H}_i$ läßt sich bestimmen: Für die Luftstrecken ist $\bar{H}_i = \bar{B}_i/\mu_0$ und für die Eisenstrecken, wenn die Permeabilität als Funktion der Induktion bekannt ist $\mu_{ri} = F_i(\bar{B}_i)$. Dann ist

$$w I = \overset{\circ}{\sum} \bar{H}_i l_i = \overset{\circ}{\sum} \frac{l_i \Phi_i}{A_i \mu_0 F_i(\Phi_i/A_i)}.$$

Die Abschätzung jeder Eisenstrecke kann Fehler enthalten; bei geringen Induktionen wegen der Breite der Hystereseschleife, bei höheren Induktionen wegen der Steilheit der Magnetisierungskurve; in der Summe wird der Einfluß dieser Fehler dadurch eingeschränkt, daß der magnetische Widerstand der Luftstrecken überwiegt. Auf den Induktionsfluß Φ_h der Luftstrecke (Länge l_h, Querschnitt A_h) kommt es aber meist allein an. In zweiter Näherung berücksichtigt man den Unterschied der Flüsse voneinander durch die **Streuung des magnetischen Kreises**, indem man $\Phi_i = \Phi_h/\sigma_i$ setzt, wobei die **Streugrade σ_i** echte Brüche sind. Damit folgt

$$w I = \Phi_h \frac{l_h}{A_h \mu_0} + \sum_{\text{(Eisen)}} \frac{l_i}{A_i \sigma_i \mu_0 F_i(\Phi_h/A_i \sigma_i)}.$$

Meist ist der Zusammenhang $\mu = \mu(B)$ nicht gegeben, sondern die Magnetisierungskurven $H = f(B)$ liegen vor. Man benutzt diese und addiert, von Φ_h ausgehend:

$$w I = \Phi_h \frac{l_h}{A_h \mu_0} + \sum_{\text{(Eisen)}} l_i f(\Phi_h/A_i \sigma_i).$$

Diesen Zusammenhang stellt man zweckmäßig als Φ, I-Kurve dar.

E 43 Bestimmung der Streuung. Durch Messung: Am Objekt mißt man unter gegebenen Belastungsverhältnissen die magnetischen Flüsse, z. B. mit Probespulen, und bezieht die gemessenen Flußwerte, je nach Aufgabe, entweder auf den größten unter ihnen oder auf den Fluß im Nutzraum (Luftspalt).

Durch näherungsweise Berechnung: Man teilt vereinfachend den Feldraum in Teilräume, den magnetischen Fluß in Teilflüsse ein und berechnet diese durch Annahme eines mittleren Querschnitts und einer mittleren Länge für jeden Teilfluß. Diese Annahmen werden um so willkürlicher, je länger die Feldlinien werden.

Durch Entwerfen eines Feldbildes: Ist das Feld im Luftraum zwischen Eisenwänden entlang einer ausgezeichneten Richtung unveränderlich (ebenes Feld), so können Feldröhren in einer Querschnittsebene senkrecht zu dieser Richtung nach der in **D 24** beschriebenen Weise gezeichnet werden. Entwirft man Feldröhren und Niveauflächen bei genügend feiner Unterteilung so, daß für jeden Abschnitt jeder Feldröhre die mittlere Breite gleich der mittleren Länge wird, so hat eine solche Feldröhre zwischen ihren Endquerschnitten den magnetischen Widerstand $R_{m1} = 1/\mu_0 h$, wobei h die (für alle Feldröhren gleiche) Höhe der Feldröhren senkrecht zur Zeichenebene ist. Für ein in v Röhren dieser Art eingeteiltes Feld ist der gesamte magnetische Fluß $\Phi = v \mu_0 h V$; hierin ist V die magnetische Spannung zwischen den Enden der Röhren (auf den Begrenzungsflächen). Ist der Nutzraum in m Röhren geteilt, während n Röhren außerhalb vom Nutzraum verlaufen, so ist der **Streugrad** $\sigma = m/(m + n)$. Das Verfahren ist nicht darauf beschränkt, daß die Feldlinien auf den begrenzenden Eisenflächen senkrecht stehen; bei stark gesättigten Eisenteilen, bei magnetisch harten Körpern von geringer Permeabilität, bei Strombelägen (Wicklungen) kann man dies nicht voraussetzen.

E 5 Selbstinduktivität, Gegeninduktivität, Streuung

Fließt in einem geschlossenen Stromkreis ein Strom I, so ist mit ihm nach dem Durchflutungsgesetz ein magnetisches Feld verknüpft (verkettet), in dem magnetische Feldenergie W_m gespeichert ist. Wenn im Feldraum die Permeabilität höchstens mit dem Ort veränderlich ist, nicht aber von B oder H abhängt (also Eisen ausgeschlossen), und alle Körper starr und in Ruhe sind, ist die gesamte magnetische Feldenergie

$$W_m = L I^2/2, \qquad \mu = \mathrm{const}_H.$$

Der Proportionalitätsfaktor L wird **Koeffizient der Selbstinduktion** oder **Selbstinduktivität** genannt. Da das magnetische Feld zum Teil innerhalb, zum Teil außerhalb der stromführenden Leiter besteht, wird die Selbstinduktivität zweckmäßig in die innere L_i und die äußere L_a geteilt: $L = L_i + L_a$.

Für die äußere Selbstinduktivität gilt $\Phi = L_a I$, und daher für die magnetische Energie im Außenfeldraum $W_a = \Phi I/2$. Daraus folgt: Nur für geschlossene Strombahnen ist die äußere Selbstinduktivität definiert, weil nur für solche der magnetische Fluß sich bestimmen läßt.

SI-Einheit der Induktivität: $\quad [L] = \dfrac{[W]}{[I]^2} = \dfrac{\mathrm{J}}{\mathrm{A}^2} = \dfrac{\mathrm{Vs}}{\mathrm{A}} = \Omega\,\mathrm{s} = \mathrm{Henry} = \mathrm{H}.$

E 51   Beispiel: Die äußere Selbstinduktivität der langen dünnen Zylinderspule (Länge l, Querschnitt A, Windungszahl w, Windungsdichte $n = w/l$) ist

$$L_a = \frac{\mu_r \mu_0 w^2 A}{l} = \mu_r \mu_0 V n^2,$$

gegeben durch Permeabilität und Volumen des Feldraumes und die Windungsdichte. Dasselbe L_a hat eine Ringspule mit dem Ringquerschnitt A und Länge der Leitlinie l. Für diesen Feldraum ist nach **E 4** der magnetische Widerstand $R_m = l/\mu_r \mu_0 A$; daher gilt hier $L_a = w^2/R_m$.

E 52   Paralleldrahtleitung. Runddrähte vom Radius ϱ, Abstand s der Achsen voneinander, $s \gg \varrho$: Für einen Draht der Länge l ist $L_i = \mu_i l/8\pi$ unabhängig vom Drahtradius ϱ. Für eine Schleife der Länge l ist

$$L_a = \frac{\mu_a l}{\pi} \ln\left(\frac{s-\varrho}{\varrho}\right).$$

Hier ist $\mu_i = \mu_{ri}\mu_0$ die Permeabilität des Metalls, $\mu_a = \mu_{ra}\mu_0$ die der Luft. Man kann weder durch $\varrho \to 0$ die Abstraktion des „unendlich dünnen Leiters" durchführen, noch mit $s \to \infty$ die der „unendlich entfernten Rückleitung"; in beiden Fällen wird L_a logarithmisch unendlich groß. Die gesamte Selbstinduktivität ist

$$L = \frac{\mu_0 l}{\pi}\left[\mu_{ra}\ln\left(\frac{s-\varrho}{\varrho}\right) + \frac{\mu_{ri}}{4}\right];$$

stets ist $\mu_{ra} = 1$ und $s \gg \varrho$, daher ist

$$\frac{L}{l} = \frac{\mu_0}{\pi}\left[\ln\left(\frac{s}{\varrho}\right) + \frac{\mu_{ri}}{4}\right] = \left[0{,}920\log\left(\frac{s}{\varrho}\right) + 0{,}1\,\mu_{ri}\right]\frac{\mathrm{mH}}{\mathrm{km}}.$$

E 53   Induktionskoeffizienten. Für ν geschlossene ruhende, starre Stromkreise mit den Strömen $I_1, I_2, \ldots I_\nu$ ist die Energie des gesamten magnetischen Feldes

$$W_m = \sum_{i=1}^{\nu}\sum_{k=1}^{\nu} L_{ik} I_i I_k = \frac{1}{2}\sum_{i=1}^{\nu}\Phi_i L_i; \qquad \mu = \mathrm{const}_H.$$

Man nennt L_{ii} den **Koeffizienten der Selbstinduktion** des Kreises i und $L_{ik} = L_{ki}$ den **Koeffizienten der gegenseitigen Induktion** der Kreise i und k. Diese Koeffizienten hängen von der Geometrie der Anordnung ab, aber nicht von der Ausgestaltung des Feldes, die durch die Größen und Vorzeichen der Stromstärken bestimmt wird. Der Fluß des Kreises i

$$\Phi_i = \sum_{k=1}^{\nu} L_{ik}\, I_k = \sum_{k=1}^{\nu} \Phi_{ik}$$

ist durch die Induktionskoeffizienten als eine Summe von Einzelflüssen dargestellt: Der Eigenfluß $L_{ii}\, I_i$ ist der magnetische Fluß des Kreises i in dem Fall, daß alle anderen Stromstärken Null sind, die übrigen Summanden bezeichnet man als Fremdflüsse des Kreises i.

Für zwei Stromkreise schreibt man $L_{11} = L_1$, $L_{22} = L_2$, $L_{21} = L_{12} = M$ und erhält

$$W_{\mathrm m} = L_1 I_1^2/2 + L_2 I_2^2/2 + M I_1 I_2 = (\Phi_1 I_1 + \Phi_2 I_2)/2,$$

$$\Phi_1 = L_1 I_1 + M I_2, \qquad \Phi_2 = L_2 I_2 + M I_1.$$

Die Eigenflüsse der Kreise 1 und 2 sind also $\Phi_{11} = L_1 I_1$ und $\Phi_{22} = L_2 I_2$, der Fremdfluß des Kreises 1 ist $\Phi_{12} = M I_2$, der des Kreises 2 ist $\Phi_{21} = M I_1$. M hat einen oberen Grenzwert: es ist $0 \le M^2 \le L_1 L_2$. Für den oberen Grenzwert von M ist keine Streuung, für den unteren Grenzwert keine Kopplung vorhanden. Man definiert den totalen Streugrad

$$\sigma = 1 - \frac{M^2}{L_1 L_2}\,; \qquad 0 \le \sigma < 1,$$

und den Kopplungsfaktor

$$k = + \sqrt{1 - \sigma} = \frac{M}{\sqrt{L_1 L_2}}\,; \qquad 1 > k \ge 0.$$

Man definiert ferner

$$k_1 = \sqrt{\frac{M}{L_1}}, \qquad k_2 = \sqrt{\frac{M}{L_2}}, \qquad k = k_1 k_2.$$

E 54 Induktionskoeffizienten von Paralleldrahtleitungen. Vier parallele lineare Drähte; Abstände der Drahtachsen voneinander groß gegen die Drahtdurchmesser; Drähte 1 und 2 bilden den Stromkreis I, Drähte 3 und 4 den Stromkreis II (Bild 2.4-17). Der Koeffizient der gegenseitigen Induktion ist

$$L_{\mathrm{I,II}} = L_{\mathrm{II,I}} = \frac{\mu_0 l}{2\pi} \ln \frac{r_{14} r_{23}}{r_{13} r_{24}} = \left[0{,}460 \log \frac{r_{14} r_{23}}{r_{13} r_{24}} \right] \frac{l}{\mathrm{km}}\ \mathrm{mH}.$$

Drei parallele Drähte nach Bild 2.4-18 bilden miteinander drei Stromkreise; aus den Drähten 2 und 3 wird die Schleife I gebildet, aus den Drähten 1 und 3 die Schleife II und aus den Drähten 1 und 2 die Schleife III. Hier müssen die Radien $\varrho_1, \varrho_2, \varrho_3$ der drei Drähte, auch wenn sie klein sind, berücksichtigt werden, weil jeweils zwei Schleifen einen Draht gemeinsam haben. Die Gegeninduktivitäten sind

$$L_{\mathrm{I,II}} = \frac{\mu_0 l}{2\pi} \left[\ln\left(\frac{r_{13} r_{23}}{\varrho_3 r_{12}} \right) + \frac{\mu_{\mathrm{rl}}}{4} \right],$$

$$L_{\mathrm{I,III}} = \frac{\mu_0 l}{2\pi} \left[\ln\left(\frac{r_{12} r_{23}}{\varrho_2 r_{13}} \right) + \frac{\mu_{\mathrm{rl}}}{4} \right],$$

$$L_{\mathrm{II,III}} = \frac{\mu_0 l}{2\pi} \left[\ln\left(\frac{r_{12} r_{13}}{\varrho_1 r_{23}} \right) + \frac{\mu_{\mathrm{rl}}}{4} \right].$$

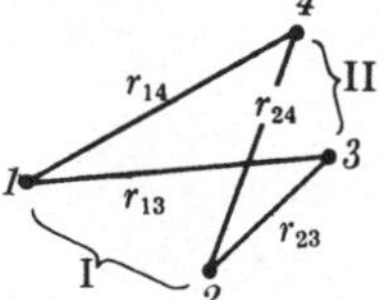

Bild 2.4-17 Gegenseitige Induktion zweier Paralleldrahtleitungen I und II

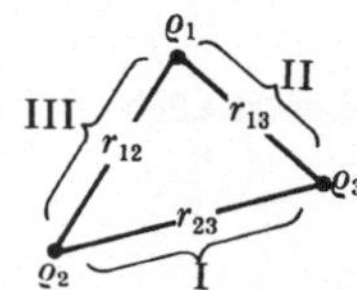

Bild 2.4-18 Gegeninduktivitäten dreier paralleler Drähte

Hieraus ergibt sich die Betriebs-Selbstinduktivität der symmetrisch aufgebauten Drehstrom-Paralleldrahtleitung, für die $r_{23} = r_{13} = r_{12} = a$ und $\varrho_1 = \varrho_2 = \varrho_3$ ist, bei elektrisch symmetrischem Betrieb zu

$$L = \frac{\mu_0\, l}{2\,\pi}\left[\ln\left(\frac{a}{\varrho}\right) + \frac{\mu_{r1}}{4}\right].$$

E 55   Kräfte bei Änderungen der Induktivitäten nach einem Lageparameter x: Bei Änderung der Selbstinduktivität ist

$$F_x = \frac{I^2}{2}\,\frac{\partial L}{\partial x} \qquad \text{für} \qquad I = \text{const}$$

positiv in Richtung einer Vergrößerung von L; bei Änderung der Gegeninduktivität ist

$$F_x = I_i I_k \frac{\partial L_{ik}}{\partial x} \qquad \text{für} \qquad I_i = \text{const}, \qquad I_k = \text{const}$$

außerdem von den Vorzeichen der beiden Ströme abhängig.

E 6   Spule mit Eisen, Transformator

In den Geräten der Elektrotechnik wird Eisen verwendet, daher ist die Permeabilität nicht konstant, und die Leiter sind ausgedehnte, körperliche Spulen. Nach E 4 haben selbst kurze Luftstrecken im magnetischen Kreis linearisierende Wirkung, sie verkleinern die Krümmung der Φ, I-Kurve. In solchen Fällen kann man für eine Abschätzung mit konstanten Induktivitäten rechnen; z.B. verlaufen die Streuflüsse eines Transformators außerhalb des Eisens. Da der gesamte Fluß Φ einer körperlichen Spule nicht von sämtlichen w Windungen umschlungen wird, definiert man einen Ersatzfluß $w\varphi$ durch die Schematisierung, daß er von sämtlichen w Windungen umschlungen wird und durch die Forderung $w\varphi = \Phi$. Für eine Spule mit der Selbstinduktivität L ist demnach $\varphi = \Phi/w = LI/w = wI/R_\mathrm{m}$ gleich dem Verhältnis der elektrischen Durchflutung zum magnetischen Widerstand.

Für einen Transformator mit den Wicklungen *1* und *2* läßt sich so das Schema Bild 2.4-19 gewinnen: Der rechnerische **Hauptfluß** φ_h ist allen Windungen beider Wicklungen gemeinsam, der rechnerische **Streufluß** φ_{1s} der Wicklung *1* ist allen Windungen der Wicklung *1*, der rechnerische Streufluß φ_{2s} der Wicklung *2* ist allen Windungen der Wicklung *2* gemeinsam. Es ist also $\varphi_1 = \varphi_\mathrm{h} + \varphi_{1s}$ und $\varphi_2 = \varphi_\mathrm{h} + \varphi_{2s}$. Setzt man die Streuflüsse den Stromstärken proportional, so kann man für dieses Schema ableiten:

die **Streuinduktivitäten**

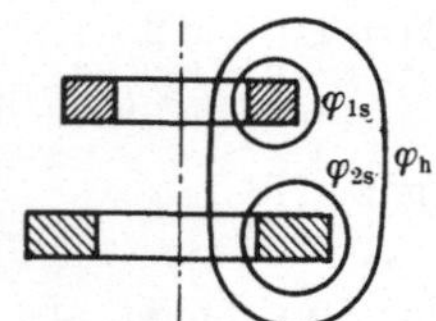

Bild 2.4-19   Ersatzflüsse bei zwei magnetisch gekoppelten Kreisen

$$L_{1s} = \frac{w_1\,\varphi_{1s}}{I_1} = L_1 - \frac{w_1}{w_2}\,M, \qquad\qquad L_{2s} = \frac{w_2\,\varphi_{2s}}{I_2} = L_2 - \frac{w_2}{w_1}\,M,$$

die **Haupt- oder Nutzinduktivitäten**

$$L_{1h} = \frac{w_1\varphi_\mathrm{h}}{I_1} = L_1 - L_{1s} = \frac{w_1}{w_2}\,M, \qquad\qquad L_{2h} = \frac{w_2\,\varphi_\mathrm{h}}{I_2} = L_2 - L_{2s} = \frac{w_2}{w_1}\,M.$$

Daher ist auch

$$\frac{L_{1h}}{L_{2h}} = \frac{w_1^2}{w_2^2}, \qquad\qquad \sqrt{L_{1h}\,L_{2h}} = M.$$

Als **Streugrade** bezeichnet man die Quotienten

$$\sigma_1 = L_{1s}/L_{1h}, \qquad\qquad \sigma_2 = L_{2s}/L_{2h}.$$

Zu dem totalen Streugrad und den **Kopplungsfaktoren** k_1 und k_2 bestehen die Beziehungen

$$\frac{1}{1+\sigma_1} = \frac{w_1}{w_2}\,k_1\,, \qquad \frac{1}{1+\sigma_2} = \frac{w_2}{w_1}\,k_2\,, \qquad (1+\sigma_1)\,(1+\sigma_2) = \frac{1}{k^2} = \frac{1}{1-\sigma}\,.$$

Wenn, wie praktisch stets, die Streugrade klein sind: $\sigma_1 \ll 1$, $\sigma_2 \ll 1$, ist $\sigma \approx \sigma_1 + \sigma_2$.

E 7 Elektromagnetische Induktion

E 71 Induktionsgesetz. Eine geschlossene, lineare Leiterschleife aus homogenem Metall werde durch die geschlossene Kurve s als Leitkurve dargestellt; s ist der Rand einer Fläche A. Der ohmsche Widerstand der Leiterschleife, gemessen von einem Anfangsquerschnitt zu einem mit diesem zusammenfallenden Endquerschnitt, sei $\mathring{R}$. In dieser Drahtschleife fließt trotz Fehlens elektromotorischer Kräfte dann ein Leitungsstrom I, wenn der A durchsetzende (von s berandete) magnetische Fluß $\Phi = \int_A \mathfrak{B}\,d\mathfrak{A}$ sich ändert. Dabei ist es gleichgültig, ob die Leiterschleife ihre Lage (oder Gestalt) in einem zeitlich konstanten magnetischen Feld ändert, oder ob die ruhende starre Schleife von einem sich ändernden magnetischen Feld durchsetzt wird. Immer stimmt die Widerstandsspannung $I\mathring{R}$ entlang der Schleife s nach Größe und Richtung überein mit $-\,d\Phi/dt$; positiver Richtungssinn von I und zeitlich abnehmender Induktionsfluß gehören rechtswendig zueinander. Nach dem Ohm-Gesetz ist die Widerstandsspannung gleich der elektrischen Umlaufspannung $I\mathring{R} = \mathring{U} = \oint \mathfrak{E}\,d\mathfrak{s}$ entlang der Schleife s. Das Induktionsgesetz

$$\oint \mathfrak{E}\,d\mathfrak{s} \equiv \mathring{U} = -\,\frac{d\Phi}{dt}$$

gilt für **jede** geschlossene Raumkurve, einerlei, ob sie ganz oder teilweise in einem Leiter liegt. Die rechte Seite wird als **magnetischer Schwund** bezeichnet. Die elektrische Umlaufspannung ist ihm gleich. Im Gegensatz zum elektrostatischen Feld (**D 1**) ist dieses durch Schwankungen des magnetischen Feldes verknüpfte Feld $\mathfrak{E}$ nicht wirbelfrei, denn es ist $\mathring{U} \neq 0$.

Wegen der Quellenlosigkeit des Induktionsfeldes $\mathfrak{B}$ (vgl. **E 1** und **E 3**) ist es gleichgültig, welche Fläche A man sich in die Randkurve s eingespannt denkt; nur auf s kommt es an. Eine Bewegung der Fläche bei ruhender Randkurve ergibt den Schwund Null.

Bei Bewegung leitender Körper hat man zu beachten, daß man die Randkurve nicht beliebig annehmen kann; vielmehr muß sie zu allen Zeitpunkten durch dieselben materiellen Teile gehen, also die Bewegung der Materie mitmachen (**substantielle Änderung**; die Randkurve haftet am materiellen Körper).

E 72 Ruheschwund und Bewegungsschwund des magnetischen Flusses. Bewegt sich ein Leiterkreis, z. B. eine Spule, mit nur einem Freiheitsgrad in einem zeitlich und örtlich veränderlichen magnetischen Feld, so hängt der umfaßte magnetische Fluß von der Zeit t und dem Lageparameter x ab, der die augenblickliche Lage des Leiterkreises angibt: $\Phi = \Phi(t,x)$. Der gesamte magnetische Schwund ist dann

$$-\,\frac{d\Phi}{dt} = -\,\frac{\partial\Phi}{\partial t} - v\,\frac{\partial\Phi}{\partial x} \quad \text{mit} \quad v = \frac{dx}{dt}\,.$$

Das erste Glied kann als **Ruheschwund** bezeichnet werden, das zweite als **Bewegungsschwund**. Allgemein gilt bei Bewegung der dem leitenden Körper angehörenden Kurve s durch ein zeitlich konstantes magnetisches Feld:

$$\oint \mathfrak{E}\,d\mathfrak{s} = -\,\oint [\mathfrak{B}\mathfrak{v}]\,d\mathfrak{s} \quad \text{bei} \quad \frac{\partial\mathfrak{B}}{\partial t} = 0\,.$$

Beispiel für Ruheschwund. Eine Spule von konstanter Selbstinduktivität L werde von einem zeitlich veränderlichen Strom i durchflossen. Der Ruheschwund ist $-L\,di/dt$, von derselben Größe und rechtswendig zugeordnet ist die elektrische Umlaufspannung $\overset{\circ}{U}$.

Beispiel für Bewegungsschwund. Ein leitender Stab der Länge l bewegt sich mit der Geschwindigkeit $\mathfrak{v}$ durch ein zeitlich konstantes homogenes magnetisches Feld $\mathfrak{B}$. Zwischen Anfang 1 und Ende 2 des Stabes ist eine elektrische Spannung vorhanden:

$$U_{12} = -[\mathfrak{B}\mathfrak{v}]\vec{l}.$$

E 73 Messung von Induktionswerten. Ein Probespule (Fläche A, Windungszahl w) mit so kleinen Abmessungen, daß $\mathfrak{B}$ in ihrer Umgebung als homogen betrachtet werden kann, wird von der Stelle, wo die Induktion $\mathfrak{B}$ herrscht, an eine feldfreie Stelle bewegt. Dann ist der Spannungsstoß

$$\int_0^\infty \overset{\circ}{U}\,dt = -wA\,B_\mathrm{n}, \qquad \text{die in Bewegung gesetzte Ladung} \qquad Q = B_\mathrm{n}wA/\overset{\circ}{R}.$$

Man mißt Q ballistisch und hat daher B_n bei bekanntem $w,\,A,\,\overset{\circ}{R}$.

E 74 Regel von Lenz. Der im geschlossenen Leiterkreis fließende Induktionsstrom verursacht **Stromwärme**. Daher muß nach dem Energieerhaltungssatz gelten: Fließt in dem ruhenden Leiterkreis infolge Änderung des durchsetzenden magnetischen Flusses ein induzierter Strom, so ist dessen magnetisches Feld dem induzierenden entgegengerichtet und schwächt es. Fließt bei Bewegung des Leiterkreises ein induzierter Strom, so entstehen zugleich Kräfte auf den Leiter, die der Bewegung entgegenwirken: **Regel von Lenz**.

E 75 Schalten einer Spule von konstanter Selbstinduktivität L. Zur Zeit $t = 0$ wird der vorher stromlose Stromkreis an eine Quelle der konstanten Leerlaufspannung U_l gelegt; R sei der Gesamtwiderstand des geschlossenen Stromkreises (Bild 2.4-20). Der zeitliche Verlauf des Stromes ist ein exponentieller Anstieg

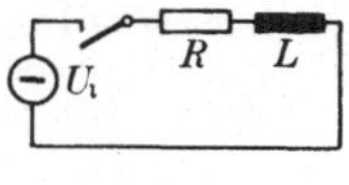

$$I(t) = \frac{U_\mathrm{l}}{R}\,[1 - e^{-t/\tau}].$$

Bild 2.4-20
Einschalten einer Spule

Hierin ist $\tau = L/R$ die **magnetische Zeitkonstante** des Stromkreises. Erlischt zur Zeit $t = 0$ die Leerlaufspannung ohne Unterbrechung des Stromkreises und ist in diesem Zeitpunkt die Stromstärke I_0, so fließt der Strom in Richtung von I_0 weiter und fällt nach

$$I(t) = I_0\,e^{-t/\tau}.$$

Graphische Darstellung und Zahlenwerte der hier auftretenden Zeitgesetze vgl. Bild 2.4-7 und Tabelle 2.4-2.

Die Selbstinduktivität L einer Spule ist proportional dem Quadrat der Windungszahl w, wenn der Wickelraum gegeben ist; dasselbe gilt in weniger guter Näherung für den Wicklungswiderstand. Daraus folgt: Bei konstantem Wickelraum ist τ unabhängig von w, nur durch den Wickelraum selbst gegeben.

E 76 Verhalten bei Sinusstrom. Fließt durch die Wicklung ein sinusförmiger Strom

$$i = \hat{I}\cos(\omega t + \varphi),$$

so ist

$$\frac{d\Phi}{dt} = L\,\frac{di}{dt} = \omega L \hat{I}\cos\left(\omega t + \varphi + \frac{\pi}{2}\right).$$

Der Nullphasenwinkel ist $\varphi + \pi/2$, die induktive elektrische Spannung (Selbstinduktionsspannung)

$$u_L = \frac{\mathrm{d}\Phi}{\mathrm{d}t}$$

ist der Stromschwingung um die Dauer $T/4$ voraus. Die Spannungsamplitude $\hat{U} = \omega L \hat{I}$ wird aus der Stromamplitude $\hat{I}$ so berechnet, als habe die Spule einen Widerstand ωL.

Enthält die Spule magnetisch weiches Eisen, so ist der Zusammenhang zwischen Φ und I nicht linear, und daher ist $L = \Phi/I$ von I abhängig. Es gilt

$$\frac{\mathrm{d}\Phi}{\mathrm{d}t} = \frac{\mathrm{d}(LI)}{\mathrm{d}t} = \left(L + I\,\frac{\mathrm{d}L}{\mathrm{d}I}\right) \frac{\mathrm{d}I}{\mathrm{d}t},$$

man muß also L als Funktion von I für die gegebene Spule kennen. Es ist andererseits $\Phi = A\,B$, daher

$$\frac{\mathrm{d}\Phi}{\mathrm{d}t} \sim \frac{\mathrm{d}B}{\mathrm{d}H}\,\frac{\mathrm{d}H}{\mathrm{d}t}\;;$$

man muß also B als Funktion von H für den magnetischen Kreis der Spule kennen. Nur wenn dieser von einem Eisenkörper ohne Luftstrecken gebildet wird, ist $\mathrm{d}B/\mathrm{d}H$ gleich der differentiellen Permeabilität μ_d des Eisens (**E 3**), sonst kleiner und weniger von H abhängig als diese. Im ersten Fall hat man eine **totale Selbstinduktivität** $L = \Phi/I$ definiert, im zweiten eine wirksame **differentielle Selbstinduktivität** $L_\mathrm{d} = \mathrm{d}\Phi/\mathrm{d}I$, und für diese gilt

$$\frac{\mathrm{d}\Phi}{\mathrm{d}t} = L_\mathrm{d}\,\frac{\mathrm{d}I}{\mathrm{d}t}\;.$$

Verluste im Eisen vgl. **E 3**.

F. Wechselströme

F 1 Grundbegriffe

Die sinusförmige oder harmonische Schwingung einer Zustandsgröße, z. B. einer Stromstärke

$$i(t) = \hat{I}\cos\left(\frac{2\pi t}{T} + \varphi\right),$$

ist bestimmt durch Amplitude $\hat{I}$ (definitionsweise positiv), Dauer T einer Schwingungsperiode oder Frequenz $f = 1/T$ oder Kreisfrequenz $\omega = 2\pi f = 2\pi/T$, und Nullphasenwinkel φ. Man nennt die lineare Zeitfunktion $\omega t + \varphi$ Phasenwinkel, i den Augenblickswert der Schwingung, $\varphi/\omega = t_0$ die Nullphasenzeit.

f und ω haben dieselbe Einheit; wird für die Periodendauer als Zeiteinheit die Sekunde gewählt, so wird die Einheit der Frequenz mit Hertz, Kurzzeichen Hz, bezeichnet.

Der Mittelwert über ein ganzes Vielfaches von T ist Null, der Mittelwert einer halben Schwingung zwischen zwei Nulldurchgängen ist $2\hat{I}/\pi = 0{,}63662\,\hat{I}$, der Mittelwert des Quadrates ist

$$\overline{i^2} = \frac{\hat{I}^2}{2}\,\frac{1}{T}\int\limits_{t}^{t+T}\left[1 + \cos(2\,\omega t + 2\varphi)\right]\mathrm{d}t = \frac{\hat{I}^2}{2}\,.$$

Man bezeichnet

$$I_\mathrm{eff} = +\sqrt{\overline{i^2}} = \hat{I}/\sqrt{2} = 0{,}70711\,\hat{I}$$

als Effektivwert. Der Mittelwert der Stromwärmeleistung im Widerstand R ist $\bar{P} = I_{\text{eff}}^2 R$. Entsprechend ist der Effektivwert einer sinusförmig mit der Amplitude $\hat{U}$ schwingenden Spannung $U_{\text{eff}} = \hat{U}/\sqrt{2}$. Effektivwerte von Stromstärken und Spannungen schreibt man auch $\tilde{I}$, $\tilde{U}$ und in der Elektrotechnik, wo keine Mißverständnisse möglich sind, einfach I und U.

F11 Zeigerdiagramm. Dreht sich eine Strecke der Länge a mit konstanter Winkelgeschwindigkeit ω um einen festen Endpunkt, so beschreiben die Projektionen auf eine feste Achse die Ordinaten einer Sinuskurve, z.B. ergeben die senkrechten Projektionen auf die Ausgangslage $a\cos(\omega t + \varphi)$. Die Sinusschwingung $i(t)$ läßt sich daher darstellen durch einen Zeiger konstanter Länge $\hat{I}$ (mal Maßstabfaktor), der sich mit konstanter Winkelgeschwindigkeit ω dreht. Die Drehrichtung ist dem Uhrzeigerdrehsinn entgegengesetzt. Der Anfangswert ist $\hat{I}\cos\varphi$, und der Augenblickswert der Schwingung wird erhalten durch senkrechte Projektion auf eine Gerade durch den Drehungspunkt, die um den Winkel φ im Uhrzeigersinn gedreht ist (Bild 2.4-21).

Werden mehrere Schwingungen, die verschiedene Amplituden und Nullphasenwinkel, aber dieselbe Kreisfrequenz (Winkelgeschwindigkeit) haben, als Zeiger eingetragen, so sind die Winkel zwischen den Zeigern immer dieselben. Man kann die Zeiger wie Vektoren parallel zu sich selbst verschieben; es gelten die Regeln der geometrischen (vektoriellen) Addition. Anstatt die Zeiger rotieren zu lassen, kann man sie feststehend denken, und die Gerade, auf die sie projiziert werden, sich in entgegengesetztem Sinn mit der Winkelgeschwindigkeit ω drehen lassen: Zeitlinie ZL. Eine Schwingung 1 ist einer anderen 2 um einen Phasenverschiebungswinkel **voraus**, wenn die Zeitlinie in ihrem Lauf zuerst in die Lage 1 kommt.

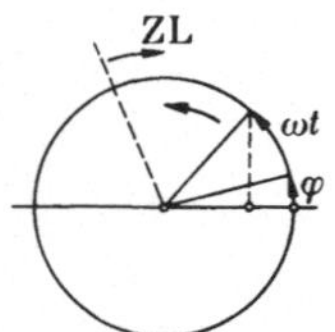

Bild 2.4-21
Darstellung von
$i(t) = \hat{I}\cos(\omega t + \varphi)$

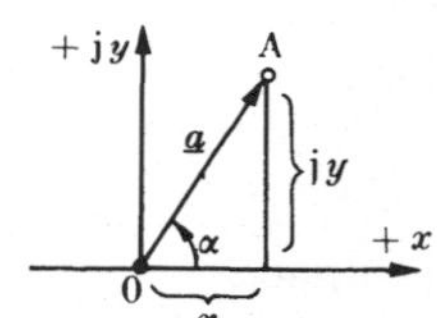

Bild 2.4-22   Ebene der
komplexen Zahlen

Die gewöhnlichen Zeigerdiagramme der Elektrotechnik enthalten harmonische Ströme und Spannungen derselben Kreisfrequenz ω; es kommt auf die Größen und die gegenseitige Lage an. Daher kann der Nullphasenwinkel einer Größe zu Null angenommen und diese Richtung als Bezugsrichtung gewählt werden; wichtig sind dann meist die Projektionen der Zeiger auf diese Richtung und eine um einen rechten Winkel gegen den Uhrzeigersinn weiter gedrehte Richtung.

In der **Starkstromtechnik** wird meist als Bezugsrichtung die positive senkrechte Achse verwendet. Bei einem hinsichtlich der Klemmenspannung starren speisenden Wechselstromnetz legt man in diese Richtung den Zeiger der Klemmenspannung.

Für Aufbau und Anwendung des Zeigerdiagramms braucht man die Koordinaten von Punkten einer Ebene. Hierfür dient die **Gaußsche Ebene der komplexen Zahlen** (Bild 2.4-22). Mit $j = +\sqrt{-1}$ ist [H01]

$$\underline{a} = x + jy = |\underline{a}|\,e^{j\alpha} = |\underline{a}|\,(\cos\alpha + j\sin\alpha), \qquad |\underline{a}| = +\sqrt{x^2 + y^2},$$

$$x = |\underline{a}|\cos\alpha, \qquad y = |\underline{a}|\sin\alpha, \qquad \tan\alpha = y/x.$$

Wird $\alpha = \omega t + \varphi$ und $|\underline{a}| = \hat{a}$ gesetzt, so ist der komplexe Augenblickswert

$$\underline{a} = |\underline{a}|\,e^{j\varphi}e^{j\omega t}$$

und

$$\operatorname{Re}\underline{a} = \hat{a}\cos(\omega t + \varphi), \qquad \operatorname{Im}\underline{a} = \hat{a}\sin(\omega t + \varphi).$$

Ferner ist

$$\underline{a} = |\underline{a}|\,e^{j\varphi}e^{j\omega t} = \hat{\underline{A}}\,e^{j\omega t}.$$

$\hat{\underline{A}} = |\underline{a}|\, e^{j\varphi}$ ist die komplexe Amplitude, ihr Betrag $|\hat{\underline{A}}| = |\underline{a}|$ die Amplitude der Schwingung. $\hat{\underline{A}}/\sqrt{2}$ ist der komplexe Effektivwert, meist $\underline{A}$ geschrieben.

In vielen Gleichungen der Wechselstromtechnik läßt sich der Faktor $e^{j\omega t}$ abspalten; dann rechnet man mit komplexen Amplituden $\hat{\underline{A}}$ oder Effektivwerten $\underline{A}$. Man muß angeben, ob man den reellen oder den imaginären Teil von $\hat{\underline{A}}\, e^{j\omega t}$ meint. Quotienten gleichfrequenter komplexer Sinusgrößen werden **komplexe Koeffizienten** oder **Operatoren** genannt, z. B. ist der komplexe Widerstand

$$\frac{\underline{u}}{\underline{i}} = \frac{\hat{\underline{U}}}{\hat{\underline{I}}} = \frac{\underline{U}}{\underline{I}} = \underline{Z} = |\underline{Z}|\, e^{j\xi} = R + jX \, .$$

In der **Nachrichtentechnik** wird meist mit Widerständen und Leitwerten gerechnet, also mit zeitunabhängigen komplexen Größen.

Ändert sich ein Zeiger nach Betrag und Phase in Abhängigkeit von einem Parameter (z. B. der Primärstrom eines Transformators abhängig von der sekundären Belastung), so beschreibt der Endpunkt des Zeigers eine **Ortskurve**. Ortskurven können im gewöhnlichen Zeigerdiagramm oder in der Ebene der komplexen Zahlen dargestellt werden. Sie lassen den Einfluß eines Parameters erkennen, wenn ihre Punkte nach Parameterwerten beziffert werden. Da die Rechenregeln für die komplexen Zahlen die gleichen sind wie für die reellen Zahlen, werden diese in mathematischen Darstellungen oft gleich geschrieben. In der Wechselstromlehre vermeidet man Mißverständnisse dadurch, daß man komplexe Größen (Amplituden, Effektivwerte, Koeffizienten) als solche kennzeichnet. Hierfür hat sich das Unterstreichen des Formelzeichens (Antiquabuchstabe) eingebürgert. Eine andere (ältere) Kennzeichnung ist die Verwendung von Frakturbuchstaben.

F12 Leistung. Führt ein Wechselstrom-Zweipol die Stromstärke $i = \hat{I}\cos(\omega t + \chi)$ bei der Klemmenspannung $u = \hat{U}\cos(\omega t + \psi)$, so ist der Mittelwert der Leistung ui

$$\bar{P} = \frac{1}{T}\int\limits_{t}^{t+T} u\,i\,\mathrm{d}t = \frac{\hat{U}\,\hat{I}}{2}\cos(\chi - \psi) = U_{\mathrm{eff}}\, I_{\mathrm{eff}}\cos(\chi - \psi) \, .$$

Demnach ist nur $\bar{P} \geq 0$ möglich, z. B. ist $\bar{P} = 0$ für $\chi - \psi = \pi/2$, und es ist $\bar{P} = I_{\mathrm{eff}}^{2}R$ für $u = iR$. Man bezeichnet $\bar{P}$ als **Wirkleistung** und $\cos(\chi - \psi) \equiv \cos\varphi$ als **Leistungsfaktor**, ferner als

Blindleistung $\qquad P_{\mathrm{b}} = \dfrac{\hat{U}\,\hat{I}}{2}\sin(\chi - \psi) = U_{\mathrm{eff}}I_{\mathrm{eff}}\sin\varphi$

und als Scheinleistung $\qquad P_{\mathrm{s}} = U_{\mathrm{eff}}I_{\mathrm{eff}}\,.$

F121 Beispiel. Wird eine Serienschaltung aus Wirkwiderstand R, Selbstinduktivität L und Kapazität C von einem Strom $i = \hat{I}\sin\omega t$ durchflossen, so ist die Spannung zwischen den Enden der Serienschaltung

$$u = \hat{I}R\sin\omega t + \hat{I}\left(\omega L - \frac{1}{\omega C}\right)\cos\omega t,$$

und der Augenblickswert der Leistung ist

$$ui = \frac{\hat{I}^{2}}{2}R\,(1 - \cos 2\omega t) + \frac{\hat{I}^{2}}{2}\left(\omega L - \frac{1}{\omega C}\right)\sin 2\omega t.$$

Beide Glieder schwingen mit der Frequenz 2ω, das zweite um den Mittelwert Null, das erste um den Mittelwert $Ri^{2}/2 = \bar{P}$; die Wirkleistung ist der Mittelwert der dem Stromkreis zugeführten und nicht umkehrbar in Wärme umgesetzten Leistung. Die magnetische

Feldenergie und die elektrische sind stets positiv und schwanken mit der Kreisfrequenz 2ω um die Mittelwerte

$$\overline{W}_{\mathrm{m}} = \frac{\hat{I}^2}{2}\,\frac{L}{2} \quad \text{und} \quad \overline{W}_{\mathrm{e}} = \frac{\hat{I}^2}{2}\,\frac{1}{2C\omega^2}\,;$$

daher ist die Amplitude des zweiten Gliedes in $u\,i$, nämlich

$$\frac{\hat{I}^2}{2}\left(\omega L - \frac{1}{\omega C}\right) = 2\omega\left(\overline{W}_{\mathrm{m}} - \overline{W}_{\mathrm{e}}\right) = P_{\mathrm{b}}\,,$$

die Amplitude einer Leistung, die während einer Viertelperiode der Stromschwingung von der Quelle geliefert, in der folgenden Viertelperiode wieder von ihr aufgenommen wird, im Zeitmittel daher Null ist; sie deckt die Differenz der Energieaufnahmen der zueinander in Gegenphase wirkenden Energiespeicher. Die Blindleistungsschwingung bedeutet daher Energiependelung, nicht irreversible Energieumwandlung wie die Wirkleistung, und die Scheinleistung ist die halbe Schwingungsweite der gesamten Leistungsschwingung.

F 2   Wechselstromkreise

F 21   Widerstände und Leitwerte. Für die Berechnung von Stromkreisen (ohne Kopplungen) bei andauernden, sinusförmigen Wechselströmen und Wechselspannungen der Frequenz $\omega/2\pi$ sind die Bestimmungsgrößen: Wirkwiderstand R, Blindwiderstand ωL der Spule, Blindwiderstand $1/\omega C$ des Kondensators, oder: Wirkleitwert $G = 1/R$, Blindleitwert $1/\omega L$ der Spule, Blindleitwert ωC des Kondensators. Bei Serienschaltung der drei Elemente ist

$$\frac{U}{I} = Z = R + \mathrm{j}\left(\omega L - \frac{1}{\omega C}\right)$$

und bei Parallelschaltung

$$\frac{I}{U} = Y = G + \mathrm{j}\left(\omega C - \frac{1}{\omega L}\right).$$

Allgemein ist daher

$$Z = R + \mathrm{j}\,X = Z\,\mathrm{e}^{\mathrm{j}\zeta}, \qquad Y = G + \mathrm{j}\,B = Y\,\mathrm{e}^{\mathrm{j}\xi}.$$

Z komplexer Widerstand, komplexe Impedanz; $Z = |Z|$ Scheinwiderstand, Impedanz; Y komplexer Leitwert, komplexe Admittanz, $Y = |Y|$ Scheinleitwert, Admittanz; R Wirkwiderstand; X Blindwiderstand, Reaktanz; G Wirkleitwert; B Blindleitwert, Suszeptanz.

Also gilt für Z:

$$Z = +\sqrt{R^2 + X^2}\,, \qquad \tan\zeta = X/R,$$
$$R = Z\cos\zeta, \qquad X = Z\sin\zeta,$$

und für Y

$$Y = +\sqrt{G^2 + B^2}\,, \qquad \tan\xi = B/G,$$
$$G = Y\cos\xi, \qquad B = Y\sin\xi.$$

Damit $Y = 1/Z$ ist, muß sein

$$G = \frac{R}{R^2 + X^2}\,, \qquad B = -\frac{X}{R^2 + X^2}\,, \qquad R = \frac{G}{G^2 + B^2}\,, \qquad X = -\frac{B}{G^2 + B^2}$$

oder

$$Y = 1/Z, \qquad \xi = -\zeta.$$

Mit komplexen Widerständen, Leitwerten, Quellenspannungen und Quellenströmen lassen sich die Wechselstromstärken und Wechselspannungen in linear wirkenden Wechselstromnetzen nach den unter **C 1** angegebenen Beziehungen berechnen. Für die Wechselströme und Wechselspannungen (Augenblickswerte, Zeiger, komplexe Amplituden) müssen Bezugssinne gewählt (Bezugspfeile gesetzt) werden.

F 22 Frequenzabhängigkeit. Zur Darstellung der Eigenschaften von Schwingkreisen dienen folgende Kenngrößen:

Kennfrequenz
$$\omega_0 = \frac{1}{\sqrt{LC}},$$

Frequenzverhältnis
$$\eta = \omega/\omega_0,$$

Verstimmung
$$v = \frac{\omega}{\omega_0} - \frac{\omega_0}{\omega} = \eta - \frac{1}{\eta},$$

relative Verstimmung
$$2\left|\frac{\omega_0 - \omega}{\omega_0}\right| \approx v \quad \text{für} \quad |\omega_0 - \omega| \ll \omega_0,$$

Kennwiderstand
$$Z_0 = \sqrt{\frac{L}{C}},$$

Dämpfungszahl der Serienschaltung
$$d_0 = \frac{R}{Z_0} = \frac{R}{L\omega_0} = RC\omega_0,$$

Dämpfungszahl der Parallelschaltung
$$d_0 = GZ_0 = \frac{G}{C\omega_0} = GL\omega_0,$$

Güte oder Resonanzschärfe
$$g = 1/d_0.$$

F 23 Parallelschaltung von Leitwert, Spule und Kondensator sei parallel zu einer Wechselstromquelle geschaltet; $G = 1/R$, L, C seien Wirkleitwert, Selbstinduktivität und Kapazität des gesamten Stromkreises; die Amplitude $\hat{I}_k$ des Quellenstroms sei konstant (Bild 2.4-23). Die Spannung ist

$$\underline{U} = \frac{I_k}{G + \mathrm{j}(\omega C - 1/\omega L)} = \frac{I_k}{Y\,\mathrm{e}^{\mathrm{j}\varphi}},$$

und mit den angegebenen Kenngrößen in Abhängigkeit von η und von d_0

$$\hat{U} = \frac{\hat{I}_k Z_0}{\sqrt{d_0^2 + (\eta - 1/\eta)^2}},$$

$$\tan \varphi' = \frac{\eta - 1/\eta}{d_0}.$$

In Bild 2.4-24 sind die Ordinaten

$$A = \frac{\hat{U}(\eta, d_0)}{\hat{I}_k Z_0},$$

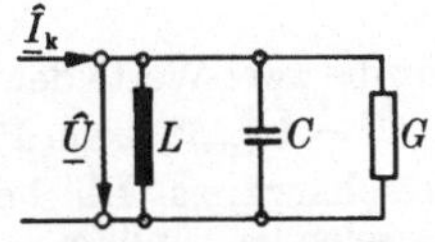

Bild 2.4-23 Parallelschaltung

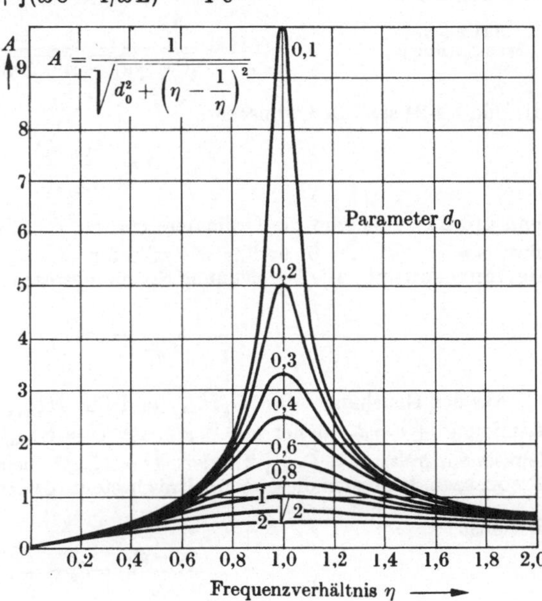

Bild 2.4-24
Amplitudenresonanzkurven A

in Bild 2.4-25 sind die Ordinaten $\varphi = \varphi'(\eta, d_0)$. Für $\omega = 0$ ist $\hat{U} = 0$ und $\varphi' = -\pi/2$, für $\omega = \infty$ ist $\hat{U} = 0$ und $\varphi' = +\pi/2$, für $\omega = \omega_0$ ist $\hat{U} = \hat{U}_{max} = \hat{I}_k/G$ und $\varphi' = 0$: Parallelresonanz. Die Bezeichnung Stromresonanz ist nicht eindeutig. Also ist auch

$$\frac{\hat{U}}{\hat{U}_{max}} = \frac{1}{\sqrt{1 + v^2/d_0^2}} = \cos\varphi',$$

$$\tan\varphi' = \frac{v}{d_0}.$$

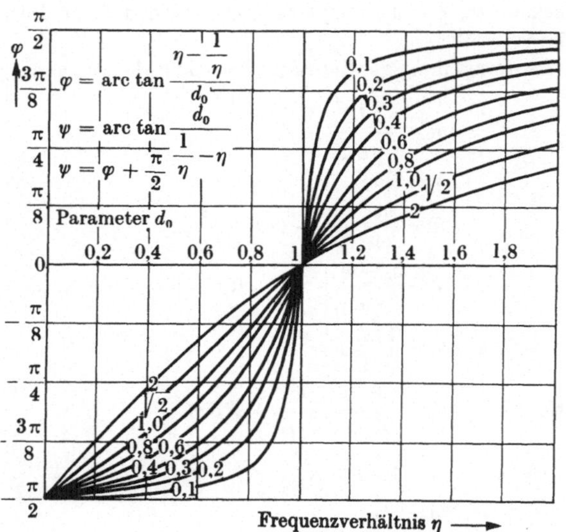

Bild 2.4-25   Phasenresonanzkurven

F 24 Serienschaltung von Widerstand, Spule und Kondensator sei in Serie mit einer Wechselspannungsquelle geschaltet; R, L, C seien Wirkwiderstand, Selbstinduktivität und Kapazität des gesamten Stromkreises; die Amplitude $\hat{U}_\iota$ der Quellenspannung sei konstant und frequenzunabhängig (Bild 2.4-26). Der Strom ist

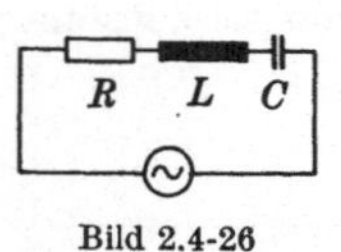

Bild 2.4-26
Serienschaltung

$$\underline{I} = \frac{\underline{U}_\iota}{R + j(\omega L - 1/\omega C)} = \frac{\underline{U}_\iota}{Z e^{j\varphi}},$$

und mit den Kenngrößen in Abhängigkeit von η und von d_0

$$\hat{I} = \frac{\hat{U}_\iota}{Z_0} \frac{1}{\sqrt{d_0^2 + (\eta - 1/\eta)^2}}, \qquad \tan\varphi = \frac{\eta - 1/\eta}{d_0}.$$

In Bild 2.4-24 sind die Ordinaten

$$A = \frac{\hat{I}(\eta, d_0)}{\hat{U}_2/Z_0},$$

und in Bild 2.4-25 sind die Ordinaten $\varphi = \varphi(\eta, d_0)$. Für $\omega = 0$ ist $\hat{I} = 0$ und $\varphi = -\pi/2$, für $\omega = \infty$ ist $\hat{I} = 0$ und $\varphi = +\pi/2$, für $\omega = \omega_0$ ist $\hat{I} = \hat{I}_{max} = \hat{U}_\iota/R$ und $\varphi = 0$: Serienresonanz. Die Bezeichnung Spannungsresonanz ist nicht eindeutig. Also ist auch

$$\frac{\hat{I}}{\hat{I}_{max}} = \frac{1}{\sqrt{1 + v^2/d_0^2}} = \cos\varphi, \qquad \tan\varphi = \frac{v}{d_0}.$$

Aus den Gleichungen für $\hat{U}/\hat{U}_{max}$ und für $\hat{I}/\hat{I}_{max}$ folgt: Für die zwei Werte der Verstimmung $\pm v = d_0$, daher $\varphi = \pm\pi/4$, ist $\hat{U} = \hat{U}_{max}/\sqrt{2}$ oder $\hat{U}^2 = \hat{U}_{max}^2/2$ beim Parallelresonanzkreis, $\hat{I} = \hat{I}_{max}/\sqrt{2}$ oder $\hat{I}^2 = \hat{I}_{max}^2/2$ beim Serienresonanzkreis. Die beiden Frequenzen, bei denen dieses Verhältnis besteht (gemessen wird), seien ω_2 und ω_1.

Dann ist

$$\frac{\omega_2 - \omega_1}{\omega_0} = d_0 = \frac{1}{g}.$$

Hiermit Bestimmung der Dämpfungskennzahl d_0, der Güte (Resonanzschärfe) g aus der **Halbwertbreite** der Amplitudenresonanzkurve. Die **Spannung an der Kapazität** der Serienschaltung ist

$$\underline{U}_C = \frac{\underline{I}}{j\omega C} = \frac{\underline{U}_1}{p\, e^{j\psi}} \; ;$$

die Ausrechnung von p und ψ ergibt in Abhängigkeit von η und von d_0

$$\hat{U}_C = \frac{\hat{U}_1}{\sqrt{\eta^2 d_0^2 + (1-\eta^2)^2}} ,$$

$$\tan\psi = \frac{d_0}{1/\eta - \eta} .$$

In Bild 2.4-27 sind die Ordinaten

$$B = \frac{\hat{U}_C(\eta, d_0)}{\hat{U}_1} ,$$

und aus Bild 2.4-25 wird $\psi(\eta, d_0)$ durch $\psi = \varphi + \pi/2$ erhalten. Für $\omega = 0$ ist $\hat{U}_C = \hat{U}_1$

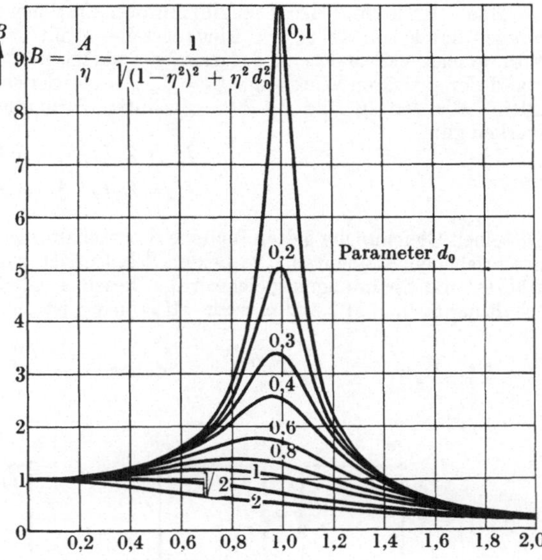

Bild 2.4-27   Amplitudenresonanzkurven B

und $\psi = 0$, für $\omega = \infty$ ist $\hat{U}_C = 0$ und $\psi = \pi$. Für $\omega = \omega_0$ ist $\hat{U}_C = \hat{U}_{C0} = \hat{U}_1/d_0$, also wird $\hat{U}_{C0} > \hat{U}_1$ bei $d_0 < 1$. Für $\omega = \omega_r = \omega_0 \sqrt{1 - d_0^2/2} \le \omega_0$ ist

$$\hat{U}_C = \hat{U}_{C\max} = \frac{\hat{U}_1}{d_0\sqrt{1 - d_0^2/4}} \ge \hat{U}_{C0} ;$$

für $d_0 \ge \sqrt{2}$ ist $\omega_r = 0$ und $\hat{U}_C \le \hat{U}_1$.

Außer d_0 sind gebräuchliche Dämpfungsmaße: Dämpfungswinkel ϑ, logarithmisches Dekrement Λ, relative Dämpfung $\varkappa$, bezogene Regelzeit τ; es gilt

$$d_0 = 2\sin\vartheta = 2\varkappa,$$

$$\Lambda = 2\pi\tan\vartheta,$$

$$\tau = \cot\vartheta ;$$

diese Dämpfungsmaße insbesondere bei gedämpften Schwingungen (vgl. **F 41**) in den Grenzen $\varkappa = 0$, ohne Dämpfung, bis $\varkappa = 1$, Grenzfall der aperiodischen Dämpfung (Bild 2.4-28).

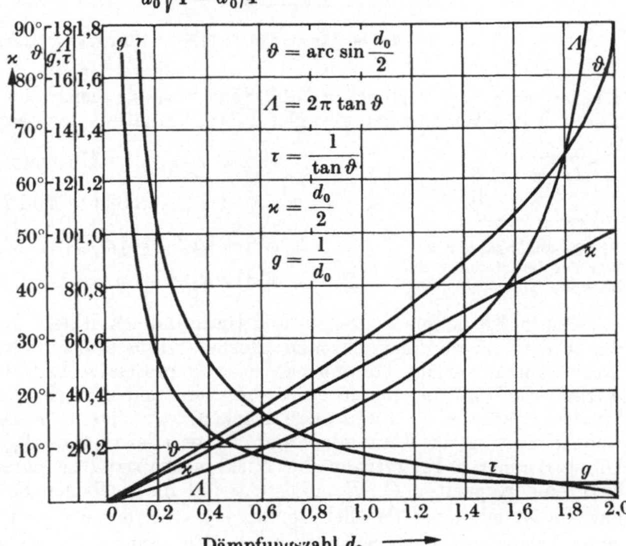

Bild 2.4-28   Dämpfungsmaße

F 25   Ersatzbild des Transformators. Stationäre Wechselstromstärken und -spannungen der Frequenz $\omega/2\pi$; Eingangsseite *1* mit der Quelle, Ausgangsseite *2* mit dem Verbraucher verbunden. M gegenseitige Induktivität, $\underline{Z}_1 = R_1 + j\omega L_1$ komplexer Widerstand der primären Wicklung, $\underline{Z}_2 = R_2 + j\omega L_2$ der sekundären Wicklung, jeweils für sich allein. Mit den in Bild 2.4-29 a gewählten Bezugssinnen der Spannungen und Stromstärken gilt

$$\underline{U}_1 = \underline{Z}_1\underline{I}_1 - j\omega M\underline{I}_2,$$

$$-\underline{U}_2 = \underline{Z}_2\underline{I}_2 - j\omega M\underline{I}_1.$$

Dieselben Gleichungen gelten für eine Sternschaltung nach Bild 2.4-29 b mit den dort angeschriebenen Elementen. Die beiden Schaltungen sind einander hinsichtlich der Stromstärken und Spannungen gleichwertig. Dieselben Gleichungen gelten auch für die Sternschaltung nach Bild 2.4-29 c, wenn $\underline{M} = j\omega M$ ist und gesetzt wird

$$\underline{U}_2' = \underline{U}_2 n, \qquad \underline{I}_2' = \frac{I_2}{n}, \qquad \text{daher} \qquad \frac{U_2'}{I_2'} = n^2\,\frac{U_2}{I_2}, \qquad \underline{U}_2'\underline{I}_2' = \underline{U}_2\underline{I}_2.$$

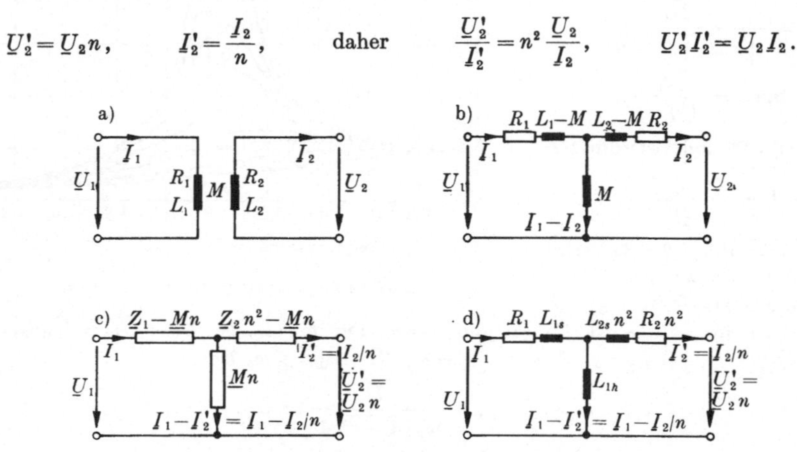

Bild 2.4-29   Ersatzschaltbilder des Übertragers (Transformators)

Hierbei ist n eine verfügbare Zahl. Setzt man sie gleich dem Verhältnis der Windungszahlen beider Wicklungen, also gleich dem Verhältnis der Leerlaufspannungen:

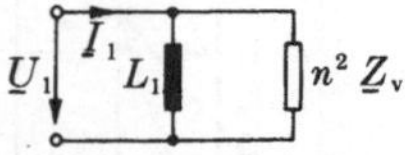

$$n = w_1/w_2 \qquad \text{Übersetzungsverhältnis,}$$

so wird daraus das Ersatzbild in Bild 2.4-29 d; denn es wird

Bild 2.4-30 Ersatzschaltbild des belasteten verlustlosen Transformators

$$\underline{M}n = j\omega L_{1h} = j\omega L_{2h} n^2,$$

$$\underline{Z}_2 n^2 - \underline{M}n = R_2 n^2 + j\omega L_{2s} n^2, \qquad \underline{Z}_1 - \underline{M}n = R_1 + j\omega L_{1s}$$

mit den in **E 6** definierten Streu- und Hauptinduktivitäten L_{1s}, L_{2s}, L_{1h}, L_{2h}, zu denen das Ersatzbild der magnetischen (Rechen-) Flüsse des Bildes 2.4-19 paßt. Wenn man über n anders verfügt, kommt man zu anderen Ersatzschaltbildern. Um außer den Stromwärmeverlusten, die in R_1 und R_2 entstehen, noch die Wirbelstromwärme- und Hystereseverluste im Eisen auszudrücken, legt man im Ersatzbild (Bild 2.4-29 d) einen frequenzabhängigen Wirkwiderstand R_p parallel zu dem L_{1h} enthaltenden Stromzweig. Um bei höheren Frequenzen die Wicklungskapazitäten darzustellen, legt man parallel dazu eine Kapazität C_e; R_p und C_e sind im gegebenen Fall näherungsweise bestimmbar. Es ist mit einer Parallelresonanz etwa bei der Frequenz $\omega_1 \approx 1/\sqrt{C_e L_{1h}}$ und mit einer Serienresonanz zu rechnen, die im Fall geringer Streuung bei der höheren Frequenz $\omega_2 = \omega_1/\sqrt{\sigma}$ liegt.

Werden in den drei Zweigen die Wirkwiderstände vernachlässigt, so ist auch

$$\underline{U}_1/\underline{U}_2 = w_1/w_2 = n$$

unabhängig von der Belastung, und auf der Seite 1 fließt der Strom

$$I_1 = \frac{U_1}{\mathrm{j}\,\omega\,L_1} + \frac{U_1}{n^2\underline{Z}_\mathrm{v}}\,;$$

hierin ist $\underline{Z}_\mathrm{v}$ der an den Klemmen der Seite 2 angeschlossene Verbraucher-Scheinwiderstand, der erste Summand ist der Strom für $I_2 = 0$; es gilt das Ersatzbild des verlustlosen Transformators (Bild 2.4-30). Der Belastungswiderstand $\underline{Z}$ der sekundären Seite wirkt auf der Primärseite wie ein zum Leerlaufwiderstand parallelgeschalteter Scheinwiderstand $n^2\underline{Z}_\mathrm{v}$ (Transformator zum Zweck der Widerstandsanpassung in der Nachrichtentechnik).

F 3 Periodische Schwingungen

Ein Vorgang $f(t)$ heißt **periodisch**, wenn er in gleichen Zeitabständen T sich wiederholt:

$$f(t) = f(t + T) = f(t + 2T) = \cdots$$

Ist T der kleinste Wert, für den dies gilt, so nennt man T **Grundperiode.** Die Reihenentwicklung nach **Fourier** hat mit $\omega = 2\pi/T$ die Form

$$f(t) = \frac{A_0}{2} + \sum_{\nu=1}^{\infty} (C_\nu \cos\nu\,\omega t + S_\nu \sin\nu\,\omega t) = \frac{A_0}{2} + \sum_{\nu=1}^{\infty} A_0 \sin(\nu\,\omega t + \varepsilon_\nu)\,;$$

nur Sinusschwingungen, deren Frequenzen ganzzahlige Vielfache einer kleinsten Frequenz sind, summieren sich zu einer periodischen Schwingung. $A_0/2$ wird **Gleichanteil** genannt, ν Ordnungszahl. Die Summe besteht aus **Teilschwingungen,** $\nu = 1$ ist die erste Teilschwingung. $\nu = 2$ die zweite Teilschwingung usw. Die Schwingung mit $\nu = 1$ heißt auch **Grundschwingung,** die anderen **Oberschwingungen** oder höhere **Harmonische** (es ist irreführend, in diesem Zusammenhang von „Wellen" zu sprechen). Die Bestimmung der C_ν und S_ν aus einer gegebenen Funktion $f(t)$ erfolgt nach der **Fourier-Analyse** [H 01]. Oft ist der Mittelwert (Gleichanteil) Null; $A_0 = 0$. Ist ferner im Kurvenbild $f(t)$ die negative Halbschwingung das Spiegelbild der positiven in bezug auf die t-Achse, so enthält die Reihe nur Teilschwingungen mit ungeradem ν; so z.B. bei den meisten Generatoren und Netzen der Energietechnik. Ist die Kurve $f(t)$ symmetrisch in bezug auf den Nullpunkt, so enthält die Reihe nur Sinusschwingungen.

Sind Strom und Spannung periodische Schwingungen:

$$i(t) = \sum_{\nu=1}^{\infty} I_{\nu\,\mathrm{eff}}\sqrt{2}\,\sin(\nu\,\omega t + \varphi_\nu)\,, \qquad u(t) = \sum_{\nu=1}^{\infty} U_{\nu\,\mathrm{eff}}\sqrt{2}\,\sin(\nu\,\omega t + \psi_\nu)\,,$$

so sind die **Effektivwerte**

$$I_\mathrm{eff} = \left(\frac{1}{T}\int_{t}^{t+T} i^2\,\mathrm{d}t\right)^{\frac{1}{2}} = \sqrt{I_{1\,\mathrm{eff}}^2 + I_{2\,\mathrm{eff}}^2 + \cdots}\,,$$

$$U_\mathrm{eff} = \left(\frac{1}{T}\int_{t}^{t+T} u^2\,\mathrm{d}t\right)^{\frac{1}{2}} = \sqrt{U_{1\,\mathrm{eff}}^2 + U_{2\,\mathrm{eff}}^2 + \cdots}\,.$$

Mit Meßgeräten der Wechselstromtechnik werden diese Effektivwerte unmittelbar gemessen. Bei hohen Ordnungszahlen können Frequenzfehler auftreten.

Der Grundschwingungsgehalt eines Wechselstroms ist das Verhältnis des Effektivwertes der Grundschwingung zum gesamten Effektivwert: $g = I_{1\,\text{eff}}/I_{\text{eff}}$, der Oberschwingungsgehalt oder Klirrfaktor ist das Verhältnis des Effektivwertes sämtlicher Oberschwingungen zum gesamten Effektivwert:

$$k = \sqrt{I_{2\,\text{eff}}^2 + I_{3\,\text{eff}}^2 + \cdots} \, / \, I_{\text{eff}}.$$

Es gilt $g^2 + k^2 = 1$.

Der Mittelwert der Leistung ist

$$\bar{P} = \frac{1}{T} \int\limits_{t}^{t+T} u\, i\, dt = U_{1\,\text{eff}} I_{1\,\text{eff}} \cos(\varphi_1 - \psi_1) + U_{2\,\text{eff}} I_{2\,\text{eff}} \cos(\varphi_2 - \psi_2) + \cdots$$

Die gesamte Wirkleistung $\bar{P}$ ist die Summe der Wirkleistungen $\bar{P}_\nu$ der Teilschwingungen. Nur Teilschwingungen der Stromstärke und der Spannung gleicher Ordnungszahl können Beiträge zu $\bar{P}$ geben. Daher ist die **mittlere Stromwärmeleistung** in einem Wirkwiderstand R

$$\bar{P} = R\, I_{\text{eff}}^2 = R(I_{1\,\text{eff}}^2 + I_{2\,\text{eff}}^2 + \cdots);$$

jede Teilschwingung bringt eine von den anderen unabhängige Leistung hervor. Man definiert als **Scheinleistung**

$$P_s = U_{\text{eff}} I_{\text{eff}}$$

und den **Leistungsfaktor**

$$\lambda = \bar{P}/P_s.$$

Als **Blindleistung** definiert man

$$P_b = P_s \sqrt{1 - \lambda^2}.$$

Die Leistungsgrößen $\bar{P} = \bar{P}_w$, P_s und P_b gehen in die in **F 12** angegebenen Größen über, wenn Strom und Klemmenspannung frei von Oberschwingungen sind. Wenn die Klemmenspannung frei von Oberschwingungen gehalten wird, die Stromstärke jedoch Oberschwingungen hat (Grundschwingungsgehalt $g = \sqrt{1 - k^2} = I_{1\,\text{eff}}/I_{\text{eff}} < 1$), so sind die Effektivwerte $U_{\text{eff}} = U_{1\,\text{eff}}$, $I_{\text{eff}} = I_{1\,\text{eff}}/g$, daher ist die Scheinleistung $P_s = U_{\text{eff}} I_{\text{eff}}$, die Wirkleistung $\bar{P} = \bar{P}_1 = P_w = U_{\text{eff}} I_{\text{eff}}\, g \cos\varphi_1$, der Leistungsfaktor $\lambda = g \cos\varphi_1$ und die Blindleistung $P_b = P_s \sqrt{g^2 \sin^2\varphi_1 + k^2}$. Diese hat zwei Komponenten: $P_s g \sin\varphi_1 = P_{b1}$ ist die Blindleistung der Grundschwingungen des Stroms und der Klemmenspannung, und $P_s k$ ist eine durch den Oberschwingungsgehalt verursachte Komponente, genannt **Verzerrungsblindleistung** P_v. Hier gilt $P_s^2 = P_w^2 + P_{b1}^2 + P_v^2$. Andere Formelzeichen: für die Scheinleistung S, für die Blindleistung Q, für die Wirkleistung P.

F4 Sinusähnliche Schwingungen

F41 Gedämpfte Schwingungen. Eine Serienschaltung aus Widerstand R, Selbstinduktivität L, Kapazität C wird zur Zeit $t = 0$ an eine Spannung U_0 gelegt, die von da an konstant bleibt; vorher war der Stromkreis strom- und spannungslos, daher ohne Energie (völlig entspannt). Ebenso: Einspielvorgang des beweglichen Systems eines Meßgeräts und Regelvorgang in einem einfachen Regelkreis. Es sind $\delta = R/2L$ Abklingkonstante, $\omega_0 = 1/\sqrt{LC}$ Kennfrequenz, $\delta/\omega_0 = \varkappa$ relative Dämpfung, $\omega = \omega_0 \sqrt{1 - \varkappa^2} < \omega_0$ Eigenfrequenz. Ferner ist $\varkappa = \sin\vartheta$ und $\delta/\omega = \tan\vartheta$, wobei ϑ Dämpfungswinkel, $\Lambda = \delta T = 2\pi \tan\vartheta$ logarithmisches Dekrement, $\tau = \cot\vartheta = \omega/\delta$ bezogene Regelzeit (vgl. **F 24**).

Im Bereich $0 \leqq \varkappa < 1$ treten Schwingungen auf. Die Spannung an der Kapazität ist

$$u_c(t) = U_0 \left[1 - \frac{e^{-\delta t}}{\cos \vartheta} \cos(\omega t - \vartheta) \right]$$

eine **gedämpfte Schwingung**, die auf den stationären Wert U_0 einspielt (Bild 2.4-31). Zwei aufeinanderfolgende Maxima oder Minima haben stets denselben Zeitabstand $T = 2\pi/\omega$, die Dauer der Periode. Der größte Ausschlag (die erste Überschwingung) ist zur Zeit $t_1 = \pi/\omega$ vorhanden und hat die Größe

$$u_1 = U_0 \left(1 + e^{-\pi\delta/\omega} \right) = U_0 \left(1 + e^{-\pi\varkappa/\sqrt{1-\varkappa^2}} \right).$$

Bild 2.4-32 zeigt die relative erste Überschwingung als Funktion der relativen Dämpfung $\varkappa$. Dämpfungswinkel und logarithmisches Dekrement Λ bestimmt man aus u_1 und U_0 durch

$$\frac{1}{\pi} \ln \left(\frac{U_0}{u_1 - U_0} \right) = \tan \vartheta = \frac{\Lambda}{2\pi}.$$

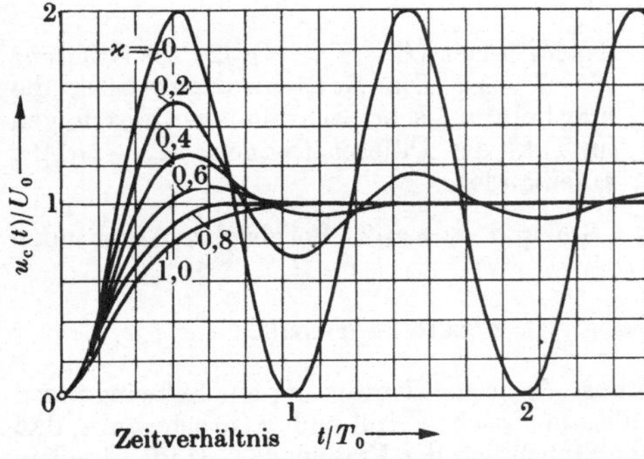

Zeitverhältnis t/T_0

Bild 2.4-31   Einschwingvorgang. $T_0 = 2\pi/\omega_0$

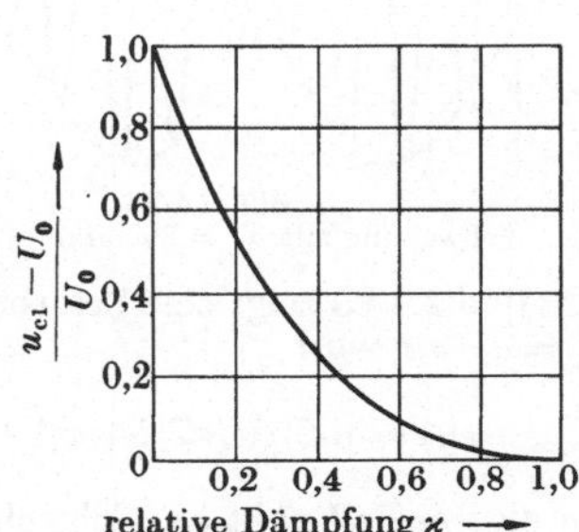

relative Dämpfung $\varkappa$ ———

Bild 2.4-32
Maximalausschlag in Abhängigkeit von der Dämpfung

Die **bezogene Regelzeit** τ hat folgende Bedeutung: Die Abweichung vom stationären Wert, die **Störung** $U_0 - u_c(t)$, ist kleiner als $U_0 e^{-\pi} \approx 0,043\, U_0$ geworden nach einer Zeit $t \geqq t_R$, die **Regelzeit** genannt wird. Daher ist

$$\tau = \frac{t_R}{T/2}$$

die Anzahl der halben Schwingungen, die innerhalb der Regelzeit verlaufen. Es wird τ oder t_R vorgeschrieben.

Schwingt die Spannung gedämpft aus, nachdem die Spannung U_0 zur Zeit $t = 0$ plötzlich erloschen ist, so bestimmt man Λ aus dem Verhältnis zweier aufeinander folgender gleichsinniger Extrema, z.B. Maxima i_1 und i_3, zu

$$\Lambda = \ln (i_1/i_3).$$

F 42   Schwebungen entstehen, wenn zwei harmonische Schwingungen mit benachbarten Frequenzen sich addieren:

$$y(t) = (a_1/2)\cos(\Omega_1 t + \varphi_1) + (a_2/2)\cos(\Omega_2 t + \varphi_2).$$

Setzt man

$$\Omega = (\Omega_2 + \Omega_1)/2, \qquad \omega = (\Omega_2 - \Omega_1)/2, \qquad \varphi = (\varphi_2 - \varphi_1)/2$$

so wird
$$y(t) = A \cos(\Omega t + \Phi)$$
mit

$$2A = \sqrt{a_1^2 + a_2^2 + 2a_1 a_2 \cos(2\omega t + 2\varphi)}, \qquad \tan\Phi = \frac{a_2 - a_1}{a_2 + a_1} \tan(\omega t + \varphi).$$

Sowohl A als auch Φ hängen von t ab: y ist zugleich amplituden- und phasenmodulierte Schwingung (vgl. **F 43**). Die Hüllkurven schwanken zwischen Höchstwerten

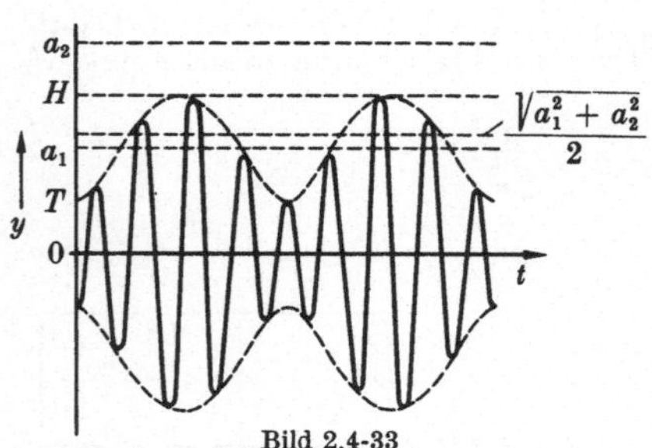

$$H = \frac{a_1 + a_2}{2}$$

und Tiefstwerten

$$T = \frac{|a_2 - a_1|}{2},$$

Bild 2.4-33
Schwebung mit $\Omega = 8\omega$ und $a_1 = 2a_2$

das Mittel ist $(H + T)/2 = a_2/2$, die Differenz $H - T = a_1$. Die Schwebungsstöße, die man bei akustischen Schwebungen hört, folgen im Takt der Differenzfrequenz $(\Omega_2 - \Omega_1)/2\pi$ aufeinander.

Bild 2.4-33 zeigt eine Schwebung mit $\Omega = 8\omega$ und $a_1 = a_2/2$. Bei gleichen Amplituden $a_1 = a_2 = a$ wird

$$y(t) = (a/2)\cos(\Omega_1 t + \varphi_1) + (a/2)\cos(\Omega_2 t + \varphi_2) = a\cos(\omega t + \varphi)\cos(\Omega t + \varphi + \varphi_1).$$

In diesem Fall sieht das Schwebungsbild so aus, als ob die Schwebung aus Schwingungen der hohen Frequenz Ω bestünde, deren Amplitude zwischen Null und a so schwankt, daß die beiderseitigen Hüllkurven kommutierte Sinuslinien der Frequenz ω sind. In jedem Schwebungsknoten springt die Phase der schnellen Schwingung um π, da dort $a\cos(\omega t + \varphi)$ das Vorzeichen wechselt. Die Schwebungsstöße folgen aufeinander mit der Differenzfrequenz $(\Omega_2 - \Omega_1)/2\pi$.

F 43 Modulierte Schwingungen. Die Modulation einer Sinusschwingung $A\sin(\Omega t + \varphi)$ ist eine gesetzmäßige Beeinflussung der Amplitude A oder des Phasenwinkels $(\Omega t + \varphi)$; die Modulation eines periodischen Vorgangs ist die gesetzmäßige Beeinflussung einer seiner Bestimmungsgrößen oder mehrerer. Geschieht die Modulation durch eine Sinusschwingung mit der Kreisfrequenz ω, so entstehen Schwingungen mit Frequenzen, die von Ω und von ω verschieden sind. Dadurch wird die Aufgabe der elektrischen Nachrichtentechnik gelöst, aus einer Gruppe von Schwingungen mit den Frequenzen ω_i eine entsprechende Gruppe mit den größeren Frequenzen $(\omega_i + \Omega)$ herzustellen (hochfrequente Schwingungen aus Tonfrequenzen zum Zweck der Ausstrahlung; Trägerfrequenztelephonie; Mehrfachausnützung von Nachrichtenübertragungsmitteln). Diese Frequenzumsetzung geschieht dadurch, daß die zu modulierende Schwingung und die modulierende Schwingung in einem nichtlinear wirkenden Stromkreiselement zusammenwirken. Die Wiederherstellung der ursprünglichen Schwingungsgruppe heißt Rückumsetzung oder Demodulation; sie erfolgt technisch nach demselben Grundsatz.

Die Umsetzung bedeutet eine Verschiebung der Schwingungsgruppe aus einem Frequenzgebiet in ein anderes, jeder Schwingung der Frequenz ω_i entspricht eine andere der Frequenz $\omega_i + \Omega$, der Abstand $\omega_2 - \omega_1$ zwischen der größten und der kleinsten der

Frequenzen ω_i bleibt erhalten. **Transponieren einer Schwingungsgruppe** bedeutet dagegen, daß jede Frequenz ω_i mit einem konstanten, frequenzunabhängigen Faktor vervielfacht erscheint, der Abstand $\omega_2 - \omega_1$ bleibt daher nicht erhalten.

Die Schwingung der Frequenz $\Omega/2\pi$ wird **Trägerschwingung**, ihre Frequenz **Trägerfrequenz** genannt. Eine modulierende Schwingung wird **Modulationsschwingung**, ihre Frequenz **Modulationsfrequenz** genannt.

F 431　Modulation der Amplitude einer Sinusschwingung. Ist $a\sin\omega t$ die modulierende Schwingung, so ist nach Definition

$$F(t) = \Phi(t)\sin(\Omega t + \varphi)$$

mit

$$\Phi(t) = A + a\sin\omega t.$$

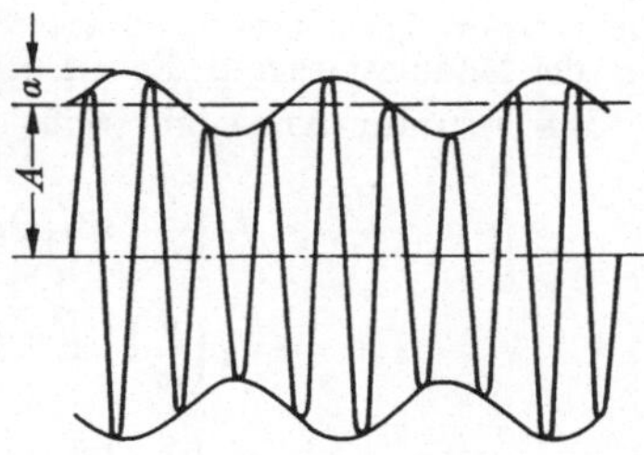

Bild 2.4-34　Sinusförmige Amplitudenmodulation einer Sinusschwingung

Modulationsgrad heißt das Verhältnis $a/A = m$. Nach Bild 2.4-34 schwanken die Amplituden periodisch, die Zeitabstände der Nulldurchgänge sind konstant, $\omega/2\pi$ kann dem Bild $F(t)$ als Frequenz der Hüllkurve entnommen werden, $\Omega/2\pi$ aus den Zeitabständen der Nulldurchgänge. $F(t)$ besteht aus drei Sinusschwingungen:

$$F(t) = A\sin(\Omega t + \varphi) + (a/2)\cos[(\Omega - \omega)t + \varphi] - (a/2)\cos[(\Omega + \omega)t + \varphi].$$

Die Schwingung der Frequenz $\Omega/2\pi$ wird auch **Hauptschwingung** genannt, die beiden anderen **obere Seitenschwingung** mit der oberen Seitenfrequenz $(\Omega + \omega)/2\pi$ und **untere Seitenschwingung** mit der unteren Seitenfrequenz $(\Omega - \omega)/2\pi$. Die Amplituden der Hauptschwingung und der Seitenschwingungen sind von ω unabhängig. Die Frequenzverschiebung ist allein durch Ω gegeben. Eine Schwingung der Frequenz $\omega/2\pi$ fehlt in $F(t)$.

Modulation durch eine Gruppe von Schwingungen (durch einen periodischen Vorgang). Dabei ist

$$\Phi(t) = A_0 + \sum_{\nu=1}^{\infty} a_\nu \sin(\nu\omega t + \psi_\nu)$$

und daher

$$F(t) = A_0\sin(\Omega t + \varphi) + \frac{1}{2}\sum_{\nu=1}^{\infty} a_\nu \cos[(\Omega - \nu\omega)t + \varphi - \psi_\nu]$$

$$- \frac{1}{2}\sum_{\nu=1}^{\infty} a_\nu \cos[(\Omega + \nu\omega)t + \varphi + \psi_\nu];$$

$F(t)$ besteht aus einer **Hauptschwingung** mit der Frequenz Ω und zwei Gruppen von **Seitenschwingungen** mit den Frequenzspektren $\Omega - \nu\omega$ und $\Omega + \nu\omega$; die Amplituden der Seitenschwingungen sind die Fourier-Koeffizienten der periodischen Funktion $\Phi(t)$. In der oberen Seitengruppe folgen die Frequenzen aufeinander wie in $\Phi(t)$, in der unteren Seitengruppe in umgekehrter Reihenfolge. Die Frequenzverschiebung ist durch Ω gegeben, die Amplituden der Teilschwingungen hängen nicht von ω ab.

F 432　Modulation der Phase einer Sinusschwingung. Eine Modulation des Phasenwinkels $p(t) = \Omega t + \varphi$ kann man so verstehen, daß die Frequenz moduliert wird, z.B. mit einer Sinusschwingung $\Omega(t) = \Omega + q\cos\omega t$. Daher beschreibt

$$F(t) = A\sin[\Omega t + (q/\omega)\sin\omega t + \varphi]$$

die sinusförmig frequenzmodulierte Sinusschwingung. $q/2\pi$ ist der **Frequenzhub**, q/ω der **Modulationsgrad**. Man kann die Phasenmodulation auch so verstehen, daß der Nullphasenwinkel moduliert wird, z.B. mit einer Sinusschwingung $\varphi(t) = \varphi + c \sin \omega t$. Daher beschreibt

$$F(t) = A \sin(\Omega t + c \sin \omega t + \varphi)$$

die sinusförmige phasenmodulierte Sinusschwingung. c ist der **Phasenwinkelhub** und c/φ der Modulationsgrad. Es entsprechen einander q/ω und c.

Die **Fourier-Analyse** ergibt

$$\begin{aligned}
\frac{F(t)}{A} = \ & J_0\left(\frac{q}{\omega}\right) \sin(\Omega t + \varphi) \\[4pt]
& + J_1\left(\frac{q}{\omega}\right) \Big[\sin\{(\Omega + \omega)t + \varphi\} - \sin\{(\Omega - \omega)t + \varphi\}\Big] \\[4pt]
& + J_2\left(\frac{q}{\omega}\right) \Big[\sin\{(\Omega + 2\omega)t + \varphi\} + \sin\{(\Omega - 2\omega)t + \varphi\}\Big] \\[4pt]
& + J_3\left(\frac{q}{\omega}\right) \Big[\sin\{(\Omega + 3\omega)t + \varphi\} - \sin\{(\Omega - 3\omega)t + \varphi\}\Big] \\[4pt]
& + \cdots.
\end{aligned}$$

$F(t)$ hat eine konstante Amplitude, die Zeitabstände der Nulldurchgänge der Schwingung schwanken periodisch (Bild 2.4-35). $F(t)$ enthält neben der Hauptschwingung der Kreisfrequenz Ω nicht wie die amplitudenmodulierte Schwingung nur eine obere und eine untere Seitenschwingung, sondern ein (theoretisch unbegrenztes) Spektrum von Seitenschwingungen mit den Frequenzen $\Omega \pm \omega |v|$. Die Amplituden sind die Werte der Besselschen Zylinderfunktion nullter, erster, $\cdots v$-ter Ordnung (J_0, J_1, J_2, $\cdots$) von demselben von v unabhängigen reellen Argument $q/\omega = c$. Die Amplituden der Hauptschwingung und der Seitenschwingungen werden sowohl durch den Frequenzhub q als auch von der Modulationsfrequenz ω bestimmt, bei der amplitudenmodulierten Schwingung sind die Amplituden von ω unabhängig. Da die Bessel-Funktionen oszillierende Funktionen sind, können in $F(t)$ negative Vorzeichen hinsichtlich einzelner Seitenschwingungspaare und hinsichtlich der Hauptschwingung auftreten. Auch können einzelne Teilschwingungen sehr klein sein oder ausbleiben; z.B. existiert im Falle $J_0(q/\omega) = 0$ die Hauptschwingung nicht (hier erscheint der Ausdruck **Trägerschwingung** ungeeignet). Für Ordnungen $|v| > q/\omega$ nehmen mit wachsendem v die Amplituden der Seitenschwingungen nach dem Bildungsgesetz der Bessel-Funktionen ab und werden schnell sehr klein. Das Frequenzspektrum zieht sich also mit abnehmendem q/ω immer mehr um die Frequenz Ω herum zusammen. Für $q/\omega \ll 1$ wird

$$F(t) = A \sin(\Omega t + \varphi) - \frac{Aq}{2\omega} \sin\big[(\Omega - \omega)t + \varphi\big] + \frac{Aq}{2\omega} \sin\big[(\Omega + \omega)t + q\big].$$

Es besteht nur eine untere und eine obere Seitenschwingung; ihre Amplituden sind gleich und durch q/ω gegeben, die Amplitude der Hauptschwingung ist von q/ω unabhängig.

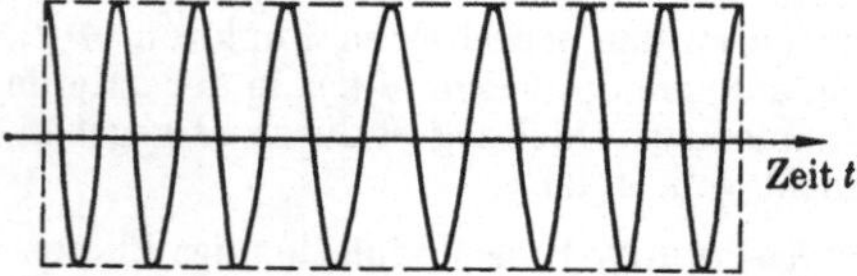
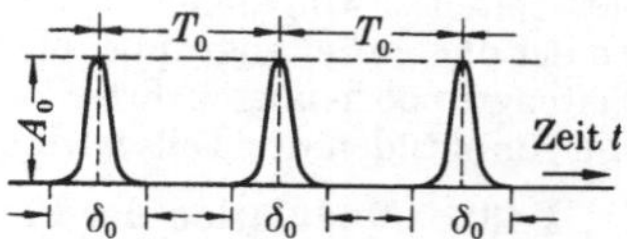

Bild 2.4-35   Sinusförmige Phasenmodulation einer Sinusschwingung

Bild 2.4-36   Nichtmodulierte periodische Impulsfolge

F 433 Pulsmodulation ist die Modulation einer periodischen Folge $u_0(t)$ von Impulsen, die im nichtmodulierten Zustand nach dem Beispiel Bild 2.4-36 gekennzeichnet ist durch Amplitude A_0, Form und Dauer δ_0 des Impulses und Zeitabstand T_0 der

Impulse. Die Frequenz der Impulsfolge ist $1/T_0$ und ihre Kreisfrequenz $\Omega_\mathrm{i} = 2\,\pi/T_0$. Bei der Puls-Amplitudenmodulation wird die Amplitude A der Impulsfolge moduliert; bei der Puls-Lagenmodulation wird der Abstand T der Impulse moduliert, also die Frequenz oder der Nullphasenwinkel der Impulsfolge; bei der Puls-Längenmodulation wird die Pulsdauer δ moduliert. Die Modulationsarten können auch zusammen auftreten.

Die nichtmodulierte Impulsfolge ist eine periodische Zeitfunktion:

$$u_0(t) = a_0 + \sum_{\nu=1}^{\infty} a_\nu \cos \nu\,\Omega_1 t$$

(ohne Sinusglieder, wenn, wie in Bild 2.4-36, der einzelne Impuls symmetrisch zu einer Mittelordinate verläuft). a_0 ist gegeben durch die Fläche des Impulses, die Fourier-Koeffizienten a_ν sind bestimmt durch die Form und Dauer des Impulses im Vergleich zum Zeitabstand zum nächsten. Dann wird bei einer sinusförmigen Amplitudenmodulation nach $\Phi(t) = 1 + m \sin(\omega_1 t + \varphi_1)$ die pulsamplitudenmodulierte Schwingung

$$F(t) = \Phi(t)\,u_0(t) = \sum_{\nu=0}^{\infty} a_\nu \cos \nu\,\Omega_1 t + m a_0 \sin(\omega_1 t + \varphi_1) +$$

$$+\,\frac{m}{2} \sum_{\nu=0}^{\infty} a_\nu \sin\left[(\nu\,\Omega_\mathrm{i} + \omega_1)t + \varphi_1\right] - \frac{m}{2} \sum_{\nu=0}^{\infty} a_\nu \sin\left[(\nu\,\Omega_\mathrm{i} - \omega_1)t - \varphi_1\right].$$

Also treten Schwingungen mit folgenden Frequenzen auf

$$
\begin{array}{cccc}
0 & \Omega_\mathrm{i} & 2\,\Omega_\mathrm{i} & \cdots \\
\omega_1 & \Omega_\mathrm{i} + \omega_1 & 2\,\Omega_\mathrm{i} + \omega_1 & \cdots \\
 & \Omega_\mathrm{i} - \omega_1 & 2\,\Omega_\mathrm{i} - \omega_1 & \cdots
\end{array}
$$

Die Teilschwingungen gruppieren sich jeweils als untere und obere Seitenschwingung zu Schwingungen mit den Frequenzen Ω_i, $2\,\Omega_\mathrm{i}$, $\cdots$ Sollen die einzelnen Dreiergruppen von Frequenzen sich nicht berühren oder überschneiden, so muß $\omega_1 < \Omega_\mathrm{i}/2$ sein. Neben einem Gleichanteil tritt eine Schwingung mit der Modulationsfrequenz ω_1 auf. Die Amplituden der Teilschwingungen sind durch die Fourier-Koeffizienten der unmodulierten Impulsfolge gegeben, also durch Form, Dauer und Zeitabstand der Impulse. Je kleiner δ_0/T_0 ist, um so weiter dehnt sich das Frequenzspektrum aus.

F5 Mehrphasensysteme, besonders Dreiphasensysteme

F51 Definitionen. Ein Mehrphasensystem von Wechselströmen nennt man ein System, in dem mehrere Quellenspannungen, die dieselbe Kurvenform, insbesondere Sinusform, und gleiche Frequenz haben, aber nicht konphas sind, die entsprechenden Wechselströme hervorbringen. Die Zweige des Stromnetzes, in denen die einzelnen Wechselströme fließen, nennt man Stränge des Systems.

Symmetrisch heißt ein Mehrphasensystem von Wechselspannungen, wenn die Scheitelwerte aller Spannungen gleichgroß sind und jede Spannung gegen die vorhergehende um denselben Phasenwinkel verschoben ist. Beispiel: Die m Spannungen des symmetrischen m-Phasenspannungssystems sind

$$u_1 = \hat{U}\sin(\omega t), \qquad u_2 = \hat{U}\sin(\omega t - 2\,\pi/m), \qquad u_3 = \hat{U}\sin(\omega t - 4\,\pi/m),$$

$$\ldots, \qquad u_m = \hat{U}\sin(\omega t - [m-1]\,2\,\pi/m),$$

der Phasenverschiebungswinkel ist $2\,\pi/m$.

Symmetrisch belastet ist ein Mehrphasenspannungssystem, wenn in allen Strängen Impedanzen derselben Größe liegen. Beim symmetrisch belasteten symmetrischen Mehrphasenspannungssystem sind dann auch die Scheitelwerte aller Ströme gleichgroß, und jeder Strom ist gegen den vorhergehenden um denselben Phasenwinkel $2\pi/m$ verschoben; der Phasenverschiebungswinkel zwischen jeder Strangspannung und dem zugehörigen Strangstrom ist gleich dem Phasenwinkel der Impedanz.

Ausgeglichen oder balanciert heißt ein Mehrphasensystem, wenn der Augenblickswert der Gesamtleistung von der Zeit unabhängig, also eine Gleichleistung ist. Ein symmetrisch belastetes symmetrisches m-Phasensystem ist ausgeglichen; der Augenblickswert der Leistung ist

$$P = \sum_{k=1}^{m} u_k i_k = m\, U_{\text{eff}} I_{\text{eff}} \cos \varphi$$

unabhängig von der Zeit gleich dem m-fachen der Wirkleistung eines Stranges. Ein Motor nimmt aus einem ausgeglichenen System konstante Leistung auf und gibt konstante, nicht pulsierende mechanische Leistung ab.

Ist jeder Strang, der eine Quellenspannung enthält, für sich mit einem Wechselstromwiderstand als Verbraucher verbunden, so werden für die Verbindung zwischen Quelle und Verbraucher der m Stränge $2\,m$ Leitungen gebraucht. Durch elektrische Verkettung der Stränge der Quelle einerseits, der Stränge des Verbrauchers andererseits wird die Zahl der Einzelleitungen, bei verketteten Schaltungen Außenleiter genannt, auf m oder $m+1$ herabgesetzt.

F52   Grundschaltungen der Verkettung

Ring-(Dreieck-)Schaltung, in der die Stränge (der Quelle oder des Verbrauchers) hintereinander geschaltet sind ($m = 3$ in Bild 2.4-37). Die Summe der Augenblickswerte aller Strangspannungen ist fortwährend Null, daher fließt kein Kurzschlußstrom im Ring.

Die Spannung zwischen zwei Außenleitern ist gleich der Spannung zwischen den Klemmen des zugehörigen Stranges. Die Ströme in den Außenleitern sind verschieden von den Strömen in den Strängen. Bei einem symmetrisch belasteten symmetrischen m-Phasensystem ist der Strom in jedem Außenleiter $2 \sin(\pi/m)$ mal so groß wie im einzelnen Strang. Bei der Ringschaltung bestehen m Leitungen zwischen Quelle und Verbraucher.

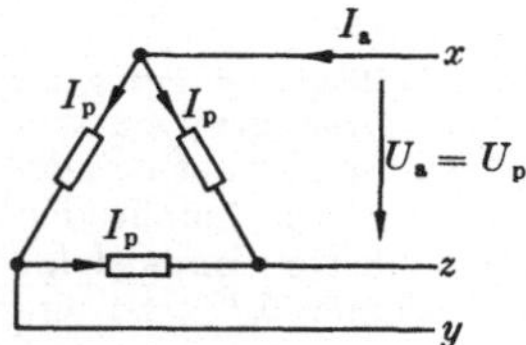

Bild 2.4-37
Dreieckschaltung; Strom und Spannung im symmetrischen Fall

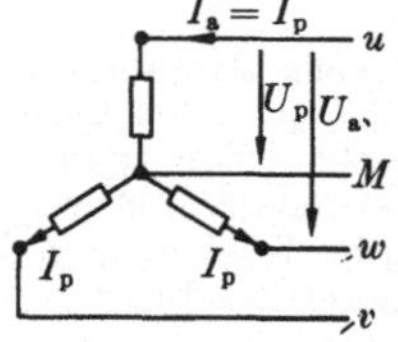

Bild 2.4-38
Sternschaltung; Strom und Spannung im symmetrischen Fall

Sternschaltung, in der die Enden aller Stränge (der Quelle oder des Verbrauchers) miteinander im Sternpunkt verbunden sind (Beispiel für $m = 3$ in Bild 2.4-38). Zwischen Quelle und Verbraucher bestehen $m + 1$ Leitungen, wenn der Sternpunkt der Quelle mit dem des Verbrauchers verbunden ist. In dieser Sternpunktleitung fließt die Summe der Strangströme, und eine Spannung besteht zwischen dem Sternpunkt der Quelle und dem des Verbrauchers. Fehlt der Sternpunktleiter, so ist in jedem der beiden Sternpunkte die Summe der Ströme Null, und die Sternpunkte haben gegeneinander eine Spannung. Für ein symmetrisch belastetes symmetrisches Mehrphasensystem ist die Summe der Augenblickswerte aller Ströme fortwährend Null. Die Sternpunktleitung wäre fortwährend stromlos und ist daher entbehrlich; es genügen m Leitungen zwischen Quelle und Verbraucher. Bei der Sternschaltung sind die Ströme in den Außenleitern gleich den Strömen in den Strängen. Die Klemmenspannungen zwischen den Außenleitern sind verschieden von den Klemmenspannungen der Stränge. Bei einem symmetrisch belasteten symmetrischen m-Phasensystem ist die Spannung zwischen den zwei Außenleitern $2 \sin(\pi/m)$ mal so groß wie die Klemmenspannung eines Stranges.

F53 Das Dreiphasensystem oder Drehstromsystem, $m = 3$, ist technisch das wichtigste. Im symmetrischen Dreiphasen-Spannungssystem ist der Phasenverschiebungswinkel zweier aufeinanderfolgender Spannungen $2\pi/3 = 120°$. Bild 2.4-37 und 2.4-38 zeigen die Ringschaltung, in diesem Fall **Dreieckschaltung** genannt, und die **Sternschaltung**. Nach C15 kann jede Dreieckschaltung in eine äquivalente Sternschaltung umgewandelt werden und umgekehrt. Das symmetrisch belastete, symmetrische Dreiphasensystem zeigt besonders einfache Verhältnisse: I_a und I_p seien Effektivwerte der Ströme im Außenleiter und im Strang, U_a und U_p Effektivwerte der Spannungen zwischen zwei Außenleitern und zwischen den Klemmen eines Stranges. Das System ist ausgeglichen, seine Leistung ist

$$P = 3\,U_p I_p \cos\varphi = \sqrt{3}\,U_a I_a \cos\varphi$$

für Stern- und Dreieckschaltung; φ Phasenverschiebungswinkel zwischen Strangspannung und Strangstrom.

In der **Dreieckschaltung** ist $u_1 + u_2 + u_3 = 0$, $U_a = U_p$ und $I_a = I_p\sqrt{3}$; der Aufwand an Leiterwerkstoff für die aus drei Außenleitern bestehende Energieübertragungsleitung ist das $\sqrt{3}/2 = 0{,}866$ fache des Aufwandes für das unverkettete System gleicher Ströme. In der **Sternschaltung** ist $i_1 + i_2 + i_3 = 0$, $I_a = I_p$ und $U_a = U_p\sqrt{3}$; der Aufwand an Leiterwerkstoff für die aus drei Außenleitern bestehende Energieübertragungsleitung ist die Hälfte des Aufwandes für das unverkettete System gleicher Ströme. Diese Ersparnis ist bei Energie-Fernübertragungsleitungen wichtig. Bei Verteilernetzen entsteht durch Mitführen der Sternpunktleitung der Vorteil, daß zwei verschieden große Spannungen im System zur Verfügung stehen.

Mit symmetrischen Mehrphasensystemen lassen sich durch räumlich feststehende Spulenanordnungen magnetische **Drehfelder** herstellen.

F531 Beispiel: Elektrische Maschine mit $m = 3$. Ihr Eisenkörper besteht aus einem zylindrisch ausgebohrten Ständer und einem koaxialen zylindrischen Läufer. Z.B. seien im Ständer drei Wicklungen, deren magnetische Achsen um $120°$ gegeneinander versetzt sind. Jede Wicklung möge für sich, wenn sie von Gleichstrom durchflossen wird, entlang dem Umfang eine sinusförmige Verteilung der magnetischen Induktion im Luftspalt hervorrufen; dies kann durch bestimmte Wicklungsanordnungen praktisch ziemlich genau erreicht werden. An einer Stelle α des Umfangs überlagern sich drei Komponenten der magnetischen Induktion $b = b_1 + b_2 + b_3$ mit

$$b_1 = B_1 \sin\alpha, \qquad b_2 = B_2 \sin(\alpha - 2\pi/3), \qquad b_3 = B_3 \sin(\alpha - 4\pi/3).$$

Werden die Wicklungen von Wechselströmen gleicher Frequenz und Amplitude durchflossen, die um die Dauer einer Drittelperiode hintereinander herkommen, so sind die räumlichen Höchstwerte zeitlich veränderlich nach

$$B_1 = \hat{B}\sin\omega t, \qquad B_2 = \hat{B}\sin(\omega t - 2\pi/3), \qquad B_3 = \hat{B}\sin(\omega t - 4\pi/3),$$

so daß b insgesamt von α und von t abhängt nach

$$b = (3/2)\,\hat{B}\cos(\omega t - \alpha).$$

Dies ist die Gleichung einer mit der Winkelgeschwindigkeit $\Omega = \omega$ im Sinn positiver Winkel α umlaufenden sinusförmigen Welle mit der konstanten Amplitude $3\hat{B}/2$. Ist p die Polpaarzahl der Maschine, so steht überall $p\alpha$ statt α, und die Winkelgeschwindigkeit des Drehfeldes ist $\Omega = \omega/p$. Die Herstellung eines Drehfeldes durch Überlagerung pulsierender Felder ist nicht auf $m = 3$ beschränkt. Erforderlich sind in jedem Fall räumlich gegeneinander versetzte Spulen und Wechselströme in diesen, die gegeneinander Phasenverschiebungen aufweisen.

F 532 Bestimmung der Belastung im allgemeinen Fall. $\underline{U}_1$, $\underline{U}_2$, $\underline{U}_3$ seien die komplexen Amplituden der drei Strangspannungen der Quelle, die Außenleiterspannungen $\underline{U}_{21} = \underline{U}_1 - \underline{U}_2$, $\underline{U}_{32} = \underline{U}_2 - \underline{U}_3$, $\underline{U}_{13} = \underline{U}_3 - \underline{U}_1$. Gesucht sind die Außenleiterströme $\underline{I}_1$, $\underline{I}_2$, $\underline{I}_3$ im allgemeinen Fall.

Bild 2.4-39 zeigt den Gesamtstromkreis in dem Fall, daß Quelle (Netz) und Verbraucher als Sterne geschaltet sind und kein Sternpunktleiter vorhanden ist. Wenn Quelle oder Verbraucher oder beide als Dreiecke geschaltet sind, so können diese Dreieckschaltungen in äquivalente Sternschaltungen umgewandelt werden. Die abgebildete Schaltung gilt daher für alle Schaltungen ohne Sternpunktleiter. Bei beliebiger unsymmetrischer Belastung hat der Sternpunkt des Verbrauchers eine Spannung $\underline{U}_0$ gegen den Sternpunkt der Quelle. Für die drei Außenleiterströme gilt daher

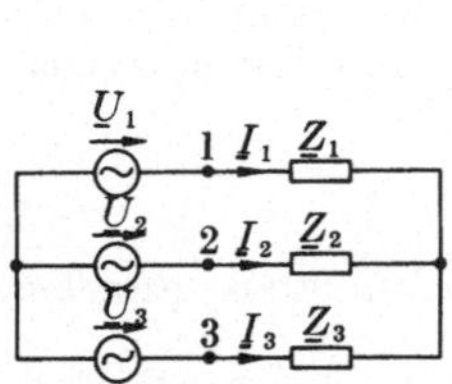

Bild 2.4-39
Dreiphasensystem ohne
Sternpunktleiter

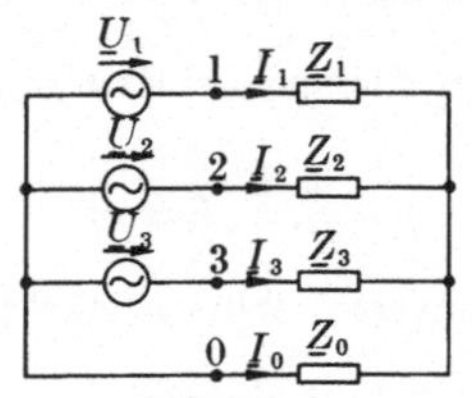

Bild 2.4-40
Dreiphasensystem mit
Sternpunktleiter

$$\underline{I}_1 = \frac{\underline{U}_1 - \underline{U}_0}{\underline{Z}_1}, \qquad \underline{I}_2 = \frac{\underline{U}_2 - \underline{U}_0}{\underline{Z}_2}, \qquad \underline{I}_3 = \frac{\underline{U}_3 - \underline{U}_0}{\underline{Z}_3},$$

worin einzig $\underline{U}_0$ nicht vorgegeben ist. Aus $\underline{I}_1 + \underline{I}_2 + \underline{I}_3 = 0$ ergibt sich

$$\underline{U}_0 = \underline{Z}_p \left(\frac{\underline{U}_1}{\underline{Z}_1} + \frac{\underline{U}_2}{\underline{Z}_2} + \frac{\underline{U}_3}{\underline{Z}_3} \right) \qquad \text{mit} \qquad \underline{Z}_p = \left(\frac{1}{\underline{Z}_1} + \frac{1}{\underline{Z}_2} + \frac{1}{\underline{Z}_3} \right)^{-1}.$$

Die Außenleiterströme können damit aus den ersten drei Gleichungen bestimmt werden.

Für ein Dreiphasensystem mit Sternpunktleiter gilt die Schaltung nach Bild 2.4-40. Hier ist die Spannung zwischen dem Sternpunkt des Verbrauchers und dem der Quelle $\underline{U}_0 = \underline{I}_0 \underline{Z}_0$ und $\underline{I}_1 + \underline{I}_2 + \underline{I}_3 = \underline{I}_0$, woraus sich ergibt

$$\underline{U}_0 = \left(\frac{1}{\underline{Z}_p} + \frac{1}{\underline{Z}_0} \right)^{-1} \left(\frac{\underline{U}_1}{\underline{Z}_1} + \frac{\underline{U}_2}{\underline{Z}_2} + \frac{\underline{U}_3}{\underline{Z}_3} \right).$$

Die Außenleiterströme können damit wieder aus den drei ersten Gleichungen bestimmt werden.

F 533 Symmetrische und unsymmetrische Spannungssysteme

Symmetrische Komponenten. Die angegebenen Gleichungen gelten auch für unsymmetrische Dreiphasen-Spannungssysteme, in denen $\underline{U}_1$, $\underline{U}_2$, $\underline{U}_3$ verschiedene Beträge und Phasenverschiebungen und daher eine von Null verschiedene Summe haben, und in denen daher die Außenleiterspannungen $\underline{U}_{21}$, $\underline{U}_{32}$, $\underline{U}_{13}$ im allgemeinen ungleiche Beträge und ungleiche Phasenverschiebungen gegeneinander haben, in der Summe sich jedoch zu Null ergänzen. In diesem Fall ist das Zerlegen des unsymmetrischen Systems in symmetrische Teilsysteme (Komponenten) möglich und oft vorteilhaft.

Bilden $\underline{U}_1$, $\underline{U}_2$, $\underline{U}_3$ ein symmetrisches System von Sternspannungen, so sind die Beträge gleich, und die Phasenverschiebung beträgt $\pm 120°$. Mit einer komplexen Zahl

$$\underline{k} = \mathrm{e}^{\mathrm{j}\, 2\pi/3} = -\frac{1}{2} + \mathrm{j}\, \frac{\sqrt{3}}{2}, \qquad \underline{k}^2 = \mathrm{e}^{\mathrm{j}\, 4\pi/3} = -\frac{1}{2} - \mathrm{j}\, \frac{\sqrt{3}}{2},$$

$$\underline{k}^3 = \mathrm{e}^{\mathrm{j}\, 2\pi} = 1, \qquad 1 + \underline{k} + \underline{k}^2 = 0$$

läßt sich daher das symmetrische System ausdrücken durch

$$\underline{U}_1, \qquad \underline{U}_2 = \underline{k}\, \underline{U}_1, \qquad \underline{U}_3 = \underline{k}\, \underline{U}_2 = \underline{k}^2\, \underline{U}_1.$$

Die Dreieckspannungen sind daher

$$\underline{U}_{21} = \underline{U}_1 - \underline{U}_2 = \underline{U}_1(1 - \underline{k}) = \sqrt{3}\ \underline{U}_1 e^{-j\pi/6}$$

$$\underline{U}_{32} = \underline{U}_2 - \underline{U}_3 = \underline{k}\ \underline{U}_{21}$$

$$\underline{U}_{13} = \underline{U}_3 - \underline{U}_1 = \underline{k}^2\ \underline{U}_{21}$$

also auch ein symmetrisches System.

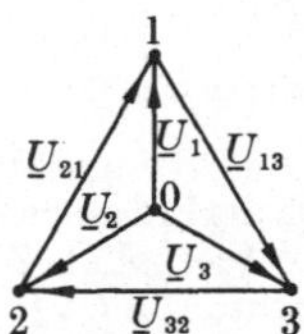

Bild 2.4-41   Symmetrisches Dreiphasen-Spannungssystem

Ein System von **drei unsymmetrischen Sternspannungen** $\underline{U}_1$, $\underline{U}_2$, $\underline{U}_3$ kann dargestellt werden als eine Summe dreier Teilsysteme:

ein symmetrisches System von drei Sternspannungen mit gleichem Umlaufsinn (**Hauptsystem oder mitlaufendes System**):

$$\underline{U}_1^h, \qquad \underline{U}_2^h = \underline{k}\underline{U}_1^h, \qquad \underline{U}_3^h = \underline{k}^2\underline{U}_1^h;$$

ein symmetrisches System von drei Sternspannungen mit entgegengesetztem Umlaufsinn (**Nebensystem oder entgegenlaufendes System**):

$$\underline{U}_1^n, \qquad \underline{U}_2^n = \underline{k}^2\underline{U}_1^n, \qquad \underline{U}_3^n = \underline{k}\underline{U}_1^n;$$

ein System von drei gleich großen, konphasen Sternspannungen (**Gleichphasensystem oder Nullsystem**):

$$\underline{U}_1^0 = \underline{U}_2^0 = \underline{U}_3^0.$$

Man erhält die drei Systeme aus den gegebenen $\underline{U}_1$, $\underline{U}_2$, $\underline{U}_3$ durch

$$\underline{U}_1^h = (\underline{U}_1 + \underline{k}^2\ \underline{U}_2 + \underline{k}\ \underline{U}_3)/3$$

$$\underline{U}_1^n = (\underline{U}_1 + \underline{k}\ \underline{U}_2 + \underline{k}^2\ \underline{U}_3)/3$$

$$\underline{U}_1^0 = (\underline{U}_1 + \underline{U}_2 + \underline{U}_3)/3.$$

Da jedes Teilsystem ein symmetrisches System ist, lassen sich die jedem zugehörenden Teilströme leicht bestimmen; in allen drei Strängen eines symmetrischen Systems bestehen dieselben Zustände. Die Ströme des wirklichen (unsymmetrischen) Systems ergeben sich durch Überlagerung der für die drei Teilsysteme bestimmten Teilströme.

Durch Zerlegen in symmetrische Teilsysteme sieht man auch, welchen Einfluß die Unsymmetrie auf das Verhalten elektrischer Maschinen hat, indem man die Größe des Nebensystems mit der des Hauptsystems vergleicht. Man muß beachten, daß in vielen Fällen die Impedanzen der Teilsysteme verschieden voneinander sind.

F6   Vierpole

F61   Definitionen. Ein Vierpol (Zweitor) ist ein elektrisches Netz, durch das zwischen einem Eingangsklemmenpaar *1, 1'* und einem Ausgangsklemmenpaar *2, 2'* Leistung übertragen werden kann. Beispiele: elektrische Leitungen, Transformatoren, Verstärker, Siebschaltungen. Da ein Vierpol ein Übertragungsglied ist, sind die Klemmen paarweise gleichberechtigt. Der Eingangsstrom I_1, der auf der Eingangsseite durch die Klemme *1* in den Vierpol eintritt, verläßt ihn durch die Klemme *1'*, und der Ausgangsstrom I_2, der auf der Ausgangsseite den Vierpol durch die Klemme *2* verläßt, tritt in ihn ein durch die Klemme *2'*. Die gewählten Bezugssinne der Ströme werden durch die Festsetzung der Eingangsspannung als $U_1 = U_{1,1'}$ und der Ausgangsspannung als $U_2 = U_{2,2'}$ ergänzt.

Bild 2.4-42   Bezeichnungen und Zählrichtungen beim Vierpol

Bild 2.4-42a zeigt das **Ketten-Pfeilsystem**, 42b das **symmetrische Pfeilsystem**. Die Eingangsklemmen *1, 1'* werden auch als Eingangstor (Tor *1*), die Ausgangsklemmen *2, 2'* als Ausgangstor (Tor *2*) bezeichnet, der Vierpol als **Zweitor**. Beim Kettenpfeilsystem ist $\mathrm{Re}\, U_1 I_1^*$ die vom Tor *1* aufgenommene, $\mathrm{Re}\, U_2 I_2^*$ die vom Tor *2* abgegebene Wirkleistung, beim symmetrischen Pfeilsystem ist $\mathrm{Re}\, U_1 I_1^*$ die vom Tor *1* aufgenommene, $\mathrm{Re}\, U_2 I_2^*$ die vom Tor *2* abgegebene Wirkleistung. Ein **aktiver** Zweipol enthält eine Energiequelle oder mehrere, ein **passiver** keine. **Lineare** Vierpole sind solche, deren Klemmenspannungen und Klemmenströme durch lineare Gleichungen miteinander verknüpft sind, die also nur linear wirkende Schaltelemente enthalten. Im folgenden werden ausschließlich lineare Vierpole behandelt.

Ist S_1 die Eingangsgröße (Klemmenspannung oder Klemmenstrom), S_2 die Ausgangsgröße (ebenso), so wird

$$A = S_2/S_1$$

komplexer Übertragungsfaktor oder, besonders bei Verstärkern, **komplexer Verstärkungsfaktor** genannt; als Funktion der Frequenz heißt dieser Faktor **komplexe Übertragungsfunktion**. Die reziproke Größe

$$D = \frac{1}{A} = \frac{S_1}{S_2}$$

wird **komplexer Dämpfungsfaktor** (komplexe Dämpfungsfunktion) genannt. Sind S_1 und S_2 gleichartige Größen (beide entweder Spannungen oder beide Ströme), so ist

$$g = a + \mathrm{j}\,b = \ln D = -\ln A$$

das **komplexe Dämpfungsmaß**, $-g$ das **komplexe Übertragungsmaß**,

$$a = \ln|D| = -\ln|A|$$

das **Dämpfungsmaß**, $-a$ das **Übertragungsmaß** (Verstärkungsmaß),

$$b = \mathrm{arc}\, D = -\mathrm{arc}\, A$$

der **Dämpfungswinkel**, $-b$ der **Übertragungswinkel**. Es ist also auch

$$D = |D|\,\mathrm{e}^{\mathrm{j}b}, \qquad |D| = \mathrm{e}^{a},$$
$$A = |A|\,\mathrm{e}^{-\mathrm{j}b}, \qquad |A| = \mathrm{e}^{-a}.$$

Werte von Dämpfungsmaßen werden oft angegeben in der Form

$$a = (\ln x)\ \text{Neper} = (20\,\log_{10} x)\ \text{Dezibel},$$

wenn vorübergehend der Logarithmand mit x bezeichnet wird. Die Kurzzeichen Np für Neper und dB für Dezibel können wie Einheiten von Größen gleicher Art ineinander umgerechnet werden. Dabei gilt

$$1\ \text{Np} = 8{,}686\ \text{dB}; \qquad 1\ \text{dB} = 0{,}1151\ \text{Np}.$$

Beispiel: für $x = 10^3$ ist $a = 60\,\text{dB} \approx 7\,\text{Neper}.$

Die wichtigsten Formen der Vierpolgleichungen sind:

die Widerstandsform

$$U_1 = Z_{11} I_1 + Z_{12} I_2$$
$$U_2 = Z_{21} I_2 + Z_{22} I_2,$$

die Leitwertform

$$I_1 = Y_{11} U_1 + Y_{12} U_2$$
$$I_2 = Y_{21} U_1 + Y_{22} U_2,$$

die Kettenform

$$U_1 = A_{11} U_2 + A_{12} I_2$$
$$I_1 = A_{21} U_2 + A_{22} I_2.$$

Die Koeffizienten jeder Form der Vierpolgleichungen werden durch Messungen von Klemmenspannungen und Klemmenströmen in bestimmten Betriebszuständen (Leerlauf, Kurzschluß) erhalten, sie müssen nicht etwa aus den Schaltelementen eines gegebenen Vierpoles errechnet werden.

Kopplungssymmetrisch (kernsymmetrisch, übertragungssymmetrisch) werden Vierpole genannt, für die bei symmetrischen Bezugspfeilen nach Bild 2.4-42a gilt

$$Z_{21} = Z_{12} \quad \text{oder} \quad Y_{21} = Y_{12} \quad \text{oder} \quad A_{11} A_{22} - A_{12} A_{21} = -1.$$

Man sagt dann, der Vierpol erfülle den Reziprozitätssatz. Die Benennung „reziproker Vierpol" wird nicht empfohlen. Widerstandssymmetrisch (leitwertsymmetrisch, torsymmetrisch) werden Vierpole genannt, die die Eigenschaft

$$Z_{22} = Z_{11} \quad \text{oder} \quad Y_{22} = Y_{11} \quad \text{oder} \quad A_{22} = -A_{12}$$

aufweisen. Kopplungs- und widerstandssymmetrisch heißen Vierpole, die beide Eigenschaften aufweisen.

Jeder kopplungssymmetrische Vierpol kann ersatzweise durch eine Dreieckschaltung aus passiven linearen Elementen gemäß Bild 2.4-43 dargestellt werden oder durch eine Sternschaltung solcher gemäß Bild 2.4-44. Bei Torsymmetrie ist $Z_2 = Z_1$.

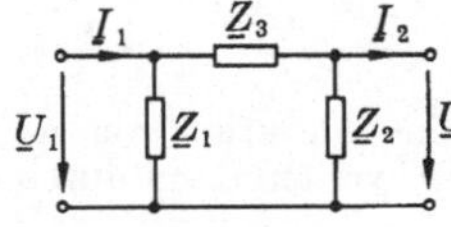

Bild 2.4-43
Darstellung des Vierpols
durch eine Dreieckschaltung

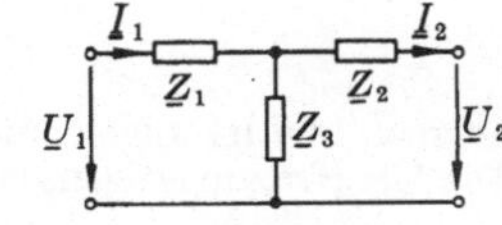

Bild 2.4-44
Darstellung des Vierpols
durch eine Sternschaltung

Der Eingangswiderstand U_1/I_1 eines kopplungs- und widerstandssymmetrischen Vierpoles wird durch den Abschlußwiderstand U_2/I_2 mitbestimmt. Für einen bestimmten Wert $U_2/I_2 = Z_w$ wird $U_1/I_1 = Z_w$. Dieser Widerstand heißt Wellenwiderstand des kopplungs- und widerstandssymmetrischen Vierpoles, er ist eine Kenngröße desselben. Als zweite Kenngröße eines solchen definiert man durch

$$\cosh g = \cosh (a + jb)$$

das komplexe Vierpol- oder Wellen-Dämpfungsmaß; a Vierpol- oder Wellen-Dämpfungsmaß, b Vierpol- oder Wellen-Winkelmaß. Zum Beispiel ist für die beiden Ersatzschaltungen Bild 2.4-46

$$\cosh g = 1 + \frac{Z_1}{2 Z_2}, \qquad \sinh \frac{g}{2} = \frac{1}{2} \sqrt{\frac{Z_1}{Z_2}}.$$

Für die Dreieckschaltung ist

$$Z_w = \sqrt{Z_1 Z_2} / \cosh (g/2),$$

für die Sternschaltung

$$Z_w = \sqrt{Z_1 Z_2} \cdot \cosh (g/2).$$

7*

F 62   Vierpolketten oder Kettenleiter entstehen, wenn eine Anzahl von Vierpolen kettenartig (Bild 2.4-45) aneinandergereiht werden. Technisch wichtig ist der Fall, daß die Kette aus einer Anzahl m untereinander gleicher kopplungs- und widerstandssymmetrischer Vierpole gebildet wird. Diese sind dann offenbar aneinander angepaßt. Eine solche Kette ist ebenso wie ihre Teile kopplungs- und widerstandssymmetrisch; ihr Vierpolübertragungsmaß ist m-mal so groß wie das Übertragungsmaß g eines jeden der m Glieder; ihr Wellenwiderstand $\underline{Z}_w$ ist gleich demjenigen des einzelnen Gliedes. Bezeichnen $\underline{U}_n$ und $\underline{I}_n$ Klemmenspannung und Stromstärke im Ausgang des n-ten Gliedes, $\underline{U}_0$ und $\underline{I}_0$ Klemmenspannung und Stromstärke im Eingang des ersten Gliedes, so gelten die **Kettenleitergleichungen**

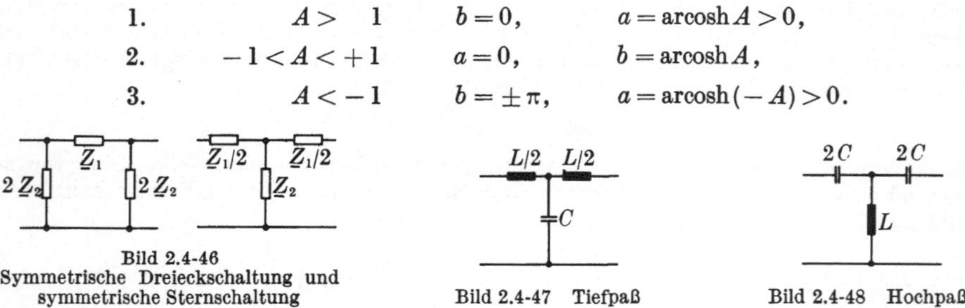

$$\underline{U}_0 = \underline{U}_n \cosh n\underline{g} + \underline{I}_n \underline{Z}_w \sinh n\underline{g}$$

$$\underline{I}_0 = \underline{I}_n \cosh n\underline{g} + \underline{U}_n \frac{1}{\underline{Z}_w} \sinh n\underline{g},$$

Bild 2.4-45   Vierpolkette aus m Gliedern

die die Größen im Eingang der Kette mit den Größen im Ausgang des n-ten Gliedes verknüpfen. Sie gelten auch für den Ausgang des letzten Gliedes, wenn die Kette $m = n$ Glieder hat. Ist der Widerstand im Ausgang des letzten Gliedes gleich dem Wellenwiderstand $\underline{Z}_w$, so wird

$$\frac{\underline{U}_0}{\underline{U}_n} = \frac{\underline{I}_0}{\underline{I}_n} = e^{n\underline{g}}, \qquad \underline{U}_0 = \underline{Z}_w \underline{I}_0.$$

F 63   Siebe und Filter. Enthalten die Widerstände $\underline{Z}_1$ und $\underline{Z}_2$ der Ersatzschaltungen im Bild 2.4-46 Spulen und Kondensatoren und Kombinationen solcher, so können die Vierpole und in gesteigertem Maß aus ihnen gebildete Ketten Siebeigenschaften aufweisen. Diese erkennt man am besten, wenn man die Spulen und Kondensatoren als verlustlos idealisiert (**Reaktanz-Vierpole**). Dann sind $\underline{Z}_1 = jX_1$ und $\underline{Z}_2 = jX_2$ imaginär, und

$$\cosh \underline{g} = 1 + \frac{X_1}{2X_2} = A(\omega)$$

ist reell und im allgemeinen eine Funktion von ω, weil X_1 und X_2 von ω abhängen. Die Übertragungseigenschaften werden dann durch die Gleichungen

$$\cosh a \cos b = A(\omega), \qquad \sinh a \sin b = 0$$

bestimmt. Sie können entweder durch $a = 0$ und $\cos b = A(\omega)$ erfüllt sein oder durch $b = 0, \pm\pi$, und $\pm \cosh a = A$. Hieraus ergeben sich drei Bereiche

1.	$A > 1$	$b = 0,$	$a = \operatorname{arcosh} A > 0,$
2.	$-1 < A < +1$	$a = 0,$	$b = \operatorname{arcosh} A,$
3.	$A < -1$	$b = \pm\pi,$	$a = \operatorname{arcosh}(-A) > 0.$

Bild 2.4-46
Symmetrische Dreieckschaltung und
symmetrische Sternschaltung

Bild 2.4-47   Tiefpaß

Bild 2.4-48   Hochpaß

Im Bereich 2 ist die Dämpfung Null, Wechselströme und Wechselspannungen werden durch den Vierpol oder die Vierpolkette nicht geschwächt; dies ist der **Durchlaßbereich**. Außerhalb davon ist das Dämpfungsmaß positiv: **Sperrbereiche**. Je nach Ausgestaltung von $\underline{Z}_1$ und $\underline{Z}_2$ kann ein Vierpol mehrere Durchlaßbereiche und mehrere Sperrbereiche haben. Um die Grenzen der Bereiche, die **Grenzfrequenzen**, zu finden, braucht man nur den Verlauf von $A(\omega)$ zu bestimmen und die Frequenzen festzustellen, für die A die Werte ± 1 annimmt. Zeichnerisch: Schnittpunkte der Kurve $A(\omega)$ mit den im Abstand ± 1 gezogenen Parallelen zur Frequenzachse ergeben die Grenzfrequenzen.

Beispiele: für den Vierpol Bild 2.4-47 ist $A(\omega) = 1 - \omega^2 LC/2$; für $\omega = 0$ ist $A = +1$, für $\omega = 2/\sqrt{LC} = \omega_g$ ist $A = -1$, für $\omega > \omega_g$ ist $A < -1$; der Durchlaßbereich liegt zwischen $\omega = 0$ und $\omega = \omega_g$: Tiefpaß.

Für den Vierpol Bild 2.4-48 ist $A(\omega) = 1 - 1/2\,\omega^2 LC$; für $\omega = 0$ ist $A = \infty$, für $\omega = 1/2\sqrt{LC} = \omega_g$ ist $A = -1$ und für $\omega < \omega_g < \infty$ ist $|A| < 1$. Zwischen $\omega = 0$ und $\omega = \omega_g$ liegt der Sperrbereich, $\omega > \omega_g$ kennzeichnet den Durchlaßbereich; Hochpaß.

Die Übertragungseigenschaften eines Vierpols werden im gegebenen Fall wesentlich mitbestimmt durch die Abschlußwiderstände der Eingangs- und der Ausgangsseite. Die hiervon ausgehende Theorie heißt Betriebsparametertheorie. Die Aufgabe fordert meist bestimmte Übertragungseigenschaften, z. B. in Abhängigkeit von der Senderfrequenz, und fragt, wie diese Vorschriften innerhalb zugelassener Genauigkeitsgrenzen mit minimalem technischen Aufwand realisiert werden können.

F7   Homogene Leitungen

Leitungen sind das technische Mittel für die Übertragung elektrischer Energie (Mehrphasen-Hochspannungs-Fernleitungen), in der Drahtnachrichtentechnik für Telegraphie und Telephonie sowohl in natürlicher als auch in nach oben umgesetzter Frequenzlage bis ins Gebiet der Hochfrequenz (Fernsehkabel); in der Hoch- und Höchstfrequenzmeßtechnik sind sie unentbehrliche Meßeinrichtungen.

F71   Kenngrößen einer Leitung sind Wirkwiderstand des Leiters, Wirkableitung des Isolators, Selbstinduktivität und Kapazität. Bei der homogenen Leitung sind diese Größen, bezogen auf die Länge, Konstanten, die man mit R', G', L', C' bezeichnet, und Widerstandsbelag, Ableitungsbelag, Selbstinduktivitätsbelag, Kapazitätsbelag nennt. Selten sind an der Übertragung in Strenge nur zwei Leiter beteiligt (so z. B. bei koaxialen Kabeln); in allen anderen Fällen hat man für die Leitungskonstanten ihre Betriebswerte einzusetzen (Betriebskapazitäten vgl. **D 32**, Betriebsinduktivitäten vgl. **E 51**).

Als Übertragungsglied betrachtet ist die homogene Leitung ein passiver, linearer, symmetrischer Vierpol; weil er linear ist, überlagern sich Sinusvorgänge verschiedener Frequenzen ohne gegenseitige Beeinflussung; es genügt, die Vorgänge für eine Frequenz zu betrachten.

Die Entfernung vom Leitungsanfang werde mit x bezeichnet; $x = l$ Leitungsende; Eingangsgrößen tragen den Index 1, Ausgangsgrößen den Index 2.

F72   Vorgänge auf der homogenen Leitung. Im eingeschwungenen Zustand sind die stationären (erzwungenen) Größen der Spannung und des Stromes Funktionen des Ortes x und der Zeit t nach

$$U(x,t) = \mathrm{Re}\,[\underline{U}(x)\mathrm{e}^{\mathrm{j}\omega t}], \qquad I(x,t) = \mathrm{Re}\,[\underline{I}(x)\mathrm{e}^{\mathrm{j}\omega t}].$$

Es gilt, wenn man sich auf die Eingangsgrößen bezieht, für die komplexen Amplituden (Effektivwerte)

$$\underline{U}(x) = \underline{U}_1 \cosh\gamma x - \underline{I}_1 \underline{W} \sinh\gamma x$$
$$\underline{I}(x) = \underline{I}_1 \cosh\gamma x - \underline{U}_1 (1/\underline{W}) \sinh\gamma x,$$

und wenn man sich auf die Ausgangsgrößen bezieht:

$$\underline{U}(x) = \underline{U}_2 \cosh\gamma(l-x) + \underline{I}_2 \underline{W} \sinh\gamma(l-x)$$
$$\underline{I}(x) = \underline{I}_2 \cosh\gamma(l-x) + \underline{U}_2 (1/\underline{W}) \sinh\gamma(l-x).$$

Daher ist der Zusammenhang zwischen Eingangs- und Ausgangsgrößen:

$$\underline{U}_2 = \underline{U}_1 \cosh\gamma l - \underline{I}_1 \underline{W} \sinh\gamma l, \qquad \text{oder} \qquad \underline{U}_1 = \underline{U}_2 \cosh\gamma l + \underline{I}_2 \underline{W} \sinh\gamma l$$

$$\underline{I}_2 = \underline{I}_1 \cosh\gamma l - \underline{U}_1 (1/\underline{W}) \sinh\gamma l, \qquad \text{oder} \qquad \underline{I}_1 = \underline{I}_2 \cosh\gamma l + \underline{U}_2 (1/\underline{W}) \sinh\gamma l.$$

In diesen Gleichungen ist

$$\gamma = + \sqrt{(R' + j\omega L')(G' + j\omega C')} = \alpha + j\beta$$

die Übertragungskonstante der Leitung, α Dämpfungskonstante, β Phasenkonstante, $g = \gamma l$ Übertragungsmaß, $a = \alpha l$ Dämpfungsmaß $b = \beta l$ Phasenmaß, ferner ist der Wellenwiderstand der Leitung:

$$\underline{W} = + \sqrt{\frac{R' + j\omega L'}{G' + j\omega C'}}\, .$$

Wird die Leitung mit einem Widerstand $\underline{W}$ abgeschlossen $\underline{U}_2 = \underline{W}\underline{I}_2$, „Anpassung", so wird

$$\underline{U}(x) = \underline{U}_1 e^{-\gamma x}, \qquad \underline{I}(x) = \underline{I}_1 e^{-\gamma x},$$

und dasselbe ergibt sich für $l \to \infty$. In diesem Fall wird der Vorgang auf der Leitung durchsichtig: Ist der Eingangswert $\underline{U}_1 = U_1 e^{j\psi}$ gegeben, so wird

$$U(x, t) = U_1 e^{-\alpha x} \cos(\omega t - \alpha x + \psi)\,;$$

dies ist die Gleichung einer in der Richtung der positiven x-Achse fortschreitenden sinusähnlichen Welle, deren Amplitude mit wachsendem x exponentiell abnimmt; ihre Geschwindigkeit ist $v = \omega/\beta = 2\pi f/\beta$; sie wird Phasengeschwindigkeit genannt, ihre Wellenlänge ist $\lambda = 2\pi/\beta = v/f$.

Liegt Anpassung nicht vor, so setzen sich $U(x, t)$ und $I(x, t)$ zusammen aus je einer fortschreitenden und einer rückläufigen Welle, die beide dasselbe α und β haben. Zu der Spannung

$$\underline{U} = \underline{A}\,e^{-\gamma x} + \underline{B}\,e^{+\gamma x}$$

gehört der Strom

$$\underline{I} = (\underline{A}/\underline{W})\,e^{-\gamma x} - (\underline{B}/\underline{W})\,e^{+\gamma x}.$$

Der Wellenwiderstand verbindet die gleichläufigen Teilvorgänge in U und I, nicht die Gesamtgrößen.

In der Nachrichtentechnik ist die Phasengeschwindigkeit v weniger wichtig, da eine einzige andauernde Sinuswelle keine Nachricht (Signal) sein kann; für eine Signalgebung ist eine Gruppe von Wellen verschiedener Frequenzen notwendig. Die Geschwindigkeit, mit der eine signaltragende Wellengruppe die Entfernung zwischen Geber und Empfänger durchläuft, die Gruppengeschwindigkeit, ist

$$u = \frac{d\omega}{d\beta} = \frac{1}{\beta'}\,,$$

die Gruppenlaufzeit ist

$$t_1 = \frac{l}{u} = l\,\frac{d\beta}{d\omega} = l\beta'\,.$$

Allgemein ist u eine Funktion der Frequenz und von v verschieden. Ist β proportional zu ω, so ist $u = v$, und beide sind von der Frequenz unabhängig; dies ist bei der verlustfreien (dispersionsfreien) Leitung der Fall. Wird oben $x = l$ eingesetzt, so ergibt sich für $\underline{U}_2 = \underline{W}\underline{I}_2$

$$\underline{U}_1/\underline{U}_2 = \underline{I}_1/\underline{I}_2 = e^{\gamma l} = e^{\alpha l} e^{j\beta l}, \qquad \underline{U}_1/\underline{I}_1 = \underline{W}\,;$$

es gilt also alles in **F 61** zum symmetrischen Vierpol im Anpassungsfall Angegebene. Bei geringer Fehlanpassung setzt man für den Abschlußwiderstand $\underline{Z}_2 = \underline{W}(1 + \varrho)$, wobei $|\varrho| \ll 1$, und erhält für den Eingangswiderstand

$$\underline{U}_1/\underline{I}_1 \approx \underline{W}(1 + \varrho\,\mathrm{e}^{-2\gamma l}), \qquad \text{ferner} \qquad U_1/U_2 \approx \mathrm{e}^{\beta l}$$

mit geringem Fehler.

F 73 Übertragungseigenschaften verschiedener Leitungsarten werden durch die Werte bestimmt, die g und $\underline{W}$ für die einzelne Leitungsart annehmen. Um zu übersichtlichen Ausdrücken zu kommen, muß man neben dem dielektrischen Verlustfaktor $\tan\delta = G'/\omega C'$ noch entweder $\tan\varepsilon = R'/\omega L'$ oder $\tan\varphi = \omega L'/R'$ und die jeweils kleinere dieser beiden Zahlen benutzen; $\tan\delta$ ist praktisch immer kleiner als 1, oft beträchtlich. Man erhält

$$\alpha = \frac{\omega\sqrt{L'C'}}{\sqrt{\cos\varepsilon\,\cos\delta}}\sin\left(\frac{\varepsilon+\delta}{2}\right); \qquad \beta = \frac{\omega\sqrt{L'C'}}{\sqrt{\cos\varepsilon\,\cos\delta}}\cos\left(\frac{\varepsilon+\delta}{2}\right)$$

$$\underline{W} = \sqrt{\frac{L'}{C'}}\sqrt{\frac{\cos\delta}{\cos\varepsilon}}\exp\left(-\mathrm{j}\,\frac{\varepsilon-\delta}{2}\right).$$

Verlustarme Leitungen ($\varepsilon \ll 1$, $\delta \ll 1$):

$$\alpha \approx \left[\frac{R'}{2}\sqrt{\frac{C'}{L'}} + \frac{G'}{2}\sqrt{\frac{L'}{C'}}\right]\left[1 - \frac{(\varepsilon-\delta)^2}{8}\right], \qquad \beta \approx \omega\sqrt{L'C'}\left[1 + \frac{(\varepsilon-\delta)^2}{8}\right],$$

$$\underline{Z} \approx \sqrt{\frac{L'}{C'}}\left[1 + \frac{\varepsilon^2-\delta^2}{4}\right]\left[1 - \mathrm{j}\,\frac{\varepsilon-\delta}{2}\right] \approx \sqrt{\frac{L'}{C'}} - \mathrm{j}\,\frac{R}{2\omega\sqrt{LC}}.$$

Verlustarm sind Freileitungen mit großen Leiterquerschnitten und fast alle Leitungen bei genügend hohen Frequenzen. Mit $\varepsilon = 0$, $\delta = 0$ erhält man die Grenzwerte für verlustfreie Leitungen.

Bei **Kabelleitungen** wird mit $\delta \ll 1$ und $\varphi = \pi/2 - \varepsilon \ll 1$:

$$\alpha \approx \sqrt{\frac{\omega C'R'}{2}}\left[1 - \frac{\varphi-\delta}{2}\right], \qquad \beta \approx \sqrt{\frac{\omega C'R'}{2}}\left[1 + \frac{\varphi-\delta}{2}\right],$$

$$\underline{Z} \approx \sqrt{\frac{R'}{\omega C'}}\exp\mathrm{j}\left(-\frac{\pi}{4} + \frac{\varphi+\delta}{2}\right) \approx \sqrt{\frac{R'}{\omega C'}}\,\frac{1-\mathrm{j}}{\sqrt{2}}.$$

Bei **Hochfrequenzleitungen** (**-kabeln**) wird mit zunehmender Frequenz R durch Stromverdrängung größer, schließlich proportional mit $\sqrt{\omega}$, zugleich wird der innere Anteil L_i der Selbstinduktivität (vgl. **E 5**) proportional zu $1/\sqrt{\omega}$, so daß er schließlich gegen L_a vernachlässigbar wird; C ändert sich kaum, für G ist zu setzen: $G = \omega C\tan\delta$, wobei $\tan\delta$ je nach Isolierstoff nur wenig frequenzabhängig sein kann. Außerdem wird, unabhängig von der Bauweise der Leitung im einzelnen, $\sqrt{L_\mathrm{a}C} \approx \sqrt{\varepsilon_\mathrm{r}}/c_0$, worin ε_r die Dielektrizitätszahl und c_0 die Vakuumlichtgeschwindigkeit sind. Daher wird die Dämpfungskonstante

$$\alpha = \frac{R'}{2}\sqrt{\frac{C'}{L'}} + \frac{G'}{2}\sqrt{\frac{L'}{C'}} = \frac{\sqrt{\varepsilon_\mathrm{r}}}{2c_0}\left(\frac{R'}{L'_\alpha} + \omega\tan\delta\right);$$

das erste Glied steigt mit der Wurzel aus der Frequenz, das zweite etwa mit ihrer ersten Potenz; es wird bei hohen Frequenzen sehr merklich, wenn man nicht einen Isolierstoff wählt, dessen Verlustfaktor im Gebiet der Betriebsfrequenzen klein genug ist. Vergrößern von ε_r vergrößert die Dämpfung. Die Phasenkonstante wird $\beta = \omega\sqrt{L'_\mathrm{a}C'} = \omega/c_0$, die

Wellenlänge daher $\lambda = 2\pi/\beta = c_0/f$ bei $\varepsilon_r = 1$. Phasengeschwindigkeit, Gruppengeschwindigkeit und Lichtgeschwindigkeit stimmen miteinander überein; $v = u = c_0$. Der Wellenwiderstand wird $\underline{W} = \sqrt{L_a'C'}$ reell, ein Wirkwiderstand.

F74 Näherungen für lange und kurze Leitungen. Eine verlustbehaftete Leitung heißt **elektrisch lang**, wenn ihr Dämpfungsmaß $\alpha l \approx 3$ überschreitet. Dann ergibt sich näherungsweise als bequeme Abschätzung $\underline{U}_1/\underline{I}_1 = \underline{W}$, $\underline{U}_2 = 2\underline{U}_1 e^{-\gamma l} - \underline{I}_2\underline{W}$; der Eingangswiderstand ist gleich dem Wellenwiderstand, so daß $\underline{U}_1$ und $\underline{I}_1$ leicht berechnet werden können, wenn die Leerlaufspannung $\underline{U}_l$ und der innere Widerstand $\underline{Z}_1$ der an den Eingang angeschlossenen Quelle bekannt sind. Ersatzbild für den Leitungseingang in Bild 2.4-49a. Die Ausgangsspannung kann so berechnet werden, wie wenn der Abschlußwiderstand $\underline{Z}_2$ angeschlossen wäre an eine Quelle mit der Leerlaufspannung $\underline{U}_l = 2\underline{U}_1 e^{-\gamma l}$ und dem inneren Widerstand $\underline{W}$ (Ersatzbild für den Leitungsausgang in Bild 2.4-49b).

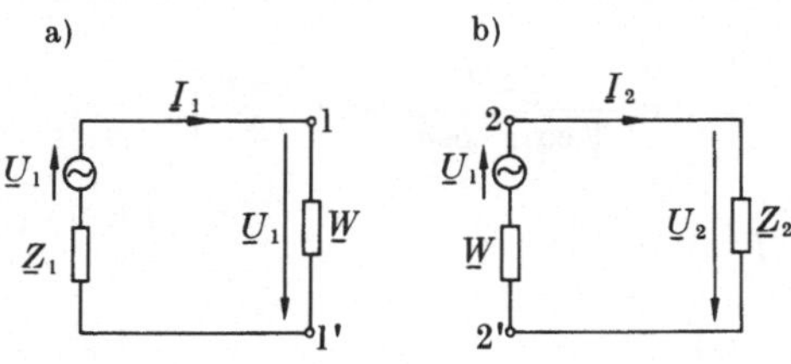

Bild 2.4-49   Ersatzbilder für die elektrische Leitung;
       a) für den Eingang, b) für den Ausgang

Eine Leitung heißt **elektrisch kurz**, wenn $l \ll \lambda$, das heißt $\beta l \ll 2\pi$ ist. Dann ergibt sich näherungsweise

$$\underline{U}_1 = \underline{U}_2(1 - \sigma) + \underline{I}_2 l(R + j\omega L),$$
$$\underline{I}_1 = \underline{I}_2(1 - \sigma) + \underline{U}_2 l(G + j\omega C).$$

Für Kabelleitungen und tiefe Frequenzen ist $\sigma \approx -j\omega C'R'l^2/2$ und kann meist vernachlässigt werden; für höhere Frequenzen und für Freileitungen ist $\sigma \approx \omega^2 L'C'l^2/2$. Hierfür gilt also: Ist der Ausgang offen, $\underline{I}_2 = 0$, so sind $\underline{U}_1$ und $\underline{U}_2 > \underline{U}_1$ konphas, und der Eingangswiderstand ist ein Scheinwiderstand mit kapazitiver Komponente; ist der Ausgang kurzgeschlossen, $\underline{U}_2 = 0$, so sind $\underline{I}_1$ und $\underline{I}_2 > \underline{I}_1$ konphas, und der Eingangswiderstand ist ein Scheinwiderstand mit induktiver Komponente. Die angegebenen Näherungsgleichungen gelten mit einem Fehler von weniger als $^1/_{100}$ für $\sigma < 0{,}08$. Für genügend hohe Frequenzen setzt man angenähert $L'C' \approx \varepsilon_0\mu_0$ für Freileitungen, daher

$$\sigma = 2{,}2 \cdot 10^{-10}\left(\frac{f}{\mathrm{Hz}}\,\frac{l}{\mathrm{km}}\right)^2,$$

z.B. $\sigma = 55 \cdot 10^{-8}(l/\mathrm{km})^2$ für $f = 50$ Hz; die Näherungsgleichungen sind in diesem Fall bis $l \approx 350$ km brauchbar.

G. Vorgänge in Nichtleitern

G1 Elektromagnetische Welle

Elektromagnetische Welle nennt man den Ausbreitungsvorgang einer Zustandsänderung des elektromagnetischen Feldes. In einem homogenen, isotropen, idealen Nichtleiter werden nach den Grundgesetzen der Elektrodynamik die örtlichen und zeitlichen Änderungen von $\mathfrak{E}$ und von $\mathfrak{H}$ durch die **Wellengleichung** beschrieben, die für eine beliebige Koordinate K in kartesischen Koordinaten die Form

$$v^2\left(\frac{\partial^2 K}{\partial x^2} + \frac{\partial^2 K}{\partial y^2} + \frac{\partial^2 K}{\partial z^2}\right) = \frac{\partial^2 K}{\partial t^2}$$

hat.

Jede elektromagnetische Welle wird gebildet durch das Zusammenwirken eines elektrischen Vektors $\mathfrak{E}$ und eines magnetischen $\mathfrak{H}$. Ihre Ausbreitungsgeschwindigkeit ist

$v = c = 1/\sqrt{\varepsilon_0\mu_0\varepsilon_r\mu_r}$, im leeren Raum $c_0 = 1/\sqrt{\varepsilon_0\mu_0}$; dies ist die Lichtgeschwindigkeit im Vakuum. Die Richtungen der elektrischen und der magnetischen Feldstärke und die Fortschreitungsrichtung stehen rechtswendig senkrecht aufeinander; es bestehen keine zur Fortschreitungsrichtung parallelen Komponenten. Die elektromagnetischen Wellen sind also **Transversalwellen** (Schallwellen in der Luft sind Longitudinalwellen). In der Fortschreitungsrichtung strömt Energie mit der Geschwindigkeit c. Die Flächendichte der Leistung der Energieströmung der Welle ist das vektorielle Produkt

$$\mathfrak{S} = [\mathfrak{E}\mathfrak{H}];$$

$\mathfrak{S}$ heißt **Poynting-Vektor**.

Ebene elektromagnetische Wellen laufen mit ebenen Wellenfronten. Bild 2.4-50 zeigt schematisch das Bild einer in Richtung der positiven x-Achse wandernden ebenen Welle; $\mathfrak{E}$ und $\mathfrak{H}$ liegen in Richtung der positiven y-Achse und der positiven z-Achse, haben keine Komponenten in Richtung x und laufen mit gleicher und unveränderter Form in Richtung der positiven x-Achse. Das elektrische und das magnetische Feld haben immer und überall dieselbe Energiedichte:

$$\varepsilon E^2/2 = w_e = \mu H^2/2 = w_m.$$

Daher gilt

$$S = c(w_e + w_m) = EH,$$

und immer und überall für $\mathfrak{E}$ und $\mathfrak{H}$, die derselben Welle angehören,

$$E/H = \sqrt{\mu/\varepsilon} = \Gamma;$$

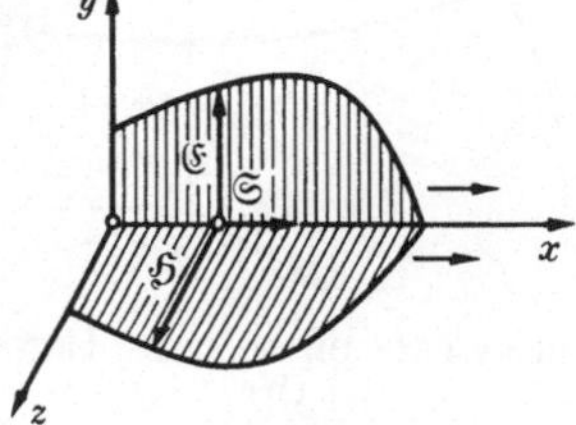

Bild 2.4-50
Ebene elektromagnetische Welle

im leeren Raum ist $\Gamma = \sqrt{\mu_0/\varepsilon_0} = \Gamma_0 = 376{,}72\ \Omega$ eine universelle Konstante. Γ heißt **Wellenwiderstand im Nichtleiter**, Γ_0 **Wellenwiderstand des Vakuums**. In der drahtlosen Nachrichtentechnik kommt bei Empfängern $E \approx 10\ \mu V/cm$ vor, also eine Leistungsdichte $S \approx 2{,}65 \cdot 10^{-17}\ W/cm^2$; bei Hochspannungsfreileitungen kommt in der Nachbarschaft der Leiteroberflächen $E \approx 10\ kV/cm$ vor, dabei ist $S \approx 265\ kW/cm^2$.

Ist der Vorgang eine Sinuswelle der Frequenz $\omega/2\pi$, so ist ihre **Wellenlänge** $\lambda = c/f = 2\pi c_0/\omega\sqrt{\varepsilon_r\mu_r}$, im Vakuum $\lambda_0 = c_0/f$, Phasengeschwindigkeit und Ausbreitungsgeschwindigkeit sind identisch; in der Zeit $T = 2\pi/\omega$ ist die Welle um die Strecke λ gewandert. In jedem Punkt treten zur gleichen Zeit gleiche Phasen von $\mathfrak{E}$ und $\mathfrak{H}$ auf.

G 2 Dipolstrahlung

Zwei Ladungen $\pm q$ mögen einander in kleinem Abstand l gegenüberstehen. Ändern sie sich rasch nach dem Gesetz $q(t) = \hat{Q}\sin\omega t$, so ist das gleichbedeutend mit einem Strom der Stärke $i(t) = dq/dt = \hat{I}\cos\omega t$, der in einem Leiterstück der Länge l fließt. Dieser **elektrisch schwingende Dipol** ist der einfachste Erreger elektromagnetischer Wellen. Um die Vorgänge zu beschreiben, legt man eine z-Achse durch die Dipolachse l und den Dipol in den Punkt $z = 0$ der x, y-Ebene. r sei die Strecke zwischen Nullpunkt und betrachtetem Feldpunkt, ϑ sein Polarwinkel, von der $+z$-Achse gerechnet, α sein Längenwinkel, von der $+x$-Achse gerechnet (Bild 2.4-51).

Im **Nahbereich** $r \ll c/\omega = \lambda/2\pi$ ist das elektrische Feld in jedem Augenblick gleich dem elektrostatischen Feld eines Dipols vom elektrischen Moment $lq(t)$; der Unterschied liegt nicht in der Struktur des Feldes, sondern darin, daß es mit der Frequenz $\omega/2\pi$ pulsiert. Dieses Dipolfeld ist proportional zu $1/r^3$. Das magnetische Feld ist in jedem Augenblick t gleich dem magnetischen Feld, das von einem linearen Stromelement li erregt wird, es ist proportional zu $1/r^2$. Die elektrische Feldenergie und die magnetische pendeln mit den Quadraten der Feldstärken. $\mathfrak{E}$ und $\mathfrak{H}$ sind nicht konphas.

Der schwingende Dipol erzeugt in seiner Nähe ein durch sein elektrisches Moment gegebenes quasistationäres elektrisches Feld und durch den die Ladungsänderung ausmachenden Strom ein magnetisches quasistationäres Feld.

Im Wellenbereich $r \gg c/\omega = \lambda/2\pi$ hat das Feld die in Bild 2.4-51 veranschaulichte Struktur; $\mathfrak{E}$, $\mathfrak{H}$ und $\mathfrak{r}$ stehen rechtswendig senkrecht aufeinander; es gibt keine Feldkomponenten in Richtung $\mathfrak{r}$. Die magnetischen Feldkurven sind die Parallelkreise, die elektrischen Feldkurven die dazu senkrechten, durch die z-Achse gehenden größten Kreise der Wellenkugel; $\mathfrak{E}$ und $\Gamma \mathfrak{H}$ haben zur gleichen Zeit am gleichen Ort denselben Wert

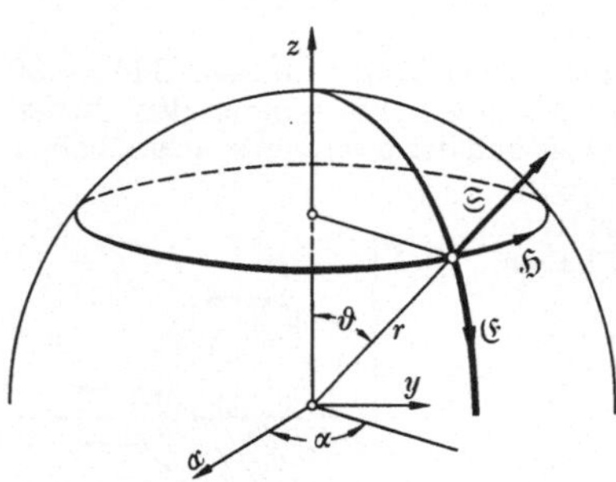

$$E_\vartheta = \Gamma H_a = \frac{\hat{I}}{2}\, \Gamma \left(\frac{l}{\lambda}\right)^2 \frac{\sin\vartheta}{r}\,,$$

sie sind konphas; in der z-Achse sind die Feldstärken Null, in der x,y-Ebene sind sie am größten. Sie sind proportional zu $1/r$, nehmen also mit wachsendem r im Nahbereich wesentlich schneller ab als im Wellenbereich; die Energie bewegt sich in der Fortschreitungsrichtung der Welle, während sie im Nahbereich im wesentlichen pendelt. Der zeitliche Mittelwert der mit der Wellenkugel bewegten Leistung ist

Bild 2.4-51   Dipolstrahlung im Wellenbereich
(Wellenkugel)

$$\bar{P} = \frac{\pi}{3}\, \Gamma \left(\frac{l}{\lambda}\right)^2 \hat{I}^2\,,$$

sie geht dem Dipol verloren. Setzt man sie darum $\bar{P} = R_\mathrm{s} I_\mathrm{eff}^2$, so ist

$$R_\mathrm{S} = \frac{2\pi}{3}\, \Gamma \left(\frac{h}{\lambda}\right)^2$$

der **Strahlungswiderstand** des Dipols. Nimmt man auf einer Seite der x, y-Ebene den Halbraum leitend an, so erhält man die Anordnung einer senkrecht auf gut leitendem ebenem Erdboden stehenden Eindrahtantenne, deren Höhe $h = l/2$ klein ist gegenüber der Wellenlänge, ihr Strahlungswiderstand ist daher

$$R_\mathrm{S} = \frac{4\pi}{3}\, \Gamma \left(\frac{h}{\lambda}\right)^2.$$

G3   Energiebewegung entlang Leitungen

Der in Bild 2.4-52 dargestellte Runddraht vom Radius a sei der vom Strom I durchflossene Innenleiter eines zylindrischen koaxialen Kabels. z sei die Richtung der Drahtachse, r die Richtung senkrecht dazu. Die magnetischen Feldkurven sind Kreise, deren Mittelpunkte in der z-Achse liegen. Das elektrische Feld hat im Leiter nur eine Komponente in z-Richtung, im Nichtleiter eine Komponente in derselben Richtung und eine dazu senkrechte. Das Feld $\mathfrak{S} = [\mathfrak{E}\mathfrak{H}]$ hat daher im Nichtleiter eine Komponente $\mathfrak{S}_z$ in Richtung der $+z$-Achse und eine zweite $\mathfrak{S}_r$ in Richtung $-r$. Diese hat an der Drahtoberfläche, da dort $E_r = \varrho\, I/\pi a^2$ und $H = I/2\pi a$ ist, die Größe $S_r = E_r H$; dem Längenstück l des Drahtes wird daher durch seinen Mantel $2\pi a l$ radial die Leistung

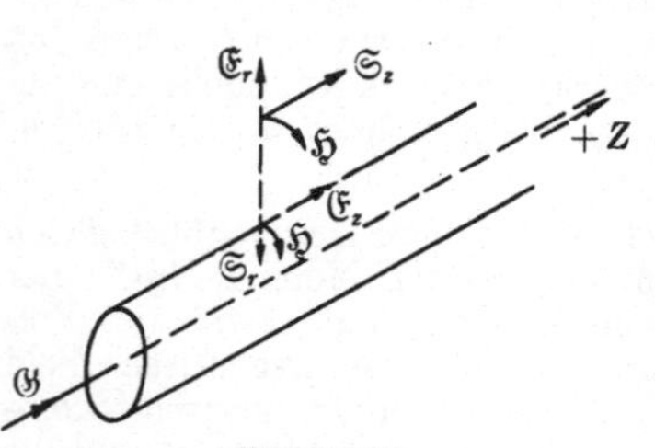

Bild 2.4-52
Komponenten des Leistungsflusses

$$2\pi a l\, S_r = I^2 \varrho\, l/\pi a^2 = I^2 R$$

zugeführt.

Die in den Draht in radialer Richtung von außen eintretende Leistung deckt die Stromwärme. Der zweite Anteil $\mathfrak{S}_z$ des Leistungsflusses in Achsenrichtung besteht nur im Nichtleiter. Nur im Nichtleiter wird Energie ohne Verlust bewegt, im Leiter wird sie in thermische Energie umgewandelt. Nichtleiter elektrischer Strömung sind Leiter der Energie.

G 4 Eindringen einer ebenen Welle in einen Leiter

Die Ebene $x = 0$ möge die Oberfläche eines sonst unendlich ausgedehnten Leiters sein. Trifft eine ebene elektromagnetische Welle im nichtleitenden Halbraum senkrecht auf die Leiteroberfläche, so sind in dieser $\mathfrak{E}$ und $\mathfrak{H}$ tangential und senkrecht zueinander gerichtet. Die positive x-Achse sei senkrecht ins Leiterinnere gerichtet. Dann wird das Eindringen jeder der beiden Feldstärken, z.B. von $\mathfrak{E}$, mit zwei hier unwesentlichen Konstanten $\hat{E}$ und φ beschrieben durch

$$E(x, t) = \hat{E}\,\mathrm{e}^{-px}\cos(\omega t - px + \varphi); \qquad p = \sqrt{\omega \varkappa \mu / 2}\,.$$

Nach dem Ohmschen Gesetz wird eine elektrische Leitungsströmung hervorgerufen, nach dem Jouleschen Gesetz die Energie in Wärme umgesetzt. Der Verlauf ist eine exponentiell gedämpfte, in Richtung der positiven x-Achse wandernde Welle; ihre Phasengeschwindigkeit ist $v = \omega / p$. Beim Durchlaufen einer Strecke $\lambda = 2\pi/p$ treten sämtliche Schwingungsphasen auf, und die Amplitude hat am Ende den $\mathrm{e}^{-2\pi}$-fachen Betrag des Anfangswertes. Dies ist die stärkste theoretisch mögliche Absorption. Da $\mathrm{e}^{-2\pi} = 0{,}0019$ ist, kann dieser Vorgang kaum noch als Welle erkannt werden. Die Wellenlänge λ bezeichnet man als **Eindringtiefe**. Zahlenbeispiel in Tabelle 2.4-4.

Tabelle 2.4-4   Sinuswellen in Kupfer und in Luft

Medium	$f = 50$ Hz	$f = 5 \cdot 10^5$ Hz
Kupfer	$\lambda = 5{,}8$ cm $v = 2{,}9$ m/s	$0{,}58$ mm 290 m/s
Luft	$\lambda = 6000$ km $v = c = 3 \cdot 10^8$ m/s	600 m $3 \cdot 10^8$ m/s

H. Wirbelströme und Stromverdrängung in Leitern

Im homogenen, isotropen, metallischen Leiter werden die örtlichen und zeitlichen Änderungen des elektrischen Strömungsfeldes $\mathfrak{G} = \gamma\,\mathfrak{E}$ und des magnetischen Feldes $\mathfrak{H} = \mathfrak{B}/\mu$ beschrieben durch eine Differentialgleichung nach Art der Wärmeleitungsgleichung, die für eine Koordinate K in kartesischen Koordinaten die Form

$$\frac{\partial^2 K}{\partial x^2} + \frac{\partial^2 K}{\partial y^2} + \frac{\partial^2 K}{\partial z^2} = \gamma \mu \,\frac{\partial K}{\partial t}$$

hat. Ändern sich die Zustandsgrößen sinusförmig mit der Frequenz $\omega/2\pi$, so erhält man eine übersichtliche Darstellung nur durch Benutzung komplexer Amplituden; mit $K = \mathrm{Re}(\underline{K}\,\mathrm{e}^{\mathrm{j}\omega t})$ wird die Ausgangsgleichung

$$\frac{\partial^2 \underline{K}}{\partial x^2} + \frac{\partial^2 \underline{K}}{\partial y^2} + \frac{\partial^2 \underline{K}}{\partial z^2} = \mathrm{j}\,\omega\gamma\mu\,\underline{K}\,.$$

Die ferromagnetischen Leiter müßten wegen ihrer feldabhängigen und nicht eindeutigen Permeabilität ausgeschlossen werden; sie können näherungsweise erfaßt werden, indem man eine konstante mittlere Permeabilität einsetzt.

H 1   Allseitige Stromverdrängung in kreiszylindrischen Leitern

Der Draht (Stab) vom Radius a sei in axialer Richtung von elektrischer Leitungsströmung der Gesamtstromstärke $i = \mathrm{Re}\,\underline{I}\,\mathrm{e}^{\mathrm{j}\omega t}$ durchflossen, r sei der senkrechte Abstand von der Achse. Die magnetischen Feldlinien sind Kreise, deren Mittelpunkte auf der Achse liegen. Stromdichte $\mathfrak{G}$ und magnetische Feldstärke $\mathfrak{H}$ in Abhängigkeit von r sind mit einer Konstanten A

$$\mathfrak{G}(r) = A\,J_0(\underline{k}r), \qquad \mathfrak{H}(r) = (A/\underline{k})\,J_1(\underline{k}r)$$

gegeben durch die Besselschen Zylinderfunktionen nullter und erster Ordnung vom komplexen Argument $\underline{k}r$ mit

$$\underline{k} = \sqrt{-\mathrm{j}\,\omega\gamma\mu} = (1-\mathrm{j})\sqrt{\omega\gamma\mu/2}, \qquad |\underline{k}| = \sqrt{\omega\gamma\mu}\,.$$

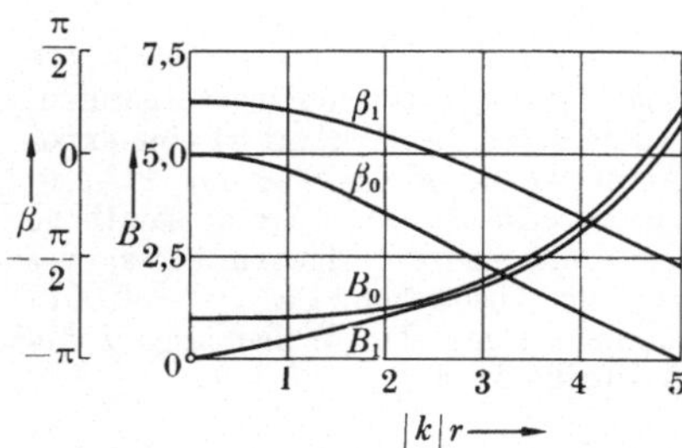

Bild 2.4-53
Funktionen $J_0 = B_0\,\mathrm{e}^{-\mathrm{j}\beta_0}$ und $J_1 = B_1\,\mathrm{e}^{-\mathrm{j}\beta_1}$

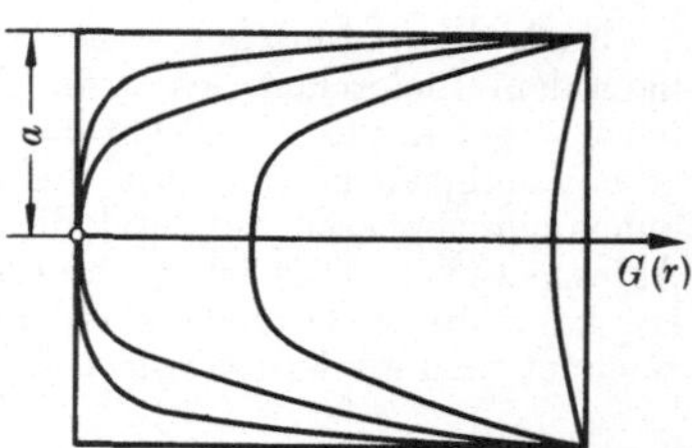

Bild 2.4-54
Hautwirkung (Skineffekt)

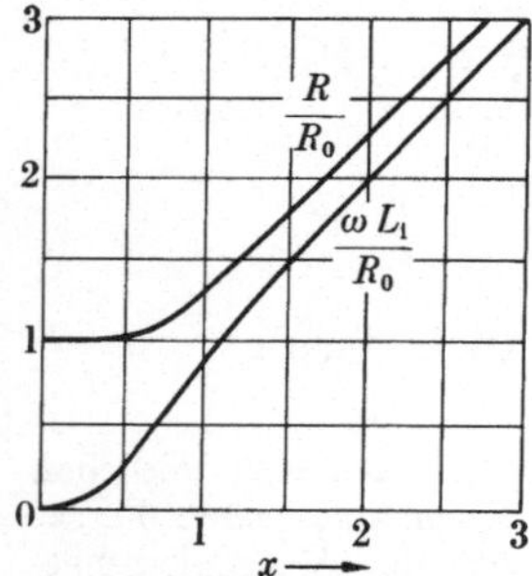

Bild 2.4-55 Wirkwiderstand und innerer induktiver Widerstand im Verhältnis zum Gleichstromwiderstand $R_0 = R_g$

In Bild 2.4-53 sind angegeben $J_0 = B_0\,\mathrm{e}^{-\mathrm{j}\beta_0}$ und $J_1 = B_1\,\mathrm{e}^{-\mathrm{j}\beta_1}$; die Stromdichteverteilung für verschiedene Werte $|\underline{k}|$ zeigt Bild 2.4-54. G und H werden mit wachsendem $|\underline{k}|$ immer mehr nach außen gedrängt: **Hautwirkung** oder **Skin-Effekt**. Daher muß im Vergleich mit den Gleichstromverhältnissen der Widerstand R wachsen, die innere Selbstinduktivität L_1 abnehmen; im Vergleich mit dem Gleichstromwiderstand R_g ist

$$\frac{R + \mathrm{j}\,\omega L_1}{R_g} = \frac{\underline{k}a}{2}\,\frac{J_0(\underline{k}a)}{J_1(\underline{k}a)}\,;$$

Auswertung in Bild 2.4-55. Als Abszisse ist gewählt

$$x = \frac{a}{2}\sqrt{\frac{\omega}{2}\,\gamma\mu} = \frac{a\,|\underline{k}|}{2\sqrt{2}}\,.$$

Die Anfangsglieder der Reihenentwicklung ergeben

$$\frac{R}{R_g} \approx 1 + \frac{x^4}{3} = 1 + \frac{\pi^2}{48}\,a^4(f\gamma\mu)^2, \qquad \frac{\omega L_1}{R_g} \approx x^2\left(1 - \frac{x^2}{6}\right);$$

für $x \gg 1$ wird

$$R/R_g = \omega L_1/R_g = x\,.$$

Anfänglich steigt R/R_g proportional $a^4(f\gamma\mu_\mathrm{r})^2$, schließlich proportional $a\sqrt{f\gamma\mu_\mathrm{r}}$, und in diesem Bereich ist $L_1/R_g \sim a\sqrt{\gamma\mu_\mathrm{r}/f}$.

Für den Bereich, in dem die Stromdichte in der Umgebung der Achse des Zylinders wesentlich geringer ist als in der Nähe des Mantels, gilt: Ein gleich dickes (a), aus demselben Metall bestehendes kreiszylindrisches Rohr, dessen Gleichstromwiderstand ebenso groß ist wie der Hochfrequenzwiderstand des massiven Zylinders, hat die Wanddicke

$$\delta = \frac{1}{\sqrt{\omega \gamma \mu / 2}},$$

sie wird Dicke der äquivalenten Leitschicht genannt. Hier ist also $x = a/2\delta$, und zur Eindringtiefe λ besteht die Beziehung $\delta = \lambda/2\pi = 1/p$. Für die Zahlenrechnung bequem ist die Form

$$\delta = \frac{15{,}9}{\sqrt{\gamma f}} \quad \text{mit } \delta \text{ in mm, } \gamma \text{ in Sm/mm}^2, f \text{ in kHz,}$$

für kaltes Kupfer also

$$\delta = \frac{2{,}11}{\sqrt{f}},$$

z.B. $\delta \approx 0{,}94$ cm für $f = 50$ Hz $= 0{,}05$ kHz.

Eicht man einen Stromstärkemesser, dessen Anzeige durch die Stromwärme verursacht wird, mit Gleichstrom und mißt einen hochfrequenten Wechselstrom, so ist der relative Fehler $f = \sqrt{R/R_\mathrm{g}} - 1$, das ist

$$f \approx \frac{1}{96}\left(\frac{a}{\delta}\right)^4 \quad \text{für} \quad \frac{a}{2\delta} < 1.$$

Berechnet man ebenso den Wechselstromwiderstand eines kreiszylindrischen Rohres, so ergibt sich, wenn seine Wanddicke d klein ist gegenüber a,

$$\frac{R}{R_\mathrm{g}} \approx 1 + \frac{4}{45}\left(\frac{d}{\delta}\right)^4 \quad \text{für hinreichend kleines } d/\delta,$$

$$R/R_\mathrm{g} \approx d/\delta \quad\quad \text{für} \quad d/\delta \gg 1.$$

H2 Stromverdrängung in Nutenstäben und Zylinderspulen

H21 Langer gerader Metallstab von rechteckigem Querschnitt sei in die rechteckige Nut eines Eisenkörpers von großer Permeabilität eingebettet, Bild 2.4-56 (in elektrischen Maschinen). Das magnetische Feld, das von dem in Längsrichtung durch den Stab fließenden Strom erregt wird, tritt nahezu senkrecht aus den Nutenwänden in den Nutenraum ein und verläuft dort, den Stab quer durchsetzend, nahezu geradlinig; im Eisen ist H sehr klein. An der unteren Kante des Stabes, im Nutengrund, ist das magnetische Feld Null, entlang der Stabhöhe steigt

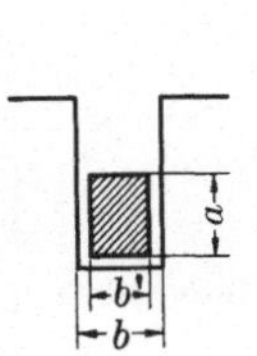

Bild 2.4-56 Rechteckiger Metallstab in rechteckiger Nut

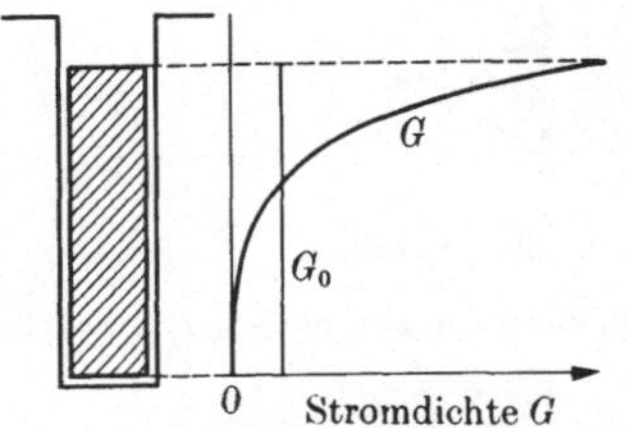

Bild 2.4-57 Einseitige Stromverdrängung im einzelnen Nutenstab

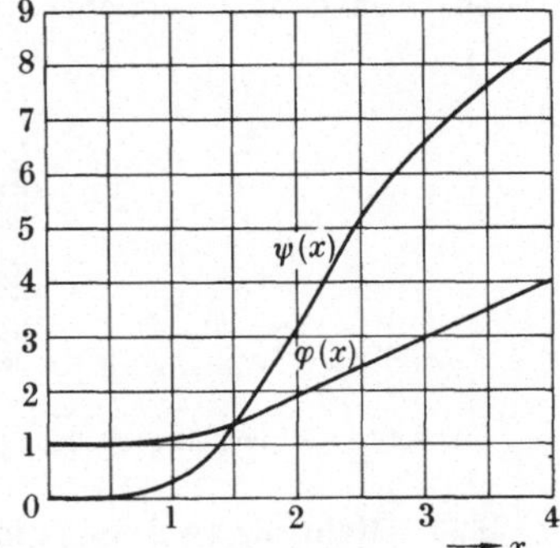

Bild 2.4-58 Funktionen $\varphi(x)$ und $\psi(x)$

es an, von der oberen Kante des Stabes an nach oben ist es in der Nut nahezu konstant. Die bei Wechselstrom auftretende Stromdichteverteilung zeigt Bild 2.4-57. Das Verhältnis des Wechselstromwiderstandes R zum Gleichstromwiderstand R_g ist

$$\frac{R}{R_g} = x\,\frac{\sinh 2x + \sin 2x}{\cosh 2x - \cos 2x} = \varphi(x), \qquad x = a\sqrt{\frac{b'}{b}\,\frac{\omega}{2}\,\gamma\mu} = \frac{a}{\delta}\sqrt{\frac{b'}{b}}.$$

Praktisch ist $\sqrt{b'/b}$ wenig von 1 verschieden, und da $\delta \approx 0{,}94\,\mathrm{cm}$ für Cu bei 50 Hz ist, kann man in diesem Fall für eine rohe Abschätzung $x \approx a/\mathrm{cm}$ setzen. Die Anfangsglieder der Reihenentwicklung sind

$$\varphi(x) = 1 + \frac{4}{45}\,x^4 - \frac{104}{14\,175}\,x^8 + \cdots - \cdots;$$

für hinreichend großes x (praktisch etwa $x > 3$) wird $\varphi(x) = x$, Bild 2.4-58.

H 22   Zwei Stäbe in einer Nut. Ist oberhalb von dem wechselstromdurchflossenen Stab in der Nut ein zweiter von gleichen Abmessungen angeordnet, so liegt dieser in dem magnetischen Wechselfeld, das von dem Strom i im Stab darunter erregt wird; es hat angenähert die Stärke $H_a = I/b$. Dadurch wird im oberen Stab eine Wirbelströmung in Längsrichtung hervorgerufen; ihre Stromdichteverteilung ist antimetrisch zur Mittelebene des Stabes. An der oberen und an der unteren Kante ist sie am größten, in der Höhe $a/2$ ist sie Null. Dann ist, ohne daß dem Stab von außen Strom zugeführt wird (wenn er den Gesamtstrom Null führt), die **Stromwärmeleistung** in ihm

$$\bar{P} = \frac{lb'}{\gamma a}\,\frac{\hat{H}_a}{2}\,\psi(x),$$

wenn $\hat{H}_a$ die Amplitude der angegebenen magnetischen Feldstärke und l die Stablänge ist, ferner

$$\psi(x) = 2x\,\frac{\sinh x - \sin x}{\cosh x + \cos x} \qquad \text{(Bild 2.4-58)}.$$

Die Anfangsglieder der Reihenentwicklung sind

$$\psi(x) = \frac{x^4}{3}\left(1 - \frac{17}{420}\,x^4 + \cdots - \cdots\right),$$

für hinreichend großes x (praktisch etwa $x > 5$) ist $\psi(x) = 2x$.

Werden beide Stäbe in Serie geschaltet, also von demselben Strom gleichphasig durchflossen, so entsteht in dem oberen Stab eine zweiseitige Stromverdrängung (Bild 2.4-59).

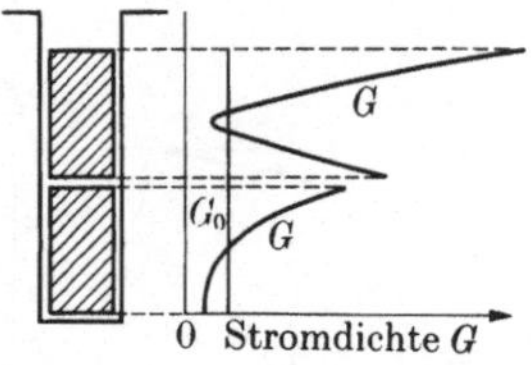

Bild 2.4-59   Stromdichteverteilung (Effektivwerte) in zwei übereinander befindlichen Nutenstäben

H 23   Mehr als zwei Stäbe in einer Nut. Liegen in der Nut n gleiche Stäbe übereinander, werden sie vom Nutengrund an gezählt; fließt durch den p-ten Stab der Strom $\hat{I}$, und ist die Summe $\hat{I}_1$ aller Ströme in den darunterliegenden $p-1$ Stäben konphas mit $\hat{I}$, so ist die Stromwärmeleistung im p-ten Stab

$$\bar{P} = (R_\mathrm{g}/2)\left[\hat{I}^2\varphi(x) + \hat{I}_1(\hat{I}_1 + \hat{I})\psi(x)\right].$$

Sind p Stäbe in Serie geschaltet und somit von demselben Strom phasengleich durchflossen, so ist die Widerstandssteigerung des p-ten Stabes

$$R/R_\mathrm{g} = \varphi(x) + p(p-1)\psi(x).$$

Der Mittelwert über alle n Stäbe ergibt die Widerstandssteigerung des gesamten Nuteninhaltes

$$R/R_\mathrm{g} = \varphi(x) + [(n-1)/3]\psi(x).$$

H 24 Lange Kreiszylinderspule. Eine lange Kreiszylinderspule sei einlagig dicht aus Drähten von rechteckigem Querschnitt gewickelt; die Höhe des Querschnitts in Richtung des Radius der Spule sei a. Bei stromdurchflossener Spule ist das magnetische Feld im Innern der Spule groß, am äußeren Umfang vernachlässigbar klein, wenn die Spule hinreichend lang ist; durch den Wicklungsquerschnitt nimmt es von innen nach außen ab. Wenn man Isolation der Drähte, Steigung der Wicklung, Einfluß der Spulenenden und der Kreiskrümmung vernachlässigt, hat man in jedem Drahtquerschnitt hinsichtlich G und H dieselben Verhältnisse wie beim einzelnen Nutenstab (Bild 2.4-57). Daher gilt angenähert für die Widerstandssteigerung der beschriebenen Spule

$$R/R_\mathrm{g} \approx \varphi(x), \qquad x = a\sqrt{\omega\gamma\mu_\mathrm{r}/2} = a/\delta.$$

Ist die Spule in derselben Weise, jedoch aus n Lagen übereinander gewickelt, die von außen nach innen zu zählen sind, so ist der Gleichstromwiderstand der Lagen verschieden, R_1 der der äußersten, R_n der der innersten. Der Wechselstromwiderstand der Spule wird dann mit denselben Vernachlässigungen

$$R = [R_1 + R_2 + R_3 + \cdots R_n]\varphi(x) + [2R_2 + 6R_3 + \cdots n(n-1)R_n]\psi(x).$$

Daher wird, wenn man die Gleichstromwiderstände der Lagen einander angenähert gleichsetzen kann, die Widerstandssteigerung der ganzen Spule näherungsweise

$$R/R_\mathrm{g} = \varphi(x) + [(n^2-1)/3]\psi(x).$$

H 3   Wirbelströmung

Ein massiver, langer, kreiszylindrischer Leiter vom Radius a bilde den Kern einer Zylinderspule (Schema eines Induktionsofens; Spule mit Eisenkern, z.B. Relais, bei Annahme einer konstanten, mittleren Permeabilität, auch Ringspule mit Kern). Ihre Selbstinduktivität bei Gleichstrom ist $L_0 = n^2\mu V$; $n = w/l$ ist die Windungsdichte der Wicklung, μ die Permeabilität, V das Volumen des Kerns. Das magnetische Feld ist parallel zur Zylinderachse gerichtet und für Gleichstrom angenähert homogen. Wird die Wicklung von Wechselstrom der Frequenz $\omega/2\pi$ durchflossen, so fließen im Kern Wirbelströme; ihre Feldlinien sind Kreise, deren Mittelpunkte auf der Zylinderachse liegen (Bild 2.4-60). Nur am Umfang $r = a$ ist das magnetische Feld $H_\mathrm{a} = iw/l$, im Kern ist es überall kleiner. Diese Veränderung kommt in einer Verkleinerung der Selbstinduktivität L der Spule bei Wechselstrom gegenüber L_0 zum Ausdruck, die Stromwärmeleistung der Wirbelströme im Kern in einer Erhöhung des Wirkwiderstandes der Spule um R_w.

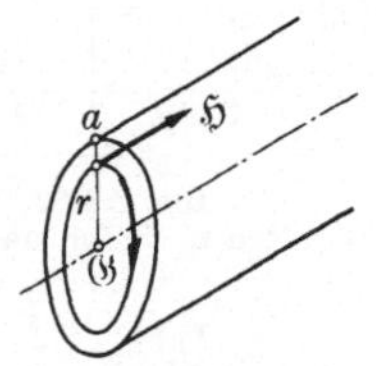

Bild 2.4-60
Wirbelströmung im kreiszylindrischen Leiter

Bedeutet für den Kern

$$\underline{k} = \sqrt{-\,\mathrm{j}\,\omega\gamma\mu} = (1-\mathrm{j})\sqrt{\omega\gamma\mu/2} = (1-\mathrm{j})/\delta, \qquad a/\delta = x,$$

so läßt sich der magnetische Induktionsfluß im Kern $\Phi(t) = \mathrm{Re}\,[\hat{\Phi}(\underline{k}a)\mathrm{e}^{\mathrm{j}\omega t}]$ als Funktion von $\underline{k}a = (1-\mathrm{j})l/\delta$ angeben; aus ihm erhält man als $\underline{L}_\mathrm{e} = w^2\hat{\Phi}/\hat{I}$ die wirksame Selbstinduktivität der Spule mit Kern

$$\underline{L}_\mathrm{e} = L_0\,\frac{2}{\underline{k}a}\,\frac{J_1(\underline{k}a)}{J_0(\underline{k}a)} = L_0\,[f_1(x) - \mathrm{j}f_2(x)],$$

worin f_1 und f_2 positive, reelle Funktionen des Arguments $x = a/\delta$ sind. Die Wechselstrom-Selbstinduktivität der Spule mit Kern ist also $L = L_0 f_1(x)$; der durch die Wirbelströmung im Kern verursachte Teil des Wirkwiderstandes der Spulenwicklung ist

$$R_\mathrm{w} = \omega L_0 f_2(x).$$

Für kleines x ist

$$R_\mathrm{w} = \omega L_0\,(a/2\delta)^2 = \omega^2 L_0\,(a^2/4)\gamma\mu, \qquad L \approx L_0,$$

und für $x \gg 1$ ist

$$R_\mathrm{w} = \omega L = \omega L_0 \delta/a = (L_0/a)\sqrt{2\,\omega/\gamma\mu},$$

R_w steigt anfänglich mit ω^2, schließlich mit $\sqrt{\omega}$.

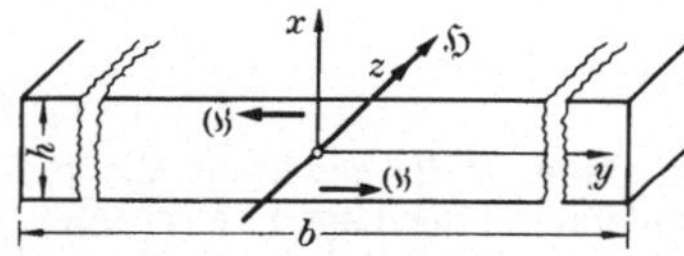

Bild 2.4-61
Wirbelströmung im rechteckigen Leiter

Eine lange, ebene Metallplatte (Blechtafel) von der Dicke h und der Breite $b \gg h$ liege nach Bild 2.4-61 in einem magnetischen Wechselfeld $\mathfrak{H}$, das parallel zur Längenerstreckung (z) der Platte gerichtet ist. Auf beiden Seiten der Tafel $(x = \pm\,h/2)$ werde das tangentiale Wechselfeld H_a aufrechterhalten. Dann fließen in der Platte Wirbelströme, deren Stromdichterichtung im Bild angedeutet ist. Der magnetische Induktionsfluß im Querschnitt bh wird

$$\Phi(t) = bh\mu H_\mathrm{a}\,\mathrm{Re}\left[\mathrm{e}^{\mathrm{j}\omega t}\,\frac{\tanh v}{v}\right]$$

mit

$$v = \underline{k}h/2, \qquad \underline{k} = \sqrt{\mathrm{j}\,\omega\gamma\mu} = (1+\mathrm{j})\sqrt{\omega\gamma\mu/2} = (1+\mathrm{j})/\delta\,; \qquad x = h/\delta.$$

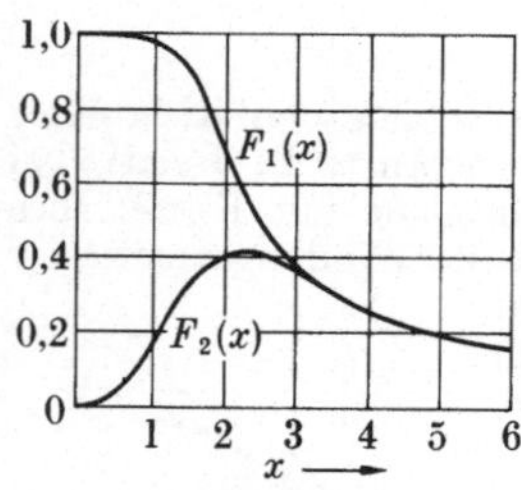

Bild 2.4-62
Funktionen $F_1(x)$ und $F_2(x)$

Es sei ein quaderförmiger Spulenkern aus m voneinander isolierten Blechtafeln aufgeschichtet. Mit dem Kernquerschnitt mbh, der Spulenlänge l und der Windungszahl w ist die Selbstinduktivität bei Gleichstrom $L_0 = \mu mbhw^2/l$. Sieht man bei Wechselstrom ab von der gegenseitigen Beeinflussung der Bleche und der Veränderlichkeit von μ, so findet man aus dem Induktionsfluß und dem Strom die wirksame Selbstinduktivität der Spule mit Kern

$$\underline{L}_\mathrm{e} = L_0\,\frac{\tanh v}{v} = L_0\,[F_1(x) - \mathrm{j}F_2(x)],$$

$$F_1(x) = \frac{1}{x}\,\frac{\sinh x + \sin x}{\cosh x + \cos x}, \qquad F_2(x) = \frac{1}{x}\,\frac{\sinh x - \sin x}{\cosh x + \cos x}, \qquad \text{Bild 2.4-62}.$$

Somit ist $L = L_0 F_1(x)$ und $R_\mathrm{w} = \omega L_0 F_2(x)$.

Für hinreichend kleines x (etwa $x < 0,5$) ist

$$R_\mathrm{w} \approx \omega L_0 \frac{1}{6}\left(\frac{h}{\delta}\right)^2 = \omega^2 L_0 \frac{h^2}{12}\gamma\mu, \qquad L \approx L_0,$$

und für hinreichend großes x (etwa $x > 4$) ist

$$R_\mathrm{w} = \omega L = \omega L_0\delta/h = (L_0/h)\sqrt{2\,\omega/\gamma\mu}.$$

Wie $F_1(x)$ zeigt, tritt mit wachsendem x etwa bis zum Wert 1 keine erhebliche Verkleinerung des magnetischen Flusses im Kern und damit der Selbstinduktivität gegenüber dem Gleichstromwert ein. Die durch $x = 1$ ausgezeichnete Frequenz $\omega_1 = 2/h^2\gamma\mu$ wird **Grenzfrequenz** genannt.

Schrifttum zu 2.4 Grundlagen der Elektrotechnik

Bücher

[H 01] HÜTTE. Mathematische Formeln u. Tafeln. Verf. I. Szabó, Berlin 1959, Ernst & Sohn.
[H 03] STOFFHÜTTE. 4. Aufl. Berlin, München 1967, Ernst & Sohn.
[1] Küpfmüller, Einführung in die theoretische Elektrotechnik. 9. Aufl. Berlin, Heidelberg, New York 1968, Springer.
[2] DIN-Taschenbuch 22, Einheiten und Formelgrößen. Berlin 1969.

DIN-Normen

1301 Einheiten; Kurzzeichen.
1302 Mathematische Zeichen.
1303 Schreibweise von Tensoren (Vektoren).
1304 Allgemeine Formelzeichen.
1311 Bl. 1 Schwingungslehre; Benennungen.
1313 Schreibweise physikalischer Gleichungen in Naturwissenschaft und Technik.
1319 Grundbegriffe der Meßtechnik.
1323 Elektrische Spannung, Potential, Zweipolquelle, elektromotorische Kraft; Begriffe.
1324 Elektrisches Feld; Begriffe.
1325 Magnetisches Feld; Begriffe.
1339 Einheiten magnetischer Größen.
1344 Formelzeichen der elektrischen Nachrichtentechnik.
1357 Einheiten elektrischer Größen.
5483 Formelzeichen für zeitabhängige Größen.
5487 Fourier-Transformation und Laplacetransformation; Formelzeichen und Benennungen.
5488 Benennungen für zeitabhängige Vorgänge.
5489 Vorzeichen- und Richtungsregeln für elektrische Netze.
5493 Logarithmierte Verhältnisgrößen (Pegel, Maße).
5494 Größensysteme und Einheitensysteme.
5495 Messen, Prüfen, Zählen; Begriffe.
40110 Wechselstromgrößen.
40121 Formelzeichen für den Elektromaschinenbau.
40148 Bl. 1 Übertragungssysteme und Vierpole; Begriffe und Größen.

3. Optik[1]

bearbeitet von Oberregierungsrat Dr. rer. nat. R. Nink, Berlin

3.1 Formelzeichen, Größen und Einheiten

Zeichen	Größe	SI-Einheit	weitere Einheiten
A	Flächeninhalt	m^2	cm^2
A_n	numerische Apertur	1	
B	Blendenzahl	1	
C	Cotton-Mouton-Konstante	m/A^2	cm/A^2
D	Brechkraft	$m^{-1} = dpt$	
D_g	Grunddispersion	1	
$\mathfrak{E}, E$	elektrische Feldstärke	V/m	V/cm
E	Beleuchtungsstärke	$lm/m^2 = lx$	
E_e	Bestrahlungsstärke	W/m^2	
$\mathfrak{H}, H$	magnetische Feldstärke	A/m	A/cm, Oe
H	Belichtung	lx s	
H_e	Bestrahlung	J/m^2	
I	Lichtstärke	cd	
I_e	Strahlstärke	W/sr	
K	Kerr-Konstante	m/V^2	cm/V^2
L	Leuchtdichte	cd/m^2	
L_e	Strahldichte	W/m^2 sr	
$L_{e,\lambda}$	spektrale Strahldichte	} W/m^3 sr	
$L^s_{e,\lambda}$	spektrale Strahldichte des schwarzen Körpers		
M_e	spezifische Ausstrahlung	} W/m^2	
M^s_e	spezifische Ausstrahlung des schwarzen Körpers		
N	Anzahl der interferierenden Teilbündel	1	
P	Polarisationsgrad	1	%
P_A	Austrittspupille	} m	cm
P_E	Eintrittspupille		
Q	Lichtmenge	lm s	lm h
Q_e	Strahlungsenergie (Strahlungsmenge)	J	eV
S	Abstand	m	cm
S	relative Strahldichteverteilung	1	
T	absolute Temperatur, Kelvin-Temperatur	} K	
T^s	schwarze Temperatur		
V	Verdet-Konstante		$°m/dm\ A$
W	Energie	} J	eV
W_{Ph}	Energie des Photons		

---

[1] Schrifttum S. 241.

Zeichen	Größe	SI-Einheit	weitere Einheiten
a	Gegenstandsweite	} m	cm
b	Bildweite		
c	Lichtgeschwindigkeit, Phasengeschw.	} m/s	km/s
c_0	Vakuumlichtgeschwindigkeit		
d	Dicke, Abstand		
e	Hauptpunktabstand	} m	cm
f	Brennweite		
f_p	Brennweite des Parabolspiegels		
g	Gesamtvergrößerung	1	
g	Gitterkonstante	} m	mm, µm
g_0	Auflösungsvermögen		
h	Planck-Konstante (Wirkungsquantum)	J s	erg s
k	Boltzmann-Konstante	J/K	erg/K
m	ganze Zahl	1	
m_g	Masse des in 100 g H_2O gelösten Stoffes	1	
n	Brechzahl	1	
p	Strahlenbündel-Durchmesser	m	cm
q	Öffnungsverhältnis	1	
r	Radius		
s	Weglänge	} m	cm
s_0	Bezugssehweite		
t	Zeit	s	h
u	Gruppengeschwindigkeit	m/s	
w	Lichtwert	1	
x, y, z	Längenkoordinaten	m	cm
Γ	Vergrößerung	1	
Δ	Gangunterschied	m	nm
Λ	Tubuslänge	m	cm
Φ	Lichtstrom	cd sr = lm	
Φ_e	Strahlungsfluß	W	
Ω	Raumwinkel	sr	
α	spektraler Absorptionsgrad	1	%
α	ebener Winkel		
α_P	Polarisationswinkel		
β	Ablenkwinkel		
γ	Ausstrahlungswinkel	} rad	°
γ_T	Grenzwinkel der Totalreflexion		
δ	Gesichtswinkel ohne Instrument		
δ_gr	physiologischer Grenzwinkel		
δ_I	Gesichtswinkel mit Instrument		
ε	spektraler Emissionsgrad	1	%
ϑ	Celsius-Temperatur		°C
λ	Wellenlänge	} m	µm, nm, Å
λ_0	Bezugs-Wellenlänge, Vakuum-Wellenlänge		
ν	Frequenz	Hz	
ν_A	Abbe-Zahl	1	
ϱ	Dichte	kg/m³	g/cm³
σ	Stefan-Boltzmann-Konstante	W/m² K⁴	
ψ	ebener Winkel	} rad	°
χ	Winkelabstand zweier Gegenstandspunkte		

Fußzeiger

A	Abbe, Austritt	e	energetisch
E	Einfall, Eintritt	g	Grund-, Gesamt-
F	Fraunhofer	gr	grenzen, Grenz-
H	Hauptpunkt	h	hinten
I	Instrument	l	linksdrehend
N	nicht polarisiert	max	maximal
Obj	Objektiv	n	numerisch
Ok	Okular	o	ordentlich
P	Polarisation, polarisiert	p	parabolisch
Ph	Photon	r	rechtsdrehend
R	Reflexion	v	vorn
T	Totalreflexion	0	Vakuum, Halbraum, Bezugswert
ao	außerordentlich	λ	bei der Wellenlänge λ, je Wellenlängenintervall

3.2   Einleitung

In der Entwicklung der Physik haben sich die unter dem Begriff Optik behandelten Erscheinungen vermehrt, gleichzeitig hat sich das Gebiet ausgedehnt. Zunächst beschrieb die Optik nur die Erscheinungen des sichtbaren Lichts, dann kamen die angrenzenden Spektralbereiche Infrarot und Ultraviolett hinzu, heute könnte das Verhalten der gesamten elektromagnetischen Strahlung und deren Wechselwirkung mit der Materie unter dem Oberbegriff Optik behandelt werden. Wegen der Wellennatur der Materie ist der Begriff Optik auf die Korpuskularphysik ausgedehnt worden (Elektronen-, Neutronenoptik usw. [8]). Kap. 3. Optik behandelt die elektromagnetische Strahlung im Wellenlängenbereich des sichtbaren Lichts und in dessen Nähe zwischen etwa 100 nm und 10 μm. Mit dem angrenzenden langwelligen Bereich im Spektrum der elektromagnetischen Wellen (Bild 3.2-1) beschäftigt sich hauptsächlich die Elektrotechnik, der angrenzende kurzwellige Bereich wird von der Atomphysik untersucht. Die Grenzen zwischen den Gebieten verwischen sich immer mehr, nur der Wellenlängenbereich der sichtbaren elektromagnetischen Strahlung von etwa 380 nm bis 750 nm ist durch die spektrale Empfindlichkeit des menschlichen Auges festgelegt. Die optische Strahlung dieses Wellenlängenbereiches nennt man im engen Sinne Licht, weil sie unmittelbar eine Gesichtsempfindung hervorruft.

Die Atomphysik hat gezeigt, daß die Beschreibung des Lichts als elektromagnetische Welle nicht ausreicht, um alle Lichteigenschaften zu erklären. Viele Erscheinungen, z. B. der Photoeffekt (**2.3**) können nur unter der Annahme verstanden werden, daß die Lichtenergie nicht kontinuierlich über den Raum verteilt, sondern in Teilchen atomarer Dimension (Lichtquanten oder Photonen) konzentriert ist (Dualität des Lichts).

Die Energie eines Photons ist

$$W_{\mathrm{Ph}} = h\nu = \frac{h c_0}{\lambda_0} = \frac{1{,}986}{\lambda_0} \cdot 10^{-25}\,\mathrm{J} \qquad \text{für } \lambda_0 \text{ (Wellenlänge im Vakuum) in m.}$$

Zur Kennzeichnung von Quantenenergien ist die atomphysikalische Einheit **Elektronenvolt (eV)** üblich:

$$1\,\mathrm{eV} = 1{,}6021 \cdot 10^{-19}\,\mathrm{J}$$

Danach ist

$$W_{\mathrm{Ph}} = \frac{1{,}234 \cdot 10^{-6}}{\lambda_0}\,\mathrm{eV}.$$

Die Behandlung des Lichts als Wellen- oder Teilchenstrahlung richtet sich nach dem Wellenlängenbereich, als Wellenstrahlung ist sie üblich im langwelligen Bereich des Spektrums (Bild 3.2-1) bis zu den Röntgenstrahlen. Die Behandlung als Teilchenstrahlung ist nur im kurzwelligen Bereich, etwa vom Infrarot an sinnvoll. Im Bereich zwischen Infrarot und Röntgenstrahlung richtet sich die Behandlung des Lichts nach dem vorliegenden physikalischen Problem.

3.3 Entstehung, Ausbreitung und Nachweis von Strahlung (Licht)

A. Strahlungsquellen und Lichtquellen [H03], [4], [9], [20]

Dem großen Spektrum der elektromagnetischen Wellen entsprechend gibt es viele Quellen elektromagnetischer Strahlung (Langwellen-Radioantenne, Atomkern als Quelle von Gammastrahlung). Auch für den optischen Bereich ist die Zahl der Strahlungsquellenarten groß. Sie lassen sich einteilen in

Temperaturstrahler, das sind erwärmte feste Körper mit kontinuierlichem Emissionsspektrum, und

selektive Strahler, das sind im allgemeinen Atom- und Molekülstrahler, die thermisch oder elektrisch angeregt werden und nur Strahlung bestimmter Wellenlängen emittieren [5], [6].

Die Lichttechnik [21] unterscheidet Verbrennungslampen und elektrische Lampen. Die in Technik und Wissenschaft verwendeten Lampen werden fast ausschließlich elektrisch betrieben. Zu diesen gehören Glühlampen und Entladungslampen (in Kombination Verbundlampen) sowie Leuchtkondensatoren (flächenhafte Lichtquellen mit elektrolumineszierendem Leuchtstoff). Zu den Entladungslampen gehören Kohlebogen, Glimmlampe, Leuchtröhre, Metalldampflampe, Leuchtstofflampe und Edelgaslampe. Zu den Metalldampflampen gehören die Quecksilber-Entladungslampen, die man nach dem Betriebsdruck in Nieder-, Hoch- und Höchstdrucklampen einteilt. In die Gruppe der Edelgaslampen fallen die mit Xenon gefüllten Blitzlampen für Impulsbetrieb.

In vielen Fällen werden „punktförmige" Lichtquellen benötigt, deren Ausdehnung gegenüber den übrigen Entfernungen einer optischen Anordnung klein sind, und die in allen Richtungen die gleiche Lichtstärke aufweisen. Annähernd punktförmige Lichtquellen sind die Wolframpunktlampe, der Krater einer kleinen Bogenlampe oder der kleine Bogen einer Hg-Höchstdrucklampe. Man kann auch ein rückwärts beleuchtetes Loch in einem Schirm als punktförmige Lichtquelle für einen Halbraum benutzen.

Lichtstärkenormale sind Lampen besonders sorgfältiger Ausführung, die einen eindeutigen Lichtstärkewert haben. Sie bestehen meist aus einem ungewendelten Glühdraht, der in einer Ebene aufgespannt ist. Der zur Vermeidung von Reflexionen konisch ausgeführte Glaskolben muß an

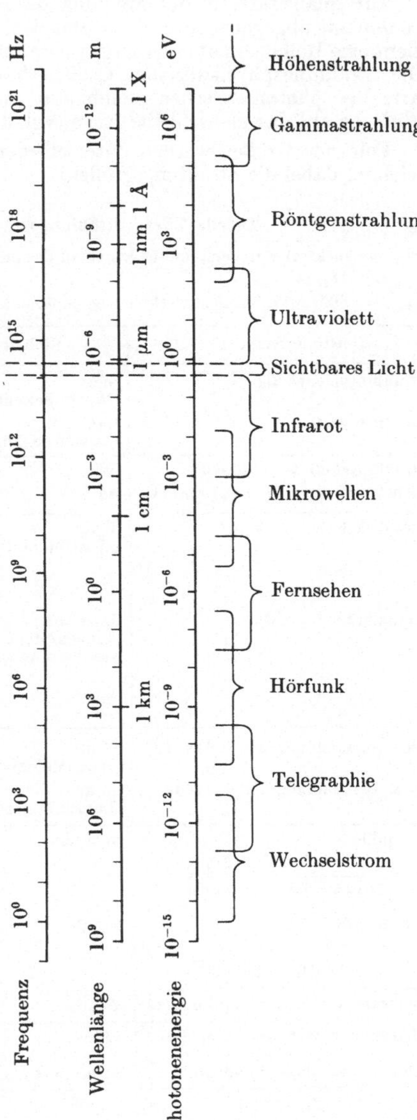

Bild 3.2-1 Spektrum der elektromagnetischen Wellen

der Stelle schlierenfrei sein, wo er von senkrecht zum Lampensystem abgestrahltem Meßlicht durchsetzt wird. Lichtstärkenormale erfordern höchste Stromkonstanz (vgl. DIN 5032).

B. Strahlungsgrößen und photometrische Größen [22], [23]

Zur quantitativen Beschreibung der von einer Strahlungsquelle (Lichtquelle) je Zeiteinheit abgegebenen und im umgebenden Strahlungsfeld sich ausbreitenden Energie dient eine Reihe von strahlungsphysikalischen und photometrischen Meßgrößen. Die strahlungsphysikalischen Größen beschreiben elektromagnetische Strahlung jeder Art, die photometrischen beinhalten eine Bewertung der Strahlung bezüglich ihrer Wirkung auf das menschliche Auge (vgl. **3.6 A**).

Folgende Größen werden unterschieden (DIN 5031. Der Index e (energetisch) kennzeichnet dabei die Strahlungsgrößen).

Tabelle 3.3-1   Strahlungsgrößen und photometrische Größen

$V(\lambda)$ = spektraler Hellempfindlichkeitsgrad des menschlichen Auges für Tagessehen (Bild 3.6-3)
$\Phi_{e\lambda}$ = $d\Phi_e/d\lambda$
K_m = 680 lm/W, Maximalwert des sog. photometrischen Strahlungsäquivalents

Größe, Symbol	Einheit	Erklärung
Strahlungsmenge Q_e	Ws (Watt · Sekunde)	die in Form von Strahlung auftretende Energie
Lichtmenge Q	lms (Lumen · Sekunde)	Produkt aus Lichtstrom und Zeit, während der er ausgestrahlt wird
Strahlungsfluß $\Phi_e = dQ_e/dt$	W	Quotient aus Strahlungsmenge und Zeit
Lichtstrom $\Phi = K_m \int \Phi_{e\lambda} V(\lambda)\,d\lambda$	lm	der $V(\lambda)$-getreu bewertete Strahlungsfluß
Strahlstärke $I_e = d\Phi_e/d\Omega$	W/sr (Watt/Steradiant)	Quotient aus dem von einer Strahlungsquelle (Lichtquelle) in einer bestimmten Richtung abgestrahlten Strahlungsfluß (ausgesandten Lichtstroms) und dem durchstrahlten Raumwinkel
Lichtstärke $I = d\Phi/d\Omega$	lm/sr = cd (Lumen/Steradiant = Candela)	Die Basiseinheit 1 Candela ist die Lichtstärke, mit der 1/60 cm² der Oberfläche eines Schwarzen Strahlers (vgl. C.) bei der Temperatur des bei 760 Torr erstarrenden Platins senkrecht zu seiner Oberfläche leuchtet.
Spez. Ausstrahlung $M_e = d\Phi_e/dA$	W/m² (Watt/Meter²)	Quotient aus dem von einer Fläche abgegebenen Strahlungsfluß (Lichtstrom) und der strahlenden (leuchtenden) Fläche
Spez. Ausstrahlung $M = d\Phi/dA$	lm/m² (Lumen/Meter²)	
Strahldichte $L_e = \dfrac{d^2\Phi_e}{\cos\alpha\,dA\,d\Omega} = \dfrac{dI_e}{\cos\alpha\,dA}$	W/m²sr	Quotient aus dem durch die Fläche in einer bestimmten Richtung durchtretenden Strahlungsfluß (Lichtstrom) und dem Produkt aus dem durchstrahlten Raumwinkel und der Projektion der Fläche auf eine Ebene senkrecht zur betrachteten Richtung
Leuchtdichte $L = \dfrac{d^2\Phi}{\cos\alpha\,dA\,d\Omega} = \dfrac{dI}{\cos\alpha\,dA}$	cd/m²	
Spektrale Strahldichte $L_{e\lambda} = dL_e/d\lambda$	W/m³sr	
Bestrahlungsstärke $E_e = d\Phi_e/dA'$	W/m²	Quotient aus dem auf eine Fläche auftreffenden Strahlungsfluß (Lichtstrom) und der bestrahlten Fläche
Beleuchtungsstärke $E = d\Phi/dA'$	lm/m² = lx (Lux)	
Bestrahlung $H_e = \int E_e\,dt$	Ws/m²	Produkt aus der Bestrahlungsstärke (Beleuchtungsstärke) und der Dauer des Bestrahlungs-(Beleuchtungs-)Vorganges
Belichtung $H = \int E\,dt$	lx s	

Der spektrale Absorptionsgrad α (λ, T) gibt an, welcher Bruchteil der auf einen Körper treffenden Strahlung von diesem absorbiert wird. Er kann nicht größer als 1 sein. $\alpha(\lambda, T)$ hängt außer von der Wellenlänge λ des auftreffenden Lichts und der Temperatur T des Körpers auch von dessen Oberflächen- und Stoffeigenschaften ab. Körper, deren Absorptionsgrad für die Wellenlänge gleich groß, aber < 1 ist, heißen grau. Körper, deren Absorptionsgrad für alle Wellenlängen und Temperaturen gleich 1 ist, heißen schwarze Körper. Ein schwarzer Körper absorbiert auffallende Strahlung jeder Wellenlänge vollständig.

Der spektrale Emissionsgrad $\varepsilon(\lambda, T)$ gibt an, welchen Bruchteil der theoretisch möglichen maximalen Emission ein Strahler bei gegebener Wellenlänge und Temperatur emittiert. Temperaturstrahler, deren Emissionsgrad im sichtbaren Spektralgebiet konstant, aber < 1 ist, heißen Graustrahler. Der schwarze Körper hat den Wert $\varepsilon(\lambda, T) = 1$ für alle Wellenlängen und Temperaturen. Für alle Körper gilt

$$\alpha(\lambda, T) = \varepsilon(\lambda, T) \qquad \text{(Kirchhoff-Gesetz)}.$$

C. Temperaturstrahlung des schwarzen Körpers

Natürlich vorkommende schwarze Stoffe reflektieren noch einen gewissen Teil der auftreffenden Strahlung und sind daher im physikalischen Sinne nicht völlig schwarz. Fast ideal schwarze Strahler werden als Hohlraumstrahler ausgebildet, deren innerer Hohlraum so gut gegen die Umgebung wärmeisoliert ist, daß sich ein Strahlungsgleichgewicht ausbildet (Bild 3.3-1). Eine im Verhältnis zu den Wandflächen kleine Öffnung dient als Strahlungsquelle, deren Strahlung bei gegebener Temperatur nach den Strahlungsgesetzen exakt berechnet werden kann.

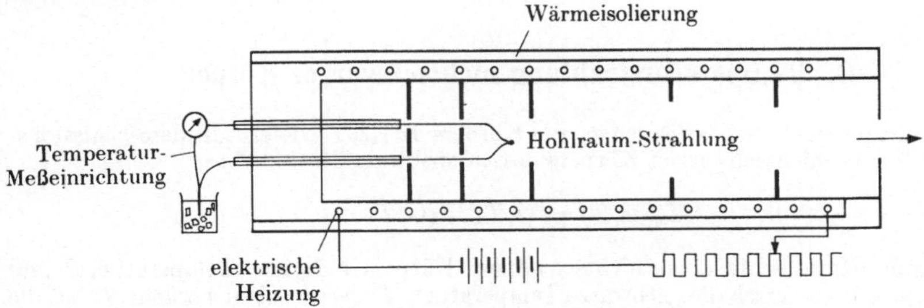

Bild 3.3-1   Schematischer Aufbau eines Schwarzen Körpers

Stefan-Boltzmann-Gesetz: Der schwarze Körper hat bei einer Temperatur T pro Flächeneinheit und Zeiteinheit in den Halbraum (Raumwinkel $\Omega = 2\pi$) die spezifische Ausstrahlung

$$M_e^s = \sigma T^4. \tag{1}$$

Strahlungsgesetz von Planck: Die Strahlung eines schwarzen Körpers besitzt eine von der Wellenlänge λ abhängige spektrale Strahldichteverteilung

$$L_{e\lambda}^s (\lambda, T) = \frac{2\,c_0^2 h}{\Omega_0}\, \frac{1}{\lambda^5\,(e^{h c_0/k\,\lambda T} - 1)} \tag{2}$$

$$c_0^2 h = 5{,}95 \cdot 10^{-17}\,\mathrm{W\,m^2}, \qquad h c_0/k = 1{,}438 \cdot 10^{-2}\,\mathrm{K\,m}, \qquad \Omega_0 = 1\ \mathrm{sr}\,.$$

Diese Verteilung ist für einige Temperaturen in Bild 3.3-2 dargestellt. Für $\lambda T \ll h c_0/k$ (sichtbares Spektralgebiet, $T < 3000\,\mathrm{K}$) wird aus (2)

$$L_{e\lambda}^s (\lambda, T) \approx \frac{2\,c_0^2 h}{\Omega_0}\, \frac{1}{\lambda^5 e^{h c_0/k\,\lambda T}} \qquad \text{(Strahlungsgesetz von Wien)}. \tag{3}$$

Für $\lambda T \gg hc_0/k$ (infraroter Spektralbereich) wird

$$L_{e\lambda}^{s}(\lambda, T) \approx 2\,kc_0\,T/\Omega_0\,\lambda^4 \quad \text{(Strahlungsgesetz von Rayleigh und Jeans).} \quad (4)$$

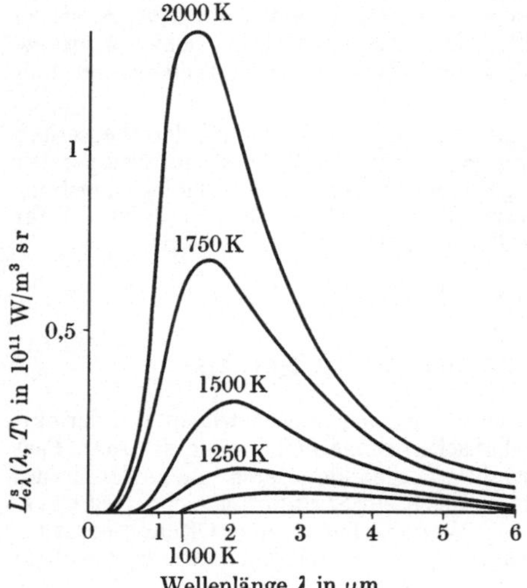

Bild 3.3-2   Spektrale Strahldichteverteilung des schwarzen Körpers für verschiedene Temperaturen

Zahlenwerte des Strahlungsgesetzes von Planck werden Tabellen entnommen [25].

Durch Integration von $L_{e\lambda}^{s} = \mathrm{d}L_{e}/\mathrm{d}\lambda$ über alle Wellenlängen und alle Ausstrahlungsrichtungen erhält man die spezifische Ausstrahlung des schwarzen Körpers in den Halbraum (1).

Nach Bild 3.3-2 verschiebt sich das Maximum $\hat{L}_{e\lambda}^{s}$ der spektralen Strahldichte $L_{e\lambda}^{s}(\lambda, T)$ mit steigender Temperatur nach kürzeren Wellenlängen $\lambda_{\max}$:

$$\lambda_{\max}\,T = \text{const} = 2896 \text{ K µm} \quad (5)$$
(Wiensches Verschiebungsgesetz)
$$\hat{L}_{e\lambda}^{s} = 4{,}10 \cdot 10^{-12}\,T^5 \text{ W/m}^2 \text{ µm}$$

D. Temperaturstrahlung nichtschwarzer Körper

Die spektrale Strahldichte des schwarzen Körpers $L_{e\lambda}^{s}(\lambda, T)$ liefert mit dem Emissionsgrad $\varepsilon(\lambda, T)$ eines nichtschwarzen Körpers dessen spektrale Strahldichte

$$L_{e\lambda}(\lambda, T) = \varepsilon(\lambda, T)\,L_{e\lambda}^{s}(\lambda, T).$$

Die spektrale Strahldichte eines nichtschwarzen Körpers bei einer Temperatur T und Wellenlänge λ kann durch die „schwarze Temperatur" T^s beschrieben werden. T^s ist die Temperatur, die ein schwarzer Körper mit der gleichen spektralen Strahldichte haben muß:

$$\varepsilon(\lambda, T)\,L_{e\lambda}^{s}(\lambda, T) = L_{e\lambda}^{s}(\lambda, T^s).$$

Zur Beschreibung des Spektrums einer beliebigen Strahlungsquelle wird die relative spektrale Strahldichte-Verteilung $S(\lambda) = L_{e\lambda}/L_{e\lambda_0}$ benutzt. Sie normiert die spektrale Strahldichte auf ihren Wert bei einer bestimmten Wellenlänge λ_0 (oft 560 nm).

E. Empfänger zur Strahlungsmessung und Photometrie [26]

Auch bei Nachweis und Messung von Strahlung unterscheidet man strahlungsphysikalische und photometrische Methoden.

Bei den Strahlungsempfängern unterscheidet man zwischen Bildempfängern (menschliches Auge, Photoplatte, elektronische Bildspeicherröhren, Infrarotbildwandler usw.) und Meßempfängern. Meßempfänger ermöglichen die quantitative Bestimmung von Strahlungsflüssen und Strahldichten. Hierzu gehören Strahlungsthermoelemente, Thermosäulen, Bolometer, u. a. Die Empfänger sind geschwärzt und liefern eine quantitative Bestimmung der Strahlungsleistung unabhängig von der Wellenlänge. Das Prinzip dieser

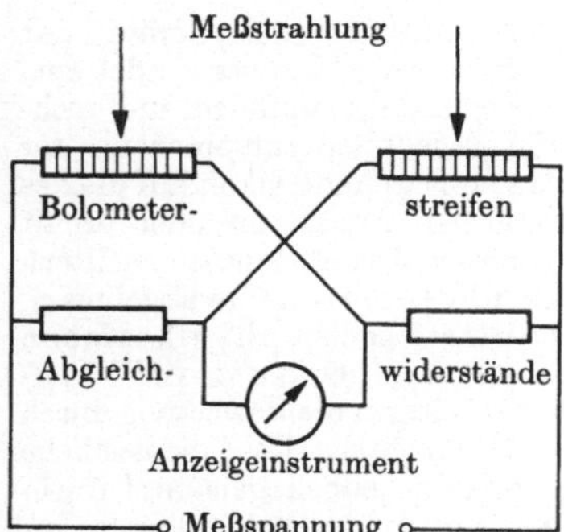

Bild 3.3-3   Prinzip einer elektrischen Brückenschaltung für Strahlungsmessungen mit dem Bolometer

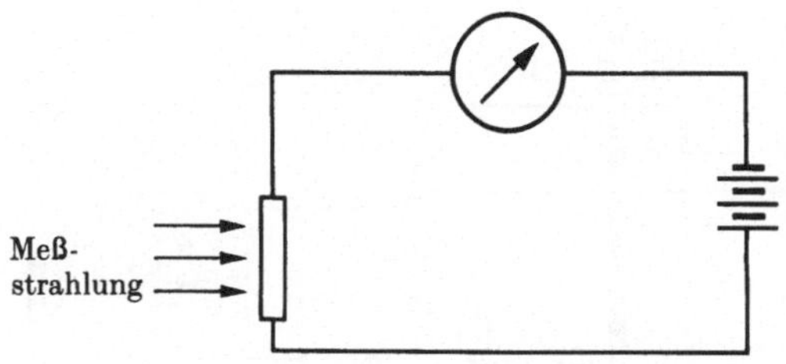

Bild 3.3-4   Schaltung eines Photowiderstandes

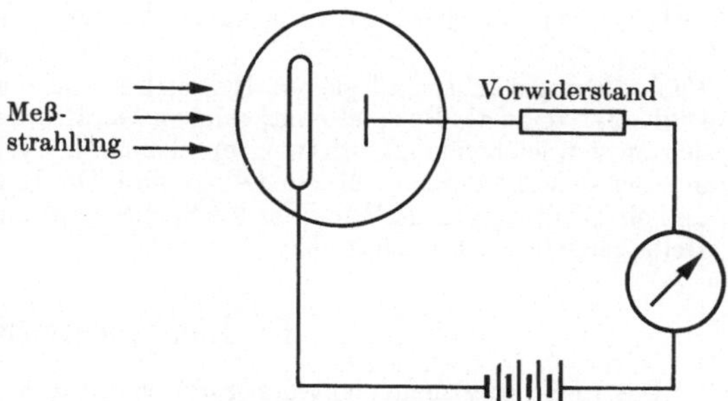

Bild 3.3-5   Schaltung einer Photozelle

Empfänger beruht auf einer durch die auffallende Strahlung hervorgerufenen Temperaturerhöhung, welche in eine elektrische Meßgröße (Thermospannung, Widerstandsänderung) umgesetzt wird. Bild 3.3-3 zeigt den Prinzipaufbau eines Bolometers in Brückenschaltung.

Empfindlicher, aber nicht wellenlängenunabhängig sind photoelektrische Strahlungsempfänger. Ihre Funktion beruht auf dem inneren oder äußeren Photoeffekt, d.h. auf der inneren oder äußeren Auslösung von Elektronen durch Licht. Zur ersten Gruppe gehören Photoelemente, die bei Belichtung eine elektrische Spannung aufbauen und Photowiderstände, deren elektrischer Widerstand sich bei Belichtung ändert. Die Schaltung eines Photowiderstandes gibt Bild 3.3-4 an. Auf dem äußeren Photoeffekt beruhen Photozellen (Bild 3.3-5) und Sekundärelektronenvervielfacher (SEV, Photovervielfacher, Photomultiplier).

Der Sekundärelektronen-Vervielfacher ist das empfindlichste und gebräuchlichste Strahlungsmeßgerät. Wegen seiner ausgeprägten spektralen Empfindlichkeitsverteilung (Bild 3.3-6) ist seine Anwendbarkeit auf den sichtbaren Spektralbereich und das angrenzende nahe Ultraviolett und Infrarot beschränkt.

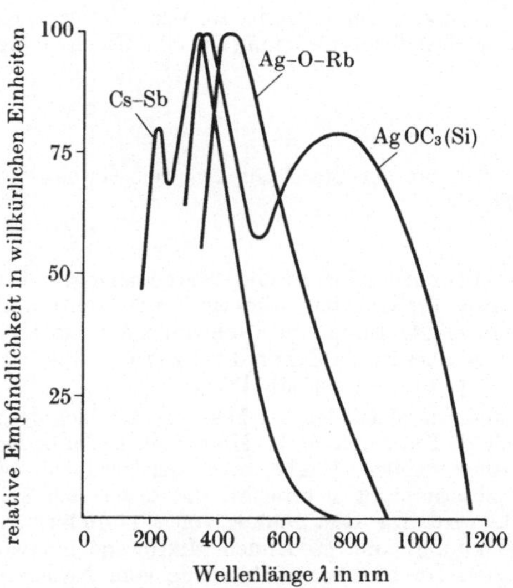

Bild 3.3-6   Empfindlichkeitsverteilungen einiger Kathodenschichten von Sekundärelektronen-Vervielfachern

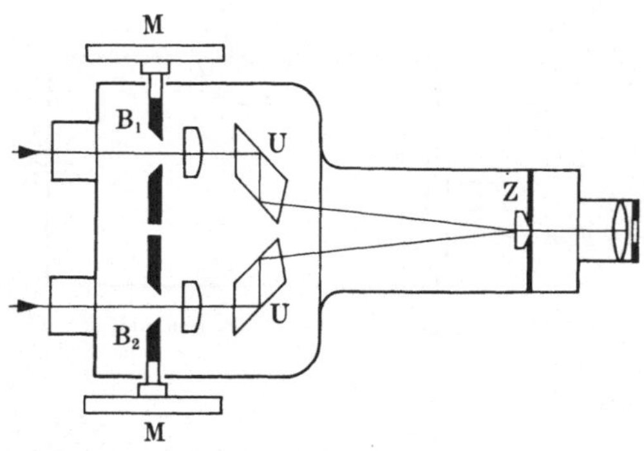

Bild 3.3-7   Pulfrich-Photometer, Erläuterungen im Text

Photometer sind Geräte zur Lichtmessung. Man verwendet entweder Strahlungsempfänger und rechnet die Ergebnisse entsprechend der spektralen Empfindlichkeit auf die des menschlichen Auges um oder erhält mit vorgeschalteten Anpassungsfiltern direkte photometrische Ergebnisse. Solche Geräte heißen physikalische Photometer. Die visuellen Photometer benötigen die Bewertung durch einen Beobachter. Das menschliche Auge erlaubt jedoch genaue Lichtmessungen nicht, Schätzungen nur schwer. Deshalb sind visuelle Geräte meist als Vergleichsphotometer aufgebaut, bei denen zwei benachbarte Beobachtungsflächen auf gleiche Helligkeit oder gleichen Kontrast eingestellt werden. Bild 3.3-7 zeigt als Beispiel eines solchen Gerätes das Pulfrich-Photometer. Die beiden zu vergleichenden Lichtströme leuchten zwei Blenden B_1 und B_2 aus, deren Öffnungen an Meßtrommeln M einstellbar sind. Die Blenden werden über Umkehrprismen U und ein Zwillingsprisma Z in dem Beobachtungstubus abgebildet. An M wird auf gleichen Helligkeitseindruck eingestellt.

F. Lichtausbreitung [2]

Das Licht (allgemein elektromagnetische Strahlung) breitet sich im Vakuum geradlinig mit konstanter Geschwindigkeit aus. Die Ausbreitungsrichtung ist in der Wellentheorie die Richtung senkrecht zu den Lichtwellenfronten, in der Quantentheorie die Bewegungsrichtung der Lichtquanten. Man erkennt die geradlinige Ausbreitung am Schattenwurf.

Roemer führte 1676 die erste Messung der Lichtgeschwindigkeit c nach einer astronomischen Methode durch. Seitdem sind mit steigender Präzision Messungen nach verschiedenen Methoden durchgeführt worden. Mit wenigen Ausnahmen ging man dabei entweder von der Definitionsgleichung für eine Geschwindigkeit

$$c = \frac{\Delta s}{\Delta t} \tag{6}$$

aus oder von der Beziehung zwischen Geschwindigkeit, Wellenlänge und Frequenz einer Welle

$$c = \lambda \nu . \tag{7}$$

Die bekanntesten historischen Methoden legen (6) zugrunde, wählen einen möglichst großen Lichtweg für Hin- und Rücklauf eines Lichtimpulses und bestimmen Δt aus der Umlaufgeschwindigkeit und dem Drehwinkel eines analysierenden optischen Elementes im Strahlengang. Dies ist ein Zahnrad bei Fizeau (1849) und ein Drehspiegel bei Foucault (1862) und Michelson (erstmals 1879).

Moderne Methoden zur Messung der Lichtgeschwindigkeit gehen von (7) aus, bedingt durch die Entwicklung der Mikrowellentechnik, welche die Erzeugung von Millimeter- und Zentimeterwellen erlaubt, sowie der Frequenzmeßtechnik, die eine Genauigkeit bei Frequenzbestimmungen erreicht, die bisher bei keiner anderen physikalischen Größe erreicht wird. Die Bestimmung von c läuft hier auf eine interferometrische Wellenlängenbestimmung einer stehenden Mikrowelle hinaus (3.5 A 6). Der Wert für c wird immer genauer. Im Oktober 1963 wurde vom National Bureau of Standards Technical News Bulletin als Wert für die Vakuumlichtgeschwindigkeit $c_0 = (2{,}997926 \pm 0{,}000003) \cdot 10^8$ m/s angegeben.

Dieser Wert beschreibt die Bewegungsgeschwindigkeit einer Lichtwellenphase, die im Vakuum unabhängig von der Strahlungsfrequenz ist. Beim Durchgang von Strahlung durch Stoffe wird die Ausbreitungsgeschwindigkeit frequenzabhängig (Dispersion). Für diesen Fall unterscheidet man Phasen- und Gruppengeschwindigkeit (3.5 A 3).

3.4 Geometrische Optik [2], [9], [27], [28]

A. Grundlagen

Die geometrische Optik (Strahlenoptik) berücksichtigt die Wellennatur des Lichts nicht. Sie beschreibt die Ausbreitung von Lichtstrahlen und deren Weg durch optische Medien und Instrumente. Die Gesetze der geometrischen Optik gelten nur dort, wo die Abmessungen der optischen Elemente groß sind gegen die Lichtwellenlängen. Bei vergleichbaren Werten kommt es zu Beugungserscheinungen, welche nur von der Wellenoptik (3.5) behandelt werden können. Als Lichtstrahl wird die Flußrichtung der Lichtenergie verstanden. Diese ist identisch mit der Bewegungsrichtung der Lichtquanten.

In der geometrischen Optik kann jeder Lichtstrahl seinen Weg auch in umgekehrter Richtung durchlaufen, da die Richtungsablenkungen (Reflexion, Brechung) die gleichen sind.

Bei der normgerechten Darstellung optischer Strahlengänge wird das Licht als von links kommend angenommen. Nach oben (unten) gerichtete Strecken werden positiv (negativ) gezählt. Winkel werden nur bis 90° gezählt. Sie sind positiv, wenn die positive Koordinatenrichtung durch Drehen im Uhrzeigersinn mit den Strahlen zur Deckung gebracht werden kann. Einzelheiten in DIN 1335.

B. Grundgesetze

Ein auf eine glatte Grenzfläche zweier lichtdurchlässiger Medien treffender Lichtstrahl wird zum Teil reflektiert, zum Teil dringt er in das zweite Medium ein. Einfallender, reflektierter und gebrochener Strahl liegen für isotrope Medien in einer Ebene.

B1 Reflexion

B11 Diffuse Reflexion. Bei diffuser Reflexion (Remission) wird das gerichtet auffallende Licht in viele Richtungen zerstreut zurückgestrahlt. Die Ursache hierfür ist eine Oberflächenrauhigkeit in der Größenordnung der Lichtwellenlänge. Für vollkommen gestreut reflektierende Flächen gilt das Lambert-Gesetz:

Die Lichtstärke I unter dem Ausstrahlungswinkel γ gegen die Flächennormale der diffus strahlenden Fläche A' mit der Leuchtdichte L hat den Wert

$$I = LA'\cos\gamma .$$

B12 Regelmäßige Reflexion. Bei regelmäßiger Reflexion (Flächenrauhigkeit klein gegen Lichtwellenlänge) gilt das Reflexionsgesetz

$$\gamma = \gamma' .$$

Der einfallende Strahl und der reflektierte Strahl bilden mit dem Einfallslot (Normale auf die reflektierende Fläche) gleiche Winkel.

Jede Reflexion bedingt eine Verminderung des Strahlungsflusses. Das Verhältnis von reflektiertem zu einfallendem Strahlungsfluß ist ein Maß für das Reflexionsvermögen der Fläche. Es ist abhängig vom Einfallswinkel und der Wellenlänge des Lichts. Das Reflexionsvermögen bei senkrechtem Einfall heißt auch Reflexionsgrad. Ist der Reflexionsgrad für alle Wellenlängen gleich, so spricht man von weißer Reflexion, sonst von selektiver Reflexion.

In vielen Fällen ist die Reflexion an Grenzflächen optischer Elemente unerwünscht und wird durch „Entspiegelung" (3.5 A 43) vermindert.

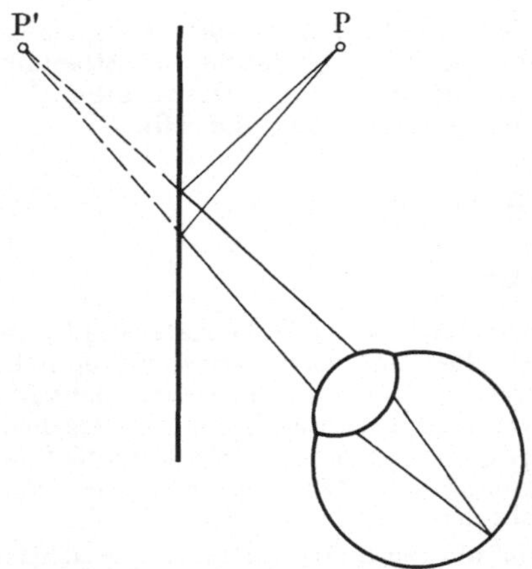

Bild 3.4-1　Entstehung eines virtuellen Bildes an einem Planspiegel

B 13　Spiegel sollen Licht möglichst vollkommen und regelmäßig reflektieren. Übliche Spiegelflächen sind Metallflächen (Aluminium, Silber), die auf eine Glasfläche als dünne Schicht aufgebracht sind (z. B. durch Aufdampfen). Bei Beschichtung der Vorderseite der Glasfläche spricht man von einem Oberflächenspiegel. Als solche werden auch polierte Metallflächen benutzt.

Ein **Planspiegel** erzeugt von einem Gegenstand ein aufrechtes, jedoch seitenverkehrtes, virtuelles Bild, welches sich im gleichen Abstand zur Spiegelebene befindet wie der Gegenstand selbst. Durch zweifache Spiegelung kann man mit Planspiegeln auch aufrechte und seitenrichtige virtuelle Bilder erzeugen.

Ein **virtuelles (scheinbares) Bild** entsteht, wenn von einem Gegenstand kommende Strahlen divergent aus einem optischen System treten. Es entsteht in den Schnittpunkten der rückwärtigen Verlängerungen (virtuellen Strahlen) und ist sichtbar, weil die Augenlinse die divergenten Strahlen sammelt und auf der Netzhaut ein reelles Bild erzeugt (Bild 3.4-1). Virtuelle Bilder sind im Gegensatz zu reellen Bildern nicht auf einem Schirm auffangbar.

Die häufigste Form eines gewölbten Spiegels ist der **sphärische Spiegel**, welcher durch ein Stück einer Kugelfläche gebildet wird. Beim Hohl- oder Konkavspiegel ist die hohle Spiegelfläche dem Licht zugekehrt, beim Wölb- oder Konvexspiegel die gewölbte Fläche. Der Mittelpunkt der Spiegelfläche heißt Scheitel S, die Verbindungslinie von S mit dem Krümmungsmittelpunkt M heißt Hauptachse des gewölbten Spiegels.

Ein **Hohlspiegel** (Bild 3.4-2) vereinigt achsennahe parallel zur Hauptachse und in deren Nähe einfallende Strahlen im Brennpunkt F (Fokus). Der Abstand von Brennpunkt und Scheitel heißt Brennweite f. Beim sphärischen Spiegel ist die Brennweite $f = r/2$ gleich dem halben Krümmungsradius r.

B 131　Abbildung mit dem Hohlspiegel. Der Hohlspiegel erzeugt ein virtuelles Bild eines Gegenstandes, wenn sich dieser zwischen Spiegel und Brennpunkt befindet.

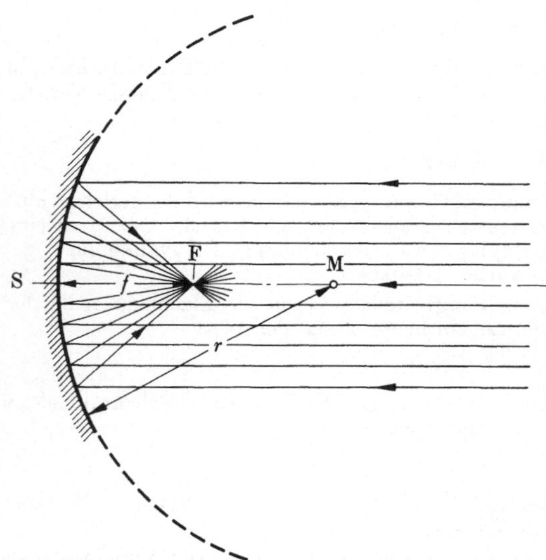

Bild 3.4-2　Sammlung eines achsennahen Parallelbündels im Brennpunkt eines sphärischen Hohlspiegels

Wichtiger ist jedoch der Fall, daß der Abstand des Gegenstandes vom Spiegel größer ist als die Brennweite. Dann entwirft der Hohlspiegel ein Bild des Gegenstandes gemäß Bild 3.4-3. Die Bedeutung des sphärischen Hohlspiegels besteht in der Möglichkeit, mit seiner Hilfe optische Systeme unter Vermeidung absorbierender Linsen aufzubauen (Spiegelteleskop großer Öffnung, Abschnitt **C 32**).

Bei der Konstruktion des Bildes eines Gegenstandes (leuchtender Pfeil) werden zwei Strahlen gezeichnet: 1. der achsenparallele Strahl, welcher nach Reflexion am Spiegel durch den Brennpunkt F läuft, 2. der durch den Krümmungsmittelpunkt M des Spiegels laufende Strahl, welcher senkrecht auf den Spiegel trifft und daher in sich reflektiert wird. Der Bildpunkt ist der Schnittpunkt dieser beiden Strahlen nach der Reflexion.

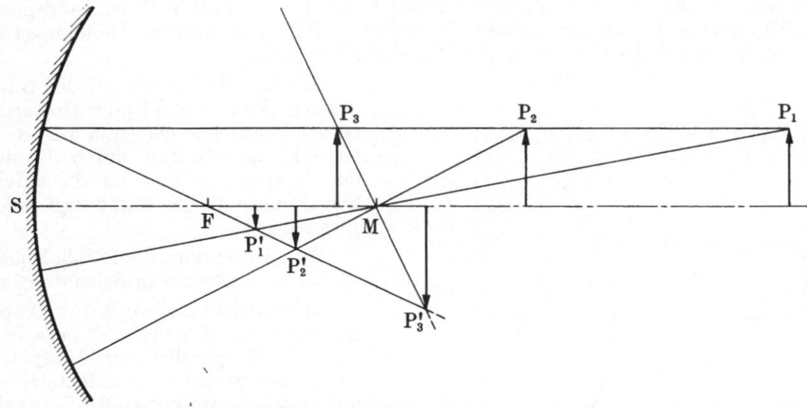

Bild 3.4-3   Konstruktion vom Hohlspiegel entworfener Bildpunkte P_i' von verschieden entfernten Gegenstandspunkten P_i

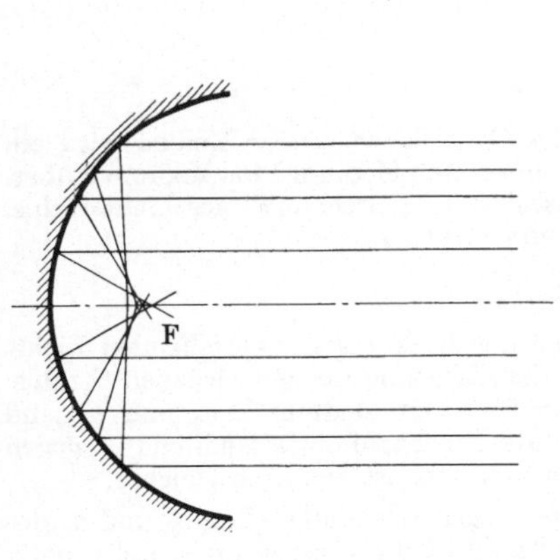

Bild 3.4-4a   Hohlspiegel. Parallele Randstrahlen werden vom sphärischen Hohlspiegel nicht im Brennpunkt gesammelt

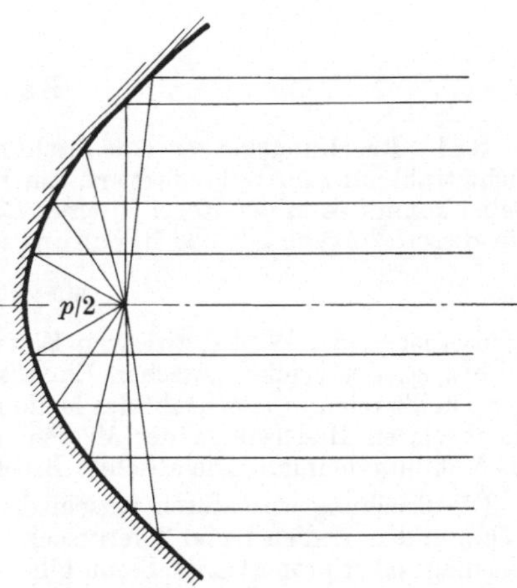

Bild 3.4-4b   Parabolspiegel. Alle parallel zur Achse einfallenden Strahlen werden im Brennpunkt gesammelt

Die Gegenstandsweite a (Abstand des Gegenstandes vom Spiegelscheitel), die Bildweite b (Abstand des Bildes vom Spiegelscheitel) und Brennweite f stehen in einem einfachen Zusammenhang:

$$\frac{1}{a} + \frac{1}{b} = \frac{1}{f} \quad \text{(Abbildungsgleichung des sphärischen Hohlspiegels)}$$

Ersetzt man für a und b die Abstände vom Brennpunkt, setzt also $a = a' + f$; $b = b' + f$, so wird hieraus

$$a'b' = f^2 \quad \text{(Abbildungsgleichung von Newton).}$$

Diese Gesetze gelten nur für achsennahe Strahlenbündel. Für weiter außen liegende Randstrahlen ist die Brennweite kleiner als $r/2$. Bei breitem Bündel erhält man daher keinen Brennpunkt (Bild 3.4-4a), für in endlichem Abstand befindliche Gegenstandspunkte keine Bildpunkte. Diesen „sphärische Aberration" (B271) genannten Abbildungsfehler kann man nur durch Ausblenden der Randstrahlen beheben.

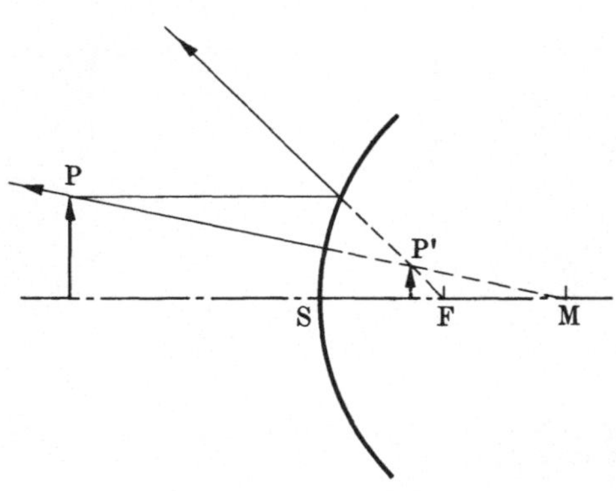

Bild 3.4-5   Entstehung eines virtuellen Bildes am sphärischen Konvexspiegel

Ein für alle Punkte auf der Hauptachse fehlerfrei abbildender Hohlspiegel ist der Parabolspiegel (Bild 3.4-4b). Er entsteht geometrisch durch Rotation der Parabel $y^2 = 2px$ um die x-Achse. Die Brennweite des Parabolspiegels ist $f_p = p/2$.

Eine Anwendung des Parabolspiegels ist die als Reflektor in Scheinwerfern.

Beim sphärischen Konvexspiegel wird die „Brennweite" negativ gerechnet, da parallel zur Hauptachse einfallende Strahlen so reflektiert werden, daß sie vom Punkt F hinter dem Spiegel herzukommen scheinen (Bild 3.4-5). Der Konvexspiegel erzeugt nur virtuelle verkleinerte Bilder. Entsprechend ist seine Anwendung, z.B. als Autorückspiegel.

B2   Brechung

B21   Brechungsgesetz von Snellius. An der Grenzfläche zweier Medien wird ein Lichtstrahl nur zum Teil reflektiert. Ein Teil tritt vom ersten Medium 1 ins Medium 2 über. Dabei kommt es in der Regel zu einer Richtungsänderung, „Brechung" des Lichtstrahls. Für diesen Vorgang gilt das Brechungsgesetz von Snellius

$$\sin \gamma_1 / \sin \gamma_2 = n_2 / n_1 \,.$$

Hierbei ist γ_1 der Winkel zwischen Einfallslot und der Richtung des einfallenden Lichtstrahls, γ_2 der Winkel zwischen Einfallslot und der Richtung des gebrochenen Strahls. n_2/n_1 heißt relative Brechzahl des Mediums 2 gegenüber dem Medium 1. n_1 und n_2 sind die absoluten Brechzahlen der Medien. Die absolute Brechzahl eines Mediums ist gegen das Vakuum definiert. Die absolute Brechzahl des Vakuums ist demnach gleich 1.

Die Brechung wird durch verschiedene Ausbreitungsgeschwindigkeiten c_1 und c_2 des Lichts in den Medien 1 und 2 verursacht. Die Brechzahl ist der Ausbreitungsgeschwindigkeit umgekehrt proportional. Somit gilt

$$\sin \gamma_1 / \sin \gamma_2 = c_1 / c_2 \,.$$

Dieses Brechungsgesetz läßt sich aus einem allgemeinen optischen Satz herleiten:

B22   Fermat-Prinzip [29]. Das Licht legt den Weg zwischen zwei Punkten A und B in kürzester Zeit zurück, verglichen mit allen anderen, dem tatsächlichen Lichtweg benachbarten Wegen zwischen A und B. Dabei kann der wirkliche Lichtweg der eines mehrfach gebrochenen, reflektierten oder in inhomogenen Medien gekrümmten Lichtstrahls sein. Unter Lichtweg (optische Weglänge) versteht man hierbei das Produkt aus Brechzahl und Weglänge des Lichtstrahls (Eikonal).

Ein von einem Gegenstandspunkt ausgehendes Lichtstrahlenbündel kann daher, z. B. mit einem Hohlspiegel, nur dann zu einem Bildpunkt vereinigt werden, wenn alle Strahlen zum Durchlaufen ihres Weges die gleiche Zeit benötigen. Unter Berücksichtigung der Wellennatur des Lichts bedeutet dies, jeder Strahl enthält die gleiche Zahl von Wellenlängen. Im Bildpunkt müssen sich die Lichtstrahlen daher mit gleicher Schwingungsphase vereinigen.

B 23   Totalreflexion. Beim Übergang von einem optisch dichteren Medium 1 zu einem optisch dünneren Medium 2 $(n_1 > n_2)$ wird ein Lichtstrahl vom Einfallslot weggebrochen. Der Austrittswinkel kann höchstens 90° werden (Bild 3.4-6). Für diesen Fall wird der Einfallswinkel zum „Grenzwinkel der Totalreflexion" γ_T. Für Einfallswinkel $> \gamma_\mathrm{T}$ wird einfallendes Licht an der Grenzfläche totalreflektiert. Aus dem Brechungsgesetz ergibt sich wegen $\sin \gamma_2 = 1$

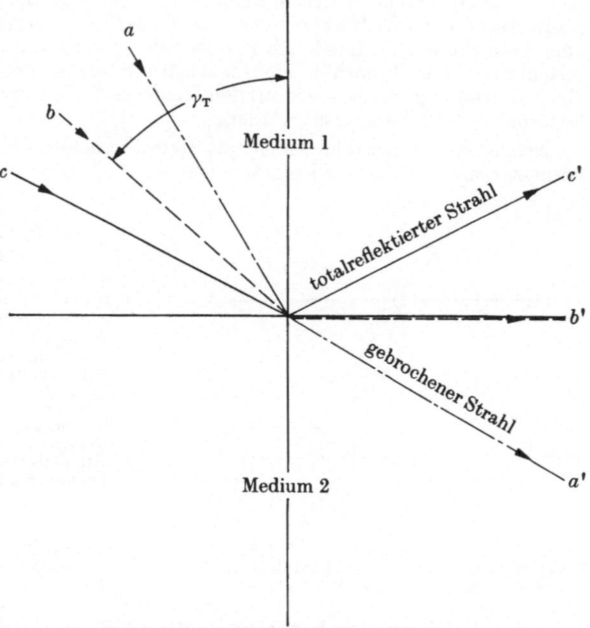

Bild 3.4-6   Grenzwinkel γ_T für die Totalreflexion

$$\sin \gamma_\mathrm{T} = n_2/n_1 .$$

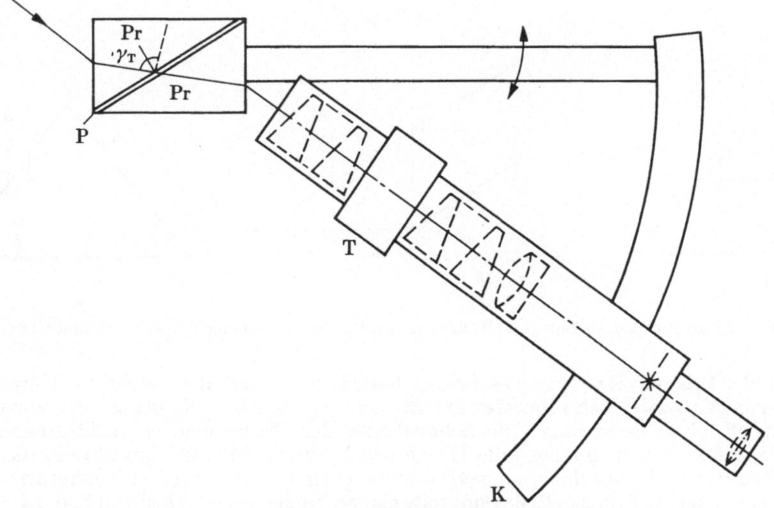

Bild 3.4-7   Abbe-Refraktometer, Erläuterungen im Text

Aus γ_T lassen sich daher Brechzahlen bestimmen. Auf dieser Grundlage arbeitende Brechzahlmesser heißen **Refraktometer**; Bild 3.4-7 zeigt ein Abbe-Refraktometer. Die flüssige oder feste Probe P befindet sich zwischen den gemeinsam drehbaren Prismen Pr. Ein Beobachtungstubus T enthält eine Einrichtung zur Monochromatisierung des Meßlichts. Nach Einstellung von γ_T kann auf dem Teilkreis K die Brechzahl direkt mit einer Genauigkeit von $\pm 2 \cdot 10^{-4}$ abgelesen werden.

Neben der Brechzahlmessung mit Refraktometern sind spektrometrische und interferometrische Verfahren [9] gebräuchlich.

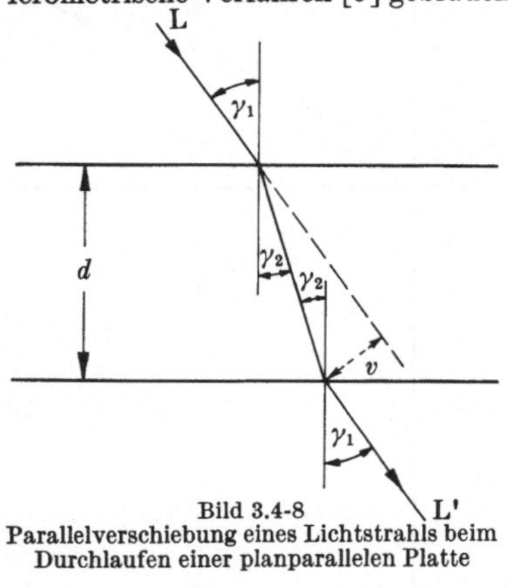

Bild 3.4-8
Parallelverschiebung eines Lichtstrahls beim Durchlaufen einer planparallelen Platte

Tabelle 3.4-1   Brechzahlen einiger Stoffe
für $\lambda_d = 587{,}561$ nm (D 3)

Stoff	n_d (relativ gegen Luft)
Kronglas (K 3)	1,5183
Leichtflintglas (LF 5)	1,5814
Schwerflintglas (SF 6)	1,8052
Quarzglas	1,458
Diamant	2,4173
Plexiglas ®	1,44
Wasser	1,3329
Äthylalkohol	1,3605
Schwefelkohlenstoff	1,6280
	n_d (absolut), 15 °C, 760 Torr
Sauerstoff	1,00027
Stickstoff	1,00030
Luft	1,00029

B 24   Auf Brechung beruhende optische Bauelemente

B 241   Planparallele Platte. Trifft ein aus Luft kommender Lichtstrahl unter einem Einfallswinkel γ_1 eine planparallele Platte der Dicke d und geht unter zweimaliger Brechung durch diese hindurch, so tritt bei $\gamma_1 \neq 90°$ eine Parallelverschiebung v gemäß Bild 3.4-8 ein, die sich geometrisch und aus dem Brechungsgesetz errechnet zu

$$v = \frac{d \sin(\gamma_1 - \gamma_2)}{\cos \gamma_2}.$$

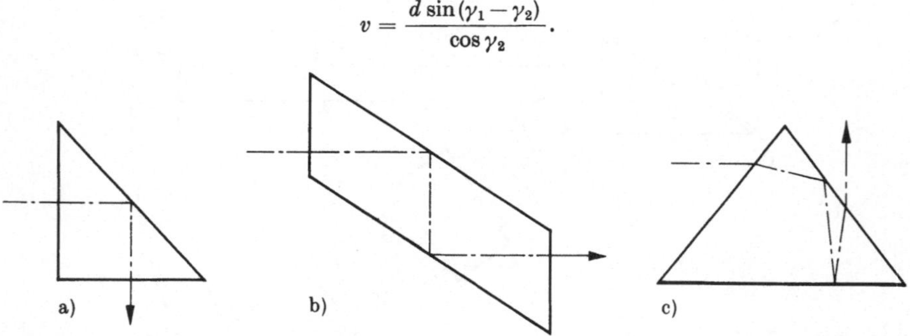

Bild 3.4-9   Einige Reflexionsprismen: a) Rechtwinkliges Prisma, b) Rhomboidprisma, c) Bauerfeind-Prisma

B 242   Prisma. Ein optisches Prisma besteht aus einem durchsichtigen Körper, der von mindestens zwei sich schneidenden Ebenen begrenzt ist. Die übrige Begrenzung ist optisch oft ohne Bedeutung. Die Schnittkante der Prismenflächen heißt **brechende Kante**. Senkrecht zu ihr liegt die Ebene des **Hauptschnitts**. Ein Prisma dient zur Ablenkung von Lichtstrahlen, entweder durch zweifache Brechung (Ablenkprisma) oder durch ein- oder mehrfache Reflexion, teilweise an verspiegelten Flächen (Bild 3.4-9). Der kleinste Ablenkwinkel wird am Ablenkprisma beim **symmetrischen Durchgang**

erreicht, wenn der Lichtstrahl im Prisma senkrecht zur Symmetrieebene verläuft. Für diesen Fall errechnet sich der Ablenkwinkel β nach Bild 3.4-10 aus

$$\sin \frac{\varphi + \beta}{2} = n \sin \frac{\varphi}{2}.$$

Zur Zerlegung des Lichts in Spektralfarben durch Prismen siehe **D 2**.

B 243 Linsen sind lichtdurchlässige Körper, die von meist zwei Kugelflächen begrenzt sind. Die Verbindungslinie zwischen den Krümmungsmittelpunkten bezeichnet man als Linsenachse. Deren Durchstoßpunkte an den Linsenflächen sind die Linsenscheitel. Linsenflächen können nach außen (konvex) oder nach innen (konkav) gewölbt sein. Linsen, deren Mittendicke größer ist als die Randdicke,

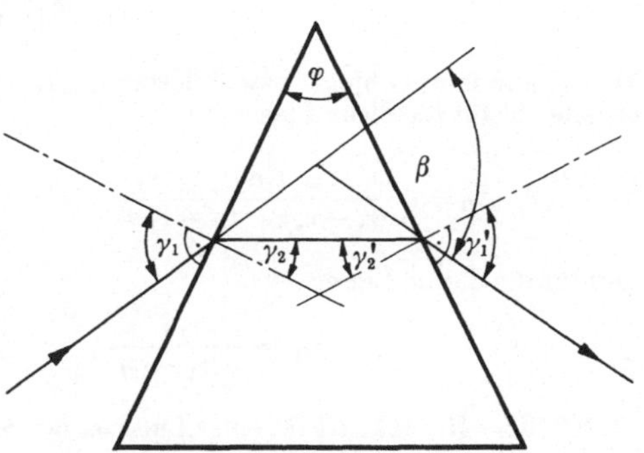

Bild 3.4-10
Symmetrischer Durchgang beim Ablenkprisma

sind **Sammellinsen**. Sie können die Divergenz eines Strahlenbündels verkleinern, in Parallelität oder Konvergenz verwandeln. Im letzten Fall erzeugen Sammellinsen reelle Bilder. Linsen, deren Mittendicke kleiner ist als die Randdicke, sind **Zerstreuungslinsen**. Sie vergrößern stets die Divergenz eines Strahlenbündels und erzeugen nur virtuelle Bilder.

B 2431 Hauptpunkte. Wie beim Hohlspiegel ist die **Brennweite** die wichtigste Kenngröße für die abbildende Eigenschaft. Während aber beim Hohlspiegel optische Abstände vom Scheitel gemessen werden, muß bei Linsen auf die **Hauptpunkte** (Objekthauptpunkte H, Bildhauptpunkte H') bezogen werden. Die Lage der Hauptpunkte ist durch Größe und Richtung der Linsen-Krümmungsradien sowie durch die Brechzahl des Linsenmaterials bestimmt. Die Ebenen durch die Hauptpunkte senkrecht zur optischen Achse heißen Hauptebenen. Bild 3.4-11 zeigt einige Linsenformen mit den zugehörigen Hauptpunkten.

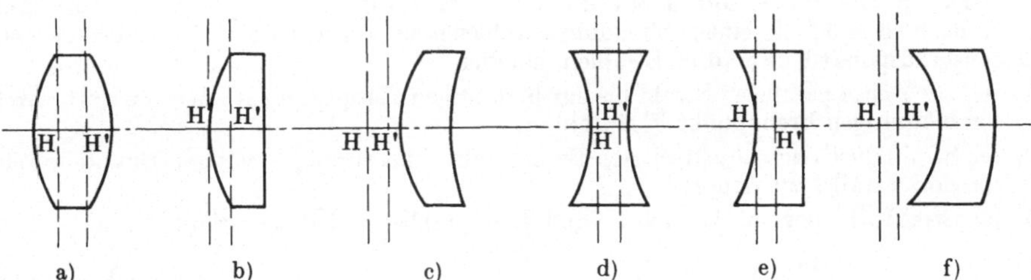

Bild 3.4-11   Lage der Hauptpunkte bzw. Ebenen bei den verschiedenen Linsenarten

Die Brennweiten von Linsen errechnen sich aus den Linsenformeln. Für den allgemeinen Fall einer dicken Linse ergibt sich:

$$f' = \frac{n\, r_1 r_2}{(n-1)\,[n\,(r_2 - r_1) + (n-1)\,d]}$$

n Brechzahl der Linse,
d Mittendicke,
r_1, r_2 Krümmungsradien auf der Objekt- bzw. Bildseite der Linse.
r_1 zählt positiv, r_2 negativ bei konvexen Flächen, bei konkaven Flächen umgekehrt.

Für eine dünne Linse $(d \ll r_1,\ r_2)$ gilt näherungsweise

$$f' = \frac{r_1 r_2}{(n-1)(r_2 - r_1)}.$$

Die Abstände des objekt- bzw. bildseitigen Hauptpunktes (H, H') vom jeweiligen Linsenscheitel ist für die dicke Linse

$$S_\mathrm{H} = \frac{r_1 d}{n(r_1 - r_2) - (n-1)\,d}\ , \qquad S'_{\mathrm{H'}} = \frac{r_2 d}{n(r_1 - r_2) - (n-1)\,d}\ ,$$

und für die dünne Linse

$$S_\mathrm{H} = \frac{r_1 d}{n(r_1 - r_2)}\ , \qquad S'_{\mathrm{H'}} = \frac{r_2 d}{n(r_1 - r_2)}.$$

B 2432 Brechkraft D einer Linse ist der reziproke Wert der Brennweite f, gemessen in $\mathrm{m^{-1}} =$ Dioptrie (dpt). Bei der Kombination zweier gleichachsiger Linsen der Brennweiten f'_1 und f'_2 im Abstand e des objektseitigen Hauptpunktes H_1 der ersten und des bildseitigen Hauptpunktes H'_2 der zweiten Linse ergibt sich eine Gesamtbrennbreite

$$f' = \frac{f'_1 f'_2}{f'_1 + f'_2 - e}$$

und eine Gesamtbrechkraft

$$D = D_1 + D_2 - e\,D_1 D_2\ ;$$

bei vernachlässigbar kleinem e

$$f' = \frac{f'_1 f'_2}{f'_1 + f'_2}\ , \qquad D = D_1 + D_2\ .$$

Diese Formeln gelten auch für Systeme, die Zerstreuungslinsen enthalten. Die Brennweite der Zerstreuungslinsen ist dabei negativ zu rechnen.

B 25 Reelle Bilder durch Sammellinsen. Mit Hilfe der Hauptebenen h, h' kann man nach Bild 3.4-12 einen Abbildungsstrahlengang konstruieren. Man zeichnet vom Gegenstandspunkt P zwei (drei) Strahlen, nämlich

1. den zur Achse parallelen Strahl bis zur bildseitigen Hauptebene h', der von dort durch den bildseitigen Brennpunkt F' läuft;
2. den Strahl durch den objektseitigen Brennpunkt F bis zur objektseitigen Hauptebene h, von dort parallel zur Achse;
3. den Strahl $\overline{\mathrm{PH}}$, der von H nach H' und dann parallel zu $\overline{\mathrm{PH}}$ weiterläuft.

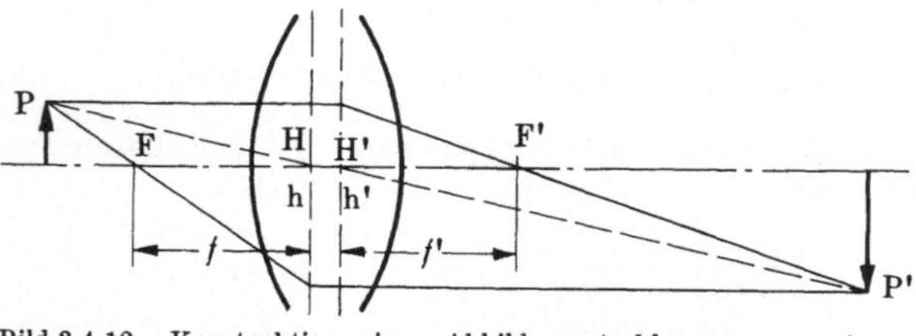

Bild 3.4-12   Konstruktion eines Abbildungsstrahlengangs an einer Sammellinse, Erläuterungen im Text

Der Schnittpunkt dieser Strahlen ergibt den Bildpunkt P'. Bei „unendlich dünnen" Linsen fallen H und H', damit h und h' zusammen. Es ergibt sich dann die einfachere Konstruktion nach Bild 3.4-13. Aus dieser Konstruktion ergibt sich geometrisch

$$\frac{y}{a-f} = \frac{y'}{f}\ , \qquad \frac{y}{y'} = \frac{a}{a'}\ , \qquad \frac{a-f}{f} = \frac{a}{a'}\ , \qquad \frac{1}{a} + \frac{1}{a'} = \frac{1}{f}.$$

Dies ist die häufig zu Näherungsrechnungen gebrauchte Abbildungsgleichung einer Linse. Aus dieser Gleichung folgt nach Bild 3.4-14:

1. Ein Objekt P innerhalb der einfachen Brennweite $(a < f)$ wird nicht reell abgebildet.
2. Ein Objekt P_0 in einfacher Brennweite $(a = f)$ wird im „Unendlichen" abgebildet $(a' = \infty)$.
3. Ein Objekt P_1 zwischen einfacher und doppelter Brennweite $(f < a < 2f)$ wird vergrößert außerhalb der doppelten Brennweite abgebildet $(a' > 2f')$.

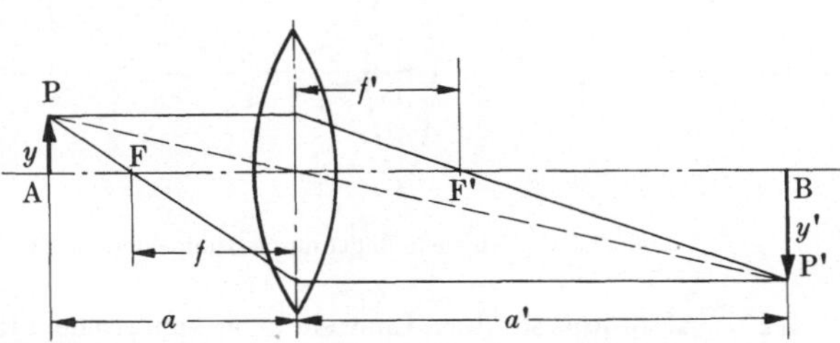

Bild 3.4-13   Vereinfachte Konstruktion des Abbildungsstrahlenganges bei „unendlich dünner" Sammellinse

4. Ein Objekt P_2 in doppelter Brennweite $(a = 2f)$ wird im Maßstab 1:1 in doppelter Brennweite abgebildet $(a' = 2f')$.
5. Ein Objekt P_3 außerhalb der doppelten Brennweite $(a > 2f)$ wird verkleinert zwischen einfacher und doppelter Brennweite abgebildet $(f' < a' < 2f')$.

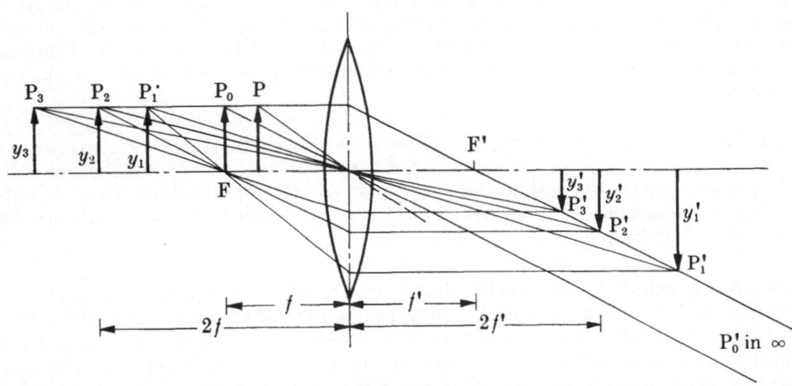

Bild 3.4-14   Abbildung durch eine Sammellinse bei verschiedenen Gegenstandsentfernungen, Erläuterungen im Text

Zwischen Objekt- und Bildentfernung a, a' und Objekt- und Bildgröße y, y' gilt die Beziehung

$$a/a' = y/y'.$$

Oft wird ein Objekt mehrmals hintereinander abgebildet (Mikroskop). Es dient dann das erste reelle Bild als Objekt der zweiten Abbildung, ohne daß dabei das Auffangen des Bildes, etwa auf einem Schirm, notwendig ist.

B26   Virtuelle Bilder durch Linsen. Eine Sammellinse erzeugt von einem Gegenstand innerhalb der einfachen Brennweite ein aufrechtes, vergrößertes Bild nach Bild 3.4-15a (Prinzip der Lupe).

Eine Zerstreuungslinse erzeugt bei jeder Gegenstandsentfernung nur ein verkleinertes aufrechtes Bild (Bild 3.4-15b).

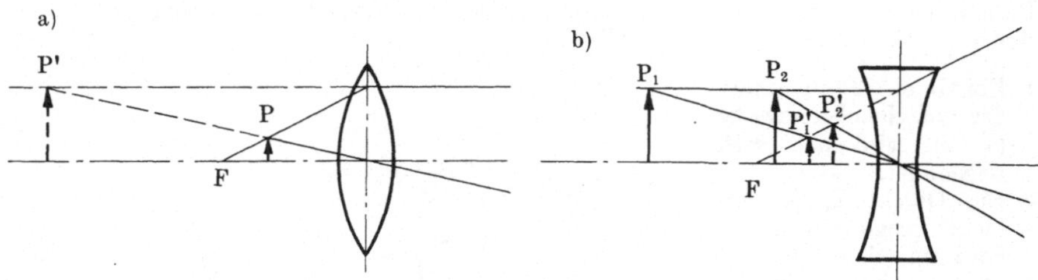

Bild 3.4-15   Virtuelle Bilder durch Sammellinse (a) und Zerstreuungslinse (b)

B27   Abbildungsfehler. Eine einfache sphärische Linse bildet einen Gegenstandspunkt nur dann in einem Bildpunkt ab, wenn die vom Gegenstandspunkt einfallenden Strahlen die Linse in Achsennähe durchsetzen (paraxiale Strahlen), die Achse nur unter kleinen Winkeln schneiden und die Eintritts- und Brechungswinkel beim Durchtritt durch die Linsenflächen so klein sind, daß ihr Sinus bzw. Tangens durch den Bogen ersetzt werden kann. Außerdem kommt eine scharfe Abbildung durch eine einfache Linse nur für jeweils eine Wellenlänge zustande (monochromatisches Licht). Abbildungsfehler werden durch Abblenden der Randstrahlen oder durch Linsenkombinationen weitgehend vermieden.

B271   Sphärische Aberration (Öffnungsfehler). Strahlen, die in größerem Abstand von der Linsenachse einfallen (Randstrahlen), werden stärker gebrochen als achsennahe Strahlen. Daher erzeugen die Randstrahlen Bildpunkte, welche näher an der Linse liegen als die achsennahen Strahlen. Die schärfste Abbildung eines Punktes ist nur ein rundes Zerstreuungsscheibchen.

B272   Koma (Asymmetriefehler). Während die sphärische Aberration nur als ein zur Achse rotationssymmetrischer Fehler auftritt, entsteht bei der Abbildung seitlich der Achse liegender Gegenstandspunkte eine unsymmetrische Strahlenfigur. In einer achsensenkrechten Auffangebene wird ein ovales Zerstreuungsscheibchen erzeugt mit unscharfer Begrenzung an einer Seite.

B273   Astigmatismus. Für die Brechung eines parallel zur optischen Achse einfallenden Parallelstrahlbündels ist der Krümmungsradius der Linse maßgebend. Bei schrägem Einfall werden zwei Krümmungsradien in zwei zueinander senkrechten Hauptschnitten wirksam. Ein im Querschnitt rundes Strahlenbündel wird nach der Brechung elliptisch. Ein Gegenstandspunkt erzeugt in zwei Ebenen Bildstücke, welche aufeinander senkrecht stehen. An der engsten Einschnürung des Strahlenbündels erfolgt eine unscharfe Abbildung.

B274   Bildfeldwölbung. Nach Beseitigung des Astigmatismus erhält man von flächenhaften Gegenständen zwar ein scharfes Bild in einer Fläche. Diese Bildfläche ist jedoch nicht eben, so daß z.B. ein auf einer planen Mattscheibe einzustellendes Bild nur in der Mitte oder einer Zone scharf ist.

B275   Verzeichnung. Mit der Neigung der Hauptstrahlen ändert sich der Abbildungsmaßstab. Daher werden Gegenstandsgeraden als krumme Linien abgebildet. Äquidistante konzentrische Kreise werden konzentrisch, aber nicht äquidistant abgebildet. Quadrate erscheinen tonnenförmig (negative Verzeichnung) oder kissenförmig (positive Verzeichnung).

B276   Chromatische Aberration (Farbenfehler). Mit größer werdenden Wellenlängen wird die Brechzahl n im allgemeinen kleiner (Dispersion). Daher erzeugt Licht verschiedener Wellenlänge Bilder unterschiedlicher Größe an verschiedenen Orten.

B3   Strahlenbegrenzungen, Blenden

Der optische Raum zwischen Gegenstand und Bild wird seitlich durch Blenden begrenzt. Hierzu zählen neben direkt als Blenden in den Strahlengang eingebaute Vorrichtungen auch Strahlenbegrenzungen durch sonstige Öffnungen, vornehmlich Linsenfassungen. Dazu kommen Blenden durch begrenzende Teile etwa eines Beleuchtungssystems oder bei Beobachtung mit dem Auge dessen Pupille. Bei optischen Systemen sind nicht nur die Blenden, sondern auch deren reelle oder virtuelle Bilder als Strahlenbegrenzungen wirksam.

B31   Pupille (Aperturblende). Die Pupille ist die Blende eines Systems, die den wirksamen Öffnungswinkel begrenzt. Entsprechend ihrer Lage unterscheidet man Eintritts- und Austrittspupillen. Sie erscheinen vom Gegenstand oder Bild aus gesehen von allen Blenden unter dem kleinsten Winkel.

Maß für die Größe der Aperturblende eines optischen Systems (Photoobjektiv, Monochromator, Fernrohr) ist das Öffnungsverhältnis (**B33**). Wird ein schräg zur Achse durch ein optisches System tretendes Strahlenbündel von anderen Blenden als der Aperturblende teilweise ausgeblendet, so kommt es zur Vignettierung. Diese führt zu Helligkeitsabfall oder unscharfen Bildbegrenzungen. Vignettierung kann besonders bei Systemen größerer Baulängen auftreten.

B32   Feldblende (Luke) ist die Blende eines optischen Systems, die vom Mittelpunkt der Eintrittspupille aus gesehen unter dem kleinsten Winkel erscheint. Sie begrenzt den Winkel, in dem noch Gegenstandspunkte liegen, die auch bei sehr kleiner Aperturblende abgebildet werden. Das Blendenbild der Feldblende wird Luke genannt, Eintrittsluke auf der Gegenstandsseite, Austrittsluke auf der Bildseite.

B33   Öffnungsverhältnis – Blendenzahl. p sei der Durchmesser eines von einem unendlich fernen axialen Gegenstandspunkt ausgehenden Parallelstrahlbündels an der Aperturblende, f' die Brennweite eines Systems, dann ist $p/f' = q$ das Öffnungsverhältnis (relative Öffnung). q ist wichtig für Lichtstärke und Abbildungsgüte. Durch Verkleinern von q (Abblenden) wird letzte zunächst verbessert, dann jedoch durch Beugungserscheinungen an sehr kleinen Aperturblenden wieder herabgesetzt. q ist eine geometrische Größe, die Reflexions- und Absorptionsverluste nicht berücksichtigt. Unter Berücksichtigung dieser Verluste erhält man das „effektive Öffnungsverhältnis" q'.

Der Kehrwert von q ist die Blendenzahl B. Sie dient besonders bei photographischen Objektiven zur Kennzeichnung der Größe einer verstellbaren Blende (Irisblende). Die Abstufung der Blendenzahl ergibt bei nächst höherer Zahl die halbe Bestrahlungsstärke. Die internationale Blendenzahlreihe ist:

$$0{,}7; \quad 1; \quad 1{,}4; \quad 2; \quad 2{,}8; \quad 4; \quad 5{,}6; \quad 8; \quad 11; \quad 16; \quad 22; \quad 32; \quad 45; \quad 64; \quad 90.$$

C.   Optische Instrumente [7]

Das unbewaffnete Auge sieht einen Gegenstand unter einem Gesichtswinkel δ. Die einfachste Möglichkeit zur Vergrößerung von δ ist Annäherung des Auges an den Gegenstand. Dies ist teils nicht möglich, sonst wegen der Eigenschaften des normalen Auges nur bis zu einem Abstand von etwa 25 cm. Mit optischen Instrumenten lassen sich jedoch die Gesichtswinkel vergrößern (δ_I). Als Vergrößerung ist definiert

$$\Gamma = \tan \delta_\mathrm{I} / \tan \delta.$$

Der Wert Γ ist das Verhältnis der Größen der Netzhautbilder mit und ohne Instrument (subjektive Vergrößerung).

C1   Lupe

Bei Betrachtung durch eine Lupe der Brennweite f wird der Gegenstand in die Brennebene gebracht. Das Auge des Betrachters ist auf die Ferne akkommodiert (völlig entspannt). Die Vergrößerung ergibt sich für diesen Fall (Bild 3.4-16) mit der Bezugssehweite $s_0 = 0{,}25$ m (**3.6 A 1**):

$$\Gamma = s_0/f \qquad (f \text{ in m})$$

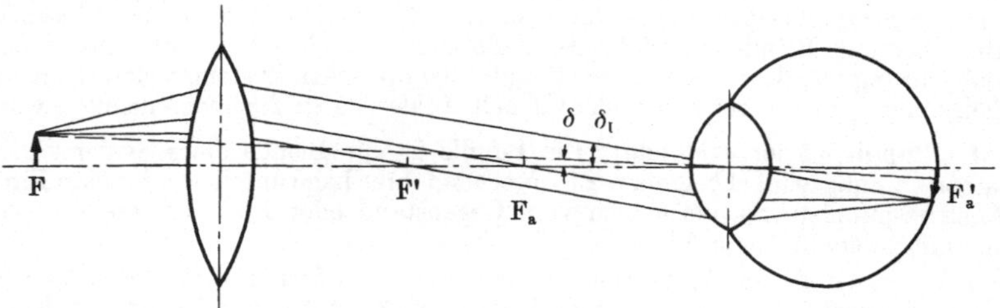

Bild 3.4-16 Vergrößerung des Gesichtswinkels δ durch eine Lupe (F Lupenbrennpunkt, F_a Augenbrennpunkt)

Die Lupe ist das einfachste optische Hilfsmittel. Bei Benutzung einer Lupe kann der Gegenstand dichter an das Auge gebracht werden. Bei Erzeugung vergrößerter virtueller Bilder oberhalb $\Gamma = 10$ stören meist Bildfehler.

C2 Mikroskop [30]

Höhere Vergrößerungen erzielt man mit einem Mikroskop (Bild 3.4-17). Der Gegenstand befindet sich dicht am vorderen Brennpunkt eines Objektivs der kurzen Brennweite f'_{Obj}, das ein vergrößertes reelles Bild erzeugt. Dieses Bild steht in der Brennebene des Okulars (Brennweite f'_{Ok}), welches wie eine Lupe wirkt und ein vergrößertes virtuelles Bild des Zwischenbildes, damit ein stark vergrößertes virtuelles Bild des Objektes erzeugt. Die Entfernung $F'_{Obj} - F_{Ok}$ bezeichnet man als Tubuslänge Λ (meist 0,16 m bis 0,20 m). Die Mikroskopvergrößerung ist

$$\Gamma = \frac{s_0}{f'_{Obj}\, f'_{Ok}}.$$

Den technischen Aufbau eines Mikroskops zeigt Bild 3.4-18.

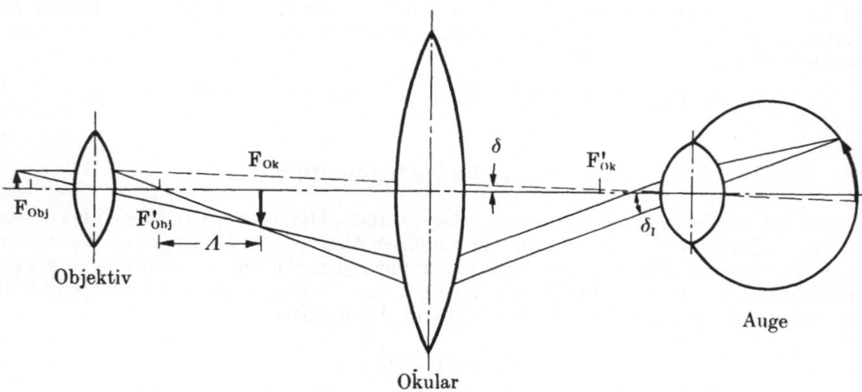

Bild 3.4-17 Vergrößerung des Gesichtswinkels durch ein Mikroskop

C21 Optische Teile des Mikroskops

C211 Objektiv; wichtigstes optisches Element des Mikroskops. Das stark vergrößerte Zwischenbild soll weder verzeichnet sein, noch Farbfehler haben, obwohl die Strahlen vom

Gegenstand teilweise stark divergent eintreten. Zur Korrektur sind daher immer mehrere Linsen verschiedener Glassorten erforderlich. Bild 3.4-19 zeigt den Aufbau eines apochromatischen Trockenobjektivs.

Die Helligkeit des mikroskopischen Bildes ist bestimmt durch den vom Gegenstand ins Mikroskop gelangenden Lichtstrom. Der mikroskopische Gegenstand hat oft eine ebene Oberfläche oder wird von einem dünnen Deckgläschen abgedeckt. Dabei können Lichtverluste durch Totalreflexion auftreten, so daß nicht die ganze Öffnung des Mikroskop-Objektivs zur Abbildung ausgenutzt wird.

C 2111 Immersionssysteme. Um den wahren Öffnungswinkel zu vergrößern (Bild 3.4-20) bringt man in den Raum zwischen Deckgläschen und der unteren Fläche des Objektivs eine Immersionsflüssigkeit mit einer Brechzahl etwa gleich der von Glas (z. B. Zedernholzöl, $n = 1{,}4$). Dadurch wird Totalreflexion vermieden. Mikroskopobjektive, welche für diese Beobachtungsart berechnet und korrigiert sind, heißen Immersionsobjektive.

C 2112 Bildweite und Vergrößerungsangabe von Mikroskopobjektiven. Nach der Lage des vom Mikroskop entworfenen Zwischenbildes unterscheidet man Objektive mit endlicher Bildweite (hauptsächlich bei Durchlicht-Mikroskopie) und unendlicher Brennweite (überwiegend in der Auflicht-Mikroskopie). Bei den letzten erzeugt eine Tubuslinse ein Bild in endlicher Weite.

Bei Objektiven mit endlicher Bildweite wird die Vergrößerung durch die Maßstabzahl angegeben, bei Vergrößerungsmaßstab 40/1 mit der Maßstabszahl 40. Bei Objektiven mit unendlicher Bildweite wird die Lupenvergrößerung gekennzeichnet. Ist diese z. B. 25fach, kennzeichnet man das Objektiv mit 25 ×.

Für Maßstabzahl und Lupenvergrößerung ist die Normzahlreihe 2,5; 4; 6,3; 10; 16; 25; 40; 63; 100 gebräuchlich.

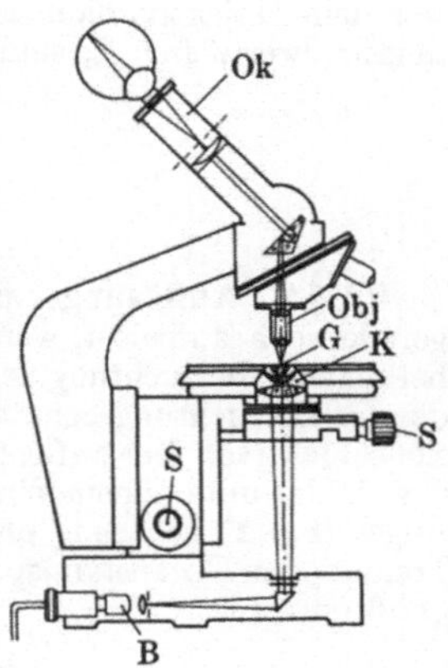

Bild 3.4-18 Technischer Aufbau eines Mikroskops. B Beleuchtungslampe, K Kondensor, S Stellschrauben für Objekttischverstellung, G mikroskopisches Objekt, Obj Objektiv, Ok Okular

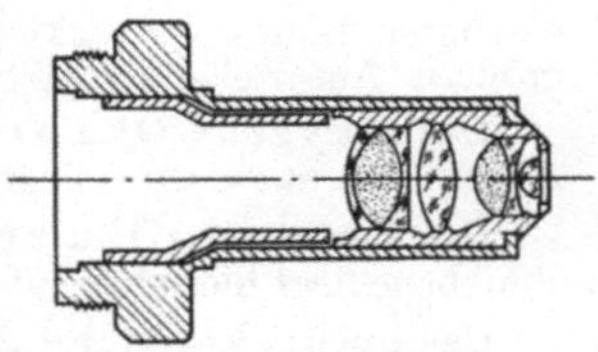

Bild 3.4-19 Apochromatisches Mikroskop-Trockenobjektiv

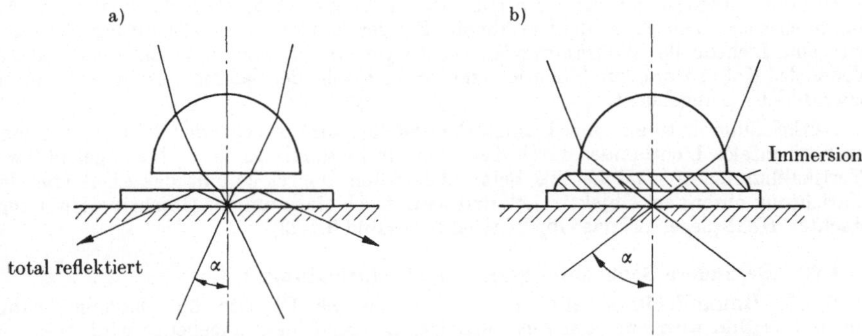

Bild 3.4-20 Strahlengang am Mikroskop-Objektiv a) ohne und b) mit Immersion

C 2113 Numerische Apertur. Ein Gegenstandspunkt liege auf der Objektivachse und werde deutlich gesehen. $2\,\alpha$ ist der Öffnungswinkel der vom Gegenstandspunkt nach den Rändern der Eintrittspupille verlaufenden Strahlen. n sei die Brechzahl des Mediums vor dem Objektiv, dann ist $A_n = n \sin \alpha$ die numerische Apertur. Praktisch erreichbare Maximalwerte für A_n sind bei

Luft:	0,95
Wasser:	1,25
Zedernholzöl:	1,40
Methylenjodid:	1,65

C 2114 Auflösungsvermögen des Mikroskops. Zwei Gegenstandspunkte werden gerade noch aufgelöst, wenn ihr Abstand $d = \lambda/A_n$, bei gerader Beleuchtung, $d = \lambda/2 A_n$ bei schiefer Beleuchtung ist. Bei möglichst hoher Auflösung muß daher die Wellenlänge λ des zur Beleuchtung benutzten Lichts klein (z.B. UV-Mikroskope), A_n groß sein (Immersionsobjektive). Der auflösbare Mindestabstand d wird dem Auge bei Beobachtung durch das Okular unter einem Winkel δ angeboten, welcher größer als der durch den Aufbau des Auges (**3.6 A**) gegebene physiologische Grenzwinkel δ_{gr} sein muß ($\delta_{gr} = 1'$, für sicheres Trennen von Gegenstandspunkten $\delta_{gr} = 4'$). Die dann erzielte **förderliche Gesamtvergrößerung** ist

$$\Gamma_g = \frac{A_n \delta_{gr}}{6,88 \lambda}.$$

Bei Tageslicht (mittlere Wellenlänge $\lambda = 560$ nm) ist danach kein besseres Erkennen von Einzelheiten eines mikroskopischen Bildes möglich, wenn man die Vergrößerung über $\approx 1000\, A_n$ steigert.

C 212 Okular dient der Betrachtung des vom (Mikroskop- oder Fernrohr-) Objektiv erzeugten Bildes. Es wirkt primär wie eine Lupe, kann aber auch das Gesichtsfeld vergrößern. Aus vielen Okulartypen seien drei wichtige hervorgehoben:

Das **Huygens-Okular** (Bild 3.4-21a) besteht aus jeweils plankonvexer Feld- und Augenlinse, dazwischen liegt die Bildebene.

Das **Ramsden-Okular** (b) ist ebenfalls aus zwei Plankonvexlinsen aufgebaut. Die Bildebene liegt hier aber auf der gegenstandsseitigen Planfläche der Feldlinse.

Das **orthoskopische Okular von Abbe** (c) ist eine Zwischenform von Ramsdenschem Okular und einer einfachen Okularlinse. Es ist sehr gut korrigiert und wird wegen seines verzeichnungsfreien Gesichtsfeldes oft als Mikrometerokular angewendet.

C 213 Beleuchtungseinrichtung des Mikroskops. Den Beobachtungsarten entsprechend unterscheidet man Beleuchtungseinrichtungen für Auflicht und Durchlicht. Bei Durchlichtbeobachtungen mit geringer Vergrößerung genügt ein Spiegel, sonst werden Kondensoren angewendet, deren Apertur möglichst der des Objektivs gleich ist, deren Aufbau auch sonst dem des Objektivs ähnelt. Bei der Köhlerschen Beleuchtungsanordnung wird eine Lichtquelle (Wolframwendel, Lichtbogen) durch eine Sammellinse auf die Irisblende des Kollimators, durch den Kollimator die Fläche der Sammellinse in der Objektiv- bzw. Bildebene abgebildet.

Auflichtilluminatoren hoher Lichtstärke bestehen aus Spiegeln oder Prismen, mit denen ein horizontales Lichtbündel durch das Objektiv hindurch auf das Objekt gelenkt wird (Vertikalilluminator, Bild 3.4-22). Beim Lieberkühn-Spiegel kommt das Licht von einer Einrichtung unter dem Objektivtisch und wird durch einen um das Objektiv herum angebrachten Hohlspiegel auf das Objekt reflektiert (Bild 3.4-23).

C 22   Besondere Beobachtungsarten und -einrichtungen

C 221 Dunkelfeldmikroskope. Hier werden die Objekte im Dunkelfeld abgebildet. Das Bild wird nur vom Licht erzeugt, das am Objekt abgebeugt wird, zeigt sich daher hell auf dunklem Untergrund. Erforderlich sind Dunkelfeldkondensoren (Auflicht oder Durchlicht), die das Objekt intensiv beleuchten, ohne daß direktes Licht durch das Objektiv geht. Dunkelfeldbeobachtung ist besonders zur Beobachtung sehr kleiner Objekte geeignet. Von größeren Objekten werden meist nur die äußeren Begrenzungen wiedergegeben.

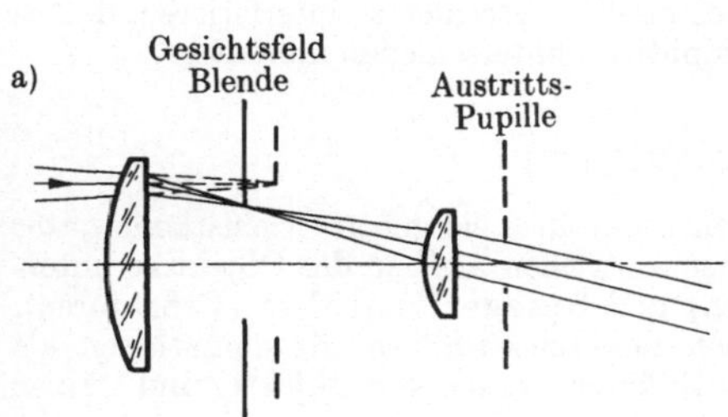

a) Gesichtsfeld Blende   Austritts-Pupille

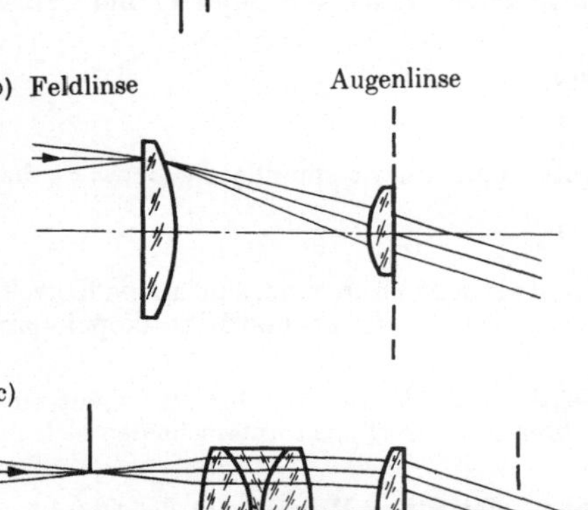

b) Feldlinse   Augenlinse

c)

Bild 3.4-21
Verschiedene Okulartypen; Erläuterungen im Text

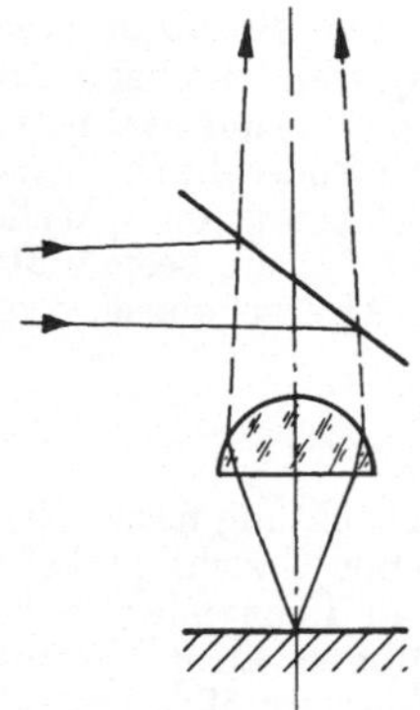

Bild 3.4-22   Vertikalilluminator

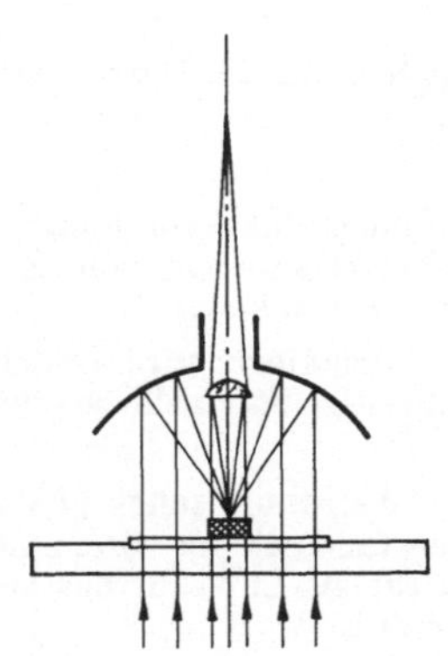

Bild 3.4-23
Lieberkühnspiegel als Auflichtilluminator

C 222   Polarisationsmiskroskope dienen hauptsächlich metallurgischen und mineralogischen Untersuchungen, d.h. der Beobachtung anisotroper Materialien. Sie sind mit Polarisator und Analysator (**3.5 C 2**) ausgerüstet und können daher Veränderungen des einfallenden, linear polarisierten Lichts durch das anisotrope Material analysieren.

C 223   Phasenkontrastmikroskope [2] [31]. Die bisher behandelten Methoden sind auf **Amplitudenobjekte** beschränkt, die eine Schwächung des Lichtstromes und daher Kontraste im Bild hervorrufen (Bild 3.4-24). Mit dem Phasenkontrastverfahren nach Zernike können nicht einfärbbare Objekte oder Einzelheiten sichtbar gemacht werden,

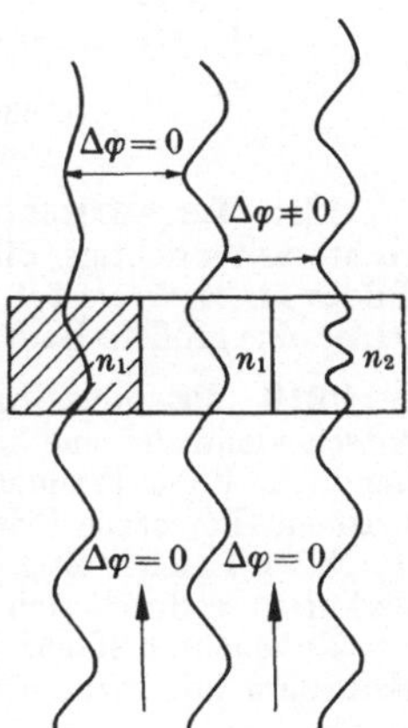

Bild 3.4-24   Prinzip von Amplitudenkontrast (Schwächung der linken gegenüber der mittleren Welle) und Phasenkontrast (Phasenverschiebung der rechten gegenüber der mittleren Welle)

die sich in ihrer Brechzahl etwas von der des umgebenden Mediums unterscheiden. Bei solchen Objekten tritt keine Amplitudenverkleinerung auf, sondern nur eine Phasenverschiebung, die das unbewaffnete Auge nicht wahrnehmen kann. Wenn man aber einen Teil des primären Bildes durch ein $\lambda/4$-Plättchen so beeinflußt, daß das durchfallende Licht eine Phasenverschiebung um $^1/_4$ Wellenlänge erfährt, können bei der Entstehung des sekundären Bildes (**3.5 B 14**) die beeinflußten und nicht beeinflußten Strahlen so interferieren, daß es teilweise zu Auslöschungen, d.h. sichtbaren Amplitudenunterschieden kommt.

C3 Fernrohre [32], [33]

Zur Beobachtung ferner Gegenstände dienen Fernrohre; sie geben Gegenstände unter einem größeren Gesichtswinkel wieder. Nach dem optischen Aufbau des Objektivs unterscheidet man **Linsenfernrohre** (Refraktoren) und **Spiegelfernrohre** (Reflektoren). Daneben gibt es auch Fernrohrkonstruktionen mit Linsen-Spiegel-Kombinationen als Objektiv. Die Vergrößerung ergibt sich aus den Bildbrennweiten von Objektiv und Okular zu

$$\Gamma = \frac{f'_{Obj}}{f'_{Ok}}.$$

Sie ist auch durch die Durchmesser von Eintritts- und Austrittspupille P_E bzw. P_A bestimmt,

$$\Gamma = P_E/P_A.$$

Da die Öffnungswinkel von Fernrohren kleiner sind als beim Mikroskop, sind an die Korrektur der Objektive weniger hohe Anforderungen zu stellen. Fernrohr- und Mikroskopokulare unterscheiden sich kaum.

C31 Linsenfernrohre bestehen aus Objektiv und Okular. Als Objektiv dient eine langbrennweitige Sammellinse oder Linsenkombination. Die Typen unterscheiden sich im Okular.

C311 Astronomisches (Kepler-) Fernrohr. Bildseitiger Brennpunkt des Objektivs und gegenstandsseitiger Brennpunkt des Okulars fallen zusammen (Bild 3.4-25). Das Okular wirkt als Lupe für das auf unendlich akkommodierte Auge. Das Auge sieht ein umgekehrtes Bild.

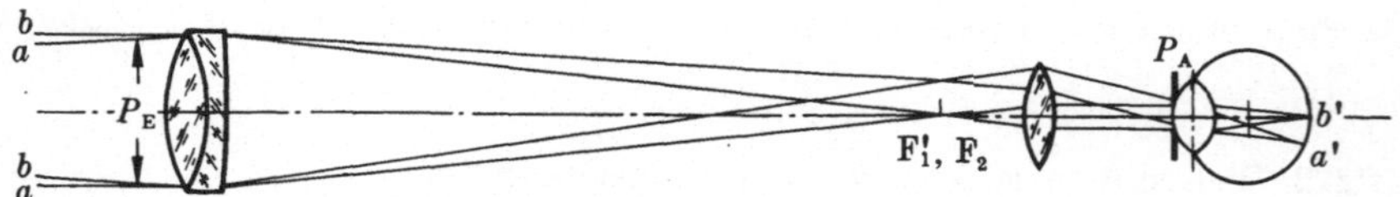

Bild 3.4-25 Strahlengang beim astronomischen Fernrohr

C312 Terrestrisches Fernrohr liefert gegenüber dem astronomischen Fernrohr aufrechte seitenrichtige Bilder. Dies kommt durch Abbildung des vom Objektiv erzeugten Bildes im Maßstab 1:1 durch eine Umkehrlinse zustande. Das terrestrische Fernrohr hat daher eine größere Baulänge als ein astronomisches Fernrohr mit gleicher Vergrößerung.

C313 Prismenfernrohr (Prismenfeldstecher). Eine große Objektivbrennweite ist entscheidend für eine hohe Vergrößerung, macht aber z.B. das terrestrische Fernrohr unhandlich. Beim Prismenfernrohr wird daher die Bildumkehr durch total reflektierende Prismen (Porrosche Prismen) zweimal in zueinander senkrechten Ebenen reflektiert. Dadurch wird gleichzeitig der Strahlengang zweimal gefaltet und der Lichtweg geometrisch verkürzt, wodurch sich günstige kleine Baulängen ergeben. Eine Bezeichnung wie z.B. 8×30 bedeutet 8fache Vergrößerung bei einer Eintrittspupille von 30 mm Durchmesser. Fernrohre mit mehr als 10facher Vergrößerung sind für Freihandbeobachtungen ungeeignet.

C314 Holländisches (Galilei-) Fernrohr. Innerhalb der bildseitigen Brennweite des Objektivs liegt eine Zerstreuungslinse als Okular, so daß Objektiv- und Okularbrennpunkte zusammenfallen. Das holländische Fernrohr (Bild 3.4-26) erzeugt nur virtuelle, aber aufrechte Bilder. Wegen der im Tubus gelegenen Austrittspupille ist das Gesichtsfeld relativ klein und nicht scharf begrenzt. Es ist nur für geringe Vergrößerungen geeignet. Ein Vorteil ist die kleine Baulänge (Theaterglas).

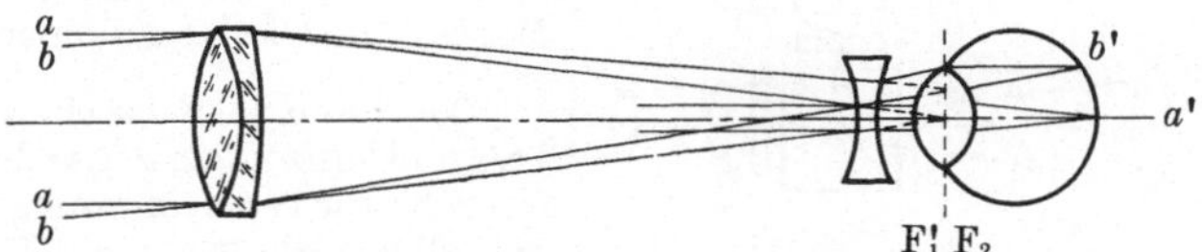

Bild 3.4-26   Strahlengang beim Holländischen (Galilei-) Fernrohr

C32 Spiegelteleskope. Während sich Linsenfernrohre nur bis zu Objektivdurchmessern von $\approx 1\,\text{m}$ herstellen lassen, erlauben Spiegelteleskope sehr große Öffnungen. Ein Grundtyp ist das Spiegelteleskop von Newton (Bild 3.4-27). Durch einen kleinen Spiegel P oder ein Prisma wird das vom parabolischen Objektivspiegel S gesammelte, konvergente Lichtbündel um $90°$ abgelenkt. Dadurch kann das Bild B durch ein seitlich am Fernrohrtubus angebrachtes Okular betrachtet werden. Die Spiegelteleskope nach Gregory und Cassegrain erzeugen eine Zwischenabbildung durch konkave Ellipsoid- bzw. konvexe Hyperboloidspiegel.

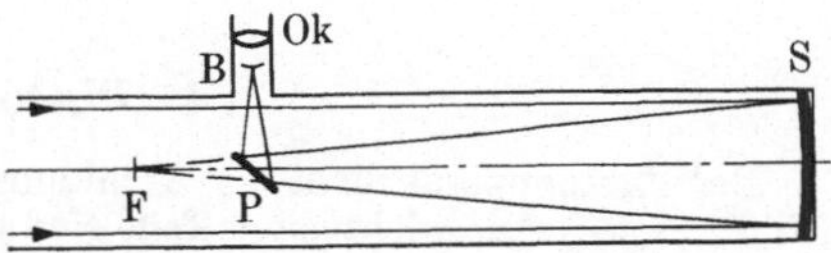

Bild 3.4-27   Newtonsches Spiegelteleskop

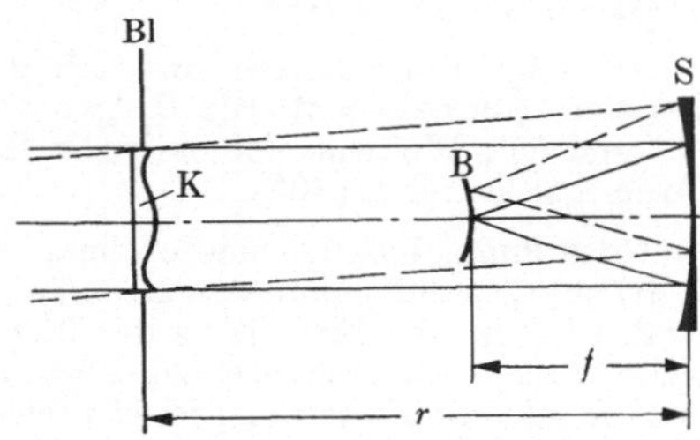

Bild 3.4-28   Schmidt-Spiegel

Eine besondere Spiegelobjektivform ist der Schmidt-Spiegel (Bild 3.4-28). Vor einem sphärischen Spiegel S (Radius r) steht im Abstand r eine Aperturblende Bl. In der Blende steht eine kompliziert gebogene Korrekturplatte K, welche die bei großen Öffnungswinkeln sonst unvermeidliche sphärische Aberration verhindert. Die Bildfläche B ist sphärisch, konzentrisch zu S und verläuft durch den Brennpunkt F. Der Schmidt-Spiegel hat wegen seiner Vorzüge weite Verbreitung in der Astrophysik.

C33 Technische Fernrohre. Neben dem gewöhnlichen Einsatz eines Fernrohres in der Technik, z.B. für die Beobachtung einer entfernten Skala, gibt es viele Anwendungen von Fernrohren mit Spezialeinrichtungen.

Zur Prüfung von Fluchten werden Kollimatorrohr K und Zielfernrohr Z benutzt (Bild 3.4-29). Eine beleuchtete Zielmarke M wird durch Ausrichtung über Kollimator- und Objektivlinse mit einer Marke N im Fernrohr Z zur Deckung gebracht, der Neigungswinkel ist dann $\gamma = 0°$.

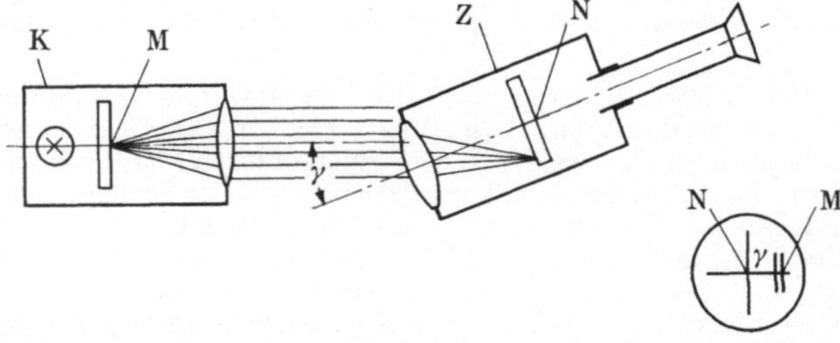

Bild 3.4-29   Anordnung zur Einstellung von Fluchten mit dem Fernrohr

Das Autokollimations-Fernrohr ist ein Richtungsprüffernrohr, bei dem das Kollimatorrohr durch das Spiegelbild des Fernrohres ersetzt wird (Bild 3.4-30). Es dient zur Messung kleiner Neigungsänderungen. Das Licht läuft von einer beleuchteten Kollimatorstrichplatte über eine im Winkel von 45° angeordnete Trennebene durch das als Kollimator wirkende Objektiv als Parallelstrahl auf einen Planspiegel, von dort ins Fernrohr zurück. Wenn die Spiegelfläche senkrecht zur Fernrohrachse steht, fällt das Bild der Kollimatormarke M mit einer Marke N im Okular zusammen.

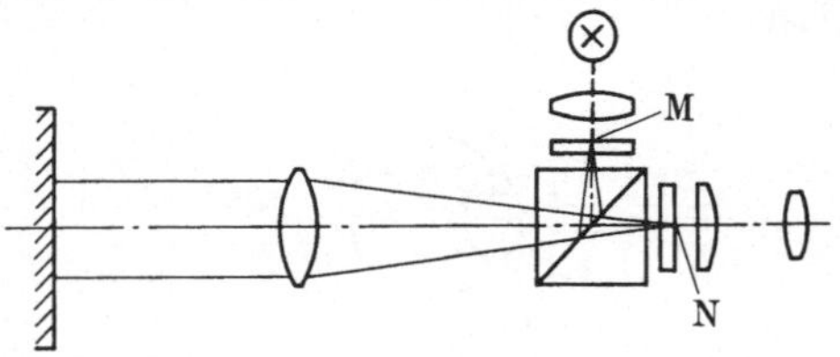

Bild 3.4-30   Aufbau eines Autokollimationsfernrohrs

Der Theodolit ist ein um eine vertikale und horizontale Achse drehbares Zielfernrohr zur Winkelmessung, dessen Winkelstellung sehr genau auf Teilkreisen ablesbar ist.

C4   Photoapparat [34], [35]

Der Photoapparat dient der Abbildung von Objekten auf photographischen Schichten (Film, Platte). Die wichtigsten Teile sind Objektiv, Verschluß, Vorrichtung für Aufnahme und Transport der photographischen Schicht, Sucher, Entfernungsmesser.

C41   Photoobjektive [36] sollen große Öffnungsverhältnisse haben, um auch lichtschwache Objekte bei kurzen Belichtungszeiten photographieren zu können (lichtstarke Objektive bis etwa 1:0,8).

Die Objektivbrennweite und Öffnungswinkel richten sich nach Bildformat und Anwendung. Normalobjektive (z. B. Aplanat, Tessar, Sonnar) haben einen Bildwinkel zwischen 40° und 65°, Weitwinkelobjektive (z. B. Flektogon) größer als 55°, Fernobjektive, z. B. Telemegor kleiner als 40°.

Gute Photoobjektive sind optimal bezüglich aller Bildfehler korrigiert. Sie sind daher stets aus Linsenkombinationen aufgebaut (Bild 3.4-31). Die Linsenfassung trägt einen Skalenring für die Einstellung der Blendenzahl (**B 33**) einer eingebauten Irisblende. Ein weiterer Skalenring reguliert den Abstand des Objektivs zur Bildebene. Eine Entfernungsanzeige gibt die Entfernung jeweils scharf abgebildeter Gegenstände an. Die Linsenoberflächen sind zur Verminderung von Lichtverlusten durch Reflexion vergütet (**3.5 A 43**).

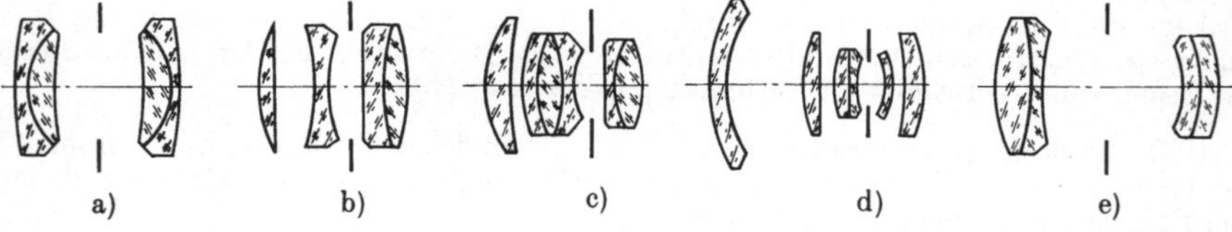

Bild 3.4-31   Aufbau einiger Photoobjektive, Lichtdurchgang von links nach rechts; a) Aplanat, b) Tessar 1:3,5; $f' = 50$ mm, c) Sonnar 1:2; $f' = 50$ mm, d) Flektogon 1:2,8; $f' = 35$ mm, e) Telemegor 1:4,5; $f' = 90$ mm

Bei vielen Photoapparaten sind die Objektive austauschbar, so daß durch geeignete Brennweite der Abbildungsmaßstab wählbar ist. In der Standbild-, vor allem aber in der Filmphotographie werden häufig Photoobjektive mit variabler Brennweite (Varioobjektive) eingesetzt. Dies sind kompliziert aufgebaute Systeme mit längs der Achse beweglichen Innenlinsen. Ein einfaches Beispiel zeigt Bild 3.4-32. Die Linsen L_1 und L_4 stehen fest. Stehen L_2 und L_3 in Kontakt, so heben sich ihre Brechkräfte auf. Die Abbildung wird nur durch L_1 und L_4 bestimmt. Bei Verschiebung von L_2 und L_3 kommt die Wirkung dieser Linsen hinzu, dadurch kommt es zu einer Änderung des Abbildungsmaßstabes. Varioobjektive erlauben Brennweitenänderungen bis 1:8.

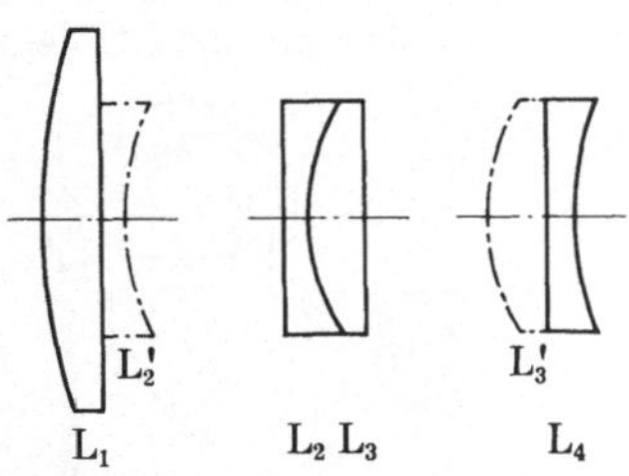

Bild 3.4-32
Schema einer Linsenkombination mit
variabler Brennweite

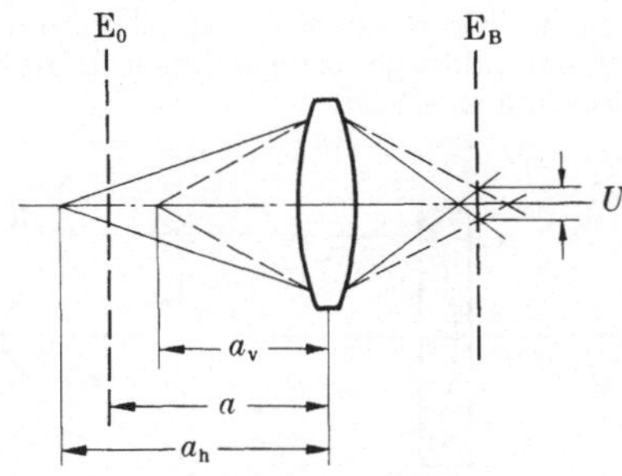

Bild 3.4-33
Zur Schärfentiefe, Erläuterungen im Text

C 42 Schärfentiefe. Bei einem bestimmten Abstand eines idealen Photoobjektivs von der Bildebene E_B (Bild 3.4-33) wird nach der Abbildungsgleichung (B 25) exakt nur eine Ebene E_0 im Gegenstandsraum im Abstand a senkrecht zur Achse scharf abgebildet. Gegenstände vor und hinter dieser Ebene werden unscharf in der Bildebene wiedergegeben. Statt Bildpunkte bilden sich Unschärfekreise aus. Das Auge bemerkt aber Abweichungen von der exakten Schärfe erst oberhalb einer bestimmten Größe der Unschärfekreise und sieht daher auch Gegenstände zwischen der Vordertiefe a_v und der Hintertiefe a_h, d.h. den Bereich der Schärfentiefe, scharf. Die Schärfentiefe nimmt mit der Blendenzahl zu. Zu ihrer Bestimmung dienen Tabellen. Viele Objektive haben Hilfsskalen oder -einrichtungen, an denen die Schärfentiefe in Abhängigkeit von der eingestellten Blendenzahl und Gegenstandsentfernung abgelesen werden kann.

C 43 Photoverschluß regelt die Belichtungszeit t. Hochwertige Photoapparate haben einen Zentralverschluß oder einen Schlitzverschluß. Der Zentralverschluß soll in Nähe der Blendenebene liegen. Trotz der Öffnungs- und Schließbewegung von innen nach außen bzw. umgekehrt erfolgt die Belichtung aller Bildpunkte dann gleichzeitig. Der Schlitzverschluß besteht aus zwei Vorhängen, die sich dicht vor der Bildebene nacheinander über das Bild bewegen. Das Bild wird hier von einer Bildkante an streifenweise belichtet. Die Reihe der Belichtungszeiten ist (abgerundet) geometrisch mit dem Faktor $^1/_2$ und lautet (in s) ..., 8, 4, 2, 1, $^1/_2$, $^1/_4$, $^1/_8$, $^1/_{15}$, $^1/_{30}$, $^1/_{60}$, $^1/_{125}$, $^1/_{250}$, $^1/_{500}$, $^1/_{1000}$, $^1/_{2000}$. Die Stufung entspricht der Stufung der Blendenzahl (B 33). Dies ermöglicht die Vereinigung von Blendenzahlen B und Belichtungszeiten t zu Lichtwerten.

Der Lichtwert w ist definiert durch die Zahlenwertgleichung

$$2^w = B^2/t,$$

z.B. $\qquad B = 2, \qquad t = {}^1/_{1000}; \qquad B^2/t = 4000; \qquad w \approx 12.$

Durch mechanische Kopplung von Blende und Verschluß kann ein eingestellter Lichtwert festgehalten werden, so daß z.B. für $w = 12$ bei Abblenden auf $B = 8$ automatisch der Wert $t = {}^1/_{60}$ gewählt wird.

C 44 Sucher sind Vorrichtungen zur Einstellung des gewünschten Bildausschnitts. Einfache Sucher sind der Rahmensucher und der Linsenaufsichtsucher. Der Linsendurchsichtsucher ist ein kleines, umgekehrtes holländisches Fernrohr, welches das Objekt verkleinert wiedergibt. Günstiger ist der Albada-Sucher (Bild 3.4-34). Das Auge blickt durch eine Öffnung L und durch eine Planparallelplatte P auf das Objekt, das in natürlicher Größe erscheint. P ist aus einer plankonvexen und einer plankonkaven Linse aufgebaut. Die Kittfläche ist durchlässig verspiegelt und wirkt als Hohlspiegel, in dessen Brennebene ein weißer Rahmen R auf schwarzem Grund angeordnet ist. Dem Beobachter erscheint dieser Bildbegrenzungsrahmen in großer Entfernung, er sieht sie daher mit dem Objekt zusammen scharf.

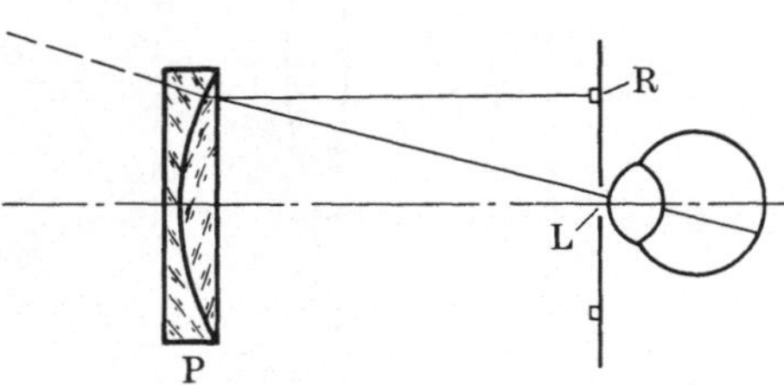
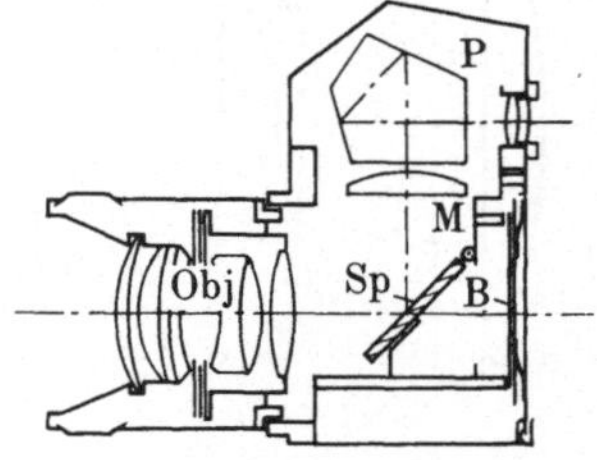

Bild 3.4-34   Albada-Sucher

Bild 3.4-35   Schnitt durch eine Spiegelreflexkamera

Bei der **Spiegelreflexkamera** (Bild 3.4-35) wird das vom Objektiv erzeugte Bild direkt beobachtet. Dazu wird ein Spiegel Sp so in den Strahlengang geklappt, daß das Bild anstelle in der normalen Bildebene B in einer Ebene senkrecht dazu auf einer Mattscheibe M erzeugt wird. Dort wird es direkt (mit einer Lupe) seitenverkehrt beobachtet, oder über ein Prisma P, welches ein aufrechtes, seitenrichtiges Bild mit Beobachtungsrichtung in Aufnahmerichtung ergibt. Ein Vorteil dieser Technik ist die Möglichkeit, auf der Mattscheibe gleichzeitig die gewünschte Abbildungsschärfe bestimmter Objektpartien sowie die Schärfentiefe zu kontrollieren. Der Spiegel ist durchlässig oder klappt vor der Belichtung der photographischen Schicht aus dem Strahlengang. Die meisten Photoapparate mit auswechselbaren Objektiven sind Spiegelreflexkameras.

C 45   Photographische Bildformate sind für allgemeine Anwendbarkeit weitgehend vereinheitlicht.

Typ	Format mm × mm	Anwendung
Kinoformat	3,6 × 4,9	8 mm Schmalfilm
	4,2 × 5,7	8 mm Schmalfilm „Super 8"
	7,5 × 10,3	16 mm Schmalfilm
	16 × 22	Normalfilm
	18 × 22	Normalfilm mit verzerrtem Bild für Breitwandprojektion
	23 × 53,1	70 mm Breitfilm
Kleinbildformat	18 × 24	
	24 × 24	Kleinbildkamera
	24 × 36	
Mittelformat	40 × 40	
	45 × 60	
	60 × 60	Rollfilmkamera
	60 × 90	
	60 × 90	
	65 × 90	Plattenkamera
Großformat	90 × 120	
	100 × 150	
	130 × 180	Plattenkamera
	180 × 240	
	240 × 300	

C 5   Bildwerfer (Projektoren)

Bildwerfer erzeugen vergrößerte Bilder von bildmäßigen Vorlagen auf Bildschirmen (Kino-, Dia-Projektion) oder auf photographischen Schichten für Vergrößerungszwecke.

Durchsichtige Vorlagen (Diapositive) werden durch Diaprojektoren wiedergegeben. Den Aufbau aus Lichtquelle L, Hohlspiegel H, Kondensor K, Diapositiv, Objektiv O und Bildschirm S zeigt Bild 3.4-36. Die Lichtausnutzung ist optimal, wenn der Hohlspiegel die Lichtquelle in ihre eigene Ebene (jedoch nicht in sich!), der Kondensor die Lichtquelle ins Objektiv abbildet. Projektionsobjektive sind ähnlichen Typs wie Photoobjektive. Diapositive im Kleinbildformat werden im Rahmen von 50 mm × 50 mm projiziert, 60 mm × 90 mm- Diapositive im Rahmen 8,5 mm × 100 mm.

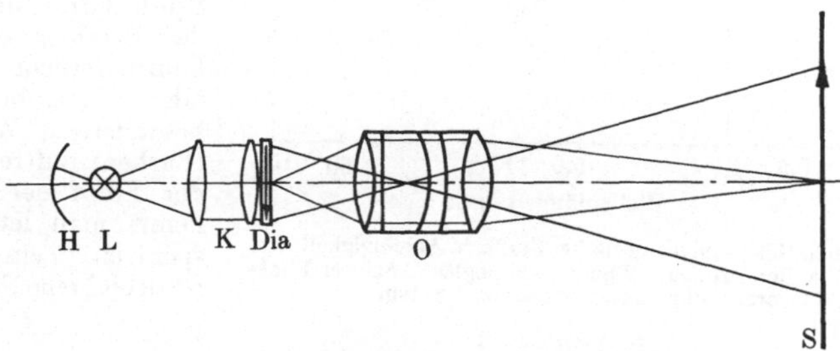

Bild 3.4-36   Strahlengang beim Diaprojektor

Undurchsichtige Vorlagen werden durch Epiprojektoren wiedergegeben. Da das Licht die Vorlage hierbei ungerichtet verläßt, sind starke Beleuchtungseinrichtungen und Objektive großer Öffnung notwendig.

C 6 Scheinwerfer

Scheinwerfer bündeln das von einer Lichtquelle ausgehende Licht durch Spiegel oder Linsen großer Öffnung, so daß in einem bestimmten Raumwinkel höhere Lichtstärken erzeugt werden. Die Lichtquelle steht im Brennpunkt des bündelnden Systems. Oft werden Stufenlinsen nach Fresnel benutzt (Bild 3.4-37).

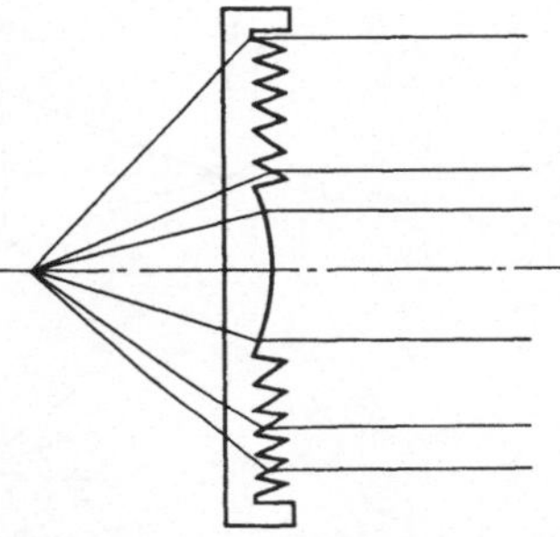

Bild 3.4-37 Plankonvexe Fresnel-Linse

D. Brechungsdispersion [2]

D 1 Grunderscheinung

Die Brechzahl n eines Stoffes ist abhängig von der Wellenlänge des Lichts. Bei den meisten Stoffen wächst die Brechzahl für sichtbares Licht mit abnehmender Wellenlänge, $dn/d\lambda < 0$ (Bild 3.4-38): normale Dispersion; für $dn/d\lambda > 0$ liegt anomale Dispersion vor (z.B. festes Fuchsin zwischen $\lambda = 450$ nm und $\lambda = 600$ nm).

Fällt ein paralleles, aus verschiedenen Wellenlängen zusammengesetztes Bündel (z.B. weißes Licht) auf eine ebene Grenzfläche zweier lichtdurchlässiger Stoffe unterschiedlicher optischer Dichte, so tritt je nach Wellenlänge Brechung in unterschiedliche Richtungen auf. Diese Erscheinung wird ausgenutzt bei der Auffächerung des Lichts nach Wellenlängen (spektrale Zerlegung) durch ein Prisma. Zur sauberen spektralen Zerlegung des Lichts wird nach Fraunhofer als wichtiges optisches Element eine spaltförmige Blende, kurz Spalt, in den Strahlengang gebracht, der parallel zur brechenden Kante des Prismas (B 242) angeordnet ist. Bild 3.4-39 zeigt die Anordnung. Der Spalt S wird mit hoher Strahlstärke (meist über einen Linsen- oder Spiegelkondensor) beleuchtet. Er steht im Brennpunkt einer Kollimatorlinse K, welche ein für saubere spektrale Zerlegung notwendiges Parallelbündel erzeugt. Das Prisma P erzeugt je nach Lichtzusammensetzung mehrere Parallelbündel mit

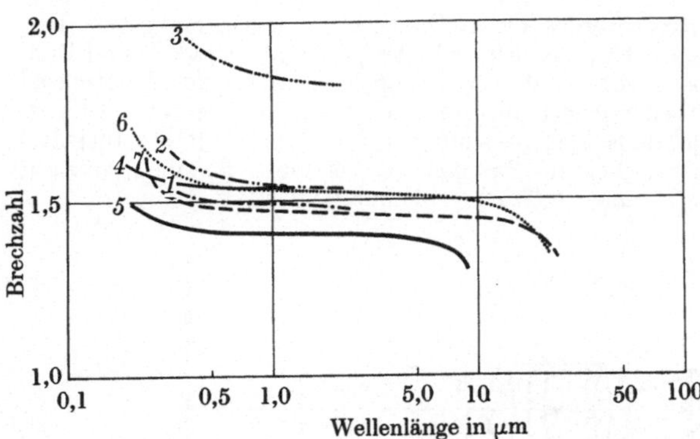

Bild 3.4-38 Brechzahlen einiger optischer Stoffe in Abhängigkeit von der Wellenlänge. *1* Bor-Kronglas, *2* Schwer-Kronglas, *3* Schwer-Flintglas, *4* Quarz, *5* Flußspat, *6* Steinsalz, *7* Sylvin

jeweils einheitlicher Wellenlänge bzw. Farbe (monochromatische Bündel). Eine weitere Sammellinse O erzeugt monochromatische Bilder S' des Spaltes.

Die Gesamtheit der farbigen Spaltbilder heißt SPEKTRUM. Je nach Art der Strahler erhält man kontinuierliche Spektren oder solche, in denen nur besondere Wellenlängen (Farben) auftreten. Wegen der Form der Spaltbilder nennt man letzte Linienspektren, ein einzelnes Spaltbild eine Spektrallinie.

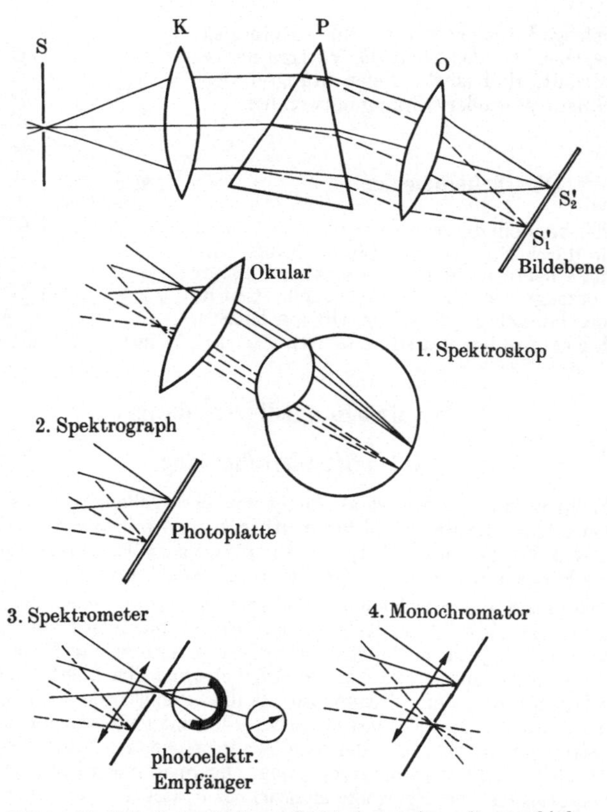

Bild 3.4-39 Prinzip des Prismen-Spektralapparates mit verschiedenen Beobachtungsarten, Erläuterung im Text

D2 Prismen-Spektralapparat

Der Prismen-Spektralapparat nach Bild 3.4-39 ist die Grundform vieler technisch realisierter Geräte. Je nach Auswertung der Spektren unterscheidet man verschiedene Typen von Spektralapparaten:

Beim Spektroskop wird das Spektrum über ein Okular visuell betrachtet. Eine eingeblendete Skala erlaubt eine grobe Wellenlängenmessung (Spektrometer). Der Spektrograph ermöglicht die Belichtung photographischer Schichten in der Bildebene, mit deren Hilfe Spektren quantitativ ausgewertet werden können. Beim lichtelektrisch registrierenden Spektrometer wird ein schmaler Teil des Spektrums mit einem Austrittsspalt ausgeblendet, dessen Strahlstärke photoelektrisch gemessen und registriert. Spektren und Austrittsspalt sind gegeneinander beweglich. Der Monochromator ist ein Spektralapparat zur Herstellung von Licht einheitlicher Wellenlänge. Als Prismenmaterial kommen viele Gläser und Kristalle in Frage. Grundsubstanzen: Glas mit hoher Dispersion für das sichtbare Spektralgebiet; Quarz mit geringerer Dispersion für den Wellenlängenbereich 200 nm bis 2 μm, Alkalihalogenidkristalle (z.B. Steinsalz) für das fernere Infrarotgebiet.

D3 Fraunhofer-Linien

Fraunhofer entdeckte im Sonnenspektrum die nach ihm benannten dunklen Linien, welche durch stellenweise Absorption von aus dem Inneren der Sonne kommenden Licht mit kontinuierlicher spektraler Verteilung durch glühende Gase an der Sonnenoberfläche erzeugt werden. Die wichtigsten Fraunhofer-Linien sind in Tabelle 3.4-2 zusammengestellt:

Tabelle 3.4-2 Wichtige Fraunhofer-Linien

Wellenlänge (nm)	hervorgerufen durch	Farbe	Bezeichnung
762,082	O_2		A
759,38	O_2		A'
718,45	H_2O	rot	a
686,996	O_2		B
656,279	H		C
589,592	Na	orange	D_1
588,995	Na		D_2
587,561	He		d
526,954	Fe	grün	E_2
486,132	H		F
434,046	H	blau	G'
430,790	Fe		G
430,774	Ca		G
410,17	Hg		h
396,847	Ca	violett	H
393,367	Ca		K

D4 Quantitative Beschreibung der Brechungsdispersion

Die Fraunhofer-Linien werden für Brechzahl- und Dispersionsangaben benutzt. Die Brechzahl n wird oft für die Wellenlänge einer Fraunhofer-Linie angegeben, z.B. $n_F = n\,(\lambda_F = 486{,}132$ nm$)$. Die Differenz der Brechzahlen in einem bestimmten Spektralgebiet, z.B. $n_G - n_F$, heißt partielle Dispersion. Überstreicht das Spektralgebiet das ganze sichtbare Spektrum, so heißt die Brechzahldifferenz totale Dispersion, $n_H - n_A$.

Die zur Auswahl von Glassorten benutzte mittlere Dispersion (Grunddispersion) ist $n_F - n_C = D_g$. Eine für Berechnungen übliche Größe für die Dispersion eines Glases ist die Abbe-Zahl

$$\nu_A = (n_d - 1)/D_g.$$

Brechzahlen und Abbe-Zahlen verschiedener Stoffe in Tabelle 3.4-3.

Tabelle 3.4-3   Brechzahl und Abbe-Zahl
für verschiedene Stoffe für die d-Linie bzw. (+) für die Mitte von D_1 und D_2 ($\lambda = 589,3$ nm)

Werkstoff	Brechzahl n	Abbe-Zahl ν_A
Optische Gläser		
Fluor-Kron (FK 3)	1,4645	65,7
Phosphat-Kron (PK 1)	1,5038	66,7
Phosphat-Schwerkron (PSK 1)	1,5477	62,9
Bor-Kron (BK 7)	1,5163	64,0
Barit-Leichtkron (Bal K 3)	1,5183	60,3
Kron (K 3)	1,5182	59,0
Zink-Kron (Z K 7)	1,5080	61,0
Barit-Kron (Ba K 4)	1,5688	56,0
Schwerst-Kron (S K 16)	1,6204	60,3
Kron-Flint (K F 4)	1,5336	51,6
Barit-Leicht-Flint (Ba L F 4)	1,5796	53,9
Schwer-Kron (SS K 5)	1,6584	50,8
Doppel-Leicht-Flint (LL F 2)	1,5407	47,2
Barit-Flint (Ba F 4)	1,6056	43,9
Leicht-Flint (L F 5)	1,5814	40,8
Flint (F 2)	1,6200	36,3
Barit-Schwer-Flint (Ba SF 1)	1,6261	39,1
Schwer-Flint (S F 6)	1,8052	25,5
Kurz-Flint (Kz F 2)	1,5294	25,5
Sondergläser PK S 1	1,5173	69,6
SFS 1	1,9229	20,9
Andere Stoffe		
Plexi-Glas ®	1,44	55
Quarzglas	1,485+	65,0
Kristallisierter Quarz		
ordentlicher Strahl	1,5443+	69,8
außerordentlicher Strahl	1,5334+	68,6
Kalkspat		
ordentlicher Strahl	1,6584+	48,9
außerordentlicher Strahl	1,4864+	68,2
Steinsalz	1,5443+	42,8
Sylvin	1,4904+	44,2
Flußspat	1,4342+	95,6
Wasser	1,33+	56,0
Schwefelkohlenstoff	1,6255+	18,5
Äthylalkohol	1.3623+	59,3
Iso-Chinolin	1,6233+	216,0
Chinolin	1,6245+	20,2
α-Chlornaphthalin	1,6332+	15,6
cis-Diphenylbutadien	1,6347	13,3
Methyl-iso-butyl-cyclo-propyl-carbinol	1,4441+	141,0

D 5   An das sichtbare Gebiet grenzende Spektralbereiche

Der Spektralapparat hat die Entdeckung und Erforschung der Strahlungsarten ermöglicht, die wellenlängenmäßig an das sichtbare Spektralgebiet anschließen. Der kurzwellige Nachbarbereich heißt Ultraviolett, der langwellige Infrarot.

D 51   Ultraviolett [37]. Ultraviolette (UV-) Strahlung liegt im Wellenlängenbereich zwischen 400 nm und 10 nm. Der Bereich zwischen 400 nm und 180 nm heißt nahes UV, auch Quarz-UV, da für optische Abbildungen Quarzbauteile anstelle von Glasbauteilen genügen. Der anschließende Bereich heißt fernes UV, auch Vakuum-UV, weil die ferne UV-Strahlung stark von Luft absorbiert wird und daher mit evakuierten Geräten gearbeitet werden muß. Abbildungen erfolgen hier mit Hilfe von Spiegeln.

Intensive Quellen für UV-Strahlung sind die Sonne, der Kohlebogen und verschiedene Typen von Quecksilber- und Wasserstofflampen. Als UV-Strahlungsempfänger eignen sich photoelektrische Empfänger (**3.3 C**). Zur Sichtbarmachung von UV-Strahlengängen benutzt man photolumineszenzfähige Leuchtstoffe [H 03].

D 52 Infrarot [4]. Infrarote (IR-) Strahlung liegt im Wellenlängenbereich zwischen 750 nm und etwa 1 mm. Strahlung im sehr langwelligen Bereich um 1 mm ist mit elektrischen Verfahren herstellbar. Das nahe IR-Gebiet reicht bis etwa 3 μm, das mittlere von 3 μm bis 25 μm. Daran schließt sich das ferne IR an.

Jeder Körper emittiert IR-Strahlung. Für das nahe IR finden z. B. Metallfadenglühlampe, Auerbrenner, Nernststift als intensive IR-Strahlungsquellen Anwendung. Als IR-Strahlungsempfänger eignen sich Thermoelemente, Bolometer sowie gewisse Halbleiterdetektoren.

D 6 Farbfilter

Der Aussonderung bestimmter Spektralbereiche dienen neben Monochromator (**D 2**) und Interferenzfilter (**3.5 A 44**) Filter aus gefärbtem Glas. Man unterscheidet

a) Filter mit kurzwelliger oder langwelliger Grenzwellenlänge, unterhalb bzw. oberhalb derer sie keine Strahlung durchlassen (Kantenfilter); Bild 3.4-40 zeigt einige Durchlaßkurven für Filter mit scharfer kurzwelliger Kante,

b) Kombinationen solcher Filter, die, wie oft erwünscht, nur einen engen Spektralbereich durchlassen,

c) Filter, die den Lichtstrom in einem großen Spektralbereich gleichmäßig schwächen.

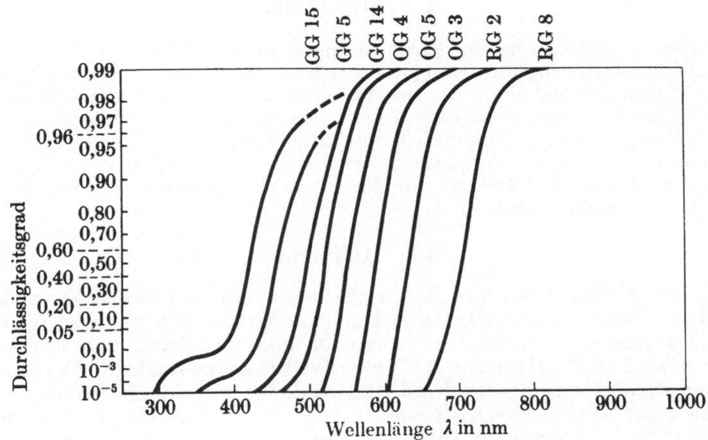

Bild 3.4-40 Durchlaßkurven von Glasfiltern (Schott und Gen.) mit kurzwelliger Kante für das sichtbare Spektralgebiet (Filterdicke 3 mm)

3.5 Wellenoptik [1], [9]

Die Wellenoptik beschreibt das Licht als transversale elektromagnetische Welle. Die Wellennatur folgt aus den Interferenzerscheinungen, die Transversalität aus der Polarisierbarkeit. In einer Lichtwelle schwingt die elektrische und eine damit gekoppelte magnetische Feldstärke periodisch und mit gleicher Frequenz. Wegen der Kopplung werden im Folgenden zur Vereinfachung jeweils nur die Schwingungen der elektrischen Feldstärke behandelt. Der Vektor der elektrischen Feldstärke $\mathfrak{E}$, der magnetischen Feldstärke $\mathfrak{H}$ und die Ausbreitungsrichtung der Welle $\mathfrak{C}$ stehen aufeinander senkrecht (Bild 3.5-1). Wie jede Welle wird auch die Lichtwelle durch Frequenz, Ausbreitungsgeschwindigkeit (Wellenlänge), Amplitude und Phase charakterisiert.

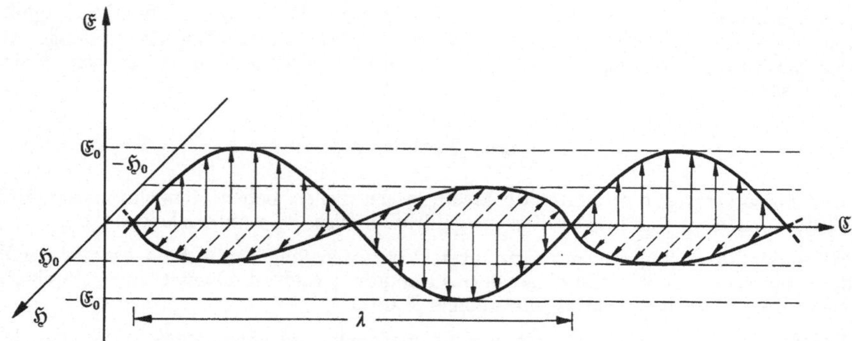

Bild 3.5-1   Vektor der elektrischen Feldstärke $\mathfrak{E}$, der magnetischen Feldstärke $\mathfrak{H}$ und der Ausbreitung $\mathfrak{C}$ einer elementaren Lichtwelle der Wellenlänge λ

A. Interferenz

Interferenzen entstehen bei der Überlagerung mehrerer Wellenzüge. Durch vektorielle Addition der einzelnen Amplituden an jeweils gleichen Orten und zu jeweils gleichen Zeiten erhält man Amplitude und Form der zusammengesetzten Welle. Je nach Phasenlage und Amplitudenhöhe der Einzelwellen kann Amplitudenverstärkung, -gleichheit, -schwächung oder -auslöschung auftreten. Räumlich feststehende, beobachtbare Interferenzerscheinungen treten an Lichtwellen nur auf, wenn kohärente Wellenzüge interferieren. Es erscheinen dann räumlich abwechselnd helle und dunkle Bereiche, während jede Welle für sich konstante Helligkeit ergeben würde.

A1   Kohärenz

Wellenzüge gleicher Frequenz, die an gleichen Orten zu gleichen Zeiten konstante Phasendifferenz haben, bezeichnet man als kohärent. Kohärente Wellenzüge kann man durch Teilung eines einheitlichen Wellenzuges erhalten, z. B. durch Spiegel, Prismen o. ä. Interferenzen sind bei Überlagerung kohärenter Wellenzüge beobachtbar. Bei einer solchen Überlagerung treten Gangunterschiede (Phasendifferenzen) von einigen bis zu sehr vielen Wellenlängen auf. Gangunterschiede von 0, 1, 2, 3, ... Wellenlängen erzeugen Interferenzen 0., 1., 2., 3., ... Ordnung. Die Kohärenzlänge, der größte Gangunterschied, bei dem noch Interferenzen auftreten, ist abhängig von der natürlichen spektralen Linienbreite (Halbwertsbreite $\Delta \nu$) der Lichtquelle mit der Frequenz ν. $\Delta \nu$ ist abhängig von der Lebensdauer τ der angeregten Zustände der lichtemittierenden Systeme (Moleküle, Atome oder Ionen). Aus $\tau \Delta \nu \approx 1$ ergibt sich für übliche Lichtquellen eine Kohärenzwellenlänge von wenigen Metern.

A2   Laser (Light Amplification by Stimulated Emission of Radiation) [38], [39]

Laser sind Lichtquellen für sehr scharf monochromatisches und gebündeltes Licht mit (viele km bis praktisch unendlich) großen Kohärenzlängen. Sie haben wegen dieser Eigenschaften große wissenschaftliche und technische Bedeutung erlangt. Laserstrahlung tritt auf, wenn in einem System mit zwei Energiezuständen $W_1 < W_2$ durch ein Strahlungsfeld der Frequenz ν $(h\nu = W_2 - W_1)$ Übergänge vom Zustand W_2 zum Zustand W_1 induziert werden. Dazu ist notwendig, daß mehr Teilchen im Zustand W_2 als im Zustand W_1 vorhanden sind. Weil diese Bedingung dem thermodynamischen Gleichgewicht widerspricht, muß durch optisches oder elektrisches „Pumpen" eine Überbesetzung des Zustandes W_2 erreicht werden. Die induzierte Emission wird durch einen optischen Resonator (zwei Spiegel), in dem die Laser-Substanz strahlt, aufgeschaukelt. Festkörper-Laser sind Kristalle (Rubin) oder Gläser (Neodymglas), in die Ionen mit geeigneten Anregungszuständen eingebaut sind (z. B. Cr^{+++} oder Ionen der Seltenen Erden). Sie werden optisch gepumpt, laufen im Impulsbetrieb und emittieren sichtbares Licht. Gas-Laser enthalten Gase oder Gasgemische, in denen zum Pumpen eine Gasentladung brennt; Dauerbetrieb, sichtbares Licht. Halbleiter-Laser sind Halbleiterdioden (III-V-Verbindungen, z. B. GaAs) bestimmter Geometrie, sie werden durch elektrischen Stromfluß gepumpt. Dauerbetrieb, Infrarot.

A3   Welleneigenschaften

A31   Phasengeschwindigkeit (Wellengeschwindigkeit) ist die Ausbreitungsgeschwindigkeit der Phase einer monochromatischen Welle. Die Phasengeschwindigkeit c einer Lichtwelle ist von λ und vom Medium abhängig, in dem sie sich ausbreitet (Dispersion). In einigen Fällen (z. B. in Natrium, Silber, Gold) ist $c > c_0$. Dies ist kein Widerspruch zur Relativitätstheorie, welche nur verlangt, daß eine Signalgeschwindigkeit $< c_0$ sein muß. Eine exakt monochromatische unendlich lange Welle gleichbleibender Amplitude kann wegen der Ununterscheidbarkeit der einzelnen Wellenschwingungen kein Signal übertragen. Als Signale kommen Wellenfronten oder Maxima einzelner Wellenzüge von endlicher Länge (Wellentheorie) bzw. Photonen (Teilchentheorie) in Frage.

A32   Gruppengeschwindigkeit. Um einen Wellenzug von endlicher Länge zu erhalten, müssen Wellen verschiedener Wellenlängen überlagert werden. Eine solche Wellengruppe ist aus einem kontinuierlichen Spektrum von Wellenlängen zusammengesetzt. An der Stelle, an der sich die Einzelwellen phasengleich überlagern, hat die Wellengruppe ein Intensitätsmaximum. Die Bewegungsgeschwindigkeit dieses Maximums heißt Gruppengeschwindigkeit u. Im Vakuum (keine Dispersion) ist $u = c = c_0$. In Medien mit $c = c(\lambda)$ ist in der Regel $u < c$, jedoch immer $u < c_0$.

A33   Huygens-Prinzip ist ein formelles, hypothetisches Hilfsmittel zur Beschreibung der Wellenausbreitung im Raum. Es besagt, daß jeder Punkt eines Raumes, in dem sich eine Welle ausbreitet, Ausgangspunkt einer neuen elementaren Kugelwelle gleicher Frequenz und Phase ist. Die gesamte Wellenform ist eine Interferenzerscheinung der Elementarwellen. Aus diesem Prinzip ergeben sich formell die Beugungserscheinungen (Bild 3.5-2).

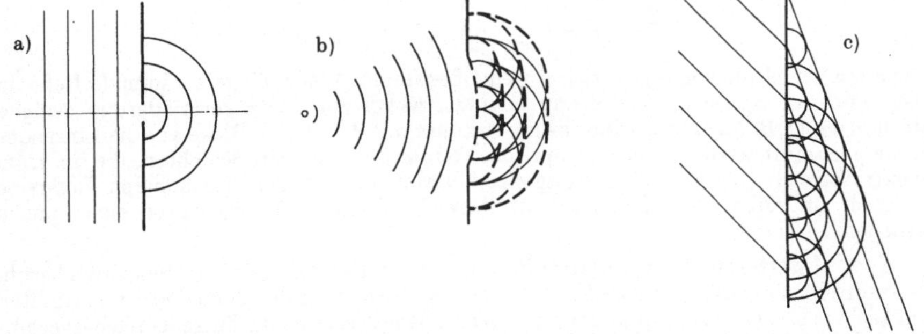

Bild 3.5-2   Zum Huygens-Prinzip: a) ebene Welle an punktförmiger Blende, b) Kugelwelle an ausgedehnter Blende, c) Brechung von Wellenfronten durch verschiedene Ausbreitungsgeschwindigkeiten

A4   Spezielle Interferenzerscheinungen

A41   Stehende Lichtwellen. Eine elementare Interferenzerscheinung ist die stehende Welle; sie kann auch mit Lichtwellen erzeugt werden und entsteht durch Überlagerung zweier entgegengesetzt laufender Wellenzüge gleicher Wellenlänge und Amplitude, z. B.

durch Überlagerung einer an einem Spiegel reflektierten Welle mit der auf den Spiegel zulaufenden Welle. Knotenpunkte mit maximaler Auslöschung entstehen dann im Abstand $\lambda/2$. Bei einer Reflexion am optisch dichten Mittel entsteht ein Phasensprung von $\lambda/2$. An der reflektierenden Fläche liegt dann ein Knoten. Bei Reflexion am dünneren Mittel tritt kein Phasensprung auf, an der Fläche liegt dann ein Wellenbauch. Stehende optische Wellen lassen sich durch extrem dünne photographische Schichten nachweisen.

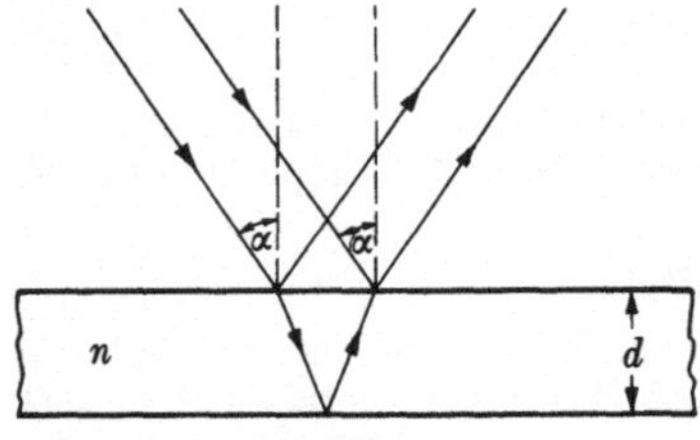

Bild 3.5-3
Interferenz an einer planparallelen Platte

A 42   Interferenz an planparallelen Platten. Ein paralleler monochromatischer Lichtstrahl falle gemäß Bild 3.5-3 unter dem Winkel α auf eine planparallele Platte (Dicke d, Brechzahl n). Die an der Vorder- und Rückseite der Platte reflektierten Wellenzüge interferieren dann (im Unendlichen) mit einem Gangunterschied

$$\Delta = 2d \sqrt{n^2 - \sin^2 \alpha} + \lambda/2 . \tag{1}$$

Der Gangunterschied $\lambda/2$ ergibt sich aus dem Phasensprung, den die Welle bei Reflexion am optisch dichteren Medium (Vorderfläche) erleidet. Bei festem λ und d hängt Δ nur von α ab. Verstärkung in der Ausfallsrichtung tritt auf für $\Delta = m\lambda$ (m ganze Zahl), Auslöschung für $\Delta = (2m + 1)\lambda/2$. Als Resultat erscheinen (im Unendlichen) **Streifen gleicher Neigung**, welche mit einem auf ∞ eingestellten Instrument beobachtbar sind.

Interferenzen an keilförmigen Platten werden in gleicher Weise berechnet. Die Interferenzstreifen sind hier **Streifen gleicher Dicke**. Da die an Vorder- und Rückseite reflektierten Lichtstrahlen unter verschiedenen Winkeln reflektiert werden, werden die Interferenzerscheinungen besonders bei variablem α kompliziert.

Sehr dünne, mit der Lichtwellenlänge vergleichbare Schichten liefern durch Interferenz bei Beleuchtung mit weißem Licht die **Farben dünner Blättchen**.

A 43   Optische Vergütung. Für $\alpha = 0$ (senkrechter Einfall) ergibt sich maximale Reflexion bei

$$d = \frac{1}{4} \frac{\lambda}{n}, \qquad \frac{3}{4} \frac{\lambda}{n}, \qquad \frac{5}{4} \frac{\lambda}{n}, \ \cdots$$

Auslöschung findet statt für

$$d = \frac{1}{2} \frac{\lambda}{n}, \qquad \frac{2}{2} \frac{\lambda}{n}, \qquad \frac{3}{2} \frac{\lambda}{n}, \ \cdots$$

Für diese Schichtdicken ergibt sich für eine bestimmte Wellenlänge λ minimale Reflexion. Dies wird zur optischen Vergütung benutzt, wobei zur Reflexverminderung geeignete Substanzen (z. B. Magnesiumfluorid) im Vakuum mit definierter Dicke auf die Linsenoberfläche gedampft werden. Für lichtoptische Geräte benutzt man Schichten, die im grünen Spektralbereich die Reflexion weitgehend verhindern. Wegen der höheren Reflexionsfähigkeit im roten und blauen Spektralbereich zeigen solche Schichten einen purpurfarbenen Schimmer.

A 44   Interferenzfilter. Auf dem Prinzip der Interferenz an dünnen Schichten beruhen die Interferenzlinienfilter. In der Praxis werden zur Erhöhung der Reflexion des auszufilternden Lichtes Mehrfachschichten benutzt. Der transmittierte Wellenlängenbereich ist schmal. Er wird charakterisiert durch die Halbwertsbreite, das ist die Differenz der Wellenlängen, bei welchen der Transmissionsgrad auf die Hälfte des maximalen bei der Wellenlänge λ_0 abgefallen ist. Übliche Interferenzfilter haben Halbwertsbreiten von etwa 10 nm bis 50 nm. Maximale Transmissionsgrade bei λ_0 gehen bis etwa 40%. Reine Interferenzfilter sind durchlässig, für Wellenlängen $\lambda = m\lambda_0$ (m ganzzahlig). Daher werden meist Kombinationen von Interferenzfiltern mit Farbgläsern zur Vorfilterung angewendet. Eine Sonderform ist das Verlaufsfilter, bei dem die Schichten keilförmig aufgebracht sind. λ_0 ist hier längs des Filters kontinuierlich variabel.

A5 Interferometrie [5], [6]

Interferometer sind optische Meßgeräte, welche die Interferenz von Lichtwellenzügen als Meßgrundlage haben. Interferenzspektroskope sind Spektralapparate höchster Auflösung, z. B. für Feinstrukturuntersuchungen an Spektrallinien. Bei diesen Geräten wird die Interferenz paralleler monochromatischer Lichtbündel mit sehr großem Gangunterschied benutzt. Das Auflösungsvermögen eines Interferenzspektroskops für zwei noch trennbare Wellenlängen im Abstand $\Delta\lambda$ ergibt sich aus der Ordnung der Interferenz m und der Zahl N der interferierenden Teilbündel:

$$\lambda/\Delta\lambda = mN.$$

A51 Fabry-Perot-Interferenzspektroskop

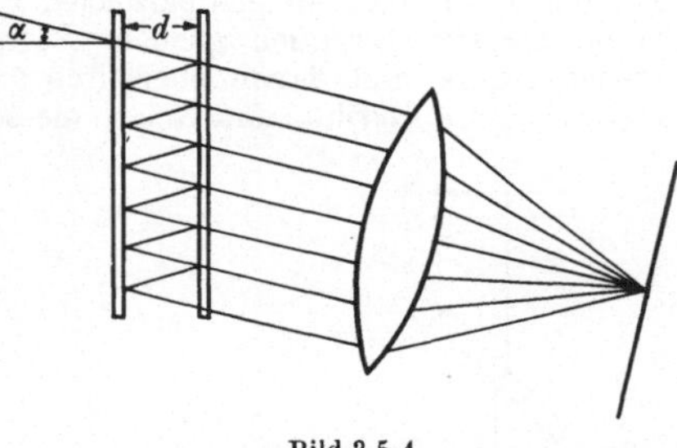

Bild 3.5-4
Prinzip des Fabry-Perot-Interferenzspektroskops

A51 Fabry-Perot-Interferenzspektroskop besteht aus zwei hochreflektierenden, schwach lichtdurchlässigen, planparallelen Silberschichten im Abstand d, die auf schwach keilförmige Glasplatten gebracht sind. Ein einfallender kohärenter, paralleler Lichtstrahl wird vielfach zwischen den Platten reflektiert (Bild 3.5-4). Als Folge treten aus dem Gerät mehrere Bündel mit hohem Gangunterschied, die mit einer Sammellinse gebündelt und z. B. auf einem Schirm zur Interferenz gebracht werden. Summation aller Teilstrahlen, d. h. maximale Helligkeit tritt auf bei Einfallswinkeln α, für die

$$d\cos\alpha = m\lambda/2 \qquad (m \text{ ganzzahlig})$$

gilt.

Bei punktförmiger Lichtquelle ergeben sich als Interferenzfigur scharf begrenzte konzentrische Kreise.

Beim Fabry-Perot-Interferenzspektroskop ist das die Gangunterschiede erzeugende Element eine planparallele Luftplatte. Die Plattendicke d ist oft mikrometrisch verstell- und justierbar. Ist d nicht variabel, spricht man von einem **Fabry-Perot-Etalon**. Das Auflösungsvermögen geht bis 10^7.

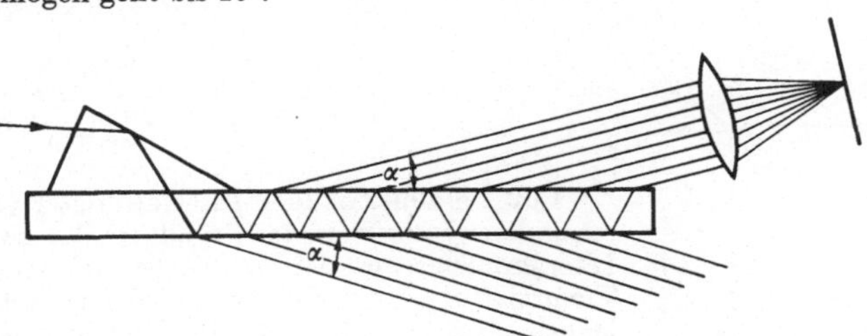

Bild 3.5-5 Die Lummer-Gehrke-Platte als Interferenzspektroskop

A52 Lummer-Gehrcke-Interferenzspektroskop benutzt als Interferenz erzeugendes Element eine planparallele Glasplatte höchster Qualität (Lummer-Gehrcke-Platte). Das Licht tritt über ein aufgekittetes Prisma (Bild 3.5-5) in die Platte ein und wird mehrfach, nahezu unter dem Grenzwinkel für Totalreflexion gespiegelt. Bei jeder Reflexion tritt nur ein geringer Teil des Lichtstreifens aus der Platte und wird durch eine Sammellinse zur Interferenz gebracht.

Das Multiplex-Interferenzspektroskop ist eine Kombination zweier Plattenspektroskope verschiedener Plattendicken. Es ergibt eine wesentliche Verschärfung der Interferenzerscheinungen und höhere Dispersion.

A 6   Interferenzlängenmessung

Verschiedene Methoden zur Messung von Strecken nutzen Interferenzerscheinungen an planparallelen oder keilförmigen Platten aus. Die beobachteten Interferenzstreifen sind daher immer Streifen gleicher Neigung bzw. Dicke.

A 61   Michelson-Interferometer ist eine Grundform für verschiedene Interferometertypen (Bild 3.5-6). Das einfallende monochromatische Licht wird mit einer halbdurchlässigen Trennplatte Tr in zwei Teile gespalten. Ein Teil geht durch Tr hindurch, wird am Spiegel S_1 und an Tr in die Ausfallrichtung reflektiert. Der zweite Teilstrahl wird erst an Tr und am Spiegel S_2 reflektiert und läuft dann durch Tr in die Ausfallrichtung. Die Kompensationsplatte K macht die Lichtwege in beiden Zweigen gleich. Sind S_2 und das Spiegelbild S_1' parallel, so werden in Ausfallrichtung Interferenzen gleicher Neigung beobachtet (Interferenz an planparallelen Platten). Sind S_2 und S_1' gegeneinander geneigt, werden Interferenzstreifen gleicher Dicke beobachtet. Anwendungen des Michelson-Interferometers und davon abgeleiteter Interferometertypen sind z. B. der Metervergleich sowie die Absolut- und Relativmessung von Endmaßen.

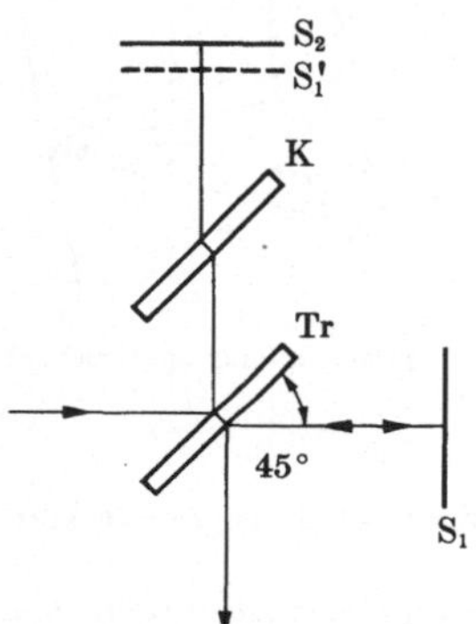

Bild 3.5-6   Prinzip des Michelson-
             Interferometers

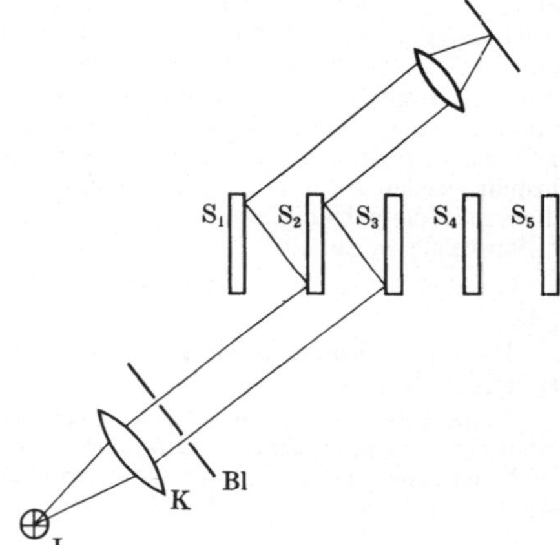

Bild 3.5-8
Prinzip des Väisälä-Interferometers zur schrittweisen interferometrischen Vermessung größerer Strecken

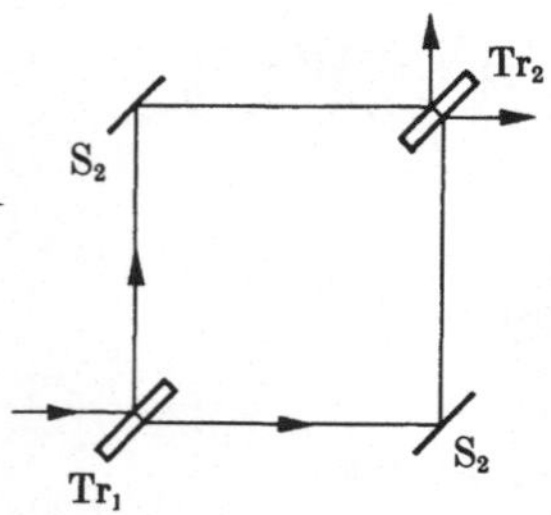

Bild 3.5-7   Prinzip des Mach-
Zehnder-Interferometers

A 62   Mach-Zehnder-Interferometer (Bild 3.5-7) ist ein anderer Interferometer-Grundtyp. Wie beim Michelson-Interferometer wird der einfallende Lichtstrahl durch eine Trennplatte geteilt. Die anschließende Reflexion erfolgt jedoch unter 90°. Eine zweite Trennplatte vereinigt die nun interferenzfähigen Teilstrahlen. Das Mach-Zehnder-Interferometer hat zwei Ausgänge.

Beim Michelson- und beim Mach-Zehnder-Interferometer wird der zu untersuchende Körper in einen der Teilstrahlen gebracht oder tritt an die Stelle eines der Spiegel.

A 63   Väisälä-Interferometer erlaubt die Längenmessung großer Strecken mit einer Genauigkeit von ca. 10^{-7} (Bild 3.5-8). Von einer Lichtquelle L gehen über einen Kollimator K und eine Doppelblende Bl zwei Teilbündel über die Spiegel S_2, S_1 bzw. S_3, S_2. Gleiche Spiegelabstände werden durch Phasenabgleich der Teilbündel nach Reflexion eingestellt. Die Längenbasis (Spiegelabstand $S_1 S_2$) wird durch Endmaße bestimmt. Größere Strecken werden durch schrittweise Wiederholung (S_4, S_5, ...) aufgebaut.

A 64   Laser-Interferometer [50]. Wegen der notwendigen räumlichen Kohärenz und der relativ kurzen Kohärenzlänge der Lichtbündel müssen die Lichtwege bei den klassischen Interferometern gleich lang sein und annähernd zusammenfallen. Dies erfordert höchste Präzision bei der Herstellung und Justierung der Interferometerbauteile. Dieser Nachteil wird bei Laser-Interferometern weitgehend umgangen. Diese Geräte nutzen die praktisch unendliche Kohärenzlänge eines Lasers als Lichtquelle aus. Der Referenzstrahl kann dann eine völlig andere Länge als der Meßstrahl haben, was den Aufbau des Interferometers vereinfacht.

A 7   Interferenzmikroskop

Kombination von Mikroskop und Interferometer. Es zeigt das vergrößerte Bild eines Mikroobjektes mit überlagerten Interferenzerscheinungen und erlaubt die Bestimmung von geometrischen Größen, von Brechzahlen, Phasensprüngen des Lichts bei Reflexion und Kombinationen dieser Größen.

B. Beugung [3]

Unter Lichtbeugung versteht man eine durch die Wellennatur des Lichts hervorgerufene Abweichung von der geradlinigen Lichtausbreitung, wenn diese nicht durch Reflexion oder Brechung bedingt ist. Beugungserscheinungen treten an Hindernissen (Blenden) für eine sich im Raum ausbreitende Welle auf. Nach dem Huygens-Prinzip (**A 33**) ist eine Lochblende oder die Kante einer ausgedehnten Blende Ausgangspunkt von Kugelwellen. Von einer Blende wird daher kein scharfer Schatten entworfen. **Fraunhofer-Beugung** tritt auf an Wellen mit ebenen parallelen Fronten. Das Licht kommt von einer Quelle im Unendlichen oder ist durch einen Kollimator parallelisiert worden. **Fresnel-Beugung** tritt an Kugelwellen mit endlichen Krümmungsradien (konvergenten oder divergenten Lichtbündeln) auf. Für jede Beugung gilt das **Babinet-Theorem**. Danach sieht das Beugungsbild einer Öffnung in einem Schirm genauso aus wie das Beugungsbild eines Schirms, der dieselbe Form wie die Öffnung hat (z. B. Runde Blende – runder Schirm; Spalt–Draht). Die Bedeutung des Theorems liegt in der Möglichkeit, die Beugung an Öffnungen bei Beobachtung und Berechnung auf die Beugung an Schirmen zurückzuführen und umgekehrt.

Im Folgenden werden einige Beugungserscheinungen behandelt, bei denen wegen der größeren Bedeutung paralleler Lichteinfall vorausgesetzt wird (Fraunhofer-Beugung). Sie werden meist in der Brennebene einer hinter dem beugenden Element angebrachten Linse beobachtet.

B 1   Beugung am Doppelspalt

Ein paralleles monochromatisches Lichtbündel falle nach Bild 3.5-9 auf zwei parallele Spalte im Abstand g, deren Verbindungslinie senkrecht auf der Einfallsrichtung steht. Die in Einfallsrichtung weiterlaufenden ungebeugten Einzelstrahlen sind phasengleich und ergeben, durch eine Linse gesammelt, auf einem Schirm durch Amplitudenaddition einen hellen Streifen (Interferenz nullter Ordnung). Teile des durch den Doppelspalt gelangenden Lichts werden jedoch in alle Richtungen gebeugt. Haben parallel gebeugte Wellenzüge einen Gangunterschied

$$\Delta = (2\,m + 1)\,\lambda/2 \qquad (m \text{ ganzzahlig}),$$

so löschen sie sich auf dem Schirm durch Interferenz aus. Beträgt der Gangunterschied $\Delta = m\lambda$, so tritt auf dem Schirm ein Streifen maximaler Helligkeit auf. Gemäß Bild 3.5-9 ergeben sich Auslöschungen für die Beugungswinkel α aus

$$(2\,m + 1)\,\lambda/2 = g \sin \alpha, \tag{1}$$

größte Verstärkung für die Winkel α aus

$$m\lambda = g \sin \alpha. \tag{2}$$

Aus dieser Betrachtung geht das Grundprinzip von Interferenzen an Blenden hervor. Dem aus hellen Hauptstreifen bestehenden Interferenzbild des Doppelspalts sind jedoch die etwas schwächeren Interferenzfiguren der Einzelspalte überlagert, so daß die wahre Interferenzfigur komplizierter ist.

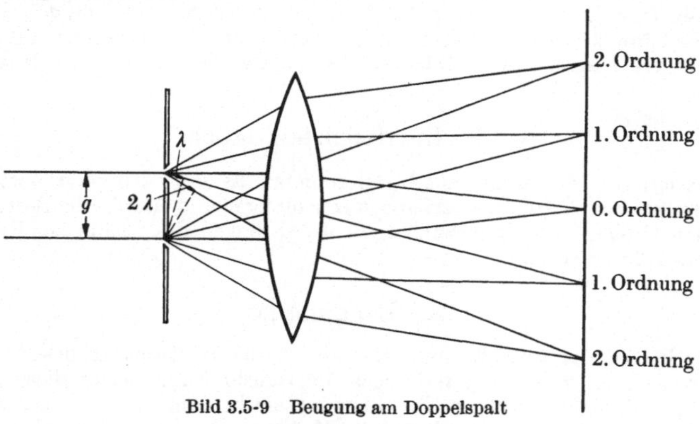

Bild 3.5-9   Beugung am Doppelspalt

B2   Beugung am einzelnen Spalt

Ein Spalt der Breite d werde mit einem parallelen monochromatischen Lichtbündel beleuchtet. Die Spaltbreite d sei in viele kleine Elementarspalte gleicher Breite zerlegt, die als Ursprung von elementaren Kugelwellen anzusehen sind, von denen also Wellenzüge in allen Richtungen ausgehen. Die Elementarspalte lassen sich zusammenfassen zu Gruppen von x Elementarspalten im Abstand d/x. Wie beim Doppelspalt erhält man auch bei einer Schar von elementaren Spaltgruppen Auslöschung von 2 benachbarten Strahlen mit dem Gangunterschied $\lambda/2$, wenn

$$\lambda/2 = g \sin \alpha = d/x \sin \alpha$$

gilt.

Für den Fall einer geraden Zahl von Elementarspalten ($x = 2m$) tritt in der aus (1) (B1) errechenbaren Beugungsrichtung α völlige Auslöschung ein. Es gilt für Auslöschung

$$\lambda/2 = d/2\,m \sin \alpha, \qquad m\lambda = d \sin \alpha.$$

Für den Fall einer ungeraden Zahl von Elementarspalten ($x = 2\,m + 1$) tritt durch Interferenz jeweils benachbarter $2\,m$ Strahlen Auslöschung ein. Der übrigbleibende Strahl ohne Interferenzpartner erzeugt jedoch auf dem Schirm ein Helligkeitsmaximum. Für das Maximum gilt

$$\frac{\lambda}{2} = \frac{d}{2\,m+1} \sin \alpha, \qquad \left(m + \frac{1}{2}\right) \lambda = d \sin \alpha.$$

Als Folge dieser Interferenzen wird auf den Schirm das Interferenzbild des einzelnen Spaltes erzeugt: Neben einer hellen Linie (Interferenz nullter Ordnung) sind abwechselnd dunkle und helle Interferenzstreifen in gleichen Abständen angeordnet. Die Intensität nimmt nach außen hin steil ab.

Zwischen dem einfallenden Strahlungsfluß Φ_e^0 und dem Strahlungsfluß Φ_e^α nach der Beugung besteht die Beziehung

$$\Phi_e^\alpha = C d^2 \frac{\sin^2\left(\dfrac{\pi}{\lambda} d \sin \alpha\right)}{\left(\dfrac{\pi}{\lambda} d \sin \alpha\right)^2} \Phi_e^0 \qquad (C \text{ Konstante}).$$

B 3 Beugung an der kreisförmigen Lochblende

Die Beugungsfigur einer kreisförmigen Lochblende mit dem Radius r besteht aus nicht äquidistanten konzentrischen Ringen. Dunkelheit besteht für α aus

$$\sin \alpha = \frac{z}{2\pi} \; \frac{\lambda}{r} \quad (z = 1{,}22;\ 2{,}23;\ 3{,}24;\ 4{,}24;\ \ldots).$$

Die Leuchtdichte der Maxima der hellen Ringe nimmt im Verhältnis zur mittleren „Beugungsscheibe" (Interferenz nullter Ordnung) stärker ab als beim Spalt.

B 4 Auflösungsvermögen optischer Instrumente

Die Beugung an einer kreisförmigen Blende mit dem Radius r ist von ausschlaggebender Bedeutung für das Auflösungsvermögen optischer Instrumente. Zwei Gegenstandspunkte im Winkelabstand χ sind nämlich dann noch eben trennbar, wenn ihre durch die Eintrittsöffnung des Instruments erzeugten Beugungsbilder so weit nebeneinander liegen, daß das Maximum nullter Ordnung eines Beugungsbildes mit dem ersten Minimum des zweiten Beugungsbildes zusammenfällt. Für diesen Grenzfall gilt

$$\chi_0 = \frac{1{,}22\,\lambda}{2\,r}.$$

Der Wert $1/\chi_0 = g_0$ heißt Auflösungsvermögen.

B 41 Auflösungsvermögen des Mikroskops (Abbe-Theorie). Wenn durch das Objektiv kein gebeugtes Licht ins Mikroskop gelangt, sondern nur das aus dem Kondensor kommende, als parallel angenommene, ungebeugt durch das Objekt gehende Licht (nullte Ordnung), so zeigt das Mikroskopbild keine Strukturen. Das Gesichtsfeld ist gleichmäßig ausgeleuchtet. Für Erzeugung eines Bildes müssen möglichst viele Beugungsmaxima, mindestens aber die erste Ordnung ins Mikroskop eintreten. Zur Erklärung sei als Mikroobjekt ein Doppelspalt DS angenommen (Bild 3.5-10). Das Mikroskopobjektiv O sammelt die in bestimmten Richtungen mit Gangunterschieden $m\lambda = g \sin\alpha$ austretenden Strahlen und erzeugt in der Brennebene F' die Interferenzfigur des Doppelspalts DS. Jeder Interferenzstreifen ist Ausgangspunkt einer Kugelwelle, die sich im Mikroskoptubus ausbreitet. Wird vom Objektiv nur die Interferenz nullter Ordnung erzeugt, so wird von dieser die Zwischenbildebene B gleichmäßig ausgeleuchtet. Strukturen in der Zwischenbildebene treten nur auf, wenn die Kugelwelle nullter Ordnung mit den von den Interferenzstreifen 1., 2., … Ordnung ausgehenden Kugelwellen interferieren kann. In diesem Sinne ist das sichtbare Zwischenbild DS' eine sekundäre Interferenzfigur. Zur Erzeugung einer Interferenzfigur in der Brennebene muß wenigstens auch die 1. Ordnung des am Objekt gebeugten Lichts ins Objektiv gelangen. Je kleiner der Spaltabstand g ist, desto größer ist der Beugungswinkel α für die 1. Ordnung. Dieser darf nicht größer sein als der Winkel, unter dem die Randstrahlen in die Frontlinse des Objektivs eintreten, gegeben durch die numerische Apertur $A_\mathrm{n} = n \sin\alpha$. Aus dieser Bedingung ergibt sich das optimale Auflösungsvermögen des Mikroskops $g_0 = \lambda/A_\mathrm{n}$.

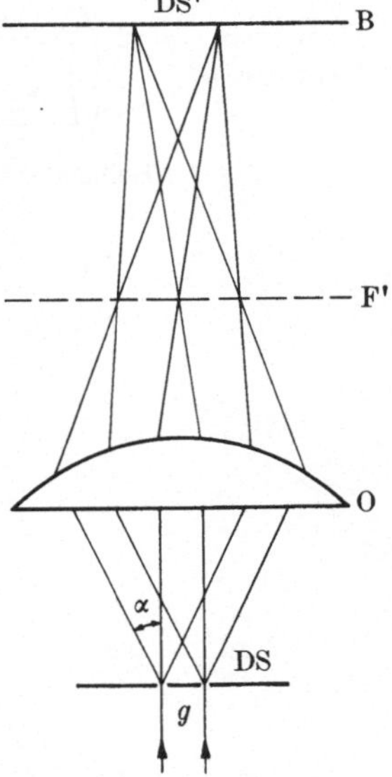

Bild 3.5-10 Zur Abbe-Theorie des Mikroskops, Erläuterung im Text

B 5 Beugungsgitter

Werden mehrere parallele Spalte äquidistant kombiniert, so ergeben sich wie beim Doppelspalt Helligkeitsmaxima gemäß

$$m\lambda = g \sin\alpha \qquad \text{(Gitterformel)}.$$

Je mehr Spalte an der Lichtbeugung beteiligt sind, um so kleiner wird der Anteil der von den einzelnen Spalten verursachten sekundären Interferenzen. Mit wachsender Spaltzahl nehmen auch Schärfe und Leuchtdichte der Hauptinterferenzlinien zu. Die Nebenlinien verschwinden praktisch vollständig. Eine Kombination sehr vieler paralleler äquidistanter Spalte (bis zu mehr als 100000) heißt Beugungsgitter, der Spaltabstand g Gitterkonstante. Gitter werden durch Ritzen von Glasplatten auf einer Teilmaschine hergestellt (Strichgitter). Die zwischen den Furchen stehenbleibenden Stege wirken als lichtdurchlässige Spalte (Transmissionsgitter) oder als spaltförmige Spiegel (Reflexionsgitter).

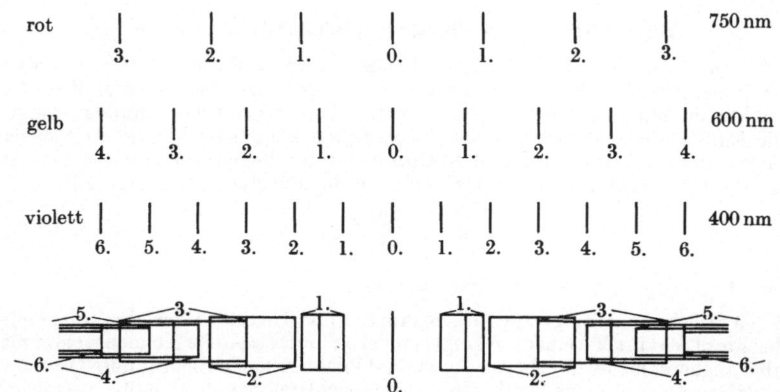

Bild 3.5-11　Schema eines aus drei sichtbaren Grundlinien bestehenden, von einem Beugungsgitter entworfenen Gesamtspektrums. Nur die Spektren 1. Ordnung sind nicht von höheren Ordnungen überlagert. An einigen Stellen fallen Linien verschiedener Ordnungen zusammen

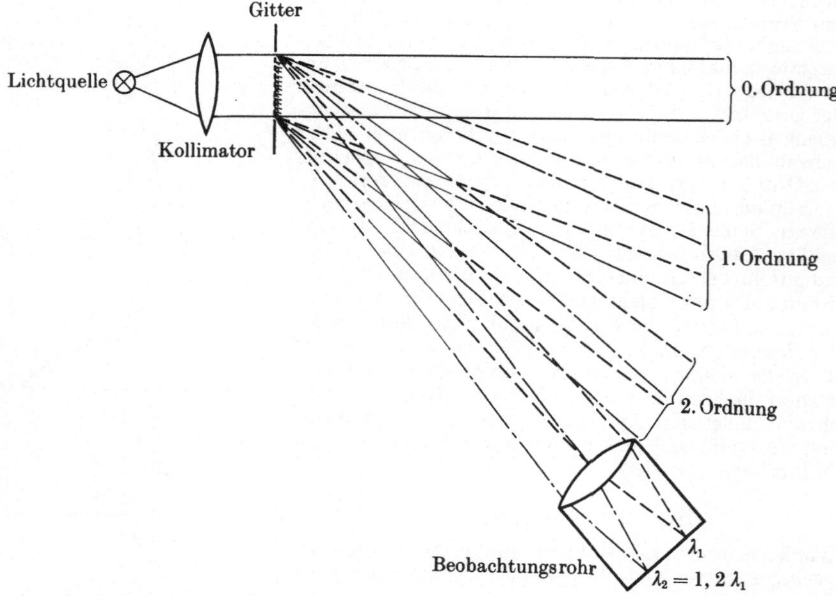

Bild 3.5-12　Prinzip eines Gitter-Spektralapparates, Beobachtung in der 3. Ordnung

Die Schärfe der Interferenzlinien macht das Beugungsgitter zu einem ausgezeichneten Mittel für Wellenlängenmessungen. Wegen dieser Eigenschaft findet es in Spektralapparaten anstelle des Primas Anwendung. Das vom Gitter entworfene Spektrum besteht aus einer Reihe farbiger Interferenzlinien (Spektrallinien). Ein Spektrum ist die Gruppe von Interferenzlinien gleicher Ordnung (Bild 3.5-11). Prisma und Gitter unterscheiden sich in zwei wichtigen Punkten:

Am Prisma wird das langwellige (rote) schwächer abgelenkt als das kurzwellige (blaue) Licht, beim Gitter umgekehrt;

beim Prisma wird nur ein Spektrum erzeugt; beim Gitter entstehen Spektren in verschiedenen Ordnungen, welche sich in den höheren Ordnungen überlappen.

Ein Gitterspektralapparat ist ein auf Beugung beruhendes Interferenzspektroskop (Bild 3.5-12). Entsprechend ist sein Auflösungsvermögen definiert durch

$$\lambda/\Delta\lambda = mN \qquad \text{(vgl. A5)}.$$

Die Zahl N der interferierenden Teilbündel ist hierbei gleich der Zahl der Gitterspalte.

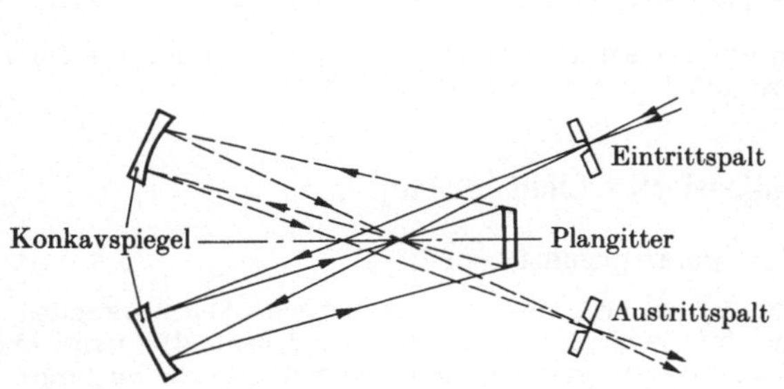

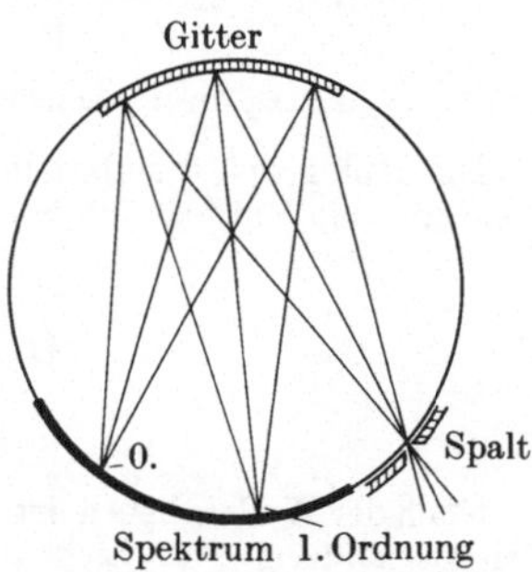

Bild 3.5-13   Spektralapparat mit planem Reflexionsgitter

Bild 3.5-14   Aufstellung des konkaven Reflexionsgitters im Rowland-Kreis

B 51   Reflexionsgitter. Wegen der unterschiedlichen spektralen Durchlässigkeit des Stoffes haben Transmissionsgitter Nachteile. Daher werden in der Spektroskopie Reflexionsgitter mit metallischer Oberfläche bevorzugt. Interferenzen treten hier zwischen den reflektierten Bündeln auf. In Spektralapparaten mit planem Reflexionsgitter werden als Kollimator und abbildendes Objektiv Konkavspiegel angewendet (Bild 3.5-13). Eine besondere Art von Reflexionsgitter ist das Konkavgitter, das zugleich beugende und sammelnde Wirkung hat. Dieses Gitter bedarf einer besonderen Aufstellung. Scharfe Abbildung des Eintrittsspalts wird erhalten, wenn Eintrittsspalt, Gitter und Bildebene auf dem Rowland-Kreis liegen; das ist ein Kreis, dessen Radius mit dem Krümmungsradius des Gitters übereinstimmt (Bild 3.5-14).

B6   Holographie

(Abbildung durch Rekonstruktion von Wellenfronten) [51]. Nach Abbe (**B 41**) kann eine optische Abbildung in zwei Schritte zerlegt werden, die Herstellung eines Beugungsbildes und die Rekonstruktion des Objektbildes aus dem Beugungsbild. Bei der Holographie laufen diese Schritte nicht wie bei einer üblichen Abbildung (Mikroskop) gleichzeitig, sondern nacheinander ab. Die Holographie ermöglicht die räumliche Abbildung räumlicher Objekte (Bild 3.5-15).

B 61   Aufnahme des Hologramms. Ein räumlich ausgedehntes Objekt O wird mit einem kohärenten monochromatischen Parallelbündel OB beleuchtet. Das Wellenfeld hinter dem Objekt besteht aus der vom Objekt durchgelassenen Welle (Schattenwurf) und den am Objekt gebeugten Wellen. Letzte enthalten die Information über die Phasenlage der Objektpunkte. Die Feststellung der Phase dieser Lichtwellen ist nicht ohne weiteres möglich. Sie gelingt jedoch durch Vergleich mit einem zum Primärbündel OB kohärenten Referenzbündel RB, welches z. B. wie in Bild 3.5-15a über ein Prisma Pr mit OB überlagert wird. Im Überlagerungsfeld wird nun an einer beliebigen Stelle mit einem Schirm das Hologramm aufgefangen. Das Hologramm ist eine kornartig, aus hellen und dunklen Stellen zusammengesetzte Interferenzfigur. Es läßt sich durch eine Photoplatte fixieren.

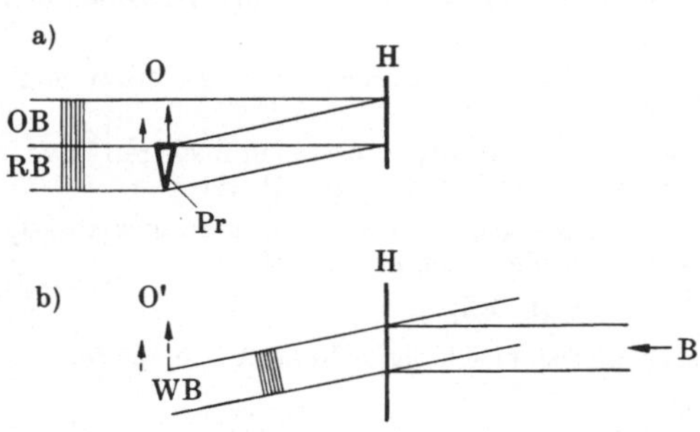

Bild 3.5-15　Prinzip der Holographie, Erläuterung im Text

B 62　Wiedergabe des Objekts. Das Hologramm wird mit einem kohärenten monochromatischen Wiedergabelichtbündel WB beleuchtet. Das Licht wird am Hologramm gebeugt und erzeugt das gleiche Wellenfeld wie das ursprünglich vom Objekt erzeugte. Ein Beobachter sieht daher bei Blickrichtung B auf den ursprünglichen Ort des Objekts an dessen Stelle ein virtuelles räumliches Bild O' des Objekts. Die Hologrammplatte erscheint dabei wie ein Fenster, hinter dem das Objekt zu sehen ist (Bild 3.5-15 b).

Die Holographie bedarf intensiver Quellen kohärenten Lichts. Deshalb hat ihre Entwicklung seit Entdeckung der Laser erhebliche Fortschritte gemacht.

C.　Polarisiertes Licht [3], [20]

C 1　Polarisationstypen

Nach der Wellentheorie ist Licht eine transversale elektromagnetische Wellenbewegung. Der Aussendung eines Lichtquants durch ein angeregtes Atom (Teilchenbild) entspricht die Aussendung eines elementaren kohärenten Wellenzuges mit einheitlicher Schwingungs- bzw. Polarisationsebene (Wellenbild). Schwingungsebene heißt die Ebene durch die Ausbreitungsrichtung, in der der elektrische Vektor der Lichtwelle schwingt. In der Ebene durch die Ausbreitungsrichtung senkrecht zur Schwingungsebene schwingt der magnetische Vektor. Diese Ebene heißt Polarisationsebene. Unpolarisiertes („natürliches“) Licht entsteht durch Überlagerung vieler elementarer Wellenzüge mit allen möglichen Polarisationsebenen und Phasenunterschieden, wie es z. B. von einem glühenden Körper ausgeht. Aus unpolarisiertem Licht läßt sich mit Polarisatoren (C 22) und anderen Hilfsmitteln Licht mit verschiedenen Polarisationszuständen erzeugen.

Linear polarisiertes Licht hat eine feste Polarisationsebene, d. h. der auf eine Ebene senkrecht zur Ausbreitungsrichtung projizierte magnetische (elektrische) Vektor bewegt sich nicht.

Elliptisch polarisiertes Licht liegt vor, wenn der projizierte Vektor der magnetischen Feldstärke eine Ellipse beschreibt. Läuft die elliptisch polarisierte Welle auf den Beobachter zu, so gibt die Drehrichtung des Vektors den Wellenzustand rechtspolarisiert oder linkspolarisiert an. Elliptisch polarisiertes Licht läßt sich aus linear polarisiertem Licht herstellen durch Einfügen einer doppelbrechenden (C 2) Kristallplatte (z. B. Glimmer) in den Strahlengang, welche zwei zueinander senkrechte linear polarisierte Teilbündel unterschiedlicher Amplitude und Phase erzeugt; diese überlagern sich zu elliptisch polarisiertem Licht.

Zirkular polarisiertes Licht ist der Spezialfall elliptisch polarisierten Lichts, bei dem sich zwei monochromatische Wellenzüge mit senkrecht aufeinander stehenden Polarisationsebenen und einer Phasendifferenz von $\lambda/4$ überlagern. Zirkular polarisiertes Licht wird durch Einfügen eines Kristallplättchens in den Strahlengang erzeugt, das eine Phasendifferenz von genau $\lambda/4$ erzeugt ($\lambda/4$-Plättchen). Es wird zur optischen Untersuchung doppelbrechender Substanzen (Kristalle, Kunststoff-Folien) benutzt.

C 2 Erzeugung linear polarisierten Lichts

C 21 Polarisation durch Reflexion. Bei der Reflexion (Einfallswinkel α) an einem Körper (Brechzahl n), z. B. an einer Glasplatte, wird unpolarisiertes Licht linear polarisiert. Der Polarisationsgrad P, gegeben durch den Anteil Φ_P des polarisierten und Φ_N des nicht polarisierten Lichtstromes,

$$P = \frac{\Phi_P}{\Phi_P + \Phi_N},$$

ergibt sich nach Reflexion zu

$$P = \frac{R_\perp - R_{||}}{R_\perp + R_{||}}.$$

Dabei ist

$$R_{||} = \frac{\Phi_{||R}}{\Phi_{||E}} = \frac{\tan^2(\alpha - \beta)}{\tan^2(\alpha + \beta)}, \qquad \sin\beta = \frac{\sin\alpha}{n},$$

$\Phi_{||E}$ einfallender Lichtstrom, Schwingungsebene parallel zur Einfallsebene,
$\Phi_{||R}$ reflektierter Lichtstrom, Schwingungsebene parallel zur Einfallsebene,

$$R_\perp = \frac{\Phi_{\perp R}}{\Phi_{\perp E}} = \frac{\sin^2(\alpha - \beta)}{\sin^2(\alpha + \beta)}, \qquad \sin\beta = \frac{\sin\alpha}{n},$$

$\Phi_{\perp E}$ einfallender Lichtstrom, Schwingungsebene senkrecht zur Einfallsebene,
$\Phi_{\perp R}$ reflektierter Lichtstrom, Schwingungsebene senkrecht zur Einfallsebene.

Der reflektierte Lichtstrom ist vollständig polarisiert ($P=1$) für $R_{||}=0$, also bei $\alpha + \beta = 90°$. Der zugehörige Einfallswinkel heißt Polarisationswinkel α_P. Er ergibt sich aus dem Brewster-Gesetz

$$\tan\alpha_P = n.$$

α_P liegt für Gläser bei etwa $55°$. Polarisation durch Reflexion ist im weiten Spektralbereich vom fernen UV bis zum fernen IR möglich.

C 22 Polarisation durch Brechung. Das nicht reflektierte, sondern unter Brechung ins Medium eintretende Lichtbündel ist teilweise polarisiert. Die Schwingungsebenen vom reflektierten und gebrochenen Strahl stehen aufeinander senkrecht. Der Polarisationsgrad läßt sich durch Mehrfachbrechung zu einem Glasplattensatz erhöhen ($P \approx 0{,}95$ bei 10 hintereinander geschalteten Glasplatten und Lichteinfall unter α_P).

C 23 Doppelbrechung [H 03]

C 231 Natürliche Doppelbrechung. Das Brechungsgesetz nach Snellius (**3.4-B 21**) gilt nur, wenn das Licht im optischen Medium in allen Richtungen die gleiche Ausbreitungsgeschwindigkeit hat. Dies gilt für Gase, Flüssigkeiten und amorphe feste Körper ohne äußere Einflüsse, jedoch nicht für Kristalle der nichtkubischen Systeme. Hier treten Anisotropien in der Ausbreitungsgeschwindigkeit auf. Als Folge spalten solche Kristalle einen einfallenden Lichtstrahl in zwei Strahlen, den ordentlichen und den außerordentlichen mit zueinander senkrechter Polarisation auf (Doppelbrechung). Als optische Achsen solcher Kristalle bezeichnet man die Richtungen, in denen die Doppelbrechung verschwindet. Der ordentliche Strahl (o) hat in allen Kristallrichtungen die gleiche Ausbreitungsgeschwindigkeit und wird normal gebrochen, entsprechend einer Brechzahl n_o. Der außerordentliche Strahl (ao) breitet sich in den verschiedenen Kristallrichtungen mit unterschiedlicher Geschwindigkeit aus. Die entsprechende Brechzahl ist daher nicht konstant. Er hat senkrecht zur optischen Achse mit dem Wert n_{ao} die größte Abweichung von n_o. n_o und n_{ao} heißen Hauptbrechzahlen (z. B. $\lambda = 527$ nm; Quarz: $n_o = 1{,}547$, $n_{ao} = 1{,}556$; Kalkspat: $n_o = 1{,}663$; $n_{ao} = 1{,}489$).

Eine Sonderform der Doppelbrechung ist der Dichroismus. Bei dieser Erscheinung werden der ordentliche und außerordentliche Strahl verschieden stark absorbiert. So absorbiert eine parallel zur optischen Achse geschnittene Turmalinplatte von 1 mm Dicke den ordentlichen Strahl fast völlig.

C 232 Polarisatoren sind optische Elemente zur Herstellung linear polarisierten Lichts. Neben gelegentlicher Ausnutzung der Polarisation durch Reflexion und Brechung werden hauptsächlich doppelbrechende Substanzen (Kalkspat) zur Konstruktion von **Polarisationsprismen** angewendet. Die Grundform eines Polarisationsprismas stammt von Nicol (Bild 3.5-16). Ein geeignet an den Stirnseiten gegen die natürlichen Spaltflächen geschliffenes Kalkspatstück ist diagonal zersägt und mit Kanadabalsam wieder zusammengekittet. Ein auf die Stirnfläche auftreffender Lichtstrahl wird in einen ordentlichen (o) und einen außerordentlichen (ao) Strahl zerlegt. Der ordentliche Strahl (Schwingungsebene senkrecht zur Zeichenebene) wird stärker gebrochen, fällt unter einem größeren Winkel als dem Grenzwinkel für Totalreflexion auf die Kittschicht und wird daher aus dem Strahlengang reflektiert. Der außerordentliche Strahl (Schwingungsrichtung in der Zeichenebene) tritt dagegen praktisch unabgelenkt aus dem Prisma. Für den Einbau ist die Schiefwinkligkeit des Nicol-Prismas nachteilig. Je nach Kristallzuschnitt und Orientierung unterscheidet man andere rechtwinklige Polarisationsprismen, die jedoch eine geringe Winkeltrennung der Teilstrahlen erreichen. Als Beispiel zeigt Bild 3.5-17 das Glan-Thompson-Prisma.

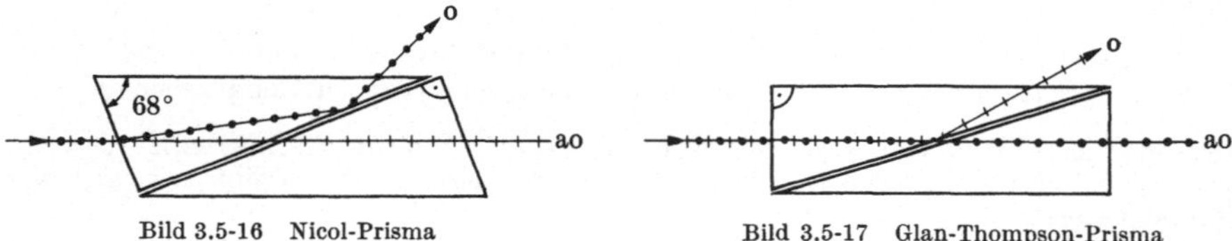

Bild 3.5-16   Nicol-Prisma   Bild 3.5-17   Glan-Thompson-Prisma

Auch die Eigenschaft dichroitischer Kristalle wird zur Herstellung von Polarisatoren verwendet. Für große Bündelquerschnitte benutzt man Kunststoffe, in die dichroitische nadelförmige Kristallite eingelagert sind. Mechanisches Strecken des Kunststoffes bewirkt Parallelausrichtung der Kristallite. Solche Filter erreichen Polarisationsgrade $P \approx 0{,}99$.

C 233 Analysatoren sind Polarisatoren zur Untersuchung von Polarisationsrichtung und -grad. Stehen die vom Polarisator und Analysator durchgelassenen Schwingungsebenen senkrecht aufeinander, so wird das vom Polarisator durchgelassene Licht vom Analysator ausgelöscht (gekreuzte Stellung). Depolarisationen oder Drehungen der Schwingungsebene durch optisch aktive Substanzen zwischen Polarisator und Analysator hellen das Gesichtsfeld auf.

C 234 Spannungsdoppelbrechung tritt an optisch isotropen Körpern auf (kubische Kristalle, spannungsfreie Gläser, Kunststoffe), wenn diese äußeren Kräften ausgesetzt werden. Diese Erscheinung bildet die Grundlage der Spannungsoptik, bei der an durchsichtigen Modellen mechanisch beanspruchter Bauelemente das Spannungsverhalten optisch mit polarisiertem Licht studiert werden kann.

C 235 Künstliche Doppelbrechung

C 2351 Kerreffekt. Beim Anlegen einer elektrischen Feldstärke E an eine vorher optisch isotrope Flüssigkeit (z. B. Nitrobenzol) wird diese anisotrop und damit doppelbrechend. Ein linear polarisierter Lichtstrahl, dessen Schwingungsebene um 45° gegen die Feldrichtung geneigt ist, ist nach Durchsetzen der Flüssigkeitsschicht der Dicke d elliptisch polarisiert. Bei gekreuzter Polarisator-Analysator-Stellung erfolgt bei Anlegen des elektrischen Feldes eine Aufhellung. Der Gangunterschied der linear polarisierten Komponenten der elliptisch polarisierten Welle ist

$$\Delta = K d E^2.$$

Dabei wird die Kerrkonstante K gemessen in m/V², E in V/m und Δ in m. Die Flüssigkeit mit höchstem bekanntem K ist Nitrobenzol: $K = 2{,}45 \cdot 10^{-12}$ m/V² bei $\lambda = 589$ nm. Der Kerreffekt wird in der Kerrzelle zur Lichtsteuerung mit hohen Frequenzen ($\nu < 10^9$ Hz) ausgenutzt. Die Kerrzelle ist ein zwischen gekreuzten Polarisatoren befindlicher, flüssigkeitsgefüllter Kondensator. Die Anordnung wird bei Anlegen einer elektrischen Spannung lichtdurchlässig.

C 2352 Cotton-Mouton-Effekt ist das magnetooptische Analogon zum elektrooptischen Kerreffekt. Hier bewirkt eine angelegte magnetische Feldstärke H (in A/m) die Doppelbrechung einer Flüssigkeit. Analog ist

$$\Delta = C d H^2,$$

C Cotton-Mouton-Konstante in m/A².

Nitrobenzol: $C = 3{,}8 \cdot 10^{-14}$ m/A², für $\lambda = 289$ nm, $\vartheta = 19{,}5\,°\mathrm{C}$.

C 3 Drehung der Polarisationsebene

Bestimmte Stoffe erzeugen, zwischen zwei gekreuzte Polarisatoren gebracht, eine Aufhellung des Gesichtsfeldes, welche sich durch Nachstellen des Analysators beseitigen läßt. Diese Stoffe drehen die Schwingungsebene des polarisierten Lichts, sie heißen optisch aktiv. Wird die Schwingungsebene für den Beobachter im (gegen) Uhrzeigersinn gedreht, so heißt der Stoff rechtsdrehend (linksdrehend). Eine linear polarisierte Welle kann aufgefaßt werden als Überlagerung zweier zirkular polarisierter Wellen mit entgegengesetztem Drehsinn. Deshalb kann man die Drehung der Polarisationsebene linear polarisierten Lichts auf unterschiedliche Brechzahlen n_r und n_l zurückführen. Die Abhängigkeit von n_r und n_l bzw. des Drehwinkels von der Wellenlänge nennt man Rotationsdispersion.

C 31 Natürliche Drehung der Polarisationsebene. Optisch aktive Kristalle werden durch den Drehwinkel $\beta(\vartheta)$ für eine Dicke von 1 mm und eine Temperatur $\vartheta\,°\mathrm{C}$ bezeichnet (z.B. Quarz: $\beta(20\,°\mathrm{C}) = 21{,}725°$ bei $\lambda = 589$ nm). Gelöste optisch aktive Stoffe kennzeichnet man durch die spezifische Drehung bei der Temperatur ϑ und der Wellenlänge λ

$$\beta(\vartheta, \lambda) = \frac{100\,\beta(\vartheta)}{d \varrho\, m_g},$$

$\beta(\vartheta)$ Drehwinkel, d Schichtdicke in dm, ϱ Dichte der Lösung, m_g Masse des gelösten Stoffs in g pro 100 g Lösung, z.B. Rohrzucker:

$$\beta(20\,°\mathrm{C},\, 589\,\text{nm}) = 66{,}4°$$

C 32 Magnetische Drehung der Polarisationsebene (Faraday-Effekt). Durch eine zur Ausbreitungsrichtung des Lichts parallele magnetische Feldstärke H kann eine optisch inaktive Substanz optisch aktiv werden. Der Drehwinkel ergibt sich zu

$$\beta = V d H.$$

Der stoffabhängige Faktor V heißt Verdet-Konstante. Sie ist positiv bei Drehung im Sinne des felderzeugenden elektrischen Stromes, sonst negativ. V zeigt auch Dispersion.

$$
\left.
\begin{array}{ll}
\text{Schwefelkohlenstoff:} & V = 0{,}0546'\,\text{m/dm A} \\
\text{Wasser:} & V = 0{,}0165'\,\text{m/dm A}
\end{array}
\right\}
\quad \text{für} \quad \vartheta = 20\,°\mathrm{C}, \quad \lambda = 589\,\text{nm}.
$$

3.6   Physiologische Optik [9]

A. Das menschliche Auge [40]

Der optische Grundaufbau des menschlichen Auges ähnelt dem einer photographischen Kamera mit Objektiv (Hornhaut, vordere Augenkammer, Linse), Blende (Iris) Verschluß (Lider) und lichtempfindlicher Schicht (Netzhaut) (Bild 3.6-1). Wegen der individuellen Unterschiede rechnet die Optik mit dem schematischen Auge nach Gullstrand.

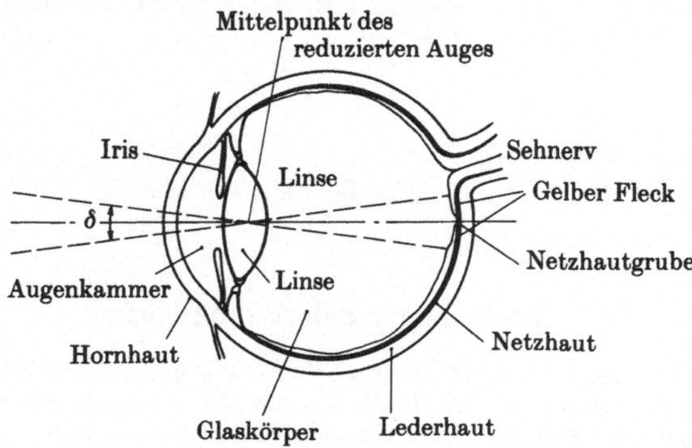

Bild 3.6-1   Halbschematischer Schnitt durch das menschliche Auge

Tabelle 3.6-1   Werte des schematischen Auges

Radien und Brechkräfte

	entspanntes Auge		maximal akkommodiertes Auge	
	Radius mm	Brechkraft dpt	Radius mm	Brechkraft dpt
Hornhaut-Vorderfläche	+ 7,8	} 43,0	+ 7,8	} 43,0
Hornhaut-Hinterfläche	+ 6,7		+ 6,7	
Linsen-Vorderfläche	+ 10,0	} 19,1	+ 6,0	} 33,1
Linsen-Hinterfläche	− 6,0		− 5,5	
Gesamtsystem	−	58,6	−	70,6

Abstände vom Hornhautscheitel

	entspanntes Auge mm	maximal akkommodiertes Auge mm
hinterer Hornhautscheitel	+ 0,5	+ 0,5
vorderer Linsenscheitel	+ 3,6	+ 3,2
hinterer Linsenscheitel	+ 7,2	+ 7,2
Netzhaut (Augenhintergrund)	+ 24,0	+ 24,0
objektseitiger Brennpunkt F	− 15,69	− 12,40
bildseitiger Brennpunkt F'	+ 24,19	+ 21,02
objektseitiger Hauptpunkt H	+ 1,35	+ 1,72
bildseitiger Hauptpunkt H'	+ 1,60	+ 2,09
vordere Brennweite f	− 17,05	− 14,17
hintere Brennweite f'	+ 22,79	+ 18,03

Brechzahlen n_d der Augenmedien

Hornhaut	1,376
Kammerwasser, Tränenflüssigkeit	1,336
Linse	1,375 ⋯ 1,406
Glaskörper	1,336

A 1   Das abbildende System

Das abbildende System ist aus verschiedenen Kugelflächen zusammengesetzt, der jeweils vorderen und hinteren Hornhaut- und Linsenfläche. Die vordere Hornhautfläche ist die am stärksten brechende Fläche des Systems. Die Öffnung (Pupille) in der Iris vor der Linse wird unwillkürlich nach den Lichtverhältnissen erweitert oder verengt, sie begrenzt das einfallende Strahlenbündel. Die zur scharfen Abbildung notwendige Anpassung des abbildenden Systems auf eine kleinere Gegenstandsentfernung geschieht durch Veränderung der Linsenform, hauptsächlich durch stärkeres Durchbiegen der vorderen Linsenfläche (Akkommodation). Im Gegensatz zum Photoapparat, wo zu diesem Zweck die Bildweite variiert wird, wird beim Auge die Brechkraft geändert. Ein normalsichtiges jugendliches Auge kann von Unendlich (Fernpunkt) bis zu einem Augenabstand von etwa 10 cm (Nahpunkt) akkommodieren. Das Akkommodationsvermögen nimmt mit zunehmendem Alter stark ab. Der Nahpunkt rückt vom Auge weg (Alterssichtigkeit). Die geometrische Optik rechnet mit einer „Bezugssehweite" von $s_0 = 0{,}25$ m. Bei der Kurzsichtigkeit ist das Auge zu lang bzw. die Brechkraft zu groß, bei Übersichtigkeit das Auge zu kurz bzw. die Brechkraft zu klein. Diese Fehler werden gemäß Bild 3.6-2 durch Brillengläser ausgeglichen (Brechkraftangabe von Brillengläsern in dpt).

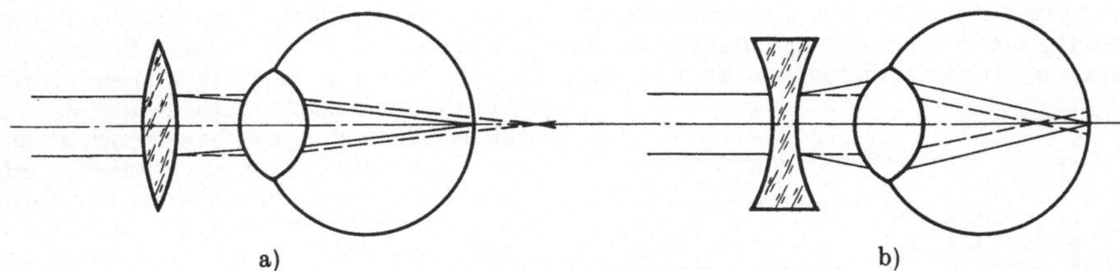

Bild 3.6-2   Augenkorrektur. a) übersichtiges Auge, Korrektur durch Sammellinse, b) kurzsichtiges Auge, Korrektur durch Zerstreuungslinse

A 2   Netzhaut

Die Netzhaut ist Träger lichtempfindlicher Zellen zweier Typen:

1. Zapfen für normale Leuchtdichten mit der Fähigkeit von Farbempfindung bis zu Leuchtdichten > 10 cd/m²,

2. Stäbchen, die keine Farben unterscheiden, aber wesentlich lichtempfindlicher sind. In der Netzhautmitte (gelber Fleck) stehen nur besonders dünne Zapfen (3 μm Durchmesser) mit hoher Dichte (ca. 13000 mm^{-2}). Die noch dünneren Stäbchen (1 μm) befinden sich nur außerhalb des gelben Flecks.

Im gelben Fleck haben die Zapfen einen Abstand von ca. 4 μm. Damit ein Netzhautbild von dieser Größe zustandekommt, müssen zwei Lichtbündel unter einem Winkel von

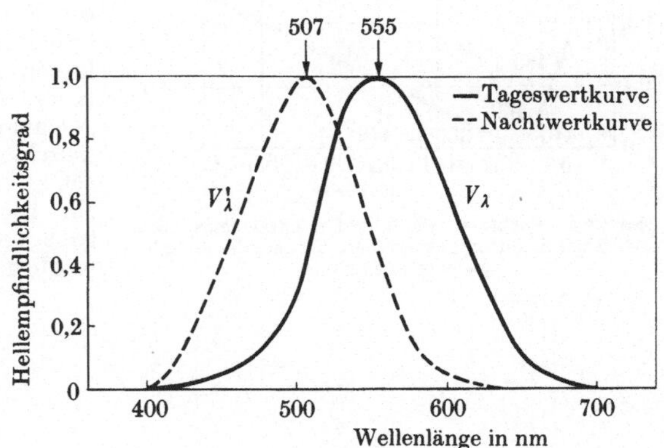

Bild 3.6-3
Hellempfindlichkeitskurven des farbnormalsichtigen Menschen

9*

$\delta \geq 1'$ ins Auge eintreten. Dies ist z. B. der Fall bei Beobachtung zweier 0,2 mm voneinander entfernten Punkte in 1 m Abstand vom Auge. $1'$ ist daher der physiologische Grenzwinkel δ_{gr} des Auges. Er entspricht interessanterweise der durch Beugung an der Pupille gegebenen Auflösungsgrenze des Auges.

Die Zäpfchen teilen sich in vermutlich drei Gruppen mit verschiedenen spektralen Empfindlichkeitskurven. Für die Photometrie (**3.3 B**) ist die integrale Hellempfindlichkeitskurve $V(\lambda)$ (Tageswertkurve, Helladaptationszustand) von großer Bedeutung. Beim Stäbchensehen (Dunkeladaptation) ist die Hellempfindlichkeitskurve $V'(\lambda)$ in den langwelligen Spektralbereich verschoben (Bild 3.6-3). Genaue Werte des spektralen Hellempfindlichkeitsgrades vgl. [H 03].

B. Farbmetrik [41], [42]

Der Begriff Farbe ist mehr psychologisch als physikalisch, da er erst durch die Wirkung des Augenapparates und die psychologische Verarbeitung des Gesichtsreizes seinen Sinn erhält. So ist z. B. ein Farbeindruck eines Objekts stark von seiner Farbumgebung oder von vorhergegangenen Farbeindrücken abhängig. Wegen der großen Bedeutung des Begriffs Farbe für viele Gebiete muß die Farbe durch Messung erfaßbar gemacht werden können. Außer reinen Spektralfarben (monochromatisches sichtbares Licht) ist jede Farbe aus mehreren Komponenten zusammengesetzt. Dies und die spektrale Empfindlichkeitsverteilung des Auges macht es unmöglich, eine Farbmessung auf eine einfache Strahlungsmessung zurückzuführen. Es ist aber möglich, jede Farbe in einen dreidimensionalen Farbraum einzuordnen. Eine Farbvalenz in diesem Farbraum wird beschrieben als ein aus einer Linearkombination dreier Grundvektoren entstandener Vektor. Der Farbraum ist ein Vektorraum, in dem Addition und Subtraktion von Farbvektoren wie üblich definiert sind (Graßmann-Gesetze). Die bezüglich der Summe der Komponenten normierten relativen Einzelkomponenten bezeichnet man als Normfarbwertanteile. Zur Kennzeichnung einer Farbart sind nur zwei Normfarbanteile notwendig. Ein ebener Schnitt durch den Farbraum mit rechtwinkligen Koordinaten führt daher zu einer zweidimensionalen Darstellung der Farbarten; dieser Schnitt ist die Farbtafel. In ihr ordnen sich die Farborte der Spektralfarben auf einer nach innen konkaven Kurve an, die durch die Purpurgerade geschlossen wird (Bild 3.6-4). Auf der umschlossenen Fläche, früher Farbdreieck genannt, ordnen sich alle Farborte ein. Die Lagebestimmung ist durch Angabe der Normfarbwertanteile x und y möglich.

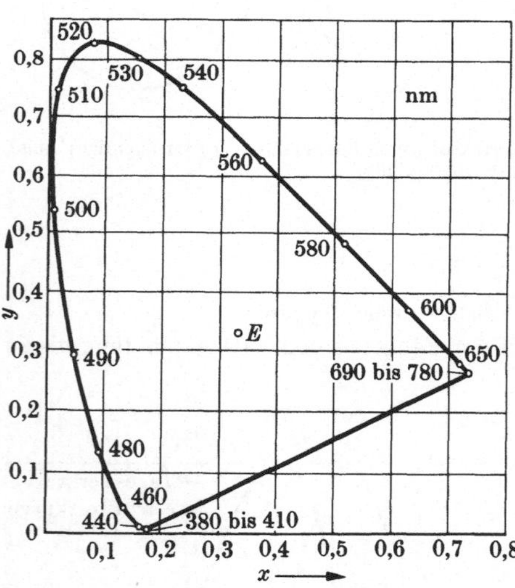

Bild 3.6-4 Farbtafel des Normalvalenzsystems nach DIN 5033. E Mittelpunktsvalenz: Farbart des energiegleichen Spektrums

Schrifttum zu 3. Optik

Normen und Vorschriften

DIN 1335	Bezeichnungen in der technischen Optik.

DIN 5031	Strahlungsphysik im optischen Bereich und Lichttechnik.

DIN 5032	Lampen und Beleuchtung – Photometrische Bewertung und Messung.

DIN 5033	Farbmessung.

Handbücher

Handbuch der Physik, Berlin, Göttingen, Heidelberg, Springer.

[1]	Band 16, Elektrische Felder und Wellen, 1958.
[2]	Band 24, Grundlagen der Optik, 1956.
[3]	Band 25/I, Kristallphysik, Beugung, 1961.
[4]	Band 26, Licht und Materie II, 1958.
[5]	Band 27, Spektroskopie I, 1964.
[6]	Band 28, Spektroskopie II, 1957.
[7]	Band 29, Optische Instrumente, 1967.
[8]	Band 33, Korpuskularoptik, 1956.
[9]	ABC der Optik, herausgegeben von K. Mütze, Leipzig 1961, Brockhaus.

Bücher

[H 03]	STOFFHÜTTE. 4. Aufl. Berlin, München 1967, Ernst & Sohn.
[20]	Pohl, Optik und Atomphysik, Berlin, Göttingen, Heidelberg 1967, Springer.
[21]	Köhler, Lichttechnik, Berlin-Borsigwalde 1952, Helios.
[22]	Reeb, Grundlagen der Photometrie, Karlsruhe 1962, Braun.
[23]	Bauer, Strahlungsmessung im optischen Spektralbereich, Braunschweig 1962, Vieweg.
[24]	Planck, Theorie der Wärmestrahlung. 6. Aufl. Leipzig 1966, Barth.
[25]	Hahn, Metzdorf, Schley u. Verch, Siebenstellige Tabellen der Planck-Funktion für sichtbaren Spektralbereich, Braunschweig 1964, Vieweg.
[26]	Schulz-Methke, Photoelemente und Kristallphotozellen, Berlin 1955, Schneider.
[27]	König, Geometrische Optik, in: Handbuch der Experimentalphysik, Leipzig 1929, Akad. Verl.-Ges.
[28]	Suter, Einführung in die geometrische Optik, Technische Rundschau, Heft 35, Berlin 1960, Hallwag.
[29]	Picht, Die Grundlagen der geometrisch-optischen Abbildung, Berlin 1955, Deutscher Verlag der Wissenschaften.
[30]	Michel, Grundlagen der Theorie des Mikroskops, Stuttgart 1950, Wiss. Verlagsges.
[31]	Menzel, Phasenkontrastverfahren, in: Handbuch der Mikroskopie in der Technik, Band 1, Frankfurt 1957, Umschau.
[32]	König u. Köhler, Fernrohre und Entfernungsmesser, Berlin 1959, Springer.
[33]	King, The History of the Telescope, London 1955, Griffin.
[34]	Harting, Photographische Optik, Leipzig 1952, Akademie-Verlag.
[35]	Grittner, Handbuch der Kamerakunde, München 1954, Lang.
[36]	Brandt, Das Photoobjektiv, Braunschweig 1956, Vieweg.
[37]	Meyer u. Seitz, Ultraviolette Strahlen, Berlin 1949, de Gruyter.
[38]	Lengyei, Lasers, New York, London 1962, Wiley.
[39]	Lawrence, Grundlagen der Lasertechnik, Prien 1964, Winter.
[40]	Metzger, Gesetze des Sehens, Frankfurt/Main 1953, Kramer.
[41]	Schultze, Farbenlehre und Farbenmessung, Berlin, Heidelberg, New York 1966, Springer.
[42]	Richter, Grundriß der Farbenlehre der Gegenwart, Dresden 1940, Steinkopf.

Aufsätze

[50]	Grigull u. Rottenkolber, Two-Beam Interferometer Using a Laser, J. Opt. Soc. Am. 57 (1967), S. 149.
[51]	Martienssen, Holographie, Physikertagung 1966 in München. Stuttgart 1967, Teubner.

4. Akustik[1])

bearbeitet von Dr.-Ing. H. Koschel, Dr.-Ing. W. Langsdorff und Dipl.-Ing. E. Martin, München

A. Formelzeichen, Größen und Einheiten

(vgl. DIN 1318, 1320, 1332, 5483, 5485)

Zeichen	Größe	SI-Einheit	weitere Einheiten
A	Schallabsorptionsvermögen	m^2	cm^2
B	magnetische Induktion	T	G, kG
B	elektroakustischer Übertragungsfaktor		
B_E	für Empfänger	$V\,m^2/N$	V/μ bar
B_S	für Sender	$N/V\,m^2$	μ bar/V
C	elektrische Kapazität	} F	μF, nF, pF
C_b	Ruhekapazität		
D	Direktionsmoment	N m/rad	dyn cm/rad
D_K	Körperschalldämmung		dB
E	Elastizitätsmodul	N/m^2	dyn/cm^2
E	elektrische Feldstärke	V/m	V/cm
E	Energie	J	erg
E_V	Volumen-Elastizitätsmodul	N/m^2	dyn/cm^2
E^*	Schall-Energiedichte	J/m^3	erg/cm^3
$\mathfrak{F},\ F$	Kraft	N	dyn, kp
G	Schubmodul, Gleitmodul	N/m^2	dyn/cm^2
H	magnetische Feldstärke	A/m	A/cm
I	Flächenträgheitsmoment	m^4	cm^4
I	elektrischer Strom	A	mA
J	Schallintensität	W/m^2	$erg/cm^2 s$
J	Massenträgheitsmoment	$kg\,m^2$	$g\,cm^2$
K	adiabate Kompressibilität	m^2/N	cm^2/dyn
L	Schalldruckpegel, Schallpegel		} dB
L_n	Norm-Trittschallpegel		
L	Selbstinduktivität	} H	mH
L_b	Ruheinduktivität		
M	elektromechanischer Umwandlungsfaktor für elektrodynamische und elektromagnetische Wandler	N/A	dyn/A
N	elektromechanischer Umwandlungsfaktor für piezoelektrische und dielektrische Wandler	N/V	dyn/V
N	Zahl der Eigenschwingungen	1	
N	Lautheit		sone
P	Schall-Leistung	W	erg/s
Q	Ergiebigkeit einer Schallquelle	m^3/s	cm^3/s
R	Schallisolationsmaß		dB
R	elektrischer Widerstand	Ω	$k\Omega$
S	Flächeninhalt, Querschnitt	} m^2	cm^2
S_0	Oberfläche, Hüllfläche		

---

[1]) Schrifttum S. 292.

Zeichen	Größe	SI-Einheit	weitere Einheiten
S	Silbenverständlichkeit	1	%
T	Schwingdauer, Nachhallzeit	s	ms
U	elektrische Spannung	V	mV
V	Volumen	m^3	cm^3
W	spezifische Schallimpedanz	} $N\,s/m^3$	μ bar s/cm
W_0	Schall-Kennimpedanz		
X, Y, Z	Abmessungen eines Rechteckraumes	m	cm
Z	akustische Impedanz	$N\,s/m^5$	μ bar s/cm^3
a	Beschleunigung	m/s^2	cm/s^2
b	Breite	m	cm
c	Schallgeschwindigkeit		
c_B	Schallgeschwindigkeit der Biegewellen		
c_D	Schallgeschwindigkeit der Dehnwellen		
c_L	Schallgeschw. Longitudinalwellen	} m/s	cm/s
c_S	Schallgeschw. Schub- oder Transversalwellen		
c_0	Schallgeschw. Oberflächen- oder Rayleigh-Wellen		
c_p	isobare spezifische Wärmekapazität	J/kg grd	erg/g grd
d	Differenztonfaktor, Durchlaßgrad	1	
d	Dicke, Abstand	} m	cm
e	Rauhigkeitshöhe		
f	Frequenz	} Hz	kHz
f_0	Eigenfrequenz		
g_n	Normfallbeschleunigung	m/s^2	cm/s^2
h	Höhe	m	cm
i	elektrischer Strom	A	mA
j	imaginäre Einheit	1	
k	Kreiswellenzahl, Phasenkonstante	rad/m	rad/cm
k	Klirrfaktor	1	
l	Länge	} m	cm
l'	reduzierte Halslänge		
m	Modulationsfaktor	1	
m	Absorptionskoeffizient, Dämpfungskonstante	} 1/m	1/cm
m_{kl}	klassischer Absorptionskoeffizient		
m	Masse	kg	g
$m^\square$	flächenbezogene Masse, Massenflächendichte	kg/m^2	g/cm^2
n	Ordnungszahl, Modellmaßstab, Windungszahl	1	
p	Druck, Schalldruck	} N/m^2	dyn/cm^2
$\bar{p}$	Gleichdruck des Gases, Atmosphärendruck		
q	Schallfluß	m^3/s	cm^3/s
r	Radius	} m	cm
r_H	Hallradius		
r	mechanische Resistanz, Reibungswiderstand	} $N\,s/m$	dyn s/cm
r_r	mechanische Schallstrahlungsresistanz		
s	Federsteife, Federkonstante	N/m	dyn/cm
t	Zeit	s	ms
u	elektrische Spannung	V	mV
$\ddot{u}$	Übersetzung	1	
$\mathfrak{v}, v$	Schallschnelle	m/s	cm/s
w	mechanische Impedanz	} $N\,s/m$	dyn s/cm
w_r	Schallstrahlungsimpedanz		
x, y, z	kartesische Koordinaten	m	cm

Zeichen	Größe	SI-Einheit	weitere Einheiten
Λ	Lautstärke		phon
Σ	Satzverständlichkeit	1	%
Φ	Geschwindigkeitspotential	m^2/s	cm^2/s
Φ	magnetischer Fluß	Vs	
α	Schallabsorptionsgrad	1	
α	Dämpfungskonstante	1/m	1/cm
α	ebener Winkel	rad	°
β_E	Empfangsbezugsdämpfung		
β_S	Sendebezugsdämpfung		} Np
γ	Temperaturkoeffizient	1/grd	
δ	ebener Winkel	rad	°
ε	Dielektrizitätskonstante	F/m	
ζ	Schallreflexionsfaktor	1	
η	Verlustfaktor, Wirkungsgrad	1	%
ϑ	Celsius-Temperatur		°C
ϑ	ebener Winkel	rad	°
ϑ	logarithmisches Dekrement		dB
$\varkappa$	Isentropenexponent	1	
λ	Wellenlänge	m	cm
λ	Wärmeleitfähigkeit	W/m grd	erg/cm s grd
μ	Poisson-Zahl	1	
ν	kinematische Viskosität	m^2/s	cm^2/s
ξ	Schallausschlag	m	cm
ϱ	Dichte		
$\bar{\varrho}$	Gleichdichte	} kg/m^3	g/cm^3
σ_B	Biegespannung	N/m^2	dyn/cm^2
τ	Schalltransmissionsgrad	1	
φ	Phasenwinkel	rad	°
ω	Winkelgeschwindigkeit, Kreisfrequenz		
ω_0	Eigenkreisfrequenz	} rad/s	

Kopfzeiger

—	Mittelwert	•	Ableitung nach der Zeit
□	auf Fläche bezogen	'	auf Länge bezogen
•	auf Volumen bezogen	⌄	Kleinstwert, Minimum
⌃	Höchstwert, Maximum		

Fußzeiger

B	Biegewelle	a	akustisch, ankommen
C	für Kapazität C	d	dynamisch
Cr	Cremer	e	elektrisch
Cu	Kupfer	eff	effektiv
D	Druckkammer	f	frei
E	Empfänger	i	innen
F	Flüssigkeit	kl	klassisch
G	Gas	l	Leerlauf
H	Hauptausführung, Hall	m	magnetisch, mechanisch
K	Körperschall	max	maximal
L	für Induktivität L	min	minimal
L	Longitudinalwelle	n	genormt
M	Modell, Membran	opt	optimal
Mol	Molekül	p	piezoelektrisch
P	Platte	r	Strahlung, reflektieren
Pr	Prüfung	x	in x-Richtung
R	Rauschen, Resonanz	y	in y-Richtung
S	Schub, Sender	z	in z-Richtung
St	Störung, Stokes	°	für Temperatur 0 °C, für Oberfläche, Eigenwert, Ruhewert, Bezugswert
Tr	Trichter		
Ü	Übertragung	●	runder Querschnitt
V	Volumen	▮	rechteckiger Querschnitt

B. Physikalische Grundlagen [5], [22], [28], [31], [34]

Akustik ist die Lehre von den Schwingungsbewegungen, die sich in festen, flüssigen oder gasförmigen Körpern ausbreiten. Die Schwingungen entstehen, wenn sich an einer Stelle des Körpers der Druck- und Bewegungszustand zeitlich ändert. Frequenzbereich von Schall, Infraschall, Ultraschall und Hyperschall in **B 5**.

B1   Schallausbreitung

B 11   Longitudinalwellen (Verdichtungswellen) breiten sich aus mit der Schallgeschwindigkeit

$$c_{\mathrm{L}} = \sqrt{E_V/\bar{\varrho}} \; ;$$

für Gase ist

$$E_V = \varkappa \bar{p} \; ; \qquad c_{\mathrm{L,\,G}} = \sqrt{\varkappa \bar{p}/\bar{\varrho}} \; ,$$

für Flüssigkeiten ist

$$E_V = 1/K \; ; \qquad c_{\mathrm{L,\,F}} = \sqrt{1/K\,\bar{\varrho}} \; .$$

Da K sehr klein ist, gilt $c_{\mathrm{L,\,F}} \gg c_{\mathrm{L,\,G}}$. Für unendlich ausgedehnte feste (elastische) Körper ist

$$E_V = \frac{(1-\mu)E}{1-\mu-2\mu^2} \; , \qquad c_{\mathrm{L}} = \sqrt{\frac{(1-\mu)E}{(1-\mu-2\mu^2)\,\bar{\varrho}}} \; .$$

In festen Körpern ist die Ausbreitungsgeschwindigkeit der Verdichtungswellen größer als die aller anderen Schallwellen. c_{L} und Schallkennimpedanz in der ebenen Welle $W_0 = c_{\mathrm{L}}\bar{\varrho}$ in Tabelle 4-1. c_{L} ist unabhängig von der Frequenz, dem Druck (bis ≈ 10 at), nahezu unabhängig von der Luftfeuchtigkeit, aber abhängig von der Temperatur ϑ:

$$c_{\mathrm{L}} = c_{\mathrm{L}}(0)\,\sqrt{1+\gamma\vartheta}$$

Für Luft bei 760 Torr gilt die Zahlenwertgleichung

$$\frac{c_{\mathrm{L}}}{\mathrm{m/s}} = 331\,\sqrt{1+\frac{\vartheta/^{\circ}\mathrm{C}}{273}} \; .$$

In festen Körpern gibt es außer der Volumen-Elastizität noch Form-Elastizität und daher außer den Longitudinalwellen noch andere Wellenformen.

B 12   Transversal- oder Schubwellen in festen Körpern. Parallele Ebenen werden parallel zueinander verschoben. Schallgeschwindigkeit

$$c_{\mathrm{S}} = \sqrt{G/\bar{\varrho}} < c_{\mathrm{L}} \; ; \qquad G = E/2(1+\mu) \quad \text{Schubmodul} \; ;$$

c_{S} nur im unendlich ausgedehnten Medium bzw. bei kleinen Wellenlängen, daher nur realisierbar im Ultraschallgebiet. c_{S} und c_{L} treten praktisch immer gleichzeitig auf, sind aber voneinander unabhängig.

B 13   Oberflächen-Wellen (Rayleigh-Wellen) gibt es nur an Grenzflächen fester Körper. Ihre Schallgeschwindigkeit ist

$$c_0 = \frac{0{,}87 + 1{,}12\,\mu}{1+\mu}\,\sqrt{\frac{1}{2(1+\mu)}\,\frac{E}{\bar{\varrho}}} \; .$$

B 14   Quasilongitudinal-Wellen (Dehnwellen) und Biegewellen. Kombinierte Longitudinal- und Transversalwellen treten auf in zweiseitig durch parallele Flächen begrenzten festen Körpern, z.B. in Stäben und Platten. In Stäben (Breite b, Dicke d oder Radius $r \ll \lambda$) sind die Schallgeschwindigkeiten

$$c_{\mathrm{D}} = \sqrt{E/\bar{\varrho}} < c_{\mathrm{L}}, \qquad c_{\mathrm{B}} = \sqrt{\sigma_{\mathrm{B}}/\bar{\varrho}} = \frac{2\pi}{\lambda}\,\sqrt{\frac{IE}{S\bar{\varrho}}} \; .$$

Für einen rechteckigen Stab mit $I = bd^3/12$, $S = bd$ und zu b paralleler Schwingrichtung gilt

$$c_{B\blacksquare} = \frac{\pi d}{\lambda}\, \sqrt{E/3\,\overline{\varrho}}\,.$$

Für einen Stab mit Kreisquerschnitt und $I = \pi r^4/4$, $S = \pi r^2$ gilt

$$c_{B\bullet} = \frac{\pi r}{\lambda}\, \sqrt{E/\varrho}\,.$$

In Platten entstehen bevorzugt Biegewellen, wenn die Plattendicke $d \ll \lambda$ ist.

$$c_{B,P} = \sqrt{\omega}\; \sqrt[4]{\frac{d^3 E}{12(1-\mu^2)\, m^\square}}$$

Die Ausbreitungsgeschwindigkeit c_B in Stäben und Platten ist frequenzabhängig.

Tabelle 4-1   Schallgeschwindigkeit und Schallkennimpedanz für reine Verdichtungswellen

Schallgeschwindigkeit c_L in Luft

Tempe-ratur °C	Schall-geschwindigkeit m/s	Relativdichte der trockenen Luft, bezogen auf Wasser	Tempe-ratur °C	Schall-geschwindigkeit m/s	Relativdichte der trockenen Luft, bezogen auf Wasser
−140	227		+ 10	337,8	0,001 247
−100	263		+ 20	343,8	0,001 205
− 60	293		+ 30	349,6	
− 20	319,3		+ 40	355,3	
− 10	325,6		+ 60	366,5	
0	331,8	0,001 293	+100	387,2	

Schallgeschwindigkeit c_L in Flüssigkeiten und festen Körpern

Stoff	Tempe-ratur °C	Schall-geschwindig-keit m/s	Dichte g/cm³	Stoff	Tempe-ratur °C	Schall-geschwindig-keit m/s	Dichte g/cm³
Wasser	3,9	1399	1	Aluminium	20	5240	2,7
	13,7	1437	0,999 312	Blei	20	1250	11,3
	25,2	1457	0,997 019	Eisen	20	5170	7,8
Kochsalz-lösung				Kupfer	20	3580	8,9
				Nickel	20	4760	8,8
1%	25	1520		Stahl	20	5050	7,8
5%	25	1569		Eichenholz		3380	0,69···1,03[1]
10%	25	1600	1,073	Tannen-holz		4180	0,37···0,75[1]
20%	25	1723	1,15				

[1] Lufttrocken.

Schallkennimpedanz W_0

Stoff	Schall-Kennwiderstand g/cm²s	Schall-geschwindigkeit m/s	Dichte g/cm³
Wasserstoff.................	11,0	1300	$8,5 \cdot 10^{-5}$
Luft	41,5	340	$1,2 \cdot 10^{-3}$
Gummi	$5 \quad \cdot 10^3$	54	$9,2 \cdot 10^{-1}$
Wasser	$1,45 \cdot 10^5$	1450	1
Tannenholz[1]	etwa $2 \quad \cdot 10^5$	4180	0,37···0,75
Ziegel	$6,47 \cdot 10^5$	3600	1,8
Blei	etwa $1,4 \quad \cdot 10^6$	1250	11,3
Messing..................	$2,74 \cdot 10^6$	3200	8,5
Stahl	$3,94 \cdot 10^6$	5050	7,8

[1] Lufttrocken.

B 2 Formen des Schallfeldes

B 21 Wellengleichung. Wenn die Schwingamplituden klein sind $(p \ll \bar{p})$ und die Schallabsorption (Umwandlung der Schallenergie in thermische Energie) vernachlässigt werden kann, gilt die Wellengleichung

$$\frac{\partial^2 \Phi}{\partial t^2} = c^2 \left(\frac{\partial^2 \Phi}{\partial x^2} + \frac{\partial^2 \Phi}{\partial y^2} + \frac{\partial^2 \Phi}{\partial z^2} \right).$$

Die Lösung der Wellengleichung führt auf **Bessel-Funktionen** [H 01]. Die Besselfunktion nullter Ordnung ergibt eine Kugelwelle nullter Ordnung (**B 22**). Die Besselfunktion erster Ordnung führt auf Kugelwellen erster Ordnung: Die Mediumteilchen schwingen nur in einer Achse, z.B. der z-Achse radial, in der xy-Ebene (Äquatorebene) schwingen sie parallel zur x-Achse. Strahlungsimpedanz von Strahlern nullter und erster Ordnung in Tabelle 4-9. Spezielle Schallfelder können durch Modellversuche bestimmt werden, wenn die mathematische Lösung wegen komplizierter Randbedingungen nicht realisierbar ist (**D 4**).

Zusammenhang von Schalldruck p und Schallschnelle $\mathfrak{v}$ mit dem Geschwindigkeitspotential:

$$p = \bar{\varrho}\, \frac{\partial \Phi}{\partial t}, \qquad \mathfrak{v} = -\operatorname{grad} \Phi = -\left\{ \frac{\partial \Phi}{\partial x},\ \frac{\partial \Phi}{\partial y},\ \frac{\partial \Phi}{\partial z} \right\}.$$

Bei starken Schallschwingungen ist die Schallausbreitung nichtlinear, der **Klirrfaktor** ist $p/4\,\bar{p}$. Die **Schallabsorption** in freien Medien durch Wärmeleitung, Wärmestrahlung und innere Reibung nimmt mit wachsender Frequenz zu und ist bei Ultraschall beträchtlich (Bild 4-1 bis 3). In porösen Stoffen wie Filz, Geweben, Celotex usw. wird Schall schon bei tiefen Frequenzen absorbiert, dadurch verringert sich auch die Schallgeschwindigkeit.

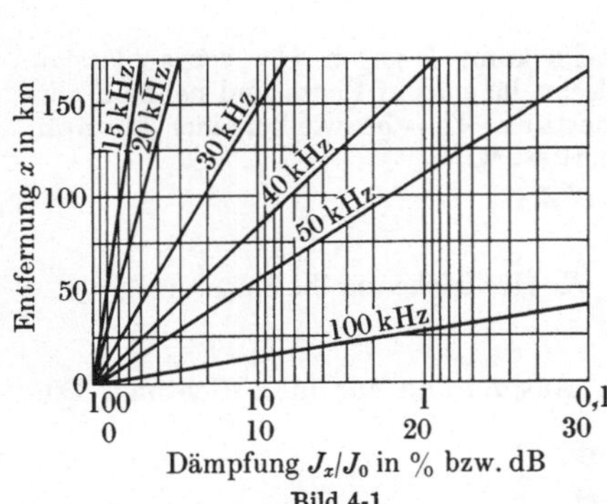

Bild 4-1
Klassische Schalldämpfung in Wasser bei 0 °C

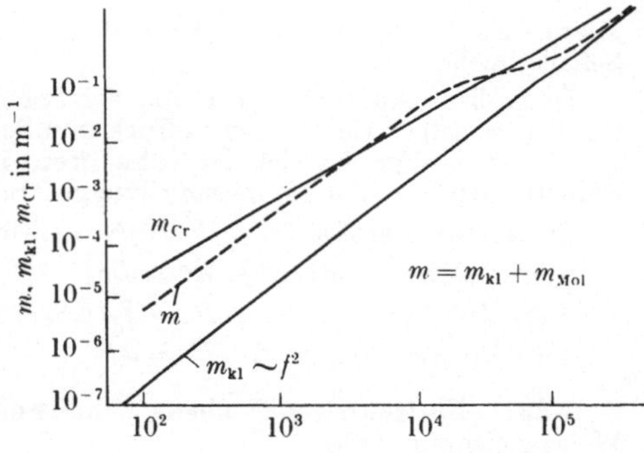

Bild 4-2 Schallabsorptionskoeffizient der Luft bei 20 °C, 65 % relativer Feuchte

B 22 Fortschreitende Wellen. Schall breitet sich in Form von Kugelwellen aus, wenn die Störungsstelle im Medium klein gegen die Wellenlänge ist, also eine **punktförmige Schallquelle** darstellt. Bei der Kugelwelle nullter Ordnung schwingen die Teilchen nur radial, die Schwingamplitude ist auf jeder Wellenfläche konstant, der Schwingungszustand hängt außer von der Zeit t nur von der Entfernung r von der Schallquelle ab:

$$\Phi = \frac{Q}{4\,\pi\,r}\, \mathrm{e}^{\,\mathrm{j}\,(\omega t - k r)}$$

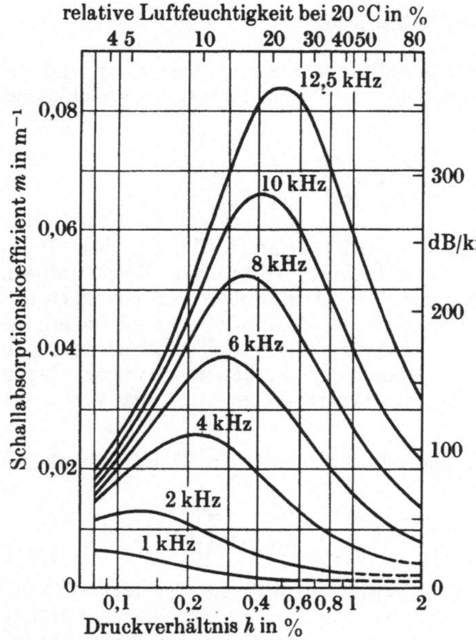

relative Luftfeuchtigkeit bei 20 °C in %

Bild 4-3　Schalldämpfung in Luft verschiedener relativer Feuchtigkeit für einige Hörfrequenzen.
h = Wasserdampfdruck/Barometerdruck

$k = \omega/c = 2\pi/\lambda$ ist die Kreiswellenzahl. Die Ergiebigkeit Q der Schallquelle ist für $r \ll \lambda$ gleich dem Schallfluß q. Schalldruck p und Schallschnelle v nehmen danach folgende Form an:

$$p = \frac{j\omega\bar{\varrho}Q}{4\pi r}\, e^{j(\omega t - kr)},$$

$$v = \frac{Q}{4\pi r}\left(\frac{1}{r} + jk\right) e^{j(\omega t - kr)}$$

Der Schallausschlag ist

$$\xi = \int v\, dt,$$

$$\xi = \frac{v}{j\omega} = \frac{Q(k - j/r)}{4\pi\omega r}\, e^{j(\omega t - kr)}.$$

Zusammenhang mit der spezifischen Schallimpedanz W:

$$W = \frac{p}{v} = \bar{\varrho}c\,\frac{jkr}{1 + jkr},$$

$$|W| = \bar{\varrho}c\cos\varphi,$$

$$\operatorname{Re} W = \bar{\varrho}c\cos^2\varphi,$$

$$\operatorname{Im} W = \bar{\varrho}c\,\frac{\sin 2\varphi}{2}.$$

Hierin ist $\tan\varphi = \lambda/2\pi r = 1/kr$ und φ der Phasenwinkel zwischen Schalldruck und Schallschnelle.

In großem Abstand $r \gg \lambda$ von der Schallquelle kann 1 gegen jkr vernachlässigt werden, φ nähert sich 0°, Schalldruck und Schallschnelle sind in Phase und nehmen mit $1/r$ ab. W wird dann gleich der **Schallkennimpedanz** $W_0 = \bar{\varrho}c$ wie bei einer **ebenen Schallwelle**, bei der am meisten Energie transportiert wird.

Schallintensität　　　$J = pv = p^2/W = v^2 W$;

Schall-Energiedichte　$E^* = J/c$;

Schalleistung　　　　$P = \oint J\, dS_0$,　　　S_0 Hüllfläche um die Schallquelle;

ohne Richtwirkung wird　$P = J S_0$.

B 221　Fortschreitende ebene Schallwellen. Ausbreitung nur in x-Richtung. Die Wellengleichung lautet

$$\frac{\partial^2\Phi}{\partial t^2} = c^2\,\frac{\partial^2\Phi}{\partial x^2}.$$

Lösungen dieser Gleichung in Tabelle 4-2.

B 23　Stehende Wellen, wie sie z. B. im Kundt-Rohr[1]) erzeugt werden können, entstehen, wenn eine fortschreitende ebene Welle senkrecht auf eine ebene Wand fällt und vollkommen reflektiert wird. Während bei ebener fortschreitender Welle die Schwingungsamplitude von Ort zu Ort die gleiche bleibt und nur die Phase sich sinusförmig ändert, schwingen bei ebener stehender Welle alle Mediumteilchen im Raum gleichphasig, aber die

---

[1]) In einem Glasrohr werden durch Schallsender stehende Wellen erzeugt; Lage der Bewegungsknoten hängt vom akustischen Abschlußwiderstand des Rohres ab und wird durch Ansammlung von Lykopodium-Samen sichtbar.

Amplitude ändert sich sinusförmig mit dem Abstand; es bilden sich Knoten und Bäuche aus, wobei Druckknoten auf Schnellebäuche fallen und umgekehrt. Die Schallfeldgrößen nehmen vergleichsweise folgende Werte an (Tabelle 4-2):

Tabelle 4-2   Spezielle Lösungen der Wellengleichung

Größe	fortschreitende ebene Welle	stehende Welle
Geschwindigkeitspotential Φ	$A\,\mathrm{e}^{\,\mathrm{j}\,(\omega t - k x)}$	$2\,A\,\mathrm{e}^{\,\mathrm{j}\,(\omega t + \vartheta/2)}\cos(k x + \vartheta/2)$
Schalldruck p	$\mathrm{j}\,\omega\overline{\varrho}\,A\,\mathrm{e}^{\,\mathrm{j}\,(\omega t - k x)}$	$2\,\mathrm{e}^{\,\mathrm{j}\,\vartheta/2}(\mathrm{j}\,\omega\overline{\varrho}\,A)\mathrm{e}^{\,\mathrm{j}\,\omega t}\cos(k x + \vartheta/2)$
Schallschnelle v	$\mathrm{j}\,k A\,\mathrm{e}^{\,\mathrm{j}\,(\omega t - k x)}$	$2\,\mathrm{e}^{\,\mathrm{j}\,\vartheta/2}(k A)\sin(k x + \vartheta/2)$
Spez. Schallimpedanz W	$W_0 = c\,\overline{\varrho}$	$c\,\overline{\varrho}\,\cot(k x + \vartheta/2)$

Für $\vartheta = 0$ (vollkommen starre Wand) springen die Phasen von Φ und p nicht, an der Wand liegt ein Druckbauch. Bei $\vartheta = \pm\,\pi$ (offenes Ende) dagegen liegt in der Wand ein Druckknoten und Schnellebauch; z. B. wird eine Schallwelle in Wasser an der Grenze Wasser–Luft mit Phasenumkehr des Schalldrucks reflektiert, während umgekehrt bei Übergang von Luft in Wasser die Schallwelle mit Phasenumkehr der Schallschnelle reflektiert wird. Bei einer Wand, die nur teilweise reflektiert, gibt es kein Auslöschen von Druck und Schnelle, sondern nur Maxima und Minima. Der Schwingungsvorgang kann als Überlagerung einer fortschreitenden und einer stehenden Welle betrachtet werden.

Ist der **Schallreflexionsfaktor** $\zeta = p_\mathrm{r}/p_\mathrm{a}$ das Verhältnis des Schalldrucks der reflektierten zur ankommenden Welle, so ist ζ nur vom Verhältnis der spez. Schallimpedanzen W_1 und W_2 der beiden Medien abhängig:

$$\zeta = \frac{W_2 - W_1}{W_2 + W_1}.$$

Die reflektierte Welle wird um so schwächer, je mehr sich die Schallimpedanzen gleichen, und verschwindet ganz, wenn Anpassung $W_2 = W_1$. Der **Schallabsorptionsgrad** $\alpha = 1 - \zeta^2$ erreicht dann seinen Höchstwert 1.

B 3   Abweichungen von der idealen Schallausbreitung

Bei der Schallausbreitung über große Entfernungen und besonders bei Schall hoher Frequenz sind **Dämpfungen** durch **innere Reibung** innerhalb des Mediums oder durch **äußere Reibung** in der Grenzschicht des Mediums wichtig. Für das Geschwindigkeitspotential gilt dann z. B. bei ebener Welle

$$\Phi = \Phi_0 \mathrm{e}^{-m x/2}\cos(\omega t - k x).$$

Die Schallintensität nimmt infolge Absorption ab mit

$$J_x = J_0\,\mathrm{e}^{-m x}.$$

Hierin ist m der auf den Weg bezogene Absorptionskoeffizient der Luft. Nach der Theorie von **Stokes** steigt m infolge der inneren Reibung mit ω^2:

$$m_\mathrm{St} = 4\,\nu\omega^2/3\,c^3 = 16\,\pi^2\nu f^2/3\,c^3.$$

Die Berechnung nach **Stokes** berücksichtigt nicht den Einfluß der Wärmeleitung. Die von **Kirchhoff** durchgeführte Rechnung berücksichtigt beide Einflüsse und ergibt den **klassischen Absorptionskoeffizienten**

$$m_\mathrm{kl} = \frac{\omega^2}{c^3}\left(\frac{4}{3}\,\nu + \frac{(k-1)\lambda}{c_p\,\overline{\varrho}}\right).$$

Für Luft gilt

$$\frac{m_\mathrm{kl}}{\mathrm{m}^{-1}} = 2{,}9 \cdot 10^{-11}\left(\frac{f}{\mathrm{Hz}}\right)^2.$$

Die gemessene Schallabsorption, insbesondere in mehratomigen Gasen, liegt höher als mit m_{kl} berechnet wegen der endlichen Einstelldauer der Schwingungsenergie der Moleküle, die quantenhaft aufgenommen wird. Somit ist das gesamte theoretische Dämpfungsmaß [82], [84], [89], [116]

$$m = m_{kl} + m_{Mol}\,.$$

Näherungsformel nach Cremer [33]:

$$\frac{m_{Cr}}{m^{-1}} = 2{,}6 \cdot 10^{-8} \left(\frac{f}{Hz}\right)^{3/2}$$

Absorptionskoeffizienten m, m_{kl} und m_{Cr} in Bild 4-2 [25].

Die Schallabsorption in der Atmosphäre ist stark vom Feuchtigkeitsgehalt der Luft abhängig (Bild 4-3) [116]. Zum Berechnen der Schallabsorption in Luft dient das Nomogramm von H.O.Kneser ([142] 5, 1940, S. 256). In der Natur breitet sich der Schall häufig in inhomogener Luft oder inhomogenem Wasser aus. In Wasser hat die Temperatur und in Luft die Strömung (Wind) einen Einfluß auf die Schallausbreitung. Durch diese Störungen treten Beugungen, Verbiegungen der Wellenfront und Reflexionen auf, die die Reichweite beeinflussen.

Bewegt sich eine Schallquelle auf den Beobachter zu, so erhöht sich die Frequenz (Doppler-Effekt), beim Entfernen erniedrigt sie sich. Ist die Geschwindigkeit der Schallquelle größer als die Schallgeschwindigkeit, wie beim Geschoß, so hört man den Kopfknall früher als den Abschußknall. Kopfwellen (Mach-Wellen) treten auch an mit Überschallgeschwindigkeit fliegenden Flugzeugen sowie beim Knallen von Peitschen in Erscheinung.

B4 Ultraschall [19], [21], [27], [29]

Im Ultraschallgebiet oberhalb 20 kHz lassen sich große Schalleistungen P leicht realisieren, da hierfür nur geringe Ausschläge ξ notwendig sind:

$$P = JS, \qquad J = pv = p^2/W_0 = p\omega\xi/\sqrt{2}\,.$$

Tabelle 4-3 Schallintensität in Wasser (Beispiel)

$\varrho = 1000$ kg/m³, $c = 1440$ m/s, $W_0 = c\varrho = 1{,}44 \cdot 10^6$ Ns/m³
bei einem angenommenen Ausschlag $\xi = 10^{-7}$ m $= 100$ nm [31]

Frequenz f Hz	Wellenlänge λ	Schnelle v m/s	Beschleunigung a m/s²	g_n	Druck p N/m²	Schallintensität J W/cm²	W/m²
1	1440 m	$6{,}28 \cdot 10^{-7}$	$3{,}95 \cdot 10^{-6}$	$4 \cdot 10^{-7}$	0,9	$5{,}7 \cdot 10^{-11}$	$5{,}7 \cdot 10^{-7}$
10	144 m	$6{,}28 \cdot 10^{-6}$	$3{,}95 \cdot 10^{-4}$	$4 \cdot 10^{-5}$	9	$5{,}7 \cdot 10^{-9}$	$5{,}7 \cdot 10^{-5}$
10^2	14,4 m	$6{,}28 \cdot 10^{-5}$	$3{,}95 \cdot 10^{-2}$	$4 \cdot 10^{-3}$	90	$5{,}7 \cdot 10^{-7}$	$5{,}7 \cdot 10^{-3}$
10^3	1,44 m	$6{,}28 \cdot 10^{-4}$	3,95	$4 \cdot 10^{-1}$	900	$5{,}7 \cdot 10^{-5}$	$5{,}7 \cdot 10^{-1}$
10^4	144 mm	$6{,}28 \cdot 10^{-3}$	$3{,}95 \cdot 10^2$	40	$9 \cdot 10^3$	$5{,}7 \cdot 10^{-3}$	57
10^5	14,4 mm	$6{,}28 \cdot 10^{-2}$	$3{,}95 \cdot 10^4$	$4 \cdot 10^3$	$9 \cdot 10^4$	$5{,}7 \cdot 10^{-1}$	$5{,}7 \cdot 10^3$
10^6	1,44 mm	$6{,}28 \cdot 10^{-1}$	$3{,}95 \cdot 10^6$	$4 \cdot 10^5$	$9 \cdot 10^5$	57	$5{,}7 \cdot 10^5$
10^7	144 μm	6,28	$3{,}95 \cdot 10^8$	$4 \cdot 10^7$	$9 \cdot 10^6$	$5{,}7 \cdot 10^3$	$5{,}7 \cdot 10^7$
10^8	14,4 μm	62,8	$3{,}95 \cdot 10^{10}$	$4 \cdot 10^9$	$9 \cdot 10^7$	$5{,}7 \cdot 10^5$	$5{,}7 \cdot 10^9$

Anwendung des Ultraschalls: Flüssigkeiten und feste Körper; Schallkennimpedanz W_0 hier gering. Druck und Schnelle wachsen proportional ω, die Schalleistung proportional ω^2. Der Schalldruck beträgt im Ultraschallgebiet bis zu mehreren bar, so daß Flüssigkeit in der starken Unterdruckphase abreißt (Kavitationen). Bei hohen Frequenzen entstehen hohe Druckgradienten.

Die Beschleunigungen a wachsen mit ω^2; $a = j\omega v = -\omega^2\xi$. Angabe in Vielfachen der Normfallbeschleunigung $g_n = 9{,}81$ m/s². Daher benutzt man auch die ultrafrequente Beschallung für materialändernde Wirkungen in der

Technologie: Dispergieren von festen Stoffen in Flüssigkeiten; Polymerisation und Depolymerisation (Spaltung hochpolymerer Moleküle); Entstaubung von Abgasen und Entnebelung von Flugplätzen;
Chemie: Erhöhung der Wirksamkeit von Katalysatoren;
Biologie: Lähmung oder Tötung kleiner Lebewesen; bei schwächerer Dosierung anregend auf Lebensvorgänge; Keimbeeinflussung;
Medizin: heilende Wirkung.

Bei den höchsten herstellbaren Ultraschallfrequenzen nähern sich die Wellenlängen denen der Lichtwellen. Daher besteht ein ähnliches Verhalten: Durchdringen undurchsichtiger Körper und Flüssigkeiten. Anwendung bei Materialprüfungen [H03].

B5 Praktische Aufteilung der Frequenzbereiche

Infraschall	1/1000	bis	16	Hz
Hörschall	16	bis	20000	Hz
Sprache	100	bis	10000	Hz
Musik	30	bis	15000	Hz
Ultraschall	20000	bis	19^9	Hz
Hyperschall	10^9	bis	10^{13}	Hz

C. Physiologische und musikalische Akustik [1], [12], [34]

C1 Physiologische Grundlagen der Hörempfindung (NTG Empfehlung 1701)[1]

Die Hörempfindung ist an Grenzen der Schallstärke und Frequenz gebunden. Die von der Schwellenkurve der Hör- und Schmerzempfindung (Hör- und Fühlschwelle) eingeschlossene Hörfläche umfaßt alle hörbaren Töne jeder Frequenz und Schallstärke. Untere und obere Hörgrenze, an der man den Ton gleichzeitig hört und fühlt, liegen bei etwa 16 Hz und 20000 Hz.

C11 Lautstärke A (DIN 1318, 45633) eines reinen Tones beliebiger Frequenz, eines Tongemisches oder Geräusches wird durch Hörvergleich mit einem Normalschall festgelegt. Der Normalschall ist eine ebene fortschreitende Schallwelle der Frequenz 1000 Hz, die genau von vorn auf den Kopf des Beobachters trifft. Die Lautstärke in phon ist in Anlehnung an das psychophysikalische Gesetz von Weber-Fechner im logarithmischen Maßstab festgelegt durch die Schallintensität J des gleich laut

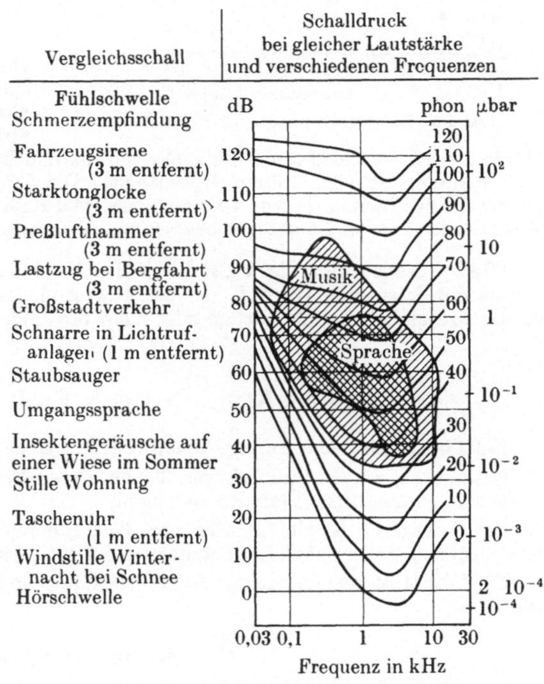

Bild 4-4 Lautstärke von Schallvorgängen

---

[1] NTG Nachrichtentechnische Gesellschaft.

empfundenen Bezugstons 1000 Hz, bezogen auf $J_0 = 10^{-16}\,\text{W/cm}^2$ (Bezugsschalldruck $p_0 = 2 \cdot 10^{-4}\,\mu$ bar): Schalldruckpegel $L = 10\,\lg(J/J_0) = 20\,\lg(p/p_0)$.

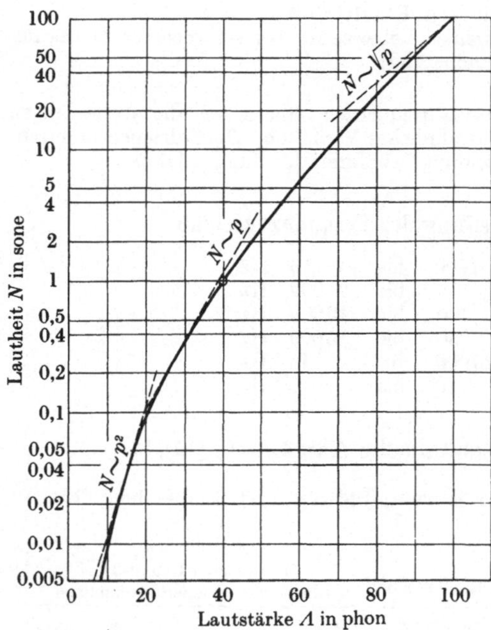

Bild 4-5   Lautheit als Funktion der Lautstärke

Für reine Töne wurden durch Hörvergleich mit einem Schalldruckpegel und stufenweise verändertem Bezugston von 1000 Hz die in Bild 4-4 wiedergegebenen **Kurven gleicher Lautstärke** ermittelt. Bei einohrigem Hören oder Hören über Knochenleitung verändern sich diese Kurven.

C12   Hörschwelle eines Tones, Schmalbandrauschens oder Impulses ist der Schalldruckpegel L, der als Funktion der Frequenz bzw. Impulsdauer in einem vollständig ruhigen Raum die Grenze zwischen hörbarem und nicht hörbarem Schall bildet.

C13   Hörverlust ist die Differenz zwischen dem bei Gehörfehlern als Hörschwelle tatsächlich festgestellten Schalldruckpegel und dem Schalldruckpegel für die normierte Hörschwelle (0 phon-Kurve der Kurven gleicher Lautstärke) in Bild 4-4.

C14   Lautheit N ist die Vergleichsbasis für die tatsächliche Lautstärkeempfindung, die von der phon-Skala des **Weber-Fechner-Gesetzes** abweicht, z. B. beim abwechselnden Hören zweier verschiedener Schalle (Verhältnis-Lautheit) und beim gleichzeitigen Hören von mehreren Schallen (Summen-Lautheit). Die Einheit der Lautheit ist 1 sone und entspricht der Lautstärke von 40 phon eines 1000 Hz-Tones. Zur Berechnung der Lautheit von Schallen aus der Lautstärke benutzt man eine normierte Kurve (Bild 4-5).

C15   Verdeckung. Sie wird durch die **Mithörschwelle** eines Schalls festgelegt, das ist der Schalldruckpegel L, der bei Anwesenheit eines verdeckenden zweiten Schalls die Grenze zwischen mitgehörtem oder nicht mitgehörtem erstem Schall angibt.

C2   Ton, Klang, Geräusch, Knall [6], [22], [31], [34]

Ein **Ton** ist eine sinusförmige Schallwelle mit einer im Hörbereich liegenden Frequenz.

Ein **Klang** ist ein Gemisch von Tönen, deren Frequenzen harmonisch sind, d. h. in einfachen, ganzzahligen Verhältnissen stehen.

Ein **Geräusch** ist ein Gemisch von Tönen, deren Frequenzen nicht in ganzzahligen Verhältnissen stehen, häufig mit stellenweise dichtem Frequenzspektrum ($\Delta f < 16$ Hz).

Ein **Knall** ist eine kurzzeitige Schalldruckänderung (**Schallstoß**), meist großer Lautstärke.

C3   Musik und Sprache

C31   Musik [31], [34]. In der Musik ist der gesamte Bereich der musikalisch auswertbaren Töne nach Tonhöhenskalen, **Tonleitern**, unterteilt.

C311 Konsonanz, Dissonanz. Das Ohr empfindet den Zusammenklang von Tönen als angenehm, wenn das Frequenzverhältnis der Töne sich durch kleine Zahlen (1:2, 2:3, 3:4 usw.) ausdrücken läßt, weil dann keine Oberwellen von nennenswerter Amplitude entstehen, die hörbare Schwebungen ($f_2 - f_1 < 30$ Hz) erzeugen.

Nach Helmholtz [1] unterscheidet man

Absolute Konsonanz: Einklang 1:1, Oktave 1:2, Duodezime 1:3 usw. Oberer Ton ist Oberwelle des unteren, keine Schwebung.

Effekt der Verschmelzung: Oktaven schwer unterscheidbar, daher wiederholt sich in der Musik die Tonbenennung in der Oktave.

Volle Konsonanz: Quinte 2:3, Quarte 3:4.

Mittlere Konsonanz: Große Sexte 3:5, große Terz 4:5.

Unvollkommene Konsonanz: Kleine Terz 5:6, kleine Sexte 5:8.

Dissonanz: Große Sekunde 8:9, kleine Sekunde 9:10.

C312 Tonhöhenskalen (Tonleitern). Auf Tönen in einfachen Frequenzverhältnissen sind die natürlichen musikalischen Tonleitern aufgebaut, aus denen sich die gebräuchliche diatonische Dur- und Mollskala entwickelt hat.

Tabelle 4-4   Diatonische C-Dur- und A-Moll-Tonleiter[1])

Musikalische Tonhöhe	a	h	c^1	d^1	e^1	f^1	g^1	a^1	h^1	c^2
Musikalische Intervallbezeichnung			Tonika	große Sekunde	große Terz	Quarte	Quinte	große Sexte	große Septime	Oktave
Dur Intervall			1	9/8	5/4	4/3	3/2	5/3	15/8	2
Dur Intervall (Schritt)				9/8	10/9	16/15	9/8	10/9	9/8	16/15
Moll Intervall	1	9/8	6/5	27/20	3/2	8/5	9/5	2		
Moll Intervall (Schritt)		9/8	16/15	9/8	10/9	16/15	9/8	10/9		
Musikalische Intervallbezeichnung	Tonika	große Sekunde	kleine Terz	Quarte	Quinte	kleine Sexte	kleine Septime	Oktave		
Musikalische Tonhöhe	a	h	c^1	d^1	e^1	f^1	g^1	a^1	h^1	c^2

[1]) $\dfrac{27}{20} = \dfrac{4}{3}\,\dfrac{81}{80}$; $\dfrac{10}{9} = \dfrac{9}{8}\,\dfrac{80}{81}$. $\dfrac{81}{80}$ nennt man **Komma**

Bei reiner Stimmung ergibt sich, von jedem Ton als Basis ausgehend, eine andere Verteilung der Tonschritte (Intervalle). Diese Skalen sind daher für Instrumente mit festen Tönen (Tasteninstrumente, Gitarre) ungeeignet wegen ungleicher Intervalle (zweierlei Ganztöne!), daher gleichschwebende Stimmung mit 12 gleichen Halbtönen je Oktave vom Intervall $\sqrt[12]{2}$.

C313 Absolute Tonhöhe (Stimmung).

$$\begin{aligned}
&\text{Physikalische Stimmung} & C_2 = 16\,\text{Hz}, && a^1 &= 430{,}54\,\text{Hz}, \\
&\text{Wiener Stimmung} & && a^1 &= 435\quad\text{Hz}, \\
&\text{internationale Stimmung} & && a^1 &= 440\quad\text{Hz}.
\end{aligned}$$

Intervalleinheit: 1 Cent $= \sqrt[1200]{2}$ (ein Ganzton $= 200$ Cent).

Tabelle 4-5   Frequenzen f in Hz und Wellenlängen λ in m der gleichschwebend temperierten Stimmung für $a' = 110$ Hz

	C		D		E		F		G		A		H	
	f	λ	f	λ	f	λ	f	λ	f	λ	f	λ	f	λ
C_2	16,35	20,82	18,35	18,54	20,60	16,51	21,83	15,59	24,50	13,89	27,50	12,39	30,87	11,02
C_1	32,70	10,41	36,71	9,27	41,20	8,26	43,65	7,80	49,00	6,94	55,00	6,19	61,74	5,51
C	65,41	5,20	73,41	4,63	82,41	4,13	87,31	3,90	98,00	3,47	110,0	3,10	123,5	2,76
c	130,8	2,60	146,8	2,32	164,8	2,06	174,6	1,95	196,0	1,74	220,0	1,55	247	1,38
c^1	261,6	1,30	293,7	1,16	329,6	1,03	349,2	0,975	392,0	0,868	440,0	0,774	493,9	0,689
c^2	523,3	0,651	587,3	0,579	659,3	0,516	698,5	0,487	784,0	0,434	880,0	0,387	987,8	0,345
c^3	1047	0,325	1175,0	0,290	1319	0,258	1397	0,244	1568	0,217	1760	0,194	1976	0,172
c^4	2093	0,163	2349	0,145	2637	0,129	2794	0,122	3136	0,109	3520	0,097	3951	0,0861
c^5	4186	0,0813	4699	0,0724	5274	0,0645	5588	0,0609	6272	0,054	7040	0,048	7902	0,043
c^6	8372	0,0407	9397	0,036	10548	0,032	11175	0,0305	12544	0,027	14080	0,024	15804	0,022

C 32   **Frequenzbereich von Sprache und Musikinstrumenten** (Bild 4-6). Die Musikinstrumente umfassen das gesamte hörbare Schallfrequenzband;

untere Grenze des Hörschalles ≈ 16 Hz

obere Grenze des Hörschalles $\approx 20\,000$ Hz, im Alter abnehmend.

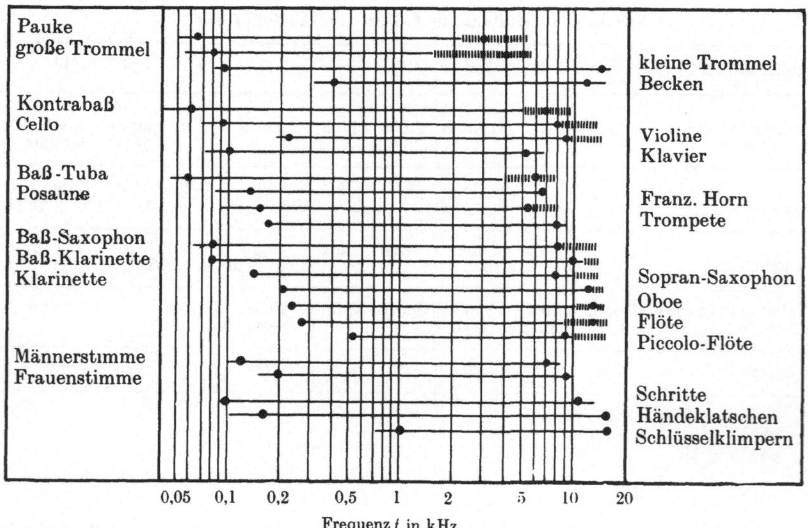

Bild 4-6   Frequenzbereich von Musik, Sprache und Geräusch. Punkte bezeichnen Grenzen merkbarer Frequenzbandbeschneidung

C 33   **Sprachlaute** sind aus Vokalen und Konsonanten zusammengesetzt.

C 331   **Vokale.** Stimmritzenschwingung erzeugt ein obertonhaltiges Frequenzgemisch, aus dem durch Formung der Mundhöhle bestimmte, für jeden Vokal charakteristische Obertonbereiche, die sog. **Formanten**, durch Resonanz bevorzugt werden, unabhängig von der Tonhöhe des gesprochenen bzw. gesungenen Vokals. Die Lage der Formanten ist in Bild 4-7 dargestellt.

C 332   **Konsonanten** sind stimmhaft oder stimmlos [2].

Tabelle 4-6   Unterscheidung der Konsonanten nach ihrem Entstehungsort [119]

Entstehungsort der Konsonanten	I. Artikulations-stelle		II. Artikulations-stelle		III. Artikulations-stelle	
	mit Stimme	ohne Stimme	mit Stimme	ohne Stimme	mit Stimme	ohne Stimme
Verschlußlaute (Explosivae)	b	p	d	t	g	k
Reibelaute	w	v	s j (franz.) th (engl.)	ß sch th (engl.)	j	ch
R-Laute (Zitterlaute)	r (brr) (Lippen-r)		r (Zungen-r) (drama- tisches r)		r (Gaumen-r)	
Nasallaute (Rhinophone) .... (Resonanten)	m		n l		ng	

$x = ks$, $z = ts$.

h entsteht im Kehlkopf.

Konsonanten besitzen ebenfalls charakteristische Frequenzbereiche, die aber weniger genau abgrenzbar sind und bis in das höchste, wahrnehmbare Frequenzgebiet gehen (Bild 4-8).

C 34   Ausgleichsvorgänge von Sprache und Musik [80]. Die Aneinanderreihung von Tonbandaufzeichnungen einzelner Vokale und Konsonanten in eingeschwungenem Zustand ergibt keine verständlichen Silben. Die Silben mit ihren Einschwingvorgängen bilden daher die kleinsten Spracheinheiten, die Phoneme. Im Deutschen gibt es etwa 250 Phoneme. Die Dauer der Laute und Übergänge ist aus Bild 4-9 zu ersehen. Zu beachten ist insbesondere die Pause von 85 ms vor dem „g" in „Hamburg", das wie „k" gesprochen wird, typisch für alle Explosivlaute!

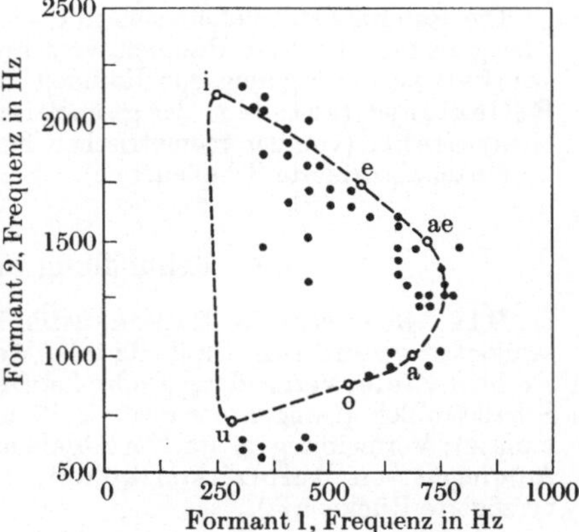

Bild 4-7   Formantbereich der Vokale

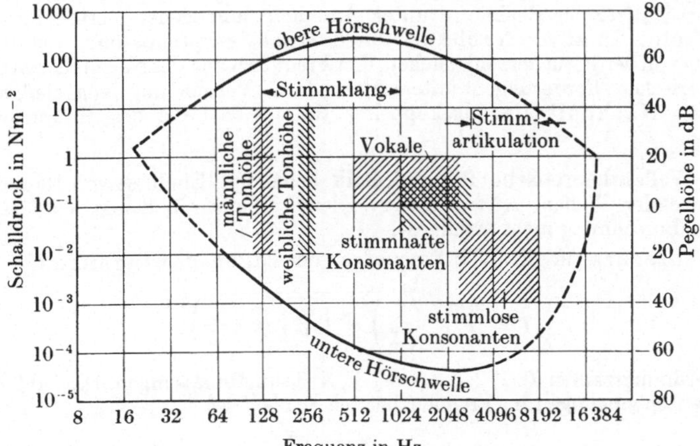

Bild 4-8   Lage der Grundtöne und Formantgebiete in der Hörfläche nach Knudsen [4]

Musikinstrumente besitzen ebenso wie Sprache typische Formantbereiche und Einschwingvorgänge [80]. Tonumfang in Bild 4-6.

C35   Dynamik von Sprache und Musik in Bild 4-8.

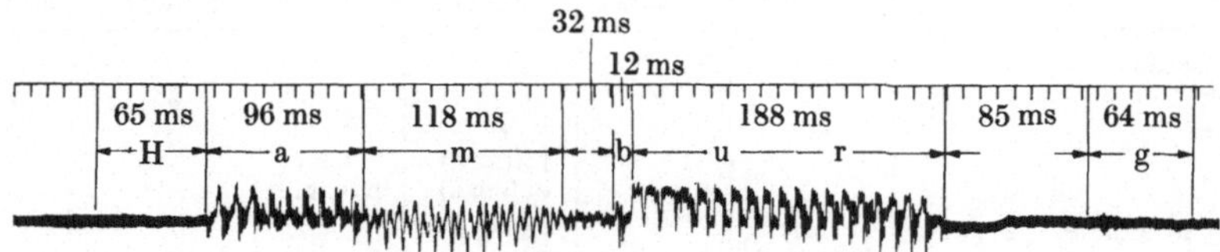

Bild 4-9   Oszillogramm des Wortes „Hamburg"

D. Raumakustik [3], [9], [18], [22], [25], [31], [32], [33], [34], [81], [94], [102], [104], [108], [112], [113], [114], [115], [122]

Die Raumakustik befaßt sich mit allen Problemen der Schallausbreitung in teilweise oder ganz geschlossenen Räumen, vom Freilichttheater bis zum kleinen Wohnraum. Hörsamkeit ist die Eignung von Räumen für Schalldarbietungen. Sie wird beeinflußt durch Reflexionseffekte (von der geometrischen Form des Raumes abhängig) und Absorptionseffekte (von der geometrischen Form weitgehend unabhängig, bestimmt durch die im Mittel absorbierte Schallenergie).

D1   Behandlung raumakustischer Probleme

D11   Geometrische Raumakustik behandelt Einflüsse der Raumform auf die Hörsamkeit. Anwendung: Große Räume. Methode: Geometrische Konstruktion der Schallstrahlen. Ziele: Vermeidung großer Laufzeitdifferenzen zwischen direkten und reflektierten Schallstrahlen (Gangunterschied < 17 m); Vermeidung konzentrierter Reflexe (Brennpunkte); Vermeidung zu starken Abfallens der Schallintensität mit der Entfernung durch Anbringen von Reflexionsflächen, vor allem in der Nähe der Schallquelle (kurzverzögerte Rückwürfe).

D12   Statistische Raumakustik behandelt die Einflüsse des Werkstoffs der Raumbegrenzungsflächen auf die Hörsamkeit. Anwendung: Große und mittlere Räume. Methode: Statistische Rechnung unter Annahme homogener Verteilung der Schallenergie. Ziele: Günstiger Nachhall durch Schallabsorptionsstoffe, die die Akustik unabhängig von der Besucherzahl machen, den Frequenzgang des Nachhalls korrigieren und die geometrischen Forderungen unterstützen (z.B. Vermeidung langverzögerter Reflexionen); die Nachhallzeit angekoppelter Räume darf die des Hauptraumes nicht übersteigen.

D13   Wellentheoretische Raumakustik behandelt Einflüsse von Raumresonanzen infolge stehender Wellen. Anwendung: Kleine Räume, in denen Voraussetzung für statistische Berechnung nicht erfüllt ist.

Im Rechteckraum gilt [33]: Frequenzen der Eigenschwingungen

$$f = \frac{c}{2} \sqrt{\left(\frac{n_x}{X}\right)^2 + \left(\frac{n_y}{Y}\right)^2 + \left(\frac{n_z}{Z}\right)^2}.$$

n_x, n_y, n_z Ordnungszahlen (0, 1, 2, 3 ...), X, Y, Z Raumabmessungen. Die Zahl N der möglichen Eigenschwingungen im Frequenzbereich 0 bis f ist

$$N \approx \frac{4}{3} \pi V \frac{f^3}{c^3}.$$

Die Anregung ist abhängig von der Aufstellung der Schallquelle: In Raumecke N, Mitte Raumkante $N/2$, im Schnittpunkt zweier Flächendiagonalen $N/4$, im Schnittpunkt der Raumdiagonalen $N/8$. Daher Lautsprecheraufstellung in Raumecke. Nur in größeren Räumen sind die Eigentöne so dicht, daß ihre Wirkung statistisch erfaßt werden kann.

D2   Kriterien für die Hörsamkeit

D21 Nachhallzeit T ist die Zeit, in der die eingeschwungene mittlere Schall-Energiedichte E_0^* auf den millionsten Teil E^* (um 60 dB) abgesunken ist, statistisches Kriterium für die Hörsamkeit; sie ist eine Eigenschaft des gesamten Raumes und im wesentlichen an allen Raumpunkten gleich.

Nach dem Abschalten der Schallquelle legt jeder Schallstrahl im Mittel den Weg $\bar{l}$ bis zur nächsten Reflexion zurück, wo er um den Faktor $(1 - \bar{\alpha})$ geschwächt wird. In einer Sekunde wird er $c/\bar{l}$ mal reflektiert. Berücksichtigt man ferner die Schallabsorption in Luft um den Faktor e^{-mx}, wobei für den Weg $x = cT$ gesetzt werden kann, so gilt

$$E^*/E_0^* = \mathrm{e}^{-mTc}\,(1 - \bar{\alpha})^{cT/\bar{l}} = \mathrm{e}^{-mTc}\cdot \mathrm{e}^{cT\,\cdot\,\ln(1 - \bar{\alpha})/\bar{l}} = 10^{-6}.$$

Nach **Sabine** ist $\bar{l} = 4\,V/S$ (V Volumen, S Oberfläche).

Damit wird die Nachhallzeit in s

$$T = \frac{0{,}163\,V}{4\,Vm - S\ln(1 - \bar{\alpha})}.$$

Hierin ist V Volumen des Hauptraumes in m³; Volumen angekoppelter Teilräume nicht einsetzen, sondern Ankopplungsfläche als absorbierende Begrenzung ansehen ([33] Bd. II, s.u.); α Schallabsorptionsgrad, Definition $\alpha = (J_a - J_r)/J_a$, Verhältnis der verschluckten zur auftreffenden Schallintensität, frequenzabhängig; $\bar{\alpha}$ Mittelwert des Schallabsorptionsgrades, $\bar{\alpha} = \sum_1^n \alpha_n S_n/S = A/S$; S_n Teilfläche, α_n Schallabsorptionsgrad der Teilfläche; S Gesamtoberfläche in m², für Unebenheiten Projektionsfläche einsetzen; A Schallabsorptionsvermögen, entspricht einer Fläche der Größe A mit dem Schallabsorptionsgrad 1 (offenes Fenster); m Dämpfungskonstante in m⁻¹, abhängig von Frequenz, Luftfeuchtigkeit, Temperatur aus Bild 4-3. Definition: $mx = \ln(J_x/J_0) = 2\ln(p_x/p_0)$.

Folgerungen: Für $f < 1$ kHz ist das Glied $4\,Vm$ im Nenner der Gleichung für T zu vernachlässigen; selbst bei geringem $\bar{\alpha}$ kann T über einen durch Frequenz und Luftfeuchtigkeit bestimmten Wert, der unabhängig von V ist, nicht anwachsen.

Einschränkungen für die Nachhallformel: a) Sie gilt nicht in unmittelbarer Umgebung der Schallquelle, da hier keine gleichmäßige Raumerfüllung besteht, sondern überwiegend der Direktschall wirkt. Das für die Nachhallformel vorausgesetzte statistische Feld existiert erst außerhalb des **Hallradius** $r_H = \sqrt{A/16\,\pi(1 - \alpha)} \approx \sqrt{A/50}$ für kleine α; hier sind die Energiedichten des direkten und des im Raum reflektierten Schalls gleich.

b) In großen Räumen ist u.U. auch nach Überschreiten des Hallradius keine gleichmäßige Raumerfüllung wegen ungleichmäßiger Verteilung der Schallabsorptionsflächen (Publikum); das Vermeiden dieser Erscheinung ist eine Aufgabe der raumakustischen Planung.

c) Ortsabhängigkeit auch durch angekoppelte Räume (Seitenschiffe in Kirchen, Bühne und Logen im Theater u.a.) ([33], Bd. II). Ist A_1 das Absorptions-Vermögen des Hauptraumes, A_2 das des Nebenraumes, S_{12} die Kopplungsfläche, so wird gesamtes Absorptions-Vermögen $A = A_1 + A_2 S_{12}/(A_2 + S_{12})$; $A_2 \gg S_{12}$ anstreben! Bild 4-10 zeigt die anzustrebende, durch Versuche bestimmte optimale Nachhallzeit in Abhängigkeit vom Volumen, Bild 4-11 den auf T_{opt} bezogenen günstigen Frequenzgang.

D22 Diffusität. Das Kriterium Nachhall genügt nicht für eine vollständige Beurteilung der Hörsamkeit eines Raumes; denn zwei Räume mit gleicher Nachhallzeit können verschieden beurteilt werden. Zusätzliche Eindrücke entstehen durch die unterschiedliche Intensität der aus verschiedenen Richtungen eintreffenden Schallwellen. Hierbei ist nicht die durch die erste Wellenfront bestimmte räumliche Orientierung gemeint, sondern der räumliche Eindruck, den später eintreffende Schallwellen zusätzlich vermitteln.

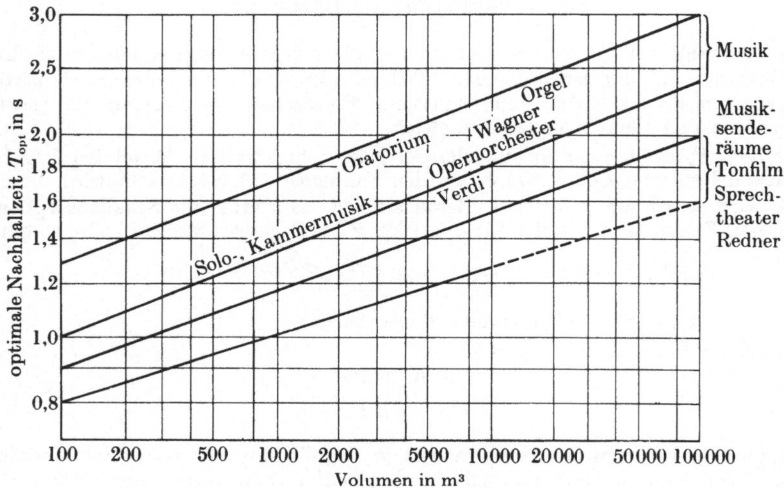

Bild 4-10   Optimale Nachhallzeit T_{opt} für 512 Hz, Mittelwert [31]

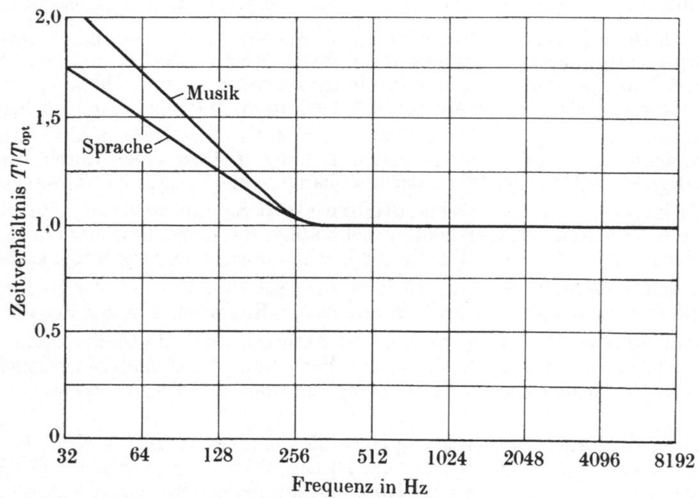

Bild 4-11   Anzustrebender Frequenzgang der Nachhallzeit ($T/T_{opt} = 1$ bei 512 Hz), [31]

Diffusität ist der Grad der Ausgeglichenheit der räumlichen Richtungsverteilung; sie kann von Platz zu Platz verschieden sein, bestimmt den subjektiven Eindruck der Klangfülle und geht parallel mit einer gleichmäßigen Nachhallverteilung im Raum. Bei

Musik wird der Mitklang des Raumes um so angenehmer empfunden, je mehr Schallwellen aus allen Richtungen das Ohr treffen [114], bei Sprache ist das störend. Für eine quantitative Definition der Diffusität liegen z.Z. noch nicht genügend Meßergebnisse vor. Jedoch kann angenommen werden, daß die Diffusität in weiten Grenzen von der Nachhallzeit unabhängig ist und abhängig ist von der Raumform, den begrenzenden Oberflächen und von der statistischen Zusammensetzung des Prüfschalls [113]. Messung vgl. [108].

D 23   Deutlichkeit. Nach dem Gesetz der ersten Wellenfront bestimmt der zuerst eintreffende Schall den Richtungseindruck; die nachfolgend innerhalb 30 bis 60 ms (Verwischungsschwelle) eintreffenden Reflexionen erhöhen die Lautstärke (nützlicher Teil des Nachhalls), später eintreffende jedoch überschreiten die Integrationszeit des Ohres und werden getrennt wahrgenommen (Haas-Effekt [102]); der Klangeindruck wird hart und unangenehm (schädlicher Nachhall).

Deutlichkeit ist Verhältnis von nützlichem zum gesamten Nachhall, sie ist an verschiedenen Plätzen unterschiedlich. Diffusität und Deutlichkeit sind einander widersprechende Forderungen. Eine hohe Diffusität durch den für Deutlichkeit schädlichen Teil des Nachhalls ist nachteilig für die Sprache. Bei hoher Deutlichkeit wird andererseits die Musik als unbefriedigend empfunden; daher ist eine Vergrößerung der Deutlichkeit auf Kosten der Diffusität nur begrenzt möglich. Die Planung erfolgt mit Modellmessungen, vgl. **D 4.**

D 3   Mittel zur akustischen Raumgestaltung

D 31   Raumgeometrie.

D 311   Reflexionen: Wandrauhigkeitshöhe e

$\lambda \gg e$ spiegelnde Reflexion an der Gesamtfläche

$\lambda \approx e$ diffuse Reflexion

$\lambda \ll e$ spiegelnde Reflexion an Teilflächen

D 312   Gekrümmte Flächen. Unkritisch sind lediglich konvex gekrümmte Flächen (Zerstreuung). Vorsicht bei konkaven Flächen (Kreis, Ellipse, Parabel, Hyperbel), hierbei ist eine genaue Konstruktion notwendig; vorteilhafte Anwendung: wenn Rückwürfe in bestimmter Richtung gefordert werden (Deckengestaltung); wenn Sender feststeht (Redner am Pult, auf Kanzel); wenn Krümmungsradius groß gewählt wird, kann Reflexion vom Ort der Schallquelle unabhängig werden.

D 313   Akustisch günstige Formen. Im Grundriß Räume nicht viel länger als breiter bemessen; alle wandnahen Plätze ungefähr gleiche Entfernung von der Bühne; leicht konvex gekrümmte oder aus konvex gekrümmten Flächen zusammengesetzte Rückwand, in Bühnennähe sich verengende Wände. Akustisch tote Zone im Theater liegt im allgemeinen im mittleren Parkett, Abhilfe z.B. durch parabelförmige Seitenwände in Bühnennähe.

Längsriß: In Bühnennähe abgeschrägte Decke, aber nicht höher als notwendig; eine überhöhte Schallquelle und ein nach hinten ansteigendes Parkett (logarithmische Spirale) verbessern die Deutlichkeit; Untergliederung des Raumes durch vorspringende Galerien; zweckmäßige Deckengestaltung aus ebenen und verschieden gekrümmten Flächen, um das Parkett und die Ränge mit Schall zu versorgen. Die Reflexion an der Saalrückwand ist nur für die hinteren Plätze günstig, ungünstig für die vorderen Plätze und die Bühne. Abhilfe: Abschrägen der Saalrückwand oder überhängende Form der Rangböden, Rundkehlen vermeiden (Konzentrationspunkte). Reflexionsflächen hinter der Schallquelle nur in kleinerem Abstand als 8 m.

Querschnitt. Kreisförmigen oder elliptischen Deckenquerschnitt vermeiden. Kuppelbauten (Bild 4-12): $r \leq h/2$ ist nicht ungünstiger als eine ebene Decke; unbrauchbar für $h \to 0$. Auch $r \gg 2\,h$ ist wieder brauchbar.

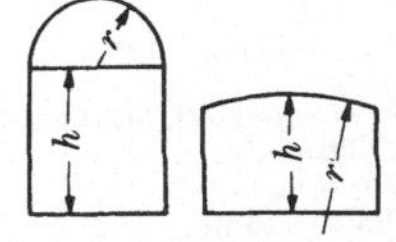

Bild 4-12   Kuppelbauten

D 32 Erzielung geforderter Nachhallzeiten. Der Nachhall kann durch das Raumvolumen, die Flächengliederung und Schallabsorptionsmittel beeinflußt werden. Das erforderliche Raumvolumen ist hauptsächlich durch das Publikum bestimmt: 4 bis 6 m³/Person bei Sprache, 5 bis 8 m³/Person bei Musik. Mindestwerte nicht unterschreiten, da dann T nicht vergrößert werden kann. Bei Überschreitung der Höchstwerte ist eine Korrektur durch Flächengliederung (barocke Kirchen) und (auch nachträglich) durch Schallabsorptionsmittel möglich, aber teuer. In kleineren Räumen (Wohnräumen) ist T ohne Bedeutung; in Räumen über 10000 m³ ist u. U. eine elektroakustische Anlage nötig.

D 33 Schallabsorptionsmittel. Systematische Entwicklung durch wellentheoretische Ansätze, vgl. [33] Bd. III. Schallabsorptionsgrad α ist abhängig von Material und Materialanordnung, Frequenz und Einfallswinkel. Eine Regelung des Frequenzganges der Nachhallzeit ist möglich. Man unterscheidet:

1. **Homogene elastische Schallabsorptionsstoffe** mit Absorption durch mechanische Hysterese und innere Reibung. Kennimpedanz größer als von Luft, schlechte Anpassung, besser geeignet bei Flüssigkeitsschall.

2. **Poröse Schallabsorptionsstoffe** mit Absorption durch innere Reibung in Poren und Hohlräumen (Höhenschlucker). Gute Anpassung an Luft, da niedrige Kennimpedanz.

3. **Schwingungsfähige Absorber** mit Hohlraumresonatoren, schwingende Platten oder Membranen. Bei den Resonanzfrequenzen Anpassung an Luft, bisweilen Füllung, z. B. mit Glas- oder Schlackenwolle.

Die nachfolgenden Angaben in Tabelle 4-7 dienen nur der Übersicht, da unterschiedliche Meßanordnungen und Auswertungen. Künftig sollen die Tabellen nach internationalen Vorschriften gewonnen und vom Deutschen Normenausschuß herausgebracht werden.

Tabelle 4-7   Schallabsorptionsgrad verschiedener Stoffe

	$f = 125$ Hz	500 Hz	2000 Hz	4000 Hz
Höhenschlucker				
Iporit-Putz, 1,5 cm dick	0,08	0,2	0,39	
Weichfaserplatte, aus Holzabfällen und Bindemitteln, 1,2 cm dick	0,08	0,18	0,42	0,57
Veloursteppich	0,05	0,1	0,42	0,6
Holzwolle-Leichtbauplatten, 2,5 cm dick, 3 cm vor der Wand	0,25	0,73	0,74	0,93
Schaumstoff (Beispiel)		0,1	0,8	1
Asbestspritzputzschicht, 2 cm dick	0,18	0,5	0,9	1
Sillanplatte (Mineralfaser), 5 cm dick	0,25	0,95	0,94	0,99
ferner Glaswolle, Vorhänge je nach Anbringung ($\lambda/4$ vor der Wand)				
Mittenschlucker				
Personen auf Holzstühlen	0	0,6	0,45	
Faserstoffmatte mit Folienabdeckung	0,05	0,1	0,95	0,37
Lochplatte vor Schallabsorptionsstoff und Luftpolster	0,12	0,97	0,55	0,5
Tiefenschlucker				
Holzkassettendecke	0,3	0,2	0,03	
Sperrholzplatte mit Luftpolster	0,5	0,15	0,08	
Kettenleiter aus Wachstüchern mit Luftpolstern	0,54	0,48	0,08	
ferner Hohlraumresonatoren, je nach Abstimmung				
Sonstiges				
Schwere, glatte, unporige Wände	0,0045	0,0097	0,018	0,023
Beton, Marmor, Wasserfläche	0,01	0,01	0,02	
Putz	0,02	0,02	0,03	
Ziegelmauer	0,02	0,03	0,04	
Glas	0,04	0,03	0,02	
Stuckverzierung	0,03	0,04	0,07	
Parkett	0,03	0,06	0,1	
Gummibelag 5 mm	0,04	0,08	0,03	0,1
Holz	0,1	0,1	0,08	
Baumwollstoff, glatt an der Wand	0,04	0,13	0,32	
Kokosläufer	0,08	0,17	0,3	
Vorhang	0,05	0,23	0,3	
Polsterstühle	0,06	0,22	0,4	0,34
Publikum je Person	0,15	0,35	0,38	0,35

D 4 Raumakustische Modelle

Die Auswirkungen raumakustischer Maßnahmen bei der Planung von Räumen lassen sich meist nicht genau vorausberechnen. Ihre Beurteilung erfordert viel Erfahrung; nachträgliche Änderungen sind oft unvermeidbar. Daher ist es wirtschaftlicher, die Hörsamkeit eines Raumes vorher am Modell zu studieren [25], [32], [122].

D 41 Prinzip des Verfahrens [81]. Aufnahme des Testschalls auf Tonband, Abspielen in entsprechend Modellmaßstab transponierter Frequenzlage (durch erhöhte Bandgeschwindigkeit) über das Modell und Aufnahme dieses Schalls an gewünschter Stelle im Modellraum; Wiedergabe nach Rücktransponierung. Beurteilung der Hörsamkeit mit dem Ohr.

D 42 Modellregeln. Ist n der Modellmaßstab (z. B. $1:10$), dann gelten folgende Beziehungen zwischen Modell (M) und Hauptausführung (H): Frequenz $f_M = f_H/n$, Länge $l_M = n\, l_H$, Nachhallzeit $T_M = n\, T_H$, Schalldruck $p_M = p_H$, Schalleistung $P_M = n^2 P_H$, akustische Impedanz $Z_M = n^{-2} Z_H$, Schallgeschwindigkeit $c_M = c_H$, Dämpfungskonstante $m_M(f_M) = m_H(f_H)/n$, Schallabsorptionsgrad $\alpha_M(f_M) = \alpha_H(f_H)$. Andere Methoden mit Stoßoszillogrammen vgl. [33] Bd. II, [115].

E. Bauakustik [H 60], [10], [17], [31], [33], [34]

Die Bauakustik umfaßt alle Probleme des Schallüberganges zwischen zwei benachbarten Räumen oder zwischen einem Raum und dem Freien. Durch Isolation der Wände, Decken und Böden soll eine möglichst hohe Luftschall- und Körperschalldämmung erreicht werden, damit von außen einwirkender Störschall unterdrückt wird.

E 1 Luftschalldämmung [8]

E 11 Einfachwände. Bei senkrechtem Schalleinfall (idealisierter Fall) wirkt eine Wand als träge Masse. Die Differenz zwischen dem Schalldruck p_1 vor der Wand und dem Druck p_2 hinter der Wand bewirkt bei sinusförmiger Anregung eine Beschleunigung:

$$p_1 - p_2 = \mathrm{j}\,\omega\, m''\, v$$

Für den Schalldruck p_2 auf der schallabstrahlenden Seite gilt $p_2 = W v$.

Für das **Schallisolationsmaß** R einer Wand ist das Verhältnis von auftreffender zu durchgelassener Schallenergie maßgebend. Da man p_2 gegenüber p_1 vernachlässigen kann und nur die hineilende, aber nicht die reflektierte Welle zur auftreffenden Schallenergie beiträgt, ist diese proportional $(p_1/2)^2$ und die durchgelassene Schallenergie proportional p_2^2. Für das **Schallisolationsmaß** R in dB folgt

$$R = 20\, \lg(2\,\omega\, m''/W).$$

Bei **schrägem Schalleinfall** unter dem Winkel ϑ ist nur die zur Wand senkrechte Komponente der Schnelle wirksam. Massenflächendichte m'' wird praktisch um Faktor $\cos\vartheta$ verringert (**Komponenteneffekt**):

$$R = 20\, \lg(2\,\omega\, m''\cos\vartheta/W).$$

Theoretisch müßte das Schallisolationsmaß R mit der Frequenz monoton ansteigen, und auch der im bauakustisch interessierenden Frequenzbereich von 100 bis 3200 Hz festgestellte Mittelwert des Schallisolationsmaßes müßte mit der Massenflächendichte monoton ansteigen. Diese massentheoretisch berechnete Gewichtskurve ist für mittleren Einfallswinkel von 45° im Bild 4-13 gestrichelt eingetragen. Auch die gestrichelten Linien in Bild 4-14 sind nach einfacher Massentheorie berechnet. Die für viele Wände im Laboratorium gemessenen mittleren Schallisolationsmaße gruppieren sich aber um die tiefer

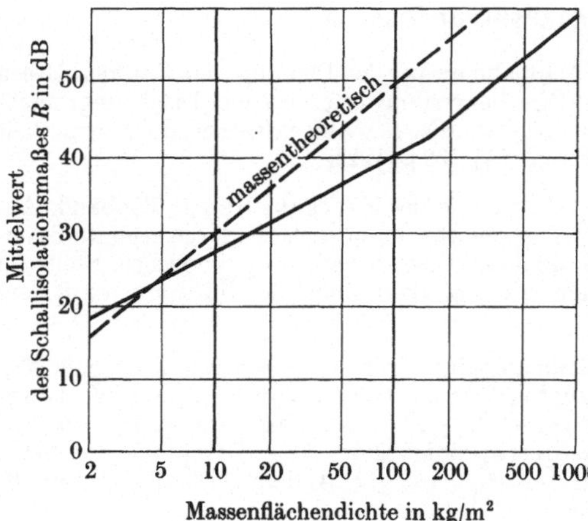

Bild 4-13   Schallisolationsmaß und Massenflächendichte
bei Einfachwänden

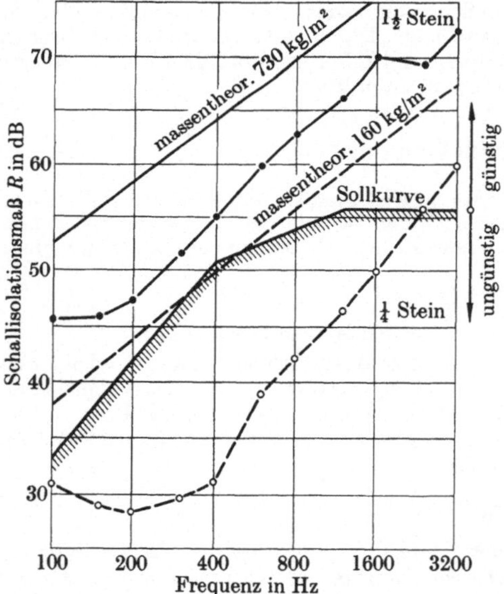

Bild 4-14   Schallisolation von Ziegelwänden verschiedener
Dicke nach Eisenberg

liegende, gemessene Gewichtskurve nach Bild 4-14. Diese kann zur Abschätzung des Schallisolationsmaßes einer Wand aus ihrer Masse je m² benutzt werden. Wegen der Möglichkeit starker Abweichungen geben nur Messungen genauen Aufschluß.

E12 Doppelwände. Für dünne Platten mit hochliegender Grenzfrequenz der Spuranpassung steigt das Schallisolationsmaß oberhalb der Resonanzfrequenz, gegeben aus Massenflächendichte und Steife des Luftpolsters, erheblich über die reine Massenwirkung an. Es ergibt sich für Schallisolationsmaß einer Doppelwand aus zwei gleichen Schalen mit der Massenflächendichte $m^\square$ einer Einzelschale und dem Abstand d:

$$R = 60\lg\omega + 40\lg m^\square + 20\lg(d/2\,WK);$$

$$1/K \approx 1,5 \cdot 10^6 \text{ dyn/cm}^2$$

Für die Resonanzfrequenz, die den Gültigkeitsbereich dieser Formel nach tiefen Frequenzen begrenzt, gilt

$$f_R = \frac{1}{2\pi}\sqrt{\frac{2}{Km^\square d}}.$$

Für zwei Wandschalen gleichen Gewichtes ist der Mindestabstand der Schalen, wenn f_R bei 75 Hz liegt (normale Forderung im Bauwesen),

$$d_{\min} = 14/m^\square.$$

Die Steife des Luftpolsters wird durch wandparallele und senkrechte Schwingungen im Hohlraum zusätzlich erhöht und vermindert die Schalldämmung. Die Hohlräume müssen mit porösen Schallschluckstoffen gefüllt sein. Solche Doppelwände aus biegeweichen Schalen (dünnes Sperrholz, Hartfaserplatten, Blechplatten) mit Schluckstoff (z. B. Glas- oder Steinwollepackungen) im Hohlraum eignen sich für schalldämmende Kabinen, Türen, schalldämmende Hauben zur Abkapselung störender Schallquellen. Eine Befestigung an gemeinsamen Stielen ist möglich. Für die Dämmung tiefer Frequenzen sind tiefliegende Resonanzfrequenz und großer Wandabstand wichtig, außerdem Türen mit guter Dichtung ([169] 1950, S. 789).

E13 Einfluß von Öffnungen in Wänden. Voraussetzung für eine gute Luftschalldämmung ist einwandfreie Dichtung der Wand. Poröse Wände haben schlechtere Schalldämmung als gleich schwere luftdichte. Durch unverputzte Schwemmstein- oder Schüttbetonwand kann man sich bequem unterhalten. Noch Strömungswiderstände von 1000 g/cm³ s, z.B. 1 cm dicke Weichfaserplatten, machen sich als akustischer Nebenschluß bemerkbar.

Einzelne große Öffnungen (groß im Vergleich zur Wellenlänge) lassen eine ihrer Flächengröße entsprechende Schallenergie durch. Sind zwei Räume durch eine Wand der Fläche S_1 getrennt, die eine Öffnung der Fläche S_2 hat, und kann die Schalldurchlässigkeit der Wand selbst vernachlässigt werden, so ergibt sich für die Wand mit Öffnung eine Norm-Schallpegeldifferenz von

$$D_n = 10 \lg (S_1/S_2).$$

Beispiel: Eine Öffnung von 1 m² in einer Wand von 10 m² ergibt $D_n = 20$ dB.

Sind die Längsausdehnungen der Öffnungen nicht klein zur Wellenlänge, z.B. bei Kanälen, so ist die Anpassung des akustischen Widerstandes des Kanals wichtig. Die Schallübertragung ist besonders groß, wenn die Länge des Kanals gleich einem ganzen Vielfachen der halben Wellenlänge wird, d.h. wenn das Rohr in Resonanz ist. Auch wenn Durchmesser einer einzelnen, runden oder quadratischen Öffnung klein gegenüber der Wellenlänge wird, ist die durchgelassene Schallenergie noch angenähert proportional dem Flächenverhältnis. Die Verschlechterung ΔR des Schallisolationsmaßes einer Wand mit der Fläche S_1 durch ein Loch mit der Querschnittfläche S_2 ist

$$\Delta R = 10 \lg [1 + (S_2/S_1) \, 10^{R/10}].$$

Beispiel: In einer Wand mit dem Mittelwert $R = 50$ dB und $S_1 = 10$ m² ergibt ein Loch von 10 cm² eine Verschlechterung von $10 \lg (1 + 10^5/10^4) \approx 10$ dB. Erst wenn das frequenzabhängige Schallisolationsmaß die Grenze 40 dB erreicht hat, macht sich dieses Loch bemerkbar. Schlitzförmige Öffnungen können erheblich mehr Energie hindurchlassen, als ihrer Querschnittsfläche entspricht. In der Gleichung für ΔR ist dann vor S_2/S_1 noch der Faktor k zu setzen, der bei Schlitzen bis 10 betragen kann.

E 2   Körperschalldämmung

E 21   Körperschalldämmung im Zuge der Baukonstruktion. Anregung beliebig. Schallfortleitung soll gedämmt werden. Die schallführenden Körper sind im allgemeinen in Ausbreitungsrichtung der Welle unendlich ausgedehnt. Jede Änderung der Impedanz im Zuge einer Körperschalleitung gibt die Möglichkeit der Dämmung durch Reflexion. Für den komplexen Reflexionsfaktor ζ gilt das Anpassungsgesetz

$$\zeta = (W_1 - W_2)/(W_1 + W_2).$$

ζ ist der Quotient aus der Schnelle der hineilenden und zurückkommenden Welle. W_1 und W_2 sind die Impedanzen zweier Schalleiter, z.B. zweier Stäbe verschiedenen Querschnittes oder eines Stabes und einer Platte. Vom Reflexionsfaktor gelangt man über den Durchlaßgrad d_D zur Körperschalldämmung D_K in dB:

$$d_D = 1 - |\zeta|^2, \qquad D_K = 10 \lg (1/d_D).$$

Für zwei reelle Impedanzen W_1 und W_2 ergibt sich durch Umformen

$$d_D = 4/\left(\sqrt{W_1/W_2} + \sqrt{W_2/W_1} \right)^2.$$

Beispiel: Zwei Balken aus gleichem Werkstoff mit Querschnittverhältnis 5:1 grenzen aneinander. Die Dämmung für Longitudinalwellen

$$Z_1 = 5 W_2, \qquad d_D = 20/36, \qquad D_K = 3 \text{ dB},$$

ist also gering. Ähnlich lassen sich Dämmungen in Ecken, Verzweigungen und Übergängen zwischen Stäben und Platten (Schallbrücken) abschätzen.

Für elastische Zwischenschichten, z. B. im aufgehenden Mauerwerk mit stark verändertem E-Modul und Raumgewicht, ergeben sich schon größere, jedoch frequenzabhängige Dämmungen. Die mathematische Herleitung für Longitudinalwellen in einem Balken mit elastischer Trennschicht führt zu ähnlicher Gleichung wie für die Luftschalldämmung einer Einfachwand

$$D_K = 20 \lg \left(\frac{\omega h_2 Z_1}{2 E_2} \right).$$

h_2 Dicke und E_2 E-Modul der Zwischenschicht, z. B. Kork, Z_1 Impedanz des unterbrochenen Körpers, z. B. Balken.

Für Betonbalken von 10 cm Dicke zeigt Bild 4-15 den Verlauf der Körperschalldämmung, wenn eine 3 cm dicke Korkschicht mit $E_2 = 3 \cdot 10^8$ dyn/cm^2 eingeschaltet wird. Obere Grenze ist durch Dicke der Dämmschicht gegeben. Wenn

$$d_D = n \lambda/2 \quad (n = 1, 2, 3, \dots)$$

wird, tritt Resonanz ein. Verschlechterung der Dämmung ist wegen Dämpfung im Baustoff meist geringfügig.

E 22 Körperschalldämmung von Maschinenfundamenten. Anregung durch Wechselkraft in einem Körper, der, in der Regel klein zur Wellenlänge, über begrenzte Elastizität gegen unendlich ausgedehnte Platte gedämmt werden soll.

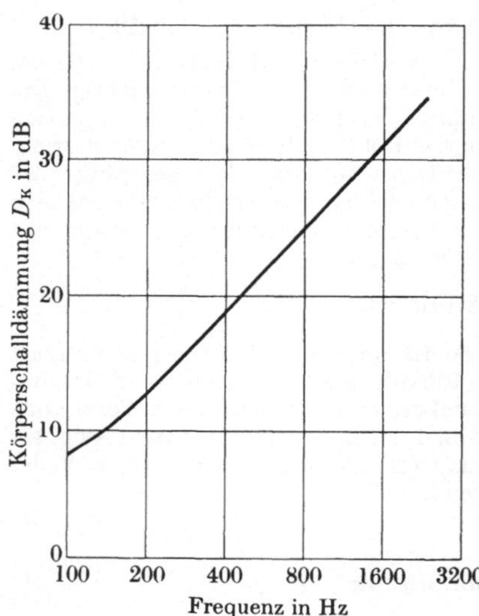

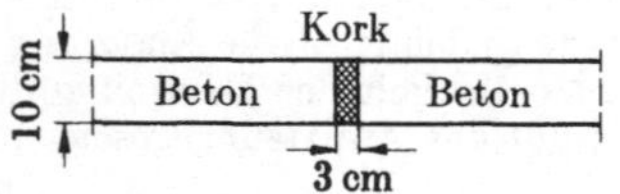

Bild 4-15   Körperschalldämmung von Longitudinalwellen im Betonbalken durch 3 cm dicke Korkschicht nach L. Cremer

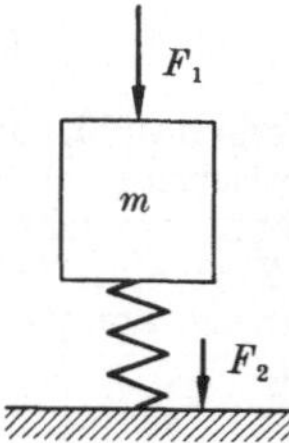

Bild 4-16   Dämmung eines Maschinenfundamentes

Der auf einer Feder ruhende Körper (Bild 4-16) der Masse m hat die Eigenfrequenz f_0, die bei guter Dämmung von der Frequenz der erregenden Kraft F_1 verschieden sein muß. Die auf das Fundament ausgeübte Kraft F_2 soll klein sein. Die Körperschalldämmung ist zu berechnen aus den Realteilen von F:

$$D_K = 20 \lg (F_1/F_2).$$

Ist s die Federkonstante, so gilt

$$f_0 = \sqrt{s/m}/2\pi.$$

Für Gummi und Kork kann s aus E berechnet werden. Für eine prismatische Feder mit Länge l und Querschnitt S ist $s = SE/l$.

Die Dämpfung der Feder ist durch den Verlustfaktor η gekennzeichnet, der sich aus der Halbwertbreite Δf des in Resonanz erregten Systems ergibt:

$$\eta = \Delta f/f_0.$$

Mit diesen Größen ist die Dämmung einer im Vergleich zur Wellenlänge kurzen Feder gegeben:

$$\frac{F_1}{F_2} = \sqrt{\frac{[1 - (f/f_0)^2]^2 + \eta^2}{1 + \eta^2}}\,.$$

Hieraus folgt: Die Dämmung ist um so größer, je kleiner f_0 gegenüber f ist. Resonanz muß vermieden werden. Die zu erwartende Überhöhung bei $f = f_0$ wird durch Dämpfung abgeschwächt. Gummifedern mit $\eta = 0,1$ sind in solchen Fällen gegenüber Stahlfedern mit $\eta = 0,01$ vorteilhafter. Bei hohen Frequenzen $(f \gg f_0)$ nimmt F_1/F_2 mit dem Quadrat der Frequenz zu, bis wieder Resonanz eintritt. Auch hier wirkt großes η günstig durch Ausgleich der Resonanzeinbrüche ([140] 1952, S. 213).

E 23 Trittschalldämmung durch Bodenbeläge. Die Anregung erfolge stoßartig auf eine Platte. Die Dämmung wird durch eine elastische Auflageschicht oder durch eine zweite Platte mit elastischer Zwischenschicht erreicht. Die Schallanregung der Deckenplatte sei punktförmig mit stoßender Masse m_0. Die mit dem Stoß wirksame Erregerkraft kann nach Fourier in eine periodische Wechselkraft zerlegt werden. Meist ist Massenwiderstand $2\pi f m_0$ klein gegenüber Impedanz W_B der Decke.

Befindet sich zwischen stoßender Masse m_0 und Deckenoberfläche eine elastische Schicht (weicher Bodenbelag, Gummiabsatz) mit der Federkonstante s, so ist

$$f_0 = \sqrt{s/m_0}/2\pi\,.$$

Das Verhältnis F_1/F_2 muß jenseits von f_0 mit $(f/f_0)^2$ ansteigen. Grundsätzlicher Verlauf der Verbesserung der Trittschalldämmung der Decke mit elastischer Auflageschicht ergibt sich zu

$$\Delta L = 40 \lg (f/f_0)\,.$$

Verbesserung durch weiche Bodenbeläge ist abhängig von stoßender Masse. Solche Beläge wirken sich bei schweren Körpern (Gehen von Personen) besser aus als bei leichten (Springkugel). Wichtig ist der Fall, daß die elastische Dämmschicht noch durch eine harte Gehschicht abgedeckt ist (schwimmender Estrich nach Bild 4-17). Punktförmige Anregung greift an der dünnen Estrichplatte an, erzeugt einen Schalldruck in der Zwischenschicht und damit wieder Biegewellen in der Deckenplatte, die als Luftschall abgestrahlt werden. In der mathematischen Beschreibung dieses Vorganges tritt die Eigenfrequenz f_1 des Systems Estrich-Dämmschicht auf. Mit ihr läßt sich auch für diesen Fall die Verbesserung gegenüber der Rohdecke angeben:

$$\Delta L = 40 \lg (f/f_1)\,; \qquad f_1 = \sqrt{1/K d m_1^{\Box}}/2\pi$$

$m_1^{\Box}$ Massenflächendichte des Estrichs, d Dicke des Estrichs, K Kompressibilität der im Zwischenraum eingeschlossenen Luft.

Der E-Modul der Dämmschicht soll möglichst nahe an den der Luft herankommen. Trotzdem muß die Schicht in der Lage sein, in möglichst großem Abstand die schwere Estrichplatte zu halten, damit f_1 möglichst tief liegt. Leicht gepreßte Faserstoffplatten und gesteppte Matten sind gut, Korkplatten zu hart. Die von Doppelwänden als verschlechternd bekannte Versteifung des Luftpolsters durch wandparallele Schwingungen muß durch günstigen Strömungswiderstand aufgehoben werden. Ausführungen in DIN 4109 und Bild 4-17.

E 24 Dämpfung von Körperschallwellen in Baustoffen und Gebäuden. Bei der Ausbreitung von Körperschallwellen erfolgt Dämpfung durch Formänderungsarbeit und innere Reibung. In den üblichen Baustoffen ist diese Dämpfung gering. Sie wird gekennzeichnet durch das logarithmische Dekrement ϑ, den Verlustfaktor η oder die Amplitudenabnahme in dB/s oder dB/m:

$$\text{Verlustfaktor} \qquad \eta = \Delta f/f_0$$
$$\text{logarithmisches Dekrement} \quad \vartheta = \pi\eta$$
$$\text{zeitliche Amplitudenabnahme} \quad \dot{D} = 27{,}3\,\eta f_0$$
$$\text{örtliche Amplitudenabnahme} \quad D' = 13{,}6\,\eta/\lambda$$

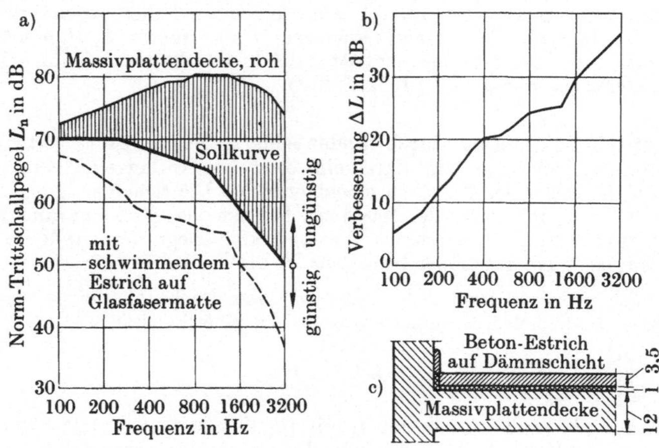

Bild 4-17
Trittschalldämmung einer Stahlbetondecke durch schwimmenden Estrich nach Cremer; Maße in cm

Die Dämpfung von Longitudinal- und Biegewellen ist in prismatischen Stäben durch Erregung von Eigenschwingungen und Bestimmung der Halbwertbreite gemessen worden. Die Pegelabnahme in dB/m bei 500 Hz ist in

Beton 0,10,   Eisen 0,01,   Ziegelstein 0,08,   Holz 0,16.

Die Dämpfung von Körperschallwellen in Gebäuden liegt für Wohnbauten der heute üblichen Bauweise bei 5 bis 6 dB/Stockwerk (200 bis 1500 Hz). Darin sind Reflexionsverluste und Energieabwanderung in den Verzweigungen mit enthalten. Letzte ist vorherrschend. Konstruktive Maßnahmen in E 21.

Die Dämpfung in Hohlziegelmauerwerk kann auf 4 bis 6 dB/m gebracht werden, wenn man Hohlräume teilweise mit lockerem Sand füllt ([140] 1952, S. 179). Biegeschwingungen von Blechen mit dem unangenehmen Dröhnen können durch dämpfende Beläge aus aufgespritzten, plastischen Kunststoffen gedämpft werden. Pegelabnahme von Blechen steigt von 0,01 dB/m im unbehandelten Zustand auf 3 bis 4 dB/m mit einem Belag von möglichst großer Dicke ([141] 1952, S. 181).

F. Schallübertragung [15], [20], [87], [92], [93]

F1 Begriffsbestimmungen

Schallübertragung im engeren Sinne, die Übertragung von Musik und Sprache, ist eine Sonderaufgabe der Nachrichtenübertragung. Das wichtigste Anwendungsgebiet ist die Fernsprechübertragung von Sprache. Die wichtigsten Kriterien sind Verständlichkeit und Natürlichkeit.

F11 Verständlichkeit von Sprache ist bestimmt durch den prozentualen Anteil richtig verstandener Sätze, Wörter oder Silben. Das schärfste Kriterium ist die Silbenverständlichkeit, wobei Silben aus einem Vokal zwischen zwei Konsonanten, die Logatome, verwendet werden. Der Zusammenhang zwischen Satz- und Silbenverständlichkeit ist in Bild 4-18 dargestellt. Die **Verständlichkeit** wird **vermindert** durch Begrenzung des **Frequenzbandes** (Bild 4-19), Verringerung (in geringem Umfang auch Erhöhung) des **Empfangsschallpegels** gegenüber dem optimalen Schallpegel von $\approx 70\,\text{dB}$ über $10^{-16}\,\text{W/cm}^2$, oder durch Verringerung des Abstandes des **Nutzschallpegels** von dem stets vorhandenen **Störpegel** (Raumgeräusche, Geräusche in der Übertragung).

Aus Bild 4-20 geht hervor, daß die Silbenverständlichkeit 100% bei einem Empfangspegel von etwa 70 dB bei einem Störabstand von $\geq 40\,\text{dB}$ liegt, andererseits aber selbst bei Gleichheit von Nutz- und Störpegel noch eine Silbenverständlichkeit von 20% entsprechend einer Satzverständlichkeit von 75% vorhanden ist.

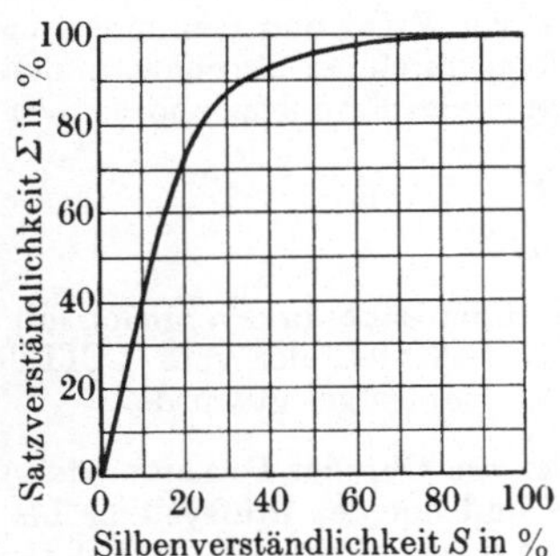

Bild 4-18 Silbenverständlichkeit S und Satzverständlichkeit Σ

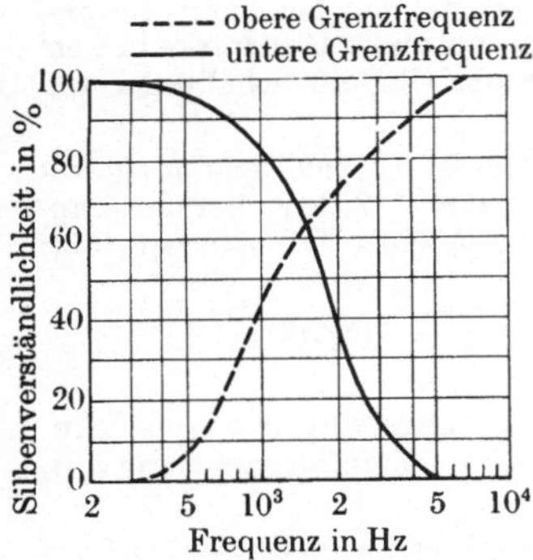

Bild 4-19 Silbenverständlichkeit in Abhängigkeit vom Frequenzbereich

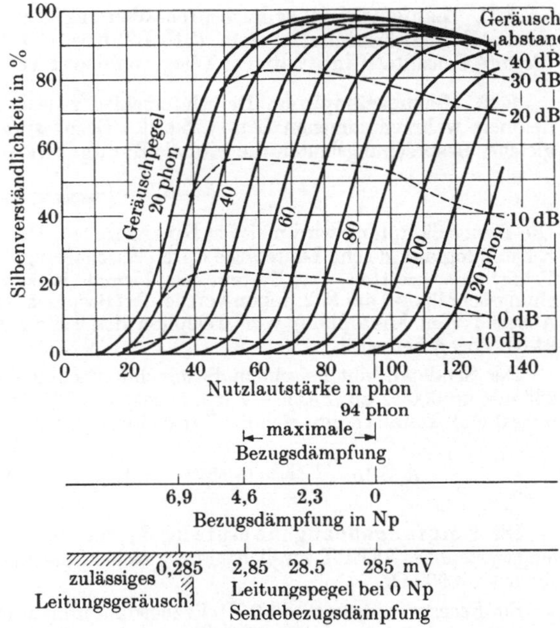

Bild 4-20
Silbenverständlichkeit bei Geräusch nach **Fletcher** und **Galt**

F12 Natürlichkeit wird durch jede vom Ohr wahrnehmbare Änderung des ursprünglichen Schallvorganges vermindert; hohe Anforderungen werden an die Natürlichkeit gestellt, hauptsächlich bei Musikübertragung. Die wichtigsten Ursachen der **Beeinträchtigung** sind

a) lineare Verzerrungen des Frequenzspektrums (**Frequenzgang** der Übertragung),

b) nichtlineare Verzerrungen des Frequenzspektrums (**Klirrfaktor** der Übertragung),

c) Verringerung des Abstandes ΔL des größten **Schallpegels** $\hat{L}$ vom kleinsten Schallpegel $\check{L}$. $\Delta L = \hat{L} - \check{L}$ wird als **Dynamik** bezeichnet. Dynamik bei Musik bis zu 70 dB, bei Sprache bis zu 40 dB. Die Dynamik wird bei der Übertragung meist durch die Übersteuerungsgrenze einerseits und den Störpegel andererseits begrenzt: $\Delta L_{\ddot{U}} = \hat{L}_{\ddot{U}} - L_{St}$; $L_{St} = $ **Brumm** der Übertragung.

d) Änderung des absoluten Schallpegels gegenüber der Originaldarbietung; dadurch entsteht eine Veränderung des empfundenen Klangcharakters als Folge der veränderten spektralen Lautstärkebeurteilung durch das Ohr. Kurven gleicher Lautstärke in Bild 4-4.

e) Einkanal-Schallübertragung (nicht stereophone Wiedergabe). Die Natürlichkeit wird vermindert durch Fehlen der Richtungsempfindlichkeit des beidohrigen Hörens. Letztes ermöglicht die Ortung der wesentlichen Schallquelle aus einer Vielzahl von Schallquellen; dadurch Erhöhung der Durchsichtigkeit von Musik und Trennung von Nutz- und Störschall. Die Messung der Natürlichkeit erfolgt durch den Prozentsatz der Zuhörer, die einen bestimmten Vorgang, z. B. eine Einengung des Frequenzbandes, noch wahrnehmen.

F 2 Fernsprechübertragung [120]

F 21 Lautstärke einer Fernsprechübertragung wird durch Lautstärkevergleich mit einem Normal-Fernsprechsystem (SFERT bzw. NOSFER) bewertet, der vom CCITT (Comité Consultatif International Télégraphique et Téléphonique) festgelegt wurde.

F 22 Bezugsdämpfung. Der Unterschied zwischen der am Ohr des Fernsprechteilnehmers wahrgenommenen Lautstärke des Bezugssystems und der des Prüfsystems bei gleicher Besprechungslautstärke wird als Bezugsdämpfung β bezeichnet [20], [92], [93]:

$$\beta = \Delta L = L_{\text{SFERT}} - L_{\text{Pr}}.$$

Die Bezugsdämpfung wird meist in Np angegeben. Der Lautstärkeunterschied wird durch Einstellung auf gleiche Lautstärke durch Zuschaltung von Dämpfung in das Bezugs- oder Prüfsystem ermittelt. Das System des Normals ist so eingestellt, daß bei einem Besprechungsschallpegel am Mikrophon von 94 dB (Besprechung mit normaler Lautstärke in 4 cm Abstand vom Mikrophon) vom Telephon des Teilnehmers am Ohr ein Schallpegel von 94 dB abgegeben wird.

Der Sendeteil gibt bei einem Besprechungsschallpegel von 94 dB eine Spannung von 285 mV an 600 Ω ab (Pegel -1 Np, bezogen auf 775 mV an 600 Ω $\triangleq$ Sendebezugsdämpfung 0 Np). Daraus ergibt sich die Sendebezugsdämpfung β_{S} einer Fernsprechstation:

$$\beta_{\text{s}} = \ln \frac{U_{\text{SFERT}}}{U_{\text{Pr}}} \text{ in Np} \qquad \text{bzw.} \qquad 20 \lg \frac{U_{\text{SFERT}}}{U_{\text{Pr}}} \text{ in dB}.$$

Die Empfangsbezugsdämpfung β_{E} eines Fernsprechsystems wird mit dem Empfangssystem des SFERT verglichen, bei gleicher Sprechleistung am Empfängereingang z. B. 285 mV an 600 Ω.

Ein Fernsprechsystem mit 0 Np Bezugsdämpfung wäre sehr laut, da am Ohr ≈ 70 dB als angenehm empfunden werden. Die Überführung der akustischen Eigenschaften eines Fernsprechsystems in ein elektrisches Dämpfungsmaß gestattet die übersichtliche Zusammenfassung mit den Dämpfungseigenschaften des rein elektrischen Übertragungssystems in einen ebenfalls international festgelegten Dämpfungsplan. Hierbei wird die Fernsprechstation und die Teilnehmeranschlußleitung bis zur Speisebrücke als Bezugsdämpfung, die Dämpfung der weiteren Übertragungswege als Restdämpfung gemessen. Die so zusammengefaßte Dämpfung darf maximal 4,16 Np betragen. Das entspricht einer Unterhaltung im Freien in ≈ 4 m Abstand (Bild 4-21).

F 23 Geräusch-EMK. Um auch bei maximaler Dämpfung noch ausreichende Silbenverständlichkeit zu erreichen, muß der Störabstand ausreichend groß sein.

Das CCITT gibt als Mittelwert für die zulässige Geräusch-EMK der Gesamtverbindung 2 mV an, gemessen am relativen Pegel $-0,8$ Np. Nach den Bestimmungen der Deutschen Bundespost darf der Anteil der Geräuschspannung, den die Stromversorgung verursacht, 0,2 mV und die gesamte Geräuschspannung der in Nebenstellenanlagen erzeugten Dauergeräusche 0,35 mV, gemessen am Ausgang der Nebenstellenanlage bei beidseiti-

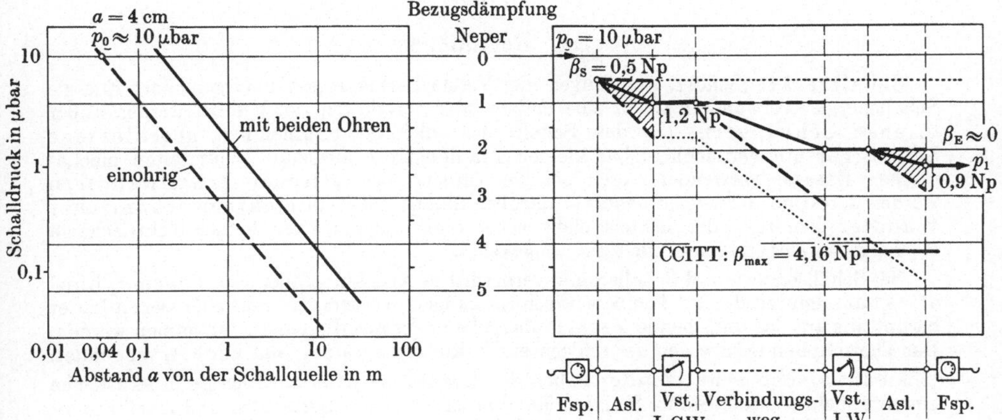

Bild 4-21 Bezugsdämpfung einer Fernsprechverbindung im Vergleich zur Schalldämpfung im Freien; Fsp. = Fernsprecher, Asl. = Anschlußleitung, Vst. = Vermittlungsstelle, I. GW = I. Gruppenwähler, LW = Leitungswähler

gem Abschluß mit 600 Ω, nicht überschreiten. Für kurzzeitige Störimpulse, die von Schalt- und Wählimpulsen herrühren, ist ein Wert von 1 mV zugelassen. Wie aus Bild 4-20 zu entnehmen ist, kann so noch ein Geräuschabstand von minimal 10 dB erreicht werden.

F24 Rückhören. Durch eine Entkopplungsschaltung zwischen Mikrophon und Telephon wird verhindert, daß die vom Mikrophon aufgenommene Sprache und besonders das Raumgeräusch im eigenen Telephon verstärkt wiedergegeben werden. Der Grad der Entkopplung wird als Rückhör-Bezugsdämpfung angegeben, die sich aus der Rückhör-Betriebsdämpfung der Fernsprecherschaltung sowie aus der Sende- bzw. Empfangsbezugsdämpfung der Kapseln zusammensetzt.

Bei zu geringer Rückhör-Bezugsdämpfung sinkt die Verständlichkeit; bei zu hoher Rückhör-Bezugsdämpfung hat der Teilnehmer den Eindruck, sein Mikrophon sei nicht in Ordnung. Reihenuntersuchungen haben gezeigt, daß die Teilnehmer im allgemeinen bei erhöhtem Rückhören leiser, bei vermindertem Rückhören lauter sprechen. Als optimal wird eine Rückhör-Bezugsdämpfung von $\approx 1,5$ Np angesehen, die jedoch nicht in allen Betriebszuständen erreicht werden kann.

F3 Musikübertragung

Bei der Musikübertragung ist Natürlichkeit zu fordern, daher

a) **Frequenzspektrum** 20 bis 20000 Hz. Die Energiedichte der hohen Frequenzen ist allerdings klein (Bild 4-22) und liefert einen geringen Beitrag zur Lautstärke. Hohe Frequenzen sind aber wesentlich für die Natürlichkeit und Verständlichkeit.

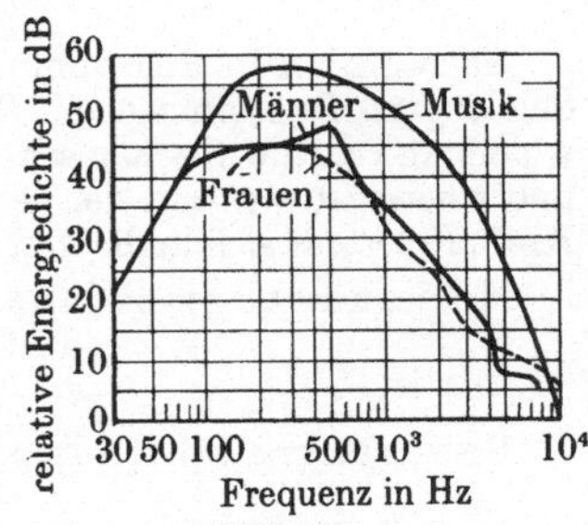

Bild 4-22
Spektrale Energiedichte für Sprache und Musik, bezogen auf Bandbreite 1 Hz und Schwellenwert $2 \cdot 10^{-5}$ N/m²

b) **Klirrfaktor** der Gesamtübertragung klein ($<2\%$). Die Schwierigkeiten liegen hauptsächlich beim Lautsprecher. Sie sind am einfachsten zu überwinden durch Überdimensionieren und geringe Aussteuerung.

c) **Große Dynamik**, erreichbar bis ≈ 60 dB.

G. Schallgeräte

G 1   Definitionen

Schallgeräte (Sender, Empfänger oder Verstärker) erzeugen aus irgendeiner Energie Schallenergie, verwandeln sie in eine andere oder verstärken sie. Hierbei werden außer offenen Schwingern, die den Schall abstrahlen oder aufnehmen, geschlossene Schwinger mit vernachlässigbar kleiner Strahlungsresistanz zum Weiterleiten mechanischer Energie verwendet. Auch bei den elektro-akustischen Schallwandlern werden derartige Schwinger benutzt; darüber hinaus wird ein elektromechanischer Wandler benötigt, der mittels elektrischer oder magnetischer Felder elektrische in mechanische Energie umwandelt und umgekehrt.

Bei Schallsendern und Schallempfängern wird in Ausnahmefällen der Thermophoneffekt ausgenutzt, der auf Temperaturschwankungen in einem stromdurchflossenen Leiter beruht, die auf das umgebende Medium übergehen oder aus diesem aufgenommen werden. Das Thermophon wird wegen des schlechten Wirkungsgrades nur zum Eichen verwendet.

Mechanische Schallsender haben den Zweck, mechanische Energie in akustische umzuwandeln (Saiten, Stäbe, Zungen, Membranen, Platten, Luftsäulen und Musikinstrumente). Ähnlich können auch Ultraschallfrequenzen erzeugt werden.

Sirenen sind mechanische Schallsender, die kein besonderes Schwingungsgebilde benutzen. Bei der einfachsten Form rotiert eine Scheibe, die in regelmäßigen Abständen Löcher hat, vor einer Luftaustrittdüse, so daß jedesmal, wenn ein Loch der Scheibe an der Düse vorbeiläuft, ein Druckimpuls erzeugt wird. Sirenen haben akustische Leistungen bis zu einigen Kilowatt und Frequenzen bis zu 35 kHz ([155] 18, 1946, S. 371; 19, 1947, S. 857). Auch das Auspuffgeräusch in Verbrennungsmotoren entsteht ähnlich durch kurzzeitiges Öffnen des Auspuffventils; Auspuffstöße gelangen nicht unmittelbar ins freie Schallfeld, sondern durch Rohrleitung, die durch Schwingungsgebilde als Schalldämpfer ausgebildet ist.

G 2   Geschlossener Schwinger

Der geschlossene mechanisch-akustische Schwinger besteht in seiner Grundform aus nahezu massefreien Federn und nahezu starren Massen. Tonpilz ist Schwinger aus einem festen Stoff, Tonraum aus einem gasförmigen oder flüssigen.

Tonpilz (Bild 4-23) hat zwei Massen m_1, m_2 und eine sie verbindende Federsteife s. Seine Eigenkreisfrequenz ist $\omega = \sqrt{s\,\dfrac{m_1 + m_2}{m_1 m_2}}$.

Schwingende Punktmasse (Bild 4-24) ist der einfachste Fall eines mechanischen Schwingers. Er ergibt sich aus Tonpilz für $m_2 \to \infty$. Masse m, Federsteife s und Reibungswiderstand r sind mechanisch parallel geschaltet; die drei mechanischen Elemente m, s und r bewegen sich mit der gleichen Teilchenwechselgeschwindigkeit oder Schnelle v. Die Kraft F verteilt sich in die drei Zweige F_m, F_s und F_r.

Mechanische Impedanz w zur schwingenden Punktmasse:

$$w = F/v = r + \mathrm{j}\,\omega m + s/\mathrm{j}\,\omega .$$

Bewegungsamplitude oder Ausschlag:

$$\xi = v/\mathrm{j}\,\omega = \frac{F}{\mathrm{j}\,\omega w} = \frac{F}{\mathrm{j}\,\omega r + s - m\,\omega^2} .$$

Betrag der Amplitude:

$$|\xi| = \frac{F}{\omega \sqrt{r^2 + (s/\omega - m\,\omega)^2}} .$$

Damit folgt der Frequenzgang nach Bild 4-25.

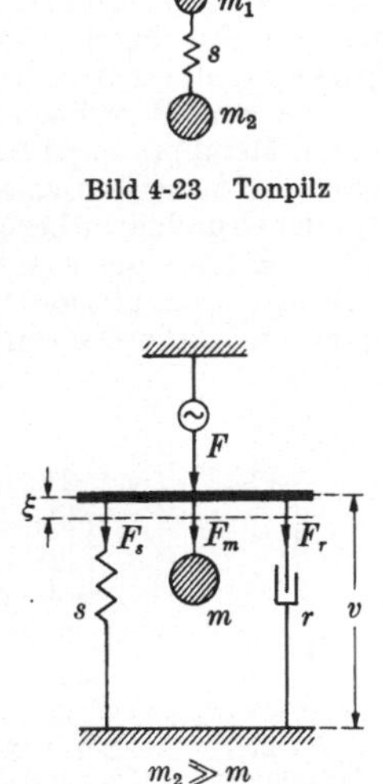

Bild 4-23   Tonpilz

Bild 4-24   Schwingende Punktmasse mit Masse m, Federsteife s und Reibungswiderstand r

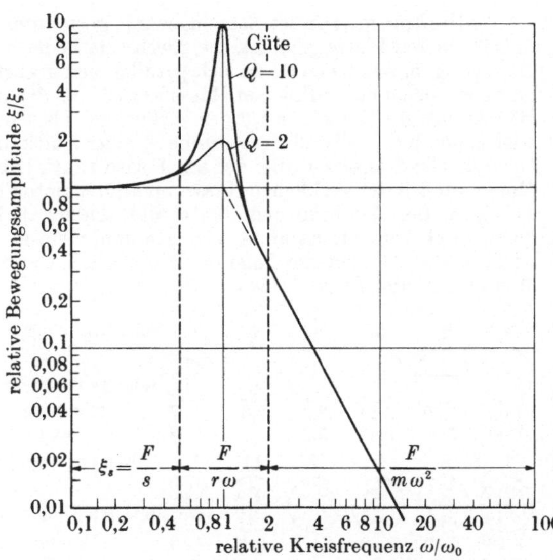

Bild 4-25   Frequenzgang (Resonanzkurve) der schwingenden Punktmasse: Bewegungsamplitude ξ bei konstanter erregender Kraft F

Schwinger wie Saiten, Membranen usw. haben stetig verteilte Massen und Federsteifen, daher auch sehr viele Eigenfrequenzen. Zur praktischen Berechnung sind solche Schwinger auf **äquivalente schwingende Punktmasse** zurückzuführen, mit einer auf einen bestimmten Punkt, z.B. den Membranmittelpunkt bezogenen **äquivalenten Masse m'** und **äquivalenten Steife s'**; jedoch nur zulässig für Frequenzen unterhalb der ersten Eigenresonanz des Gebildes. Für kreisförmige Membranen und Platten, z.B. in Mikrophonen und Telephonen, ergeben sich als Näherung für das Frequenzgebiet unterhalb und in der Nähe der 1. Eigenresonanz die Beziehungen in Tabelle 4-8 ([5] Bd. 17/2, Schuster).

Tabelle 4-8   Kenngrößen der äquivalenten Punktmasse für kreisförmige Membranen und Platten

äquivalente Kenngrößen	Kolbenmembran	gespannte Membran	am Rand eingespannte Platte
äquivalente Auslenkung ξ'	ξ	$2\,\xi$	$3\,\xi$
Durchbiegungsform $f(r)$ für $\omega \leqq \omega_0$	1	$1-(r/r_0)^2$	$1-2(r/r_0)^2+(r/r_0)^4$
äquivalente Masse m'	$m = S\varrho d$	$m/3$	$m/5$
äquivalente Steife s'	s	$s/4$	$s/9$
Kraft F' bei gleichmäßiger Druckverteilung p	$F = Sp$	$F/2$	$F/3$
Zusatzsteife s_L' einer Luftkammer V	$s_\mathrm{L} = S^2\,\dfrac{c^2 \varrho_0}{V}$	$s_\mathrm{L}/4$	$s_\mathrm{L}/9$

r veränderl. Abstand vom Membranmittelpunkt in cm, r_0 größter Membranradius in cm, d Membrandicke in cm, ϱ Dichte des Membranstoffes, ϱ_0 Dichte des Gases in der Druckkammer hinter der Membran.

10*

Kolbenmembran ist Schwinger mit getrennter Masse und Steife; sie wird aus einer in sich starren Platte gebildet, die durch eine Feder in der Ruhelage gehalten wird und nur Bewegungen, bei denen sie zu sich parallel bleibt, ausführen kann. Ihre Schwingungsmasse ist daher gleich der wirklichen Masse $\pi r_0^2 \varrho d$. Bei der gleichmäßig gespannten Membran ist äquivalente Masse nur 1/3 der wirklichen; als schwingende Fläche zum Berechnen der wirksamen Kraft F' und Zusatzsteife s_L' einer Luftkammer hinter der Membran nur 1/2 der Grundfläche S ansetzen. Bei der am Rand fest eingespannten Platte als äquivalente Masse nur 1/5 der wirklichen Masse, als äquivalente Fläche nur 1/3 der Grundfläche berücksichtigen. Bei Membran und Platte sind, anders als bei den Saiten, Eigenfrequenzen unharmonisch verteilt. Es bilden sich Knotenlinien, in denen die Bewegungsamplitude Null wird. Bild 4-26 zeigt die Lage der Knotenlinien und Eigenfrequenzen von kreisförmigen Membranen und Platten ([34], S. 79).

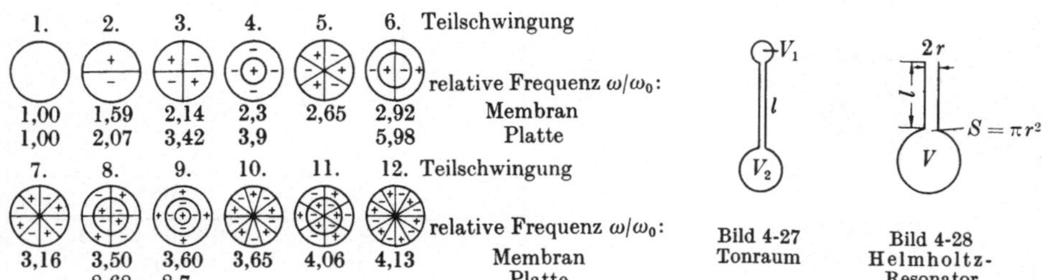

Bild 4-26 Knotenlinien und Eigenfrequenzen einer am Rand eingespannten kreisförmigen Membran und Platte. Gegenphasig schwingende Teilflächen mit ± gekennzeichnet

Tonraum (Bild 4-27) besitzt zwei durch einen Kanal verbundene Teilräume, die mit gasförmigem oder flüssigem Stoff gefüllt und deren Abmessungen klein sind gegen die Wellenlänge des Schalls in dem betreffenden Stoff. Volumina V_1, V_2 der beiden Teilräume wirken als Steifen, Massen bewegen sich praktisch nur in dem gemeinsamen Kanal vom Querschnitt S und der Länge l.

Helmholtz-Resonator (Bild 4-28) ergibt sich aus Sonderfall des Tonraumes für $V_2 \gg V_1$:

Masse im Hals des Helmholtz-Resonators:

$$m = Sl\bar{\varrho}$$

Steife des Volumens V:

$$s = S^2 c^2 \bar{\varrho}/V$$

Eigenkreisfrequenz:

$$\omega_0 = \sqrt{s/m} = c\sqrt{S/Vl}$$

Als Korrektur für mitschwingende Masse vor der Öffnung wird reduzierte Länge l' eingeführt: $l' = l + \pi r/2$ (r Radius der Öffnung) bei kurzem Hals, $l' = l$ bei langem Hals und $l' = \pi r/2$ ohne Hals.

G3 Offene Schwinger

Ein Schallsender oder -empfänger enthält einen Schwinger, der Schallenergie in umgebendes Medium abstrahlt oder aus ihm aufnimmt. Ausnahmen sind Thermophon und Sirene. Als Grundlage für die Theorie werden idealisierte Sender- und Empfängermodelle, z.B. Kugel oder ebenes Flächenstück, angenommen. Wichtigste Schallsendermodelle: Pulsierende Kugel (Kugelstrahler nullter Ordnung), oszillierende Kugel (Kugelstrahler 1.Ordnung) und Kolbenmembran in starrer Wand. Eine strahlende Fläche beliebiger Gestalt und Schwingungsform mit Ausdehnung klein gegen die Wellenlänge und überall mit gleicher Phase schwingend, ruft in großer Entfernung eine Kugelwelle nullter Ordnung hervor, wie eine einseitig strahlende Membran. Sie würde bei beidseitiger Strahlung eine Kugelwelle 1. Ordnung erzeugen. Die Schallabstrahlung wird bestimmt durch die mechanische Strahlungsimpedanz, die das Schallfeld der Senderschwingung entgegensetzt.

$$w_r = r_r + j\,\omega\,m_r$$

Realteil ist Strahlungsresistanz r_r, Imaginärteil wird durch blind mitschwingende Mediummasse m_r dargestellt (Admittanz: $1/w_r = v/F = v/pS = 1/r_r^* + 1/j\,\omega\,m_r^*$; w_r ergibt sich dann durch Inversion). Gesamte abgestrahlte Schalleistung: $P_s = r_r\,\tilde{v}^2$. Für die drei obengenannten Schallsendermodelle r_r und m_r in Tabelle 4-9.

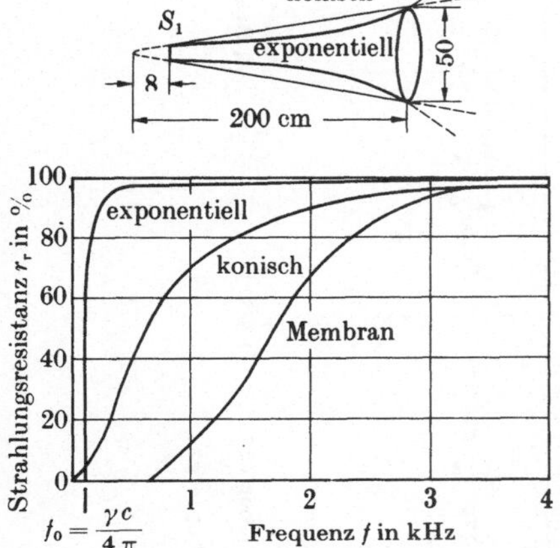

Bild 4-29 Frequenzabhängigkeit der Strahlungsresistanz eines unendlich langen konischen und exponentiellen Trichters mit $\gamma = 0{,}033$ im Vergleich zu einer Membran

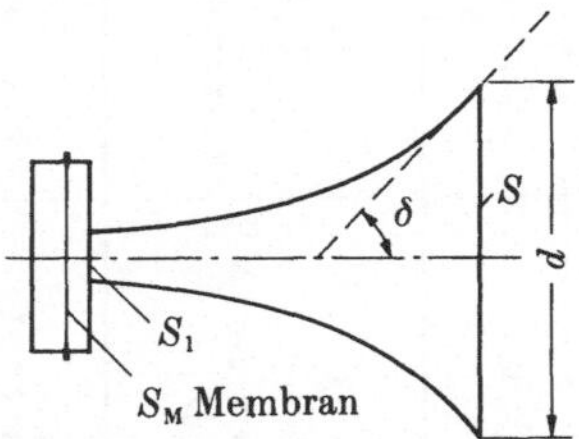

Bild 4-30 Membran mit Luftkammer und Exponentialtrichter. Querschnittszunahme $S = S_1\,e^{\gamma x}$

Strahlungsresistanz r_r ist proportional der wirksamen strahlenden Fläche S und der Schallkennimpedanz $c\varrho_0$ des Mediums, hängt außerdem von Abstrahlungsbedingungen, d. h. Form des Schallfeldes an der strahlenden Fläche, ab. Der von der Form des Schallfeldes abhängige Faktor hat größten Wert bei ebenen, rein fortschreitenden Wellen. Durch Kopplung einer gegen die Wellenlänge kleinen Membran mit idealem Exponentialtrichter (Bild 4-29) kann die für eine ebene Welle geltende Strahlungsresistanz auch schon bei tiefen Frequenzen angenähert und damit abgestrahlte Schallenergie vergrößert werden. Dieser optimale Wert ist für

$$\begin{aligned}
\text{Kolbenmembran} \quad & r_r = S\,c\varrho_0,\\
\text{gespannte Membran} \quad & r_r' = r_r/4,\\
\text{eingespannte Platte} \quad & r_r' = r_r/9.
\end{aligned}$$

Durch Zwischenschalten einer niedrigen Luftkammer und Verkleinern der Trichtereingangsfläche von S_M auf S_1 (Bild 4-30) kann Strahlungsresistanz im Verhältnis S_M/S_1 weiter vergrößert werden, soweit sie die Reibung nicht begrenzt. Dieses Prinzip der Geschwindigkeitstransformation wird häufig bei Lautsprechern großer Leistung (nach dem Druckkammersystem) und bei elektrischen Pförtnern mit lautsprechenden Telephonen geringer Leistung angewendet. Abweichung vom idealen, unendlich langen Exponentialtrichter verursacht weitere Einschränkungen. Am Trichterende erfolgt unstetiger Übergang, der Reflexionen in den Trichter zurück zur Folge hat: Auftreten von Resonanzen. Welligkeit kleiner 2 dB, wenn $\delta \geq 45°$ bzw. $d \geq 4/\gamma$ ist (Bild 4-30).

Schallempfänger je nach Ursache der Erregung: Druck-, Druckgradienten-, Bewegungs- oder Schnelleempfänger. In der Theorie der Schallempfänger werden die gleichen Modelle benutzt wie bei den Schallsendern (Tabelle 4-9). Empfänger nullter Ordnung sind Druckempfänger, 1. Ordnung Druckgradientenempfänger.

Tabelle 4-9 Strahlungsresistanz r_r und mitschwingende Mediummasse m_r verschiedener Grundformen von Schallsendern

Schallsender	Strahlungsresistanz r_r			mitschwingende Masse m_r			Richtwirkung
	f beliebig	f klein $kr \ll 1$	f groß $kr \gg 1$	f beliebig	f klein $kr \ll 1$	f groß $kr \gg 1$	
1. Pulsierende Kugel (0. Ordnung)	$Sc\varrho_0 \dfrac{k^2 r^2}{1+k^2 r^2}$	$Sc\varrho_0 k^2 r^2 = \dfrac{4\pi r^4 \varrho_0}{c}\omega^2$	$Sc\varrho_0 = 4\pi r^2 c\varrho_0$	$Sc\varrho_0 \dfrac{kr/\omega}{1+k^2 r^2} = S\varrho_0 r \dfrac{1}{1+k^2 r^2}$	$Sc\varrho_0 \dfrac{kr}{\omega} = 4\pi r^3 \varrho_0 = 3M^{1)} = S\varrho_0 r$	$Sc\varrho_0 \dfrac{1}{\omega kr} = 4\pi r c^2 \varrho_0 \dfrac{1}{\omega^2}\,{}^{2)}$	Kugelcharakteristik
2. Oszillierende Kugel (1. Ordnung)	$\dfrac{Sc\varrho_0}{3}\dfrac{k^4 r^4}{4+k^4 r^4}$	$Sc\varrho_0 \dfrac{k^4 r^4}{12} = \dfrac{4\pi}{12}\dfrac{r^6 \varrho_0}{c^3}\omega^4$	$\dfrac{Sc\varrho_0}{3} = \dfrac{4}{3}\pi r^2 c\varrho_0$	$\dfrac{Sc\varrho_0}{3}\dfrac{kr}{\omega}\dfrac{2+k^2 r^2}{4+k^4 r^4}$	$\dfrac{Sc\varrho_0}{3}\dfrac{kr}{\omega}\dfrac{1}{2} = \dfrac{2}{3}\pi r^3 \varrho_0 = \dfrac{1}{2}M^{1)}$	$\dfrac{Sc\varrho_0}{3}\dfrac{1}{\omega kr} = \dfrac{4}{3}\pi r c^2 \varrho_0 \dfrac{1}{\omega^2}\,{}^{2)}$	Acht-Charakteristik
3. Kolbenmembran	$Sc\varrho_0 h(kr)^{3)}$	$Sc\varrho_0 \dfrac{k^2 r^2}{2} = \dfrac{1}{2}\dfrac{\pi r^4 \varrho_0}{c}\omega^2$	$Sc\varrho_0 = \pi r^2 c\varrho_0$	$Sc\varrho_0 \dfrac{kr}{\omega} g(kr)^{3)}$	$Sc\varrho_0 \dfrac{kr}{\omega}\dfrac{8}{3\pi} = \dfrac{8}{3} r^3 \varrho_0$	$m_r \to 0$ für große ω	f klein / f groß

[1] M von der Kugel verdrängte Mediummasse. [2] $m_r \to 0$ für große ω. [3] $h(kr) = 1 - \dfrac{J_1(2kr)}{kr}$; J_1 Bessel-Funktion 1. Art, 1. Ordnung [H 01]

$$g(kr) = \frac{1}{2}\frac{K_1(2kr)}{k^3 r^3} \; ; \quad K_1 = \frac{2}{\pi}\left[\frac{(2kr)^3}{1^2\cdot 3} - \frac{(2kr)^5}{1^2\cdot 3^2\cdot 5} + \cdots\right] \text{ nach Rayleigh.}$$

Druckgradient stimmt räumlich mit der Schnelle überein, ist jedoch zeitlich um 90° verschoben und steigt mit ω an. Im Nahfeld eines Strahlers nullter Ordnung steigt Empfindlichkeit des Druckgradientenmikrophons bei tiefen Frequenzen stark an. Dadurch, wenn der Empfänger aus kleinem Abstand besprochen wird, Unterdrückung der Raumgeräusche gegenüber Sprache ([160], 1946, S. 84) möglich. Beide Empfängerarten lassen sich annähern, z. B. durch Membran, die klein ist gegen die Wellenlänge. Bei der ersten Art ist Membran auf der einen Seite durch eine Kapsel abgeschlossen; bei der zweiten grenzt sie auf beiden Seiten an das Medium.

Auch bei den Schallempfängern ist Richtwirkung wichtig. Empfänger nullter Ordnung zeigen keine Richtungsabhängigkeit, Empfänger 1. Ordnung achterförmige Richtcharakteristik.

Durch akustische Laufzeitglieder zwischen umgebendem Medium und Rückseite einer Membran ist kardioidförmige (Nieren-) Charakteristik erreichbar ([149] 71, 1950, H. 19). Dasselbe auch durch elektrisches Zusammenschalten zweier Empfänger, von denen der eine Kugelcharakteristik, der andere achterförmige Charakteristik hat. Durch Kombination mehrerer Sender und Empfänger (z. B. Lautsprecher- oder Mikrophonzeilen) können noch stärkere Richtwirkungen erzielt werden [100].

G4 Elektromechanische Analogien

[31], ([155] 4, 1933, S. 249; 28, 1956, S. 1117/53), ([171] 28, 1959, S. 27/38), [79], [123]

Zum Veranschaulichen und schnellen Berechnen komplizierter mechanischer und elektromechanischer Schwingsysteme werden elektrische Ersatzschaltbilder benutzt, da die mechanischen und elektrischen Schwingungsgleichungen ähnlich sind. Zwei Möglichkeiten der elektrischen Analogie in Bild 4-31.

Bei der widerstandstreuen Analogie (I) entsprechen sich folgende Größen:

Kraft F	$\triangleq$ Spannung u,
Schnelle v	$\triangleq$ Strom i,
Masse m	$\triangleq$ Selbstinduktivität L,
reziproke Steife $1/s$	$\triangleq$ Kapazität C,
Reibungswiderstand r	$\triangleq$ Widerstand R.

Nachteil: Duale Umformung der mechanischen in elektrische Schaltung.

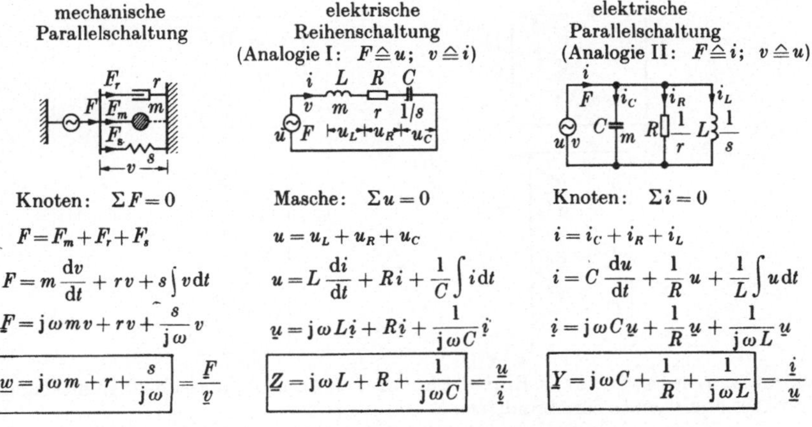

Bild 4-31   Elektromechanische Analogien, mechanische Parallelschaltung [123]

Bei der schaltungstreuen Analogie (II) entsprechen sich:

Kraft F	$\triangleq$ Strom i,
Schnelle v	$\triangleq$ Spannung u,
Masse m	$\triangleq$ Kapazität C,
reziproke Steife $1/s$	$\triangleq$ Selbstinduktivität L,
Reibungswiderstand r	$\triangleq$ Leitwert $1/R$.

Nachteil: Mechanischer Widerstand entspricht elektrischem Leitwert.

Die gleichen Entsprechungen gelten auch bei mechanischer Reihenschaltung (Bild 4-32).

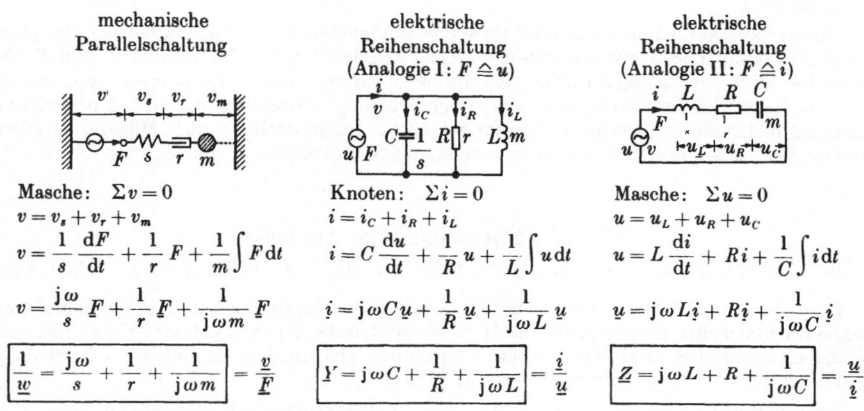

Bild 4-32   Elektromechanische Analogien, mechanische Reihenschaltung [123]

Beispiel für mechanische Parallelschaltung: Telephonmembran im Frequenzgebiet bis zur 1. Oberschwingung (G 2).

Beispiel für mechanische Reihenschaltung: Strahlungsadmittanz $1/w_r$ (G 3).

Umrechnung für mechanische Schwinger mit frei wählbaren Umrechnungskonstanten N, M. Bei elektroakustischen Wandlern N, M nach Tabelle 4-10.

Analogie I

$$u = \frac{1}{N}F$$
$$i = Nv$$

$$L = \frac{m}{N^2}$$
$$R = \frac{r}{N^2}$$
$$C = \frac{N^2}{s}$$

Analogie II

$$u = Mv$$
$$i = \frac{1}{M}F$$

$$L = \frac{M^2}{s}$$
$$R = \frac{M^2}{r}$$
$$C = \frac{m}{M^2}$$

Akustische Schwinger, z. B. Helmholtz-Resonator, umrechnen in mechanische Gebilde über äquivalente Membranfläche S

$$F = Sp, \qquad v = q/S.$$

Mechanische Impedanz w_a des Helmholtz-Resonators

$$w_a = r + \mathrm{j}\,\omega m + \frac{s}{\mathrm{j}\,\omega} = S^2\,\frac{p}{q} = S^2\,Z_a .$$

Eine andere Möglichkeit ist der direkte Vergleich des akustischen Schwingers mit dem elektrischen Schwinger (Bild 4-33). Hierin Entsprechungen nach Kraft - Spannungsanalogie (I):

$$p \sim F \triangleq u, \qquad q \sim v \triangleq i.$$

Bei dieser Methode ergibt sich das elektrische Ersatzschaltbild, wenn man dem Schallfluß q über die einzelnen akustischen Elemente m_a, r_a und s_a folgt. Bild 4-34a gibt ein Beispiel für die Kopplung mehrerer Tonräume bei einer Hörkapsel.

Beim Übergang vom akustischen Netzwerk (Bild 4-34b) zum mechanischen Netzwerk (Bild 4-34c) sind an den Stellen des Querschnittsprungs Flächen- oder Schnelleübersetzer $\ddot{u}_1$ und $\ddot{u}_3$ (z. B. $\ddot{u}_3 = S_3/S_0 = v_0/v_3$) einzuführen. Für die Kraft-Stromanalogie (II) ist das elektrische Netzwerk (Bild 4-34d) dual umzuwandeln.

mechanische
Reihenschaltung
akustische Impedanzen

elektrische Reihenschaltung
(Analogie I: $p \triangleq u$; $q = Sv \triangleq i$)

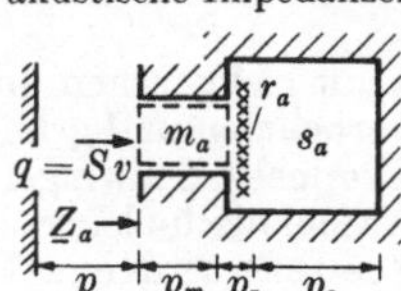

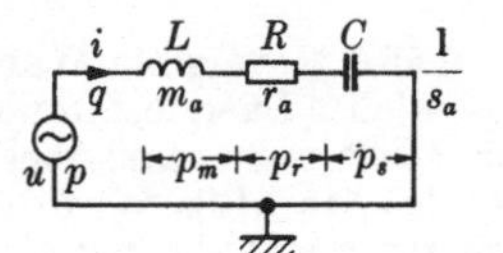

Masche: $\Sigma p = 0$

$$p = p_m + p_r + p_s$$

$$p = m_a\,\frac{\mathrm{d}q}{\mathrm{d}t} + r_a q + s_a \int q\,\mathrm{d}t$$

$$\underline{p} = \mathrm{j}\,\omega m_a\,\underline{q} + r_a\,\underline{q} + \frac{s_a}{\mathrm{j}\,\omega}\,\underline{q}$$

$$\boxed{\underline{Z}_a = \mathrm{j}\,\omega m_a + r_a + \frac{s_a}{\mathrm{j}\,\omega}} = \frac{\underline{p}}{\underline{q}} \qquad \boxed{\underline{Z} = \mathrm{j}\,\omega L + R + \frac{1}{\mathrm{j}\,\omega C}} = \frac{u}{i}$$

Bild 4-33
Elektroakustische Analogien, Helmholtz-Resonator [123]

G5 Elektroakustische Wandler

[13], [19], [26], [30], [31], ([144] 8, 1954, S. 191/96), [95], [103], [109], [110], [121], [123], [124].

Sie enthalten außer offenen und geschlossenen Schwingern für die Umwandlung von akustischer in mechanische Energie und umgekehrt elektromechanische Wandler.

G51 Irreversible Steuerwandler beziehen elektrische oder mechanische Energie aus einer Quelle und verwenden akustische Energie über mechanische Schwingungsgebilde nur zum Steuern.

Steuerwandler haben sich als Schallsender, z. B. Druckluftlautsprecher oder Bremsbandlautsprecher (Johnson-Rhabeck-Effekt), nicht bewährt; als Schallempfänger werden sie

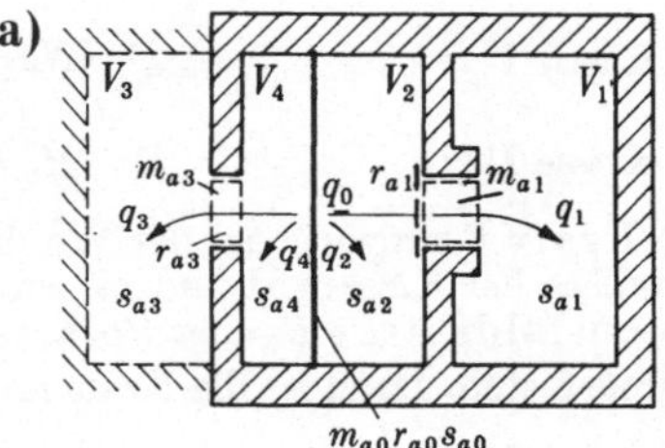

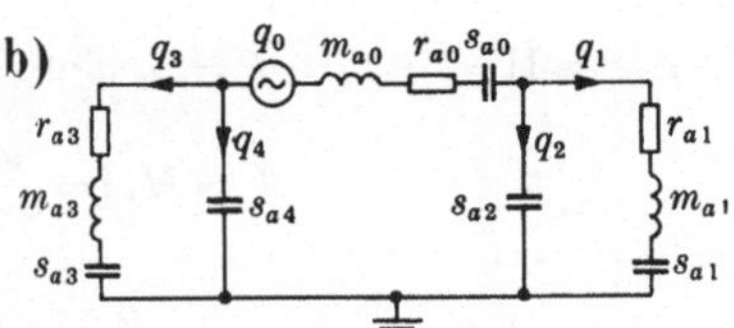

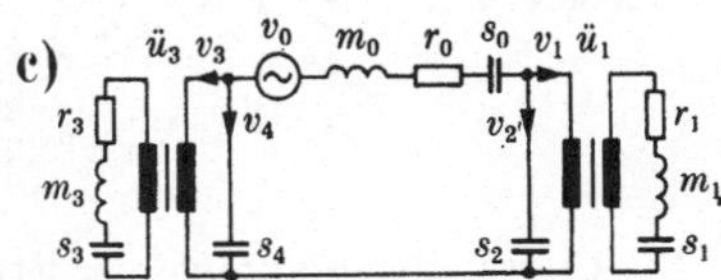

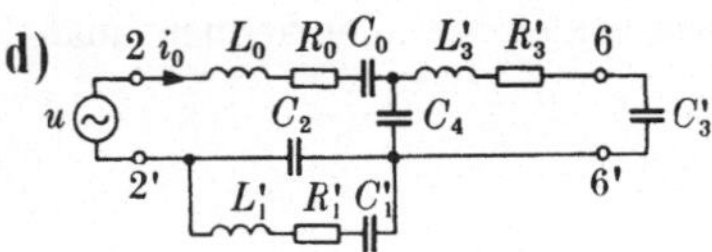

Bild 4-34 Kopplung mehrerer Tonräume einer Hörkapsel [123]: a) akustischer Schwinger, b) akustisches Netzwerk, c) mechanisches Netzwerk, d) elektrisches Netzwerk, (Analogie I: $F \triangleq u$, $v \triangleq i$)

als Kohlemikrophon in Fernsprechsystemen benutzt, weil bei diesen Wandlern eine bis 1000 mal größere elektrische Sprachleistung entnommen werden kann als die akustisch aufgenommene. Der auf eine Kohlegrießstrecke wirkende Druck verändert den Widerstand, so daß Gleichstrom oder Gleichspannung am Mikrophon entsprechend den Druckschwankungen moduliert werden. Neuerdings wird der Strom einer Elektronenröhre oder eines Transistors mechanisch gesteuert, um hierdurch Verstärken der akustischen Energie mit besserer Qualität als beim Kohlemikrophon zu erreichen.

G 52 Reversible Wandler, die mit elektrischen und magnetischen Feldern, also rein potentieller Energie, Umwandlung vornehmen und grundsätzlich als Sender oder Empfänger mechanischer und über damit gekoppelte Schwinger auch akustischer Energie wirken. Bei reversiblen Wandlern ist mechanisch-elektrischer und elektroakustischer Wirkungsgrad stets kleiner als 1; bei Steuerwandlern kann auf Kosten der vorhandenen elektrischen oder mechanischen Quelle abgegebene Leistung größer werden als die aufgewendete Steuerleistung.

Die Einteilung der reversiblen Wandler erfolgt nach Tabelle 4-10 in Wandler mit elektrischem Feld und Wandler mit magnetischem Feld (Tabelle 4-11). Weitere Unterscheidung dieser beiden Gruppen nach dem Lenk-Kriterium [118] in Wandler, bei denen die Richtung der mechanischen Größen (Kraft F, Schnelle v) parallel zu den elektrischen oder magnetischen Feldgrößen (elektrische Feldstärke E, magnetische Feldstärke H) verläuft oder auf diesen senkrecht steht. Somit vier Wandlertypen: piezoelektrische, dielektrische, elektrodynamische und elektromagnetische Wandler.

Die Wandler der Klassen I und III arbeiten nach streng linearem Gesetz.

Klasse I:
$$F = N_\mathrm{p}\,\underline{u} = \alpha'_\mathrm{p}\,C_\mathrm{b}\,\underline{u} = \frac{eS_\mathrm{q}}{l}\,\underline{u}$$
(Tabelle 4-10, 1),

Klasse III:
$$F = M_\mathrm{d}\,\underline{i} = \alpha_\mathrm{d}\,\underline{i} = Bl\,\underline{i}$$
(Tabelle 4-11, 8),

also Kraft F proportional der Wechselspannung u oder dem Wechselstrom i. Bei Wandlern der Klassen II und IV wird Linearität nur annähernd erreicht, wenn Polarisationsfeldstärke E_0 oder Polarisationsfluß Φ_0 groß gegen die eingeführten Wechselgrößen sind. Dann ist die Kraft proportional dem Ladungsstoß $\int i\,\mathrm{d}t$ bzw. dem Induktionsstoß $\int u\,\mathrm{d}t$.

Klasse II:
$$F = E_0 \int i\,\mathrm{d}t, \qquad \text{und mit} \qquad i = \underline{i}\,\mathrm{e}^{\mathrm{j}\omega t}$$

$$F = M_\mathrm{e}\,\underline{i} = \frac{\alpha_\mathrm{e}}{\mathrm{j}\omega}\,\underline{i} = \frac{E_0}{\mathrm{j}\omega}\,\underline{i}$$
(Tabelle 4-10, 6).

Klasse IV:
$$F = \frac{B_0}{\mu_0 n} \int u\,\mathrm{d}t, \qquad \text{und mit} \qquad u = \underline{u}\,\mathrm{e}^{\mathrm{j}\omega t}$$

$$F = N_\mathrm{m}\,\underline{u} = \frac{\alpha_\mathrm{m}}{\mathrm{j}\omega}\,\underline{u} = \frac{B_0}{\mu_0 n}\,\frac{1}{\mathrm{j}\omega}\,\underline{u}$$
(Tabelle 4-11, 9).

Die Umwandlungsfaktoren der letzten beiden Wandler sind frequenzabhängig. Durch Umrechnung mit Hilfe der Ruhekapazität C_b und -induktivität L_b erhält man für diese beiden Wandler frequenzunabhängige Umwandlungsfaktoren

$$N_\mathrm{e} = \alpha_\mathrm{e}\,C_\mathrm{b}$$
(Tabelle 4-10, 5),

$$M_\mathrm{m} = \alpha_\mathrm{m}\,L_\mathrm{b}$$
(Tabelle 4-11, 10).

Tabelle 4-10   Reversible elektromechanische Wandler mit elektrischem Feld [124]

Prinzip	System	Umwandlungsfaktoren[1] $N = \underline{F}/\underline{u}$	$M = \underline{F}/\underline{i}$	Erläuterungen	Ursache der Kraftwirkung	Anwendung
I piezoelektrisch — Längsschwinger — elektrisch → mechanisch		(1) $N_p = \alpha_p = \alpha_p' C_b =$ $= h_{31}\dfrac{d}{l}C_b =$ $= \dfrac{e_{31}}{\varepsilon_{33}^S}\dfrac{d}{l}C_b =$ $= \dfrac{e_{31}S_q}{l}$	(2) $M = \dfrac{\alpha_p'}{j\,\omega} =$ $= h_{31}\dfrac{d}{l}\dfrac{1}{j\,\omega} =$ $= \dfrac{e_{31}}{\varepsilon_{33}^S}\dfrac{d}{l}\dfrac{1}{j\,\omega}$	$F = pS$ Kraft auf den Wandler ε Dielektrizitätskonstante e, h Piezokonstanten d Dicke des Kristalls l Länge des Kristalls $C_b = \varepsilon_{33}^T\, S_q/d$ zu (1)	Kraftwirkung eines elektrischen (Fremd-)Feldes auf die Ionen eines Kristallgitters	Kristall-Tonabnehmer, Mikrophon, Telephon, Lautsprecher, Ultraschallsender und -empfänger
II piezoelektrisch — Dickenschwinger — elektrisch →		(3) $N_p = \alpha_p = \alpha_p' C_b =$ $= h_{33}C_b =$ $= \dfrac{e_{33}}{\varepsilon_{33}^S}C_b =$ $= \dfrac{e_{33}S}{l}$	(4) $M_p = \dfrac{\alpha_p'}{j\,\omega} =$ $= h_{33}\dfrac{1}{j\,\omega} =$ $= \dfrac{e_{33}}{\varepsilon_{33}^S}\dfrac{1}{j\,\omega}$	$C_b = \varepsilon_{33}^S\, S/l$ zu (3) Ruhekapazitäten		
→ mechanisch — dielektrisch		(5) $N_e = \alpha_e' = \alpha_e C_b =$ $= E_0 C_b =$ $= \dfrac{U_0}{l}C_b =$ $= \dfrac{Q_0}{l}$	(6) $M_e = \dfrac{\alpha_e}{j\,\omega} =$ $= E_0\dfrac{1}{j\,\omega} =$ $= \dfrac{U_0}{l}\dfrac{1}{j\,\omega} =$ $= \dfrac{Q_0}{\varepsilon_r\varepsilon_0 S}\dfrac{1}{j\,\omega}$	$E_0 = U_0/l$ elektrische Feldstärke im Luftspalt l Luftspaltbreite $C_b = \varepsilon\, S/l$ Ruhekapazität	Coulombsches Gesetz: Kraftwirkung elektrischer Ladungen aufeinander (elektrisch vorgespannt)	Kondensatormikrophon

1) In den elektromechanischen Umwandlungsfaktoren N und M sind α und α' reelle Umwandlungskoeffizienten, die in der einen Analogie mit C_b bzw. L_b und in der hierzu dualen Analogie mit $1/j\,\omega$ verknüpft sind.

Tabelle 4-11 Reversible elektromagnetische Wandler mit magnetischem Feld

Prinzip	System	Umwandlungsfaktoren[1] $N = \underline{F}/\underline{u}$	$M = \underline{F}/\underline{i}$	Erläuterungen	Ursache der Kraftwirkung	Anwendung
III elektro-dyna-misch magne-tisch ↑→ mecha-nisch	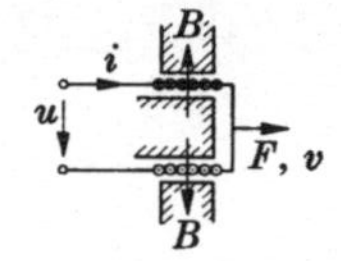	(7) $N_d = \frac{\alpha'_d}{j\omega} = \frac{\alpha_d}{L_b}\frac{1}{j\omega} =$ $= \frac{Bl}{L_b}\frac{1}{j\omega}$	(8) $M_d = \alpha_d =$ $= Bl$	B magnetische Induktion im Luftspalt l Leiterlänge	Induktionsgesetz, Kraftwirkung magnetischer (Fremd-)Felder auf ein Stromelement	dynamischer Tonabnehmer Mikrophon, Telephon, Lautsprecher
IV elektro-magne-tisch magne-tisch →	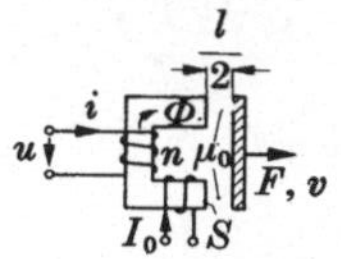	(9) $N_m = \frac{\alpha_m}{j\omega} =$ $= \frac{B_0}{\mu_0 n}\frac{1}{j\omega} =$ $= \frac{I_0}{l}\frac{1}{j\omega}$	(10) $M_m = \alpha'_m = \alpha_m L_b =$ $= \frac{n\Phi_0}{l} =$ $= \frac{I_0}{l} L_b$	$\Phi_0 = B_0 S = n\mu_0 S I_0/l$ magnetischer Fluß im Luftspalt μ_0 Permeabilität l Luftspaltbreite $L_b = n^2 \mu_0 S/l$ Ruheinduktivität	Kraftwirkung auf μ-Sprungschicht im magnetischen Feld (magnetisch vorgespannt)	magnetischer Tonabnehmer Mikrophon, Telephon
→ mecha-nisch magneto-striktiv	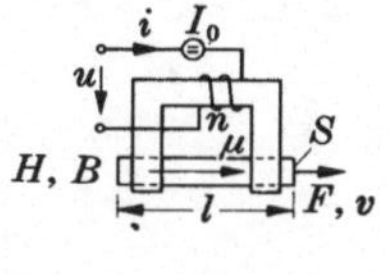	(11) $N_M = \frac{\alpha_M}{j\omega} =$ $= \frac{B_p}{\mu n}\frac{1}{j\omega} =$ $= \frac{h_m}{\mu^2 n}\frac{1}{j\omega}$	(12) $M_M = \alpha'_M = \alpha_M L_b =$ $= \frac{B_p}{\mu n} L_b =$ $= \frac{h_m}{\mu^2 n} L_b = \frac{n h_m}{\mu}\frac{S}{l}$	B_p äquivalente magnetische Induktion der Vormagnetisierung n Windungszahl h_m magnetostriktive Konstante $L_b = n^2 \mu S/l$ Ruheinduktivität		

[1]) In den elektromechanischen Umwandlungsfaktoren N und M sind α und α' reelle Umwandlungskoeffizienten, die in der einen Analogie mit C_b bzw. L_b und in der hierzu dualen Analogie mit $1/j\omega$ verknüpft sind.

Daher einfache Darstellung der **Wandler mit elektrischem Feld** nach Kraft-Spannungsanalogie I (Bild 4-35) und der **Wandler mit magnetischem Feld** nach Kraft-Stromanalogie II (Bild 4-36). Hierin Aufteilung der Wandler in **Einzelvierpole**:

1 elektrischer Vierpol,
2 idealer elektromechanischer Wandler,
3 mechanischer Vierpol,
4 mechano-akustischer Übersetzer,
5 akustischer Vierpol.

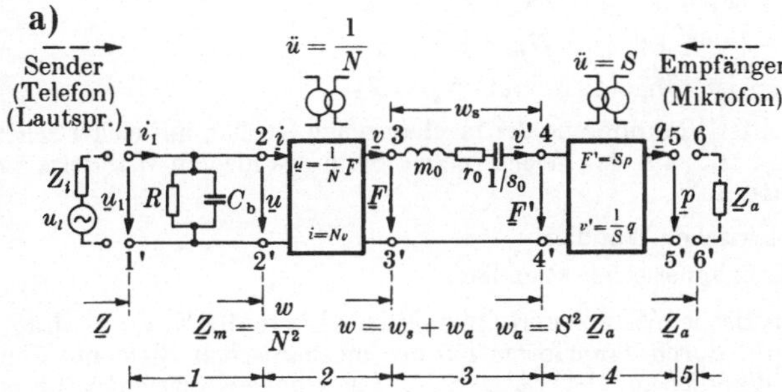

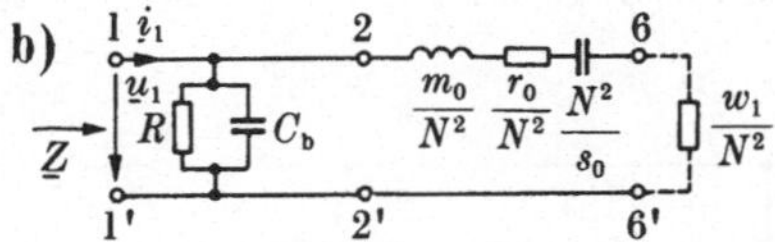

Bild 4-35
Wandler mit elektrischem Feld [123], (Analogie I: $F \triangleq u$, $v \triangleq i$).
a) Darstellung durch Vierpole, b) elektrisches Netzwerk

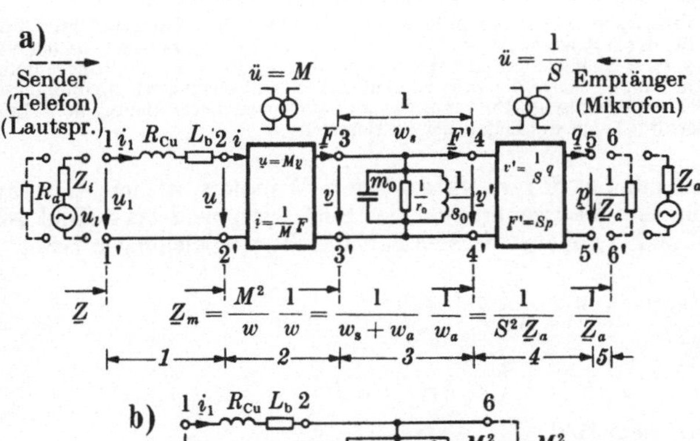

Bild 4-36
Wandler mit magnetischem Feld [123], (Analogie II: $F \triangleq i$, $v \triangleq u$).
a) Darstellung durch Vierpole, b) elektrisches Netzwerk

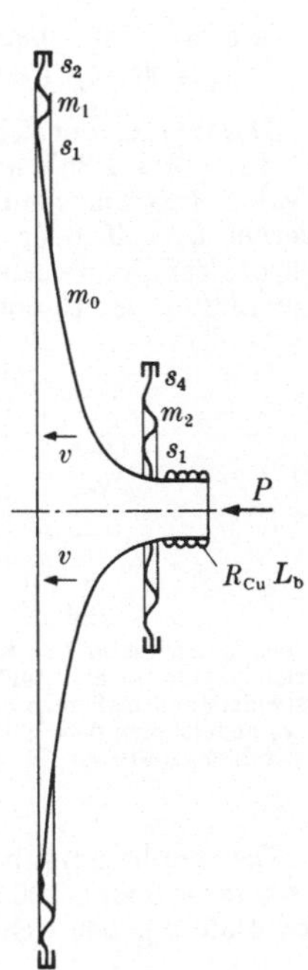

Bild 4-37
Lautsprechermembran [103]

Die Ruheimpedanz $Z = R_{\mathrm{Cu}} + \mathrm{j}\,\omega\,L_{\mathrm{b}}$ (bzw. -admittanz $1/Z = 1/R + \mathrm{j}\,\omega\,C_{\mathrm{b}}$) kann man bei festgebremstem mechanischen Schwingsystem messen (Schnelle $v = 0$). Der mechanische Vierpol in Bild 4-35 und 4-36 gilt für den einfachen schwingenden Massenpunkt. Übersetzung in Vierpol *4* mit äquivalenter Membranfläche S.

Beispiel für komplizierten mechanisch-akustischen Vierpol: Telephonhörer mit mehreren Koppelkammern und akustischer Abschlußimpedanz $Z_{\mathrm{a}} = s_{\mathrm{a}}/\mathrm{j}\,\omega = s/\mathrm{j}\,\omega\,S^2$ nach Bild 4-34.

Elektromechanische Umwandlungsfaktoren M und N gelten nur für idealen Wandler;

für Sender: $M_{\mathrm{S}} = (F/i)_{v-0}$; $N_{\mathrm{S}} = (F/u)_{v-0}$

für Empfänger: $M_{\mathrm{E}} = (u/v)_{i-0}$; $N_{\mathrm{E}} = (i/v)_{u-0}$

Bei reversiblen Wandlern ist $M_{\mathrm{S}} = M_{\mathrm{E}}$ und $N_{\mathrm{S}} = N_{\mathrm{E}}$.

Bei Wandlern mit senkrechter Verkopplung der mechanischen Größen mit elektrischen oder magnetischen Feldgrößen tritt auf der mechanischen Seite des idealen Wandlers zusätzlich eine negative Steife auf:

$-s_C = N^2/C_{\mathrm{b}}$ beim dielektrischen Wandler,

$-s_L = M^2/L_{\mathrm{b}}$ beim elektromagnetischen Wandler.

Darstellung der elektroakustischen Wandler erfolgt durch elektrische Ersatzschaltbilder (Bild 4-35b und 4-36b) durch Transformation der mechanischen Elemente über idealen elektromechanischen Wandler auf elektrische Seite. Das Übersetzungsverhältnis ist hierbei $\ddot{u} = M$ oder $\ddot{u} = 1/N$. Ein weiteres Beispiel für elektrische Ersatzschaltbilder ist der elektrodynamische Lautsprecher (Bild 4-37 und 4-38). Bild 4-39 zeigt deutlich den Einfluß der Randeinspannung.

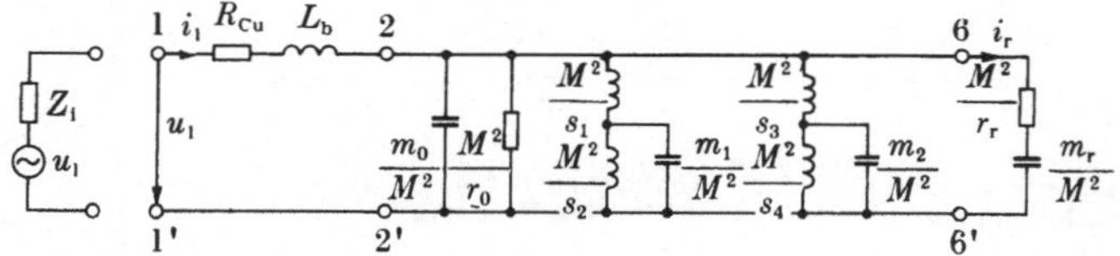

Bild 4-38   Ersatzschaltbild eines elektrodynamischen Lautsprechers [103].

u_1 Leerlaufspannung (EMK) des Verstärkers, Z_1 Innenimpedanz des Verstärkers, R_{Cu} Kupferwiderstand der Antriebsspule, L_{b} Selbstinduktivität der Antriebsspule, m_0 Masse des Schwingsystems, r_0 mechanischer Verlustwiderstand des Schwingsystems, s_1, s_2 Steifigkeiten der Randeinspannung, m_1 Masse der Randeinspannung, s_3, s_4 Federsteifen der Zentriermembran, m_2 Masse der Zentriermembran, m_{r} mitschwingende Mediummasse, r_{r} Strahlungsresistanz, $M = Bl$ elektromechanischer Umwandlungsfaktor, B magnetische Induktion im Luftspalt, l Länge des Leiters der Antriebsspule

Die rechnerische Behandlung des vollständigen Wandlers ist mit Kettenmatrizen übersichtlich. Aus dem Matrizenprodukt der Einzelvierpole *1* bis *4* (Bild 4-35 und 4-36) ergeben sich für Wandler mit elektrischem Feld die Vierpolgleichungen [124]

$$u_1 = \frac{S}{N}\,p + \frac{w}{NS}\,q$$

$$i_1 = \frac{S}{Z_{\mathrm{b}}N}\,p + \left(\frac{w_{\mathrm{s}}}{Z_{\mathrm{b}}NS} + \frac{N}{S}\right) q$$

und für Wandler mit magnetischem Feld

$$u_1 = \left(\frac{M}{S} + \frac{Z_{\mathrm{b}}\,w_{\mathrm{s}}}{MS}\right) q + \frac{Z_{\mathrm{b}}\,S}{M}\,p$$

$$i_1 = \frac{w_{\mathrm{s}}}{MS}\,q + \frac{S}{M}\,p.$$

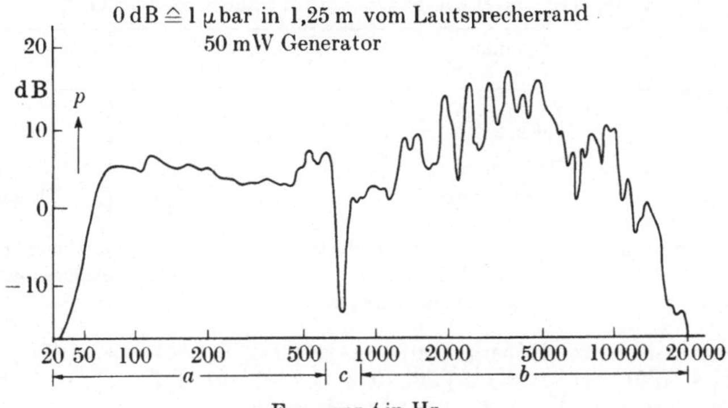

Bild 4-39   Frequenzkurve eines Lautsprechers mit ausgeprägter Resonanz der Randeinspannung [103]
a) Membran schwingt als Kolben, b) Membran schwingt unterteilt, c) Einfluß der Randeinspannung

Hieraus kann man die elektroakustischen Übertragungsfaktoren B bestimmen. Übertragungsfaktor eines Schallsenders (Telephon oder Lautsprecher):

$$B_\mathrm{S} = p_\mathrm{S}/u_1\,;$$

p_S an einem genau festgelegten akustischen Abschlußwiderstand (künstliches Ohr, Rohrleitung oder freies Schallfeld) erzeugter Schalldruck, u_1 aufgedrückte elektrische Klemmenspannung. Übertragungsfaktor eines Schall-Empfängers (Mikrophon):

$$B_\mathrm{E} = u_1/p_\mathrm{E}\,;$$

u_1 erzeugte elektrische Leerlaufspannung, p_E Schalldruck an der Stelle des Mikrophons in einer freien fortschreitenden Schallwelle. Mitunter wird auch die Wandlerempfindlichkeit E benutzt, die sich auf die elektrische Scheinleistung bezieht. Bei Fernsprechsystemen beträgt die elektrische Impedanz meist $Z_\mathrm{e} = 600\,\Omega$. Beziehungen zwischen Wandlerempfindlichkeit und Übertragungsfaktor:

Für Schallsender: $E_\mathrm{S} = B_\mathrm{S}\sqrt{Z_\mathrm{e}}$

Für Schallempfänger: $E_\mathrm{E} = B_\mathrm{E}\sqrt{Z_\mathrm{e}}$

· Weitere Definitionen und Meßbedingungen in DIN 1332, DIN 45590, DIN 45570, DIN 45573.

Näherungsformeln für Übertragungsfaktoren nach Spandöck [109], [121] für Wandler mit magnetischem Feld (M-Analogie II: $F \triangleq i$)

$B_\mathrm{S} = M K_\mathrm{S}/w = p_\mathrm{S}/i$ Stromübertragungsfaktor des Senders,

$B_\mathrm{E} = M K_\mathrm{E}/w = u_1/p_\mathrm{E}$ Spannungsübertragungsfaktor des Empfängers im Leerlauf.

Der Übertragungsfaktor B ist also proportional dem elektromechanischen Umwandlungsfaktor M, der mechanischen Admittanz $1/w$ und der mechanoakustischen Umwandlungsfunktion K (Tabelle 4-12).

Für Wandler mit elektrischem Feld (N-Analogie I: $F \triangleq u$) muß man den elektromechanischen Umwandlungsfaktor N statt M einsetzen. Dann gilt

$B_\mathrm{S} = N K_\mathrm{s}/w = p_\mathrm{S}/u$ Spannungsübertragungsfaktor des Senders

$B_\mathrm{E} = N K_\mathrm{z}/w = i_\mathrm{k}/p_\mathrm{E}$ Stromübertragungsfaktor des Empfängers im Kurzschluß.

Tabelle 4-12   Mechano-akustische Umwandlungsfunktion K

	Empfänger $K_E = F_E/p_E$	Sender $K_S = p_S/v_S$	
Druckkammer	$K_{E,D} = S$	$K_{S,D} = \dfrac{S\varkappa\bar{p}}{V\omega}$	Höhenempfang
freies Feld	$K_{E,f} = aS$	$K_{S,f} = \dfrac{aS\varrho\omega}{4\pi d}$	Tiefenempfang

S äquivalente Membranfläche	V Kammervolumen	$\varkappa$ Isentropenexponent	
ϱ Luftdichte	λ Wellenlänge	a Schalldruckstau-Koeffizient	
d Meßabstand	$\bar{p}$ Atmosphärendruck		

Bei **Klangsendern** und **Klangempfängern** ([142] 8, 1943, S. 9 u. 127), ([153], 4, 1950, S. 142), ([152] 4, 1951, S. 398), ([149] 20, 1943, S. 149), ([5] Bd. 17, 2. T. S. 160) für Übertragung von Sprache oder Musik soll **elektroakustischer Übertragungsfaktor** vorgeschriebene Frequenzabhängigkeit besitzen und in vielen Fällen über weiten Frequenzbereich frequenzunabhängig sein. Frequenzgang des Übertragungsfaktors (Tabelle 4-13) wird durch elektromechanische Grundgleichung (Tabelle 4-10 und 4-11), Schwingungsgleichung des mechanisch-akustischen Schwingungsgebildes (Bild 4-24 und 25 und Tabelle 4-8) sowie bei freistrahlenden Schallsendern durch Strahlungsimpedanz bestimmt (Tabelle 4-9).

Tabelle 4-13   Frequenzgang des Übertragungsfaktors von elektro-akustischen Wandlern[1])
Mit Membran unter der Annahme von Abmessungen klein gegen die Wellenlänge, d.h. als Strahler nullter Ordnung und als Druckempfänger

Wandler	Als Schallsender				Als Schallempfänger			In einem Übertragungssystem als Schallsender und -empfänger
	1. F/u	2. ξ/F	3. p_S/ξ	4. p_S/u	5. ξ/p_E	6. u/ξ	7. u/p_E	8. p_S/p_E
Kristallmikrophon und -telephon	1	1(H)	1	1	1(H)	1	1	1
elektrodynamischer Lautsprecher	1	$1/\omega^2$(T)	ω^2	1	$1/\omega^2$(T)	ω	$1/\omega$	$1/\omega$
Kondensatormikrophon und -telephon	1	1(H)	1	1	1(H)	1	1	1
elektromagnetisches und elektrodynamisches Telephon	$1/\omega$	1(H)	1	$1/\omega^1$)	1(H)	ω	ω	1
Kohlemikrophon	—	—	—	—	1(H)	1	1	—

[1]) Praktisch in Fernsprechsystemen nicht $u = $ const, sondern I und p_S/I annähernd frequenzunabhängig.

1. Elektromechanisches Sender-Kraftgesetz, 1 bedeutet $F/u = $ const.
2. Lösung der Differentialgleichung für das Schwingungsgebilde T = tief abgestimmt, H = hoch abgestimmt, d.h. Eigenresonanz liegt unterhalb oder oberhalb des übertragenen Frequenzbereichs; in vielen praktischen Fällen ist diese Bedingung nicht erfüllt, aus wirtschaftlichen Gründen liegt Resonanz noch im unteren oder oberen Teil des Übertragungsbereichs.
3. ω^2 beim Lautsprecher durch Strahlungswiderstand bedingt. Bei Druckkammer 1, da

$$p_S = \varkappa\,\frac{\bar{p}}{V}\,S\xi \qquad \text{(vgl. H 23).}$$

4. Sendeübertragungsfaktor.
5. Lösung der Schwingungsgleichung, die antreibende Kraft ist pS.
6. Elektromechanisches Ausschlaggesetz.
7. Empfangsübertragungsfaktor.
8. Summe der Übertragungsfaktoren von Sender und Empfänger, z. B. bei Wechselsprechanlagen und batterielosen Fernsprechsystemen, die für Senden und Empfangen den gleichen Wandler benutzen, wichtig.

Tabelle 4-14   Leerlauf-Übertragungsfaktor verschiedener Schallempfänger (Mikrophon)

Schallempfänger	R_1	Frequenz-band	B_E	$L_R = 20\,\lg \dfrac{p_R}{p_0}$ dB bezogen auf
	Ω	Hz	mV/μbar	$p_0 = 2 \cdot 10^{-4}\,\mu$bar
Fernsprechkohlemikrophon	100	200$\cdots$4 000	30	50$\cdots$60
Dynamisches Mikrophon	30$\cdots$200	50$\cdots$6 000	0,1	12$\cdots$20
Kondensatormikrophon	100 pF			
a) Niederfrequenzschaltung		50$\cdots$15 000	1$\cdots$2	24
b) Hochfrequenzschaltung		0$\cdots$15 000	Relais-mikrophon	0$\cdots$20
Kristallmikrophon Membranmikrophon	500 pF	50$\cdots$7 000	3	etwa 30
Klangzelle	1000 pF	30$\cdots$20 000	0,2	30

Leerlaufübertragungsfaktor B_E verschiedener Schallempfänger, ihr elektrischer Scheinwiderstand R_1 sowie kleinster durch Rauschen der angeschlossenen elektrischen Schaltung bedingter übertragbarer Schallpegel L_R (Tabelle 4-14).

Bei elektroakustischen Sendern, die als Signalsender nur eine Frequenz oder schmales Frequenzband abstrahlen, ist der akustisch-elektrische Wirkungsgrad, Verhältnis der erzeugten Schalleistung zur primär aufgenommenen elektrischen Leistung, wichtig:

$$\eta_{a/e} = \eta_{m/e}\,\eta_{a/m} \cdot$$

$\eta_{m/e}$ mechanisch-elektrischer Wirkungsgrad, $\eta_{a/m}$ akustisch-mechanischer Wirkungsgrad. Ermitteln nach dem Verfahren von Hahnemann und Hecht aus der Resonanzkurve mit und ohne Schallabstrahlung.

G 6   Schallverstärker-Anlagen

G 61   Bei Schallverstärkern ([155] 16, 1944, S. 38), ([150] 71, 1950, S. 681) (elektroakustischen Übertragungsanlagen, Gegensprechanlagen und Schwerhörigenverstärkern), bei denen Mikrophon mit Telephon oder Lautsprecher in einem Raum eingesetzt sind, wird die Verstärkung durch akustische Rückkopplung zwischen Sender und Empfängei begrenzt [111]. Akustische Rückkopplung erfolgt meist über den Nachhall T des Raumes, insbesondere wenn die Entfernung zwischen Mikrophon und Lautsprecher größer als der Hallradius ist (vgl. D 21). Bei lautsprechenden Anlagen kann nur durch starke Richtwirkung der Sender und Empfänger [100] und zusätzliche elektrische Maßnahmen, die jedoch die Natürlichkeit der Sprachübertragung beeinträchtigen, Schallverstärkung erzielt werden. Bei Schwerhörigengeräten erreicht man wegen der Kleinheit der Wandler und guter Abdichtung der Einstecktelephone im Ohr 60 bis 70 dB Schalldruckverstärkung.

G 62   Bei Schallübertragungen in einer Richtung zwischen getrennten Räumen mit genügender Schalldämmung besteht keine Gefahr der akustischen Rückkopplung. Beispiele: Wechselsprechanlagen, Rundfunkübertragungen. Rundfunkübertragung meistens nicht mehr direkt, sondern indirekt über Schallspeichergeräte, d. h. Schallaufzeichnungs- und Wiedergabegeräte mit Schallplatten-, Magnetton- oder Tonfilmverfahren, weil hierdurch technische Abwicklung vereinfacht und manche Übertragungsfehler vermieden werden können [36] bis [39].

Die notwendige Schalleistung für Schallübertragung in Räumen

$$P_a = J \sum \alpha S$$

abhängig von Schallintensität J, die für eine gewünschte Lautstärke L erforderlich ist, und vom Schallabsorptionsvermögen $A = \sum \alpha S$ eines Raumes. Nach **C11** ist

$$J = J_0 \cdot 10^{L/10}, \qquad J_0 = 10^{-12}\ \text{W/m}^2, \qquad \frac{\sum \alpha S}{\text{m}^2} = 0,16 \cdot \frac{V/\text{m}^3}{T/\text{s}},$$

somit
$$\frac{P_a}{\text{W}} = 0,16 \cdot 10^{-12} \cdot 10^{L/10} \cdot \frac{V/\text{m}^3}{T/\text{s}}.$$

Die notwendige elektrische Leistung ist um den reziproken Wert des Lautsprecherwirkungsgrades η (in %) größer. Praktisch rechnet man mit folgender Formel, die sich für $L = 90$ Phon ergibt:

$$\frac{P_e}{\text{W}} = 10^{-2} \cdot \frac{V/\text{m}^3}{T/\text{s}}\ \frac{1}{\eta}\ \alpha'.$$

Der Faktor α' berücksichtigt den Störpegel:

ruhige Räume (Kirche, Konzertsaal)	$\alpha' = 1 \cdots 2$
unruhige Räume (Versammlungsräume, Tanzlokal)	$\alpha' = 3 \cdots 6$
geräuschvolle Räume	$\alpha' = 10$

G63 Für Beschallung von Freianlagen ist der Richtwert für die notwendige elektrische Leistung:

$$\frac{P_e}{\text{W}} = \frac{10^{-2}}{6}\ \frac{S/\text{m}^2}{\eta};$$

S die von der Schallquelle zu erfassende Fläche (man rechnet mit 3 Zuhörern je m²), η Lautsprecherwirkungsgrad in %; oder in Abhängigkeit von der Reichweite R in m:

$$\frac{P_e}{\text{W}} = \frac{10^{-2}}{2}\ \frac{R^2}{\eta}.$$

In beiden Gleichungen ist die atmosphärische Dämpfung, Windverwehung und akustische Rückkopplung nicht berücksichtigt.

Richtwerte für atmosphärische Ausbreitungsdämpfung je 100 m für

sehr gute Ausbreitungsbedingungen	1 bis 2 dB
gute Ausbreitungsbedingungen	3 bis 4 dB
mäßige Ausbreitungsbedingungen	5 bis 6 dB
schlechte Ausbreitungsbedingungen	7 bis 8 dB
sehr schlechte Ausbreitungsbedingungen	> 8 dB

H. Akustische Meßverfahren [16], [34], [35]

H1   Subjektive Schalluntersuchungen

H11 Lautstärke (DIN 1318) wird beim Geräuschmesser nach Barkhausen [76] ermittelt durch Vergleichen des zu untersuchenden Schalles mit einem 1000 Hz-Ton, der in etwa 20 Stufen zu je 5 dB verändert und über Kopfhörer abgehört wird. Tabelle 4-15 zeigt Schalldruck und Schallintensität eines 1000 Hz-Tons für Lautstärken von 0 bis 140 phon.

Tabelle 4-15 Lautstärke, Schalldruck und Schallintensität in Luft bei 1000 Hz

Die Spalten jeder Gruppe sind: Lautstärke (phon), Schalldruck (μbar), Schallintensität 0°C, 760 Torr (W/cm²).

phon	μbar	W/cm²
	$10^{-4}\times$	$10^{-16}\times$
0	2,00	1,00
1	2,24	1,26
2	2,52	1,59
3	2,83	2,00
4	3,17	2,51
5	3,56	3,17
6	3,99	3,98
7	4,48	5,02
8	5,02	6,30
9	5,64	7,95
		$10^{-15}\times$
10	6,32	1,00
11	7,10	1,26
12	7,96	1,59
13	8,93	2,00
14	10,02	2,51
15	11,25	3,17
16	12,61	3,98
17	14,16	5,02
18	15,89	6,30
19	17,82	7,95
	$10^{-3}\times$	$10^{-14}\times$
20	2,00	1,00
21	2,24	1,26
22	2,52	1,59
23	2,83	2,00
24	3,17	2,51
25	3,56	3,17
26	3,99	3,98
27	4,48	5,02
28	5,02	6,30
29	5,64	7,95
		$10^{-13}\times$
30	6,32	1,00
31	7,10	1,26
32	7,96	1,59
33	8,93	2,00
34	10,02	2,51
35	11,25	3,17

phon	μbar	W/cm²
	$10^{-3}\times$	$10^{-13}\times$
36	12,61	3,98
37	14,16	5,02
38	15,89	6,30
39	17,82	7,95
	$10^{-2}\times$	$10^{-12}\times$
40	2,00	1,00
41	2,24	1,26
42	2,52	1,59
43	2,83	2,00
44	3,17	2,51
45	3,56	3,17
46	3,99	3,98
47	4,48	5,02
48	5,02	6,30
49	5,64	7,95
		$10^{-11}\times$
50	6,32	1,00
51	7,10	1,26
52	7,96	1,59
53	8,93	2,00
54	10,02	2,51
55	11,25	3,17
56	12,61	3,98
57	14,16	5,02
58	15,89	6,30
59	17,82	7,95
	$10^{-1}\times$	$10^{-10}\times$
60	2,00	1,00
61	2,24	1,26
62	2,52	1,59
63	2,83	2,00
64	3,17	2,51
65	3,56	3,17
66	3,99	3,98
67	4,48	5,02
68	5,02	6,30
69	5,64	7,95
		$10^{-9}\times$
70	6,32	1,00
71	7,10	1,26

phon	μbar	W/cm²
	$10^{-1}\times$	$10^{-9}\times$
72	7,96	1,59
73	8,93	2,00
74	10,02	2,51
75	11,25	3,17
76	12,61	3,98
77	14,16	5,02
78	15,89	6,30
79	17,82	7,95
	$10^{0}\times$	$10^{-8}\times$
80	2,00	1,00
81	2,24	1,26
82	2,52	1,59
83	2,83	2,00
84	3,17	2,51
85	3,56	3,17
86	3,99	3,98
87	4,48	5,02
88	5,02	6,30
89	5,64	7,95
		$10^{-7}\times$
90	6,32	1,00
91	7,10	1,26
92	7,96	1,59
93	8,93	2,00
94	10,02	2,51
95	11,25	3,17
96	12,61	3,98
97	14,16	5,02
98	15,89	6,30
99	17,82	7,95
	$10^{+1}\times$	$10^{-6}\times$
100	2,00	1,00
101	2,24	1,26
102	2,52	1,59
103	2,83	2,00
104	3,17	2,51
105	3,56	3,17
106	3,99	3,98
107	4,48	5,02

phon	μbar	W/cm²
	$10^{+1}\times$	$10^{-6}\times$
108	5,02	6,30
109	5,64	7,95
		$10^{-5}\times$
110	6,32	1,00
111	7,10	1,26
112	7,96	1,59
113	8,93	2,00
114	10,02	2,51
115	11,25	3,17
116	12,61	3,98
117	14,16	5,02
118	15,89	6,30
119	17,82	7,95
	$10^{+2}\times$	$10^{-4}\times$
120	2,00	1,00
121	2,24	1,26
122	2,52	1,59
123	2,83	2,00
124	3,17	2,51
125	3,56	3,17
126	3,99	3,98
127	4,48	5,02
128	5,02	6,30
129	5,64	7,95
		$10^{-3}\times$
130	6,32	1,00
131	7,10	1,26
132	7,96	1,59
133	8,93	2,00
134	10,02	2,51
135	11,25	3,17
136	12,61	3,98
137	14,16	5,02
138	15,89	6,30
139	17,82	7,95
	$10^{+3}\times$	$10^{-2}\times$
140	2,00	1,00

Durch subjektiven Lautstärkevergleich wird auch die Bezugsdämpfung von Fernsprechsystemen ermittelt, indem abwechselnd über das zu prüfende System und einen Fernsprech-Eichkreis (Haupt- oder Arbeitseichkreis) gesprochen und abgehört wird, der dem Ureichkreis in Genf (SFERT = Système Fondamental Européen de Référence pour la Transmission téléphonique) nachgebildet ist.

H12 Güte von Sprach- und Musikübertragungen [20]. Subjektive Prüfungen mit ausgesuchten und geschulten Meßtrupps zum Beurteilen der Güte einer Schallübertragung sind unumgänglich. Kennzeichen für die Güte einer Sprachübertragung ist die Verständlichkeit. Das neuerdings eingeführte AEN (Affaiblissement Équivalent pour la Nétteté) beruht auf einem Verständlichkeitsvergleich. Verschiedene Methoden zur Untersuchung der Hörbarkeit von Verzerrungen und Geräuschen verwendet man auch bei hochwertigen Sprach- und Musikübertragungen vgl. [77]; [155] 1948, S. 42; [166] 1943, S. 308.

H13 Audiometer. Zum Prüfen der Kurven gleicher Lautstärke, besonders der Schwellwerte der Hörempfindung, und Ermitteln des Hörverlustes dienen Audiometer, bestehend aus elektrischem Generator, z. B. für reine Töne oder Normalsprache, Verstärker, in logarithmischen Stufen (dB) geeichtem Lautstärkeregler, Luftschallhörer und u. U. auch Knochenleitungshörer.

H 2　Messung von Schallfeldgrößen

H 21　Schallgeschwindigkeit und Frequenz. Bei freier Ausbreitung in homogenen Medien wird die Schallgeschwindigkeit c aus Weg und Zeit gemessen. Umgekehrt wird beim akustischen Echolotverfahren ([145] 1935, V 1124) in Wasser und Luft die Entfernung bei bekannter Schallgeschwindigkeit genügend genau aus der Laufzeit ermittelt. Im Kundt-Rohr werden durch Abstimmen der Rohrlänge l auf Vielfache der Wellenlänge stehende Wellen erzeugt. Der Abstand zweier benachbarter Knoten oder Bäuche des Schalldrucks oder der Schallschnelle ist $\lambda/2$, und die Schallgeschwindigkeit ist $c = 2lf$. Die Frequenz f wird einem geeichten elektrischen Generator entnommen oder elektrisch gemessen. Elektrische Frequenzmessung beruht auf Zeitmessung, Vergleich mit Frequenznormalen oder Frequenzabhängigkeit von Widerständen ([145] 1941, V 3615-1 u. 2).

Im Ultraschallgebiet erfolgt die Messung von c meist mit Interferometern, indem die beim Verschieben eines Reflektors um $\lambda/2$ wirksame periodische Rückwirkung auf den Schallsender registriert wird [21]. Auch Impulsverfahren, ähnlich der Radartechnik, wurden entwickelt ([155] 1946, S. 251).

H 22　Schallschnelle ([90]; [141] 1952, S. AB 34). Mit der Rayleigh-Scheibe, einer kleinen Kreisscheibe, die an einem Torsionsfaden drehbar aufgehängt das Bestreben zeigt, sich senkrecht zum Schallfluß zu stellen, läßt sich der Effektivwert der Schallschnelle v in erster Näherung aus dem Winkelausschlag β bestimmen:

$$v = \sqrt{\frac{3}{4} \frac{D}{\varrho r^3 \sin 2\alpha}}\, \beta.$$

Direktionsmoment $D = J 4\pi^2/T^2$, Massenträgheitsmoment $J = mr^2/4$ bei gegen den Scheibenradius r vernachlässigbarer Scheibendicke, α Winkel zwischen Scheibennormale und Schallrichtung.

H 23　Schalldruck ([145] 1940, V 53-3) p wird gemessen mit einem Druckempfänger, z. B. Kondensatormikrophon mit Verstärker und Anzeigekreis, der den quadratischen Mittelwert der dem Schalldruck p entsprechenden Klemmenspannung U am Mikrophon anzeigt und direkt in μbar oder dB (bezogen auf $p_0 = 2 \cdot 10^{-4}$ μbar) geeicht ist. Eichen des Meßmikrophons bezieht sich entweder auf Druckkammereichung oder Messen im freien Schallfeld (Feldeichung), bei der die Schalldruckstauung am Mikrophon (bezogen im allgemeinen auf eine ebene Welle) berücksichtigt wird, d. h. der Schalldruck an der Stelle des Mikrophons im freien ungestörten Schallfeld angezeigt wird.

Druckkammereichung entweder mit Pistonphon [90], Thermophon, Kompensations- oder Reziprozitätsverfahren. Beim Pistonphon erzeugt ein meist elektrodynamisch angetriebener Kolben in einer Druckkammer den Schalldruck

$$p = \varkappa \bar{p} S \xi / \bar{V} = \varkappa \bar{p} \Delta V / \bar{V},$$

$\bar{p}$ Luftdruck (etwa 1 bar in Meereshöhe), $\bar{V}$ Volumen der Druckkammer im Ruhezustand, S Kolbenfläche, ξ Kolbenamplitude.

Beim Thermophon erzeugt ein vom Gleichstrom I und Wechselstrom i geheizter elektrischer Leiter vom Widerstand R_e in einer Druckkammer vom Volumen $\bar{V}$ den Schalldruck

$$p \sim \frac{R_e\, I\, i\, \bar{p}}{\bar{V}\, \omega^{3/2}}.$$

Im Kompensationsverfahren wird z. B. der auf die Membran eines Kondensatormikrophons einwirkende Schalldruck durch elektrostatische Gegenkräfte kompensiert, so daß die Membran nicht mehr mitschwingt.

Nach dem Reziprozitätsverfahren ([155] 1950, S. 611) wird durch mehrere Wandler das elektroakustische Übertragungsmaß durch elektrische Verhältnismessungen ermittelt. Schnelle betriebsmäßige Schalldruckeichungen erfolgen durch eine einfache mechanische Kugelfallschallquelle ([163] 1933, S. 436), bei der ein Strahl kleiner Stahlkugeln auf eine Glimmermembran trifft und so ein kontinuierliches Schallspektrum erzeugt.

H 24   Schallimpedanz. Ein Kundt-Rohr mit einem Schallsender an seinem Eingang wird mit dem zu messenden akustischen Widerstand abgeschlossen. Aus der Verteilung der Druckknoten und -bäuche entlang des Rohres kann dann mit verschiebbarem Sondenmikrophon Reflexionsfaktor ζ und der Phasensprung ϑ bestimmt und daraus die Schallimpedanz nach Betrag und Phase errechnet werden. Z. B. ist die Dämpfung

$$p_{min}/p_{max} = (1 - \zeta)/(1 + \zeta).$$

In der Schuster-Brücke [85] wird die Schallimpedanz durch Vergleich mit einem aus Filzrohr und Stempelrohr bestehenden Normalwiderstand mit einstellbaren Schallabsorptionsgraden von 3% bis nahezu 100% gemessen.

H 25   Schallabsorption und Nachhall ([106], DIN 52212). Aus Messungen im Kundt-Rohr ergibt sich auch Schallabsorptionsgrad $\alpha = 1 - \zeta^2$ für senkrechten Schalleinfall. In der Praxis wird α am einfachsten aus Nachhallmessungen im Hallraum, d. h. mit gut reflektierenden Wänden, ermittelt. Näherungsweise gilt

$$\alpha = \frac{0{,}16\, V\, (T - T_1)}{T\, T_1 S}.$$

V Raumvolumen in m³, T Nachhallzeit in s vor Einbringen des Schluckstoffes und T_1 Nachhallzeit nach Einbringen des Schluckstoffes mit der schluckenden Fläche S in m².

Die Nachhallzeit T eines beliebigen Raumes wird an einem logarithmischen, schnell registrierenden Schreiber für das Abklingen eines plötzlich abgeschalteten Schalldrucks auf den 10^3-ten Teil, d. h. um 60 dB, abgelesen.

H 26   Luftschall- und Trittschalldämmung (DIN 52210). Senden eines Heultones oder Geräusches mit kontinuierlichem Spektrum vermeidet Interferenzen; in letztem Fall soll der Schallpegel im Sende- und Empfangsraum (L_1 und L_2) über Oktav- oder Terzfilter gemessen werden. Ausgewertet wird bei Messungen im Laboratorium und am Bau das Schallisolationsmaß R_n (am Bau R'_n):

$$R_n = L_1 - L_2 + 10 \lg (S/A);$$

A Schallabsorptionsvermögen des Empfängerraumes.

Der Norm-Trittschallpegel L_n ist ein Maß der Übertragung von Trittschall über eine Deckenkonstruktion auf den Empfängerraum. Es wird gekennzeichnet durch den Schallpegel L je Oktave, hervorgerufen durch ein genormtes Hammerwerk. Beim Auswerten wird das auf $S_0 = 10$ m² bezogene Schallabsorptionsvermögen im Empfängerraum berücksichtigt

$$L_n = L - 10 \lg (A/S_0)$$

und im Frequenzbereich 100 Hz bis 3200 Hz aufgetragen.

H 3   Objektive Messungen an Schallgeräten

H 31   Objektive Lautstärkemessung. Schallsender (Stör-, Signal- oder Klangsender) können durch ihren Lautstärkewert, objektiv nach DIN 5045 (auch American Standards Z 24. 3. 1944) direkt abgelesen, gekennzeichnet werden. Ein DIN-Lautstärkemesser, ähnlich einem Schalldruckmesser aufgebaut, enthält darüber hinaus genormte Ohrkurvenfilter für 0 bis 30, 30 bis 60 und 60 bis 130 phon. Da bei impulsartigen Schallvorgängen mit breitem Frequenzspektrum vielfach stärkere Abweichungen der DIN-Lautstärke Λ von der subjektiven Lautstärkeempfindung (Lautheit N) beobachtet wurden, wird ein besseres Angleichen an die Eigenschaften des natürlichen Gehörs durch verfeinerte Meßverfahren versucht; z. B. durch Impulsbewertung ([78], DIN 45405) an Stelle der Effektivwertanzeige, durch andere Ohrkurvenfilter oder über Frequenzanalyse [83], [105]. Für mittlere und große Lautstärken hat sich ein einfaches graphisches Verfahren von Zwicker bewährt, nach dem die Lautstärke aus Terzpegeldiagrammen (Schallpegelwerte in Frequenzgruppen von der Breite einer Terz) berechnet werden kann ([145] 1961, V 55-7).

Zur Bezugsdämpfungs-Messung für Lautstärkeübertragung von Wandlern für Sprache gibt es ein brauchbares objektives Meßverfahren (Bezugsdämpfungs-Meßplatz) [92], [10], [20].

H 32 Schallanalysen [96] ermitteln Amplitude, Frequenz und u. U. auch Phase der Komponenten eines Schallvorgangs. Hauptsächlich verwendet man elektrische Analysierverfahren, nachdem es praktisch verzerrungsfreie elektroakustische Schallempfänger, z. B. das Kondensatormikrophon, gibt. Daher werden Schallanalysen kombiniert mit Schalldruck- oder Lautstärkemessern.

Für praktische Schallanalysen genügt Auflösen durch umschaltbare Oktav-, Terz- oder Mel-Filter. Tonfrequenz-Spektrometer ermöglicht direkte schnelle Anzeige. Durch Suchton-Analysen gelingt eine feinere Auflösung, aber sie dauert länger und wird daher meist über ein Schallspeichergerät, z. B. ein Magnetophon, durchgeführt. Neuartige Eindrücke entstehen durch schnelle fortlaufende Schallaufzeichnung nach Frequenz und Amplitude über der Zeit mit Schallspektrographen für Visible Speech-Bilder, d. h. lesbare Sprachbilder.

H 33 Übertragungsfaktor, lineare Verzerrungen und Phasenverzerrungen ([20], [149] 1936, S. 224). Ermitteln des Wirkungsgrades von Schallsendern nach Hahnemann und Hecht. Der Frequenzgang des Übertragungsfaktors wird bevorzugt mit selbstregistrierenden Meßeinrichtungen aufgezeichnet. Diese bestehen aus elektrischem Generator, gekoppelt mit schreibendem Anzeigegerät. Die Schallabstrahlung beim Untersuchen von Schallempfängern erfolgt durch Meßlautsprecher, für Sprachwandler neuerdings mit einem künstlichen Mund. Vielfach wird mit kleinem verzerrungsfreiem Regelmikrophon selbsttätig ein konstanter Senderschalldruck eingeregelt. Prüfen von Schallsendern durch Meßmikrophon; auch der Betriebsstrom oder die Antriebsspannung wird dabei selbsttätig geregelt. Bei Telephonen wird die natürliche akustische Belastung durch Meßmikrophon mit künstlichem Ohr nachgebildet. Dem schnellen Sichtbarmachen linearer Verzerrungen dienen Pegelbildgeräte mit Braun-Röhren.

Obwohl das Ohr auf Phasenverzerrungen wenig reagiert, müssen diese z. B. bei der elektrischen Übertragung von Sprache und Musik über lange Leitungen oder beim Abstrahlen über Lautsprecher bei tiefen Frequenzen berücksichtigt und gemessen werden. Zum schnellen Abschätzen der Verzerrungen eines Wandlers wird statt eines sinusförmigen Tones veränderlicher Frequenz ein Frequenzgemisch gesendet und vor und hinter dem Prüfling oszillographisch beobachtet. Zwischen dem Frequenzgang des Übertragungsmaßes und den Veränderungen im Oszillogramm bestehen erkennbare Beziehungen.

H 34 Messen nichtlinearer Verzerrungen ([91], DIN 45403). Elektrisch: Beim Übertragen reiner Töne wird als Klirrfaktor k das Verhältnis des Effektivwertes der Oberwellenspannung zur Gesamtspannung, z. B. in einer Brückenschaltung, gemessen. Die bei nichtlinearer Verzerrung durch die vorgegebene Arbeitskennlinie beim Übertragen mehrerer Töne entstehenden Kombinationstöne werden z. B. mit primär gesendetem Doppelton mit einem Frequenzabstand von 60 Hz als Differenztonfaktor d (d_2 quadratisch und d_3 kubisch) gemessen. d_2' ist das Verhältnis des Effektivwerts der Schwingung des Differenztons $f_2 - f_1$ zur Summe der Effektivwerte der beiden Grundtöne f_1 und f_2, d_3 ist das Verhältnis der Summe des Effektivwerts der Spannung der beiden Differenztöne $2f_1 - f_2$ und $2f_2 - f_1$ zur Summe des Effektivwerts der beiden Grundtöne f_1 und f_2.

Zum Messen des Modulationsfaktors m wird ein tiefer Ton (400 Hz) mit einem hohen Ton (4000Hz) mit $^1/_4$ Amplitude des 400 Hz-Tons gesendet und die Modulation des hohen Tons durch den tiefen Ton gemessen. Bei Übertragungssystemen mit eindeutiger nichtlinearer Kennlinie bestehen bei kleinen Verzerrungen näherungsweise folgende Beziehungen (Tabelle 4-16):

Tabelle 4-16   Beziehungen zwischen Klirrfaktor, Differenztonfaktor und Modulationsfaktor

Kennlinie	quadratisch $y = ax + bx^2$	kubisch $y = ax + cx^3$
Klirrfaktor	$k_2 = 2d_2 = m_2/4$	$k_3 = \dfrac{4}{3}\, d_3 = m_3/6$
Differenztonfaktor	$d_2 = k_2/2 = m_2/8$	$d_3 = \dfrac{3}{4}\, k_3 = m_3/8$
Modulationsfaktor	$m_2 = 4k_2 = 8d_2$	$m_3 = 6k_3 = 8d_3$

H4   Akustische Meßräume

H41   Echofreier Raum zur Annäherung an die Bedingungen des freien Schallfeldes. Anwendung: Aufnahme der Frequenzgänge und Richtcharakteristiken von elektroakustischen Wandlern.

H42   Hallraum zur Erreichung eines diffusen Schallfeldes. Anwendung zur Wirkungsgradbestimmung von elektroakustischen Wandlern und zur Bestimmung des Absorptionsvermögens von Schallabsorptionsstoffen (mindestens 200 m³). Schalldämmstoffe vgl. [H03].

H43   Mittlerer Wohnraum zur subjektiven Beurteilung der Übertragungsgüte von Wandlern.

Schrifttum zu 4. Akustik

Normen und Vorschriften

DIN 1318 Einheiten der Lautstärke.
DIN 1320 Allgemeine Benennungen in der Akustik.
DIN 1332 Formelzeichen in der Akustik.
DIN 4109 Bl.1 bis 5 Schallschutz im Hochbau.
DIN 5483 Formelzeichen für zeitabhängige Größen.
DIN 5485 Verwendung der Wörter Konstante, Koeffizient, Zahl, Faktor, Grad und Maß.
DIN 45401 Normfrequenzen für akustische Messungen.
DIN 45402 Effektivwertmessungen in der Elektroakustik für quasistationäre Vorgänge.
DIN 45403 Bl.1 bis 4 Messung von nichtlinearen Verzerrungen in der Elektroakustik.
DIN 45405 Geräuschspannungsmesser für elektroakustische Breitbandübertragung.
DIN 45408 Logarithmenpapier für Frequenzkurven im Hörbereich.
DIN 45510 Magnettontechnik; Begriffe.
DIN 45570 Bl. 1,2 Lautsprecher; Begriffe, Formelzeichen, Einheiten.
DIN 45573 Bl.1,2 Lautsprecher-Prüfverfahren.
DIN 45575 Schallwand für Lautsprechermessungen.
DIN 45590 Mikrophone; Begriffe, Formelzeichen, Einheiten.
DIN 45633 Bl.1 Präzisionsschallpegelmesser; Anforderungen.
DIN 45651 Oktavfilter für elektroakustische Messungen.
DIN 52210 Bauakustische Prüfungen; Messungen zur Bestimmung des Luft- und Trittschallschutzes.
DIN 52212 Bauakustische Prüfungen; Bestimmung des Schallabsorptionsgrades im Hallraum.
NTG-Empf. 1701 (Empfehlungen der Nachrichtentechnischen Gesellschaft).

Bücher

[H 01] HÜTTE, Mathematische Formeln und Tafeln. Verf. I. Szabó. Berlin 1959, Ernst & Sohn.
[H 03] STOFFHÜTTE, 4. Aufl. Berlin, München 1967, Ernst & Sohn.
[H 60] HÜTTE IV B, Fernmeldetechnik. 28. Aufl. Berlin 1962, Ernst & Sohn.
[1] Helmholtz, Die Lehre von den Tonempfindungen. 6. Aufl. Braunschweig 1913, Vieweg.
[2] Stumpf, Die Sprachlaute. Berlin 1926, Springer.
[3] Sabine, Collected Papers on Acoustics. Havard University Cambridge 1927.
[4] Knudsen, Architectural Acoustics. New York 1932, Wiley.
[5] Wien u. Harms, Handbuch der Experimental-Physik. Leipzig 1934, Geest & Portig.
[6] Trendelenburg, Klänge und Geräusche. Berlin 1935, Springer.
[7] Crandall, Theory of Vibrating Systems and Sound. Princeton/New Yersey 1954, v. Nostrand.
[8] Schoch, Die physikalischen und technischen Grundlagen der Schalldämmung von Bauweisen. Leipzig 1937, Hirzel.
[9] Engl, Raum- und Bauakustik. Leipzig 1939, Geest & Portig.
[10] Lübcke, Schallabwehr im Bau- und Maschinenwesen. Berlin 1940, Springer.
[11] Koschel, Ein Beitrag zur objektiven Messung der Bezugsdämpfung. Diss. TH Breslau 1943.
[12] Lord Rayleigh, Theory of Sound. 2. Aufl. New York 1956, Dever Publications.
[13] Olson, Acoustical Engineering. Princeton/New Yersey 1957, v. Nostrand.
[14] Richardson, Technical Aspects of Sound, Bd. 1 und 2. Richardson u. Meyer, Technical Aspects of Sound, Bd. 3, Amsterdam 1953–1962, Elsevier.
[15] Fletcher, Speech and Hearing. 7. Aufl. New York 1948, Wiley.
[16] Beranek, Acoustical Measurements. New York 1950, Wiley.
[17] Zeller, Technische Lärmabwehr. Stuttgart 1950, Kröner.
[18] Knudsen u. Harris, Acoustical Designing in Architecture. New York 1950, Wiley.
[19] Mason, Piezoelektric Crystals and their Application to Ultrasonics. New York 1950, v. Nostrand.
[20] Gosewinkel, Messung der Übertragungseigenschaften von Telephonen, Mikrophonen und Fernsprechern. Karlsruhe 1953, Braun.
[21] Bergmann, Der Ultraschall und seine Anwendung in Wissenschaft und Technik. 6. Aufl. Stuttgart 1954, Hirzel.
[22] Skudrzyk, Die Grundlagen der Akustik. Wien 1954, Springer.
[24] Feldtkeller u. Zwicker, Das Ohr als Nachrichtenempfänger. 2. Aufl. Stuttgart 1967, Hirzel.
[25] Boutros, Raumakustische Modellversuche mit Ultraschall. Diss. TH Karlsruhe 1956.
[26] Hecht, Die elektroakustischen Wandler. 5. Aufl. Leipzig 1961, J.A. Barth.
[27] Matauschek, Einführung in die Ultraschalltechnik. Berlin 1957, VEB Verlag Technik.
[28] Stenzel u. Brosze, Leitfaden zur Berechnung von Schallvorgängen. 2. neubearb. Aufl. Berlin 1958, Springer.
[29] Herforth u. Winter, Ultraschall; Grundlagen und Anwendungen in Physik, Industrie, Technik, Biologie und Medizin. Leipzig 1958, Teubner.
[30] Fischer, Grundzüge der Elektroakustik. 2. Aufl. Berlin 1959, Schiele & Schön.
[31] Reichardt, Grundlagen der Elektroakustik. 3. Aufl. Leipzig 1960, Geest & Portig.
[32] Krauth, Klanggetreue Nachbildung der Raumakustik durch Modelle. Diss. TH München 1960.
[33] Cremer, Die wissenschaftlichen Grundlagen der Raumakustik. Bd. I 1948, Bd. II 1961, Bd. III 1950, Leipzig u. Stuttgart, Hirzel.
[34] Trendelenburg, Einführung in die Akustik. 3. Aufl. Berlin 1961, Springer.
[35] Kohlrausch, Praktische Physik. 22. Aufl. Bd. I 1968, Bd. II 1968, Stuttgart, Teubner.
[36] Altrichter, Das Magnetband; Eigenschaften und Anwendungen eines Nachrichtenspeichers. Berlin 1958, Berliner Union.
[37] Greiner, Der Aufzeichnungsvorgang beim Magnettonverfahren mit Wechselstromvormagnetisierung. Berlin 1953, VEB Verlag Technik.
[38] Lichte u. Narath, Physik und Technik des Tonfilms. 3. Aufl. Leipzig, Hirzel.
[39] Bergtold, Moderne Schallplattentechnik. 2. Aufl. München 1960, Franzis.

[40] Mason, Physical Acoustics and the Properties of Solids. Princeton, New Yersey, 1958, v. Nostrand.

[41] Flügge, Handbuch der Physik. Bd. XI/1 und XI/2, Akustik I und II, Berlin 1961 und 1962, Springer.

[42] Mason, Physical Acoustics, Principles and Methods. Bd. 1 bis 3, New York 1964, 1965, Academic Press Inc.

[43] Stephens u. Bate, Acoustics and Vibrational Physics. 2. Aufl. London 1966, Edward Arnold and Co.

[44] Meyer und Neumann, Physikalische und Technische Akustik. Braunschweig 1967, Vieweg.

[45] Morse u. Ingard, Theoretical Acoustics. New York 1968, Mc Graw Hill.

[46] Schaaffs, Molekularakustik. Berlin 1963, Springer.

[47] Richardson, Ultrasonic Physics. Amsterdam 1952, Elsevier Publishing Company.

[48] Crawford, Ultrasonic Engineering. London 1955, Butterworths.

[49] Blitz, Fundamentals of Ultrasonics. London 1963, Butterworths.

[50] Krautkrämer J. u. Krautkrämer H., Werkstoffprüfung mit Ultraschall. 2. Aufl. Berlin 1966, Springer.

[51] Stevens u. Davis, Hearing, its Psychology and Physiology. New York 1938, Wiley & Sons.

[52] Wever, Theory of Hearing. New York 1949, Wiley & Sons.

[53] Winckel, Phänomene des musikalischen Hörens. Berlin 1959, Hess.

[54] v. Békésy, Experiments in Hearing. New York 1960, Mc Graw Hill.

[55] Furrer, Raum- und Bauakustik, Lärmabwehr. 2. Aufl. Basel 1961, Birkhäuser.

[56] Bruckmayer, Schalltechnik im Hochbau. Wien 1962, Deuticke.

[57] Cremer u. Heckl, Körperschall. Berlin 1967, Springer.

[58] Kurtze, Physik und Technik der Lärmbekämpfung. Karlsruhe 1964, Braun.

[59] Snel, Magnetische Tonaufzeichnung. Eindhoven 1962, Philips' Technische Bibliothek.

[60] Winckel, Technik der Magnetspeicher. Berlin 1960, Springer.

Aufsätze

[75] Schottky, Das Gesetz des Tiefenempfanges in der Akustik und der Elektroakustik. [159] 1926, S. 689 u. 736.

[76] Barkhausen, Ein neuer Schallmesser für die Praxis. [169] 1927, S. 1471.

[77] Janowsky, Über den Zusammenhang zwischen Schallempfindlichkeit und Schallreiz und seinen Einfluß auf die Hörbarkeit von Verzerrungen. [170] 1931, S. 11; [155] 1948, S. 42; [155] 1951, S. 303; [166] 1949, S. 308.

[78] Steudel, Über Empfindung und Messung der Lautstärke. [154] 1933, S. 116.

[79] Hähnle, Die Darstellung elektromechanischer Vorgänge durch rein elektrische Ersatzbilder. [168] 1932, S. 1/23.

[80] Backhaus, Über die Bedeutung der Ausgleichsvorgänge in der Akustik. [170] 1932, S. 31/46.

[81] Spandöck, Modellversuche. [143] 1934, S. 338.

[82] Knudsen, The Absorption of Sound in Gases. [155] 1935, S. 201.

[83] Thilo u. Steudel, Analyse von Geräuschen und ihr Zusammenhang mit der Lautstärke. [167] 1935, S. 39.

[84] Kneser, Molekulare Schallabsorption in Gasen. [170] 1935, S. 213/19.

[85] Schuster, Messung von akustischen Impedanzen durch Vergleich. [149] 1936, S. 164.

[86] Lübke, Geräuscherscheinungen bei elektrischer Energieumsetzung. [163] 1936, S. 204.

[87] Fletcher, Loudness, Masking and their Relative to the Hearing Process and the Problem of Noise Measurements. [155] 1938 S. 275.

[88] Schäfer, Über die Hörbarkeit von Frequenzbandänderungen der Sprache. [149] 1938, S. 237.

[89] Kneser, [143] 1938, S. 277.

[90] Ernsthausen, Absoluteichung von Mikrophonen. [142] 1939, S. 13.

[91] Koschel, Messung der nichtlinearen Verzerrungen. [145] 1939, V. 3621-6.

[92] Braun, Theoretische und experimentelle Untersuchung der Bezugsdämpfung und der Lautstärke. [165] 1940, S. 223.

[93] Braun, Die Bedeutung und Bestimmung der Übertragungsgüte im Fernsprechverkehr. [165] 1940, S. 147.

[94] Meyer, Buchmann u. Schoch, Eine neue Schallschluckanordnung hoher Wirksamkeit und der Bau eines schallgedämpften Raumes. [142] 1940, S. 352.

[95] Braun, Elektroakustische Vierpole. [145] 1944, S. 85.

[96] Koschel, Elektrische Methoden zur Schallanalyse. [152] 1948, S. 237.

[97] Eisenberg, Neue Forschungsarbeiten für den Schallschutz im Wohnungsbau. [146] 1948, S. 793.

[98] Wiener, The Diffraction of Sound by Rugid Disks and Rigid Square Plate. [155] 1949, S. 334.

[99] Pavel, CCIF-Empfehlungen für neue Rundfunkleitungen hoher Güte. [152] 1949, S. 65.

[100] Spandöck, Von der dezentralisierten zur zentralen Schallübertragung. [150] 1951, H. 4.

[101] Küpfmüller, Elektrische Ersatzbilder. [152] 1951, S. 337/46.

[102] Haas, Über den Einfluß eines Einfachechos auf die Hörsamkeit von Sprache. [140] 1951, S. 49.

[103] Buchmann u. Küpfmüller, Fortschritte in der Entwicklung elektrodynamischer Lautsprecher. [152] 1951, S. 253.

[104] Keidel, Übersicht über raumakustische Meßverfahren und Geräte. [145] 1952, V. 54-7.

[105] Mintz u. Tyzzer, A Loudness für Octave-Band. Data on Complex Sounds. [155] 1952, S. 80.

[106] Eisenberg, Schluckgradvergleichsmessungen. [141] 1952, S. 108.

[107] Becker, Bobbert u. Brand, Bauakustische Vergleichsmessungen. [141] 1952, S. 176.

[108] Thiele, Richtungsverteilung und Zeitfolge der Schallrückwürfe in Räumen. [141] 1953, Beih. 2, S. 291.

[109] Spandöck, Grenzen der Güte elektroakustischer Wandler. [150] 1955, S. 598/604.

[110] Reichardt u. Lenk, Die Vierpolersatzbilder der elektromechanischen Wandler. [140] Teil 1, 1955, S. 1; Teil 2, 1956, S. 303.

[111] Langsdorff, Elektroakustische Probleme der Gegensprechtechnik. [157] 1956, S. 49.

[112] Niese, Vorschlag für die Definition und Messung der Deutlichkeit nach subjektiven Grundlagen. [154] 1956, S. 4.

[113] Furdujew, Verfahren zur Auswertung und Messung der Diffusität der Schallfelder in geschlossenen Räumen. [156] 1956, S. 448.

[114] Reichardt, Die Akustik des Zuschauerraumes der Staatsoper Berlin, Unter den Linden. [154] 1956, S. 134.

[115] Kraak, Elektroakustische Messungen an Raummodellen. [154] 1956, S. 91.

[116] Evans u. Bazley, The Absorption of Sound in Air at Audio Frequencies. [140] 1956, S. 238/45.

[117] Keibs, Die physikalischen Bedingungen für optimale Bassreflexgehäuse. [164] 1957, S. 11.

[118] Lenk, Zweckmäßige Einteilung der elektromechanischen Wandler mit Rücksicht auf ihre Berechnung aus ihren elektrischen und mechanischen Daten. [140] 1958, S. 159.

[119] Berendes, Störungen der sprachlichen Verständigung. [148] 1958.

[120] Hörner u. Langsdorff, Übertragungstechnische Planungsgrundlagen für Fernsprechanschlüsse im öffentlichen Netz und in Nebenstellenanlagen. [163] 1959, S. 453/61.

[121] Spandöck, Beiträge zur Theorie elektroakustischer Wandler. [153] Teil 1, Sonderausgabe Okt. 1961, S. 29/33; Teil 2, 1961, S. 365/371; Teil 3, 1961, S. 404/412.

[122] Krauth u. Bücklein, Neuere Ergebnisse raumakustischer Modellversuche. [153] 1962, S. 226/29.

[123] Martin, Die Bemessung elektroakustischer Wandler mit Hilfe analoger, rein elektrischer Netzwerke. [153] 1962, S. 208/15.

[124] Martin, Übersicht über die elektroakustischen Wandler mit Hilfe von Kettenmatrizen. [144] 1962, S. 600/08.

[125] Martin, Übertragungsgrößen elektroakustischer Wandler. [144] 1964, S. 732/42.

Zeitschriften

[140] Acustica. Zürich, Hirzel.
[141] Akustische Beihefte. Zürich, Hirzel.
[142] Akustische Zeitschrift. Leipzig, Hirzel.
[143] Annalen der Physik. Leipzig, Barth.

[144] Archiv für elektrische Übertragung (AEÜ). Stuttgart, Hirzel.
[145] Archiv für Technisches Messen (ATM). München, Oldenbourg.
[146] Bauwelt. Berlin, Ullstein.
[147] Bell System Technical Journal. New York, American Telephone & Telegraph Co.
[148] Deutsche medizinische Wochenzeitschrift. Stuttgart, Thieme.
[149] Elektrische Nachrichtentechnik (ENT). Berlin, Springer.
[150] Elektrotechnische Zeitschrift (ETZ). Berlin, VDE-Verlag.
[151] Entwicklungs-Berichte der Siemens & Halske AG. München.
[152] Fernmeldetechnische Zeitschrift (FTZ). Braunschweig, Vieweg.
[153] Frequenz. Berlin, Schiele & Schön.
[154] Hochfrequenztechnik und Elektroakustik. Leipzig, Akad. Verl.-Ges.
[155] Journal of the Acoustical Society of America. New York, Firestone.
[156] Nachrichtentechnik. Berlin, VEB Technik.
[157] Nachrichtentechnische Zeitschrift (NTZ). Braunschweig, Vieweg.
[158] Philips Technische Rundschau. Eindhoven/Holland, Philips, u. Hamburg, Buch- u. Zeitschriften-Union.
[159] Physikalische Zeitschrift. Leipzig, Hirzel.
[160] Proceedings of the Institute of Radio Engineers, New York.
[161] RCA-Review. Princeton, N.Y., Radio Corporation of America.
[162] Rundfunktechnische Mitteilungen. Hamburg, Nölke.
[163] Siemens-Zeitschrift. Erlangen.
[164] Technische Mitteilungen. BRF. Berlin.
[165] Telegrafen- und Fernsprech-Technik. Berlin, Dietz.
[166] VDE-Fachberichte. Berlin, VDE-Verl.
[167] Veröffentlichungen der Nachrichten-Technik. München, Siemens & Halske.
[168] Wissenschaftliche Veröffentlichungen aus dem Siemens-Konzern. Berlin, Springer.
[169] VDI-Zeitschrift. Düsseldorf, VDI.
[170] Zeitschrift für Technische Physik. Leipzig, Barth.
[171] Ingenieur-Archiv. Berlin, Springer.

5. Thermodynamik

5.1 Formelzeichen, Größen und Einheiten

Zeichen	Größe	SI-Einheit	weitere Einheiten
A	Flächeninhalt, Querschnitt	m^2	cm^2
A	Absorptionszahl	1	
A_r	relative Atommasse (Atomgewicht)	1	
B	Konstante	1	
C	Wärmekapazität	J/K	$kcal/K^1)$
C_m	molare Wärmekapazität (Molwärme)	J/K mol	$kcal/K$ mol
D	Durchlaßzahl	1	
E	spezifische Ausstrahlung	W/m^2	$kcal/m^2 h$
$\mathfrak{F}, F$	Kraft	N	kp
F	freie Energie, Helmholtz-Funktion	J	$kJ, kcal$
Fo	Fourier-Zahl	1	
G	freie Enthalpie, Gibbs-Funktion	J	$kJ, kcal$
Gr	Grashof-Zahl	1	
H	Enthalpie	J	$kJ, kcal$
H	Wandhöhe	m	
K	Konstante	1	
M	molare Masse	kg/mol	kg/K mol
M_r	relative Molekülmasse (Molekulargewicht)	1	
N_A	Avogadro-Konstante, Loschmidt-Konstante	$1/mol$	
Nu	Nusselt-Zahl	1	
P	Leistung	W	kp m/s
Pr	Prandtl-Zahl	1	
Q	Wärme	J	$kJ, kcal$
$\dot{Q}$	Wärmeleistung, Wärmestrom, Wärmefluß	W	$kW, kcal/h$
Q^*	Wärme je Volumen	J/m^3	$kcal/m^3$
$\dot{Q}^*$	Wärmeleistung je Volumen	W/m^3	$kcal/h\ m^3$
$\dot{Q}'$	Wärmestrom je Länge	W/m	$kcal/h\ m$
R	Reflexionszahl	1	
R	elektrischer Widerstand	Ω	
R	spezifische Gaskonstante	J/K kg	$kcal/K$ kg
R_m	molare Gaskonstante	J/K mol	$kcal/K$ mol
Re	Reynolds-Zahl	1	
S	Entropie	J/K	$kcal/K$
S	Flächeninhalt, Querschnitt	m^2	cm^2
Sc	Schmidt-Zahl	1	
T	thermodynamische Temperatur, Kelvin-Temperatur	K	
U	innere Energie	J	$kJ, kcal$
U	Umfang	m	cm
U	elektrische Spannung	V	μV
V	Volumen	m^3	cm^3, l
W	Arbeit	$N\ m = J$	kp m
X	kennzeichnende Länge	m	cm

---

[1]) Vgl. 5.2 A 21.

Zeichen	Größe	SI-Einheit	weitere Einheiten
a	Schallgeschwindigkeit	m/s	
a	Temperaturleitfähigkeit	m^2/s	
a	Absorptionskoeffizient	1/m	
c	spezifische Wärmekapazität		
c_n	polytrope spezifische Wärmekapazität	J/kg K	kcal/kg K
c_p	isobare spezifische Wärmekapazität		
c_v	isochore spezifische Wärmekapazität		
d	spezifischer Dampfverbrauch	kg/N m	
d	Durchmesser	m	cm
d_h	hydraulischer Durchmesser		
f	spezifische freie Energie	J/kg	kcal/kg
g	spezifische freie Enthalpie		
g	Fallbeschleunigung	m/s^2	
h	spezifische Enthalpie	J/kg	kcal/kg
h	Planck-Konstante (Wirkungsquantum)	Js	
k	Wärmedurchgangs-Koeffizient	W/m^2 K	$kcal/m^2 h$ K
k	Boltzmann-Konstante	J/K	kcal/K
l	Länge	m	cm
m	Masse	kg	g
$\dot m$	Massenstrom	kg/s	
n	Polytropenexponent	1	
n_i	Molanteil des i-ten Stoffes	1	
p	Druck	N/m^2	bar, at, Torr
q	Wärme je Masse, spezifische Wärme		
q_d	spezifische Verdampfungswärme	J/kg	kcal/kg
q_t	spezifische Schmelzwärme		
q_u	spezifische Heizwärme		
$\dot q$, $\dot Q$	Wärmestromdichte	W/m^2	$kcal/m^2 h$
r	Radius	m	cm
r	spezifische Reibungsarbeit	N m/kg	
r	Rückgewinnfaktor	1	%
r_i	Raumanteil des i-ten Stoffes	1	
s	spezifische Entropie	J/K kg	kcal/K kg
s	Dicke, Spaltbreite	m	cm
t	Zeit	s	h
t	Celsius-Temperatur		
t_d	Siedetemperatur		
t_f	Schmelztemperatur		
t_k	kritische Temperatur		°C
t_r	Erstarrungstemperatur		
t_s	Sublimationstemperatur		
t_u	Umwandlungstemperatur		
t_F	Fahrenheit-Temperatur		°F
u	spezifische innere Energie	J/kg	kcal/kg
$ü$	Überlastbarkeit	1	
v	spezifisches Volumen	m^3/kg	
w	spezifische Arbeit	N m/kg	kp m/kg
w, w	Strömungsgeschwindigkeit	m/s	
x	Wassergehalt feuchter Luft	1	%
x, y, z	kartesische Koordinaten	m	cm
α	thermischer Längendehnkoeffizient	1/K	
α	Wärmeübergangskoeffizient	W/m^2 K	$kcal/m^2 h$ K

Zeichen	Größe	SI-Einheit	weitere Einheiten
α	Kontraktionsziffer	1	
β	isochorer Spannungskoeffizient	1/K	
β	Temperaturkoeffizient der Strahlung	K^3	
γ	Volumendehnkoeffizient	1/K	
Δ	Temperaturdifferenz	K	
ε	Emissionsgrad, Verdichtungsverhältnis, Leistungsziffer der Kältemaschine	1	
ζ	Widerstandszahl	1	
η	Wirkungsgrad	1	
η	dynamische Viskosität	kg/m s	
ϑ	Temperatur, Celsius-Temperatur	K	°C
$\varkappa$	Isentropenexponent	1	
λ	Wärmeleitfähigkeit	W/m K	kcal/m h K
λ	Wellenlänge der Strahlung	m	μm
μ	Ausflußziffer	1	
μ_i	Masseanteil des i-ten Stoffes	1	%
ν	kinematische Viskosität	m^2/s	
ϱ	Massendichte, Dichte	kg/m^3	kg/dm^3
σ	Stefan-Boltzmann-Konstante	$W/K^4 m^2$	$kcal/K^4 m^2 h$
τ	Zeit	s	h
φ	Einspritzverhältnis, relative Feuchtigkeit, Geschwindigkeitsziffer	1	%
χ	isotherme Kompressibilität	m^2/N	1/at
ψ	Drucksteigerungsverhältnis	1	

Fußzeiger

A	Abgas	h	hydraulisch
C	Carnot	i	innen
D	Dampf	i	i-ter Wert einer Wertemenge
E	Erde, Eis	irr	irreversibel
F	Flug, Freiheitsgrad, Feuerung, Fahrenheit	k	kritisch
Fl	Flüssigkeit	l	auf die Länge l bezogen
G	Gas	lam	laminar
H_2O	Wasser	m	molar, mechanisch
I	Inversion	$\dot{m}$	für den Massenstrom $\dot{m}$
K	Kälte, Kessel	max	maximal
L	Luft	n	Norm-
M	Mischung, Mitte	n	polytrop, in Normalenrichtung
P	Phase	p	isobar
R	Rohr, Rippe	r	Reibung, erstarren, relativ
S	Stoff, Speicher, Sole	rev	reversibel
T	isotherm	s	sublimieren, Sättigung, schwarzer Körper
W	Wasser, Wand	s	isentrop
		t	technisch
a	Anfang, außen, für Austrittsquerschnitt	u	unterkühlen, umwandeln
b	brennen	ü	überhitzt
c	konstant	v	isochor
d	verdampfen, sieden	$1+x$	feuchte Luft
d	auf den Durchmesser d bezogen	0	bei 0°C, Umgebung
e	für engsten Querschnitt, eigen, Ende	∞	Freistrom, für unendliches Erweiterungsverhältnis
eff	effektiv		
f	schmelzen	λ	für Wellenlänge λ
fl	flüssig	φ	in Richtung des Winkels φ
g	grauer Körper		

Kopfzeiger

'	siedende Flüssigkeit, längenbezogen	$\wedge$	Höchstwert
"	gesättigter Dampf	$\vee$	Kleinstwert
—	Mittelwert	0	idealer Gaszustand
·	Ableitung nach der Zeit	*	auf Volumen bezogen

5.2 Definitionen, Wärmeeigenschaften der Stoffe[1])

bearbeitet von Prof. Dr.-Ing. E. Schmidt, München

A. Temperatur

A 1 Temperaturbegriff, nullter Hauptsatz

In einem von wärmeundurchlässigen (adiabaten) festen Wänden umschlossenen Raum nehmen alle Körper, die nicht durch adiabate Wände voneinander getrennt sind, im Laufe der Zeit die gleiche Temperatur an. Dieser Zustand heißt thermisches Gleichgewicht. Die adiabate Wand ist eine in Wirklichkeit unerreichbare Idealisierung. Man kann den Wärmefluß durch eine wärmedurchlässige (diatherme) Wand verhindern, indem man sie in eine Umgebung gleicher Temperatur bringt. Die Erscheinung des thermischen Gleichgewichts bestimmt den Temperaturbegriff; dies ist der nullte Hauptsatz der Thermodynamik (die Bezeichnungen: erster, zweiter und dritter Hauptsatz waren schon vergeben).

Die Temperatur ist keine spezielle Stoffeigenschaft wie Farbe, Festigkeit usw., sondern eine Größe von allgemeinerer Bedeutung. Nach der kinetischen Wärmetheorie entspricht die Temperatur der Bewegungsenergie der Atome und Moleküle im Körper. Für ein ideales Gas (**5.4**) ist die Temperatur proportional der mittleren kinetischen Energie der Moleküle. Der Impuls jedes Moleküls ändert sich bei Zusammenstößen nach Betrag und Richtung. Die Temperatur ist ein statistischer Begriff, der viele Teilchen voraussetzt; ein einzelnes Molekül hat keine Temperatur, sondern Geschwindigkeit, Impuls und kinetische Energie.

Für einen großen, makroskopisch ruhenden Molekülhaufen ist die Summe der Impulse aller Moleküle immer Null, abgesehen von Schwankungen in der Größenordnung eines Molekülimpulses. Ist die Impulssumme von Null verschieden, so hat der Molekülhaufen eine makroskopische (geordnete) Geschwindigkeit. Der Druck eines Gases auf eine Gefäßwand folgt aus der Impulsübertragung der stoßenden Moleküle.

A 2 Temperaturskalen

A 21 Thermodynamische Temperaturskala. Zur Temperaturmessung dienen Thermometer. Als Maß der Temperatur kann jede von der Temperatur abhängige Eigenschaft eines Körpers benutzt werden wie die Änderung der Länge eines Stabes, des Volumens einer Flüssigkeit bzw. eines Gases oder der Auslenkung eines Bimetallstreifens.

Zur Festlegung der Temperaturskala dienten früher der Eispunkt 0°C, die Gleichgewichtstemperatur von Eis und luftgesättigtem Wasser bei $p = 1$ atm $= 1,013250$ bar, und der Dampfpunkt 100°C, die Gleichgewichtstemperatur von Wasser und gesättigtem Dampf bei $p = 1$ atm. Diese Temperaturspanne wurde mit Hilfe der Eigenschaften des idealen Gases in 100 gleiche Intervalle geteilt und extrapoliert. Hierbei setzte man die Temperatur proportional dem Volumen bei konstantem Druck oder dem Druck bei konstantem Volumen eines wirklichen Gases im Grenzfall sehr kleinen Druckes (Celsius-Skala).

Da bei konstantem Volumen der Druck eines idealen Gases sich von 0°C auf 100°C um 100/273,15 seines Wertes bei 0°C erhöht, sind bei $-273,15°C = 0$ K der Druck und die mittlere Geschwindigkeit der Moleküle gleich Null. Diese Temperatur, die man bis auf Tausendstel Kelvin erreichen kann, wird als absoluter Nullpunkt bezeichnet. Sie ist der natürliche Anfang der Temperaturskala (Kelvin-Skala).

Zweiter Festpunkt der Temperaturskala ist der Tripelpunkt des Wassers, bei dem Eis, Wasser und Dampf miteinander im thermischen Gleichgewicht stehen. Seine Temperatur ist auf genau 273,16 K festgelegt. Der Eispunkt liegt 0,01 grd unter dem Tripelpunkt.

---

[1]) Schrifttum S. 389.

Je Grad Temperatursteigerung dehnt sich ein ideales Gas bei konstantem Druck um 1/273,16 seines Volumens beim Tripelpunkt des Wassers aus. Am Tripelpunkt ist

$$p = 0{,}006228 \text{ at} = 0{,}006108 \text{ bar},$$

der Sättigungsdruck des Wassers im Gleichgewicht mit Eis. Man bezeichnet

Temperaturdifferenzen mit t vom Eispunkt an in °C gezählt,
Temperaturen mit T vom absoluten Nullpunkt an in K gezählt.

Es gilt die Gleichung

$$T = t + 273{,}15 \text{ K} . \tag{1}$$

Einheit der Temperaturdifferenz ist

$$[\Delta t] = [\Delta T] = 1\,°\text{C} = 1\,\text{K} = 1\,\text{grd}^{1}) . \tag{2}$$

Im Ausland wird statt des Zeichens grd auch deg benutzt.

Die Temperaturskala des idealen Gases heißt thermodynamische Temperaturskala, da sie sich nach dem 2. Hauptsatz der Thermodynamik mit Hilfe des möglichen Arbeitsgewinns aus Wärme verschiedener Temperaturen ohne Bezug auf einen bestimmten Stoff ergibt. In Ländern englischer Sprache auch Fahrenheit-Skala (°F) mit Eispunkt bei 32 °F und Dampfpunkt bei 212 °F. Für Umrechnung der Celsius-Temperatur t in Fahrenheit-Temperatur t_F gilt die Zahlenwertgleichung

$$1{,}8\, t = t_\mathrm{F} - 32 . \tag{3}$$

Die vom absoluten Nullpunkt an in der Temperaturdifferenz-Einheit °F gezählte Skala heißt Rankine-Skala (°R), in ihr liegt der Eispunkt bei 491,67 °R und der Dampfpunkt bei 671,67 °R.

A 22 Internationale Temperaturskala. Da die Temperaturmessung mit dem idealen Gas umständlich ist, benutzt man die leichter darstellbare, 1948 vereinbarte internationale praktische Temperaturskala (IPTS-48)$^{2})$. Sie ist festgelegt durch Schmelz- und Siedetemperaturen bestimmter Stoffe, Fixtemperaturen oder Fixpunkte genannt, die mit der Skala des idealen Gases bestimmt wurden. Zwischen diesen Fixpunkten wird durch Widerstandsthermometer, Thermoelemente und Strahlungsmeßgeräte interpoliert, wobei die Beziehungen zwischen den Meßgrößen und der Temperatur durch Formeln vorgeschrieben werden. Die Fixtemperaturen, das sind die Gleichgewichtstemperaturen für $p = 1$ atm, sind in der Tabelle 5.2-1 zu finden. Die letzte Dezimale kennzeichnet die Genauigkeit, mit der sie sich reproduzieren lassen.

Tabelle 5.2-1 Fixtemperaturen

Gleichgewichtstemperatur zwischen	Temperatur °C
a) flüssigem Sauerstoff und seinem Dampf (Sauerstoffpunkt)	− 182,970
b) Eis und luftgesättigtem Wasser (Eispunkt) (Fundamentalpunkt)	0
c) flüssigem Wasser und seinem Dampf (Dampfpunkt) (Fundamentalpunkt)	100
d) flüssigem Schwefel und seinem Dampf (Schwefelpunkt)	444,600
e) festem und flüssigem Silber (Silberpunkt)	960,8
f) festem und flüssigem Gold (Goldpunkt)	1063,0

$^{1})$ Nach ISO-Empfehlung ISO/R 1000 vom Februar 1969 wird Temperaturdifferenz nur noch in K angegeben.
$^{2})$ Z. Physik 49 (1928) S. 742. Änderungen 9. Generalkonferenz für Maß und Gewicht, Paris 1948: Procès Verbaux des séances du comité intern. 21 (1948) S. 30.

Nach den Methoden für die Interpolation gliedert sich die Temperaturskala in vier Teile:

a) Zwischen 0°C und dem Antimonerstarrungspunkt wird t mit

$$R_t = R_0 \,(1 + At + Bt^2) \tag{4}$$

hergeleitet. R_t ist Widerstand eines Platindrahtes zwischen den Verzweigungspunkten, welche die Verbindungsstellen der Strom- und Spannungszuführungen an einem Platin-Widerstandsthermometer bilden. R_0 ist Widerstand bei 0°C, A und B sind aus den beim Dampf- und Schwefelpunkt für R_t gemessenen Werten zu ermitteln. Das Platin eines normalen Platin-Widerstandsthermometers muß ausgeglüht und so rein sein, daß R_{100}/R_0 größer als 1,3910 ist.

b) Zwischen dem Sauerstoffpunkt und 0°C wird t mit

$$R_t = R_0 \,[1 + At + Bt^2 + C\,(t - 100)\,t^3] \tag{5}$$

hergeleitet, in der R_t, R_0, A und B wie unter a) angegeben zu ermitteln sind, während C aus dem beim Sauerstoffpunkt für R_t gemessenen Wert zu bestimmen ist.

c) Zwischen Antimonerstarrungspunkt und Goldpunkt wird t mit

$$U = a + bt + ct^2 \tag{6}$$

hergeleitet. U ist die thermoelektrische Spannung eines normalen Thermoelements aus Platin und Platinrhodium, dessen eine Lötstelle die Temperatur 0°C und dessen andere die Temperatur t hat. Die Konstanten a, b, c sind aus den beim Antimonerstarrungs-, Silber- und Goldpunkt für U gemessenen Werten zu ermitteln. Antimon muß mit normalem Platin-Widerstandsthermometer bestimmte Erstarrungstemperatur nicht unter 630,3°C haben. Das Thermoelement kann durch Vergleich mit einem Widerstandsthermometer in einem auf gleichförmiger Temperatur gehaltenen, geschlossenen Raum bei einer Temperatur zwischen 630,3°C und 630,7°C kalibriert werden.

Der Platinrhodiumdraht soll 90 Gewichtsteile Platin und 10 Gewichtsteile Rhodium enthalten. Das fertige Thermoelement muß beim Antimonerstarrungspunkt (630,5°C), beim Silber- und Goldpunkt folgende thermoelektrische Spannungen in μV aufweisen:

$$U_{\mathrm{Au}} = 10300 \pm 50$$
$$U_{\mathrm{Au}} - U_{\mathrm{Ag}} = 1185 + 0{,}158\,(U_{\mathrm{Au}} - 10310) \pm 3$$
$$U_{\mathrm{Au}} - U_{\mathrm{Sb}} = 4776 + 0{,}631\,(U_{\mathrm{Sb}} - 10310) \pm 5\,.$$

d) Oberhalb des Goldpunktes wird t mit der Beziehung

$$\frac{I_t}{I_{\mathrm{Au}}} = \frac{\dfrac{c_2}{e^{\lambda\,(t_{\mathrm{Au}} + T_0)} - 1}}{\dfrac{c_2}{e^{\lambda\,(t + T_0)} - 1}} \tag{7}$$

abgeleitet, I_t und I_{Au} bedeuten die Strahlungsleistungen, die ein schwarzer Körper bei der Wellenlänge λ je Fläche und Wellenlängenintervall bei Temperatur t und beim Goldpunkt t_{Au} aussendet.

$c_2\ $ = 1,438 Zahlenwert gemessen in cm grd.

$T_0\ $ = Zahlenwert der Schmelztemperatur von Eis in K.

$\lambda\ $ = Zahlenwert einer Wellenlänge des sichtbaren Spektralgebietes in cm.

e = Basis der natürlichen Logarithmen.

Es wird empfohlen, bei Präzisionsarbeiten den Eispunkt des Wassers durch seinen Tripelpunkt $= +0{,}0100$°C zu ersetzen.

Bei Abweichungen des Druckes p vom Druck $p_0 = 1$ atm $= 1013250$ dyn/cm$^2 = 760$ Torr der Normatmosphäre gilt im Bereich von 660 bis 860 Torr:

für den Sauerstoffpunkt:

$$t_p = -182{,}970 + 9{,}530\,(p/p_0 - 1) - 3{,}72\,(p/p_0 - 1)^2 + 2{,}2\,(p/p_0 - 1)^3,$$

für den Dampfpunkt:

$$t_p = 100 + 28{,}012\,(p/p_0 - 1) - 11{,}64\,(p/p_0 - 1)^2 + 7{,}1\,(p/p_0 - 1)^3,$$

für den Schwefelpunkt:

$$t_p = 444{,}600 + 69{,}010\,(p/p_0 - 1) - 27{,}48\,(p/p_0 - 1)^2 + 19{,}14\,(p/p_0 - 1)^3.$$

Die internationale Temperaturskala stimmte zur Zeit ihrer Festlegung (1927) mit der Skala des idealen Gases überein. Mit Verfeinerung der Meßmethoden hat man Unterschiede beider Skalen festgestellt, die eine Berichtigung der Festpunkte und Interpolationsformeln der internationalen Skala erfordern würden, wenn man sie wieder mit der des idealen Gases in Einklang bringen wollte. Der Sublimationspunkt des Kohlendioxids, nach internationaler Skala in Tabelle 5.2-2 mit $-78{,}51\,°C$ angegeben, liegt in der thermodynamischen Skala nach Messungen mit dem Heliumthermometer bei $-78{,}49\,°C$. Für den Schwefelsiedepunkt ergibt sich mit dem Heliumthermometer ein um $0{,}06$ grd höherer Wert als nach internationaler Skala. Man hat vereinbart, die internationale Skala unverändert zu lassen und kleine Abweichungen, die nur bei höchsten Genauigkeiten eine Rolle spielen, gesondert zu berücksichtigen.

Die infolge Meßungenauigkeit möglichen Abweichungen der internationalen Temperaturskala von der des idealen Gases betragen höchstens:

bei	$-200\,°C$	$0{,}02$ grd	bei	$1000\,°C$	1 grd
von	$-50°$ bis $+100\,°C$	$0{,}01$ grd	bei	$2000\,°C$	6 grd
bei	$500\,°C$	$0{,}15$ grd	bei	$3000\,°C$	20 grd

Die möglichen Fehler dieser Temperaturskala sind bei hohen Temperaturen erheblich. Es ist sinnlos, bei Temperaturmessungen oberhalb $1500\,°C$ Zehntel eines Grades anzugeben.

Zur Erleichterung von Temperaturmessungen hat man weitere Fixtemperaturen von leicht genügend rein herstellbaren Stoffen an die gesetzliche Temperaturskala angeschlossen (Tabelle 5.2-2).

Tabelle 5.2-2   Thermometrische Fixtemperaturen bei 1 atm in °C

t_d Siedetemperatur, t_f Schmelztemperatur, t_r Erstarrungstemperatur, t_s Sublimationstemperatur, t_u Umwandlungstemperatur

Helium	t_d	$-268{,}94$	Benzophenon	t_d	$+305{,}9$
Wasserstoff	t_d	$-252{,}78$	Cadmium	t_r	$+320{,}9$
Stickstoff	t_d	$-195{,}81$	Zink	t_r	$+419{,}5$
Sauerstoff	t_d	$-182{,}97$	Schwefel	t_d	$+444{,}60$
Schwefelkohlenstoff	t_r	$-111{,}8$	Antimon	t_r	$+630{,}5$
Toluol	t_r	$-95{,}0$	Silber	t_r	$+960{,}8$
Kohlendioxid	t_s	$-78{,}5$	Gold	t_r	$+1063$
Chloroform	t_r	$-63{,}7$	Kupfer	t_r	$+1083$
Chlorbenzol	t_r	$-45{,}5$	Palladium	t_r	$+1552$
Quecksilber	t_r	$-38{,}87$	Platin	t_f	$+1769$
Natriumsulfat	t_u	$+32{,}38$	Molybdän	t_f	$+2600$
Naphthalin	t_d	$+218{,}0$	Wolfram	t_f	$+3380$
Zinn	t_r	$+231{,}9$	Kohlenstoff	t_s	$+3540$

Bei einigen Stoffen ist die Schmelztemperatur, bei andern die Erstarrungstemperatur angegeben; im Gleichgewicht fallen beide Temperaturen zusammen. In der Tabelle 5.2-2 ist jeweils die leichter und genauer beobachtbare Temperatur angeführt.

Im Oktober 1968 wurde die internationale praktische Temperaturskala 1968 (IPTS-68) beschlossen. Aber die Abweichungen gegen die vorstehend behandelte IPTS-48 sind praktisch belanglos und liegen innerhalb der Eichfehler von Thermometern. Gesetzlich gilt noch die IPTS-48.

Über Temperaturmeßgeräte und Temperaturmessung siehe [H 03].

B. Energie, Arbeit, Wärme

Energie, Arbeit und Wärme sind Größenarten gleicher physikalischer Dimension. In der Thermodynamik tritt mechanische Arbeit meist beim Verdichten und Entspannen von Stoffen auf und ist dann gleich dem Produkt aus Druck und Volumenänderung:

$$\mathrm{d}W = p\,\mathrm{d}V \tag{8}$$

In der Mechanik unterscheidet man potentielle und kinetische Energie. In der Thermodynamik tritt als dritte Energieform der Materie die innere Energie U auf, die mit der Temperatur zunimmt. Man kann ihren von einem vereinbarten Anfangszustand gezählten Wert messen, indem man dem Stoff Energie in mechanischer Form durch Komprimieren, Reiben, Umrühren oder durch elektrische Heizung oder als Wärme durch Berühren mit Körpern höherer Temperatur zuführt. Die innere Energie ist nur eine Funktion des durch Druck und Temperatur bestimmten Zustandes der Materie. Die Wärme wird nach dem 1. Hauptsatz der Thermodynamik durch die mechanische oder elektrische Energie gemessen, die eine gleichgroße Änderung der inneren Energie hervorruft.

C. Größen und Einheiten der Thermodynamik

Durch den Übergang vom technischen Maßsystem zum Internationalen Einheitensystem (SI-System) ergeben sich für die Thermodynamik Änderungen.

Die Energieeinheit Kilokalorie ist die Wärme, die die Temperatur von 1 kg Wasser von $14,5\,°\mathrm{C}$ auf $15,5\,°\mathrm{C}$ erhöht ($\mathrm{kcal}_{15°}$). Wegen der in verschiedenen Ländern ungleich definierten Kalorie (es gab eine $0\,°\mathrm{C}$-Kalorie und eine mittlere Kalorie für das Intervall $0\,°\mathrm{C}$ bis $100\,°\mathrm{C}$) wurde international vereinbart, daß die Kilokalorie an die elektrischen Einheiten angeschlossen wird und definiert ist durch die genaue Gleichung

$$1\ \mathrm{kcal} = 4{,}1868\ \mathrm{kJ} = 4{,}1868\ \mathrm{kWs} \tag{9}$$

oder mit Abrundung der letzten Stelle durch die Umkehrung

$$1\ \mathrm{kJ} = 0{,}238846\ \mathrm{kcal}. \tag{10}$$

Der Faktor dieser Gleichung kommt der spezifischen Wärmekapazität von Luft bei $0\,°\mathrm{C}$ sehr nahe, die 0,239 kcal/kg grd beträgt: Kilojoule und Kilokalorie sind daher ziemlich genau die Wärmeenergien, die 1 kg Luft bzw. Wasser um 1 grd erwärmen.

Umrechnungszahlen für Energieeinheiten enthält die Tabelle 5.2-3. Darin sind die Pferdekraftstunde (1 PS = 75 kp m/s) und die British Thermal Unit (Btu) aufgenommen, die Wärme, die 1 pound (1 lb = 0,4535923 kg) um $1\,°\mathrm{F}$ erwärmt.

Tabelle 5.2-3 Umrechnung von Energieeinheiten
Bei durch Vereinbarung festgelegten Zahlen ist die letzte Ziffer fett gedruckt.

	$J = 10^7$ erg	kp m	$\mathrm{kcal}_{15°}$
1 J = 10^7 erg	1	0,1019716	$2,38920 \cdot 10^{-4}$
1 kp m	9,80665	1	$2,34301 \cdot 10^{-3}$
1 $\mathrm{kcal}_{15°}$	4185,5	426,80	1
1 kcal_{IT}	4186,8	426,935	1,00031
1 kWh	3 600 000	367 097,8	860,11
1 PS h	2 647 796	270 000	632,61
1 Btu	1055,056	107,5857	0,252074

	kcal_{IT}	kWh	PS h	Btu
1 J = 10^7 erg	$2,38846 \cdot 10^{-4}$	$2,77778 \cdot 10^{-7}$	$3,77673 \cdot 10^{-7}$	$9,47817 \cdot 10^{-4}$
1 kp m	$2,34225 \cdot 10^{-3}$	$2,72407 \cdot 10^{-6}$	$3,70370 \cdot 10^{-6}$	$9,29491 \cdot 10^{-3}$
1 $\mathrm{kcal}_{15°}$	0,99969	$1,16264 \cdot 10^{-3}$	$1,58075 \cdot 10^{-3}$	3,96709
1 kcal_{IT}	1	$1,16300 \cdot 10^{-3}$	$1,58111 \cdot 10^{-3}$	3,96832
1 kWh	859,845	1	1,35962	3412,14
1 PS h	632,416	0,735499	1	2509,63
1 Btu	0,251996	$2,93071 \cdot 10^{-4}$	$3,98466 \cdot 10^{-4}$	1

Leistungen sollte man nicht in PS, sondern auch bei Verbrennungsmotoren in Kilowatt angeben, wobei

$$1 \text{ PS} = 75 \text{ kpm/s} = 0{,}7355 \text{ kW} \tag{11}$$

gilt. Eine Wärme je Zeit ist eine Leistung, bezeichnet als **Wärmeleistung** oder **Wärmestrom**. Der Wärmestrom je Fläche heißt **Wärmestromdichte**.

Druckeinheit des technischen Einheitensystems ist die **technische Atmosphäre**

$$1 \text{ at} = 1 \text{ kp/cm}^2. \tag{12}$$

Die internationale Druckeinheit ist 1 N/m^2. Da dies eine sehr kleine Einheit ist, hat man als praktische Einheit das Bar nach der Gleichung

$$1 \text{ bar} = 10^5 \text{ N/m}^2 \tag{13}$$

eingeführt. Für den Übergang vom technischen zum internationalen Einheitensystem gilt

$$1 \text{ at} = 0{,}980665 \text{ bar}. \tag{14}$$

Dieser Übergang ist wegen des von 1 wenig verschiedenen Umrechnungsfaktors ohne Änderung unserer Größenvorstellungen von Drücken möglich. In der Technik werden Drücke, die den Umgebungsdruck übersteigen, manchmal in atü angegeben, wobei atü keine andere Einheit als at ist. Man soll deshalb statt $p = 5$ atü besser $p_{\ddot{u}} = 5$ at schreiben und von einem Überdruck von 5 at sprechen. Umrechnung von Druckeinheiten in [H07].

Im folgenden werden hauptsächlich SI-Einheiten benutzt. Wichtige Tabellen sind in internationalen und technischen Einheiten angegeben, manche Tabellen nur in technischen Einheiten, weil die Zahlenwerte in internationalen Einheiten nicht vorlagen.

D. Thermische und kalorische Stoffeigenschaften

D1 Allgemeines, Definitionen

Druck p, Volumen V und Temperatur T heißen **thermische Zustandsgrößen** oder **Zustandsvariable**.

Intensive Zustandsgrößen sind von der Masse m des Stoffes unabhängig, **extensive** Zustandsgrößen sind der Masse proportional. Demnach sind p und T intensive Zustandsgrößen, während $V = mv$ eine extensive Zustandsgröße darstellt. **Spezifische** Zustandsgrößen sind wie das spezifische Volumen v auf die Masse bezogen. **Molare** Zustandsgrößen sind wie das molare Volumen V_m auf 1 Mol des Stoffes bezogen.

Die thermischen Zustände eines Stoffes werden durch seine **thermische Zustandsgleichung** $f(p, T, v) = 0$ beschrieben, die die thermischen Zustandsgrößen miteinander verknüpft. Graphische Darstellungen von Zustandsgleichungen heißen **Zustandsdiagramme**.

Mit der Temperatur ändern die Stoffe viele Eigenschaften stetig. Bei bestimmten Temperaturen und Drücken treten Unstetigkeiten auf durch Übergänge zwischen der festen, flüssigen und gasförmigen Phase, wenn bei nicht zu hohen Temperaturen die chemische Zusammensetzung des Stoffes ungeändert bleibt. Die Phasenänderung ist meist mit Dichtesprüngen und Wärmeumsätzen verbunden.

Im p, T-Diagramm eines Stoffes (Bild 5.2-1) erscheinen die 3 Stoffphasen als Flächen, wobei 2 Phasen jeweils durch eine **Phasengrenzlinie** (Phasengrenzkurve) voneinander getrennt sind, auf der sie miteinander im thermischen Gleichgewicht stehen. Die Phasengrenzkurven heißen **Dampfdruckkurve** (flüssig/gasförmig), **Schmelzdruckkurve** (fest/flüssig) und **Sublimationsdruckkurve** (fest/gasförmig).

Die Phasengrenzkurven treffen sich im **Tripelpunkt**, an dem alle 3 Phasen miteinander im Gleichgewicht stehen.

11*

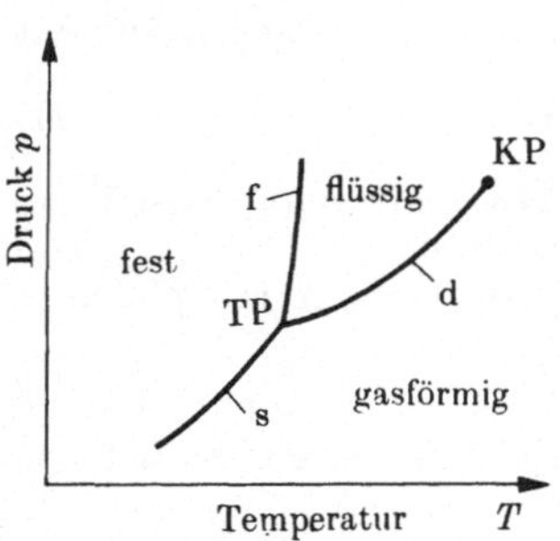

Bild 5.2-1　Phasengrenzkurven im p, T-Diagramm.　d = Dampfdruckkurve, f = Schmelzdruckkurve, s = Sublimationsdruckkurve, TP = Tripelpunkt, KP = kritischer Punkt

Bei $T \approx 2000$ K beginnen die zweiatomigen Moleküle der elementaren Gase in Atome zu dissoziieren. Bei Wasserstoff findet diese Dissoziation im Temperaturbereich 2000 K bis 5000 K statt, und bei 5000 K besteht Wasserstoff wesentlich aus H-Atomen. Im elektrischen Lichtbogen, beginnend bei Temperaturen von etwa 5000 K, die man durch Verhindern der seitlichen Ausbreitung des Bogens mit gekühlten Umhüllungen auf etwa 50000 K steigern kann, geben die Atome ihre Elektronen ab, die sich wie ein Gas sehr kleiner molarer Masse verhalten. Schließlich besteht das Gas aus einem Gemisch von negativ geladenen Elektronen und positiv geladenen Atomresten. Hinzu kommen Photonen, die Strahlungsquanten. Die Dissoziation gibt dem wegen der Mischung aus Teilchen mit ebensoviel positiven wie negativen Ladungen im ganzen neutralen Gas ein elektrisches Leitvermögen, das höher sein kann als das von Kupfer.

Ein solches Plasma kann als 4. Stoffphase angesehen werden, obwohl wegen des stetigen Überganges keine scharfe Grenze zwischen Gas- und Plasmazustand besteht.

Stromdurchflossene Gase lassen sich wie Kupferleiter in elektrischen Maschinen durch magnetische Felder bewegen. Diesen Effekt behandelt die Magnetohydrodynamik.

Bei Temperaturen von vielen Millionen Grad beginnen thermische Atomkernreaktionen.

Der thermische Längendehnkoeffizient

$$\alpha = \frac{1}{l} \left(\frac{\partial l}{\partial T} \right)_p \tag{15}$$

ist bei festen Körpern die relative Längenänderung, bezogen auf die Temperaturerhöhung. Bei Einkristallen kann α richtungsabhängig sein.

Der Volumendehnkoeffizient

$$\gamma = \frac{1}{v} \left(\frac{\partial v}{\partial T} \right)_p \tag{16}$$

eines Körpers ist die relative Volumenänderung, bezogen auf die Temperaturerhöhung. Bei isotropen festen Körpern ist $\gamma = 3\,\alpha$. Für Gase bei nicht zu hohem konstanten Druck und bezogen auf das spezifische Volumen v_0 bei 0 °C ist unabhängig von der Temperatur

$$\gamma = 1/273{,}15 \ \text{grd} \,.$$

Der isochore Spannungskoeffizient

$$\beta = \frac{1}{p} \left(\frac{\partial p}{\partial T} \right)_v \tag{17}$$

ist die relative Druckänderung durch Temperaturzunahme bei konstantem Volumen.

Die isotherme Kompressibilität

$$\chi = - \frac{1}{v} \left(\frac{\partial v}{\partial p} \right)_T \tag{18}$$

ist die relative Volumenänderung durch Drucksteigerung bei konstanter Temperatur.

Da zwischen den partiellen Ableitungen der Variablen jeder Funktion $f(p, T, v) = 0$ die Beziehung

$$\left(\frac{\partial p}{\partial T}\right)_v \left(\frac{\partial T}{\partial v}\right)_p \left(\frac{\partial v}{\partial p}\right)_T = -1 \tag{19}$$

besteht, gilt für beliebige Körper

$$\gamma = p\beta\chi. \tag{20}$$

Damit kann man den bei festen und flüssigen Körpern schwer meßbaren Spannungskoeffizienten β über die leichter meßbaren Koeffizienten γ und χ ermitteln.

Schmelzwärme q_t in kJ/kg oder kcal/kg ist die zum Verflüssigen der Masseneinheit eines festen Stoffes bei konstantem p und konstantem T erforderliche Wärme. Beim Erstarren wird sie abgegeben (Erstarrungswärme). Verdampfungswärme q_d in kJ/kg oder kcal/kg ist die zum Verdampfen der Masseneinheit einer Flüssigkeit bei konstantem p und konstantem T erforderliche Wärme. Beim Kondensieren wird sie abgegeben (Kondensationswärme). Schmelz- und Verdampfungswärme können auch auf 1 kmol bezogen werden. Spezifische Wärmekapazität (spezifische Wärme) c in kJ/kg grd oder kcal/kg grd ist die Wärme, die die Masseneinheit eines Stoffes um 1 grd erwärmt. Sie nimmt für fast alle Stoffe mit der Temperatur zu. Um die Masse m von T_1 auf T_2 zu erwärmen, braucht man die Wärme

$$Q = mc(T_2 - T_1), \qquad \text{wenn } c \text{ unabhängig von } T, \tag{23}$$

$$Q = m \int_{T_1}^{T_2} c(T)\, dT, \qquad \text{wenn } c \text{ abhängig von } T. \tag{24}$$

Die mittlere spezifische Wärmekapazität des Bereiches T_1 bis T_2 ist

$$\bar{c} = \frac{1}{T_2 - T_1} \int_{T_1}^{T_2} c(T)\, dT. \tag{25}$$

$c(T)$ heißt wahre spez. Wärmekapazität. Die molare Wärmekapazität (Molwärme) C_m in kJ/kmol grd ist auf 1 kmol bezogen. Man unterscheidet c_p bei konstantem Druck (isobare spezifische Wärmekapazität) und c_v bei konstantem Volumen (isochore spezifische Wärmekapazität). $c_p - c_v$ ist die bei Volumenzunahme unter konstantem Druck je kg und grd geleistete Arbeit. Bei Feststoffen und Flüssigkeiten ist außer bei sehr hohen Drücken diese Differenz so klein, daß man meist mit einer spez. Wärmekapazität c rechnet.

Kritische Temperatur T_k, kritischer Druck p_k und kritisches spezifisches Volumen $v_k = 1/\varrho_k$ kennzeichnen den Zustand auf der Phasengrenzlinie, bei dem Dampf und Flüssigkeit gleiche Dichten haben. Oberhalb T_k ändern sich die Zustandsgrößen stetig, und die Grenze zwischen Flüssigkeit und Dampf verschwindet (fluider Zustand). Werte der kritischen Zustandsgrößen einiger Stoffe in Tabelle 5.2-13. Bei allen Stoffen ist v_k rund dreimal so groß wie v nahe dem Erstarrungspunkt.

D 2   Tabellen von thermischen Stoffeigenschaften

Tabelle 5.2-4   Thermischer Längendehnkoeffizient fester Körper
in mm, bezogen auf 1 m Länge bei 0 °C

Stoff	°C										
	$0\cdots-190$	$0\cdots100$	$0\cdots200$	$0\cdots300$	$0\cdots400$	$0\cdots500$	$0\cdots600$	$0\cdots700$	$0\cdots800$	$0\cdots900$	$0\cdots1000$
Aluminium	− 3,43	2,38	4,90	7,65	10,60	13,70	17,00				
Berliner Porzellan	− 0,32	0,30	0,66	1,03	1,41	1,82	2,24	2,63	3,10	3,69	4,31
Blei	− 5,08	2,90	5,93	9,33							
Al-Cu-Mg [0,95 Al; 0,04 Cu + Mg, Mn, Fe]		2,35	4,90	7,80	10,70	13,65					
Eisen-Nickel-Leg. [0,64 Fe; 0,36 Ni[1])]		0,15	0,75	1,60	3,10	4,70	6,50	8,5	10,5	12,55	
Eisen-Nickel-Leg. [0,77 Fe; 0,23 Ni]			2,80	4,00	5,25	6,50	7,80	9,25	10,50	11,85	
Glas: Jenaer 16 III	− 1,13	0,81	1,67	2,60	3,59	4,63					
Jenaer 59 III	− 0,82	0,59	1,20	1,83	2,47	3,12					
Jenaer 1565 III		0,345	0,72	1,12	1,56	2,02					
Jenaer 2954 III	− 0,85	0,63	1,28	1,97	2,69	3,43					
Gold	− 2,48	1,42	2,92	4,44	6,01	7,62	9,35	11,15	13,00	14,90	
Grauguß	− 1,59	1,04	2,21	3,49	4,90	6,44	8,09	9,87	11,76		
Konstantan [0,60 Cu; 0,40 Ni]	− 2,26	1,52	3,12	4,81	6,57	8,41					
Kupfer	− 2,65	1,65	3,38	5,15	7,07	9,04	11,09				
Magnesia gesintert			2,45	3,60	4,90	6,30	7,75	9,30	10,80	12,35	13,90
Magnesium	− 4,01	2,60	5,41	8,36	11,53	14,88					
Manganbronze [0,85 Cu; 0,09 Mn; 0,06 Sn]	− 2,84	1,75	3,58	5,50	7,51	9,61					
Manganin [0,84 Cu; 0,12 Mn; 0,04 Ni]		1,75	3,65	5,60	7,55	9,70	11,90	14,3	16,80		
Messing [0,62 Cu; 0,38 Zn]	− 3,11	1,84	3,85	6,03	8,39						
Molybdän	− 0,79	0,52	1,07	1,64	2,24						
Nickel	− 1,89	1,30	2,75	4,30	5,95	7,60	9,27	11,05	12,89	14,80	16,80
Palladium	− 1,93	1,19	2,42	3,70	5,02	6,38	7,79	9,24	10,74	12,27	13,86
Platin	− 1,51	0,90	1,83	2,78	3,76	4,77	5,80	6,86	7,94	9,05	10,19
Platin-Iridium-Leg. [0,80 Pt; 0,20 Ir]	− 1,43	0,83	1,70	2,59	3,51	4,45	5,43	6,43	7,47	8,53	9,62
Platin-Iridium-Leg. [0,90 Pt; 0,10 Ir[2])]	− 1,47	0,90	1,82	2,77	3,75	4,75	5,78	6,83	7,91	9,01	10,15
Quarzglas	+ 0,03	0,05	0,12	0,19	0,25	0,31	0,36	0,40	0,45	0,50	0,54
Silber	− 3,22	1,95	4,00	6,08	8,23	10,43	12,70	15,15	17,65		
Sinterkorund			1,30	2,00	2,75	3,60	4,45	5,30	6,25	7,15	8,15
Stahl, weich	− 1,67	1,20	2,51	3,92	5,44	7,06	8,79	10,63			
Stahl, hart	− 1,64	1,17	2,45	3,83	5,31	6,91	8,60	10,40			
Zink	− 1,85	1,65									
Zinn	− 4,24	2,67									
Wolfram	− 0,73	0,45	0,90	1,40	1,90	2,25	2,70	3,15	3,60	4,05	4,60

[1]) Invarstahl.   [2]) Legierung des Meter- und des Kilogrammprototyps.

Fortsetzung für einige Stoffe bei höheren Temperaturen	°C				
	$0\cdots1100$	$0\cdots1200$	$0\cdots1300$	$0\cdots1400$	$0\cdots1500$
Magnesia gesintert	15,50	17,15	18,85	20,07	22,60
Platin-Iridium-Leg. [0,80 Pt; 0,20 Ir]	10,73	11,88	13,05	14,26	15,49
Platin-Iridium-Leg. [0,90 Pt; 0,10 Ir]	11,35	12,50	13,71	14,95	16,20
Sinterkorund	9,15	10,15	11,15	12,15	13,15
Wolfram	5,10	5,65	6,22	6,82	7,45

Tabelle 5.2-5 Längenschwindmaß einiger Metalle in %

Schwindmaß ist Unterschied zwischen der Abmessung der kalten Gußform und des in ihr erstarrten und abgekühlten Gußstückes in % der Abmessungen des letzten; hängt von der Erstarrungskontraktion und der Längenausdehnung des Metalls ab.

Aluminium (rein)	1,7 ··· 1,8	Elektron	1,2 ··· 1,6
Aluminiumbronze	1,65	Flußstahl	1,60
Amerikanische Legierung	1,20 ··· 1,40	Grauguß	1,0 ··· 1,10
Deutsche Legierung	1,36 ··· 1,50	Hartguß	1,50
G-Al Mg	1,0 ··· 1,5	Kupfer	1,42
G-Al Si	1,15	Messing	1,5 ··· 1,8
GD-Al Si	0,5	Rotguß	1,5
Antimon	0,29 ··· 0,66	Temperguß	1,50
Blei	1,09	Stahlguß	0,80 ··· 2,00
Bleilagermetalle	0,55	Wismut (mit 0,12% Blei)	0,29 ··· 0,40
Bleibronze	1,09 ··· 1,51	Zink	1,60
Bronze mit 10% Zinn	0,77	Zinn, Sandguß	0,225
Bronze mit 20% Zinn	1,54	Zinn, Kokillenguß	0,695

Tabelle 5.2-6 Volumenausdehnung einiger Flüssigkeiten

zwischen 0 °C und t bei 760 Torr in % des Volumens bei 0 °C

	t in °C									
	10	20	30	40	50	60	70	80	90	100
Aceton	1,35	2,75	4,30	5,85	7,50					
Benzol	1,2	2,4	3,7	5,0	6,35	7,75	9,20	10,70		
Glycerin	0,5	1,0	1,5	2,05	2,60					
Toluol	—	2,15	3,22	4,40	5,56	6,80	8,05	9,37	10,7	12,05
Quecksilber	0,1819	0,3640	0,5462	0,7285	0,9111	1,0937	1,2766	1,4596	1,6427	1,8260

	t in °C							
	150	200	250	300	350	400	450	500
Quecksilber	2,748	3,681	4,628	5,590				
Quecksilber bei 20 kp/cm²		3,681	4,628	5,591	6,576	7,585	8,624	9,696

Tabelle 5.2-7 Schmelztemperaturen verschiedener Stoffe und Legierungen in °C[1]

Aluminiumhartlot	> 540	Pech	50 ··· 140
Aluminiumweichlot	250 ··· 500	Roses Metall	
Berliner Porzellan	1550	(50,0 Bi; 25,0 Pb; 25,0 Sn)	94
Bienenwachs	60 ··· 65	Schellack	150
Email-Schmelzfarben	960	Silberlot DIN 1710	720 ··· 855
Hartlot DIN 1711	820 ··· 915	Stearin	50
Kalium-Natrium-Legierung		Talg	40 ··· 50
77,3 K; 22,7 Na	− 12,5	Walrat	44
Kautschuk	125	Wismut-Cadmium-Lot	
Kupferlot	1160 ··· 1230	(50 Bi; 10 Cd; 27 Pb; 13 Sn)	70
Lötzinn DIN 1707		Wismutlot	
(25 ··· 90 Sn; 75 ··· 10 Pb)	181 ··· 271[2]	(53 Bi; 32 Pb; 15 Sn)	96
Messinglot	810 ··· 890	Woods Metall	
Montanwachs	7 ··· 195	(50,0 Bi; 12,5 Cd; 25,0 Pb; 12,5 Sn)	60
Neusilberlot	870 ··· 1000		

[1]) Vgl. Tab. 5.2-9 sowie [H 03].

[2]) Alle Zinnlote beginnen bei 181 °C zu erweichen. Temperatur der vollständigen Verflüssigung liegt je nach Zusammensetzung zwischen 190 und 275 °C.

Tabelle 5.2-8   Spezifische Wärmekapazität einiger Legierungen bei 20 °C

Legierung	$\dfrac{J}{kg\,K}$	$\dfrac{cal}{kg\,K}$	Legierung	$\dfrac{J}{kg\,K}$	$\dfrac{cal}{kg\,K}$
Eisenlegierungen			Manganin (84 Cu; 12 Mn; 4 Ni)	406	97
Stahl (1,3 C; 0,1 Si; 0,1 Mn)	476	114	Messing (60 Cu; 40 Zn)	380	91
Manganhartstahl (19 Mn; 1 C)	502	120	Neusilber (63 Cu; 15 Ni; 22 Zn)	393	94
Nickelstahl (31 Ni; 1 Mn; 1 C)	506	121	Phosphorbronze (87 Cu; 12 Sn; 1 P)	360	86
Chrom-Nickelstahl (20 Cr; 7 Ni)	476	114	Rotguß (84 Cu; 9 Zn; 6 Sn; 1 P)	376	90
Siliciumstahl (4 Si; 1 Mn)	456	109			
Grauguß	540	129	**Sonstige Legierungen**		
Kupferlegierungen			Lötzinn (64 Pb; 36 Sn)	167	40
Aluminiumbronze (88 Cu; 12 Al)	419	100	Al-Cu-Mg (94,4 Al; 3,9 Cu; 1,3 Mn; 0,7 Mg; 0,5 Si)	910	218
Glockenbronze (80 Cu; 20 Sn)	351	84	Gold-Kupfer (585er Gold)	218	52
Konstantan (60 Cu; 40 Ni)	410	98	Monelmetall (68 Ni; 29 Cu; 2 Fe; 1 Mn)	422	101

Tabelle 5.2-9   Thermische Eigenschaften fester Stoffe

Dichte ϱ bei 20 °C, mittlerer Längendehnkoeffizient $\bar{a}$ zwischen 20 °C und 100 °C, Schmelztemperatur t_f, Schmelzwärme q_f, Siedetemperatur t_d, Verdampfungswärme q_d, spezifische Wärmekapazität c_p bei 20 °C. Relative Atommassen A_r sind auf das Kohlenstoff-Isotop ^{12}C bezogen.

Stoff	Symbol	A_r	$\dfrac{\varrho\ \ g}{cm^3}$	$\dfrac{\bar{a}\ \ 1}{10^6\,K}$	t_f °C	q_f $\dfrac{kJ}{kg}$	q_f $\dfrac{kcal}{kg}$	t_d °C	q_d $\dfrac{kJ}{kg}$	q_d $\dfrac{kcal}{kg}$	c_p $\dfrac{kJ}{kg\,K}$	c_p $\dfrac{kcal}{kg\,K}$
						a) Elemente						
Aluminium	Al	26,982	2,700	23,5	660,4	390	93	2500	10800	2580	0,942	0,225
Antimon	Sb	121,75	6,68	12,8	630,5	171	40,9	1635	1264	302	0,2093	0,050
Arsen, grau	As	74,922	5,72		633							
Barium	Ba	137,34	3,74		726,2			1696				
Beryllium	Be	9,0122	1,87	10,6	1280	1090	260	2970	25100	6000	1,78	0,425
Blei	Pb	207,19	11,34	31,3	327,4	23,4	5,59	1740	1003	205	1,30	0,31
Bor	B	10,811	2,34		2350			2550				
Cadmium	Cd	112,40	8,64	27,8	321	540	129	765	1004	240	0,230	0,055
Caesium	Cs	132,91	1,873		28,5	161	3,84	685	494	118	0,232	0,0555
Calcium	Ca	40,08	1,54		845			1420				
Chrom	Cr	51,996	7,2	6,6	1900	258	61,6	2500			0,435	0,104
Eisen	Fe	55,847	7,87	12,3	1536			3070				
Stahl, weich 0,1 % C					1520							
Stahl, hart 0,85 % C					1460							
Gußeisen, grau					1200	96	23					
Gußeisen, weiß					1130	138	33					
Gallium	Ga	69,72			29,78			2230				
Gold	Au	196,97	19,3	14,2	1063	67,4	16,1	2900	1810	432	0,130	0,031
Hafnium	Hf	178,49	13,36	6,6	2220	122	29,1	5100	3700	885	0,1423	0,034
Iridium	Ir	192,2	22,4	6,5							0,134	0,032
Kalium	K	39,102			63,7			760	2080	496		
Kobalt	Co	58,933	8,8	14,2	1493	260	62	3100	6370	1523	0,427	0,102
Kohlenstoff	C	12,011										
Kupfer	Cu	63,54	8,9	16,8	1083	210	50	2500	4230	1110	0,385	0,092
Lithium	Li	6,939	0,534	56	179	419	100	1330	19600	4680	3,56	0,85
Magnesium	Mg	24,312	1,74	25,8	650	379	88,1	1107	5520	1320	1,02	0,244
Mangan	Mn	54,938	7,21	23,0	1244	267	63,7	2059	4080	975	0,460	0,11
Molybdän	Mo	95,94	10,22		2610	280	67	5560	5150	1230	0,272	0,065
Natrium	Na	22,990	0,84		97,8			883			1,205	0,288
Nickel	Ni	58,71	8,9	13,3	1452	309	73,8	2730			0,502	0,120
Niob	Nb	92,906	8,0	7,1	2468	270	64	4900	7700	1840	0,268	0,064
Osmium	Os	190,2	22,5	7,0							0,130	0,031
Palladium	Pd	106,4	12,0	11,0	1552	162	38,7				0,2425	0,058
Phosphor weiß	P	30,974			44,1	21,8	5,2	280	1680	400		
Platin	Pt	195,09	21,4	8,9							0,134	0,032
Rhenium	Re	186,2	21,02	6,6	3180	178	42,5	5630	3420	816	0,137	0,0327
Rhodium	Rh	102,91	12,4	9							0,247	0,059
Rubidium	Rb	85,47	1,532		39,0	27,4	6,55	701	807	193	0,368	0,088
Ruthenium	Ru	101,07	12,2	10							0,243	0,058

Tabelle 5.2-9   (Fortsetzung)

Stoff	Symbol	A_r	ϱ $\dfrac{g}{cm^3}$	$\bar{a}$ $\dfrac{1}{10^6\,K}$	t_f °C	q_f $\dfrac{kJ}{kg}$	q_f $\dfrac{kcal}{kg}$	t_d °C	q_d $\dfrac{kJ}{kg}$	q_d $\dfrac{kcal}{kg}$	c_p bei 20°C $\dfrac{kJ}{kg\,K}$	c_p bei 20°C $\dfrac{kcal}{kg\,K}$
Schwefel, rhombisch	S	32,064										
Schwefel, monoklin	S				119,0	56	11	444,60				
Selen	Se	78,96										
Silber	Ag	107,87	10,5	18,7	960,5	105,5	25,2	2170			0,234	0,056
Silicium	Si	28,086	2,33		1423			2630				
Tantal	Ta	180,95	16,6	6,5	2996	177	41,5	6100	4160	995	0,142	0,0340
Thorium	Th	232,04	11,7	10,5	1700	83,7	20	3500	2720	650	0,0837	0,020
Titan	Ti	47,90	4,505	8,35	1665	436	104	3230	9840	2350	0,523	0,125
Uran	U	238,03	19,3	15,34	1130	82,5	19,7	3860	1875	448	0,1155	0,0276
Vanadium	V	50,942	6,1	8,3	1890	327	78	3350			0,498	0,119
Wismut	Bi	208,98	9,70	15,3	271	53,2	12,7	1560	854	204	0,1256	0,030
Wolfram	W	183,85	19,0	4,43	3410						0,1380	0,033
Zink	Zn	65,37	7,14	30,7	419,5	109	26	906	1785	426	0,3850	0,092
Zinn	Sn	118,69	7,28		231,9	59,5	14,2	2270	2180	520	0,222	0,053
Zirkon	Zr	91,22	6,50	5,84	1852	253	60,4	3600	6520	1560	0,276	0,066

b) Anorganische Verbindungen

Stoff	ϱ $\dfrac{g}{cm^3}$	$\bar{a}$ $\dfrac{1}{10^6\,K}$	t_f °C	q_f $\dfrac{kJ}{kg}$	q_f $\dfrac{kcal}{kg}$	t_d °C	q_d $\dfrac{kJ}{kg}$	q_d $\dfrac{kcal}{kg}$	c_p $\dfrac{kJ}{kg\,K}$	c_p $\dfrac{kcal}{kg\,K}$
Aluminiumoxid	2050					2980	4730	1130	0,795	0,19
Bariumchlorid	955	116,2	27,8			1560	1215	290	0,369	0,088
Bariumoxid	1923					1880	2470	590		
Bariumsulfat	1580									
Bleioxid (Bleiglätte)	880	42	10			1480	964	230	0,218	0,052
Calciumcarbid	2300									
Calciumchlorid	772					>1600			0,63	0,15
Calciumoxid	2572					2850			0,783	0,187
Chromoxid	2275									
Eisenoxid	1370									
Eisenerz (Hämatit)	1560								0,666	0,159
Eisenerz (Magnetit)	1550								0,640	0,153
Kaliumchlorid	770					1413	2516	600	0,691	0,165
Kaliumhydroxid	360					1320	2300	550		
Kaliumnitrat	337								0,980	0,234
Kaliumoxid							1630	390		
Kaliumsulfat	1067								0,75	0,18
Magnesiumoxid	2800								0,980	0,234
Natriumchlorid	802	519	124			1440	2850	680	0,866	0,207
Natriumhydroxid	328	168	40			1390	3310	790		
Natriumnitrat	310	189	45						1,150	0,275
Natriumsulfat	884	260	62						0,92	0,22
Quarz	1470								0,783	0,187
Quarz, Christobalit	1710					2590			0,745	0,178
Silberbromid	430	50	12			1330	964	230	0,285	0,068
Silberchlorid	455	92	22			1554	1258	300	0,360	0,086
Tantalcarbid	3800									
Zinkoxid	2000									

c) Organische Verbindungen

Stoff	ϱ $\dfrac{g}{cm^3}$	$\bar{a}$ $\dfrac{1}{10^6\,K}$	t_f °C	q_f $\dfrac{kJ}{kg}$	q_f $\dfrac{kcal}{kg}$	t_d °C	q_d $\dfrac{kJ}{kg}$	q_d $\dfrac{kcal}{kg}$	c_p $\dfrac{kJ}{kg\,K}$	c_p $\dfrac{kcal}{kg\,K}$
Anthrazen	216	167	40	340					1,15	0,275
Benzoesäure	122,4	138	33	250				168	1,18	0,283
Diphenyl	68,5	121	29	255			310	74	1,26	0,300
Diphenylamin	54	100	24	302					1,34	0,32
Kampfer	179	42	10	209					1,72	0,41
Naphthalin	80,1	151	36	217,9			314	75		0,31
Paraffin	54	147	35	300					1,30	0,5
Phenol	41	121	29	182			510	122	1,63	0,39
Phthalsäure	194	314	75						0,96	0,23
Pikrinsäure	122		20,4						1,05	0,25
Resorzin	109	188	45	277						
Rohrzucker	160		13,4						1,26	0,30
Stearinsäure	70	201	48	380			234	56	1,67	0,40
Trinitrotoluol	81	88	21						1,26	0,3

Tabelle 5.2-10   Spezifische Wärmekapazität fester Stoffe bei 20 °C

Stoff	$\dfrac{kJ}{kg\,K}$	$\dfrac{kcal}{kg\,K}$	Stoff	$\dfrac{kJ}{kg\,K}$	$\dfrac{kcal}{kg\,K}$
Asbest	0,795	0,19	Holz, Eiche	2,39	0,57
Asche	0,795	0,19	Holz, Fichte	2,72	0,65
Asphalt	0,92	0,22	Holzkohle	0,75	0,18
Basalt	0,795	0,19	Kalksandstein	0,84	0,20
Baumwolle		0,31	Kieselgur	0,84	0,20
Bakelit		0,38	Koks	0,84	0,20
Beton	0,88	0,21	Kolophonium	1,21	0,29
Bimsstein	1,00	0,24	Kork	1,7···2,1	0,4···0,5
Dolomit	0,88	0,21	Kunststoff, organischer	1,2···2,5	0,3···0,6
Eis	2,10	0,50	Marmor	0,795	0,19
Gelatine	2,14	0,51	Porzellan	0,795	0,19
Gips	1,09	0,26	Porzellan bei 100 °C	0,88	0,21
Glimmer	0,84	0,20	Porzellan bei 500 °C	1,09	0,26
Glas			Porzellan bei 1000 °C	1,30	0,31
Jenaer 16 III	0,778	0,186	Sandstein	0,71	0,17
Jenaer 59 III	0,79	0,189	Schamotte	0,84	0,20
Gew. Thüring. Röhrenglas	0,77	0,184	Schamotte bei 500 °C	1,13	0,27
Gew. Thüring. Röhrenglas b. 100 °C	0,895	0,214	Schiefer	0,75	0,18
Spiegelglas	0,765	0,183	Schlacke (Hochofen)	0,84	0,20
Kronglas	0,665	0,159	Schlacke bei 500 °C	1,05	0,25
Flintglas	0,48	0,115	Schlacke bei 1000 °C	1,17	0,28
Pyrexglas	0,775	0,185	Siegellack	1,05	0,25
Quarzglas	0,729	0,174	Steinkohle	1,26	0,30
Granit	0,70	0,18	Ton	0,88	0,21
Graphit	0,84	0,20	Wachs	2,94	0,7
Hartgummi	1,42	0,34	Zement (Portland)	0,75	0,18
Harz (Fichte)	1,84	0,44	Ziegelstein	0,84	0,20

Tabelle 5.2-11   Schmelztemperatur von Salzen für Salzbäder in °C

Stoff	°C	Stoff	°C
Calciumfluorid	1370	Lithiumcarbonat	733
Bariumfluorid	1300	Magnesiumchlorid	718
Magnesiumfluorid	1260	Kupfer(II)-chlorid	630
Natriumfluorid	995	Lithiumchlorid	606
Bariumchlorid	955	Bleichlorid	500
Strontiumfluorid	900	Silberchlorid	450
Pottasche	891	Kupfer(I)-chlorid	432
Soda	850	Kaliumnitrat	337
Kaliumfluorid	846	Zinkchlorid	315
Lithiumfluorid	842	Natriumnitrat	310
Kochsalz	802	Eisenchlorid	302
Kaliumchlorid	770	Aluminiumchlorid	190
Calciumchlorid	772		

Tabelle 5.2-12   Spezifisches Volumen des Wassers in dm³/kg
(nach Bridgman)

Druck kp/cm²	Temperatur in °C								
	0	10	20	30	40	50	60	70	80
1	1,0001	1,0002	1,0017	1,0042	1,0077	1,0119	1,0169	1,0225	1,0288
1 000	0,9579	0,9603	0,9631	0,9664	0,9701	0,9744	0,9792	0,9843	0,9897
2 000	0,9261	0,9294	0,9328	0,9365	0,9404	0,9446	0,9490	0,9538	0,9586
4 000	0,8808	0,8844	0,8881	0,8919	0,8957	0,8997	0,9038	0,9081	0,9124
6 000	0,8481	0,8510	0,8546	0,8585	0,8624	0,8663	0,8703	0,8743	0,8782
8 000			0,8276	0,8320	0,8361	0,8400	0,8439	0,8478	0,8514
10 000				0,8108	0,8150	0,8189	0,8227	0,8265	0,8301
12 000					0,7967	0,8006	0,8044	0,8081	0,8116

Tabelle 5.2-13 Thermische Eigenschaften von Flüssigkeiten

Volumendehnkoeffizient γ und spezifische Wärmekapazität c bei 20 °C, Schmelztemperatur t_f, Schmelzwärme q_f, Siedetemperatur t_d, Verdampfungswärme q_d bei 760 Torr, kritische Zustandsgrößen.

Flüssigkeit	$10^5\,\gamma$ 1/K	t_f °C	q_f kcal/kg	t_d °C	q_d kcal/kg	kritische Größen t_k °C	p_k kp/cm²	$\varrho_k = 1/v_k$ kg/cm³	c $\dfrac{\text{kcal}}{\text{kg K}}$
a) Elemente									
Brom	113	− 7,3	16,2	58,8	43	310	105,3	1,18	0,11
Quecksilber	18,1	− 38,83	2,8	356,95	72	1460	1076	5	0,033
b) Anorganische Verbindungen									
Kohlenstofftetra- chlorid	122	− 22,8	3,75	76,7	46	283	46,5	0,558	0,202
Salpetersäure	124	− 41	9,5	86	115				0,41
Schwefelkohlenstoff	119	− 112	17,7	46,3	89	277	77,5	0,441	0,243
Schwefelsäure	57	+ 10,5	26,0						0,331
Wasser	18	0,00	79,4	100,00	539,1	374,2	225,6	0,329	0,999
c) Organische Verbindungen									
Acetaldehyd		− 123,5	17,6	17,4	137	188			
Aceton	143	− 94,3	23	56,1	125	236	62,0	0,252	0,516
Ameisensäure	102	+ 8,4	66	100,7	118				0,52
Anilin	85	− 6,2	27,1	184	107	425,7	54,1		0,493
Äthylacetat	138	− 83,6	28,4	77,1	88	250	39,3	0,308	0,48
Äthylalkohol	110	− 114,5	25	78,3	201	243	65,1	0,28	0,59
Äthylamin		− 81		16,5	145	183,4	57,8	0,248	
Äthyläther	162	− 116,3	24	34,48	86	194	37,5	0,265	0,556
Äthylbromid	142	− 119	12,8	38,4	60	233	63,5	0,507	0,21
Äthylchlorid		− 138,7		12,2	92,5	185	54,8	0,33	
Benzol	106	+ 5,5	30,4	80,1	94,5	288,6	49,6	0,305	0,415
Chloroform	128	− 63,5	19	61,20	59	260	56,7	0,496	0,23
Diäthylamin		− 39		56	91	223	39,2	0,243	
Cis-Dichloräthylen		− 50		48,4	73	243			
Trans-Dichloräthylen		− 80		60	74				
Dichlortetrafluor- äthan				3,5	30,5				
Dimethylamin		− 93,0		7,0	140	164	55,8		
Essigsäure	107	+ 16,7	46,4	118	97	321,6	59,0	0,351	0,485
Glycerin	50	+ 18,0	47,9	290					0,58
n-Heptan	124	− 90,6	33,8	98,4	76	266,8	27,8	0,234	0,530
n-Hexan	135	− 95,3	35	68,73	79	234,8	30,8	0,234	0,45
Methylalkohol	119	− 98	24	64,51	263	240	102,3	0,358	0,59
Methylbromid		− 93		4,0	62	194			
Methylenchlorid		− 96,5		40	79	245	104,8		0,29
Nitrobenzol	83	+ 5,7	23,5	211	95				0,36
Nitroglycerin		+ 13,2	23						
n-Octan	114	− 57	43	125,7	71	296,2	25,5	0,233	0,52
Ölsäure		+ 9		370	57				0,49
i-Pentan	154	− 160,0	24,4	28,0	81	188	34,1	0,234	
n-Pentan	160	− 129,7	27,7	36,1	85	197	34,1	0,232	0,52
Terpentinöl	97	− 10		160	70	376			0,43
Tetralin		− 35		207					0,40
Toluol	108	− 95	17,2	110,7	85	320,6	43,0		0,40
Trichloräthylen	119	− 86,4		86,8	57				0,227
m-Xylol	99	− 47,9	25,8	139,2	82	346			
o-Xylol	97	− 25,3	29,3	144	83	359			0,41
p-Xylol	102	+ 13,3	38,1	138,4	81	345			

Spezifische Wärmekapazität c verschiedener Stoffe in kcal/kg K

Maschinenöl 0,40; Olivenöl 0,39; Paraffinöl 0,51; Petroleum 0,50; Rizinusöl 0,46; Urteer 0,5; Milch 0,94.

Tabelle 5.2-14　Thermische

Dichte ϱ_n des Gases im Normzustand (bei 0 °C und 760 Torr); Dichte ϱ der Flüssigkeit und Verdampfungs-sche Zustandsgrößen; spezifische Wärmekapazität c_p bei 0 °C

Gas	Formel-zeichen	molare Masse	ϱ_n	t_d	am normalen Siedepunkt	
					ϱ	q_d
		g/mol	kg/m³	°C	kg/dm³	kcal/kg
Ammoniak	NH_3	17,031	0,7714	− 33,4	0,680	327
Argon	Ar	39,944	1,7839	− 185,9	1,404	37,6
Arsenwasserstoff	H_3As	77,93	3,48	− 55		
Äthan	C_2H_6	30,07	1,356	− 88,6	0,546	129
Äthylen	C_2H_4	28,05	1,2605	− 103,5	0,568	125
Acetylen	C_2H_2	26,04	1,1709	− 83,6	0,613	198
Bromwasserstoff	HBr	80,924	3,644	− 67		52
n-Butan	C_4H_{10}	58,12	2,703	+ 0,5	0,600	96,4
i-Butan	C_4H_{10}	58,12	2,668	− 10,2	0,595	94,4
Chlor	Cl_2	70,914	3,22	− 35,0	1,558	62
Chlorwasserstoff	HCl	36,465	1,6391	− 85		106
Cyan	C_2N_2	52,04	2,32	− 21		
Difluordichlormethan	CF_2Cl_2	120,92	5,083	− 30,0	1,486	40
Fluor	F_2	38,000	1,695	− 188		38
Helium	He	4,003	0,1785	− 268,9	0,125	5
Jodwasserstoff	HJ	127,93	5,789	− 36		37
Kohlendioxid[1])	CO_2	44,01	1,9768	− 78,48		137
Kohlenoxid	CO	28,01	1,2500	− 191,5	0,801	51,6
Kohlenoxysulfid	COS	60,07	2,72	− 48	1,2	
Krypton	Kr	83,7	3,74	− 153,2		28
Luft[2])	Luft	28,96	1,2928	− 194,0	0,875	47
Methan	CH_4	16,04	0,7168	− 161,7	0,415	121
Methylamin	CH_6N	31,06	1,39	− 6,5		206
Methyläther	C_2H_6O	46,07	2,1097	− 24	0,72	112
Methylchlorid	CH_2Cl	50,49	2,307	− 24,0	0,997	100
Methylfluorid	CH_3F	34,03	1,545	− 78		
Neon	Ne	20,183	0,8999	− 246,1	1,207	25
Nitrosylchlorid	NOCl	65,465	2,9919	− 5,5		
Ozon	O_3	48,0000	2,22	− 112		
Phosphorwasserstoff	PH_3	34,04	1,530	− 87,5		
Propan	C_3H_8	44,09	2,019	− 42,6	0,585	102
Propylen	C_3H_6	42,08	1,915	− 47,0	0,609	109
Sauerstoff	O_2	32,0000	1,42895	− 182,97	1,131	51
Schwefeldioxid	SO_2	64,06	2,9263	− 10,0	1,460	96
Schwefelwasserstoff	H_2S	34,08	1,5392	− 60,4	0,92	131
Stickoxid	NO	30,008	1,3402	− 152		110
Stickoxydul (Distickstoffoxid)	N_2O	44,016	1,9780	− 88,7		90
Stickstoff	N_2	28,016	1,2505	− 195,81	0,810	47,6
Wasserstoff	H_2	2,0160	0,08987	− 252,78	0,0708	108,5
Xenon	Xe	131,3	5,89	− 108,0		23

[1]) An der angegebenen Siedetemperatur sublimiert festes Kohlendioxid bei 760 Torr, die angegebene Schmelztemperatur ist die Tripeltemperatur bei 5,28 kp/cm².

[2]) Zusammensetzung der trockenen atmosphärischen Luft s. Tabelle 5.2-18.

Eigenschaften von Gasen

wärme q_d bei normaler Siedetemperatur t_d; Schmelztemperatur t_t, Schmelzwärme q_t bei 760 Torr; kriti-
und 760 Torr; Verhältnis c_p/c_v; Löslichkeit in Wasser

| t_t | q_t | kritische Zustandsgrößen | | | c_p bei 0°C | c_p/c_v | 1 dm³ H₂O löst cm³ Gas vom Normzustand (0°C, 760 Torr) | |
| | | t_k | p_k | $\varrho_k = 1/v_k$ | | | | |
°C	kcal/kg	°C	kp/cm²	kg/dm³	kcal/kg K	bei 0°C	bei 0°C	bei 20°C
− 77,7	81	132,4	115,2	0,235	0,492	1,32	1 180 000	700 000
− 189,3	7,0	− 122,4	49,6	0,531	0,125	1,67	56	33,6
− 113,5								
− 183,6	22,2	35	50,6	0,21	0,398	1,22	99	47
− 169,4	25,0	9,5	52,4	0,216	0,350	1,24	226	122
− 81		35,7	64,7	0,231	0,392	1,23	1 730	1 030
− 87	7,4	90	87	0,807	0,082	1,36	610 000	550 000
− 135	18,0	153,2	37,2					
− 145		133,7	37,7			1,11		
− 103	45	144	78,5	0,573	0,120	1,34	4 600	2 300
− 112	13,4	51,4	86	0,61	0,194	1,42	510 000	440 000
− 34,4		128,3	62			1,26		
− 155		111,5	40,9	0,555		1,14		
− 220	9	− 101						
		− 267,9	2,33	0,069	1,250	1,66	9,6	8,8
− 51	5,5	150,8			0,055	1,40	440 000	400 000
− 56	44	31,0	75	0,46	0,197	1,31	1 710	880
− 205	7,2	− 140,2	35,6	0,301	0,251	1,40	35,4	23,2
− 138,2		105	67,3				1 350	570
− 157,2	4,7	− 63,8	56,0	0,909		1,68	110	62
		− 140,7	38,4	0,31	0,239	1,40	28,9	18,7
− 182,5	14	− 82,5	47,2	0,162	0,520	1,30	55,6	33,1
− 92,5		157	76					1 050
− 138,5		127	55			1,11		
− 91,5		143,1	68,1	0,37	0,176	1,20		
		44,9	64,1					
− 248,60	4,0	− 228,7	27,8	0,484	0,246	1,67	12,3	10,4
− 61,5		165	95,5					
− 252		− 5	95,4	0,54		1,29	490	450
− 133,5	7,85	52	66,7					
− 189,9		96,8	43,3	0,226		1,14		
− 185,2	16,7	92,0	46,8				500	210
− 218,83	3,3	− 118,8	51,4	0,430	0,218	1,40	49,2	31,5
− 75,3	27,9	157,3	80,4	0,524	0,151	1,40	79 800	39 400
− 85,6	16,6	100,4	92		0,264	1,30	4 700	2 600
− 163,5	18,4	− 94	66	0,52	0,241	1,40	73,8	47,1
− 90,8	35,5	36,5	74,0	0,46	0,205	1,31	1 250	630
− 210,02	6,15	− 147,1	34,6	0,311	0,249	1,40	23,2	16,0
− 259,20	14	− 239,9	13,2	0,0310	3,400	1,41	21,5	18,2
− 111,9	4,2	− 16,6	60,1	1,15		1,66	242	123

Tabelle 5.2-15   Siedetemperatur t_d des Wassers in °C bei verschiedenen Drücken p in Torr

p	t_d	p	t_d	p	t_d	p	t_d
680	96,91	715	98,30	745	99,44	775	100,55
685	97,11	720	98,49	750	99,63	780	100,73
690	97,31	725	98,68	755	99,82	785	100,91
695	97,51	730	98,87	760	100,00	790	101,09
700	97,71	735	99,07	765	100,18	795	101,26
705	97,91	740	99,25	770	100,37	800	101,44
710	98,10						

Tabelle 5.2-16   Spezifische Wärmekapazität des Wassers in kcal/kg K
bei 1 kp/cm² Druck

°C	0	1	2	3	4	5	6	7	8	9
0	1,0045	1,0041	1,0036	1,0033	1,0029	1,0025	1,0022	1,0018	1,0015	1,0012
10	1,0009	1,0006	1,0003	1,0001	0,9998	0,9996	0,9993	0,9991	0,9989	0,9987
20	0,9986	0,9984	0,9982	0,9981	0,9980	0,9979	0,9978	0,9977	0,9976	0,9975
30	0,9975	0,9975	0,9974	0,9974	0,9974	0,9974	0,9975	0,9975	0,9976	0,9976
40	0,9977	0,9978	0,9979	0,9980	0,9981	0,9983	0,9984	0,9986	0,9988	0,9990
50	0,9992									

bei höheren Drücken

°C	Druck in kp/cm²				°C	Druck in kp/cm²			
	50	100	200	300		50	100	200	300
0	1,004	1,002	0,998	0,994	200	1,071	1,064	1,050	1,037
20	0,996	0,994	0,989	0,984	220	1,097	1,088	1,072	1,056
40	0,994	0,992	0,986	0,981	240	1,132	1,121	1,100	1,081
60	0,995	0,992	0,986	0,980	260	1,181	1,166	1,139	1,114
80	0,999	0,995	0,989	0,982	280		1,231	1,194	1,161
100	1,004	1,000	0,993	0,986	300		1,352	1,266	1,223
120	1,011	1,007	0,999	0,991	310			1,318	1,257
140	1,019	1,015	1,006	0,997	320			1,391	1,298
160	1,033	1,028	1,018	1,008	330			1,501	1,352
180	1,050	1,044	1,032	1,021	340			1,675	1,425
					350			1,963	1,536

Tabelle 5.2-20   Lösung von
1 kg Lösung kann bei angegebenen Temperaturen in °C und Drücken in kp/cm²

kp/cm²	−30 °C	−20 °C	−10 °C	0 °C	10 °C	20 °C	30 °C	40 °C	50 °C
0,2	0,431	0,364	0,306	0,253	0,202	0,155	0,110	0,068	0,031
0,5	0,567	0,475	0,406	0,347	0,294	0,244	0,197	0,152	0,110
1,0	0,856	0,615	0,512	0,438	0,378	0,325	0,275	0,228	0,183
1,5		0,813	0,599	0,503	0,433	0,384	0,332	0,286	0,241
2,0			0,701	0,566	0,483	0,418	0,363	0,314	0,269
2,5			0,868	0,627	0,526	0,454	0,396	0,345	0,299
3,0				0,702	0,568	0,487	0,424	0,371	0,324
4,0				0,930	0,656	0,547	0,473	0,414	0,364
5,0					0,790	0,611	0,520	0,453	0,398
6,0					0,971	0,681	0,564	0,490	0,430
7,0						0,792	0,614	0,525	0,460
8,0						0,935	0,670	0,560	0,487
9,0							0,728	0,593	0,512
10,0							0,824	0,630	0,540
12,0								0,727	0,593
14,0								0,876	0,656
16,0									0,733
18,0									0,845
20,0									0,971

Tabelle 5.2-17   Gefriertemperatur wäßriger Lösungen in °C bei 760 Torr

Gew.-%	5	10	20	30	40	50	60
Äthylalkohol	− 1,95	− 4,20	− 10,7	− 20,0	− 30,8		
Glycerin		− 1,6	− 4,8	− 9,5	− 15,4	− 23,0	− 35

Tabelle 5.2-18   Zusammensetzung der Luft nahe der Erdoberfläche

Gas	Vol.-%	Gew.-%	Gas	Vol.-%	Gew.-%
N_2	78,10	75,51	Ne	0,0018	0,0012
O_2	20,93	23,15	Kr	0,0001	0,0003
Ar	0,9325	1,286	He	0,0005	0,00007
CO_2	0,03	0,05	Xe	0,000009	0,00004
H_2	0,00005	0,000004			

Tabelle 5.2-19   Dichte ϱ und spezifisches Volumen v des Wassers bei Sättigung

°C	ϱ kg/dm³	v dm³/kg	°C	ϱ kg/dm³	v dm³/kg	°C	ϱ kg/dm³	v dm³/kg	°C	ϱ kg/dm³	v dm³/kg
0	0,9998	1,0002	30	0,9957	1,0043	75	0,9747	1,0259	200	0,8647	1,1565
2	0,9999	1,0001	32	0,9951	1,0049	80	0,9716	1,0292	210	0,8528	1,1726
4	**1,0000**	**1,0000**	34	0,9944	1,0056	85	0,9684	1,0326	220	0,8403	1,1900
6	1,0000	1,0000	36	0,9937	1,0063	90	0,9651	1,0361	230	0,8274	1,2087
8	0,9999	1,0001	38	0,9931	1,0070	95	0,9616	1,0399	240	0,8136	1,2291
10	0,9997	1,0003	40	0,9923	1,0078	100	0,9581	1,0437	250	0,7991	1,2513
12	0,9996	1,0004	42	0,9916	1,0085	110	0,9507	1,0519	260	0,7840	1,2756
14	0,9993	1,0007	44	0,9907	1,0094	120	0,9429	1,0606	270	0,7678	1,3025
16	0,9990	1,0010	46	0,9898	1,0103	130	0,9345	1,0700	280	0,7505	1,3324
18	0,9987	1,0013	48	0,9889	1,0112	140	0,9259	1,0801	290	0,7320	1,3659
20	0,9983	1,0017	50	0,9880	1,0121	150	0,9168	1,0908	300	0,7122	1,4041
22	0,9978	1,0022	55	0,9857	1,0145	160	0,9073	1,1022	320	0,667	1,499
24	0,9974	1,0026	60	0,9832	1,0171	170	0,8973	1,1145	340	0,609	1,639
26	0,9968	1,0032	65	0,9805	1,0199	180	0,8869	1,1275	360	0 527	1,896
28	0,9963	1,0037	70	0,9777	1,0228	190	0,8760	1,1415	370	0,450	2,214

Ammoniak in Wasser

höchstens die folgenden Mengen Ammoniak in kg enthalten

kp/cm²	60°C	70°C	80°C	90°C	100°C	110°C	120°C	130°C	140°C	150°C
0,2										
0,5	0,071	0,033								
1,0	0,140	0,099	0,062	0,029						
1,5	0,198	0,156	0,116	0,078	0,033					
2,0	0,225	0,182	0,141	0,102	0,067	0,030				
2,5	0,255	0,213	0,170	0,130	0,091	0,056	0,021			
3,0	0,280	0,237	0,195	0,154	0,115	0,077	0,041	0,009		
4,0	0,318	0,275	0,234	0,194	0,154	0,115	0,078	0,041	0,010	
5,0	0,350	0,306	0,265	0,226	0,186	0,147	0,109	0,071	0,037	0,005
6,0	0,379	0,334	0,292	0,252	0,214	0,175	0,137	0,100	0,063	0,028
7,0	0,405	0,358	0,315	0,275	0,236	0,198	0,161	0,124	0,089	0,053
8,0	0,429	0,380	0,336	0,296	0,257	0,220	0,182	0,145	0,108	0,072
9,0	0,451	0,400	0,354	0,312	0,273	0,235	0,198	0,162	0,125	0,090
10,0	0,473	0,419	0,372	0,330	0,290	0,252	0,216	0,180	0,144	0,107
12,0	0,515	0,455	0,404	0,360	0,319	0,281	0,245	0,209	0,173	0,137
14,0	0,556	0,488	0,433	0,386	0,343	0,304	0,268	0,232	0,197	0,162
16,0	0,602	0,522	0,462	0,412	0,368	0,328	0,291	0,255	0,221	0,186
18,0	0,648	0,555	0,489	0,435	0,390	0,349	0,311	0,275	0,240	0,206
20,0	0,706	0,589	0,514	0,457	0,408	0,366	0,327	0,291	0,257	0,223

Tabelle 5.2-21   Spezifische Wärmekapazität c von Salzlösungen (Kühlsolen)

Salz	Dichte bei 15 °C g/cm³	Gew.-% Salz in Lösung	Salz je 100 GT¹) Wasser	t_r °C	c in kcal/kg K bei °C						
					−40	−30	−20	−10	0	+10	+20
Natrium-chlorid	1,00	0,1	0,1	0,0					1,001	0,999	0,997
	1,05	7,0	7,5	− 4,6					0,914	0,917	0,920
	1,10	13,6	15,7	− 10,4				0,855	0,857	0,860	0,863
	1,15	20,0	25,0	− 17,8				0,811	0,814	0,816	0,818
	1,17	22,4	29,0	− 21,2			0,793	0,796	0,798	0,800	0,803
	1,20	26,1	35,3	− 2,7					0,778	0,779	0,781
	1,203	26,3	35,7	0,0					0,776	0,778	0,780
Magnesium-chlorid	1,00	0,2	0,2	0,0					1,003	0,999	0,998
	1,05	6,1	6,5	− 4,0					0,912	0,914	0,917
	1,10	11,6	13,1	− 10,3				0,826	0,830	0,835	0,840
	1,15	17,0	20,5	− 22,9			0,751	0,757	0,763	0,769	0,775
	1,184	20,6	25,9	− 33,6		0,707	0,713	0,719	0,725	0,731	0,738
	1,20	22,2	28,5	− 29,8			0,696	0,702	0,708	0,714	0,721
	1,25	27,2	37,4	− 19,0				0,654	0,660	0,666	0,672
	1,30	32,1	47,2	− 17,3				0,608	0,614	0,620	0,626
	1,326	34,6	52,9	0,0					0,590	0,597	0,604
Calcium-chlorid	1,00	0,1	0,1	0,0					1,003	0,999	0,998
	1,05	5,9	6,3	− 3,0					0,915	0,917	0,918
	1,10	11,5	13,0	− 7,1					0,836	0,840	0,844
	1,15	·16,8	20,2	− 12,7				0,764	0,770	0,776	0,781
	1,20	21,9	28,0	− 21,2			0,705	0,711	0,717	0,723	0,729
	1,25	26,6	36,2	− 34,6		0,660	0,666	0,672	0,678	0,684	0,690
	1,286	29,9	42,7	− 55,0	0,630	0,636	0,642	0,648	0,654	0,660	0,666
	1,30	31,2	45,4	− 41,6	0,621	0,627	0,627	0,639	0,645	0,651	0,657
	1,35	35,6	55,3	− 10,2				0,609	0,616	0,622	0,629
	1,37	37,3	59,5	0,0					0,604	0,611	0,618
® Rein-hartin	1,00		0,002	0,0					1,003	1,001	0,999
	1,05	Vol.-T.	0,203	− 3,9					0,922	0,924	0,926
	1,10	konz.	0,497	− 10,1					0,845	0,849	0,854
	1,15	Sole	1,058	− 20,1				0,773	0,779	0,784	0,790
	1,20	je 1	2,125	− 34,8		0,702	0,708	0,715	0,721	0,727	0,733
	1,243	Vol.-T.	6,69	− 51,4	0,656	0,662	0,668	0,674	0,670	0,685	0,692
	1,25	Wasser	9,00	− 37,9		0,651	0,657	0,663	0,669	0,675	0,682
	1,28		∞	− 16,4				0,636	0,642	0,648	0,654

¹) GT Gewichtsteile.

5.3   Grundlagen der Thermodynamik¹)

bearbeitet von Prof. Dr.-Ing. E. Schmidt, München

A. Thermodynamische Systeme und Prozesse

Eine durch wirkliche oder gedachte Wände von der Umgebung abgegrenzte Menge von Stoff beliebiger Zusammensetzung bezeichnet man als thermodynamisches System. Ein geschlossenes System umfaßt immer dieselbe Stoffmenge wie der Inhalt eines durch einen dicht schließenden Kolben begrenzten Zylinders, dem durch die Wände Wärme und durch Verschieben des Kolbens mechanische Energie zugeführt werden kann. Ein abgeschlossenes System steht mit seiner Umgebung in keinem Austausch von Stoff oder Energie. Treten durch die Systemgrenze Stoffströme ein und aus, so spricht man von offenen Systemen. Bei Anwendungen überwiegen die offenen Systeme. Beispiele offener Systeme sind:

1. Der Dampfkessel, in den Speisewasser gedrückt wird, der aus der Feuerung Wärme aufnimmt und Dampf höheren Drucks und höherer Temperatur abgibt.

¹) Schrifttum S. 389.

2. Der **Verbrennungsmotor**, dem Brennstoff und Luft vom Umgebungszustand zufließt, der Arbeit über die Welle und die Endprodukte der Verbrennung mit höherer Temperatur und höherem Umgebungsdruck abgibt.

3. Die **chemische Fabrik**, die Rohstoffe aufnimmt und verarbeitete Stoffe abgibt, wobei meist Energie als Wärme oder in elektrischer Form zugeführt wird.

Beim Beispiel 1 sind abströmender Dampf und zugeführtes Speisewasser von gleicher chemischer Zusammensetzung und nur verschieden in Druck, Temperatur und Phase. In den Beispielen 2 und 3 ist die chemische Zusammensetzung der zufließenden Stoffe eine andere als die der abfließenden. Doch kann man auch den Dampfkessel in 2 oder 3 eingliedern, wenn die Feuerung, die Kohle und Luft aufnimmt und Verbrennungsgase abgibt, in das System einbezogen wird.

Offene Systeme mit zeitlich konstanten Stoff- und Energieströmen nennt man **stationär**, z. B. Dampf- und Gasturbinen, die gleichmäßig von Stoffströmen durchflossen werden und mechanische Leistung abgeben. Bei der Kolbenmaschine als Verbrennungsmotor oder Dampfmaschine ist der Einzelvorgang instationär; der Zylinderinhalt kann während der Kompression und Expansion als geschlossenes System behandelt werden.

Die Stoffe werden bei der Untersuchung und Darstellung ihrer thermodynamischen Eigenschaften als geschlossene Systeme behandelt. Einfachste thermodynamische Systeme sind chemisch einheitliche Stoffe und homogene Gemische von konstanter Zusammensetzung.

Vorgänge in einem thermodynamischen System, bei denen sich Zustandsgrößen ändern, nennt man **thermodynamische Prozesse**. Ist der Stoff am Ende eines Prozesses wieder im gleichen Zustand wie zu Anfang, so hat er einen **Kreisprozeß** durchlaufen.

Wände, die ein thermodynamisches System begrenzen, sind meist für Wärme durchlässig, für Stoffe undurchlässig. Wichtig für die chemische Thermodynamik sind **semipermeable Wände**, die nur gewisse Stoffarten eines angrenzenden Gemisches durchlassen.

B. Hauptsätze der Thermodynamik

B1 Erster Hauptsatz

Wärme ist eine Energieform, die aus anderen Energien, z. B. elektrischer oder mechanischer Energie, erzeugt und in solche umgewandelt werden kann. Ist Q_{12} die einem Körper bei einer Änderung seines Zustandes von 1 nach 2 zugeführte Wärme, W_{12} die von ihm dabei geleistete (abgegebene) Arbeit, so ändert sich die innere Energie U des Körpers nach dem 1. Hauptsatz um

$$U_2 - U_1 = Q_{12} - W_{12};\tag{1}$$

oder in differentieller Schreibweise

$$dU = dQ - dW^1).\tag{2}$$

Beschränkt man sich auf Flüssigkeiten, Gase und Dämpfe (**Fluide**), so dient die äußere Arbeit W zum Überwinden des äußeren auf die Oberfläche wirkenden Druckes, der bei langsamen, d. h. in einer Folge von Gleichgewichtszuständen verlaufenden (**quasistatischen**) Zustandsänderungen gleich dem inneren Druck ist. Dann gilt

$$dW = p\,dV,\qquad W_{12} = \int_{V_1}^{V_2} p\,dV^2);\tag{3}$$

---

1) Nach DIN 1345 gilt diese Schreibweise in der **technischen** Thermodynamik. Die **theoretische** Thermodynamik schreibt $dU = dQ + dW$, wobei dW die dem System **zugeführte** Arbeit bedeutet.

2) Diese Beziehung stellt man auch durch die Formel $W_{12} = \int_2^1 p\,dV$ dar, jedoch bedeuten hierbei 1 und 2 nicht Zahlenwerte des Volumens V, sondern Ziffern, die zwei thermodynamische Zustände 1 und 2 kennzeichnen. Diese Darstellung ist nur dann eindeutig, wenn steile Ziffern für Zahlenwerte und kursive (schräge) Ziffern für die Kennzeichnung von Punkten bzw. Zuständen benutzt werden.

(2) kann damit geschrieben werden

$$\mathrm{d}Q = \mathrm{d}U + p\,\mathrm{d}V. \tag{4}$$

Die Gesamtenergie eines Körpers besteht aus der nur vom thermodynamischen Zustand abhängigen inneren Energie U, der äußeren kinetischen Energie einer gegenüber einem festen Koordinatensystem erkennbaren makroskopischen Bewegung und der äußeren potentiellen Energie im Schwerefeld der Erde. Nach der kinetischen Gastheorie ist U die Summe der Energien der Moleküle und ihrer Teile, die man zerlegt in einen kinetischen Anteil der Einzelteile und einen potentiellen Anteil, der von der gegenseitigen Lage der Teile in dem zwischen ihnen wirkenden Feld anziehender oder abstoßender Kräfte abhängt.

Die innere Energie würde wie die Temperatur am besten vom absoluten Nullpunkt an gezählt. Da aber die Eigenschaften vieler Stoffe bei sehr tiefen Temperaturen nicht genau bekannt sind und es sich bei Anwendungen um Energiedifferenzen handelt, rechnet man U von 0 °C oder 20 °C an, in der chemischen Thermodynamik in USA auch von 25 °C an.

Kann man von äußerer kinetischer und potentieller Energie des Körpers absehen, so gilt (1) für die gewonnene Arbeit W_{12} bei einem geschlossenen System. Ist auch der Wärmeumsatz $Q_{12} = 0$, so wird die Arbeit nur von der Abnahme der inneren Energie gedeckt. Einem offenen System wird beim Eintritt des Stoffes die Verdrängungsarbeit $p_1 V_1$ zugeführt und beim Austritt die Verdrängungsarbeit $p_2 V_2$ entzogen. Die technische Arbeit des offenen Prozesses ist daher

$$W_{t\,12} = (U_1 + p_1 V_1) - (U_2 + p_2 V_2) + Q_{12}. \tag{5}$$

Für die Zustandsgröße

$$H = U + pV \tag{6}$$

benutzt man die Bezeichnung Enthalpie und schreibt statt (5)

$$W_{t\,12} = H_1 - H_2 + Q_{12}. \tag{7}$$

Beim offenen System, z. B. einer Dampfturbine, ist die für $Q_{12} = 0$ gewonnene technische Arbeit gleich der Enthalpieabnahme $H_1 - H_2$ des Dampfes beim Durchgang durch die Maschine unabhängig von deren Wirkungsgrad, denn ihre Verluste bleiben im Dampf und erhöhen dessen Enthalpie. Mit Hilfe des Differentials der Enthalpie

$$\mathrm{d}H = \mathrm{d}U + p\,\mathrm{d}V + V\,\mathrm{d}p \tag{8}$$

schreibt man den 1. Hauptsatz in der Form

$$\mathrm{d}Q = \mathrm{d}H - V\,\mathrm{d}p. \tag{9}$$

Einem geschlossenen System zugeführte Wärme erhöht bei konstantem Volumen $(\mathrm{d}V = 0)$ dessen innere Energie, bei konstantem Druck $(\mathrm{d}p = 0)$ dessen Enthalpie, was die Messung beider Größen als Funktion von p und T ermöglicht.

B2 Zweiter Hauptsatz

Manche Vorgänge verlaufen ohne äußere Einwirkung in einer Richtung, niemals aber von selbst in der umgekehrten Richtung. Diese Erscheinung ist der Inhalt des zweiten Hauptsatzes der Thermodynamik, der durch einen der folgenden Sätze ausgedrückt werden kann:

a) Wärme kann niemals von selbst von einem Körper niedrigerer Temperatur auf einen Körper höherer Temperatur übergehen (Clausius-Satz).

b) Es ist keine Maschine möglich, die einem Körper Wärme entzieht und in Arbeit verwandelt, ohne daß weitere Veränderungen stattfinden.

c) Es ist unmöglich, einen Vorgang, bei dem Wärme aus mechanischer Arbeit durch Reibung entsteht, rückgängig zu machen.

Aus b) folgt: Die innere Energie der Umgebung, z. B. des Meerwassers, ist für die Energiegewinnung mittels thermodynamischer Prozesse wertlos; denn es läßt sich aus Wärme Q, die bei der Temperatur T verfügbar ist, nur dann Arbeit W gewinnen, wenn ein Anteil Q_0 bei tieferer Temperatur T_0 wieder abgegeben werden kann. Dabei gilt unabhängig von der Art des Arbeitsmittels, das am Ende des Vorgangs wieder in seinem Anfangszustand ist (Carnot-Kreisprozeß),

$$Q/T = Q_0/T_0, \qquad W = Q - Q_0. \tag{10}$$

Dieser Prozeß ist umkehrbar: Wendet man die Arbeit W auf, so kann man dem Energiespeicher mit der Temperatur T_0 die Wärme Q_0 entziehen und auf den Energiespeicher mit der Temperatur T übertragen, wobei gleichzeitig die Wärme $Q - Q_0$ aus der Arbeit W entsteht und $Q = Q_0 + W$ an den Speicher mit der Temperatur T übergeht (reversible Wärmepumpe).

Umkehrbare oder reversible Zustandsänderungen bestehen aus Folgen von Gleichgewichten. Bei umkehrbarem Arbeitsumsatz ist der auf einen Körper ausgeübte Druck stets im Gleichgewicht mit dem entgegenwirkenden Druck. Reversible Wärmeübertragung erfordert verschwindend kleinen Temperaturunterschied zwischen dem wärmeaufnehmenden und dem wärmeabgebenden Körper.

Bei allen umkehrbaren Zustandsänderungen eines abgeschlossenen Systems gilt

$$\sum \frac{dQ_{\text{rev}}}{T} = \sum dS = 0 \tag{11}$$

für alle zwischen den Körpern übertragenen Wärmen dQ_{rev} (zugeführte positiv, entzogene negativ). Dabei ist S eine durch

$$dS = \frac{dQ_{\text{rev}}}{T} \tag{12}$$

definierte Zustandsgröße, die Entropie. Sie ist wie p, V, T, U nur vom Zustand des Körpers abhängig und mit der Differentialgleichung

$$T\,dS = dU + p\,dV \tag{13}$$

zu berechnen, die die Aussagen des 1. und 2. Hauptsatzes zusammenfaßt. Wie U ist S gewöhnlich als Differenz gegen einen vereinbarten Anfangszustand bestimmt. Bei umkehrbaren Prozessen bleibt die Summe der Entropien aller beteiligten Körper unverändert. Bei nicht umkehrbaren (irreversiblen) Prozessen nimmt die Entropiesumme zu. Die Entropie eines durch feste, adiabate Wände von der Umgebung abgeschlossenen Systems kann niemals abnehmen.

U, H, S sind für jeden durch p und T bestimmten Zustand eines Körpers der Masse m eindeutige Größen; damit sind auch die Differenzen ihrer Werte für zwei Zustände 1 und 2 immer gleich groß, gleichgültig, auf welchem Weg ein thermodynamischer Prozeß von 1 nach 2 führt. Das Integral über die Änderungen dieser Zustandsgrößen, z. B. $\int_1^2 dU$, ist wegunabhängig. Die Arbeit $W_{12} = \int_1^2 p\,dV$, die man nach Bild 5.3-1 als Fläche unter einer von 1 nach 2 führenden Kurve im p, V-Diagramm deuten kann, hängt dagegen vom Verlauf dieser Kurve ab und kann beliebige Werte haben. Wegen der Verknüpfung von W_{12} und Q_{12} durch (1) ist auch $Q_{12} = \int_1^2 dQ$ wegabhängig: Arbeit und Wärme sind keine Zustandsgrößen. Verlaufen alle Wärmeumsätze dQ reversibel, so ist die durch (12) eingeführte Entropie und das Integral

$$S_{12} = \int_1^2 \frac{dQ_{\text{rev}}}{T} \tag{14}$$

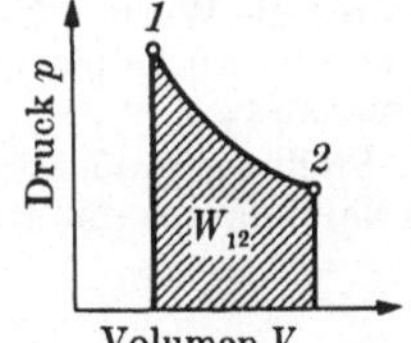

Bild 5.3-1 Zustandsänderungen vollkommener Gase

wegunabhängig und damit Zustandsgröße. Da die Division durch T das Integral über dQ_{rev} eindeutig macht, nennt man T den **integrierenden Nenner** von Q_{rev}.

Die **Entropie** ist ein Maß für die **Irreversibilität** eines Prozesses und daher von zentraler Bedeutung für die Thermodynamik. Irreversibel sind Wärmeleitung unter Temperaturgefälle, Strömung mit Reibung, Stromdurchgang unter Widerstand durch elektrische Leiter, Drosselung. Mit diesen Vorgängen sind Druckunterschiede, Temperaturdifferenzen und örtliche Umwandlungen von Arbeit in Wärme (Wärmequellen) verbunden, so daß der Zustand des Körpers eine räumliche Funktion ist. Den über den Raum mit seinem Temperaturfelde verteilten Wärmequellen entspricht eine örtliche Verteilung von Entropiequellen. Diese Zusammenhänge behandelt die **irreversible Thermodynamik**.

B 3   Dritter Hauptsatz

Die Entropie jedes kristallisierten homogenen Körpers am absoluten Nullpunkt ist Null. Die Berechnung absoluter Werte der Entropie für beliebige Temperaturen ist möglich, wenn die molare Wärmekapazität bis $0\,\text{K}$ herab gemessen werden kann. Dies ist wichtig für die chemische Thermodynamik [H 03].

C.   Folgerungen aus den ersten beiden Hauptsätzen

C 1   Maximale Arbeit

Um aus einem thermodynamischen System die größtmögliche oder **maximale Arbeit** $\hat{W}$ zu gewinnen, muß man es **reversibel** vom Anfangszustand 1 auf den Endzustand 0 bringen, d. h. bei gleichbleibender Summe der Entropien aller beteiligten Körper. Dann hat es den gleichen Druck p_0 und die gleiche Temperatur T_0 wie die Umgebung, die praktisch ein unendlich großer Behälter gegebenen Zustandes ist. Dabei kann der Anfangszustand beliebig sein, auch von kleinerem Druck und niedrigerer Temperatur als die Umgebung. $\hat{W}$ kann als mechanische, elektrische oder chemische Energie erscheinen.

Bei einem **geschlossenen System** ohne Wärmezufuhr von außen ist die maximale Arbeit

$$d\hat{W} = -\,dU + T_0\,dS - p_0\,dV, \tag{15}$$

integriert

$$\hat{W} = U_1 - U_0 - T_0\,(S_1 - S_0) + p_0\,(V_1 - V_0). \tag{16}$$

Erfährt das System keine Volumenänderung, sondern wird ihm nur die Energie $U_1 - U_0$ entzogen, so kann diese durch eine Folge elementarer Carnot-Prozesse (**5.4 B**) in Arbeit verwandelt werden, und es ist

$$\hat{W} = U_1 - U_0 - T_0\,(S_1 - S_0). \tag{17}$$

Bei **offenen Systemen** ohne Wärmezufuhr von außen erhält man die maximale **technische Arbeit**

$$\hat{W}_t = H_1 - H_0 - T_0\,(S_1 - S_0). \tag{18}$$

Beim Dampfmaschinenprozeß ist H_1 die Enthalpie des Frischdampfes, H_0 die Enthalpie des Kondensats von der Umgebungstemperatur T_0, bei der an das Kühlwasser die Wärme $T_0\,(S_1 - S_0)$ abgeführt wird und $H_2 = H_0 + T_0\,(S_1 - S_0)$ ist die in (7) benutzte Enthalpie des Dampfes beim Austritt aus der Maschine vor Eintritt in den Kondensator.

Stellt ein großer Speicher die Wärme Q bei konstanter Temperatur T zur Verfügung, so kann daraus mit Hilfe des Carnot-Kreisprozesses die maximale Arbeit

$$\hat{W} = Q\,(1 - T_0/T) \tag{19}$$

gewonnen werden, und die Wärme

$$Q_0 = Q\,T_0/T \tag{20}$$

wird an die Umgebung abgeführt. Von Energie, die als Wärme einem System zugeführt wird oder als innere Energie in ihm enthalten ist, kann nur ein vom Umgebungszustand abhängiger Anteil, die maximale Arbeit, in nutzbarer, beliebig in andere Energien umwandelbarer Form gewonnen werden. Der an die Umgebung abgeführte Anteil ist technisch wertlos.

Auf Englisch wird maximale Arbeit mit availability oder available energy bezeichnet, auf Französisch mit energie utilisable. In Deutschland wurde dafür das Wort Exergie vorgeschlagen, das kaum Aussicht hat, sich international durchzusetzen, denn Exergie ist keine Zustandsgröße wie die ähnlich lautenden Größen Enthalpie und Entropie, sondern bezeichnet die Enthalpiedifferenz eines thermodynamischen Systems gegen seinen Zustand bei Druck und Temperatur der Umgebung.

C2   Differentialbeziehungen zwischen Zustandsgrößen

Benutzt man spezifische Zustandsgrößen, so kann man mit $dq_{rev} = T\,ds$ die Hauptgleichung der Thermodynamik als vollständiges Differential

$$du = T\,ds - p\,dv \tag{21}$$

der inneren Energie $u\,(s,\,v)$ und das vollständige Differential

$$dh = T\,ds + v\,dp \tag{22}$$

der Enthalpie $h\,(s,\,p)$ schreiben. Besonders in der chemischen Thermodynamik [H 03] benutzt man dazu noch die Zustandsgrößen

freie Energie oder Helmholtz-Funktion

$$f = u - Ts \tag{23}$$

und freie Enthalpie oder Gibbs-Funktion

$$g = h - Ts, \tag{24}$$

deren vollständige Differentiale mit (21) und (22)

$$df = -s\,dT - p\,dv \tag{25}$$

$$dg = -s\,dT + v\,dp \tag{26}$$

lauten.

Da das vollständige Differential einer Funktion $z\,(x,\,y)$ die Form

$$dz = \left(\frac{\partial z}{\partial x}\right)_y dx + \left(\frac{\partial z}{\partial y}\right)_x dy \tag{27}$$

hat, wobei

$$z_x = \left(\frac{\partial z}{\partial x}\right)_y \qquad und \qquad z_y = \left(\frac{\partial z}{\partial y}\right)_x \tag{28}$$

wieder Funktionen von x und y sind, müssen deren partielle Ableitungen nach der jeweils anderen Variablen einander gleich sein, weil das Ergebnis zweimaliger Differentiation von deren Reihenfolge unabhängig ist, also wird

$$\left(\frac{\partial z_x}{\partial y}\right)_x = \left(\frac{\partial z_y}{\partial x}\right)_y. \tag{29}$$

Diese Integrabilitätsbedingung, angewandt auf (26) und (25), liefert, wenn man jeweils ∂T als Zähler und ∂s als Nenner schreibt, die Beziehungen

$$\left(\frac{\partial T}{\partial v}\right)_p = -\left(\frac{\partial p}{\partial s}\right)_T, \qquad \left(\frac{\partial T}{\partial v}\right)_s = -\left(\frac{\partial p}{\partial s}\right)_v$$

$$\left(\frac{\partial T}{\partial p}\right)_s = \left(\frac{\partial v}{\partial s}\right)_p, \qquad \left(\frac{\partial T}{\partial p}\right)_v = \left(\frac{\partial v}{\partial s}\right)_T. \tag{30}$$

Weiter ergibt sich aus den Differentialen von u und h

$$\left(\frac{\partial u}{\partial s}\right)_v = T; \qquad \left(\frac{\partial u}{\partial v}\right)_s = -p; \qquad \left(\frac{\partial h}{\partial s}\right)_p = T; \qquad \left(\frac{\partial h}{\partial p}\right)_s = v \tag{31}$$

und für die spezifischen Wärmekapazitäten

$$c_v = \left(\frac{\partial u}{\partial T}\right)_v = T\left(\frac{\partial s}{\partial T}\right)_v, \qquad c_p = \left(\frac{\partial h}{\partial T}\right)_p. \tag{32}$$

Aus der freien Energie f und der freien Enthalpie g, die man auch **thermodynamische Potentiale** nennt, ergeben sich p, v, s und h aus den Gleichungen

$$p = -\left(\frac{\partial f}{\partial v}\right)_T; \qquad v = \left(\frac{\partial g}{\partial p}\right)_T; \qquad s = -\left(\frac{\partial g}{\partial T}\right)_p = \left(\frac{\partial f}{\partial T}\right)_v \tag{33}$$

$$h = g + Ts = f + pv + Ts. \tag{34}$$

Darstellungen von u, h, s, f, g als Funktion der thermischen Zustandsgrößen nennt man **kalorische Zustandsgleichungen**. Da Zustandsgrößen totale Differentiale haben, gibt es weitere Beziehungen zwischen ihren partiellen Ableitungen. Jede Funktion von Zustandsgrößen ist wieder eine Zustandsgröße.

D. Zustandsdiagramme

Zustandsgleichungen homogener Stoffe sind Beziehungen zwischen drei Veränderlichen, die man im Raum als Flächen und in der Ebene durch Kurvenscharen darstellt. Es werden folgende Zustandsdiagramme (erste Größe Ordinate, zweite Abszisse eines rechtwinkligen Koordinatensystems) benutzt:

D1   Das p, v-Diagramm, Arbeitsdiagramm

Die Fläche unter der Kurve einer Zustandsänderung (zwischen den Ordinaten des Anfangs- und Endzustandes) ist die geleistete Arbeit (Indikatordiagramm bei Kolbenmaschinen). Oft sind Isothermen $T = $ const und Isentropen $s = $ const (Adiabaten) als Kurvenschar eingetragen.

D2   Das T, s-Diagramm, Wärmediagramm

Die Fläche unter der Kurve einer umkehrbaren Zustandsänderung ist die zugeführte Wärme, die Isothermen und Isentropen sind achsenparallele Geraden, die Isobaren $p = $ const und Isochoren $v = $ const sind Kurvenscharen. Wärmediagramme veranschaulichen Vorgänge in Wärmekraftmaschinen.

D3   Das h, s-Diagramm

Es besitzt den Vorteil gegenüber dem Arbeits- und Wärmediagramm, daß Arbeiten und Wärmen als senkrechte Strecken abgegriffen werden und kein Planimetrieren erfordern. Es ergeben sich Kurvenscharen für $p = $ const, $v = $ const und $T = $ const (Bild 5.5-1).

D 4 Das p, h-Diagramm und das $\lg p, h$-Diagramm

Diese Diagramme werden oft bei Kältemaschinen benutzt, sie enthalten Kurvenscharen für $v = \text{const}$, $T = \text{const}$ und $s = \text{const}$.

D 5 Das h, T-Diagramm

Dieses dient für Verbrennungsvorgänge. Meist werden Diagramme für 1 kg oder 1 kmol des Stoffes angegeben und stellen mit den eingezeichneten Kurvenscharen seine thermodynamischen Eigenschaften dar.

5.4 Gase[1])

bearbeitet von Prof. Dr.-Ing. E. Schmidt, München

A. Zustandsgrößen, Zustandsgleichungen, Zustandsänderungen

A 1 Zustandsgleichung des idealen Gases

Die Moleküle eines idealen Gases sind Punktmassen, die außer beim Zusammenstoß aufeinander keine Kräfte ausüben. Wasserstoff, Helium, Stickstoff und Sauerstoff verhalten sich bei kleinen Drücken und hohen Temperaturen fast ideal. Ideale oder vollkommene Gase gehorchen der thermischen Zustandsgleichung

$$pv = RT \qquad \text{oder} \qquad pV = mRT . \tag{1}$$

Aus dem 2. Hauptsatz folgt, daß für ideale Gase innere Energie und Enthalpie nur von der Temperatur abhängen (Gesetz von Joule). Die Gaskonstante R hat für jedes wirkliche Gas einen bestimmten Wert; sie ist die von 1 kg Gas bei der Erwärmung um 1 grd bei konstantem Druck geleistete Arbeit. Da ideale Gase unabhängig von ihrer Art bei gleichem Druck und gleicher Temperatur in gleichen Räumen stets gleichviel Moleküle enthalten (Gesetz von Avogadro) und da die relative Molekülmasse M_r das Verhältnis der Molekülmasse zu $1/_{12}$ der Atommasse des Kohlenstoff-Isotops ^{12}C ist, wird die Gaskonstante auf die immer gleiche Teilchenzahl bezogen, die in M_r kg enthalten ist. Diese Masseneinheit heißt Kilomol:

$$1 \text{ kmol} = M_r \, \text{kg} . \tag{2}$$

Die Anzahl der Teilchen in 1 kmol ist die Avogadro-Konstante (Loschmidt-Konstante)

$$N_A = 6{,}022 \cdot 10^{26}/\text{kmol} . \tag{3}$$

Diese Teilchenzahl nimmt für alle Gase bei gleichem Druck und gleicher Temperatur denselben Raum, das molare Volumen (Molvolumen) V_m ein. Damit lautet die Zustandsgleichung

$$pV_m = R_m T , \tag{4}$$

wo

$$R_m = 8{,}314 \, \text{J/mol K} = 1{,}987 \, \text{cal/mol K} = 847{,}8 \, \text{pm/mol K} \tag{5}$$

die von der Gasart unabhängige molare Gaskonstante eine Naturkonstante (universelle Konstante) der Physik ist. Bezieht man R_m auf 1 Molekül, so erhält man die Boltzmann-Konstante

$$k = R_m/N_A = 1{,}3805 \cdot 10^{-23} \, \text{J/K} = 3{,}298 \cdot 10^{-24} \, \text{cal/K} . \tag{5a}$$

---

[1]) Schrifttum S. 389.

Tabelle 5.4-1   Normdichte ϱ_n und spezifische Wärmekapazitäten c_p und c_v einiger Gase

Berechnete Werte von ϱ_n folgen aus der molaren Masse und dem Norm-Molvolumen des idealen Gases. Unterschied gegen gemessene Werte ist bedingt durch Abweichungen vom Verhalten der idealen Gase.

Gas	chemische Formel	Atome je Molekül	molare Masse M		Gas-konst. R $\frac{\text{kp m}}{\text{kg K}}$	ϱ_n kg/m^3		Dichte-zahl bezogen auf Luft = 1 gemessen	bei 0 °C und kleinem Druck				$\varkappa = \dfrac{c_p}{c_v}$
									cal/g K		cal/mol K		
			rund	genau		berechnet	gemessen		c_p	c_v	C_{mp}	C_{mv}	
Helium	He	1	4	4,003	211,9	0,1786	0,1785	0,1381	1,250	0,755	5,00	3,01	1,66
Argon	Ar	1	40	39,944	21,23	1,7821	1,7839	1,3799	0,125	0,076	5,00	3,01	1,65
Wasserstoff	H$_2$	2	2	2,0160	420,75	0,0894	0,08987	0,06952	3,400	2,415	6,86	4,87	1,41
Stickstoff	N$_2$	2	28	28,016	30,26	1,2499	1,2505	0,9673	0,2482	0,1774	6,96	4,97	1,40
Sauerstoff	O$_2$	2	32	32,000	26,49	1,4276	1,42895	1,1053	0,219	0,1568	6,99	5,00	1,40
Luft	CO$_2$-frei		29	28,964	29,27	1,2922	1,2928	1,0000	0,240	0,171	6,94	4,95	1,40
Luftstickstoff			28	28,15	30,12	1,2558	1,2567	0,9721	—	—	—	—	—
Kohlenoxid	CO	2	28	28,00	30,28	1,2495	1,2500	0,9669	0,2486	0,1775	6,96	4,97	1,40
Stickstoffoxid	NO	2	30	30,008	28,25	1,3388	1,3402	1,0367	0,2384	0,1722	7,16	5,17	1,39
Chlorwasserstoff	HCl	2	36,5	36,465	23,25	1,6265	1,6391	1,2679	0,194	0,139	6,96	4,97	1,40
Kohlendioxid	CO$_2$	3	44	44,00	19,25	1,9634	1,9768	1,5291	0,1957	0,1505	8,61	6,62	1,30
Distickstoffoxid	N$_2$O	3	44	44,016	19,26	1,9637	1,9780	1,5300	0,2131	0,1680	9,36	7,37	1,27
Schweflige Säure	SO$_2$	3	64	64,06	13,24	2,8581	2,9263	2,2635	0,1453	0,1143	9,31	7,32	1,27
Ammoniak	NH$_3$	4	17	17,031	49,76	0,7597	0,7714	0,5967	0,491	0,374	8,36	6,37	1,31
Azetylen	C$_2$H$_2$	4	26	26,016	32,59	1,1607	1,1709	0,9057	0,3613	0,2904	10,13	8,14	1,26
Methan	CH$_4$	5	16	16,031	52,89	0,7152	0,7168	0,5545	0,516	0,391	8,28	6,28	1,32
Methylchlorid	CH$_3$Cl	5	50,5	50,48	16,79	2,2522	2,307	1,784	0,176	0,137	8,87	6,88	1,29
Äthylen	C$_2$H$_4$	6	28	28,031	30,25	1,2506	1,2605	0,9750	0,385	0,308	10,02	8,03	1,25
Äthan	C$_2$H$_6$	8	30	30,047	28,22	1,3406	1,3560	1,049	0,413	0,345	12,41	10,34	1,20
Äthylchlorid	C$_2$H$_5$Cl	8	64,5	64,50	13,14	2,8776	2,8804	2,228	0,32	0,276	20,3	17,8	1,16

A 2 Normzustand

Der Normzustand (DIN 1343) von Körpern ist definiert durch

Normtemperatur $\qquad t_n = 0\,°C \qquad$ oder $\qquad T_n = T_0 = 273{,}15\,K\,, \qquad$ (6)

Normdruck $\qquad p_n = 1\,atm = 760\,Torr\,.$

Dabei hat das molare Normvolumen (Norm-Molvolumen) den Wert

$$V_{mn} = 22{,}4136\ m^3/kmol\,. \tag{7}$$

Es wird auch der technische Normzustand benutzt:

Normtemperatur $\qquad 20\,°C\,; \qquad\qquad$ Normdruck $\qquad$ 1 at $\qquad$ (8)

Normkubikmeter m_n^3 ist die bei Normzustand in $1\,m^3$ enthaltene Gasmasse M/V_{mn} in kg/kmol. Normdichte ist die Dichte im Normzustand. Beim wirklichen Gas weicht V_{mn} etwas von dem obigen Wert ab (Tabelle 5.4-1). Für technische Zwecke ist dieser Unterschied meist vernachlässigbar.

A 3 Abweichungen realer Gase vom idealen Gas

Die Zustandsgleichung des idealen Gases ist ein Grenzgesetz, dem sich wirkliche (reale) Gase um so mehr nähern, je größer v und je kleiner p ist. Schon beim Normzustand sind kleine Abweichungen vorhanden, wie Tabelle 5.4-1 zeigt. Bei hohen Drücken und tiefen Temperaturen nehmen die Abweichungen stark zu, wie die Tabellen 5.4-2 bis 5.4-4 zeigen. Darin sind für Wasserstoff, Luft und Ferngas Werte der Kennzahl pv/RT, die beim idealen Gas gleich 1 ist, für verschiedene Drücke und Temperaturen angegeben.

Tabelle 5.4-2 Gemessene Werte von pv/RT für Wasserstoff

p kp/cm²	Temperatur in °C						
	−150	−100	−50	0	50	100	200
0	1	1	1	1	1	1	1
10	1,0032	1,0064	1,0064	1,0061	1,0055	1,0049	1,0039
20	1,0073	1,0130	1,0130	1,0122	1,0111	1,0098	1,0078
30	1,0122	1,0199	1,0197	1,0183	1,0166	1,0148	1,0118
40	1,0180	1,0271	1,0265	1,0245	1,0222	1,0197	1,0157
50	1,0245	1,0345	1,0334	1,0307	1,0277	1,0246	1,0196
60	1,0319	1,0422	1,0404	1,0370	1,0332	1,0295	1,0235
70	1,0402	1,0501	1,0476	1,0433	1,0388	1,0345	1,0274
80	1,0492	1,0584	1,0548	1,0496	1,0443	1,0394	1,0313
90	1,0591	1,0668	1,0622	1,0560	1,0498	1,0443	1,0353
100	1,0699	1,0756	1,0697	1,0625	1,0554	1,0492	1,0392

Tabelle 5.4-3 Gemessene Werte von pv/RT für Luft

p kp/cm²	Temperatur in °C					p kp/cm²	Temperatur in °C				
	0	50	100	150	200		0	50	100	150	200
0	1	1	1	1	1						
10	0,9945	0,9990	1,0012	1,0025	1,0031	60	0,9751	0,9993	1,0112	1,0172	1,0205
20	0,9895	0,9984	1,0027	1,0051	1,0064	70	0,9730	1,0004	1,0139	1,0206	1,0243
30	0,9851	0,9981	1,0045	1,0078	1,0097	80	0,9714	1,0018	1,0169	1,0242	1,0282
40	0,9812	0,9982	1,0065	1,0108	1,0132	90	0,9704	1,0036	1,0201	1,0279	1,0322
50	0,9779	0,9986	1,0087	1,0139	1,0168	100	0,9699	1,0057	1,0235	1,0319	1,0364

Tabelle 5.4-4   Gemessene Werte von pv/RT für Ferngas
49% H_2, 19% CH_4, 2% C_nH_{2n}, 13% CO, 3% CO_2, 14% N_2

| p | Temperatur in °C | | | p | Temperatur in °C | | | p | Temperatur in °C | | |
kp/cm²	-50	0	$+50$	kp/cm²	-50	0	$+50$	kp/cm²	-50	0	$+50$
0	1,000	1,000	1,000	50	0,974	0,998	1,009	100	0,964	1,007	1,024
10	0,994	0,999	1,002	60	0,970	1,000	1,012	125	0,967	1,015	1,034
20	0,988	0,998	1,003	70	0,967	1,001	1,015	150	0,975	1,024	1,044
30	0,983	0,998	1,005	80	0,964	1,003	1,018	175	0,988	1,036	1,056
40	0,978	0,998	1,007	90	0,964	1,005	1,021	200	1,003	1,049	1,070

In einer Wasserstoff-Flasche ist bei 15 °C und 100 at der Druck 6% höher als nach dem Gesetz der idealen Gase. Das Berechnen der in der Flasche enthaltenen Masse nach $m = pV/RT$ aus Druck, Temperatur und Volumen der Flasche bei normalem Innendruck würde einen um 6% zu hohen Betrag ergeben. Bei 1000 at wäre der Fehler 79%.

A 4   Spezifische Wärmekapazität

Bei Gasen sind spez. Wärmekapazität bei konstantem Volumen c_v und bei konstantem Druck c_p zu unterscheiden. Auf das kmol bezogene Wärmekapazitäten C_{mv} und C_{mp} heißen molare Wärmekapazitäten (Molwärmen). Für ideale Gase sind c_p und c_v nur von T, aber nicht von p abhängig:

$$c_v = \left(\frac{dQ}{dT}\right)_v = \left(\frac{\partial u}{\partial T}\right)_v, \qquad c_p = \left(\frac{dQ}{dT}\right)_p = \left(\frac{\partial h}{\partial T}\right)_p = c_v + R \tag{9}$$

Für die Molwärmen gilt

$$C_{mp} - C_{mv} = R_m. \tag{10}$$

$c_p - c_v$ bleibt ungeändert, auch wenn c_p und c_v mit T zunehmen.

$$c_p/c_v = C_{mp}/C_{mv} = \varkappa \tag{11}$$

nimmt daher mit steigender Temperatur ab. Die Größe $\varkappa$ nennt man **Isentropenexponent** (vgl. **A 74**).

Die Molwärme hängt von der Anzahl der **Freiheitsgrade** der Moleküle ab und ist daher bei Gasen mit gleicher Atomzahl im Molekül nahezu gleich. Bei einatomigen Gasen mit 3 Freiheitsgraden ist annähernd

$$C_{mv} = 3 R_m/2, \qquad C_{mp} = 5 R_m/2, \qquad C_{mp}/C_{mv} = 5/3. \tag{12}$$

Bei zweiatomigen Gasen mit 5 Freiheitsgraden ist annähernd

$$C_{mv} = 5 R_m/2, \qquad C_{mp} = 7 R_m/2, \qquad C_{mp}/C_{mv} = 7/5. \tag{13}$$

Die Zunahme der Molwärmen mit T kommt dadurch zustande, daß außer den bisher betrachteten drei translatorischen Freiheitsgraden des „punktförmigen" einatomigen Moleküls und den fünf des hantelförmigen zweiatomigen Moleküls mit seinen zwei weiteren rotatorischen Freiheitsgraden die Schwingungen der Atome des Moleküls gegeneinander angeregt werden und bei weiterer Temperatursteigerung die Elektronen des Atoms vom Grundzustand auf höhere Energieniveaus gehoben werden. Bei Temperaturen von etwa 1500 °C an kommt die Energie verbrauchende Aufspaltung zwei- und mehratomiger Moleküle in Atome hinzu.

Bei sehr tiefen Temperaturen verschwinden die Beiträge der Schwingungs- und Rotationsfreiheitsgrade, da diese zur Anregung Mindestenergien benötigen, die durch die Planck-Konstante h gegeben sind, so daß zweiatomige Gase die Molwärmen von einatomigen annehmen. Bei H_2 tritt dies bei etwa 50 K ein.

Außerdem benutzt man mittlere Molwärmen, zwischen $0\,°C$ und t

$$\bar{C}_{mv} = \frac{1}{t} \int_0^t C_{mv}\,dt\,, \qquad \bar{C}_{mp} = \frac{1}{t} \int_0^t C_{mp}\,dt\,. \tag{14}$$

In den Tabellen 5.4-5 und 5.4-6 sind wahre und mittlere molare Wärmekapazitäten einiger Gase angegeben. Bei N_2 aus Luft ist der Argongehalt berücksichtigt.

Im Bereich höherer Drücke, wo die Zustandsgleichung des idealen Gases nicht gilt, werden die spez. Wärmekapazitäten auch druckabhängig, was Tabelle 5.4-7 für Luft zeigt.

Tabelle 5.4-5   Wahre molare Wärmekapazität C_{mp}^o beim Druck $p=0$ (idealer Gaszustand) einiger Gase in kcal/kmol K bei verschiedenen Temperaturen t in $°C$ ohne Berücksichtigung der Dissoziation

C_{mv}^o erhält man aus $C_{mv}^o = C_{mp}^o - R_m$, wobei $R_m = 1{,}987$ kcal/kmol K.

Zum Umrechnen auf 1 kg durch die in der letzten Zeile angegebenen molaren Massen M dividieren.

t °C	H_2	N_2	N_2 aus Luft	O_2	OH	CO	NO	H_2O	CO_2	N_2O	SO_2	Luft
0	6,84	6,96	6,93	6,99	7,16	6,96	7,16	8,00	8,60	9,36	9,29	6,95
100	6,96	6,98	6,96	7,14	7,09	6,99	7,15	8,14	9,63	10,05	10,16	6,99
200	6,99	7,04	7,02	7,36	7,05	7,09	7,25	8,35	10,46	10,77	10,92	7,09
300	7,00	7,16	7,13	7,61	7,05	7,23	7,42	8,61	11,15	11,40	11,52	7,23
400	7,03	7,31	7,28	7,83	7,07	7,40	7,62	8,88	11,72	11,89	12,00	7,40
500	7,07	7,47	7,44	8,02	7,13	7,58	7,79	9,17	12,18	12,37	12,35	7,56
600	7,12	7,63	7,60	8,17	7,21	7,75	7,95	9,48	12,58	12,73	12,63	7,72
700	7,19	7,78	7,74	8,30	7,30	7,90	8,09	9,79	12,91	13,07	12,85	7,86
800	7,28	7,91	7,88	8,41	7,42	8,03	8,22	10,09	13,19	13,28	13,01	7,99
900	7,38	8,03	8,00	8,51	7,53	8,14	8,32	10,39	13,43	13,48	13,14	8,10
1000	7,48	8,14	8,10	8,59	7,64	8,24	8,41	10,68	13,63	13,66	13,25	8,20
1100	7,58	8,23	8,19	8,66	7,75	8,33	8,48	10,95	13,80	13,79	13,33	8,29
1200	7,69	8,31	8,27	8,72	7,85	8,40	8,55	11,20	13,96	13,92	13,40	8,37
1300	7,79	8,38	8,34	8,78	7,95	8,46	8,61	11,43	14,10	14,02	13,46	8,43
1400	7,89	8,44	8,40	8,84	8,04	8,52	8,65	11,64	14,21	14,11	13,51	8,49
1500	7,98	8,50	8,45	8,90	8,13	8,57	8,69	11,84	14,31	14,19	13,55	8,55
1600	8,07	8,55	8,50	8,95	8,22	8,62	8,73	12,02	14,40	14,25	13,59	8,60
1700	8,15	8,59	8,55	9,01	8,30	8,66	8,77	12,20	14,48	14,31	13,62	8,65
1800	8,23	8,63	8,59	9,07	8,36	8,69	8,80	12,35	14,55	14,36	13,65	8,69
1900	8,31	8,66	8,62	9,13	8,43	8,72	8,82	12,50	14,62	14,40	13,67	8,73
2000	8,38	8,69	8,65	9,18	8,49	8,75	8,85	12,64	14,68	14,44	13,69	8,76
2100	8,45	8,72	8,68	9,23	8,55	8,78	8,87	12,76	14,74	14,47	13,70	8,79
2200	8,51	8,75	8,71	9,28	8,60	8,80	8,89	12,87	14,79	14,50	13,72	8,82
2300	8,57	8,78	8,74	9,33	8,65	8,82	8,91	12,97	14,84	14,53	13,73	8,85
2400	8,63	8,80	8,76	9,37	8,69	8,84	8,93	13,06	14,88	14,56	13,74	8,88
2500	8,68	8,82	8,78	9,42	8,74	8,86	8,95	13,14	14,92	14,59	13,76	8,91
2600	8,73	8,84	8,80	9,46	8,78	8,88	8,96	13,22	14,96	14,61	13,77	8,94
2700	8,78	8,86	8,82	9,50	8,83	8,90	8,98	13,28	15,00	14,62	13,77	8,96
2800	8,83	8,88	8,84	9,55	8,88	8,91	8,99	13,34	15,04	14,64	13,78	8,98
2900	8,87	8,89	8,85	9,59	8,92	8,92	9,01	13,40	15,08	14,66	13,79	8,90
3000	8,91	8,90	8,86	9,63	8,97	8,94	9,02	13,46	15,12	14,67	13,79	9,02
M	2,016	28,02	28,16	32,00	17,01	28,01	30,01	18,02	44,01	44,02	64,06	28,96

Tabelle 5.4-7   Mittlere spezifische Wärmekapazität $\bar{c}_p$ der Luft zwischen 20 $°C$ und 100 $°C$ bei verschiedenen Drücken nach Holborn und Jakob

p kp/cm^2	1	25	50	100	150	200	300
$\bar{c}_p$ kcal/kg K	0,242	0,249	0,255	0,269	0,282	0,292	0,303

328

Tabelle 5.4-6   Mittlere molare Wärmekapazität $\bar{C}^\circ_{mp}$ beim Druck $p=0$ von Gasen in kcal/kmol K zwischen 0 °C und t °C

$\bar{C}^\circ_{mv}$ erhält man durch Verkleinern der Zahlen der Tabelle um 1,987.

Zum Umrechnen auf 1 kg Zahlen durch die in der letzten Zeile angegebenen molaren Massen M dividieren.

t °C	H_2	N_2	N_2 aus Luft	O_2	OH	CO	NO	H_2O	H_2S	CO_2	N_2O	SO_2	NH_3	Luft	CH_4	C_2H_4	C_2H_2
0	6,84	6,96	6,93	6,99	7,16	6,96	7,16	8,00	8,10	8,62	9,39	9,29	8,36	6,95	8,27	10,02	10,13
100	6,88	6,97	6,94	7,06	7,12	6,97	7,15	8,06	8,26	9,17	9,79	9,74	8,69	6,97	8,85	11,27	11,00
200	6,93	6,99	6,96	7,16	7,09	7,00	7,17	8,15	8,43	9,61	10,12	10,16	9,11	7,00	9,45	12,46	11,67
300	6,94	7,02	7,00	7,27	7,08	7,05	7,22	8,26	8,61	10,02	10,45	10,52	9,56	7,05	10,12	13,55	12,25
400	6,96	7,08	7,06	7,38	7,07	7,12	7,30	8,38	8,80	10,37	10,74	10,82	10,03	7,12	10,81	14,57	12,70
500	6,98	7,14	7,11	7,49	7,08	7,19	7,38	8,51	9,00	10,69	11,02	11,09	10,52	7,19	11,48	15,49	13,10
600	7,00	7,20	7,18	7,59	7,09	7,28	7,46	8,65	9,20	10,98	11,24	11,33	11,01	7,27	12,12	16,33	13,47
700	7,02	7,28	7,25	7,68	7,11	7,36	7,54	8,79	9,40	11,22	11,50	11,54	11,47	7,34	12,75	17,08	13,80
800	7,05	7,36	7,32	7,77	7,15	7,44	7,62	8,94	9,60	11,46	11,71	11,72	11,91	7,42	13,33	17,90	14,12
900	7,08	7,42	7,39	7,85	7,18	7,50	7,70	9,08	9,78	11,65	11,90	11,87	12,31	7,48	13,87	18,46	14,40
1000	7,12	7,49	7,46	7,92	7,22	7,57	7,76	9,22	9,96	11,85	12,07	12,00	12,68	7,56	14,40	19,08	14,67
1100	7,16	7,56	7,52	7,98	7,26	7,64	7,83	9,37	10,12	12,02	12,21	12,13	13,02	7,62	14,89	—	—
1200	7,19	7,61	7,58	8,04	7,30	7,70	7,89	9,51	10,28	12,18	12,35	12,23	13,34	7,68	15,33	—	—
1300	7,24	7,67	7,64	8,10	7,35	7,75	7,94	9,64	10,42	12,32	12,48	12,33	13,63	7,73	—	—	—
1400	7,28	7,72	7,70	8,15	7,40	7,80	7,99	9,78	10,55	12,45	12,60	12,41	13,89	7,79	—	—	—
1500	7,32	7,77	7,76	8,19	7,44	7,86	8,03	9,91	10,68	12,57	12,69	12,48	14,14	7,84	—	—	—
1600	7,36	7,84	7,80	8,24	7,49	7,90	8,08	10,04	10,80	12,69	12,78	12,55	14,38	7,90	—	—	—
1700	7,41	7,87	7,84	8,28	7,53	7,94	8,12	10,16	10,92	12,79	12,88	12,61	14,60	7,93	—	—	—
1800	7,46	7,90	7,88	8,33	7,58	7,99	8,15	10,28	11,02	12,88	12,95	12,67	14,80	7,97	—	—	—
1900	7,50	7,94	7,92	8,37	7,62	8,02	8,19	10,39	11,11	12,98	13,01	12,71	14,99	8,01	—	—	—
2000	7,54	7,98	7,95	8,41	7,67	8,06	8,22	10,50	11,21	13,06	13,09	12,77	15,16	8,04	—	—	—
2100	7,58	8,01	7,97	8,44	7,71	8,09	8,26	10,60	11,30	13,11	13,17	12,81	15,32	8,08	—	—	—
2200	7,62	8,04	8,00	8,48	7,75	8,12	8,29	10,69	11,38	13,16	13,21	12,85	15,47	8,11	—	—	—
2300	7,66	8,07	8,03	8,51	7,79	8,15	8,31	10,78	11,45	13,21	13,28	12,89	15,61	8,14	—	—	—
2400	7,70	8,10	8,06	8,54	7,82	8,18	8,34	10,87	11,53	13,26	13,33	12,93	15,75	8,17	—	—	—
2500	7,74	8,14	8,10	8,58	7,86	8,21	8,36	10,97	11,60	13,31	13,38	12,96	15,88	8,20	—	—	—
2600	7,78	8,17	8,13	8,62	7,89	8,24	8,38	11,06	11,66	13,39	13,42	12,99	16,00	8,23	—	—	—
2700	7,82	8,20	8,16	8,65	7,92	8,26	8,40	11,14	11,72	13,47	13,46	13,02	16,11	8,26	—	—	—
2800	7,86	8,22	8,18	8,68	7,95	8,28	8,42	11,22	11,78	13,55	13,51	13,04	16,21	8,29	—	—	—
2900	7,89	8,24	8,20	8,71	7,99	8,30	8,44	11,30	11,84	13,62	13,55	13,07	16,31	8,31	—	—	—
3000	7,92	8,26	8,22	8,74	8,02	8,32	8,45	11,38	11,90	13,69	13,59	13,10	16,41	8,32	—	—	—
M	2,016	28,02	28,16	32,00	17,01	28,01	30,01	18,02	34,09	44,01	44,02	64,06	17,03	28,96	16,04	28,05	26,04

A 5 Innere Energie, Enthalpie und Entropie idealer Gase

Für die innere Energie und Enthalpie idealer Gase (Tabelle 5.4-8 und 5.4-9) gilt

$$u - u_0 = \int\limits_{T_0}^{T} c_v\,(T)\,\mathrm{d}T = \int\limits_{0}^{t} c_v\,(t)\,\mathrm{d}t = \bar{c}_v\,t \qquad (15\,\mathrm{a})$$

$$h - h_0 = \int\limits_{T_0}^{T} c_p\,(T)\,\mathrm{d}T = \int\limits_{0}^{t} c_p\,(t)\,\mathrm{d}t = \bar{c}_p\,t\,. \qquad (15\,\mathrm{b})$$

Für die Entropie gilt bei konstantem c_v und c_p

$$s = c_v\,[\ln p + \varkappa \ln v] + \text{const} = c_v\,[\ln T + (\varkappa - 1)\ln v] + \text{const}\,.$$
$$s = c_p \ln T - R \ln p + \text{const}\,. \qquad (16)$$

Zählt man die Entropie vom Normzustand an, so ergeben sich bei temperaturabhängigem c_v und c_p die Werte der Integrationskonstanten, und man erhält bei Benutzung der molaren Wärmekapazitäten

$$S_{\mathrm{m}v}^0 = \int\limits_{T_\mathrm{n}}^{T} C_{\mathrm{m}v}^0\,\frac{\mathrm{d}T}{T} + R_\mathrm{m} \ln \frac{v}{v_\mathrm{n}} \qquad S_{\mathrm{m}p}^0 = \int\limits_{T_\mathrm{n}}^{T} C_{\mathrm{m}p}^0\,\frac{\mathrm{d}T}{T} - R_\mathrm{m} \ln \frac{p}{p_\mathrm{n}}\,. \qquad (17)$$

Die beiden Integrale heißen isochore bzw. isobare **Entropiefunktionen**. Sie enthalten nur die Temperaturabhängigkeit der Entropie; man ermittelt aus ihnen bei isentropen Prozessen die Temperaturänderung bei temperaturabhängigen Molwärmen (Tabelle 5.4-10 und 5.4-11).

So bestimmt man für die isentrope Entspannung von p_1 auf p_2 eines Gases mit der Anfangstemperatur t_1 und dem zugehörigen Wert von p_1 die Entropiefunktion $S_\mathrm{m}p_2$ des Endzustandes aus

$$S_\mathrm{m}\,p_2 = S_\mathrm{m}\,p_1 - R_\mathrm{m} \ln\,(p_1/p_2)\,. \qquad (18)$$

Zu $S_\mathrm{m}\,p_2$ erhält man dann die Endtemperatur t_2 der Entspannung aus Tabelle 5.4-11.

Bei Gasgemischen ist nach der Mischungsregel eine der Zusammensetzung des Gemisches entsprechende Entropiefunktion zu bilden.

A 6 Gasgemische

Sind verschiedene Gase im selben Raum, so verbreitet sich jedes über das ganze Volumen, als ob das andere nicht vorhanden wäre, solange das Eigenvolumen der Moleküle klein gegen den verfügbaren Raum ist. Der Druck ist die Summe der Teildrücke der einzelnen Gase (Gesetz von Dalton), wenn die Gase sich ideal verhalten und sich nicht chemisch verbinden.

Besteht die Mischung aus den Masseanteilen $\mu_1, \mu_2, \mu_3 \ldots$, den Raumanteilen $r_1, r_2, r_3 \ldots$ oder, was nach dem Gesetz von Dalton dasselbe ist, den Molanteilen (Molbrüchen) $n_1, n_2, n_3 \ldots$ so ist

$$\sum_i \mu_i = \sum_i r_i = \sum_i n_i = 1 \qquad (19)$$

und $p_1:p_2:p_3: \cdots = r_1:r_2:r_3: \cdots n_1:n_2:n_3 \cdots$ Die thermische Zustandsgleichung des Gemisches ist

$$pv = (\mu_1 R_1 + \mu_2 R_2 + \mu_3 R_3 + \cdots) T = \bar{R} T, \tag{19a}$$

wobei

$$\bar{R} = \sum_i \mu_i R_i \tag{19b}$$

die Gaskonstante des Gemisches ist; sie ergibt sich nach der einfachen Mischungsregel. Diese Regel gilt auch für die spezifischen Wärmekapazitäten

$$c_v = \sum_i \mu_i c_{vi}; \qquad c_p = \sum_i \mu_i c_{pi}; \qquad C_{mv} = \sum_i n_i C_{mvi}; \qquad C_{mp} = \sum_i n_i C_{mpi} \tag{20}$$

und damit für innere Energien und Enthalpien. Die Entropie des Gemisches ist die Summe der Entropien der Einzelgase, wenn man für jedes das Gesamtvolumen und seinen Teildruck einsetzt.

Bei der Mischung zweier Gase 1 und 2, die anfangs im getrennten Zustand die Volume V_1 und V_2, den gleichen Druck p und die gleiche Temperatur T haben, zu einem Gemisch vom Volumen $V = V_1 + V_2$ mit dem Gesamtdruck p, nimmt die Entropie zu um

$$\Delta S = \frac{pV}{T} \left[\frac{V_1}{V} \ln \frac{V}{V_1} + \frac{V_2}{V} \ln \frac{V}{V_2} \right]. \tag{21}$$

Dabei geht eine Arbeit

$$W = pV \left[\frac{V_1}{V} \ln \frac{V}{V_1} + \frac{V_2}{V} \ln \frac{V}{V_2} \right] \tag{22}$$

verloren, die bei reversibler Vermischung hätte gewonnen werden können. Zum Trennen eines Gemisches muß deshalb die Arbeit $-W$ aufgewendet werden.

A 7 Prozesse idealer Gase

Anfang und Ende der Zustandsänderung sind durch Indices 1 und 2 gekennzeichnet (Bild 5.3-1). Arbeit soll nur als Volumenarbeit auftreten.

A 71 Isochore (das Volumen V ist konstant)

$$p_1/p_2 = T_1/T_2, \qquad Q_{12} = U_2 - U_1 = m \int_1^2 c_v \, dT, \qquad W_{12} = 0; \tag{23}$$

bei temperaturunabhängigem c_v wird $Q_{12} = mc_v(T_2 - T_1)$.

A 72 Isobare (der Druck p ist konstant)

$$V_1/V_2 = T_1/T_2, \qquad Q_{12} = H_2 - H_1 = m \int_1^2 c_p \, dT; \qquad W_{12} = p(V_2 - V_1); \tag{24}$$

bei temperaturunabhängigem c_p wird $Q_{12} = mc_p(T_2 - T_1)$.

A 73 Isotherme (die Temperatur T ist konstant)

$$U = \text{const}; \qquad H = \text{const}; \qquad pV = \text{const}; \qquad Q_{12} = W_{12} \tag{25}$$

$$p_1/p_2 = V_2/V_1; \qquad W_{12} = mRT \ln(p_1/p_2) = p_1 V_1 \ln(p_1/p_2).$$

A 74 Isentrope (die Entropie S ist konstant). Auch irreführend **Adiabate** genannt, denn fehlende Wärmeübertragung sichert noch nicht die Umkehrbarkeit, auf die es bei der Konstanz der Entropie ankommt. Bei temperaturunabhängigem c_v, c_p und $\varkappa$ gilt

$$Q_{12} = 0; \qquad p\,V^\varkappa = \text{const}; \qquad T\,V^{\varkappa-1} = \text{const};$$

$$T/p^{(\varkappa-1)/\varkappa} = \text{const}; \qquad p_1/p_2 = (V_2/V_1)^\varkappa; \qquad T_1/T_2 = (V_2/V_1)^{\varkappa-1} = (p_1/p_2)^{(\varkappa-1)/\varkappa} \qquad (26)$$

$$W_{12} = U_2 - U_1 = m\,c_v\,(t_1 - t_2) = \frac{p_1 V_1}{\varkappa - 1}\left(1 - \frac{T_2}{T_1}\right) = \frac{p_1 V_1}{\varkappa - 1}\left[1 - \left(\frac{p_2}{p_1}\right)^{\frac{\varkappa-1}{\varkappa}}\right] \qquad (27)$$

Als Rechenhilfe dient Tabelle 5.4-12. Bei zweiatomigen Gasen ist der Isentropenexponent

$$\varkappa = 1{,}4; \qquad \varkappa - 1 = 0{,}4; \qquad 1/\varkappa = 0{,}714.$$

A 75 Polytrope (Verallgemeinerung). Die Polytrope

$$p\,V^n = \text{const} \qquad (28)$$

umfaßt als Sonderfälle Isochore $n = \infty$, Isobare $n = 0$, Isotherme $n = 1$, Isentrope $n = \varkappa$; sie kann Prozesse in Maschinen (Expansion und Kompression) darstellen, die meist zwischen Isotherme und Isentrope liegen. Bei polytroper Zustandsänderung ist die spez. Wärmekapazität c_n konstant; sie beträgt

$$c_n = c_v\,(n - \varkappa)/(n - 1). \qquad (29)$$

c_n ist negativ für $1 < n < \varkappa$, d.h. die Temperatur nimmt ab bei Wärmezufuhr.

$$W_{12} = m\,(c_n - c_v)\,(t_2 - t_1) = m\,R\,(t_2 - t_1)/(n - 1) \qquad (30)$$

$$W_{12} = \frac{p_1 V_1}{n - 1}\left(1 - \frac{T_2}{T_1}\right) = \frac{p_1 V_1}{n - 1}\left[1 - \left(\frac{V_1}{V_2}\right)^{n-1}\right] = \frac{p_1 V_1}{n - 1}\left[1 - \left(\frac{p_2}{p_1}\right)^{\frac{n-1}{n}}\right] = \frac{p_1 V_1 - p_2 V_2}{n - 1}$$

$$Q_{12} = m\,c_n\,(t_2 - t_1) = W_{12}(\varkappa - n)/(\varkappa - 1) \qquad (31)$$

liefert zu der durch Planimetrieren ermittelten Arbeit W_{12} (Bild 5.3-1) den Wärmeumsatz Q_{12}.

A 751 Konstruktion der Polytrope (Bild 5.4-1). Ziehe Gerade $\overline{OA}$ unter einem beliebigen Winkel α gegen die V-Achse, bestimme den Winkel β der Geraden $\overline{OB}$ gegen die p-Achse aus $1 + \tan\beta = (1 + \tan\alpha)^n$; dann ziehe von den dem gegebenen Anfangszustand p_0, V_0 entsprechenden Punkten D und C abwechselnd zu den Koordinatenachsen parallele und unter 45° geneigte Linien, so sind 1, 2 und 3 Punkte der Polytropen. Für $\tan\alpha = 0{,}25$ gilt

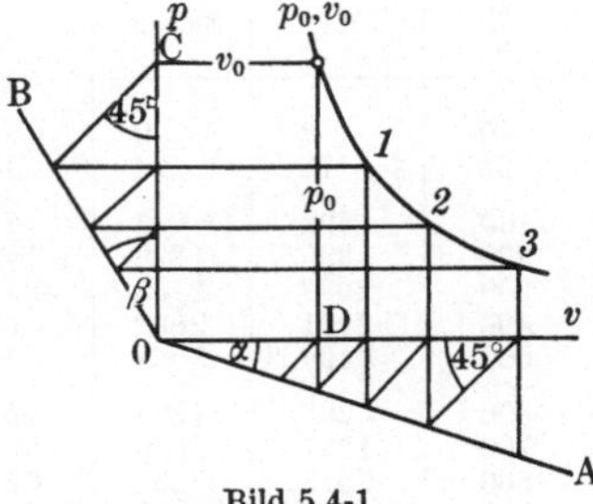

Bild 5.4-1
Konstruktion der polytropen Kurve

n	1,1	1,2	1,3	1,4
$\tan\beta$	0,278	0,307	0,337	0,367

A 752 Ermittlung des polytropen Exponenten gegebener p, V-Kurven. Sind p_1, V_1 und p_2, V_2 zwei Punkte der Kurve, so gibt

$$n = (\lg p_1 - \lg p_2)/(\lg V_2 - \lg V_1) \qquad (32)$$

den mittleren polytropen Exponenten des Kurvenstückes 1–2. Die Berechnung von n für mehrere Kurvenstücke zeigt, ob n als konstant und die Kurve als Polytrope angesehen werden kann, $n = 1$ ergibt eine gleichseitige Hyperbel. Bequemer erhält man n durch Auftragen von $\lg p$ über $\lg V$ in rechtwinkeligen Koordinaten, der Tangens des Neigungswinkels dieser Kurve ist n.

Tabelle 5.4-8   Differenz der molaren inneren Energie U_m in kcal/kmol zwischen 0 °C und der Temperatur t für einige Gase im idealen Gaszustand
(ohne Berücksichtigung der Dissoziation)

Zum Umrechnen auf 1 kg Gas durch die molare Masse M (letzte Zeile) dividieren.

t °C	H_2	N_2 rein	O_2	CO	H_2O	CO_2	SO_2	Luft	N_2 aus Luft
0	0	0	0	0	0	0	0	0	0
25	122	124	125	124	150	169	184	124	123
100	493	498	506	498	607	715	775	498	495
200	993	1001	1034	1004	1233	1522	1634	1005	997
300	1493	1512	1583	1521	1880	2405	2558	1522	1505
400	1996	2035	2156	2054	2556	3451	3531	2053	2026
500	2502	2574	2751	2604	3261	4348	4551	2601	2562
600	3013	3132	3363	3173	3996	5388	5606	3168	3116
700	3530	3705	3988	3757	4760	6464	6677	3750	3686
800	4055	4292	4624	4354	5555	7572	7785	4345	4270
900	4689	4991	5270	4963	6480	8806	8894	5051	4965
1000	5133	5502	5926	5584	7235	9862	10016	5569	5472
1200	6241	6738	7249	6840	9014	12215	12281	6818	6701
1400	7416	8026	8618	8145	10910	14639	14580	8115	7981
1600	8614	9329	10000	9460	12878	17109	16910	9428	9277
1800	9845	10652	11409	10794	14915	19612	19270	10762	10591
2000	11108	11988	12837	12142	17013	22139	21660	12111	11917
2200	12401	13335	14278	13500	19169	24692	—	13473	13253
2400	13719	14693	15756	14869	21381	27268	—	14847	14608
2600	15056	16058	17242	16244	23643	29862	—	16229	15961
2800	16410	17433	18745	17625	25952	32468	—	17625	17325
3000	17772	18813	20264	19012	28298	35086	—	19026	18698
M	2,016	28,02	32,00	28,01	18,02	44,01	64,07	28,96	28,16

Tabelle 5.4-9   Differenz der molaren Enthalpie H_m in kcal/kmol zwischen 0 °C und der Temperatur t für einige Gase im idealen Gaszustand
(ohne Berücksichtigung der Dissoziation)

Zum Umrechnen auf 1 kg Gas durch die molare Masse M (letzte Zeile) dividieren.

t °C	H_2	N_2 rein	O_2	CO	H_2O	CO_2	SO_2	Luft	N_2 aus Luft
0	0	0	0	0	0	0	0	0	0
25	172	174	175	174	200	219	234	174	173
100	692	697	705	697	806	914	974	697	694
200	1390	1398	1431	1401	1630	1919	2031	1402	1394
300	2089	2108	2179	2117	2476	3001	3154	2118	2101
400	2791	2830	2951	2849	3351	4146	4325	2848	2821
500	3496	3568	3745	3598	4255	5342	5544	3595	3556
600	4205	4324	4555	4365	5188	6580	6798	4360	4308
700	4921	5096	5379	5148	6151	7855	8067	5141	5077
800	5645	5882	6214	5944	7145	9162	9374	5935	5860
900	6378	6680	7059	6752	8169	10495	10680	6740	6654
1000	7120	7489	7913	7571	9222	11849	12000	7556	7459
1200	8636	9133	9644	9235	11409	14610	14660	9213	9096
1400	10198	10808	11400	10927	13692	17421	17360	10897	10763
1600	11794	12509	13180	12640	16058	20289	20090	12608	12457
1800	13422	14229	14986	14371	18492	23189	22840	14339	14168
2000	15082	15962	16811	16116	20987	26113	25460	16085	15891
2200	16773	17707	18650	17872	23541	29064	—	17845	17625
2400	18488	19462	20525	19638	26150	32037	—	19616	19377
2600	20223	21225	22409	21411	28810	35029	—	21396	21128
2800	21974	22997	24309	23189	31516	38032	—	23189	22889
3000	23734	24775	26226	24974	34260	41048	—	24988	24660
M	2,016	28,02	32,00	28,01	18,02	44,01	64,07	28,96	28,16

Tabelle 5.4-10   Entropiefunktion $\int_{T_n}^{T} C_{mv}^0 \frac{dT}{T}$ **einiger Gase im idealen Gaszustand**

(ohne Berücksichtigung der Dissoziation)

Zum Umrechnen auf 1 kg Gas durch die molare Masse M (letzte Zeile) dividieren.

t °C	H_2	N_2 rein	O_2	CO	H_2O	CO_2	SO_2	Luft	N_2 aus Luft
0	0	0	0	0	0	0	0	0	0
100	1,48	1,56	1,59	1,56	1,88	2,17	2,47	1,56	1,55
200	2,66	2,73	2,84	2,77	3,37	4,06	4,53	2,74	2,72
300	3,63	3,70	3,90	3,71	4,58	5,73	6,35	3,69	3,68
400	4,39	4,53	4,83	4,56	5,64	7,26	7,96	4,55	4,50
500	5,13	5,27	5,64	5,33	6,60	8,62	9,40	5,31	5,24
600	5,75	5,94	6,38	6,04	7,51	9,87	10,69	6,02	5,91
700	6,32	6,57	7,07	6,65	8,37	11,03	11,88	6,68	6,53
800	6,82	7,13	7,69	7,28	9,15	12,19	12,96	7,28	7,09
900	7,29	7,66	8,27	7,83	9,90	13,21	13,96	7,82	7,61
1000	7,73	8,17	8,81	8,32	10,62	14,14	14,88	8,32	8,12
1200	8,53	9,11	9,79	9,26	11,93	15,87	16,55	9,25	9,05
1400	9,35	9,92	10,64	10,08	13,14	17,46	18,04	10,07	9,84
1600	10,00	10,66	11,41	10,83	14,23	18,83	19,35	10,79	10,57
1800	10,61	11,32	12,13	11,43	15,21	20,02	20,53	11,44	11,22
2000	11,18	11,93	12,78	12,07	16,16	21,15	21,58	12,05	11,81
2200	11,72	12,49	13,42	12,65	17,06	22,22	22,57	12,63	12,37
2400	12,24	13,03	13,98	13,20	17,92	23,25	23,48	13,16	12,89
2600	12,72	13,51	14,51	13,70	18,70	24,21	24,31	13,66	13,37
2800	13,18	13,99	15,03	14,16	19,47	25,07	25,13	14,14	13,84
3000	13,60	14,43	15,50	14,58	20,20	25,93	25,89	14,57	14,27
M	2,016	28,02	32,00	28,01	18,02	44,01	64,07	28,96	28,16

Tabelle 5.4-11   Entropiefunktion $\int_{T_n}^{T} C_{mp}^0 \frac{dT}{T}$ **einiger Gase im idealen Gaszustand**

(ohne Berücksichtigung der Dissoziation)

Zum Umrechnen auf 1 kg Gas durch die molare Masse M (letzte Zeile) dividieren.

t °C	H_2	N_2	N_2 aus Luft	O_2	CO	H_2O	CO_2	SO_2	Luft
0	0	0	0	0	0	0	0	0	0
100	2,10	2,18	2,17	2,21	2,18	2,50	2,72	3,09	2,18
200	3,75	3,82	3,81	3,93	3,86	4,46	5,15	5,62	3,83
300	5,10	5,17	5,15	5,37	5,18	6,05	7,20	7,82	5,16
400	6,18	6,32	6,29	6,62	6,35	7,43	9,05	9,75	6,34
500	7,20	7,34	7,31	7,71	7,40	8,67	10,69	11,47	7,38
600	8,06	8,25	8,69	8,22	8,35	9,82	12,18	13,00	8,33
700	8,84	9,09	9,05	9,59	9,17	10,89	13,57	14,40	9,20
800	9,51	9,85	9,81	10,41	10,00	11,87	14,87	15,68	10,00
900	10,19	10,56	10,51	11,17	10,73	12,80	16,06	16,86	10,72
1000	10,79	11,23	11,18	11,87	11,38	13,68	17,19	17,94	11,38
1200	11,88	12,46	12,40	13,14	12,61	15,28	19,24	19,90	12,60
1400	12,95	13,52	13,44	14,24	13,68	16,74	21,07	21,64	13,67
1600	13,83	14,49	14,40	15,24	14,66	18,06	22,67	23,18	14,62
1800	14,64	15,35	15,25	16,16	15,46	19,24	24,07	24,56	15,47
2000	15,39	16,14	16,02	16,99	16,28	20,37	25,36	25,79	16,26
2200	16,10	16,87	16,75	17,80	17,03	21,44	26,60	26,95	17,01
2400	16,77	17,56	17,42	18,51	17,73	22,45	27,78	28,01	17,69
2600	17,40	18,19	18,05	19,19	18,38	23,38	28,87	28,99	18,34
2800	17,99	18,80	18,65	19,84	18,97	24,28	29,89	29,94	18,95
3000	18,54	19,37	19,21	20,44	19,52	25,14	30,76	30,83	19,51
M	2,016	28,02	28,16	32,00	28,01	18,02	44,01	64,07	28,96

Tabelle 5.4-12   Polytrope Zustandsänderungen von Gasen

Für $p_1/p_2 < 1$ sind die Kehrwerte der Zahlen der Tabelle zu bilden.

$\dfrac{p_1}{p_2}$	Für $n =$				Für $n =$			
	$\varkappa = 1{,}4$ (Isentrope)	$1{,}3$	$1{,}2$	$1{,}1$	$\varkappa = 1{,}4$ (Isentrope)	$1{,}3$	$1{,}2$	$1{,}1$
	ist $(p_1/p_2)^{1/n} = V_2/V_1 =$				ist $(p_1/p_2)^{(n-1)/n} = T_1/T_2 =$			
1,1	1,070	1,076	1,083	1,090	1,028	1,022	1,016	1,009
1,2	1,139	1,151	1,164	1,180	1,053	1,043	1,031	1,017
1,3	1,206	1,224	1,244	1,269	1,078	1,062	1,045	1,021
1,4	1,271	1,295	1,323	1,358	1,101	1,081	1,058	1,031
1,5	1,336	1,366	1,401	1,445	1,123	1,098	1,070	1,038
1,6	1,399	1,436	1,479	1,533	1,144	1,115	1,081	1,044
1,7	1,461	1,504	1,557	1,620	1,164	1,130	1,092	1,050
1,8	1,522	1,571	1,633	1,706	1,183	1,145	1,103	1,055
1,9	1,581	1,638	1,706	1,791	1,201	1,160	1,113	1,060
2,0	1,641	1,705	1,782	1,879	1,219	1,174	1,123	1,065
2,5	1,924	2,023	2,145	2,300	1,299	1,235	1,165	1,087
3,0	2,193	2,330	2,498	2,715	1,369	1,289	1,201	1,105
3,5	2,449	2,624	2,842	3,126	1,431	1,336	1,232	1,121
4,0	2,692	2,907	3,177	3,505	1,487	1,378	1,260	1,134
4,5	2,926	3,178	3,500	3,925	1,537	1,415	1,285	1,147
5,0	3,156	3,449	3,824	4,320	1,583	1,449	1,307	1,157
5,5	3,378	3,712	4,142	4,710	1,627	1,482	1,328	1,167
6,0	3,598	3,970	4,447	5,100	1,668	1,512	1,348	1,177
6,5	3,809	4,218	4,760	5,483	1,707	1,540	1,366	1,186
7,0	4,012	4,467	5,058	5,861	1,742	1,566	1,383	1,194
7,5	4,217	4,710	5,360	6,250	1,778	1,591	1,399	1,201
8,0	4,415	4,950	5,650	6,620	1,811	1,616	1,414	1,208
8,5	4,612	5,187	5,950	6,997	1,843	1,639	1,429	1,215
9,0	4,800	5,420	6,240	7,370	1,873	1,660	1,442	1,221
9,5	4,993	5,651	6,528	7,742	1,903	1,681	1,455	1,227
10,0	5,188	5,885	6,820	8,120	1,931	1,701	1,468	1,233
11	5,544	6,325	7,376	8,845	1,984	1,739	1,491	1,244
12	5,900	6,763	7,931	9,574	2,034	1,774	1,513	1,253
13	6,247	7,193	8,478	10,30	2,081	1,807	1,533	1,263
14	6,587	7,614	9,018	11,01	2,126	1,839	1,549	1,271
15	6,919	8,030	9,551	11,73	2,168	1,868	1,570	1,279
16	7,246	8,438	10,08	12,44	2,208	1,896	1,587	1,287
17	7,566	8,841	10,60	13,14	2,247	1,923	1,604	1,294
18	7,882	9,238	11,12	13,84	2,284	1,948	1,619	1,301
19	8,192	9,631	11,63	14,54	2,319	1,973	1,633	1,307
20	8,498	10,02	12,14	15,23	2,354	1,996	1,648	1,313
22	9,097	10,78	13,14	16,61	2,418	2,041	1,674	1,324
24	9,680	11,53	14,13	17,97	2,479	2,082	1,698	1,335
26	10,25	12,26	15,10	19,34	2,537	2,121	1,721	1,345
28	10,81	12,98	16,07	20,68	2,591	2,158	1,734	1,354
30	11,35	13,68	17,02	22,02	2,643	2,192	1,763	1,362
32	11,89	14,38	17,96	23,35	2,692	2,225	1,782	1,370
34	12,42	15,06	18,89	24,68	2,739	2,256	1,800	1,378
36	12,93	15,74	19,81	25,99	2,784	2,287	1,817	1,385
38	13,44	16,41	20,72	27,30	2,827	2,315	1,843	1,392
40	13,94	17,07	21,63	28,60	2,869	2,343	1,850	1,398
45	15,16	18,69	23,86	31,83	2,967	2,407	1,836	1,413
50	16,35	20,27	26,05	35,03	3,058	2,466	1,919	1,427

B. Arbeitsprozesse mit Gasen

B1   Der Carnot-Kreisprozeß

Er besteht aus zwei Isentropen *1–2* (Verdichtung) und *3–4* (Entspannung) und zwei Isothermen *2–3* (Wärmezufuhr bei T_2) und *4–1* (Wärmeabfuhr bei T_1). Er wird im T, S-Diagramm ein Rechteck (Bild 5.4-2): Das schraffierte Rechteck *1–2–3–4* ist die gewonnene Arbeit, *2–3–b–a* die zugeführte Wärme Q_{23}, *1–4–b–a* die abgeführte Wärme Q_{14}. Die Wärme $Q_{23} - Q_{14}$ wird in die Arbeit W verwandelt. Der Wirkungsgrad ist unabhängig von der Art des Arbeitsmittels:

$$\eta = W/Q_{23} = (T_2 - T_1)/T_2 = 1 - T_1/T_2. \tag{33}$$

Diese Gleichung liefert die **absolute Temperaturskala** aus Messungen von Energien ohne Bezug auf Stoffeigenschaften, z. B. von Thermometerflüssigkeiten. Die Ausdehnung des idealen Gases ergibt die gleiche absolute Temperaturskala. Für den Carnot-Prozeß beim idealen Gas gilt

$$(p_2/p_1)^{(\varkappa-1)/\varkappa} = (p_3/p_4)^{(\varkappa-1)/\varkappa} = (V_1/V_2)^{\varkappa-1} = (V_4/V_3)^{\varkappa-1} = T_2/T_1 \tag{34}$$

und

$$W = mR\,(T_2 - T_1)\ln(p_2/p_3) = p_1 V_1\,(T_2/T_1 - 1)\ln(p_2/p_3). \tag{35}$$

Umgekehrt, also in Richtung *1–4–3–2* durchlaufen, entzieht der Carnot-Prozeß bei der Temperatur T_1 einem Körper die Wärme Q_{14}, verwandelt die Arbeit W in Wärme und führt $Q_{23} = Q_{14} + W$ bei der höheren Temperatur T_2 ab. Liegt T_1 unterhalb, T_2 in der Nähe der Umgebungstemperatur, so handelt es sich um eine **Kältemaschine**. Dabei ist

$$\varepsilon_{14} = Q/W = T_1/(T_2 - T_1) \tag{36}$$

die **Leistungsziffer**. Liegt T_1 nahe und T_2 oberhalb der Umgebungstemperatur, so handelt es sich um eine **Wärmepumpe** oder reversible Heizung. Der Carnot-Prozeß ist bei Wärmekraft- und Kältemaschinen ein **idealer Vergleichsprozeß**, da es nach dem 2. Hauptsatz zwischen T_2 und T_1 keinen günstigeren Prozeß gibt.

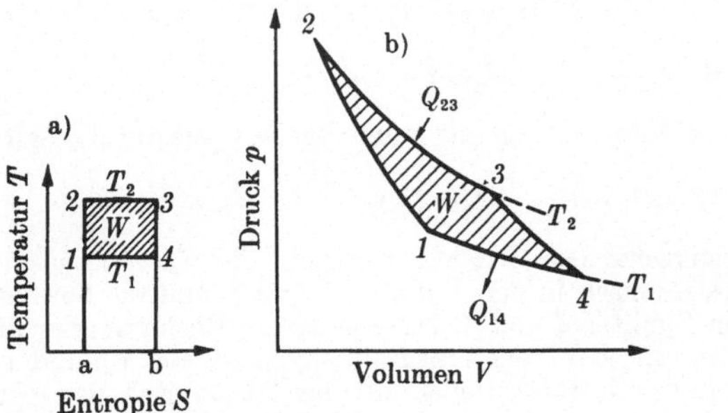

Bild 5.4-2   Carnot-Kreisprozeß.   a) im T, S-Diagramm, b) im p, V-Diagramm

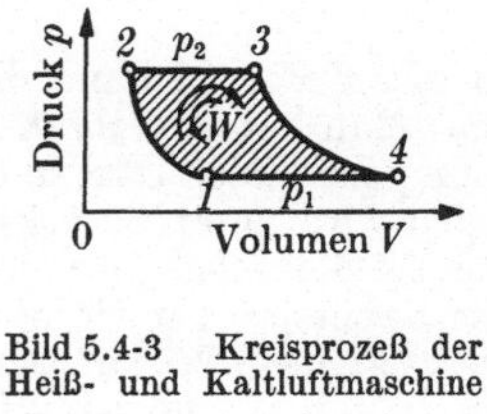

Bild 5.4-3   Kreisprozeß der Heiß- und Kaltluftmaschine

B2   Kreisprozeß der Heiß- und Kaltluftmaschine

Dieser Prozeß besteht aus zwei Isentropen *1–2* und *3–4* sowie zwei Isobaren *2–3* und *4–1*, bei denen Wärme bei den konstanten Drücken p_2 und p_1 übertragen wird (Bild 5.4-3). Bei idealen Gasen mit konstanten C_p, C_v ist

12*

$$V_2/V_1 = V_3/V_4; \qquad T_2/T_1 = T_3/T_4; \qquad T_2/T_1 = (V_1/V_2)^{\varkappa-1} = (p_2/p_1)^{(\varkappa-1)/\varkappa}$$

$$W = H_3 - H_2 - H_4 - H_1 = m c_p (T_3 - T_2 - T_4 + T_1) \tag{36a}$$

$$\eta = W/Q_{23} = 1 - T_4/T_3 = 1 - (p_1/p_2)^{(\varkappa-1)/\varkappa}.$$

Dieser Kreisprozeß ist auch **theoretischer Vergleichsprozeß für die Gasturbine.** Dabei entsprechen *1–2* der Vorverdichtung der Verbrennungsluft, *2–3* der Verbrennung unter konstantem Druck, *3–4* der Entspannung in der Turbine und *4–1* dem Ausblasen der heißen Abgase in die Umgebung und dem Ansaugen von Frischluft. In umgekehrter Richtung durchlaufen, dient der Prozeß zur Kälteerzeugung (offene Kaltluftmaschine).

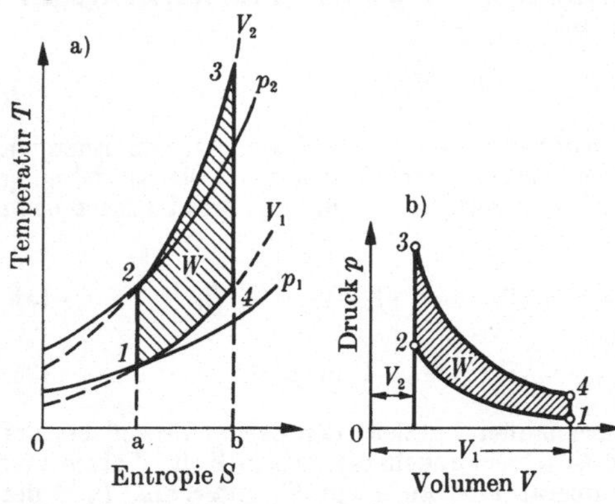

Bild 5.4-4   Kreisprozeß des Ottomotors. a) im T, S-Diagramm, b) im p, V-Diagramm

B3 Kreisprozeß des Ottomotors

Dieser Prozeß (Bild 5.4-4) besteht aus zwei Isentropen oder Polytropen *1–2* (Verdichten) und *3–4* (Entspannen) sowie zwei Isochoren *2–3* (Verbrennen bei konstantem Volumen) und *4–1* (Auspuff, Wärmeentzug bei konstantem Volumen). Im T, S-Diagramm des Bildes 5.4-4 ist *2–3*-b-a die durch Verbrennung zugeführte, *4–1*-a–b die mit Auspuff abgeführte Wärme. Beim idealen Gas mit konstanter spez. Wärmekapazität und bei Annahme desselben Exponenten n für beide Polytropen gilt, wenn $\varepsilon = V_1/V_2$ das Verdichtungsverhältnis ist,

$$T_2/T_1 = T_3/T_4 = (p_2/p_1)^{(n-1)/n} = (p_3/p_4)^{(n-1)/n} = \varepsilon^{n-1};$$

$$W = [p_1 V_1/(n-1)]\,[(p_3/p_2)-1](\varepsilon^{n-1}-1) = \bar{p}(V_1-V_2), \tag{37}$$

wobei $\bar{p}$ der durch vorstehende Gleichung definierte **mittlere Druck des Diagramms** ist. Sind 1–2 und 3–4 Isentropen, so ist in den Formeln n durch $\varkappa$ zu ersetzen:

$$W = m c_v (T_3 - T_2 - T_4 + T_1) = m c_v T_1 (p_3/p_2 - 1)(\varepsilon^{\varkappa-1}-1). \tag{38}$$

$$\eta = W/Q_{23} = 1 - T_4/T_3 = 1 - 1/\varepsilon^{\varkappa-1}.$$

Bei isentroper Entspannung und Verdichtung gilt auch bei temperaturabhängigen c_p und c_v

$$W = U_3 - U_2 - (U_4 - U_1). \tag{39}$$

In dieser Formel kann die verschiedene Zusammensetzung der Gase berücksichtigt werden: Man hat unverbranntes Gemisch in den Punkten *1* und *2* und die bei der Verbrennung gebildeten Gase in den Punkten *3* und *4*. Diese genauere Rechnung der inneren Energien wird unter Berücksichtigung der Temperaturabhängigkeit von c_p und c_v mit Tabelle 5.4-8 durchgeführt, wobei die Zustandsgrößen für das Gasgemisch der Verbrennungsgase entsprechend ihrer Zusammensetzung nach der Mischungsregel einzusetzen sind, sie ergibt kleinere Wirkungsgrade als die Rechnung mit konstanten c_p und c_v.

Die Gleichung (39) ist näherungsweise auch für veränderliche c_p und c_v verwendbar, wenn darin das mittlere $\varkappa$ eingesetzt wird, das sich nach $\varepsilon^{\varkappa-1} = T_3/T_4$ aus Anfangs- und Endtemperatur der Expansionsisentropen des wirklichen Verbrennungsgases ergibt. Für die Praxis kann

$$\varkappa - 1 = 0{,}382/(1 + q/1900)$$

gesetzt werden; q ist der Zahlenwert der Heizwärme je kg Gemisch in kcal/kg.

B4 Kreisprozeß des Dieselmotors

In das hoch verdichtete Gas wird flüssiger Brennstoff so eingespritzt, daß die Verbrennung nahezu bei konstantem Druck längs *2–3* erfolgt. (Bild 5.4-5 Gleichdruckprozeß.) Ist $\varphi = V_3/V_2$ das Einspritzverhältnis, so gilt

$$\eta = 1 - \frac{1}{\varkappa\varepsilon^{\varkappa-1}}\,\frac{\varphi^{\varkappa}-1}{\varphi-1}\,.$$

Beginnt die Verbrennung mit plötzlichem Druckanstieg *2–2'* von p_2 auf ψp_2 und geht dann bei konstantem Druck weiter (Bild 5.4-6 gemischter Prozeß), so ist

$$\eta = 1 - \frac{\psi\varphi^{\varkappa}-1}{\varepsilon^{\varkappa-1}\left[\psi-1+\varkappa\psi(\varphi-1)\right]}\,.$$

Bei veränderlichen c_p, c_v wird $W = U_3 - U_4 - (U_2 - U_1) + p_2 V_2 \psi(\varphi-1)$,

wobei man Tab. 5.4-8 benutzt, wie unter **B3** angegeben.

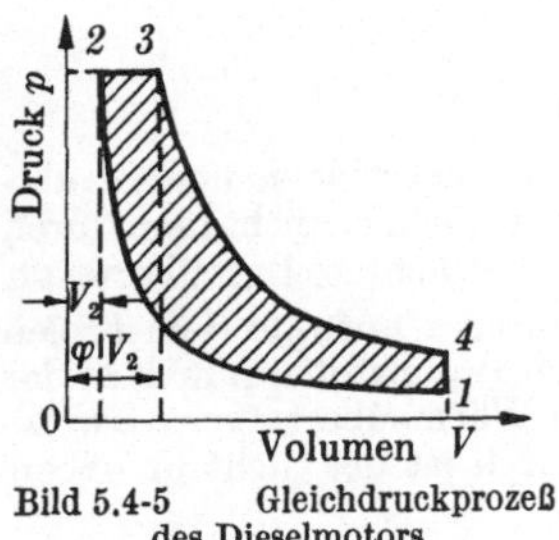

Bild 5.4-5   Gleichdruckprozeß
des Dieselmotors

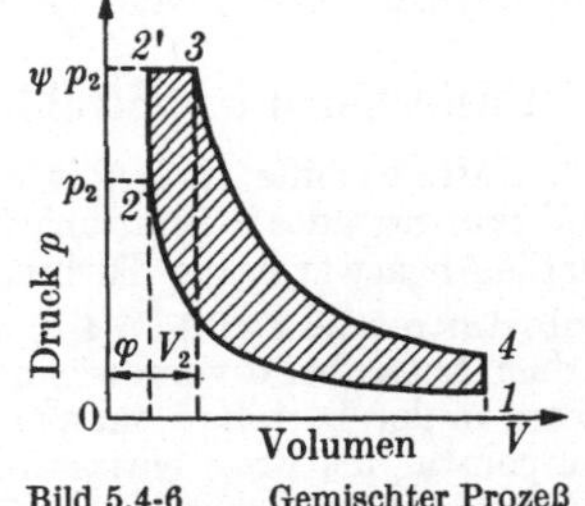

Bild 5.4-6   Gemischter Prozeß
des Dieselmotors

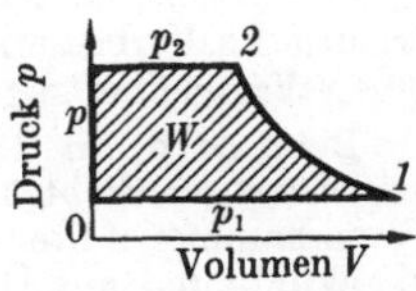

Bild 5.4-7   Verdichter
ohne schädlichen Raum

B5 Luftverdichter

Für verlustlose Verdichter ohne schädlichen Raum ist die Arbeit zum Verdichten der Luftmasse m mit dem Ansaugvolumen V_1 vom Druck p_1 und der Temperatur T_1 auf den Druck p_2 (Bild 5.4-7) bei isothermer Verdichtung mit $T_1 = T_2$

$$W = \int_{p_1}^{p_2} V\,\mathrm{d}p = (H_2 - H_1) = p_1 V_1 \ln\,(p_2/p_1) = m R T_1 \ln\,(p_2/p_1)\,,$$

die Wärme $Q_{12} = W$ ist an das Kühlwasser abzuführen. Bei polytroper und isentroper Verdichtung gilt

$$W = p_1 V_1 \frac{n}{n-1}\left[\frac{T_2}{T_1} - 1\right] = p_1 V_1 \frac{n}{n-1}\left[\left(\frac{p_2}{p_1}\right)^{\frac{n-1}{n}} - 1\right],$$

und an Wärme ist abzuführen

$$Q_{12} = \frac{\varkappa-n}{\varkappa-1}\,\frac{W}{n}\,.$$

Bei isentroper Verdichtung ist $n = \varkappa$ zu setzen, $Q_{12} = 0$. Die Verdichtungsarbeit läßt sich auch $W = V_1 \Delta p$ schreiben; Δp ist der der mittleren Höhe des Diagramms entsprechende Druckunterschied. Verdichtungsarbeit W in kpm für $V_1 = 1\,\mathrm{m}^3$ Ansaugvolumen bei verschiedenen Verdichtungsverhältnissen in Tab. 5.4-13.

Tabelle 5.4-13   Verdichtungsarbeit in kp m für 1 m³ angesaugtes Gasvolumen
$n = 1$ entspricht isothermer, $n = 1,4$ bei zweiatomigen Gasen isentroper Verdichtung

$p_2/p_1 =$	1,5	2	2,5	3	4	5	6	8	10
$n = 1$	4050	6930	9160	10990	13860	16100	17900	20800	23000
$n = 1,1$	4180	7150	9570	11550	14700	17300	19500	22900	25600
$n = 1,2$	4200	7380	9900	12050	15600	18400	20900	24800	28100
$n = 1,3$	4250	7540	10180	12520	16400	19500	22200	26700	30400
$n = 1,4$	4300	7680	10460	12900	17030	20400	23400	28400	32600

Da die isotherme Verdichtung die geringste Arbeit erfordert, ist sie ein idealer Vergleichsprozeß. Da sich die Verdichtungswärme in der kurzen Zeit des Arbeitsspieles nicht abführen läßt, arbeiten ausgeführte Verdichter praktisch adiabat. Deshalb ist der Wirkungsgrad eines Verdichters meist durch Vergleich seines Arbeitsbedarfs mit adiabater Verdichtung zu beurteilen. Durch mehrstufige Ausführung mit Zwischenkühlung kann der Arbeitsbedarf besonders bei Verdichtung auf hohe Drücke stark vermindert und der Isotherme genähert werden. Dabei sind die Druckverhältnisse der hintereinander geschalteten Stufen gleich zu wählen, damit die Stufen gleiche Arbeit benötigen. Das Druckverhältnis der Einzelstufen ist selten > 10.

Für große Leistungen wird die Kolbenmaschine durch den Turboverdichter verdrängt, für dessen Arbeitsbedarf vorstehende Formeln auch gelten.

B6   Gasturbinen und Strahltriebwerke

Der Kreisprozeß der Heißluftmaschine (**B2**) gilt auch für Gasturbinen und Strahltriebwerke. Verbessern des Wirkungsgrades bei stationären Gasturbinen erreicht man durch einen Wärmeübertrager, der die Abgaswärme der Turbine an die verdichtete Luft überträgt.

Beim **offenen Gasturbinenprozeß** (Bild 5.4-8) wird durch a Luft aus dem Freien angesaugt, verdichtet, mit dem Abgas bei d vorgewärmt, durch Brennstoffzufuhr b in der Brennkammer weiter erwärmt, in der Turbine c entspannt, im Wärmeübertrager teilweise abgekühlt und mit Übertemperatur ins Freie entlassen. Dadurch ist der nicht in Arbeit verwandelbare Anteil der Wärme am einfachsten abzuführen.

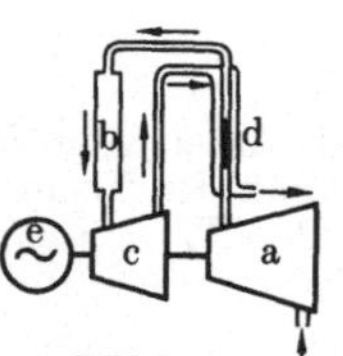

Bild 5.4-8
Gasturbinenprozeß mit offenem Kreislauf. a = Verdichter,   b = Brennkammer,   c = Gasturbine, d = Wärmeübertrager, e = elektr. Stromerzeuger

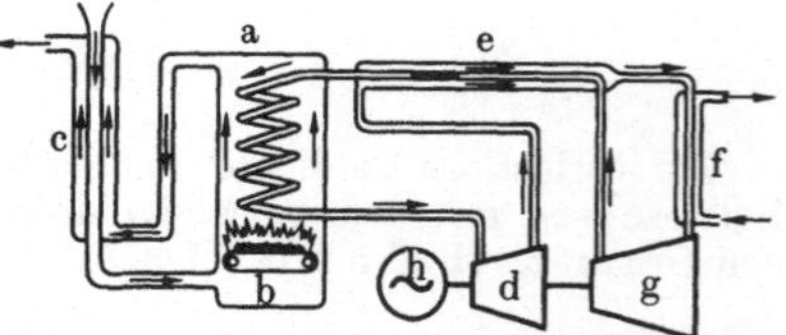

Bild 5.4-9   Gasturbinenprozeß mit geschlossenem Kreislauf. a = Lufterhitzer, b = Rostfeuerung, c = Vorwärmer, d = Gasturbine, e = Wärmeübertrager, f = Kühler, g = Verdichter, h = elektr. Stromerzeuger

Beim **geschlossenen Prozeß** (Bild 5.4-9) läuft im Kreis e immer dasselbe Gas um, dem bei b Wärme bei hohem Druck durch Heizflächen hindurch zugeführt wird. Der nicht in Arbeit verwandelbare Anteil der Wärme wird dem Arbeitsmittel bei niederem Druck in einem Kühler durch Kühlwasser entzogen, bevor es wieder in den Verdichter eintritt.

Im p, V-Diagramm (Bild 5.4-10a) ist 1–2–a–b die Arbeit des Verdichters, längs 2–3 wird Wärme zugeführt, entweder durch innere Verbrennung (offener Prozeß) oder durch Heizflächen hindurch (geschlossener Prozeß), in der Turbine wird die Arbeit 3–4–b–a gewonnen; längs 4–1 wird Wärme durch Gasaustritt ins Freie oder durch Kühler abgeführt. Die schraffierte Fläche 1–2–3–4, gleich dem Überschuß der Entspannungsarbeit über den Arbeitsbedarf des Verdichters, ist die Nutzarbeit.

Im T, S-Diagramm (Bild 5.4-10b) ist die Fläche 2–3–d–c die zugeführte, die Fläche 4–1–c–d die abgeführte Wärme. T, S-Diagramm eines Gasturbinenprozesses mit Wärmeübertrager (Bild 5.4-11); darin ist 5–6 der Vorgang im Verdichter, 2–3 Entspannen in der

Turbine. *6–1*: die Luft nimmt Wärme aus dem Abgas auf. *3–4* Abkühlen des Abgases. Da der im Gegenstrom arbeitende Wärmeübertrager ein Temperaturgefälle benötigt, müssen die Temperaturen längs *3–4* höher sein als längs *1–6*. Die Strecken *5–6* und *2–3* zeigen Entropiezunahmen wegen der Verluste in Verdichter und Turbine.

Der Wirkungsgrad des verlustlosen Gasturbinenprozesses ohne Wärmeübertrager nach Bild 5.4-10 bei konstanten spez. Wärmekapazitäten und gleichbleibendem Arbeitsmittel

$$\eta = 1 - (p_1/p_2)^{(\varkappa - 1)/\varkappa} = 1 - T_1/T_2$$

hängt wie bei Heißluftmaschine und Ottomotor nur vom Druck- oder Temperaturverhältnis der Verdichtung ab; die Höchsttemperatur des Prozesses ist ohne Einfluß. Wegen der Verluste und wegen des Wärmeübertragers wächst der Wirkungsgrad mit steigender Eintrittstemperatur des Gases in die Turbine, wenn zugleich das Verdichtungsverhältnis erhöht wird. Für jedes Druckverhältnis hat die Turbine ohne Wärmeübertrager eine Temperatur vor der Turbine, für die der Wirkungsgrad ein Maximum hat. Durch den Wärmeübertrager verschiebt sich dieses Maximum nach höheren Temperaturen.

Der Wirkungsgrad kann verbessert werden durch gestufte Verdichtung mit Zwischenkühlung und durch gestufte Verbrennung mit Teilentspannungen hinter jeder Verbrennung. Der Grenzfall mit unendlich vielen Stufen entspricht der Wärmezufuhr und -abfuhr bei konstanten Temperaturen. Der Wirkungsgrad wird im Grenzfalle der des Carnot-Prozesses zwischen Verbrennungstemperatur und Kühlertemperatur. Praktisch gibt es nur wenige Stufen.

Bei veränderlichen spez. Wärmekapazitäten wird die Arbeit entsprechend Bild 5.4-10 aus den Enthalpien nach

$$W = H_3 - H_4 - (H_2 - H_1)$$

mit Tabelle 5.4-9 berechnet; die Änderung der Gaszusammensetzung kann berücksichtigt werden.

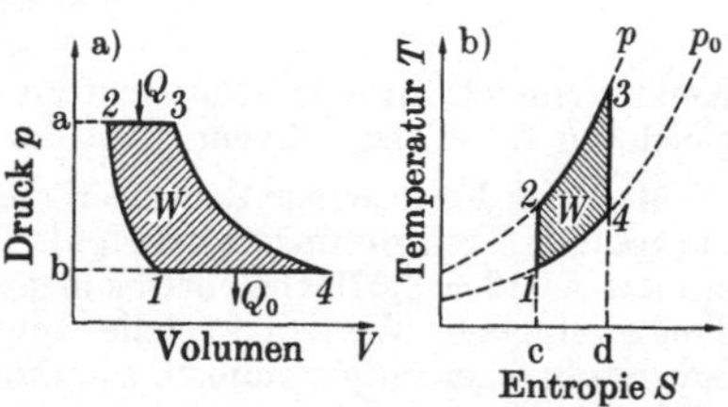

Bild 5.4-10 Theoretischer Vergleichsprozeß (Joule-Prozeß) einer Gasturbine ohne Wärmeaustauscher a) im p, V- und b) im T, S-Diagramm

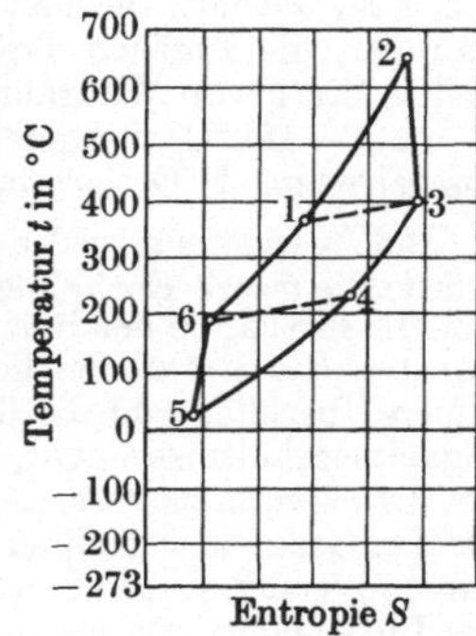

Bild 5.4-11 t, S-Diagramm des Gasturbinenprozesses mit offenem Kreislauf nach Bild 5.4-8

Die Warmfestigkeit ungekühlter Turbinenschaufeln begrenzt die Gastemperatur vor der Turbine auf $\approx 700\,°C$, deshalb ist ein hoher Luftüberschuß (Luftverhältnis 3 bis 4) nötig mit großer Verdichterleistung, die 2/3 bis 3/4 der Turbinenleistung verbraucht.

Gasturbinen treiben in Flugzeugen Propeller an. Der theoretische Wirkungsgrad solcher Propellerturbinen hängt wie der stationärer Gasturbinen nur vom Druckverhältnis der Verdichtung ab, von dem ein Teil am Verdichtereintritt durch den Staudruck der Fluggeschwindigkeit geliefert wird. Höhere Fluggeschwindigkeiten ermöglichen Strahltriebwerke [H10], bei denen dem heißen Druckgas hinter der Brennkammer soviel Arbeit in der Turbine entzogen wird, wie der Antrieb des Verdichters benötigt, der Rest wird durch eine Düse in kinetische Energie des aus ihr tretenden Gasstrahls verwandelt, dessen Impuls den Schub liefert.

B7   Raketenantrieb, Raumfahrt

Beim Raketenantrieb erfolgt in einer Brennkammer eine chemische Reaktion, die heiße Gase hohen Drucks liefert. Der mit der Geschwindigkeit $\mathfrak{w}$ durch eine Lavaldüse (5.6) austretende Treibgasstrom $\dot{m} = \mathrm{d}m/\mathrm{d}t$ erzeugt die Schubkraft (den Schub)

$$\mathfrak{F} = -\dot{m}\mathfrak{w},$$

wenn die Lavaldüse genügend erweitert ist, um die Gase bis auf den Umgebungsdruck p_0 zu entspannen. Kann man aus konstruktiven Gründen die Düse nicht genügend erweitern, so herrscht in ihrem Austrittsquerschnitt A_a ein Druck $p_a > p_0$, und der Schub ist

$$F = \dot{m} w_a + (p_a - p_0) A_a .$$

Kennzeichnend für einen Raketentreibstoff ist der **spezifische Schub** $F/\dot{m} = w$. Er ist gleich der Austrittsgeschwindigkeit des Gasstrahls bei genügend erweiterter Lavaldüse.

Meist wird mit reinem Sauerstoff verbrannt, der mitzunehmen ist. Dadurch erhöht sich die gesamte Treibstoffmasse bei H_2 als Treibstoff auf das 9fache, bei C mit CO_2 als Treibgas auf das $44/12 = 3{,}67$fache, bei Kohlenwasserstoffen auf das etwa 5fache der eigentlichen Treibstoffmasse. Werden anstelle von reinem Sauerstoff H_2O_2, HNO_3 oder N_2O_4 als Sauerstoffträger mitgenommen, so erhöht das die Startmasse der Rakete.

Die Treibstoffkomponenten werden flüssig bei konstantem p in die Brennkammern gefördert, oder fester Treibstoff wird abgebrannt, der chemisch gebundenen Sauerstoff enthält (**Pulverrakete, Feststoffrakete**).

Feststoffraketen sind einfach und unbeschränkt lagerfähig, aber ihr spezifischer Schub ist kleiner als der von Flüssigkeitsraketen, da ihr Treibstoff außer C, H und O andere Atome, meist N, enthält. Sie benötigen größeres Volumen und größere Wandmasse der Brennkammer, die zugleich Treibstoffbehälter ist. Bei Raketen höchster Leistung, z. B. der ersten Stufe von Weltraumraketen, werden meist H_2 und O_2 flüssig (H_2 mit $-253\,^\circ$C, O_2 mit $-183\,^\circ$C) mitgenommen und in die Brennkammer gepumpt, wo sie zu teilweise dissoziiertem H_2O verbrennen.

Bei Ausströmen ins Vakuum durch eine Lavaldüse mit dem Erweiterungsverhältnis ∞ würde die ganze Enthalpie des Treibstoffes, d.h. die Anfangsenthalpie der Komponenten und die Enthalpie der Heizwärme, sich in kinetische Energie des Treibgases umsetzen. Aus konstruktiven Gründen kommt man nicht auf höhere Erweiterungsverhältnisse als 30. Einen Überblick gibt die Tabelle 5.6-2, in der Temperaturverhältnisse T_1/T_e, Geschwindigkeitsverhältnisse w_a/w_e und w_a/w_∞, sowie Erweiterungsverhältnis A_a/A_e als Funktion des Druckverhältnisses p_1/p_a für drei Werte von $\varkappa$ mit Hilfe der Zustandsgleichung des idealen Gases ausgerechnet sind. Für das Treibgas der H_2, O_2-Rakete mit hoher Temperatur und Teildissoziation ist $\varkappa \approx 1,2$, wobei dieser Wert sich mit dem Druckabfall längs der Düse ändert. Die spezifischen Schübe betragen bei der Verbrennung mit Sauerstoff etwa

bei Wasserstoff	5200 m/s
bei Kohlenwasserstoffen	(4000 bis 4800) m/s
bei rauchlosem Pulver	3600 m/s
bei Schwarzpulver	2300 m/s.

Praktisch können etwa 60% des theoretischen Schubes $\dot{m} w$ erreicht werden. Das entspricht einem inneren Wirkungsgrad der Umsetzung von Verbrennungswärme in kinetische Energie des Treibstrahles von $\eta_i = 0{,}6^2 = 0{,}36$. η_i hängt von der Ausführung und den Betriebsbedingungen der Brennkammer, nicht von der Fluggeschwindigkeit, ab und ist etwa so groß wie bei Brennkraftmaschinen. Die dem inneren Wirkungsgrad entsprechenden Verluste erscheinen als Enthalpie des die Düse verlassenden Gases.

Der Strahl führt **kinetische Energie** fort, da er eine Geschwindigkeit gegen die Umgebung hat.

Der **äußere Wirkungsgrad** η_a der Rakete sei das Verhältnis der bei der Fluggeschwindigkeit w_F auf die Rakete übertragenen Nutzleistung $\dot{m} w_a w_F$ zur kinetischen Leistung $P_{\dot{m}}$ des Treibstoffstroms. $P_{\dot{m}}$ besteht aus der in der Düse durch Expansion erzeugten kinetischen Strahlleistung $\dot{m} w_a^2/2$ und der kinetischen Treibstoffleistung $\dot{m} w_F^2/2$ vor der Verbrennung, die sich während der Beschleunigung der Rakete angesammelt hat:

$$P_{\dot{m}} = \dot{m} (w_a^2 + w_F^2)/2 .$$

Mit $w_\mathrm{a}/w_\mathrm{F} = y$ ergibt sich die in Bild 5.4-12 dargestellte Funktion

$$\eta_\mathrm{a} = \frac{2\,y}{1+y^2} = \frac{2/y}{1+1/y^2}\;.$$

Für Fluggeschwindigkeiten von einem Drittel bis zum Dreifachen der Strahlgeschwindigkeit liegt η_a zwischen 0,6 und 1 mit dem planimetrierten Mittelwert 0,823. Damit ist in diesem Geschwindigkeitsbereich der äußere Wirkungsgrad etwa der gleiche wie bei Luftschrauben schneller Flugzeuge.

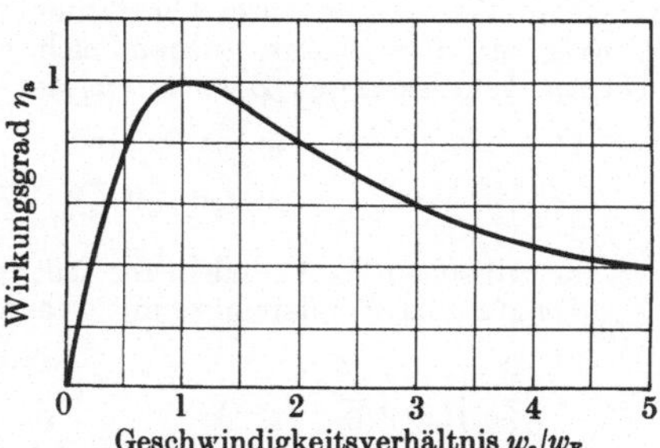

Bild 5.4-12 Äußerer Wirkungsgrad η_a einer Rakete in Abhängigkeit vom Verhältnis Strahlgeschwindigkeit w_a zu Fluggeschwindigkeit w_F

Gesamtwirkungsgrad der Rakete während der Brenndauer ist das Verhältnis der mechanischen Energie (kinetische und potentielle) der nach Verbrauch des Treibstoffs bei Brennschluß übriggebliebenen Restmasse zur Verbrennungswärme des Treibstoffes. Dieser Gesamtwirkungsgrad ist nur von der Größenordnung 5 % vor allem wegen des schlechten äußeren Wirkungsgrades bei kleinen Geschwindigkeiten, wo noch der Treibstoff, der etwa 75 % der Startmasse bildet, zu beschleunigen ist.

Um einen Körper aus dem Schwerefeld der Erde mit der Fallbeschleunigung $g_0 = 9{,}81\ \mathrm{m/s^2}$ in Meereshöhe, d. h. beim Erdradius $r_\mathrm{E} = 6370\ \mathrm{km}$, ganz hinauszuschießen, braucht er die Startgeschwindigkeit (Fluchtgeschwindigkeit)

$$w = \sqrt{2\,g_0\,r_\mathrm{E}} = 11{,}18\ \mathrm{km/s}\;.$$

Soll er die Erde als Satellit in geringer Höhe umkreisen, so genügen

$$w = \sqrt{g_0\,r_\mathrm{E}} = 7{,}91\ \mathrm{km/s},$$

wenn man vom Luftwiderstand absieht.

Bei heutigen Raketen sind von der Startmasse etwa 75 % Treibstoff, 15 % Konstruktionsteile, 10 % Nutzlast. Nach dem Verbrauch des meist bei konstantem Schub abgebrannten Treibstoffes (bei Brennschluß) ist die Masse auf 25 % der Startmasse gesunken, und die Geschwindigkeit der Restmasse überschreitet die Ausströmgeschwindigkeit der Treibgase. Kohlenwasserstoffe erfordern, um Satellitengeschwindigkeit zu erreichen, eine zweite Stufe, die als kleinere Rakete die Nutzlast der ersten bildet. Mit Wasserstoff-Sauerstoff-Raketen kommt man der Satellitengeschwindigkeit nahe und erreicht sie, wenn man überflüssig gewordene Bauteile vor Brennschluß abwirft.

5.5 Dämpfe [1]

bearbeitet von Prof. Dr.-Ing. E. Schmidt, München

Dämpfe sind Gase nahe der Verflüssigung. Bei gesättigtem Dampf genügt eine beliebig kleine Temperatursenkung zur Verflüssigung. Überhitzter Dampf benötigt hierzu eine endliche Temperatursenkung. Im Sättigungszustand sind siedende Flüssigkeit und gesättigter Dampf eines Stoffes im Gleichgewicht. Ein Gemisch von siedender Flüssigkeit und gesättigtem Dampf heißt Naßdampf. Da sich alle Gase verflüssigen lassen, besteht kein grundsätzlicher Unterschied zwischen Gasen und Dämpfen. Bei über dem Sättigungszustand liegenden Temperaturen und niedrigen Drücken nähert sich das Verhalten beider dem des idealen Gases. Beim Verflüssigen treten die beiden Phasen Dampf und Flüssigkeit nebeneinander auf; sie sind durch Grenzflächen getrennt, bei deren Überschreiten sich die meisten Zustandsgrößen (u, v usw.) sprunghaft ändern.

---

[1] Formelzeichen und Einheiten vgl. 5.1.

Beim Verflüssigen unter konstantem Druck (Sättigungsdruck) bleibt die Sättigungstemperatur T konstant, während sich v vermindert. T ist eine Funktion von p, die **Dampfdruckkurve**. Bezeichnung der spezifischen Zustandsgrößen:

$$v', \ u', \ h', \ s' \qquad \text{für siedende Flüssigkeit}$$

$$v'', \ u'', \ h'', \ s'' \qquad \text{für gesättigten Dampf}$$

Im kritischen Punkt haben die Isotherme des p,v-Diagramms und die Isotherme des T,s-Diagramms Wendepunkte mit waagerechter Tangente, dort gilt

$$\left(\frac{\partial p}{\partial v}\right)_T = \left(\frac{\partial^2 p}{\partial v^2}\right)_T = 0, \qquad \left(\frac{\partial T}{\partial s}\right)_p = \left(\frac{\partial^2 T}{\partial s^2}\right)_p = 0, \qquad \left(\frac{\partial h}{\partial T}\right)_p = c_p = \infty \tag{1}$$

A. Gesättigter Dampf

A1   Dampftabellen

Sie enthalten Zahlenwerte der Zustandsgrößen von Dampf und Flüssigkeit im Sättigungszustand. Hierbei gilt

$$h' = u' + pv', \qquad u'' = u' - p(v'' - v') + q_\mathrm{d} = u' + \Delta u$$

$$h'' = u'' + pv'', \qquad s'' = s' + q_\mathrm{d}/T, \qquad h'' = h' + q_\mathrm{d};$$

$p(v'' - v')$ ist die bei der Verdampfung durch Volumenvergrößerung geleistete Arbeit. Um willkürliche Konstanten zu vermeiden, setzt man im Tripelpunkt $u' = 0$ und $s' = 0$. Da im Tripelpunkt $pv' = 0{,}6 \ \mathrm{J/kg}$ sehr klein ist, gilt dann praktisch auch $h' = 0$.

A2   Naßdampf

Im p,v-Diagramm, T,s-Diagramm und h,s-Diagramm liegen die Zustände des **Naßdampfes** im **Naßdampfgebiet**, das zu den **Zweiphasengebieten** gehört. Enthält der Naßdampf die Flüssigkeitsmasse m', die Dampfmasse m'' und die Gesamtmasse $m = m' + m''$, so ist

$$\text{Dampfgehalt} \qquad\qquad x = m''/m$$

$$\text{Flüssigkeitsgehalt} \qquad 1 - x = m'/m$$

$$v = v' + x(v'' - v'), \qquad u = u' + x(u'' - u'), \qquad s = s' + x(s'' - s') = s' + xq_\mathrm{d}/T;$$

$x = 0$ kennzeichnet den Zustand auf der **Siedelinie**, der Grenzkurve zwischen Flüssigkeitsgebiet und Naßdampfgebiet. **Trocken gesättigter Dampf** hat den Dampfgehalt $x = 1$, seine Zustandskurve ist die **Taulinie**, die Grenzkurve zwischen Naßdampfgebiet und Gasgebiet. Im kritischen Punkt gehen Siedelinie und Taulinie stetig ineinander über. Teilt man die geraden Isothermen zwischen den Grenzkurven in gleiche Teile und verbindet entsprechende Teilpunkte, so erhält man Kurven gleichen Dampfgehalts x. Bei beliebiger Zustandsänderung ist dem Naßdampf die Wärme

$$q_{12} = h_2' - h_1' + x_2 q_{\mathrm{d}2} - x_1 q_{\mathrm{d}1} - \int\limits_1^2 v\,\mathrm{d}p \tag{2}$$

zuzuführen.

Die **Isothermen** $T = \text{const}$ des Naßdampfes sind zugleich seine **Isobaren** $p = \text{const}$, daher stellen sie im T,s- und p,v-Diagramm horizontale Geraden dar. Im h,s-Diagramm sind die Isothermen schräge Geraden mit der Neigung

$$\left(\frac{\partial h}{\partial s}\right)_T = T. \tag{3}$$

Längs der Naßdampf-Isotherme gilt

$$w_{12} = p(v_2 - v_1) = p(v'' - v')(x_2 - x_1), \qquad q_{12} = q_\mathrm{d}(x_2 - x_1). \tag{4}$$

Die Isentropen $s = \mathrm{const}$ sind im T,s- oder h,s-Diagramm parallel zur Ordinatenachse. Dabei gilt für eine Zustandsänderung $1 \to 2$

$$s_1' + x_1 q_{\mathrm{d}1}/T_1 = s_2' + x_2 q_{\mathrm{d}2}/T_2, \qquad w_{12} = u_1' + x_1 \Delta u_1 - u_2' - x_2 \Delta u_2.$$

Die Expansion trockenen Sattdampfes von Anfangsdrücken bis 25 kp/cm² kann durch die Polytrope $pv^n = \mathrm{const}$ mit $n = 1{,}135$ dargestellt werden, wobei

$$w_{12} = \frac{p_1 v_1}{n-1}\left[1 - \left(\frac{p_2}{p_1}\right)^{(n-1)/n}\right]. \tag{5}$$

Bei der Expansion wird gesättigter Dampf naß, gesättigtes Wasser verdampft teilweise. Für die Isochoren $v = \mathrm{const}$ gilt

$$v_1' + x_1(v_1'' - v_1') = v_2' + x_2(v_2'' - v_2'), \qquad q_{12} = u_2' - u_1' + x \Delta_2 u_2 - x_1 \Delta u_1.$$

A 3 Clausius-Clapeyron-Gleichung

Die Clausius-Clapeyron-Gleichung $\qquad q_\mathrm{d}/T = (v'' - v')\,\mathrm{d}p/\mathrm{d}T \tag{6}$

folgt für gesättigte Dämpfe aus dem 2. Hauptsatz und verknüpft die Entropieänderung $s'' - s' = q_\mathrm{d}/T$ mit der Volumenänderung $v'' - v'$ der Verdampfung und dem Differentialquotienten $\mathrm{d}p/\mathrm{d}T$ der Dampfdruckkurve. Bei niedrigen Drücken kann man v' gegen v'' vernachlässigen und den Dampf als ideales Gas mit $pv'' = RT$ behandeln:

$$\frac{\mathrm{d}(\ln p)}{\mathrm{d}T} = \frac{q_\mathrm{d}}{RT^2} \tag{7}$$

Setzt man $q_\mathrm{d} = a - bT$, so ergibt die Integration von (7) die Funktion

$$p = \mathrm{const}\; T^{-b/R}\, \mathrm{e}^{-a/RT}. \tag{8}$$

B. Überhitzter Dampf

Nahe der Sättigungsgrenze werden besonders bei hohen Drücken die Abweichungen vom idealen Gas groß. Die Stoffzustände sind durch komplizierte Zustandsgleichungen darstellbar, bequemer aus Tabellen oder Diagrammen zu entnehmen (Bild 5.5-1).

Über die Eigenschaften von Wasser und Wasserdampf wurden die Rahmentafeln 1963 (skeleton tables) international vereinbart [2]. Sie geben für 44 Punkte der Sättigungslinie sowie für ein Netzwerk von 30 Drücken und 20 Temperaturen Werte für v und h des Wassers und Dampfes bis 1000 bar und 800°C.

1967 wurden Zustandsgleichungen von Wasser und Dampf für die Verarbeitung in Elektronenrechnern international vereinbart [3], deren Ergebnisse innerhalb der Toleranzen der Rahmentafeln 1963 liegen und die den Differentialbeziehungen zwischen den Zustandsgrößen (5.3 C 2) genügen. Diese Gleichungen mit ihren etwa 150 Konstanten und den daraus berechneten Tabellen sind in [3] enthalten. Die Tabellen 5.5-1 bis 5.5-5 sind Auszüge dieser Veröffentlichungen.

C. Theorie der Dampfkraftanlagen

p, T, h, s Dampfzustand vor dem Eintritt in die Maschine (Anfangszustand)

p_0, T_0, h_0, s_0 Dampfzustand nach dem Verlassen der Maschine (Endzustand)

h_W Enthalpie des Speisewassers bei Eintritt in den Dampfkessel.

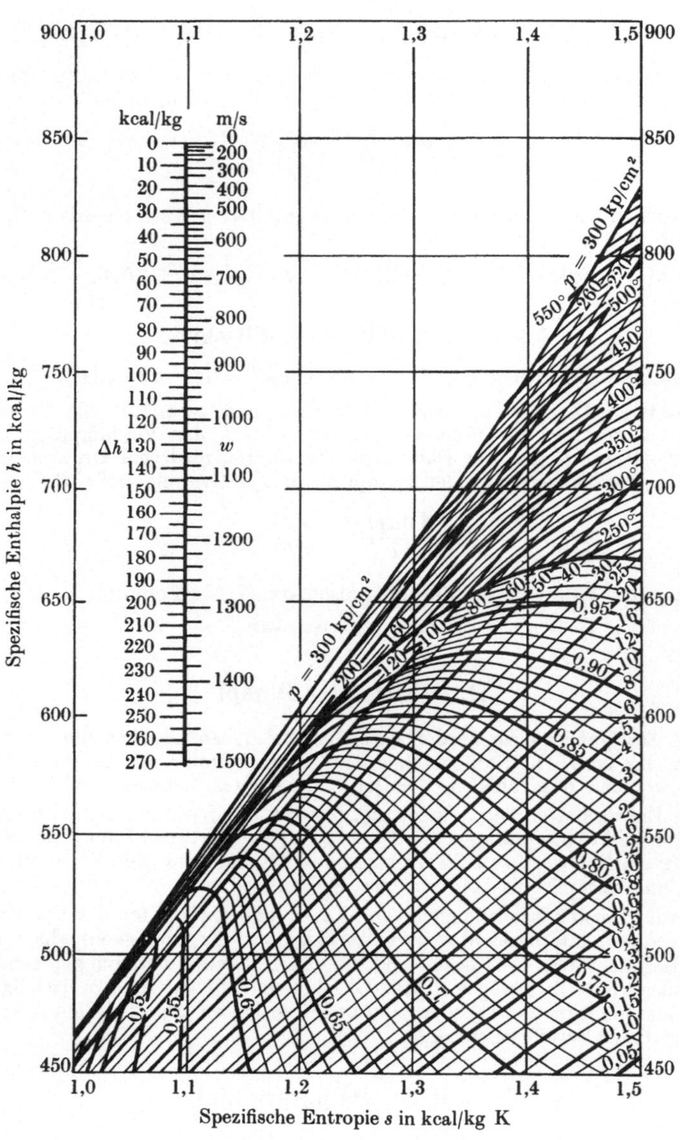

Bild 5.5-1a

Bild 5.5-1   *h, s*-Diagramm für Wasserdampf nach VDI-Wasserdampftafeln [3]

Spezifische Enthalpie h in kcal/kg
Spezifische Entropie s in kcal/kg K

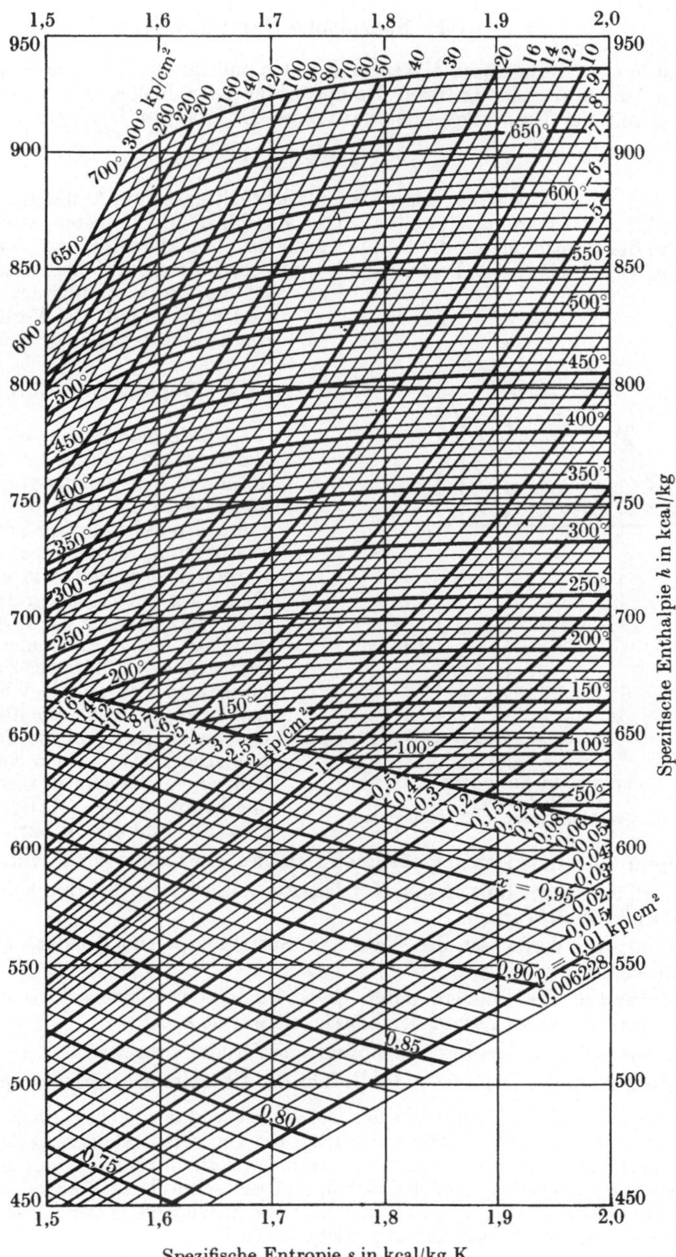

Bild 5.5-1 b

C1 Spezifische Dampfarbeit

Sie ist in einer verlustlosen Maschine, d. h. bei vollständiger, isentroper Expansion von p auf p_0 in einer reibungsfreien Dampfturbine oder Kolbenmaschine ohne Wärmeaustausch mit der Umgebung, die isentrope Enthalpie-Differenz

$$w = h - h_0. \tag{9}$$

w ergibt sich aus dem h,s-Diagramm als senkrechte Strecke vom Anfangszustand p, T des Dampfes bis zur Isobare p_0. (9) gilt auch für Maschinen mit Verlusten, aber ohne Wärmeabgabe an die Umgebung, da die Verlustwärme im Dampf bleibt und dessen Enthalpie h_0 erhöht. Der Endzustand liegt dann bei größerer Entropie auf der Isobare p_0, und w ist die Ordinatendifferenz von Anfangs- und Endzustand. Der Verlust ist die Ordinatendifferenz beider Endpunkte.

C2 Der Clausius-Rankine-Prozeß

Würde man im Kessel Wärme nur als Verdampfungswärme bei konstantem T zuführen, im Kondensator Wärme bei konstantem T_0 abführen und beide Isothermen durch isentrope Entspannung und Verdichtung verbinden, so ergäbe das den Carnot-Kreisprozeß, wie er für Gase im Bild 5.4-2 im T,s-Diagramm dargestellt wird. Dabei liegen beide Isentropen im Naßdampfgebiet mit einem Dampfwassergemisch, dessen flüssiger Teil bei Kolbenmaschinen sich an die Wände setzt und bei Turbinen in Tropfenform mit hoher Geschwindigkeit auf die Schaufeln trifft, was zusätzliche Verluste verursacht. Deshalb verwendet man als theoretischen Vergleichsprozeß den Clausius-Rankine-Prozeß (Bild 5.5-2). Darin bedeutet

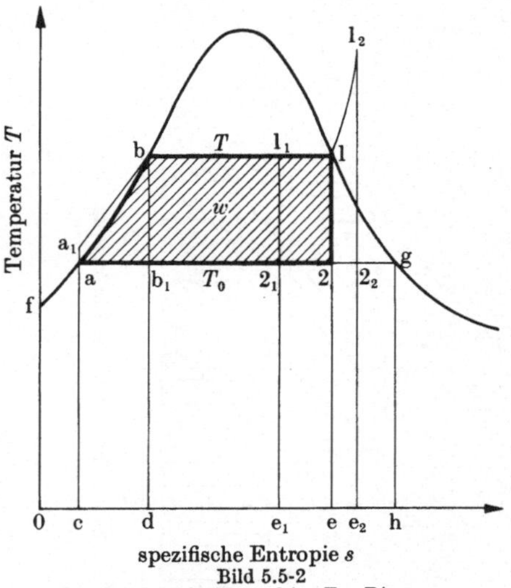

Bild 5.5-2
Clausius-Rankine-Prozeß im T, s-Diagramm

$1 \rightarrow 2$ Isentropes Entspannen gesättigten Dampfes, der dabei feucht wird,

$2 \rightarrow a$ Verflüssigen des Dampfes im Kondensator unter Entzug der durch die Fläche $2\,a\,c\,e$ dargestellten Wärme,

$a \rightarrow a_1$ Isentropes Verdichten des Wassers in Speisepumpe von Kondensator- auf Kesseldruck,

$a_1 \rightarrow b$ Erwärmen des Wassers unter Kesseldruck von Kondensator- auf Sättigungstemperatur unter Zufuhr der Flüssigkeitswärme $a_1\,b\,d\,c$,

$b \rightarrow 1$ Verdampfen im Kessel unter Zufuhr der Verdampfungswärme $b\,1\,e\,d$,

$1 \rightarrow 1_2$ Überhitzen des Dampfes unter Zufuhr der Überhitzungswärme $1\,1_2\,e_2\,e$.

Die Strecke $a\,a_1$ und die Entfernung der Isobare $a_1\,b$ von der Grenzkurve sind übertrieben dargestellt. Beim Kesseldruck 200 bar beträgt die Temperatursteigerung $a\,a_1$ nur ≈ 4 grd, $a_1\,b$ fällt praktisch mit der Grenzkurve zusammen. Deshalb versteht man unter der Arbeit des Clausius-Rankine-Prozesses bei Sattdampf die schraffierte Fläche $1\,2\,a\,b$, bei überhitztem Dampf die Fläche $1_2\,2_2\,a\,b$ und sieht vom Arbeitsbedarf der Speisepumpe ab, die als Hilfsmaschine meist gesondert angetrieben wird.

Vom Carnot-Prozeß unterscheidet sich der Clausius-Rankine-Prozeß durch die bei steigenden Temperaturen an das Speisewasser und zur Überhitzung des Dampfes zugeführten Wärmen. Überhitzen vergrößert die Arbeitsfläche des Prozesses und vermeidet zu nassen Dampf bei der Entspannung.

Die Arbeit $w = h - h_0$ kann mit Zustandsgrößen der Sättigungslinie geschrieben werden: bei trocken gesättigtem Dampf

$$w = h'' - h_0'' + T_0(s_0'' - s''), \tag{10}$$

bei überhitztem Dampf mit Endzustand im Naßdampfgebiet

$$w = h - h_0'' + T_0(s_0'' - s). \tag{11}$$

Für die Arbeit überhitzten Dampfes mit überhitztem Endzustand kann entsprechend der Gleichung des Gasverdichters auch

$$w = pv \, \frac{\varkappa}{n-1} \, [1 - (p/p_0)^{(n-1)/\varkappa}] \tag{12}$$

geschrieben werden mit $\varkappa = 1{,}3$ bis $p \approx 25$ bar.

C3   Wirkungsgrad und Dampfverbrauch

Im Kessel wird an Wärme die Differenz $h - h_\mathrm{W}$ der Enthalpie des Dampfes und des Speisewassers zugeführt. Ist w_i die vom Dampf an den bewegten Teil (Kolben oder Turbinenrotor) der Maschine übertragene spezifische Arbeit (bei der Kolbenmaschine mit dem Indikator ermittelbar) und w_e die von der Maschinenwelle abgenommene Arbeit, so sind

$\eta_\mathrm{th} = w/(h - h_\mathrm{W})$ **thermischer Wirkungsgrad des theoretischen Prozesses**

$\eta_\mathrm{i} = w_\mathrm{i}/w$ **Gütegrad der Maschine (indizierter Wirkungsgrad)**

$\eta_\mathrm{t} = w_\mathrm{i}/(h - h_\mathrm{W})$ **thermischer Wirkungsgrad des wirklichen Prozesses**

$\eta_\mathrm{m} = w_\mathrm{e}/w_\mathrm{i}$ **mechanischer Wirkungsgrad der Maschine**

$\eta_\mathrm{eff} = \eta_\mathrm{th}\eta_\mathrm{i}\eta_\mathrm{m} = w_\mathrm{e}/(h - h_\mathrm{W})$ **effektiver oder Gesamtwirkungsgrad.**

Als spezifischen **Dampfverbrauch** bezeichnet man

$$d = 1/w. \tag{13}$$

Bezieht man die gewinnbare Arbeit nicht auf die an den Dampf übertragene Wärme $h - h_\mathrm{W}$, sondern auf die dafür gebrauchte Heizwärme q_u des Brennstoffs, so wird der Gesamtwirkungsgrad der Anlage $\eta_\mathrm{e} = \eta_\mathrm{eff}\eta_\mathrm{K}$ mit

$$\eta_\mathrm{K} = (h - h_\mathrm{W})/q_\mathrm{u} \tag{14}$$

als Kesselwirkungsgrad.

C4   Steigerung des Wirkungsgrades

Da nach dem 2. Hauptsatz bei fester Umgebungstemperatur der Wirkungsgrad eines Kreisprozesses mit seiner oberen Temperatur zunimmt, hat man die Dampftemperatur bis 550 °C und die Kesseldrücke bis 350 bar = 357 at gesteigert. Bei Entspannung auf der Umgebungstemperatur entsprechende Kondensatordrücke erhält man dann sehr nassen Dampf in den letzten Schaufelkränzen der Turbine.

C41   Zwischenüberhitzung schafft Abhilfe: Man unterteilt die Turbine in hintereinander vom Dampf durchflossene Teilturbinen (Stufen) und führt dem aus einer Stufe strömenden Dampf in einem Überhitzer Wärme von der Feuerung zu, bevor er in die nächste Stufe eintritt. Die Wirkung einmaliger Zwischenüberhitzung beim Clausius-Rankine-Prozeß zeigt Bild 5.5-3. Dabei wird die waagerecht schraffierte Arbeitsfläche gewonnen, und es wird hohe Feuchtigkeit in der Turbine vermieden. Da isentrope Entspannungen angenommen wurden, liegen deren Endpunkte zwar noch im Naßdampfgebiet. Durch die Verluste der Turbinen werden beide Endpunkte aber zu größeren Entropien und damit näher an die Grenzkurve oder über diese hinaus ins überhitzte Gebiet verschoben.

C42   Gestufte Speisewasservorwärmung. Der Turbine wird an mehreren Stellen bei stufenweise steigenden Drücken und Sättigungstemperaturen Dampf entnommen, der in hintereinander vom Speisewasser durchflossenen Vorwärmern kondensiert und das

Speisewasser stufenweise erwärmt. Das Kondensat wird von Stufe zu Stufe auf niederen Druck gebracht und mit dem vom Hauptkondensator gelieferten Speisewasser vermischt. Durch diese den Dampfstrom verkleinernden Entnahmen vermindert sich stufenweise die Arbeitsfläche des Restdampfes, und an die Stelle der senkrechten Isentrope tritt eine Treppenlinie (Bild 5.5-4 für trocken gesättigten Dampf als Ausgangsstufe). Da jede Stufe im T,s-Diagramm so breit ist, daß die Fläche unter ihr ebenso groß ist wie die Fläche unter dem entsprechenden Stück der linken Grenzkurve, geht bei unendlich vielen Stufen die Treppenlinie in eine Parallele zur linken Grenzkurve über, und es ergibt sich eine Arbeitsfläche konstanter Breite und darunter die im Kondensator abzuführende Wärme des Restdampfes als Fläche derselben Breite. Damit bestehen Verhältnisse wie beim Carnot-Prozeß.

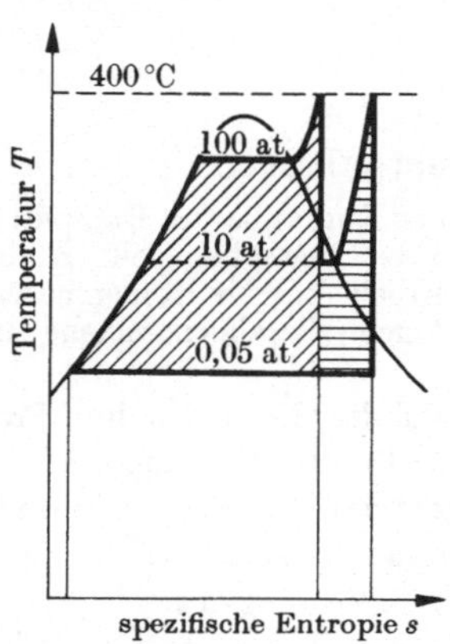

Bild 5.5-3 Dampfkraftprozeß mit
Zwischenüberhitzung

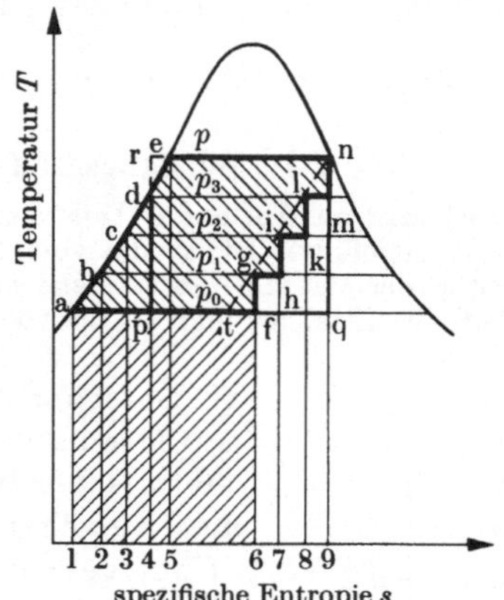

Bild 5.5-4 Stufen-Speisewasser-
vorwärmung im T,s-Diagramm

D. Feuchte Luft

Das Folgende gilt auch für Mischungen von anderen Gasen und Dämpfen (dampfhaltige Rauchgase, Gemische von Luft und Brennstoffdampf usw.), wenn diese Dämpfe dem idealen Gasgesetz und dem Mischungsgesetz von Dalton gehorchen. Der verflüssigte Dampf löse das Gas nicht in wesentlicher Menge (wie bei Ammoniak-Wasserdampf-Gemischen). Die dem Gas zusetzbare Dampfmasse ist beschränkt, da der Teildruck p des Dampfes seinen Sättigungsdruck p'' nicht überschreiten kann. Bei adiabater Expansion (Atmosphäre, Wilson-Kammer) kann zwar $p > p''$ werden, aber solche Zustände sind nicht stabil.

m_L	Luftmasse im Gemisch
$M_D = 18$ kg/mol	molare Masse des Wasserdampfes
$M_L = 29$ kg/mol	molare Masse der Luft
p	Teildruck des Dampfes
p_0	Gesamtdruck des Gemisches
$p_L = p_0 - p$	Teildruck der Luft
$R_D = 47,1$ kp m/kg K	Gaskonstante von Wasserdampf
$R_L = 29,27$ kp m/kg K	Gaskonstante von Luft
$c_{pD} = 0,45$ cal/g K	isobare spezifische Wärmekapazität des Dampfes
$c_{pL} = 0,24$ cal/g K	isobare spezifische Wärmekapazität der Luft
h_{1+x}	Enthalpie von 1 kg Luft und x kg Dampf, gezählt von 0 °C und flüssigem Zustand des ganzen Dampfes bei dieser Temperatur
$h_{1+x'}$	Sättigungswert der Enthalpie

$q_\mathrm{d} = 597$ cal/g	Verdampfungswärme des Wassers bei 0°C
x	Wassergehalt des Gemisches in kg Dampf und Wasser je kg trockene Luft (Feuchtegrad)
x''	Dampfgehalt bei Sättigung
$y = x\,M_\mathrm{D}/M_\mathrm{L}$	Molverhältnis des Gemisches in kmol Wasser/kmol trockene Luft
$\varphi = p/p''$	relative Feuchtigkeit
$\psi = x/x''$	Sättigungsgrad der Luft

Die in der Meteorologie übliche relative Feuchtigkeit ist technisch unbequemer als der hier benutzte Sättigungsgrad. Da p'' und p meist klein gegen p_0 und x und x'' klein gegen 1 sind, stimmen ψ und φ fast überein.

Bei Zustandsänderungen von Dampf-Luft-Gemischen bleibt meist die Luftmasse unverändert, während sich die ihr beigemischte Dampfmasse durch Verflüssigen oder Verdunsten ändert. Daher sind die Größen auf 1 kg trockene Luft als Masseneinheit zu beziehen, der eine veränderliche Masse von x kg Wasser zugesetzt ist; dabei ist dampfförmiges und flüssiges Wasser z.B. in Form von Tropfen oder als Niederschlag zusammenzurechnen. Zustandsänderungen treten in der Regel bei konstantem Druck auf, der meist der atmosphärische Luftdruck ist.

Für gesättigte feuchte Luft von –20 bis 100 °C gilt Tabelle 5.5-6.

D1 Zustandsgrößen des Gemisches

Die Enthalpie des Gemisches aus 1 kg Trockenluft und x kg Dampf ist

$$h_{1+x} = c_{p\mathrm{L}}t + x(c_{p\mathrm{D}}t + q_\mathrm{d}), \text{ also für Wasserdampf in kcal/kg} \tag{15}$$

$$h_{1+x} = 0{,}24\,t + x\,(0{,}45\,t + 597).$$

Bei Sättigung ist

$$h_{1+x} = 0{,}24\,t + x''(0{,}45\,t + 597).$$

Enthält das Gemisch mehr Feuchtigkeit, als der Sättigung entspricht, so ist der Teil $x - x''$ in flüssiger oder fester Phase darin enthalten, und die Enthalpie ist

$$h_{1+x} = h_{1+x'} + (x - x'')\,t c \qquad\text{für flüssiges Wasser,} \tag{16}$$

$$h_{1+x} = h_{1+x'} - (x - x'')\,(q_t - c_\mathrm{E})\,t \quad\text{für Eis} \tag{17}$$

$c = 1$ kcal/kg K spez. Wärmekapazität des flüssigen Wassers und $q_t = 80$ kcal/kg Schmelzwärme, c_E spez. Wärmekapazität des Eises.

Die Enthalpie ist im ungesättigten Dampf und bei Wasser- oder Eisgehalt des Gemisches eine lineare Funktion von x und t. Isothermen sind daher im h, x-Diagramm Geraden.

Das Volumen von $(1 + x)$ kg feuchter Luft ist für $x < x''$

$$v_{1+x} = R_\mathrm{d}(M_\mathrm{D}/M_\mathrm{L} + x)\,T/p_0, \text{ also für Wasserdampf-Luft-Gemisch} \tag{18}$$

$$v_{1+x} = 47{,}1\ \text{kpm/kg K} \cdot (0{,}622 + x)\,T/p_0.$$

Ist $x = x''$, dann ist in die vorstehende Gleichung x'' einzusetzen; für $x > x''$ bleibt das Volumen praktisch dasselbe wie bei $x = x''$, da das Volumen der Flüssigkeit verschwindend klein gegen das des Dampf-Luft-Gemisches ist. Das spezifische Volumen ist

$$v = v_{1+x}/(1 + x).$$

D 2   Das h, x-Diagramm nach Mollier

In Bild 5.5-5 sind die Enthalpien von $(1 + x)\,$kg feuchter Luft in schiefwinkligen Koordinaten dargestellt. Die Abszisse ist der Wassergehalt x, die Ordinate die Enthalpie von $(1 + x)$ kg feuchter Luft. Die Ordinatenachse enthält vom Eispunkt beginnend die Enthalpien der trockenen Luft. Die Linie $h = 0$ (entsprechend trockener Luft und flüssigem Wasser von 0 °C) ist schräg nach rechts unten gelegt derart, daß die 0 °C-Isotherme der mit Dampf gesättigten Luft waagerecht verläuft. Die Linien $h = $ const sind zu $h = 0$ parallele Geraden. In das Diagramm ist Grenzkurve $\psi = 1$ für den Gesamtdruck 1 kp/cm² eingezeichnet; sie verbindet alle Taupunkte und trennt das Gebiet der ungesättigten Gemische (oberhalb) von dem Nebelgebiet (unterhalb), in dem die Feuchtigkeit teils als Dampf, teils in flüssiger Phase (Nebel, Niederschlag) oder fester Phase (Eisnebel, Schnee) im Gemisch enthalten ist. Die Isothermen sind im ungesättigten Gebiet schwach ansteigende Geraden, die an den Grenzkurven umknicken und im Nebelgebiet nahezu den Isenthalpen parallel sind. Für einen Punkt des Nebelgebietes mit der Temperatur t und dem Wassergehalt x findet man den dampfförmigen Anteil, indem man die Isotherme t bis zur Grenzkurve verfolgt. Der hier abgelesene Anteil x'' ist als Dampf, der Anteil $x - x''$ ist als Flüssigkeit im Gemisch enthalten.

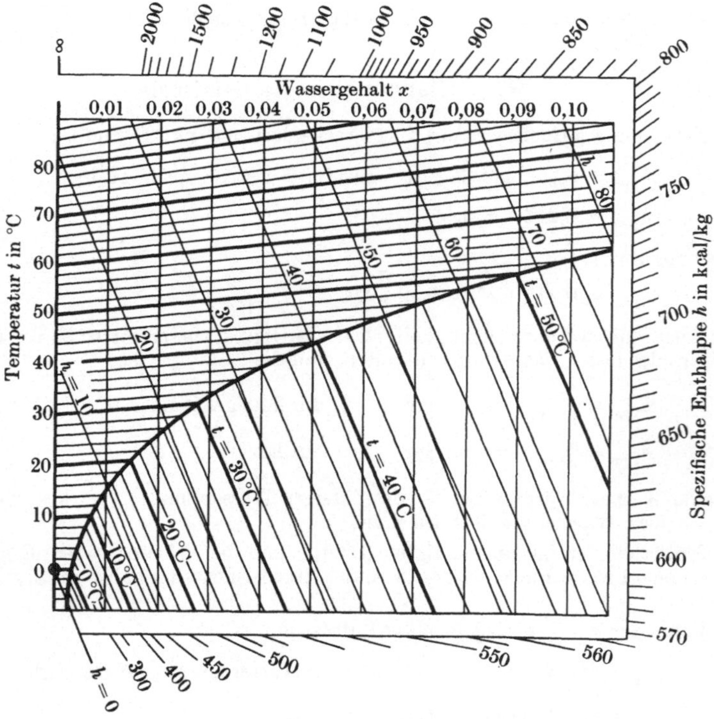

Bild 5.5-5 h, x-Diagramm für feuchte Luft nach Mollier

Die schrägen Geradenstücke am äußeren Rande des h, x-Diagramms legen zusammen mit dem Nullpunkt die Richtungen fest, parallel zu denen man sich, ausgehend von einem beliebigen Diagrammpunkt, bewegt, wenn man dem Gemisch Wasser oder Dampf zusetzt, dessen Enthalpie in kcal/kg gleich den Zahlen auf dem Randmaßstab ist.

D 21   Prozesse im h, x-Diagramm

D 211   Wärmeübertragung bei konstantem Wassergehalt. Bei gleichbleibendem Wassergehalt x wird eine Wärmezufuhr oder -abfuhr durch eine senkrechte Gerade dargestellt, wobei die senkrechte Entfernung zweier Zustandspunkte die übertragene Wärme, bezogen auf $(1+x)$ kg Gemisch oder 1 kg Trockenluft darstellt. Für eine Trockenluftmasse m_L, also eine Gemischmasse $m_\mathrm{L}(1+x)$, ist, solange man im ungesättigten Gebiet bleibt, die Wärmezufuhr in kcal bei Erwärmung von t_1 auf t_2 zu berechnen nach

$$Q = m_\mathrm{L}\,(0{,}24 + 0{,}45\,x)\,(t_2 - t_1). \tag{19}$$

D 212   Adiabate Vermischung von zwei Luftmengen. Mischt man zwei Luftmengen $m_\mathrm{L}(1+x_1)$ von der Temperatur t_1 und $m_\mathrm{L2}(1+x_2)$ von der Temperatur t_2 adiabat, so liegt der Zustand nach der Mischung auf der geraden Verbindungslinie der Anfangszustände 1 und 2 und im Schwerpunkt der in den Zustandspunkten 1 und 2 angebrachten Trockenluftmassen m_L1 und m_L2. Der Wassergehalt der Mischung ist dann

$$x_\mathrm{M} = (m_\mathrm{L1}x_1 + m_\mathrm{L2}x_2)/(m_\mathrm{L1} + m_\mathrm{L2}). \tag{20}$$

Die Mischungstemperatur kann aus der Lage des Mischungspunktes in der Isothermenschar des Diagramms abgelesen werden, gleichgültig, ob die Zustände im ungesättigten oder im Nebelgebiet liegen. Das Mischen von ungesättigten Luftmengen verschiedener Temperatur liefert Nebel, dessen Menge $x_\mathrm{M} - x''$ auf der Isotherme durch den Mischungspunkt abzulesen ist. Will man den Nebel eines Gemisches mit der Trockenluftmasse m_L1 und dem Wassergehalt x_1 durch Zusatz eines ungesättigten Gemisches mit m_L2 und x_2 aufzehren, so erhält man die mindestens notwendige Masse m_L2, indem man die gerade Verbindungslinie beider Zustände mit der Grenzkurve schneidet und hier den Wassergehalt x_M abliest; dann ergibt sich aus vorstehender Gleichung

$$m_\mathrm{L2}/m_\mathrm{L1} = (x_1 - x_\mathrm{M})/(x_\mathrm{M} - x_2). \tag{21}$$

Wird zugleich die Wärme Q mit der Umgebung umgesetzt, so hat man im Zustand 1 oder 2 zunächst die Beträge Q/m_L1 oder Q/m_L2 senkrecht nach oben (Wärmezufuhr) oder nach unten (Wärmeabfuhr) aufzutragen und dann den Zustand der Mischung wie oben zu ermitteln.

D 213   Vermischung von feuchter Luft mit Wasser. Mischt man feuchter Luft Wasser als Flüssigkeit oder Dampf bei, so bewegt man sich vom Anfangszustand der feuchten Luft auf einer Geraden, deren Richtung $\mathrm{d}h/\mathrm{d}x$ durch die Enthalpie h je kg des zugeführten Dampfes oder Wassers gegeben ist. Der Randmaßstab des Diagramms zeigt zusammen mit dem Nullpunkt für die beigeschriebenen Enthalpien h diese Richtungen, die man parallel verschoben an den Anfangszustand der Luft anträgt. Da die Enthalpie gesättigten Dampfes von 1 at etwa 639 kcal/kg beträgt, zeigt das Diagramm, daß im Bereich der in der Außenluft vorkommenden ungesättigten Luftzustände durch Zufuhr einer genügenden Menge gesättigten Dampfes von 1 at stets Nebel entsteht. Der Schnittpunkt der genannten Geraden mit der Sättigungskurve im Punkt x'' liefert die Dampfmenge $x'' - x_1$, die der Luft vom Anfangsgehalt x_1 zugesetzt werden kann, bevor Nebelbildung eintritt. Tritt eine Sattdampfmasse m in einen Raum ein, so muß man die Trockenluftmasse $m_\mathrm{L} = m/(x'' - x_1)$ zuführen, wenn Nebel verhütet werden soll. Die notwendige Luftmasse wird kleiner, wenn man ihr vorher Wärme zuführt. Ist der Dampf überhitzt, so tritt keine Nebelbildung auf, wenn die Gerade $\mathrm{d}h/\mathrm{d}x$ das Nebelgebiet nicht trifft, oder anfangs gebildeter Nebel verschwindet wieder, wenn die Gerade das Nebelgebiet erst betritt und dann wieder verläßt. Wird der Luft flüssiges Wasser von der Temperatur t zugeführt, mit dem sie sich ins Gleichgewicht setzt, so ist die Richtung der Geraden, auf der alle Mischzustände liegen, der Isothermen t des Nebelgebietes parallel.

D 214   Feuchte Luft streicht über eine Wasser- oder Eisfläche. Hierbei bildet sich eine Grenzschicht, deren Temperatur an der Oberfläche der Flüssigkeit gleich ist und deren Dampfgehalt den Sättigungswert bei dieser Temperatur erreicht. Je nachdem, ob der anfängliche Feuchtigkeitsgehalt x der Luft kleiner oder größer als der Sättigungswert an der Oberfläche ist, verdunstet Wasser oder schlägt sich als Tau oder Reif nieder. Dabei ändert sich auch die Wassertemperatur und strebt einem Grenzwert t' zu, bei dem die über die Grenzkurve hinaus verlängerte Nebelisotherme t' im h,x-Diagramm durch den Anfangszustand der Luft hindurchgeht. Man bezeichnet diese Temperatur t', die angenähert von einem gut belüfteten, feuchten Thermometer (Aspirations-Psychrometer) angezeigt wird, als Kühlgrenze. Alle Luftzustände auf derselben verlängerten Nebelisotherme haben die gleiche Kühlgrenze. Bei 0 °C und annähernd auch noch bei etwas höheren Temperaturen stimmt die Richtung der Nebelisotherme mit den Linien $h = \mathrm{const}$ überein.

D 3 Verdunstung und Wärmeübergang

Die von der Fläche A unter der Wirkung eines Feuchtigkeitsunterschiedes $x'' - x$ zwischen der gesättigten Luft an der Wasseroberfläche und der ungesättigten Luft in größerer Entfernung in der Zeit τ verdunstende Wassermasse ist

$$m_\mathrm{W} = \sigma\,(x'' - x)\,A\tau, \tag{22}$$

wobei σ der **Verdunstungs-Koeffizient** ist. Diese Gleichung ist vom gleichen Bau wie $Q = \alpha\,(t_1 - t_2)\,A\tau$ für den Wärmeübergang bei dem Temperaturunterschied $t_1 - t_2$ mit dem Wärmeübergangskoeffizient α (**5.7**). Vollziehen sich Stoff- und Wärmeübergang durch die gleiche turbulente Mischbewegung, so besteht die Beziehung

$$\sigma = \alpha/c_p, \tag{23}$$

wobei $c_p = 0{,}25$ kcal/kg K die spez. Wärmekapazität der feuchten Luft ist. Diese Gleichung gilt für die Verdunstung von Wasser in Luft auch bei **laminarer** Strömung, wobei Wärme durch Leitung oder Diffusion übertragen wird. Man benutzt sie, um von einem Wärmeübergangsproblem auf ein Verdunstungsproblem gleicher Art zu schließen. Man kann damit bei feuchten Oberflächen mit gleichzeitiger Verdunstung und Wärmeübertragung aus einem Teilvorgang den anderen berechnen.

E. Wasserdampfspeicher [H 10]

E 1 Wasserraumspeicher (Ruthsspeicher)

Für die Änderung der Masse m eines Wasserraumspeichers durch Entnahme von $\mathrm{d}m$ unter Druckabsenkung gilt bei Vernachlässigen der Speicherwirkung des Dampfraumes sowie der hydrostatischen Druckunterschiede im Wasser

$$\mathrm{d}m/m = T\,\mathrm{d}s'/q_\mathrm{d}.$$

Integration liefert die Kurventafel Bild 5.5-6 für die vom Speicher abgegebene Dampfmenge

$$\varrho_\mathrm{s} = \varrho_1'\,(m_1 - m_2)/m_1$$

in kg Dampf je m³ anfänglichen Wasserinhaltes. Dabei sind m_1 und m_2 die Wassermassen, p_1 und p_2 die Drücke vor und nach der Entladung, ϱ_1' die Dichte des Wassers vor der Entladung. Die Kurven von Bild 5.5-6 gelten jeweils für den Anfangsdruck p_1, der ihrem Endpunkt auf der p-Achse entspricht. Die Entnahmemenge ist die Senkrechte im Punkt p_2 der p-Achse bis zur Kurve des Anfangsdruckes. Die strichpunktierte Kurve gibt zu jedem Druck die Dichte des Wassers auf dem rechten Randmaßstab.

E11 Beispiel. Wieviel Dampf gibt ein Speicher von 100 m³ Wasserinhalt bei Entladung von 10 at auf 5 at ab? Nach Bild 5.5-6 ist

$$\varrho_s = 50{,}8\,\text{kg/m}^3, \qquad \text{also} \qquad m_s = 100\,\text{m}^3 \cdot 50{,}8\,\text{kg/m}^3 = 5080\,\text{kg}.$$

E12 Beispiel. Welche Dampfmasse m_s ist zum Wiederaufladen eines auf $V_2 = 50$ m³ Wasserinhalt bei 3 at entladenen Speichers auf 15 at erforderlich? Bild 5.5-6 liefert für das Entladen von 15 at auf 3 at

$$\varrho_s = 109{,}6\ \text{kg/m}^3 \qquad \text{und} \qquad \varrho_1' = 866{,}4\ \text{kg/m}^3, \quad \varrho_2' = 932{,}5\ \text{kg/m}^3.$$

Nach dem Laden ist das Wasservolumen

$$V_1 = V_2\,\varrho_2'/(\varrho_1' - \varrho_s) = 50\ \text{m}^3 \cdot 932{,}5/(866{,}4 - 109{,}6) = 61{,}6\ \text{m}^3$$

und

$$m_s = V_1\,\varrho_s = 61{,}6\ \text{m}^3 \cdot 109{,}6\ \text{kg/m}^3 = 6750\ \text{kg}.$$

Bisher wurde vorausgesetzt, daß auch der Zustand des Lade- wie des Entladedampfes stets im Gleichgewicht mit der Flüssigkeit ist. Wird der Speicher dagegen mit Dampf konstanter Enthalpie h_1, aber sonst beliebigen Zustandes (naß oder überhitzt) über ein Drosselventil aus einer Dampfleitung konstanten Druckes und konstanter Temperatur gefüllt, so gilt

$$\varrho_s = \varrho_1\,(h_1' - h_2')/(h_1 - h_2).$$

Von 1 at bis 60 at ist dies mit einem Fehler $< 2\%$ auch die Entnahmemenge, wenn $h_1 = h_1''$ gesetzt wird.

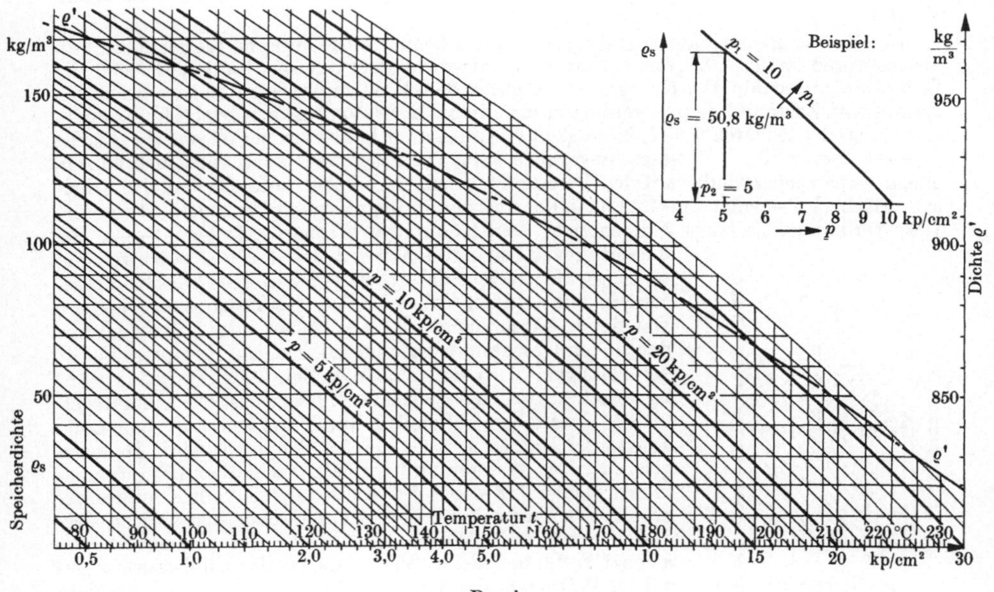

Bild 5.5-6 Dampfabgabe von Ruths-Speichern

E 2   Speiseraum- oder Gleichdruckspeicher

Bei unveränderter Wärmezufuhr zum Kessel wird die Dampferzeugung dadurch geändert, daß bei kleinem Dampfbedarf stark, bei großem Dampfbedarf schwach gespeist wird. Dadurch wird die Verdampfung bis auf Null herabgesetzt oder auf das Mehrfache des Normalen (Speisung gleich Dampferzeugung) gesteigert. Dabei ist die Überlastbarkeit

$$\ddot{u} = (h - h_\mathrm{w})/q_\mathrm{d} \,.$$

h Enthalpie, q_d spez. Verdampfungswärme des erzeugten Dampfes, h_w spez. Enthalpie des Speisewassers. Die Speicherfähigkeit in kg/m³ Speiseraum ist

$$\varrho_\mathrm{s} = \varrho'(h' - h_\mathrm{w})/(h - h_\mathrm{w}) \,.$$

h' spez. Enthalpie, ϱ' Dichte des Wassers bei Sättigungstemperatur. Überlastbarkeit $\ddot{u}$ und Speicherfähigkeit ϱ_s wachsen mit zunehmendem Kesseldruck und abnehmender Wassertemperatur.

F. Theorie der Kältemaschinen

F 1   Kreisprozeß der Kaltdampfmaschinen

Kältemaschinen [H 11] sind die thermodynamische Umkehrung der Dampfkraftmaschinen; sie bestehen aus Kompressor, Regelventil, Verdampfer und Kondensator. Beide Letztgenannten bestehen aus Rohrschlangen, in denen das Kältemittel, z.B. NH_3, CO_2 oder SO_2, umläuft. Der Kondensator wird außen von Kühlwasser oder Luft, der Verdampfer von Luft oder einer dem Kältetransport dienenden Salzlösung (Sole) umspült. Der Kompressor verdichtet den Dampf des Kältemittels vom Verdampferdruck p_0 auf den Kondensatordruck p. Für ein gegebenes Kältemittel wird p_0 wesentlich durch die gewünschte Temperatur des Kühlmittels, p durch die Temperatur und Menge des Kühlwassers bestimmt. Praktisch liegen die zu p_0 und p gehörigen Sättigungstemperaturen T_0 und T nur wenig unter oder über den Ablauftemperaturen der Sole und des Kühlwassers.

Der für die Beurteilung von Kältemaschinen benutzte theoretische (verlustlose) Vergleichsprozeß im T,s-Diagramm Bild 5.5-7 entspricht dem Clausius-Rankine-Prozeß der Dampfkraftmaschine. Der Kompressor saugt aus dem Verdampfer feuchten oder trockenen Dampf vom Zustand *1* an und verdichtet ihn adiabat auf *2*. Verflüssigen erfolgt im Kondensator längs der Isobaren *2–3–4*; Flüssigkeit längs *4–5* unterkühlen, wobei Wärme $Q \triangleq$ Fläche *2–3–4–5–b–a* an das Kühlwasser abgegeben wird. Die Flüssigkeit kann vom Zustand *5* in einem Expansionszylinder auf den Verdampferdruck p_0 adiabat unter Gewinn der Arbeit $w_\mathrm{e} \triangleq$ Fläche *5–7–6* entspannt und dann beim Zustand *7* dem Verdampfer zugeführt werden. Dort verdampft sie längs *7–1*, entzieht dem Kühlmittel Wärme $\triangleq$ Fläche *1–7–b–a*. Bei

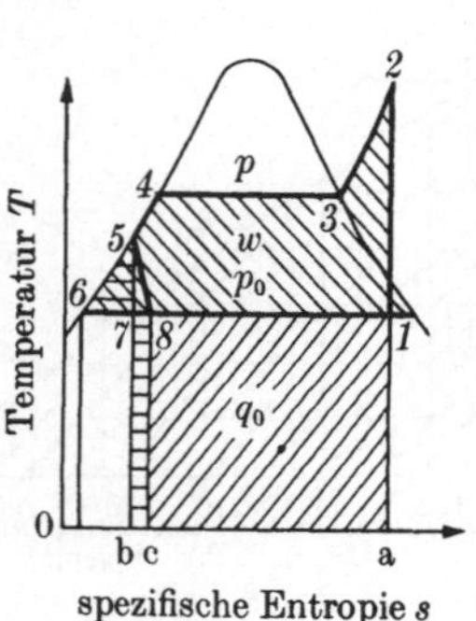

Bild 5.5-7   Kältemaschinenprozeß im T, s-Diagramm

diesem Prozeß ist nur die Arbeit *1–2–3–4–5–7–1* aufzuwenden, sie ist der Unterschied der Arbeit *1–2–3–4–5–6–1* des Kompressorzylinders und der Arbeit *5–7–6* des Expansionszylinders. Dabei wird angenommen, daß alle Isobaren der Flüssigkeit mit der linken Grenzkurve zusammenfallen, die Kompressibilität der Flüssigkeit wird vernachlässigt. Zum Vereinfachen der Anlage ersetzt man den Expansionszylinder meist durch ein Regelventil, in dem das Kältemittel durch Drosseln auf einer Linie konstanter Enthalpie von *5* nach *8* entspannt wird. Dadurch geht Arbeit w_e verloren und wird als Wärme dem Dampf zugeführt (Fläche *7–8–c–b = 5–7–6*), so daß die volle Kompressorarbeit $w \triangleq$ Fläche *1–2–3–4–6–1* aufzuwenden ist und im Verdampfer nur mehr Wärme $q_0 \triangleq$ Fläche *8–1–a–c* als Kältearbeit verfügbar bleibt. Sind q die an das Kühlwasser abgegebene Wärme, q_0 die erzeugte Kälte und w die aufgewendete Arbeit, so gilt nach dem 1. Hauptsatz

$$q = q_0 + w \,.$$

Für die Beurteilung der Kältemaschine ist die **Leistungsziffer**

$$\varepsilon = q_0/w$$

maßgebend. Sie ist das Verhältnis der beiden schräg schraffierten Flächen *1–8–c–a* und *1–2–3–4–6–1* in Bild 5.5-7.

Als theoretischer Vergleichsprozeß für alle Arten von Kältemaschinen wird der Carnot-Prozeß empfohlen mit der Leistungsziffer

$$\varepsilon_C = T_0/(T - T_0).$$

Der **Gütegrad** $\varepsilon/\varepsilon_C$ hängt vom Kältemittel ab und liegt zwischen 0,82 und 0,87. ε hängt von den Temperaturen ab, bei denen verdampft und verflüssigt wird. Als **Normaltemperaturen** zum Vergleich von Kältemaschinen gelten international für **das innere Verhalten** (Kältemittel):

Verdampfungstemperatur $t_0 \ = -15\,°\mathrm{C}$

Verflüssigungstemperatur $t \ = +30\,°\mathrm{C}$

Unterkühlungstemperatur der Flüssigkeit $t_u \ = +25\,°\mathrm{C};$

für das **äußere Verhalten** (Sole, Kaltluft, Kühlwasser):

Sole-Austrittstemperatur $t_{Sa} \ = -10\,°\mathrm{C}$

Luft-Austrittstemperatur $t_{La} \ = - \ 5\,°\mathrm{C}$

Kühlwasser-Eintrittstemperatur $t_{We} = +15\,°\mathrm{C}$

Kühlwasser-Austrittstemperatur $t_{Wa} = +25\,°\mathrm{C}.$

Eine Kältemaschine mit adiabater Expansion der nicht unterkühlten Flüssigkeit in einem Expansionszylinder vom Punkt *4* an (Bild 5.5-7) und adiabater Kompression nassen Dampfes von solchem Flüssigkeitsgehalt, daß die Verdichtung gerade auf der Grenzkurve in Punkt *3* endet, würde einen Carnot-Prozeß ausführen. Man verdichtet meist trocken gesättigten Dampf, der sich überhitzt, wodurch wie bei der Wärmekraftmaschine die Verluste durch Wärmeumsatz mit der Zylinderwand kleiner werden. Durch das Regelventil geht um so mehr Leistung verloren, je größer die Flüssigkeitswärme im Vergleich zur Verdampfungswärme ist, je näher man also dem kritischen Punkt kommt.

Die Eigenschaften der Kältemittel werden im Naßdampfgebiet durch die Tabellen 5.5-7 und 5.5-8 dargestellt. Im ganzen Zustandsbereich werden sie durch Kurven (**Mollier-Diagramme**) meist mit p oder $\ln p$ als Ordinate über h als Abszisse mit Isentropen und Isothermen dargestellt.

An Stelle der stark riechenden, giftigen und brennbaren Kältemittel sind **Frigene** (in USA Freone genannt) getreten, bei denen der Wasserstoff in Methan CH_4 und Äthan C_2H_6 ganz oder teilweise durch Fluor oder Chlor ersetzt ist. Frigene sind geruchlos, bei kleinem Wasserstoffrest nicht brennbar. Einige von ihnen können den Stickstoff der Atemluft ganz oder teilweise ersetzen. Je nachdem, wieviel H-Atome durch F oder Cl ersetzt sind, gibt es vom Methan 15, vom Äthan 28 Fluor-Chlor-Derivate mit dem Siedebereich von etwa -160 bis $+180\,°\mathrm{C}$ bei 760 Torr. Die wichtigsten sind in den Tabellen der Sättigungswerte aufgenommen.

Frigene hoher Molekülmasse und damit hoher Gasdichte werden in Turbokompressoren, die für große Kälteleistungen den Kolbenverdichtern überlegen sind, verwendet.

Kennzeichnend für einen Kompressor mit gegebenem stündlichen Hubvolumen ist die **volumetrische Kälteerzeugung** Q^*. Wenn er trocken gesättigten Dampf vom spez. Volumen v_0'' ansaugt (Punkt *1* in Bild 5.5-7, also auf Grenzkurve fällt) und das Kondensat vor dem Drosselventil nicht unterkühlt wird, ist

$$Q^* = (h_1 - h_4)/v_0'' = (h_0'' - h')/v_0''.$$

Die in den Tabellen der Kältemittel für verschiedene Verdampfungstemperaturen t_0 angegebenen Werte von Q^* gelten für diese Verhältnisse und für die Kondensationstemperatur $t = 30\,°\mathrm{C}$ vor dem Regelventil. Nur bei Frigen 13 CF_3Cl, dessen kritische Temperatur $(28,8\,°\mathrm{C})$ unter $30\,°\mathrm{C}$ liegt, und das zusammen mit einem Frigen höheren Siedepunktes in zweistufigen Anlagen benutzt wird, ist als Kondensationstemperatur vor dem Regelventil $-30\,°\mathrm{C}$ gewählt.

Die **Kompressorarbeit** der verlustfreien Maschine je kg Kältemittel ist

$$w_{12} = h_2 - h_1$$

und ergibt sich mit $s_2 = s_1$ für ein bestimmtes Verdichtungsverhältnis aus der Dampftabelle oder dem h,s-Diagramm. Wird **trocken gesättigter** Dampf angesaugt, so kann die Arbeit auch ermittelt werden aus

$$w = p_0 v_0'' [(p/p_0)^{(\varkappa-1)/\varkappa} - 1]\varkappa/(\varkappa - 1).$$

$\varkappa$ ist aus Tabelle 5.5-8 zu entnehmen. Diese Formel darf man nur anwenden, wenn der Druck p klein gegen den kritischen ist. Wird **nasser Dampf** solcher Feuchtigkeit komprimiert, daß er am Ende der Kompression gerade trocken gesättigt ist, gilt

$$w = h'' - h_0'' + T_0(s_0'' - s'').$$

Die spezifische Kälteerzeugung ist

$$q_K = h_1 - h_8 = h_1 - h_5,$$

mit $h_1 = h_0' + x_1 q_{d0}$, wenn der Dampf bei 1 naß ist mit dem Dampfgehalt x_1. Die im Kondensator abgegebene Wärme ist $q = h_2 - h_5$, wobei $h_5 = h_5'$ aus der Sättigungstabelle zu entnehmen ist, $h_2 = h_1 + w$. Für das Regelventil gilt

$$h_5 = h_8, \quad \text{und der Dampfgehalt } x_8 \text{ folgt aus } h_0' + x_8 q_{d0} = h_8.$$

Um das Verhalten der Maschine zu kennzeichnen, vergleiche man sie mit einer nach dem Carnot-Prozeß bei gleicher Verdampfungs- und Kondensationstemperatur arbeitenden verlustfreien Maschine gleicher Kälteleistung. Der indizierte Wirkungsgrad ist $\eta_i =$ theoretische Arbeit des Carnot-Prozesses/indizierte Arbeit des Kompressors, der mechanische Wirkungsgrad ist $\eta_m =$ indizierte Arbeit des Kompressors/Antriebsarbeit an der Welle, der Gesamtwirkungsgrad ist $\eta = \eta_i \eta_m$.

F2 Zustandsgrößen von Kältemitteln

p	Sättigungsdruck bei der Temperatur t
p_k	kritischer Druck in $\mathrm{kp/cm^2}$
q_d	Verdampfungswärme in $\mathrm{kcal/kg}$
Q^*	volumetrische Kälteerzeugung in $\mathrm{kcal/m^3}$
t_r	Erstarrungstemperatur in $°\mathrm{C}$
t_k	kritische Temperatur in $°\mathrm{C}$
t_s	Sättigungstemperatur bei 760 Torr
v'; ϱ'; h'; s'	spezifische Zustandsgrößen des flüssigen oder (bei CO_2) festen Kältemittels im Sättigungszustand.

Kältemittel mit kennzeichnenden Zustandsgrößen, geordnet nach steigenden Sättigungsdrücken bei $0\,°\mathrm{C}$, in Tabelle 5.5-7, Anhaltspunkt des für eine bestimmte Kälteerzeugung erforderlichen Ansaugvolumens des Verdichters ist q_d/v''. Angaben über Kältemittel in Tabelle 5.5-8 mit den Daten des Sättigungszustandes. Darin ist auch die volumetrische Kälteerzeugung Q^* für den wichtigsten Temperaturbereich angegeben.

Bei $0\,°\mathrm{C}$ und Sättigungsdruck ist $h = 100\ \mathrm{kcal/kg}$, $s' = 1\ \mathrm{kcal/kg\,K}$ gesetzt. Die Werte von c_{p0} und $\varkappa$ beziehen sich auf den Zustand des idealen Gases $p \to 0$ bei $0\,°\mathrm{C}$; für reale Dämpfe hängen beide Größen von Druck und Temperatur ab. Die Tabellenwerte sind entnommen aus [4]. Hierin sowie in [6] findet man weitere Daten.

Tabelle 5.5-1 Sättigungsdruck des Wasserdampfes in at

Die erste Spalte unter °C enthält die Temperatur in 10°-Stufung, die erste Zeile neben °C gibt die feinere Unterteilung jeder 10°-Stufe in 1°-Stufen an.

°C	0	1	2	3	4	5	6	7	8	9
0	0,006228	0,006696	0,007194	0,007724	0,008289	0,008890	0,009530	0,010209	0,010931	0,011698
10	0,012512	0,013375	0,014290	0,015260	0,016288	0,017375	0,018526	0,019743	0,02103	0,02239
20	0,02383	0,02534	0,02694	0,02863	0,03041	0,03228	0,03426	0,03634	0,03853	0,04083
30	0,04325	0,04580	0,04847	0,05128	0,05423	0,05732	0,06057	0,06398	0,06755	0,07129
40	0,07520	0,07931	0,08360	0,08809	0,09279	0,09771	0,10285	0,10821	0,11382	0,11967
50	0,12578	0,13216	0,13881	0,14575	0,15298	0,16051	0,16836	0,17654	0,18505	0,19391
60	0,2031	0,2127	0,2227	0,2331	0,2438	0,2550	0,2667	0,2787	0,2913	0,3043
70	0,3178	0,3318	0,3463	0,3613	0,3769	0,3931	0,4098	0,4272	0,4451	0,4637
80	0,4829	0,5028	0,5234	0,5447	0,5667	0,5894	0,6129	0,6372	0,6623	0,6882
90	0,7149	0,7425	0,7710	0,8004	0,8307	0,8619	0,8941	0,9274	0,9616	0,9969
100	1,0332	1,0707	1,1092	1,1489	1,1898	1,2318	1,2751	1,3196	1,3654	1,4125
110	1,4609	1,5107	1,5618	1,6144	1,6684	1,7239	1,7809	1,8395	1,8996	1,9613
120	2,0246	2,0896	2,1562	2,2246	2,2948	2,3667	2,4405	2,5162	2,5937	2,6732
130	2,7546	2,8380	2,9235	3,011	3,101	3,192	3,286	3,383	3,481	3,582
140	3,685	3,791	3,898	4,009	4,122	4,237	4,355	4,476	4,599	4,725
150	4,854	4,985	5,120	5,257	5,397	5,540	5,687	5,836	5,988	6,144
160	6,303	6,464	6,630	6,798	6,970	7,146	7,325	7,507	7,693	7,883
170	8,076	8,274	8,474	8,679	8,888	9,100	9,317	9,538	9,762	9,991
180	10,224	10,462	10,703	10,949	11,200	11,455	11,714	11,978	12,247	12,521
190	12,799	13,082	13,370	13,662	13,960	14,263	14,571	14,884	15,203	15,526
200	15,855	16,190	16,530	16,875	17,226	17,583	17,945	18,314	18,688	19,069
210	19,454	19,846	20,244	20,648	21,055	21,478	21,898	22,328	22,764	23,206
220	23,656	24,112	24,574	25,044	25,520	26,004	26,494	26,992	27,496	28,008
230	28,528	29,054	29,588	30,130	30,679	31,236	31,801	32,373	32,954	33,542
240	34,138	34,743	35,355	35,976	36,606	37,243	37,889	38,544	39,207	39,879
250	40,56	41,25	41,95	42,66	43,37	44,10	44,83	45,58	46,33	47,10
260	47,87	48,65	49,44	50,25	51,06	51,88	52,71	53,56	54,41	55,27
270	56,14	57,03	57,92	58,83	59,74	60,67	61,61	62,56	63,52	64,49
280	65,47	66,46	67,47	68,48	69,51	70,55	71,60	72,67	73,74	74,83
290	75,93	77,04	78,17	79,30	80,45	81,63	82,79	83,98	85,18	86,39
300	87,62	88,86	90,12	91,38	92,67	93,96	95,27	96,59	97,93	99,28
310	100,65	102,03	103,42	104,83	106,25	107,69	109,15	110,62	112,10	113,60
320	115,12	116,66	118,20	119,76	121,34	122,93	124,56	126,17	127,82	129,48
330	131,16	132,86	134,57	136,30	138,05	139,82	141,61	143,41	145,23	147,07
340	148,93	150,81	152,71	154,63	156,56	158,52	160,50	162,49	164,51	166,55
350	168,61	170,69	172,80	174,92	177,07	179,24	181,43	183,65	185,88	188,15
360	190,43	192,74	195,08	197,44	199,82	202,24	204,67	207,14	209,63	212,15
370	214,69	217,27	219,87	222,50	225,16	—	—	—	—	—

Tabelle 5.5-2   Zustandsgrößen von Wasser und Dampf bei Sättigung (Temperaturtabelle)

t, T Temperatur; p Druck; v spez. Volumen; ϱ Dichte; h spez. Enthalpie; q_d spez. Verdampfungswärme; s spez. Entropie; Index ' für Wasser; Index " für Dampf im Sättigungszustand. h und s sind gezählt vom Zustand des flüssigen Wassers im Tripelpunkt bei 0,01 °C.

t	T	p	v'	v''	ϱ''	h'	h''	q_d	s'	s''	p	h'	h''	q_d	s'	s''
°C	K	at	dm³/kg	m³/kg	kg/m³	kcal/kg	kcal/kg	kcal/kg	$\dfrac{\text{kcal}}{\text{kg K}}$	$\dfrac{\text{kcal}}{\text{kg K}}$	bar	kJ/kg	kJ/kg	kJ/kg	$\dfrac{\text{kJ}}{\text{kg K}}$	$\dfrac{\text{kJ}}{\text{kg K}}$
0,00	273,15	0,006228	1,0002	206,3	0,004847	−0,01	597,5	597,5	−0,00004	2,1873	0,006108	−0,04	2501,6	2501,6	−0,0002	9,1577
0,01	273,16	0,006233	1,0002	206,2	0,004851	0,00	597,5	597,5	0,00000	2,1872	0,006112	0,00	2501,6	2501,6	0,0000	9,1575
1,0	274,15	0,006696	1,0001	192,6	0,005192	1,00	597,9	596,9	0,0036	2,1809	0,006566	4,17	2503,4	2499,2	0,0152	9,1311
5,0	278,15	0,008890	1,0000	147,2	0,006795	5,02	599,7	594,7	0,0182	2,1560	0,008718	21,01	2510,7	2489,7	0,0762	9,0269
10,0	283,15	0,012512	1,0003	106,4	0,009396	10,03	601,9	591,8	0,0361	2,1262	0,012270	41,99	2519,9	2477,9	0,1510	8,9020
15,0	288,15	0,017375	1,0008	77,98	0,01282	15,03	604,1	589,0	0,0536	2,0977	0,017039	62,94	2529,1	2466,1	0,2243	8,7826
20,0	293,15	0,02383	1,0017	57,84	0,01729	20,03	606,2	586,2	0,0708	2,0704	0,02337	83,86	2538,2	2454,3	0,2963	8,6684
25,0	298,15	0,03228	1,0029	43,40	0,02304	25,02	608,4	583,4	0,0877	2,0443	0,03166	104,77	2547,3	2442,5	0,3670	8,5592
30,0	303,15	0,04325	1,0043	32,93	0,03037	30,01	610,6	580,6	0,1043	2,0193	0,04241	125,66	2556,4	2430,7	0,4365	8,4546
35,0	308,15	0,05732	1,0060	25,24	0,03961	35,00	612,7	577,7	0,1206	1,9954	0,05622	146,56	2565,4	2418,8	0,5049	8,3543
40,0	313,15	0,07520	1,0078	19,55	0,05116	40,00	614,9	574,9	0,1366	1,9725	0,07375	167,45	2574,4	2406,9	0,5721	8,2583
45,0	318,15	0,09771	1,0099	15,28	0,06546	44,99	617,0	572,0	0,1525	1,9504	0,09582	188,35	2583,3	2394,9	0,6383	8,1661
50,0	323,15	0,12578	1,0121	12,05	0,08302	49,98	619,1	569,1	0,1680	1,9293	0,12335	209,26	2592,2	2382,9	0,7035	8,0776
55,0	328,15	0,16051	1,0145	9,579	0,1044	54,97	621,2	566,3	0,1834	1,9090	0,15741	230,17	2601,0	2370,8	0,6777	7,9926
60,0	333,15	0,20313	1,0171	7,679	0,1302	59,97	623,3	563,3	0,1985	1,8895	0,19920	251,09	2609,7	2358,6	0,8310	7,9108
65,0	338,15	0,2550	1,0199	6,202	0,1612	64,97	625,4	560,4	0,2134	1,8707	0,2501	272,02	2618,4	2346,3	0,8933	7,8322
70,0	343,15	0,3178	1,0228	5,046	0,1982	69,98	627,4	557,5	0,2281	1,8526	0,3116	292,97	2626,9	2334,0	0,9548	7,7565
75,0	348,15	0,3931	1,0259	4,134	0,2419	74,98	629,5	554,5	0,2425	1,8352	0,3855	313,94	2635,4	2321,5	1,0154	7,6835
80,0	353,15	0,4829	1,0292	3,409	0,2933	79,99	631,4	551,5	0,2568	1,8184	0,4736	334,92	2643,8	2308,8	1,0753	7,6132
85,0	358,15	0,5894	1,0326	2,829	0,3535	85,01	633,4	548,4	0,2709	1,8022	0,5780	355,92	2652,0	2296,1	1,1343	7,5454
90,0	363,15	0,7149	1,0361	2,361	0,4235	90,03	635,4	545,3	0,2848	1,7865	0,7011	376,94	2660,1	2283,2	1,1925	7,4799
95,0	368,15	0,8619	1,0399	1,982	0,5045	95,06	637,3	542,2	0,2986	1,7714	0,8453	397,99	2668,1	2270,2	1,2501	7,4166
100,0	373,15	1,0332	1,0437	1,673	0,5977	100,09	639,2	539,1	0,3121	1,7568	1,0133	419,06	2676,0	2256,9	1,3069	7,3554
105,0	378,15	1,2318	1,0477	1,419	0,7046	105,13	641,0	535,9	0,3255	1,7427	1,2080	440,17	2683,7	2243,6	1,3630	7,2962
110,0	383,15	1,4609	1,0519	1,210	0,8265	110,18	642,8	532,6	0,3388	1,7290	1,4327	461,32	2691,3	2230,0	1,4185	7,2388
115,0	388,15	1,7239	1,0562	1,036	0,9650	115,24	644,6	529,3	0,3519	1,7157	1,6906	482,50	2698,7	2216,2	1,4733	7,1832
120,0	393,15	2,0246	1,0606	0,8915	1,122	120,31	646,3	526,0	0,3649	1,7028	1,9854	503,72	2706,0	2202,2	1,5276	7,1293
125,0	398,15	2,3667	1,0652	0,7702	1,298	125,39	648,0	522,6	0,3777	1,6903	2,3210	524,99	2713,0	2188,0	1,5813	7,0769
130,0	403,15	2,7546	1,0700	0,6681	1,497	130,48	649,6	519,2	0,3904	1,6781	2,7013	546,31	2719,9	2173,6	1,6344	7,0261
135,0	408,15	3,192	1,0750	0,5818	1,719	135,59	651,2	515,6	0,4029	1,6663	3,131	567,68	2726,6	2158,9	1,6869	6,9766
140,0	413,15	3,685	1,0801	0,5085	1,967	140,71	652,8	512,1	0,4154	1,6548	3,614	589,10	2733,1	2144,0	1,7390	6,9284

Tabelle 5.5-2   (Fortsetzung)

t	T	p	v'	v''	ϱ''	h'	h''	q_d	s'	s''	p	h'	h''	q_d	s'	s''
°C	K	at	dm³/kg	m³/kg	kg/m³	kcal/kg	kcal/kg	kcal/kg	$\frac{\text{kcal}}{\text{kg K}}$	$\frac{\text{kcal}}{\text{kg K}}$	bar	kJ/kg	kJ/kg	kJ/kg	$\frac{\text{kJ}}{\text{kg K}}$	$\frac{\text{kJ}}{\text{kg K}}$
145,0	418,15	4,237	1,0853	0,4460	2,242	145,84	654,3	508,4	0,4277	1,6436	4,155	610,60	2739,3	2128,7	1,7906	6,8815
150,0	423,15	4,854	1,0908	0,3924	2,548	150,99	655,7	504,7	0,4399	1,6327	4,760	632,15	2745,4	2113,2	1,8416	6,8358
155,0	428,15	5,540	1,0964	0,3464	2,886	156,15	657,1	501,0	0,4520	1,6220	5,433	653,78	2751,2	2097,2	1,8923	6,7911
160,0	433,15	6,303	1,1022	0,3068	3,260	161,33	658,4	497,1	0,4640	1,6116	6,181	675,47	2756,7	2081,3	1,9425	6,7475
165,0	438,15	7,146	1,1082	0,2724	3,671	166,54	659,7	493,2	0,4758	1,6014	7,008	697,25	2762,0	2064,8	1,9923	6,7048
170,0	443,15	8,076	1,1145	0,2426	4,123	171,76	660,9	489,1	0,4876	1,5914	7,920	719,12	2767,1	2047,9	2,0416	6,6630
175,0	448,15	9,100	1,1209	0,2165	4,618	177,00	662,0	485,0	0,4993	1,5817	8,924	741,07	2771,8	2030,7	2,0906	6,6221
180,0	453,15	10,224	1,1275	0,1938	5,160	182,27	663,1	480,8	0,5110	1,5721	10,027	763,12	2776,3	2013,1	2,1393	6,5819
185,0	458,15	11,455	1,1344	0,1739	5,752	187,56	664,1	476,5	0,5225	1,5626	11,233	785,26	2780,4	1995,2	2,1876	6,5424
190,0	463,15	12,799	1,1415	0,1563	6,397	192,87	665,0	472,1	0,5340	1,5534	12,551	807,52	2784,3	1976,7	2,2356	6,5036
195,0	468,15	14,263	1,1489	0,1408	7,100	198,21	665,8	467,6	0,5453	1,5442	13,987	829,88	2787,8	1957,9	2,2833	6,4654
200,0	473,15	15,855	1,1565	0,1272	7,864	203,59	666,6	463,0	0,5567	1,5352	15,549	852,37	2790,9	1938,6	2,3307	6,4278
205,0	478,15	17,583	1,1644	0,1150	8,694	208,99	667,3	458,3	0,5679	1,5264	17,243	874,99	2793,8	1918,8	2,3778	6,3906
210,0	483,15	19,454	1,1726	0,1042	9,593	214,42	667,9	453,4	0,5791	1,5176	19,077	897,74	2796,2	1898,5	2,4247	6,3539
215,0	488,15	21,475	1,1811	0,09463	10,57	219,89	668,4	448,5	0,5903	1,5089	21,060	920,63	2798,3	1877,6	2,4713	6,3176
220,0	493,15	23,656	1,1900	0,08604	11,62	225,39	668,7	443,4	0,6014	1,5004	23,198	943,67	2799,9	1856,2	2,5178	6,2817
225,0	498,15	26,004	1,1992	0,07835	12,76	230,94	669,0	438,1	0,6124	1,4919	25,501	966,89	2801,2	1834,3	2,5641	6,2461
230,0	503,15	28,528	1,2087	0,07145	14,00	236,52	669,2	432,7	0,6234	1,4834	27,976	990,26	2802,0	1811,7	2,6102	6,2107
235,0	508,15	31,236	1,2187	0,06525	15,33	242,1	669,3	427,2	0,6344	1,4750	30,632	1013,8	2802,3	1788,5	2,6562	6,1756
240,0	513,15	34,138	1,2291	0,05965	16,76	247,8	669,3	421,5	0,6454	1,4667	33,478	1037,6	2802,2	1764,6	2,7020	6,1406
245,0	518,15	37,243	1,2399	0,05461	18,31	253,6	669,1	415,6	0,6563	1,4583	36,523	1061,6	2801,6	1740,0	2,7478	6,1057
250,0	523,15	40,560	1,2513	0,05004	19,99	259,3	668,9	409,5	0,6672	1,4500	39,776	1085,8	2800,4	1714,6	2,7935	6,0708
255,0	528,15	44,099	1,2632	0,04590	21,79	265,2	668,5	403,3	0,6781	1,4417	43,246	1110,2	2798,7	1688,5	2,8392	6,0359
260,0	533,15	47,869	1,2756	0,04213	23,73	271,1	667,9	396,8	0,6890	1,4333	46,943	1134,9	2796,4	1661,5	2,8848	6,0010
265,0	538,15	51,880	1,2887	0,03871	25,83	277,0	667,2	390,2	0,7000	1,4249	50,877	1159,9	2793,5	1633,6	2,9306	5,9658
270,0	543,15	56,144	1,3025	0,03559	28,10	283,1	666,3	383,3	0,7109	1,4165	55,058	1185,2	2789,9	1604,6	2,9763	5,9304
275,0	548,15	60,669	1,3170	0,03274	30,55	289,2	665,3	376,1	0,7219	1,4079	59,496	1210,9	1574,7	2785,5	3,0323	5,8947
280,0	553,15	65,468	1,3324	0,03013	33,19	295,4	664,1	368,7	0,7329	1,3993	64,202	1236,8	1543,6	2780,4	3,0683	5,8586
285,0	558,15	70,550	1,3487	0,02773	36,06	301,7	662,7	361,0	0,7439	1,3906	69,186	1263,2	2774,5	1511,3	3,1146	5,8220
290,0	563,15	75,929	1,3659	0,02554	39,16	308,1	661,0	352,9	0,7550	1,3817	74,461	1290,0	2767,6	1477,6	3,1611	5,7848
295,0	568,15	81,615	1,3844	0,02351	42,53	314,6	659,2	344,6	0,7662	1,3726	80,037	1317,3	2759,8	1442,6	3,2079	5,7469
300,0	573,15	87,621	1,4041	0,02165	46,19	321,3	657,1	335,8	0,7775	1,3634	85,927	1345,0	2751,0	1406,0	3,2552	5,7081
305,0	578,15	93,960	1,4252	0,01993	50,18	328,0	654,7	326,7	0,7889	1,3539	92,144	1373,4	2741,1	1367,7	3,3029	5,6685
310,0	583,15	100,646	1,4480	0,01833	54,54	335,0	652,1	317,1	0,8004	1,3442	98,700	1402,4	2730,0	1327,6	3,3512	5,6278
315,0	588,15	107,69	1,4726	0,01686	59,33	342,1	649,1	307,0	0,8121	1,3341	105,61	1432,1	2717,6	1285,5	3,4002	5,5858

Tabelle 5.5-2   (Fortsetzung)

t	T	p	v'	v''	ϱ''	h'	h''	q_d	s'	s''	p	h'	h''	q_d	s'	s''
°C	K	at	dm³/kg	m³/kg	kg/m³	kcal/kg	kcal/kg	kcal/kg	$\frac{\text{kcal}}{\text{kg K}}$	$\frac{\text{kcal}}{\text{kg K}}$	bar	kJ/kg	kJ/kg	kJ/kg	$\frac{\text{kJ}}{\text{kg K}}$	$\frac{\text{kJ}}{\text{kg K}}$
320,0	593,15	115,12	1,4995	0,01548	64,60	349,3	645,8	296,4	0,8240	1,3238	112,89	1462,6	2703,7	1241,1	3,4500	5,5423
321,0	594,15	116,65	1,5052	0,01522	65,72	350,8	645,0	294,2	0,8264	1,3216	114,39	1468,8	2700,7	1231,9	3,4601	5,5334
322,0	595,15	118,20	1,5109	0,01496	66,86	352,3	644,3	292,0	0,8288	1,3195	115,91	1475,1	2697,6	1222,6	3,4702	5,5244
323,0	596,15	119,76	1,5168	0,01470	68,03	353,8	643,6	289,8	0,8313	1,3173	117,44	1481,3	2694,5	1213,2	3,4804	5,5154
324,0	597,15	121,34	1,5228	0,01445	69,23	355,3	642,8	287,5	0,8337	1,3151	118,99	1487,7	2691,3	1203,6	3,4906	5,5062
325,0	598,15	122,93	1,5289	0,01419	70,45	356,8	642,0	285,2	0,8362	1,3129	120,56	1494,0	2688,0	1194,0	3,5008	5,4969
330,0	603,15	131,16	1,5615	0,01299	76,99	364,6	637,8	273,2	0,8486	1,3015	128,63	1526,5	2670,2	1143,6	3,5528	5,4490
335,0	608,15	139,82	1,5978	0,01185	84,36	372,7	632,9	260,2	0,8614	1,2893	137,12	1560,3	2649,7	1089,5	3,6063	5,3979
340,0	613,15	148,93	1,6387	0,01078	92,76	381,1	627,2	246,2	0,8746	1,2761	146,05	1595,5	2626,2	1030,7	3,6616	5,3427
345,0	618,15	158,52	1,6858	0,009763	102,4	389,9	620,7	230,8	0,8883	1,2618	155,45	1632,5	2598,9	966,4	3,7193	5,2828
350,0	623,15	168,61	1,7411	0,008799	113,6	399,3	613,3	213,9	0,9028	1,2462	165,35	1671,9	2567,7	895,7	3,7800	5,2177
355,0	628,15	179,24	1,8085	0,007859	127,2	410,0	604,4	194,4	0,9193	1,2287	175,77	1716,6	2530,4	813,8	3,8489	5,1442
360,0	633,15	190,43	1,8959	0,006940	144,1	421,4	593,6	172,3	0,9365	1,2086	186,75	1764,2	2485,4	721,3	3,9210	5,0600
365,0	638,15	202,24	2,0160	0,006012	166,3	434,2	579,9	145,7	0,9559	1,1842	198,33	1818,0	2428,0	610,0	4,0021	4,9579
370,0	643,15	214,69	2,2136	0,004973	201,1	451,5	559,6	108,1	0,9818	1,1499	210,54	1890,2	2342,8	452,6	4,1108	4,8144
371,0	644,15	217,27	2,2778	0,004723	211,7	456,3	553,6	97,3	0,9892	1,1402	213,06	1910,5	2317,9	407,4	4,1414	4,7738
372,0	645,15	219,87	2,3636	0,004439	225,3	462,2	546,2	83,9	0,9982	1,1283	215,62	1935,6	2286,9	351,4	4,1794	4,7240
373,0	646,15	222,50	2,4963	0,004084	244,9	470,6	536,0	65,3	1,0109	1,1120	218,20	1970,5	2244,0	273,5	4,2325	4,6559
374,0	647,15	225,16	2,8427	0,003466	288,5	488,9	515,0	26,2	1,0388	1,0792	220,81	2046,3	2155,0	108,6	4,3487	4,5166
374,15	647,30	225,56	3,1700	0,003170	315,5	503,3	503,3	0,0	1,0612	1,0612	221,20	2107,4	2107,4	0,0	4,4429	4,4429

Die letzte Zeile enthält die Zustandsgrößen für den kritischen Punkt

Tabelle 5.5-3   Zustandsgrößen von Wasser und Dampf bei Sättigung (Drucktabelle)

p	t	v'	v''	ϱ''	h'	h''	q_d	s'	s''
bar	°C	dm³/kg	m³/kg	kg/m³	kJ/kg	kJ/kg	kJ/kg	kJ/kg K	
0,010	6,983	1,0001	129,2	0,007739	29,34	2514,4	2485,0	0,1060	8,9767
0,015	13,036	1,0006	87,98	0,01137	54,71	2525,5	2470,7	0,1957	8,8288
0,020	17,513	1,0012	67,01	0,01492	73,46	2533,6	2460,2	0,2607	8,7246
0,025	21,096	1,0020	54,26	0,01843	88,45	2540,2	2451,7	0,3119	8,6440
0,030	24,100	1,0027	45,67	0,02190	101,00	2545,6	2444,6	0,3544	8,5785
0,040	28,983	1,0040	34,80	0,02873	121,41	2554,5	2433,1	0,4225	8,4755
0,050	32,898	1,0052	28,19	0,03547	137,77	2561,6	2423,8	0,4763	8,3960
0,060	36,183	1,0064	23,74	0,04212	151,50	2567,5	2416,0	0,5209	8,3312
0,080	41,534	1,0084	18,10	0,05523	173,87	2577,1	2403,2	0,5926	8,2296
0,10	45,83	1,0102	14,67	0,06814	191,83	2584,8	2392,9	0,6493	8,1511
0,12	49,45	1,0119	12,36	0,08089	206,94	2591,2	2384,3	0,6963	8,0872
0,15	54,00	1,0140	10,02	0,09977	225,97	2599,2	2373,2	0,7549	8,0093
0,20	60,09	1,0172	7,650	0,1307	251,45	2609,9	2358,4	0,8321	7,9094
0,25	64,99	1,0199	6,204	0,1612	271,99	2618,3	2346,4	0,8932	7,8323
0,30	69,12	1,0223	5,229	0,1912	289,30	2625,4	2336,1	0,9441	7,7695
0,40	75,89	1,0265	3,993	0,2504	317,65	2636,9	2319,2	1,0261	7,6709
0,50	81,35	1,0301	3,240	0,3086	340,56	2646,0	2305,4	1,0912	7,5947
0,60	85,95	1,0333	2,732	0,3661	359,93	2653,6	2293,6	1,1454	7,5327
0,70	89,96	1,0361	2,365	0,4229	376,77	2660,1	2283,3	1,1921	7,4804
0,80	93,51	1,0387	2,087	0,4792	391,72	2665,8	2274,1	1,2330	7,4352
0,90	96,71	1,0412	1,869	0,5350	405,21	2670,9	2265,6	1,2696	7,3954
1,00	99,63	1,0434	1,694	0,5904	417,51	2675,4	2257,9	1,3027	7,3598
1,10	102,32	1,0455	1,549	0,6455	428,84	2679,6	2250,8	1,3330	7,3277
1,20	104,81	1,0476	1,428	0,7002	439,36	2683,4	2244,1	1,3609	7,2984
1,30	107,13	1,0495	1,325	0,7547	449,19	2687,0	2237,8	1,3868	7,2715
1,40	109,32	1,0513	1,236	0,8088	458,42	2690,3	2231,9	1,4109	7,2465
1,50	111,37	1,0530	1,159	0,8628	467,13	2693,4	2226,2	1,4336	7,2234
1,60	113,32	1,0547	1,091	0,9165	475,38	2696,2	2220,9	1,4550	7,2017
1,80	116,93	1,0579	0,9772	1,023	490,7	2701,5	2210,8	1,4944	7,1622
2,00	120,23	1,0608	0,8854	1,129	504,7	2706,3	2201,6	1,5301	7,1268
2,20	123,27	1,0636	0,8098	1,235	517,6	2710,6	2193,0	1,5627	7,0949
2,40	126,09	1,0663	0,7465	1,340	529,6	2714,5	2184,9	1,5929	7,0657
2,60	128,73	1,0688	0,6925	1,444	540,9	2718,2	2177,3	1,6209	7,0389
2,80	131,20	1,0712	0,6460	1,548	551,4	2721,5	2170,1	1,6471	7,0140
3,00	133,54	1,0735	0,6056	1,651	561,4	2724,7	2163,2	1,6716	6,9909
3,20	135,75	1,0757	0,5700	1,754	570,9	2727,6	2156,7	1,6948	6,9693
3,40	137,86	1,0779	0,5385	1,857	579,9	2730,3	2150,4	1,7167	6,9489
3,60	139,86	1,0799	0,5103	1,960	588,5	2732,9	2144,4	1,7376	6,9297
3,80	141,78	1,0819	0,4851	2,062	596,8	2735,3	2138,6	1,7574	6,9116
4,00	143,62	1,0839	0,4622	2,163	604,7	2737,6	2133,0	1,7764	6,8943
4,50	147,92	1,0885	0,4138	2,417	623,2	2742,9	2119,7	1,8204	6,8547
5,00	151,84	1,0928	0,3747	2,669	640,1	2747,5	2107,4	1,8604	6,8192
6,00	158,84	1,1009	0,3155	3,170	670,4	2755,5	2085,0	1,9308	6,7575
7,00	164,96	1,1082	0,2727	3,667	697,1	2762,0	2064,9	1,9918	6,7052
8,00	170,41	1,1150	0,2403	4,162	720,9	2767,5	2046,5	2,0457	6,6596
9,00	175,36	1,1213	0,2148	4,655	742,6	2772,1	2029,5	2,0941	6,6192
10,00	179,88	1,1274	0,1943	5,137	762,6	2776,2	2013,6	2,1382	6,5828
11,00	184,07	1,1331	0,1774	5,647	781,1	2779,7	1998,5	2,1786	6,5497
12,00	187,96	1,1386	0,1632	6,127	798,4	2782,7	1984,3	2,2161	6,5194
13,00	191,61	1,1438	0,1511	6,617	814,7	2785,4	1970,7	2,2510	6,4913
14,00	195,04	1,1489	0,1407	7,106	830,1	2787,8	1957,7	2,2837	6,4651
15,00	198,29	1,1539	0,1317	7,596	844,7	2789,9	1945,2	2,3145	6,4406
16,00	201,37	1,1586	0,1237	8,085	858,6	2791,7	1933,2	2,3436	6,4175
17,00	204,31	1,1633	0,1166	8,575	871,8	2793,4	1921,5	2,3713	6,3957
18,00	207,11	1,1678	0,1103	9,065	884,6	2794,8	1910,3	2,3976	6,3751

Tabelle 5.5-3   (Fortsetzung)

p	t	v'	v''	ϱ''	h'	h''	q_d	s'	s''
bar	°C	dm³/kg	m³/kg	kg/m³	kJ/kg	kJ/kg	kJ/kg	kJ/kg K	
19,00	209,80	1,1723	0,1047	9,555	896,8	2796,1	1899,3	2,4228	6,3554
20,00	212,37	1,1766	0,09954	10,05	908,6	2797,2	1888,6	2,4469	6,3367
22,00	217,24	1,1850	0,09065	11,03	931,0	2799,1	1868,1	2,4922	6,3015
24,00	221,78	1,1932	0,08320	12,02	951,9	2800,4	1848,5	2,5343	6,2690
26,00	226,04	1,2011	0,07686	13,01	971,7	2801,4	1829,6	1,5736	6,2387
28,00	230,05	1,2088	0,07139	14,01	990,5	2802,0	1811,5	2,6106	6,2104
30,00	233,84	1,2163	0,06663	15,01	1008,4	2802,3	1793,9	2,6455	6,1837
32,00	237,45	1,2237	0,06244	16,02	1025,4	2808,3	1776,9	2,6786	6,1585
34,00	240,88	1,2310	0,05873	17,03	1041,8	2802,1	1760,3	2,7101	6,1344
36,00	244,16	1,2381	0,05541	18,05	1057,6	2801,7	1744,2	2,7401	6,1115
38,00	247,31	1,2451	0,05244	19,07	1072,7	2801,1	1728,4	2,7689	6,0896
40,00	250,33	1,2521	0,04975	20,10	1087,4	2800,3	1712,9	2,7965	6,0685
42,00	253,24	1,2589	0,04731	21,14	1101,6	2799,4	1697,8	2,8231	6,0482
44,00	256,05	1,2657	0,04508	22,18	1115,4	2798,3	1682,9	2,8487	6,0286
46,00	258,75	1,2725	0,04304	23,24	1128,8	2797,0	1668,3	2,8734	6,0097
48,00	261,37	1,2792	0,04116	24,29	1141,8	2795,7	1653,9	2,8974	5,9724
50,00	263,91	1,2858	0,03943	25,36	1154,5	2794,2	1639,7	2,9206	5,9735
55,00	269,93	1,3023	0,03563	28,07	1184,9	2789,9	1605,0	2,9757	5,9309
60,00	275,55	1,3187	0,03244	30,83	1213,7	2785,0	1571,3	3,0273	5,8908
65,00	280,82	1,3350	0,02972	33,65	1241,1	2779,5	1538,4	3,0759	5,8527
70,00	285,79	1,3513	0,02737	36,53	1267,4	2773,5	1506,0	3,1219	5,8162
75,00	290,50	1,3677	0,02533	39,48	1292,7	2766,9	1474,2	3,1657	5,7810
80,00	294,97	1,3842	0,02353	42,51	1317,1	2759,9	1442,8	3,2076	5,7471
85,00	299,23	1,4009	0,02193	45,61	1340,7	2752,5	1411,7	3,2479	5,7141
90,00	303,31	1,4179	0,02050	48,79	1363,7	2744,6	1380,9	3,2867	5,6820
95,00	307,21	1,4351	0,01921	52,06	1386,1	2736,4	1350,2	3,3242	5,6506
100,00	310,96	1,4526	0,01804	55,43	1408,0	2727,7	1319,7	3,3605	5,6198
110,00	318,05	1,4887	0,01601	62,48	1450,6	2709,3	1258,7	3,4304	5,5595
120,00	324,65	1,5268	0,01428	70,01	1491,8	2689,2	1197,4	3,4972	5,5002
130,00	330,83	1,5672	0,01280	78,14	1532,0	2667,0	1135,0	3,5616	5,4408
140,00	336,64	1,6106	0,01150	86,99	1571,6	2642,4	1070,7	3,6243	5,3803
150,00	342,13	1,6579	0,010342	96,71	1611,0	2615,0	1004,0	3,6859	5,3178
160,00	347,33	1,7103	0,009308	107,4	1650,5	2584,9	934,3	3,7471	5,2531
170,00	352,26	1,7696	0,008371	119,5	1691,7	2551,6	859,9	3,8107	5,1855
180,00	356,96	1,8399	0,007498	133,4	1734,8	2513,9	779,1	3,8765	5,1128
190,00	361,43	1,9260	0,006678	149,8	1778,7	2470,6	692,0	3,9429	5,0332
200,00	365,70	2,0370	0,005877	170,2	1826,5	2418,4	591,9	4,0149	4,9412
210,00	369,78	2,2015	0,005023	199,1	1886,3	2347,6	461,3	4,1048	4,8223
220,00	373,69	2,6711	0,003727	268,3	2011,1	2195,5	184,4	4,2946	4,5797
221,20	374,15	3,1700	0,003170	315,5	2107,4	2107,4	0,0	4,4429	4,4429

Tabelle 5.5-4   Zustandsgrößen von Wasser und überhitztem Dampf

Oberhalb der waagerechten Querstriche herrscht flüssiger, darunter dampfförmiger Zustand. v in dm³/kg für flüssigen Zustand, in m³/kg für dampfförmigen Zustand, h in kcal/kg K, s in kcal/kg K.

p	1,0 at; $t_d = 99{,}087\,°C$			5,0 at; $t_d = 151{,}11\,°C$			10,0 at; $t_d = 179{,}04\,°C$		
t	v'' 1,7250	h'' 638,8	s'' 1,7594	v'' 0,3816	h'' 656,0	s'' 1,6303	v'' 0,1979	h'' 662,9	s'' 1,5739
°C	v	h	s	v	h	s	v	h	s
0	1,0002	0,0	0,0000	1,0000	0,0	0,0000	0,9997	0,2	0,0000
10	1,0002	10,1	0,0361	1,0000	10,0	0,0361	0,9998	10,3	0,0360
20	1,0017	20,1	0,0708	1,0015	20,1	0,0707	1,0013	20,2	0,0707
30	1,0043	30,0	0,1043	1,0041	30,1	0,1042	1,0039	30,2	0,1042
40	1,0078	40,0	0,1366	1,0076	40,1	0,1366	1,0074	40,2	0,1366
50	1,0121	50,0	0,1680	1,0119	50,1	0,1680	1,0117	50,2	0,1679
60	1,0171	60,0	0,1985	1,0169	60,1	0,1984	1,0167	60,2	0,1984
70	1,0228	70,0	0,2280	1,0226	70,1	0,2280	1,0224	70,2	0,2279
80	1,0292	80,0	0,2568	1,0290	80,1	0,2567	1,0287	80,2	0,2567
90	1,0361	90,0	0,2848	1,0359	90,1	0,2848	1,0357	90,2	0,2847
100	1,730	639,3	1,7606	1,0435	100,2	0,3121	1,0432	100,2	0,3120
110	1,779	644,1	1,7734	1,0517	110,2	0,3387	1,0514	110,3	0,3386
120	1,828	648,9	1,7857	1,0605	120,4	0,3648	1,0602	120,4	0,3647
130	1,877	653,6	1,7977	1,0699	130,5	0,3903	1,0696	130,6	0,3902
140	1,926	658,4	1,8094	1,0800	140,7	0,4153	1,0797	140,8	0,4152
150	1,975	663,1	1,8207	1,0908	151,0	0,4399	1,0904	151,1	0,4397
160	2,023	667,9	1,8318	0,3914	660,9	1,6417	1,1020	161,4	0,4638
170	2,071	672,6	1,8426	0,4022	666,3	1,6540	1,1143	171,8	0,4876
180	2,120	677,3	1,8531	0,4128	671,6	1,6659	0,1985	663,5	1,5752
190	2,167	682,1	1,8634	0,4232	676,9	1,6773	0,2045	669,6	1,5884
200	2,215	686,8	1,8735	0,4336	682,1	1,6884	0,2103	675,4	1,6010
210	2,263	691,5	1,8834	0,4438	687,2	1,6991	0,2159	681,2	1,6130
220	2,311	696,2	1,8931	0,4540	692,3	1,7095	0,2214	686,8	1,6245
230	2,359	701,0	1,9026	0,4640	697,3	1,7197	0,2269	692,3	1,6356
240	2,406	705,7	1,9119	0,4740	702,3	1,7295	0,2322	697,8	1,6463
250	2,454	710,5	1,9211	0,4840	707,3	1,7392	0,2375	703,1	1,6566
260	2,501	715,2	1,9301	0,4938	712,3	1,7486	0,2427	708,4	1,6666
270	2,549	720,0	1,9390	0,5037	717,2	1,7578	0,2479	713,6	1,6764
280	2,596	724,8	1,9477	0,5135	722,2	1,7668	0,2530	718,8	1,6859
290	2,644	729,5	1,9562	0,5233	727,1	1,7757	0,2581	724,0	1,6951
300	2,691	734,3	1,9647	0,5330	732,1	1,7843	0,2632	729,1	1,7041
310	2,738	739,1	1,9730	0,5427	737,0	1,7929	0,2682	734,2	1,7129
320	2,786	744,0	1,9812	0,5524	741,9	1,8013	0,2732	739,3	1,7216
330	2,833	748,8	1,9893	0,5621	746,9	1,8095	0,2782	744,4	1,7301
340	2,880	753,6	1,9972	0,5718	751,8	1,8176	0,2832	749,4	1,7384
350	2,927	758,5	2,0051	0,5814	756,7	1,8256	0,2881	754,5	1,7466
360	2,975	763,4	2,0128	0,5910	761,7	1,8335	0,2930	759,5	1,7546
370	3,022	768,3	2,0205	0,6006	766,6	1,8413	0,2979	764,6	1,7625
380	3,069	773,2	2,0281	0,6102	771,6	1,8489	0,3028	769,6	1,7703
390	3,117	778,1	2,0355	0,6198	776,6	1,8565	0,3077	774,7	1,7780
400	3,164	783,0	2,0429	0,6294	781,6	1,8639	0,3126	779,8	1,7856
410	3,211	787,9	2,0502	0,6390	786,6	1,8713	0,3175	784,8	1,7931
420	3,258	792,9	2,0574	0,6486	791,6	1,8786	0,3223	789,9	1,8004
430	3,305	797,9	2,0645	0,6581	796,6	1,8858	0,3272	795,0	1,8077
440	3,353	802,9	2,0716	0,6677	801,6	1,8929	0,3320	800,1	1,8149
450	3,400	807,9	2,0785	0,6772	806,7	1,8999	0,3369	805,2	1,8220
460	3,447	812,9	2,0854	0,6867	811,7	1,9069	0,3417	810,3	1,8290
470	3,494	817,9	2,0923	0,6963	816,8	1,9137	0,3465	815,4	1,8359
480	3,541	823,0	2,0990	0,7058	821,9	1,9205	0,3514	820,5	1,8428
490	3,588	828,0	2,1057	0,7153	827,0	1,9273	0,3562	825,7	1,8496
500	3,636	833,1	2,1123	0,7249	832,1	1,9339	0,3610	830,8	1,8563
510	3,683	838,2	2,1189	0,7344	837,2	1,9405	0,3658	836,0	1,8629
520	3,730	843,4	2,1254	0,7439	842,4	1,9471	0,3706	841,2	1,8695
530	3,777	848,5	2,1318	0,7534	847,5	1,9535	0,3754	846,4	1,8760
540	3,824	853,6	2,1382	0,7629	852,7	1,9599	0,3802	851,6	1,8825

Tabelle 5.5-4　(Fortsetzung)

p	1,0 at;	$t_\mathrm{d} = 99{,}087\,°C$		5,0 at;	$t_\mathrm{d} = 151{,}11\,°C$		10,0 at;	$t_\mathrm{d} = 179{,}04\,°C$	
t	v'' 1,7250	h'' 638,8	s'' 1,7594	v'' 0,3816	h'' 656,0	s'' 1,6303	v'' 0,1979	h'' 662,9	s'' 1,5739
°C	v	h	s	v	h	s	v	h	s
550	3,871	858,8	2,1445	0,7724	857,9	1,9663	0,3850	856,8	1,8889
560	3,919	864,0	2,1507	0,7819	863,1	1,9726	0,3898	862,0	1,8952
570	3,966	869,2	2,1569	0,7914	868,3	1,9788	0,3946	867,3	1,9015
580	4,013	874,4	2,1631	0,8009	873,6	1,9850	0,3994	872,6	1,9077
590	4,060	879,6	2,1692	0,8104	878,8	1,9911	0,4041	877,9	1,9138
600	4,107	884,9	2,1752	0,8198	884,1	1,9972	0,4089	883,2	1,9199
610	4,154	890,1	2,1812	0,8293	889,4	2,0032	0,4137	888,5	1,9260
620	4,201	895,4	2,1872	0,8388	894,7	2,0091	0,4185	893,8	1,9320
630	4,249	900,7	2,1931	0,8483	900,0	2,0151	0,4232	899,1	1,9379
640	4,296	906,0	2,1989	0,8578	905,3	2,0209	0,4280	904,5	1,9438
650	4,343	911,4	2,2047	0,8672	910,7	2,0268	0,4328	909,9	1,9497
660	4,390	916,7	2,2105	0,8767	916,1	2,0325	0,4375	915,2	1,9555
670	4,437	922,1	2,2162	0,8862	921,4	2,0383	0,4423	920,6	1,9612
680	4,484	927,4	2,2219	0,8956	926,8	2,0440	0,4471	926,1	1,9669
690	4,531	932,8	2,2275	0,9051	932,2	2,0496	0,4518	931,5	1,9726
700	4,578	938,2	2,2331	0,9146	937,7	2,0552	0,4566	936,9	1,9782
710	4,625	943,7	2,2386	0,9240	943,1	2,0608	0,4613	942,4	1,9838
720	4,673	949,1	2,2441	0,9335	948,6	2,0663	0,4661	947,9	1,9894
730	4,720	954,6	2,2496	0,9429	954,0	2,0718	0,4708	953,4	1,9949
740	4,767	960,0	2,2550	0,9524	959,5	2,0772	0,4756	958,9	2,0003
750	4,814	965,5	2,2604	0,9618	965,0	2,0826	0,4803	964,4	2,0057
760	4,861	971,0	2,2658	0,9713	970,5	2,0880	0,4851	969,9	2,0111
770	4,908	976,5	2,2711	0,9807	976,1	2,0933	0,4898	975,5	2,0165
780	4,955	982,1	2,2764	0,9902	981,6	2,0986	0,4946	981,0	2,0218
790	5,002	987,6	2,2816	0,9996	987,2	2,1039	0,4993	986,6	2,0270
800	5,049	993,2	2,2868	1,0091	992,8	2,1091	0,5041	992,2	2,0323

p	25 at;	$t_\mathrm{d} = 222{,}91\,°C$		50 at;	$t_\mathrm{d} = 262{,}69\,°C$		100 at;	$t_\mathrm{d} = 309{,}53\,°C$	
t	v'' 0,08147	h'' 668,9	s'' 1,4954	v'' 0,04025	h'' 667,6	s'' 1,4288	v'' 0,01848	h'' 652,3	s'' 1,3451
°C	v	h	s	v	h	s	v	h	s
0	0,9990	0,6	0,0000	0,9978	1,2	0,0001	0,9954	2,4	0,0001
10	0,9991	10,6	0,0360	0,9979	11,2	0,0360	0,9957	12,3	0,0358
20	1,0006	20,6	0,0706	0,9995	21,1	0,0705	0,9973	22,2	0,0703
30	1,0032	30,5	0,1041	1,0021	31,1	0,1039	1,0000	32,1	0,1035
40	1,0067	40,5	0,1364	1,0056	41,0	0,1362	1,0035	42,1	0,1357
50	1,0110	50,5	0,1678	1,0099	51,0	0,1675	1,0078	52,0	0,1669
60	1,0160	60,5	0,1982	1,0149	60,9	0,1979	1,0127	61,9	0,1972
70	1,0217	70,4	0,2277	1,0206	70,9	0,2274	1,0183	71,9	0,2267
80	1,0280	80,4	0,2564	1,0269	80,9	0,2561	1,0245	81,8	0,2553
90	1,0350	90,5	0,2844	1,0337	90,9	0,2840	1,0313	91,8	0,2832
100	1,0425	100,5	0,3117	1,0412	101,0	0,3112	1,0387	101,8	0,3103
110	1,0506	110,6	0,3383	1,0493	111,0	0,3378	1,0467	111,9	0,3369
120	1,0593	120,7	0,3644	1,0579	121,1	0,3638	1,0552	121,9	0,3628
130	1,0687	130,8	0,3899	1,0672	131,2	0,3893	1,0643	132,0	0,3882
140	1,0787	141,0	0,4148	1,0771	141,4	0,4142	1,0740	142,2	0,4130
150	1,0894	151,3	0,4393	1,0877	151,6	0,4387	1,0844	152,4	0,4374
160	1,1009	161,6	0,4634	1,0991	161,9	0,4627	1,0956	162,6	0,4614
170	1,1131	172,0	0,4871	1,1112	172,3	0,4864	1,1074	173,0	0,4849
180	1,1263	182,4	0,5105	1,1242	182,7	0,5097	1,1201	183,4	0,5081
190	1,1404	193,0	0,5335	1,1381	193,3	0,5327	1,1336	193,8	0,5310
200	1,1556	203,7	0,5563	1,1531	203,9	0,5554	1,1482	204,4	0,5536
210	1,1720	214,5	0,5789	1,1692	214,7	0,5779	1,1638	215,1	0,5760
220	1,1898	225,4	0,6013	1,1867	225,6	0,6002	1,1808	225,9	0,5981
230	0,08351	674,3	1,5061	1,2057	236,6	0,6224	1,1991	236,9	0,6201
240	0,08627	681,4	1,5202	1,2266	247,9	0,6445	1,2190	248,0	0,6420

Tabelle 5.5-4   (Fortsetzung)

p	25 at; $t_\mathrm{d} = 222{,}91\,°\mathrm{C}$			50 at; $t_\mathrm{d} = 262{,}69\,°\mathrm{C}$			100 at; $t_\mathrm{d} = 309{,}53\,°\mathrm{C}$		
t	v'' 0,08147	h'' 668,9	s'' 1,4954	v'' 0,04025	h'' 667,6	s'' 1,4288	v'' 0,01848	h'' 652,3	s'' 1,3451
°C	v	h	s	v	h	s	v	h	s
250	0,08892	688,3	1,5334	1,2496	259,3	0,6667	1,2409	259,3	0,6639
260	0,09148	694,9	1,5459	1,2752	271,1	0,6889	1,2651	270,9	0,6858
270	0,09396	701,3	1,5578	0,04157	674,5	1,4417	1,2921	282,8	0,7079
280	0,09637	707,5	1,5691	0,04327	683,5	1,4580	1,3226	295,0	0,7301
290	0,09872	713,5	1,5799	0,04487	691,8	1,4729	1,3576	307,7	0,7528
300	0,10102	719,4	1,5902	0,04637	699,6	1,4867	1,3987	320,9	0,7762
310	0,10329	725,1	1,6002	0,04781	707,1	1,4996	0,01855	653,1	1,3464
320	0,10551	730,8	1,6099	0,04920	714,2	1,5117	0,01988	667,3	1,3706
330	0,10771	736,4	1,6192	0,05053	721,1	1,5232	0,02103	679,6	1,3911
340	0,10988	741,9	1,6283	0,05183	727,7	1,5341	0,02207	690,5	1,4091
350	0,11202	747,4	1,6372	0,05309	734,1	1,5445	0,02302	700,4	1,4251
360	0,11415	752,8	1,6458	0,05432	740,4	1,5545	0,02391	709,6	1,4397
370	0,11626	758,2	1,6542	0,05552	746,5	1,5641	0,02474	718,1	1,4531
380	0,11835	763,6	1,6625	0,05671	752,5	1,5734	0,02554	726,2	1,4656
390	0,12043	768,9	1,6706	0,05787	758,5	1,5824	0,02630	734,0	1,4774
400	0,12249	774,2	1,6785	0,05902	764,3	1,5911	0,02703	741,4	1,4885
410	0,12455	779,5	1,6863	0,06015	770,1	1,5996	0,02774	748,6	1,4991
420	0,12659	784,8	1,6940	0,06127	775,8	1,6079	0,02843	755,5	1,5092
430	0,12863	790,1	1,7016	0,06238	781,5	1,6161	0,02911	762,3	1,5189
440	0,13066	795,3	1,7090	0,06348	787,1	1,6240	0,02976	769,0	1,5283
450	0,13268	800,6	1,7163	0,06457	792,7	1,6318	0,03041	775,5	1,5373
460	0,13469	805,9	1,7236	0,06565	798,3	1,6395	0,03104	781,8	1,5461
470	0,13670	811,1	1,7307	0,06672	803,8	1,6470	0,03166	788,1	1,5546
480	0,13870	816,4	1,7377	0,06779	809,3	1,6544	0,03227	794,3	1,5629
490	0,14069	821,7	1,7447	0,06885	814,9	1,6617	0,03287	800,5	1,5710
500	0,14269	827,0	1,7516	0,06990	820,4	1,6688	0,03347	806,6	1,5790
510	0,14467	832,2	1,7584	0,07095	825,9	1,6759	0,03405	812,6	1,5867
520	0,14665	837,5	1,7651	0,07199	831,4	1,6829	0,03463	818,6	1,5943
530	0,14863	842,8	1,7717	0,07303	836,9	1,6898	0,03521	824,6	1,6018
540	0,15061	848,2	1,7783	0,07407	842,4	1,6966	0,03578	830,5	1,6091
550	0,15258	853,5	1,7848	0,07510	847,9	1,7033	0,03635	836,4	1,6163
560	0,15455	858,8	1,7913	0,07613	853,4	1,7100	0,03691	842,3	1,6234
570	0,15651	864,2	1,7976	0,07715	858,9	1,7165	0,03747	848,1	1,6304
580	0,15847	869,5	1,8040	0,07817	864,4	1,7230	0,03802	854,0	1,6373
590	0,16043	874,9	1,8102	0,07919	869,9	1,7294	0,03857	859,8	1,6441
600	0,16238	880,3	1,8164	0,08020	875,4	1,7358	0,03911	865,7	1,6509
610	0,16434	885,7	1,8226	0,08122	881,0	1,7421	0,03966	871,5	1,6575
620	0,16629	891,1	1,8286	0,08223	886,5	1,7483	0,04020	877,3	1,6640
630	0,16823	896,5	1,8347	0,08323	892,1	1,7545	0,04074	883,1	1,6705
640	0,17018	901,9	1,8407	0,08424	897,6	1,7606	0,04127	888,9	1,6769
650	0,17212	907,4	1,8466	0,08524	903,2	1,7667	0,04180	894,8	1,6833
660	0,17406	912,8	1,8525	0,08624	908,7	1,7727	0,04233	900,6	1,6895
670	0,17600	918,3	1,8583	0,08724	914,3	1,7786	0,04286	906,4	1,6957
680	0,17794	923,8	1,8641	0,08823	919,9	1,7845	0,04339	912,2	1,7019
690	0,17987	929,3	1,8698	0,08923	925,5	1,7904	0,04391	918,0	1,7079
700	0,18180	934,8	1,8755	0,09022	931,1	1,7962	0,04443	923,8	1,7139
710	0,18374	940,3	1,8811	0,09121	936,8	1,8019	0,04495	929,7	1,7199
720	0,18567	945,8	1,8867	0,09220	942,4	1,8076	0,04547	935,5	1,7258
730	0,18759	951,4	1,8923	0,09318	948,0	1,8133	0,04599	941,3	1,7317
740	0,18952	956,9	1,8978	0,09417	953,7	1,8189	0,04650	947,2	1,7374
750	0,19144	962,5	1,9033	0,09515	959,3	1,8245	0,04701	953,0	1,7432
760	0,19337	968,1	1,9087	0,09613	965,0	1,8300	0,04752	958,9	1,7489
770	0,19529	973,7	1,9141	0,09711	970,7	1,8355	0,04803	964,7	1,7545
780	0,19721	979,3	1,9195	0,09809	976,4	1,8409	0,04854	970,6	1,7601
790	0,19913	984,9	1,9248	0,09907	982,1	1,8463	0,04905	976,5	1,7657
800	0,20104	990,6	1,9301	0,10005	987,8	1,8516	0,04956	982,3	1,7712

Tabelle 5.5-4 (Fortsetzung)

p	150 at; $t_\mathrm{d} = 340{,}57\,°C$			200 at; $t_\mathrm{d} = 364{,}07\,°C$			250 at		
t	v'' 0,01066	h'' 626,6	s'' 1,2745	v'' 0,006187	h'' 582,8	s'' 1,1892			
°C	v	h	s	v	h	s	v	h	s
0	0,9930	3,5	0,0002	0,9906	4,7	0,0002	0,9883	5,9	0,0002
10	0,9934	13,4	0,0357	0,9912	14,6	0,0356	0,9890	15,7	0,0354
20	0,9952	23,3	0,0700	0,9930	24,4	0,0697	0,9909	25,5	0,0695
30	0,9979	33,2	0,1032	0,9958	34,3	0,1028	0,9937	35,3	0,1024
40	1,0014	43,1	0,1353	0,9993	44,1	0,1348	0,9973	45,1	0,1344
50	1,0057	53,0	0,1664	1,0036	54,0	0,1659	1,0015	55,0	0,1653
60	1,0106	62,9	0,1966	1,0085	63,9	0,1960	1,0064	64,9	0,1954
70	1,0161	72,8	0,2260	1,0140	73,8	0,2253	1,0119	74,7	0,2246
80	1,0223	82,8	0,2545	1,0201	83,7	0,2538	1,0179	84,6	0,2530
90	1,0290	92,7	0,2823	1,0267	93,6	0,2815	1,0244	94,6	0,2807
100	1,0363	102,7	0,3095	1,0339	103,6	0,3086	1,0315	104,5	0,3077
110	1,0441	112,7	0,3359	1,0416	113,6	0,3350	1,0391	114,4	0,3340
120	1,0525	122,8	0,3618	1,0499	123,6	0,3608	1,0473	124,4	0,3598
130	1,0615	132,8	0,3871	1,0587	133,6	0,3860	1,0560	134,5	0,3849
140	1,0710	143,0	0,4119	1,0681	143,7	0,4107	1,0653	144,5	0,4096
150	1,0813	153,1	0,4362	1,0781	153,9	0,4350	1,0751	154,6	0,4338
160	1,0921	163,3	0,4601	1,0888	164,1	0,4588	1,0856	164,8	0,4575
170	1,1037	173,6	0,4835	1,1002	174,3	0,4821	1,0967	175,0	0,4808
180	1,1161	184,0	0,5066	1,1123	184,6	0,5051	1,1086	185,3	0,5037
190	1,1294	194,4	0,5294	1,1252	195,0	0,5278	1,1212	195,6	0,5263
200	1,1435	204,9	0,5519	1,1390	205,5	0,5502	1,1347	206,0	0,5485
210	1,1587	215,6	0,5741	1,1538	216,0	0,5723	1,1491	216,5	0,5705
220	1,1751	226,3	0,5961	1,1697	226,7	0,5942	1,1645	227,1	0,5923
230	1,1928	237,2	0,6179	1,1868	237,5	0,6158	1,1811	237,9	0,6138
240	1,2119	248,2	0,6396	1,2053	248,4	0,6374	1,1989	248,7	0,6351
250	1,2329	259,4	0,6613	1,2253	259,5	0,6588	1,2182	259,7	0,6564
260	1,2559	270,8	0,6829	1,2472	270,8	0,6802	1,2392	270,9	0,6775
270	1,2813	282,5	0,7046	1,1713	282,4	0,7016	1,2621	282,3	0,6987
280	1,3097	294,5	0,7265	1,2980	294,1	0,7231	1,2873	293,9	0,7199
290	1,3419	306,9	0,7486	1,3279	306,2	0,7447	1,3153	305,8	0,7412
300	1,3790	319,7	0,7712	1,3619	318,7	0,7668	1,3467	318,0	0,7627
310	1,4226	333,2	0,7945	1,4010	331,8	0,7893	1,3824	330,6	0,7846
320	1,4755	347,5	0,8189	1,4471	345,4	0,8125	1,4236	343,8	0,8070
330	1,5429	363,1	0,8450	1,5031	360,0	0,8369	1,4721	357,7	0,8301
340	1,6370	380,9	0,8743	1,5744	375,9	0,8630	1,5309	372,5	0,8544
350	0,01196	648,0	1,3092	1,6728	393,9	0,8922	1,6052	388,6	0,8805
360	0,01303	665,2	1,3366	1,8437	417,5	0,9298	1,7067	407,0	0,9099
370	0,01393	679,6	1,3592	0,007427	612,9	1,2363	1,8709	428,6	0,9438
380	0,01472	692,1	1,3785	0,008648	640,8	1,2794	2,3717	471,3	1,0096
390	0,01544	703,3	1,3954	0,009552	660,9	1,3098	5,1062	584,9	1,1823
400	0,01609	713,4	1,4106	0,010303	677,1	1,3341	6,3667	623,9	1,2407
410	0,01671	722,8	1,4245	0,010955	690,9	1,3545	7,198	647,9	1,2762
420	0,01729	731,7	1,4374	0,011541	703,1	1,3721	7,877	666,7	1,3035
430	0,01785	740,1	1,4495	0,012078	714,1	1,3879	8,461	682,4	1,3260
440	0,01838	748,2	1,4608	0,012578	724,2	1,4023	8,981	696,1	1,3453
450	0,01890	755,9	1,4716	0,013050	733,8	1,4156	9,454	708,3	1,3624
460	0,01940	763,4	1,4819	0,013499	742,8	1,4279	9,892	719,5	1,3778
470	0,01988	770,7	1,4918	0,013929	751,4	1,4396	10,303	729,9	1,3919
480	0,02036	777,8	1,5013	0,014342	759,7	1,4507	10,691	739,7	1,4050
490	0,02082	784,8	1,5105	0,014742	767,7	1,4613	11,061	749,1	1,4172
500	0,02127	791,6	1,5194	0,015129	775,5	1,4714	11,416	758,0	1,4288
510	0,02171	798,4	1,5281	0,015506	783,0	1,4811	11,758	766,5	1,4399
520	0,02215	805,0	1,5365	0,015872	790,4	1,4904	12,089	774,8	1,4504
530	0,02257	811,5	1,5446	0,01623	797,6	1,4995	12,409	782,9	1,4605
540	0,02299	818,0	1,5526	0,01658	804,7	1,5083	12,720	790,7	1,4702

Tabelle 5.5-4 (Fortsetzung)

p	150 at; $t_\mathrm{d} = 340{,}57\,°\mathrm{C}$			200 at; $t_\mathrm{d} = 364{,}07\,°\mathrm{C}$			250 at		
t	v'' 0,01066	h'' 626,6	s'' 1,2745	v'' 0,006187	h'' 582,8	s'' 1,1892			
°C	v	h	s	v	h	s	v	h	s
550	0,02341	824,4	1,5604	0,01692	811,7	1,5168	13,023	798,4	1,4795
560	0,02382	830,7	1,5681	0,01726	818,6	1,5251	13,319	805,9	1,4886
570	0,02422	837,0	1,5756	0,01759	825,3	1,5332	13,609	813,2	1,4974
580	0,02462	843,2	1,5830	0,01792	832,1	1,5411	13,892	820,5	1,5059
590	0,02502	849,4	1,5902	0,01824	838,7	1,5488	14,171	827,6	1,5142
600	0,02541	855,6	1,5973	0,01856	845,3	1,5564	14,444	834,6	1,5223
610	0,02580	861,8	1,6043	0,01887	851,8	1,5639	14,713	841,6	1,5302
620	0,02619	867,9	1,6112	0,01918	858,3	1,5712	14,978	848,4	1,5379
630	0,02657	874,0	1,6180	0,01949	864,7	1,5783	15,239	855,2	1,5455
640	0,02695	880,1	1,6248	0,01979	871,1	1,5854	15,497	862,0	1,5529
650	0,02733	886,2	1,6314	0,02009	877,5	1,5923	15,752	868,7	1,5602
660	0,02770	892,3	1,6379	0,02039	883,9	1,5992	16,003	875,4	1,5674
670	0,02807	898,4	1,6444	0,02068	890,2	1,6059	16,25	882,0	1,5745
680	0,02844	904,4	1,6508	0,02098	896,5	1,6126	16,50	888,6	1,5814
690	0,02881	910,5	1,6571	0,02127	902,8	1,6192	16,74	895,1	1,5883
700	0,02918	916,5	1,6634	0,02155	909,1	1,6257	16,98	901,6	1,5950
710	0,02954	922,6	1,6695	0,02184	915,4	1,6321	17,22	908,1	1,6017
720	0,02990	928,6	1,6756	0,02212	921,6	1,6384	17,46	914,6	1,6082
730	0,03026	934,6	1,6817	0,02240	927,9	1,6447	17,70	921,1	1,6147
740	0,03062	940,7	1,6877	0,02268	934,1	1,6508	17,93	927,5	1,6211
750	0,03098	946,7	1,6936	0,02296	940,3	1,6570	18,16	934,0	1,6274
760	0,03133	952,7	1,6995	0,02324	946,6	1,6630	18,39	940,4	1,6336
770	0,03168	958,8	1,7053	0,02352	952,8	1,6690	18,62	946,8	1,6398
780	0,03204	964,8	1,7110	0,02379	959,0	1,6749	18,85	953,2	1,6459
790	0,03239	970,8	1,7167	0,02406	965,2	1,6808	19,07	959,6	1,6519
800	0,03274	976,9	1,7224	0,02433	971,4	1,6866	19,30	965,9	1,6579

t	$p = 300$ at			$p = 400$ at			$p = 500$ at		
°C	v	h	s	v	h	s	v	h	s
0	0,9860	7,0	0,0002	0,9815	9,3	0,0001	0,9771	11,6	0,0000
10	0,9869	16,8	0,0353	0,9826	19,0	0,0349	0,9785	21,2	0,0345
20	0,9889	26,6	0,0692	0,9848	28,7	0,0686	0,9808	30,8	0,0680
30	0,9917	36,4	0,1020	0,9877	38,4	0,1013	0,9839	40,5	0,1005
40	0,9953	46,2	0,1339	0,9914	48,2	0,1330	0,9875	50,2	0,1321
50	0,9995	56,0	0,1648	0,9956	58,0	0,1637	0,9917	60,0	0,1627
60	1,0044	65,8	0,1948	1,0004	67,8	0,1936	0,9965	69,7	0,1924
70	1,0098	75,7	0,2239	1,0057	77,6	0,2226	1,0017	79,5	0,2213
80	1,0157	85,6	0,2523	1,0115	87,4	0,2509	1,0075	89,3	0,2494
90	1,0222	95,5	0,2799	1,0179	97,3	0,2784	1,0137	99,1	0,2768
100	1,0292	105,4	0,3068	1,0247	107,2	0,3052	1,0204	108,9	0,3035
110	1,0367	115,3	0,3331	1,0321	117,0	0,3313	1,0276	118,8	0,3296
120	1,0448	125,3	0,3588	1,0399	127,0	0,3569	1,0352	128,7	0,3550
130	1,0533	135,3	0,3839	1,0482	136,9	0,3819	1,0433	138,6	0,3799
140	1,0625	145,3	0,4085	1,0571	146,9	0,4063	1,0519	148,5	0,4042
150	1,0722	155,4	0,4326	1,0665	156,9	0,4303	1,0610	158,5	0,4280
160	1,0825	165,5	0,4562	1,0764	167,0	0,4538	1,0707	168,5	0,4514
170	1,0934	175,7	0,4794	1,0870	177,1	0,4768	1,0809	178,5	0,4743
180	1,1050	185,9	0,5023	1,0982	187,2	0,4995	1,0916	188,6	0,4969
190	1,1174	196,2	0,5248	1,1100	197,5	0,5218	1,1031	198,8	0,5190
200	1,1305	206,6	0,5469	1,1226	207,7	0,5438	1,1151	209,0	0,5408
210	1,1446	217,0	0,5688	1,1360	218,1	0,5655	1,1279	219,2	0,5623
220	1,1596	227,6	0,5904	1,1502	228,6	0,5869	1,1415	229,6	0,5835
230	1,1756	238,2	0,6118	1,1654	239,1	0,6080	1,1560	240,0	0,6044
240	1,1929	249,0	0,6330	1,1816	249,7	0,6290	1,1713	250,5	0,6251

Tabelle 5.5-4   (Fortsetzung)

t	$p = 300$ at			$p = 400$ at			$p = 500$ at		
°C	v	h	s	v	h	s	v	h	s
250	1,2115	259,9	0,6541	1,1990	260,5	0,6497	1,1877	261,1	0,6456
260	1,2316	271,0	0,6750	1,2177	271,4	0,6703	1,2051	271,9	0,6659
270	1,2535	282,3	0,6959	1,2378	282,4	0,6908	1,2239	282,7	0,6861
280	1,2774	293,7	0,7168	1,2596	293,6	0,7113	1,2440	293,7	0,7062
290	1,3038	305,4	0,7378	1,2834	305,0	0,7317	1,2657	304,9	0,7261
300	1,3331	317,4	0,7589	1,3094	316,6	0,7521	1,2893	316,2	0,7461
310	1,3660	329,8	0,7803	1,3381	328,5	0,7727	1,3149	327,7	0,7660
320	1,4034	342,5	0,8020	1,3701	340,7	0,7934	1,3430	339,5	0,7860
330	1,4466	355,9	0,8243	1,4059	353,3	0,8145	1,3741	351,6	0,8062
340	1,4974	369,9	0,8474	1,4467	366,3	0,8359	1,4088	364,0	0,8266
350	1,5587	384,9	0,8716	1,4937	380,0	0,8580	1,4477	376,8	0,8473
360	1,6351	401,3	0,8978	1,5477	394,6	0,8814	1,4909	390,6	0,8694
370	1,7381	418,6	0,9249	1,6121	408,7	0,9035	1,5397	403,3	0,8893
380	1,8940	440,4	0,9586	1,6913	425,0	0,9287	1,5961	417,8	0,9116
390	2,2022	471,7	1,0060	1,7929	443,1	0,9561	1,6622	433,1	0,9350
400	3,0449	526,1	1,0875	1,9314	463,6	0,9867	1,7413	449,4	0,9593
410	4,2604	581,8	1,1697	2,1343	487,7	1,0224	1,8386	466,8	0,9851
420	5,2037	618,1	1,2225	1,4395	516,5	1,0641	1,9613	485,7	1,0125
430	5,899	642,8	1,2578	2,8554	548,0	1,1093	2,1183	506,3	1,0419
440	6,475	662,2	1,2853	3,3395	578,9	1,1529	2,3168	528,3	1,0731
450	6,979	678,7	1,3082	3,8376	606,6	1,1914	2,5564	551,3	1,1051
460	7,430	693,1	1,3280	4,310	630,4	1,2242	2,8277	574,2	1,1365
470	7,843	706,0	1,3455	4,735	650,6	1,2516	3,1185	596,2	1,1663
480	8,225	717,8	1,3613	5,118	668,1	1,2749	3,4173	617,0	1,1941
490	8,584	728,8	1,3758	5,469	683,6	1,2954	3,718	636,5	1,2199
500	8,923	739,1	1,3892	5,795	697,7	1,3138	4,009	654,5	1,2432
510	9,246	749,0	1,4018	6,100	710,7	1,3304	4,283	670,6	1,2640
520	9,555	758,3	1,4137	6,388	722,7	1,3457	4,544	685,5	1,2828
530	9,853	767,3	1,4250	6,660	734,1	1,3600	4,792	699,3	1,3002
540	10,140	776,0	1,4358	6,920	744,9	1,3733	5,030	712,3	1,3163
550	10,418	784,5	1,4461	7,169	755,1	1,3859	5,257	724,6	1,3313
560	10,687	792,7	1,4560	7,407	765,0	1,3977	5,475	736,3	1,3454
570	10,950	800,7	1,4655	7,638	774,4	1,4090	5,684	747,4	1,3587
580	11,206	808,5	1,4747	7,860	783,6	1,4198	5,885	758,0	1,3712
590	11,456	816,1	1,4836	8,076	792,5	1,4302	6,078	768,3	1,3831
600	11,701	823,7	1,4923	8,285	801,1	1,4401	6,265	778,1	1,3945
610	11,941	831,1	1,5007	8,489	809,5	1,4497	6,447	787,6	1,4053
620	12,177	838,4	1,5089	8,689	817,7	1,4589	6,623	796,9	1,4157
630	12,409	845,6	1,5170	8,883	825,8	1,4679	6,794	805,8	1,4257
640	12,637	852,7	1,5248	9,074	833,7	1,4766	6,961	814,6	1,4353
650	12,861	859,7	1,5325	9,261	841,5	1,4851	7,124	823,2	1,4447
660	13,083	866,7	1,5400	9,444	849,1	1,4934	7,284	831,5	1,4537
670	13,301	873,6	1,5474	9,625	856,7	1,5014	7,440	839,8	1,4625
680	13,517	880,5	1,5546	9,802	864,2	1,5093	7,594	847,9	1,4710
690	13,730	887,3	1,5618	9,977	871,6	1,5170	7,745	855,9	1,4794
700	13,941	894,1	1,5688	10,149	878,9	1,5246	7,893	863,8	1,4875
710	14,149	900,9	1,5757	10,319	886,2	1,5320	8,039	871,5	1,4955
720	14,356	907,6	1,5825	10,487	893,4	1,5393	8,183	879,2	1,5033
730	14,560	914,3	1,5892	10,653	900,5	1,5465	8,325	886,9	1,5109
740	14,763	920,9	1,5958	10,816	907,6	1,5535	8,464	894,4	1,5184
750	14,963	927,6	1,6023	10,978	914,7	1,5605	8,602	901,9	1,5258
760	15,162	934,2	1,6087	11,138	921,7	1,5673	8,739	909,3	1,5330
770	15,360	940,8	1,6151	11,296	928,7	1,5740	8,873	916,7	1,5401
780	15,555	947,3	1,6213	11,453	935,7	1,5807	9,006	924,1	1,5471
790	15,750	953,9	1,6275	11,609	942,6	1,5872	9,138	931,4	1,5540
800	15,942	960,4	1,6337	11,762	949,5	1,5937	9,268	938,6	1,5608

Tabelle 5.5-5 Zustandsgrößen von Wasser und überhitztem Dampf

Oberhalb der waagerechten Querstriche herrscht flüssiger, darunter dampfförmiger Zustand. v in dm³/kg für flüssigen Zustand, in m³/kg für dampfförmigen Zustand, h in kJ/kg, s in kJ/kg K.

p	1,00 bar; t_d = 99,63 °C			5,0 bar; t_d = 151,84 °C			10,0 bar; t_d = 179,88 °C		
t	v'' 1,694	h'' 2675,4	s'' 7,3598	v'' 0,3747	h'' 2747,5	s'' 6,8192	v'' 0,1943	h'' 2776,2	s'' 6,5828
°C	v	h	s	v	h	s	v	h	s
0	1,0002	0,1	−0,0001	1,0000	0,5	−0,0001	0,9997	1,0	−0,0001
10	1,0002	42,1	0,1510	1,0000	42,5	0,1509	0,9998	43,0	0,1509
20	1,0017	84,0	0,2963	1,0015	84,3	0,2962	1,0013	84,8	0,2961
30	1,0043	125,8	0,4365	1,0041	126,1	0,4364	1,0039	126,6	0,4362
40	1,0078	167,5	0,5721	1,0076	167,9	0,5719	1,0074	168,3	0,5717
50	1,0121	209,3	0,7035	1,0119	209,7	0,7033	1,0117	210,1	0,7030
60	1,0171	251,2	0,8309	1,0169	251,5	0,8307	1,0167	251,9	0,8305
70	1,0228	293,0	0,9548	1,0226	293,4	0,9545	1,0224	293,8	0,9542
80	1,0292	335,0	1,0752	1,0290	335,3	1,0750	1,0287	335,7	1,0746
90	1,0361	377,0	1,1925	1,0359	377,3	1,1922	1,0357	377,7	1,1919
100	1,696	2676,2	7,3618	1,0435	419,4	1,3066	1,0432	419,7	1,3062
110	1,744	2696,4	7,4152	1,0517	461,6	1,4182	1,0514	461,9	1,4178
120	1,793	2716,5	7,4670	1,0605	503,9	1,5273	1,0602	504,3	1,5269
130	1,841	2736,5	7,5173	1,0699	546,5	1,6341	1,0696	546,8	1,6337
140	1,889	2756,4	7,5662	1,0800	589,2	1,7388	1,0796	589,5	1,7383
150	1,936	2776,3	7,6137	1,0908	632,2	1,8416	1,0904	632,5	1,8410
160	1,984	2796,2	7,6601	0,3835	2766,4	6,8631	1,1019	675,7	1,9420
170	2,031	2816,0	7,7053	0,3941	2789,1	6,9149	1,1143	719,2	2,0414
180	2,078	2835,8	7,7495	0,4045	2811,4	6,9647	0,1944	2776,5	6,5835
190	2,125	2855,6	7,7927	0,4148	2833,4	7,0127	0,2002	2802,0	6,6392
200	2,172	2875,4	7,8349	0,4250	2855,1	7,0592	0,2059	2826,8	6,6922
210	2,219	2895,2	7,8763	0,4350	2876,6	7,1042	0,2115	2851,0	6,7427
220	2,266	2915,0	7,9169	0,4450	2898,0	7,1478	0,2169	2874,6	6,7911
230	2,313	2934,8	7,9567	0,4549	2919,1	7,1903	0,2223	2897,8	6,8377
240	2,359	2954,6	7,9958	0,4647	2940,1	7,2317	0,2276	2920,6	6,8825
250	2,406	2974,5	8,0342	0,4744	2961,1	7,2721	0,2327	2943,0	6,9259
260	2,453	2994,4	8,0719	0,4841	2981,9	7,3115	0,2379	2965,2	6,9680
270	2,499	3014,4	8,1089	0,4938	3002,7	7,3501	0,2430	2987,2	7,0088
280	2,546	3034,4	8,1454	0,5034	3023,4	7,3879	0,2480	3009,0	7,0485
290	2,592	3054,4	8,1813	0,5130	3044,1	7,4250	0,2530	3030,6	7,0873
300	2,639	3074,5	8,2166	0,5226	3064,8	7,4614	0,2580	3052,1	7,1251
310	2,685	3094,6	8,2514	0,5321	3085,4	7,4971	0,2629	3073,5	7,1622
320	2,732	3114,8	8,2857	0,5416	3106,1	7,5322	0,2678	3094,9	7,1984
330	2,778	3135,0	8,3196	0,5511	3126,7	7,5668	0,2727	3116,1	7,2340
340	2,824	3155,3	8,3529	0,5606	3147,4	7,6008	0,2776	3137,4	7,2689
350	2,871	3175,6	8,3858	0,5701	3168,1	7,6343	0,2824	3158,5	7,3031
360	2,917	3196,0	8,4183	0,5795	3188,8	7,6673	0,2873	3179,7	7,3368
370	2,964	3216,5	8,4504	0,5889	3209,6	7,6998	0,2921	3200,9	7,3700
380	3,010	3237,0	8,4820	0,5984	3230,4	7,7319	0,2969	3222,0	7,4027
390	3,056	3257,6	8,5133	0,6078	3251,2	7,7635	0,3017	3243,2	7,4348
400	3,102	3278,2	8,5442	0,6172	3272,1	7,7948	0,3065	3264,4	7,4665
410	3,149	3298,9	8,5747	0,6266	3293,0	7,8256	0,3113	3285,6	7,4978
420	3,195	3319,7	8,6049	0,6359	3314,0	7,8561	0,3160	3306,9	7,5287
430	3,241	3340,5	8,6347	0,6453	3335,0	7,8862	0,3208	3328,1	7,5592
440	3,288	3361,4	8,6642	0,6547	3356,1	7,9160	0,3256	3349,5	7,5893
450	3,334	3382,4	8,6934	0,6640	3377,2	7,9454	0,3303	3370,8	7,6190
460	3,380	3403,4	8,7223	0,6734	3398,4	7,9745	0,3350	3392,2	7,6484
470	3,427	3424,5	8,7508	0,6828	3419,7	8,0033	0,3398	3413,6	7,6775
480	3,473	3445,6	8,7791	0,6921	3441,0	9,0318	0,3445	3435,1	7,7062
490	3,519	3466,9	8,8071	0,7014	3462,3	8,0600	0,3492	3456,7	7,7346
500	3,565	3488,1	8,8348	0,7108	3483,8	8,0879	0,3540	3478,3	7,7627
510	3,612	3509,5	8,8623	0,7201	3505,3	8,1155	0,3587	3499,9	7,7905
520	3,658	3530,9	8,8894	0,7294	3526,8	8,1428	0,3634	3521,6	7,8181
530	3,704	3552,4	8,9164	0,7388	3548,4	8,1699	0,3681	3543,4	7,8454
540	3,750	3574,0	8,9431	0,7481	3570,1	8,1967	0,3728	3565,2	7,8724

Tabelle 5.5-5 (Fortsetzung)

p	1,00 bar; $t_d = 99{,}63\,°C$			5,0 bar; $t_d = 151{,}84\,°C$			10,0 bar; $t_d = 179{,}88\,°C$		
t	v'' 1,694	h'' 2675,4	s'' 7,3598	v'' 0,3747	h'' 2747,5	s'' 6,8192	v'' 0,1943	h'' 2776,2	s'' 6,5828
°C	v	h	s	v	h	s	v	h	s
550	3,797	3595,6	8,9695	0,7574	3591,8	8,2233	0,3775	3587,1	7,8991
560	3,843	3617,3	8,9957	0,7667	3613,6	8,2496	0,3822	3609,0	7,9256
570	3,889	3639,1	9,0217	0,7760	3635,5	8,2757	0,3869	3631,0	7,9518
580	3,935	3660,9	9,0474	0,7853	3657,4	8,3016	0,3916	3653,1	7,9779
590	3,981	3682,8	9,0729	0,7946	3679,4	8,3272	0,3963	3675,2	8,0036
600	4,028	3704,8	9,0982	0,8039	3701,5	8,3526	0,4010	3697,4	8,0292
610	4,074	3726,8	9,1233	0,8132	3723,6	8,3778	0,4057	3719,7	8,0545
620	4,120	3748,9	9,1482	0,8225	3745,8	8,4028	0,4104	3742,0	8,0796
630	4,166	3771,1	9,1729	0,8318	3768,1	8,4276	0,4150	3764,3	8,1045
640	4,213	3793,4	9,1974	0,8411	3790,4	8,4522	0,4197	3786,8	8,1292
650	4,259	3815,7	9,2217	0,8504	3812,8	8,4766	0,4244	3809,3	8,1537
660	4,305	3838,1	9,2458	0,8597	3835,3	8,5008	0,4291	3831,8	8,1780
670	4,351	3860,5	9,2698	0,8690	3857,8	8,5248	0,4337	3854,4	8,2021
680	4,397	3883,0	9,2935	0,8783	3880,4	8,5486	0,4384	3877,1	8,2261
690	4,444	3905,6	9,3171	0,8876	3903,0	8,5723	0,4431	3899,9	8,2498
700	4,490	3928,2	9,3405	0,8968	3925,8	8,5957	0,4477	3922,7	8,2734
710	4,536	3951,0	9,3637	0,9061	3948,5	8,6190	0,4524	3945,5	8,2967
720	4,582	3973,7	9,3867	0,9154	3971,4	8,6421	0,4571	3968,5	8,3199
730	4,628	3996,6	9,4096	0,9247	3994,3	8,6651	0,4617	3991,4	8,3430
740	4,675	4019,5	9,4324	0,9340	4017,3	8,6879	0,4664	4014,5	8,3658
750	4,721	4042,5	9,4549	0,9432	4040,3	8,7105	0,4710	4037,6	8,3885
760	4,767	4065,5	9,4773	0,9525	4063,4	8,7330	0,4757	4060,8	8,4111
770	4,813	4088,6	9,4996	0,9618	4086,6	8,7553	0,4803	4084,0	8,4335
780	4,859	4111,8	9,5217	0,9710	4109,8	8,7774	0,4850	4107,3	8,4557
790	4,906	4135,0	9,5436	0,9803	4133,1	8,7994	0,4896	4130,7	8,4777
800	4,952	4158,3	9,5654	0,9896	4156,4	8,8213	0,4943	4154,1	8,4997

p	25,0 bar; $t_d = 223{,}94\,°C$			50 bar; $t_d = 263{,}91\,°C$			100 bar; $t_d = 310{,}96\,°C$		
t	v'' 0,07991	h'' 2800,9	s'' 6,2536	v'' 0,03943	h'' 2794,2	s'' 5,9735	v'' 0,01804	h'' 2727,7	s'' 5,6198
°C	v	h	s	v	h	s	v	h	s
0	0,9990	2,5	0,0000	0,9977	5,1	0,0002	0,9953	10,1	0,0005
10	0,9991	44,4	0,1508	0,9979	46,9	0,1505	0,9956	51,7	0,1501
20	1,0006	86,2	0,2958	0,9995	88,6	0,2952	0,9972	93,2	0,2942
30	1,0032	127,9	0,4357	1,0021	130,2	0,4350	0,9999	134,7	0,4334
40	1,0067	169,7	0,5711	1,0056	171,9	0,5702	1,0034	176,3	0,5682
50	1,0110	211,4	0,7023	1,0099	213,5	0,7012	1,0077	217,8	0,6933
60	1,0160	253,2	0,8297	1,0149	255,3	0,8283	1,0127	259,4	0,8257
70	1,0217	295,0	0,9533	1,0205	297,0	0,9518	1,0183	301,1	0,9489
80	1,0280	336,9	1,0736	1,0268	338,8	1,0720	1,0245	342,8	1,0687
90	1,0349	378,8	1,1908	1,0337	380,7	1,1890	1,0312	384,6	1,1854
100	1,0425	420,9	1,3050	1,0412	422,7	1,3030	1,0386	426,5	1,2992
110	1,0506	463,0	1,4165	1,0492	464,9	1,4144	1,0465	468,5	1,4103
120	1,0593	505,3	1,5255	1,0579	507,1	1,5233	1,0551	510,6	1,5188
130	1,0687	547,8	1,6322	1,0671	549,5	1,6298	1,0642	552,9	1,6250
140	1,0787	590,5	1,7368	1,0771	592,1	1,7342	1,0739	595,4	1,7291
150	1,0894	633,4	1,8394	1,0877	635,0	1,8366	1,0843	638,1	1,8312
160	1,1008	676,6	1,9402	1,0990	678,1	1,9373	1,0954	681,0	1,9315
170	1,1131	720,1	2,0395	1,1111	721,4	2,0363	1,1073	724,2	2,0301
180	1,1262	763,9	2,1372	1,1241	765,2	2,1339	1,1199	767,8	2,1272
190	1,1403	808,1	2,2338	1,1380	809,3	2,2301	1,1335	811,6	2,2230
200	1,1555	852,8	2,3292	1,1530	853,8	2,3253	1,1480	855,9	2,3176
210	1,1719	897,9	2,4237	1,1691	898,8	2,4194	1,1636	900,7	2,4112
220	1,1897	943,7	2,5175	1,1866	944,4	2,5129	1,1805	945,9	2,5039
230	0,08163	2820,1	6,2920	1,2056	990,7	2,6057	1,1988	991,8	2,5960
240	0,08436	2850,5	6,3517	1,2264	1037,8	2,6984	1,2188	1038,4	2,6877

Tabelle 5.5-5 (Fortsetzung)

p	25,0 bar; $t_d = 223,94\,°C$			50 bar; $t_d = 263,91\,°C$			100 bar; $t_d = 310,96\,°C$		
t	v'' 0,07991	h'' 2800,9	s'' 6,2536	v'' 0,03943	h'' 2794,2	s'' 5,9735	v'' 0,01804	h'' 2727,7	s'' 5,6198
°C	v	h	s	v	h	s	v	h	s
250	0,08699	2879,5	6,4077	1,2494	1085,8	2,7910	1,2406	1085,8	2,7792
260	0,08951	2907,4	6,4605	1,2750	1134,9	2,8840	1,2648	1134,2	2,8709
270	0,09196	2934,2	6,5104	0,04053	2818,9	6,0192	1,2917	1183,9	2,9631
280	0,09433	2960,3	6,5580	0,04222	2856,9	6,0886	1,3221	1235,0	3,0563
290	0,09665	2985,7	6,6034	0,04380	2892,2	6,1519	1,3570	1287,9	3,1512
300	0,09893	3010,4	6,6470	0,04530	2925,5	6,2105	1,3979	1343,4	3,2488
310	0,10115	3034,7	6,6890	0,04673	2957,0	6,2651	1,4472	1402,2	3,3505
320	0,10335	3058,6	6,7296	0,04810	2987,2	6,3163	0,01926	2783,5	5,7145
330	0,10551	3082,1	6,7689	0,04942	3016,1	6,3647	0,02042	2836,5	5,8032
340	0,10764	3105,3	6,8071	0,05070	3044,1	6,4106	0,02147	2883,4	5,8803
350	0,10975	3128,2	6,8442	0,05194	3071,2	6,4545	0,02242	2925,8	5,9489
360	0,11184	3151,0	6,8804	0,05316	3097,6	6,4966	0,02331	2964,8	6,0110
370	0,11391	3173,6	6,9158	0,05435	3123,4	6,5371	0,02414	3001,3	6,0682
380	0,11597	3196,1	6,9505	0,05551	3148,8	6,5762	0,02493	3035,7	6,1213
390	0,11801	3218,4	6,9845	0,05666	3173,7	6,6140	0,02568	3068,5	6,1711
400	0,12004	3240,7	7,0178	0,05779	3198,3	6,6508	0,02641	3099,9	6,2182
410	0,12206	3262,9	7,0505	0,05891	3222,5	6,6866	0,02711	3130,3	6,2629
420	0,12407	3285,0	7,0827	0,06001	3246,6	6,7215	0,02779	3159,7	6,3057
430	0,12607	3307,1	7,1143	0,06110	3270,4	6,7556	0,02846	3188,3	6,3467
440	0,12806	3329,2	7,1455	0,06218	3294,0	6,7890	0,02911	3216,2	6,3861
450	0,13004	3351,3	7,1763	0,06325	3317,5	6,8217	0,02974	3243,6	6,4243
460	0,13202	3373,3	7,2066	0,06431	3340,9	6,8538	0,03036	3270,5	6,4612
470	0,13399	3395,4	7,2365	0,06537	3364,2	6,8853	0,03098	3297,0	6,4971
480	0,13596	3417,5	7,2660	0,06642	3387,4	6,9164	0,03158	3323,2	6,5321
490	0,13792	3439,6	7,2952	0,06746	3410,5	6,9469	0,03217	3349,0	6,5661
500	0,13987	3461,7	7,3240	0,06849	3433,7	6,9770	0,03276	3374,6	6,5994
510	0,14182	3483,9	7,3525	0,06952	3456,7	7,0067	0,03334	3400,0	6,6320
520	0,14377	3506,1	7,3806	0,07055	3479,8	7,0360	0,03391	3425,1	6,6640
530	0,14571	3528,3	7,4085	0,07157	3502,9	7,0648	0,03448	3450,2	6,6953
540	0,14765	3550,6	7,4360	0,07259	3525,9	7,0934	0,03504	3475,1	6,7261
550	0,14958	3572,9	7,4633	0,07360	3549,0	7,1215	0,03560	3499,8	6,7564
560	0,15151	3595,2	7,4903	0,07461	3572,0	7,1494	0,03615	3524,5	6,7863
570	0,15344	3617,6	7,5170	0,07562	3595,1	7,1769	0,03670	3549,2	6,8156
580	0,15537	3640,1	7,5434	0,07662	3618,2	7,2042	0,03724	3573,7	6,8446
590	0,15729	3662,6	7,5697	0,07762	3641,3	7,2311	0,03778	3598,2	6,8731
600	0,15921	3685,1	7,5956	0,07862	3664,5	7,2578	0,03832	3622,7	6,9013
610	0,16112	3707,7	7,6213	0,07961	3687,7	7,2842	0,03885	3647,1	6,9292
620	0,16304	3730,3	7,6468	0,08060	3710,9	7,3103	0,03939	3671,6	6,9567
630	0,16495	3753,0	7,6721	0,08159	3734,1	7,3362	0,03991	3696,0	6,9838
640	0,16686	3775,8	7,6971	0,08258	3757,4	7,3618	0,04044	3720,4	7,0107
650	0,16876	3798,6	7,7220	0,08356	3780,7	7,3872	0,04096	3744,7	7,0373
660	0,17067	3821,4	7,7466	0,08454	3804,1	7,4124	0,04148	3769,1	7,0635
670	0,17257	3844,3	7,7710	0,08552	3827,5	7,4373	0,04200	3793,5	7,0895
680	0,17447	3867,3	7,7952	0,08650	3850,9	7,4620	0,04252	3817,9	7,1153
690	0,17637	3890,3	7,8192	0,08747	3874,3	7,4865	0,04303	3842,3	7,1408
700	0,17826	3913,4	7,8431	0,08845	3897,9	7,5108	0,04355	3866,8	7,1660
710	0,18016	3936,5	7,8667	0,08942	3921,4	7,5349	0,04406	3891,2	7,1910
720	0,18205	3959,7	7,8902	0,09039	3945,0	7,5587	0,04457	3915,6	7,2157
730	0,18394	3982,9	7,9134	0,09136	3968,7	7,5824	0,04507	3940,1	7,2402
740	0,18583	4006,2	7,9365	0,09232	3992,3	7,6059	0,04558	3964,6	7,2645
750	0,18772	4029,5	7,9595	0,09329	4016,1	7,6292	0,04608	3989,1	7,2886
760	0,18961	4052,9	7,9822	0,09425	4039,8	7,6523	0,04658	4013,6	7,3124
770	0,19149	4076,4	8,0048	0,09521	4063,6	7,6753	0,04709	4038,2	7,3361
780	0,19338	4099,9	8,0272	0,09617	4087,5	7,6980	0,04759	4062,8	7,3595
790	0,19526	4123,4	8,0495	0,09713	4111,4	7,7206	0,04808	4087,4	7,3828
800	0,19714	4147,0	8,0716	0,09809	4135,3	7,7431	0,04858	4112,0	7,4058

Tabelle 5.5-5   (Fortsetzung)

p	150 bar; $t_\mathrm{d} = 342{,}13\,°\mathrm{C}$			200 bar; $t_\mathrm{d} = 365{,}70\,°\mathrm{C}$			250 bar		
t	v'' 0,01034	h'' 2615,0	s'' 5,3178	v'' 0,005877	h'' 2418,4	s'' 4,941			
°C	v	h	s	v	h	s	v	h	s
0	0,9928	15,1	0,0007	0,9904	20,1	0,0008	0,9881	25,1	0,0009
10	0,9933	56,5	0,1495	0,9910	61,3	0,1489	0,9888	66,1	0,1482
20	0,9950	97,9	0,2931	0,9929	102,5	0,2919	0,9907	107,1	0,2907
30	0,9977	139,3	0,4318	0,9956	143,8	0,4303	0,9935	148,3	0,4287
40	1,0013	180,7	0,5663	0,9992	185,1	0,5643	0,9971	189,4	0,5623
50	1,0055	222,1	0,6966	1,0034	226,4	0,6943	1,0013	230,7	0,6920
60	1,0105	263,6	0,8230	1,0083	267,8	0,8204	1,0062	272,0	0,8178
70	1,0160	305,2	0,9459	1,0138	309,3	0,9430	1,0116	313,3	0,9401
80	1,0221	346,8	1,0655	1,0199	350,8	1,0623	1,0177	354,8	1,0591
90	1,0289	388,5	1,1819	1,0265	392,4	1,1784	1,0242	396,2	1,1750
100	1,0361	430,3	1,2954	1,0337	434,0	1,2916	1,0313	437,8	1,2879
110	1,0439	472,2	1,4062	1,0414	475,8	1,4022	1,0389	479,5	1,3982
120	1,0523	514,2	1,5144	1,0497	517,7	1,5101	1,0470	521,3	1,5059
130	1,0613	556,4	1,6204	1,0585	559,8	1,6158	1,0557	563,3	1,6113
140	1,0709	598,7	1,7241	1,0679	602,0	1,7192	1,0650	605,4	1,7144
150	1,0811	641,3	1,8259	1,0779	644,5	1,8207	1,0748	647,7	1,8155
160	1,0919	684,0	1,9258	1,0886	687,1	1,9203	1,0853	690,2	1,9148
170	1,1035	727,1	2,0241	1,0999	730,0	2,0181	1,0964	732,9	2,0123
180	1,1159	770,4	2,1208	1,1120	773,1	2,1145	1,1083	775,9	2,1083
190	1,1291	814,1	2,2161	1,1249	816,6	2,2093	1,1209	819,2	2,2028
200	1,1433	858,1	2,3102	1,1387	860,4	2,3030	1,1343	862,8	2,2960
210	1,1584	902,6	2,4032	1,1534	904,6	2,3954	1,1487	906,8	2,3879
220	1,1748	947,6	2,4953	1,1693	949,3	2,4870	1,1640	951,2	2,4789
230	1,1924	993,1	2,5867	1,1863	994,5	2,5776	1,1805	996,0	2,5689
240	1,2115	1039,2	2,6775	1,2047	1040,3	2,6677	1,1983	1041,5	2,6583
250	1,2324	1086,2	2,7681	1,2247	1086,7	2,7574	1,2175	1087,5	2,7472
260	1,2553	1133,9	2,8585	1,2466	1134,0	2,8468	1,2384	1134,2	2,8357
270	1,2807	1182,8	2,9493	1,2706	1182,1	2,9363	1,2612	1181,8	2,9241
280	1,3090	1232,9	3,0407	1,2971	1231,4	3,0262	1,2863	1230,3	3,0126
290	1,3411	1284,6	3,1333	1,3269	1282,0	3,1169	1,3141	1280,0	3,1017
300	1,3779	1338,2	3,2277	1,3606	1334,3	3,2088	1,3453	1331,1	3,1916
310	1,4212	1394,5	3,3250	1,3994	1388,6	3,3028	1,3807	1383,9	3,2829
320	1,4736	1454,3	3,4267	1,4451	1445,6	3,3998	1,4214	1438,9	3,3764
330	1,5402	1519,4	3,5355	1,5004	1506,4	3,5013	1,4694	1496,7	3,4730
340	1,6324	1593,3	3,6571	1,5704	1572,5	3,6100	1,5273	1558,3	3,5743
350	0,01146	2694,8	5,4467	1,6662	1647,2	3,7308	1,6000	1625,1	3,6824
360	0,01256	2770,8	5,5677	1,8269	1742,9	3,8835	1,6981	1701,1	3,8036
370	0,01348	2833,6	5,6662	0,006908	2527,6	5,1117	1,8521	1788,8	3,9411
380	0,01428	2887,7	5,7497	0,008246	2660,2	5,3165	2,2402	1941,0	4,1757
390	0,01500	2935,7	5,8225	0,009181	2749,3	5,4520	4,6097	2391,3	4,8599
400	0,01566	2979,1	5,8876	0,009947	2820,5	5,5585	6,014	2582,0	5,1455
410	0,01628	3019,3	5,9469	0,010608	2880,4	5,6470	6,887	2691,4	5,3069
420	0,01686	3057,0	6,0016	0,011197	2932,9	5,7232	7,580	2774,1	5,4271
430	0,01741	3092,7	6,0528	0,011736	2980,2	5,7910	8,172	2842,5	5,5252
440	0,01794	3126,9	6,1010	0,012236	3023,7	5,8523	8,696	2901,7	5,6087
450	0,01845	3159,7	6,1468	0,01271	3064,3	5,9089	9,171	2954,3	5,6821
460	0,01895	3191,5	6,1904	0,01315	3102,7	5,9616	9,609	3002,3	5,7479
470	0,01943	3222,3	6,2322	0,01358	3139,2	6,0112	10,019	3046,7	5,8082
480	0,01989	3252,4	6,2724	0,01399	3174,4	6,0581	10,407	3088,5	5,8640
490	0,02035	3281,8	6,3112	0,01439	3208,3	6,1028	10,775	3128,1	5,9162
500	0,02080	3310,6	6,3487	0,01477	3241,1	6,1456	11,128	3165,9	5,9655
510	0,02123	3338,9	6,3850	0,01514	3273,1	6,1867	11,467	3202,3	6,0122
520	0,02166	3366,8	6,4204	0,01551	3304,2	6,2262	11,795	3237,5	6,0568
530	0,02208	3394,3	6,4548	0,01586	3334,7	6,2644	12,113	3271,5	6,0995
540	0,02250	3421,4	6,4885	0,01621	3364,7	6,3015	12,421	3304,7	6,1405

Tabelle 5.5-5 (Fortsetzung)

p	150 bar; $t_\mathrm{d} = 342{,}13\,°C$			200 bar; $t_\mathrm{d} = 365{,}70\,°C$			250 bar		
t	v'' 0,01034	h'' 2615,0	s'' 5,3178	v'' 0,005877	h'' 2418,4	s'' 4,941			
°C	v	h	s	v	h	s	v	h	s
550	0,02291	3448,3	6,5213	0,01655	3394,1	6,3374	12,721	3337,0	6,1801
560	0,02331	3475,0	6,5535	0,01688	3423,0	6,3724	13,014	3368,7	6,2183
570	0,02371	3501,4	6,5851	0,01721	3451,6	6,4065	13,300	3399,7	6,2553
580	0,02411	3527,7	6,6160	0,01753	3479,9	6,4398	13,581	3430,2	6,2913
590	0,02450	3553,8	6,6465	0,01785	3507,8	6,4724	13,856	3460,3	6,3263
600	0,02488	3579,8	6,6764	0,01816	3535,5	6,5043	14,126	3489,9	6,3604
610	0,02527	3605,6	6,7058	0,01847	3563,0	6,5356	14,391	3519,1	6,3938
620	0,02565	3631,4	6,7349	0,01878	3590,3	6,5663	14,653	3548,1	6,4263
630	0,02602	3657,1	6,7635	0,01908	3617,4	6,5965	14,911	3576,7	6,4583
640	0,02640	3682,7	6,7917	0,01938	3644,3	6,6261	15,165	3605,2	6,4896
650	0,02677	3708,3	6,8195	0,01967	3671,1	6,6554	15,416	3633,4	6,5203
660	0,02714	3733,8	6,8470	0,01996	3697,9	6,6841	15,664	3661,4	6,5504
670	0,02750	3759,2	6,8741	0,02025	3724,5	6,7125	15,910	3689,2	6,5801
680	0,02787	3784,7	6,9009	0,02054	3751,0	6,7405	16,152	3716,9	6,6093
690	0,02823	3810,1	6,9274	0,02083	3777,4	6,7681	16,392	3744,5	6,6381
700	0,02859	3835,4	6,9536	0,02111	3803,8	6,7953	16,630	3771,9	6,6664
710	0,02894	3860,8	6,9796	0,02139	3830,1	6,8222	16,866	3799,2	6,6944
720	0,02930	3886,1	7,0052	0,02167	3856,4	6,8488	17,100	3826,5	6,7219
730	0,02965	3911,5	7,0306	0,02195	3882,6	6,8751	17,331	3853,6	6,7491
740	0,03001	3936,8	7,0557	0,02222	3908,8	6,9011	17,561	3880,7	6,7760
750	0,03036	3962,1	7,0806	0,02250	3935,0	6,9267	17,789	3907,7	6,8025
760	0,03070	3987,4	7,1052	0,02277	3961,1	6,9521	18,016	3934,6	6,8287
770	0,03105	4012,7	7,1296	0,02304	3987,2	6,9773	18,241	3961,5	6,8546
780	0,03140	4038,0	7,1537	0,02331	4013,2	7,0021	18,464	3988,4	6,8802
790	0,03174	4063,3	7,1776	0,02358	4039,3	7,0267	18,686	4015,1	6,9055
800	0,03209	4088,6	7,2013	0,02385	4065,3	7,0511	18,906	4041,9	6,9306

p	300 bar			400 bar			500 bar		
°C	v	h	s	v	h	s	v	h	s
0	0,9857	30,0	0,0008	0,9811	39,7	0,0004	0,9767	49,3	−0,0002
10	0,9866	70,8	0,1475	0,9823	80,2	0,1459	0,9781	89,5	0,1441
20	0,9886	111,7	0,2895	0,9845	120,8	0,2870	0,9804	129,9	0,2843
30	0,9915	152,7	0,4271	0,9874	161,6	0,4238	0,9835	170,5	0,4209
40	0,9951	193,8	0,5604	0,9910	202,5	0,5565	0,9872	211,2	0,5525
50	0,9993	235,0	0,6897	0,9953	243,5	0,6852	0,9914	251,9	0,6807
60	1,0041	276,1	0,8153	1,0001	284,5	0,8102	0,9961	292,8	0,8052
70	1,0095	317,4	0,9373	1,0054	325,6	0,9317	1,0014	333,7	0,9261
80	1,0155	358,7	1,0560	1,0112	366,7	1,0498	1,0071	374,7	1,0438
90	1,0219	400,1	1,1716	1,0175	407,9	1,1649	1,0133	415,7	1,1584
100	1,0289	441,6	1,2843	1,0244	449,2	1,2771	1,0200	456,8	1,2701
110	1,0364	483,2	1,3943	1,0317	490,6	1,3866	1,0271	498,0	1,3791
120	1,0445	524,9	1,5017	1,0395	532,1	1,4935	1,0347	539,4	1,4856
130	1,0530	566,7	1,6068	1,0478	573,7	1,5981	1,0428	580,8	1,5897
140	1,0621	608,7	1,7097	1,0567	615,5	1,7005	1,0514	622,4	1,6915
150	1,0718	650,9	1,8105	1,0660	657,4	1,8007	1,0605	664,1	1,7912
160	1,0821	693,3	1,9095	1,0760	699,6	1,8991	1,0701	705,9	1,8890
170	1,0930	735,9	2,0067	1,0865	741,9	1,9956	1,0803	748,0	1,9850
180	1,1046	778,7	2,1022	1,0976	784,4	2,0905	1,0910	790,2	2,0793
190	1,1169	821,8	2,1963	1,1094	827,2	2,1839	1,1024	832,7	1,1720
200	1,1301	865,2	2,2891	1,1220	870,2	2,2759	1,1144	875,4	2,2632
210	1,1440	909,0	2,3806	1,1353	913,5	2,3665	1,1272	918,4	2,3531
220	1,1590	953,1	2,4710	1,1495	957,2	2,4560	1,1407	961,6	2,4417
230	1,1750	997,7	2,5605	1,1646	1001,3	2,5444	1,1551	1005,2	2,5292
240	1,1922	1042,8	2,6492	1,1808	1045,8	2,6320	1,1703	1049,2	2,6158

Tabelle 5.5-5 (Fortsetzung)

p	300 bar			400 bar			500 bar		
°C	v	h	s	v	h	s	v	h	s
250	1,2107	1088,4	2,7374	1,1981	1090,8	2,7188	1,1866	1093,6	2,7015
260	1,2307	1134,7	2,8250	1,2166	1136,3	2,8050	1,2040	1138,4	2,7864
270	1,2525	1181,8	2,9124	1,2367	1182,4	2,8907	1,2226	1183,8	2,8707
280	1,2763	1229,7	2,9998	1,2583	1229,2	2,9761	1,2426	1229,8	2,9545
290	1,3025	1278,6	3,0874	1,2819	1276,8	3,0614	1,2641	1276,4	3,0380
300	1,3316	1328,7	3,1756	1,3077	1325,4	3,1469	1,2874	1323,7	3,1213
310	1,3642	1380,3	3,2648	1,3361	1375,0	3,2327	1,3128	1371,9	3,2046
320	1,4012	1433,6	3,3556	1,3677	1425,9	3,3193	1,3406	1421,0	3,2882
330	1,4438	1489,2	3,4485	1,4032	1478,4	3,4071	1,3713	1471,3	4,4723
340	1,4939	1547,7	3,5447	1,4434	1532,9	3,4965	1,4055	1523,0	3,4573
350	1,5540	1609,9	3,6456	1,4895	1589,6	3,5886	1,4438	1576,3	3,5438
360	1,6285	1678,0	3,7541	1,5425	1650,5	3,6856	1,4862	1633,9	3,6355
370	1,7275	1749,0	3,8653	1,6051	1709,0	3,7774	1,5339	1686,8	3,7184
380	1,8737	1837,7	4,0021	1,6818	1776,4	3,8814	1,5889	1746,8	3,8110
390	2,1438	1959,1	4,1865	1,7789	1850,7	3,9942	1,6529	1810,5	3,9077
400	2,8306	2161,8	4,4896	1,9091	1934,1	4,1190	1,7291	1877,7	4,0083
410	3,9561	2394,5	4,8329	2,0954	2031,2	4,2621	1,9219	1949,4	4,1140
420	4,9216	2558,0	5,0706	2,3709	2145,7	4,4285	1,9378	2026,6	4,2262
430	5,643	2668,9	5,2296	2,7493	2272,8	4,6105	2,0845	2110,1	4,3458
440	6,227	2754,0	5,3499	3,1997	2399,4	4,7893	2,2689	2199,7	4,4723
450	6,735	2825,6	5,4495	3,6749	2515,6	4,9511	2,4921	2293,2	4,6026
460	7,189	2887,7	5,5349	4,137	2617,2	5,0907	2,7470	2387,2	4,7316
470	7,602	2943,3	5,6102	4,560	2704,4	5,2090	3,0225	2478,4	4,8552
480	7,985	2993,9	5,6779	4,941	2779,8	5,3097	3,3082	2564,9	4,9709
490	8,343	3040,9	5,7398	5,291	2846,5	5,3977	3,596	2646,6	5,0787
500	8,681	3085,0	5,7972	5,616	2906,8	5,4762	3,882	2723,0	5,1782
510	9,002	3126,7	5,8508	5,919	2962,2	5,5474	4,152	2791,8	5,2665
520	9,310	3166,6	5,9014	6,205	3013,7	5,6128	4,408	2854,9	5,3466
530	9,605	3204,8	5,9493	6,476	3062,1	5,6735	4,653	2913,7	5,4203
540	9,890	3241,7	5,9949	6,735	3108,0	5,7302	4,888	2968,9	5,4886
550	10,166	3277,4	6,0386	6,982	3151,6	5,7835	5,113	3021,1	5,5525
560	10,433	3312,1	6,0805	7,219	3193,4	5,8340	5,328	3070,7	5,6124
570	10,693	3345,9	6,1208	7,447	3233,6	5,8819	5,535	3118,0	5,6688
580	10,947	3378,9	6,1597	7,667	3272,4	5,9276	5,734	3163,2	5,7221
590	11,194	3411,2	6,1974	7,881	3309,9	5,9714	5,926	3206,6	5,7726
600	11,436	3443,0	6,2340	8,088	3346,4	6,0135	6,111	3248,3	5,8207
610	11,674	3474,2	6,2696	8,290	3382,0	6,0540	6,291	3288,6	5,8666
620	11,907	3505,0	6,3042	8,487	3416,7	6,0931	6,465	3327,7	5,9106
630	12,135	3535,3	6,3380	8,680	3450,8	6,1310	6,634	3365,7	5,9529
640	12,361	3565,3	6,3710	8,868	3484,2	6,1678	6,799	3402,7	5,9937
650	12,582	3595,0	6,4033	9,053	3517,0	6,2035	6,960	3438,9	6,0331
660	12,801	3624,4	6,4350	9,234	3549,4	6,2384	7,118	3474,3	6,0712
670	13,016	3653,5	6,4661	9,412	3581,3	6,2724	7,273	3509,1	6,1083
680	13,229	3682,4	6,4966	9,588	3612,8	6,3056	7,424	3543,3	6,1443
690	13,439	3711,2	6,5265	9,760	3644,0	6,3382	7,573	3576,9	6,1795
700	13,647	3739,7	6,5560	9,930	3674,8	6,3701	7,720	3610,2	6,2138
710	13,852	3768,1	6,5850	10,098	3705,4	6,4013	7,864	3643,0	6,2473
720	14,056	3796,3	6,6136	10,263	3735,7	6,4320	8,006	3675,4	6,2802
730	14,257	3824,4	6,6418	10,427	3765,8	6,4622	8,146	3707,5	6,3123
740	14,457	3852,4	6,6696	10,588	3795,7	6,4918	8,284	3739,3	6,3439
750	14,654	3880,3	6,6970	10,748	3825,5	6,5210	8,420	3770,9	6,3749
760	14,850	3908,1	6,7240	10,905	3855,0	6,5498	8,554	3802,2	6,4053
770	15,045	3935,8	6,7507	11,061	3884,4	6,5781	8,687	3833,3	6,4353
780	15,237	3963,5	6,7770	11,216	3913,6	6,6060	8,818	3864,1	6,4647
790	15,429	3991,0	6,8031	11,369	3942,7	6,6335	8,948	3894,8	6,4937
800	15,619	4018,5	6,8288	11,521	3971,7	6,6606	9,076	3925,3	6,5222

Tabelle 5.5-6 Dampfteildruck p'', Dampfgehalt x'' und spezifische Enthalpie h_{1+x}'' gesättigter feuchter Luft der Temperatur t

bezogen auf 1 kg trockene Luft bei einem Gesamtdruck von 1 kp/cm² (unter 0 °C über Eis)

t	p''		x''	h_{1+x}''	t	p''		x''	h_{1+x}''	t	p''		x''	h_{1+x}''	t	p''		x''	h_{1+x}''
°C	kp/m²	Torr	kg/kg	kcal/kg	°C	kp/m²	Torr	kg/kg	kcal/kg	°C	kp/m²	Torr	kg/kg	kcal/kg	°C	kp/m²	Torr	kg/kg	kcal/kg
−20	10,50	0,772	0,000654	−4,42	10	125,13	9,21	0,00788	7,15	40	752,0	55,32	0,0506	40,7	70	3177	233,7	0,2897	199
−19	11,56	0,850	0,000720	−4,14	11	133,76	9,84	0,00844	7,72	41	793,0	58,34	0,0536	42,8	71	3317	243,9	0,3086	212
−18	12,71	0,935	0,000792	−3,86	12	142,91	10,52	0,00902	8,32	42	836,0	61,50	0,0568	45,1	72	3463	254,6	0,329	225
−17	13,96	1,027	0,000870	−3,57	13	152,61	11,23	0,00964	8,93	43	880,9	64,80	0,0601	47,4	73	3613	265,7	0,352	239
−16	15,33	1,128	0,000955	−3,28	14	162,89	11,99	0,01030	9,58	44	927,9	68,26	0,0637	49,9	74	3769	277,2	0,376	256
−15	16,82	1,238	0,001048	−2,98	15	173,76	12,79	0,01100	10,2	45	977,1	71,88	0,0674	52,3	75	3931	289,1	0,403	273
−14	18,44	1,357	0,001150	−2,68	16	185,27	13,63	0,01174	10,9	46	1028,4	75,65	0,0714	55,2	76	4098	301,4	0,432	291
−13	20,19	1,486	0,001260	−2,37	17	197,45	14,53	0,01254	11,6	47	1082,1	79,60	0,0755	58,1	77	4272	314,1	0,463	312
−12	22,12	1,627	0,001379	−2,06	18	210,3	15,48	0,01337	12,4	48	1138,2	83,71	0,0799	61,0	78	4451	327,3	0,499	334
−11	24,20	1,780	0,001509	−1,75	19	223,9	16,48	0,01425	13,2	49	1196,7	88,02	0,0846	64,2	79	4637	341,0	0,538	359
−10	26,46	1,946	0,001650	−1,43	20	238,3	17,54	0,01519	14,0	50	1257,8	92,51	0,0895	67,5	80	4829	355,1	0,580	387
− 9	28,89	2,125	0,001801	−1,10	21	253,4	18,65	0,01618	14,8	51	1321,6	97,20	0,0947	71,0	81	5028	369,7	0,628	418
− 8	31,56	2,321	0,001969	−0,76	22	269,4	19,83	0,01724	15,7	52	1388,1	102,1	0,1003	74,8	82	5234	384,9	0,683	453
− 7	34,43	2,532	0,002149	−0,41	23	286,3	21,07	0,01833	16,6	53	1457,5	107,2	0,1061	78,6	83	5447	400,6	0,744	493
− 6	37,54	2,761	0,002343	−0,05	24	304,1	22,38	0,01951	17,6	54	1529,8	112,5	0,1123	82,8	84	5667	416,8	0,813	537
− 5	40,90	3,008	0,002552	+0,31	25	322,9	23,76	0,02077	18,6	55	1605,1	118,0	0,1189	87,3	85	5894	433,6	0,894	589
− 4	44,54	3,276	0,002781	0,69	26	342,6	25,21	0,02209	19,6	56	1683,5	123,8	0,1259	92,2	86	6129	450,9	0,986	648
− 3	48,48	3,566	0,003030	1,08	27	363,4	26,74	0,02347	20,7	57	1765,3	129,8	0,1333	96,8	87	6372	468,7	1,093	717
− 2	52,74	3,879	0,00330	1,48	28	385,3	28,35	0,02493	21,9	58	1850,4	136,1	0,1412	102,0	88	6623	487,1	1,219	798
− 1	57,32	4,216	0,00359	1,89	29	408,3	30,04	0,02649	23,2	59	1939,0	142,6	0,1495	107,5	89	6882	506,1	1,373	897
0	62,28	4,579	0,00390	2,33	30	432,5	31,82	0,02814	24,4	60	2031	149,4	0,1585	113,3	90	7149	525,8	1,559	1017
1	66,94	4,93	0,00420	2,75	31	458,0	33,70	0,02988	25,7	61	2127	156,4	0,1680	119,6	91	7425	546,1	1,794	1168
2	71,93	5,29	0,00451	3,09	32	484,7	35,66	0,03169	27,1	62	2227	163,8	0,1783	126,4	92	7710	567,0	2,092	1359
3	77,23	5,69	0,00485	3,62	33	512,8	37,73	0,03364	28,5	63	2330	171,4	0,1888	133,2	93	8004	588,6	2,491	1615
4	82,89	6,10	0,00520	4,07	34	542,3	39,90	0,03569	30,0	64	2438	179,3	0,2005	141,0	94	8307	610,9	3,05	1980
5	88,90	6,54	0,00558	4,51	35	573,3	42,18	0,0379	31,6	65	2550	187,5	0,2129	149,1	95	8619	633,9	3,88	2510
6	95,30	7,01	0,00598	5,02	36	605,7	44,56	0,0401	33,3	66	2666	196,1	0,2260	157,5	96	8942	657,6	5,25	3390
7	102,10	7,51	0,00642	5,53	37	639,8	47,07	0,0425	35,0	67	2787	205,0	0,2403	166,9	97	9274	682,1	7,94	5120
8	109,32	8,05	0,00688	6,06	38	675,5	49,69	0,0451	36,8	68	2912	214,2	0,2559	177,1	98	9616	707,3	15,60	10040
9	116,99	8,61	0,00736	6,59	39	712,9	52,44	0,0478	38,7	69	3042	223,7	0,2721	187,8	99	9969	733,2	198,2	128500
10	125,13	9,21	0,00788	7,15	40	752,0	55,32	0,0506	40,7	70	3177	233,7	0,2897	199,0	100	10332	760,0	—	—

Tabelle 5.5-7   Übersicht der Kältemittel

Stoff	M $\frac{kg}{kmol}$	t °C	p $\frac{kp}{cm^2}$	v' $\frac{dm^3}{kg}$	v'' $\frac{m^3}{kg}$	q_d $\frac{kcal}{kg}$	q_d/T $\frac{kcal}{kg\,K}$	q_d/v'' $\frac{kcal}{m^3}$	t_s t_r °C	t_k in °C p_k kp/cm²
Wasserdampf H_2O	18,016	0	0,0062	1,000	206,3	597,2	2,1863	2,895	100,0	374,1
		+ 30	0,0433	1,004	32,9	580,4	1,9145	17,65	0,0	225,4
Trifluortrichlor-äthan $C_2F_3Cl_3$, Frigen 113	187,39	− 15	0,0704	0,604	1,649	38,90	0,1507	23,59	47,57	214,1
		+ 30	0,5527	0,644	0,2416	35,81	0,1181	148,2	− 35	34,8
Methylenchlorid CH_2Cl_2	84,94	− 15	0,087	0,749	3,12	90,0	0,3488	28,85	+ 40,3	245
		+ 30	0,707	(20°)	0,417	79,6	0,2626	190,9	− 96,5	104,8
Äthylbromid C_2H_5B	108,98	− 15	0,061	0,645	3,20	65,7	0,2590	20,54	+ 38,4	233
		+ 30	0,771	0,715	0,306	60,6	0,2000	200,0	−119	63,53
Monofluortrichlor-methan (Freon 11) $CFCl_3$	137,37	− 15	0,205	0,638	0,771	46,7	0,1808	60,82	+ 24	196
		+ 30	1,29	0,683	0,140	43,0	0,1422	312,2	−111	−
Äthylchlorid C_2H_5Cl	64,52	− 15	0,322	1,058	1,03	96,4	0,3770	93,6	+ 12,2	185
		+ 30	1,925	1,139	0,190	87,9	0,2900	463	−138,7	54,75
Methylbromid CH_3Br	94,95	− 15	0,485	0,565	0,490	62,4	0,2418	127,4	+ 4,0	194
		+ 30	2,705	0,606	0,098	61,2	0,2019	625	− 93	−
Methylamin CH_3NH_2	31,05	− 15	0,710	1,420	1,01	203,2	0,7880	201,2	− 6,7	156,9
		+ 30	4,33	1,538	0,185	183,3	0,6048	991	− 92,5	76,03
Schwefeldioxid SO_2	64,06	− 15	0,823	0,680	0,406	94,2	0,3625	232	− 10,0	157,3
		+ 30	4,710	0,738	0,079	84,4	0,2751	1068	− 75,3	80,37
Isobutan $(CH_3)_3CH$	58,12	− 15	0,92	1,67	0,403	88,6	0,3435	220,0	− 10,2	133,7
		+ 30	4,18	1,83	0,095	77,2	0,2598	813	−145	37,7
Methylchlorid CH_3Cl	50,49	− 15	1,487	1,013	0,279	100,4	0,3894	373	− 24,0	143,1
		+ 30	6,658	1,110	0,0675	88,4	0,2937	1367	− 91,5	68,1
Dimethyläther CH_3OCH_3	46,07	− 25	1,01	1,39	0,474	112,2	0,4525	236,7	− 24	127
		+ 30	6,98	−	−	−	−	−	−138,5	54,8
Difluordichlor-methan (Freon 12) CCl_2F_2	120,92	− 15	1,863	0,6940	0,0927	38,6	0,1495	417	− 30,0	111,5
		+ 30	7,581	0,7734	0,0243	33,1	0,1093	1363	−155	40,9
Ammoniak NH_3	17,03	− 50	0,417	1,425	2,62	337,8	1,5146	128,9	− 33,4	132,4
		− 15	2,410	1,519	0,509	313,5	1,2147	616	− 77,7	115,2
		+ 30	11,90	1,680	0,111	273,6	0,9026	2466		
Propan C_3H_8	44,09	− 50	0,565	1,68	0,743	104,8	0,8455	141,1	− 42,6	96,8
		− 15	2,96	1,82	0,155	94,2	0,3640	608	−189,9	43,4
		+ 30	10,76	2,056	0,045	80,0	0,2640	1780		
Difluormonochlor-methan CHF_2Cl_2, Frigen 22	86,48	− 15	3,03	0,749	0,0778	52,00	0,2014	668,4	− 40,80	96,0
		+ 30	12,26	0,850	0,0194	42,34	0,1397	2182	−160	50,33
Trifluormonochlor-methan CF_3Cl, Frigen 13	104,47	− 15	13,46	0,821	0,01175	25,08	0,0972	2134	− 81,40	+28,8
		+ 20	32,41	1,079	0,00383	13,84	0,0472	3614	−181	39,36
Äthan C_2H_6	30,07	−100	0,535	1,789	0,889	119,6	0,6904	134,5	− 88,6	35
		− 15	16,70	2,255	0,033	83,1	0,3221	2520	−183,6	50,6
		+ 30	48,00	3,490	0,0071	27,0	0,0892	3800		
Kohlendioxid CO_2	40,01	− 50	6,97	0,867	0,0554	80,6	0,3611	1455	− 78,48	31,0
		− 15	23,34	0,994	0,0166	65,3	0,2531	3935	(fest)	75,4
		+ 30	73,34	1,677	0,00299	15,1	0,0497	5050		

Tabelle 5.5-8 Dampftabellen von Kältemitteln im Sättigungszustand

t	p	v'	v''	ϱ'	ϱ''	h'	h''	q_d	s'	s''	Q^*
°C	kp/cm²	dm³/kg	m³/kg	kg/m³		kcal/kg			kcal/kg K		kcal/m³

Trifluortrichloräthan $C_2F_3Cl_3$, Frigen 113; $c_{p_0} = 0{,}149$ kcal/kg K; $\varkappa = 1{,}080$

t	p	v'	v''	ϱ'	ϱ''	h'	h''	q_d	s'	s''	Q^*
− 30	0,0289	0,5925	3,798	1688	0,2633	93,61	133,47	39,86	0,9753	1,1392	7,1
− 25	0,0394	0,5964	2,838	1177	0,3524	94,66	134,20	39,54	0,9795	1,1388	9,7
− 20	0,0530	0,6004	2,149	1666	0,4653	95,71	134,93	39,22	0,9837	1,1386	13,2
− 15	0,0704	0,6044	1,649	1655	0,6064	96,77	135,67	38,90	0,9879	1,1386	17,6
− 10	0,0923	0,6085	1,281	1643	0,7806	97,84	136,41	38,57	0,9920	1,1386	23,2
− 5	0,1195	0,6127	1,006	1632	0,9940	98,92	137,16	38,24	0,9960	1,1386	30,3
0	0,1530	0,6169	0,7993	1621	1,2511	**100,00**	137,90	37,90	**1,0000**	1,1387	39,1
+ 5	0,1939	0,6212	0,6409	1610	1,5603	101,09	138,65	37,56	1,0039	1,1389	49,9
+ 10	0,2434	0,6257	0,5186	1598	1,9283	102,19	139,41	37,22	1,0078	1,1392	63,1
+ 15	0,3026	0,6302	0,4234	1587	2,3618	103,30	140,17	36,87	1,0117	1,1396	79,5
+ 20	0,3729	0,6348	0,3485	1575	2,8694	104,41	140,93	36,52	1,0155	1,1401	99,0
+ 25	0,4557	0,6395	0,2892	1564	3,458	105,54	141,71	36,17	1,0193	1,1406	122,1
+ 30	0,5527	0,6443	0,2416	1552	4,139	106,67	142,48	35,81	1,0231	1,1412	—
+ 35	0,6654	0,6493	0,2032	1540	4,921	107,82	143,27	35,45	1,0269	1,1419	—
+ 40	0,7956	0,6543	0,1720	1528	5,814	108,97	144,06	35,09	1,0306	1,1427	—
+ 45	0,9451	0,6596	0,1465	1516	6,826	110,13	144,85	34,72	1,0343	1,1434	—
+ 50	1,1158	0,6649	0,1255	1504	7,968	111,31	145,66	34,35	1,0379	1,1442	—
+ 55	1,310	0,6704	0,1080	1492	9,434	112,50	146,48	33,98	1,0416	1,1451	—
+ 60	1,529	0,6761	0,0934	1479	10,707	113,69	147,29	13,60	1,0452	1,1461	—
+ 65	1,775	0,6819	0,0812	1467	12,315	114,90	148,12	33,22	1,0488	1,1470	—
+ 70	2,052	0,6878	0,0708	1454	14,124	116,13	148,96	32,83	1,0523	1,1480	—
+ 75	2,360	0,6939	0,0621	1441	16,103	117,36	149,80	32,44	1,0568	1,1490	—
+ 80	2,703	0,7002	0,0546	1428	18,315	118,61	150,66	32,05	1,0593	1,1501	—

Monofluortrichlormethan $CFCl_3$, Frigen F 11; $c_{p_0} = 0{,}1311$ kcal/kg K; $\varkappa = 1{,}124$

t	p	v'	v''	ϱ'	ϱ''	h'	h''	q_d	s'	s''	Q^*
− 40	0,052	0,6167	2,760	1622	0,3623	92,07	140,67	48,60	0,9686	1,1770	12,51
− 35	0,071	0,6209	2,006	1611	0,4985	93,05	141,26	48,21	0,9727	1,1752	17,56
− 30	0,094	0,6250	1,533	1600	0,6523	94,03	141,86	47,83	0,9767	1,1734	23,30
− 25	0,123	0,6292	1,210	1589	0,8264	95,02	142,46	47,44	0,9808	1,1720	30,01
− 20	0,160	0,6335	0,963	1579	1,038	96,01	143,06	47,05	0,9848	1,1707	38,34
− 15	0,205	0,6379	0,771	1568	1,297	97,00	143,67	46,66	0,9886	1,1693	48,60
− 10	0,261	0,6425	0,616	1556	1,623	98,00	144,27	46,27	0,9924	1,1682	41,90
− 5	0,326	0,6470	0,496	1546	2,016	99,00	144,88	45,88	0,9962	1,1673	78,26
0	0,4100	0,6519	0,405	1534	2,469	**100,00**	145,48	45,48	**1,0000**	1,1665	97,14
+ 5	0,5062	0,6568	0,333	1523	3,003	101,01	146,08	45,07	1,0036	1,1657	119,61
+ 10	0,6175	0,6619	0,277	1511	3,610	102,02	146,69	44,67	1,0072	1,1650	146,39
+ 15	0,7500	0,6670	0,231	1499	4,329	103,04	147,29	44,25	1,0108	1,1644	—
+ 20	0,9040	0,6722	0,194	1488	5,155	104,07	147,90	43,83	1,0143	1,1638	—
+ 25	1,0825	0,6776	0,164	1476	6,098	105,10	148,50	43,39	1,0178	1,1633	—
+ 30	1,2855	0,6833	0,140	1463	7,143	106,14	149,09	42,95	1,0213	1,1630	—
+ 35	1,515	0,6891	0,120	1451	8,333	107,19	149,68	42,49	1,0247	1,1627	—
+ 40	1,782	0,6950	0,103	1439	9,709	108,24	150,27	42,03	1,0281	1,1623	—
+ 45	2,085	0,7012	0,090	1426	11,11	109,31	150,85	41,55	1,0315	1,1621	—
+ 50	2,403	0,7075	0,077	1413	12,99	110,38	151,43	41,05	1,0349	1,1619	—

Schwefeldioxid SO_2; $c_{p_0} = 0{,}145$ kcal/kg K; $\varkappa = 1{,}27$ bei °C

t	p	v'	v''	ϱ'	ϱ''	h'	h''	q_d	s'	s''	Q^*
− 50	0,118	0,6423	2,4907	1557	0,4015	83,69	184,91	101,22	0,9341	1,3877	—
− 45	0,163	0,6472	1,8436	1545	0,5424	85,34	185,56	100,22	0,9412	0,3808	—
− 40	0,220	0,6523	1,3872	1533	0,7209	87,00	186,21	99,21	0,9485	1,3740	—
− 35	0,294	0,6575	1,0586	1521	0,9446	88,64	186,85	98,21	0,9556	1,3680	—
− 30	0,388	0,6627	0,8183	1509	1,2220	90,27	187,47	97,20	0,9624	1,3621	95,1
− 25	0,504	0,6680	0,6406	1497	1,5610	91,90	188,09	96,19	0,9691	1,3567	122,4
− 20	0,648	0,6739	0,5071	1484	1,9720	93,53	188,70	95,17	0,9755	1,3514	155,9
− 15	0,823	0,6798	0,4058	1471	2,4643	95,15	189,30	94,15	0,9819	1,3466	196,3
− 10	1,034	0,6859	0,3280	1458	3,0488	96,76	189,89	93,13	0,9879	1,3418	244,6
− 5	1,286	0,6916	0,2675	1446	3,7383	98,39	190,46	92,07	0,9942	1,3375	320,1

Tabelle 5.5-8   (Fortsetzung)

t	p	v'	v''	ϱ'	ϱ''	h'	h''	q_d	s'	s''	Q^*
°C	kp/cm²	dm³/kg	m³/kg	kg/m³	kg/m³	kcal/kg	kcal/kg		kcal/kg K	kcal/kg K	kcal/m³
0	1,585	0,6974	0,2200	1434	4,5455	**100,00**	191,02	91,02	**1,0000**	1,3332	369,9
5	1,936	0,7035	0,1824	1422	5,482	101,63	191,57	89,94	1,0060	1,3293	449,1
10	2,347	0,7097	0,1523	1409	6,566	103,23	192,09	88,86	1,0115	1,3253	541,3
15	2,823	0,7163	0,1280	1396	7,812	104,85	192,61	87,76	1,0173	1,3218	—
20	3,370	0,7231	0,1084	1383	9,225	106,45	193,10	86,65	1,0227	1,3183	—
25	3,997	0,7301	0,0923	1370	10,83	107,99	193,52	85,53	1,0282	1,3150	—
30	4,710	0,7375	0,0790	1356	12,66	109,65	194,04	84,39	1,0333	1,3117	—
35	5,518	0,7453	0,0680	1342	14,70	111,26	194,49	83,23	1,0386	1,3087	—
40	6,427	0,7536	0,0588	1327	17,01	112,83	194,92	82,09	1,0434	1,3057	—
45	7,447	0,7622	0,0511	1311	19,57	114,41	195,32	80,91	1,0486	1,3029	—
50	8,583	0,7712	0,0446	1295	22,42	116,01	195,72	79,71	1,0534	1,3001	

Methylchlorid CH_3Cl; $c_{p0} = 0{,}185$ kcal/kg K; $\varkappa = 1{,}27$ bei 0 °C

t	p	v'	v''	ϱ'	ϱ''	h'	h''	q_d	s'	s''	Q^*
−30	0,783	0,986	0,508	1014	1,969	89,03	192,83	103,80	0,9575	1,3843	160
−25	0,979	0,995	0,412	1005	2,425	90,81	193,51	102,70	0,9648	1,3786	200
−20	1,212	1,003	0,338	997	2,959	92,64	194,21	101,57	0,9720	1.3732	245
−15	1,487	1,013	0,279	988	3,582	94,46	194,89	100,43	0,9792	1,3682	299
−10	1,808	1,022	0,233	979	4,299	96,29	195,54	99,25	0,9862	1,3633	362
− 5	2,180	1,032	0,195	970	5,125	98,14	196,15	98,01	0,9931	1,3586	437
0	2,609	1,042	0,1648	960	6,066	**100,00**	196,75	96,75	**1,0000**	1,3542	518
5	3,099	1,053	0,1402	950	7,134	101,88	197,32	95,44	1,0068	1,3499	614
10	3,655	1,064	0,1198	940	8,342	103,75	197,87	94,12	1,0135	1.3459	722
15	4,284	1,075	0,1031	930	9,704	105,63	198,39	92,76	1,0201	1,3420	—
20	4,993	1,086	0,0891	921	11,22	107,54	198,90	91,36	1,0267	1,3383	—
25	5,783	1,098	0,0774	911	12,93	109,46	199,38	89,92	1,0331	1,3347	—
30	6,658	1,110	0,0675	901	14,82	111,38	199,82	88,44	1,0395	1,3312	—
35	7,625	1,123	0,0591	891	16,92	113,32	200,23	86,91	1,0459	1,3278	—
40	8,690	1,135	0,0520	881	19,22	115,27	200,63	85,36	1,0521	1,3247	—

Difluordichlormethan CF_2Cl_2, Frigen F 12; $c_{p0} = 0{,}1389$ kcal/kg K; $\varkappa = 1{,}143$

t	p	v'	v''	ϱ'	ϱ''	h'	h''	q_d	s'	s''	Q^*
−70	0,1258	0,6234	1,1259	1604	0,888	85.84	128,88	42,99	0,94050	1,15219	19,5
−65	0,1721	0,6289	0.8413	1590	1,189	86,75	129,41	42,66	0,94500	1,15001	26,7
−60	0,2315	0,6349	0,6394	1575	1,564	87,68	130,00	42,32	0,94946	1,14806	36,0
−55	0,3065	0,6406	0,4930	1561	2,028	88,63	130,59	41,96	0,95387	1,14627	47,9
−50	0,3999	0,6468	0,3854	1546	2,595	89,59	131,18	41,59	0,95824	1,14468	62,8
−45	0,5150	0,6527	0,3050	1532	3,279	90,56	131,77	41,21	0,96256	1,14324	81,3
−40	0,6551	0,6592	0,2441	1517	4,097	91,55	132,36	40,81	0,96685	1,14193	104,0
−35	0,8238	0,6658	0,1973	1502	5,069	92,55	132,95	40,40	0,97110	1,14078	131,7
−30	1,0245	0,6725	0,1613	1487	6,200	93,57	133,54	39,97	0,97532	1,13975	164,7
−25	1,2616	0,6793	0,1331	1472	7,513	94,61	134,13	39,52	0,97950	1,13879	204,1
−20	1,5396	0,6868	0,1107	1456	9,034	95,65	134,71	39,06	0,98365	1,13798	250,6
−15	1,8622	0,6940	0,09268	1441	10,79	96,72	135,29	38,57	0,98778	1,13723	305,6
−10	2,2342	0,7018	0,07813	1425	12,80	97,80	135,87	38,07	0,99188	1,13657	369,9
− 5	2,6602	0,7092	0,06635	1410	15,08	98,89	136,43	37,54	0,99595	1,13598	444,0
0	3,1465	0,7173	0,05667	1394	17,65	**100,00**	136,99	36,99	**1,00000**	1,13546	529,7
+ 5	3,6959	0,7257	0,04863	1378	20,56	101,12	137,54	36,42	1,00402	1,13497	628,6
+ 10	4,3135	0,7342	0,04204	1362	23,79	102,26	138,08	35,82	1,00803	1,13455	740,0
+ 15	5,0076	0,7435	0,03648	1345	27,41	103,42	138,61	35,19	1,01201	1,13414	—
+ 20	5,7786	0,7524	0,03175	1329	31,50	104,59	139,12	34,53	1,01598	1,13378	—
+ 25	6,6363	0,7628	0,02773	1311	36,07	105,77	139,61	33,84	1,01993	1,13344	—
+ 30	7,5810	0,7734	0,02433	1293	41,11	106,97	140,08	33,11	1,02387	1,13310	—
+ 35	8,6244	0,7849	0,02136	1274	46,81	108,18	140,51	32,33	1,02778	1,13273	—
+ 40	9,7707	0,7968	0,01882	1255	53,13	109,41	140,94	31,53	1,03167	1,13236	—
+ 45	11,023	0,8104	0,01656	1234	60,38	110,66	141,33	30,67	1,03556	1,13197	—
+ 50	12,386	0,8244	0,01459	1213	68,56	111,94	141,66	29,75	1,03943	1,13151	—

Tabelle 5.5-8 (Fortsetzung)

t	p	v'	v''	ϱ'	ϱ''	h'	h''	q_d	s'	s''	Q^*
°C	kp/cm²	dm³/kg	m³/kg	kg/m³		kcal/kg			kcal/kg K		kcal/m³
+ 55	13,868	0,8410	0,01316	1189	75,98	113,25	142,13	28,88	1,0433	1,1314	—
+ 60	14,581	0,8568	0,01167	1167	85,69	114,57	142,49	27,92	1,0472	1,1311	—
+ 65	17,216	0,8741	0,01036	1114	96,52	115,92	142,82	26,90	1,0511	1,1307	—
+ 70	19,096	0,8936	0,00919	1119	108,81	117,29	143,09	25,80	1,0550	1,1302	—
+ 75	21,125	0,9149	0,00814	1093	122,85	118,69	143,31	24,62	1,0590	1,1297	—
+ 80	23,290	0,9398	0,00723	1064	138,31	120,13	143,46	23,33	1,0629	1,1290	—
+ 85	25,620	0,9680	0,00639	1033	156,49	121,61	143,51	21,90	1,0669	1,1281	—
+ 90	28,107	1,0009	0,00564	999	177,30	123,12	143,41	20,29	1,0700	1,1269	—
+ 95	30,771	1,0416	0,00497	960	201,20	124,69	143,11	18,42	1,0714	1,1252	—
+100	33,614	1,0952	0,00437	913	228,83	126,36	142,51	16,15	1,0794	1,1227	—
+105	36,654	1,1736	0,00359	852	278,48	128,13	141,51	13,38	1,0841	1,1195	—
+110	39,874	1,3513	0,00266	742	374,93	131,44	138,89	7,45	1,0917	1,1111	—
+115,5 (krit.)	40,879	1,7934	0,00179	558	557,59	134,75	134,75	0	1,1016	1,1016	—

Ammoniak NH_3; $c_{p_0} = 0{,}492$ kcal/kg K; $\varkappa = 1{,}3$ bei 0 °C

t	p	v'	v''	ϱ'	ϱ''	h'	h''	q_d	s'	s''	Q^*
− 70	0,111	1,379	9,01	725	0,111	25,9	375,7	349,8	0,6878	2,4101	26,8
− 65	0,160	1,390	6,46	720	0,155	31,0	377,9	346,9	0,7123	2,3794	37,8
− 60	0,223	1,401	4,70	714	0,213	36,0	380,0	344,0	0,7366	2,3507	52,4
− 55	0,308	1,413	3,49	708	0,286	41,2	382,1	340,9	0,7601	2,3233	71,1
− 50	0,417	1,425	2,62	702	0,381	46,3	384,1	337,8	0,7882	2,2978	95,4
− 45	0,557	1,437	2,01	696	0,497	51,5	386,1	334,6	0,8065	2,2738	125,7
− 40	0,732	1,449	1,55	690	0,645	56,8	388,1	331,3	0,8295	2,2510	164,0
− 35	0,950	1,462	1,22	684	0,823	62,1	390,0	327,9	0,8520	2,2294	210,8
− 30	1,219	1,476	0,963	678	1,04	67,4	391,9	324,5	0,8742	2,2090	268,0
− 25	1,546	1,490	0,772	671	1,30	72,8	393,7	320,9	0,8960	2,1896	337,0
− 20	1,940	1,504	0,624	665	1,60	78,2	395,5	317,3	0,9175	2,1710	419,5
− 15	2,410	1,519	0,509	658	1,97	83,6	397,1	313,5	0,9385	2,1532	517,6
− 10	2,966	1,534	0,418	652	2,39	89,0	398,7	309,6	0,9593	2,1362	633,0
− 5	3,619	1,550	0,347	645	2,88	94,5	400,1	305,6	0,9798	2,1199	767,7
0	4,379	1,566	0,290	639	3,45	**100,0**	401,5	301,5	**1,0000**	2,1041	924,0
5	5,259	1,583	0,244	632	4,11	105,5	402,8	297,3	1,0200	2,0889	1104,6
10	6,271	1,601	0,206	625	4,86	111,1	403,9	292,8	1,0397	2,0741	1312,5
15	7,427	1,619	0,175	618	5,72	116,7	405,0	288,3	1,0592	2,0598	—
20	8,741	1,639	0,149	610	6,69	122,4	405,9	283,5	1,0785	2,0459	—
25	10,23	1,659	0,128	603	7,80	128,1	406,8	278,7	1,0976	2,0324	—
30	11,90	1,680	0,111	595	9,03	133,8	407,4	273,6	1,1165	2,0191	—
35	13,77	1,702	0,0959	587	10,4	139,7	408,0	268,3	1,1352	2,0061	—
40	15,85	1,726	0,0833	579	12,0	145,5	408,4	262,9	1,1538	1,9933	—
45	18,17	1,750	0,0726	571	13,8	151,4	408,6	257,2	1,1722	1,9807	—
50	20,73	1,777	0,0635	563	15,8	157,4	408,7	251,3	1,1905	1,9683	—

Difluormonochlormethan CHF_2Cl, Frigen F 22; $c_{p_0} = 0{,}1427$ kcal/kg K; $\varkappa = 1{,}20$

t	p	v'	v''	ϱ'	ϱ''	h'	h''	q_d	s'	s''	Q^*
−100	0,0210	0,6409	8,340	1560	0,1199	74,12	137,92	63,80	0,8828	1,2512	3,4
− 95	0,0320	0,6460	5,437	1548	0,1937	75,38	138,51	63,13	0,8900	1,2444	5,4
− 90	0,0489	0,6510	3,634	1536	0,2752	76,63	139,14	62,51	0,8970	1,2382	8,2
− 85	0,0725	0,6560	2,519	1524	0,3991	77,90	139,69	61,80	0,9037	1,2322	12,0
− 80	0,1050	0,6612	1,775	1512	0,5634	79,14	140,29	61,15	0,9104	1,2270	17,4
− 75	0,1502	0,6664	1,284	1501	0,7815	80,39	140,89	60,50	0,9167	1,220	24,6
− 70	0,2088	0,6714	0,940	1489	1,064	81,64	141,49	59,85	0,9230	1,2176	34,1
− 65	0,205	0,6767	0,703	1477	1,427	82,89	142,08	59,19	0,9290	1,2134	46,4
− 60	0,382	0,6824	0,535	1465	1,869	84,15	142,74	58,59	0,9350	1,2097	62,1
− 55	0,506	0,6885	0,413	1452	2,424	85,42	143,28	57,87	0,9407	1,2060	82,1
− 50	0,660	0,6950	0,323	1439	3,096	86,70	143,90	57,20	0,9465	1,2028	107
− 45	0,849	0,7017	0,255	1425	3,922	87,98	144,51	56,52	0,9523	1,200	137
− 40	1,076	0,7086	0,205	1411	4,878	89,27	145,12	55,85	0,9579	1,1974	174
− 35	1,354	0,7157	0,165	1397	6,004	90,58	145,68	55,07	0,9635	1,1948	220
− 30	1,679	0,7235	0,135	1382	7,407	91,90	146,25	54,35	0,9690	1,1925	273

Tabelle 5.5-8   (Fortsetzung)

t	p	v'	v''	ϱ'	ϱ''	h'	h''	q_d	s'	s''	Q^*
°C	kp/cm²	dm³/kg	m³/kg	kg/m³		kcal/kg			kcal/kg K		kcal/m³
− 25	2,059	0,7321	0,112	1366	8,940	93,25	146,81	53,56	0,9743	1,1902	334
− 20	2,51	0,7405	0,0929	1350	10,76	94,58	147,35	52,77	0,9796	1,1880	408
− 15	3,03	0,7490	0,0778	1334	12,87	95,92	147,91	52,00	0,9847	1,1861	494
− 10	3,63	0,7582	0,0654	1318	15,29	97,25	148,45	51,20	0,9898	1,1844	596
− 5	4,31	0,7677	0,0554	1302	18,07	98,59	148,93	50,34	0,9949	1,1826	713
0	5,10	0,7785	0,0471	1285	21,23	**100,00**	149,43	49,43	**1,0000**	1,1810	849
+ 5	6,00	0,7890	0,0403	1267	24,84	101,46	149,91	48,45	1,0053	1,1795	1004
+ 10	6,99	0,8004	0,0346	1249	28,90	103,02	150,36	47,40	1,0107	1,1780	1183
+ 15	8,10	0,8122	0,0298	1231	33,58	104,56	150,80	46,24	1,0161	1,1764	1388
+ 20	9,35	0,8244	0,0258	1213	38,76	106,13	151,13	45,00	1,0214	1,1749	1616
+ 25	10,74	0,8372	0,0223	1194	44,78	107,74	151,46	43,70	1,0269	1,1734	1876
+ 30	12,26	0,8501	0,0194	1176	51,55	109,44	151,78	42,34	1,0323	1,1720	2182
+ 35	13,95	0,8663	0,0161	1154	59,04	111,10	152,00	40,90	1,0376	1,1703	−
+ 40	15,79	0,8830	0,0148	1132	67,57	112,77	152,12	38,35	1,0429	1,1686	−
+ 45	17,81	0,9011	0,0130	1109	77,28	114,47	152,25	37,77	1,0482	1,1669	−
+ 50	20,03	0,9225	0,0113	1084	88,50	116,23	152,33	36,10	1,0535	1,1652	−
+ 55	22,382	0,9443	0,0096	1059	103,76	117,98	152,48	34,50	1,0588	1,1639	−
+ 60	25,07	0,968	0,0088	1033	113,6	119,95	152,46	32,51	1,0640	1,1628	−

Trifluormonochlormethan CF_3Cl, Frigen 13; $c_{p0} = 0,1459$ kcal/kg K; $\varkappa = 1,150$

t	p	v'	v''	ϱ'	ϱ''	h'	h''	q_d	s'	s''	Q^*
−140	0,0087	0,576	12,378	1736	0,0808	68,46	109,90	41,44	0,8441	1,1553	−
−135	0,0157	0,581	7,112	1721	0,1416	69,33	110,37	41,04	0,8505	1,1475	−
−130	0,0271	0,587	4,273	1704	0,2340	70,24	110,86	40,62	0,8570	1,1407	−
−125	0,448	0,593	2,673	1686	0,3741	71,15	111,34	40,19	0,8632	1,1345	−
−120	0,0714	0,599	1,732	1669	0,5774	72,09	111,84	39,75	0,8694	1,1290	−
−115	0,1100	0,605	1,158	1653	0,8636	73,04	112,34	39,30	0,8755	1,1240	−
−110	0,1643	0,612	0,798	1634	1,2531	74,01	112,84	38,83	0,8816	1,1196	−
−105	0,2391	0,619	0,563	1616	1,776	74,99	113,34	38,35	0,8876	1,1156	−
−100	0,3392	0,626	0,4070	1597	2,457	76,00	113,85	37,85	0,8935	1,1120	53,66
− 95	0,4705	0,634	0,3005	1577	3,328	77,03	114,36	37,33	0,8992	1,1087	74,38
− 90	0,640	0,642	0,2259	1558	4,427	78,08	114,86	36,78	0,9050	1,1058	101,2
− 85	0,854	0,649	0,1728	1541	5,787	79,13	115,36	36,23	0,9107	1,1032	135,1
− 80	1,120	0,658	0,1342	1520	7,452	80,21	115,86	35,65	0,9163	1,1009	177,7
− 75	1,446	0,666	0,1057	1502	9,461	81,30	116,35	35,05	0,9216	1,0987	230,3
− 70	1,841	0,675	0,0844	1482	11,848	82,40	116,84	34,44	0,9271	1,0968	294,2
− 65	2,313	0,685	0,0681	1460	14,684	83,52	117,32	33,80	0,9327	1,0951	371,7
− 60	2,873	0,695	0,05542	1439	18,044	84,67	117,78	33,11	0,9382	1,0935	465,0
− 55	3,528	0,706	0,04555	1416	21,954	85,84	118,23	32,39	0,9435	1,0920	575,6
− 50	4,287	0,717	0,03774	1395	26,497	87,03	118,66	31,63	0,9489	1,0906	706,2
− 45	5,164	0,728	0,03148	1374	31,77	88,25	119,08	30,83	0,9542	1,0893	859,9
− 40	6,17	0,741	0,02642	1350	37,85	89,49	119,48	29,99	0,9595	1,0881	1040
− 35	7,31	0,754	0,02230	1320	44,84	90,74	119,85	29,11	0,9647	1,0869	−
− 30	8,59	0,769	0,01889	1300	52,94	92,01	120,19	28,18	0,9699	1,0858	−
− 25	10,04	0,785	0,01608	1274	62,19	93,30	120,50	27,20	0,9751	1,0847	−
− 20	11,66	0,802	0,01373	1247	72,83	94,61	120,77	26,16	0,9802	1,0835	−
− 15	13,46	0,821	0,01175	1218	85,11	95,94	121,02	25,08	0,9853	1,0824	−
− 10	15,45	0,842	0,01010	1188	99,10	97,27	121,22	23,95	0,9902	1,0812	−
− 5	17,66	0,866	0,00868	1155	115,21	98,61	121,37	22,76	0,9950	1,0799	−
− 0	20,09	0,894	0,00747	1119	133,87	**100,00**	121,48	21,48	**1,0000**	1,0786	−
+ 5	22,76	0,923	0,00642	1083	155,8	101,44	121,51	20,07	1,0050	1,0772	−
+ 10	25,69	0,962	0,00549	1040	182,2	102,99	121,42	18,43	1,0103	1,0754	−
+ 15	28,91	1,011	0,00463	989	216,0	104,74	121,16	16,42	1,0162	1,0732	−
+ 20	32,41	1,079	0,003829	927	261,2	106,75	120,59	13,84	1,0228	1,0700	−
+ 25	36,24	1,193	0,002990	838	334,5	109,29	119,33	10,04	1,0310	1,0647	−
+ 28,8	39,36	1,712	0,001721	584	581,1	113,94	113,94	0,00	1,0462	1,0462	−

Tabelle 5.5-8 (Fortsetzung)

t	p	v'	v''	ϱ'	ϱ''	h'	h''	q_d	s'	s''	Q^*
°C	kp/cm²	dm³/kg	m³/kg	kg/m³		kcal/kg			kcal/kg K		kcal/m³

Kohlendioxid CO_2, fest – dampfförmig; $c_{p0} = 0{,}197$ kcal/kg K; $\varkappa = 1{,}30$

t	p	v'	v''	ϱ'	ϱ''	h'	h''	q_d	s'	s''	Q^*
−100	0,142	0,627	2,336	1595	0,428	10,9	150,7	139,8	0,5996	1,4070	−
− 95	0,236	0,629	1,442	1590	0,694	12,2	151,4	139,2	0,6074	1,3889	−
− 90	0,379	0,632	0,920	1582	1,03	13,6	152,2	138,6	0,6150	1,3718	−
− 85	0,596	0,635	0,598	1575	1,67	15,0	152,9	137,9	0,6224	1,3554	−
− 80	0,914	0,639	0,398	1566	2,51	16,4	153,5	137,1	0,6299	1,3398	−
− 75	1,37	0,643	0,269	1556	3,72	17,9	154,1	136,2	0,6376	1,3248	−
− 70	2,02	0,647	0,1854	1546	5,39	19,6	154,5	134,9	0,6459	1,3103	−
− 65	2,93	0,652	0,1293	1534	7,73	21,5	154,9	133,4	0,6551	1,2960	−
− 60	4,18	0,657	0,0912	1522	11,0	23,7	155,1	131,4	0,6655	1,2819	−
− 56,6	5,28	0,661	0,0722	1512	13,8	25,2	155,1	129,9	0,6725	1,2724	−

flüssig – dampfförmig

t	p	v'	v''	ϱ'	ϱ''	h'	h''	q_d	s'	s''	Q^*
− 56,6	5,28	0,849	0,0722	1178	13,8	72,0	155,1	83,1	0,8885	1,2724	−
− 55	5,66	0,853	0,0676	1172	14,8	72,7	155,2	82,5	0,8917	1,2700	−
− 50	6,97	0,867	0,0554	1153	18,1	75,0	155,6	80,6	0,9020	1,2631	537
− 45	8,49	0,881	0,0458	1135	21,8	77,3	155,9	78,6	0,9120	1,2565	656
− 40	10,25	0,897	0,0382	1115	26,2	79,6	156,2	76,6	0,9218	1,2503	793
− 35	12,26	0,913	0,0320	1095	31,2	81,8	156,4	74,5	0,9314	1,2443	954
− 30	14,55	0,931	0,0270	1074	37,0	84,2	156,6	72,4	0,9408	1,2385	1173
− 25	17,14	0,950	0,0229	1053	43,8	86,5	156,7	70,1	0,9501	1,2328	1346
− 20	20,06	0,971	0,0195	1030	51,4	88,9	156,8	67,8	0,9594	1,2272	1583
− 15	23,34	0,994	0,0166	1006	60,2	91,4	156,7	65,3	0,9690	1,2218	1856
− 10	26,99	1,019	0,0142	981	70,5	94,1	156,6	62,5	0,9787	1,2163	2160
− 5	31,05	1,048	0,0121	954	82,4	96,9	156,4	59,5	0,9890	1,2109	2521
0	35,54	1,081	0,0104	925	96,3	**100,0**	156,1	56,1	**1,0000**	1,2055	2900
5	40,50	1,120	0,00885	893	113,0	103,1	155,5	52,4	1,0103	1,1985	−
10	45,95	1,166	0,00752	858	133	106,5	154,6	48,1	1,0218	1,1917	−
15	51,93	1,223	0,00632	818	158	110,1	153,2	43,1	1,0340	1,1835	−
20	58,46	1,297	0,00527	771	190	114,0	151,1	37,1	1,0468	1,1734	−
25	65,59	1,409	0,00423	710	236	118,8	147,3	28,5	1,0628	1,1585	−
30	73,34	1,680	0,00298	595	336	125;9	141,0	15,1	1,0854	1,1351	−
31	74,96	2,156	0,00216	464	464	133,5	133,5	0	1,1098	1,1098	−

5.6 Strömende Gase und Dämpfe

bearbeitet von Prof. Dr.-Ing. E. Schmidt, München

a	Schallgeschwindigkeit
A, A_1, A_2	Querschnitte des Strömungskanals
g	örtliche Fallbeschleunigung
gz	spezifische potentielle Energie des strömenden Mediums
q_{12}	auf der Kanalstrecke zwischen den Querschnitten A_1 und A_2 der Masseneinheit des strömenden Mediums von außen zugeführte Wärme
r_{12}	durch Reibung je Masseneinheit in Wärme verwandelte Energie
w, w_1, w_2	mittlere Strömungsgeschwindigkeiten in verschiedenen Querschnitten
w_e	Laval-Geschwindigkeit
z, z_1, z_2	Höhe der Querschnitte über einer gewählten waagerechten Nullebene
φ	Geschwindigkeitsziffer
λ	Widerstandszahl

Fußzeiger

a Austrittsquerschnitt   e engster Querschnitt   0 Umgebungsraum

A. Grundgleichungen

Die Strömungen seien stationär, d. h. zeitlich unveränderlich und sollen sich durch eine mittlere Geschwindigkeit in jedem Querschnitt beschreiben lassen (eindimensionale Strömung). Die Stetigkeitsbedingung für einen Strömungskanal veränderlichen Querschnitts (Kontinuitätsgleichung) lautet

$$\dot{m} = A w \varrho = A w/v = A_1 w_1/v_1 = A_2 w_2/v_2 = \text{const}, \tag{1}$$

oder logarithmiert und differenziert

$$\frac{\mathrm{d}v}{v} = \frac{\mathrm{d}A}{A} + \frac{\mathrm{d}w}{w}; \tag{1a}$$

$\dot{m}/A = w/v$ heißt Massenstromdichte.

Wird 1 kg strömenden Gases zwischen den Querschnitten 1 und 2 die Wärme q_{12} zugeführt, so ändern sich Enthalpie h, kinetische Energie $w^2/2$ und potentielle Energie gz entsprechend der Gleichung

$$q_{12} = h_2 - h_1 + (w_2^2 - w_1^2)/2 + g(z_2 - z_1) \tag{2}$$

oder

$$\mathrm{d}q = \mathrm{d}h + w\,\mathrm{d}w + g\,\mathrm{d}z. \tag{2a}$$

Diese Gleichungen gelten auch für eine Strömung mit Reibung, die nur die beiden mechanischen Energien vermindert, während die Enthalpie entsprechend zunimmt.

Bei der Expansionsströmung mit Änderung der Geschwindigkeit verwandelt sich die auch im Kreisprozeß einer verlustlosen Kolbenmaschine gewinnbare Arbeit

$$-\int_{p_1}^{p_2} v\,\mathrm{d}p$$

in kinetische und potentielle Energie, sowie in Reibungsarbeit r_{12} nach

$$-\int_{p_1}^{p_2} v\,\mathrm{d}p = \frac{w_2^2 - w_1^2}{2} + g(z_2 - z_1) + r_{12} \tag{3}$$

oder

$$-v\,\mathrm{d}p = w\,\mathrm{d}w + g\,\mathrm{d}z + \mathrm{d}r. \tag{3a}$$

Aus (2) und (3) folgt durch Eliminieren von w

$$q_{12} + r_{12} = (h_2 - h_1) - \int_{p_1}^{p_2} v\,\mathrm{d}p. \tag{4}$$

Die Reibungsarbeit geht irreversibel unter Entropiezunahme als Wärme ins Gas, ebenso wie die von außen zugeführte Wärme q_{12}. Ist $q_{12} = 0$ und die Änderung der potentiellen Energie vernachlässigbar, so gilt

$$(w_2^2 - w_1^2)/2 = h_1 - h_2 \qquad \text{oder} \qquad w\,\mathrm{d}w = -\,\mathrm{d}h \tag{5}$$

$$\frac{w_2^2 - w_1^2}{2} = -\int_{p_1}^{p_2} v\,\mathrm{d}p - r_{12} \qquad \text{oder} \qquad w\,\mathrm{d}w = -v\,\mathrm{d}p = -\,\mathrm{d}r. \tag{6}$$

(5) ist grundlegend für die Berechnung von Turbinen. Bei Wasserdampf wird die Enthalpiedifferenz $\Delta h = h_1 - h_2$ für gegebene Zustände *1* und *2* aus dem h,s-Diagramm (Bild 5.5-1) entnommen. Zur Ermittlung von w enthält es links eine Leiter, in der neben der linearen Δh-Skala eine quadratische w-Skala gezeichnet ist. Trägt man darin Δh von einem gegebenen w_1 aus auf, so erhält man w_2 auf der w-Skala.

Vernachlässigt man die Reibung, so wird

$$h_1 - h_2 = - \int\limits_{p_1}^{p_2} v \, \mathrm{d}p \qquad (7)$$

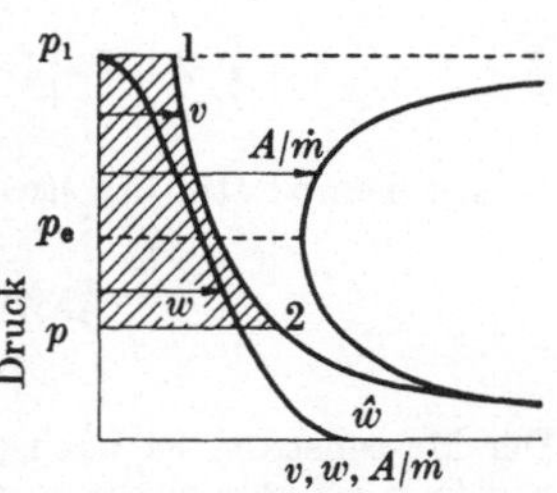

Bild 5.6-1
Isentrope Expansionsströmung

und kann aus der Gleichung oder der Kurve der Isentrope im p,v-Diagramm bestimmt werden.

In Bild 5.6-1 ist $1\cdots2$ solche Isentrope im p,v-Diagramm; die schraffierte Fläche ist die Arbeit $-\int v\,\mathrm{d}p$ der Entspannung von p_1 auf p. War das Gas bei p_1 in Ruhe, so erreicht es beim Entspannen die Geschwindigkeit $w = \sqrt{-2\int v\,\mathrm{d}p}$, die als Kurve über p aufgetragen ist. Die Kontinuitätsgleichung (1) liefert zu jedem v und w den für den gegebenen Massenstrom $\dot{m}$ erforderlichen Querschnitt. $A/\dot{m} = v/w$ ist über p aufgetragen. Mit abnehmendem p verringert sich A zunächst, d.h. in einer in Stromrichtung verjüngten Düse nimmt w zu, p ab bis zum Laval-Druck p_e, bei dem $\mathrm{d}v/v = \mathrm{d}w/w$ und damit nach (1a) $\mathrm{d}A/A = 0$ wird. Dabei ist w gleich der Schallgeschwindigkeit a bei dem in diesem Querschnitt bestehenden Zustand. Allgemein gilt

$$a = \sqrt{\left(\frac{\partial p}{\partial \varrho}\right)_s}. \qquad (8)$$

Für ideale Gase gilt

$$a = \sqrt{\varkappa p v} = \sqrt{\varkappa R T}. \qquad (8\,\mathrm{a})$$

Soll p unter p_e sinken und w über a steigen, so muß der Kanal hinter dem engsten Querschnitt A_e wieder erweitert werden (Laval-Düse). Beim Entspannen bis zum Druck Null erreicht w einen Höchstwert $\hat{w}$, bei dem die Enthalpie vollständig in kinetische Energie umgewandelt wird und die Temperatur beim idealen Gas auf 0 K sinkt. Dabei muß sich der Düsenquerschnitt theoretisch auf $A = \infty$ vergrößern.

Die Reibung kann man durch einen Wirkungsgrad η berücksichtigen als Verhältnis der tatsächlichen Steigerung der kinetischen Energie zu der bei verlustfreier (isentroper) Strömung erreichbaren. Hat das Gas im Zustand *1* die Geschwindigkeit $w_1 = 0$, so benutzt man auch die Geschwindigkeitsziffer $\varphi = w_\mathrm{r}/w$, wobei w_r die Geschwindigkeit bei Strömung mit Reibung und w bei Strömung ohne Reibung ist. Es gilt

$$\eta = \varphi^2. \qquad (9)$$

Bei gut abgerundeten Düsen mit in Strömungsrichtung abnehmendem Querschnitt ist $\varphi = 0{,}98$ bis $0{,}95$. Erweiterte Düsen können infolge Grenzschichtablösung erheblich größere Verluste haben.

B. Ideale Gase und Dämpfe

Bei konstantem c_p gilt für einen beliebigen Querschnitt einer gut gerundeten und der Druckabsenkung entsprechend erweiterten Düse, wenn das Gas im Zustand *1* ruhte,

$$w^2 = 2\,c_p\,(T_1 - T) \qquad (10)$$

oder mit der Isentropengleichung

$$\frac{T}{T_1} = \left(\frac{p}{p_1}\right)^{(\varkappa-1)/\varkappa}$$

$$w = \sqrt{2\,c_p T_1 \left[1 - \left(\frac{p}{p_1}\right)^{(\varkappa-1)/\varkappa}\right]} = \sqrt{2\,\frac{\varkappa}{\varkappa-1}\,p_1 v_1 \left[1 - \left(\frac{p}{p_1}\right)^{(\varkappa-1)/\varkappa}\right]}. \qquad (11)$$

Die Temperatur des strömenden Gases ist bei Erwärmung durch Reibung

$$T = T_1 - \frac{w^2}{2\,c_p} = T_1 - \varphi^2 T_1 \left[1 - \left(\frac{p}{p_1}\right)^{(\varkappa-1)/\varkappa}\right]. \qquad (12)$$

Der Massenstrom ist nach (1) und mit $v_1/v = (p/p_1)^{1/\varkappa}$ bei reibungsfreier Strömung, die von jetzt an vorausgesetzt wird:

$$\dot m = A\,\sqrt{\frac{\varkappa}{\varkappa-1}\left[\left(\frac{p}{p_1}\right)^{2/\varkappa} - \left(\frac{p}{p_1}\right)^{(\varkappa+1)/\varkappa}\right]}\,\sqrt{2\,\frac{p_1}{v_1}} = A\psi\,\sqrt{2\,\frac{p_1}{v_1}} = A\psi\varrho\,\sqrt{2\,R\,T_1} \qquad (13)$$

Dabei hängt $\sqrt{2\,p_1/v_1}$ nur vom Anfangszustand und die zur Abkürzung eingeführte Größe

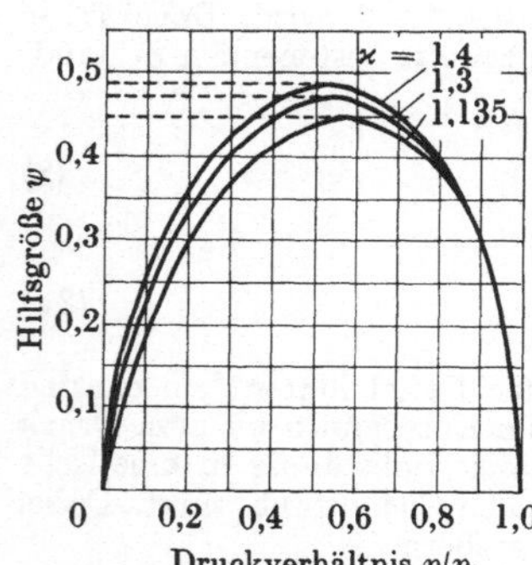

Bild 5.6-2 Hilfsgröße ψ für die Regelung des reibungsfreien Mengenstromes zweiatomiger Gase mit $\varkappa = 1{,}4$, überhitzten Wasserdampfes mit $\varkappa = 1{,}3$ und trockenen Sattdampfes mit $\varkappa = 1{,}135$, abhängig vom Druckverhältnis p/p_1

$$\psi = \sqrt{\frac{\varkappa}{\varkappa-1}\left[\left(\frac{p}{p_1}\right)^{2/\varkappa} - \left(\frac{p}{p_1}\right)^{(\varkappa+1)/\varkappa}\right]} \qquad (14)$$

außer von $\varkappa$ nur vom Druckverhältnis ab.

In Bild 5.6-2 ist ψ über p/p_1 für $\varkappa = 1{,}4$; $1{,}3$ und $1{,}135$ gezeichnet. Die Kurven geben zugleich den Verlauf der Massenstromdichte $\dot m/A$, wobei $\psi = 0$ für $p/p_1 = 1$ und $p/p_1 = 0$ gilt. Der Höchstwert

$$\hat\psi = \left(\frac{2}{\varkappa+1}\right)^{1/(\varkappa-1)} \sqrt{\frac{\varkappa}{\varkappa+1}} \qquad (14a)$$

liegt beim Laval-Druckverhältnis

$$\frac{p_e}{p_1} = \left(\frac{2}{\varkappa+1}\right)^{\varkappa/(\varkappa-1)} \qquad (15)$$

Da bei stationärer Strömung $\dot m$ und damit $A\psi = \text{const}$ sein muß, ist $1/\psi$ der Querschnittsfläche proportional, die nötig ist, um das Gas von $p/p_1 = 1$ beginnend mit abnehmendem Druck und wachsender Geschwindigkeit strömen zu lassen. A nimmt ab bis zum Mindestwert beim Laval-Druckverhältnis p_e/p_1 und wächst dann wieder.

Im engsten Querschnitt strömt das Gas mit der Laval-Geschwindigkeit

$$w_e = \sqrt{\frac{\varkappa}{\varkappa+1}\,p_1 v_1} = \sqrt{\varkappa\,p_e v_e} = \sqrt{\varkappa R T_e}, \qquad (16)$$

die gleich ist der Schallgeschwindigkeit bei dem dort vorkommenden Zustand p_e, v_e, T_e, aber verschieden von der Schallgeschwindigkeit

$$a_1 = \sqrt{\varkappa\,p_1 v_1} = \sqrt{\varkappa R T_1} \qquad (17)$$

beim Zustand p_1, v_1, T_1.

Die bei Drucksenkung auf Null erreichbare Höchstgeschwindigkeit ist

$$\hat{w} = w_e \sqrt{\frac{\varkappa + 1}{\varkappa - 1}}. \tag{18}$$

Tabelle 5.6-1 enthält p_e/p_1, $\hat{\psi}$, a_e/a_1, $\hat{w}/w_e$ für einige Werte von $\varkappa$.

Das zum Absenken des Drucks auf $p < p_e$ notwendige Erweiterungsverhältnis des Austrittsquerschnitts A_a einer Laval-Düse zum engsten Querschnitt A_e erhält man für das Druckverhältnis p_a/p_1

$$A_a/A_e = \hat{\psi}/\psi_a \tag{19}$$

aus Bild 5.6-2 und Tabelle 5.6-2. Verhältnis der Geschwindigkeiten:

$$w_a/w_e = \sqrt{\left[1 - \left(\frac{p_a}{p_1}\right)^{(\varkappa-1)/\varkappa}\right]\frac{\varkappa + 1}{\varkappa - 1}} \tag{20}$$

Tabelle 5.6-2 enthält A_a/A_e und w_a/w_e für verschiedene Druckverhältnisse p_1/p_a bei $\varkappa = 1{,}4$ (zweiatomige Gase), $\varkappa = 1{,}3$ (dreiatomige Gase, überhitzter Wasserdampf) und $\varkappa = 1{,}135$ (Sattdampf). Wird im engsten Querschnitt A_e einer Düse Laval-Geschwindigkeit erreicht, so ist der Massenstrom

$$\dot{m} = A_e \hat{\psi} \sqrt{2 \frac{p_1}{v_1}} = A_e \hat{\psi} \varrho \sqrt{2 R T_1} \tag{21}$$

nur vom Zustand vor der Düse bestimmt und unabhängig von allem, was mit der Strömung hinter dem engsten Querschnitt geschieht. Die durch Reibung und Strahleinschnürung verursachte Verminderung des Massenstroms wird durch die Ausflußziffer $\mu = \alpha\varphi$ berücksichtigt, wobei α die Kontraktionsziffer ist. Für gut gerundete Düsen ist $\alpha \approx 1$. Werte für α und μ in [H 07].

**Tabelle 5.6-1   Laval-Druckverhältnisse
und -Strömungsgeschwindigkeiten**

$\varkappa$	1,4	1,3	1,2	1,135
p_e/p_1	0,530	0,546	0,564	0,577
$\hat{\psi}$	0,484	0,473	0,459	0,450
a_e/a_1	0,913	0,933	0,954	0,968
$\hat{w}/w_e$	2,45	2,77	3,32	3,98

C. Ausfluß gegen Umgebungsdruck

C1   Beliebiger Druckunterschied

Die vorstehenden Formeln gelten auch für den Ausfluß aus einem Behälter vom Druck p_1 in einen Raum vom Umgebungsdruck p_u bei gut gerundeten konvergenten Düsen (d. h. engster Querschnitt am Düsenaustritt), solange p_u den Laval-Druck p_e nicht unterschreitet. Der Druck im Endquerschnitt der Düse ist dann gleich p_u; in den Formeln ist $p = p_u$ einzusetzen. Wird aber $p_u < p_e$, so kann die bei $p_u = p_e$ erreichte Schallgeschwindigkeit und Massenstromdichte im Endquerschnitt nicht überschritten werden, und der Druck bleibt hier p_e. Der Druckunterschied $p_e - p_u$ gleicht sich erst nach dem Austritt aus der Düse aus. Der Strahl expandiert unter starken Schallschwingungen nach allen Seiten, hierbei tritt stellenweise Überschallgeschwindigkeit auf.

Für scharfkantige Düsen (Blenden) gilt dasselbe; statt der wirklichen Öffnung A_0 ist die Fläche αA_0 einzusetzen. Beim Berechnen des Massenausflusses ist wegen der Reibung die Ausflußziffer $\mu = \alpha\varphi$ als Faktor hinzuzufügen.

Bei Ausfluß aus einer Laval-Düse, in deren engstem Querschnitt Schallgeschwindigkeit herrscht, hängt der weitere Verlauf des Druckabfalls und der Geschwindigkeitssteigerung nach (19) und (20) nur von der Querschnittserweiterung ab.

Ist der Umgebungsdruck p_u kleiner als der nach diesen Gleichungen zum Erweiterungsverhältnis A_1/A_2 gehörende Austrittsdruck p_a, so wird der Druckunterschied $p_a - p_u$ außerhalb der Düse unter Strahlverbreiterung und Schallerzeugung ausgeglichen. Ist dagegen $p_u > p_a$, so springt der Druck plötzlich von p_a auf p_u, wobei zugleich die Geschwindigkeit auf Unterschallgeschwindigkeit sinkt. Dieser Sprung heißt Verdichtungsstoß. Bei geradem Verdichtungsstoß steht die Unstetigkeitsfläche senkrecht zur Strömung, bei schiefem Verdichtungsstoß ist sie dagegen geneigt. Mit weiter wachsendem p_u rückt der Verdichtungsstoß in die Düse hinein, bis er den engsten Querschnitt erreicht und die Strömung auf reine Unterschallströmung umschlägt, bei der die Düsenerweiterung nur als Diffusor wirkt.

Tabelle 5.6-2   Verhältnisse der Drücke p, Temperaturen T, Geschwindigkeiten w und Querschnitte A bei Lavaldüsen

(für ideale Gase mit dem Isentropenexponenten $\varkappa$)

Die Fußzeiger bedeuten: 1 für den Druckraum, a für den Austrittsquerschnitt, e für den engsten Querschnitt und ∞ für den Austrittsquerschnitt einer Düse mit unendlichem Erweiterungsverhältnis.

$\dfrac{p_1}{p_a}$	$\varkappa = 1{,}4$				$\varkappa = 1{,}3$				$\varkappa = 1{,}2$			
	$\dfrac{T_1}{T_e}$	$\dfrac{w_a}{w_e}$	$\dfrac{w_a}{w_\infty}$	$\dfrac{A_a}{A_e}$	$\dfrac{T_1}{T_e}$	$\dfrac{w_a}{w_e}$	$\dfrac{w_a}{w_\infty}$	$\dfrac{A_a}{A_e}$	$\dfrac{T_1}{T_e}$	$\dfrac{w_a}{w_e}$	$\dfrac{w_a}{w_\infty}$	$\dfrac{A_a}{A_e}$
1	1	0	0	—	1	0	0	—	1	0	0	—
2	1,219	1,037	0,424	1,02	1,174	1,07	0,386	1,03	1,123	1,095	0,331	1,01
4	1,487	1,402	0,572	1,21	1,378	1,45	0,523	1,26	1,260	1,506	0,454	1,31
6	1,668	1,550	0,633	1,47	1,512	1,61	0,581	1,55	1,348	1,685	0,509	1,64
8	1,811	1,640	0,669	1,70	1,616	1,71	0,614	1,82	1,414	1,798	0,542	1,95
10	1,931	1,700	0,694	1,93	1,701	1,78	0,643	2,07	1,468	1,874	0,566	2,26
15	2,168	1,798	0,735	2,44	1,868	1,89	0,683	2,67	1,570	1,998	0,603	2,97
20	2,354	1,858	0,758	2,90	1,996	1,96	0,707	3,22	1,648	2,080	0,628	3,63
25	2,508	1,900	0,775	3,33	2,102	2,01	0,725	3,74	1,710	2,138	0,645	4,24
30	2,643	1,931	0,789	3,73	2,192	2,04	0,736	4,20	1,763	2,183	0,659	4,84
40	2,869	1,977	0,806	4,47	2,343	2,10	0,758	5,12	1,850	2,25	0,679	5,97
50	3,06	2,010	0,820	5,15	2,467	2,14	0,772	5,97	1,921	2,30	0,695	7,03
60	3,22	2,030	0,829	5,82	2,571	2,17	0,783	6,76	1,981	2,33	0,704	8,09
80	3,50	2,070	0,845	7,00	2,750	2,21	0,797	8,26	2,078	2,39	0,721	10,02
100	3,73	2,093	0,854	8,13	2,892	2,24	0,809	9,68	2,155	2,43	0,734	11,86
200	4,54	2,163	0,883	12,91	3,395	2,33	0,840	15,90	2,42	2,54	0,766	20,24
500	5,90	2,230	0,910	24,10	4,20	2,42	0,871	31,0	2,82	2,66	0,804	41,40
10^3	7,20	2,273	0,927	38,72	4,92	2,47	0,891	51,6	3,162	2,74	0,828	71,60
10^4	13,90	2,360	0,963	193,3	8,36	2,60	0,939	288,2	4,64	2,94	0,887	455
10^5	26,80	2,402	0,981	985,0	14,23	2,67	0,964	1656	6,81	3,06	0,924	2980
10^6	51,80	2,427	0,990	5037	24,2	2,71	0,979	9570	10,0	3,15	0,951	20400
∞	∞	2,450	1,00	∞	∞	2,77	—	∞	∞	3,317	1,000	∞

C2   Kleine Druckunterschiede

Für den Ausfluß aus Düsen und Blenden gilt näherungsweise

$$w_a = \varphi \sqrt{2\, v_1 (p_1 - p_a)}\,. \tag{22}$$

Der wahre Wert von p_a^2 ist etwa um $(p_1 - p_a)/2\,\varkappa\, p_1$ größer als die Näherung. Setzt man statt v_1 den für den Druck $(p_1 + p_a)/2$ aus der Adiabatengleichung berechneten mittleren Wert $\bar{v} = v_1 [2\,p_1/(p_1 + p_a)]^{1/\varkappa}$ ein, entsprechend

$$w_a = \varphi \sqrt{2\, \bar{v}\, (p_1 - p_a)}\,, \tag{22a}$$

so wird die Näherung besser. Der wahre Wert von w_a^2 ist beim Laval-Druckverhältnis für $\varkappa = 1{,}4$ etwa 2,1%, für $\varkappa = 1{,}2$ etwa 2,8% größer als diese Näherung. Anwendung bei Volumenstrommessung mit Düsen und Blenden.

D. Strömung durch Rohrleitungen

D1 Konstanter Rohrquerschnitt

Hier vereinfacht sich die Kontinuitätsgleichung (1) zu $w/v = \text{const}$ oder $dw/w = dv/v$, (2) bis (4) bleiben unverändert. Die Reibungsarbeit je kg Gas längs der Rohrstrecke dl ist

$$dr = v\,dp_\mathrm{r} = \zeta\,dl\,w^2/2D,$$

wobei dp_r Druckabfall längs dl durch Reibung, D Rohrdurchmesser.

Zur Abhängigkeit der Widerstandszahl ζ von Re und der Rohrrauhigkeit siehe [H 07]. Annähernd gilt bei Rohrleitungen mittlerer Rauhigkeit für Luft, Dampf oder Gase nach **Fritzsche**

$$\zeta = 0{,}0561/\dot{m}^{0{,}148};\tag{23}$$

$\dot{m}$ ist der durch die Leitung fließende Massenstrom in kg/h. Tabelle 5.6-3 enthält ausgerechnete Werte.

Tabelle 5.6-3 Widerstandszahl ζ von Rohrleitungen, abhängig vom Massendurchfluß $\dot{m}$ in kg/h

$\dot{m}$	$100\,\zeta$	$\dot{m}$	$100\,\zeta$	$\dot{m}$	$100\,\zeta$	$\dot{m}$	$100\,\zeta$
10	3,99	100	2,85	1000	2,02	10000	1,430
15	3,77	150	2,67	1500	1,91	15000	1,354
25	3,50	250	2,47	2500	1,77	25000	1,256
40	3,26	400	2,32	4000	1,65	40000	1,168
65	3,02	650	2,16	6500	1,53	65000	1,090
100	2,85	1000	2,02	10000	1,43	100000	1,021

D2 Rohrleitungen mit großem Druckabfall

Hier ist die Zunahme von v und w längs der Leitung zu berücksichtigen. Man geht schrittweise vor und zerlegt die Leitung in Stücke kleinen Druckabfalls. Bei Gas- und Luftleitungen, deren Temperatur sich mit der Umgebung ausgleicht, gilt $pv = \text{const}$. Bei Wasserdampf ist die Wärmeabgabe an die Umgebung zu berücksichtigen, die von der Dampftemperatur und dem Wärmewiderstand nach außen abhängt.

E. Drosseln

E1 Allgemeines

Die Verengung eines Gas- oder Flüssigkeitsstroms durch Ventile, Klappen oder sonstige Hindernisse verursacht einen Druckabfall durch Drosselung. Der Zustand des Gases vor der Drosselstelle hat den Zeiger 1, dahinter den Zeiger 2. Ohne Wärmetransport zur Umgebung gilt

$$w_1^2/2 + h_1 = w_2^2/2 + h_2.\tag{24}$$

Kann der Unterschied der kinetischen Energien vor und nach dem Drosseln vernachlässigt werden, was in den meisten praktischen Fällen zulässig ist, so bleibt h konstant:

$$h_1 = h_2.\tag{25}$$

Damit kann man den Zustand nach dem Drosseln aus einem h,s-Diagramm ermitteln, in dem die Linien $h = \text{const}$ waagerechte Geraden sind.

E 2　Gase und überhitzte Dämpfe

Bei idealen Gasen bleibt wegen $dh = c_p\, dT$ die Temperatur beim Drosseln konstant. Bei wirklichen Gasen nimmt T durch Drosseln ab, besonders bei höheren Drücken in der Nähe der Verflüssigung (Thomson-Joule-Effekt, v. Linde, Verfahren zum Gasverflüssigen). Aus der Zustandsgleichung erhält man die Temperatursenkung beim Drosseln durch

$$\left(\frac{\partial T}{\partial p}\right)_h = \frac{1}{c_p}\left(\frac{\partial h}{\partial p}\right)_T = -\frac{1}{c_p}\left[T\left(\frac{\partial v}{\partial T}\right)_p - v\right] = -\frac{T^2}{c_p}\left[\frac{\partial(v/T)}{\partial T}\right]. \tag{26}$$

Da diese Temperatursenkung ein Maß für die Abweichung vom Verhalten des idealen Gases ist, kann man die Ergebnisse von Drosselversuchen zum Aufstellen von Zustandsgleichungen wirklicher Gase benutzen. Oberhalb der Inversionstemperatur T_I erwärmt sich das Gas beim Drosseln. Bei Atmosphärendruck ist T_I das 6- bis 7fache der kritischen Temperatur. Nur bei Wasserstoff und Helium liegt sie unter der Zimmertemperatur. Bei hohen Drücken nimmt T_I stark ab.

E 3　Gesättigte Dämpfe

Im Naßdampfgebiet ist $h = h' + x q_{d1}$ und daher

$$h' + x_1 q_{d1} = h_2 + x_2 q_{d2}. \tag{27}$$

Daraus kann der Dampfgehalt x_2 nach dem Drosseln berechnet werden, wenn x_1 vor dem Drosseln gegeben ist (Anwendung auf Kältemaschinen).

Da h'' für Wasserdampf bei 32 kp/cm² seinen Höchstwert hat (Maximum der Grenz-kurve im h, s-Diagramm), wird trocken gesättigter Dampf bei $p < 32$ kp/cm² durch Drosseln überhitzt, für $p > 32$ kp/cm² zunächst naß und erst bei stärkerer Drucksenkung überhitzt. Feuchter Dampf wird durch Drosseln getrocknet und dann überhitzt (Messung der Dampffeuchtigkeit durch Drosseln).

E 4　Arbeitsverlust durch Drosseln

Drosseln bewirkt als irreversibler Vorgang einen Entropiezuwachs ΔS und damit einen Exergieverlust ΔE, der wie bei anderen Vorgängen das Produkt aus ΔS und der Umgebungstemperatur T_0 ist. Bei Dampf- und Kältemaschinen kann man statt T_0 die Kondensatortemperatur einsetzen. Aus $T\,ds = dh - v\,dp$ folgt

$$(\partial s/\partial p)_h = -v/T \tag{28}$$

oder für nicht zu große Drucksenkungen

$$\Delta s = (v/T)\,\Delta p; \tag{28a}$$

für ideale Gase wird

$$\Delta s = R(\Delta p/p), \tag{29}$$

für nasse Dämpfe

$$\Delta s = v' + x(v'' - v')\,\Delta p/T = [pv' + xp(v'' - v')\,\Delta p]/Tp. \tag{30}$$

In diese Formeln setzt man für p, T und $p(v'' - v')$ die Mittelwerte für den Zustand vor und nach dem Drosseln ein. Bei überhitztem Dampf ermittelt man den Drosselverlust bei niedrigen Drücken wie für ideale Gase, bei hohen aus dem h, s-Diagramm.

Schrifttum zu Thermodynamik 5.2 bis 5.6

Normen

DIN 1343 Normzustand, Normvolumen.

DIN 1345 Technische Thermodynamik. Formelzeichen, Einheiten.

Bücher

[H 03] STOFFHÜTTE. 4. Aufl. Berlin, München 1967, Ernst & Sohn.

[H 07] PHYSIKHÜTTE I, Mechanik. 29. Aufl. Berlin, München, Düsseldorf 1971, Ernst & Sohn.

[H 10] HÜTTE IIA. Maschinenbau. 28. Aufl. Berlin 1954, Ernst & Sohn.

[H 11] HÜTTE IIB. Maschinenbau. 28. Aufl. Berlin 1960, Ernst & Sohn.

[1] Becker, R., Theorie der Wärme. Berlin 1966, Springer.

[2] Wärmetechnische Arbeitsmappe. 9. Aufl. Düsseldorf 1964/67, VDI.

[3] Schmidt, E. VDI-Wasserdampftafeln. 7. Aufl. 1968, Springer (Ausgabe A: kcal. at) Properties of Water and Steam in SI-Units (Ausgabe B: Joule, bar) 1969, Springer.

[4] Kältemaschinen-Regeln. 5. Aufl. Karlsruhe 1958, c. F. Müller.

[5] Kältetechnische Arbeitsmappe. Bd. 1: 1950/55; Bd. 2: 1956/66. Karlsruhe, C. F. Müller.

[6] Landolt-Börnstein, Zahlenwerte und Funktionen aus Physik, Chemie, Astronomie, Geophysik, Technik. Bd. II, Tl. 4, 1961 und Bd. IV, Tl. 4, 1967. Berlin. Springer.

[7] Schmidt, E., Einführung in die Technische Thermodynamik. 10. Aufl. Berlin 1963, Springer.

[8] Grigull, Technische Thermodynamik. Berlin 1966, De Gruyter (Sammlung Göschen Nr. 1084/84 a).

[9] Bosnjakovic, Technische Thermodynamik. Tl. 1, 5. Aufl. 1967; Tl. 2, 4. Aufl. 1965. Dresden, Steinkopff.

[10] Havemann, Einführung in die chemische Thermodynamik. Berlin 1957, VEB-Verlag Technik.

[11] Baehr, Bergmann u. a., Energie und Exergie. Düsseldorf 1965, VDI.

[12] Baehr, H. D., Thermodynamik. 2. Aufl. Berlin 1966, Springer.

[13] Blasius, H., Wärmelehre. 6. Aufl. Hamburg 1966, Boysen & Maasch.

[14] Geisler, Wärmetheorie, Wärmetechnik, Wärmewirtschaft. Berlin 1958, Schiele & Schön.

[15] Nesselmann, Die Grundlagen der angewandten Thermodynamik. 2. Aufl. Berlin 1966, Springer.

[16] Spalding, Cole, Traustel, Grundlagen der technischen Thermodynamik. Braunschweig 1965, Vieweg.

[17] Babits, Thermodynamics. Chicago 1963, Allyn.

[18] Baehr u. Schwier, Die thermodynamischen Eigenschaften der Luft im Temperaturbereich zwischen −210 °C und +1250 °C bis zu Drücken von 4500 bar. 3 Mollier i, s-Diagramme +1 T, s-Diagramm. Berlin 1961, Springer.

Zeitschriften

[30] Allgemeine Wärmetechnik. Frankfurt-Höchst.

[31] Forschung auf dem Gebiete des Ingenieurwesens. Düsseldorf, VDI.

[32] Brennstoff-Wärme-Kraft. Düsseldorf, VDI.

[33] Wärme. München, Techn. Verlag H. Resch.

[34] Internat. Zeitschrift für Gaswärme. Essen.

[35] Energie. München, Techn. Verlag Resch.

[36] Kältetechnik. Karlsruhe, C. F. Müller.

[37] Die Kälte. Hamburg, Lindow.

[38] Zeitschrift für die ges. Kälteindustrie. München, Berlin.

[39] Zeitschrift für angewandte Mathematik und Mechanik. Berlin, Akademie-Verlag.

[40] Zeitschrift für Physik. Berlin–Göttingen–Heidelberg, Springer.

[41] International Journal for Heat Mass Transfer, Oxford, Pergamon Press.

[42] Journal of Research. Washington, National Bureau of Standards.

[43] Neue Physik. Wien, Nowak.

[44] Power Engineering. Barrington/Ill.

[45] Power. New York.

[46] Kühltechnik. Moskau.

[47] Die Energetik. Moskau.

[48] Energiewirtschaft. Wien, VEV-Verlag.

5.7 Wärmeübertragung[1][2]

bearbeitet von Prof. Dr.-Ing. U. Grigull, München

A. Wärmeleitung

A 1 Grundgesetze

Wärmeleitung ist Wärmetransport infolge der Molekularbewegung. Die durch Wärmeleitung hervorgerufene Wärmestromdichte $\dot{q}$ (Wärmestrom $\dot{Q}$ geteilt durch die Fläche A) ist ein Vektor, der an jeder Stelle des Körpers dem lokalen Temperaturgradienten proportional und ihm entgegengerichtet ist:

$$\dot{q} = \frac{\mathrm{d}\dot{Q}}{\mathrm{d}A} = -\lambda \,\operatorname{grad}\vartheta = -\lambda \left\{ \frac{\partial\vartheta}{\partial x}, \frac{\partial\vartheta}{\partial y}, \frac{\partial\vartheta}{\partial z} \right\} \tag{1}$$

---

[1] Formelzeichen, Größen und Einheiten in 5.1 — [2] Schrifttum S. 407.

Für die x-Richtung gilt

$$\dot{q}_x = \frac{\mathrm{d}\dot{Q}_x}{\mathrm{d}A} = -\lambda\,\frac{\partial\vartheta}{\partial x}\,. \tag{1a}$$

Die durch (1) bzw. (1a) definierte **Wärmeleitfähigkeit** λ hängt bei festen Körpern wenig, bei Flüssigkeiten und Gasen stärker von der Temperatur ab und ist in weiten Bereichen vom Druck unabhängig (Tab. 5.7-1). Die zeitliche Änderung der Temperatur an einer Stelle wird von der augenblicklichen räumlichen Temperaturverteilung um diese Stelle bestimmt; bei Abwesenheit von Wärmequellen gilt in kartesischen Koordinaten die Differentialgleichung

$$\frac{\partial\vartheta}{\partial t} = a\,\Delta\vartheta = a\left[\frac{\partial^2\vartheta}{\partial x^2} + \frac{\partial^2\vartheta}{\partial y^2} + \frac{\partial^2\vartheta}{\partial z^2}\right]. \tag{2}$$

$a = \lambda/c_p\varrho$ heißt **Temperaturleitfähigkeit** (Tab. 5.7-1). Zusammen mit den zeitlichen und räumlichen Grenzbedingungen (Anfangsbedingungen und Randbedingungen) ergibt die Integration von (2) das zeitabhängige **Temperaturfeld** $\vartheta(x,y,z,t)$ und mit (1) die **Wärmestromdichte** $\dot{q}(x,y,z,t)$ an jeder Stelle.

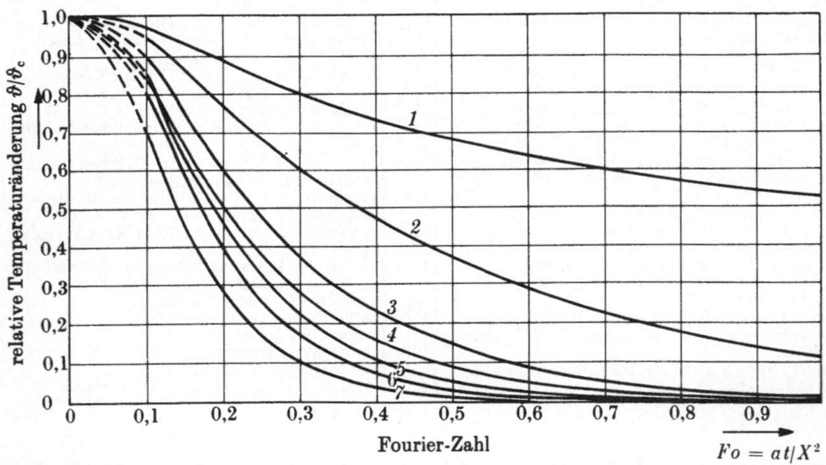

Bild 5.7-1   Zeitliche Temperaturänderung in einfachen Körpern. *1* halbunendlicher Körper (X ist Abstand von der ebenen Oberfläche), *2* ebene Platte (mit Dicke 2 X), *3* unendlich langer quadratischer Balken (mit Kantenlänge 2 X), *4* unendlich langer Zylinder mit Radius X, *5* Würfel mit Kantenlänge 2 X, *6* Zylinder mit Länge 2 X und Radius X, *7* Kugel mit Radius X

A 2   Instationäre Wärmeleitung

Bild 5.7-1 zeigt die relative Temperaturänderung ϑ/ϑ_c in der Mitte einiger einfacher Körper und in einem halbunendlichen Körper, wenn diese Körper für $t < 0$ die räumlich und zeitlich konstante Temperatur ϑ_c haben und ihre Oberflächen zur Zeit $t = 0$ auf die Temperatur $\vartheta = 0$ gebracht werden. Abszisse ist hierbei die **Fourier-Zahl** $Fo = at/X^2$, wobei X eine kennzeichnende Länge des Körpers ist [9].

In Fällen, für die keine analytische Lösung existiert, ist (2) numerisch oder graphisch zu lösen [2], [3].

A 3 Stationäre Wärmeleitung

A 31 Stationäre Wärmeleitung ohne Wärmequellen. Im eindimensionalen Fall wird $\dot{Q}$ für eine **ebene Wand** mit der Fläche A und der Dicke s

$$\dot{Q} = \lambda A\,(\vartheta_1 - \vartheta_a)/s\,, \tag{3}$$

für einen **Hohlzylinder** (isoliertes Rohr), Länge l, innerer und äußerer Durchmesser d_i bzw. d_a

$$\dot{Q} = 2\,\pi\lambda l\,(\vartheta_1 - \vartheta_a)/\ln\,(d_a/d_i)\,, \tag{4}$$

für eine **Hohlkugel** mit innerem und äußerem Durchmesser d_i bzw. d_a

$$\dot{Q} = 2\,\pi\lambda\,(\vartheta_1 - \vartheta_a)/\,[1/d_i - 1/d_a]\,. \tag{5}$$

In (3) bis (5) bedeuten ϑ_1 und ϑ_a die Temperaturen der inneren und äußeren Oberflächen.

A 32 Stationäre Wärmeleitung mit Wärmequellen. Bei räumlich und zeitlich konstanter Wärmeproduktion $\dot{Q}^*$ im Körper, bezogen auf das Volumenelement, wird im eindimensionalen Fall die Temperaturverteilung $\vartheta\,(x)$ in ebener Platte, Zylinder und Kugel

$$\vartheta - \vartheta_\infty = \frac{\dot{Q}^*X^2}{b\lambda}\left[1 + \frac{2\lambda}{\alpha X} - \left(\frac{x}{X}\right)^2\right], \tag{6}$$

ϑ_∞ Temperatur des umgebenden Mediums, α Wärmeübergangs-Koeffizient (vgl. **B**) an den äußeren Oberflächen. Für eine Platte mit der Dicke $2\,X$ ist $b = 2$, für einen Zylinder mit dem Radius X ist $b = 4$, für eine Kugel mit dem Radius X ist $b = 6$. Die Koordinate x zählt von der Mittelebene, der Achse oder dem Mittelpunkt aus. Mit der Wärmestromdichte $\dot{q}_W$ an den äußeren Oberflächen wird die Temperaturverteilung $\vartheta\,(x)$ einheitlich für Platte, Zylinder und Kugel

$$\vartheta - \vartheta_\infty = \frac{\dot{q}_W X}{2\lambda}\left[1 + \frac{2\lambda}{\alpha X} - \left(\frac{x}{X}\right)^2\right]. \tag{7}$$

Temperaturdifferenz zwischen Mitte (ϑ_M) und Oberfläche (ϑ_W) wird aus (6) und (7) mit $\alpha = \infty$ und $x = 0$:

$$\vartheta_M - \vartheta_W = \dot{Q}^*X^2/b\lambda = \dot{q}_W X/2\lambda \tag{8}$$

B. Wärmeübergang ohne Phasenänderung

B 1 Grundgesetze

Wärmeübergang ist Wärmeübertragung zwischen einer festen Wand und einem strömenden Fluid (Flüssigkeit oder Gas). Es gibt **erzwungene** Strömung, die durch Druckunterschiede, und **freie** Strömung, die durch Dichteunterschiede infolge ungleicher Temperatur zustande kommt. Die Strömung kann **laminar** oder **turbulent** sein. Die durch Wärmeübergang hervorgerufene Wärmestromdichte an der Wand $\dot{q}_W$ wird dem treibenden Temperaturunterschied zwischen der Wand (ϑ_W) und dem strömenden Medium (ϑ_{Fl}) proportional gesetzt:

$$\dot{q}_W = \dot{Q}/A = \alpha(\vartheta_W - \vartheta_{Fl})\,; \tag{9}$$

α heißt **Wärmeübergangskoeffizient.** Bei Strömungen in Kanälen mit dem Querschnitt S ist für ϑ_{Fl} die Mischungstemperatur

$$\vartheta_M = \int\limits_S \varrho\,c_p\,w\,\vartheta\,\mathrm{d}S \Big/ \int\limits_S \varrho\,c_p\,w\,\mathrm{d}S. \tag{10}$$

Tabelle 5.7-1   Thermische Stoffgrößen [1], [2], [3], [6], [7]

Stoff	ϑ °C	ϱ $\dfrac{kg}{m^3}$	c $\dfrac{kJ}{kg\,K}$	c $\dfrac{kcal}{kg\,K}$	λ $\dfrac{W}{m\,K}$	λ $\dfrac{kcal}{m\,h\,K}$	a $\dfrac{10^{-6}\,m^2}{s}$
metallische Feststoffe							
Aluminium 99,75%	20	2700	0,896	0,214	229	196,9	94,6
Blei	0	11340	0,128	0,0306	35,1	30,2	24,2
Bronze	20	8700···8900	0,377	0,0900	61,7	53,0	18,4···18,8
(6 Sn, 9 Zn, 84 Cu, 1 Pb)							
Eisen u. Stahl							
Schmiedbarer Stahl	0	7850	0,465	0,111	59	50,7	16,2
Gußeisen 3% C	20	7000···7700	0,540	0,129	58	49,9	13,95···15,35
Cr-Ni 18/8 (V2A)	20	8000	0,477	0,114	15	12,9	3,93
vergütet							
Chromstahl X8 Cr17	20	7700	0,46	0,110	25,11	21,6	7,09
(rost- u. säurebest.)							
Cr-Al-Stahl X10CrAl24	20	7600	0,50	0,119	16,74	14,39	4,41
hitzebeständig							
Kesselblech H III	20	7900	0,47	0,112	52,3	45,0	14,1
Gold	20	19290	0,129	0,0308	310	266,6	124,5
Konstantan 60 Cu, 40 Ni	20	8800	0,410	0,0979	22,61	19,44	5,69
Kupfer, sehr rein	20	8930	0,383	0,0915	395	339,6	115
Kupfer, Handelsware	20	8300	0,419	0,100	372	319,9	107
Magnesium	20	1740	0,102	0,0243	143	122,9	80,6
Messing	20	8600	0,381	0,0910	81···116	69,6···99,7	25···35
Nickel	0···100	8800	0,544	0,130	57,1	49,1	11,8
Platin	0···100	14···19000	0,134	0,0320	71,18	61,2	28,0···37,9
Silber	20	10500	0,234	0,0559	410	352,5	174
Uran	25	19050	0,1055	0,0252	29,85	25,67	14,86
Zink	20	7130	0,385	0,0920	113	97,16	39,0
Zinn	20	7280	0,2265	0,0541	66	56,8	40,0
nichtmetallische, anorganische Feststoffe							
Asbest	20	2000	0,79	0,189	0,70	0,602	0,443
Beton	20	2200	0,879	0,210	1,279	1,10	0,661
Eis	0	917	1,93	0,461	2,2	1,89	1,2
Erdreich							
großkiesig	20	2040	1,84	0,440	0,52	0,447	0,14
Tonboden	20	1450	0,88	0,210	1,28	1,10	1,0
Gläser							
Fensterglas	20	2480	0,70···0,93	0,167···0,222	1,163	1,00	0,47···0,67
Quarzglas	20	2210	0,728	0,174	1,395	1,20	0,833
Spiegelglas	20	2700	0,8	0,191	0,76	0,653	0,35
Thermometerglas	20	2580	0,779	0,186	0,965	0,830	0,480
Jena 16 III							
Glaswolle	25	100	0,837	0,20	0,036	0,031	0,43
Gips	20	1000	1,09	0,260	0,51	0,438	0,468
Porzellan	20	2400···2500	0,79	0,189	0,814···1,05	0,70···0,90	0,41···0,55
Schwefel	20	2070	0,72	0,172	0,265	0,228	1,78
Steine							
Granit	20	2750	0,75	0,179	2,9	2,49	1,41
Marmor	20	2500···2700	0,808	0,193	2,8	2,41	1,28···1,38
Sandstein	20	2150···2300	0,71	0,170	1,6···2,1	1,37···1,80	1,0···1,3
Schamotte	100	1700···2000	0,84	0,200	0,5···1,2	0,43···1,03	0,33···0,69
Zement	20	3100···3200	0,75	0,179	0,298	0,256	0,73
Ziegel (trocken)	20	1400···1900	0,84	0,200	0,46	0,396	0,27
organische Feststoffe							
Asphalt	20	2120	0,92	0,220	0,70	0,602	0,359
Duroplaste	20	1270	1,59	0,380	0,233	0,200	0,11
Holz							
Eiche	20	600···800	2,39	0,571	0,17···0,31	0,146···0,266	0,11···0,12
Tanne	20	410···420	2,72	0,650	0,14	0,120	0,12
Kohle (Stein-)	20	1200···1500	1,26	0,301	0,26	0,224	0,1···0,2
Kork	20	200···350	2,03	0,485	0,051	0,044	0,072···0,125
Kunstseide	25	300	1,36	0,325	0,042	0,036	0,103
Leder	20	850···1000	1,49	0,356	0,14···0,16	0,120···0,138	0,094···0,126
Papier	20	700	1,2	0,287	0,14	0,120	0,167
Seide	25	100	1,40	0,334	0,049	0,042	0,350
Paraffin	20	860···930	2,10	0,502	0,24···0,29	0,206···0,249	0,123···0,161
Zucker	20	1600	1,26	0,301	0,60	0,516	0,298

Tabelle 5.7-1 (Fortsetzung)

Stoff	ϑ °C	ϱ $\dfrac{kg}{m^3}$	c_p $\dfrac{kJ}{kg\,K}$	c_p $\dfrac{kcal}{kg\,K}$	λ $\dfrac{W}{m\,K}$	λ $\dfrac{kcal}{m\,h\,K}$	η $\dfrac{10^{-6}\,kg}{m\,s}$	a $\dfrac{10^{-6}\,m^2}{s}$	Pr
organische und anorganische Flüssigkeiten									
Ammoniak	20	610	4,77	1,140	0,494	0,425	220	0,17	2,12
Äthylalkohol	20	789,2	2,47	0,590	0,180	0,155	1190	0,0924	16,32
Äthylenglykol	20	1113	2,382	0,569	0,250	0,215	21317	0,094	203
	100	1056	2,742	0,650	0,263	0,226	2403	0,091	24,9
Benzol	20	879,1	1,737	0,416	0,153	0,132	650	0,10	7,33
Diphyl	20	1061,5	1,59	0,380	0,140	0,120	5835,2	0,080	68,8
(73,5% Diphenyloxid, 26,5%.Diphenyl)									
Frigen 11	0	1536	0,82	0,196	0,13	0,112	549	0,10	3,56
Frigen 13	0	1119	0,86	0,205	0,06	0,052	216	0,06	3,22
Glyzerin	20	1260,4	2,43	0,580	0,27	0,232	14990	0,0916	129,8
Kohlendioxid	20	771	3,64	0,870	0,087	0,748	48	0,03	2,00
Schwefelsäure	20	1834	1,38	0,330	0,544	0,468	27000	0,215	68,37
Sole 20% MgCl2	- 20	1184	2,99	0,714	0,392	0,337	12959	0,11	98,8
Tetrachlorkohlenstoff	20	1595	0,849	0,203	0,105	0,090	970	0,0775	7,86
Toluol	20	866	1,76	0,420	0,108	0,093	586	0,0708	9,54
Wasser	20	998,2	4,181	0,999	0,598	0,514	1002,58	0,142	7,0202
flüssige Metalle									
Blei	400	10592	0,147	0,0351	15,12	13,00	2224,3	9,61	0,0217
Blei-Wismut	150	10570	0,146	0,0349	11,16	9,60	3054,7	7,22	0,0400
(44,5% Blei)									
Kalium	100	818	0,816	0,1949	46,52	40,00	458,9	69,72	0,0080
Lithium	200	515	4,144	0,999	46,05	39,60	571,65	21,58	0,0514
Natrium	100	928	1,386	0,331	86,06	74,00	714,6	66,94	0,0115
Quecksilber	20	13550	0,139	0,0332	8,05	6,92	1544,9	4,28	0,0266
Wismut	300	10030	0,151	0,0361	14,65	12,60	1715,1	9,72	0,0176
Zinn	250	6985	0,255	0,0609	30,47	26,20	1906,9	17,08	0,0160
Öle									
Flugmotorenöl	60	868	2,00	0,478	0,141	0,121	71240	0,081	1020
Olivenöl	20	914 bis 919	1,63	0,389	0,16	0,138	80800	0,1068 bis 0,1075	818 bis 827
Paraffin	20	870 bis 930	2,13	0,509	0,26	0,224	12800	0,131 bis 0,1405	97 bis 112
Ricinusöl	20	959 bis 974	1,92	0,459	0,17	0,146	950000	0,0909 bis 0,0923	10550 bis 10900
Terpentin	20	860	1,80	0,430	0,14	0,120	1460	0,0904	18,8
Transformatorenöl	60	842	2,09	0,499	0,122	0,105	7318	0,069	126
anorganische Gase und Dämpfe bei 1at[1])									
Ammoniak	100	0,7714	2,23	0,557	0,0300	0,0258	13,0	24,9	0,97
Argon	20	1,7839	0,524	0,125	0,018	0,0155	22,3	24,8	0,65
Chlor	0	3,220	0,502	0,120	0,008	0,0069	12,3	4,96	0,77
Kohlendioxid	50	1,9768	0,875	0,209	0,0178	0,0153	16,2	12,6	0,80
Kohlenmonoxid	0	1,2500	1,051	0,251	0,022	0,0189	16,6	16,74	0,794
Luft (760 Torr)	20	1,2928	1,0046	0,240	0,0257	0,0221	18,198	11,94	0,713
Neon	0	0,8999	1,030	0,246	0,046	0,0396	29,8	50,2	0,668
Sauerstoff	20	1,42895	0,915	0,219	0,026	0,0224	20,3	25,7	0,716
Schwefeldioxid	0	2,9263	0,624	0,149	0,0084	0,0072	11,6	4,76	0,86
Stickstoff	0	1,2505	1,042	0,249	0,0238	0,0205	16,6	18,3	0,725
Wasserdampf	100	0,768	2,135	0,510	0,0242	0,0208	12,851	9,61	1,12
Wasserstoff	50	0,08987	14,4	3,440	0,202	0,174	9,42	191	0,67
organische Gase und Dämpfe bei 1at[1])									
Acetylen C_2H_2	0	1,1709	1,641	0,392	0,018	0,0155	9,6	9,38	0,874
Äthan C_2H_6	0	1,356	1,667	0,398	0,018	0,0155	8,6	5,27	0,797
Benzol C_6H_6	20	3,49	1,09	0,260	0,01	0,0860	7,4	2,29	0,808
Chloroform $CHCl_3$	20	5,283	0,607	0,145	0,007	0,0060	10	2,82	0,869
Frigen (bei Sättigungsdruck)									
11 $CFCl_3$	0	6,36	0,54	0,129	0,0078	0,0067	10,1	5,8	0,71
13 CF_3Cl	0	4,66	0,62	0,148	0,011	0,0095	13,6	0,13	0,77
Methan CH_4	20	0,7168	2,25	0,538	0,033	0,0284	10,8	26,4	0,738

[1]) Hierbei bedeutet ϱ die Normdichte ϱ_n.

zu verwenden, die außerdem meist linear zwischen Eintritts- und Austrittstemperatur zu mitteln ist. Bei frei angeströmten Körpern ist ϑ_{Fl} die Freistromtemperatur ϑ_∞, die Temperatur des strömenden Mediums außerhalb der Temperaturgrenzschicht. α hängt von allen die Strömung und den Wärmeübergang beeinflussenden Größen ab und ist nur in wenigen Fällen zu berechnen. Die Anzahl der Einflußgrößen läßt sich verringern, wenn man diese zu dimensionslosen Kenngrößen, auch Kennzahlen genannt, zusammenfaßt. Die Lösungen des Wärmeübergangs lauten dann

bei erzwungener Strömung $\qquad Nu = f_1\,(Re,\ Pr,\ l_n/l_0)\,,$ $\hfill (11)$

bei freier Strömung $\qquad Nu = f_2\,(Gr,\ Pr,\ l_n/l_0)\,.$ $\hfill (12)$

Darin bedeuten:

$$Nu = \alpha l_0/\lambda \qquad \text{Nusselt-Zahl;} \qquad Nu_d = \alpha d/\lambda\,; \qquad Nu_x = \alpha x/\lambda$$

$$Re = w l_0/\nu \qquad \text{Reynolds-Zahl}$$

$$Pr = \nu/a = \eta c_p/\lambda \qquad \text{Prandtl-Zahl (reine Stoffgröße, Tabelle 5.7-1)}$$

$$Gr = l_0^3 g\gamma\,(\vartheta_W - \vartheta_{Fl})/\nu^2 \quad \text{Grashof-Zahl}$$

l_0 und l_n sind gewählte kennzeichnende Längen des Körpers (Rohrdurchmesser d, Rohrlänge x usw.). Die Stoffgrößen λ, ν, a, γ beziehen sich auf das strömende Medium; ihre Bezugstemperatur muß in jedem Einzelfall angegeben werden. Die Funktionen f_1 und f_2 in (11) und (12) können durch Rechnung oder Versuch bestimmt werden. α wird aus der Nusselt-Zahl mit $\alpha = Nu\lambda/l_0$ berechnet. Die Wärmestromdichte folgt dann aus (9). Die Wärmeübergangskoeffizienten α der nachstehenden Gleichungen sind Mittelwerte über die Fläche A nach (9); Ausnahmen werden ausdrücklich vermerkt.

B 2   Erzwungene Strömung

B 2.1   Laminare Rohrströmung von Gasen und Flüssigkeiten $(Re_d < 2300)$. Für konstante oder annähernd konstante Wandtemperatur ϑ_W gilt

$$Nu_d = \alpha d/\lambda = 1{,}86\,(Re_d\,Pr\,d/l)^{1/3}\cdot(\eta_M/\eta_W)^{0{,}14}\,; \hfill (13)$$

α ist der Mittelwert über die Rohrlänge l.

Alle Stoffgrößen sind bei der mittleren Mischungstemperatur ϑ_M, η_W bei der Wandtemperatur ϑ_W einzusetzen; ist die Viskosität η zwischen ϑ_M und ϑ_W nur wenig veränderlich, wie meist bei Gasen, so kann $\eta_M = \eta_W$ gesetzt werden.

Aus (13) folgt

$$\alpha = K\,[w/(dl)]^{1/3}\,(\eta_M/\eta_W)^{0{,}14}\,. \hfill (14)$$

In K sind die Zahlenkonstante 1,86 und die Potenzen der Stoffgrößen λ, c_p und ϱ zusammengefaßt. Für Wasser ist K nach Tabelle 5.7-2, w in m/s, d und l in m einzusetzen, um α in W/m²K zu erhalten. Mit $K' = 0{,}86 K$ erhält man α in kcal/m²h K.

Tabelle 5.7-2   Werte K zum Bestimmen von α für Wasser nach (14)

ϑ_M in °C	0	20	50	100	150	200
K	201	212	222	228	227	223

Die Nusselt-Zahl strebt nach (13) dem Endwert $(Nu_d)_\infty = 3{,}66$ zu, der bei $Re_d\,Pr\,d/l = 7{,}55$ erreicht wird mit $\eta_M = \eta_W$. Die Endwerte Nu_∞ bei anderen Randbedingungen (auch $\dot{q}_W = \text{const}$) und Kanalformen ergeben sich nach Tabelle 5.7-3, in der für den ebenen Spalt die Nusselt-Zahl mit der Spaltbreite s gebildet ist.

Tabelle 5.7-3
Endwerte von Nusselt-Zahlen bei laminarer Strömung [3]

Kanal	Randbedingung	Nu_∞
Rohr	$\vartheta_W = \text{const}$	3,66
	$\dot{q}_W = \text{const}$	4,36
ebener Spalt beidseitiger Wärmeübergang	$\vartheta_W = \text{const}$	3,75
	$\dot{q}_W = \text{const}$	4,12
ebener Spalt einseitiger Wärmeübergang	$\vartheta_W = \text{const}$	2,43
	$\dot{q}_W = \text{const}$	2,70

B2.2 Turbulente Rohrströmung von Flüssigkeiten $(Re_d > 10000)$. Für eine ausgebildete Strömung, für die sich α nicht mehr mit der Rohrlänge ändert, gilt

$$Nu_d = \alpha d/\lambda = 0,024\,Re_d^{0,8}\,Pr^{1/3}\,(\eta_M/\eta_W)^{0,14}. \tag{15}$$

Die Bezugstemperatur der Stoffgrößen ist wie zu (13) definiert. Nach α aufgelöst lautet (15)

$$\alpha = K_1\,(w^{0,8}/d^{0,2})\,(\eta_M/\eta_W)^{0,14}. \tag{16}$$

Die Potenzen von w und d nach Tabelle 5.7-4 und 5.7-5. K_1 für Wasser nach Tabelle 5.7-6, w in m/s, d in m einsetzen, dann folgt α in W/m² K. Mit $K_1' = 0,86\,K_1$ erhält man α in kcal/m²h K. Ist der Massenstrom $\dot{m}$ der Flüssigkeit gegeben, so wird für das Kreisrohr mit $Re_d = 4\,\dot{m}/\pi\,\eta\,d$

$$\alpha = K_2\,(\dot{m}^{0,8}/d^{1,8})\,(\eta_M/\eta_W)^{0,14}. \tag{17}$$

K_2 für Wasser in Tabelle 5.7-6, $\dot{m}$ in kg/s, d in m einsetzen, dann folgt α in W/m² K. Mit $K_2' = 0,86\,K_2$ erhält man α in kcal/m²h K.

Tabelle 5.7-4   Werte der Funktion $w^{0,8}$

w	$w^{0,8}$	w	$w^{0,8}$	w	$w^{0,8}$
0,01	0,025	5,5	3,91	35	17,3
0,05	0,091	6,0	4,19	40	19,2
0,1	0,158	6,5	4,47	45	21,0
0,5	0,574	7,0	4,74	50	22,8
1,0	1,00	7,5	5,02	60	26,5
1,5	1,38	8,0	5,28	70	30,0
2,0	1,74	8,5	5,54	80	33,4
2,5	2,08	9,0	5,80	90	36,7
3,0	2,41	9,5	6,05	100	39,8
3,5	2,72	10,0	6,31	150	55,0
4,0	3,03	15	8,72	200	69,5
4,5	3,33	20	10,95	250	80,3
5,0	3,62	25	13,2	300	96,0
		30	15,2		

Tabelle 5.7-5   Werte der Funktionen $1/d^{0,2}$ und $1/d^{1,8}$

d	$1/d^{0,2}$	$1/d^{1,8}$	d	$1/d^{0,2}$	$1/d^{1,8}$
0,010	2,51	4000	0,060	1,75	159
0,015	2,32	1990	0,070	1,70	121
0,020	2,18	1137	0,080	1,66	93,5
0,025	2,09	770	0,100	1,58	63,3
0,030	2,02	555	0,125	1,52	42,0
0,035	1,95	417	0,150	1,46	30,3
0,040	1,90	328	0,200	1,38	18,1
0,050	1,82	218	0,250	1,32	12,1

Tabelle 5.7-6 Werte K_1 und K_2 zum Bestimmen von α für Wasser aus (16), (17)

ϑ_M in °C	0	20	50	100	150	200
K_1	1250	1733	2380	3290	3900	4280
K_2	6,05	8,40	11,65	16,50	20,35	23,50

B 2.3 Turbulente Rohrströmung von Gasen $(Re_d > 10000)$. Für eine ausgebildete Strömung, für die sich α nicht mehr mit der Rohrlänge ändert, gilt

$$Nu_d = \alpha d/\lambda = 0{,}024\, Re_d^{0,8}\, Pr^{1/3}\ . \tag{18}$$

Re_d bildet man nicht mit der wahren mittleren Geschwindigkeit w bei der wahren Dichte ϱ, sondern mit der auf Normzustand (0 °C, 760 Torr) reduzierten Geschwindigkeit $w_n = w\varrho/\varrho_n$ bei der Normdichte ϱ_n (Tabelle 5.7-1). Die übrigen Stoffgrößen sind bei ϑ_M einzusetzen. Damit folgt

$$\alpha = K\, w_n^{0,8}/d^{0,2}\ . \tag{19}$$

α in (19) ist weitgehend druckunabhängig, soweit die Stoffgrößen λ, η und Pr druckunabhängig sind (bis etwa $10\ \text{bar} \approx 10\ \text{at}$). K für Luft aus Tabelle 5.7-7 entnehmen. Potenzen von w_n und d aus Tabelle 5.7-4 und 5.7-5 entnehmen. w_n in m/s und d in m einsetzen, dann folgt α in W/m²K. Mit $K' = 0{,}86\,K$ erhält man α in kcal/m² h K.

Tabelle 5.7-7 Werte K zum Bestimmen von α für Luft aus (19)

ϑ_M in °C	0	50	100	200	300	400	500
K	4,14	4,28	4,43	4,53	4,94	5,14	5,39

B 2.4 Turbulente Rohreinlaufströmung von Gasen. Am Rohreinlauf hängt α stark von der Einlaufgeometrie und den dadurch verursachten Störungen ab. Kennzeichnung näherungsweise durch Konstanten B_l und $\bar{B}$ aus den Gleichungen ([11] 1956, S. 58)

$$\alpha_l/\alpha = 1 + B_l d/l\,, \qquad \bar{\alpha}/\alpha = 1 + \bar{B} d/l \tag{20), (21}$$

mit α_l als örtlichem Wärmeübergangskoeffizient in der Entfernung l vom Rohranfang, $\bar{\alpha}$ als Mittelwert über die Rohrstrecke l und α als von Rohrlänge unabhängiger Endwert. B_l und $\bar{B}$ aus Tabelle 5.7-8.

Tabelle 5.7-8 Werte B_l und $\bar{B}$ aus (20), (21)

Art des Einlaufs	B_l	$\bar{B}$
45°-Winkel vor Beginn der Heizstrecke	1,8	5,0
kurzer 90°-Winkel vor Beginn der Heizstrecke	2,0	7,0
langer 90°-Winkel vor Beginn der Heizstrecke	1,3	3,2
45°-Bogen vor Beginn der Heizstrecke	1,7	4,2
90°-Bogen vor Beginn der Heizstrecke	1,3	3,2
180°-Bogen vor Beginn der Heizstrecke	2,1	5,3
scharfrandiger Einlauf in ebener Wand	0,9	2,3
scharfrandiger Einlauf, frei ausragend	1,2	3,0
Einlauf mit weiter Blende	2,8	7,0
Einlauf mit enger Blende	5,8	16,0
abgerundete Mündung vor der Heizstrecke	0,4	0,7
kurzer hydrodynamischer Einlauf vor der Heizstrecke	1,0	3,0
langer hydrodynamischer Einlauf vor der Heizstrecke	0,7	1,4

Werte B_l und $\bar{B}$ aus (20) und (21) sind für $l/d > 5$ anwendbar. Auch starke Einlaufstörungen sind bis etwa $l/d = 15$ abgeklungen.

B 2.5 Turbulente Strömung in nicht kreisförmigen Kanälen. Stimmen benetzter und wärmedurchströmter Umfang überein, so gelten (15) bis (19), wenn statt d der hydraulische Durchmesser $d_h = 4\,S/U$ in Nu und Re eingesetzt wird. Die Wandtemperatur ϑ_W muß längs U konstant sein. Ist nur ein Teil der benetzten Wand wärmedurchströmt (z. B. im Ringquerschnitt), so kann angenähert mit d_h gerechnet werden, wobei für U der benetzte Umfang zu nehmen ist. Zum Berechnen der übergehenden Wärme nach (9) ist nur die wärmedurchströmte Wandfläche einzusetzen.

B 2.6 Turbulente Rohrströmung von flüssigen Metallen $(Re_d Pr > 120)$. Für eine ausgebildete Strömung bei konstanter Wärmestromdichte an der Wand $\dot{q}_W$ gilt ([12] Nr. 1270, 1956)

$$Nu_d = \alpha d/\lambda = 0{,}625\,(Re_d Pr)^{0,4}. \tag{22}$$

Alle Stoffwerte sind bei ϑ_M einzusetzen. Die Versuchsergebnisse streuen stark.

B 2.7 Längs angeströmte ebene Platte. Mit der Entfernung x von der Anströmkante und der Geschwindigkeit w_∞ der ungestörten Strömung sind $Nu_x = \alpha x/\lambda$ und $Re_x = w_\infty x/\nu$ zu bilden. Für eine laminare Strömung $(Re_x < 300000)$ wird

$$Nu_x = 0{,}664\,Re_x^{1/2}\,Pr^{1/3}. \tag{23}$$

Für Luft mit $Pr = 0{,}71$ wird $Nu_x = 0{,}593\,Re_x^{1/2}$. Für eine turbulente Strömung, die bei starken Anlaufstörungen auch schon an der Anströmkante einsetzen kann, wird

$$Nu_x = 0{,}0325\,Re_x^{0,8}\,Pr^{1/3}. \tag{24}$$

Für Luft wird $Nu_x = 0{,}029\,Re_x^{0,8}$. Alle Stoffwerte sind bei der Temperatur $\vartheta = (\vartheta_W + \vartheta_\infty)/2$ einzusetzen. ϑ_∞ ist die Freistromtemperatur.

B 2.8 Quer angeströmter Zylinder [5]

Durchmesser d;   Freistromgeschwindigkeit w_∞; $Re_d = w_\infty d/\nu$

für Luft
$$Nu_d = K_1 + K_2 Re_d^m, \tag{25}$$

für Flüssigkeiten
$$Nu_d/Pr^{0,3} = 0{,}35 + 0{,}56\,Re_d^{0,52}. \tag{26}$$

Alle Stoffwerte sind bei der Mitteltemperatur $\vartheta = (\vartheta_W + \vartheta_\infty)/2$ einzusetzen. K_1, K_2 und m aus Tabelle 5.7-9. (26) gilt für $0{,}1 < Re_d < 300$.

Tabelle 5.7-9   Werte K_1, K_2, m aus (25)

Re_d von	bis	K_1	K_2	m
0,1	1000	0,32	0,43	0,52
1000	50000	0	0,24	0,60

Eine starke Freistromturbulenz kann α beträchtlich erhöhen.

B 2.9 Angeströmte Kugel [5]. Die Kenngrößen sind wie in **B 2.8** definiert;

für Luft
$$Nu_d = 0{,}37\,Re_d^{0,6} \tag{27}$$

gültig für $17 < Re_d < 70000$,

für Flüssigkeiten
$$Nu_d/Pr^{0,3} = 0{,}97 + 0{,}68\,Re^{0,50}, \tag{28}$$

gültig für $1 < Re_d < 10^3$.

Alle Stoffwerte sind bei der Mitteltemperatur $\vartheta = (\vartheta_W + \vartheta_\infty)/2$ einzusetzen. Eine starke Freistromturbulenz kann α beträchtlich erhöhen.

B 2.10   Quer angeströmte Rohrbündel ([14] 1940, S. 97). Bei mittleren Werten von Quer- und Längsteilung ist für $600 < Re_d < 4000$

für Flüssigkeiten und Gase $\qquad Nu_d = 0{,}33\, Re_d^{0,6}\, Pr^{1/3}$,   (29)

d Durchmesser des Einzelrohres.

In die Re_d-Zahl ist die Geschwindigkeit im engsten Querschnitt zwischen zwei Rohren einzusetzen. Die Stoffwerte sind bei $\vartheta = (\vartheta_{\mathrm{w}} + \vartheta_\infty)/2$ einzusetzen. Bei größeren Re_d-Zahlen sind Teilungsverhältnisse $a = s_1/d$ und $b = s_2/d$ zu berücksichtigen; s_1 ist der Abstand der Rohrmitten quer zum Strom und s_2 längs des Stroms. Für $2000 < Re_d < 40000$ gilt

für Luft $\qquad\qquad\qquad\qquad Nu_d = K\, Re_d^{m}$.   (30)

K und m sind aus Tabelle 5.7-10 zu entnehmen. Die Definition von Re_d und der Stoffwerttemperatur ist die gleiche wie zu (29).

Tabelle 5.7-10   Werte K und m aus (30)

a	1,25		1,5		2		3	
	K	m	K	m	K	m	K	m
b	für fluchtende Rohrbündel							
1,25	0,348	0,592	0,275	0,608	0,100	0,704	0,0633	0,752
1,5	0,367	0,586	0,250	0,620	0,101	0,702	0,0678	0,744
2	0,418	0,570	0,299	0,602	0,229	0,632	0,198	0,648
3	0,290	0,601	0,357	0,584	0,374	0,581	0,286	0,608
b	für versetzte Rohrbündel							
0,6							0,213	0,636
0,9					0,446	0,571	0,401	0,581
1,0			0,497	0,558				
1,125					0,478	0,565	0,518	0,560
1,25	0,518	0,556	0,505	0,554	0,519	0,556	0,522	0,562
1,5	0,451	0,568	0,460	0,562	0,452	0,568	0,488	0,568
2	0,404	0,572	0,416	0,568	0,482	0,556	0,449	0,570
3	0,310	0,592	0,356	0,580	0,440	0,562	0,421	0,574

B 2.11   Hohe Geschwindigkeiten. Erreicht die Freistromgeschwindigkeit die Größenordnung der Schallgeschwindigkeit, so müssen die durch Aufstau und Reibung hervorgerufenen Temperaturänderungen berücksichtigt werden. An die Stelle von (9) tritt dann

$$\dot q_{\mathrm{w}} = \alpha_{\mathrm{e}}(\vartheta_{\mathrm{w}} - \vartheta_{\mathrm{e}}).$$ (31)

Die Eigentemperatur ϑ_{e} ist jene Temperatur, die der unbeheizte und adiabat isolierte Körper in der Strömung annehmen würde. Sie ist zu berechnen aus

$$\vartheta_{\mathrm{e}} - \vartheta_\infty = r\, w_\infty^2 / 2c_p.$$ (32)

Darin ist r der **Rückgewinnfaktor** (recovery factor). In einer laminaren Grenzschicht ist $r = Pr^{1/2}$, in einer turbulenten $r \approx Pr^{1/3}$. ϑ_∞ ist die statische Temperatur des Freistroms. Unter diesen Voraussetzungen gelten mit guter Näherung die bisherigen, für kleine Geschwindigkeiten hergeleiteten Beziehungen, in (31) kann $\alpha_{\mathrm{e}} = \alpha$ gesetzt werden. Die Stoffwerte sind bei

$$\vartheta^* = \vartheta_\infty + 0{,}5\,(\vartheta_{\mathrm{w}} - \vartheta_\infty) + 0{,}22\,(\vartheta_{\mathrm{e}} - \vartheta_\infty)$$

einzusetzen [2].

B3 Freie Strömung

Bei laminarer Grenzschicht wird für Gase und Flüssigkeiten

$$Nu_l = C(Pr) \cdot (Gr_l Pr)^{1/4}. \qquad (33)$$

Bild 5.7-2 zeigt $C(Pr)$ für die senkrechte Platte, den waagerechten Zylinder und die Kugel [4], ([12], Nr. 111, 1953), [15] 1953/54, S. 207).

Bezugslänge l ist die Plattenhöhe bzw. der Zylinder- oder Kugeldurchmesser. Die Stoffwerte sind bei $\vartheta = (\vartheta_W + \vartheta_\infty)/2$ einzusetzen. Der thermische Ausdehnungskoeffizient γ für Gase ist $\gamma = 1/T$ mit $T = (T_W + T_\infty)/2$, für Flüssigkeiten ist γ aus der Tabelle 5.7-11 zu entnehmen.

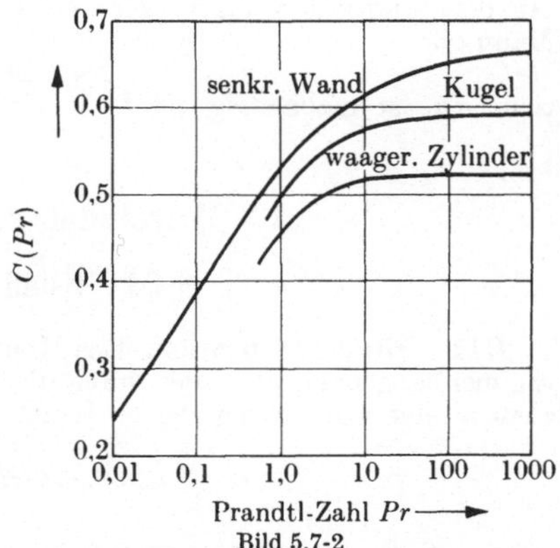

Bild 5.7-2

Werte für $C(Pr)$ in (33) bei freier Konvektion

Tabelle 5.7-11 γ in 10^{-5}/K für Flüssigkeiten bei 760 Torr bzw. beim Sättigungsdruck, falls dieser größer als 760 Torr ist

Flüssigkeit	Temperatur in °C						
	−50	−20	0	20	50	80	100
Aceton	125	130	136	143	153		
Ammoniak	169	193	212	245	315	410	
Äthanol	107	105	105	109	118	135	148
Benzol				122	130	139	144
Diäthyläther	140	144	150	161			
Essigsäure				105	107	114	121
Frigen 12 (CF_2Cl_2)	183	208	228	259	353		
Frigen 114 ($C_2F_4Cl_2$)	162	172	185	201	234		
Glycerin			48,5	49,8	51,9	53,9	55,3
Methanol	117	115	115	117	125		
Mineralöl $\varrho_{(15\,°C)} = 0{,}80$ kg/dm³		88	90	92,5	95		
Pentan	133	141	149	158			
Schwefelkohlenstoff	112	111	113	118	130	143	151
Toluol	102	104	105	108	112	119	
Wasser			−7	20,6	45,7	64,3	75,2

Nach α aufgelöst lautet (33)

$$\alpha = C\,(Pr)\,K_L\,[(\vartheta_W - \vartheta_\infty)/l]^{1/4} \qquad \text{für Luft,} \qquad (34)$$

$$\alpha = C\,(Pr)\,K_{H_2O}\,[(\vartheta_W - \vartheta_\infty)/l]^{1/4} \qquad \text{für Wasser;} \qquad (35)$$

$C(Pr)$ ist nach Bild 5.7-2, K_L und K_{H_2O} sind nach Tabelle 5.7-12, $\vartheta_W - \vartheta_\infty$ in K, l in m einzusetzen, um α in W/m² K zu erhalten; mit $K'_L = 0{,}86\,K_L$ und $K'_{H_2O} = 0{,}86\,K_{H_2O}$ erhält man α in kcal/m² h K.

Tabelle 5.7-12   Werte K_L und K_{H_2O} zur Berechnung von α aus (34) und (35)

$\bar{\vartheta}$ in °C	0	50	100	200	300	400	500	
K_L	2,68	2,50	2,41	2,25	2,15	2,04	1,97	

$\bar{\vartheta}$ in °C	20	40	60	80	100	150	200	250
K_{H_2O}	205	277	333	380	422	499	529	603

An der senkrechten Platte wird etwa für $Gr_l\,Pr > 2 \cdot 10^9$ die Grenzschicht turbulent. Dann gilt

$$Nu_l = 0{,}13\,(Gr_l\,Pr)^{1/3}\;;\qquad\qquad(36)$$

α in Nu_l ist unabhängig von l.

C. Wärmeübergang mit Phasenänderung

C1 Kondensierende Dämpfe

C11 Filmkondensation. Das Kondensat bildet an der gekühlten Wand einen zusammenhängenden Film, der durch die Schwerkraft abläuft. Der Wärmeübergangskoeffizient an der senkrechten ebenen Wand ist bei laminarem Film ([14] 1916, S. 541 u. 569)

$$\alpha = 0{,}943\,(H\Delta\vartheta)^{-1/4}\,(\lambda^3\varrho^2 g q_{\mathrm d}/\eta)^{1/4}\;.\qquad\qquad(37)$$

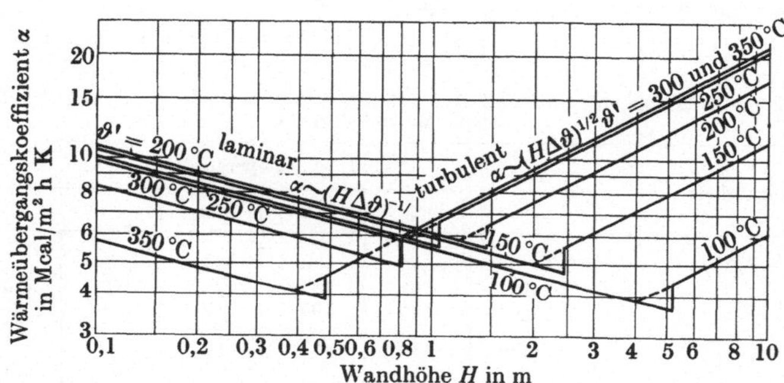

Bild 5.7-3 Wärmeübergangs-Koeffizienten α für kondensierenden gesättigten Wasserdampf nach (37) und (39) bei $\Delta\vartheta = 10$ K und Sattdampftemperatur ϑ''

$\Delta\vartheta = \vartheta'' - \vartheta_{\mathrm W}$, wobei ϑ'' Sattdampftemperatur, H Wandhöhe (Bild 5.7-3). α ist dabei definiert durch die (9) entsprechende Gleichung

$$\dot Q = \alpha A\,(\vartheta'' - \vartheta_{\mathrm W})\;.\qquad\qquad(38)$$

Alle Stoffwerte in (37) beziehen sich auf das Kondensat. Bezugstemperatur ist $(\vartheta'' + \vartheta_{\mathrm W})/2$.

(38) auch für überhitzten Dampf beibehalten; statt Verdampfungswärme $q_{\mathrm d}$ in (37) dann $h_{\ddot{\mathrm u}} - h'$ einsetzen ($h_{\ddot{\mathrm u}}$ Enthalpie des überhitzten Dampfes, h' Enthalpie des Kondensats bei der Sättigungstemperatur).

Wird $H\Delta\vartheta > 2680\,q_{\mathrm d}\eta^{5/3}/\lambda\varrho^{2/3}g^{1/3}$, so wird der Kondensatfilm turbulent, dann gilt für die senkrechte ebene Wand [3], ([16] 1952, S. 10)

$$\alpha = 0{,}30 \cdot 10^{-2}\,(H\Delta\vartheta)^{1/2}\,[\lambda^2\varrho^2 g/\eta^3 q_{\mathrm d}]^{1/2}\;.\qquad\qquad(39)$$

Die Stoffwerte sind wie für (37) einzusetzen. Grenzwerte $(H\Delta\vartheta)_{\mathrm{lam}}$ für Wasser nach Tabelle 5.7-13. Meist kann mit (37) gerechnet werden.

Tabelle 5.7-13 Grenzwerte $(H\Delta\vartheta)_{\mathrm{lam}}$ für Wasser aus (37), (39)

$\vartheta_{\mathrm d}$ in °C	100	150	200	250	300	350	374
$(H\Delta\vartheta)_{\mathrm{lam}}$ in m grd	52	25	15	11	8,1	4,9	0

Für ein **waagerechtes Einzelrohr** (Durchmesser d) gilt, wenn α der Wärmeübergangskoeffizient für die senkrechte Wand nach (37) mit $H = d$ ist,

$$\alpha_{\mathrm{R}} = 0{,}77\,\alpha. \tag{40}$$

Ein geringer Gehalt des Dampfes an nichtkondensierbaren Gasen verringert α durch Bilden eines Gaspolsters erheblich. Abwärtsströmender Dampf erhöht α gegenüber (37) und (39).

C12　Tropfenkondensation. Benetzt das Kondensat die Kühlfläche nur teilweise, so entstehen Tröpfchen, die rasch wachsen und abwärts fließen. α ist dann 6- bis 20mal größer als bei Filmkondensation. Organische Flüssigkeiten kondensieren vorwiegend als Film, bei Wasser begünstigen Verunreinigungen durch Öl oder absichtlich zugesetzte Impfstoffe (z.B. Fettsäure) die Tropfenkondensation. Die nach (37) und (39) berechneten α-Werte enthalten bei Tropfen- und Mischkondensation Sicherheiten.

C2　Siedende Flüssigkeiten

Man unterscheidet **Blasensieden** (Bereich a in Bild 5.7-4) und **Filmsieden** (Bereich c), dazwischen (Bereich b) der instabile Übergangsbereich. Wird die Heizflächenbelastung $\dot q$ bei elektrischer Beheizung oder im Kernreaktor über $\dot q_{\mathrm{max}}$ (Punkt A) gesteigert, so will sich ein neuer Betriebspunkt B einstellen; da dabei die Heizfläche meist durchbrennt, wird A **Durchbrennpunkt** (burn out) genannt. Für Wasser von 100 °C ist $\dot q_{\mathrm{max}} \approx 150\ \mathrm{W/cm^2}$ bei $(\vartheta_{\mathrm{W}} - \vartheta_{\mathrm{Fl}}) \approx 27\ \mathrm{K}$ als Mittelwerte aus stark streuenden Meßergebnissen. Anhaltswerte für das Blasensieden von Wasser (Bereich a bei 100 °C in Gefäßen mit natürlichem Umlauf, ohne Rührer) finden sich in Tabelle 5.7-14. Eine allgemeingültige Gleichung läßt sich noch nicht angeben.

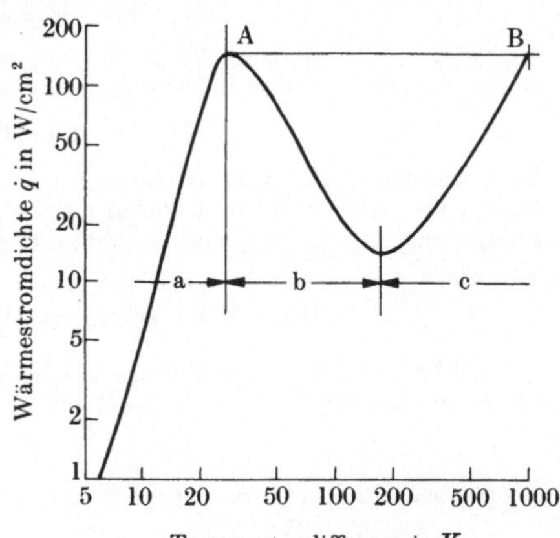

Bild 5.7-4　Blasen- und Filmdicken bei natürlicher Konvektion; $\Delta\vartheta = \vartheta_{\mathrm{W}} - \vartheta_{\mathrm{Fe}}$

Tabelle 5.7-14
Werte für siedendes Wasser

$\dfrac{\dot q}{\mathrm{W}}$ $\overline{\mathrm{cm^2}}$	$\dfrac{\alpha}{\mathrm{W}}$ $\overline{\mathrm{m^2\,K}}$	$\dfrac{\Delta\vartheta}{\mathrm{K}}$
1	1900	5,3
2	2650	7,6
5	5175	9,6
8	7350	10,9
10	8625	11,6
20	14450	13,8
25	17300	14,8

D.　Wärmedurchgang

D1　Wärmedurchgangskoeffizient

Wärme geht von einer heißen Flüssigkeit (ϑ_1) durch eine Trennwand (Dicke s, Wärmeleitfähigkeit λ) auf eine kältere Flüssigkeit (ϑ_2) über. Der Wärmedurchgangskoeffizient k ist definiert durch

$$\dot Q = k\,A\,(\vartheta_1 - \vartheta_2). \tag{41}$$

Die Größe $k\,A$ läßt sich berechnen aus

$$1/kA = 1/\alpha_1 A_1 + s/\lambda\bar A + 1/\alpha_{\mathrm{a}} A_{\mathrm{a}}. \tag{42}$$

Die mittlere Wandfläche $\bar{A}$ ist dabei für

die ebene Wand $\qquad\qquad \bar{A} = A_1 = A_a = A$, $\qquad\qquad\qquad\qquad$ (43)

den Hohlzylinder $\qquad\quad \bar{A} = (A_a - A_1)/\ln(A_a/A_1)$, $\qquad\qquad\qquad$ (44)

die Hohlkugel $\qquad\qquad \bar{A} = \sqrt{A_a A_1}$. $\qquad\qquad\qquad\qquad\qquad$ (45)

Einzelne Summanden von (42) können oft gegen die anderen vernachlässigt werden, etwa bei $\alpha_1 \gg \alpha_a$ oder bei $\lambda/s \gg \alpha$ usw. Bei Wänden aus mehreren Schichten ist in (42) für jede Schicht ein besonderer Summand einzuführen, für den $\bar{A}$ aus den Begrenzungsflächen der einzelnen Schicht zu bilden ist.

D2   Wand mit Rippen

Der Wärmestrom durch eine Wand läßt sich bei gegebener Wandtemperatur ϑ_W und Freistromtemperatur ϑ_∞ durch Rippen erhöhen. Die Berechnung der günstigsten Werte für die Rippendicke s und die Rippenhöhe h ist ein Optimierungsproblem. Verlangt man den größten Wärmestrom bei kleinster Masse einer ebenen Rippe gleicher Dicke ($s = $ const), so erhöht sich der Wärmestrom $\dot{Q}_R$ mit Rippen gegenüber dem Wärmestrom $\dot{Q}$ ohne Rippen nach

$$\dot{Q}_R/\dot{Q} = 0{,}889\,\sqrt{2\,\lambda/\alpha s}\,. \qquad\qquad (46)$$

α ist dabei der mittlere Wärmeübergangskoeffizient an der Außenseite der Rippen. Der Wärmestrom verdoppelt sich mindestens für

$$2\,\lambda/\alpha s \geqq 5\,. \qquad\qquad (47)$$

Für kleinere Werte von $2\,\lambda/\alpha s$ lohnen sich Rippen meist nicht. Die Rippenhöhe h für ebene Rippen kleinster Masse mit $s = $ const folgt aus

$$h/s = 0{,}71\,\sqrt{2\,\lambda/\alpha s}\,. \qquad\qquad (47\,\mathrm{a})$$

Der Rippenabstand muß größer sein als die doppelte Grenzschichtdicke an der Abströmkante. Der Rippenfuß muß guten wärmeleitenden Kontakt mit der Wand haben. Staubablagerung und Zugänglichkeit sind zu berücksichtigen.

D3   Mittleres logarithmisches Temperaturgefälle

Auf beiden Seiten einer Trennwand fließen zwei Flüssigkeiten im Gleichstrom oder Gegenstrom zueinander. Der durch die Wand übertragene Wärmestrom ist in beiden Fällen

$$\dot{Q} = k A \bar{\Delta}\,. \qquad\qquad (48)$$

Hierbei ist das mittlere logarithmische Temperaturgefälle

$$\bar{\Delta} = (\Delta_1 - \Delta_2)/\ln(\Delta_1/\Delta_2) = n\,\Delta_1\,. \qquad\qquad (49)$$

Δ_1 und Δ_2 sind die Temperaturunterschiede zwischen den beiden Flüssigkeiten am Eintritt und Austritt des Wärmeübertragers, es sei $\Delta_1 > \Delta_2$; n ist aus Tabelle 5.7-15 zu entnehmen.

Tabelle 5.7-15   Werte von n aus (49)

Δ_2/Δ_1	n	Δ_2/Δ_1	n
0,01	0,22	0,30	0,58
0,02	0,25	0,40	0,66
0,03	0,28	0,50	0,72
0,04	0,30	0,60	0,79
0,05	0,32	0,70	0,84
0,07	0,35	0,80	0,90
0,10	0,39	0,90	0,95
0,20	0,50		

E. Temperaturstrahlung

Temperaturstrahlung oder Wärmestrahlung ist eine elektromagnetische Strahlung, deren spektrale Intensitätsverteilung nur von der Temperatur des Strahlers abhängt.

E1   Reflexion, Absorption und Durchlässigkeit

Die auf eine Oberfläche treffende Strahlungsenergie kann entweder reflektiert (relativer Anteil R) oder in tieferen Schichten absorbiert (relativer Anteil A) oder durchgelassen (relativer Anteil D) werden:

$$R + A + D = 1 \tag{50}$$

Von festen und flüssigen Körpern wird auch bei geringen Schichtdicken keine Strahlung durchgelassen, so daß man meist

$$R + A = 1 \tag{51}$$

setzen kann. Die Reflexion erfolgt spiegelnd oder matt.

E2   Der schwarze Körper

Der schwarze Körper absorbiert die auftreffende Strahlungsenergie aller Wellenlängen vollständig: $A_s = 1$ und $R_s = 0$. Nach dem Gesetz von Kirchhoff emittiert er bei einer bestimmten Temperatur unter allen Körpern die höchste Strahlungsenergie; die von der Oberflächeneinheit in den Halbraum mit dem Raumwinkel 2π emittierte Strahlungsleistung beträgt, über alle Wellenlängen λ integriert,

$$E_s = \sigma T^4 \qquad \text{Stefan-Boltzmann-Gesetz.} \tag{52}$$

Hierbei ist

$$\sigma = 5{,}6697 \cdot 10^{-8}\,\text{W/m}^2\,\text{K}^4 = 4{,}875 \cdot 10^{-8}\,\text{kcal/m}^2\,\text{h}\,\text{K}^4 \tag{53}$$

die Stefan-Boltzmann-Konstante, eine universelle Konstante. Die Höchstintensität wird bei der Wellenlänge λ_{max} ausgestrahlt, die von der Kelvin-Temperatur T der strahlenden Oberfläche nach

$$\lambda_{max}\,T = 2898 \cdot 10^{-6}\,\text{K m} \qquad \text{Wiensches Verschiebungsgesetz} \tag{54}$$

abhängt.

E3   Lamberts Cosinusgesetz

Ist E_{ns} die Emission in Richtung der Flächennormalen, so ist $E_{\varphi s} = E_{ns}\cos\varphi$ die Strahlung unter dem Winkel φ zur Normalen. Über den Halbraum mit dem Raumwinkel 2π wird dann die Gesamtstrahlung

$$E_s = \pi\,E_{ns} \tag{55}$$

emittiert. Für viele Stoffe ist Lamberts Cosinusgesetz nur annähernd erfüllt. Bei streifender Emission ($\varphi \to 90°$) strahlen Metalle stärker, elektrische Nichtleiter schwächer als es (55) entsprechen würde.

E4   Der graue Körper

Hat ein Körper nicht für alle Wellenlängen die Absorptionszahl $A_\lambda = 1$, und strahlt er deswegen auch nicht die Höchstintensität $E_{\lambda s}$ des schwarzen Körpers aus, so nennt man ihn farbig. Seine Absorptionszahl A_λ für irgendeine Wellenlänge ist

$$A_\lambda = E_\lambda / E_{\lambda s} = \varepsilon_\lambda \qquad \text{Kirchhoff-Gesetz.} \tag{56}$$

E_λ Emission des farbigen Körpers, $E_{\lambda s}$ Emission des schwarzen Körpers, ε_λ Emissionsgrad bei der Wellenlänge λ. Ist ε_λ und damit A_λ für alle Wellenlängen konstant, aber < 1, so nennt man den Körper grau. Für diesen kann man statt (52)

$$E_g = \varepsilon\,\sigma\,T^4 \tag{57}$$

schreiben. Für technische Zwecke kann man strahlende Körper als grau annehmen (Tabelle 5.7-16). Gegenüber dem Verhalten im sichtbaren Licht bestehen oft beträchtliche Unterschiede. Auch glänzend weiße Anstriche (außer Metallbronzen) verhalten sich im Spektralbereich der Wärmestrahlung annähernd wie schwarze Körper. Glas ist für Lichtstrahlen durchlässig, für Wärmestrahlen nicht (Treibhauseffekt).

E5　Strahlungsaustausch zweier Flächen

Zwischen der Fläche S_1 mit der Temperatur T_1 und der Strahlungskonstante σ_1 und der Fläche S_2 mit T_2, σ_2 wird durch Strahlung der Wärmestrom

$$\dot{Q}_{12} = S_1 \sigma_{12} \left(T_1^4 - T_2^4 \right) \tag{58}$$

ausgetauscht. Sind S_1 und S_2 große, parallele Flächen mit geringem Abstand, so gilt für die wirksame Strahlungskonstante

$$\sigma_{12} = \frac{1}{1/\sigma_1 + 1/\sigma_2 - 1/\sigma} = \frac{\sigma}{1/\varepsilon_1 + 1/\varepsilon_2 - 1}. \tag{59}$$

Hierbei sind $\varepsilon_1 = \sigma_1/\sigma$ und $\varepsilon_2 = \sigma_2/\sigma$ die Emissionsgrade. Umschließt die Fläche S_2 die Fläche S_1, so gilt

$$\sigma_{12} = \frac{1}{1/\sigma_1 + (S_1/S_2)\,(1/\sigma_2 - 1/\sigma)} = \frac{\sigma}{1/\varepsilon_1 + (S_1/S_2)\,(1/\varepsilon_2 - 1)}. \tag{60}$$

Für $S_2 \gg S_1$ wird

$$\sigma_{12} = \sigma_1 = \varepsilon_1 \sigma. \tag{61}$$

Für 2 beliebige Flächen gilt, wenn ε_1 und $\varepsilon_2 > 0,8$ ist,

$$\sigma_{12} = \sigma_1 \sigma_2/\sigma = \sigma_1 \varepsilon_2 = \sigma_2 \varepsilon_1 = \varepsilon_1 \varepsilon_2 \sigma. \tag{62}$$

Tabelle 5.7-16　Emissionsgrad ε technischer Oberflächen in % für die Gesamtstrahlung in den Halbraum 2 π

Werkstoff	Temperatur in °C								
	40	100	150	200	250	500	1000	2000	3000
Aluminium, poliert, rein 98%	4	4	4	5	5	7,6	15,5	21,9	27,3
Aluminium, oxidiert	8	9,1	10	10,9	11,8	17,1			
Blei, poliert, rein	5	5,5	6,2	7	7,8				
Chrom, Folie, poliert	8	11,2	14	15	17	25	35,4		
Gold, Elektrolyt-, poliert	2	2	2	2	2	2,9	52,4		
Gold, poliert, rein				2	2	2,9			
Kupfer, poliert					2	3,8	5,7		
Kupfer, oxidiert	56	56	56	56,8	60,2	84			
Nickel, Elektrolyt-	4	4,5	5	5,2	5,8	9,5	15,1	22,6	29,7
Nickel, poliert, rein	5	5,6	6	6,5	6,9	9,6			
Silber, poliert	1	1,2	2	2	2	2,9	3	3,6	4,1
Stahl, poliert	7	7,3	8	9	9,8	13,5	21,5	30,7	39
Stahl, oxidiert	79	79	79	79	79	79			
Gußeisen, poliert	21	21	21	21	21				
Gußeisen, oxidiert	58	60,8	62	63,4	70				
Wolfram, poliert	3	4	4	4,9	5,8	8,6	15,8		
Zink, poliert	2	2	2	2	2,8	3,9	5,7	30	56
Messing, poliert	10	10	10	10	10				
Messing, oxidiert	46	48,2	50	52,8	55,5	72,5			
Neusilber					6,9	8,7	12,3	20,1	27,9
Cr-Ni-Draht, oxidiert	95	95,8	96	96,5	97	97,9			
Asbest, Papier	93	93,3	93,5	93,7	93,9	94			
Marmor, weiß	95	94,7	94,5	94,2	94	93,1			
Papier, weiß	95	92,2	90	87,9	85,6	71,4	54	37	21,3
Putz, weiß					89,4	67	35		
Quarzglas (2 mm)				92,4	70				
Quarzpulver	90	83	78	73	67	52			
Sandstein	83	85	86,6	88	89,8	90			

E 6 Wärmeübergangskoeffizient der Strahlung

Statt (58) kann man auch

$$\dot{Q}_{12} = 10^8 \cdot S_1 \sigma_{12} \beta (\vartheta_1 - \vartheta_2) = \alpha_\sigma S_1 (\vartheta_1 - \vartheta_2) \tag{63}$$

schreiben. Darin ist $\alpha_\sigma = 10^8 \beta \sigma_{12}$ der Wärmeübergangskoeffizient der Strahlung. Bei gleichzeitiger Wärmeübertragung durch Konvektion und Strahlung können beide α-Werte addiert werden, wenn beide Vorgänge unabhängig voneinander verlaufen. Die Größe

$$\beta = \frac{(T_1/100)^4 - (T_2/100)^4}{\vartheta_1 - \vartheta_2} \tag{64}$$

hängt nur von T_1 und T_2 ab (Tabelle 5.7-17).

Tabelle 5.7-17 Werte β für den Wärmeübergangskoeffizient α_σ der Strahlung
$\beta = [(T_1/100)^4 - (T_2/100)^4]/(\vartheta_1 - \vartheta_2)$ in K^3. Temperatur ϑ in °C

ϑ_2 \ ϑ_1	−273	−200	−100	0	100	200	300	400	500	600	700	800	900	1000
−273	0													
−200	0,0039	0,0156												
−100	0,0518	0,0867	0,2070											
0	0,2034	0,2764	0,465	0,814										
100	0,519	0,644	0,923	1,380	2,076									
200	1,058	1,251	1,630	2,225	3,070	4,233								
300	1,982	2,155	2,673	3,408	4,422	5,77	7,53							
400	3,050	3,418	4,08	4,99	6,19	7,75	9,73	12,19						
500	4,62	5,10	5,94	7,03	8,44	10,23	12,46	15,19	18,48					
600	6,66	7,24	8,28	9,59	11,30	13,27	15,77	18,70	22,38	26,61				
700	9,21	9,96	11,19	12,72	14,62	16,92	19,71	23,04	26,96	31,55	36,84			
800	12,35	13,26	14,72	16,50	18,66	21,26	24,36	28,01	32,29	37,29	42,93	49,5		
900	16,14	17,21	18,92	20,97	23,42	26,33	29,76	33,76	38,41	43,75	49,85	56,8	64,6	
1000	20,45	21,88	23,87	26,21	28,96	32,20	35,98	40,35	45,38	51,1	57,6	65,0	73,3	82,6

E 7 Gasstrahlung

Elementare Gase, deren Moleküle aus Atomen gleicher Art bestehen (Wasserstoff, Sauerstoff, Stickstoff u.a.), strahlen keine Wärme aus und sind daher auch für fremde Strahlung vollkommen durchlässig ($R = 0$, $A = 0$, $D = 1$). Von technisch wichtigen Gasen haben nur CO_2 und H_2O breite Wellenlängengebiete, in denen sie absorbieren und daher selbst strahlen. Über 600 °C kann der Anteil dieser Eigenstrahlung der Gase an der Wärmeübertragung beträchtlich werden.

Die Absorptionszahl A_λ der Gase ist von der Schichtdicke s abhängig:

$$A_\lambda = 1 - e^{a_\lambda s}; \tag{65}$$

a_λ hängt vom Partialdruck des Gases ab. Für technische Rechnungen interessiert besonders die Gesamtstrahlung.

F. Wärmeschutz

F 1 Wärmeschutzstoffe

Die Wirksamkeit der technischen Wärmeschutzstoffe (Wärmedämmstoffe, Wärmeisolierstoffe) beruht auf der geringen Wärmeleitfähigkeit von Gasen, vorwiegend von Luft. Der feste Anteil des Wärmeschutzstoffes soll die Wärmeübertragung infolge Konvektion und Strahlung durch Unterteilen des Gasraumes verkleinern, ohne die Wärmeleitung zu stark zu erhöhen. Es gibt Dämmstoffe mit Poren (Kork, Kieselgur, Schaumstoffe), Faserstoffe (Mineralwollen) und zwischen Folien eingeschlossene Luftschichten. Wichtigste Stoffgröße ist die Wärmeleitfähigkeit λ (Tabelle 5.7-18).

Tabelle 5.7-18   Wärmeleitfähigkeit λ von Wärmeschutzstoffen[1])
in 10^{-3} kcal/m h K

Stoff	Rohdichte	Mitteltemperatur in °C						
	kg/m³	0	50	100	150	200	300	400
Schlackenwolle	200	33	38	43	48	53	64	
Glasfaser	120	28	34	41	49	58	78	110
Steinwolle	145	30	36	43	51	61		
Basaltwolle	120	30	35	42	51	62	89	128
Aluminium-Planfolien, 9 mm Abstand	—		30	33	37	42	53	
Knitterfolien	—		52	57	62	68	81	
expandierter Kork	140	30	40					
Kunstharzschaum	15	27	37	55				
gebrannter Kieselgur	460	90		95		100	105	110
gebrannter Kieselgur	600	105		110		115	120	125
85% Magnesia	180		47	51		60		

[1]) Vorwiegend nach Messungen von E. Raisch [6].

Zu den im Laboratorium gemessenen λ-Werten müssen Sicherheitszuschläge für ungleichmäßiges Verlegen (5 bis 10%) und für Wärmeleitung durch etwaige Abstandshalter zum Aufrechterhalten der Isolierdicke (5 bis 20%) gemacht werden, um den für den wirklichen Wärmeverlust maßgebenden λ-Wert zu erhalten. Dieser berücksichtigt noch nicht die Wärmeverluste durch Rohrauflagen, Pratzen usw.

F 2   Wahl des Isolierstoffes und seiner Dicke

Bei einer Wärmeisolierung interessiert neben der Temperaturbeständigkeit des Isolierstoffes oft die Rüttelfestigkeit, die Zusammendrückbarkeit und bei Kälteisolierung der Widerstand gegen Dampfdiffusion. Die Lebensdauer hängt von der Ausbildung des Außenmantels ab (Blech, Pappe, Gips, Zement). Die Wärmeverluste isolierter Wände und Rohrleitungen werden nach (41) und (42) berechnet. Die Endtemperatur ϑ_2 eines Massenstroms $\dot{m}$, der mit ϑ_1 in eine Rohrleitung von der Länge l eintritt, ist zu berechnen aus

$$\ln \frac{\vartheta_2 - \vartheta_\infty}{\vartheta_1 - \vartheta_\infty} = \frac{Q_1' \, l}{\dot{m} c \, (\vartheta_1 - \vartheta_\infty)} \, . \tag{66}$$

Q_1' Wärmeverluststrom je Rohrlänge durch die Isolierung am Rohranfang, c spezifische Wärmekapazität der Flüssigkeit, ϑ_∞ Umgebungstemperatur. Für

$$\vartheta_1 - \vartheta_2 < 0{,}06 \, (\vartheta_1 - \vartheta_\infty)$$

kann man mit der linearen Gleichung

$$\vartheta_1 - \vartheta_2 = Q_1' \, l / \dot{m} c \tag{67}$$

rechnen. Die zulässige Abkühlung erfordert eine bestimmte Isolierstoffdicke. Das Einhalten einer Oberflächentemperatur kann vorgeschrieben sein (Schwitzwasser). Die Wahl der Isolierdicke ist auch ein wirtschaftliches Problem [8].

Schrifttum zu 5.7 Wärmeübertragung

Normen

DIN 1341   Wärmeübertragung. Grundbegriffe, Einheiten, Kenngrößen.
DIN 1343   Normzustand. Normvolumen.
DIN 5491   Stoffübertragung. Grundbegriffe, Einheiten, Kenngrößen.
DIN 5496   Temperaturstrahlung.
DIN-Taschenbuch 22. Einheiten und Formelgrößen. 2. Aufl. Berlin, Köln, Frankfurt/M 1969. Beuth.
ISO-Recommendation R 31 Part IV: Quantities and Units of Heat.

Bücher

[1] D'Ans-Lax, Taschenbuch für Chemiker und Physiker. 3. Aufl. Bd. 1, 1967; Bd. 2, 1964; Bd. 3 (in Vorb.). Berlin, Heidelberg, New York, Springer.
[2] Eckert, Einführung in den Wärme- und Stoffaustausch. 3. Aufl. Berlin, Heidelberg, New York 1966, Springer.
[3] Gröber-Erk, Die Grundgesetze der Wärmeübertragung. 3. Aufl. neubearb. von U. Grigull. 3. Neudruck. Berlin, Göttingen, Heidelberg 1963, Springer.
[4] Grigull, Wärmeübertragung, in: Fortschritte der Verfahrenstechnik. Hrsg. Bayer, Leverkusen. Bd. 2, 1954/57; Bd. 3, 1956/58; Bd. 4, 1958/61. Weinheim, Verlag Chemie.

[5] McAdams, Heat Transmission. 3. Aufl. New York 1954, McGraw-Hill.
[6] Raisch, in: Ullmanns Enzyklopädie der technischen Chemie. 3. Aufl. Bd. 1. München, Berlin 1951, Urban & Schwarzenberg.
[7] VDI-Wärmeatlas. Berechnungsblätter f. d. Wärmeübergang. Teil 1, 1954; Teil 2, 1957; Teil 3, 1963. Düsseldorf, VDI.
[8] Wärme- u. Kälteschutz. VDI-Richtlinien 2055. Düsseldorf 1958, VDI.
[9] Grigull, Temperaturausgleich in einfachen Körpern. Berlin, Göttingen, Heidelberg 1964, Springer.

Zeitschriften

[10] Industrial and Engineering Chemistry. Washington, D. C., American Chemical Society.
[11] Allgemeine Wärmetechnik. Frankfurt a. M.-Höchst.
[12] National Advisory Committee for Aeronautics. Annual Reports. Washington, D. C.
[13] Zeitschrift für angewandte Mathematik und Mechanik (ZAMM). Berlin, Akademie-Verlag.
[14] VDI-Zeitschrift. Düsseldorf, VDI.
[15] Applied Scientific Research. Ser. A: Mechanics, Heat, Chemical Engineering, Mathematical Methods; Ser. B: Electrophysics, Acustics, Optics, Mathematical Methods. Den Haag, Nijhoff.
[16] Forschung auf dem Gebiete des Ingenieurwesens. Düsseldorf, VDI.

Stichwortverzeichnis

Die Umlaute ä, ö, ü werden wie a, o, u behandelt

15 Physikhütte II, 29. Aufl.